经典译丛·人工智能与智能系统

# 统计模式识别

## (第三版)

# Statistical Pattern Recognition

## Third Edition

[英] Andrew R. Webb
Keith D. Copsey 著

王 萍 译



電子工業出版社
Publishing House of Electronics Industry
北京·BEIJING

## 内容简介

本书系统地介绍统计模式识别的理论和技术，并讨论机器学习领域的诸多问题和相关算法，反映模式识别理论和技术的最新研究进展。其中，大部分识别和分类问题取材于工程学、统计学、计算机科学和社会学等领域的相关应用，并配有应用研究实例。与前版相比，充实或新增了关于估计概率密度的贝叶斯方法、估计概率密度的新的非参数方法、新的分类模型、谱聚类问题、分类规则的归纳法、复杂网络等方面的介绍。

本书注重基本概念、基本方法的讲述，启发性强，且应用实例丰富，适合作为大学高年级和研究生模式识别课程的教材，也适合作为从事模式识别研究和应用工作的相关技术人员的重要参考用书。



**图书在版编目(CIP)数据**

统计模式识别：第3版/(英)韦布(Webb, A. R.), (英)科普西(Copsey, K. D.)著；王萍译.

北京：电子工业出版社，2015.1

(经典译丛·人工智能与智能系统)

书名原文：Statistical Pattern Recognition, Third Edition

ISBN 978-7-121-25012-5

Ⅰ.①统…　Ⅱ.①韦…　②科…　③王…　Ⅲ.①统计模式识别　Ⅳ.①O235

中国版本图书馆 CIP 数据核字(2014)第 280482 号

策划编辑：马　岚

责任编辑：马　岚　　特约编辑：马爱文

印　　刷：三河市鑫金马印装有限公司

装　　订：三河市鑫金马印装有限公司

出版发行：电子工业出版社

北京市海淀区万寿路 173 信箱　邮编　100036

开　　本：787×1092　1/16　　印张：31.25　　字数：800 千字

版　　次：2004 年 11 月第 1 版(原著第 2 版)

2015 年 1 月第 2 版(原著第 3 版)

印　　次：2016 年 7 月第 2 次印刷

定　　价：89.00 元

凡所购买电子工业出版社图书有缺损问题，请向购买书店调换。若书店售缺，请与本社发行部联系，联系及邮购电话：(010)88254888, 88258888。

质量投诉请发邮件至 zlts@phei.com.cn，盗版侵权举报请发邮件至 dbqq@phei.com.cn。

本书咨询联系方式：classic-series-info@phei.com.cn。

# 译　者　序

信息时代，无处不有模式识别的需求。概括地讲，模式识别是一门以应用数学为理论基础，利用计算机应用技术，解决实际分类及识别问题的学问。按照研究问题的特点及解决问题的手段特征，通常有统计模式识别和结构模式识别之分，前者以多元统计理论为数学基础，以数据特征的形式对问题进行描述，而后者则以形式语言为数学基础，以结构图元的形式对问题进行描述，它们都致力于将隐含在大量样本中的类间差异的规律归纳出来，并综合成适当的分类、识别乃至预测模型。

从发展的角度看，在传统的、较成熟的分类和识别方法的基础上，模糊数学思想方法的介入，人工神经网络对统计模型类型的丰富、进化算法等一批优秀算法的出现，支持向量机、复杂网络、极度学习和深度学习等一些新方法的提出和介入等，使统计模式识别的研究和应用充满活力。

英国著名学者 Andrew R. Webb 所著《统计模式识别》一书对统计模式识别的理论、概念和方法进行了全面介绍，并在以下方面具有鲜明特点。

1. **编写体系**。本书以“分类与识别”为主线，在“基本概念-理论分析-方法讲解-应用实例-拓展研究”的框架下，介绍统计模式识别的每一个具体方法；再以应用研究、建议、参考文献等，对由若干方法形成的一类问题进行综述。其中，“拓展研究”能够使读者从知识点伸展到面，进一步了解相关问题的研究动态及人们普遍关注的问题；而“应用研究”则将模式识别技术与广泛的实际问题紧密相联，颇具启迪性；“总结”及“建议”凝结了作者的体会和经验，颇具指导性；“参考文献”给出了所列文献与书中内容的联系及其特色。这样的组织格局使读者从局部到全局、从理论到方法、从方法到应用、从研究动态到问题展望，一览无余。

2. **清晰的分类方法的主线设计**。作者将各种分类器学习方法收纳于统计决策、超特征空间划分这两条主线中，从第 2 章到第 9 章，用了共八章的篇幅。统计决策重点解决类概率密度函数的训练，除了非参数法和参数法之外，增加了贝叶斯方法的介绍，特别是按照近邻法-直方图法-核函数法-级数法逐步展开的概率密度估计的讲解，对学习者理解、掌握和用好相关技术大有益处；超特征空间划分按照线性和非线性线条展开，自然引出对支持向量机和多层感知器的介绍，规则归纳法反映了模式识别与智能方法的有机联系，搭建起从分类模型的判别分析到可解释规则的桥梁。

3. **将最新研究方法融入统计模式识别框架**。作者在“分类与识别”主线下带出对统计模式识别概念、新方法(例如人工神经网、模糊思想用于聚类、支持向量机、新的非参数方法、谱聚类、复杂网络等)的较详尽介绍，使读者能够更深层次地理解它们的构成内涵及其识别行为属性，从而为根据具体问题特点灵活、合理地选用它们提供帮助。

4. **内容前后呼应**。作者在保持各章节内容相对独立的前提下，特别加强了“谈此及彼”，使读者能够对一种重要方法进行多角度的理解和消化。

5. **辩证评述和比较性研究**。模式识别问题本身决定了目前实用的模式识别方法和技术没有绝对的好与坏。相信读者会从本书的字里行间领略到作者科学严谨的理论分析及辩证客观的方法评述，并从中受益。另外，本书特别强调并略加笔墨的“分类器优化组合”、“比较性研究”，近年来受到模式识别学者和专家的重视，值得读者关注。

本书对上一版的大部分章节内容都进行了重新编写和组织，包括内容顺序的梳理和调整，使其内容的模块性更强，分类方法的线条更清晰，与机器学习、数据挖掘及知识发现的关联更紧密；配置了更多的例子和图表，使内容更易读、易理解。

本书的中译本在上版译稿基础上完成。上一版翻译工作由王萍、杨培龙和罗颖昕完成。在这个版本的翻译过程中，范凯波、王娟、王迪、闫春遐和杜雪峰等，在新增内容初译和公式整理等方面提供了帮助。全书由王萍统稿和定稿。

在这里向为本书的翻译工作做出贡献的所有人表示感谢，包括已经毕业的学生杨培龙、罗颖昕和杜雪峰，以及即将毕业的博士生王娟和硕士生闫春遐，在读的博士生范凯波、王迪和石君志。谢谢你们！

由于译者水平所限，译文中难免有疏漏和不妥之处，恳请读者不吝赐教。

王　萍
2014 年 9 月
于天津大学

# 前 言

本书介绍统计模式识别的基本理论和技术，其中大部分内容涉及识别和分类问题，并取材于工程学、统计学、计算机科学和社会学等领域的相关文献。在这些文献中，反映了许多当今最有用的模式处理技术，包括许多最新的非参数识别方法和贝叶斯计算方法，本书一并对它们进行介绍，并对使用这些技术方法的起因和支撑这些技术方法的理论展开讨论，以使读者在使用那些流行软件包解决问题时获益最大。本书对各项技术均附以应用研究实例说明之。至于书中涉及的模式识别的应用、对比研究法及理论进展的细节，可以在书后各类文献中找到。

本书内容源自我们对统计模式识别方法进展的研究，以及对传感器数据分析问题的实际应用，针对高年级本科生课程和研究生课程而写，其中有些材料已用于研究生的模式识别课程及模式识别暑期班。本书也是为模式识别领域的实际工作者及其研究者所设计的。作为学习本书内容的先决条件，学习者应具备概率论和线性代数的基本知识，掌握一些基本数学方法（例如，在一些推导中，用于解决具有等式约束和不等式约束问题的拉格朗日数乘法）。本书前版附录提供的一些基本材料可以在本书配套网站（www. wiley. com/go/statistical_pattern_recognition）找到。

## 范围

本书展现绝大多数常用的统计模式识别方法。然而，模式识别的许多重要研究进展并非局限于统计学文献，而经常呈现于与机器学习交叉的研究领域。因此，打破传统的统计模式识别的框架将是有益的，本书正是这样做的。例如，我们把一些规则归纳方法作为一种补充方法添加进来，以通过决策树归纳掌控探索过程。本书谈到的大多数方法具有一般性，即这些方法并不要求指定数据或应用的特定类型，于是本书内容不涉及大家时常用到的信号（和图像）预处理方法，以及信号（和图像）滤波方法。

## 方法

本书每一章所讨论的方法，均会安排讲述与其相关的基本概念和算法，均会在章末给出引自参考文献的相关方法或分类技术的实际应用，其主要目是理解方法的基本概念。有时候需要进行一些详细的数学描述，因此有时不得不划一个界限，以掌控把哪个特定主题讨论到多深。本书涉及的大部分主题可以用整本书来论述，于是我们不得不对所拥有的材料进行取舍，因此每一章的最后一节均提供了主要的参考文献。章末所附习题与开卷式问题有所不同，开卷式问题涉及比较冗长的计算机工程项目。

## 第三版的新增内容

本书对前版的许多章节进行了重新编写，并添加了一些新的材料，新增内容特点如下。

- 第 3 章的内容是新增的，这一章讲述密度估计的贝叶斯法，包括对贝叶斯采样方案的内容拓展、马尔可夫链蒙特卡罗方法、序贯蒙特卡罗采样器和变分贝叶斯法。
- 新增一节专门讲述密度估计的非参数方法。

- 新增规则归纳方法。
- 为分类器的组合方法新增一章。
- 对特征选择内容进行了重新修订，增添了关于特征选择稳定性的章节。
- 新增谱聚类内容。
- 新增一章讲述复杂网络问题，这个问题与社会及计算机网络分析的高增长领域相关。

## 全书梗概

第 1 章作为统计模式识别的绪论，给出一些名词术语的定义，介绍监督型分类和无监督型分类。就监督型分类而言，有两种研究方法：一种方法基于概率密度函数的运用；另一种方法则基于判别函数的构建。在这一章的最后对模式识别的完整过程进行概括，细节问题则安排在后续章节中讨论。第 2 章至第 4 章讨论识别问题的密度函数法。其中，第 2 章讲解密度函数估计的参数法，它们在贝叶斯法上的进一步拓展安排在第 3 章，第 4 章讨论非参数分类器的实现方案，包括被广泛使用的 $k$ 近邻法及与之相关的有效搜索算法。

第 5 章至第 7 章研究有监督分类问题的判别函数的构建方法。第 5 章集中讨论线性判别函数，其中所涉及的大多数判别法（包括优化、正则化和支持向量机）也适用于第 6 章展开的非线性研究。第 6 章探讨基于核函数的方法，特别是径向基函数网络和支持向量机，还讨论了基于投影的方法（多层感知器），这些通常称为神经网络方法。第 7 章讨论如何使分类函数变为可解释的规则，这种判别方法对一些应用来说非常重要。

第 8 章讨论分类器的集成方法，即为提高系统的鲁棒性，将多个分类器组合起来。第 9 章讲述如何测评分类器的性能。

第 10 章和第 11 章探讨数据分析和预处理技术（这些工作通常先于第 5 章至第 7 章介绍的有监督分类工作，尽管有时可以用来作为有监督方法的后置处理）。第 10 章讲述特征选择和特征提取方法，它们用以降低描述原始数据特征的维数，这项工作通常是分类器整体设计工作的一部分，只是被人为地将这一模式识别问题划分为相对独立的特征提取过程和模式分类过程。特征提取可以帮助我们深入了解数据结构及分类器需要选用的类型，因此该研究备受关注。第 11 章讲述无监督分类或称聚类问题，即在样本群中找到所存在的结构并借此将其分组的过程。这类技术的工程应用是对图像进行矢量量化及对语音编码。第 12 章讨论复杂网络问题，所述方法对待分析的数据用图形的数学概念进行表述，所述及问题与社会及计算机网络的关联很显著。

最后，即第 13 章，讨论一些重要的包括模型选择问题在内的研究课题。

## 本书网站

网站 www. wiley. com/go/statistical_pattern_recognition 对如下问题提供了补充材料：相异测度、估计方法、线性代数、数据分析和基本概率方法。

## 致谢

在编写本书第三版的过程中，我们得到了很多人的帮助。在此特别感谢 East Anglia 大学的 Gavin Cawley 博士所给予的帮助和建议，感谢朋友们和同事们（RSRE，DERA 和 QinetiQ 的自始至终的帮助），他们对原稿的不同部分提出了许多宝贵意见。还要特别感谢 Anna Skeoch 为第 12 章提供数据；感谢 Richard Davies 和 John Wiley 的同事们为稿件的最终出版所给予的帮助。Andrew Webb 特别感谢 Rosemary 所给予的爱、支持和耐心。

# 符　号

下面列出一些常用符号，并使用国际惯例进行标注。例如，对于变量和变量上的观测值，我们倾向于使用同一符号。它们的不同含义可以从上下文中明显看出。再者，我们将 $x$ 的密度函数记为 $p(x)$，将 $y$ 的密度函数记为 $p(y)$，即使这两个函数并不相同。我们用黑体的小写字母表示向量，而用粗体的大写字母表示矩阵。模式识别涉及多学科的研究问题，因此，所用符号在书中各章保持一致，同时与各类文献的常用符号保持一致，这一点很重要。本书尽可能做到在一章内保持符号的一致性。

| | |
|---|---|
| $p,\ d$ | 变量个数 |
| $C$ | 类别数 |
| $n$ | 观测值个数 |
| $n_j$ | 第 $j$ 类的观测值个数 |
| $\omega_j$ | 第 $j$ 类的标记 |
| $X_1,\ \cdots,\ X_p$ | $p$ 个随机变量 |
| $x_1,\ \cdots,\ x_p$ | 变量 $X_1,\ \cdots,\ X_p$ 上的观测值 |
| $\boldsymbol{x} = (x_1,\ \cdots,\ x_p)^{\mathrm{T}}$ | 观测值向量 |
| $\boldsymbol{X} = [\boldsymbol{x}_1,\ \cdots,\ \boldsymbol{x}_n]^{\mathrm{T}}$ <br> $\boldsymbol{X} = \begin{bmatrix} x_{11} & \cdots & x_{1p} \\ \vdots & \ddots & \vdots \\ x_{n1} & \cdots & x_{np} \end{bmatrix}$ | $n \times p$ 的数据矩阵 |
| $P(\boldsymbol{x}) = \mathrm{prob}(X_1 \leqslant x_1,\ \cdots,\ X_p \leqslant x_p)$ | |
| $p(\boldsymbol{x}) = \partial P / \partial \boldsymbol{x}$ | 概率密度函数 |
| $p(\boldsymbol{x} \mid \omega_j)$ | 第 $j$ 类的概率密度函数 |
| $p(\omega_j)$ <br> $\boldsymbol{\mu} = \int \boldsymbol{x} p(\boldsymbol{x}) \mathrm{d}\boldsymbol{x}$ <br> $\boldsymbol{\mu}_j = \int \boldsymbol{x} p(\boldsymbol{x} \mid \omega_j) \mathrm{d}\boldsymbol{x}$ | 第 $j$ 类的先验概率 <br> 总体均值 <br> 第 $j$ 类的均值，$j = 1,\ \cdots,\ C$ |
| $\boldsymbol{m} = (1/n) \sum_{i=1}^{n} \boldsymbol{x}_i$ | 样本均值 |
| $\boldsymbol{m}_j = (1/n_j) \sum_{i=1}^{n} z_{ji} \boldsymbol{x}_i$ | 第 $j$ 类的样本均值，$j = 1,\ \cdots,\ C$，若 $\boldsymbol{x}_i \in \omega_j$，则 $z_{ji} = 1$，否则为 0，$n_j$ 为 $\omega_j$ 类的样本数，$n_j = \sum_{i=1}^{n} z_{ji}$ |

| | |
|---|---|
| $\hat{\boldsymbol{\Sigma}} = \frac{1}{n}\sum_{i=1}^{n}(\boldsymbol{x}_i - \boldsymbol{m})(\boldsymbol{x}_i - \boldsymbol{m})^{\mathrm{T}}$ | 样本协方差矩阵(极大似然估计) |
| $n/(n-1)\hat{\boldsymbol{\Sigma}}$ | 样本协方差矩阵(无偏估计) |
| $\hat{\boldsymbol{\Sigma}}_j = \frac{1}{n_j}\sum_{i=1}^{n} z_{ji}(\boldsymbol{x}_i - \boldsymbol{m}_j)(\boldsymbol{x}_i - \boldsymbol{m}_j)^{\mathrm{T}}$ | 第 $j$ 类的样本协方差矩阵(极大似然估计) |
| $\boldsymbol{S}_j = \frac{n_j}{n_j - 1}\hat{\boldsymbol{\Sigma}}_j$ | 第 $j$ 类的样本协方差矩阵(无偏估计) |
| $\boldsymbol{S}_W = \sum_{j=1}^{C}\frac{n_j}{n}\hat{\boldsymbol{\Sigma}}_j$ | 总体类内样本协方差矩阵 |
| $\boldsymbol{S} = \frac{n}{n-C}\boldsymbol{S}_W$ | 总体类内样本协方差矩阵(无偏估计) |
| $\boldsymbol{S}_B = \sum \frac{n_j}{n}(\boldsymbol{m}_j - \boldsymbol{m})(\boldsymbol{m}_j - \boldsymbol{m})^{\mathrm{T}}$<br>$\boldsymbol{S}_B + \boldsymbol{S}_W = \hat{\boldsymbol{\Sigma}}$<br>$\Vert \boldsymbol{A} \Vert^2 = \sum_{ij} A_{ij}^2$ | 类间样本矩阵 |
| $N(\boldsymbol{m}, \boldsymbol{\Sigma})$ | 均值为 $\boldsymbol{m}$ 且协方差矩阵为 $\boldsymbol{\Sigma}$ 的正态(或高斯)分布 |
| $N(\boldsymbol{x}; \boldsymbol{m}, \boldsymbol{\Sigma})$ | 均值为 $\boldsymbol{m}$ 且协方差矩阵为 $\boldsymbol{\Sigma}$ 的正态分布的概率密度函数 |
| $E[Y \mid X]$ | 给定 $X$ 下 $Y$ 的期望 |
| $I(\theta)$ | 指示函数，若 $\theta$ 为真，其值为 1，否则为 0 |

# 目　录

# 第 1 章　统计模式识别绪论

统计模式识别一词概括了从问题描述和数据采集到识别分类、结果评价及解释的各个阶段。本章介绍分类的基本概念和关键问题。描述两种互补的判别方法，即基于概率密度函数的贝叶斯决策法和判别函数法。

## 1.1　统计模式识别

### 1.1.1　引言

我们生活在一个用收集到的大量数据记录人类活动的方方面面的世界里，例如，到银行存款、用信用卡购物、销售点的数据分析、网上交易、学校、医院及设备的性能监控和通信。这些数据有着形形色色的形式，有数字的形式、结构化或非结构化的文本形式、音频信号的形式和视频信号的形式。面对这些庞大而多样的数据，需要通过对数据中所蕴含的模式、变化趋势、异常现象的自动识别及识别结果的描述，协助人们认知它们。一个大家耳熟能详的模式识别应用案例是借助电子邮件的标题、内容及发件人(数据)，将其自动分类成垃圾邮件和非垃圾邮件。

分析上述数据的方法是物理学、数学、统计学、工程学、人工智能、计算机科学和社会科学等学科所经常使用的，包括信号处理、信号滤波、数据汇总、数据降维、变量选择、回归及分类等。本书重点讲述模式识别的过程，注重结合现实世界中实际应用的研究案例，介绍模式识别的基本技术，强调关于判别问题的统计理论的介绍，并适当关注聚类理论。因此，本书的主题可以简单归纳为一个词："分类"，包括有监督分类和无监督分类，有监督分类是有分类信息的分类(判别)器设计，无监督分类是没有分类信息的分组(聚类)。另外，近些年来涌现出许多复杂的数据集(例如，个人之间进行"交易"的电子邮件流数据、购物数据)，了解这些数据集，需要借助其他的模式识别技术，因此本书还将介绍这些技术的动向，例如将数据表示为图形的分析方法。

作为一个研究领域，模式识别迅速发展于 20 世纪 60 年代。它是一个多领域的交叉学科，许多人为了解决实际问题进入该领域，包括字符的自动识别、医疗诊断等经典问题，以及个人信用评分、商品销售分析、信用卡交易分析等关于数据挖掘的新问题。模式识别的如此广泛的应用，吸引了众多的研究力量，产生出许多新方法，推动该学科进一步发展。而能在一定程度上仿效人的行为的智能机器的发展，则激发了另外一些人对人工智能的研究兴趣。

在上述领域，尤其是在和概率与统计相交迭的领域已取得重大进展的前提下，近年来又出现了许多令人振奋的关于方法和应用两个方面的新进展，如核函数方法(包括支持向量机)和贝叶斯计算方法，这些方法均得益于早期研究所形成的牢固基础和如今能够容易得到的、日益强大的计算资源。

机器学习是研究如何使机器适应环境和通过范例进行学习的一门学科。本书中的论题可以归于机器学习的范畴。尽管机器学习更多地把重点放在计算的精深方法而不是统计方法上，两者(统计模式识别和机器学习)还是有着许多共同的研究领域。

### 1.1.2 基本模型

鉴于模式识别的许多技术涵括了多个学科的发展，自然会出现不同学科对相同术语的不同甚至相反界定的情形。在此，我们将“模式”表示为 $p$ 维数据向量 $\boldsymbol{x} = (x_1, \cdots, x_p)^{\mathrm{T}}$，其中 $x$ 表示观测对象，$^{\mathrm{T}}$表示向量的转置，向量分量 $x_i$ 表示对观测对象的第 $i$ 个特征的观测值。设识别问题含有 $C$ 个类，记为 $\omega_1, \cdots, \omega_C$，则关于每一个模式 $\boldsymbol{x}$ 的分类变量记为 $z$，$z$ 表示 $\boldsymbol{x}$ 的类别，即若 $z = i$，则模式 $\boldsymbol{x}$ 属于 $\omega_i$ 类，$i \in \{1, \cdots, C\}$。

在语音识别中对声波的测量结果、为确定疾病类型对病人进行的检测结果(诊断)、为预测可能的病情发展对病人进行的检测结果(预后)、对气候参数的测量(预报或预测)、金融的时间维数据以及用于字符识别的数字图像等都是上面所说的模式。可以看出，“模式”一词的技术含义不一定涉及图像结构。

本书内容围绕“分类器设计”或称“分类规则设计”这一主题展开。图 1.1 给出了模式分类器的示意图，该图表明，分类器或分类规则设计要求确定模式分类器的参数，一旦这些参数确定下来，分类器便能对给定样本产生某种意义下的最佳响应，该响应通常是对样本所属类别的估计。设有一组类别属性已知的样本 $\{(\boldsymbol{x}_i, z_i), i = 1, \cdots, n\}$，该组样本是形成分类器的训练集或设计集，分类器的设计就是用训练集确定分类器的内部参数，由此形成的分类器可用于估计未知样本 $\boldsymbol{x}$ 的类别属性。从训练集中学习模型的过程是归纳过程，而用训练而得的模型去识别未知模式的过程则是演译过程。

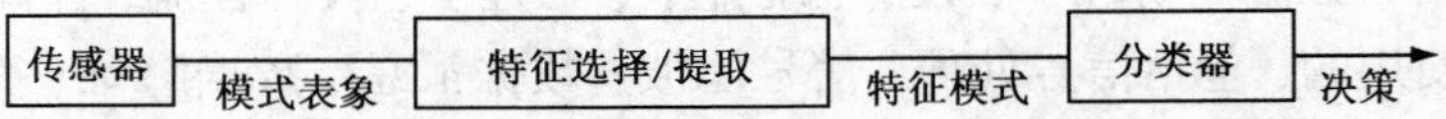


图 1.1 模式分类器

因此，能够应用的模式分类器必须提供如下两个模型：

- 一个描述性模型，用以说明由特征和训练样本的特征值所反映出的不同类之间的差异。
- 一个预测模型，用以预测未知样本的类别。

人们可能会问，为什么需要预测模型呢？在分类器工作的过程中，为什么不能把对训练样本分配标签的过程应用到对测试样本的分类呢？形成如此问题的可能原因如下。

- 在识别过程中去除人为因素，使这一过程更可靠；
- 在银行业务中，在贷款之前要先鉴定有良好信誉的风险担保；
- 没有验尸过程的医疗诊断或未拆卸设备情况下的设备状态评估(有时一个模式，无论是人还是设备，只能通过充分的检验才能标出类别)；
- 为了降低成本和提高速度(收集和标记数据可能是一项成本高昂和耗费时间的过程)；
- 在不利的环境下进行操作(工作环境可能是危险的或不利于人体健康，训练数据的收集可能在受控的条件下进行)；
- 远程操作(远程区分农作物和土地，而不是费时费力地去实地调查)。

由给定的数据集，可以构建出多种类型的分类器，如决策树、神经网络、支持向量机和线性判别函数。对于给定类型的分类器，可采用一种训练算法，通过该算法对参数空间进行搜索，找到最能说明训练集样本的测量值与其类别之间关系的模型。如此训练出的模式分类器的形式将取决于若干不同的因素，包括训练数据的分布，以及对于其分布所做的假设，再就是错分代价，即错误决策代价。在很多应用中，错分代价难以量化，是多者的组合，如货币成本、时间和其他较主观的代价等。例如，一个医疗诊断问题，每个治疗方案都有不同的费用，涉及不同类型药物的费用、治疗过程中病人受到的痛苦，以及后续并发症的风险。

图 1.1 大致勾勒了模式分类的过程。其间，需要经过几个独立的数据变换阶段。这些变换有时也称为预处理、特征选择或特征提取，变换的结果通常导致模式维数的降低（减少特征数）、多余的和不相关信息的剔除，并将数据模式转换成更适合于后续分类工作所需的形式。本征维数（intrinsic dimensionality）指的是能够捕获数据结构所需的最少变量数。以语音识别为例，首先是将语音波形变换到频率域，再找到共振峰（频谱中的峰值），并进一步形成特征。这是一个特征提取的过程（用原始变量的非线性组合形成新的变量）。而特征选择是在给定的一组特征中选择一个子集的过程（见第 10 章）。在某些问题中，特征的选择不是自动的，而是靠研究者的经验、早期研究工作所获得的知识和对问题域的了解，确定哪些特征对分类是重要的。不过，在很多情况下，需要对原始数据进行一次甚至多次变换。

有些模式分类器需要用到以上提及的每一步，这些步骤的操作相互独立。而有些模式分类器又不完全如此。另外，某些分类器需要针对特殊问题（如语音识别问题）对数据进行预处理。本书所讨论的特征选择和特征提取并不针对某个特殊应用，但这并不是说，对任何应用它都适合，而是指特殊应用的预处理工作应该留给熟知应用问题和采集数据方式的研究人员来完成。

## 1.2　解决模式识别问题的步骤

以下列出了模式识别研究工作所包括的若干个步骤，但并不是全部。其中，有些步骤被合并，致使合并各步之间的操作差异不甚明显；有些步骤因仅适用于特殊应用的数据处理而未被列出。下面几点是相当典型的。

1. 问题表述：准确理解研究的目的，并对下一步工作做出计划。
2. 数据采集：对相关变量进行测量，并详细记录数据采集的过程（基本事实）。
3. 数据初检：核对数据，计算总体统计量并绘出曲线图，以获得对数据结构的感性认识。
4. 特征选择或特征提取：从测量集中选出最有利于分类的一组变量。这些新的变量可以通过对原始变量集的线性或非线性变换得到（特征提取）。从某种意义上讲，将数据处理过程分割成特征提取和分类是人为的，因为特征提取的优化工作通常就是分类器设计过程的一部分。
5. 无监督模式分类或聚类。这项工作可以看成探索性的数据分析，由此可以为问题研究提供有用结论。另一方面，它也可以是有监督分类过程中的一种预处理数据的方法。
6. 应用适当的识别或回归方法。用典型的训练样本集设计分类器。
7. 结果评估。包括将训练出的分类器用于独立的有标签样本的测试集。分类器的分类性能通常以如下矩阵形式归纳出来。

| | | 实际类号 | | |
|---|---|---|---|---|
| | | $\omega_1$ | $\omega_2$ | $\omega_3$ |
| 预测类号 | $\omega_1$ | $e_{11}$ | $e_{12}$ | $e_{13}$ |
| | $\omega_2$ | $e_{21}$ | $e_{22}$ | $e_{23}$ |
| | $\omega_3$ | $e_{31}$ | $e_{32}$ | $e_{33}$ |

其中，$e_{ij}$表示分类器将 $\omega_j$ 类样本预测为 $\omega_i$ 类样本的数量，由此计算出分类器的准确率 $a$

$$a = \frac{\sum_i e_{ii}}{\sum_{ij} e_{ij}}$$

和错误率 $1 - a$。

8. 解释说明。

以上步骤是一个反复的过程。通过对分类结果的分析有可能提出新的假设，验证这些假设又需要进一步的数据采集。这一循环可能终止于不同的步骤：所提问题或许仅靠对数据的初次测试便告解决，或许后来发现这些数据根本无法解决原问题而需要对其进行重新描述。

本书重点介绍第 4 步至第 6 步中的相关技术。

## 1.3 问题讨论

本书的主题是分类器的设计：给定类别已知的训练模式集，设计一个分类器，使这个分类器对期望的工作条件(测试条件)来讲是最优的。

分类器的设计过程涉及若干要点。

### 有限样本集

首先，用于设计分类器的训练集的样本数有限。这时，如果分类器的形式过于复杂(有过多的自由参数)，则分类器可能会因对设计集中的噪声模拟而引发过度拟合。如果分类器不是足够复杂，它又抓不住数据中的结构。比如，我们用多项式曲线来拟合一组数据点(见图 1.2)。如果多项式的次数过高，尽管相关曲线通过或靠近数据点，获得较低的拟合错误，噪声却使拟合曲线极不稳定且模型易波动。如果多项式次数过低，拟合错误较大且不能模拟曲线内在的变化规律而导致欠拟合。于是，或许不一定追求训练集的最小错误准则下的最优性能：在分类问题中，实现对设计集 100% 的分类准确率是可能的，但其一般化性能，即在真实工作环境(等同于在一个样本上的设计结果在无限测试集上表现出来的性能)下所获数据上的表现要比经过精心设计得到的性能差。因此，学习如何选择合适的模型是重要的。实际上，数据中所蕴含的结构及噪声通常是未知的。不应该把训练分类器(决定其参数的过程)看成与模型选择相独立的问题，尽管人们经常这么认为。

### 优化

第二个要点是最优分类器设计中的“最优”问题。用于计量分类器性能的方法有多种，最常见的办法是计算分类器的错误率，这种方法有一些局限性(见第 9 章)。另一办法是计算类的估计概率与类的实际概率的接近度，这种方法更适用于大多数场合。然而，由于期望的标准很难直接达到最优，人们便更多地选择另外的可供替代的评价标准来优化分类器设计。例如，用平方误差最优法训练分类器，而用误差率评价分类器。

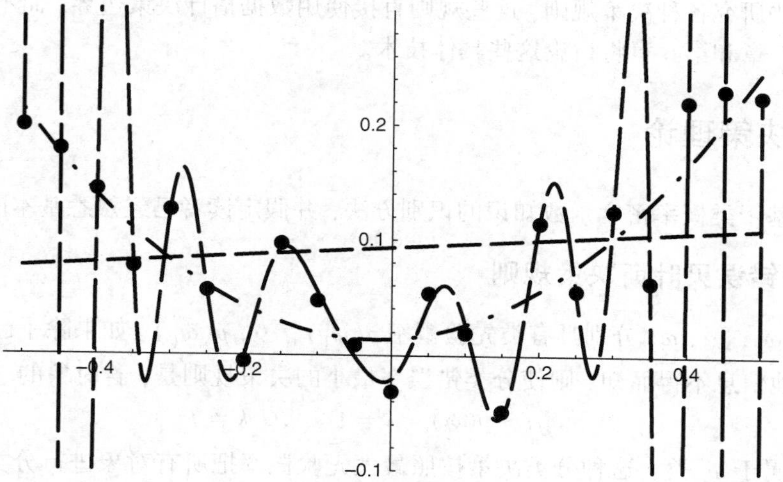


图 1.2　对含噪的一组样本进行曲线拟合，含噪的数据取样于一个二次函数；拟合曲线分别为线性拟合、二次拟合和高阶多项式拟合

**有代表性的数据**

最后，通常假定训练数据能够代表测试环境。否则，或者测试环境受到了噪声的干扰而没能表现出训练数据的情形，或者抽取数据的总体发生了变化（总体漂移），这些必须在设计分类器时加以考虑。

## 1.4　统计模式识别的方法

有监督分类（或识别）和无监督分类是两种主要的分类划分，在某些统计学文献中有时将它们简称为分类和聚类。

有监督分类是本书要讲述的主要问题。给定一组观测值，将其表示为模式向量 $\boldsymbol{x}$，希望将其归于 $C$ 个可能的 $\omega_i$ 类，$i=1, \cdots, C$ 中，决策规则将测量空间划分成 $C$ 个区域 $\Omega_i$，$i=1, \cdots, C$。如果观测向量位于 $\Omega_i$，则假定它属于 $\omega_i$ 类。每个区域 $\Omega_i$ 可能是多连通的，也就是说，每个区域由可能的几个不相交的区域组成。区域 $\Omega_i$ 之间的分界就是决策边界或决策面。一般来讲，靠近区域边界处是最易发生分类错误的地方，这时不对这样的样本做决策，而是通过进一步信息的获取而后再对其分类。这一做法称为拒绝选择，因此 $C$ 类问题存在 $C+1$ 个决策，其中拒绝域记为 $\omega_0$。$C$ 类问题中，$\boldsymbol{x}$ 或属于 $\omega_1$，或属于 $\omega_2$，……，或属于 $\omega_C$，或属于 $\omega_0$。

无监督分类时，数据的类别标识是未知的。无监督分类就是试图找到数据所属的类别以及类间相区别的特征。第 11 章讲到的聚类技术也可用于有监督分类的方案中，即将聚类技术分别用于每个类，得到各类的聚类组，再把一个类中各聚类组的代表性样本（如组均值）作为该类的原型。

本章接下来介绍两种识别方法，这两种方法还会在以后的章节中深入探讨。第一种方法用到潜在的类条件概率密度函数（给定类的特征向量的概率密度函数）的知识，当然这些概率密度在许多实际应用中是未知的，需要使用已获得确定分类的样本集（称为设计集或训练集）对其进行估计。第 2 章和第 3 章将清晰讲述估计概率密度函数的若干技术。

第二种方法研究各种决策规则，这些规则直接使用数据估计决策边界，而不需要计算概率密度函数。第5章和第6章将讨论这些具体技术。

## 1.5 基本决策理论

下面介绍基于类概率密度函数知识的识别方法，并假定读者已经熟悉基本的概率理论。

### 1.5.1 最小错误贝叶斯决策规则

设 $C$ 个类 $\omega_1, \cdots, \omega_C$ 分别具有类先验概率 $p(\omega_1), \cdots, p(\omega_C)$。如果除了已知这些类概率分布以外，其他信息不得而知，则使分类错误率最小的决策规则是，若对象的

$$p(\omega_j) > p(\omega_k), \quad k = 1, \cdots, C; k \neq j$$

则将该对象归属于 $\omega_j$ 类。这种分类决策按照最大先验概率把所有对象进行分类，而对于那些具有等同类先验概率的样本，随机地归入这些类中的任何一个。

对于观察向量或测量向量 $\boldsymbol{x}$，希望将其归入 $C$ 类的某一类。如果向量 $\boldsymbol{x}$ 关于 $\omega_j$ 类的概率，即 $p(\omega_j|\boldsymbol{x})$ 比关于其他所有类 $\omega_1, \cdots, \omega_C$ 的概率都大，则基于概率的决策规则将 $\boldsymbol{x}$ 归入 $\omega_j$ 类。也就是说，如果

$$p(\omega_j|\boldsymbol{x}) > p(\omega_k|\boldsymbol{x}), \quad k = 1, \cdots, C; k \neq j \tag{1.1}$$

则将 $\boldsymbol{x}$ 归入 $\omega_j$ 类。这种决策规则将测量空间划分成 $C$ 个区域 $\Omega_1, \cdots, \Omega_C$（区域 $\Omega_j$ 有可能是不联通的），如果 $\boldsymbol{x} \in \Omega_j$，则 $\boldsymbol{x}$ 属于 $\omega_j$ 类。

利用贝叶斯定理，可以获得用先验概率和类条件概率密度函数 $p(\boldsymbol{x}|\omega_i)$ 表示的后验概率 $p(\omega_j|\boldsymbol{x})$：

$$p(\omega_i|\boldsymbol{x}) = \frac{p(\boldsymbol{x}|\omega_i)p(\omega_i)}{p(\boldsymbol{x})}$$

由此，决策规则(1.1)又可以写成：若

$$p(\boldsymbol{x}|\omega_j)p(\omega_j) > p(\boldsymbol{x}|\omega_k)p(\omega_k), \quad k = 1, \cdots, C; k \neq j \tag{1.2}$$

则将 $\boldsymbol{x}$ 归入 $\omega_j$ 类。这就是最小错误贝叶斯决策规则。

对于两类问题，决策规则(1.2)可以写成：若

$$l_r(\boldsymbol{x}) = \frac{p(\boldsymbol{x}|\omega_1)}{p(\boldsymbol{x}|\omega_2)} > \frac{p(\omega_2)}{p(\omega_1)}, \qquad \text{则 } \boldsymbol{x} \text{ 属于 } \omega_1 \text{ 类}$$

函数 $l_r(\boldsymbol{x})$ 称为似然比。图1.3和图1.4给出了两类识别问题的一个简单说明。设 $\omega_1$ 类是一个零均值的单位方差的正态分布 $p(\boldsymbol{x}|\omega_1) = N(\boldsymbol{x}; 0, 1)$，$\omega_2$ 类是两正态密度的加权和 $p(\boldsymbol{x}|\omega_2) = 0.6N(\boldsymbol{x}; 1, 1) + 0.4N(\boldsymbol{x}; -1, 2)$。图1.3是 $p(\boldsymbol{x}|\omega_i)p(\omega_i)$，$i = 1, 2$ 的曲线，其中先验概率 $p(\omega_1) = 0.5$，$p(\omega_2) = 0.5$。图1.4绘出的是似然比 $l_r(\boldsymbol{x})$ 和阈值 $p(\omega_2)/p(\omega_1)$。从这幅图可以看出，决策规则(1.2)导致 $\omega_2$ 类的区域相分离。

从以下分析可以看出，决策规则(1.2)使分类错误最小。分类错误概率 $p(\text{error})$ 可以表示为

$$p(\text{error}) = \sum_{i=1}^{C} p(\text{error}|\omega_i)p(\omega_i) \tag{1.3}$$

其中，$p(\text{error}|\omega_i)$ 是对来自 $\omega_i$ 类的样本的错分概率，可以通过对 $\mathcal{C}[\Omega_i]$ 上的类条件概率密度

函数的积分获得：

$$p(\text{error}|\omega_i) = \int_{\mathcal{C}[\Omega_i]} p(\boldsymbol{x}|\omega_i)\mathrm{d}\boldsymbol{x} \tag{1.4}$$

其中，$\mathcal{C}[\Omega_i]$ 指除 $\Omega_i$ 以外的测量空间（$\mathcal{C}$ 为补集算子），即 $\sum_{j=1,\,j\neq i}^{C}\Omega_j$。因此，又可将样本的错分概率写成

$$\begin{aligned} p(\text{error}) &= \sum_{i=1}^{C}\int_{\mathcal{C}[\Omega_i]} p(\boldsymbol{x}|\omega_i)p(\omega_i)\mathrm{d}\boldsymbol{x} \\ &= \sum_{i=1}^{C} p(\omega_i)\left(1 - \int_{\Omega_i} p(\boldsymbol{x}|\omega_i)\mathrm{d}\boldsymbol{x}\right) \\ &= 1 - \sum_{i=1}^{C} p(\omega_i)\int_{\Omega_i} p(\boldsymbol{x}|\omega_i)\mathrm{d}\boldsymbol{x} \end{aligned} \tag{1.5}$$

可以看出，最小化错分概率等价于最大化正分概率

$$\sum_{i=1}^{C} p(\omega_i)\int_{\Omega_i} p(\boldsymbol{x}|\omega_i)\mathrm{d}\boldsymbol{x} \tag{1.6}$$

因此，希望选择一个区域 $\Omega_i$，使式(1.6)中的积分取值最大。如果 $\Omega_i$ 中的样本 $\boldsymbol{x}$ 使 $p(\omega_i)p(\boldsymbol{x}\mid\omega_i)$ 取得最大值，则正确分类的概率 $c$ 为

$$c = \int \max_i p(\omega_i)p(\boldsymbol{x}|\omega_i)\mathrm{d}\boldsymbol{x} \tag{1.7}$$

其中积分域为整个测量空间，这时贝叶斯错分概率为

$$e_B = 1 - \int \max_i p(\omega_i)p(\boldsymbol{x}|\omega_i)\mathrm{d}\boldsymbol{x} \tag{1.8}$$

以上内容可示意于图 1.5 和图 1.6。

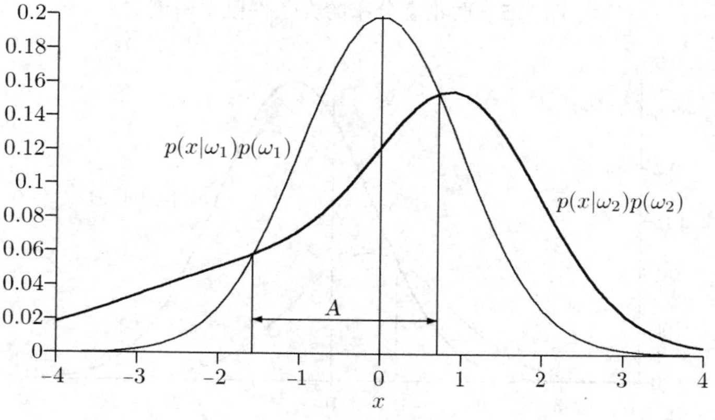


图 1.3　$p(x\mid\omega_i)p(\omega_i)$，$i=1, 2$。落入区域 $A$ 的 $\boldsymbol{x}$ 被归属到 $\omega_1$ 类

图 1.5 画出了两个具有相同标准方差的正态概率分布 $p(\boldsymbol{x}\mid\omega_i)$，$i=1, 2$，均值分别为 +0.5 和 −0.5。图 1.6 画出了函数 $p(\boldsymbol{x}\mid\omega_1)p(\omega_1)$ 和函数 $p(\boldsymbol{x}\mid\omega_2)p(\omega_2)$，其中 $p(\omega_1)=0.3$，$p(\omega_2)=0.7$。贝叶斯决策边界用 $x_B$ 处的竖线标出，在 $x_B$ 处，$p(\boldsymbol{x}\mid\omega_1)p(\omega_1) = p(\boldsymbol{x}\mid\omega_2)p(\omega_2)$（见图 1.6）。图 1.5 中阴影部分的面积表示通过式(1.4)得到的错误概率。水平阴影部分的面积表示将第 1 类中的样本误分到第 2 类的概率，竖直阴影部分的面积表示

将第 2 类中的样本误分到第 1 类的概率，两部分面积的先验概率加权和[见式(1.5)]就是整个分类错误率。

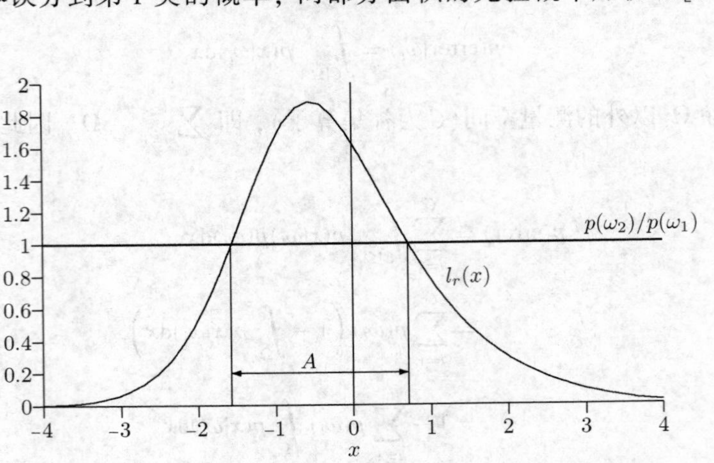


图 1.4　似然函数。落入区域 $A$ 的 $x$，被归属到 $\omega_1$ 类

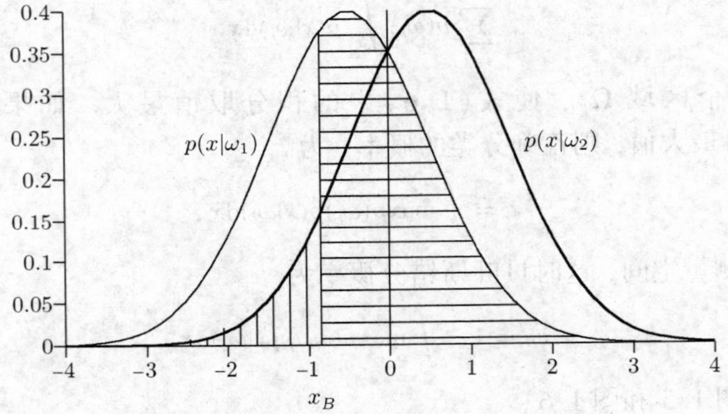


图 1.5　两正态分布的类条件概率密度

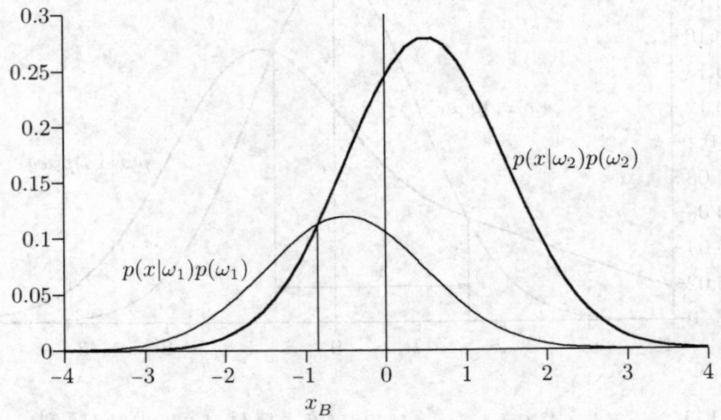


图 1.6　对于先验概率不相同的两正态分布，其贝叶斯决策边界示意图

### 1.5.2　最小错误贝叶斯决策规则——拒绝分类

如上所述，当分类器把本属于某一类的样本分到另一个类时，就会导致分类错误。本节讨论拒绝分类。通常，那些不太确定的分类容易导致分类错误。因此，拒绝对某样本做出决策可

以降低错误率。被拒绝的样本有可能被抛弃，也有可能被搁置一边，直至获得更多的信息，再对其进行分类决策。尽管拒绝分类能使原来较高的误识率得到减小或消除，但却有可能使某些被正确分类的样本也遭到拒绝。这里我们讨论错误率和拒绝率的权衡问题。

首先，将采样空间划分成两个互补的区域：拒绝域 $R$ 和接受域 $A$(或分类域)。其定义如下：

$$R = \left\{ \boldsymbol{x} | 1 - \max_i p(\omega_i | \boldsymbol{x}) > t \right\}$$

$$A = \left\{ \boldsymbol{x} | 1 - \max_i p(\omega_i | \boldsymbol{x}) \leqslant t \right\}$$

其中 $t$ 是阈值，如图 1.7 所示，图中的概率分布与图 1.5 和图 1.6 相同。

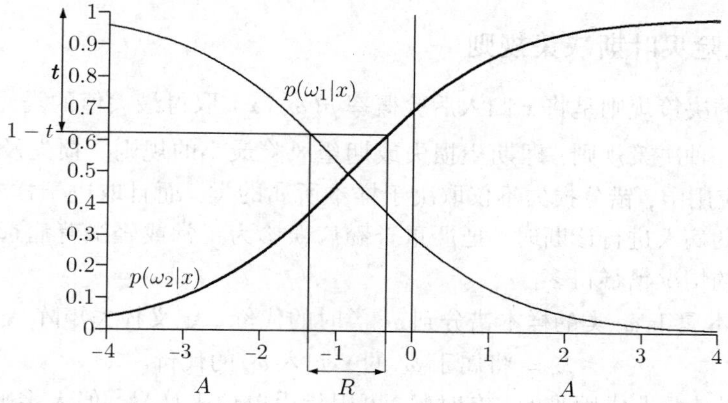


图 1.7　接受域和拒绝域示意图

显然，阈值 $t$ 越小，拒绝域 $R$ 越大。如果选择 $t$ 使

$$1 - t \leqslant \frac{1}{C}$$

或写成

$$t \geqslant \frac{C-1}{C}$$

则拒绝域为空，其中 $C$ 为类别数。这是因为当所有类别概率是等可能的时候，$\max_i p(\omega_i | \boldsymbol{x})$ 所能取得的最小值是 $1/C$(因为 $1 = \sum_{i=1}^{C} p(\omega_i | \boldsymbol{x}) \leqslant C \max_i p(\omega_i | \boldsymbol{x})$)。如果启用“拒绝分类”，则一定有 $t < (C-1)/C$。

至此，如果样本 $\boldsymbol{x}$ 位于接受域 $A$，则可用基于最小错误的贝叶斯决策规则[见式(1.2)]将其分类。如果 $\boldsymbol{x}$ 位于拒绝域 $R$，则拒绝对 $\boldsymbol{x}$ 的分类。

正确分类概率 $c(t)$ 是阈值 $t$ 的函数，由前面的式(1.7)给出，只是此时式中的积分域应为接受域 $A$：

$$c(t) = \int_A \max_i [p(\omega_i) p(\boldsymbol{x} | \omega_i)] \mathrm{d}\boldsymbol{x}$$

拒绝 $\boldsymbol{x}$ 的非条件概率 $r$ 是其位于拒绝域 $R$ 的概率，同时也是阈值 $t$ 的函数：

$$r(t) = \int_R p(\boldsymbol{x}) \mathrm{d}\boldsymbol{x} \tag{1.9}$$

于是，接受 $\boldsymbol{x}$ 但对其进行了错误分类的概率 $e$ 是

$$e(t) = \int_A \left(1 - \max_i p(\omega_i|\boldsymbol{x})\right) p(\boldsymbol{x})\mathrm{d}\boldsymbol{x}$$
$$= 1 - c(t) - r(t)$$

可以看出，错误率和拒绝率呈负相关关系。Chow(1970)推出了 $e(t)$ 和 $r(t)$ 的简单函数关系，这里不加证明地引用如下：设已知全部 $t$ 值下的 $r(t)$，则

$$e(t) = -\int_0^t s\mathrm{d}r(s) \tag{1.10}$$

上述结果使我们能够通过贝叶斯最优分类器的拒绝函数计算错误率。拒绝函数可用未进行标记的数据进行计算，实际应用于那些需用较高的代价对采集到的数据进行标记的问题中。

### 1.5.3 最小风险贝叶斯决策规则

上一节介绍的决策规则是将 $\boldsymbol{x}$ 归入后验概率 $p(\omega_j|\boldsymbol{x})$ 取得最大值的类，这时错分概率最小。下面介绍另一种决策规则，即期望损失或期望风险最小的规则。损失及风险是非常重要的概念，在许多应用中，错分损失不仅取决于样本所属的类，而且取决于样本被错分到的类。例如对患有背痛的病人进行诊断时，把严重脊髓病误诊为正常或轻微背痛远比把轻微背痛误诊为严重脊髓病的情况糟糕得多。

“损失”是将本属于 $\omega_j$ 类的样本错分到 $\omega_i$ 类时的代价。定义损失矩阵 $\boldsymbol{\Lambda}$，其元素

$$\lambda_{ji} = \text{将属于 } \omega_j \text{ 的 } \boldsymbol{x} \text{ 归入 } \omega_i \text{ 的代价}$$

实际上，对代价赋值是非常困难的，有时候 $\lambda$ 可用货币单位来计量，但大多数情况下，代价是以不同单位(金钱、时间、生活质量)衡量的多种因素的混合。因而它可能需要专家进行主观判断。将样本 $\boldsymbol{x}$ 归入 $\omega_i$ 类的条件风险(conditional risk)定义为

$$l^i(\boldsymbol{x}) = \sum_{j=1}^{C} \lambda_{ji} p(\omega_j|\boldsymbol{x})$$

区域 $\Omega_i$ 上的平均风险为

$$r^i = \int_{\Omega_i} l^i(\boldsymbol{x})\, p(\boldsymbol{x})\mathrm{d}\boldsymbol{x}$$
$$= \int_{\Omega_i} \sum_{j=1}^{C} \lambda_{ij} p(\omega_i|\boldsymbol{x}) p(\boldsymbol{x})\mathrm{d}\boldsymbol{x}$$

总的期望代价或风险为

$$r = \sum_{i=1}^{C} r^i = \sum_{i=1}^{C} \int_{\Omega_i} \sum_{j=1}^{C} \lambda_{ji} p(\omega_j|\boldsymbol{x}) p(\boldsymbol{x})\mathrm{d}\boldsymbol{x} \tag{1.11}$$

选择 $\Omega_i$，如果

$$\sum_{j=1}^{C} \lambda_{ji} p(\omega_j|\boldsymbol{x}) p(\boldsymbol{x}) \leqslant \sum_{j=1}^{C} \lambda_{jk} p(\omega_j|\boldsymbol{x}) p(\boldsymbol{x}), \quad k = 1, \cdots, C \tag{1.12}$$

则表达式(1.11)所示的风险最小，$\boldsymbol{x} \in \Omega_i$，这就是最小风险贝叶斯决策规则。其中最小风险(贝叶斯风险)$r^*$ 由下式确定：

$$r^* = \int_{\boldsymbol{x}} \min_{i=1,\cdots,C} \sum_{j=1}^{C} \lambda_{ji} p(\omega_j|\boldsymbol{x}) p(\boldsymbol{x}) \mathrm{d}\boldsymbol{x}$$

损失矩阵 $\boldsymbol{\Lambda}$ 的一个特例是等代价损失矩阵，其元素

$$\lambda_{ij} = \begin{cases} 1, & i \neq j \\ 0, & i = j \end{cases}$$

将其代入式(1.12)，可得决策规则：如果

$$\sum_{j=1}^{C} p(\omega_j|\boldsymbol{x})p(\boldsymbol{x}) - p(\omega_i|\boldsymbol{x})p(\boldsymbol{x}) \leqslant \sum_{j=1}^{C} p(\omega_j|\boldsymbol{x})p(\boldsymbol{x}) - p(\omega_k|\boldsymbol{x})p(\boldsymbol{x}), \quad k = 1, \cdots, C$$

即如果

$$p(\boldsymbol{x}|\omega_i)p(\omega_i) \geqslant p(\boldsymbol{x}|\omega_k)p(\omega_k), \qquad k = 1, \cdots, C$$

则将 $\boldsymbol{x}$ 归入 $\omega_i$ 类；这就是最小错误贝叶斯决策规则。

### 1.5.4　最小风险贝叶斯决策规则——拒绝分类

与最小错误贝叶斯决策规则类似，也可以将拒绝分类引入最小风险贝叶斯决策规则，定义拒绝域 $R$

$$R = \left\{ \boldsymbol{x} \,\middle|\, \min_i l^i(\boldsymbol{x}) > t \right\}$$

其中 $t$ 为阈值。如果

$$l^i(\boldsymbol{x}) = \min_j l^j(\boldsymbol{x}) \leqslant t$$

则接受 $\boldsymbol{x}$ 并将其归入 $\omega_i$ 类。如果

$$l^i(\boldsymbol{x}) = \min_j l^j(\boldsymbol{x}) > t$$

则拒绝 $\boldsymbol{x}$。这一规则等价于定义一个具有常值风险

$$l^0(\boldsymbol{x}) = t$$

的拒绝域 $\Omega_0$，使贝叶斯决策规则成为：如果

$$l^i(\boldsymbol{x}) \leqslant l^j(\boldsymbol{x}), \qquad j = 0, 1, \cdots, C$$

则将 $\boldsymbol{x}$ 归入 $\omega_i$ 类，其贝叶斯风险为

$$r^* = \int_R t p(\boldsymbol{x}) \mathrm{d}\boldsymbol{x} + \int_A \min_{i=1,\cdots,C} \sum_{j=1}^{C} \lambda_{ji} p(\omega_j|\boldsymbol{x}) p(\boldsymbol{x}) \mathrm{d}\boldsymbol{x} \tag{1.13}$$

### 1.5.5　Neyman-Pearson 决策规则

就两类问题而言，除贝叶斯决策规则外，还有一种决策规则称为 Neyman-Pearson(奈曼-皮尔逊)准则。在两类问题的决策过程中，存在两种类型的错误，就是将 $\omega_1$ 类的样本归类于 $\omega_2$ 和将 $\omega_2$ 类的样本归类于 $\omega_1$。令两类错误概率分别为 $\epsilon_1$ 和 $\epsilon_2$，

$$\epsilon_1 = \int_{\Omega_2} p(\boldsymbol{x}|\omega_1)\,\mathrm{d}\boldsymbol{x} = \text{第 I 类错误概率}$$

$$\epsilon_2 = \int_{\Omega_1} p(\boldsymbol{x}|\omega_2)\,\mathrm{d}\boldsymbol{x} = \text{第 II 类错误概率}$$

Neyman-Pearson 决策规则是在 $\epsilon_2$ 为常数 $\epsilon_0$ 的条件下，使错误率 $\epsilon_1$ 最小的决策规则。

在这里，称 $\omega_1$ 为确定类(positive class)，$\omega_2$ 为否定类(negative class)，那么 $\epsilon_1$ 被称为误否

定率(false negative rate),即确定类样本误分到否定类的概率;$\epsilon_2$ 被称为误确定率(false positive rate),即否定类样本误分到确定类的概率。

Neyman-Pearson 决策规则的应用实例是,在雷达检测问题中,从噪声环境中检测出信号。这时可能出现两类错误:其一是误把噪声当成出现了信号,称为误警(false alarm);另一类是当信号的确出现却仅检测到噪声,称为漏识(missed detection)。如果 $\omega_1$ 代表信号类,$\omega_2$ 代表噪声类,那么 $\epsilon_2$ 就是误警率,$\epsilon_1$ 就是漏识率。在许多雷达应用中,都要设置阈值以给出固定的误警率,因此通常可以使用 Neyman-Pearson 决策规则。

设 $\mu$ 为拉格朗日乘子①,$\epsilon_0$ 为特定的误警率,风险

$$r=\int_{\Omega_2} p(\boldsymbol{x}|\omega_1)\,\mathrm{d}\boldsymbol{x}+\mu\left\{\int_{\Omega_1} p(\boldsymbol{x}|\omega_2)\,\mathrm{d}\boldsymbol{x}-\epsilon_0\right\}$$

上式还可写成

$$r=(1-\mu\epsilon_0)+\int_{\Omega_1}\{\mu p(\boldsymbol{x}|\omega_2)\,\mathrm{d}\boldsymbol{x}-p(\boldsymbol{x}|\omega_1)\,\mathrm{d}\boldsymbol{x}\}$$

如果选择 $\Omega_1$ 使被积函数为负,也就是说,

$$\text{若 } \mu p(\boldsymbol{x}|\omega_2)-p(\boldsymbol{x}|\omega_1)<0, \quad \text{则 } \boldsymbol{x}\in\Omega_1$$

此时,风险将最小。还可以根据似然比做出决策,即

$$\text{若 } \frac{p(\boldsymbol{x}|\omega_1)}{p(\boldsymbol{x}|\omega_2)}>\mu, \quad \text{则 } \boldsymbol{x}\in\Omega_1 \tag{1.14}$$

显见,决策规则只取决于类内分布,而与先验概率无关。

选择阈值 $\mu$,使指定的误警率为

$$\int_{\Omega_1} p(\boldsymbol{x}|\omega_2)\,\mathrm{d}\boldsymbol{x}=\epsilon_0$$

一般来说,用解析法求解 $\mu$ 往往行不通,而需要进行数值计算。

通常,决策规则的特性可用受试者工作特性(receiver operating characteristic, ROC)曲线来表示。该曲线反映的是当阈值 $\mu$ 变化时,真实的确定类与虚假的确定类之间的关系,即检出概率($1-\epsilon_1=\int_{\Omega_1} p(\boldsymbol{x}\mid\omega_1)\,\mathrm{d}\boldsymbol{x}$)与误警概率($\epsilon_2=\int_{\Omega_1} p(\boldsymbol{x}\mid\omega_2)\,\mathrm{d}\boldsymbol{x}$)之间的关系。图 1.8 给出了单变量情况的示意,其中的两个类均取具有单位方差的正态分布,均值差为 $d$。图中,各条 ROC 曲线均过点(0, 0)和点(1, 1),且随差值 $d$ 的增大,曲线将趋近左上角。理想情况是希望得到 100% 的检出率和 0% 的误警率,因此曲线越靠近左上角越好。

对于两类问题,最小风险决策规则[见式(1.12)]给出了基于似然率的决策规则的定义($\lambda_{ii}=0$):

$$\text{若 } \frac{p(\boldsymbol{x}|\omega_1)}{p(\boldsymbol{x}|\omega_2)}>\frac{\lambda_{21}p(\omega_2)}{\lambda_{12}p(\omega_1)}, \quad \text{则 } \boldsymbol{x}\in\Omega_1 \tag{1.15}$$

不等式右侧定义的阈值将与 ROC 曲线中的一个点相对应,其值取决于错分代价和先验概率。

实际上,很难得到错分代价的准确值,因此需要在期望损失的一定范围内估计其性能。使用 ROC 曲线来比较和评估分类器性能的讨论安排在第 9 章。

---

① 可以在许多数学方法教材中找到拉格朗日待定乘子法,如 Wylie and Barrett(1995)。

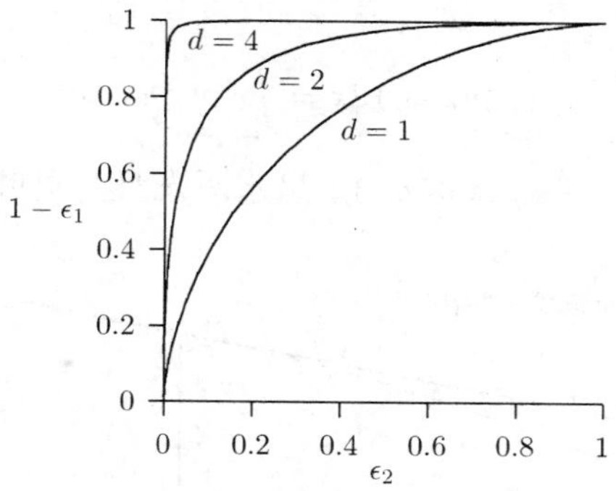


图 1.8　关于具有单位方差、均值相距 $d$ 的两个单变量正态分布的 ROC；$1-\epsilon_1=\int_{\Omega_1}p(\boldsymbol{x}\mid\omega_1)\mathrm{d}\boldsymbol{x}$ 为真实确定类的概率，即检出概率，$\epsilon_2=\int_{\Omega_1}p(\boldsymbol{x}\mid\omega_2)\mathrm{d}\boldsymbol{x}$ 为虚假确定类的概率，即误警概率

## 1.5.6　最小最大决策

贝叶斯决策规则要求已知各类的分布和各类的先验概率。但有时会出现待分类对象的相对频率(先验概率)未知的情形。在这种情况下，可以采用最小最大决策。最小最大一词指的是使最大期望损失或最大错误率最小。这里仅讨论最小错误概率下的两类问题。

最小错误贝叶斯决策规则对决策域 $\Omega_1$ 和 $\Omega_2$ 的定义如下：

$$\text{若 } p(\boldsymbol{x}|\omega_1)p(\omega_1) > p(\boldsymbol{x}|\omega_2)p(\omega_2),\quad \text{则 } \boldsymbol{x}\in\Omega_1 \tag{1.16}$$

贝叶斯最小错误

$$e_B = p(\omega_2)\int_{\Omega_1}p(\boldsymbol{x}|\omega_2)\,\mathrm{d}\boldsymbol{x} + p(\omega_1)\int_{\Omega_2}p(\boldsymbol{x}|\omega_1)\,\mathrm{d}\boldsymbol{x} \tag{1.17}$$

其中，$p(\omega_2)=1-p(\omega_1)$。

对固定的决策域 $\Omega_1$ 和 $\Omega_2$，$e_B$ 是 $p(\omega_1)$ 的线性函数(记为函数 $\tilde{e}_B$)，该函数在 $[0, 1]$ 区间的 $p(\omega_1)=0$ 或 $p(\omega_1)=1$ 处取得最大值。然而，根据贝叶斯决策规则(1.16)，区域 $\Omega_1$ 和 $\Omega_2$ 也取决于 $p(\omega_1)$，这使 $e_B$ 对 $p(\omega_1)$ 的依赖性更复杂，且不一定是单调的。

如果 $\Omega_1$ 和 $\Omega_2$ 一定[对某些特定的 $p(\omega_i)$，由式(1.16)决定]，则式(1.17)所界定的错误仅是关于 $p(\omega_1)$ 某一特定值的贝叶斯最小错误，将该特定值记为 $p_1^*$(见图 1.9)。

对于其他的 $p(\omega_1)$，式(1.17)的取值一定大于这个最小错误。因此，最优的曲线将与 $p_1^*$ 点切线相切并从此点下凹。

最小最大过程的目的是选择 $\Omega_1$，$\Omega_2$ 的划分，或等价于选择 $p(\omega_1)$ 的值，以使发生在未知 $p(\omega_i)$ 的测试集上的最大错误最小。例如，在图 1.9 中，如果分隔点选在 $p_1^*$ 处，那么最大错误将在 $p(\omega_1)$ 等于 1 处达到最大值 $b$。最小最大过程的目标是使这个最大值最小，也就是使

$$\max\{\tilde{e}_B(0), \tilde{e}_B(1)\}$$

最小，或者使

$$\max\left\{\int_{\Omega_2}p(\boldsymbol{x}|\omega_1)\,\mathrm{d}\boldsymbol{x},\ \int_{\Omega_1}p(\boldsymbol{x}|\omega_2)\,\mathrm{d}\boldsymbol{x}\right\}$$

最小。当

$$\int_{\Omega_2} p(\boldsymbol{x}|\omega_1)\,\mathrm{d}\boldsymbol{x} = \int_{\Omega_1} p(\boldsymbol{x}|\omega_2)\,\mathrm{d}\boldsymbol{x} \tag{1.18}$$

时，此值最小。此时，$a = b$，直线 $\tilde{e}_B(p(\omega_1))$ 呈水平态且与贝叶斯最小错误曲线的峰点相切。

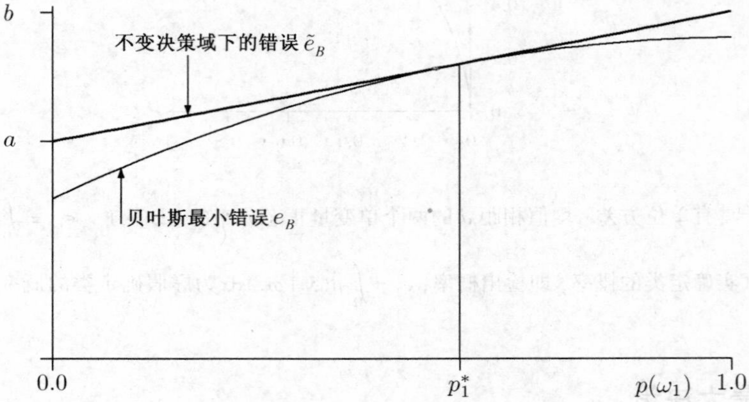


图 1.9　最小最大示意图

因此，选择区域 $\Omega_1$ 和 $\Omega_2$ 使两类错误的概率相同。可以将最小最大解看成最不利的解，因为该解是相对于最不利先验分布的贝叶斯解。上述对策也可用于使最大风险最小化，在这种情况下，风险成为

$$\int_{\Omega_1} [\lambda_{11} p(\omega_1|\boldsymbol{x}) + \lambda_{21} p(\omega_2|\boldsymbol{x})]\, p(\boldsymbol{x})\mathrm{d}\boldsymbol{x} + \int_{\Omega_2} [\lambda_{12} p(\omega_1|\boldsymbol{x}) + \lambda_{22} p(\omega_2|\boldsymbol{x})]\, p(\boldsymbol{x})\mathrm{d}\boldsymbol{x}$$

$$= p(\omega_1)\left[\lambda_{11} + (\lambda_{12} - \lambda_{11}) \int_{\Omega_2} p(\boldsymbol{x}|\omega_1)\mathrm{d}\boldsymbol{x}\right] + p(\omega_2)\left[\lambda_{22} + (\lambda_{21} - \lambda_{22}) \int_{\Omega_1} p(\boldsymbol{x}|\omega_2)\mathrm{d}\boldsymbol{x}\right]$$

决策边界必须满足

$$\lambda_{11} - \lambda_{22} + (\lambda_{12} - \lambda_{11}) \int_{\Omega_2} p(\boldsymbol{x}|\omega_1)\,\mathrm{d}\boldsymbol{x} - (\lambda_{21} - \lambda_{22}) \int_{\Omega_1} p(\boldsymbol{x}|\omega_2)\,\mathrm{d}\boldsymbol{x} = 0$$

如果 $\lambda_{11} = \lambda_{22}$ 且 $\lambda_{21} = \lambda_{12}$，上式就简化为式(1.18)。

### 1.5.7　讨论

本节介绍了模式分类的决策理论和方法。该方法将测量空间分割成若干个决策域，有多种获得决策域边界的对策。最优规则使分类错误最小，属于最小错误贝叶斯决策规则。错误分类代价的引入导致了最小风险贝叶斯决策规则。这些理论均假定先验概率和类条件概率分布已知。但实际情况并非如此。因此，在已有数据的基础上，需要进行必要的近似和估计，第 2 章至第 4 章将讨论估计分布的方法。与贝叶斯方法决策规则相对应，还有另外两个规则即 Neyman-Pearson 决策规则(通常应用于信号的处理)和最小最大决策规则。两者均需要已知类条件概率密度函数。受试者工作特性曲线能够描述似然比阈值变化范围内的规则特性。

可以看出，在制定决策和评价分类器性能的时候，错误率起着相当重要的作用。因此，在统计模式识别中，估计错误率是十分重要的问题。一旦决策域给定且固定不变，便可用

式(1.5)计算错误率。如果决策域根据贝叶斯决策规则[见式(1.2)]确定，则错误率就是贝叶斯错误率，即最小错误率。不论决策域如何选定，错误率都将是评价所选决策规则性能的重要指标。

贝叶斯错误率[见式(1.8)]要求类条件概率密度函数的全部知识。在特定环境下，这些知识往往未知，这时可以以样本训练集为基础进行分类器的设计。即利用给定的训练集，估计概率分布(使用第 2 章和第 3 章介绍的一些方法)，再用这个分布，进行贝叶斯决策并由式(1.5)估计其错误率。

然而，即使对分布有了准确的估计，错误率的计算仍需要在多维空间上进行积分，可以证明该项工作相当棘手。另外可供选择的方法是获取最优错误率的范围或者自由分布的估计。第 9 章将对错误率估计方法展开进一步的讨论。

## 1.6　判别函数

### 1.6.1　引言

上一节讲述的运用贝叶斯决策规则获得分类的方法，需要已知类条件概率密度函数 $p(\boldsymbol{x} \mid \omega_i)$(例如用数据估计正态分布的参数，见第 2 章)或者采用非参数密度估计的方法(例如核密度估计，见第 4 章)。前一节假定 $p(\boldsymbol{x} \mid \boldsymbol{\omega}_i)$ 已知，本节假定判别函数的形式已知。

判别函数是模式 $\boldsymbol{x}$ 的函数，由其可以导出分类规则。例如，在两类问题中，判别函数为 $h(\boldsymbol{x})$，分类规则为

$$\begin{aligned} h(\boldsymbol{x}) > k \Rightarrow x \in \omega_1 \\ h(\boldsymbol{x}) < k \Rightarrow x \in \omega_2 \end{aligned} \tag{1.19}$$

$k$ 为常数；当 $h(\boldsymbol{x}) = k$ 时，$\boldsymbol{x}$ 可被随机地分到任何一类。两类问题的最优判别函数为

$$h(\boldsymbol{x}) = \frac{p(\boldsymbol{x}|\omega_1)}{p(\boldsymbol{x}|\omega_2)}$$

$k = p(\omega_2)/p(\omega_1)$。判别函数并不是唯一的，如果 $f$ 是单调函数，那么

$$g(\boldsymbol{x}) = f(h(x)) > k' \Rightarrow x \in \omega_1$$
$$g(\boldsymbol{x}) = f(h(x)) < k' \Rightarrow x \in \omega_2$$

其中，$k' = f(k)$，所导出的决策与式(1.19)相同。

在 $C$ 类情况下，需要定义 $C$ 个判别函数 $g_i(\boldsymbol{x})$，以使

$$g_i(\boldsymbol{x}) > g_j(\boldsymbol{x}) \Rightarrow \boldsymbol{x} \in \omega_i, \quad j = 1, \cdots, C, j \neq i$$

即样本被分到判别函数取值最大的那个类。当然，对于两类问题，可以形成单一的判别函数

$$h(\boldsymbol{x}) = g_1(\boldsymbol{x}) - g_2(\boldsymbol{x})$$

这时，$k = 0$。由此简化为适于两类问题的式(1.19)。

再者，可以把最优判别函数定义为

$$g_i(\boldsymbol{x}) = p(\boldsymbol{x}|\omega_i)p(\omega_i)$$

由此可导出贝叶斯决策规则。如同两类问题，对于多类问题，同一个决策可能有多个不同形式的判别函数。

上一节的方法和本节谈到的判别函数法的本质区别在于：判别函数的形式是选定的，不是在内在分布的基础上提出来的。判别函数形式的选择可能取决于待分类样本的先验知识，或

者就是一种特定的函数形式，函数的参数有待在训练过程中进行调整。判别函数有简有繁、形式多样。其中，最简单的判别函数取线性形式，这时 $g$ 只是 $x_i$ 的线性组合，复杂的判别函数多指多参数非线性形式，例如多层感知器。

判别问题也可以视为回归(见1.7节)问题，这时因变量 $y$ 为类别指示器，回归量为样本向量。许多判别函数模型都会引发对 $E(y\mid \boldsymbol{x})$ 的估计，这正好是回归分析的目的(虽然在回归分析中，$y$ 不一定是类别指示器)，因此将要讨论的许多优化判别函数的方法也同样适用于回归问题。实际上，从第10章的特征提取和第11章的聚类可以发现，模式识别和统计学使用许多相同的方法，只是名称不同而已。

### 1.6.2 线性判别函数

首先，考虑判别函数中，函数是 $\boldsymbol{x}=(x_1, \cdots, x_p)^{\mathrm{T}}$ 的各分量的线性组合的情况：

$$g(\boldsymbol{x})=\boldsymbol{w}^{\mathrm{T}}\boldsymbol{x}+w_0=\sum_{i=1}^{p}w_i x_i+w_0 \tag{1.20}$$

这是一个线性判别函数，在其权值向量 $\boldsymbol{w}$ 和阈值权 $w_0$ 确定之后便可得到具体函数。式(1.20)是一个超平面方程，其单位法向量取 $\boldsymbol{w}$ 的方向，到原点的垂直距离为 $|w_0|/|\boldsymbol{w}|$。对样本 $\boldsymbol{x}$ 来说，判别函数的值就是其到超平面的垂直距离(见图1.10)。

假定类密度遵循具有等协方差阵的正态分布，便可以得到线性判别函数(见第2章)，另外，也可以不做任何分布规律的假设，而令判别函数取线性形式，然后求解其参数(见第5章)。

使用线性判别函数的模式分类器称为线性机(linear machine)(Nilsson，1965)，它的一个重要特例是最小距离分类器(minimum-distance classifier)。设给定的原型点 $\boldsymbol{p}_1, \cdots, \boldsymbol{p}_C$ 分别属于 $\omega_1, \cdots, \omega_C$ 类，则最小距离分类器将把最靠近原型点 $\boldsymbol{p}_i$ 的样本 $\boldsymbol{x}$ 归入 $\omega_i$ 类，两者欧氏距离的平方为

$$|\boldsymbol{x}-\boldsymbol{p}_i|^2=\boldsymbol{x}^{\mathrm{T}}\boldsymbol{x}-2\boldsymbol{x}^{\mathrm{T}}\boldsymbol{p}_i+\boldsymbol{p}_i^{\mathrm{T}}\boldsymbol{p}_i$$

用 $\boldsymbol{x}^{\mathrm{T}}\boldsymbol{p}_i-\dfrac{1}{2}\boldsymbol{p}_i^{\mathrm{T}}\boldsymbol{p}_i$ 计算出 $C$ 个结果，并选择其最大值，即可得到最小距离分类。这时，线性判别函数为

$$g_i(\boldsymbol{x})=\boldsymbol{w}_i^{\mathrm{T}}\boldsymbol{x}+w_{i0}$$

其中，

$$\boldsymbol{w}_i=\boldsymbol{p}_i$$

$$w_{i0}=-\frac{1}{2}|\boldsymbol{p}_i|^2$$

可见，最小距离分类器就是一个线性机。如果原型点 $\boldsymbol{p}_i$ 是类均值，则得到的就是最近类均值分类器。最小距离分类器的决策域如图1.11所示。决策域的每条边界均是相邻区域原型点之间连线的中垂线。同时注意到，决策域是凸域(即区域内任意两点的连线完全位于区域内)。实际上，线性机的决策域总是凸域。因此图1.12所示两类问题尽管可分，却不能用线性机来分类。这时特别需要更一般的判别函数：分段线性判别函数和广义线性判别函数。

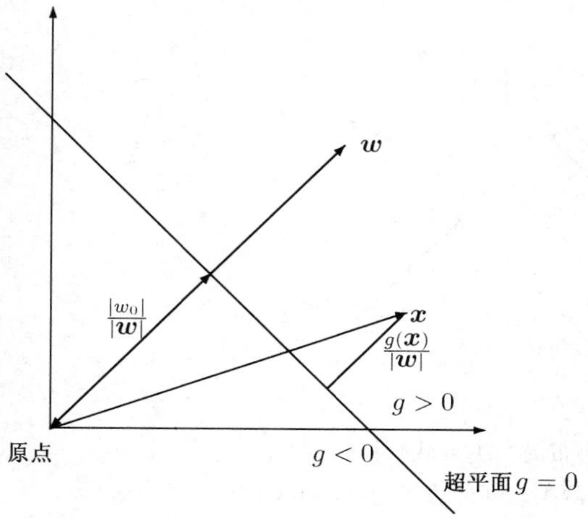


图 1.10　由式(1.20)定义的线性判别函数的几何示意

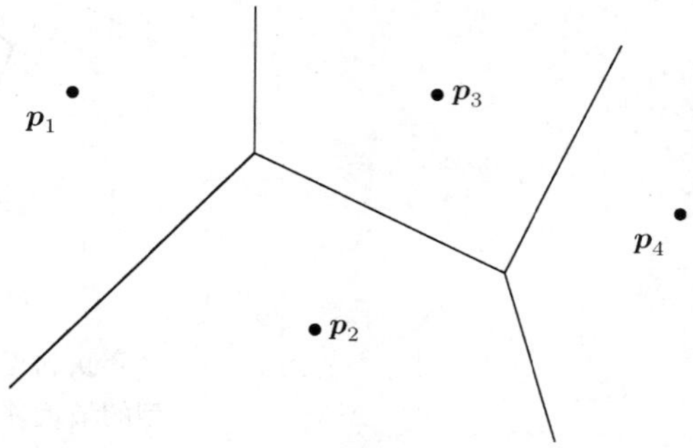


图 1.11　最小距离分类器的决策域

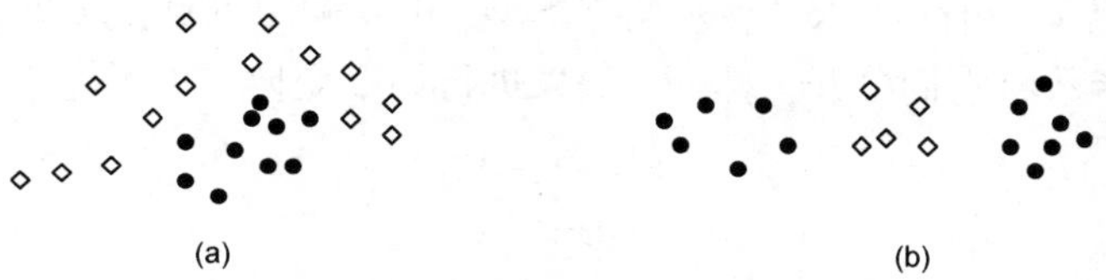


图 1.12　不能用线性判别函数将各组分离的两个例子

## 1.6.3　分段线性判别函数

分段线性判别函数是最小距离分类器的推广，适用于每类有多个原型点的情况。假定 $\omega_i$ 类有 $n_i$ 个原型 $\boldsymbol{p}_i^1$，…，$\boldsymbol{p}_i^{n_i}$，$i=1$，…，$C$，则 $\omega_i$ 类的判别函数定义如下：

$$g_i(\boldsymbol{x}) = \max_{j=1,\cdots,n_i} g_i^j(\boldsymbol{x})$$

其中，$g_i^j$ 作为辅助的线性判别函数，由下式给出：

$$g_i^j(\boldsymbol{x}) = \boldsymbol{x}^{\mathrm{T}}\boldsymbol{p}_i^j - \frac{1}{2}\boldsymbol{p}_i^{j\mathrm{T}}\boldsymbol{p}_i^j, \qquad j=1,\cdots,n_i; i=1,\cdots,C$$

样本 $\boldsymbol{x}$ 被分到 $g_i(\boldsymbol{x})$ 最大的那个类，也就是被分到最近的原型点向量所属的类。这将空间划分为 $\sum_{i=1}^{C} n_i$ 个狄利克雷(Dirichlet)棋盘形布局的区域。如果将训练集中的每个样本都作为一个原型向量，则得到第 4 章中讲到的最近邻决策规则。这时的判别函数将形成一个分段线性的决策边界(见图 1.13)。

我们可以用训练集的子集而不是整个训练集来作为原型。第 4 章讲述了减少原型向量数量的方法(剪辑和压缩)以及最近邻算法，同时还可能用到聚类方法。

## 1.6.4　广义线性判别函数

广义线性判别函数，也称为 $\boldsymbol{\phi}$ 工作机( $\boldsymbol{\phi}$ machine)(Nilsson，1965)，具有如下形式：

$$g(\boldsymbol{x}) = \boldsymbol{w}^{\mathrm{T}}\boldsymbol{\phi} + w_0$$

其中 $\boldsymbol{\phi}$ 是 $\boldsymbol{x}$ 的向量函数，记为 $\boldsymbol{\phi} = (\phi_1(\boldsymbol{x}), \cdots, \boldsymbol{\phi}_D(\boldsymbol{x}))^{\mathrm{T}}$。如果变量个数 $D=p$ 且 $\phi_i(\boldsymbol{x}) = x_i$，则 $g(x)$ 就是线性判别函数。

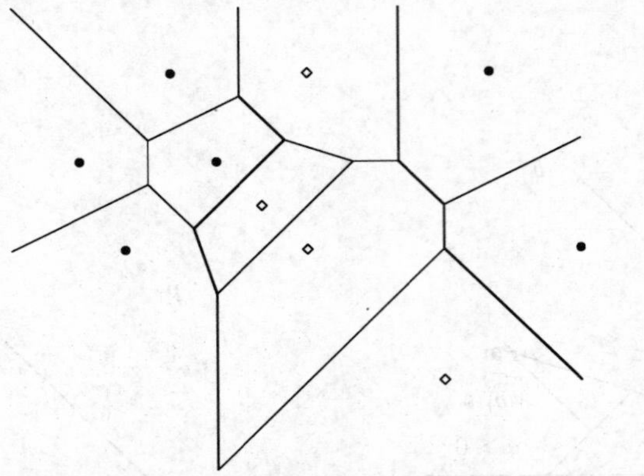

图 1.13 具有狄利克雷棋盘形布局的决策域(关于一组原型的最近邻区域)及两类之间的决策边界(粗线)

广义判别函数是 $\phi_i$ 的线性函数，而不是原始测量值 $x_i$ 的线性函数。以图 1.14 中的两类问题为例，图中，符号"•"和符号"◇"表示两个类型，由左侧图可见，这两个类是可分离的，但却不能用线性判别函数将它们分开。然而，如果进行如下变换：

$$\phi_1(\boldsymbol{x}) = x_1^2$$

$$\phi_2(\boldsymbol{x}) = x_2$$

就可以在 $\phi$ 空间上用一条直线将这两个不同的类分离，如右侧图所示。类似地，可以将原始空间上不相交的可分离的类变换到 $\phi$ 空间，使得在 $\phi$ 空间上能够用线性判别函数将它们分离。

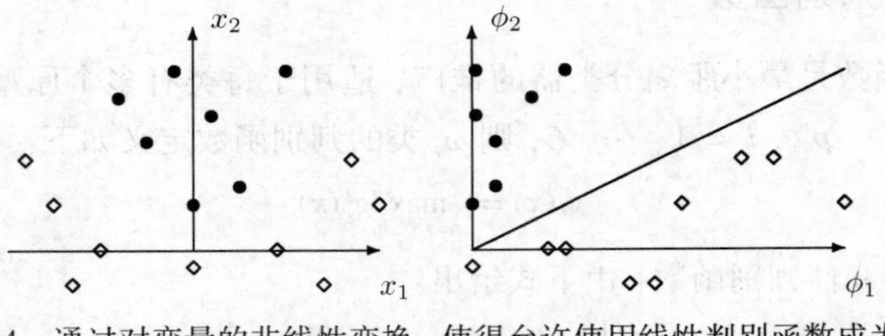


图 1.14 通过对变量的非线性变换，使得允许使用线性判别函数成为可能

这样一来，问题被简单化为：选择一个合适的函数 $\phi_i(\boldsymbol{x})$，再使用线性判别函数将各类分离。问题是，如何选择 $\phi_i$ 呢？表 1.1 给出了一些具体的例子。

**表 1.1 判别函数 $\phi$**

| 判别函数 | $\phi_i(\boldsymbol{x})$ 的数学描述 | |
|---|---|---|
| 线性 | $\phi_i(\boldsymbol{x}) = x_i$ | $i = 1, \cdots, p$ |
| 二次型 | $\phi_i(\boldsymbol{x}) = x_{k_1}^{l_1} x_{k_2}^{l_2}$ | $i = 1, \cdots, (p+1)(p+2)/2 - 1$<br>$l_1, l_2 = 0$ 或 1，但不同时为 0；<br>$k_1, k_2 = 1, \cdots, p$ |
| $v$ 阶多项式 | $\phi_i(\boldsymbol{x}) = x_{k_1}^{l_1} \cdots x_{k_v}^{l_v}$ | $i = 1, \cdots, \binom{p+v}{v} - 1$<br>$l_1, \cdots, l_v = 0$ 或 1，$l_i$ 不同时为 0；<br>$k_1, \cdots, k_v = 1, \cdots, p$ |
| 径向基函数 | $\phi_i(\boldsymbol{x}) = \phi(\lvert \boldsymbol{x} - \boldsymbol{v}_i \rvert)$ | $\phi$ 为函数，$\boldsymbol{v}_i$ 为中心 |
| 多层感知器 | $\phi_i(\boldsymbol{x}) = f(\boldsymbol{x}^{\mathrm{T}}\boldsymbol{v}_i + v_{i0})$ | $f(z) = 1/(1 + \exp(-z))$，$\boldsymbol{v}_i$ 为方向向量，$v_{i0}$ 为偏移量，$f$ 为 logistic 函数 |

显然，随着用来作为基本集的函数数量的增长，借助有限的训练集所需确定的参数数量也会相应增长。对于一个完全的二次判别函数来讲，项数 $D = (p+1)(p+2)/2$，则 $C$ 类问题就有 $C(p+1)(p+2)/2$ 个参数需要估计，这时需要使用约束和“正则化”模型以确保不出现过度拟合。

可用一组参数形式相同但取值不同的函数代替一组不同的函数，即

$$\phi_i(\boldsymbol{x}) = \phi(\boldsymbol{x}; \boldsymbol{v}_i)$$

其中 $\boldsymbol{v}_i$ 是一组参数。该函数的形式取决于变量 $\boldsymbol{x}$ 与参数 $\boldsymbol{v}$ 的组合方法。如果

$$\phi(\boldsymbol{x}; \boldsymbol{v}) = \phi(|\boldsymbol{x} - \boldsymbol{v}|)$$

即 $\phi$ 仅是 $\boldsymbol{x}$ 与权向量 $\boldsymbol{v}$ 之差的绝对值的函数，则所形成的判别函数称为径向基函数(radial basis function)。此外，如果 $\phi$ 是两个向量数积的函数

$$\phi(\boldsymbol{x}; \boldsymbol{v}) = \phi(\boldsymbol{x}^{\mathrm{T}}\boldsymbol{v} + v_0)$$

则判别函数称为多层感知器，也称为投影寻踪模型。径向基函数和多层感知器可以用在回归分析中。

在其后的例子中，判别函数不再是参数的线性函数。相对于径向基函数和多层感知器模型的具体形式的 $\phi$ 将在第 6 章中讨论。

### 1.6.5　小结

在多类问题中，样本 $\boldsymbol{x}$ 被分到使判别函数取值最大的那个类。线性判别函数用超平面对特征空间进行划分，超平面的方向由权向量 $\boldsymbol{w}$ 决定，超平面距原点的距离由权阈值 $w_0$ 决定。线性判别函数产生的决策域是凸决策域。

分段线性判别函数适用于非凸决策域和分离的决策域，它的特殊情形是最近邻分类器和最近类均值分类器。

具有固定函数 $\phi_i$ 的广义线性判别函数是其参数的线性函数。决策区域允许为非凸决策区域和多连通决策区域(选择合适的 $\phi_i$)。径向基函数和多层感知器可认为是具有灵活函数 $\phi_i$ 的广义线性判别函数，其参数需由训练集来确定。

从分类错误最小的意义上讲，贝叶斯决策规则是最优的决策规则，而且由于判别函数具有足够的灵活性，原则上应该能够获得最优的分类器性能。但是，这将受限于有限的训练样本数，而且一旦考虑 $\phi_i$ 的参数形式，线性函数计算简单容易的优势将不复存在。

## 1.7　多重回归

本书讲述的许多技术和方法都和回归问题有关。回归是研究因变量(或响应)$Y$ 和自变量(或预测) $X_1, \cdots, X_p$ 之间关系的过程。回归函数表示关于 $X_1, \cdots, X_p$ 及模型参数 $Y$ 的期望值。回归是统计模式识别的重要部分，尽管本书的重点是识别，但有时也会给出有关回归性问题的实际例子。

识别问题本身是试图对一个变量(类变量)值进行预报，该变量由一组自变量(样本向量 $\boldsymbol{x}$)的测量值给定。这种情况下，响应变量是类变量。

回归分析涉及对响应变量均值的预测，该响应变量具有关于预测变量的多个测量值。假定其模型形式如下：

$$E[y|\boldsymbol{x}] \triangleq \int yp(y|\boldsymbol{x})\mathrm{d}y = f(\boldsymbol{x}; \boldsymbol{\theta})$$

其中，$f$ 是测量值 $\boldsymbol{x}$ 和 $\boldsymbol{\theta}$ 的函数(可能是非线性的)，$\boldsymbol{\theta}$ 是 $f$ 的一组参数。例如

$$f(\boldsymbol{x};\boldsymbol{\theta})=\theta_0+\boldsymbol{\theta}^{\mathrm{T}}\boldsymbol{x}$$

其中 $\boldsymbol{\theta}=(\theta_1,\cdots,\theta_p)^{\mathrm{T}}$ 是参数和变量的线性模型，而

$$f(\boldsymbol{x};\boldsymbol{\theta})=\theta_0+\boldsymbol{\theta}^{\mathrm{T}}\boldsymbol{\phi}(\boldsymbol{x})$$

其中 $\boldsymbol{\theta}=(\theta_1,\cdots,\theta_D)^{\mathrm{T}}$，$\boldsymbol{\phi}=(\phi_1(x),\cdots,\phi_D(x))^{\mathrm{T}}$ 是 $\boldsymbol{x}$ 的非线性函数向量，对参数来讲是线性的，但对变量来讲却是非线性的。线性回归指的是回归模型，其参数是线性的，但变量则不一定是线性的。

图 1.15 是对若干虚拟数据的回归梗概图。对 $x$ 的每个取值，都有一个 $y$ 的数据群，该数据群随 $x$ 变化。图中实线连接着条件均值 $E[y\,|\,x]$，是回归线，回归线两侧的虚线表示条件分布的范围(与均值的标准偏差为 ±1)。

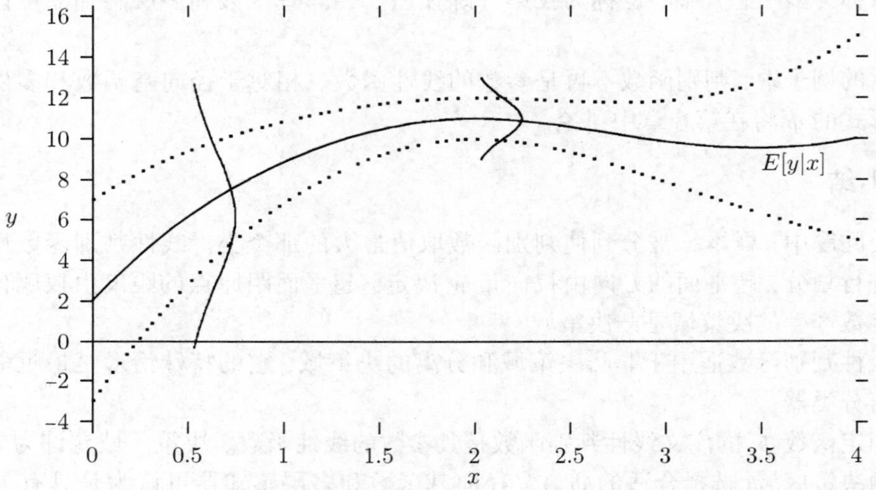


图 1.15 虚线表示正态分布误差项的条件分布范围，实线是其总体回归线

设响应变量测量值与响应变量的条件期望的差值(通常称为误差或残差)

$$\epsilon_i=y_i-E[y|\boldsymbol{x}_i]$$

是一个不可观测的随机变量。通常假设该误差按正态分布：

$$p(\epsilon)=\frac{1}{\sqrt{(2\pi)}\sigma}\exp\left(-\frac{1}{2}\frac{\epsilon^2}{\sigma^2}\right)$$

即

$$p(y_i|\boldsymbol{x}_i,\boldsymbol{\theta})=\frac{1}{\sqrt{(2\pi)}\sigma}\exp\left(-\frac{1}{2\sigma^2}(y_i-f(\boldsymbol{x}_i;\boldsymbol{\theta}))^2\right)$$

给定数据 $\{(y_i,\boldsymbol{x}_i),i=1,\cdots,n\}$，模型参数 $\boldsymbol{\theta}$ 的极大似然估计是使

$$p(\{(y_i,\boldsymbol{x}_i)\}|\boldsymbol{\theta})$$

最大。假定样本相互独立，这时等价于所确定的 $\boldsymbol{\theta}$ 值，使通常用到的最小平方误差

$$\sum_{i=1}^{n}(y_i-f(\boldsymbol{x}_i;\boldsymbol{\theta}))^2 \tag{1.21}$$

最小(见本章末的习题)。

对于线性模型如何估计其参数，将在第 5 章讨论。

## 1.8　本书梗概

本书目的是对统计模式识别的方法进行全面阐述，重点放在识别和分类的方法与算法上。近年来，多元分析方法有了进一步的发展，识别和分类的非参数方法更是获得了长足的进步，包括用于分类的核方法；模式识别技术还要应用于以网络数据为代表的复杂数据集。本书将这些方法作为多年来发展起来的基本方法的扩充。

本章介绍了统计模式识别的一些基本方法，可在本书的网站找到关于概率论和数据分析的补充材料。

第2章至第4章讲述借助贝叶斯准则和对类条件密度函数的估计进行有监督分类的基本方法。第2章介绍基于正态分布的模型，第3章论述模型参数可以是不确定的分类模型。第4章研究密度估计的非参数方法。

第5章至第7章讲述有监督分类的判别函数方法。第5章介绍线性判别函数算法。第6章论述构建非线性判别函数的基于径向基核函数的方法、支持向量机的方法、基于投影的方法和多层感知器神经网络。第7章介绍语义规则判别方法，以适于需要洞悉分类全过程的那些应用。

第8章引入组合分类器的概念，并讨论"分类器的整体效果能否改善?"当一些分类器在一部分数据空间的性能优良，而其他分类器则在另一部分数据空间的性能优良时，"应该如何将这些分类器组织起来?"等问题。

第9章涉及到对分类器性能评价的重要话题。即审视你所设计的分类器是否优秀，你所采用的方法与其他方法相比具有怎样的优势。

第10章和第11章所谈内容涉及探索性数据分析的问题。第10章介绍特征选择和特征提取的方法，这些方法可以是线性的，也可以是非线性的。第11章讨论无监督分类，即聚类。第12章考虑到被表示为复杂网络的数据集的问题，本书还给出了涉及这种数据集分析技术的部分模式识别类的参考文献。

最后一章即第13章提到关于模式识别的一些补充话题，其中包括模型选择。

## 1.9　提示及参考文献

从20世纪60年代开始，人们对自动模式识别技术的兴趣不断增长。到20世纪70年代早期，就出现了很多这方面的著作，其中有些至今仍然相当适用，有些进行了修订和再次发行。近来又出现了详细叙述模式识别发展的书籍，特别是介绍神经网络方法和核方法方面的书籍。

Hand(1981a)对统计模式识别进行了较好的介绍。或许现在这本书有些过时，但它从统计学的观点介绍识别和分类的方法，内容易读，值得推荐。统计模式识别的两本主要教材是Fukunaga(1990)和Devijver and Kittler(1982)。Fukunaga的书重点放在工程方面，该书对模式识别的一些重要观点进行了全面的论述，并附有许多例子、计算机类的课题及一些问题。Devijver和Kittler的书详细介绍了最近邻决策规则以及特征选择和特征提取，对于统计模式识别的其他重要领域也做了相应阐述。书中包含详细的数学方法和算法，并在有些领域进行了深入探讨。

另一本重要教材是Duda et al.(2001)，近期做了修订。该书全面介绍了模式识别的主要论题，涵盖了近年来的发展。Young and Calvert(1974)，Tou and Gonzales(1974)及Chen(1973)

都是重要的参考材料。此外, Andrews(1972)在数学处理方面给出了精彩的论述, Therrien(1989)则是一本大学本科教材。

多本书介绍了“神经网络”在模式识别中的发展及其与较传统方法的关系, 其中 Haykin (1994)提供了神经网络的综述; Bishop(1995)从统计模式识别的角度对神经网络进行了很好的介绍; Ripley(1996)从统计学框架对模式识别进行了全面的论述, 该书包括神经网络方法、机器学习领域里的方法、统计学方法的新进展以及传统模式识别方法的新发展, 同时该书还对从实际经验中获得的技术进行了有价值的分析; Hastie et al. (2001)全面描述了模式识别的现代方法; 其他值得一提的还有 Schalkoff(1992)和 Pao(1989)。

Bishop (2007)对模式识别, 尤其是对贝叶斯计算方法的最新进展及其细节进行了精彩论述。

Theodoridis and Koutroumbas (2009)对模式识别的问题进行通盘考虑, 这一点与本书类似。但该书更多地强调无监督方法, 且其每一章均支持 MATLAB 代码, 这一做法在 Nabney(2001), Theodoridis et al. (2010) 和 van der Heiden et al. (2004)中也能见到。

Hand(1997)对模式识别技术及其用于判别的核心思想进行了简略介绍, 重点论述了各分类器的比较和评价。

McLachlan(1992a)的书讲述了判别分析和模式识别的更为专业的方法。这是一本非常好的书。该书不是对问题仅做一般性介绍, 而是对判别分析的近期进展及尖端发展进行综合论述。这本书从统计学角度编写, 对于统计模式识别的理论和实践具有重要的指导意义, 是从事该领域工作者的有较高价值的参考用书。

在 Statlog 工程(Statlog project)中, Michie et al. (1994)分册提供了对模式识别方法(统计学方法、神经网络方法和机器学习方法)的比较。给出了相关方法的技术性描述, 同时提供了在广泛范围内应用这些方法的结果, 其中所做的最广范围内的比较性研究, 涉及对 20 个数据集采用的 20 种以上的分类方法。

数据挖掘类的书籍常常对模式识别(包括有监督分类和无监督分类)有着不错的论述, 这方面的书籍有 Tan et al. (2005), Witten and Frank(2005)和 Han and Kamber(2006)。

还有很多涉及模式识别的其他书籍。其中有些只介绍模式识别特定的部分, 如聚类, 本书将在合适的章节加以引用。此外, 很多关于多元分析的教材也讲到识别和分类, 具有重要的参考价值, 可在本书的很多地方见到对它们的引用。还有一些应用于专业性领域的模式识别书籍, 例如医疗成像(Meyer-Baese, 2003)和取证(Keppel et al., 2006)。

## 习题

在一些习题中, 有必要从均值为 $\boldsymbol{\mu}$, 协方差矩阵为 $\boldsymbol{\Sigma}$ 的多元密度中产生样本。许多软件包提供这个程序。然而, 从单位方差和零均值的正态分布中产生样本是一件相对容易的事(Press et al., 1992)。给定样本向量 $\boldsymbol{Y}_i$, 则向量 $\boldsymbol{U}\boldsymbol{\Lambda}^{1/2}\boldsymbol{Y}_i+\boldsymbol{\mu}$ 便具有所需分布, 其中 $\boldsymbol{U}$ 是协方差矩阵的特征向量矩阵, $\boldsymbol{\Lambda}^{1/2}$ 是对角阵, 其对角线元素等于协方差矩阵特征值的平方根。

1. 假定有两个按多元正态分布的类

$$p(\boldsymbol{x}|\omega_i)=\frac{1}{(2\pi)^{p/2}|\boldsymbol{\Sigma}_i|^{1/2}}\exp\left\{-\frac{1}{2}(\boldsymbol{x}-\boldsymbol{\mu}_i)^{\mathrm{T}}\boldsymbol{\Sigma}_i^{-1}(\boldsymbol{x}-\boldsymbol{\mu}_i)\right\}$$

   其均值分别为 $\boldsymbol{\mu}_1$ 和 $\boldsymbol{\mu}_2$, 协方差阵相等 $\boldsymbol{\Sigma}_1=\boldsymbol{\Sigma}_2=\boldsymbol{\Sigma}$。证明特征向量 $\boldsymbol{x}$ 的对数似然比是线性的, 并求出决策边界的方程。

2. 对比例为 $\alpha$ 的更一般的情况(习题 1 中的正态分布类): $\boldsymbol{\Sigma}_1=\alpha\boldsymbol{\Sigma}_2$, 求其决策边界方程。特别是, 对两个单

变量分布 $N(0, 1)$ 和 $N(1, 1/4)$，证明其中一个的决策域是有界的，并求其范围。

3. 设习题 1 中的分布，损失矩阵为

$$\boldsymbol{\Lambda}=\begin{pmatrix}0 & 2\\ 1 & 0\end{pmatrix}$$

求其最小风险决策边界方程。

4. 假定有两个多变量正态分布类 $\omega_1$ 和 $\omega_2$，其中 $\omega_2$ 的均值为 $(-1, 0)^T$，$\omega_1$ 的均值为 $(1, 0)^T$，且具有单位协方差阵。对给定的似然比阈值 $\mu$ [见式(1.14)]，用 Neyman-Pearson 规则求决策域 $\Omega_1$ 和 $\Omega_2$。

5. 假定有 3 个具有单位协方差矩阵的二元正态分布类 $\omega_1$，$\omega_2$ 和 $\omega_3$，其均值分别为 $(-2, 0)^T$，$(0, 0)^T$ 和 $(0, 2)^T$。证明决策边界是分段线性的。现将 $\omega_1$ 和 $\omega_3$ 混合后定义为类 A：

$$p_A(\boldsymbol{x}) = 0.5p(\boldsymbol{x}|\omega_1) + 0.5p(\boldsymbol{x}|\omega_3)$$

将类 B 定义为具有单位协方差阵，均值为 $(a, b)^T$ 的二元正态分布，求贝叶斯决策边界方程，并标记在什么情况下该方程是分段线性的。

6. 假定有两个具有相同先验概率的均匀分布

$$p(x|\omega_1)=\begin{cases}1 & 0\leqslant x\leqslant 1\\ 0 & 其他\end{cases}$$

$$p(x|\omega_2)=\begin{cases}\frac{1}{2} & \frac{1}{2}\leqslant x\leqslant \frac{5}{2}\\ 0 & 其他\end{cases}$$

证明其拒绝函数是

$$r(t)=\begin{cases}\frac{3}{8} & 0\leqslant t\leqslant \frac{1}{3}\\ 0 & \frac{1}{3}\leqslant t\leqslant 1\end{cases}$$

利用积分式(1.10)计算错误率。

7. 拒绝选择。假定有两个正态分布的类，其均值为 $x = 1$ 和 $x = -1$，具有单位方差，$p(\omega_1) = p(\omega_2) = 0.5$。产生一个测试集(不使用类别标签)并用其估计拒绝率，拒绝率是阈值 $t$ 的函数，再对非拒绝率进行估计。将上述结果与基于有标签测试集的估计进行比较。这种方法用于未知真实分布，而又必须对其密度进行估计的场合，试对该方法进行评价。

8. 半径为 $r$ 的 $p$ 维球形面积 $S_p$ 为

$$S_p=\frac{2\pi^{\frac{p}{2}}r^{p-1}}{\Gamma(p/2)}$$

其中，$\Gamma$ 是伽马(gamma)函数，$\Gamma(1/2) = \pi^{1/2}$，$\Gamma(1) = 1$，$\Gamma(x+1) = x\Gamma(x)$。证明从均值为零，协方差矩阵为 $\sigma^2\boldsymbol{I}$($\boldsymbol{I}$ 为单位矩阵)的正态分布中抽取样本 $\boldsymbol{x}$，$|\boldsymbol{x}|\leqslant R$ 的概率为

$$\int_0^R S_p(r)\frac{1}{(2\pi\sigma^2)^{p/2}}\exp\left(-\frac{r^2}{2\sigma^2}\right)\mathrm{d}r$$

对 $R = 2\sigma$ 和 $p = 1, \cdots, 10$，用数估计之。对高维空间里的正态样本的分布，该结果说明了什么？

9. 在两类问题中，设 $\omega_1$ 类中的样本被错分的代价为 $C_1$，$\omega_2$ 类中的样本被错分的代价为 $C_2$，证明使风险最小的 ROC 曲线上的点的梯度为

$$\frac{C_2p(\omega_2)}{C_1p(\omega_1)}$$

10. 证明：在正态分布残差的假设前提下，线性模型参数的最大似然解等价于使误差平方和式(1.21)最小。

# 第 2 章　密度估计的参数法

可以通过直接估计类条件密度函数并使用贝叶斯法则来构造判别规则。方法是假定密度函数是一个简单的参数模型，并使用有效的训练集估计该模型的参数。本章首先介绍高斯分类器及其变体，然后介绍功能强大的混合模型方法。

## 2.1　引言

第 1 章谈到了模式分类的基本理论，并假定已知密度函数 $p(\boldsymbol{x} \mid \omega_i)$ 的所有信息。但实际上，这些信息通常未知或只能部分知晓。因此，接下来必须考虑的问题是密度函数自身的估计。如果能够从理论上或通过对问题的评估假定参数的分布形式，则密度函数的估计问题便简化为对有限个参数的估计问题。为方便起见，通常选定参数的形式。本章主要研究正态分布下的高斯分类器算法，并展开对更具一般化建模能力的混合模型的介绍。

第 1 章讨论了基于后验概率 $p(\omega_j \mid \boldsymbol{x})$ 的最小错误决策，按贝叶斯理论，可将其表示为

$$p(\omega_j|\boldsymbol{x}) = p(\omega_j)\frac{p(\boldsymbol{x}|\omega_j)}{p(\boldsymbol{x})} \tag{2.1}$$

上式的分母项 $p(\boldsymbol{x}) = \sum_{j=1}^{C} p(\omega_j)p(\boldsymbol{x} \mid \omega_j)$（$C$ 为类别数）对各类来讲是等同的，若假定先验概率 $p(\omega_j)$ 已知，则能够进行分类决策所必需的工作是估计出各类的类条件概率密度 $p(\boldsymbol{x} \mid \omega_j)$。

密度函数 $p(\boldsymbol{x} \mid \omega_j)$ 的估计在 $\omega_j$ 类的观测样本 $\mathcal{D}_j = \{\boldsymbol{x}_1^j, \cdots, \boldsymbol{x}_{n_j}^j\}$（$\boldsymbol{x}_i^j \in \mathbb{R}^d$）上进行。本章和下一章介绍两种密度估计方法：参数法和非参数法。参数法假设已知类条件概率密度函数的形式而未知其参数 $\boldsymbol{\theta}_j$，于是我们将这个类条件概率密度函数写成 $p(\boldsymbol{x} \mid \boldsymbol{\theta}_j)$；非参数法并不假定密度的函数形式，而是直接进行密度估计，本书的第 4 章将讨论这种方法。

## 2.2　分布参数估计

本书介绍两种类条件概率密度参数估计的方法，它们是估计法和预测法（又称贝叶斯法）。本章讨论估计法，第 3 章论述贝叶斯法。

### 2.2.1　估计法

估计法是通过对密度中参数 $\boldsymbol{\theta}_j$ 的估计得到类条件概率密度，如下式：

$$p(\boldsymbol{x}|\omega_j) = p(\boldsymbol{x}|\hat{\boldsymbol{\theta}}_j) \tag{2.2}$$

在此，对参数 $\boldsymbol{\theta}_j$ 的估计基于样本数据 $\mathcal{D}_j$ 展开，即 $\hat{\boldsymbol{\theta}}_j = \hat{\boldsymbol{\theta}}_j(\mathcal{D}_j)$。样本数据 $\mathcal{D}_j$ 的变化会左右参数估计的结果 $\hat{\boldsymbol{\theta}}_j$，但估计法本身并不顾及这种采样的变异性。

本章介绍如何使用极大似然估计法得到待估计的参数，这个极大似然估计是寻找使由样本数据 $\mathcal{D}_j$ 界定的似然函数取最大时的参数 $\hat{\boldsymbol{\theta}}_j$，即寻求 $\hat{\boldsymbol{\theta}}_j$，使

$$L(\hat{\boldsymbol{\theta}}_j; \mathcal{D}_j) = \max_{\boldsymbol{\theta}_i} L(\boldsymbol{\theta}_i; \mathcal{D}_i)$$

其中，

$$L(\boldsymbol{\theta}_j; \mathcal{D}_j) = p(\mathcal{D}_j|\boldsymbol{\theta}_j) = p\left(\boldsymbol{x}_1^j, \cdots, \boldsymbol{x}_{n_j}^j|\boldsymbol{\theta}_j\right) \tag{2.3}$$

是似然函数，即由样本数据给定的分布参数 $\boldsymbol{\theta}_j$ 的概率密度。

如果由数据样本构成的测量向量相互独立，则可以将似然函数式(2.3)写成已知的关于 $\omega_j$ 的类条件密度的乘积：

$$L(\boldsymbol{\theta}_j; \mathcal{D}_j) = p(\mathcal{D}_j|\boldsymbol{\theta}_j) = \prod_{i=1}^{n_j} p\left(\boldsymbol{x}_i^j|\boldsymbol{\theta}_j\right) \tag{2.4}$$

上述相互独立假设的有效性往往取决于收集样本数据的方式。如果样本数据由传感器测得(例如，摄像机图像)，则在采样速率较高的情况下，连续的数据采集会受到噪声的干扰，由此形成的测量向量不会再相互独立。不过，即使测量向量具有相互关联的倾向，我们还是采用独立性假设，其主要原因是很难估计出这种相关性。

在独立性假设下，极大似然估计的问题将成为对一个已知函数[见式(2.4)]进行优化的问题。由于对数具有单调递增性，最大化对数似然函数可等同于最大化似然函数，于是通常的做法是求解如下对数似然函数的极大值：

$$\log(L(\boldsymbol{\theta}_j; \mathcal{D}_j)) = \sum_{i=1}^{n_j} \log\left(p\left(\boldsymbol{x}_i^j|\boldsymbol{\theta}_j\right)\right)$$

对于某些类条件密度(如正态分布，见下文)，可以求得其最佳参数的解析解。如若不然，则应使用数值方法进行求解，例如用梯度下降法、Nelder-Mead 法求解似然函数的极大值，数值方法的详细信息可参见 Press et al. (1992)。混合模型下的类条件密度的参数优化问题则使用迭代优化方案(见 2.5 节)。

### 2.2.2　预测法

另一种参数密度估计的方法是预测法或贝叶斯法，详见第 3 章。这时，将类条件概率密度写成

$$p(\boldsymbol{x}|\omega_j) = \int p(\boldsymbol{x}|\boldsymbol{\theta}_j)p(\boldsymbol{\theta}_j|\mathcal{D}_j)\mathrm{d}\boldsymbol{\theta}_j \tag{2.5}$$

其中，$p(\boldsymbol{\theta}_j \mid \mathcal{D}_j)$ 是基于先验概率 $p(\boldsymbol{\theta}_j)$ 和数据 $\mathcal{D}_j$ 的贝叶斯后验密度函数。于是，为对未知其真实值的 $\boldsymbol{\theta}_j$ 进行估计，采用对密度 $p(\boldsymbol{x} \mid \boldsymbol{\theta}_j)$ 的加权和，并用 $p(\boldsymbol{\theta}_j \mid \mathcal{D}_j)$ 分布作为权重(Aitchison et al., 1977)。这种预测法在分类器设计及其应用两个方面通常比估计法复杂得多，在应对估计 $\boldsymbol{\theta}_j$ 期间会遇到的样本变异问题时，可以考虑使用这种方法。

## 2.3　高斯分类器

### 2.3.1　详述

将正态(高斯)分布作为分类器中类条件概率密度函数的模型，或许是采用最广泛的做法。

**正态(高斯)分布**

均值为$\mu$，方差为$\sigma^2$的正态(高斯)分布的概率密度函数为

$$p(x|\mu, \sigma^2) = N(x; \mu, \sigma^2) = \frac{1}{\sqrt{2\pi\sigma^2}} \exp\left(-\frac{(x-\mu)^2}{2\sigma^2}\right) \tag{2.6}$$

均值为$\boldsymbol{\mu}$，协方差矩阵为$\boldsymbol{\Sigma}$的多元正态(高斯)分布的概率密度函数为

$$p(\boldsymbol{x}|\boldsymbol{\mu}, \boldsymbol{\Sigma}) = N(\boldsymbol{x}; \boldsymbol{\mu}, \boldsymbol{\Sigma}) = \frac{1}{(2\pi)^{d/2}|\boldsymbol{\Sigma}|^{1/2}} \exp\left\{-\frac{1}{2}(\boldsymbol{x}-\boldsymbol{\mu})^{\mathrm{T}}\boldsymbol{\Sigma}^{-1}(\boldsymbol{x}-\boldsymbol{\mu})\right\} \tag{2.7}$$

其中，$\boldsymbol{\Sigma}$是对称的正半定矩阵，$d$是数据的维数。

设来自$\omega_j$类的数据向量采样于均值为$\boldsymbol{\mu}_j$，协方差矩阵为$\boldsymbol{\Sigma}_j$的正态分布，则类条件概率密度函数为

$$\begin{aligned} p(\boldsymbol{x}|\omega_j) &= N(\boldsymbol{x}; \boldsymbol{\mu}_j, \boldsymbol{\Sigma}_j) \\ &= \frac{1}{(2\pi)^{d/2}|\boldsymbol{\Sigma}_j|^{1/2}} \exp\left\{-\frac{1}{2}(\boldsymbol{x}-\boldsymbol{\mu}_j)^{\mathrm{T}}\boldsymbol{\Sigma}_j^{-1}(\boldsymbol{x}-\boldsymbol{\mu}_j)\right\} \end{aligned}$$

所谓分类，是将样本$\boldsymbol{x}$分配到其使后验概率$p(\omega_j|\boldsymbol{x})$［或$\log(p(\omega_j|\boldsymbol{x}))$］最大的那个类中。将正态的类条件概率密度代入式(2.1)和式(2.2)，便有

$$\begin{aligned} \log(p(\omega_j|\boldsymbol{x})) &= \log(p(\boldsymbol{x}|\omega_j)) + \log(p(\omega_j)) - \log(p(\boldsymbol{x})) \\ &= -\frac{1}{2}(\boldsymbol{x}-\boldsymbol{\mu}_j)^{\mathrm{T}}\boldsymbol{\Sigma}_j^{-1}(\boldsymbol{x}-\boldsymbol{\mu}_j) - \frac{1}{2}\log(|\boldsymbol{\Sigma}_j|) \\ &\quad -\frac{d}{2}\log(2\pi) + \log(p(\omega_j)) - \log(p(\boldsymbol{x})) \end{aligned}$$

因为式中的$p(\boldsymbol{x})$对所有的类是相同的，故取判别函数

$$g_j(\boldsymbol{x}) = \log(p(\omega_j)) - \frac{1}{2}\log(|\boldsymbol{\Sigma}_j|) - \frac{1}{2}(\boldsymbol{x}-\boldsymbol{\mu}_j)^{\mathrm{T}}\boldsymbol{\Sigma}_j^{-1}(\boldsymbol{x}-\boldsymbol{\mu}_j) \tag{2.8}$$

判别规则为：若$g_i > g_j$，$j \neq i$，则将$\boldsymbol{x}$归入$\omega_i$类。

这时，$g_j(\boldsymbol{x})$，$j = 1, \cdots, C$是基于正态的二次判别函数(McLachlan，1992a)，对样本$\boldsymbol{x}$进行分类的依据就是该判别函数的取值。

上述$\boldsymbol{\mu}_j$和$\boldsymbol{\Sigma}_j$的取值用基于训练集的估计值取代，估计值通过对每个类的数据样本集(假定独立)采用极大似然估计法得到，即设有样本集$\{\boldsymbol{x}_1, \cdots, \boldsymbol{x}_n\}$，$\boldsymbol{x}_i \in \mathbb{R}^d$，则$\omega_j$类均值的极大似然估计即为样本的平均向量：

$$\hat{\boldsymbol{\mu}}_j = \frac{1}{n}\sum_{i=1}^{n}\boldsymbol{x}_i \tag{2.9}$$

协方差矩阵的极大似然估计即为有偏的样本协方差矩阵：

$$\hat{\boldsymbol{\Sigma}}_j = \frac{1}{n}\sum_{i=1}^{n}(\boldsymbol{x}_i-\hat{\boldsymbol{\mu}}_j)(\boldsymbol{x}_i-\hat{\boldsymbol{\mu}}_j)^{\mathrm{T}} \tag{2.10}$$

下文有上述估计式的导出过程。因为上述对协方差矩阵的极大似然估计是有偏的［$E(\hat{\boldsymbol{\Sigma}}_j) = \frac{n-1}{n}\boldsymbol{\Sigma}_j$，见本章习题］，通常用一种无偏估计来代替：

$$\hat{\boldsymbol{\Sigma}}_j = \frac{1}{n-1}\sum_{i=1}^{n}(\boldsymbol{x}_i-\hat{\boldsymbol{\mu}}_j)(\boldsymbol{x}_i-\hat{\boldsymbol{\mu}}_j)^{\mathrm{T}}$$

将均值和协方差矩阵的估计（称为“插入估计”）代入式(2.8)，可得到各类高斯分类器，二次判别规则为：若样本 $\boldsymbol{x}$ 使 $g_i > g_j, j \neq i$，则将其归入 $\omega_i$ 类，这里

$$g_j(\boldsymbol{x}) = \log(p(\omega_j)) - \frac{1}{2}\log(|\hat{\boldsymbol{\Sigma}}_j|) - \frac{1}{2}(\boldsymbol{x} - \hat{\boldsymbol{\mu}}_j)^{\mathrm{T}}\hat{\boldsymbol{\Sigma}}_j^{-1}(\boldsymbol{x} - \hat{\boldsymbol{\mu}}_j) \tag{2.11}$$

至于式中的先验概率 $p(\omega_j)$，如果收集训练数据的环境与模型的运行环境一致，则可用 $n_j / \sum_i n_i$（$n_j$ 为来自 $\omega_j$ 类的样本数）估计之。先验概率的其他的常见估计方案还有均匀分布 $p(\omega_j) = 1/C$，或由专家来指定。

至此，一个高斯分类器（二次判别规则）便可以对数据向量实施分类。例如，对一个可用的独立的测试集实施分类。但是，应注意这样的问题，即若矩阵 $\hat{\boldsymbol{\Sigma}}_j$ 奇异，则高斯分类器就会出现问题。这是因为，判别规则式(2.11)中奇异性的协方差矩阵不能求逆，且因奇异矩阵的行列式为零而无法将判别规则中的对数运算进行下去。下面将介绍解决这一问题的方法。

### 2.3.2　高斯分类器插入估计的推导

为了推导出高斯分类器中使用的式(2.9)和式(2.10)的直观的插入估计结果，设有一个取样于独立的正态分布的样本集 $\{\boldsymbol{x}_1, \cdots, \boldsymbol{x}_n\}$，$\boldsymbol{x}_i \in \mathbb{R}^d$，正态分布的参数 $\boldsymbol{\theta} = (\boldsymbol{\mu}, \boldsymbol{\Sigma})$，使用似然函数

$$L(\boldsymbol{\theta}; \boldsymbol{x}_1, \cdots, \boldsymbol{x}_n) = \prod_{i=1}^{n} \frac{1}{(2\pi)^{d/2}|\boldsymbol{\Sigma}|^{1/2}} \exp\left\{-\frac{1}{2}(\boldsymbol{x}_i - \boldsymbol{\mu})^{\mathrm{T}}\boldsymbol{\Sigma}^{-1}(\boldsymbol{x}_i - \boldsymbol{\mu})\right\}$$

如果把式中的协方差矩阵（称为精确矩阵）的逆改写成 $\boldsymbol{\Psi} = \boldsymbol{\Sigma}^{-1}$，则求此函数的极大值比较容易，再取对数使上式变为

$$\log(L(\boldsymbol{\mu}, \boldsymbol{\Psi}|\boldsymbol{x}_1, \cdots, \boldsymbol{x}_n)) = -\frac{nd}{2}\log(2\pi) + \frac{n}{2}\log(|\boldsymbol{\Psi}|) - \frac{1}{2}\sum_{i=1}^{n}(\boldsymbol{x}_i - \boldsymbol{\mu})^{\mathrm{T}}\boldsymbol{\Psi}(\boldsymbol{x}_i - \boldsymbol{\mu})$$

利用如下矩阵行列式的性质：

$$|\boldsymbol{A}^{-1}| = |\boldsymbol{A}|^{-1}$$

分别求 $\log(L)$ 关于 $\boldsymbol{\mu}$ 和 $\boldsymbol{\Psi}$ 的导数①：

$$\frac{\partial \log(L)}{\partial \boldsymbol{\mu}} = \frac{1}{2}\sum_{i=1}^{n}\boldsymbol{\Psi}(\boldsymbol{x}_i - \boldsymbol{\mu}) + \frac{1}{2}\sum_{i=1}^{n}\boldsymbol{\Psi}^{\mathrm{T}}(\boldsymbol{x}_i - \boldsymbol{\mu}) = \sum_{i=1}^{n}\boldsymbol{\Psi}(\boldsymbol{x}_i - \boldsymbol{\mu}) \tag{2.12}$$

和

$$\frac{\partial \log(L)}{\partial \boldsymbol{\Psi}} = \frac{n}{2}\boldsymbol{\Psi}^{-1} - \frac{1}{2}\sum_{j=1}^{n}(\boldsymbol{x}_i - \boldsymbol{\mu})(\boldsymbol{x}_i - \boldsymbol{\mu})^{\mathrm{T}} \tag{2.13}$$

利用如下关系式：

$$\frac{\partial |\boldsymbol{A}|}{\partial \boldsymbol{A}} = [\mathrm{adj}(\boldsymbol{A})]^{\mathrm{T}} = |\boldsymbol{A}|(\boldsymbol{A}^{-1})^{\mathrm{T}}$$

式(2.13)变为

---

① 对一个 $d$ 维向量求导意味对向量的每一分量求导，于是得到 $d$ 个方程，可以将其表示为一个向量方程。类似地，可完成对矩阵的求导。

$$\frac{\partial \log(|\boldsymbol{\Psi}|)}{\partial \boldsymbol{\Psi}} = |\boldsymbol{\Psi}|(\boldsymbol{\Psi}^{-1})^{\mathrm{T}} \frac{1}{|\boldsymbol{\Psi}|} = (\boldsymbol{\Psi}^{-1})^{\mathrm{T}} = \boldsymbol{\Psi}^{-1}$$

因为①

$$(\boldsymbol{x}_i - \boldsymbol{\mu})^{\mathrm{T}} \boldsymbol{\Psi} (\boldsymbol{x}_i - \boldsymbol{\mu}) = \sum_{r=1}^{d} \sum_{s=1}^{d} (x_{ir} - \mu_r) \boldsymbol{\Psi}_{r,s} (x_{is} - \mu_s)$$

所以有

$$\frac{\partial (\boldsymbol{x}_i - \boldsymbol{\mu})^{\mathrm{T}} \boldsymbol{\Psi} (\boldsymbol{x}_i - \boldsymbol{\mu})}{\partial \boldsymbol{\Psi}_{r,s}} = (x_{ir} - \mu_r)(x_{is} - \mu_s)$$

令式(2.12)为零(两边同乘以 $\boldsymbol{\psi}^{-1}$)得到均值的极大似然估计，即式(2.9)，令式(2.13)为零，得到

$$\boldsymbol{\Psi}^{-1} = \frac{1}{n} \sum_{i=1}^{n} (\boldsymbol{x}_i - \boldsymbol{\mu})(\boldsymbol{x}_i - \boldsymbol{\mu})^{\mathrm{T}}$$

用极大似然估计值代替$\boldsymbol{\mu}$，得到协方差矩阵的极大似然式(2.10)。注意，由于求极大值的运算要求协方差矩阵是有效的(假定有合适的数据量)，因此在约束下求解极大值便十分重要，实际上，其解所受约束为：矩阵必须是半正定且对称的。

### 2.3.3 应用研究举例

问题

本项研究的目的是对医院里有严重脑部损伤的病人，根据其受伤后立即采集到的数据，研究预测其恢复程度的可能性(Titterington et al.，1981)。

摘要

Titterington et al.(1981)报告了几种分类器的结果，每种分类器都是在不同的训练集上设计的。本例反映的是二次判别规则的应用结果。

数据

数据集由对医院里患有脑部损伤，包括有轻微脑损伤病人的测量数据构成。测量针对如下 6 种类型的变量展开：年龄，分为 0 ~ 9，10 ~ 19，…，60 ~ 69，70 + 几个组；EMV 分数，即眼睛、运动神经、语言对刺激的反应，分为 7 类；MRP，概括描述四肢的运动反应，分为 1(零分)到 7(正常)这 7 个等级；变化，即在最初的 24 小时内的神经功能变化，分为 1(损坏)到 3(改善)这 3 个等级；眼睛指示，概括描述眼睛移动的分数，分为 1(坏)到 3(好)这 3 个等级；瞳孔，瞳孔对光线的反应，分为 1(没反应)和 2(有反应)。训练集和测试集里各有 500 个病人，根据预期的结果将其分为 3 类(死亡或植物人、严重残废、一般伤残或恢复良好)。训练集和测试集里各类病人数分别为：训练集(259，52，189)；测试集(250，48，202)。可见，该问题的类分布是不均匀的，同时还会有很多缺值。缺值用训练集的类均值和测试集的总体均值来替代。有关数据的更多细节可见 Titterington et al.(1981)。

模型

用能导出判别规则式(2.11)的正态分布模拟每个类的数据。

① $x_{ir}$ 表示第 $i$ 个测量数据 $\boldsymbol{x}_i$ 的第 $r$ 个分量，$\mu_r$ 表示均值向量 $\boldsymbol{\mu}$ 的第 $r$ 个分量，$\Psi_{r,s}$ 是位于矩阵 $\boldsymbol{\Psi}$ 第 $r$ 行、第 $s$ 列的元素。

训练过程

训练任务包括从数据中估计 $\{\hat{\boldsymbol{\mu}}_j, \hat{\boldsymbol{\Sigma}}_j, j = 1, \cdots, C\}$ 的数值，即样本均值、样本协方差矩阵以及类先验概率。先验概率可以取为 $p(\omega_j) = n_j/n, j = 1, \cdots, C$。此后，一旦估计出 $\hat{\boldsymbol{\Sigma}}_j$，就需使用一定的计算方法计算其逆矩阵 $\hat{\boldsymbol{\Sigma}}_j^{-1}$ 和行列式 $|\hat{\boldsymbol{\Sigma}}_j|$。然后将它们代入式(2.11)便可得到 $C$ 个函数 $g_j(\boldsymbol{x})$。

对训练集和测试集中的每个样本 $\boldsymbol{x}$，计算 $g_j(\boldsymbol{x})$，并将 $x$ 归入判别函数 $g_j(\boldsymbol{x})$ 最大的那个类。

结果

表 2.1 以错误分类矩阵或混淆矩阵的形式，给出了高斯分类器(二次判别规则)用于训练集和测试集的结果。可以看出，第 2 类几乎总是错误地归为第 1 类或第 3 类。

**表 2.1　左侧：基于训练数据的结果；右侧：基于测试数据的结果**

| | | 真实类 | | | | | 真实类 | | |
|---|---|---|---|---|---|---|---|---|---|
| | | 1 | 2 | 3 | | | 1 | 2 | 3 |
| | 1 | 209 | 22 | 15 | | 1 | 188 | 19 | 29 |
| 预测类 | 2 | 0 | 1 | 1 | 预测类 | 2 | 3 | 2 | 1 |
| | 3 | 50 | 29 | 173 | | 3 | 59 | 28 | 171 |

## 2.4　处理高斯分类器的奇异问题

### 2.4.1　引言

在有些问题中，数据来自协方差矩阵各不相同的多元正态分布。这时，有可能因数据的不足而无法获得对类协方差矩阵的较好估计。正像在描述高斯分类器(二次判别规则)时已注意到的，如果所估计的协方差矩阵 $\hat{\boldsymbol{\Sigma}}_j$ 是奇异的，就会出现不能按照式(2.11)计算判别规则的问题。有一些处理这种问题的方法，接下来的几节使用相同的数据源讨论其中最通用的方法。

### 2.4.2　朴素贝叶斯

避免奇异协方差矩阵的最简单的方法，是使用对角协方差矩阵，也就是将 $\hat{\boldsymbol{\Sigma}}_j$ 的所有非对角元素置为零。由于正态分布是多元的，对角线形的协方差矩阵就相当于假设形成数据向量的各特征在所属类上是相互独立的。因此，可以将类条件概率密度写成

$$p(\boldsymbol{x}|\omega_j) = \prod_{l=1}^{d} N\left(x_l; \hat{\mu}_{jl}, \hat{\sigma}_{j,l}^2\right)$$

其中，$\hat{\mu}_{jl}$ 是 $\hat{\boldsymbol{\mu}}_j$ 的第 $l$ 个分量，即 $\omega_j$ 类的样本均值的第 $l$ 个分量，$\hat{\sigma}_{j,l}^2$ 是矩阵 $\hat{\boldsymbol{\Sigma}}_j$ 的第 $l$ 个对角元素，即 $\omega_j$ 类的样本方差的第 $l$ 个分量：

$$\hat{\sigma}_{j,l}^2 = \frac{1}{n-1}\sum_{i=1}^{n}(x_{ij} - \hat{\mu}_{jl})^2$$

$N(x, \mu, \sigma^2)$ 是遵循正态分布的单变量概率密度函数，均值为 $\mu$，方差为 $\sigma^2$。判别规则为：若

对所有的 $j \neq i$，均有 $g_i > g_j$，则将 $\boldsymbol{x}$ 归入 $\omega_i$ 类，其中

$$g_j(\boldsymbol{x}) = \log(p(\omega_j)) - \sum_{l=1}^{d} \log(\hat{\sigma}_{j,l}) - \frac{1}{2}\sum_{l=1}^{d} \frac{(x_l - \hat{\mu}_{jl})^2}{\hat{\sigma}_{j,l}^2}$$

用数据向量形成的各特征之间具有独立性的统计性假设，也适于非参数的朴素贝叶斯分类器，关于非参数的贝叶斯分类器的问题将在第4章讨论。然而，当对角线形协方差矩阵下的高斯分类器将每一个类条件概率密度分量模拟成一个独立的单变量正态分布时，就能够将广义的贝叶斯分类器看成给定分量的任何单变量分布。

### 2.4.3 投影到子空间

另一种方法是把数据投影到子空间，这时的 $\hat{\boldsymbol{\Sigma}}_j$ 是非奇异的，可能会使用主成分分析(见第10章)，然后在降维空间上使用高斯分类器。Schott(1993)对这样的方法进行了评价，用于降维的线性变换将在第10章讨论。

### 2.4.4 线性判别函数

即使数据取自不同协方差矩阵的多元正态分布，抽样的多变性也可能意味着假设数据来自等协方差矩阵会更好些，即假设类协方差矩阵 $\boldsymbol{\Sigma}_1, \cdots, \boldsymbol{\Sigma}_C$ 相同。在这种情况下，形成判别函数式(2.8)的简化形式①：

$$g_j(\boldsymbol{x}) = \log(p(\omega_j)) - \frac{1}{2}\hat{\boldsymbol{\mu}}_j^{\mathrm{T}} \boldsymbol{S}_W^{-1} \hat{\boldsymbol{\mu}}_j + \boldsymbol{x}^{\mathrm{T}} \boldsymbol{S}_W^{-1} \hat{\boldsymbol{\mu}}_j \tag{2.14}$$

其中，$\hat{\boldsymbol{\mu}}_j$ 为 $\omega_j$ 类的样本均值，$\boldsymbol{S}_W$ 为全部类的协方差矩阵的估计，这是规范的线性判别函数；判别规则为：对所有的 $j \neq i$，若 $g_i > g_j$，则 $\boldsymbol{x}$ 属于 $\omega_i$ 类。全部类的协方差矩阵的最大似然估计由类内样本的协方差矩阵汇集而成：

$$\boldsymbol{S}_W = \sum_{j=1}^{C} \frac{n_j}{n} \hat{\boldsymbol{\Sigma}}_j$$

其中，$n_j$ 是 $\omega_j$ 类训练样本的数量，$n$ 是各类训练样本的总数。无偏估计由下式给出：

$$\frac{n}{n-C}\boldsymbol{S}_W$$

#### 2.4.4.1 特殊情况

对于特殊的两类问题，规则式(2.14)可写成：

- 若

$$\boldsymbol{w}^{\mathrm{T}}\boldsymbol{x} + w_0 > 0$$

  则将 $\boldsymbol{x}$ 归入 $\omega_1$ 类，
- 否则，将 $\boldsymbol{x}$ 归入 $\omega_2$ 类。

上式中，

$$\boldsymbol{w} = \boldsymbol{S}_W^{-1}(\hat{\boldsymbol{\mu}}_1 - \hat{\boldsymbol{\mu}}_2) \tag{2.16}$$

① 将不随类变化的项忽略。

$$w_0 = -\log\left(\frac{p(\omega_2)}{p(\omega_1)}\right) - \frac{1}{2}(\hat{\boldsymbol{\mu}}_1 + \hat{\boldsymbol{\mu}}_2)^{\mathrm{T}}\boldsymbol{w} \tag{2.17}$$

对于 $\boldsymbol{S}_W$ 为单位矩阵且各类的先验概率 $p(\omega_i)$ 相等的特殊情况，规则式(2.14)可写成：

对所有的 $j \neq i$，若

$$-2\boldsymbol{x}^{\mathrm{T}}\hat{\boldsymbol{\mu}}_i + \hat{\boldsymbol{\mu}}_i^{\mathrm{T}}\hat{\boldsymbol{\mu}}_i < -2\boldsymbol{x}^{\mathrm{T}}\hat{\boldsymbol{\mu}}_j + \hat{\boldsymbol{\mu}}_j^{\mathrm{T}}\hat{\boldsymbol{\mu}}_j$$

则将 $\boldsymbol{x}$ 归入 $\omega_i$ 类。这就是最近类均值分类器(nearest class mean classifier)。

#### 2.4.4.2　讨论

线性判别规则式(2.14)对于偏离了等协方差矩阵假设(Wahl and Kronmal, 1977；O'Neill, 1992)的情况也具有良好的鲁棒性，它在真实的协方差矩阵未知、样本容量较小时所表现出来的性能，要好于最优二次判别规则，但当样本容量足够大时，还是使用二次规则更好。

### 2.4.5　正则化判别分析

正则化判别分析(regularized discriminant analysis, RDA)由 Friedman(1989)提出，针对小样本、高维数据集，该方法可以克服二次判别函数性能的退化，它包括两个参数：复杂性参数 $\lambda$ 和收缩参数 $\gamma$，$\lambda$ 使判别规则介于线性和非线性判别规则之间，$\gamma$ 可以修正协方差矩阵。

确切地说，对二次判别规则式(2.11)中所使用的 $\omega_j$ 类的协方差矩阵的估计 $\hat{\boldsymbol{\Sigma}}_j$［见式(2.10)］用 $\boldsymbol{\Sigma}_j^{\lambda}$ 来代替，$\boldsymbol{\Sigma}_j^{\lambda}$ 是样本协方差矩阵 $\hat{\boldsymbol{\Sigma}}_j$ 和合并协方差矩阵 $\boldsymbol{S}_W$ 的线性组合：

$$\boldsymbol{\Sigma}_j^{\lambda} = \frac{(1-\lambda)n_j\hat{\boldsymbol{\Sigma}}_j + \lambda n\boldsymbol{S}_W}{(1-\lambda)n_j + \lambda n} \tag{2.18}$$

其中，$0 \leqslant \lambda \leqslant 1$，$n_j$ 是 $\omega_j$ 类训练样本的数量，$n$ 是各类训练样本的总数。

在 $\lambda = 0$ 和 $\lambda = 1$ 这两种极端情况下，协方差矩阵估计将分别导出二次判别规则和线性判别规则：

$$\boldsymbol{\Sigma}_j^{\lambda} = \begin{cases} \hat{\boldsymbol{\Sigma}}_j, & \lambda = 0 \\ \boldsymbol{S}_W, & \lambda = 1 \end{cases}$$

第二个参数 $\gamma$ 用来进一步调整式(2.18)给出的样本的类协方差矩阵：

$$\boldsymbol{\Sigma}_j^{\lambda,\gamma} = (1-\gamma)\boldsymbol{\Sigma}_j^{\lambda} + \gamma c_j(\lambda)\boldsymbol{I}_d \tag{2.19}$$

其中，$\boldsymbol{I}_d$ 为 $d \times d$ 单位阵，下式反映 $\boldsymbol{\Sigma}_j^{\lambda}$ 的平均特征值：

$$c_j(\lambda) = \mathrm{Tr}\{\boldsymbol{\Sigma}_j^{\lambda}\}/d$$

于是，在用 $\boldsymbol{\Sigma}_j^{\lambda,\gamma}$ 对协方差矩阵进行插入(plug-in)估计之后，得到基于正态分布的判别规则：若对所有的 $j \neq i$ 有 $g_i > g_j$，则将 $\boldsymbol{x}$ 归于 $\omega_i$ 类，其中

$$g_j(\boldsymbol{x}) = \log(p(\omega_j)) - \frac{1}{2}\log\left(|\boldsymbol{\Sigma}_j^{\lambda,\gamma}|\right) - \frac{1}{2}(\boldsymbol{x} - \hat{\boldsymbol{\mu}}_j)^{\mathrm{T}}\left(\boldsymbol{\Sigma}_j^{\lambda,\gamma}\right)^{-1}(\boldsymbol{x} - \hat{\boldsymbol{\mu}}_j)$$

Friedman 的 RDA 方法涉及对参数 $\lambda$ 和 $\gamma$ 取值的选择，以寻求错分代价的交叉验证估计最小(即用一种称为交叉检验的方法对错误率进行鲁棒估计，见第 9 章)。具体做法是估计栅格点上的错分风险($0 \leqslant \lambda, \gamma \leqslant 1$)，选择最优的 $\lambda$ 和 $\gamma$，以使这些栅格点取值具有最小的估计风

险。为了降低在交叉验证过程中计算协方差矩阵的计算代价，采用如下对策：仅当某个观测值从数据集中移出时，才去更新协方差矩阵。

#### 2.4.5.1 鲁棒估计

分析中，也可加入对协方差矩阵的鲁棒估计(见第 13 章)。Friedman 构建出 $\tilde{\boldsymbol{\Sigma}}_j^{\lambda}$ 用以取代式(2.19)中的 $\boldsymbol{\Sigma}_j^{\lambda}$：

$$\tilde{\boldsymbol{\Sigma}}_j^{\lambda} = \frac{(1-\lambda)\tilde{\boldsymbol{S}}_j + \lambda\sum_{k=1}^{C}\tilde{\boldsymbol{S}}_k}{(1-\lambda)W_j + \lambda\sum_{k=1}^{C}W_k}$$

其中，

$$\tilde{\boldsymbol{S}}_j = \sum_{i=1}^{n} z_{ji}w_i(\boldsymbol{x}_i - \tilde{\boldsymbol{\mu}}_j)(\boldsymbol{x}_i - \tilde{\boldsymbol{\mu}}_j)^{\mathrm{T}}$$

$$\tilde{\boldsymbol{\mu}}_j = \sum_{i=1}^{n} z_{ji}w_i\boldsymbol{x}_i / W_j$$

$$W_j = \sum_{i=1}^{n} z_{ji}w_i$$

其中，$w_i(0 \leqslant w_i \leqslant 1)$ 是与观测值相关的权值，如果 $\boldsymbol{x}_i \in \omega_i$，则 $z_{ji} = 1$，否则为0。若对所有的 $i, w_j = 1$，则 $\tilde{\boldsymbol{\Sigma}}_j^{\lambda} = \boldsymbol{\Sigma}_j^{\lambda}$。

#### 2.4.5.2 讨论

Friedman(1989)在模拟数据集及真实数据集上，均对 RDA 算法的有效性进行了评价，发现基于交叉验证法选出的模型性能良好，且当观测数量($n$)与变量个数($d$)之比较小时，使用 RDA 能够获得相当准确的分类。他还发现，当样本规模较小且变量个数较多时，RDA 具有显著提高判别分析能力的潜力。

### 2.4.6 应用研究举例

问题

人脸识别，该项研究与基于面部的视频图像检索、生物特征身份认证及监控等问题有关(lu et al., 2003)。

摘要

这项研究首先将图像投影到一个低维空间，再利用 RDA 进行基于图像的人脸识别。特别关注的是小样本容量问题的求解，因为可用于训练的样本数量与特征空间的维度相比相对较少。

数据

所用数据来自于人脸识别技术(FERET)数据库(Phillips et al., 2000)。使用的样本子集由包括49 个对象的606 幅灰度图像构成，每一样本子集都多达10 个样本。图像涵盖了光照变化和面部表情的变化。数据预处理包括变换、旋转和缩放。

模型

针对样本的数量小于样本维度(dimensionality)的情形，用一种基于线性判别分析(见第

5 章)的方法(L. F. Chen et al., 2000))将原始数据降维投影，然后将 RAD 技术用于该投影向量之上。

训练过程

组织了 6 种实验，各实验用到的训练样本数有 2 至 7 个不等，训练样本以外的全部图像均作为测试样本。RDA 参数 $(\lambda, \gamma)$ 的确定不是完成于交叉验证阶段，而是提供一个参数的取值范围(一些网格状的点)下的测试结果。所得结果与特征脸方法(Turk and Pentland, 1991)进行了比较，特征脸方法是人脸识别方法中比较流行的方法，该方法利用 PCA(见第 10 章)技术降低图像维数，再将最近均值分类器用于这些被降低了维度的向量。

结果

最佳参数下的 RDA 方法的分类效果优于特征脸方法。不过，此例并未考虑没有测试数据辅助时如何选择最佳的 RDA 参数①。

### 2.4.7 拓展研究

还有一些对非正态类型的线性判别规则及二次判别规则的鲁棒性研究(Lachenbruch et al., 1973; Chingánda and Subrahmaniam, 1979; Ashikaga and Chang, 1981; Balakrishnan and Subrahmaniam, 1985)。非正态分布会对鲁棒性产生很大的影响，在可能的情况下，在应用规则之前，应当先对变量实施变换，使之接近于正态分布。

在线性判别函数生成过程中，用到的是等协方差矩阵，有几种中间的协方差矩阵结构(Flury, 1987)，会视为不进行等协方差矩阵的限定性假设，这包括不同的对角形协方差矩阵、常见的主成分和相互成比例的协方差矩阵模型。

Aeberhard et al. (1994)对观察值数目少于变量个数的问题采用 8 种统计分类方法进行广泛的模拟研究。研究发现，在所有用到的方法中，RDA 最具优势。仅当类协方差矩阵是单位阵且训练集规模较大时，线性判别分析的性能才优于 RDA。通过特征提取的方法降低维数通常会导致更差的结果。然而，Schott(1993)发现，对于小规模样本，在二次判别分析之前减少维数能够显著降低误分率。对于二次判别分析，有必要减少样本规模使其性能优于线性判别分析。Krzanowski et al. (1995)讨论了协方差矩阵为奇异矩阵时的判别分析方法。

为处理不稳定协方差矩阵问题，Rayens and Greene(1991)进行了进一步的模拟，以比较 RDA 方法和基于经验的贝叶斯框架方法的优劣，也可见 Greene and Rayens(1989)。Aeberhard et al. (1993)提出了修改的 RDA 模型选择方法，Celeux and Mkhadri(1992)提出了离散数据的正则化判别分析方法。Loh(1995)和 Mkhadri(1995)提出了收缩参数的表示方法。

Bensmail and Celeux(1996)提出了另一正则化高斯判别分析法，称为特征值分解判别分析，该方法的基础是通过特征值分解进行类协方差矩阵的再参数化。此书对 14 种模型进行了评价，并将其结果与 RDA 进行比较。Raudys(2000)进行了类似的研究。

Hastie et al. (1995)将识别问题看成使用最优尺度的回归分析，并使用了惩罚回归方法(正则化类内协方差矩阵)。在变量相关性较强的情况下，使用这种方法能得到较好的结果。

James and Hastie(2001)将线性判别分析和二次判别分析扩展到数据集中的样本是曲线或函数的情形。

---

① 后来，Liu 等人的实验表明：用一个单独的验证集来优化 RDA 参数，能保持测试集的良好性能。

### 2.4.8 小结

线性判别分析和二次判别分析(或高斯分类器)是有监督分类中广泛使用的方法，很多统计软件包都支持这些方法。但是，当协方差矩阵接近于奇异阵以及类边界为非线性时，会出现一些问题，实际类分布为显著非高斯分布时会出现后一种情况。协方差矩阵接近于奇异阵的问题可以通过正则化来解决，方法有给定协方差矩阵的特定结构、使用组合协方差矩阵或者为类内散布矩阵添加一个惩罚项。Friedman(1989)提出了一种 RDA 方案，该方案同时使用组合协方差矩阵并添加惩罚项。

## 2.5 有限混合模型

### 2.5.1 引言

有限混合模型已得到广泛应用，可用于模拟多种非高斯分布，尤其适于模拟如下情况的分布，即在具有若干相互独立的组但组内成员类型未知的问题背景中产生测量值的情况。有限混合模型的分布形式如下：

$$p(\boldsymbol{x}) = \sum_{j=1}^{g} \pi_j p(\boldsymbol{x}; \boldsymbol{\theta}_j)$$

其中，

- $g$ 是混合分量数，通常称为模型的阶；
- $\pi_j$ 是混合分量概率，也称为混合比例，$\pi_j \geqslant 0$ 且满足 $\sum_{j=1}^{g} \pi_j = 1$；
- $p(\boldsymbol{x};\boldsymbol{\theta}_j)$，$j=1,\cdots,g$ 是分量密度函数，取决于参数向量 $\boldsymbol{\theta}_j$。

分量密度可以具有不同的参数形式。如果可能，可以用生成数据的过程知识指定其具体形式。在正态(或高斯)的混合模型中，每个分量均为多元正态分布，即均值向量为 $\boldsymbol{\mu}_j$，协方差矩阵为 $\boldsymbol{\Sigma}_j$ 的多元正态分布的概率密度 $p(x;\boldsymbol{\theta}_j)$，$\boldsymbol{\theta}_j = \{\boldsymbol{\mu}_j, \boldsymbol{\Sigma}_j\}$。因此，正态混合模型具有如下概率密度函数：

$$p(\boldsymbol{x}) = \sum_{j=1}^{g} \pi_j N(\boldsymbol{x}; \boldsymbol{\mu}_j, \boldsymbol{\Sigma}_j)$$

即使并不知晓数据是由一系列正态分量构成的，一个拥有足够多分量的混合模型也可以很接近这个数据的分布，图 2.1 展示了一个由单变量正态混合分布形成的概率密度函数。可以看出，用正常分布分量能够形成多峰分布(见两分量混合)和非高斯分布(见三分量混合)。

作为密度估计的方法，混合模型比本章之前论述的简单正态分布模型更灵活，且当将这种混合模型作为类条件概率密度函数时，在某些情况下，判别效果还能得到改善。

当考虑如何从一个混合模型分布中抽取样本时，混合模型的建模能力会比较清晰。样本可以通过如下过程生成。

- 根据分量概率向量($\pi_1,\cdots,\pi_g$)取得混合分量 $j$，即 $p(j=i)=\pi_i$，$i=1,\cdots,g$。为此，对区间为[0, 1]的连续均匀分布抽取随机变量 $u \in U(0,1)$，然后选择混合分量 $j$ 满足 $\sum_{k=1}^{j-1} \pi_k < u \leqslant \sum_{k=1}^{j} \pi_k$。

- 对所选分量密度 $p(\boldsymbol{x};\boldsymbol{\theta}_j)$ 采集测量值。对于正态混合模型而言，将涉及从分布 $N(\boldsymbol{\mu}_j, \boldsymbol{\Sigma}_j)$ 上抽取样本。

重复上述过程，便可从混合模型中获得独立的样本。总之，有 $g$ 个独立的分量组，其概率分别为 $\pi_1, \cdots, \pi_g$，由它们组成一个总体，随机样本由此总体中抽取。

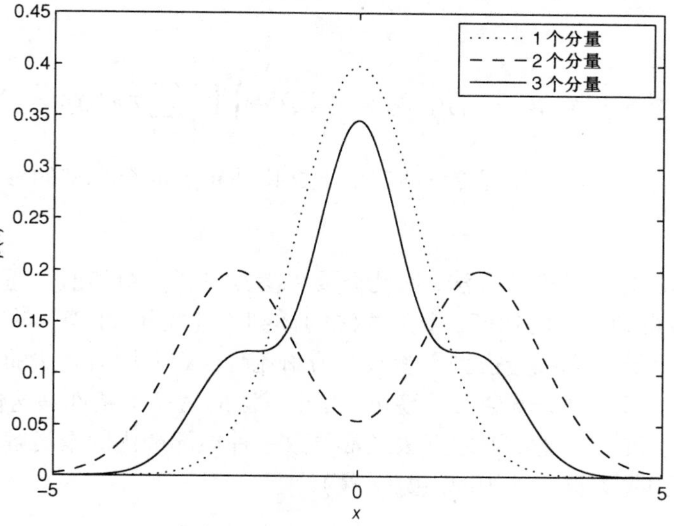


图 2.1　单变量正态混合形成概率密度函数的例子。点划线是单一分量的混合结果[$(\mu, \sigma) = (0, 1)$]，虚线是两个分量的混合结果[$\pi = (0.5, 0.5)$，$(\mu_1, \sigma_1) = (-2, 1)$，$(\mu_2, \sigma_2) = (2, 1)$]，实线是三个分量的混合结果[$\pi = (0.2, 0.6, 0.2)$，$(\mu_1, \sigma_1) = (-2, 0.7)$，$(\mu_2, \sigma_2) = (0, 0.7)$，$(\mu_3, \sigma_3) = (2, 0.7)$]

## 2.5.2　混合判别模型

混合模型可以用于判别分析，方法是将每个类条件概率密度均构建成如下混合分布模型：

$$p(\boldsymbol{x}|\omega_j) = \sum_{r=1}^{g_j} \pi_{j,r} p(\boldsymbol{x};\boldsymbol{\theta}_{j,r}) \tag{2.21}$$

其中，$g_j$ 是 $\omega_j$ 类的分量数，$\{\pi_{j,r} \geqslant 0, r = 1, \cdots, g_j\}$ 是属于 $\omega_j$ 类的混合分量概率（满足 $\sum_{r=1}^{g_j} \pi_{j,r} = 1$），$\{\boldsymbol{\theta}_{j,r}, r = 1, \cdots, g_j\}$ 是 $\omega_j$ 类的密度分量的参数向量。

式(2.1)所述的贝叶斯分类器可以使用类条件密度式(2.21)。具体而言，有判别规则：对于所有的 $j \neq i$，若 $d_i > d_j$，则将 $\boldsymbol{x}$ 归入 $\omega_i$ 类，其中

$$\begin{aligned} d_j &= p(\omega_j)p(x|\omega_j) \\ &= p(\omega_j)\left(\sum_{r=1}^{g_j} \pi_{j,r} p(\boldsymbol{x};\boldsymbol{\theta}_{j,r})\right) \end{aligned} \tag{2.22}$$

训练混合模型分类器阶段包含估计每个混合模型的参数，并分别按类依次完成这些估计。这时，将待估计的参数直接取代式(2.22)中的参数 $\pi_{j,r}$ 和 $\boldsymbol{\theta}_{j,r}$ 即可。

## 2.5.3 正态混合模型的参数估计

对于一个阶次指定为 $g$ 的正态混合模型，待估计的参数有混合分量概率 $\{\pi_1, \cdots, \pi_g\}$ 和混合分量参数 $\boldsymbol{\theta}_j = \{\boldsymbol{\mu}_j, \boldsymbol{\Sigma}_j\}, j = 1, \cdots, g$。在给定一组观测值(训练样本) $\{\boldsymbol{x}\} = \{\boldsymbol{x}_1, \cdots, \boldsymbol{x}_n\}$ 的情况下，优化参数的最常用技术是迭代法，即期望最大化(EM)算法。EM 算法寻求似然函数

$$L(\pi_1, \cdots, \pi_g, \boldsymbol{\mu}_1, \cdots, \boldsymbol{\mu}_g, \boldsymbol{\Sigma}_1, \cdots, \boldsymbol{\Sigma}_g) = \prod_{i=1}^{n} \left\{ \sum_{j=1}^{g} \pi_j N(\boldsymbol{x}_i; \boldsymbol{\mu}_j, \boldsymbol{\Sigma}_j) \right\} \tag{2.23}$$

的极大值。对该算法的详细介绍见 2.5.6 节，下文讲述正态混合模型的参数估计。

### 2.5.3.1 初始化

期望最大化算法是一种迭代算法，因此需要为参数设置一组初值。通常，可以用一种聚类算法(如 $k$ 均值法)得到合理的初值，聚类算法的详细论述见第 11 章。在下面的算法 2.1 中，可见到用 $k$ 均值初始化正态混合模型中参数的清晰流程。在 $k$ 均值算法的一次迭代中，一旦聚类成员的划分不再改变，算法就会自动终止，终止算法的另一个条件是迭代次数达到为减少计算成本而设定的最大值。注意，上述算法经常导致一种局部最优的聚类解，因此如果没有后续处理，不推荐其作为聚类算法来用(见第 11 章)。

---

**算法 2.1 $k$ 均值法初始化正态混合模型参数的步骤**

1. 初始化：从 $\{\boldsymbol{x}_1, \cdots, \boldsymbol{x}_n\}$ 中无放回地随机取出 $g$ 个成员，作为均值(中心)向量 $\{\boldsymbol{\mu}_j, j = 1, \cdots, g\}$ 的取值。
2. 迭代步骤：
   - 对于 $i = 1, \cdots, n$，确定 $\psi_i \in \{1, \cdots, g\}$，使
   $$|\boldsymbol{x}_i - \boldsymbol{\mu}_{\psi_i}|^2 = \min_{j=1,\ldots,g} |\boldsymbol{x}_i - \boldsymbol{\mu}_j|^2$$
   即对每个训练样本，找到离其最近的中心。
   - 与上一次迭代结果相比，只要任意一个 $\psi_i$，$i = 1, \cdots, n$ 发生变化，便重新计算各均值：
   $$\boldsymbol{\mu}_j = \frac{1}{\sum_{i=1}^{n} I(\psi_i = j)} \sum_{i=1}^{n} I(\psi_i = j) \boldsymbol{x}_i$$
   式中，$I(r = j)$ 是指示函数，当 $r = j$ 时取值为 1，其余为 0。若所有的 $\psi_i$ 均未改变，则执行步骤 4。
3. 如果迭代次数达到所设定的最大值，则执行步骤 4，否则回到步骤 2。
4. 初始化各协方差矩阵如下：
$$\boldsymbol{\Sigma}_j = \frac{1}{\sum_{i=1}^{n} I(\psi_i = j)} \sum_{i=1}^{n} I(\psi_i = j)(\boldsymbol{x}_i - \boldsymbol{\mu}_j)(\boldsymbol{x}_i - \boldsymbol{\mu}_j)^{\mathrm{T}}$$

如果初始协方差矩阵中的方差不是太小，则继而使用期望最大化算法可能会更有效。因此，常见做法是为每个方差(即每个协方差矩阵的每个对角元素)赋予最小值，或为每个协方差矩阵赋予一个最小的特征值。为此，可以将一个与单位矩阵成倍数的矩阵添加至协方差的估计中，的确，有些人就是将所有的初始协方差矩阵设置为可缩放的单位矩阵。

5. 初始化混合分量概率如下：

$$\pi_j = \frac{1}{n}\sum_{i=1}^{n} I(\psi_i = j)$$

#### 2.5.3.2　期望最大化算法迭代过程

算法 2.2 描述了期望最大化算法求解正态混合模型参数的过程。为优化模型参数，该过程反复用到两个步骤：E 步骤和 M 步骤。这两个步骤是期望最大化算法的重要部分，将在 2.5.6 节进行一般性介绍。进一步讲，期望最大化算法交替使用 E 步骤和 M 步骤，就正态混合模型而言，E 步骤用式(2.24)估计 $w_{ij}$，M 步骤分别用式(2.25)至式(2.27)计算 $w_{ij}$ 值下的 $\hat{\pi}_j$，$\hat{\boldsymbol{\mu}}_j$ 和 $\hat{\boldsymbol{\Sigma}}_j$（$j = 1, \cdots, g$），一直迭代到似然函数收敛，即迭代到似然函数的增长值小于给定的小阈值。似然函数的参数估计使用(对数)方程式(2.23)。出于计算成本的考虑，迭代到最大次数，算法便告终止。

正如算法 2.1 描述的初始化过程，通常要给每个待估计的协方差矩阵[见式(2.27)]增加约束，方法是，如有必要(例如矩阵最小特征值跌到阈值之下)，加上一个与单位矩阵成合适倍数的矩阵。这可确保所有协方差矩阵可以求逆，且降低混合模型的一个组成部分坍塌为一个训练数据向量的风险(即一个组成部分的均值等于某个样本向量，且其对应协方差矩阵趋于零矩阵)。如何预先指定协方差矩阵的约束将在下文中考虑。

期望最大化算法的实施容易，但其收敛速率依赖于数据的分布和参数的初值。减少似然函数陷入局部最大风险的通常做法是重复多次训练过程，每次训练过程使用不同的参数初值，这种情况下，可得最大似然下的最终模型。

**算法 2.2　正态混合模型的期望最大化算法迭代过程**

设 $m$ 为迭代次数($m \geqslant 0$，在初始化阶段，$m = 0$)，在 $m$ 次迭代之后，得到以下参数估计：

$$\{\pi_j^{(m)}, j = 1, \cdots, g\}, \quad \{\boldsymbol{\mu}_j^{(m)}, j = 1, \cdots, g\}, \quad \{\boldsymbol{\Sigma}_j^{(m)}, j = 1, \cdots, g\}$$

则算法的第 $(m+1)$ 次迭代如下。

1. E 步骤：计算

$$w_{ij} = \frac{\pi_j^{(m)} N\left(\boldsymbol{x}_i; \boldsymbol{\mu}_j^{(m)}, \boldsymbol{\Sigma}_j^{(m)}\right)}{\sum_k \pi_k^{(m)} N\left(\boldsymbol{x}_i; \boldsymbol{\mu}_k^{(m)}, \boldsymbol{\Sigma}_k^{(m)}\right)} \tag{2.24}$$

$i = 1, \cdots, n$ 且 $j = 1, \cdots, g$

2. M 步骤：对于 $j = 1, \cdots, g$，依次更新分量参数 $\pi_j$，$\boldsymbol{\mu}_j$ 及 $\boldsymbol{\Sigma}_j$ 的估计，方法如下：

$$\hat{\pi}_j^{(m+1)} = \frac{1}{n}\sum_{i=1}^{n} w_{ij} \tag{2.25}$$

$$\hat{\boldsymbol{\mu}}_j^{(m+1)} = \frac{\sum_{i=1}^{n} w_{ij}\boldsymbol{x}_i}{\sum_{i=1}^{n} w_{ij}} = \frac{1}{n\hat{\pi}_j^{(m+1)}}\sum_{i=1}^{n} w_{ij}\boldsymbol{x}_i \tag{2.26}$$

$$\hat{\boldsymbol{\Sigma}}_j^{(m+1)} = \frac{1}{n\hat{\pi}_j^{(m+1)}}\sum_{i=1}^{n} w_{ij}\left(\boldsymbol{x}_i - \hat{\boldsymbol{\mu}}_j^{(m+1)}\right)\left(\boldsymbol{x}_i - \hat{\boldsymbol{\mu}}_j^{(m+1)}\right)^{\mathrm{T}} \tag{2.27}$$

### 2.5.4 正态混合模型协方差矩阵约束

如上所述，若混合模型的一个或多个成分的协方差矩阵出现奇异或近似奇异，则可能出现问题：奇异的协方差矩阵将妨碍 E 步骤中 $w_{ij}$ 的计算及式(2.22)所示判别规则的计算，因为这些计算要求协方差矩阵可逆。出现这一问题的可能性有多种：其一，相对于训练数据量，混合分量的数量过大；其二，数据的维度太高；其三，混合分量的独立性不佳，且在算法开始之前很难断定。与对近似奇异协方差矩阵加入一个与单位矩阵成比例的矩阵的方案相比，更具原则性的解决方案是给协方差矩阵结构施加约束。常用约束有：

- 对角线形协方差矩阵
- 球形协方差矩阵
- 混合分量之间的公共协方差矩阵

在这些约束下，应修改期望最大化算法中求取协方差矩阵的更新式(2.27)，而期望最大化算法的其余部分保持不变。

对角线形协方差矩阵

忽略协方差矩阵中的互相关项，仅考虑方差。针对 $d$ 维数据，若一个 $d \times d$ 对角阵表示为 $\mathrm{Diag}(a_1, \cdots, a_d)$，其中 $a_l$ 表示对角阵的第 $l$ 个对角元素，则对角线形协方差矩阵为 $\boldsymbol{\Sigma}_j = \mathrm{Diag}(\sigma_{j,1}^2, \cdots, \sigma_{j,d}^2)$，期望最大化算法对协方差矩阵中的对角元素的更新式为

$$\hat{\sigma}_{j,l}^{2\,(m+1)} = \frac{1}{n\hat{\pi}_j^{(m+1)}} \sum_{i=1}^{n} w_{ij} \left( x_{i,l} - \hat{\mu}_{j,l}^{(m+1)} \right)^2$$

其中，$j = 1, \cdots, g$ 表示混合分量序号，$l = 1, \cdots, d$ 为数据的维数。

球形协方差矩阵

球形协方差矩阵约束把协方差矩阵模型化为一个与对角阵成比例的矩阵，并用混合分量的方差 $\sigma_j^2$ 来充当这个比例，所以有 $\boldsymbol{\Sigma}_j = \sigma_j^2 \boldsymbol{I}_{d,d}$，其中 $\boldsymbol{I}_{d,d}$ 是 $d \times d$ 单位矩阵。于是，期望最大化算法对于第 $j$ 个混合分量方差的修改式则为

$$\hat{\boldsymbol{\sigma}}_j^{2\,(m+1)} = \frac{1}{nd\hat{\pi}_j^{(m+1)}} \sum_{i=1}^{n} w_{ij} \left( \boldsymbol{x}_i - \hat{\boldsymbol{\mu}}_j^{(m+1)} \right)^T \left( \boldsymbol{x}_i - \hat{\boldsymbol{\mu}}_j^{(m+1)} \right)$$

公共协方差矩阵

第三种情况是所有混合分量使用公共协方差矩阵，期望最大化算法对协方差矩阵的更新式为

$$\hat{\boldsymbol{\Sigma}}^{(m+1)} = \frac{1}{n} \sum_{j=1}^{g} \sum_{i=1}^{n} w_{ij} \left( \boldsymbol{x}_i - \hat{\boldsymbol{\mu}}_j^{(m+1)} \right) \left( \boldsymbol{x}_i - \hat{\boldsymbol{\mu}}_j^{(m+1)} \right)^{\mathrm{T}}$$

其他协方差矩阵约束

还有其他一些对协方差矩阵结构的约束。在用正态混合模型的聚类中，Celeux and Govaert(1995)提出了协方差矩阵的参数化方法，该方法包括几种不同的条件，有等球形聚类(各协方差矩阵相等且与单位阵成比例)及协方差矩阵各不相同的聚类。

Hastie and Tibshirani(1996)认为，混合模型可以用来分类。这时，允许每一个类内分量有其自身的平均向量，而对所有类的各混合分量设置一个公共协方差矩阵。这是限制待估计参数数量的更进一步的方法。

### 2.5.5 混合模型分量的数量

选择混合模型分量的数量问题不容忽略，它涉及多种因素，包括建模数据的实际分布、聚类的形状，以及可用的训练数据数量等。

在判别问题上，可以通过改变混合模型中的分量数，训练出一些不同的分类器，每个分类器使用各自独立的测试集进行检验。在检测过程中，选定模型的阶次(模型分量的数量)以使分类器判别性能达到最佳。需要注意的是，测试集是训练过程所用数据的一部分(称为验证集更恰当)，并且使用这些数据产生的错误率将是有偏的。

另一种方法是单独将模型选择准则应用于每个类条件混合模型，即考核每个类条件分布是否恰当，而非总体的判别性能。目前，人们已提出一些不同的模型选择准则。文献 Bozdogan (1993)对一些准则进行了对比性研究，该文献用仿真数据对若干信息理论准则进行了比较，所用到的仿真数据或类间交叠或类间不交叠，它们的形状和密集度各不相同。

在若干准则中，比较受欢迎的当属 AIC 准则(Akaike Information Criterion)(Akaike, 1974)：

$$\text{AIC} = -2\log(L(\Psi)) + 2k_d$$

其中，$L(\Psi)$ 代表在数据上所做的模型似然估计[对于正态混合模型，式(2.23)用于参数估计]，$k_d$ 是模型中的参数数量。当有多个模型供选择时，使 AIC 最小的模型将被选中。AIC 通过 $k_d$ 项惩罚大模型(对数似然函数值较大)的过度拟合。然而，它对模型分量数量的高估也时有发生(McLachlan and Peel, 2000)。

另一个通用准则是贝叶斯信息标准(BIC)，由 Schwarz(1978)提出，表示为

$$\text{BIC} = -2\log(L(\Psi)) + k_d\log(n)$$

其中，$L(\Psi)$ 和 $k_d$ 的含义与 AIC 相同，$n$ 是用来计算模型似然性的独立数据向量的数量，使 BIC 获得最小值的模型将被选中。当 $n \geqslant 8$ 时，BIC 的惩罚项比 AIC 的大，因此 BIC 不太可能高估模型分量的数量。对于混合模型而言，BIC 比 AIC 具有更好的理论效果(McLachlan and Peel, 2000)。

Celeux and Soromenho(1996)评价期望最大化算法时提出熵准则，并将其性能与其他准则进行了比较，这一选择模型的准则是求下式的极小值：

$$C(g) = \frac{E(g)}{\log(L(g)) - \log(L(1))}, \quad g > 1$$

其中，$g > 1$ 是混合模型分量的数量，$L(k)$ ($k \geqslant 1$)是具有 $k$ 个分量的似然函数，熵 $E(g)$ 为

$$E(g) = \sum_{j=1}^{g}\sum_{i=1}^{n} w_{ij}\log(w_{ij})$$

其中

$$w_{ij} = \frac{\pi_j p(\boldsymbol{x}_i|\boldsymbol{\theta}_j)}{\sum_{k=1}^{g}\pi_k p(\boldsymbol{x}_i|\boldsymbol{\theta}_k)}$$

由期望最大化算法[式(2.24)]中的 E 步骤计算而得。该准则试图结合适应度(通过极大似然证明)，选出模型的分量相互独立、熵呈现最小值的混合模型。因此，该准则不适合分量的均值向量类似、协方差矩阵可变的混合模型。这里有一条经验法则(McLachlan and Peel, 2000)，即定义 $C(1) = 1$。

在具有不同分量的两个混合模型之间，Wolfe(1971)提出一种用于测试的修正似然比检

验，其中原假设 $g = g_0$，备择假设 $g = g_1$。设似然比 $\lambda = L(\Psi_0)/L(\Psi_1)$，其中 $L(\Psi_0)$ 是原假设下的似然函数，$L(\Psi_1)$ 是备择假设下的似然函数，则将

$$-\frac{2}{n}\left(n-1-d-\frac{g_1}{2}\right)\log(\lambda)$$

作为遵循卡方分布的随机变量组织测试，自由度 $\chi$ 是两种假设下参数数量差值的 2 倍(Everitt et al., 2001)，不含混合比。对于正态混合模型的分量来讲，当其具有任意的协方差矩阵时，自由度

$$\chi = 2(g_1 - g_0)\frac{d(d+3)}{2}$$

而当其具有公共协方差矩阵(Wolfe 1971 年所研究的情形)时，自由度 $\chi = 2(g_1 - g_0)d$。这时，需要修改标准似然比检验，因为在对持有不同分量的混合模型展开比较时[详见 McLachlan and Peel(2000)中的举例]，标准似然比检验所需的正则条件不再具备，这个正则条件即是：$-2\log(\lambda)$ 接近于卡方分布，自由度为混合模型参数数量之差。

Everitt(1981)和 Anderson(1985)进一步探讨了 Wolfe 检验。对于公共协方差结构，Everitt 发现，在一个由两分量组成的混合模型中，如果观测值的数量比变量数多 10 倍以上，则原假设 $g = 1$，备则假设 $g = 2$ 下的检验更合适。McLachlan and Basford(1988)建议将 Wolfe 的修正似然比检验用做模型结构的导向，而非严格的模型解释。

在用贝叶斯法训练混合模型的参数时，可以将模型的阶次作为未知变量纳入训练的行列。第 3 章中将讨论这些基本的建模技术。Richardson and Green(1997)这篇影响深远的论文①中提出一个可逆跳转的马尔可夫链蒙特卡罗(RJMCMC)算法，该算法可同时解决单变量正态混合模型下的模型选择和参数估计问题。这项工作后来又被拓展到低维多元分布(Marrs, 1998)，但目前仍不适用于高维数据。其他的贝叶斯方法，例如 Stephens(2000)提出的 Markov 生灭过程法，又见 Stephens(1997)，也是较适用于低维数据(例如一维向量和二维向量)建模的方法。

### 2.5.6 期望最大化算法下的极大似然估计

#### 2.5.6.1 引言

现在回到估计混合模型参数的一般性问题。有三套参数待估计，它们是：混合模型分量的数量 $g$、$\pi_j$ 值及由分量密度定义的参数 $\boldsymbol{\theta}_j$。其中，混合模型分量数量的选择问题已在 2.5.5 节进行了讨论，本节将着重论述确定阶次下的混合模型的参数估计。

给定一组独立的观测值 $\{\boldsymbol{x}\} = \{\boldsymbol{x}_1, \cdots, \boldsymbol{x}_n\}$，可得混合分布 $p(\boldsymbol{x}) = \sum_{j=1}^{g} \pi_j p(\boldsymbol{x};\boldsymbol{\theta}_j)$ 的似然函数

$$L(\boldsymbol{\Psi}) = \prod_{i=1}^{n}\left\{\sum_{j=1}^{g}\pi_j p(\boldsymbol{x}_i|\boldsymbol{\theta}_j)\right\} \tag{2.28}$$

其中，$\boldsymbol{\Psi}$ 代表参数 $\{\pi_1, \cdots, \pi_g; \boldsymbol{\theta}_1, \cdots, \boldsymbol{\theta}_g\}$，$p(\boldsymbol{x} \mid \boldsymbol{\theta}_j)$ 表示分量函数与其参数有关。一般来讲，做不到准确求解方程 $\partial L/\partial \boldsymbol{\Psi} = 0$ 以解得模型参数，而需要采用迭代方法。使似然函数

① 相关的更正见 Richardson and Green(1998)。

$L(\boldsymbol{\Psi})$ 取值最大的一种方法是使用期望最大化算法，这种通用迭代方法有多种形式，Dempster et al.（1977）介绍了在缺数据值情况下使用该算法估计参数的方法。

### 2.5.6.2　不完整数据的表示

设数据向量 $\{\boldsymbol{x}\} = \{\boldsymbol{x}_1, \cdots, \boldsymbol{x}_n\}$ 不完整，这时仍希望求取似然函数 $L(\boldsymbol{\Psi}) = p(\{\boldsymbol{x}\} \mid \boldsymbol{\Psi})$ 的极大值。于是，令 $\{\boldsymbol{y}\}$ 表示典型的完整向量 $\{\boldsymbol{x}\}$，也就是说，用丢失的值 $\boldsymbol{z}_i$ 扩展 $\boldsymbol{x}_i$，使 $\boldsymbol{y}_i^{\mathrm{T}} = (\boldsymbol{x}_i^{\mathrm{T}}, \boldsymbol{z}_i^{\mathrm{T}})$。在有限项混合模型情况下，这一扩展自然是对数据向量分量的标记。在使用期望最大化算法的过程中，对于更一般的数据丢失问题，可能会有很多嵌入 $\boldsymbol{x}_i$ 的向量 $\boldsymbol{y}_i$。

令 $\{\boldsymbol{y}\}$ 的似然函数为 $p(\{\boldsymbol{y}\} \mid \boldsymbol{\Psi})$，其形式明确已知。似然函数 $p(\{\boldsymbol{x}\} \mid \boldsymbol{\Psi})$ 通过 $p(\{\boldsymbol{y}\} \mid \boldsymbol{\Psi})$ 获得，这个过程整合了所有可能的 $\{\boldsymbol{z}\}$，并将其插入 $\{\boldsymbol{x}\}$ 的一侧。

$$L(\boldsymbol{\Psi}) = p(\{\boldsymbol{x}\}|\boldsymbol{\Psi}) = \int p(\{\boldsymbol{x}\}, \{z\}|\boldsymbol{\Psi})\mathrm{d}z$$

$$= \int \prod_{i=1}^{n} p(\boldsymbol{x}_i, z_i|\boldsymbol{\Psi})\mathrm{d}z_1 \cdots \mathrm{d}z_n$$

对于有限项混合模型，完整的数据向量 $\boldsymbol{y}$ 是使用分量标签扩张后的结果，即 $\boldsymbol{y}^{\mathrm{T}} = (\boldsymbol{x}^{\mathrm{T}}, \boldsymbol{z}^{\mathrm{T}})$，其中 $\boldsymbol{z}$ 是一个 $g$ 维指示向量，设 $\boldsymbol{x}$ 来自第 $k$ 个分量，则该指示向量的第 $k$ 个位置取值为 1，其余位置取值为 0。$\boldsymbol{y}$ 的似然函数为

$$p(\boldsymbol{y}|\boldsymbol{\Psi}) = p(\boldsymbol{x}, z|\boldsymbol{\Psi}) = p(\boldsymbol{x}|z, \boldsymbol{\Psi})p(z|\boldsymbol{\Psi}) = p(\boldsymbol{x}|\boldsymbol{\theta}_k)\pi_k$$

也可以写成

$$p(\boldsymbol{y}|\boldsymbol{\Psi}) = \prod_{j=1}^{g} \left[p(\boldsymbol{x}|\boldsymbol{\theta}_j)\pi_j\right]^{z_j} \tag{2.29}$$

因为除了 $j = k$ 时 $z_j = 1$，余下的 $z_j$ 均为 0，所以 $\boldsymbol{x}$ 的似然函数为

$$p(\boldsymbol{x}|\boldsymbol{\Psi}) = \sum_{\text{所有可能的}z} p(\boldsymbol{y}|\boldsymbol{\Psi}) = \sum_{j=1}^{g} \pi_j p(\boldsymbol{x}|\boldsymbol{\theta}_j)$$

这是一种混合分布。因此，可以把混合数据诠释为丢失了分量标签的不完整的数据。

### 2.5.6.3　期望最大化算法迭代过程

期望最大化（EM）算法从一个初值估计 $\boldsymbol{\Psi}^{(0)}$ 开始，生成对 $\boldsymbol{\Psi}$ 的一系列估计 $\{\boldsymbol{\Psi}^{(m)}\}$，经历两个步骤。

1. E 步骤：对以观测数据 $\{\boldsymbol{x}\}$ 为条件的完整数据的对数似然函数以及参数的当前值 $\boldsymbol{\Psi}^{(m)}$ 的期望

$$Q(\boldsymbol{\Psi}, \boldsymbol{\Psi}^{(m)}) \triangleq \mathrm{E}\left[\log(p(\{\boldsymbol{y}\}|\boldsymbol{\Psi}))|\{\boldsymbol{x}\}, \boldsymbol{\Psi}^{(m)}\right]$$

展开评估。且

$$Q(\boldsymbol{\Psi}, \boldsymbol{\Psi}^{(m)}) = \mathrm{E}\left[\log\left(\prod_{i} p(\boldsymbol{x}_i, z_i|\boldsymbol{\Psi})\right)\bigg|\{\boldsymbol{x}\}, \boldsymbol{\Psi}^{(m)}\right]$$

$$= \mathrm{E}\left[\sum_{i} \log(p(\boldsymbol{x}_i, z_i|\boldsymbol{\Psi}))\bigg|\{\boldsymbol{x}\}, \boldsymbol{\Psi}^{(m)}\right]$$

$$= \int \sum_{i} \log(p(\boldsymbol{x}_i, z_i|\boldsymbol{\Psi}))p(\{z\}|\{\boldsymbol{x}\}, \boldsymbol{\Psi}^{(m)})\mathrm{d}z_1 \cdots \mathrm{d}z_n$$

2. M 步骤：寻找使 $Q(\boldsymbol{\Psi}, \boldsymbol{\Psi}^{(m)})$ 获得极大值的解 $\boldsymbol{\Psi} = \boldsymbol{\Psi}^{(m+1)}$。这一步通常可以求得闭式解。否则，使用数值优化程序求解(Press et al., 1992)。

设迭代过程从参数的初始估计 $\boldsymbol{\Psi}^{(0)}$ 开始，则上述过程使似然函数单调增加：

$$L\{\boldsymbol{\Psi}^{(m+1)}\} \geqslant L\{\boldsymbol{\Psi}^{(m)}\} \tag{2.30}$$

即该过程引导似然函数趋于更好的估值。

#### 2.5.6.4 期望最大化算法如何工作

为了看到随着期望最大化算法的迭代，似然性不断单调增加，首先定义

$$\begin{aligned} H\left(\boldsymbol{\Psi}, \boldsymbol{\Psi}^{(m)}\right) &= \mathrm{E}\left[\log\left(p(\{z\}\,|\{\boldsymbol{x}\},\boldsymbol{\Psi})\right)|\{\boldsymbol{x}\},\boldsymbol{\Psi}^{(m)}\right] \\ &= \int \sum_i \log\left(p(z_i|\{\boldsymbol{x}\},\boldsymbol{\Psi})\right) p\left(z_i|\{\boldsymbol{x}\},\boldsymbol{\Psi}^{(m)}\right) \mathrm{d}z_i \end{aligned}$$

因此，借助 $H(\boldsymbol{\Psi}, \boldsymbol{\Psi}^{(m)})$，得到与 $Q(\boldsymbol{\Psi}, \boldsymbol{\Psi}^{(m)})$ 不同的关于 $\boldsymbol{\Psi}$ 的对数似然函数，即

$$\log(L(\boldsymbol{\Psi})) = Q(\boldsymbol{\Psi}, \boldsymbol{\Psi}^{(m)}) - H(\boldsymbol{\Psi}, \boldsymbol{\Psi}^{(m)}) \tag{2.31}$$

可以看到，由于 $p(\{\boldsymbol{x}\}\mid\boldsymbol{\Psi})$ 与 $\{z\}$ 无关，因此对其求取关于 $\{z\}$ 的期望并不会改变什么：

$$\log(p(\{\boldsymbol{x}\}|\boldsymbol{\Psi})) = \mathrm{E}[\log(p(\{\boldsymbol{x}\}|\boldsymbol{\Psi}))|\{\boldsymbol{x}\}, \boldsymbol{\Psi}^{(m)}]$$

利用条件概率公式

$$p(\{\boldsymbol{y}\}|\boldsymbol{\Psi}) = p(\{\boldsymbol{x}\}, \{z\}|\boldsymbol{\Psi}) = p(\{z\}|\{\boldsymbol{x}\}, \boldsymbol{\Psi})p(\{\boldsymbol{x}\}|\boldsymbol{\Psi})$$

得到

$$\begin{aligned} \log(p(\{\boldsymbol{x}\}|\boldsymbol{\Psi})) &= \mathrm{E}\left[\log\left(\frac{p(\{\boldsymbol{y}\}|\boldsymbol{\Psi})}{p(\{z\}|\{\boldsymbol{x}\}, \boldsymbol{\Psi})}\right)|\{\boldsymbol{x}\}, \boldsymbol{\Psi}^{(m)}\right] \\ &= \mathrm{E}[\log(p(\{\boldsymbol{y}\}|\boldsymbol{\Psi}))|\{\boldsymbol{x}\}, \boldsymbol{\Psi}^{(m)}] - \mathrm{E}[\log\left(p(\{z\}|\{\boldsymbol{x}\}, \boldsymbol{\Psi})\right)|\{\boldsymbol{x}\}, \boldsymbol{\Psi}^{(m)}] \\ &= Q(\boldsymbol{\Psi}, \boldsymbol{\Psi}^{(m)}) - H(\boldsymbol{\Psi}, \boldsymbol{\Psi}^{(m)}) \end{aligned}$$

这就是式(2.31)。

剖析式(2.31)会发现，得到式(2.30)的充分条件是

$$Q(\boldsymbol{\Psi}^{(m+1)}, \boldsymbol{\Psi}^{(m)}) \geqslant Q(\boldsymbol{\Psi}^{(m)}, \boldsymbol{\Psi}^{(m)}) \tag{2.32}$$

$$H(\boldsymbol{\Psi}^{(m+1)}, \boldsymbol{\Psi}^{(m)}) \leqslant H(\boldsymbol{\Psi}^{(m)}, \boldsymbol{\Psi}^{(m)}) \tag{2.33}$$

至此，期望最大化过程的 M 步骤确保式(2.32)有效，因此有关系式(2.33)。实际上，更一般的关系 $H(\boldsymbol{\Psi}, \boldsymbol{\Psi}^{(m)}) \leqslant H(\boldsymbol{\Psi}^{(m)}, \boldsymbol{\Psi}^{(m)})$ 成立，写成

$$\begin{aligned} \Upsilon(\boldsymbol{\Psi}, \boldsymbol{\Psi}^{(m)}) &= H(\boldsymbol{\Psi}, \boldsymbol{\Psi}^{(m)}) - H(\boldsymbol{\Psi}^{(m)}, \boldsymbol{\Psi}^{(m)}) \\ &= \mathrm{E}\left[\log\left(\frac{p(\{z\}|\{\boldsymbol{x}\}, \boldsymbol{\Psi})}{p(\{z\}|\{\boldsymbol{x}\}, \boldsymbol{\Psi}^{(m)})}\right)|\{\boldsymbol{x}\}, \boldsymbol{\Psi}^{(m)}\right] \end{aligned}$$

利用含有对数函数的 Jensen 不等式：

$$\mathrm{E}[\log(T)] \leqslant \log(\mathrm{E}[T])$$

得到

$$\Upsilon(\boldsymbol{\Psi},\boldsymbol{\Psi}^{(m)}) \leqslant \log\left(\mathrm{E}\left[\left(\frac{p(\{z\}|\{\boldsymbol{x}\},\boldsymbol{\Psi})}{p(\{z\}|\{\boldsymbol{x}\},\boldsymbol{\Psi}^{(m)})}\right)\Big|\{\boldsymbol{x}\},\boldsymbol{\Psi}^{(m)}\right]\right)$$
$$= \log\left(\int_z\left(\frac{p(\{z\}|\{\boldsymbol{x}\},\boldsymbol{\Psi})}{p(\{z\}|\{\boldsymbol{x}\},\boldsymbol{\Psi}^{(m)})}\right)p(\{z\}|\{\boldsymbol{x}\},\boldsymbol{\Psi}^{(m)})\mathrm{d}z\right)$$
$$= \log\left(\int_z p(\{z\}|\{\boldsymbol{x}\},\boldsymbol{\Psi})\mathrm{d}z\right) = \log(1) = 0$$

这就证明了所需不等式(2.33)及似然函数的单调递增性，该似然函数获得于期望最大化过程提供的参数估计。

#### 2.5.6.5　期望最大化算法应用于混合模型

考虑如何将期望最大化算法应用于混合模型，这一问题曾在2.5.3节叙述过，但没给出缘由。将式(2.29)扩展到多个独立向量的形式，即

$$p(\{\boldsymbol{y}\}|\boldsymbol{\Psi}) = p(\boldsymbol{y}_1,\cdots\boldsymbol{y}_n|\boldsymbol{\Psi}) = \prod_{i=1}^{n}\prod_{j=1}^{g}[p(\boldsymbol{x}_i|\boldsymbol{\theta}_j)\pi_j]^{z_{ji}}$$

其中，$z_{ji}$ 是一个指示变量，对位于第 $j$ 组中的 $\boldsymbol{x}_i$，$z_{ji}=1$，否则 $z_{ji}=0$。因此，

$$\log(p(\boldsymbol{y}_1,\cdots\boldsymbol{y}_n|\boldsymbol{\Psi})) = \sum_{i=1}^{n}\sum_{j=1}^{g} z_{ji}\log(p(\boldsymbol{x}_i|\boldsymbol{\theta}_j)\pi_j)$$
$$= \sum_{i=1}^{n} z_i^{\mathrm{T}}\boldsymbol{l} + \sum_{i=1}^{n} z_i^{\mathrm{T}}\boldsymbol{u}_i(\boldsymbol{\theta})$$

其中，

- 向量 $\boldsymbol{l}$ 具有第 $j$ 个分量 $\log(\pi_j)$；
- $\boldsymbol{u}_i(\boldsymbol{\theta})$ 具有第 $j$ 个分量 $\log(p(\boldsymbol{x}_i|\boldsymbol{\theta}_j))$；
- $z_i$ 的分量为 $z_{ji}$，$j=1,\cdots,g$。

$L(\boldsymbol{\Psi})$ 是 $(\boldsymbol{x}_1,\cdots,\boldsymbol{x}_n)$ 的似然函数，由式(2.28)给定。期望最大化算法的基本迭代步骤如下。

1. E 步骤：由下式构成 $Q$，

$$Q(\boldsymbol{\Psi},\boldsymbol{\Psi}^{(m)}) = \mathrm{E}\left[\log(p(\boldsymbol{y}_1,\ldots,\boldsymbol{y}_n|\boldsymbol{\Psi}))|\{\boldsymbol{x}\},\boldsymbol{\Psi}^{(m)}\right]$$
$$= \sum_{i=1}^{n}\boldsymbol{w}_i^{\mathrm{T}}\boldsymbol{l} + \sum_{i=1}^{n}\boldsymbol{w}_i^{\mathrm{T}}\boldsymbol{u}_i(\boldsymbol{\theta})$$

其中，

$$\boldsymbol{w}_i = \mathrm{E}\left[z_i|\boldsymbol{x}_i,\boldsymbol{\Psi}^{(m)}\right]$$

$\boldsymbol{x}_i$ 属于模型中第 $j$ 个成员的概率为

$$w_{ij} = \frac{\pi_j^{(m)}p\left(\boldsymbol{x}_i|\boldsymbol{\theta}_j^{(m)}\right)}{\sum_k \pi_k^{(m)}p\left(\boldsymbol{x}_i|\boldsymbol{\theta}_k^{(m)}\right)} \tag{2.34}$$

这个模型成员由当前的参数估值 $\boldsymbol{\Psi}^{(m)}$ 确定。

2. M 步骤：依次考虑 $\pi_j$ 和 $\boldsymbol{\theta}_j$，求 $Q$ 对 $\boldsymbol{\Psi}$ 的极大值。在 $\sum_{i=1}^{g}\pi_i=1$ 的约束下，引入拉格朗日

乘子 λ，得到 $Q-\lambda(\sum_{j=1}^{g}\pi_j-1)$，以 $\pi_j$ 为变元，对上式求导，再令其等于零，得到

$$\sum_{i=1}^{n} w_{ij}\frac{1}{\pi_j}-\lambda=0$$

根据约束式 $\sum_{j=1}^{g}\pi_j=1$，有 $\lambda=\sum_{j=1}^{g}\sum_{i=1}^{n}w_{ij}=n$，因此得到 $\pi_j$ 的估计值

$$\hat{\pi}_j=\frac{1}{n}\sum_{i=1}^{n}w_{ij} \tag{2.35}$$

对于正态混合模型 $\boldsymbol{\theta}_j=(\boldsymbol{\mu}_j,\boldsymbol{\Sigma}_j)$，有

$$Q(\boldsymbol{\Psi},\boldsymbol{\Psi}^{(m)})=\sum_{i=1}^{n}\boldsymbol{w}_i^{\mathrm{T}}\boldsymbol{l}+\sum_{j=1}^{g}\sum_{i=1}^{n}w_{ij}\log(N(\boldsymbol{x}_i;\boldsymbol{\mu}_j,\boldsymbol{\Sigma}_j)) \tag{2.36}$$

以 $\boldsymbol{\mu}_j$ 为变元，对 $Q$ 求导，并令导数等于零，得到

$$\sum_{i=1}^{n}w_{ij}(\boldsymbol{x}_i-\boldsymbol{\mu}_j)=0$$

于是得到 $\boldsymbol{\mu}_j$ 的新估值

$$\hat{\boldsymbol{\mu}}_j=\frac{\sum_{i=1}^{n}w_{ij}\boldsymbol{x}_i}{\sum_{i=1}^{n}w_{ij}}=\frac{1}{n\hat{\pi}_j}\sum_{i=1}^{n}w_{ij}\boldsymbol{x}_i \tag{2.37}$$

再以 $\boldsymbol{\Sigma}_j^{-1}$ 为变元，对 $Q$ 求导，并令导数等于零，得到

$$\begin{aligned}\hat{\boldsymbol{\Sigma}}_j&=\frac{\sum_{i=1}^{n}w_{ij}(\boldsymbol{x}_i-\hat{\boldsymbol{\mu}}_j)(\boldsymbol{x}_i-\hat{\boldsymbol{\mu}}_j)^{\mathrm{T}}}{\sum_{i=1}^{n}w_{ij}}\\&=\frac{1}{n\hat{\pi}_j}\sum_{i=1}^{n}w_{ij}(\boldsymbol{x}_i-\hat{\boldsymbol{\mu}}_j)(\boldsymbol{x}_i-\hat{\boldsymbol{\mu}}_j)^{\mathrm{T}}\end{aligned} \tag{2.38}$$

2.5.3 节介绍的正态混合模型所用公式(2.25)至式(2.27)可更新为上述公式(2.35)、式(2.37)和式(2.38)。

### 2.5.7 应用研究举例

问题

应用研究举例涉及对船舶的自动识别，识别目标是使用高清晰度雷达测到的雷达图像(Webb，2000)。

摘要

这里用到一种简单的混合模型判别方法，通过期望最大化算法获取极大似然估计的参数。混合成员服从 Γ (gamma，伽马)分布。

数据

所用数据是 7 种类型船舶的雷达距离侧面图(RRP)。RRP 描述了船对雷达的反射幅值与雷达到船舶距离的函数。侧面图以每隔 3 m 采样一次的方式获得，每张图含 130 个测量值。一艘船转过 360°获得的所有数据记载于 RRP 中。有 19 个数据文件，每个数据文件包含 1700 ~ 8800 个训练样本。数据文件又被分为训练集和测试集。应用研究中，若干类的训练样本和测试样本不只一次地变化角色。

模型

每一类的密度用一个混合模型来模拟，于是有

$$p(\boldsymbol{x}) = \sum_{j=1}^{g} \pi_j p(\boldsymbol{x}|\boldsymbol{\theta}_j)$$

其中，$\boldsymbol{\theta}_j$ 表示第 $j$ 个混合成员的一组参数，并假设每个混合成员 $p(x \mid \boldsymbol{\theta}_j)$ 具有独立的模型①，因此

$$p(\boldsymbol{x}|\boldsymbol{\theta}_j) = \prod_{s=1}^{130} p(x_s|\theta_{js})$$

单变量因子 $p(x_s \mid \theta_{js})$ 服从 Γ 分布②：

$$p(x_s|\theta_{js}) = \frac{m_{js}}{(m_{js}-1)!\mu_{js}} \left(\frac{m_{js}x_s}{\mu_{js}}\right)^{m_{js}-1} \exp\left(-\frac{m_{js}x_s}{\mu_{js}}\right)$$

其参数为 $\theta_{js} = (m_{js}, \boldsymbol{\mu}_{js})$，其中 $m_{js}$ 是第 $j$ 个混合成员的变量 $x_s$ 的阶次参数，$\boldsymbol{\mu}_{js}$ 是均值。因此，每个混合成员的每一维就有两个相关的参数。用 $\boldsymbol{\theta}_j$ 表示第 $j$ 个成员的参数集 $\{\theta_{js}, s = 1, \cdots, 130\}$。考虑到瑞利（Rayleigh）散射和非波动目标的具体物理特点，做出上述 Γ 分布的选择，况且，人们已经找到适于 Γ 分布的经验测量法。

训练过程

给定 $n$ 个类型已知的观测值，且假定它们相互独立，则似然函数

$$L(\boldsymbol{\Psi}) = \prod_{i=1}^{n} \sum_{j=1}^{g} \pi_j p(\boldsymbol{x}_i|\boldsymbol{\theta}_j) \tag{2.39}$$

其中，$\boldsymbol{\Psi}$ 代表所有的模型参数：$\boldsymbol{\Psi} = \{\boldsymbol{\theta}_j, \pi_j, j = 1, \cdots, g\}$。

用期望最大化算法求似然函数的极大值。正如式(2.34)所述，若 $\{\boldsymbol{\theta}_k^{(m)}, \pi_k^{(m)}\}$ 表示处于第 $m$ 次迭代过程的第 $k$ 个成员的参数估值，则 $x_i$ 属于当前参数下的第 $j$ 个成员的概率

$$w_{ij} = \frac{\pi_j^{(m)} p(\boldsymbol{x}_i|\boldsymbol{\theta}_j^{(m)})}{\sum_k \pi_k^{(m)} p(\boldsymbol{x}_i|\boldsymbol{\theta}_k^{(m)})}$$

对 $w_{ij}$ 的估计在 E 步骤完成。在 M 步骤，将导出式(2.35)描述的混合权重 $\pi_j$ 的估计

$$\hat{\pi}_j = \frac{1}{n}\sum_{i=1}^{n} w_{ij}$$

计算均值的公式

$$\hat{\boldsymbol{\mu}}_j = \frac{\sum_{i=1}^{n} w_{ij}\boldsymbol{x}_i}{\sum_{i=1}^{n} w_{ij}} = \frac{1}{n\hat{\pi}_j}\sum_{i=1}^{n} w_{ij}\boldsymbol{x}_i$$

但是，对于 Γ 阶参数 $m_{js}$，该式不能给出闭合形式的解。我们有

$$\nu(m_{js}) = -\frac{\sum_{i=1}^{n} w_{ij}\log(x_{is}/\mu_{js})}{\sum_{i=1}^{n} w_{ij}}$$

① 注意，该模型的数据向量的各分量是独立的，在混合成员上是有条件的，与数据向量的独立性无关。

② 伽马分布是多参数的，在此项研究中，我们仅关注其中一个参数。

其中，$v(m) = \log(m) - \psi(m)$，$\psi(m)$ 是双 Γ 函数，即对 Γ 函数的对数求导，$\psi(m) = \frac{d}{dm}\log(\Gamma(m))$，$\Gamma(m) = (m-1)!$，$m$ 是大于等于 1 的整数。

因此，对于 Γ 混合问题，可以采用期望最大化算法，但是在期望最大化过程中，求解 Γ 分布的阶次参数时，必须使用数值法求根程序。

每类混合成员的数量从 5 至 110 不等，每艘船的模型通过最小化加惩罚项的似然准则确定(AIC，带有复杂惩罚项的似然比，见 2.5.5 节)。对每艘船，使用 50 至 100 个混合成员，用式(2.39)构建每类的密度函数，令类先验概率相等，然后将模型应用到独立的测试集上，并估计错误率。

### 2.5.8 拓展研究

用于最大化混合模型似然函数的方法，还有牛顿-拉夫逊(Newton-Raphson)迭代法(Hasselblad, 1966)和模拟退火算法(Ingrassia, 1992)。

为了加速期望最大化算法，Jamshidian and Jennrich(1993)提出一种基于广义共扼梯度数值优化方案的方法,又见 Jamshidian and Jennrich(1997)。Everitt and Hand(1981)和 Titterington et al.(1985)就正态混合模型，提出使用竞争性数值算法。Lindsay and Basak(1993)对一种用于多元正态混合模型的方法进行了介绍，此方法可用于初始化期望最大化算法。

Meng and Rubin(1992, 1993)对期望最大化算法进行扩展，提出 SEM 算法(补充期望最大化算法)用于计算渐近方差-协方差矩阵。ECM(期望/有条件最大化)算法是这样一个过程：实施 M 步骤而不能得到封闭形式的解(即模型成员不服从高斯分布)时，用一系列条件最大化步骤替代每个 M 步骤。Lange(1995)提出一种用于近似 M 步骤的梯度算法，该算法被 Liu and Rubin(1994)进一步一般化为 ECME(或 ECM)算法。

Peel and McLachlan(2000)对长尾型(比正态分布的尾部长)数据组成的观测集进行了研究并给出描述，提出用 ECM 算法确定参数的混合 $t$ 分布模型。

优化似然函数的主要问题是有许多无用的全局最大值(Titterington et al., 1985)。例如，如果将某个类的均值作为样本点，那么集中于该点的分量的方差将趋于零，似然函数就会趋于无穷。同样，如果样本点彼此靠得很近，似然函数就会出现较高的局部最大值，从而使极大似然方法不再适用于这种混合模型。然而，只要不允许方差趋于零，即用一个等式来限制协方差矩阵，极大似然方法就仍然适用(Everitt and Hand ,1981)。在许多应用中，该式很可能就是对协方差矩阵所做的限定假设。当样本规模较小且分量的独立性欠佳时，更有可能出现参数值收敛于奇点的情形。

混合模型方法的另一个问题是，似然函数可能会有局部极小值，并且在得到令人满意的估计值之前必须尝试设置一些初值。多尝试几次初值是必要的，因为不同初值下一致性的估计结果会增加对所选结果的可信度。Celeux and Govaert(1992)介绍了用于克服基本期望最大化算法局部最优问题的方法。

贝叶斯估计方法是可用的，最常用的是马尔可夫链蒙特卡罗(MCMC)算法(见 3.4 节)，可参阅 Gilks et al.(1996)和 Roeder and Wasserman(1997)。完全贝叶斯法既估计混合模型成员的数量，又能估计其参数，是 2.5.5 节的亮点。

### 2.5.9 小结

使用正态混合建模是将正态模型应用于非线性判别函数的一种简单有效的方法。即使限定性地假设各混合成员使用公共协方差矩阵，也能找到非线性决策边界。期望最大化算法提供了一个诱人的参数估计方法，附之各种针对期望最大化算法的加速扩展技术。混合模型并不限定于正态混合型，即可用来对具有更宽泛的密度分布的混合成员实施参数的训练。混合模型还可以用来对给定的数据集进行分类，方法是用混合模型在数据集上建模，并将数据样本归入使类成员概率取最大值的那一类。用混合模型进行聚类的内容将在第 11 章中展开进一步讨论。

## 2.6 应用研究

基于正态的线性和二次判别准则适用于较宽泛的问题，其应用领域涉及如下几个方面。

- 医学研究。Aitchison et al. (1977) 比较了用于判别的预测和估计方法。Harkins et al. (1994) 运用二次准则对红细胞疾病进行分类。Hand(1992) 回顾了包括判别分析在内的统计学方法在医学研究中的应用，也可见 Jain and Jain(1994)。Stevenson(1993) 讨论了判别分析在精神病研究中的作用。Borini and Guimarães(2003) 根据病人的反应及血液测量，用二次准则对肝病进行了非侵入式分类。Bouveyron et al. (2009) 为检测子宫颈癌使用了线性和二次判别函数，还使用了混合模型。
- 机器视觉。Magee et al. (1993) 运用高斯分类器，通过从瓶口图像中提取的 5 个特征对瓶子进行判别。
- 目标识别。Kreithen et al. (1993) 在假定各类服从多元正态分布的基础上，研究了一种目标和杂乱回波判别算法。Liu et al. (2008) 运用 RDA 在红外图像所展现的前方景象中辨别出机场。
- 光谱数据。Krzanowshi et al. (1995) 面对呈现出奇异的协方差矩阵，所用数据由红外反射系数测量值构成的情形，使用了线性判别函数估计法。
- 雷达。Haykin et al. (1991) 在杂乱回波分类问题上对高斯分类器进行了评价。Lee et al. (1994) 为基于威沙特 (Wishart) 分布的偏振测定合成孔径雷达 (SAR) 图设计分类器。Solberg et al. (1999) 运用正态判别分析检测基于 SAR 图像的石油泄漏现象。
- 作为 Aeberhard et al. (1994) 研究工作的一部分，正则判别分析是应用于 9 种实数集的 8 种判别方法 (包括线性判别分析和二次判别分析) 之一。一个应用实例就是通过对意大利的同一地区不同种类葡萄酒的化学分析，得到葡萄酒数据集。对所有的实数集来说，RDA 性能总体上最好。
- 生物特征识别。Thomaz et al. (2004) 认为，线性、二次及正则化判别分析 (RDA) 可以用于人脸识别、人脸表情识别和指纹分类。他们还提出了基于最大化信息熵的联合协方差矩阵的方案。Lee et al. (2010) 运用 RDA 来识别人的面部表情 (例如快乐和厌恶)。RDA 是一种具有自举过程的分类器 (所谓自举，是一个通过多个分类器例程改善分类器性能的序贯过程，这部分内容见第 8 章)。Kennedy and Eberhart(1995) 用粒子群算法优化 RDA 的参数，所谓粒子群算法是通过观察鸟群寻找潜在食物源而得出的基于群体搜索的启发式算法。
- 自然资源保护。Bavoux et al. (2006) 以体重、体长、翼弦长、跗骨长、跗骨宽和尾长这 6 个测量值为依据，用高斯分类器确定猛禽的性别。

- 微阵列数据分析。Guo et al. (2007)提出一个正则化正态分布分类器，并将其应用于微阵列数据分析。

基于正态模型的判别方法和其他判别方法的比较研究可在论文 Curram and Mingers(1994)中找到，也可在 Bedworth et al. (1989)对语音识别问题的研究论文和论文 Aeberhard et al. (1994)中找到。

混合模型的应用包括如下几个方面。

- 语音识别。Rabiner et al. (1985)及 Juang and Rabiner(1985)介绍了一种用于孤立数字识别的隐马尔可夫模型方法，其中与马尔可夫过程的每个状态相关的概率密度函数是正态混合模型。
- 语音验证。Reynolds et al. (2000)使用正态混合模型对会话人的电话语音进行身份验证。
- 人脸检测与追踪。McKenna et al. (1998)在一项人脸识别的研究中，对每张目标脸的数据进行特征化，得到20维的特征向量和40维的特征向量，建立正态混合模型，用期望最大化算法估计混合模型各成员的参数。使用贝叶斯决策规则下估计出的密度进行分类。
- 计算机网络入侵检测。Bahrololum and Khaleghi(2008)借助 TCP 数据的转储特征，用正态混合模型检测网络攻击。
- 计算机安全。Hosseinzadeh and Krishnan(2008)就如何通过按键模式(例如按键之间的延迟)来辨认电脑用户的问题展开了研究，对用户提取按键特征继而建立其正态混合模型。
- 手写体字符识别。Revow et al. (1996)运用传统的混合模型(均值限制在笔画上)来识别手写体数字，Chen et al. (2011)则运用正态混合模型识别手写体数字。他们对类条件混合密度进行变换，用梯度下降法(而不是标准期望最大化算法的最大似然参数估计)对目标函数进行优化。
- 音频指纹。Ramalingam and Krishnan(2006)利用正态混合模型构建语音片段的短时傅里叶变换特征。模型将收集的语音片段与语音片段库进行比对。
- 分割视网膜图像的血管，对糖尿病患者进行监测。Soares et al. (2006)利用正态混合模型将一幅视网膜图像的像素识别为血管像素与非血管像素，用二维 Gabor 小波变换获取像素特征。
- 乳腺癌预诊。Falk et al. (2006)运用正态混合模型模仿细胞核特征和癌症复发次数的联合分布。通过基于细胞核特征的训练，可以预测乳腺癌复发时间。在这里，正态混合模型方法的效果超过了决策树方法(见第7章)。
- 疾病图谱。Rattanasiri et al. (2004)使用一个服从泊松分布的混合模型模拟疟疾的发病率。得到模型中的各分量后进行分类，并通过贝叶斯定理将泰国的省归于这些类别。提出一个时空混合模型，来模拟发病的动态性质。
- 纹理分类。Kim and Kang(2007)使用正态混合模型进行纹理分类和纹理分割，所建特征是在对图像实施小波变换的基础上获得的。
- 行人轨迹的建模和综合。Johnson and Hogg(2002)利用正态混合模型模拟行人的近期位置变化和历史轨迹的联合分布。
- 司机身份鉴别。Miyajima et al. (2007)用混合模型识别司机的身份，用到的具体特征取自踩踏踏板的信号，这项技术与个体司机的智能驾驶辅助系统相关。

- 为网络数据建模。Newman and Leicht(2007)用混合模型模拟社交网络关系。复杂网络问题将在第 12 章讨论。

## 2.7 总结和讨论

本章介绍的判别方法是建立在用参数和半参数的方法对类条件概率密度函数进行估计的基础上的。诚然，我们不能设计一个比贝叶斯判别规则更好的分类器，无论该分类器有多么复杂，或在反映人类决策过程方面多么有吸引力，它都不能达到比贝叶斯分类器更低的错误率。因此，一个自然的步骤就是利用数据估计贝叶斯规则的组成成分，它们是类条件概率密度函数和类先验概率。

2.3 节和 2.4 节讨论基于正态模型的判别问题，即将每一类作为正态分布来建模。所讨论的线性判别和二次判别(或与之等价的高斯分类器)被广泛应用于有监督分类的问题，并得到很多统计算法包的支持。因配有使用说明，这些算法包易用性强，在处理分类问题时值得考虑。这种方法在类协方差矩阵近似奇异时会出现问题。RDA 是一种正则化方法，它将协方差矩阵进行组合，通过添加惩罚项降低协方差矩阵的奇异性。在二次判别分析中，当样本数目过少时，RDA 能够改善分类器的性能。非正态的测量数据会大大降低线性判别函数及二次判别函数的性能。可以寻求的帮助是，在应用判别函数之前，先对变量进行变换，使之成为近似的正态分布。

2.5 节讨论了混合模型，尤其是正态(高斯)混合模型。将正态模型用于非线性判别函数时，建立正态混合模型是简单和有效的。混合模型的参数可以通过期望最大化迭代算法来估计。混合模型还可以用于对一般分布的建模，用于判别分析和聚类(见第 11 章)。

## 2.8 建议

当然，基于密度估计的方法并不总是一帆风顺的。在参数方法中，如果对分布的形式进行了错误的假设(在许多情况下，并没有数据产生过程的物理模型可用)，或者由于数据点的稀疏而导致较差的估计结果，就不太可能取得最优的性能。

然而，由于基于正态的线性和二次判别规则实现简单且使用广泛，并在许多应用中获得成功，因而值得应用。可以充分证明，这些方法所提供的结果至少可以达到期望性能的底线。

对于一般性的密度建模问题，通过期望最大化算法优化正态混合模型，是一种既诱人又相对简单的算法流程。我们推荐使用它们，尤其是在不太确定是正态分布的场合(如多模态或长尾分布的情形)。使用混合模型时，选择混合分量的数量是最困难的。然而，对于判别问题，像 BIC 最小化的简单过程，或用确认集监测分类率，可能就足够了。

## 2.9 提示及参考文献

在论文 Aitchison et al. (1977)和 Moran and Murphy(1979)中，可以看到第 3 章谈及的预测和估计方法的比较。McLachlan(1992a)对基于正态的判别规则进行了全面阐述，同时给出了校正判别规则偏差的一些简单方法，是一份相当不错的参考材料。Mkhadri et al. (1997)评价了判别分析中的正则化方法。

混合分布，尤其是正态混合模型在许多书中都有讨论。Everitt and Hand(1981)对此做了精彩介绍，而 Titterington et al.(1985)则给出了更多细节，也可见 McLachlan and Basford (1988)。McLachlan and Peel(2000)全面介绍了近年来方法和计算上的发展、应用及软件描述。Redner and Walker(1984)对混合密度和期望最大化算法进行了评论。McLachlan and Krishnan(1996)对期望最大化算法及其扩展进行了全面描述，这也可在 Meng and van Dyk (1997)的评论中见到，但后者的重点放在快速收敛的策略上。适合于混合模型的软件是公开的，例如，通过 Nabney(2002)一书，可得到 NETLAB MATLAB 的相关例程；通过 van der Heiden et al.(2004)一书，可得到 PRTools MATLAB 的相关例程。

## 习题

1. 在2.3.3节的应用实例研究中，对脑部受损数据使用高斯分类器是否合适，证明你的结论。

2. 证明简单的单程(one-pass)算法

   (a)初始化：$\boldsymbol{S}=\boldsymbol{0}$，$\boldsymbol{m}=\boldsymbol{0}$

   (b)对 $r$ 从 1 到 $n$，执行

   i. $\boldsymbol{d}_r=\boldsymbol{x}_r-\boldsymbol{m}$

   ii. $\boldsymbol{S}=\boldsymbol{S}+\left(1-\frac{1}{r}\right)\boldsymbol{d}_r\boldsymbol{d}_r^{\mathrm{T}}$

   iii. $\boldsymbol{m}=\boldsymbol{m}+\frac{\boldsymbol{d}_r}{r}$

   结果中的 $\boldsymbol{m}$ 作为样本均值，$\boldsymbol{S}$ 作为 $n$ 次采样的协方差矩阵。

3. 假定 $\boldsymbol{B}=\boldsymbol{A}+\boldsymbol{u}\boldsymbol{u}^{\mathrm{T}}$，其中 $\boldsymbol{A}$ 是 $d\times d$ 非奇异矩阵，$\boldsymbol{u}$ 是一个向量。证明 $\boldsymbol{B}^{-1}=\boldsymbol{A}^{-1}-k\boldsymbol{A}^{-1}\boldsymbol{u}\boldsymbol{u}^{\mathrm{T}}A^{-1}$，其中 $k=1/(1+\boldsymbol{u}^{\mathrm{T}}\boldsymbol{A}^{-1}\boldsymbol{u})$ (Krzanowski and Marriott，1996)。注意，当新数据加入样本集时，如何用习题2的单程(one-pass)算法更新对协方差矩阵的逆的估计。

4. 证明下式给出的协方差矩阵的估计是无偏的，其中 $\boldsymbol{m}$ 是样本均值。

$$\hat{\boldsymbol{\Sigma}}=\frac{1}{n-1}\sum_{i=1}^{n}(\boldsymbol{x}_i-\boldsymbol{m})(\boldsymbol{x}_i-\boldsymbol{m})^{\mathrm{T}}$$

5. 对于具有公共的类协方差矩阵的高斯分类器(即基于正态的线性判别函数)，证明：用极大似然函数估计的公共协方差矩阵是类内样本协方差矩阵的并：$\boldsymbol{S}_W=\sum_{j=1}^{C}\frac{n_j}{n}\hat{\boldsymbol{\Sigma}}_j$，其中 $n_j$ 是 $\omega_j$ 类的训练样本数，$\hat{\boldsymbol{\Sigma}}_j$ 是仅使用 $\omega_j$ 类的样本得到的协方差矩阵的极大似然估计。

6. 设 $d$ 维向量 $\boldsymbol{x}$ 服从正态分布 $N(\boldsymbol{\mu},\boldsymbol{\Sigma}_j)$，$j=1,2$，其中 $\boldsymbol{\Sigma}_j=\sigma_j^2[(1-\rho_j)\boldsymbol{I}+\rho_j\boldsymbol{1}\boldsymbol{1}^{\mathrm{T}}]$，$\boldsymbol{1}$ 是各元素均为 1 的 $d$ 维向量。证明：除去附加常数项，最优(即贝叶斯)判别函数由下式给出：

$$-\frac{1}{2}(c_{11}-c_{12})Q_1+\frac{1}{2}(c_{21}-c_{22})Q_2$$

   其中，$Q_1=(\boldsymbol{x}-\boldsymbol{\mu})(\boldsymbol{x}-\boldsymbol{\mu})^{\mathrm{T}}$，$Q_2=(\boldsymbol{1}^{\mathrm{T}}(\boldsymbol{x}-\boldsymbol{\mu}))^2$，$c_{1j}=[\sigma_j^2(1-\rho_j)]^{-1}$，$c_{2j}=\rho_j[\sigma_j^2(1-\rho_j)\{1+(d-1)\rho_j\}]^{-1}$ (Krzanowski and Marriott，1996)。

7. 从式(2.36)开始，推导用于正态混合模型的期望最大化算法的均值更新式(2.37)和协方差矩阵更新式(2.38)。

8. 考虑以下形式的 $\Gamma$ 分布：

$$p(x|\mu,m)=\frac{m}{\Gamma(m)\mu}\left(\frac{mx}{\mu}\right)^{m-1}\exp\left(-\frac{mx}{\mu}\right)$$

   均值为 $\mu$，阶参数为 $m$。对 $\Gamma$ 混合模型

$$p(x)=\sum_{j=1}^{g}\pi_j p(x|\mu_j, m_j)$$

中的 $\pi_j$，$\mu_j$ 和 $m_j$ 推导期望最大化算法的更新式。

9. 由 3 个类、21 个变量的波形数据产生 3 个数据集（训练集、确认集和测试集）（Breiman et al., 1984）：

$$x_i=uh_1(i)+(1-u)h_2(i)+\epsilon_i \quad (类1)$$

$$x_i=uh_1(i)+(1-u)h_3(i)+\epsilon_i \quad (类2)$$

$$x_i=uh_2(i)+(1-u)h_3(i)+\epsilon_i \quad (类3)$$

其中，$i=1,\cdots,21$，$u$ 是$[0,1]$上的均匀分布，$\epsilon_i$ 服从零均值、单位协方差的正态分布；$h_i$ 是移位三角波：$h_1(i)=\max(6-|i-11|,0)$，$h_2(i)=h_1(i-4)$，$h_3(i)=h_1(i+4)$。设各先验概率相等。为每一个类用公共协方差矩阵构建三成员混合模型（见 2.5.4 节）。探讨均值和协方差矩阵的初值，选择一个基于确认集错误率的模型。对此模型，在测试集上估计其分类错误。

用训练集得到线性判别分类器和二次判别分类器，在测试集上评估这两个分类器，再用上述结果与这两个分类器进行比较。

# 第 3 章　密度估计的贝叶斯法

类条件概率密度函数可以借助本类的训练样本估计而得。当把它们用于贝叶斯规则之后，就能生成判别规则。用于密度参数估计的贝叶斯法能够兼顾因采集训练样本而引发的参数的不确定性。本章将叙述贝叶斯估计中所涉及的问题解析、样本采集及其变分方法。

## 3.1　引言

第 2 章讨论了如何将密度参数的估计用于贝叶斯规则分类器中。分类决策建立在类成员概率 $p(\omega_j \mid \boldsymbol{x})$ 的基础上，表示为

$$p(\omega_j|\boldsymbol{x}) = p(\omega_j)\frac{p(\boldsymbol{x}|\hat{\boldsymbol{\theta}}_j)}{p(\boldsymbol{x})}$$

其中，$p(\boldsymbol{x} \mid \hat{\boldsymbol{\theta}}_j)$ 是对 $\omega_j$ 类的含有参数的类条件概率密度的估计，$p(\omega_j)$ 是先验类概率，$p(\boldsymbol{x})$ 则可认为是标准化常量。对于 $\omega_j$ 类，参数 $\hat{\boldsymbol{\theta}}_j$ 用源于本类的样本观测值 $\mathcal{D}_j = \{\boldsymbol{x}_1^j, \cdots, \boldsymbol{x}_{n_j}^j\}$ ($\boldsymbol{x}_i^j \in \mathbb{R}^d$) 进行估计，所使用的方法是极大似然估计法。这里不考虑因采样结果的多变性而造成的参数估值 $\hat{\boldsymbol{\theta}}_j$ 的可能的变化。

正如第 2 章所提及的，预测法或贝叶斯法能够兼顾估计 $\boldsymbol{\theta}_j$ 时的这种采样结果的多变性。像估计方法一样，$\mathcal{D}_j$ 上 $\boldsymbol{x}$ 点的密度归属是通过为密度所假设的模型参数 $\boldsymbol{\theta}_j$ 来反映的。然而，贝叶斯法假设这些参数 $\boldsymbol{\theta}_j$ 的真实值未知，并把 $\boldsymbol{\theta}_j$ 作为一个未知的随机变量，表示为兼顾参数的先验信息，以及数据采集信息的后验概率分布。

类条件概率密度 $p(\boldsymbol{x} \mid \omega_j)$ 的单一估计 $p(\boldsymbol{x} \mid \hat{\boldsymbol{\theta}}_j)$，由预测性贝叶斯估计给出：

$$\begin{aligned} p(\boldsymbol{x}|\omega_j) &= \int p(\boldsymbol{x}, \boldsymbol{\theta}_j|\mathcal{D}_j)\mathrm{d}\boldsymbol{\theta}_j \\ &= \int p(\boldsymbol{x}|\boldsymbol{\theta}_j, \mathcal{D}_j)p(\boldsymbol{\theta}_j|\mathcal{D}_j)\mathrm{d}\boldsymbol{\theta}_j \\ &= \int p(\boldsymbol{x}|\boldsymbol{\theta}_j)p(\boldsymbol{\theta}_j|\mathcal{D}_j)\mathrm{d}\boldsymbol{\theta}_j \end{aligned} \tag{3.1}$$

其中，$p(\boldsymbol{\theta}_j \mid \mathcal{D}_j)$ 是 $\boldsymbol{\theta}_j$ 的贝叶斯后验概率密度函数，式(3.1)的第二行通过条件概率密度的定义推得，注意到以 $\mathcal{D}_j$ 为条件，不对密度函数 $p(\boldsymbol{x} \mid \boldsymbol{\theta}_j)$ 提供额外信息，由此再推出式(3.1)的第 3 行。

由贝叶斯定理，$\boldsymbol{\theta}_j$ 的后验密度可表示为

$$\begin{aligned} p(\boldsymbol{\theta}_j|\mathcal{D}_j) &= \frac{p(\mathcal{D}_j|\boldsymbol{\theta}_j)p(\boldsymbol{\theta}_j)}{p(\mathcal{D}_j)} \\ &= \frac{p(\mathcal{D}_j|\boldsymbol{\theta}_j)p(\boldsymbol{\theta}_j)}{\int p(\mathcal{D}_j|\boldsymbol{\theta}'_j)p(\boldsymbol{\theta}'_j)\mathrm{d}\boldsymbol{\theta}'_j} \end{aligned} \tag{3.2}$$

其中，

- $p(\boldsymbol{\theta}_j)$ 是参数为 $\boldsymbol{\theta}_j$ 的先验密度。
- $p(\mathcal{D}_j \mid \boldsymbol{\theta}_j)$ 是似然函数，是以 $\boldsymbol{\theta}_j$ 为参数的数据样本 $\mathcal{D}_j$ 的概率密度。

本章介绍以解析的及数值的贝叶斯法求解表达式(3.1)和式(3.2)。3.2 节介绍贝叶斯推理的解析方法。3.3 节讨论贝叶斯推理的采样方法，3.4 节继而介绍马尔可夫链蒙特卡罗(MCMC)采样算法，3.5 节给出一个用于判别分析的例子，3.6 节则介绍用于贝叶斯推理的另一种采样方法——序贯蒙特卡罗(SMC)采样这一新话题。3.7 节讨论变分贝叶斯近似方法，给出另一种采样方法——近似完全贝叶斯推理采样。3.8 节介绍近似贝叶斯计算，这是一项近期的研究成果，用以解决无法对似然函数进行解析求解的问题。

为简单起见，除非特别需要，本章的后续部分不涉及多类问题。正如许多贝叶斯内容的叙述方法，我们将概率密度函数称为概率分布，读者应该将其理解为概率分布是由概率密度函数定义的。

### 3.1.1　基本原理

本质上，贝叶斯统计关注的是根据观测数据更新未知参数的先验置信度的问题，先验置信度用参数的先验分布表示，给定观测数据下的参数分布是似然分布，更新的参数置信度被视为后验分布，它与贝叶斯定理的先验分布和似然分布相关。

设数据 $\mathcal{D}$(或许是一组含噪的测量向量 $\mathcal{D}=\{\boldsymbol{x}_1,\cdots,\boldsymbol{x}_n\}$)的概率密度函数 $p(\mathcal{D}\mid\boldsymbol{\theta})$ 取决于参数向量 $\boldsymbol{\theta}$。这个密度函数称为似然函数，是 $\boldsymbol{\theta}$ 的函数。从传统统计学角度讲，参数 $\boldsymbol{\theta}$ 是确定的但未知，我们希望确定 $\boldsymbol{\theta}$ 的估计值，或更确切地讲，$\boldsymbol{\theta}$ 的确定值取决于这个估计值。贝叶斯法认为，$\boldsymbol{\theta}$ 是随机变量的一个实现，具有表示 $\boldsymbol{\theta}$ 的先验知识的先验概率密度函数 $p(\boldsymbol{\theta})$。观测到数据 $\mathcal{D}$ 后，$\boldsymbol{\theta}$ 的置信度由 $\boldsymbol{\theta}$ 的后验密度表示。由贝叶斯定理可得

$$p(\boldsymbol{\theta}|\mathcal{D})=\frac{p(\mathcal{D}|\boldsymbol{\theta})p(\boldsymbol{\theta})}{\int_{\boldsymbol{\theta}'}p(\mathcal{D}|\boldsymbol{\theta}')p(\boldsymbol{\theta}')\mathrm{d}\boldsymbol{\theta}'} \tag{3.3}$$

在离散情况下①，

$$p(\boldsymbol{\theta}|\mathcal{D})=\frac{p(\mathcal{D}|\boldsymbol{\theta})p(\boldsymbol{\theta})}{\sum_{\boldsymbol{\theta}'}p(\mathcal{D}|\boldsymbol{\theta}')p(\boldsymbol{\theta}')}$$

$\boldsymbol{\theta}$ 的后验密度表示的是用从观测数据 $\mathcal{D}$ 所获信息对 $\boldsymbol{\theta}$ 分布的修正。后验分布可以提供欲知的有关 $\boldsymbol{\theta}$ 的一切信息，并能用来进行综合统计计算。通常，函数 $h(\boldsymbol{\theta})$ 的后验期望由下式计算：

$$E[h(\boldsymbol{\theta})|\mathcal{D}]=\frac{\int h(\boldsymbol{\theta})p(\mathcal{D}|\boldsymbol{\theta})p(\boldsymbol{\theta})\mathrm{d}\boldsymbol{\theta}}{\int p(\mathcal{D}|\boldsymbol{\theta})p(\boldsymbol{\theta})\mathrm{d}\boldsymbol{\theta}} \tag{3.4}$$

### 3.1.2　递归计算

后验密度的计算可采用递归方法进行。设数据 $\mathcal{D}$ 由 $n$ 个测量向量组成，即 $\mathcal{D}=\{\boldsymbol{x}_1,\cdots,\boldsymbol{x}_n\}$，如果其中的 $\boldsymbol{x}_i$ 能够连续地获得并且是条件独立的，式(3.3)便可写成

$$p(\boldsymbol{\theta}|\boldsymbol{x}_1,\cdots,\boldsymbol{x}_n)=\frac{p(\boldsymbol{x}_n|\boldsymbol{\theta})p(\boldsymbol{\theta}|\boldsymbol{x}_1,\cdots,\boldsymbol{x}_{n-1})}{\int p(\boldsymbol{x}_n|\boldsymbol{\theta}')p(\boldsymbol{\theta}'|\boldsymbol{x}_1,\cdots,\boldsymbol{x}_{n-1})\mathrm{d}\boldsymbol{\theta}'} \tag{3.5}$$

---

① 在后续讨论中将不再进行区分。每当涉及离散分布时，读者应当将积分换成求和，将概率密度函数换成块分布函数。

上式表明，基于$\boldsymbol{\theta}$的$n$个测量值的后验分布可用$n-1$个测量值的后验分布来表示。从$p(\boldsymbol{\theta})$开始，将式(3.5)给定的操作执行$n$次，即可获得后验概率。

### 3.1.3 比例性

式(3.3)给出的后验密度的分母是一个与$\boldsymbol{\theta}$无关的标准化常数，因此可以写为

$$p(\boldsymbol{\theta}|\mathcal{D}) \propto p(\mathcal{D}|\boldsymbol{\theta})p(\boldsymbol{\theta}) \propto \text{似然函数} \times \text{先验概率} \tag{3.6}$$

由于概率密度函数的标准化约束

$$\int p(\boldsymbol{\theta}|\mathcal{D})\mathrm{d}\boldsymbol{\theta} = 1$$

成立，上述比例性是显然的。

利用这一比例性，对式(3.6)进行整理，得到

$$p(\mathcal{D}|\boldsymbol{\theta})p(\boldsymbol{\theta}) = g(\boldsymbol{\theta}, \mathcal{D})\psi(\mathcal{D})$$

其中，函数$\psi(\mathcal{D})$仅取决于数据$\mathcal{D}$，不随$\boldsymbol{\theta}$变化，而函数$g(\boldsymbol{\theta}, \mathcal{D})$则同时取决于$\boldsymbol{\theta}$和$\mathcal{D}$。拆分涉及$\boldsymbol{\theta}$的乘法因子，可以将后验密度函数表示为

$$p(\boldsymbol{\theta}|\mathcal{D}) \propto g(\boldsymbol{\theta}, \mathcal{D})$$

把因子$\psi(\mathcal{D})$纳入标准化常量，得到

$$p(\boldsymbol{\theta}|\mathcal{D}) = \frac{g(\boldsymbol{\theta}, \mathcal{D})}{\int g(\boldsymbol{\theta}', \mathcal{D})\mathrm{d}\boldsymbol{\theta}'}$$

利用这种比例性，忽略不相干的因素(除非需要)，经常可以使贝叶斯求解过程得以简化，这一概念将在下一节的解析解中说明。

## 3.2 解析解

### 3.2.1 共轭先验概率

贝叶斯定理允许用先验概率$p(\boldsymbol{\theta})$与似然函数$p(\mathcal{D}\mid\boldsymbol{\theta})$联合给出后验概率。将特殊的似然函数与特定形式的先验分布联合起来，可以使后验概率的求解过程变得简单容易。对于给定的似然函数$p(\boldsymbol{x}\mid\boldsymbol{\theta})$，使后验密度$p(\boldsymbol{\theta}\mid\mathcal{D})$具有相同函数形式的先验分布族，称为关于$p(\boldsymbol{x}\mid\boldsymbol{\theta})$共轭。Bernardo and Smith(1994)给出了一些形式上较常见的共轭先验概率。

#### 3.2.1.1 泊松分布举例

举一个简单的例子，设从泊松分布(参数$\lambda>0$，且未知)中取$n$个独立的样本$\{x_1, \cdots, x_n\}$。

**泊松分布**

参数$\lambda>0$下的泊松分布的概率分布函数是

$$p(x|\lambda) = \frac{\lambda^x \exp(-\lambda)}{x!}$$

其中，整数$x \geqslant 0$，分布的均值和方差都是$\lambda$。

似然分布由下式给出：

$$p(x_1, \cdots, x_n|\lambda) = \prod_{i=1}^{n} p(x_i|\lambda) = \frac{\lambda^{\sum_{i=1}^n x_i}\exp(-\lambda n)}{\prod_{i=1}^n x_i!}$$

将$\lambda$的先验分布看成具有形状参数$\alpha$及逆尺度(inverse-scale)参数$\beta$的伽马(gamma)分布。

**伽马分布**

形状参数 $\alpha>0$，逆尺度参数 $\beta>0$ 的伽马分布具有如下概率密度函数：

$$p(\gamma|\alpha,\beta)=\frac{\beta^{\alpha}}{\Gamma(\alpha)}\gamma^{\alpha-1}\exp(-\beta\gamma)$$

其中，$\gamma>0$。该分布的均值和方差分别为 $\alpha/\beta$ 和 $\alpha/\beta^2$。

于是，$\lambda$ 的后验密度函数

$$\begin{aligned}p(\lambda|x_1,\cdots,x_n)&=\frac{p(x_1,\cdots,x_n|\lambda)p(\lambda)}{\int_{\lambda'}p(x_1,\cdots,x_n|\lambda')p(\lambda')\mathrm{d}\lambda'}\\&\propto p(x_1,\cdots,x_n|\lambda)p(\lambda)\\&\propto\frac{\beta^{\alpha}}{\Gamma(\alpha)\prod_{i=1}^{n}x_i!}\lambda^{\alpha+\sum_{i=1}^{n}x_i-1}\exp(-(\beta+n)\lambda)\end{aligned}$$

根据 3.1.3 节，上式可以简化为

$$p(\lambda|x_1,\cdots,x_n)\propto\lambda^{\alpha+\sum_{i=1}^{n}x_i-1}\exp(-(\beta+n)\lambda)\tag{3.7}$$

表达式(3.7)作为一个分布的关键是，有形状参数 $\alpha'=\alpha+\sum_{i=1}^{n}x_i$ 和逆尺度参数 $\beta'=\beta+n$ 的伽马分布可以表述为一个标准化常量，见下式：

$$p(\gamma)\propto\gamma^{\alpha'-1}\exp(-\beta'\gamma)$$

因此，$\lambda$ 的后验分布是参数为 $(\alpha',\beta')$ 的伽马分布，并且伽马分布是泊松分布参数的共轭先验概率。重新整理后验密度函数中的相关项，直到发现其分布是贝叶斯分析的一个关键环节。

## 3.2.2　方差已知的正态分布的均值估计

下文介绍贝叶斯学习解析法，用于方差已知的一元正态分布的均值估计，以及多元正态分布的均值估计和协方差估计，两者均用到共轭先验概率。在 Fukunaga(1990)和 Fu(1968)两本书中可以找到估计正态模型参数的更详细的论述。

### 3.2.2.1　说明

令测量数据的密度模型为均值 $\mu$ 未知而方差 $\sigma^2$ 已知的正态模型，则似然函数 $p(x|\mu)$ 为

$$p(x|\mu)=N(x;\mu,\sigma^2)=\frac{1}{\sqrt{2\pi}\sigma}\exp\left\{-\frac{1}{2}\left(\frac{x-\mu}{\sigma}\right)^2\right\}$$

将均值 $\mu$ 的先验密度取为正态分布，该分布的均值为 $\mu_0$ 且方差为 $\sigma_0^2$（$\mu_0$ 和 $\sigma_0^2$ 称为超参数）：

$$p(\mu)=N\left(\mu;\mu_0,\sigma_0^2\right)=\frac{1}{\sqrt{2\pi}\sigma_0}\exp\left\{-\frac{1}{2}\left(\frac{\mu-\mu_0}{\sigma_0}\right)^2\right\}$$

### 3.2.2.2　后验分布

在本节的后续部分会看到，对于独立测量值 $\{x_1,\cdots,x_n\}$，利用上述给出的似然分布和先验概率，将导出如下后验分布：

$$p(\mu|x_1,\cdots,x_n)=N\left(\mu;\mu_n,\sigma_n^2\right)=\frac{1}{\sqrt{2\pi}\sigma_n}\exp\left\{-\frac{1}{2}\left(\frac{\mu-\mu_n}{\sigma_n}\right)^2\right\}\tag{3.8}$$

其中，

$$\frac{1}{\sigma_n^2}=\frac{1}{\sigma_0^2}+\frac{n}{\sigma^2}$$
$$\mu_n=\sigma_n^2\left(\frac{\mu_0}{\sigma_0^2}+\frac{\sum_i x_i}{\sigma^2}\right) \tag{3.9}$$

因此，对于方差已知的正态分布的均值的共轭先验概率，其本身就是正态分布。

因样本均值 $m=\sum_i x_i/n$，所以当 $n\to\infty$ 时，$\mu_n\to m$，$\mu$ 的后验方差 $\sigma_n^2$ 将因 $1/n$ 而趋于零。因此，当更多的样本用来获取分布式(3.8)时，初猜的 $\sigma_0$ 和 $\mu_0$ 对其贡献就更小，如图 3.1 所示。设样本 $x_i$ 从均值和方差均为 1 的正态分布中生成。设一个正态分布的均值为 $\mu$ 且方差为 1。图 3.1 中，均值 $\mu$ 的先验分布取一种正态分布，该分布的均值 $\mu_0=0$ 且方差 $\sigma_0^2=1$，其他曲线是在数据样本数量不同的情况下根据式(3.8)绘制的均值 $\mu$ 的后验分布曲线，可见随着样本数量的增加，后验密度接近其真实均值。

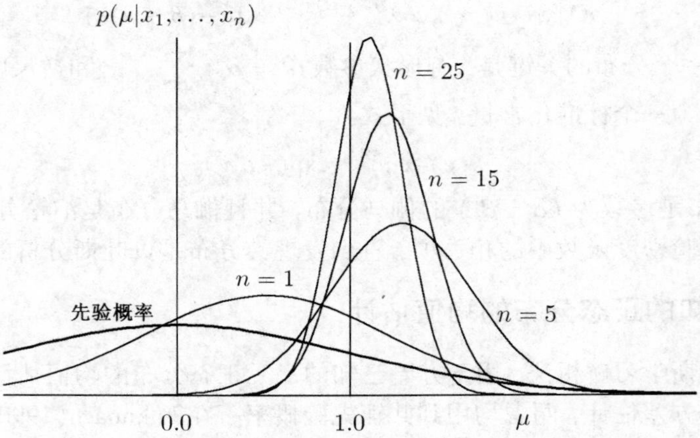


图 3.1　方差已知的正态分布的贝叶斯均值学习

#### 3.2.2.3　预测密度

如本节末尾所述，将后验密度代入式(3.1)，可得预测密度

$$p(x|x_1,\cdots,x_n)=\frac{1}{\sqrt{\sigma^2+\sigma_n^2}\sqrt{2\pi}}\exp\left\{-\frac{1}{2}\frac{(x-\mu_n)^2}{\sigma^2+\sigma_n^2}\right\} \tag{3.10}$$

这是均值为 $\mu_n$ 且方差为 $\sigma^2+\sigma_n^2$ 的正态分布，在贝叶斯分类器中可以将其作为类条件密度估计。

#### 3.2.2.4　推导后验分布

为推出后验分布，首先注意到

$$p(x_1,\cdots,x_n|\mu)p(\mu)=p(\mu)\prod_{i=1}^{n}p(x_i|\mu)$$

$$=\frac{1}{\sqrt{2\pi}\sigma_0}\exp\left\{-\frac{1}{2}\left(\frac{\mu-\mu_0}{\sigma_0}\right)^2\right\}\prod_{i=1}^{n}\left[\frac{1}{\sqrt{2\pi}\sigma}\exp\left\{-\frac{1}{2}\left(\frac{x_i-\mu}{\sigma}\right)^2\right\}\right]$$

整理该式，得到

$$p(x_1,\cdots,x_n|\mu)p(\mu)=\frac{1}{\sigma^n\sigma_0}\frac{1}{(2\pi)^{(n+1)/2}}\exp\left\{-\frac{1}{2}\left(\frac{\mu-\mu_n}{\sigma_n}\right)^2\right\}\exp\left\{-\frac{k_n}{2}\right\}\tag{3.11}$$

其中，$\sigma_n$ 和 $\mu_n$ 由式(3.9)给出，且

$$k_n=\frac{\mu_0^2}{\sigma_0^2}-\frac{\mu_n^2}{\sigma_n^2}+\frac{\sum x_i^2}{\sigma^2}$$

至此

$$\int p(x_1,\cdots,x_n|\mu)p(\mu)\mathrm{d}\mu=\frac{1}{\sigma^n\sigma_0}\frac{1}{(2\pi)^{(n+1)/2}}\exp\left\{-\frac{k_n}{2}\right\}\sqrt{2\pi}\sigma_n\tag{3.12}$$

因为

$$\int\exp\left\{-\frac{1}{2}\left(\frac{\mu-\mu_n}{\sigma_n}\right)^2\right\}\mathrm{d}\mu=\sqrt{2\pi}\sigma_n\int N\left(\mu;\mu_n,\sigma_n^2\right)\mathrm{d}\mu=\sqrt{2\pi}\sigma_n$$

源于这样一个事实，即基于正态分布 $N(\mu;\mu_n,\sigma_n^2)$ 的概率密度函数对 $\mu$ 积分的值为 1。

通过式(3.11)和式(3.12)求解式(3.3)，可得到后验概率

$$\begin{aligned}p(\mu|x_1,\cdots,x_n)&=\frac{p(x_1,\cdots,x_n|\mu)p(\mu)}{\int p(x_1,\cdots,x_n|\mu')p(\mu')\mathrm{d}\mu'}\\&=\frac{1}{\sqrt{2\pi}\sigma_n}\exp\left\{-\frac{1}{2}\left(\frac{\mu-\mu_n}{\sigma_n}\right)^2\right\}\end{aligned}$$

这正是均值为 $\mu_n$ 且方差为 $\sigma_n^2$ 的正态分布。

#### 3.2.2.5　比例性的利用

正如 3.1.3 节所倡导的，推导后验概率时，仅计算适合于比例性的密度函数，这会使问题得以简化。特别地，忽略后验密度函数中不随 $\mu$ 变化的乘法项因子，可得到

$$\begin{aligned}p(\mu|x_1,\cdots,x_n)&\propto p(x_1,\cdots,x_n|\mu)p(\mu)\\&\propto\exp\left\{-\frac{1}{2}\left[\left(\frac{\mu-\mu_0}{\sigma_0}\right)^2+\sum_{i=1}^{n}\left(\frac{x_i-\mu}{\sigma}\right)^2\right]\right\}\end{aligned}$$

展开指数函数中的平方项，再忽略不随 $\mu$ 变化的附加项(因为这些项可以纳入正态因子中)，得到下式：

$$p(\mu|x_1,\cdots,x_n)\propto\exp\left\{-\frac{1}{2}\left(\frac{\mu-\mu_n}{\sigma_n}\right)^2\right\}\tag{3.13}$$

其中，$\sigma_n$ 和 $\mu_n$ 的计算方法见式(3.9)。与正态分布的概率密度函数相比，不难推断，式(3.13)所缺失的标准化常数一定是 $\frac{1}{\sqrt{2\pi}\ \sigma_n}$，因此有关 $\mu$ 的后验分布一定是 $N(\mu_n,\sigma_n)$。正如前面所述，当使用贝叶斯推理时，用这种方式进行分布的推导是有效的。

#### 3.2.2.6　推导预测密度

预测密度：

$$\begin{aligned}p(x|x_1,\cdots,x_n)&=\int p(x|\mu)p(\mu|x_1,\cdots,x_n)\mathrm{d}\mu\\&=\int\frac{1}{\sqrt{2\pi}\sigma}\exp\left\{-\frac{1}{2}\left(\frac{x-\mu}{\sigma}\right)^2\right\}\frac{1}{\sqrt{2\pi}\sigma_n}\exp\left\{-\frac{1}{2}\left(\frac{\mu-\mu_n}{\sigma_n}\right)^2\right\}\mathrm{d}\mu\end{aligned}$$

展开指数函数中含$\mu$的平方项，得到

$$p(x|x_1,\cdots,x_n)=\int\frac{1}{2\pi\sigma\sigma_n}\exp\left\{-\frac{\sigma^2+\sigma_n^2}{2\sigma^2\sigma_n^2}\left(\mu-\frac{x\sigma_n^2+\mu_n\sigma^2}{\sigma^2+\sigma_n^2}\right)^2-\frac{1}{2}\frac{(x-\mu_n)^2}{\sigma^2+\sigma_n^2}\right\}\mathrm{d}\mu$$

注意到正态概率分布函数

$$\int\exp\left\{-\frac{\sigma^2+\sigma_n^2}{2\sigma^2\sigma_n^2}\left(\mu-\frac{x\sigma_n^2+\mu_n\sigma^2}{\sigma^2\sigma_n^2}\right)^2\right\}\mathrm{d}\mu=\sqrt{\frac{2\pi\sigma^2\sigma_n^2}{\sigma^2+\sigma_n^2}}$$

的属性，于是得到

$$p(x|x_1,\cdots,x_n)=\frac{1}{2\pi\sigma\sigma_n}\sqrt{\frac{2\pi\sigma^2\sigma_n^2}{\sigma^2+\sigma_n^2}}\exp\left\{-\frac{1}{2}\frac{(x-\mu_n)^2}{\sigma^2+\sigma_n^2}\right\}$$

该式亦可简化为式(3.10)。

### 3.2.3 多元正态分布的均值及协方差矩阵估计

#### 3.2.3.1 说明

现在来考虑均值和协方差矩阵均未知的多元正态分布问题。令数据的模型是均值为$\boldsymbol{\mu}$且协方差矩阵为$\boldsymbol{\Sigma}$的多元正态分布：

$$p(\boldsymbol{x}|\boldsymbol{\mu},\boldsymbol{\Sigma})=N(\boldsymbol{x};\boldsymbol{\mu},\boldsymbol{\Sigma})=\frac{1}{(2\pi)^{d/2}|\boldsymbol{\Sigma}|^{\frac{1}{2}}}\exp\left\{-\frac{1}{2}(\boldsymbol{x}-\boldsymbol{\mu})^{\mathrm{T}}\boldsymbol{\Sigma}^{-1}(\boldsymbol{x}-\boldsymbol{\mu})\right\}$$

我们期望将给定独立测量值$\boldsymbol{x}_1,\cdots,\boldsymbol{x}_n$下的$\boldsymbol{\mu}$和$\boldsymbol{\Sigma}$的后验分布$N(\boldsymbol{\mu},\boldsymbol{\Sigma})$估计出来。

在估计正态分布的均值$\boldsymbol{\mu}$和协方差矩阵$\boldsymbol{\Sigma}$时，选择的共轭先验分布服从高斯-威沙特(Gauss-Wishart)分布，也称为正态-威沙特分布，其中

- 均值是一种服从均值为$\boldsymbol{\mu}_0$且协方差矩阵为$\boldsymbol{K}^{-1}/\lambda$的正态分布；
- $\boldsymbol{K}$(协方差矩阵$\boldsymbol{\Sigma}$的逆)是一种服从参数为$\alpha$和$\boldsymbol{\beta}$的威沙特分布。

**威沙特分布**

参数为$\alpha$和$\boldsymbol{\beta}$的$d\times d$威沙特分布的概率密度函数为

$$\begin{aligned}p(\boldsymbol{W};\alpha,\boldsymbol{\beta})&=\mathrm{Wi}_d(\boldsymbol{W};\alpha,\boldsymbol{\beta})\\&=c(d,\alpha)\,|\boldsymbol{\beta}|^{\alpha}\,|\boldsymbol{W}|^{(\alpha-(d+1)/2)}\exp\{-\mathrm{Tr}(\boldsymbol{\beta}\boldsymbol{W})\}\end{aligned}\tag{3.14}$$

其中，$d\times d$矩阵$\boldsymbol{A}$的迹$\mathrm{Tr}(A)=\sum_{i=1}^{d}A_{ii}$，$2\alpha>d-1$，$\boldsymbol{\beta}$是$d\times d$对称非奇异矩阵，且

$$c(d,\alpha)=\left[\pi^{d(d-1)/4}\prod_{i=1}^{d}\Gamma\left(\frac{2\alpha+1-i}{2}\right)\right]^{-1}\tag{3.15}$$

威沙特分布的支集是对称的正定矩阵。上述威沙特分布的均值$\mathrm{E}(\boldsymbol{W})=\alpha\boldsymbol{\beta}^{-1}$，逆矩阵的均值$\mathrm{E}(\boldsymbol{W}^{-1})=(\alpha-(d+1)/2)^{-1}\boldsymbol{\beta}$。

注意到，尽管威沙特分布的概率密度函数有些复杂，但从中抽取样本还是比较容易的，特别是当从均值为零且协方差矩阵为$\frac{1}{2}\boldsymbol{\beta}^{-1}$的$d$维正态分布中抽取样本，形成列向量$\boldsymbol{x}_1,\cdots,\boldsymbol{x}_{2\alpha}$，$\boldsymbol{x}_i\in\mathbb{R}^d$的时候。那么，如果$2\alpha>d-1$，则$\sum_{i=1}^{2\alpha}\boldsymbol{x}_i\boldsymbol{x}_i^{\mathrm{T}}$具有参数为$\alpha$和$\boldsymbol{\beta}$的威沙特分布，即$\sum_{i=1}^{2\alpha}\boldsymbol{x}_i\boldsymbol{x}_i^{\mathrm{T}}\sim\mathrm{Wi}_d(\boldsymbol{W};\alpha,\boldsymbol{\beta})$。

在一维情况下，威沙特分布就是形状参数$\alpha>0$且逆尺度参数$\boldsymbol{\beta}>0$的伽马分布。

将均值为 $\boldsymbol{m}$ 且协方差矩阵的逆为 $\boldsymbol{A}$（即协方差矩阵为 $\boldsymbol{A}^{-1}$）的 $d$ 维正态分布用符号 $N_d(\boldsymbol{\mu} \mid \boldsymbol{m}, \boldsymbol{A})$ 表示，得到以下共轭先验分布：

$$\begin{aligned} p(\boldsymbol{\mu}, \boldsymbol{K}) &= \mathrm{N}_d(\boldsymbol{\mu}; \boldsymbol{\mu}_0, \lambda\boldsymbol{K})\mathrm{Wi}_d(\boldsymbol{K}; \alpha, \boldsymbol{\beta}) \\ &= \frac{|\lambda\boldsymbol{K}|^{1/2}}{(2\pi)^{d/2}}\exp\left\{-\frac{1}{2}\lambda(\boldsymbol{\mu}-\boldsymbol{\mu}_0)^{\mathrm{T}}\boldsymbol{K}(\boldsymbol{\mu}-\boldsymbol{\mu}_0)\right\} \\ &\quad \times c(d,\alpha)\,|\boldsymbol{\beta}|^{\alpha}\,|\boldsymbol{K}|^{(\alpha-(d+1)/2)}\exp\{-\mathrm{Tr}(\boldsymbol{\beta}\boldsymbol{K})\} \end{aligned} \tag{3.16}$$

其中，$c(d, \alpha)$ 的定义由式(3.15)给出。

$\lambda$ 用来权衡 $\boldsymbol{\mu}_0$ 作为初始均值的信度，$\alpha$ 用来权衡协方差矩阵的初始信度。

#### 3.2.3.2　后验分布

正如下文将要叙述的，在参数为 $\boldsymbol{\mu}$ 和 $\boldsymbol{K}$ 的先验分布之后，便有后验分布：

$$p(\boldsymbol{\mu}, \boldsymbol{K}|\boldsymbol{x}_1, \cdots, \boldsymbol{x}_n) = \frac{p(\boldsymbol{x}_1, \cdots, \boldsymbol{x}_n|\boldsymbol{\mu}, \boldsymbol{K})p(\boldsymbol{\mu}, \boldsymbol{K})}{\int p(\boldsymbol{x}_1, \cdots, \boldsymbol{x}_n|\boldsymbol{\mu}', \boldsymbol{K}')p(\boldsymbol{\mu}', \boldsymbol{K}')\mathrm{d}\boldsymbol{\mu}'\mathrm{d}\boldsymbol{K}'} \tag{3.17}$$

这也是高斯-威沙特分布，其参数 $\boldsymbol{\mu}_0$，$\boldsymbol{\beta}$ 和 $\lambda$ 分别换为（Fu，1968）

$$\begin{aligned} \lambda_n &= \lambda + n \\ \alpha_n &= \alpha + n/2 \\ \boldsymbol{\mu}_n &= (\lambda\boldsymbol{\mu}_0 + n\boldsymbol{m})/\lambda_n \\ 2\boldsymbol{\beta}_n &= 2\boldsymbol{\beta} + (n-1)\boldsymbol{S} + \frac{n\lambda}{\lambda_n}(\boldsymbol{\mu}_0 - \boldsymbol{m})(\boldsymbol{\mu}_0 - \boldsymbol{m})^{\mathrm{T}} \end{aligned} \tag{3.18}$$

其中，$\boldsymbol{m}$ 是样本均值，$S$ 是样本协方差矩阵的无偏估计：

$$\boldsymbol{S} = \frac{1}{n-1}\sum_{i=1}^{n}(\boldsymbol{x}_i - \boldsymbol{m})(\boldsymbol{x}_i - \boldsymbol{m})^{\mathrm{T}}$$

即

$$p(\boldsymbol{\mu}, \boldsymbol{K}|\boldsymbol{x}_1, \cdots, \boldsymbol{x}_n) = \mathrm{N}_d(\boldsymbol{\mu}; \boldsymbol{\mu}_n, \lambda_n\boldsymbol{K})\mathrm{Wi}_d(\boldsymbol{K}; \alpha_n, \boldsymbol{\beta}_n) \tag{3.19}$$

$\boldsymbol{K}$ 的边缘后验分布（通过对 $\boldsymbol{\mu}$ 积分获得）服从威沙特分布 $\mathrm{Wi}_d(K \mid \alpha_n, \boldsymbol{\beta}_n)$，由 $\boldsymbol{K}$ 给定的 $\boldsymbol{\mu}$ 的后验条件分布服从正态分布 $N_d(\boldsymbol{\mu}_n, \lambda_n K)$。因此可以看出，高斯-威沙特分布是以均值和逆协方差矩阵为参数的多元正态分布的先验分布。

$\boldsymbol{\mu}$ 的后验边缘分布（通过对 $\boldsymbol{K}$ 积分获得）是（见本章习题）

$$p(\boldsymbol{\mu}|\boldsymbol{x}_1, \cdots, \boldsymbol{x}_n) = \mathrm{St}_d\left(\boldsymbol{\mu}; \boldsymbol{\mu}_n, \left(\alpha_n - \frac{d-1}{2}\right)\lambda_n\boldsymbol{\beta}_n^{-1}, 2\alpha_n - (d-1)\right)$$

这是对一维学生分布的 $d$ 维推广。

**多维学生分布**

由一维学生 $t$ 分布推广而得的 $d$ 维学生分布具有如下概率密度函数：

$$\begin{aligned} p(\boldsymbol{x}; \boldsymbol{\mu}, \boldsymbol{\lambda}, \alpha) &= \mathrm{St}_d(\boldsymbol{x}; \boldsymbol{\mu}, \boldsymbol{\lambda}, \alpha) \\ &= \frac{\Gamma(\frac{1}{2}(\alpha+d))}{\Gamma(\frac{\alpha}{2})(\alpha\pi)^{d/2}}|\boldsymbol{\lambda}|^{\frac{1}{2}}\left[1 + \frac{1}{\alpha}(\boldsymbol{x}-\boldsymbol{\mu})^{\mathrm{T}}\boldsymbol{\lambda}(\boldsymbol{x}-\boldsymbol{\mu})\right]^{-(\alpha+d)/2} \end{aligned} \tag{3.20}$$

其中，$\alpha > 0$ 且 $\lambda$ 是一个 $d \times d$ 对称正定矩阵，分布均值 $\mathrm{E}[\boldsymbol{x}] = \boldsymbol{\mu}$，分布方差 $\mathrm{Var}[\boldsymbol{x}] = \lambda^{-1}(\alpha-2)^{-1}\alpha$。

#### 3.2.3.3 预测密度和导出的贝叶斯决策规则

将后验密度代入式(3.1)，得到均值和协方差矩阵均未知的正态分布的预测密度

$$p(\boldsymbol{x}|\boldsymbol{x}_1,\cdots,\boldsymbol{x}_n)=\mathrm{St}_d\left(\boldsymbol{x};\boldsymbol{\mu}_n,\frac{(2\alpha_n-(d-1))\lambda_n}{2(\lambda_n+1)}\boldsymbol{\beta}_n^{-1},2\alpha_n-(d-1)\right) \tag{3.21}$$

$\boldsymbol{\mu}$ 的后验边缘分布是学生分布，下文可见到相关推导。

在判别分析问题中，参数 $\alpha_n$、$\lambda_n$、$\boldsymbol{\mu}_n$ 及 $\boldsymbol{\beta}_n$ 根据式(3.18)分别算出，所用样本为用于分类的各类训练样本。式(3.21)给出的条件密度，可作为判别分析的基础：即当 $g_i>g_j,j=1,\cdots,C,j\neq i$ 时，将 $\boldsymbol{x}$ 归入 $\omega_i$ 类。其中

$$g_i=p(\boldsymbol{x}|\boldsymbol{x}_1,\cdots,\boldsymbol{x}_{n_i}\in\omega_i)p(\omega_i)$$

#### 3.2.3.4 推导后验分布

得出后验分布的方法与之前用过的得出方差已知一维正态分布均值的后验分布的方法相似。确切地说：

1. 在后验密度函数中，忽略不随 $\boldsymbol{\mu}$ 及 $\boldsymbol{K}$ 变化的相乘因子。
2. 依据分布形式，对式中的项进行整理，例如展开指数函数中的平方项。
3. 对结果进行推导，并通过与已知密度形式的比较，进行适当的整合。

于是有

$$\begin{aligned}p(\boldsymbol{\mu},\boldsymbol{K}|\boldsymbol{x}_1,\cdots,\boldsymbol{x}_n)&\propto p(\boldsymbol{x}_1,\cdots,\boldsymbol{x}_n|\boldsymbol{\mu},\boldsymbol{K})p(\boldsymbol{\mu},\boldsymbol{K})\\&\propto|\boldsymbol{K}|^{n/2}\exp\left\{-\frac{1}{2}\sum_{i=1}^{n}(\boldsymbol{x}_i-\boldsymbol{\mu})^{\mathrm{T}}\boldsymbol{K}(\boldsymbol{x}_i-\boldsymbol{\mu})\right\}\\&\quad\times|\boldsymbol{K}|^{1/2}\exp\left\{-\frac{1}{2}\lambda(\boldsymbol{\mu}-\boldsymbol{\mu}_0)^{\mathrm{T}}\boldsymbol{K}(\boldsymbol{\mu}-\boldsymbol{\mu}_0)\right\}\\&\quad\times|\boldsymbol{K}|^{(\alpha-(d+1)/2)}\exp\{-\mathrm{Tr}(\boldsymbol{\beta}\boldsymbol{K})\}\end{aligned}$$

展开上式指数函数中对 $\boldsymbol{\mu}$ 的平方运算，经整理得

$$\begin{aligned}p(\boldsymbol{\mu},\boldsymbol{K}|\boldsymbol{x}_1,\cdots,\boldsymbol{x}_n)&\propto|\boldsymbol{K}|^{1/2}\exp\left\{-\frac{1}{2}\lambda_n(\boldsymbol{\mu}-\boldsymbol{\mu}_n)^{\mathrm{T}}\boldsymbol{K}(\boldsymbol{\mu}-\boldsymbol{\mu}_n)\right\}\\&\quad\times|\boldsymbol{K}|^{\alpha_n-(d+1)/2}\exp\{-f(K)-\mathrm{Tr}(\boldsymbol{\beta}\boldsymbol{K})\}\end{aligned} \tag{3.22}$$

其中，

$$f(\boldsymbol{K})=\frac{1}{2}\left(\frac{n\lambda}{\lambda_n}(\boldsymbol{\mu}_0-\boldsymbol{m})^{\mathrm{T}}\boldsymbol{K}(\boldsymbol{\mu}_0-\boldsymbol{m})+\sum_{i=1}^{n}(\boldsymbol{x}_i-\boldsymbol{m})^{\mathrm{T}}K(\boldsymbol{x}_i-\boldsymbol{m})\right) \tag{3.23}$$

$\boldsymbol{\mu}_n$，$\alpha_n$ 及 $\lambda_n$ 的定义见式(3.18)。

先对式(3.22)的第一行进行化简，这部分与一个多元正态概率密度函数成比例，因此

$$p(\boldsymbol{\mu},\boldsymbol{K}|\boldsymbol{x}_1,\cdots,\boldsymbol{x}_n)\propto N_d(\boldsymbol{\mu};\boldsymbol{\mu}_n,\lambda_n\boldsymbol{K})|\boldsymbol{K}|^{\alpha_n-(d+1)/2}\exp\{-f(K)-\mathrm{Tr}(\boldsymbol{\beta}\boldsymbol{K})\} \tag{3.24}$$

再注意到，式(3.23)中的各项均具有形式 $\boldsymbol{u}^{\mathrm{T}}\boldsymbol{K}\boldsymbol{u}$（$\boldsymbol{u}$ 为 $d$ 维列向量，随项而变）。由于 $\boldsymbol{u}^{\mathrm{T}}\boldsymbol{K}\boldsymbol{u}$ 是个标量，可以认为它是 $1\times1$ 矩阵 $\boldsymbol{u}^{\mathrm{T}}\boldsymbol{K}\boldsymbol{u}$ 的迹。于是，对于一个 $r\times s$ 矩阵 $\boldsymbol{A}$ 和一个 $s\times r$ 矩阵 $\boldsymbol{B}$，$\mathrm{Tr}(\boldsymbol{AB})=\mathrm{Tr}(\boldsymbol{BA})$，因此

$$\boldsymbol{u}^{\mathrm{T}}\boldsymbol{K}\boldsymbol{u}=\mathrm{Tr}(\boldsymbol{u}^{\mathrm{T}}\boldsymbol{K}\boldsymbol{u})=\mathrm{Tr}(\boldsymbol{u}\boldsymbol{u}^{\mathrm{T}}\boldsymbol{K}) \tag{3.25}$$

利用迹算子的线性性质，有

$$k_1\mathrm{Tr}(\boldsymbol{C})+k_2\mathrm{Tr}(\boldsymbol{D})=\mathrm{Tr}(k_1\boldsymbol{C}+k_2\boldsymbol{D})$$

对于两个规模相同的矩阵 $\boldsymbol{C}$ 和 $\boldsymbol{D}$，有

$$\begin{aligned}f(\boldsymbol{K})&=\frac{1}{2}\mathrm{Tr}\left(\frac{n\lambda}{\lambda_n}(\boldsymbol{\mu}_0-\boldsymbol{m})(\boldsymbol{\mu}_0-\boldsymbol{m})^{\mathrm{T}}\boldsymbol{K}+\sum_{i=1}^{n}(\boldsymbol{x}_i-\boldsymbol{m})(\boldsymbol{x}_i-\boldsymbol{m})^{\mathrm{T}}\boldsymbol{K}\right)\\&=\frac{1}{2}\mathrm{Tr}\left(\left(\frac{n\lambda}{\lambda_n}(\boldsymbol{\mu}_0-\boldsymbol{m})(\boldsymbol{\mu}_0-\boldsymbol{m})^{\mathrm{T}}+(n-1)\boldsymbol{S}\right)\boldsymbol{K}\right)\end{aligned}$$

再次利用迹算子的线性性质，可以将式(3.24)改写成

$$p(\boldsymbol{\mu},\boldsymbol{K}|\boldsymbol{x}_1,\cdots,\boldsymbol{x}_n)\propto N_d(\boldsymbol{\mu};\boldsymbol{\mu}_n,\lambda_n\boldsymbol{K})|\boldsymbol{K}|^{\alpha_n-(d+1)/2}\exp\left\{-\mathrm{Tr}(\boldsymbol{\beta}_n\boldsymbol{K})\right\}\tag{3.26}$$

其中，$\boldsymbol{\beta}_n$ 的定义见式(3.18)。

注意，与式(3.16)相比，式(3.26)中，不随 $\boldsymbol{\mu}$ 和 $\boldsymbol{K}$ 而定的乘法项因子，均由一个未指定的标准化常数所取代，由此归纳出所需的高斯-威沙特后验分布：

$$p(\boldsymbol{\mu},\boldsymbol{K}|\boldsymbol{x}_1,\cdots,\boldsymbol{x}_n)=N_d(\boldsymbol{\mu};\boldsymbol{\mu}_n,\lambda_n\boldsymbol{K})\mathrm{Wi}_d(\boldsymbol{K};\alpha_n,\boldsymbol{\beta}_n)$$

#### 3.2.3.5　推导预测密度

预测密度如下：

$$p(\boldsymbol{x}|\boldsymbol{x}_1,\cdots,\boldsymbol{x}_n)=\int p(\boldsymbol{x}|\boldsymbol{\mu},\boldsymbol{K})p(\boldsymbol{\mu},\boldsymbol{K}|\boldsymbol{x}_1,\cdots,\boldsymbol{x}_n)\mathrm{d}\boldsymbol{\mu}\mathrm{d}\boldsymbol{K}\tag{3.27}$$

为了导出式(3.21)所引用的形式，我们注意到，因为有共轭先验分布，所以积分后的式(3.27)与后验密度函数的分子相似[见式(3.17)]，区别是参数为 $\{\lambda,\alpha,\boldsymbol{\mu}_0,\boldsymbol{\beta}_0\}$ 的高斯-威沙特先验分布被参数为 $\{\lambda_n,\alpha_n,\boldsymbol{\mu}_n,\boldsymbol{\beta}_n\}$ 的高斯-威沙特后验分布所取代，似然函数所考虑的是单个的测量值 $\boldsymbol{x}$，而不是训练数据 $\{\boldsymbol{x}_1,\cdots,\boldsymbol{x}_n\}$。因此，可以通过下面的方法推导出 $\boldsymbol{\mu}$ 及 $\boldsymbol{\Sigma}$ 的联合后验分布的简化式。特别注意到，在得到式(3.26)的推算中，不涉及 $\boldsymbol{x}_i$ 的乘法项因子被忽略，于是即可得出

$$\begin{aligned}p(\boldsymbol{x}|\boldsymbol{\mu},\boldsymbol{K})p(\boldsymbol{\mu},\boldsymbol{K}|\boldsymbol{x}_1,\cdots,\boldsymbol{x}_n)\propto\ &N_d(\boldsymbol{\mu};\boldsymbol{\mu}'_n,(\lambda_n+1)\boldsymbol{K})\\&\times|\boldsymbol{K}|^{\alpha_n+1/2-(d+1)/2}\exp\left\{-\mathrm{Tr}(\boldsymbol{\beta}'_n\boldsymbol{K})\right\}\end{aligned}\tag{3.28}$$

其中，

$$\begin{aligned}\boldsymbol{\mu}'_n&=(\lambda_n\boldsymbol{\mu}_n+\boldsymbol{x})/(\lambda_n+1)\\\boldsymbol{\beta}'_n&=\boldsymbol{\beta}_n+\frac{\lambda_n}{2(\lambda_n+1)}(\boldsymbol{\mu}_n-\boldsymbol{x})(\boldsymbol{\mu}_n-\boldsymbol{x})^{\mathrm{T}}\end{aligned}\tag{3.29}$$

将数据向量 $\boldsymbol{x}$ 代入式(3.18)，然后求解，可得出式(3.28)和式(3.29)中的相应项。

对 $\boldsymbol{\mu}$ 积分可得出解析解(因为 $\boldsymbol{\mu}$ 仅出现于多元正态密度中，积分结果为1)。因此

$$p(\boldsymbol{x}|\boldsymbol{x}_1,\cdots,\boldsymbol{x}_n)\propto\int|\boldsymbol{K}|^{\alpha_n+1/2-(d+1)/2}\exp\left\{-\mathrm{Tr}(\boldsymbol{\beta}'_n\boldsymbol{K})\right\}\mathrm{d}\boldsymbol{K}\tag{3.30}$$

注意，威沙特分布的概率密度函数形式 $\mathrm{Wi}_d(\alpha_n+1/2,\boldsymbol{\beta}'_n)$ [威沙特分布的细节见式(3.14)]，$\boldsymbol{\beta}'_n$ 随 $\boldsymbol{x}$ 变化，而 $\alpha_n$ 不随 $\boldsymbol{x}$ 变化，因此 $c(d,\alpha_n)$ 也不随 $\boldsymbol{x}$ 变化，可将式(3.30)写成

$$p(\boldsymbol{x}|\boldsymbol{x}_1,\cdots,\boldsymbol{x}_n)\propto|\boldsymbol{\beta}'_n|^{-(\alpha_n+1/2)}\int\mathrm{Wi}_d(\boldsymbol{K};\alpha_n+1/2,\boldsymbol{\beta}'_n)d\boldsymbol{K}$$

由于对所有概率密度函数的积分为1，可得

$$p(\boldsymbol{x}|\boldsymbol{x}_1,\cdots,\boldsymbol{x}_n) \propto |\boldsymbol{\beta}'_n|^{-(\alpha_n+1/2)}$$

对于两个 $d \times d$ 维矩阵 $\boldsymbol{A}$ 和 $\boldsymbol{B}$，由于 $|\boldsymbol{AB}| = |\boldsymbol{A}||\boldsymbol{B}|$（积的行列式等于行列式的积），利用式(3.29)，有

$$|\boldsymbol{\beta}'_n| = |\boldsymbol{\beta}_n|\left|\boldsymbol{I}_p d + \frac{\lambda_n}{2(\lambda_n+1)}\boldsymbol{\beta}_n^{-1}(\boldsymbol{\mu}_n-\boldsymbol{x})(\boldsymbol{\mu}_n-\boldsymbol{x})^{\mathrm{T}}\right|$$

利用西尔维斯特(Sylvester)行列式定理，对于 $d \times s$ 维矩阵 $\boldsymbol{A}$ 和 $s \times d$ 维矩阵 $\boldsymbol{B}$，有

$$|\boldsymbol{I}_d + \boldsymbol{AB}| = |\boldsymbol{I}_s + \boldsymbol{BA}| \tag{3.31}$$

因此，对于两个 $d$ 维列向量 $\boldsymbol{u}$ 和 $\boldsymbol{v}$，有

$$\begin{aligned}|\boldsymbol{I}_d + \boldsymbol{u}\boldsymbol{v}^{\mathrm{T}}| &= |\boldsymbol{I}_1 + \boldsymbol{v}^{\mathrm{T}}\boldsymbol{u}|\\ &= 1 + \boldsymbol{v}^{\mathrm{T}}\boldsymbol{u}\end{aligned}$$

因此

$$|\boldsymbol{\beta}'_n| = |\boldsymbol{\beta}_n|\left(1 + \frac{\lambda_n}{2(\lambda_n+1)}(\boldsymbol{\mu}_n-\boldsymbol{x})^{\mathrm{T}}\boldsymbol{\beta}_n^{-1}(\boldsymbol{\mu}_n-\boldsymbol{x})\right)$$

于是定义

$$a = 2\alpha_n - (d-1)$$

可以得到

$$p(\boldsymbol{x}|\boldsymbol{x}_1,\cdots,\boldsymbol{x}_n) \propto \left(1 + \frac{1}{a}(\boldsymbol{\mu}_n-\boldsymbol{x})^{\mathrm{T}}\frac{a\lambda_n}{2(\lambda_n+1)}\boldsymbol{\beta}_n^{-1}(\boldsymbol{\mu}_n-\boldsymbol{x})\right)^{-(a+d)/2}$$

其中，$|\boldsymbol{\beta}_n|^{-(a+d)/2}$ 项已作为未指明的标准化常量纳入其中。与多元学生分布的概率密度函数相比[见式(3.20)]，可得到所期待的结果

$$p(\boldsymbol{x}|\boldsymbol{x}_1,\cdots,\boldsymbol{x}_n) = \mathrm{St}_d\left(\boldsymbol{x};\boldsymbol{\mu}_n,\frac{(2\alpha_n-(d-1))\lambda_n}{2(\lambda_n+1)}\boldsymbol{\beta}_n^{-1},2\alpha_n-(d-1)\right)$$

### 3.2.4 未知类先验概率的情形

至此，我们已对类条件概率密度函数的参数估计问题进行了讨论。回顾一下，所谓预测贝叶斯分类器，就是用 $\omega_i$ 类的预测密度 $p(\boldsymbol{x}|\boldsymbol{x}_1,\cdots,\boldsymbol{x}_{n_i}\in\omega_i)$ 和 $\omega_i$ 类的先验概率 $p(\omega_i)$ 组成分类函数 $g_i$，即

$$g_i = p(\boldsymbol{x}|\boldsymbol{x}_1,\cdots,\boldsymbol{x}_{n_i}\in\omega_i)p(\omega_i) \tag{3.32}$$

如果 $g_i > g_j$，$j = 1,\cdots,C$，$j \neq i$，则将 $\boldsymbol{x}$ 归入 $\omega_i$ 类。但是，有可能该问题的先验类概率 $p(\omega_i)$ 是未知的，这时有可能将其处理成靠数据更新的模型参数。

如果把类先验概率表示为 $\boldsymbol{\pi} = (\pi_1,\cdots,\pi_C)$，则有

$$p(\omega_i|\boldsymbol{x},\mathcal{D}) = \int p(\omega_i,\boldsymbol{\pi}|\boldsymbol{x},\mathcal{D})\mathrm{d}\boldsymbol{\pi} \tag{3.33}$$

即在测试样本 $\boldsymbol{x}$ 和训练数据 $\mathcal{D}$ 的条件下，求 $\{\omega_i,\boldsymbol{\pi}\}$ 的联合边缘分布。利用贝叶斯定理

$$p(\omega_i,\boldsymbol{\pi}|\boldsymbol{x},\mathcal{D}) \propto p(\boldsymbol{x}|\omega_i,\boldsymbol{\pi},\mathcal{D})p(\omega_i,\boldsymbol{\pi}|\mathcal{D}) \tag{3.34}$$

由于上式限制在 $\omega_i$ 类内，于是下式成立：

$$p(\boldsymbol{x}|\omega_i,\boldsymbol{\pi},\mathcal{D}) = p(\boldsymbol{x}|\omega_i,\mathcal{D}) \tag{3.35}$$

此外，借助类条件密度的定义，可将式(3.34)的第二项写为

$$p(\omega_i,\boldsymbol{\pi}|D)=p(\boldsymbol{\pi}|D)p(\omega_i|\boldsymbol{\pi},D)=p(\boldsymbol{\pi}|D)\boldsymbol{\pi}_i \tag{3.36}$$

对于先验分布 $\pi_i=p(\omega_i)$，认为其服从狄利克雷(Dirichlet)分布是恰当的，该分布的参数为 $\boldsymbol{a}_0=(a_{01},\cdots,a_{0C})$，$a_{i0}>0$，$i=1,\cdots,C$。

**狄利克雷分布**

狄利克雷分布的概率密度函数为

$$p(\pi_1,\cdots,\pi_C)=\frac{\Gamma\left(\sum_i^C a_{0i}\right)}{\prod_i^C\Gamma(a_{0i})}\prod_{j=1}^{C}\pi_j^{a_{0j}-1}$$

其中，$\boldsymbol{a}_0=(a_{01},\cdots,a_{0C})$，$a_{i0}>0$，$i=1,\cdots,C$ 是其参数，$\Gamma(u)$ 是伽马函数，满足 $0<\pi_i<1$，$i=1,\cdots,C$，且 $\sum_{i=1}^{C}\pi_i=1$。因此，非常适用于为类别分布建模。狄氏分布的分量均值为 $E[\pi_i]=\dfrac{a_i}{\sum_{j=1}^{C}a_j}$，通常记为 $\boldsymbol{\pi}\sim \mathrm{Di}_C(\boldsymbol{\pi};\boldsymbol{a}_0)$，$\boldsymbol{\pi}=(\pi_1,\cdots,\pi_C)^{\mathrm{T}}$。

影响类概率分布$\boldsymbol{\pi}$的因素是训练数据测量值 $\mathcal{D}$ 中样本的数量 $n_i$，$i=1,\cdots,C$。若用如下多项式模拟给定类先验概率的数据($n_i$)的分布：

$$p(\mathcal{D}|\boldsymbol{\pi})=\frac{n!}{\prod_{l=1}^{C}n_l!}\prod_{l=1}^{C}\boldsymbol{\pi}_l^{n_l}$$

则后验分布

$$p(\boldsymbol{\pi}|\mathcal{D})\propto p(\mathcal{D}|\boldsymbol{\pi})p(\boldsymbol{\pi})$$

也可作为 $\mathrm{Di}_C(\boldsymbol{\pi};\boldsymbol{a})$ 分布，其中 $\boldsymbol{a}=\boldsymbol{a}_0+\boldsymbol{n}$，$\boldsymbol{n}=(n_1,\cdots,n_C)^{\mathrm{T}}$，$n$ 是反映各类样本数量的向量。

把式(3.36)中的 $p(\boldsymbol{\pi}\mid\mathcal{D})$ 替换为狄利克雷分布，再利用式(3.34)和式(3.35)，则式(3.33)可变为

$$p(\omega_i|\boldsymbol{x},\mathcal{D})\propto p(\boldsymbol{x}|\omega_i,\mathcal{D})\int\pi_i\mathrm{Di}_C(\boldsymbol{\pi};\boldsymbol{a})\mathrm{d}\boldsymbol{\pi}$$

其中，用 $\pi_i$ 的期望值 $a_i/\sum_j a_j$ 替换$\pi_i$，类成员的后验概率变为

$$p(\omega_i|\boldsymbol{x},\mathcal{D})=\frac{(n_i+a_{0i})p(\boldsymbol{x}|\omega_i,\mathcal{D})}{\sum_j(n_j+a_{0j})p(\boldsymbol{x}|\omega_j,\mathcal{D})} \tag{3.37}$$

然而，人们必须清楚地注意到：上述内容是在假设 $\pi_i$，$i=1,\cdots,C$ 未知，但可以用能够提供先验信息的训练数据估计出来的前提下展开的。其估计结果的有效性视“为收集数据而实施的采样方案”而定。特别地，如果使用随机采样的方法从真实群体中获取训练数据，这些过程就是相关的。Geisser(1964)提出了修正式(3.37)的多种方案，这些方案与对 $\pi_i$ 的假定知识有关。

### 3.2.5　小结

3.2 节介绍了贝叶斯法的两个阶段。第一阶段：学习分布参数$\boldsymbol{\theta}$，其间指定一个先验概率，然后对后验密度 $p(\boldsymbol{\theta}\mid\boldsymbol{x}_1,\cdots,\boldsymbol{x}_n)$ 进行迭代计算，迭代式如下：

$$p(\boldsymbol{\theta}|\boldsymbol{x}_1,\cdots,\boldsymbol{x}_n)\propto p(\boldsymbol{x}_n|\boldsymbol{\theta})p(\boldsymbol{\theta}|\boldsymbol{x}_1,\cdots,\boldsymbol{x}_{n-1})$$

对于一个合适的类条件密度，以及所选定的先验分布，$\boldsymbol{\theta}$的后验分布与先验分布具有相同的形式，这称为共轭。第二个阶段是对$\boldsymbol{\theta}$积分，以得到预测密度$p(\boldsymbol{x} \mid \boldsymbol{x}_1, \cdots, \boldsymbol{x}_n)$，这可以视为考虑了参数估计过程中由于采样引起的变化。尽管在正态分布下完成积分的过程相对简单明了，但对于更复杂的概率密度函数，仍有必要进行两个多元的数值积分。为此，通常要用到贝叶斯采样方案，例如3.3节和3.4节所介绍的。对于不存在再生(共轭)密度的正态混合模型，就属于这种情况。

## 3.3 贝叶斯采样方案

### 3.3.1 引言

3.2节讨论了如何用解析法求解所需积分，从而估计出密度的贝叶斯法。对于无法解析地求解出标准的积分、在高维空间的数值积分又行不通的问题，下文将介绍一些计算方法(计算机器)，以使贝叶斯法付诸实施。所期待的计算技术致力于从后验分布中将样本采集出来，所有的推断均可通过这些样本的使用而得出。

### 3.3.2 梗概

设从后验分布$p(\boldsymbol{\theta} \mid \mathcal{D})$中采集到样本$\{\boldsymbol{\theta}^1, \cdots, \boldsymbol{\theta}^{N_s}\}$，然后函数$h(\boldsymbol{\theta})$的后验期望用如下样本均值来近似：

$$\mathrm{E}[h(\boldsymbol{\theta})|\mathcal{D}] \approx \frac{1}{N_s}\sum_{t=1}^{N_s} h\left(\boldsymbol{\theta}^t\right) \tag{3.38}$$

而不用计算式(3.4)的分子和分母中的积分。

很多量都可以根据函数的后验期望给予表述，例如概率值。设$\boldsymbol{\theta}$的后验密度函数为$p(\boldsymbol{\theta} \mid \mathcal{D})$。对于某一区域$\mathcal{A}$，令$h(\boldsymbol{\theta}) = I(\boldsymbol{\theta} \in \mathcal{A})$，其中$I$是指示函数(条件为真时等于1，否则为零)。于是

$$\begin{aligned}\mathrm{E}[I(\boldsymbol{\theta} \in \mathcal{A})|\mathcal{D}] &= \int_{\boldsymbol{\theta}} I(\boldsymbol{\theta} \in \mathcal{A}) p(\boldsymbol{\theta}|\mathcal{D})\mathrm{d}\boldsymbol{\theta} \\ &= \int_{\boldsymbol{\theta}\in\mathcal{A}} p(\boldsymbol{\theta}|\mathcal{D})\mathrm{d}\boldsymbol{\theta}\end{aligned}$$

即$\mathrm{E}[I(\boldsymbol{\theta} \in \mathcal{A}) \mid \mathcal{D}]$是$\boldsymbol{\theta}$位于区域$\mathcal{A}$中的后验概率。对这一概率的近似采样是

$$\mathrm{E}[I(\boldsymbol{\theta} \in \mathcal{A})|\mathcal{D}] \approx \frac{1}{N_s}\sum_{t=1}^{N_s} I(\boldsymbol{\theta}^t \in \mathcal{A})$$

其他的方法包括利用在密度的非参数估计中所使用的样本获得边缘密度图。例如核方法(见第4章)，对于给定样本$\{\theta_i^t, t = 1, \cdots, N_s\}$，$\theta_i$的核密度估计是

$$p(\theta_i) = \frac{1}{N_s}\sum_{t=1}^{N_s} K\left(\theta_i, \theta_i^t\right)$$

其中，核函数$K(\theta_i, \theta^*)$的中心位于$\theta^*$。第4章将讨论核函数及其参数的选择问题。

#### 3.3.2.1 Rao-Blackwellised 估计

Gelfand and Smith(1990)提出另一种边缘密度估计，称为Rao-Blackwellised估计，该估计

利用了条件密度 $p(\boldsymbol{\theta}_i \mid \boldsymbol{\theta}^t_{(i)})$：

$$p(\theta_i) = \frac{1}{N_s}\sum_{t=1}^{N_s} p\left(\theta_i | \boldsymbol{\theta}^t_{(i)}\right)$$

其中，$\boldsymbol{\theta}_{(i)}$ 是除去第 $i$ 个参数后的参数集；即 $\boldsymbol{\theta}_{(i)} = \{\theta_1, \cdots, \theta_{i-1}, \theta_{i+1}, \cdots, \theta_d\}$，O' Hagan (1994)指出，就估计分布的尾部而言，Rao-Blackwellised 估计要比一般的密度估计方法更好。

对于 $\mathrm{E}[h(\theta_i)]$ 的 Rao-Blackwellised 估计为

$$\mathrm{E}[h(\theta_i)] \approx \frac{1}{N_s}\sum_{t=1}^{N_s} \mathrm{E}\left[h(\theta_i)|\boldsymbol{\theta}^t_{(i)}\right] \tag{3.39}$$

式(3.39)和式(3.38)的区别在于，式(3.39)要求条件期望有解析表达式，以至于能够在每个样本上展开评估。就合理的长时间运行而言，式(3.39)对式(3.38)的改进不大。

关于 Rao-Blackwellised 采样方案的更多讨论见 Casella and Robert(1996)，关于 Gibbs 采样器的内容(见 3.4.2 节)见 J. S. Liu et al. (1994)。

### 3.3.3 贝叶斯分类器的采样类型

由式(3.1)给出的类条件预测密度

$$\begin{aligned} p(\boldsymbol{x}|\omega_j, \mathcal{D}_j) &= \int p(\boldsymbol{x}|\boldsymbol{\theta}_j)p(\boldsymbol{\theta}_j|\mathcal{D}_j)\mathrm{d}\boldsymbol{\theta}_j \\ &= \mathrm{E}_{\boldsymbol{\theta}_j|\mathcal{D}_j}[p(\boldsymbol{x}|\boldsymbol{\theta}_j)] \end{aligned}$$

其中，下标 $\boldsymbol{\theta}_j \mid \mathcal{D}_j$ 用于强调 $\boldsymbol{\theta}_j$ 的后验分布的期望。

设 $\{\boldsymbol{\theta}^1_j, \cdots, \boldsymbol{\theta}^{N_s}_j\}$ 是来自后验分布 $p(\boldsymbol{\theta}_j \mid \mathcal{D}_j)$ 的样本，依据式(3.38)可得近似的类条件密度：

$$p(\boldsymbol{x}|\omega_j, \mathcal{D}_j) \approx \frac{1}{N_s}\sum_{t=1}^{N_s} p\left(\boldsymbol{x}|\boldsymbol{\theta}^t_j\right) \tag{3.40}$$

贝叶斯分类器就是当 $g_i > g_j, j = 1, \cdots, C, j \neq i$ 时，将 $\boldsymbol{x}$ 归入 $\omega_i$ 类，其中

$$g_i = \left(\sum_{t=1}^{N_s} p\left(\boldsymbol{x}|\boldsymbol{\theta}^t_i\right)\right) p(\omega_i)$$

### 3.3.4 拒绝采样

有一种简单的采样方案是对一般的分布拒绝采样，尽管这样做经常是低效的。

设 $f(\boldsymbol{\theta}) = g(\boldsymbol{\theta})/\int g(\boldsymbol{\theta}')\mathrm{d}\boldsymbol{\theta}'$ 是希望从中采得样本的密度函数。拒绝采样方案是使用一个密度函数 $s(\boldsymbol{\theta})$，它可以使我们方便(低成本)地采集到样本，且要求 $g(\boldsymbol{\theta})/s(\boldsymbol{\theta})$ 有界。算法 3.1 对拒绝采样过程进行了详细说明，其中被接受样本的概率密度函数是 $f(\boldsymbol{\theta})$（见本章习题），重复执行该算法便可以获取多个独立的样本。

在一个样本被接受之前，可能已有很多样本遭到拒绝，这取决于所选择的 $s(\boldsymbol{\theta})$，因此其采样过程可能是低效的。如果 $s(\boldsymbol{\theta})$ 接近 $g(\boldsymbol{\theta})$ 的形状，即 $g(\boldsymbol{\theta})/s(\boldsymbol{\theta}) \sim A$，则对于所有的 $\boldsymbol{\theta}$，几乎总是满足接受条件的。

**算法 3.1 拒绝采样算法**

1. 指定一个密度函数 $s(\boldsymbol{\theta})$，该密度函数与 $f(\boldsymbol{\theta}) = g(\boldsymbol{\theta})/\int g(\boldsymbol{\theta}')d\boldsymbol{\theta}'$ 具有相同的支集，且 $g(\boldsymbol{\theta})/s(\boldsymbol{\theta})$ 有界。
2. 设 $g(\boldsymbol{\theta})/s(\boldsymbol{\theta})$ 的上界是 $A$。
3. 重复以下过程直到一个 $\boldsymbol{\theta}$ 被接受：
   - 从已知分布 $s(\boldsymbol{\theta})$ 中采一个点 $\boldsymbol{\theta}$。
   - 从位于 $[0, 1]$ 上的均匀分布中采得 $u$。
   - 如果 $Au \leqslant g(\boldsymbol{\theta})/s(\boldsymbol{\theta})$，则接受 $\boldsymbol{\theta}$。

### 3.3.5 均匀比

均匀比方法(Kinderman and Monahan, 1977)可以用于从单变量分布中获取样本。

假定需要从概率密度函数为 $f(\boldsymbol{\theta}) = g(\boldsymbol{\theta})/\int g(\boldsymbol{\theta}')\mathrm{d}\boldsymbol{\theta}'$ 的分布中抽取样本，令 $D$ 表示区域 $\mathbb{R}^2$，满足

$$D = \{(u, v); 0 \leqslant u \leqslant \sqrt{g(v/u)}\}$$

然后，从 $D$ 中均匀采一个点，并取 $\boldsymbol{\theta} = v/u$，即为从与 $g(\boldsymbol{\theta})$ 成比例关系的密度分布 $f(\boldsymbol{\theta})$ 中给出一个样本。

为了利用这一过程，要求能从区域 $D$ 中采集样本。经常的做法是，先由一个矩形 $R$ 限定区域 $D$，如图 3.2 所示。可以用一种简单的拒绝采样的方法从 $D$ 中抽取样本，即在区域 $D$ 的外包矩形 $R$ 中均匀地抽取样本 $(u, v)$，如果 $(u, v)$ 位于区域 $D$ 中，则接受之。

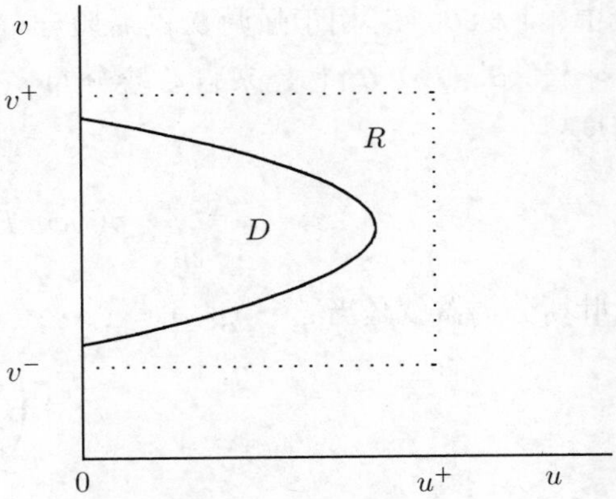


图 3.2 区域 $D$ 定义为 $D = \{(u, v); 0 \leqslant u \leqslant \sqrt{g(v/u)}\}$，$R$ 是其外包矩形

对定义在 $\boldsymbol{\theta} \in \mathbb{R}$ 上的函数 $f(\boldsymbol{\theta})$，可以将矩形 $R$ 指定为区域 $[0, u^+] \times [v^-, v^+]$，其中

$$u^+ = \sqrt{\max_{\boldsymbol{\theta}} g(\boldsymbol{\theta})}$$

$$v^- = -\sqrt{\max_{\boldsymbol{\theta}\leqslant 0}(\boldsymbol{\theta}^2 g(\boldsymbol{\theta}))}$$

$$v^+ = \sqrt{\max_{\boldsymbol{\theta}\geqslant 0}(\boldsymbol{\theta}^2 g(\boldsymbol{\theta}))}$$

并假定上述各量存在。首先，对于 $u$ 来说，其界的有效性是显然的，即 $0 \leqslant u \leqslant \sqrt{g(v/u)} = \sqrt{g(\boldsymbol{\theta})} \Rightarrow 0 \leqslant u \leqslant u^+$；再看 $v$ 的界的有效性，$v \in D$ 意味着存在一个 $u$，使 $0 \leqslant u \leqslant \sqrt{g(\boldsymbol{\theta})}$，即 $u^2 \leqslant g(\boldsymbol{\theta})$。由于 $u = v/\boldsymbol{\theta}$，后者的界则变成 $v^2 \leqslant \boldsymbol{\theta}^2 g(\boldsymbol{\theta})$。因此，$v$ 的界是 $-\sqrt{\max_{\boldsymbol{\theta}}(\boldsymbol{\theta}^2 g(\boldsymbol{\theta}))} \leqslant v \leqslant \sqrt{\max_{\boldsymbol{\theta}}(\boldsymbol{\theta}^2 g(\boldsymbol{\theta}))}$。然而，由于 $u \geqslant 0$，$v = u\boldsymbol{\theta}$，可知 $\boldsymbol{\theta}$ 和 $v$ 的符号必须同向，因此 $v$ 有更紧的界：$v^- \leqslant v \leqslant v^+$。

#### 3.3.5.1 均匀比方法有效性的证明

为了证明均匀比方法的有效性，需要利用因变量变换而引出的概率密度函数的结果。

这个结果涉及从（$X_1$，…，$X_d$）到（$Y_1$，…，$Y_d$）的变量变换，如下式：

$$Y = g(X)$$

其中，$g(X) = (g_1(X), g_2(X), \cdots, g_d(X))^T$。这种变换下，$X$ 和 $Y$ 的概率密度函数被关联起来：

$$p_Y(y) = \frac{p_X(x)}{|J|}$$

其中，$|J|$ 是雅可比(Jacobi)行列行的绝对值：

$$J(x_1, \cdots, x_d) = \begin{vmatrix} \frac{\partial g_1}{\partial x_1} & \cdots & \frac{\partial g_1}{\partial x_d} \\ \vdots & \ddots & \vdots \\ \frac{\partial g_d}{\partial x_1} & \cdots & \frac{\partial g_d}{\partial x_d} \end{vmatrix}$$

现在，我们用这个过程来确定变换变量（$u$，$\theta$），$\theta = v/u$ 的联合概率密度函数，（$u$，$v$）的联合概率密度函数为

$$p(u, v) \propto I((u, v) \in D)$$

其中，$I(A)$ 是指示函数，即如果满足条件 $A$，则该函数等于 1，否则等于 0。条件（$u$，$v$）$\in D$ 变为 $0 \leqslant u \leqslant \sqrt{g(\theta)}$ 后，雅可比行列式为 $J = 1/u$，并且（$u$，$\theta$）的概率密度函数也由此变为

$$p(u, \theta) \propto I(0 \leqslant u \leqslant \sqrt{g(\theta)})u$$

标准化常量是

$$\int_\theta \int_u I(0 \leqslant u \leqslant \sqrt{g(\theta)}) u \mathrm{d}u \mathrm{d}\theta = \int_\theta \int_{u=0}^{\sqrt{g(\theta)}} u \mathrm{d}u = \frac{1}{2} \int_\theta g(\theta) \mathrm{d}\theta$$

因此，$\theta$ 的边缘分布为

$$p(\theta) = \int_u p(u, \theta) \mathrm{d}u = \frac{1}{\frac{1}{2}\int_{\theta'} g(\theta') \mathrm{d}\theta'} \int_{u=0}^{\sqrt{g(\theta)}} u \mathrm{d}u = \frac{g(\theta)}{\int g(\theta') \mathrm{d}\theta'}$$

### 3.3.6 重要性采样

设有一个样本集，由 $N_s$ 个独立样本 $\{\boldsymbol{\theta}^1, \cdots, \boldsymbol{\theta}^{N_s}\}$ 组成，这些样本取自与 $q(\boldsymbol{\theta})$ 成比例的密度函数。重要性采样(Geweke，1989；Smith and Gelfand，1992)提供出一种方法，该方法用这些样本在与 $f(\boldsymbol{\theta})$ 成比例的密度函数的又一个分布上做推断。

如果两个分布的支集相同，重要性采样结果便是：当 $\boldsymbol{\theta}$ 服从 $f(\boldsymbol{\theta})$ 分布时，函数 $h(\boldsymbol{\theta})$ 的期望值可近似为

$$\mathrm{E}_f[h(\boldsymbol{\theta})] \approx \frac{1}{\sum_{t=1}^{N_s} w^t} \sum_{t=1}^{N_s} w^t h(\boldsymbol{\theta}^t) \tag{3.41}$$

其中，$w^s$ 是一组非归一化的重要性权值，定义如下：

$$w^s = f(\boldsymbol{\theta}^s)/q(\boldsymbol{\theta}^s), s = 1, \cdots, N_s \tag{3.42}$$

分布 $q(\boldsymbol{\theta})$ 称为重要性采样建议分布。

如果很容易从由 $q(\boldsymbol{\theta})$ 所定义的分布中采集到样本，则算法的效果会有所提升，但直接从

由 $f(\boldsymbol{\theta})$ 所定义的分布中采集样本并非易事。在样本集规模一定时，$q(\boldsymbol{\theta})$ 越接近 $f(\boldsymbol{\theta})$，估计的准确性越高。重要性采样的权值出现很大波动时，所做的估计可能不可靠，因为如果权值变化太大，就会出现退化问题，即这将导致所做的估计仅仅依据最大权值的那些样本。

#### 3.3.6.1 从先验分布中采集后验样本

考虑这样一种特例：由 $f(\boldsymbol{\theta})$ 所定义的分布是后验分布，产生于似然函数 $p(\boldsymbol{x}\mid\boldsymbol{\theta})$ 和先验分布 $p(\boldsymbol{\theta})$，先验分布 $p(\boldsymbol{\theta})$ 由 $q(\boldsymbol{\theta})$ 定义，于是式(3.42)定义的重要性权值变为

$$w^t = \frac{p(\boldsymbol{x}|\boldsymbol{\theta}^t)p\left(\boldsymbol{\theta}^t\right)}{p\left(\boldsymbol{\theta}^t\right)} = p(\boldsymbol{x}|\boldsymbol{\theta}^t)$$

因此，我们找到了从先验分布中采集样本，用似然函数权衡样本，进而推断出后验分布的一种方法。

#### 3.3.6.2 粒子滤波

上述方法构成了采用粒子滤波(Gordon et al., 1993)方法估计连续贝叶斯参数的基础。有关粒子滤波的详细内容可见 Doucet et al. (2001)和 Arulampalam et al. (2002)的教程。对于连续观测值的处理及其在线推断问题，粒子滤波是一种非常强大的方法。例如，用于解决对诸如雷达回波检测到的飞机、视频图像中的人的跟踪问题。

#### 3.3.6.3 用于贝叶斯分类器

如3.3.3节所述，就分类问题，对 $\omega_j$ 类的预测密度表示为

$$p(\boldsymbol{x}|\omega_j, \mathcal{D}_j) = \mathrm{E}_{\boldsymbol{\theta}_j|\mathcal{D}_j}\left[p(\boldsymbol{x}|\boldsymbol{\theta}_j)\right]$$

在近似重要性采样情况下，如果 $f_j(\boldsymbol{\theta}_j)$ 与后验密度函数 $p(\boldsymbol{\theta}_j\mid\mathcal{D}_j)$ 成比例，样本 $\{\boldsymbol{\theta}_j^1, \cdots, \boldsymbol{\theta}_j^{N_s}\}$ 源于与 $q_j(\boldsymbol{\theta}_j)$ 成比例的概率密度函数的分布，则

$$p(\boldsymbol{x}|\boldsymbol{\omega}_j, \mathcal{D}_j) \approx \frac{1}{\sum_{t=1}^{N_s} w_j^t}\sum_{t=1}^{N_s} w_j^t p\left(\boldsymbol{x}|\boldsymbol{\theta}_j^t\right)$$

其中，权重 $w_j^t$ 的定义见式(3.42)，

$$w_j^t = \frac{f_j\left(\boldsymbol{\theta}_j^t\right)}{q_j\left(\boldsymbol{\theta}_j^t\right)}$$

把似然函数和先验密度函数的乘积选为 $f_j(\boldsymbol{\theta}_j)$ 是适宜的，

$$f_j(\boldsymbol{\theta}_j) = p(\mathcal{D}_j|\boldsymbol{\theta}_j)p(\boldsymbol{\theta}_j)$$

由贝叶斯定理可知，它与 $p(\boldsymbol{\theta}_j^t\mid\mathcal{D}_j)$ 成比例，于是以下权值如此而现：

$$w_j^t = \frac{p\left(\mathcal{D}_j|\boldsymbol{\theta}_j^t\right)p\left(\boldsymbol{\theta}_j^t\right)}{q_j\left(\boldsymbol{\theta}_j^t\right)}$$

而贝叶斯分类器则是：对于

$$g_i = \left(\frac{1}{\sum_{t=1}^{N_s} w_i^t}\sum_{t=1}^{N_s} w_i^t p\left(\boldsymbol{x}|\boldsymbol{\theta}_i^t\right)\right)p(\omega_i)$$

若 $g_i > g_j,\ j = 1, \cdots, C,\ j \neq i$，则将 $\boldsymbol{x}$ 归入 $\omega_i$ 类。

#### 3.3.6.4 重要性采样近似(过程)的推导

现在来证明重要性采样近似的有效性。对于与 $f(\boldsymbol{\theta})$ 呈比例关系的概率密度函数，令其标

准化常数为 $k_f$，则可将该概率密度函数写为 $k_f f(\boldsymbol{\theta})$，由 $q(\boldsymbol{\theta})$ 定义的建议分布为 $k_q$。那么，函数 $h(\boldsymbol{\theta})$ 关于分布 $f(\boldsymbol{\theta})$ 的期望可表示如下：

$$\begin{aligned}
\mathrm{E}_f[h(\boldsymbol{\theta})] &= \int_{\boldsymbol{\theta}} k_f f(\boldsymbol{\theta})h(\boldsymbol{\theta})\mathrm{d}\boldsymbol{\theta} \\
&= \int_{\boldsymbol{\theta}} k_f f(\boldsymbol{\theta})h(\boldsymbol{\theta})\frac{k_q q(\boldsymbol{\theta})}{k_q q(\boldsymbol{\theta})}\mathrm{d}\boldsymbol{\theta} = \frac{k_f}{k_q}\int_{\boldsymbol{\theta}} k_q q(\boldsymbol{\theta})\frac{f(\boldsymbol{\theta})h(\boldsymbol{\theta})}{q(\boldsymbol{\theta})}\mathrm{d}\boldsymbol{\theta} \\
&= \frac{k_f}{k_q}\mathrm{E}_q\left[\frac{f(\boldsymbol{\theta})h(\boldsymbol{\theta})}{q(\boldsymbol{\theta})}\right]
\end{aligned} \tag{3.43}$$

设对所有的 $\boldsymbol{\theta}$，定义 $h(\boldsymbol{\theta}) = 1$，依据定义，$\mathrm{E}_f[h(\boldsymbol{\theta})] = 1$，因而式(3.43)变为

$$1 = \frac{k_f}{k_q}\mathrm{E}_q\left[\frac{f(\boldsymbol{\theta})}{q(\boldsymbol{\theta})}\right] \tag{3.44}$$

令式(3.43)中的 $h(\boldsymbol{\theta})$ 回到一般的函数形式，由式(3.44)得到 $k_f/k_q$，于是有

$$\mathrm{E}_f[h(\boldsymbol{\theta})] = \frac{\mathrm{E}_q\left[\frac{f(\boldsymbol{\theta})h(\boldsymbol{\theta})}{q(\boldsymbol{\theta})}\right]}{\mathrm{E}_q\left[\frac{f(\boldsymbol{\theta})}{q(\boldsymbol{\theta})}\right]} \tag{3.45}$$

再令 $\{\boldsymbol{\theta}^1, \cdots, \boldsymbol{\theta}^{N_s}\}$ 为来自分布 $q(\boldsymbol{\theta})$ 的样本，于是得到

$$\mathrm{E}_q\left[\frac{f(\boldsymbol{\theta})h(\boldsymbol{\theta})}{q(\boldsymbol{\theta})}\right] \approx \frac{1}{N_s}\sum_{t=1}^{N_s}\frac{f(\boldsymbol{\theta}^t)h(\boldsymbol{\theta}^t)}{q(\boldsymbol{\theta}^t)} = \frac{1}{N_s}\sum_{t=1}^{N_s} w^t h(\boldsymbol{\theta}^t)$$

及

$$\mathrm{E}_q\left[\frac{f(\boldsymbol{\theta})}{q(\boldsymbol{\theta})}\right] \approx \frac{1}{N_s}\sum_{t=1}^{N_s}\frac{f(\boldsymbol{\theta}^t)}{q(\boldsymbol{\theta}^t)} = \frac{1}{N_s}\sum_{t=1}^{N_s} w^t$$

其中权重 $w^t$ 的定义见式(3.42)。用上述两个近似式替换式(3.45)中的上部和下部，可得到式(3.41)给出的重要性采样结果，这一估计比所引发的偏度会随着样本数量的增加而减小。

## 3.4 马尔可夫链蒙特卡罗方法

### 3.4.1 引言

马尔可夫链蒙特卡罗(Markov chain Monte Carlo，MCMC)方法是一组从后验分布(未知其标准化常量)中渐近地产生样本的非常有效的方法，它通过形成样本平均值(如前所述)得到关于模型参数的推论。MCMC 方法可以分析复杂的问题，而不再要求用户为能使用解析方法而强行把问题归在某一简单的框架之下。

### 3.4.2 吉布斯(Gibbs)采样器

吉布斯采样器是一种十分通用的 MCMC 方法，首先介绍这种采样器并讨论其在实际应用中必须应对的一些问题。吉布斯采样器和一种更通用的 Metropolis-Hastings(见 3.4.3 节)算法共同形成了多种情况的分析基础。Gelfand(2000)和 Casella and George(1992)就吉布斯采样器及其起源问题进行了精彩回顾。

设用$f(\boldsymbol{\theta})$表示后验分布，我们希望从中抽取样本；$\boldsymbol{\theta}$是$d$维参数向量$(\theta_1, \cdots, \theta_d)^{\mathrm{T}}$。很可能无法确切地获知$f(\boldsymbol{\theta})$，但已知函数$g(\boldsymbol{\theta})$，而$f(\boldsymbol{\theta}) = g(\boldsymbol{\theta}) / \int g(\boldsymbol{\theta}')\mathrm{d}\boldsymbol{\theta}'$。例如，$f(\boldsymbol{\theta})$可能是源于似然函数$p(\mathcal{D} \mid \boldsymbol{\theta})$和先验密度$p(\boldsymbol{\theta})$的后验密度函数，可能未知标准化常量$p(\mathcal{D}) = \int p(\mathcal{D} \mid \boldsymbol{\theta}) p(\boldsymbol{\theta})$的解析形式，这时认为$g(\boldsymbol{\theta}) = p(\mathcal{D} \mid \boldsymbol{\theta}) p(\boldsymbol{\theta})$。

令$\boldsymbol{\theta}_{(i)}$为一组参数，其中第$i$个参数已被移除，即$\boldsymbol{\theta}_{(i)} = \{\theta_1, \cdots, \theta_{i-1}, \theta_{i+1}, \cdots, \theta_d\}$。设样本从一维条件分布$f(\theta_i \mid \boldsymbol{\theta}_{(i)})$中抽取而得，$f(\theta_i \mid \boldsymbol{\theta}_{(i)})$是标准化$g(\theta_i \mid \boldsymbol{\theta}_{(i)})$的导出结果，函数$g$则因所有其他参数固定而仅是$\theta_i$的函数(本节后面的内容对其有较详细的介绍)。

吉布斯采样是一个简单的算法，它以循环方式从上述分布中抽取样本，如算法3.2所述，图3.3给出了二元分布下吉布斯采样器的工作示意，其中分量$\theta_1$和$\theta_2$交替更新，产生水平和垂直方向的移动。

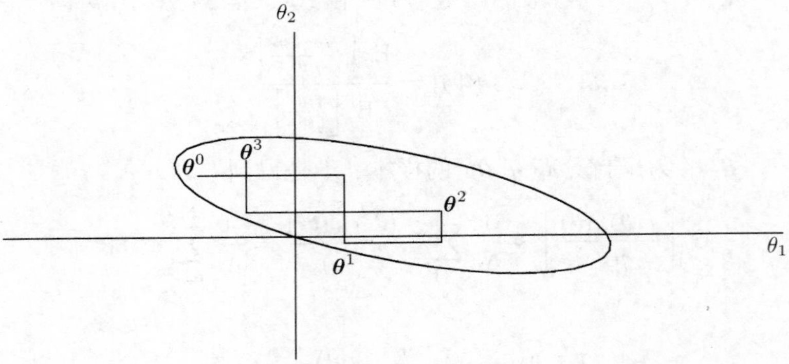


图3.3 吉布斯采样器

在吉布斯采样算法中，给定了所有的先前值$\boldsymbol{\theta}^0, \boldsymbol{\theta}^1, \cdots, \boldsymbol{\theta}^{t-1}$，$\boldsymbol{\theta}^t$的分布仅取决于$\boldsymbol{\theta}^{t-1}$，这体现为马尔可夫性，由此产生的序列称为马尔可夫链。

---

**算法3.2 吉布斯采样算法**

- 从先验/后验分布中选择$\boldsymbol{\theta}$的任意初始值$\boldsymbol{\theta}^0 = (\theta_1^0, \cdots, \theta_d^0)^{\mathrm{T}}$。
- 在迭代的第$t+1$步：
  - 从$f(\theta_1 \mid \theta_2^t, \cdots, \theta_d^t)$中抽取样本$\theta_1^{t+1}$；
  - 从$f(\theta_2 \mid \theta_1^{t+1}, \theta_3^t, \cdots, \theta_d^t)$中抽取样本$\theta_2^{t+1}$；
  - 从$f(\theta_3 \mid \theta_1^{t+1}, \theta_2^{t+1}, \theta_4^t, \cdots, \theta_d^t)$中抽取样本$\theta_3^{t+1}$；
  - 对所有的变量继续这种操作，直到最后从$f(\theta_d \mid \theta_1^{t+1}, \cdots, \theta_{d-1}^{t+1})$抽取样本$\theta_d^{t+1}$；
  - 置$\boldsymbol{\theta}^{t+1} = (\theta_1^{t+1}, \cdots, \theta_d^{t+1})^{\mathrm{T}}$。
- 经过大量的迭代，满足一些条件(见正文)后，向量$\boldsymbol{\theta}^t$就如同从联合密度$f(\boldsymbol{\theta})$中随机抽取一样。

---

#### 3.4.2.1 必要条件

要想使$\boldsymbol{\theta}^t$的分布收敛于一个固定的分布(一个不依赖于$\boldsymbol{\theta}^0$和$t$的分布)，马尔可夫链必须是非周期的、不可约和正常返(positive recurrent)的。如果马尔可夫链在不同的子集之间不以规则周期方式振荡，则它是非周期的。正常返是这样一种性质，即从几乎所有的起始点出发，往往会无穷次地到达 $\boldsymbol{\theta}$ 值的所有集合。如果从任何一个点出发，都能到达 $\boldsymbol{\theta}$ 的所有可能值，这便是不可约的。

图 3.4 画出了两个互不重叠的单位正方形的并集，在这个并集区间 $([0,1]\times[0,1])\cup([1,2]\times[1,2])$ 上有一个均匀分布。现在来考虑吉布斯采样，坐标方向即作为采样方向。对于点 $\boldsymbol{\theta}_1\in[0,1]$，给定 $\boldsymbol{\theta}_1$ 时 $\boldsymbol{\theta}_2$ 的条件分布是 $[0,1]$ 上的均匀分布。类似地，对于点 $\boldsymbol{\theta}_2\in[0,1]$，给定 $\boldsymbol{\theta}_2$ 时 $\boldsymbol{\theta}_1$ 的分布也是 $[0,1]$ 上的均匀分布。可以看出，如果 $\boldsymbol{\theta}_1$ 的出发点在 $[0,1]$ 内，那么吉布斯采样器将产生一个也在 $[0,1]$ 上的点 $\boldsymbol{\theta}_2$。算法的下一步将产生一个也在 $[0,1]$ 上的点 $\boldsymbol{\theta}_1$，如此等等。因此，$\boldsymbol{\theta}^t$ 的一系列值都将均匀分布在正方形 $([0,1]\times[0,1])$ 内，而不会进入区域 $([1,2]\times[1,2])$。相反，$([1,2]\times[1,2])$ 上的出发点将产生一个限制在 $([1,2]\times[1,2])$ 上的均匀分布。因此，起始值构成了对分布的限制，从而使它不是不可约的。

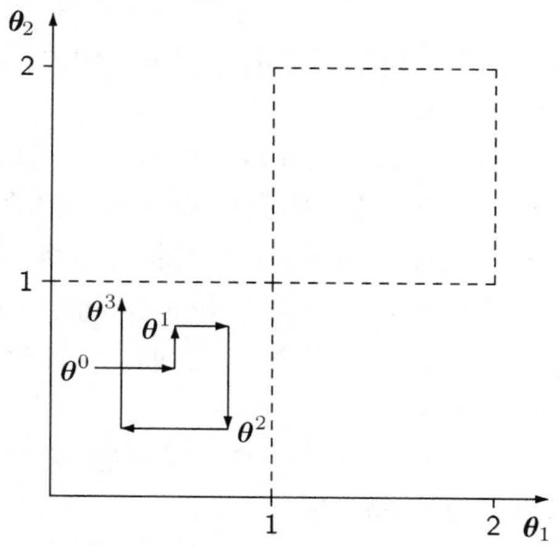

图 3.4　一种可约的、因此是无效的吉布斯采样示意

### 3.4.2.2　精细的平衡

通过设计转移核函数 $K(\boldsymbol{\theta},\boldsymbol{\theta}')$（从 $\boldsymbol{\theta}$ 到 $\boldsymbol{\theta}'$ 的转移概率），对于所有在 $f$ 支集中的状态对 $(\boldsymbol{\theta},\boldsymbol{\theta}')$，都满足精细平衡(detailed balance)条件(时间可逆性)：

$$f(\boldsymbol{\theta})K(\boldsymbol{\theta},\boldsymbol{\theta}')=f(\boldsymbol{\theta}')K(\boldsymbol{\theta}',\boldsymbol{\theta}) \tag{3.46}$$

则平稳分布即为我们感兴趣的目标分布 $f(x)$。

对于吉布斯采样，转移核可以写成各分量转移核的乘积，其中分量转移核使用条件概率密度

$$K(\boldsymbol{\theta},\boldsymbol{\theta}')=\prod_{i=1}^{d}f(\boldsymbol{\theta}_i'|\boldsymbol{\theta}_1',\cdots,\boldsymbol{\theta}_{i-1}',\boldsymbol{\theta}_{i+1},\cdots,\boldsymbol{\theta}_d)$$

对于吉布斯采样，各分量转移核分别满足精细平衡条件。例如，对于第一个分量更新，有

$$\begin{aligned}f(\boldsymbol{\theta}_1,\cdots,\boldsymbol{\theta}_d)f(\boldsymbol{\theta}_1'|\boldsymbol{\theta}_2,\cdots,\boldsymbol{\theta}_d)&=f(\boldsymbol{\theta}_1|\boldsymbol{\theta}_2,\cdots,\boldsymbol{\theta}_d)f(\boldsymbol{\theta}_2,\cdots,\boldsymbol{\theta}_d)f(\boldsymbol{\theta}_1'|\boldsymbol{\theta}_2,\cdots,\boldsymbol{\theta}_d)\\&=f(\boldsymbol{\theta}_1',\boldsymbol{\theta}_2,\cdots,\boldsymbol{\theta}_d)f(\boldsymbol{\theta}_1|\boldsymbol{\theta}_2,\cdots,\boldsymbol{\theta}_d)\end{aligned}$$

上述第一和第二等式源自条件概率密度的定义。因此，该分量更新满足精细平衡式，后续更新亦然。

### 3.4.2.3　收敛性

经过足够步骤的迭代后[称为老化(burn-in)期]，样本 $\{\boldsymbol{\theta}^t\}$ 将成为来自后验分布 $f(\boldsymbol{\theta})$ 的相依样本。运用遍历均值(如 3.3.2 节所述)和这些样本可以获得期望的估计。函数 $h(\boldsymbol{\theta})$ 的期望值可用下式近似：

$$\mathrm{E}[h(\boldsymbol{\theta})]\approx\frac{1}{N-M}\sum_{t=M+1}^{N}h\left(\boldsymbol{\theta}^t\right)$$

其中，$N$ 是吉布斯采样器的迭代次数，$M$ 是老化期间被摒弃的初始样本的个数。

在吉布斯采样过程中，有一些需要考虑的实际问题，其中包括老化期的长度 $M$，序列长度 $N$，以及从迭代的最后序列中产生的样本空间(为产生近似独立的样本并减少存储空间，有可能对最后的序列进行二次采样)。

链应该足够长，以使其可以忽略起始值的影响，并贯穿参数空间的所有区域。对这种区域的限制不应该依赖于起始值 $\boldsymbol{\theta}^0$，但序列的长度将取决于变量之间的相关性。$\theta_i$ 之间的相关使收敛趋于缓慢。

因为吉布斯采样器可以在一个相对的小区域上花费较长的时间，所以很难知晓吉布斯采样器何时已收敛，因此很难给出收敛的迹象。决定老化期的最常用方法是通过输出值 $\boldsymbol{\theta}^t$ 的可视化检查曲线，进行主观判断。目前，已出现许多诊断收敛的正规工具，其中最流行的一些方法的更多细节可以参考 Raftery and Lewis(1996)，Gelman(1996)，Cowles and Carlin(1996)和 Mengersen et al.(1999)。然而，诊断收敛工具并不能告知这个链何时已收敛，而是告知这个链何时不再收敛。

有许多减少相关性(加速收敛)的方法，包括再参量化(reparametrisation)和变量分组(grouping variables)。

再参量化方法是运用线性变换将集合 $\boldsymbol{\theta}$ 变换成变量之间零相关的新集合 $\boldsymbol{\phi}$。线性变换是在一个短初始序列的基础上，通过估计协方差矩阵计算而得到的(在模式识别中，导出一组互不相关且是原变量线性组合的变量的过程称为主成分分析，将在第 10 章中讨论)。假如从新的条件分布 $f(\phi_i \mid \boldsymbol{\phi}_{(i)})$ 中采样较为简单，吉布斯采样器就使用变量 $\boldsymbol{\phi}$ 进行处理。这个过程不断重复，直到最后序列的相关性很小，有希望导致较快的收敛速度。

变量分组方法意味着在迭代的每一步，从多元分布 $f(\boldsymbol{\theta}_i \mid \boldsymbol{\theta}_{(i)})$ 中产生一个样本，其中 $\boldsymbol{\theta}_i$ 是 $\boldsymbol{\theta}$ 的子向量，$\boldsymbol{\theta}_{(i)}$ 是剩余变量集。假定变量之间的相关性主要由子向量元素之间的相关性引起，如果子向量之间的相关性较低，则有希望得到较快的收敛速度。这要求使用从 $f(\boldsymbol{\theta}_i \mid \boldsymbol{\theta}_{(i)})$ 中进行采样的方法(可能比较复杂)。

#### 3.4.2.4　起始点

起始点是序列中的任何一个点。从上次运行结束处重新开始的起始运行，可给你关于起始值是否合适的一些直觉。有些争论说，既然起始点是序列中的一个合理点(尽管可能会在分布的尾部)，那么在某阶段可通过马尔可夫链以任意方式访问，因此没必要进行老化。然而，使用老化期并去除初始样本将使估计器变得近似无偏。

#### 3.4.2.5　并行运行

就监测链收敛的方法而言，尽管存在着更正式的方法，如 Roberts(1996)和 Raftery and Lewis(1996)，执行如下方法也是可行的，即不再运行一个链直到其收敛，而是运行起始值不同的多个链，并从 $f(\boldsymbol{\theta})$ 中获得独立观测值。这是一个有些争议的问题，因为在许多情况下，并不要求独立的样本，当然也不需要遍历性地求取均值[见式(3.38)]。比较几种不同的链有助于鉴别收敛。例如，我们感兴趣的估计值在几次运行中是否一致？在这种情况下，最好是为每次运行选择较为分散的起始值 $\boldsymbol{\theta}^0$。

实际上，如果计算资源允许，可以执行多个运行，以比较相关的概率模型或得到选定模型的信息，如老化长度。然后，执行一个长时间的运行以获得计算统计量的样本。

#### 3.4.2.6　从条件分布中采样

吉布斯采样器需要使用从条件分布 $f(\theta_i \mid \boldsymbol{\theta}_{(i)})$ 中进行采样的方法，如果 $f(\theta_i \mid \boldsymbol{\theta}_{(i)})$ 为标准

分布，就可能存在从中抽取样本的算法。而从更一般的分布中抽取样本的算法可参见 Devroye (1986) 和 Ripley(1987)。如果认为条件分布不是存在预定采样算法的那种标准形式，就必须使用其他采样算法从分布中采样。正如 3.4.3 节要阐述的，一个通用的称为 Metropolis-Hastings 采样的方法可以用于有条件概率分布的概率密度函数(乃至正态常量)。另外，还可以使用 3.3 节介绍的采样技术。

从总体分布 $f(\boldsymbol{\theta})$ 或函数 $g(\boldsymbol{\theta})$（实际是 $f(\boldsymbol{\theta}) = g(\boldsymbol{\theta})/\int g(\boldsymbol{\theta}')\mathrm{d}\boldsymbol{\theta}'$）中，可以较容易地获取条件分布的概率密度函数。起初，条件分布 $f(\theta_i \mid \boldsymbol{\theta}_{(i)})$ 为

$$f\left(\theta_i|\boldsymbol{\theta}_{(i)}\right) = \frac{f(\boldsymbol{\theta})}{f(\boldsymbol{\theta}_{(i)})} \tag{3.47}$$

其中，$f(\boldsymbol{\theta}_{(i)})$ 是 $\boldsymbol{\theta}_{(i)}$ 的边缘分布，由下式给出：

$$f\left(\boldsymbol{\theta}_{(i)}\right) = \int_{\theta_i} f(\boldsymbol{\theta})\mathrm{d}\theta_i$$

接着依据 3.1.3 节的讨论，可以将式(3.47)写为

$$f\left(\theta_i|\boldsymbol{\theta}_{(i)}\right) \propto f(\boldsymbol{\theta}) \propto g(\boldsymbol{\theta}) \propto g_i(\boldsymbol{\theta}_i, \boldsymbol{\theta}_{(i)})$$

将 $g(\boldsymbol{\theta})$ 分解为如下两个因式：

$$g(\boldsymbol{\theta}) = g_i\left(\boldsymbol{\theta}_i, \boldsymbol{\theta}_{(i)}\right) g_{(i)}(\boldsymbol{\theta}_{(i)})$$

[注意，$g(\boldsymbol{\theta})$ 总是存在这样的因式分解，因为我们默认 $g_i(\boldsymbol{\theta}_i, \boldsymbol{\theta}_{(i)}) = g(\boldsymbol{\theta})$ 且 $g_{(i)}(\boldsymbol{\theta}_{(i)}) = 1$]。知道条件概率密度函数的最简单形式有助于确定是否其属于一个已知的类(形式已知)，以及是否用于采样算法(例如 3.4.3 节中的 Metropolis-Hastings 方法)。

下面举例说明以这种方式如何得出多元正态分布分量的条件分布。设 $\boldsymbol{X}$ 是取自多元正态分布 $N(\boldsymbol{X} \mid \boldsymbol{\mu}, \boldsymbol{\Sigma})$ 的 $d$ 维向量，我们希望确定条件分布 $\boldsymbol{X}_1 \mid \boldsymbol{X}_2$，其中 $\boldsymbol{X}_1$ 是 $\boldsymbol{X}$ 的前 $d_1$ 个分量组成的向量，$\boldsymbol{X}_2$ 是 $\boldsymbol{X}$ 的后 $(d - d_1)$ 个分量组成的向量。

把均值向量和协方差矩阵以分块的形式写成

$$\mu = \begin{pmatrix} \boldsymbol{\mu}_1 \\ \boldsymbol{\mu}_2 \end{pmatrix}, \quad \boldsymbol{\Sigma} = \begin{pmatrix} \boldsymbol{\Sigma}_{1,1} & \boldsymbol{\Sigma}_{1,2} \\ \boldsymbol{\Sigma}_{2,1} & \boldsymbol{\Sigma}_{2,2} \end{pmatrix}$$

其中，$\boldsymbol{\mu}_1$ 为 $d_1$ 维向量，$\boldsymbol{\mu}_2$ 为 $(d - d_1)$ 维向量，$\boldsymbol{\Sigma}_{1,1}$ 为 $d_1 \times d_1$ 维矩阵，$\boldsymbol{\Sigma}_{1,2}$ 为 $d_1 \times (d - d_1)$ 维矩阵，$\boldsymbol{\Sigma}_{2,1} = \boldsymbol{\Sigma}^{\mathrm{T}}_{1,2}$，$\boldsymbol{\Sigma}_{2,2}$ 为 $(d - d_1) \times (d - d_1)$ 维矩阵。

对该分块矩阵求逆，结果是

$$\boldsymbol{\Sigma}^{-1} = \begin{pmatrix} \boldsymbol{\Sigma}_{1,1} & \boldsymbol{\Sigma}_{1,2} \\ \boldsymbol{\Sigma}_{2,1} & \boldsymbol{\Sigma}_{2,2} \end{pmatrix}^{-1} = \begin{pmatrix} \boldsymbol{\Sigma}_{c,1}^{-1} & -\boldsymbol{\Sigma}_{1,1}^{-1}\boldsymbol{\Sigma}_{1,2}\boldsymbol{\Sigma}_{c,2}^{-1} \\ -\boldsymbol{\Sigma}_{2,2}^{-1}\boldsymbol{\Sigma}_{2,1}\boldsymbol{\Sigma}_{c,1}^{-1} & \boldsymbol{\Sigma}_{c,2}^{-1} \end{pmatrix}$$

其中，

$$\boldsymbol{\Sigma}_{c,1} = \boldsymbol{\Sigma}_{1,1} - \boldsymbol{\Sigma}_{1,2}\boldsymbol{\Sigma}_{2,2}^{-1}\boldsymbol{\Sigma}_{2,1}$$

$$\boldsymbol{\Sigma}_{c,2} = \boldsymbol{\Sigma}_{2,2} - \boldsymbol{\Sigma}_{2,1}\boldsymbol{\Sigma}_{1,1}^{-1}\boldsymbol{\Sigma}_{1,2}$$

对于对称矩阵 $\boldsymbol{\Sigma}$，可将表达式进一步简化为

$$\boldsymbol{\Sigma}^{-1} = \begin{pmatrix} \boldsymbol{\Sigma}_{c,1}^{-1} & -\boldsymbol{\Sigma}_{c,1}^{-1}\boldsymbol{\Sigma}_{1,2}\boldsymbol{\Sigma}_{2,2}^{-1} \\ -(\boldsymbol{\Sigma}_{c,1}^{-1}\boldsymbol{\Sigma}_{1,2}\boldsymbol{\Sigma}_{2,2}^{-1})^{\mathrm{T}} & \boldsymbol{\Sigma}_{c,2}^{-1} \end{pmatrix}$$

因此，对称矩阵的逆依然是对称矩阵。

使用以上结果，可得

$$\begin{aligned} p(\boldsymbol{x}_1|\boldsymbol{x}_2) &\propto p(\boldsymbol{x}_1, \boldsymbol{x}_2) \\ &\propto \exp\left[-0.5(\boldsymbol{x}_1-\boldsymbol{\mu}_1)^{\mathrm{T}}\boldsymbol{\Sigma}_{c,1}^{-1}(\boldsymbol{x}_1-\boldsymbol{\mu}_1)-0.5(\boldsymbol{x}_2-\boldsymbol{\mu}_2)^{\mathrm{T}}\boldsymbol{\Sigma}_{c,2}^{-1}(\boldsymbol{x}_2-\boldsymbol{\mu}_2)\right. \\ &\quad \left.-(\boldsymbol{x}_1-\boldsymbol{\mu}_1)^{\mathrm{T}}\boldsymbol{\Sigma}_{c,1}^{-1}\boldsymbol{\Sigma}_{1,2}\boldsymbol{\Sigma}_{2,2}^{-1}(\boldsymbol{x}_2-\boldsymbol{\mu}_2)\right] \end{aligned}$$

忽略可以纳入标准化常量的那些项，即忽略不随 $\boldsymbol{x}_1$ 变化的相乘因子，得到

$$\begin{aligned} p(\boldsymbol{x}_1|\boldsymbol{x}_2) &\propto \exp\left[-0.5\boldsymbol{x}_1^{\mathrm{T}}\boldsymbol{\Sigma}_{c,1}^{-1}\boldsymbol{x}_1-\boldsymbol{x}_1^{\mathrm{T}}\boldsymbol{\Sigma}_{c,1}^{-1}\left(\boldsymbol{\mu}_1+\boldsymbol{\Sigma}_{1,2}\boldsymbol{\Sigma}_{2,2}^{-1}(\boldsymbol{x}_2-\boldsymbol{\mu}_2)\right)\right] \\ &\propto \exp\left[-0.5(\boldsymbol{x}_1-\boldsymbol{\mu}_{c,1})^{\mathrm{T}}\boldsymbol{\Sigma}_{c,1}^{-1}(\boldsymbol{x}_1-\boldsymbol{\mu}_{c,1})\right] \\ &\propto N(\boldsymbol{x}_1; \boldsymbol{\mu}_{c,1}, \boldsymbol{\Sigma}_{c,1}) \end{aligned}$$

其中，

$$\boldsymbol{\mu}_{c,1} = \boldsymbol{\mu}_1 + \boldsymbol{\Sigma}_{1,2}\boldsymbol{\Sigma}_{2,2}^{-1}(\boldsymbol{x}_2-\boldsymbol{\mu}_2)$$

因此，条件分布 $\boldsymbol{X}_1 \mid (\boldsymbol{X}_2 = \boldsymbol{x}_2)$ 也是正态分布，$\boldsymbol{\mu}_{c,1}$ 是它的均值向量，$\boldsymbol{\Sigma}_{c,1}$ 是它的协方差矩阵。

#### 3.4.2.7 吉布斯采样举例

为了说明吉布斯采样，考虑 3.2.3 节用到的单变量的估计问题(即估计正态分布的均值和方差)。所用数据源于均值为 $\mu$ 且方差为 $\sigma^2$ 的正态分布。$\mu$ 的先验分布为 $N(\mu_0, \sigma^2/\lambda_0)$，$\tau = 1/\sigma^2$ 的先验分布是伽马分布，其形状参数为 $\alpha_0$，逆尺度参数为 $\beta_0$（因此 $\sigma^2$ 为逆伽马分布，其形状参数为 $\alpha_0$，尺度参数为 $\beta_0$）。

吉布斯采样方法用于从给定的独立测量值 $x_1, \cdots, x_n$ 的联合后验密度中生成样本，这些测量值源于 $N(\mu, \sigma^2)$，均值为 $\mu$，方差为 $\sigma^2$。步骤如下所示。

1. 初始化 $\sigma^2$。此例中，样本来自先验分布。然而，对于发散的先验分布，这并不一定就是最好的方法，因为有可能使样本落入尾部区域，因此拖长老化期。
2. 给定 $\sigma^2$ 的情况下，采集 $\mu$。
3. 然后，对于给定的 $\mu$，采集 $\sigma^2$，回到第 2 步，生成下一个采样对。

吉布斯采样需要条件分布。为了便于符号标示，采用精确度 $\tau = 1/\sigma^2$ 而不是方差。因此有以下联合概率密度函数：

$$\begin{aligned} p(\mu, \tau|x_1, \dots, x_n) &\propto p(\mu|\tau)p(\tau)p(x_1, \dots, x_n|\mu, \tau) \\ &\propto \tau^{1/2}\exp\left(-\frac{\tau\lambda_0(\mu-\mu_0)^2}{2}\right)\tau^{\alpha_0-1}\exp[-\beta_0\tau] \\ &\quad \times \tau^{n/2}\exp\left(-\frac{\tau\sum_{i=1}^{n}(x_i-\mu)^2}{2}\right) \end{aligned} \tag{3.48}$$

给定均值 $\mu$ 时，$\tau = 1/\sigma^2$ 的概率密度函数为

$$\begin{aligned} p(\tau|\mu, x_1, \dots, x_n) &\propto p(\mu, \tau|x_1, \dots, x_n) \\ &\propto \tau^{\alpha_0+n/2+1/2-1}\exp\left[-\tau\left(\beta_0+\frac{\sum_{i=1}^{n}(x_i-\mu)^2+\lambda_0(\mu-\mu_0)^2}{2}\right)\right] \\ &\propto \tau^{\alpha_n+1/2-1}\exp[-\tau(\beta_n+\lambda_n(\mu-\mu_n)^2/2)] \\ &\propto \mathrm{Ga}(\tau; \alpha_n+1/2, \beta_n+\lambda_n(\mu-\mu_n)^2/2) \end{aligned}$$

其中，

$$\lambda_n = \lambda_0 + n$$

$$\mu_n = (\lambda_0\mu_0 + n\bar{x})/\lambda_n$$

$$\alpha_n = \alpha_0 + n/2$$

$$\beta_n = \beta_0 + \frac{1}{2}\sum_{i=1}^{n}(x_i - \bar{x})^2 + \frac{n\lambda_0}{2\lambda_n}(\mu_0 - \bar{x})^2$$

$\bar{x}$为$\{x_1, \cdots, x_n\}$的均值。因此，均值给定时，$1/\sigma^2$遵循伽马分布，其形状参数为$\alpha_n + 1/2$，逆尺度参数为$\beta_n + \lambda_n(\mu - \mu_n)^2/2$。

利用类似的方法，会发现：给定$\tau = 1/\sigma^2$时，$\mu$遵循正态分布，其均值为$\mu_n$（靠数据样本更新的先验分布），方差为$\sigma^2/\lambda_n$。

为了评估吉布斯采样器的性能，要求能够解析地计算后验分布。从式(3.19)给出的单变量等式，可知后验分布：

$$p(\mu, \tau|x_1, \cdots, x_n) = \mathrm{N}_1(\mu; \mu_n, (\tau\lambda_n)^{-1})\mathrm{Ga}(\tau; \alpha_n, \beta_n)$$

因此，可以解析地计算出$\mu$和$\sigma^2$的真实边缘后验；$\mu$为(学生)t分布，其均值为$\mu_n$，自由度为$2\alpha_n$，尺度参数为$\lambda_n\alpha_n/\beta_n$，于是

$$p(\mu|x_1, \cdots, x_n) \propto \left(1 + \frac{\lambda_n\alpha_n}{\beta_n}\frac{1}{2\alpha_n}(\mu - \mu_n)^2\right)^{-(2\alpha_n+1)/2}$$

$\sigma^2$的逆为伽马分布，其形状参数为$\alpha_n$，逆尺度参数为$\beta_n$。

本例所用数据$x_1, \cdots, x_n$由均值为0且方差为1的标准正态分布的20个点构成。$\mu$和$\tau = 1/\sigma^2$的先验分布参数为$\lambda_0 = 1$，$\mu_0 = 1$，$\alpha_0 = 1/2$，$\beta_0 = 1/2$。如表3.1所示，取前500个样本用于老化期，余下500个样本计算统计量，给出$\mu$的均值和方差，尽管均值$\mu$有某些误差，$\sigma^2$却接近真实值(解析解)，且序列越长，越接近真实值。图3.5所示为$\mu$和$\sigma^2$样本序列中的前1000个样本。

**表3.1 对$\mu$和$\sigma^2$的统计计算，是从已知的边缘后验分布中计算真实值。在使用500个样本形成较短老化期的基础上，短序列运行结果为运行1000个样本之后计算而得，长序列运行结果为运行10 000个样本之后计算而得**

| | 真实值 | 短序列运行结果 | 长序列运行结果 |
|---|---|---|---|
| 均值$\mu$ | 0.063 | 0.082 | 0.063 |
| 方差$\mu$ | 0.039 | 0.042 | 0.039 |
| 均值$\sigma^2$ | 0.83 | 0.83 | 0.82 |
| 方差$\sigma^2$ | 0.081 | 0.085 | 0.079 |

尽管吉布斯采样器性能不错，还是应该注意到，对于存在解析解的问题，不要选用吉布斯采样。

### 3.4.3 Metropolis-Hastings 算法

有的分布是无法用某种直接方式实施采样的，Metropolis-Hastings算法就广泛应用于从这样的分布中采集样本，这时仅能知晓的是概率密度函数的分布，而未知其比例常数。例如，就后验正态分布来讲，未知其标准化常数。Metropolis-Hastings算法用一种易于采样的推荐分布，并且以一个概率接受样本，这个概率取决于该分布密度和希望从中采样的非标准化密度。

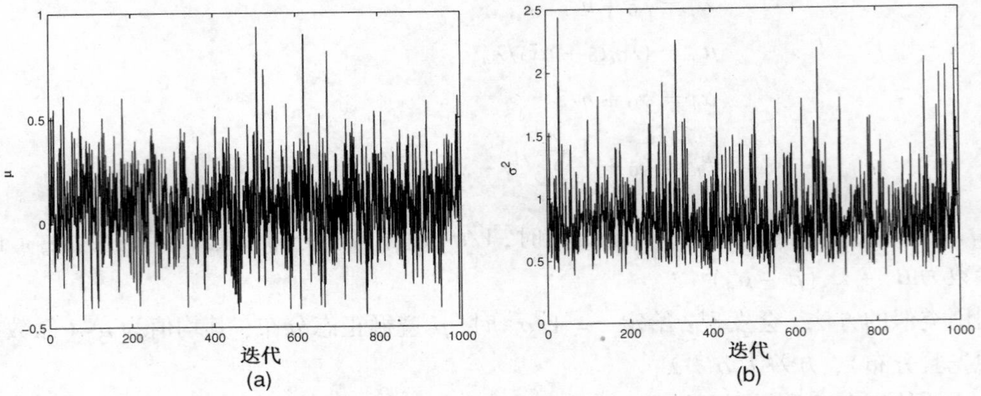


图3.5 对一个正态-逆伽马后验分布，吉布斯采样器迭代1000次的结果。(a) $\mu$ 样本；(b) $\sigma^2$ 样本

**算法3.3 Metropolis-Hastings 算法**

- 在先验/后验分布的支集中，为 $\boldsymbol{\theta}$ 任选一个初始值 $\boldsymbol{\theta}^0$。
- 对算法的第 $t+1$ 次迭代，进行以下操作：
  1. 从建议分布 $q(\boldsymbol{\theta}\mid\boldsymbol{\theta}^t)$ 中取一个样本 $\boldsymbol{\theta}$。
  2. 从 $[0, 1]$ 区间的均匀分布中取一个样本 $u$。
  3. 利用下式计算：

$$a(\boldsymbol{\theta}^t, \boldsymbol{\theta}) = \min\left(1, \frac{g(\boldsymbol{\theta})q(\boldsymbol{\theta}^t|\boldsymbol{\theta})}{g(\boldsymbol{\theta}^t)\,q(\boldsymbol{\theta}|\boldsymbol{\theta}^t)}\right) \tag{3.49}$$

  4. 如果 $u \leqslant a(\boldsymbol{\theta}^t \mid \boldsymbol{\theta})$，则接受 $\boldsymbol{\theta}$，并令 $\boldsymbol{\theta}^{t+1} = \boldsymbol{\theta}$；否则拒绝 $\boldsymbol{\theta}$，并令 $\boldsymbol{\theta}^{t+1} = \boldsymbol{\theta}^t$。
- 经大量迭代所采集到的样本 $\boldsymbol{\theta}^t$，就如同随机采样于密度函数 $f(\boldsymbol{\theta})$。

令 $f(\boldsymbol{\theta})$ 表示希望从中采集样本的后验分布的密度函数。就前面讨论的采样技术而言，不能准确知晓函数 $f(\boldsymbol{\theta})$，但已知函数 $g(\boldsymbol{\theta})$，而 $f(\boldsymbol{\theta}) = g(\boldsymbol{\theta}) = g(\boldsymbol{\theta})/\int g(\boldsymbol{\theta}')\mathrm{d}\boldsymbol{\theta}'$。例如，$g(\boldsymbol{\theta})$ 可能是先验密度函数和似然函数的乘积，因此 $f(\boldsymbol{\theta})$ 是后验密度函数。

令 $\boldsymbol{\theta}^t$ 为当前样本，在 Metropolis-Hastings 算法中，所指定的建议分布依赖于 $\boldsymbol{\theta}^t$，记为 $q(\boldsymbol{\theta}\mid\boldsymbol{\theta}^t)$。算法3.3即为 Metropolis-Hastings 算法。对每一次迭代，从建议分布 $q(\boldsymbol{\theta}\mid\boldsymbol{\theta}^t)$ 中采集的样本以概率 $a(\boldsymbol{\theta}^t, \boldsymbol{\theta})$ 被接受[见式(3.49)]，否则继承上次样本。

Metropolis-Hastings 过程产生了不同的吉布斯抽样的马尔可夫链，但它们有着相同的分布限制 $g(\boldsymbol{\theta})/\int g(\boldsymbol{\theta}')\mathrm{d}\boldsymbol{\theta}'$。建议分布可以采用任何实用的形式，但平稳分布依旧是 $g(\boldsymbol{\theta})/\int g(\boldsymbol{\theta}')\mathrm{d}\boldsymbol{\theta}'$。例如，$q(\boldsymbol{X}\mid\boldsymbol{Y})$ 可能是多元正态分布，$\boldsymbol{Y}$ 是其均值，$\boldsymbol{\Sigma}$ 是其固定协方差矩阵。然而，$\boldsymbol{\Sigma}$ 的尺度要仔细定夺。尺度过小，会导致高接受率，但相容性变差，也就是说，链不能快速地在整个目标分布的支集中移动，并将花费更多时间来获取尚佳的遍历性平均估计；如果 $\boldsymbol{\Sigma}$ 的尺度过大，则接受率变差，这样的链可能在相同的值上停留一段时间，并再次导致较差的相容性。

与3.4.2节的吉布斯采样器一样，要考虑老化期、起点、并行运行和收敛诊断，在此不再重复。

对于对称的建议分布 $q(\boldsymbol{X}\mid\boldsymbol{Y}) = q(\boldsymbol{Y}\mid\boldsymbol{X})$，这时接受概率降为

$$\min\left(1,\frac{g(\boldsymbol{\theta})}{g(\boldsymbol{\theta}')}\right)$$

对于对称的建议分布，$q(\boldsymbol{X}\mid\boldsymbol{Y}) = q(|\boldsymbol{X}-\boldsymbol{Y}|)$，这时 $q$ 仅是 $\boldsymbol{X}$ 和 $\boldsymbol{Y}$ 之差的函数。算法是随机漫步 Metropolis 算法。

不允许建议分布独立于当前的位置，$q(\boldsymbol{X}\mid\boldsymbol{Y}) = q(\boldsymbol{X})$，这被称为独立链（Tierney，1994）。重要的是建议分布拥有与理想的目标分布相同的支集（即在相同位置有非零密度），且建议分布密度的尾部决定了目标分布密度的尾部。

#### 3.4.3.1　精细平衡

Metropolis-Hastings 采样器所生成的马尔可夫链满足细致平衡条件［见式（3.46）］，该条件要求所需的目标分布是平稳的。

连续变量的 Metropolis-Hastings 核如下：

$$K(\boldsymbol{\theta},\boldsymbol{\theta}')=\begin{cases}q(\boldsymbol{\theta}'|\boldsymbol{\theta})a(\boldsymbol{\theta},\boldsymbol{\theta}'), & \boldsymbol{\theta}'\neq\boldsymbol{\theta}\\ 1-\int_{\boldsymbol{\theta}''}q(\boldsymbol{\theta}''|\boldsymbol{\theta})a(\boldsymbol{\theta},\boldsymbol{\theta}'')\mathrm{d}\boldsymbol{\theta}'', & \boldsymbol{\theta}'=\boldsymbol{\theta}\end{cases}$$

其中，$\boldsymbol{\theta}'=\boldsymbol{\theta}$ 反映出 Metropolis-Hastings 采样器可以拒绝建议的操作。明确地说，对于拒绝部分的操作，满足精细平衡条件，对 $\boldsymbol{\theta}'\neq\boldsymbol{\theta}$，则不变。于是有

$$\begin{aligned}g(\boldsymbol{\theta})q(\boldsymbol{\theta}'|\boldsymbol{\theta})a(\boldsymbol{\theta},\boldsymbol{\theta}') &= g(\boldsymbol{\theta})q(\boldsymbol{\theta}'|\boldsymbol{\theta})\min\left(1,\frac{g(\boldsymbol{\theta}')q(\boldsymbol{\theta}|\boldsymbol{\theta}')}{g(\boldsymbol{\theta})q(\boldsymbol{\theta}'|\boldsymbol{\theta})}\right)\\ &= \min(g(\boldsymbol{\theta})q(\boldsymbol{\theta}'|\boldsymbol{\theta}),g(\boldsymbol{\theta}')q(\boldsymbol{\theta}|\boldsymbol{\theta}'))\\ &= g(\boldsymbol{\theta}')q(\boldsymbol{\theta}|\boldsymbol{\theta}')\min\left(\frac{g(\boldsymbol{\theta})q(\boldsymbol{\theta}'|\boldsymbol{\theta})}{g(\boldsymbol{\theta}')q(\boldsymbol{\theta}|\boldsymbol{\theta}')},1\right)\\ &= g(\boldsymbol{\theta}')q(\boldsymbol{\theta}|\boldsymbol{\theta}')a(\boldsymbol{\theta}',\boldsymbol{\theta})\end{aligned}$$

因此表明，精细平衡条件是满足的，所需目标分布是平稳的。

#### 3.4.3.2　单分量 Metropolis-Hastings 算法

上面给出的 Metropolis-Hastings 算法的每一步，都要对参数向量 $\boldsymbol{\theta}$ 的所有分量进行修改。另一种方法是一次只修改一个分量。

---

**算法 3.4　单个分量 Metropolis-Hastings 算法（吉布斯的 Metropolis 算法）**

在迭代的第 $t$ 步，进行如下工作：

- 从建议分布 $q(\boldsymbol{\theta}\mid\boldsymbol{\theta}_1^t,\cdots,\boldsymbol{\theta}_d^t)$ 中抽取样本 $Y$。
- 以概率 $\alpha$ 接受样本，

$$\alpha=\min\left(1,\frac{g\left(Y|\boldsymbol{\theta}_2^t,\cdots,\boldsymbol{\theta}_d^t\right)q_1\left(\boldsymbol{\theta}_1^t|Y,\boldsymbol{\theta}_2^t,\cdots,\boldsymbol{\theta}_d^t\right)}{g\left(\boldsymbol{\theta}_1^t|\boldsymbol{\theta}_2^t,\cdots,\boldsymbol{\theta}_d^t\right)q_1\left(Y|\boldsymbol{\theta}_1^t,\boldsymbol{\theta}_2^t,\cdots,\boldsymbol{\theta}_d^t\right)}\right)$$

  - 如果 $Y$ 被接受，则 $\boldsymbol{\theta}_1^{t+1}=Y$，否则 $\boldsymbol{\theta}_1^{t+1}=\boldsymbol{\theta}_1^t$。
- 正如在吉布斯采样器中的情况，对各变量继续上述操作，最后从建议分布 $q_d(\boldsymbol{\theta}_d\mid\boldsymbol{\theta}_1^{t+1},\cdots,\boldsymbol{\theta}_{d-1}^{t+1},\boldsymbol{\theta}_d^t)$ 中抽取到样本 $Y$。

– 以概率 $\alpha$ 接受样本

$$\alpha=\min\left(1,\frac{g\left(Y|\boldsymbol{\theta}_1^{t+1},\cdots,\boldsymbol{\theta}_{d-1}^{t+1}\right)q\left(\boldsymbol{\theta}_d^t|\boldsymbol{\theta}_1^{t+1},\cdots,\boldsymbol{\theta}_{d-1}^{t+1},Y\right)}{g\left(\boldsymbol{\theta}_d^t|\boldsymbol{\theta}_1^{t+1},\cdots,\boldsymbol{\theta}_{d-1}^{t+1}\right)q\left(Y|\boldsymbol{\theta}_1^{t+1},\cdots,\boldsymbol{\theta}_{d-1}^{t+1},\boldsymbol{\theta}_d^t\right)}\right)$$

– 如果 $Y$ 被接受，则 $\boldsymbol{\theta}_d^{t+1}=Y$，否则 $\boldsymbol{\theta}_d^{t+1}=\boldsymbol{\theta}_d^t$。

---

这需要对函数 $g(\boldsymbol{\theta}_i\mid\boldsymbol{\theta}_{(i)})$ 加以说明，它与 $\theta_i$ 的后验条件概率密度函数 $f(\boldsymbol{\theta}_i\mid\boldsymbol{\theta}_{(i)})$ 成比例，其中 $\boldsymbol{\theta}_{(i)}$ 是移除了第 $i$ 个参数的参数集。算法 3.4 中给出了其迭代过程。

在这种单分量更新的情况中，建议分布是希望从中采样的多元分布的条件分布，即 $q(\boldsymbol{\theta}_i\mid\boldsymbol{\theta}_{(i)})=f(\boldsymbol{\theta}_i\mid\boldsymbol{\theta}_{(i)})$，那么样本则总是会被接受。该算法等同于吉布斯采样。因此，单分量更新的 Metropolis-Hastings 分类器经常被称为吉布斯的 Metropolis 算法。

#### 3.4.3.3 混合与循环核

上面所述单分量 Metropolis-Hastings 算法是周期策略的特殊情况，其中指定了一系列建议分布 $q_1(\boldsymbol{\theta}'\mid\boldsymbol{\theta})$，…，$q_k(\boldsymbol{\theta}'\mid\boldsymbol{\theta})$，这些建议分布的每一个依次从一次迭代进入下一次迭代，如此形成循环。另一种强有力的方法是使用混核。这里，将选择概率 $\pi_1,\cdots,\pi_k$（$\pi_j\geqslant 0$，$j=1,\cdots,k$，且 $\sum_{j=1}^{k}\pi_j=1$）分配于建议分布 $q_1(\boldsymbol{\theta}'\mid\boldsymbol{\theta})$，…，$q_k(\boldsymbol{\theta}'\mid\boldsymbol{\theta})$，每次迭代中依据其选择概率选出一个建议分布。Andrieu et al. (2003) 指出，混核的强大在于一个全局性建议分布可以用来搜索较大范围的状态空间，而另一个建议分布（例如随机漫步）可以用来搜索局部区域。这使 Metropolis-Hastings 算法能够探索多种形式的密度分布。

#### 3.4.3.4 Metropolis-Hastings 算法中建议分布的选择

如果所期待的近似于 $f$ 的分布是单峰且非重尾的（宽松地说，重尾意指趋于零的速度慢于指数分布，也用来描述方差为无穷的分布），则对于建议分布来讲，合适的选择应该是正态分布，其参数最贴合 $\log(q)$ 到 $\log(g)$（$(f=g/\int g)$）。对于更复杂的分布，建议分布应该是多元正态分布或多元正态分布的混合，对于具有重尾的分布，可使用学生分布。考虑到计算效率，应选择合适的 $q$ 以使其容易采样和计算。有一种随机漫步算法（对称的建议分布）经常被人们所采纳，该算法通常会给出意想不到的尚佳结果。Chib and Greenberg (1995) 就如何选择随机漫步建议分布密度的尺度进行了讨论，例如以当前点为中心的正态建议分布的标准差作为该尺度值，并指出该尺度应该使单变量下的接受概率约为 0.45，维数趋于无穷时，接受概率约为 0.23。

### 3.4.4 数据扩充

引入辅助变量可使 MCMC 采样方法更为简单有效，同时其混合性获得改进。如果从后验分布 $p(\boldsymbol{\theta}\mid\mathcal{D})$ 中采样，则基本观点是从 $p(\boldsymbol{\theta},\boldsymbol{\phi}\mid\mathcal{D})$ 中采样更容易，其中 $\boldsymbol{\phi}$ 是一组辅助变量。在某些应用中，$\boldsymbol{\phi}$ 的选择是很明显的，而在另一些应用中，需要根据特定的经验进行适当的选择。$p(\boldsymbol{\theta}\mid\mathcal{D})$ 就简单地成为扩充分布 $p(\boldsymbol{\theta},\boldsymbol{\phi}\mid\mathcal{D})$ 的边缘分布，这种采样方法称为数据扩充采样。分布 $p(\boldsymbol{\theta}\mid\mathcal{D})$ 的统计量可以通过扩充参数向量 $(\boldsymbol{\theta},\boldsymbol{\phi})$ 的 $\boldsymbol{\theta}$ 分量（忽略其 $\boldsymbol{\phi}$ 分量）来获得。

使用数据扩充的一类问题是缺值问题。假定数据集 $\mathcal{D}$ 有一些缺值 $\boldsymbol{\phi}$。在分类问题中，训练分类器时有一些没标签的数据，$\boldsymbol{\phi}$ 代表这些数据的类别标签（见 3.5 节）。另外，有一些不完全的样本向量，也就是说，这些样本的某些变量没有测量。

参数 $\boldsymbol{\theta}$ 的后验分布由下式给出：

$$p(\boldsymbol{\theta}|\mathcal{D}) \propto \int p(\mathcal{D}, \boldsymbol{\phi}|\boldsymbol{\theta}) \mathrm{d}\boldsymbol{\phi} p(\boldsymbol{\theta})$$

然而，边缘化联合密度 $p(\mathcal{D}, \boldsymbol{\phi} \mid \boldsymbol{\theta})$ 较为困难，而获得扩充向量 $(\boldsymbol{\theta}, \boldsymbol{\phi})$ 的采样则较为容易。在这种情况下：

$p(\boldsymbol{\theta} \mid \mathcal{D}, \boldsymbol{\phi})$ 表示基于完整数据的后验分布，易于直接或通过 MCMC 方法（如 Metropolis-Hastings）进行采样。

$p(\boldsymbol{\phi} \mid \boldsymbol{\theta}, \mathcal{D})$ 表示缺值的采样分布；通常易于采样。

吉布斯的 Metropolis 过程是从这个两个分布中交替采集样本。

### 3.4.5　可逆跳跃马尔可夫链蒙特卡罗方法

MCMC 方法可以拓展到模型阶次未知的情形，这时，使用可逆跳跃马尔可夫链蒙特卡罗（RJMCMC）过程，该方法由 Green（1995）首次提出。正如标准的 MCMC 技术中，模型维度不变时的参数，更新，RJMCMC 允许通过引入新参数或去掉现有参数，改变模型的维数。

下面简要阐述在维数改变过程中，参数生长（增加一个新参数）和消亡（去掉一个现有参数）的机制。定义生长和消亡为一个运动对，然后通过确保维度匹配和精细平衡的机制来提出、接受或拒绝生长和消亡。

假定打算从 $k$ 维状态空间下的模型 $M_k$ 运动到 $k'$ 维状态空间下的模型 $M_{k'}$，其中 $k' = k + d$，$d$ 是大于等于 1 的整数。这个维数改变的方式是在当前状态 $\boldsymbol{\theta}_k$ 之外抽取一个连续随机变量的 $d$ 维向量 $\boldsymbol{u}_d$，再通过双映射 $\boldsymbol{\theta}_{k'} = \theta'(\boldsymbol{\theta}_k, \boldsymbol{u}_d)$ 定义一个新的状态 $\boldsymbol{\theta}_{k'}$。由于 $\dim(\boldsymbol{\theta}_k) + \dim(\boldsymbol{u}_d) = \dim(\boldsymbol{\theta}_{k'})$，该方法满足维数匹配的条件。通过指定运动接受概率也可使精细平衡得以满足

$$a(\boldsymbol{\theta}_k, \boldsymbol{\theta}_{k'}) = \min\left(1, \frac{p(\boldsymbol{\theta}_{k'}|\mathcal{D})q_{k',k}}{p(\boldsymbol{\theta}_k|\mathcal{D})q_{k,k'}p(\boldsymbol{u}_d)}\left|\frac{\partial \boldsymbol{\theta}_{k'}}{\partial(\boldsymbol{\theta}_k, \boldsymbol{u}_d)}\right|\right)$$

其中，$p(\boldsymbol{\theta} \mid \mathcal{D})$ 表示数据 $\mathcal{D}$ 下参数 $\boldsymbol{\theta}$ 的后验分布；$q_{k,k'}$ 和 $q_{k',k}$ 分别是模型从 $M_k$ 运动到 $M_{k'}$ 以及模型从 $M_{k'}$ 运动到 $M_k$ 的选择概率；$p(\boldsymbol{u}_d)$ 表示随机变量 $\boldsymbol{u}_d$ 的概率密度函数；$\dfrac{\partial \boldsymbol{\theta}_{k'}}{\partial(\boldsymbol{\theta}_k, \boldsymbol{u}_d)}$ 是变量由 $(\boldsymbol{\theta}_k, \boldsymbol{u}_d)$ 变换到 $\boldsymbol{\theta}_{k'}$ 的雅可比行列式。倘若作为生长运动的一部分产生出任何离散随机变量，其运动概率便被纳入运动选择概率 $q_{k,k'}$。同样地，消亡运动下，离散随机变量的概率被纳入消亡运动选择概率 $q_{k',k}$。在消亡运动情况下的一个案例是随机选择一个消除参数。

可以用一种更易解释的方式将接受概率写为

$$a(\boldsymbol{\theta}_k, \boldsymbol{\theta}_{k'}) = \min(1, r(\boldsymbol{\theta}_k, \boldsymbol{\theta}_{k'}))$$

其中，

$$r(\boldsymbol{\theta}_k, \boldsymbol{\theta}_{k'}) = \text{后验分布比} \times \text{建议分布比} \times \text{雅可比行列式}$$

能够降低状态空间维数的成对的消亡运动，通过双映射的逆来定义，其接受概率 $a(\boldsymbol{\theta}_{k'}, \boldsymbol{\theta}_k) = \min(1, r(\boldsymbol{\theta}_k, \boldsymbol{\theta}_{k'})^{-1})$。

有关 RJMCMC 方法的更详尽的介绍在论文 Green(1995)中可以找到，另外有大量的论文就一些特定问题对 RJMCMC 采样器进行研究。Richardson and Green(1997)①提出的 RJMCMC 方法适合于单变量的正态混合模型，该模型联合反映其混合分量数和混合分量参数。Andrieu and Doucet(1999)提出一种用于联合贝叶斯模型选择和高斯白噪声中的正弦曲线参数估计的 RJMCMC 算法。3.4.7 节将讨论该方法固定维方面的问题。

### 3.4.6 切片采样

切片采样(Neal, 2003)的前提是在概率密度函数曲线(或更一般地，与概率密度函数成比例的函数曲线)下的区域中进行一致采样来获取分布的样本。切片采样是用到增广数据的吉布斯采样的一个特例(见 3.4.4 节)。

假定希望从一个一维随机变量 $\boldsymbol{\theta} \in \mathbb{R}$ 中抽取样本，已知该随机变量的概率密度函数 $f(\boldsymbol{\theta})$ 是一个比例式 $f(\boldsymbol{\theta}) = g(\boldsymbol{\theta})/(\int g(\boldsymbol{\theta}')\mathrm{d}\boldsymbol{\theta}')$。切片采样引入辅助变量 $u \in \mathbb{R}$，并定义 $(\boldsymbol{\theta}, u)$ 的联合分布为曲线 $u = g(\boldsymbol{\theta})$ 下方区域的均匀分布。因此，$(\boldsymbol{\theta}, u)$ 的联合概率密度函数为

$$f(\boldsymbol{\theta}, u) = \frac{1}{\int g(\boldsymbol{\theta}')\mathrm{d}\boldsymbol{\theta}'} I(0 \leqslant u \leqslant g(\boldsymbol{\theta}))$$

在上述联合分布下，$\boldsymbol{\theta}$ 的边缘密度为

$$f(\boldsymbol{\theta}) = \int_u f(\boldsymbol{\theta}, u)\mathrm{d}u = \int_{u=0}^{g(\boldsymbol{\theta})} \frac{1}{\int g(\boldsymbol{\theta}')\mathrm{d}\boldsymbol{\theta}'}\mathrm{d}u = \frac{g(\boldsymbol{\theta})}{\int g(\boldsymbol{\theta}')\mathrm{d}\boldsymbol{\theta}'}$$

于是，$\boldsymbol{\theta}$ 的边缘分布是原来的一维分布。因此，如果已经有了来自 $f(\boldsymbol{\theta}, u)$ 的样本 $\{(\boldsymbol{\theta}^{(s)}, u^{(s)}), s = 1, \cdots, N\}$，即在曲线 $u = g(\boldsymbol{\theta})$ 下的区域内进行均匀采样，就可以从 $f(\boldsymbol{\theta})$ 所定义的分布中通过丢弃 $u$ 的样本来获取样本 $\{\boldsymbol{\theta}^{(s)}, s = 1, \cdots, N\}$。

为从 $f(\boldsymbol{\theta}, u)$ 中获取样本，采用一种吉布斯采样方法，具体而言，

- 从 $f(\boldsymbol{\theta})$ 的支集中选一个样本 $\boldsymbol{\theta}^0$，以初始化算法。
- 迭代算法第 $t$ 步骤的操作如下：
  - 从分布 $f(u \mid \boldsymbol{\theta}^{t-1})$ 中抽取样本 $u^t$，该分布是 $[0, g(\boldsymbol{\theta}^{t-1})]$ 上的均匀分布。这是算法的垂直切片。
  - 从分布 $f(\boldsymbol{\theta}, u^t)$ 中抽取样本 $\boldsymbol{\theta}^t$，该分布是集合 $S = \{\boldsymbol{\theta}; u^t \leqslant g(\boldsymbol{\theta})\}$ 上的均匀分布。这是算法的水平切片。

正如标准吉布斯采样器那样，在初始老化期之后，样本将采自(依赖)后验分布 $f(\boldsymbol{\theta}, u)$。对总体样本集进行二次抽样可以获取近似独立的样本。

该算法的核心展示于图 3.6。可以证明，由于集合 $S$ 难以确定，使水平切片难以进行，而与垂直切片相关的采样又时常无关重要。特别地，如图 3.6(b)所示，集合 $S$ 可以由一些分离的区间组成。即使集合 $S$ 仅含一个区间，也要通过数值求根的方法(Press et al., 1992)确定其两端端点。

Neal(2003)主张用如下方案替代与水平切片相关的采样，该方案不是从集合 $S$ 均匀采样，但不改变所需分布。假定从 $[0, g(\boldsymbol{\theta}^{t-1})]$ 均匀采样中采集到与垂直切片相关的 $u^t$。这样，$\boldsymbol{\theta}^{t-1}$ 就位于区域 $S = \{\boldsymbol{\theta}; u^t \leqslant g(\boldsymbol{\theta})\}$。指定一个宽度为 $w$ 包含点 $\theta^{t-1}$ 的初始区间。区间的位置是随

---

① Richardson and Green 又于 1998 年给出了修正。

机的，即初始区间的下限 $L_1$ 取自 $[\boldsymbol{\theta}^{t-1}-w, \boldsymbol{\theta}^{t-1}]$ 上的均匀分布、上限为 $R_1=L_1+w$。然后，通过 stepping out 过程扩展这个初始区间［Neal(2003)也提出另一种 doubling 过程］。

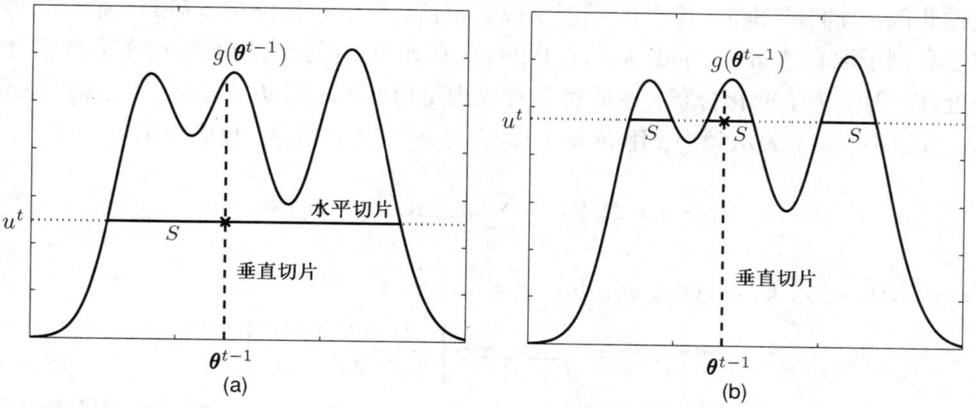


图 3.6　单变量切片采样。(a)水平切片由单一区间组成；(b)水平切片由三个相分离的区间组成

预设区间宽度最大可扩展到 $mw$，其中 $m$ 是大于等于 1 的整数(如有必要可取到无穷大)。对每一个水平切片，由集合 $\{0, \cdots, m-1\}$ 均匀性地生成样本 $J_L$，后续的扩展区间过程中，其区间下限不允许低于 $L_1-J_Lw$，上限不允许高于 $L_1+(m-J_L)w$。在新的更新过程中，仍然要保证这个限制条件，并且随机定位初始区间，以保证所需分布不变。

生成区间 $I=[L, R]$ 的 stepping 过程如下：

- 设置 $L=L_1-i_Lw$，其中 $i_L$ 是 $0\leqslant i\leqslant J_L$ 范围内的最小整数，此时 $u^t>g(L_1-iw)$，即 $i_L$ 是使扩大区间的下限落到集合 $S$ 之外的第一个整数，如果不存在这样一个数，则 $i_L$ 为 $J_L$。
- 设置 $R=R_1+i_Rw$，其中 $i_R$ 是 $0\leqslant i\leqslant m-J_L-1$ 范围内的最小整数，此时 $u^t>g(R_1+iw)$，即 $i_R$ 是扩大区间的上限落到集合 $S$ 之外的第一个整数，如果不存在这样一个数，则 $i_R$ 为 $m-J_L-1$。

在给定的水平切片上指定一个新的区间 $I=[L, R]$，从 $S\cap I$ 中采样完成水平切片。期间，可使用的方法如下所示。

1. 在区间 $I=[L, R]$ 上均匀采样，直到样本 $\theta$ 位于集合 $S$ 之内，即 $u^t\leqslant g(\boldsymbol{\theta})$。然后令 $\boldsymbol{\theta}^t=\boldsymbol{\theta}$。
2. 在区间 $I=[L, R]$ 上均匀采集 $\boldsymbol{\theta}$。如果 $\boldsymbol{\theta}$ 位于集合 $S$ 之内，则令 $\boldsymbol{\theta}^t=\boldsymbol{\theta}$。否则，将区间 $I$ 缩小至 $I=[\boldsymbol{\theta}, R]$ 或 $I=[L, \boldsymbol{\theta}]$，前者 $\boldsymbol{\theta}<\boldsymbol{\theta}^{t-1}$，后者 $\boldsymbol{\theta}>\boldsymbol{\theta}^{t-1}$。重复这一过程直至样本被接受(因为 $\boldsymbol{\theta}^{t-1}\in S$，这点终将发生)。

如果 $S\cap I$ 仅是初始区间 $I$ 的一小部分，则上述两种方法中，第二种方法将更有效。

Neal(2003)证明，以上方案会致使从所需分布中获取有效的样本，且更新并不改变所需分布。证明通过给出精细平衡而完成。若要修改上述过程，则需谨慎，因为看似合理修改会导致其证明不再有效。

切片采样方法也可以用来从多元分布中获得样本，这时只需像吉布斯采样算法那样，将单变量方法依次应用于多元的每个变量(用产生于单变量切片采样器的每次迭代过程的样本，替换每一个吉布斯采样器的条件采样过程，其中单变量条件分布为目标分布)。关于多元切片采样器的更细致的讨论可参阅 Neal(2003)。

### 3.4.7 MCMC 举例——正弦噪声估计

通过此例，我们试图将一个时间序列模拟成幅值、频率和相位均未知的 $k$ 个正弦信号的总和。方法和例子取自 Andrieu and Doucet(1999)。在那里，正弦信号的数量作为待估计的未知变量来处理，但是为了简化分析，在此将其看成固定值，同时用 $\boldsymbol{\psi} = (\psi_1, \cdots, \psi_k)$ 表示幅值，用 $\omega = (\omega_1, \cdots, \omega_k)$ 表示频率，用 $\boldsymbol{\phi} = (\phi_1, \cdots, \phi_k)$ 表示相位，数据模拟为

$$y = h(x; \boldsymbol{\xi}) + \epsilon = \sum_{j=1}^{k} \psi_j \cos(\omega_j x + \phi_j) + \epsilon \tag{3.50}$$

其中，$\boldsymbol{\epsilon} \sim N(0, \sigma^2)$，$\boldsymbol{\xi} = \{(\psi_j, \omega_j, \phi_j), j = 1, \cdots, k\}$。于是

$$p(y|x; \boldsymbol{\theta}) = \frac{1}{\sqrt{2\pi\sigma^2}} \exp\left\{\frac{-(y - h(x; \boldsymbol{\xi}))^2}{2\sigma^2}\right\}$$

其中，密度参数 $\boldsymbol{\theta} = (\boldsymbol{\xi}, \sigma^2)$，训练数据 $\mathcal{D} = \{y_i, i = 1, \cdots, n\}$ 由 $y$ 的 $n$ 个测量值组成，这些测量值在 $x_i = i$; $i = 0, 1, \cdots, n-1$ 上获得。设噪声独立，我们有

$$p(\mathcal{D}|\boldsymbol{\theta}) \propto \prod_{i=1}^{n} \frac{1}{\sigma} \exp\left\{\frac{-(y_i - h(x_i; \boldsymbol{\xi}))^2}{2\sigma^2}\right\}$$

要做的工作是，弄清楚给定训练数据下的正弦信号信息，并对新样本 $x$ 给出预测值 $y$。接下来，贝叶斯法中的先验分布表示为概率密度函数 $p(\boldsymbol{\theta})$，参数 $\boldsymbol{\theta}$ 被指定。然后使用贝叶斯定理，得到以下后验分布：

$$p(\boldsymbol{\theta}|\mathcal{D}) \propto p(\mathcal{D}|\boldsymbol{\theta}) P(\boldsymbol{\theta})$$

用 MCMC 算法从后验分布中采集样本，得到样本 $\boldsymbol{\theta}^t$，$t = M, \cdots, N$，其中 $M$ 为老化期，$N$ 为 MCMC 序列长度，然后描述感兴趣的参数。为得到新样本的预测值，计算

$$p(y|x_n) \approx \frac{1}{N-M} \sum_{t=M+1}^{N} p(y|x_n; \boldsymbol{\theta}^t)$$

为了方便，重新定义模型参数

$$y_i = \sum_{j=1}^{k} (g_j \cos(\omega_j x_i) + h_j \sin(\omega_j x_i)) + \epsilon_i$$

其中，用 $g_j = \psi_j \cos(\phi_j)$ 和 $h_j = -\psi_j \sin(\phi_j)$ 表示幅值，取值范围 $(-\infty, \infty)$。上式可写为

$$\boldsymbol{y} = \boldsymbol{D}\boldsymbol{a} + \boldsymbol{\epsilon}$$

其中，$\boldsymbol{y}^{\mathrm{T}} = (y_1, \cdots, y_n)$，$\boldsymbol{a}^{\mathrm{T}} = (g_1, h_1, \cdots, g_k, h_k)$ 是振幅的 $2k$ 维向量，$\boldsymbol{D}$ 是 $n \times 2k$ 矩阵，定义为

$$D_{i,j} = \begin{cases} \cos(\omega_j x_i) & j\text{为奇数} \\ \sin(\omega_j x_i) & j\text{为偶数} \end{cases}$$

数据

根据式(3.50)所示模型生成数据，其中 $k = 3$，$n = 64$，$\boldsymbol{\omega} = 2\pi(0.2, 0.2 + 1/n, 0.2 + 2/n)$，$\boldsymbol{\psi} = (\sqrt{20}, \sqrt{2\pi}, \sqrt{20})$，$\sigma = 2.239$，$\boldsymbol{\phi} = (0, \pi/4, \pi/3)$。时间序列如图 3.7 所显示。

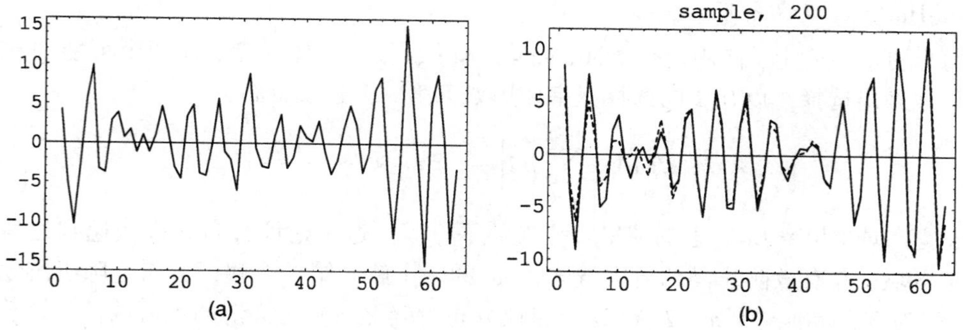


图 3.7　(a)用于正弦信号估计问题的数据；(b)虚线为基于第 200 个 MCMC 样本集的重建结果

先验

随机变量（$\boldsymbol{\omega}$, $\sigma^2$, $\boldsymbol{a}$）的先验分布为

$$p(\boldsymbol{\omega}, \sigma^2, \boldsymbol{a}) = p(\boldsymbol{\omega})p(\sigma^2)p(\boldsymbol{a}|\boldsymbol{\omega}, \sigma^2)$$

其中，

$$p(\boldsymbol{\omega}) = \frac{1}{\pi^k}\mathrm{I}[\boldsymbol{\omega} \in [0, \pi]^k]$$

$$p(\boldsymbol{a}|\boldsymbol{\omega}, \sigma^2) = N(\boldsymbol{a}; \boldsymbol{0}, \sigma^2\boldsymbol{\Sigma}), \qquad \boldsymbol{\Sigma}^{-1} = \delta^{-2}\boldsymbol{D}^{\mathrm{T}}\boldsymbol{D}$$

$$p(\sigma^2) = \mathrm{Ig}(\sigma^2; \nu_0/2, \gamma_0/2)$$

其中，$\mathrm{Ig}(\sigma^2;\nu, \gamma)$ 是 $\sigma^2$ 分布的概率密度函数，遵循逆伽马分布，其形状参数为 $v$，尺度参数为 $\gamma$。$1/\sigma^2$ 也具有伽马分布，其形状参数为 $v$，逆尺度参数为 $\gamma$。在图示例中，$\delta^2 = 50$，$v_0 = 0.01$，$\gamma_0 = 0.01$。

后验

重新整理后验分布，得到

$$p\left(\boldsymbol{a}, \boldsymbol{\omega}, \sigma^2|\mathcal{D}\right) \propto \frac{1}{\sigma^{2\left(\frac{n+v_0}{2}+k+1\right)}}\exp\left[\frac{-\left(\gamma_0+\boldsymbol{y}^{\mathrm{T}}\boldsymbol{P}\boldsymbol{y}\right)}{2\sigma^2}\right]I\left[\boldsymbol{\omega} \in [0, \pi]^k\right] \\ \times|\Sigma|^{-1/2}\exp\left[\frac{-(\boldsymbol{a}-\boldsymbol{m})^{\mathrm{T}}\boldsymbol{M}^{-1}(\boldsymbol{a}-\boldsymbol{m})}{2\sigma^2}\right] \tag{3.51}$$

其中，

$$\boldsymbol{M}^{-1} = \boldsymbol{D}^{\mathrm{T}}\boldsymbol{D} + \boldsymbol{\Sigma}^{-1}, \qquad \boldsymbol{m} = \boldsymbol{M}\boldsymbol{D}^{\mathrm{T}}\boldsymbol{y}, \qquad \boldsymbol{P} = \boldsymbol{I}_n - \boldsymbol{D}\boldsymbol{M}\boldsymbol{D}^{\mathrm{T}}$$

通过积分，得到幅值 $\boldsymbol{a}$ 和方差 $\sigma^2$ 的解析解，从而得到 $\boldsymbol{\omega}$ 的边缘后验密度：

$$p(\boldsymbol{\omega}|\mathcal{D}) \propto (\gamma_0 + \boldsymbol{y}^{\mathrm{T}}\boldsymbol{P}\boldsymbol{y})^{-\frac{n+v_0}{2}}$$

上式无法解析地处理，因而来采集样本。这要用到吉布斯方法中的 Metropolis 算法，即用 Metropolis-Hastings 采样算法从独立分量 $\omega_j$ 的条件分布中抽取样本。条件概率密度函数由下式给出：

$$p\left(\omega_j|\boldsymbol{\omega}_{(j)}, \mathcal{D}\right) \propto p(\boldsymbol{\omega}|\mathcal{D})$$

其中，$\boldsymbol{\omega}_{(j)}$ 是忽略掉第 $j$ 个变量的变量集。

Metropolis-Hastings 建议分布

在每个更新步骤上，使用混合 Metropolis-Hastings 核。具体而言，在两个可能的建议分布之间随机地做出选择。以 0.2 的选择概率使用如下第一个建议分布：

$$q_j(\omega_j'|\boldsymbol{\omega}) \propto \sum_{l=0}^{n-1} p_l \mathrm{I}\left[\frac{l\pi}{n} < \omega_j' < \frac{(l+1)\pi}{n}\right]$$

其中，$p_l$ 是数据在频率 $l\pi/n$ 上的傅里叶变换的平方模。这个建议分布允许快速到达后验分布的感兴趣区域，并有效防止马尔可夫链陷入 $\omega_j$ 的一个解。第二个建议分布是随机游动的正态分布(均值为零，标准差为 $\pi/(2n)$，这个建议分布可确保马尔可夫链的不可约性。该算法用来自 $\boldsymbol{\omega}$ 的先验分布的样本完成初始化。

为其余参数采样

对 $\boldsymbol{\omega}$ 抽取样本之后，可以组织幅值采样：

$$\boldsymbol{a}|(\boldsymbol{\omega}, \sigma^2, \mathcal{D}) \sim N(\boldsymbol{m}, \sigma^2\boldsymbol{M})$$

上式源于式(3.51)。还可以组织噪声方差采样：

$$\sigma^2|\boldsymbol{\omega}, \mathcal{D} \sim \mathrm{Ig}\left(\frac{n+\nu_0}{2}, \frac{\gamma_0+\boldsymbol{y}^{\mathrm{T}}\boldsymbol{P}\boldsymbol{y}}{2}\right)$$

上式源于式(3.51)对 $\boldsymbol{a}$ 积分的解析解。

结果

示例的收敛非常快，仅需要不到 100 步迭代的老化期。

图 3.8 给出了噪声参数 $\sigma$（真实值，2.239）和频率 $\boldsymbol{\omega}$ 的样本关系曲线，图 3.7 显示的是用第 200 个 MCMC 样本集的数据重建结果。

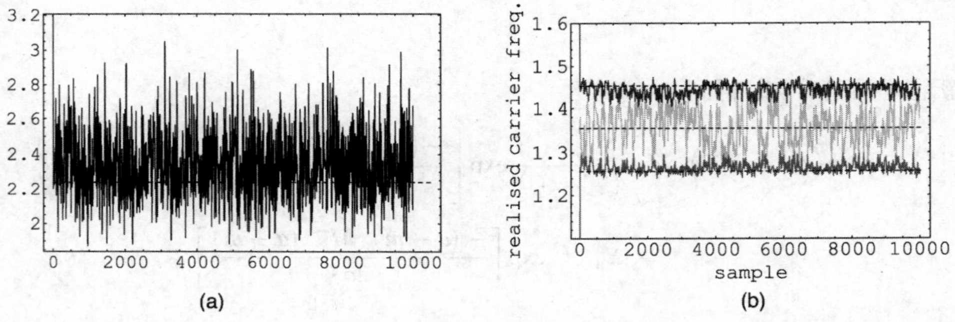


图 3.8　MCMC 算法的万次迭代。(a)噪声样本标准差；(b)样本频率

## 3.4.8　小结

对不能用解析法计算后验概率的情形，MCMC 方法提供了一种问题求解的有效方法。该方法的主要优点是其具有灵活性。它们使贝叶斯法能够应用于现实问题，而不再需要对先验分布进行强制假设，或简化成似然函数，以使其在数学上易于处理。数值积分的困难促使贝叶斯统计学得到进一步发展，这些最早出现在统计物理学文献中。其主要缺点是收敛的不确定性，由此导致从采样中估算精度的不确定性和过高的计算代价。

在许多方面，应用这些方法仍需要一定的技巧，同时要进行一些试验以探测模型和参数值。新近的研究又关注到 MCMC 方法的自适应性，通过自适应地调整 MCMC 算法参数，实现算法性能的优化(Andrieu and Thoms, 2008)。在迭代的每一步，需要使用一些方法来减少计算量。又由于混合性较差，运行时间可能会比较长。

MCMC 方法的主要特点如下。

1. 从建议分布中迭代采样。样本可能是单变量、多变量或参数向量的子向量。特别地，当样本来自于条件概率密度函数时，该方法就是吉布斯采样。
2. 样本能够提供后验概率分布的总体信息，因此可以用来计算总体统计量，计算时或者利用样本的均值函数[见式(3.38)]，或者利用平均条件期望[Rao-Blackwellised 算法，见式(3.39)]。
3. 互相关的变量会导致较长的收敛时间。
4. MCMC 方法的参数包括：$N$ 表示序列长度，$M$ 表示老化期，$q(\cdot\mid\cdot)$ 表示建议分布。
5. 老化指的是生成链的早期部分，为了减少偏差，要在函数估计之前除掉这部分。
6. 实际上，可以并行运行多个链以估计参数值，然后运行一个较长的链来计算统计量。
7. 对最终链进行二次采样，以减少为表示分布所需的存储量。
8. 可以用 Devroye(1986)和 Ripley(1987)介绍的算法从标准分布中采样。对非标准分布，可以使用拒绝方法、均匀分布率方法以及 Metropolis-Hastings 算法，还有其他一些可能的方法(Gilks et al., 1996)。

### 3.4.9 提示及参考文献

有很多优秀教材对 MCMC 方法的理论、使用及应用进行了描述，包括 Gilks et al. (1996)，M. -H. Chen et al. (2000)，Robert and Casella(2004)及 Gamerman and Lopes(2006)等等。

Robert and Casella(2009)和 Albert(2009)讨论了如何用 R 编程语言实现 MCMC 方法，而 Ntzoufras(2009)则对 WinBUGS(吉布斯采样的 Windows 贝叶斯推断)MCMC 软件的使用进行了讨论。WinBUGS 是快速编写和评估 MCMC 模型的软件包，论文 Lunn et al. (2000)讨论了该软件，可以借鉴。近年来，芬兰的赫尔辛基大学的 OpenBUGS 项目，已经将 WinBUGS 软件开发成一个开源版本 WinBUGS。

有关 MCMC 方法的有价值的参考文献还有 Brooks (1998)，Kass et al. (1998)，Besag (2000)及 Andrieu et al. (2003)。Tierney(1994)就支撑获取后验分布特征的蒙特卡罗技术的理论问题进行了详尽论述。

## 3.5 贝叶斯判别方法

这一节将本章所讨论的贝叶斯学习方法应用到判别问题中，在能用解析方法的地方使用解析解，在不能用解析方法的地方使用上一节中的数值方法。

### 3.5.1 标记训练数据

设 $\mathcal{D}$ 表示用于训练分类器的数据集。在第一个例子中，$\mathcal{D}$ 包括一组有标签的样本 $\{(\boldsymbol{x}_i, z_i), i=1,\cdots,n\}$，其中 $z_i=j$ 意味着样本 $\boldsymbol{x}_i$ 取自 $\omega_j$ 类。对于未知类别的样本 $\boldsymbol{x}$，希望预测其类别属性；也就是要得到

$$p(z=j|\mathcal{D},\boldsymbol{x}) \qquad j=1,\cdots,C$$

其中,$z$ 是与 $\boldsymbol{x}$ 相对应的类别指示变量。最小错误贝叶斯决策将 $\boldsymbol{x}$ 分到使 $p(z=j\mid\mathcal{D},\boldsymbol{x})$ 取最大值的那个类。上式可以写成

$$p(z=j|\mathcal{D},\boldsymbol{x}) \propto p(\boldsymbol{x}|\mathcal{D},z=j)p(z=j|\mathcal{D}) \tag{3.52}$$

其中,比例常数无类别属性。

式(3.52)的第一项 $p(\boldsymbol{x}\mid\mathcal{D},z=j)$ 是在 $\boldsymbol{x}$ 处求得的 $\omega_j$ 类的概率密度函数。如果假定该密度是一个参数为 $\boldsymbol{\Phi}_j$ 的模型,就可以将该项写成[见式(3.1)]

$$p(\boldsymbol{x}|\mathcal{D},z=j)=\int p(\boldsymbol{x}|\boldsymbol{\Phi}_j)p(\boldsymbol{\Phi}_j|\mathcal{D},z=j)d\boldsymbol{\Phi}_j$$

对于特定情况下的密度模型 $p(\boldsymbol{x}\mid\boldsymbol{\Phi}_j)$,可以用解析方法来求值。例如,如同3.2.3节所见,参数为 $\boldsymbol{\mu}$ 和 $\boldsymbol{\Sigma}$,先验密度为高斯-威沙特分布的正态模型,其参数的后验分布仍是高斯-威沙特分布,密度 $p(\boldsymbol{x}\mid\mathcal{D},z=j)$ 为多元学生 t 分布。

如果无法获得解析解,就需要使用数值方法。例如,如果使用一种上一节提到的 MCMC 方法从参数的后验密度 $p(\boldsymbol{\Phi}_j\mid\mathcal{D})$ 中抽取样本,则可用下式近似 $p(x\mid\mathcal{D},z=j)$:

$$p(\boldsymbol{x}|\mathcal{D},z=j)\approx\frac{1}{N-M}\sum_{t=M+1}^{N}p\left(\boldsymbol{x}|\boldsymbol{\Phi}^t_j\right)$$

其中,$\boldsymbol{\Phi}_j^t$ 是从 MCMC 过程中得到的样本,$M$ 和 $N$ 分别是老化期和运行长度。

式(3.52)中的第二项是给定数据集 $\mathcal{D}$ 下的 $\omega_j$ 类的概率,因此它是可以通过数据更新的先验概率。从3.2.4节可以看出,如果假定 $\omega_i$ 类的先验密度 $\boldsymbol{\pi}$ 为狄里克雷先验分布,即

$$p(\boldsymbol{\pi})=\mathrm{Di}_C(\boldsymbol{\pi};\boldsymbol{a}_0)$$

那么

$$p(z=j|\mathcal{D})=E[\pi_j|\mathcal{D}]=\frac{a_{0j}+n_j}{\sum_{j=1}^C(a_{0j}+n_j)} \tag{3.53}$$

其中,$n_j$ 是 $\omega_j$ 类在 $\mathcal{D}$ 中的训练样本数。

### 3.5.2 无类别标签的训练数据

Lavine and West(1992)研究了当训练数据包含有类别标签和无类别标签样本时,使用正态模型设计分类器的情形。它是利用3.2.3节的某些分析结果进行吉布斯采样的一个实例。这里概要叙述其方法。

设数据集 $\mathcal{D}=\{(\boldsymbol{x}_i,z_i),i=1,\cdots,n;\boldsymbol{x}_i^u,i=1,\cdots,n_u\}$,其中 $\boldsymbol{x}_i^u$ 是未知类别标签的样本。设类均值 $\boldsymbol{\mu}=\{\boldsymbol{\mu}_i,i=1,\cdots,C\}$,协方差矩阵 $\boldsymbol{\Sigma}=\{\boldsymbol{\Sigma}_i,i=1,\cdots,C\}$,类先验概率为 $\boldsymbol{\pi}$。记 $z^u=\{z_i^u,i=1,\cdots,n_u\}$ 为未知类别标签的集合。

模型参数 $\theta=\{\boldsymbol{\mu},\boldsymbol{\Sigma},\boldsymbol{\pi},z^u\}$。采用吉布斯采样,便可以成功地从如下3种条件分布中抽取样本。

1. 从 $p(\boldsymbol{\mu},\boldsymbol{\Sigma}\mid\boldsymbol{\pi},z^u,\mathcal{D})$ 中采样。这个密度可以写成

$$p(\boldsymbol{\mu},\boldsymbol{\Sigma}|\boldsymbol{\pi},z^u,\mathcal{D})=\prod_{i=1}^{C}p(\boldsymbol{\mu}_i,\boldsymbol{\Sigma}_i|z^u,\mathcal{D})$$

这是对 $C$ 个由式(3.19)给出的独立的高斯-威沙特分布的乘积。注意由于对 $z^u$ 施加了条件,所有训练数据均标有类别标签。

2. 从 $p(\boldsymbol{\pi} \mid \boldsymbol{\mu}, \boldsymbol{\Sigma}, z^u, \mathcal{D})$ 中采样。这是一个独立于 $\boldsymbol{\mu}$ 和 $\boldsymbol{\Sigma}$ 的狄里克雷分布 $\mathrm{Di}_C(\boldsymbol{\pi} \mid \boldsymbol{\alpha})$，$\boldsymbol{\alpha} = \boldsymbol{\alpha}_0 + \boldsymbol{n}$，$\boldsymbol{n} = (n_1, \cdots, n_C)$，其中 $n_j$ 是由 $\mathcal{D}$ 和 $z^u$ 决定的 $\omega_j$ 类中的样本数。
3. 从 $p(z^u \mid \boldsymbol{\mu}, \boldsymbol{\Sigma}, \boldsymbol{\pi}, \mathcal{D})$ 中采样。由于 $z_i^u$ 是条件独立的，因此需要从先验分布与 $\boldsymbol{x}_i^u$ 处 $\omega_j$ 类的正态密度的乘积中采样：

$$\begin{aligned} p\left(z_i^u = j|\boldsymbol{\mu}, \boldsymbol{\Sigma}, \boldsymbol{\pi}, \mathcal{D}\right) &\propto p\left(z_i^u = j|\boldsymbol{\pi}\right) p\left(\boldsymbol{x}_i^u|\boldsymbol{\mu}_j, \boldsymbol{\Sigma}_j, z_i^u = j\right) \\ &\propto \pi_j p\left(\boldsymbol{x}_i^u|\boldsymbol{\mu}_j, \boldsymbol{\Sigma}_j, z_i^u = j\right) \end{aligned} \tag{3.54}$$

选择比例常数，使其在所有类上的和是 1。这样一来，对 $z_i^u$ 的一个采样值的分量便显得不甚重要。

用吉布斯采样方法产生的样本为 $\{\boldsymbol{\mu}^t, \boldsymbol{\Sigma}^t, \boldsymbol{\pi}^t, (z^u)^t, t = 1, \cdots, N\}$，忽略老化期的前 $M$ 个样本，其余样本用来对未做类别标记的样本和以后的观测值进行分类。

为了对训练集中未做标记的样本进行分类，采用

$$p\left(z_i^u = j|\mathcal{D}\right) = \frac{1}{N-M} \sum_{t=M+1}^{N} p\left(z_i^u = j|\boldsymbol{\mu}_j^t, \boldsymbol{\Sigma}_j^t, \pi_j^t, \mathcal{D}\right)$$

由式(3.54)可知，上式求和项是先验分布和类条件密度(标准化的)的乘积，用每组 MCMC 迭代过程所用样本进行估计和标准化处理。这属于 Rao-Blackwellised 估计(见 3.3.2 节)，其估计计算使用的是条件期望而不是直接使用样本 $(z^u)^t$。

为实现对新样本 $\boldsymbol{x}$ 的分类，需要用到 $p(z = j \mid \boldsymbol{x}, \mathcal{D})$，由下式给出：

$$p(z = j|\boldsymbol{x}, \mathcal{D}) \propto p(z = j|\mathcal{D}) p(\boldsymbol{x}|\mathcal{D}, z = j) \tag{3.55}$$

其中，乘积的第一项 $p(z = j \mid \mathcal{D})$ 为

$$p(z = j|\mathcal{D}) = E[\pi_j|\mathcal{D}] = \frac{1}{N-M} \sum_{t=M+1}^{N} E[\pi_j|\mathcal{D}, (z^u)^t]$$

因为对 $(z^u)^t$ 施加条件意味着所有训练数据均带有类别标记，和式内的期望值可用式(3.53)来计算，这是 Rao-Blackwellised 估计(见 3.3.2 节)的又一例，其估计计算使用的是条件期望，而不是直接使用样本 $\boldsymbol{\pi}^t$。式(3.55)的第二项可以写成多元学生概率密度函数的总和：

$$p(\boldsymbol{x}|\mathcal{D}, z = j) \approx \frac{1}{N-M} \sum_{t=M+1}^{N} p(\boldsymbol{x}|\mathcal{D}, (z^u)^t, z = j)$$

因为 $(z^u)^t$ 的限制条件意味着所有训练数据均带有类别标记，和式中各概率密度函数的形式相同，由 3.2.3 节的式(3.21)给出。

#### 3.5.2.1　举例

这里的例子是在 Lavine and West(1992)的基础上给出的。来自 3 个类中的二维数据，产生于平均加权的非正态分布。定义矩阵

$$\boldsymbol{C}_1 = \begin{pmatrix} 5 & 1 \\ 3 & 5 \end{pmatrix}, \qquad \boldsymbol{C}_2 = \begin{pmatrix} 0 & 1 \\ 1 & 5 \end{pmatrix}, \qquad \boldsymbol{C}_3 = \begin{pmatrix} 5 & 0 \\ 3 & 1 \end{pmatrix}$$

则 $\omega_j$ 类中的观测值 $\boldsymbol{x}_i$ 由下式产生：

$$\boldsymbol{x}_i = \boldsymbol{C}_j \begin{pmatrix} u_i \\ 1 - u_i \end{pmatrix} + \boldsymbol{\epsilon}_i$$

其中，$u_i$ 是在 $[0, 1]$ 上的均匀分布，$\boldsymbol{\epsilon}_i$ 是均值为 0 且协方差矩阵为对角阵 $\boldsymbol{I}/2$ 的正态分布。

有类别标签的训练数据部分如图 3.9 所示。

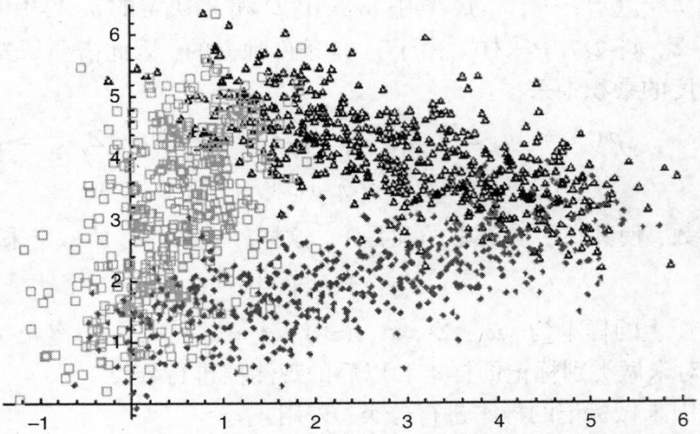


图 3.9 三类二维训练数据，三角形表示类 1，正方形表示类 2，菱形表示类 3

对每个类的密度，使用协方差矩阵为对角阵的正态模型，并采用一种运用吉布斯采样的 MCMC 方法。训练集包括 1200 个有类别标签的样本和 300 个无类别标签的样本。均值和方差的先验分布分别是正态分布和反 Γ 分布。用来自先验分布的样本对参数值进行初始化。图 3.10 示出了从马尔可夫链中得到的均值和协方差阵的分量。软件包 Winbugs(Lunn et al., 2000)用于完成 MCMC 采样。

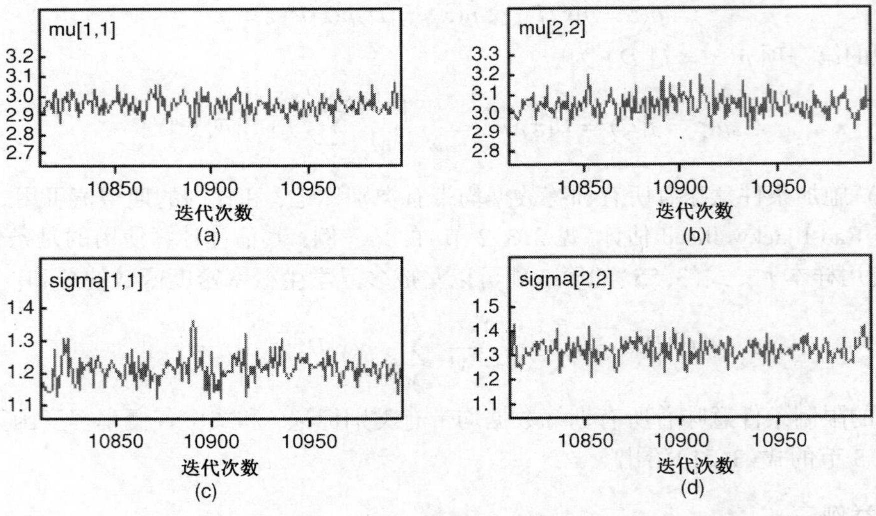


图 3.10 $\mu$ 和 $\Sigma$ 的 MCMC 样本。上左图：第 1 类的分量 $\mu_1$；上右图：第 2 类的分量 $\mu_2$；下左图：第1类的分量 $\Sigma_{1,1}$；下右图：第2类的分量 $\Sigma_{2,2}$

## 3.6 连续蒙特卡罗采样

### 3.6.1 引言

3.3.6 节介绍了重要的采样方法，由此形成粒子滤波的基础，它可以用于序列贝叶斯参数估计。连续蒙特卡罗(SMC)采样器(Del Moral et al., 2006)是下一代的粒子滤波，这可以使粒子滤波方法用于一般参数估计问题。这类滤波器人工指定定义在固定状态空间上的分布序列，该序列结束于感兴趣的分布。实施时，并非尝试着立即从希望分布中采样，而是从一系列中间分布中采集样本，使之逐渐接近感兴趣的分布。SMC 采样器可以用于从复杂的概率分布中生成样本，因此可用于贝叶斯分类器的概率密度估计。

人们考虑，用添加辅助变量至状态空间的新方法，将粒子滤波法发展到解决一般的参数估计问题。在用粒子滤波处理序列参数的估计问题时，每一步引入一个新变量（正在考虑的最新的参数状态），因此状态空间的维数随之增长。举个例子，假设跟踪离散时间过程中一个目标的位置 $\boldsymbol{x}$。在第 $t-1$ 步，得状态空间 $(\boldsymbol{x}_1, \cdots, \boldsymbol{x}_{t-1})$，即以往的位置，包括第 $t-1$ 次的状态。推移时间状态 $t$，用最近的位置 $\boldsymbol{x}_t$ 增长状态空间，即使状态空间扩大至 $(\boldsymbol{x}_1, \cdots, \boldsymbol{x}_t)$。这个不断扩大的状态空间对粒子滤波的有效应用至关重要。的确，缺乏不断扩大的状态空间，会妨碍静态参数估计技术的直接应用。SMC 采样器通过增加辅助变量的办法去掉了这些困难，但也造成了状态空间随时间的增长。

## 3.6.2　基本方法

在此，简要概述 SMC 采样方法。至于该问题的详细讨论和证明可参阅 Del Moral et al.(2006)及 Peters(2005)。

假设希望从参数空间 $\boldsymbol{\theta} \in \mathbb{R}^n$ 上的分布 $\pi(\boldsymbol{\theta})$ 中采集样本。这时需要定义从分布中采集样本的 SMC 采样器。第一步，在同一参数空间 $\boldsymbol{\theta} \in \mathbb{R}^n$ 上定义目标分布序列 $\pi_1(\boldsymbol{\theta}), \cdots, \pi_T(\boldsymbol{\theta})$，这一序列应具有以下性质：

- $\pi_T(\boldsymbol{\theta}) = \pi(\boldsymbol{\theta})$ 为期望分布，即序列的最终分布就是期望分布；
- $\pi_1(\boldsymbol{\theta})$ 是易于采样的分布；
- 分布 $\pi_t(\boldsymbol{\theta})$ 和 $\pi_{t+1}(\boldsymbol{\theta})$，$t = 1, \cdots, T-1$ 之间的区别不大。

SMC 采样器的基本前题是，从 $\pi(\boldsymbol{\theta})$ 中采集样本的工作先从易采样的初始分布 $\pi_1(\theta)$ 开始，然后，通过 $T-1$ 个简单的步骤（中间分布），转移到分布 $\pi(\boldsymbol{\theta})$ 上。

### 3.6.2.1　目标分布序列举例

设 $\pi(\boldsymbol{\theta})$ 是由先验分布 $p(\boldsymbol{\theta})$ 得出的后验分布，$p(\boldsymbol{x} \mid \boldsymbol{\theta})$ 为似然函数，$\mathcal{D} = \{\boldsymbol{x}_1, \cdots, \boldsymbol{x}_n\}$ 为数据集。则两个潜在的 SMC 目标分布序列如下：

- $\pi_t(\boldsymbol{\theta}) = p(\boldsymbol{\theta} \mid \boldsymbol{x}_1, \cdots, \boldsymbol{x}_t)$，$t = 1, \cdots, n$，即处理数据，使第 $t$ 个目标分布是基于前 $t$ 个数据样本的后验分布。
- $\pi_t(\boldsymbol{\theta}) \propto h(\boldsymbol{\theta})^{1-\alpha_t} \pi(\boldsymbol{\theta})^{\alpha_t}$，其中 $0 = \alpha_1 < \alpha_2 < \cdots < \alpha_T = 1$，$h(\boldsymbol{\theta})$ 是采样相对容易的分布，通常取先验分布 $p(\boldsymbol{\theta})$。

可以使用模拟退火方法来确定最适合的参数（即最大后验参数以最大化后验分布），这时 $\pi_i(\boldsymbol{\theta}) \propto \pi(\boldsymbol{\theta})^{\alpha_t}$，其中 $\alpha_t \geq 0$ 是递增序列，且当 $t \to \infty$ 时，$\alpha_t$ 趋于无穷。

### 3.6.2.2　基本 SMC 采样过程

基本 SMC 采样过程如下所示。

- 步骤 1：从初始分布 $\pi_1(\boldsymbol{\theta})$ 中采集 $N$ 个样本 $\{\boldsymbol{\theta}_1^{(1)}, \cdots, \boldsymbol{\theta}_1^{(N)}\}$。

- 步骤 $t=2,\cdots,T$。调整分布 $\pi_{t-1}(\boldsymbol{\theta})$ 中的样本 $\{\boldsymbol{\theta}_{t-1}^{(1)},\cdots,\boldsymbol{\theta}_{t-1}^{(N)}\}$，使之变为分布 $\pi_t(\boldsymbol{\theta})$ 中的样本 $\{\boldsymbol{\theta}_t^{(1)},\cdots,\boldsymbol{\theta}_t^{(N)}\}$。

尝试应用标准的重要性采样(见3.3.6节)调整 $t=2,\cdots,T$ 步中的样本，这通常需要在计算权重时对棘手的积分进行评估(Del Moral et al., 2006)。这就是不用基本的粒子滤波处理此类问题的理由。

SMC 采样器通过用辅助变量扩张状态空间，巧妙地规避了求解积分的问题。辅助变量是对状态的先验估计。在所用分布更迭的过程中，状态空间 $\mathbb{R}^d$($\boldsymbol{\theta}$的维数)在增加，使得到算法的第 $t$ 步，状态空间的尺度达到 $\mathbb{R}^{td}$，$\boldsymbol{\theta}$ 为 $(\boldsymbol{\theta}_1,\cdots,\boldsymbol{\theta}_t)$，目标分布也扩展到更大的状态空间，如下所示：

$$\tilde{\pi}_t(\boldsymbol{\theta}_1,\cdots,\boldsymbol{\theta}_t)=\pi_t(\boldsymbol{\theta}_t)\prod_{i=1}^{t-1}L_i(\boldsymbol{\theta}_{i+1},\boldsymbol{\theta}_i)$$

其中，$L_i(\boldsymbol{\theta}_{i+1},\boldsymbol{\theta}_i)$ 是向后转移核，在 SMC 采样器文献中称为 $L$ 核。原始目标分布 $\pi_t(\boldsymbol{\theta}_t)$，可以通过扩张分布的边缘分布获得

$$\begin{aligned}\int\tilde{\pi}_t(\boldsymbol{\theta}_1,\cdots,\boldsymbol{\theta}_t)\mathrm{d}\boldsymbol{\theta}_1\cdots\mathrm{d}\boldsymbol{\theta}_{t-1}&=\pi_t(\boldsymbol{\theta}_t)\int\prod_{i=1}^{t-1}L_i(\boldsymbol{\theta}_{i+1},\boldsymbol{\theta}_i)\mathrm{d}\boldsymbol{\theta}_1\cdots\mathrm{d}\boldsymbol{\theta}_{t-1}\\&=\pi_t(\boldsymbol{\theta}_t)\prod_{i=1}^{t-1}\left(\int L_i(\boldsymbol{\theta}_{i+1},\boldsymbol{\theta}_i)\mathrm{d}\boldsymbol{\theta}_i\right)\\&=\pi_t(\boldsymbol{\theta}_t)\end{aligned}$$

上述扩张的意义在于可以用粒子滤波的思想，顺序地从分布 $\tilde{\pi}_t(\boldsymbol{\theta}_1,\cdots,\boldsymbol{\theta}_t)$，$t=1,\cdots,T$ 中采集样本，采样过程始于 $\tilde{\pi}_T(\boldsymbol{\theta}_1)=\pi_1(\boldsymbol{\theta}_1)$，终于 $\tilde{\pi}_T(\boldsymbol{\theta}_1,\cdots,\boldsymbol{\theta}_T)$。源于 $\pi(\boldsymbol{\theta})$ 的样本，可以通过最终分布的样本边缘化获得，即从最终样本集 $\{(\boldsymbol{\theta}_1^{(s)},\cdots,\boldsymbol{\theta}_T^{(s)}),s=1,\cdots,N\}$ 中采集样本 $\{\boldsymbol{\theta}_T^{(s)},s=1,\cdots,N\}$。这些样本可按3.3.2节所述方法使用，如果用于贝叶斯分类器，则可按3.3.3节所述方法使用。

---

**算法3.5　SMC 采样概述**

- 使用重要性采样(见3.3.6节)从分布 $\pi_1(\boldsymbol{\theta}_1)$ 中采集样本 $\{\boldsymbol{\theta}_1^{(s)},s=1,\cdots,N\}$。采集的样本具有重要性采样权重 $\{w_1^{(s)},s=1,\cdots,N\}$。
- 对于 $t=2,\cdots,T$,
  - 用前向转移核 $K_t(\boldsymbol{\theta}_{t-1},\boldsymbol{\theta}_t)$ 将在 $t-1$ 步生成的样本 $\{\boldsymbol{\theta}_{t-1}^{(1)},\cdots,\boldsymbol{\theta}_{t-1}^{(N)}\}$ 变为 $\{\boldsymbol{\theta}_t^{(1)},\cdots,\boldsymbol{\theta}_t^{(N)}\}$。
  - 根据式(3.56)，为每个样本更新权重，以获取新权重 $\{w_t^{(s)},s=1,\cdots,N\}$。
  - 按照如下方法对权重进行标准化处理：

$$\tilde{w}_t^{(s)}=\frac{w_t^{(s)}}{\sum_{m=1}^{N}w_t^{(m)}},\quad s=1,\cdots,N$$

  - 执行重采样的步骤(见算法3.6)。
- 将重采样的最终样本集 $\{\boldsymbol{\theta}_T^{(1)},\cdots,\boldsymbol{\theta}_T^{(N)}\}$ 作为来自期望分布 $\pi(\boldsymbol{\theta})$ 的加权样本(具有重采样过程所指定权值)。

---

### 3.6.2.3 SMC 采样算法

算法 3.5 对 SMC 采样进行了概述，下面将更详细地讨论之。

算法步骤开始于 $t>1$，这时已经形成具有权重 $\{(\boldsymbol{\theta}_1^{(s)},\cdots,\boldsymbol{\theta}_{t-1}^{(s)}),s=1,\cdots,N\}$ 的样本集 $\{w_{t-1}^{(s)},s=1,\cdots,N\}$。这些样本近似于第 $(t-1)$ 个目标分布 $\tilde{\pi}_{t-1}(\boldsymbol{\theta}_1,\cdots,\boldsymbol{\theta}_{t-1})$。前向转移核 $K_t(\boldsymbol{\theta}_{t-1},\boldsymbol{\theta}_t)$ 用来将第 $(t-1)$ 步生成的样本 $\{\boldsymbol{\theta}_{t-1}^{(1)},\cdots,\boldsymbol{\theta}_{t-1}^{(N)}\}$ 变为 $\{\boldsymbol{\theta}_t^{(1)},\cdots,\boldsymbol{\theta}_t^{(N)}\}$，给出更新样本 $\{(\boldsymbol{\theta}_1^{(s)},\cdots,\boldsymbol{\theta}_t^{(s)}),s=1,\cdots,N\}$。特别地，样本 $\boldsymbol{\theta}_t^{(s)}$ 采自核 $K_t(\boldsymbol{\theta}_{t-1}^{(s)},\boldsymbol{\theta}_t)$。例如，这个核有可能是 Metropolis-Hastings 的一步更新（见 3.4.3 节）。与这个更新步骤相伴的，是先从建议分布 $q_t(\boldsymbol{\theta}_t\mid\boldsymbol{\theta}_{t-1}^{(s)})$ 中推荐一个样本 $\boldsymbol{\theta}_t^*$，然后以概率

$$a\left(\boldsymbol{\theta}_{t-1}^{(s)},\boldsymbol{\theta}_t^*\right)=\min\left(1,\frac{\pi_t\left(\boldsymbol{\theta}_t^*\right)q\left(\boldsymbol{\theta}_{t-1}^{(s)}|\boldsymbol{\theta}_t^*\right)}{\pi_t\left(\boldsymbol{\theta}_{t-1}^{(s)}\right)q\left(\boldsymbol{\theta}_t^*|\boldsymbol{\theta}_{t-1}^{(s)}\right)}\right)$$

接受所推荐的样本，并令 $\boldsymbol{\theta}_t^{(s)}=\boldsymbol{\theta}_t^*$。否则，令 $\boldsymbol{\theta}_t^{(s)}=\boldsymbol{\theta}_{t-1}^{(s)}$。潜在的建议分布如 3.4.3 节所述，包括以当前点为中心的随机游动。接下来为这些样本更新权重。

利用序列重要性采样的参数，按照如下方法，使权重从第 $t-1$ 步的 $w_{t-1}^{(s)}$ 变为第 $t$ 步的 $w_t^{(s)}$：

$$\begin{aligned}
w_t^{(s)}&=w_{t-1}^{(s)}\frac{\tilde{\pi}_t\left(\boldsymbol{\theta}_1^{(s)},\cdots,\boldsymbol{\theta}_t^{(s)}\right)}{\tilde{\pi}_{t-1}\left(\boldsymbol{\theta}_1^{(s)},\cdots,\boldsymbol{\theta}_{t-1}^{(s)}\right)K_t\left(\boldsymbol{\theta}_{t-1}^{(s)},\boldsymbol{\theta}_t^{(s)}\right)}\\
&=w_{t-1}^{(s)}\frac{\pi_t\left(\boldsymbol{\theta}_t^{(s)}\right)\prod_{i=1}^{t-1}L_i\left(\boldsymbol{\theta}_{i+1}^{(s)},\boldsymbol{\theta}_i^{(s)}\right)}{\pi_{t-1}\left(\boldsymbol{\theta}_{t-1}^{(s)}\right)\left(\prod_{i=1}^{t-2}L_i\left(\boldsymbol{\theta}_{i+1}^{(s)},\boldsymbol{\theta}_i^{(s)}\right)\right)K_t\left(\boldsymbol{\theta}_{t-1}^{(s)},\boldsymbol{\theta}_t^{(s)}\right)}\\
&=w_{t-1}^{(s)}\frac{\pi_t\left(\boldsymbol{\theta}_t^{(s)}\right)L_{t-1}\left(\boldsymbol{\theta}_t^{(s)},\boldsymbol{\theta}_{t-1}^{(s)}\right)}{\pi_{t-1}\left(\boldsymbol{\theta}_{t-1}^{(s)}\right)K_t\left(\boldsymbol{\theta}_{t-1}^{(s)},\boldsymbol{\theta}_t^{(s)}\right)}
\end{aligned}\tag{3.56}$$

接下来讨论如何确定 L 核，$L_{t-1}(\boldsymbol{\theta}_t^{(s)},\boldsymbol{\theta}_{t-1}^{(s)})$。

### 3.6.2.4 L 核

3.4 节讨论的 MCMC 方法并未提及 L 核，而 L 核将影响采样器的性能，有必要进一步讨论之。Del Moral et al.(2006) 和 Peters(2005) 讨论了最优 L 核和次优 L 核的选择问题。为了一起使用 MCMC 前向转移核，例如 $K_t(\boldsymbol{\theta}_{t-1},\boldsymbol{\theta}_t)$ 是 Metropolis-Hastings 核的时候，选择 L 核是一种普通的次优选择，这样可以满足精细平衡等式[见式(3.46)]

$$\pi_t(\boldsymbol{\theta}_t)L_{t-1}(\boldsymbol{\theta}_t,\boldsymbol{\theta}_{t-1})=\pi_t(\boldsymbol{\theta}_{t-1})K_t(\boldsymbol{\theta}_{t-1},\boldsymbol{\theta}_t)$$

于是式(3.56)的权重变为

$$\begin{aligned}
w_t^{(s)}&=w_{t-1}^{(s)}\frac{\pi_t\left(\boldsymbol{\theta}_t^{(s)}\right)\left(\frac{\pi_t\left(\boldsymbol{\theta}_{t-1}^{(s)}\right)K_t\left(\boldsymbol{\theta}_{t-1}^{(s)},\boldsymbol{\theta}_t^{(s)}\right)}{\pi_t\left(\boldsymbol{\theta}_t^{(s)}\right)}\right)}{\pi_{t-1}\left(\boldsymbol{\theta}_{t-1}^{(s)}\right)K_t\left(\boldsymbol{\theta}_{t-1}^{(s)},\boldsymbol{\theta}_t^{(s)}\right)}\\
&=w_{t-1}^{(s)}\frac{\pi_t\left(\boldsymbol{\theta}_{t-1}^{(s)}\right)}{\pi_{t-1}\left(\boldsymbol{\theta}_{t-1}^{(s)}\right)}
\end{aligned}\tag{3.57}$$

该式实际上与在算法 $t$ 步所得的参数无关。就工作效率而言，序列中前后分布之间的差异越小，即 $\pi_t(\boldsymbol{\theta}) \approx \pi_{t-1}(\boldsymbol{\theta})$，使用L核的采样器性能就越好。式(3.57)所及权重与模拟重要采样(Neal, 2001)权重相同。

#### 3.6.2.5 重采样

在SMC采样器的工作过程中，会遭遇的主要问题是退化问题，即经几步迭代，几乎所有的样本，其权重都变得微不足道，而仅有一个样本在起主导作用。如果对这种情况不做任何处理，就会影响到基于样本的技术性能的发挥，这时对期望分布所做的样本估计也就不再可信。解决方案是使用重采样，即像标准粒子滤波文献(Doucet et al., 2001; Arulampalam et al., 2002)中所提及的那样。重采样致使样本以一种方式被复制或被抛弃，以保持基本的分布。

---

**算法3.6 SMC采样器的重采样过程**

采样过程开始于具有标准化权重 $\{\tilde{w}_t^{(s)}, s=1,\cdots,N\}$ 的样本集。

- 计算有效样本集的大小(ESS)：

$$\mathrm{ESS}_t = \frac{1}{\sum_{s=1}^{N}\left(\tilde{w}_t^{(s)}\right)^2} \tag{3.58}$$

- 如果 $\mathrm{ESS}_t < N/2$，进入以下重采样过程：
  - 从当前样本集采样 $N$ 次(有替换)，在任意阶段，选择第 $i$ 个样本的概率等于该样本的标准化权值 $\tilde{w}_t^{(i)}$。
  - 对新样本指定相同的权重：$w_t^{(s)} = 1/N, s=1,\cdots,N$。
- 否则，令 $w_t^{(s)} = \tilde{w}_t^{(s)}, s=1,\cdots,N$，并使用原始样本。

---

最简单的重采样形式是多项式重采样，这时重采样(有替代)所得样本来自多项式分布。特别地，从当前样本集采样 $N$ 次，在任意阶段，选择第 $\tilde{w}_t^{(i)}$ 个样本的概率等于该样本的标准化权值 。在之前提到的粒子滤波文献中提供了对上述重采样方法的改进，例如剩余采样和分层采样。重采样后，为每个新样本设置相同的权重：$w_t^{(m)}=1/N$。

如果不用重采样方案，随着时间的推移，退化则不可避免，因为重要性采样权重的方差会随时间增长。因此，必须使用重采样。然而，由于重采样会导致样本更加近似，故仅当出现退化迹象时，再进行重采样，这应是一个良策。算法3.6中对此过程进行了简要说明。该方法的基础是用标准化权重来计算所监控的有效样本的大小(ESS)[见式(3.58)]。ESS在1(退化，只是一个有着所有权重的样本)和 $N$(非退化，所有样本具有相同的权重)之间取值。因此，过小的有效样本数将表明退化出现，即如果 $\mathrm{ESS}_t$ 跌落到指定阈值之下，就应该进行重采样。

### 3.6.3 小结

SMC采样是一种先进的采样方法，它可以帮助我们从复杂的概率分布中生成样本，是将粒子滤波这种目标跟踪领域颇受推崇的技术的思想与MCMC方法结合起来的一种方法。

影响SMC采样器性能的主要因素如下。

- L 核的形式 $L_i(\boldsymbol{\theta}_{i+1}, \boldsymbol{\theta}_i)$；
- 前向转移核的形式 $K_t(\boldsymbol{\theta}_{t-1}, \boldsymbol{\theta}_t)$；
- 目标分布序列 $\pi_1(\boldsymbol{\theta})$，…，$\pi_T(\boldsymbol{\theta})$。

尽管 SMC 采样器的编码实现起来相对容易，性能优良，对不具有使用 MCMC 和粒子滤波方法经验的读者，还是不推荐使用 SMC 采样器。

将粒子滤波与 MCMC 方法联合起来，共同解决通用贝叶斯推断问题，是当前迅速发展的研究课题，近年来涌现出许多值得关注的论文(Andrieu et al., 2010)。

## 3.7　变分贝叶斯方法

### 3.7.1　引言

变分贝叶斯方法是用非平凡贝叶斯后验分布近似贝叶斯采样方案(如 MCMC 算法)的方法。自 20 世纪 90 年代晚期，此类方法就已频繁出现在机器学习的文献中。使用者用比较简单的变分分布近似后验分布。然后，将这个变分分布代替实际的后验分布，用于后续的计算当中，例如在贝叶斯分类器中用式(3.1)确定预测密度。

本节讨论如何用变分贝叶斯方法进行贝叶斯推断，并给出一个简单的示例。关于变分贝叶斯方法的更详细论述可参阅 Bishop(2007)及博士论文 Beal(2003)和 Winn(2004)。相关的学习教程可见 Jaakkola(2000)和 Tzikas et al. (2008)。

### 3.7.2　描述

设有测量值(观测数据) $\mathcal{D}$ 及一组参数 $\boldsymbol{\theta}$。在标准贝叶斯方法中，用概率密度函数 $p(\boldsymbol{\theta}|\mathcal{D})$ 表示后验分布，然后进行关于该后验分布的推断。变分贝叶斯方法试图用概率密度函数 $q(\boldsymbol{\theta})$ 近似 $p(\boldsymbol{\theta}|\mathcal{D})$，称为变分近似。为了度量 $q(\boldsymbol{\theta})$ 与 $p(\boldsymbol{\theta}|\mathcal{D})$ 之间的接近度，引进 Kullback-Leibler(KL)偏差(又称为 KL 交叉熵测度)如下：

$$\mathrm{KL}(q(\boldsymbol{\theta})|p(\boldsymbol{\theta}|\mathcal{D})) = \int q(\boldsymbol{\theta})\log\left(\frac{q(\boldsymbol{\theta})}{p(\boldsymbol{\theta}|\mathcal{D})}\right)\mathrm{d}\boldsymbol{\theta}$$

如果参数 $\boldsymbol{\theta}$ 离散而非连续，则用求和替换上式中的积分。KL 偏差满足 $KL(q(\boldsymbol{\theta})|p(\boldsymbol{\theta}|\mathcal{D})) \geqslant 0$，当且仅当 $q(\boldsymbol{\theta}) = p(\boldsymbol{\theta}|\mathcal{D})$ 时不等式取等号。变分贝叶斯方法是在一个 $q(\boldsymbol{\theta})$ 的约束下，寻求 $\mathrm{KL}(q(\boldsymbol{\theta})|p(\boldsymbol{\theta}|\mathcal{D}))$ 的极小值。一般将 $q(\boldsymbol{\theta})$ 分解为 $\boldsymbol{\theta}$ 的各分量的边缘密度的乘积，例如

$$q(\boldsymbol{\theta}) = \prod_{i=1}^{k} q_i(\boldsymbol{\theta}_i) \tag{3.59}$$

其中，$\boldsymbol{\theta} = \boldsymbol{\theta}_1 \cup \boldsymbol{\theta}_2 \cup \cdots \cup \boldsymbol{\theta}_k$ 且 $i \neq j$ 时，$\boldsymbol{\theta}_i \cap \boldsymbol{\theta}_j = \varnothing$(即数据集覆盖 $\boldsymbol{\theta}$，且各不相交)。借助统计物理学中的类似关系，该因式分解有时称为平均场近似。

先不尝试将偏差 KL 直接最小化，而是先定义

$$L(q(\boldsymbol{\theta})) = \int q(\boldsymbol{\theta})\log\left(\frac{p(\mathcal{D},\boldsymbol{\theta})}{q(\boldsymbol{\theta})}\right)\mathrm{d}\boldsymbol{\theta} \tag{3.60}$$

注意，

$$\log(p(\mathcal{D})) = L(q(\boldsymbol{\theta})) + \mathrm{KL}(q(\boldsymbol{\theta})|p(\boldsymbol{\theta}|\mathcal{D})) \tag{3.61}$$

其中，$p(\mathcal{D})$ 是数据的边缘密度，$\log(p(\mathcal{D}))$ 经常称为模型的 log-evidence。由于 $p(\mathcal{D})$ 与选择 $q(\boldsymbol{\theta})$ 无关，最小化 $\mathrm{KL}(q(\boldsymbol{\theta}) \mid p(\boldsymbol{\theta} \mid \mathcal{D}))$ 等价于最大化 $L(q(\boldsymbol{\theta}))$。因此，变分贝叶斯方法是在 $q(\boldsymbol{\theta})$ 的约束下，寻求 $L(q(\boldsymbol{\theta}))$ 的极大值。

推导出变分贝叶斯方法的其他思路是，注意到 $L(q(\boldsymbol{\theta}))$ 是对数边缘密度 $p(\mathcal{D})$ 的下边界，这就启发人们试图寻求边缘密度下边界的极大值，这是不直接计算 KL 偏差的通常做法，依据是下式成立：

$$\begin{aligned}\log(p(\mathcal{D})) &= \log\left(\int p(\mathcal{D},\boldsymbol{\theta})\mathrm{d}\boldsymbol{\theta}\right)\\ &= \log\left(\int q(\boldsymbol{\theta})\frac{p(\mathcal{D},\boldsymbol{\theta})}{q(\boldsymbol{\theta})}\mathrm{d}\boldsymbol{\theta}\right)\\ &\geqslant \int q(\boldsymbol{\theta})\log\left(\frac{p(\mathcal{D},\boldsymbol{\theta})}{q(\boldsymbol{\theta})}\right)\mathrm{d}\boldsymbol{\theta} = L(q(\boldsymbol{\theta}))\end{aligned}$$

其中，中间行的等式适用于定义在 $p(\mathcal{D}, \boldsymbol{\theta})$ 的相同定义域上的任何分布 $q(\boldsymbol{\theta})$，最后一行不等式源于使用了应用到对数函数上的 Jensen 不等式：

$$\mathrm{E}[\log(T)] \leqslant \log(\mathrm{E}[T])$$

变分贝叶斯方法表述中的术语"变分"与采用怎样的基本优化方法的形式有关。人们定义一个函数映射，得到期望概率密度函数和变分近似，并返回一个真实值的输出(两者之间的 KL 偏差)。在一些约束(通常为因式分解形式)下，变分贝叶斯方法寻求那个使输出获得极小值的变分近似，也就是寻求一个使泛函映射最小化的输入函数。这是数学领域里称为变分学的一般性问题。

#### 3.7.2.1 KL 偏差

注意，KL 偏差不是对称的，原因是对于一般性的分布，有

$$\mathrm{KL}(q(\boldsymbol{\theta})|p(\boldsymbol{\theta}|\mathcal{D})) \neq \mathrm{KL}(p(\boldsymbol{\theta}|\mathcal{D})|q(\boldsymbol{\theta}))$$

正如 Winn(2004)所指出的，对于 $\mathrm{KL}(q(\boldsymbol{\theta}) \mid p(\boldsymbol{\theta} \mid \mathcal{D}))$，变分贝叶斯的最小化(而非 $\mathrm{KL}(q(\boldsymbol{\theta}) \mid p(\boldsymbol{\theta} \mid \mathcal{D}))$ 最小化的逆向选择)会极大地影响所产生的近似分布的性质。对于最小化 $\mathrm{KL}(q(\boldsymbol{\theta}) \mid p(\boldsymbol{\theta} \mid \mathcal{D}))$ 的 $q(\boldsymbol{\theta})$，其概率密度完全位于 $p(\boldsymbol{\theta} \mid \mathcal{D})$ 的高概率区域内，但并不覆盖 $p(\boldsymbol{\theta} \mid \mathcal{D})$ 的所有高概率区域。与其相反，对于最小化 $\mathrm{KL}(p(\boldsymbol{\theta} \mid \mathcal{D}) \mid q(\boldsymbol{\theta}))$ 的 $q(\boldsymbol{\theta})$，其概率密度覆盖 $p(\boldsymbol{\theta} \mid \mathcal{D})$ 的所有高概率区域，这导致 $q(\boldsymbol{\theta})$ 高但 $p(\boldsymbol{\theta} \mid \mathcal{D})$ 低的区域存在。

图 3.11 是一个简单的示例，其中后验分布 $p(x)$ 为二元正态混合分布，近似分布 $q(x)$ 则仅为单变量的正态分布，因此不能用其如实地近似 $p(x)$。实线表示目标概率密度函数 $p(x)$，虚线表示(但凭经验)概率密度函数 $q(x)$，该函数使 KL 偏差 $\mathrm{KL}(q(x) \mid p(x))$ 最小化(这个经验取决于以网格的形式对近似正态分布的均值和标准差所展开的搜索)。在一种模式的 $p(x)$ 中，这个分布的概率密度几乎处处存在。点线表示(但凭经验)概率密度函数 $q(x)$，该函数使 $\mathrm{KL}(p(x) \mid q(x))$ 最小化。这个分布覆盖 $p(x)$ 的所有高概率区域，即使这导致将高密度区域分配到 $p(x)$ 的低概率区域(即两种模式之间的区域)。

在给定的应用中，如果顾及可能的丢失 $p(\boldsymbol{\theta} \mid \mathcal{D})$ 的高概率区域所产生的严重影响，就应该使用另一种变分贝叶斯方法，例如本章早期谈及的采样方法。

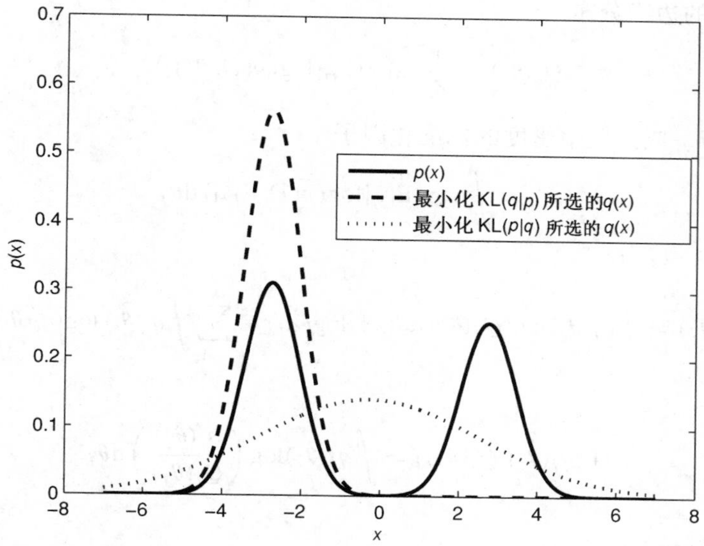


图 3.11　目标密度 $p(x)$ 为双模态、近似分布 $q(x)$ 为单模态时，KL 偏差二选其一的分布示例

### 3.7.3　分解为因子的变分近似

对于变分分布，假设使用式(3.59)给出的因子近似式，则式(3.60)所定义的 $L(q(\boldsymbol{\theta}))$ 如下：

$$
\begin{aligned}
L(q(\boldsymbol{\theta})) &= \int \left(\prod_{i=1}^{k} q_i(\boldsymbol{\theta}_i)\right) \log\left(\frac{p(\mathcal{D},\boldsymbol{\theta})}{\prod_{r=1}^{k} q_r(\boldsymbol{\theta}_r)}\right) \mathrm{d}\boldsymbol{\theta} \\
&= \int \left(\prod_{i=1}^{k} q_i(\boldsymbol{\theta}_i)\right) \log(p(\mathcal{D},\boldsymbol{\theta}))\mathrm{d}\boldsymbol{\theta} - \int \left(\prod_{i=1}^{k} q_i(\boldsymbol{\theta}_i)\right)\left(\sum_{r=1}^{k} \log(q_r(\boldsymbol{\theta}_r))\right)\mathrm{d}\boldsymbol{\theta} \\
&= \int \left(\prod_{i=1}^{k} q_i(\boldsymbol{\theta}_i)\right) \log(p(\mathcal{D},\boldsymbol{\theta}))\mathrm{d}\boldsymbol{\theta} - \sum_{i=1}^{k} \int q_i(\boldsymbol{\theta}_i)\log(q_i(\boldsymbol{\theta}_i))\mathrm{d}\boldsymbol{\theta}_i
\end{aligned} \tag{3.62}
$$

由最后一步推导所得的等式知

$$
\int \left(\prod_{i=1}^{k} q_i(\boldsymbol{\theta}_i)\right) \log(q_r(\boldsymbol{\theta}_r))\mathrm{d}\boldsymbol{\theta} = \int q_r(\boldsymbol{\theta}_r)\log(q_r(\boldsymbol{\theta}_r))\mathrm{d}\boldsymbol{\theta}_r
$$

变分法能够在 $L(q(\boldsymbol{\theta}))$ 取得局部极小值时为 $q_i(\boldsymbol{\theta}_i)$ 提供方程式。而 Winn(2004)所给出的等式推导则更易于理解，描述如下。定义

$$
\mathrm{E}_{(j)}[\log(p(\mathcal{D},\boldsymbol{\theta}))] = \int \log(p(\mathcal{D},\boldsymbol{\theta}))\left(\prod_{i\neq j} q_i(\boldsymbol{\theta}_i)\mathrm{d}\boldsymbol{\theta}_i\right)
$$

这是 $\log(p(\mathcal{D},\boldsymbol{\theta}))$ 的期望与各变分分布因子(不含 $q_j(\boldsymbol{\theta}_j)$)之间的关系式，式(3.62)对特定因子 $q_j(\boldsymbol{\theta}_j)$ 的依存关系可以写成

$$
L(q(\boldsymbol{\theta})) = \int q_j(\boldsymbol{\theta}_j)\mathrm{E}_{(j)}[\log(p(\mathcal{D},\boldsymbol{\theta}))]\mathrm{d}\boldsymbol{\theta}_j - \sum_{i=1}^{k}\int q_i(\boldsymbol{\theta}_i)\log(q_i(\boldsymbol{\theta}_i))\mathrm{d}\boldsymbol{\theta}_i \tag{3.63}
$$

于是，定义一个新的边缘分布

$$Q_j(\boldsymbol{\theta}_j) = \frac{1}{Z_j}\exp\left(\mathrm{E}_{(j)}[\log(p(\mathcal{D},\boldsymbol{\theta}))]\right)$$

其中，$Z_j$ 是使 $Q_j(\boldsymbol{\theta}_j)$ 成为概率密度的标准化因子

$$Z_j = \int \exp\left(\mathrm{E}_{(j)}[\log(p(\mathcal{D},\boldsymbol{\theta}))]\right)\mathrm{d}\boldsymbol{\theta}_j$$

于是，可将式(3.63)写为

$$L(q(\boldsymbol{\theta})) = \int q_j(\boldsymbol{\theta}_j)\log(Q_j(\boldsymbol{\theta}_j))\mathrm{d}\boldsymbol{\theta}_j + \log(Z_j) - \sum_{i=1}^{k}\int q_i(\boldsymbol{\theta}_i)\log(q_i(\boldsymbol{\theta}_i))\mathrm{d}\boldsymbol{\theta}_i$$

这时

$$\mathrm{KL}(q_j(\boldsymbol{\theta}_j)|Q_j(\boldsymbol{\theta}_j)) = \int q_j(\boldsymbol{\theta}_j)\log\left(\frac{q_j(\boldsymbol{\theta}_j)}{Q_j(\boldsymbol{\theta}_j)}\right)\mathrm{d}\boldsymbol{\theta}_j$$

所以

$$L(q(\boldsymbol{\theta})) = -\mathrm{KL}(q_j(\boldsymbol{\theta}_j)|Q_j(\boldsymbol{\theta}_j)) + \log(Z_j) - \sum_{i\neq j}\int q_i(\boldsymbol{\theta}_i)\log(q_i(\boldsymbol{\theta}_i))\mathrm{d}\boldsymbol{\theta}_i$$

其中，仅第一项与 $q_j(\boldsymbol{\theta}_j)$ 有关。因此，为求 $L(q(\boldsymbol{\theta}))$ 关于因子 $q_j(\boldsymbol{\theta}_j)$ 的极大值，仅需求 KL 偏差 $KL(q_j(\boldsymbol{\theta}_j)\mid Q_j(\boldsymbol{\theta}_j))$ 的极小值。这时，令

$$q_j(\boldsymbol{\theta}_j) = Q_j(\boldsymbol{\theta}_j) = \frac{1}{Z_j}\exp\left(\mathrm{E}_{(j)}[\log(p(\mathcal{D},\boldsymbol{\theta}))]\right)$$

将其写成对数的形式：

$$\log(q_j(\boldsymbol{\theta}_j)) = \mathrm{E}_{(j)}[\log(p(\mathcal{D},\boldsymbol{\theta}))] + \text{常数} \tag{3.64}$$

其中的常数是为将分布标准化而加入的。

为求出式(3.64)的结果，需要变分分布因子 $q_i(\boldsymbol{\theta}_i)$，$i \neq j$。因此，对每一因子 $q_i(\boldsymbol{\theta}_i)$ 重复该方法可导出 $k$ 组等式，通过迭代估计便可得解：

- 将因子 $q_j(\boldsymbol{\theta}_j)$，$j = 2, \cdots, k$ 初始化。初始化的准确形式将随考虑问题的特点而变化。正如3.7.4节的例子所示出的，初始化不一定要求分布的全部，也就是说，有总体统计量通常就足够了。
- 依次更新 $q_j(\boldsymbol{\theta}_j)$，$j = 1, \cdots, k$，每一次都使用 $q_i(\boldsymbol{\theta}_i)$，$i \neq j$ 的最新估计计算式(3.64)。
- 重复以上步骤直至收敛。

由于对 $q_j(\boldsymbol{\theta}_j)$ 的更新是依次进行的，使以上过程的每一步都会增加(或保持) $L(\boldsymbol{\theta})$ 的下限值。那么，在每次迭代之后就计算 $L(\boldsymbol{\theta})$，这样就能监控迭代过程的收敛性。不过，特别要留意迭代过程可能仅收敛于局部极大值。在更新过程中，可以重新排列各因子的顺序。

### 3.7.4 简单的例子

为了说明变分贝叶斯方法，用类似3.4.2节说明吉布斯采样器时的方法，来考虑相同的单变量正态分布问题。数据服从均值为 $\mu$ 且方差为 $\sigma^2$ 的正态分布，$\mu$ 的先验分布是 $N(\mu_0, \sigma^2/\lambda_0)$，$\tau = 1/\sigma^2$ 的先验分布是伽马分布，其形状参数为 $\alpha_0$，逆尺度参数为 $\beta_0$，因此 $\sigma^2$ 服从逆伽马分布，其形状参数为 $\alpha_0$，尺度参数为 $\beta_0$。

下面用变分贝叶斯方法来近似 $\mu$ 和 $\sigma^2$ 的后验分布，所用数据来自分布为 $N(\mu, \sigma^2)$ 的独立测量值 $x_1, \cdots, x_n$，变分分布 $q(\mu, \tau)$ 为经因式分解形成的边缘分布的乘积：

$$q(\mu, \tau) = q_\mu(\mu) q_\tau(\tau) \tag{3.65}$$

#### 3.7.4.1　因子 $q_\mu(\mu)$

利用式(3.64)，可得到 $q_\mu(\mu)$ 的表达式如下：

$$\log(q_\mu(\mu)) = \int_\tau q(\tau)\log(p(x_1, \cdots, x_n, \mu, \tau))\mathrm{d}\tau + 常数 \tag{3.66}$$

根据 3.4.2 节的式(3.48)，忽略与 $\mu$ 和 $\tau$ 无关的相加项，便可将 $\log(p(x_1, \cdots, x_n, \mu, \tau))$ 表示为

$$\begin{aligned}\log(p(x_1, \cdots, x_n, \mu, \tau)) = &-\tau\left(\beta_0 + \frac{\sum_{i=1}^n (x_i - \mu)^2 + \lambda_0(\mu - \mu_0)^2}{2}\right) \\ &+ \left(\alpha_0 + \frac{n+1}{2} - 1\right)\log(\tau) + 常数\end{aligned} \tag{3.67}$$

完成对 $\mu$ 的平方运算，并将与 $\mu$ 无关的相加项收入式(3.66)中的标准化常数中，得到

$$\log(q_\mu(\mu)) = \frac{-1}{2}\left(\int_\tau \tau q(\tau)\mathrm{d}\tau\right)\lambda_n(\mu - \mu_n)^2 + 常数$$

其中，

$$\begin{aligned}\lambda_n &= \lambda_0 + n \\ \mu_n &= (\lambda_0\mu_0 + n\bar{x})/\lambda_n\end{aligned} \tag{3.68}$$

$\bar{x}$ 为 $\{x_1, \cdots, x_n\}$ 的均值。因此

$$q_\mu(\mu) \propto \exp\left(\frac{-1}{2}\lambda_n E_{q_\tau}[\tau](\mu - \mu_n)^2\right) \tag{3.69}$$

其中，$E_{q\tau}[\tau]$ 是变分分布 $q_\tau(\tau)$ 之下 $\tau$ 的期望值。对比式(3.69)和正态分布的概率密度函数，可归纳出

$$q_\mu(\mu) = N\left(\mu; \mu_n, (\lambda_n E_{q_\tau}[\tau])^{-1}\right) \tag{3.70}$$

即 $q_\mu(\mu)$ 有一个正态概率密度函数，其均值为 $\mu_n$ 且方差为 $(\lambda_n E_{q\tau}[\tau])^{-1}$。显然，其仅通过 $\tau$ 在变分分布因子 $q_\tau(\tau)$ 下的均值 $E_{q\tau}[\tau]$ 依赖于 $q_\tau(\tau)$。注意，这个正态分布完全产生于对式(3.64)的详述，在算法设计中并不做如此假设。

#### 3.7.4.2　因子 $q_\tau(\tau)$

对于 $q_\tau(\tau)$，我们有

$$\log(q_\tau(\tau)) = \int_\mu q(\mu)\log(p(x_1, \cdots, x_n, \mu, \tau))\mathrm{d}\mu + 常数$$

从式(3.67)开始，将 $\log(p(x_1, \cdots, x_n, \mu, \tau))$ 进行扩展、整理，使之成为

$$\log(p(x_1, \cdots, x_n, \mu, \tau)) = -\tau\left(\beta_0 + \lambda_n\left(\mu^2/2 - \mu_n\mu\right) + \gamma_n\right) + (\alpha_n - 1)\log(\tau) + 常数$$

其中，

$$\begin{aligned}\alpha_n &= \alpha_0 + (n+1)/2 \\ \gamma_n &= \frac{1}{2}\left(\lambda_0\mu_0^2 + \sum_{i=1}^n x_i^2\right)\end{aligned}$$

因此

$$\log(q_\tau(\tau)) = (\alpha_n - 1)\log(\tau) - \tau\beta_{\{E_\mu[\mu],E_\mu[\mu^2]\}} + \text{常数}$$

在这里

$$\beta_{\{E_\mu[\mu],E_\mu[\mu^2]\}} = \beta_0 + \lambda_n(E_\mu[\mu^2]/2 - \mu_n E_\mu[\mu]) + \gamma_n \tag{3.71}$$

这就给出了对$\tau$的变分因子的伽马分布：

$$q_\tau(\tau) = \text{Ga}(\tau; \alpha_n, \beta_n(E_\mu[\mu], E_\mu[\mu^2])) \tag{3.72}$$

凭借 $E_{q\mu}[\mu]$ 和 $E_{q\mu}[\mu^2]$ 这两个量，即关于 $\mu$ 的变分分布的前两个分量，使之仅取决于 $q_\mu(\mu)$。如同因子 $q_\mu(\mu)$，注意该 $q_\tau(\tau)$ 的形式(在伽马分布的情形下)完全产生于对式(3.64)的详述，在算法设计中并不做如此假设。

#### 3.7.4.3 优化过程

因此，该例的变分建模过程如下。

- 对 $\tau$的变分分布的均值 $E_{q\tau}[\tau]$ 进行初始化。
- 置$E_{q\mu}[\mu] = \mu_n$，其中$\mu_n$ 根据式(3.68)算得。在整个建模过程中，保持该值不变。
- 重复以下步骤直至过程收敛。
  - 令 $E_{q\mu}[\mu^2] = (\lambda_n E_{q\tau}[\tau])^{-1} + \mu_n^2$，这是均值为$\mu_n$ 且方差为 $(\lambda_n E_{q\tau}[\tau])^{-1}$ 的正态分布的二阶矩，用对 $E_{q\tau}[\tau]$ 的最新估计进行计算。
  - 用 $E_{q\mu}[\mu^2]$ 的最新估计和 $E_{q\mu}[\mu]$ 的常数值，根据式(3.71)计算 $\beta_{\{E_\mu[\mu],\ E_\mu[\mu^2]\}}$。
  - 令 $E_{q\tau}[\tau] = \alpha_n/\beta_{\{E_\mu[\mu],\ E_\mu[\mu^2]\}}$，这是形状参数为 $\alpha_n$ 且逆尺度参数为$\beta_{\{E_\mu[\mu],\ E_\mu[\mu^2]\}}$ 的伽马分布的均值。

一旦发现计算统计量 $E_{q\tau}[\tau]$ 和 $E_{q\mu}[\mu^2]$ 的变化很小，就可以确认上述过程收敛。另外，迭代过程中，还可以计算和监测式(3.62)所定义的下限 $L(q(\mu, \tau))$。在本例中，对于给定伽马分布和正态分布的情况，所涉及的计算是比较简单的。

对于收敛的过程，变分分布的因子由式(3.70)和式(3.72)所确定，其中的统计量为收敛后的量。在各项其他计算中，均可用这个变分分布代替后验概率。例如，将变分分布用于基于贝叶斯规则的分类器中，即可用于估计预测密度[见式(3.1)]。然而，在这一点上，应该特别注意，此例有解析解可用(见 3.4.2 节)，因此也就不必要使用上述变分贝叶斯方法。举此例的用意在于，该例所用步骤与更复杂问题所要采用的步骤相似，而那些复杂问题可能无解析解可用。

#### 3.7.4.4 例子结果

此例所用数据 $x_i$ 由标准正态分布的20 个点组成。$\mu$ 和 $\tau = 1/\sigma^2$ 的先验分布参数为 $\lambda_0 = 1$，$\mu_0 = 1$，$\alpha_0 = 1/2$，$\beta_0 = 1/2$。

将变分贝叶斯概率密度函数展现于一个网格中，如图 3.12(a)所示。图 3.12(b)为其实际概率密度函数。图 3.13 展示了两幅图的实际误差，即 $p(\mu, \tau | x_1, \cdots, x_{20}) - q(\mu, \tau)$，显然负的误差值表示变分密度大于实际密度，因此由图 3.13 可知，变分分布的模式比实际后验分布更紧凑。表 3.2 给出了总体统计量 $\mu$ 和 $\sigma^2$ 的取值，所用数据与 3.4.2 节的 MCMC 例子所用数值相同。结果是变分值接近于真实值，而唯有其方差估计误差比 MCMC 大。

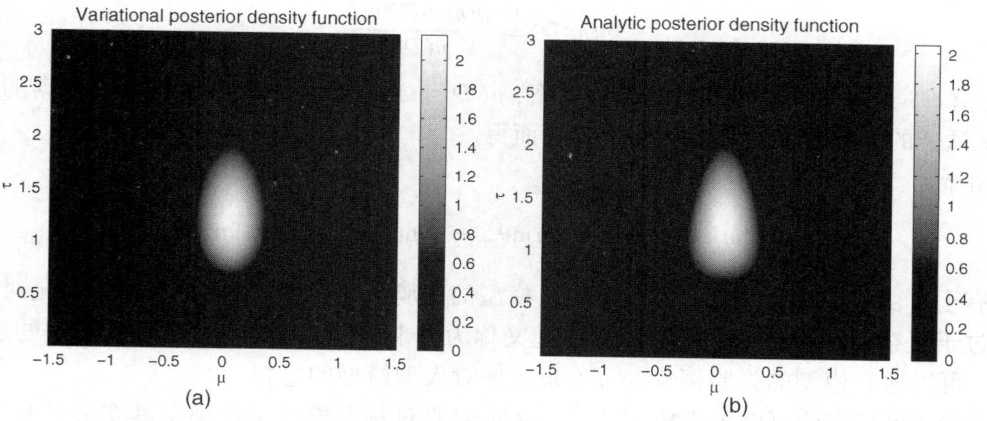


图 3.12　(a)概率密度函数的变分贝叶斯估计；(b)实际概率密度函数

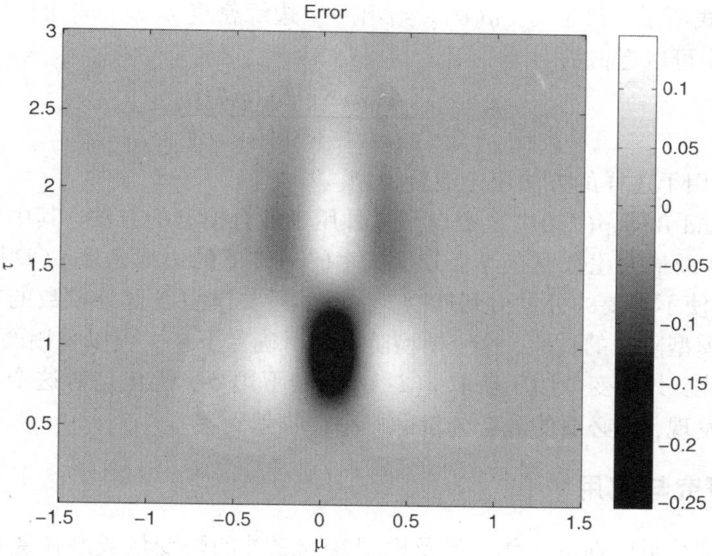


图 3.13　实际概率密度函数与变分后验密度函数之间的误差，即 $p(\mu, \tau \mid x_1, \cdots, x_{20}) - q(\mu, \tau)$

**表 3.2　$\mu$ 和 $\sigma^2$ 的汇总统计量。真实值由已知边缘后验密度算得。MCMC 运行结果与表3.1相同。变分值是变分分布的解析计算结果**

| | 真　实　值 | 短序列运行结果 | 长序列运行结果 | 变分结果 |
|---|---|---|---|---|
| $\mu$ 的均值 | 0.063 | 0.082 | 0.063 | 0.063 |
| $\mu$ 的方差 | 0.039 | 0.042 | 0.039 | 0.035 |
| $\sigma^2$ 的均值 | 0.83 | 0.83 | 0.82 | 0.082 |
| $\sigma^2$ 的方差 | 0.081 | 0.085 | 0.079 | 0.075 |

## 3.7.5　模型选择中的运用

现在我们有意把问题转到基于观察数据 $\mathcal{D}$ 的模型选择。例如，为一个混合模型确定最合适的分量数。模型的后验分布可以写为

$$p(m|\mathcal{D})=\frac{p(m)p(\mathcal{D}|m)}{p(\mathcal{D})}$$

其中，$p(m)$ 是第 $m$ 个模型结构的先验概率，$p(\mathcal{D}\mid m)$ 是第 $m$ 个模型结构下的数据的边缘密度，最适合的模型通过最大化 $p(m\mid\mathcal{D})$ ①而得。

由于

$$p(\mathcal{D}|m)=\int p(\mathcal{D},\boldsymbol{\theta}_m|m)\mathrm{d}\boldsymbol{\theta}_m=\int p(\mathcal{D}|\boldsymbol{\theta}_m,m)p(\boldsymbol{\theta}_m|m)\mathrm{d}\boldsymbol{\theta}_m$$

与具有小自由度的模型相比，大自由度下模型的先验分布 $p(\boldsymbol{\theta}_m\mid m)$ 更分散，这是对其模型结构过于复杂的一种惩罚。这种有效原理又称为奥卡姆剃刀原理，可以降低模型的过拟合。此外，可以通过模型的先验概率 $p(m)$ 来实现对大型模型的惩罚。

变分贝叶斯方法可以用于模型选择，这时需要对每个模型结构确定其变分贝叶斯近似。那么，对于第 $m$ 个模型结构，要将 $L_m(q(\boldsymbol{\theta}))$ 进行以模型参数 $\boldsymbol{\theta}$ 为自变量的优化处理。如式(3.61)的展开式所示，每个 $L_m(q(\boldsymbol{\theta}))$ 给出一个边缘密度 $p(\mathcal{D}\mid m)$ 的对数的下限。因此，后验模型阶次概率可以近似为

$$p(m|\mathcal{D})\approx\frac{p(m)\exp(L_m(q(\boldsymbol{\theta})))}{\sum_{m'}p(m')\exp(L_{m'}(q(\boldsymbol{\theta})))}$$

Attias(2000)就使用了这样的方法用于混合模型。

Corduneanu and Bishop(2001)也提出了一种用于混合模型的方法，其中指出，通过优化混合分量的概率，从而最大化数据在混合分量概率的条件下的边缘密度 $p(\mathcal{D}\mid\boldsymbol{\pi})$（$\boldsymbol{\pi}$ 是混合分量概率向量)，将使不必要的分量得到抑制。因此，只要模型混合分量数的初始值足够大，不需要做许多不同模型阶次的试验，这个模型阶次就可确定下来。可以采用两步迭代程序，即交替使用变分与优化，其中变分用于获取 $p(\mathcal{D}\mid\boldsymbol{\pi})$ 的下边界，优化是对这个下边界进行针对 $\boldsymbol{\pi}$ 的最大化。可以发现，不必要的混合分量的概率会收敛到零。

### 3.7.6 拓展研究与应用

有许多关于变分贝叶斯的工作已涉及模型参数之外的隐变量或潜在变量问题。对于混合模型而言，这些隐藏变量就是缺失的数据测量值 $\boldsymbol{x}_i$ 的标签 $z_i$（见第 2 章）。Beal(2003)从模型参数直接分离隐藏变量时，得出了变分贝叶斯等式，使变分贝叶斯方法和期望最大化算法之间的相似性突显出来。特别地，利用不受变分分布形式约束的变分贝叶斯方法，可以重新推导期望最大化算法，当该算法的计算难以施展时，通过对变分分布施加约束，例如进行因子分解或使用参数化的同族变分分布(如正态分布)，便可得到一种近似的期望最大化算法。

3.7.4 节用到的简单例子仅需要对式(3.65)进行因子分解就可以得到变分贝叶斯的解。而较复杂的问题则可能无法计算出所需表达式(3.64)的解析解，在这种情况下，可像 Beal (2003)所指出的，需要假定变分分布(如正态分布)的参数化形式，然后针对这些分布的参数，优化 $L(q(\boldsymbol{\theta}))$。

Bishop(1999)提出一种贝叶斯版本的主成分分析(见第 10 章)。该方法通过一种称为自动相关计算的方法，选择应保留的主成分分量的个数。这个自动相关计算方法对每个主成分的

① 注意，一个充分的贝叶斯处理应该在所有模型结构上进行积分。然而，从计算量角度看，这是不切实际的，因而一般只选用一个模型结构。

权向量使用一个超参数(先验分布的参数),该超参数可以'关闭'权向量的影响,从而有效降低应保留的主成分的个数(初始个数是可能的最大数)。变分方法用来确定后验分布,其中伴有在对变量的初始变分因式分解的基础上自动产生的附加因子。

Tzikas et al. (2008)展示了变分贝叶斯技术在线性回归和混合模型问题中的应用。对变分方法的早期介绍及其在图模型(如隐马尔可夫模型)中的应用可见 Jordan(1999)。McGrory and Titterington(2009)进一步推动了将变分贝叶斯方法用于隐马尔可夫模型(隐状态数量未知)的研究。

Attias(2000)将变分贝叶斯方法用于盲信号分离,即尝试分离线性混合信号。他将附加的参数化约束施加于一个因式形式的变分分布之上,因为无此约束会很难计算式(3.64)的问题。

Winn and Bishop(2005)[也可见 Winn(2004)]为了将变分推断应用到贝叶斯网络,推出一种变分消息传递算法。该方法将置信传播算法用于贝叶斯网络(Pearl, 1988),适用于共轭指数模型。共轭指数模型指其条件分布和先验分布均为指数类型的共轭模型(Bernardo and Smith, 1994)。为了方便变分贝叶斯技术的应用,一个称为 VIBES(Variational Inference in Bayesian Networks,贝叶斯网络中的变分推断)的程序包已被开发出来。

GGhahramani and Beal(1999)在重要性采样器(见 3.3.6 节)中为重要采样的建议分布计算变分分布,与单独利用变分分布相比,如此生成的加权样本更能真实再现实际的后验分布。变分方法的优势在于改进了重要性采样器工作效率,所提供的智能建议分布比朴素建议分布更胜一筹。

### 3.7.7 小结

与基于从后验分布中抽取样本的方法相比(例如 MCMC 采样,见 3.4 节),变分贝叶斯方法给出另一种近似完全贝叶斯推断方法。相对于贝叶斯采样方法的优势是降低了计算代价。变分贝叶斯最常见的形式是以因子分解式近似后验分布,这个被选中的因子分解式使实际后验分布的 KL 偏差最小。该方法可以用于模型选择,同时经不断地完善和改进,成功地用于许多实际问题中。

简化(例如因子分解)变分贝叶斯,可能无法预料因用变分贝叶斯分布去近似真实后验分布所造成的影响。与完全贝叶斯采样方法相比,当变分分布随分类器使用时,这会导致分类器性能的降低,并且程序经常收敛于局部极值。然而,对于某些问题来讲,这些潜在的性能下降可能是可接受的,因为与贝叶斯采样相比其计算代价减小了。

正如在使用 KL 偏差的讨论中所提及的,如果期望真实后验分布具有多种模式,则不便使用上述方法。这是因为变分近似经常趋于多模式中的一个模式,这个模式在很大程度上取决于变分过程的初始化结果、迭代优化过程中所更新的阶次,以及模式的相对后验概率。

## 3.8 近似贝叶斯计算

### 3.8.1 引言

在统计模式识别中,贝叶斯推断的核心问题是似然函数 $p(\mathcal{D}\mid\boldsymbol{\theta})$,即在给定但未知的模型参数 $\boldsymbol{\theta}$ 下,数据观测(或特征)值 $\mathcal{D}$ 的概率密度函数。按照贝叶斯定理,模型参数的后验分布用似然函数 $p(\mathcal{D}\mid\boldsymbol{\theta})$ 和先验分布 $p(\boldsymbol{\theta})$ 计算如下:

$$p(\boldsymbol{\theta}|\mathcal{D}) \propto p(\mathcal{D}|\boldsymbol{\theta})p(\boldsymbol{\theta})$$

迄今为止，在所考虑的各种情况中，似然函数 $p(\mathcal{D}\,|\,\boldsymbol{\theta})$ 的形式已知且可估计。然而，在一些复杂的情景中(例如，统计遗传学和环保研究中的问题)，似然函数是无法解析的，或难于计算的(例如可能要归纳出多个潜在的隐状态下的概率)。这会妨碍解析贝叶斯推断的使用，也会妨碍本章谈到的贝叶斯采样方案的使用，以及变分贝叶斯技术的使用。这是因为，这些方法和技术都需要似然函数知识或对似然函数的估计。

最初出现于统计遗传学领域(Tavaré et al., 1997; Pritchard et al., 1999; Beaumont et al., 2002)的近似贝叶斯计算(ABC)技术提供了一种无须估计似然函数便能取样于后验分布的方法，这是通过使用计算机仿真模型实现的，该模型对一组给定参数下所收集的测量值进行仿真。这里，不是估计似然函数，而是从似然分布中采样。如同标准贝叶斯采样算法，人们提出来自后验分布的潜在样本概念。然而，当接受、拒绝和权衡这些样本时，不是计算似然函数，而是通过算法对模拟数据和实际测量数据进行比较。

下文将介绍 3 种最常见的 ABC 采样器的形式，即 ABC 拒绝采样、ABC MCMC 采样和 ABC 总体蒙特卡罗采样。与之前讨论的贝叶斯采样结果不同，ABC 采样结果无法以 3.3.3 节所述方式用于贝叶斯分类器，这是因为分类规则要求估计每个类的似然函数[见式(3.40)]，ABC 采样算法应避开之。有一种可能，就是将分类决策注入 ABC 抽样算法中。因此，3.8.5 节将讨论一些模型选择 ABC 算法。ABC 算法中的模型选择是非常活跃的研究领域(Didelot et al., 2011)。

### 3.8.2 ABC 拒绝采样

设从后验分布 $p(\boldsymbol{\theta}\,|\,\mathcal{D})$ 中采样，该后验分布产生于先验分布 $p(\boldsymbol{\theta})$ 和似然分布 $p(\mathcal{D}\,|\,\boldsymbol{\theta})$，其中测量数据 $\mathcal{D}$ 是离散的。对于从后验分布中取样而言，拒绝抽样方法(见 3.3.4 节)如下：

1. 从 $p(\boldsymbol{\theta})$ 中采集一个样本点 $\boldsymbol{\theta}$。
2. 以概率 $p(\mathcal{D}\,|\,\boldsymbol{\theta})$ 接受 $\boldsymbol{\theta}$。

继续采样，直到产生足够数量的可接受样本。为了看出这是拒绝抽样，应注意 3.3.4 节所用的标记

$$g(\boldsymbol{\theta}) = p(\boldsymbol{\theta})p(\mathcal{D}|\boldsymbol{\theta}), \quad s(\boldsymbol{\theta}) = p(\boldsymbol{\theta}), \quad g(\boldsymbol{\theta})/s(\boldsymbol{\theta}) = p(\mathcal{D}|\boldsymbol{\theta})$$

由于数据 $\mathcal{D}$ 是离散的，$g(\boldsymbol{\theta})/s(\boldsymbol{\theta})$ 的上限 $A$ 为 1。因此，如果采自[0, 1]上的均匀分布的值小于或等于 $p(\mathcal{D}\,|\,\boldsymbol{\theta})$，则接受该样本，即以概率 $p(\mathcal{D}\,|\,\boldsymbol{\theta})$ 接受该样本。

设似然函数 $p(\mathcal{D}\,|\,\boldsymbol{\theta})$ 无法计算，但可以模拟该似然函数的测量值(例如，通过计算模型)。在这种情况下，离散测量数据的拒绝采样可用如下无约束似然过程取代：

1. 从 $p(\boldsymbol{\theta})$ 中采集一个样本点 $\boldsymbol{\theta}$。
2. 根据测量模型模拟 $\mathcal{D}'$，该测量模型用到了所采参数 $\boldsymbol{\theta}$。
3. 如果 $\mathcal{D}' = \mathcal{D}$，则接受 $\boldsymbol{\theta}$。

显然，上述过程相当于拒绝抽样算法，因为正如所需，生成等于 $\mathcal{D}$ 的离散数据样本 $\mathcal{D}'$ 的概率为 $p(\mathcal{D}\,|\,\boldsymbol{\theta})$。然而，如果具有连续的测量数据，那么这种做法并非适用，因为对于可接受样本来讲，其模拟数据必须等于其测量数据，在连续情况下，发生这种现象的概率为零。这时需要使用近似的方法，以导出如下形式的 ABC 拒绝采样(即适用于离散测量值，又适用于连续测量值)：

1. 从 $p(\boldsymbol{\theta})$ 中采集一个样本点 $\boldsymbol{\theta}$。
2. 根据测量模型模拟 $\mathcal{D}'$，该测量模型用到了所采参数 $\boldsymbol{\theta}$。
3. 如果 $\rho(\mathcal{D}, \mathcal{D}') \leqslant \epsilon$，则接受 $\boldsymbol{\theta}$。

此处，$\rho(\mathcal{D}, \mathcal{D}')$ 是实际测量值 $\mathcal{D}$ 和模拟测量值 $\mathcal{D}'$ 之间的一种距离度量（例如欧氏距离），且 ABC 距离容差 $\epsilon > 0$。从拒绝 ABC 采样抽取的样本与从后验分布抽取的样本近似，其近似度随 $\epsilon > 0$ 的降低而增加。因此，需要在近似度和计算效率之间的权衡下选择 $\epsilon$。显然，将很小的 $\epsilon$ 用于连续数据可能会导致大量的样本被拒绝，从而导致昂贵的计算成本。如果 $\epsilon = 0$，上述过程即为离散测量数据情况下的采样过程。

为了降低该方法因中、高维数据而造成的计算开销，通常考虑使用低维的数据的汇总统计量，而不是全部数据。假设计算出数据集 $\mathcal{D}$ 的汇总统计量 $S(\mathcal{D})$，ABC 拒绝采样方法就变为：

1. 从 $p(\boldsymbol{\theta})$ 中采集一个样本点 $\boldsymbol{\theta}$。
2. 根据测量模型模拟 $\mathcal{D}'$，该测量模型用到了所采参数 $\boldsymbol{\theta}$。
3. 根据模拟数据 $\mathcal{D}'$ 计算汇总统计 $S(\mathcal{D}')$。
4. 如果 $\rho_S(S(\mathcal{D}), S(\mathcal{D}')) \leqslant \epsilon$，则接受 $\boldsymbol{\theta}$。

此时，距离测度 $\rho_S(S, S')$ 作用于汇总统计量。如果汇总统计量是对 $\boldsymbol{\theta}$ 的充分统计量①，那么在逼近程度上，该方法与先前基于完整测量值的方法几乎相同。如果汇总统计量是不充分的，则其逼近程度会差一些，逼近的程度将取决于接近充分的程度。

虽然 ABC 拒绝算法易于实施，但它有标准拒绝抽样的所有缺点，特别是在先验分布和后验分布不相似时，会呈现出高拒绝率。ABC 抽样程序所额外引入的近似，又会加剧这个问题的恶化。当从测量分布生成样本的计算成本较高时，会促使人们增加接受阈值 $\epsilon$，随之而来的是样本近似质量的退化。

### 3.8.3 ABC MCMC 采样

ABC 拒绝采样计算效率的低下引发了更复杂的贝叶斯 ABC 采样方案的产生。其中，一种自由似然的 Metropolis-Hastings MCMC 采样算法（见 3.4.3 节）由 Marjoram et al.（2003）首次提出。

如同前述的 ABC 拒绝采样的做法，假设试图从后验分布 $p(\boldsymbol{\theta} \mid \mathcal{D})$ 中采集样本，测量数据 $D$ 或连续或离散，先验分布为 $p(\boldsymbol{\theta})$，似然函数 $p(\mathcal{D} \mid \boldsymbol{\theta})$ 不能进行解析计算，但可以具备其模拟测量值，汇总统计量 $S(\mathcal{D})$ 由数据 $\mathcal{D}$ 计算而得。

下面介绍 Metropolis-Hastings 算法，设 $\boldsymbol{\theta}^t$ 是来自后验分布的当前样本，建议分布为 $q(\boldsymbol{\theta} \mid \boldsymbol{\theta}^t)$，则在 ABC MCMC（Metropolis-Hastings）算法下一次迭代中，要做的是：

1. 从建议分布 $q(\boldsymbol{\theta} \mid \boldsymbol{\theta}^t)$ 中采集一个样本 $\boldsymbol{\theta}$。
2. 根据测量模型模拟 $\mathcal{D}'$，该测量模型用到了所采参数 $\boldsymbol{\theta}$。
3. 根据模拟数据 $\mathcal{D}'$ 计算总体统计 $S(\mathcal{D}')$。
4. 如果 $\rho_S(S(\mathcal{D}), S(\mathcal{D}')) \leqslant \epsilon$，则继续执行第 5 步，否则令 $\boldsymbol{\theta}^{t+1} = \boldsymbol{\theta}^t$，并跳至第 6 步。
5. 以概率 $a(\boldsymbol{\theta}^t, \boldsymbol{\theta})$ 令 $\boldsymbol{\theta}^{t+1} = \boldsymbol{\theta}$，其中

---

① 充分统计量是数据集的汇总统计量，即在有条件约束的统计中（Bernardo and Smith，1994），数据的分布独立于基本分布的参数。

$$a(\boldsymbol{\theta}^t, \boldsymbol{\theta}) = \min\left(1, \frac{p(\boldsymbol{\theta})q(\boldsymbol{\theta}^t|\boldsymbol{\theta})}{p(\boldsymbol{\theta}^t)q(\boldsymbol{\theta}|\boldsymbol{\theta}^t)}\right)$$

否则令 $\boldsymbol{\theta}^{t+1} = \boldsymbol{\theta}^t$。

6. 如果需要得到更多的样本，则从 $\boldsymbol{\theta}^{t+1}$ 开始重复上述过程。

注意，正如 ABC 拒绝采样，我们仍然使用汇总统计量完成距离度量 $\rho_S(S, S')$ 的计算，且 ABC 距离容差 $\epsilon > 0$。

对于离散数据 $\mathcal{D}$，上述采样器非近似版本的有效性可以通过精细平衡[见式(3.46)]加以证明。在非近似版本中，$\rho_S(S(\mathcal{D}), S(\mathcal{D}')) = \|\mathcal{D}' - \mathcal{D}\|$，$\epsilon = 0$（即，类似之前无须引入似然的拒绝采样算法，为了接受一个样本，需要 $\mathcal{D}' = \mathcal{D}$）。因此，从 $\boldsymbol{\theta}$ 非平凡移动到 $\boldsymbol{\theta}'$ 的转移（即一个可接受的移动 $\boldsymbol{\theta}' \neq \boldsymbol{\theta}$）核如下：

$$K(\boldsymbol{\theta}, \boldsymbol{\theta}') = q(\boldsymbol{\theta}'|\boldsymbol{\theta})p(\mathcal{D}|\boldsymbol{\theta}')a(\boldsymbol{\theta}, \boldsymbol{\theta}')$$

因此

$$\begin{aligned}
p(\boldsymbol{\theta}|\mathcal{D})K(\boldsymbol{\theta}, \boldsymbol{\theta}') &= = \frac{p(\mathcal{D}|\boldsymbol{\theta})p(\boldsymbol{\theta})}{p(\mathcal{D})}q(\boldsymbol{\theta}'|\boldsymbol{\theta})p(\mathcal{D}|\boldsymbol{\theta}')a(\boldsymbol{\theta}, \boldsymbol{\theta}') \\
&= \frac{p(\mathcal{D}|\boldsymbol{\theta}')p(\boldsymbol{\theta}')}{p(\mathcal{D})}\frac{p(\boldsymbol{\theta})}{p(\boldsymbol{\theta}')}\frac{q(\boldsymbol{\theta}'|\boldsymbol{\theta})}{q(\boldsymbol{\theta}|\boldsymbol{\theta}')}q(\boldsymbol{\theta}|\boldsymbol{\theta}')p(\mathcal{D}|\boldsymbol{\theta})a(\boldsymbol{\theta}, \boldsymbol{\theta}') \\
&= p(\boldsymbol{\theta}'|\mathcal{D})q(\boldsymbol{\theta}|\boldsymbol{\theta}')p(\mathcal{D}|\boldsymbol{\theta})\frac{q(\boldsymbol{\theta}'|\boldsymbol{\theta})p(\boldsymbol{\theta})}{q(\boldsymbol{\theta}|\boldsymbol{\theta}')p(\boldsymbol{\theta}')}\min\left(1, \frac{q(\boldsymbol{\theta}|\boldsymbol{\theta}')p(\boldsymbol{\theta}')}{q(\boldsymbol{\theta}'|\boldsymbol{\theta})p(\boldsymbol{\theta})}\right) \\
&= p(\boldsymbol{\theta}'|\mathcal{D})q(\boldsymbol{\theta}|\boldsymbol{\theta}')p(\mathcal{D}|\boldsymbol{\theta})a(\boldsymbol{\theta}', \boldsymbol{\theta}) \\
&= p(\boldsymbol{\theta}'|\mathcal{D})K(\boldsymbol{\theta}', \boldsymbol{\theta})
\end{aligned}$$

即我们得到了精细平衡。

ABC 的 MCMC 采样方案实践起来有一个困难，就是它陷入分布尾部的时间会过长，以至于需要运行很长一段时间方能获得较好的混合结果。出现这种问题的原因是，当用分布尾部的参数产生的模拟数据与测量数据匹配时，由于生成这些测量数据的参数可能不位于分布的尾部，因此匹配度较差，参数也就难以移出分布尾部。

### 3.8.4 ABC 总体蒙特卡罗采样

如果像 SMC 采样器(见 3.6 节)那样，通过一个系列的目标分布逐步地移动到感兴趣的分布，即可避免 ABC 算法的一些困境。这个系列的目标分布是后验分布的 ABC 近似序列，后验分布的距离偏差 $\epsilon$ 各不相同。具体而言，第 $t$ 个后验分布的 ABC 距离偏差为 $\epsilon_t$，$t = 1, \cdots, T$，$T$ 个偏差形成一个严格递减序列，即 $\epsilon_1 > \epsilon_2 > \cdots > \epsilon_T > 0$。设置 $\epsilon_T$ 足够小，以使由此形成的 ABC 近似后验分布能够更贴近实际的后验分布。使用这种递减偏差序列的目的是，对于较大的偏差，样本移动的步伐较大，因为这时模拟数据更容易被接受，这有助于最初的混合。随着距离偏差的减小，样本则更集中于实际的后验分布上。

上述方法的一个例子就是 ABC 总体蒙特卡罗(PMC)算法(Beaumont et al., 2009; Toni et al., 2009)。与本节所用的表述法相同，ABC PMC 算法如下所示。

- 初始化：以较大的 ABC 偏差 $\epsilon_1$ 履行 ABC 拒绝采样。继续此操作，直至接收到 $N$ 个样本 $\{\boldsymbol{\theta}_1^{(1)}, \cdots, \boldsymbol{\theta}_1^{(N)}\}$，但应注意接收到 $N$ 个样本所需的步骤将超过 $N$，因为其间会拒绝掉很多样本）。为选中样本指定相同的权值 $w_1^{(s)} = 1/N$，$s = 1, \cdots, N$。
- 对于第 $t$ 次迭代，$t = 2, \cdots, T$，
  - $i = 1, \cdots, N$：
    1. 根据概率 $\{w_{t-1}^{(1)}, \cdots, w_{t-1}^{(n)}\}$，从已有总体 $\{\boldsymbol{\theta}_{t-1}^{(1)}, \cdots, \boldsymbol{\theta}_{t-1}^{(N)}\}$ 中选出 $\boldsymbol{\theta}'$，即令 $\boldsymbol{\theta}' = \boldsymbol{\theta}_{t-1}^{(j)}$，概率为 $w_{t-1}^{(j)}$。
    2. 根据扰动核 $\psi(\boldsymbol{\theta}', \boldsymbol{\theta})$ 对选中的采样实施扰动，得出更新样本 $\boldsymbol{\theta}''$。例如，一个围绕 $\boldsymbol{\theta}'$ 的多变量正态分布可用作这个扰动核。
    3. 用采样参数 $\boldsymbol{\theta}''$ 模拟来自测量模型的 $\mathcal{D}'$。
    4. 用模拟数据 $\mathcal{D}'$ 计算汇总统计量 $S(\mathcal{D}')$。
    5. 如果 $\rho_S(S(\mathcal{D}), S(\mathcal{D}')) \leqslant \epsilon_t$，则继续执行第 6 步，否则返回到第 1 步。
    6. 令 $\boldsymbol{\theta}_t^{(i)} = \boldsymbol{\theta}''$。
    7. 用顺序重要性采样参数设置：

$$W_t^{(i)} = \frac{p(\boldsymbol{\theta}_t^{(i)})}{\sum_{s=1}^{N} w_{t-1}^{(s)} \psi(\boldsymbol{\theta}_{t-1}^{(s)}, \boldsymbol{\theta}_t^{(i)})}$$

    其中，$\psi(\boldsymbol{\theta}_{t-1}^{(s)}, \boldsymbol{\theta}_t^{(s)})$ 为扰动核的概率密度函数，例如使用多变量正态扰动时，$\psi(\boldsymbol{\theta}_{t-1}^{(s)}, \boldsymbol{\theta}_t^{(s)}) = N(\boldsymbol{\theta}_t^{(s)}; \boldsymbol{\theta}_{t-1}^{(s)}, \Omega)$，$\Omega$ 为其协方差矩阵。
  - 标准化权重：$w_t^{(i)} = W_t^{(i)} / (\sum_{s=1}^{n} W_t^{(s)})$，$i = 1, \cdots, N$。

### 3.8.5　模型选择

ABC 采样器输出的样本可用于估计感兴趣参数的汇总统计量。然而，正如在初步讨论时所指出的，这些样本不能用于贝叶斯分类器（如 3.3.3 节所论述的），因为这些分类器需要估计每个类的似然函数[见式(3.40)]。这种似然函数估计正是设计 ABC 算法时要特别避免的。

但是，在某些情况下，可以使用模型选择算法来确定对象所属的类（即模型）。Grelaud et al. (2009) 提出的 ABC 拒绝模型选择算法如下所示：

- 对于 $s = 1, \cdots, N$，
  1. 根据模型的先验概率 $\{\pi_1, \cdots, \pi_M\}$，抽出一个候选模型 $m'$，其中 $M$ 是模型的个数。
  2. 从模型 $m'$ 的参数的先验分布 $p(\boldsymbol{\theta} \mid m')$ 中采样得 $\boldsymbol{\theta}$。
  3. 对于第 $m'$ 个模型，用采样参数 $\boldsymbol{\theta}$ 模拟源于测量模型的数据 $\mathcal{D}'$。
  4. 用模拟数据 $\mathcal{D}'$ 计算汇总统计量 $S(\mathcal{D}')$。
  5. 如果 $\rho_S(S(\mathcal{D}), S(\mathcal{D}')) \leqslant \epsilon$，则接受该样本，并令 $m^{(s)} = m'$，$\boldsymbol{\theta}^{(s)} = \boldsymbol{\theta}$；否则，拒绝该样本，并返回到第 1 步。

一旦接收到 $N$ 个样本，边缘概率模型便可近似如下：

$$P(m = m' | \mathcal{D}) \approx \frac{1}{N} \sum_{s=1}^{N} I(m^{(s)} = m')$$

识别对象则被归于边缘概率最大的那个类。

上述方法适用于类的测量分布的参数模型各不相同的情形，对相同参数模型下参数值各

不相同的情形则不适用。不过，如果不同模型的先验参数分布 $P(\boldsymbol{\theta}/m)$ 实际上是由不同的训练集 $\mathcal{D}(a)$ 估计出的后验参数分布 $P(\boldsymbol{\theta} \mid \mathcal{D}_{(m)}, m)$，那么在常规的判别问题中依然可以使用这种方法。后验参数分布的估计需要构建在 ABC 取样之上。

Toni et al.(2009)和 Toni and Stumpf(2010)提出：用 ABC PMC 算法进行模型选择。Didelot et al.(2011)特别提醒，当在两个模型之间使用 ABC 去近似贝叶斯因子时①，模型选择中就会出现偏差，这种偏差因在 ABC 过程中使用了充分统计量而产生(Robert et al., 2011)。

### 3.8.6 小结

ABC 算法在似然函数难以解析求解或难以计算情况下的使用，推动了其在贝叶斯统计中的快速发展，但这时可能做到的仅是从中模拟数据的测量值。ABC 采样算法使用类似于标准贝叶斯算法的程序来采集样本，但对于接受、拒绝和权衡这些样本的工作，并非借助对似然函数的估计，而是通过对模拟数据测量值与实际测量数据的比较进行的，这种比较通常构建在基于数据的汇总统计量之上，如果与充分统计量相去甚远，则可能会引发不可接受的错误。使用 ABC 算法进行模型的选择进而用于实施分类，是一个活跃的研究领域，我们期待着对 ABC 拒绝模型选择算法的多种改进方案的出现。

## 3.9 应用研究举例

问题

该应用问题关注损坏和污染图像的自动恢复(Everitt and Glendinning, 2009)。

摘要

所用方法为用半参数模型将原始图像从损坏和污染的数据中恢复出来。为了既能估计出用来描述图像的已知物理特征(如灯光效果)的参数组分，又能估计出与用以描述原始图像的更灵活的半参数组分相关的权重，采用 MCMC 采样的贝叶斯法。

数据

所用数据为已损坏的标准 Lena 图像(这是为表现图像处理算法性能，通常会选用的图像)，其损坏由随机丢失脉冲(缺失率从 50% 到 95%)和一个全局非线性光照影响所致。还可使用检测闪烁伪影的脑电图(EEG)图形图像。

模型

所用方法用下式描述图像 $Y(x, z)$ 在 $(x, z)$ 处的取值：

$$Y(x,z) = f(\beta,x,z) + h(x,z) + Z(x,z)$$

其中，$Z(x, z)$ 表示独立的一致分布的白噪声，$f(\beta, x, z)$ 是参数分量，$h(x, z)$ 是局部平滑分量，用以描述原图像。

对于 Lena 图像，非线性光照影响由参数分量模拟。而对于脑电图应用，其闪烁伪影效果则实现于两种参数分量替代模型的考虑，模型 1 包含闪烁效果，模型 2 无闪烁效果。对于每一幅脑电图图像，用后验概率模型选择最佳拟合，以确定闪烁伪影是否发生。

---

① 贝叶斯因子可以用于对模型的比较，是两个被比较模型的后验比与两个被比较模型的先验比的比。

算法

用基函数展开的方法形成对非参数分量的模拟。用先验分布指定基函数的权重及参数分量的参数。Metropolis-within-Gibbs MCMC 方法（见 3.4.3 节）可用于从后验分布中采集样本。半参数模型的点估计，以及基于此的原始图像的估计，可通过后验样本均值获得。在脑电图应用中，一个附加的重要采样步骤用于估计后验概率模型。

结果

所用方法恢复出来的原始 Lena 图像仅在像素丢失的极端情况下出现大幅度扭曲。对于应用到脑电图的数据而言，所用方法总是将最大的后验模型的概率分配给的确（正确）带或不带闪烁伪影的样本。

## 3.10　应用研究

French and Smith（1997）一书汇集了贝叶斯方法的应用实例，涵盖临床医学、洪水灾害分析、核工厂可靠性和资产管理等方面的应用。Lock and Gelman（2010）使用分析贝叶斯推断，整合上一次的选举结果和选举前的民意调查，来预测 2008 年的美国大选。

随着计算能力的不断增加，实际应用中使用贝叶斯采样技术的比例获得显著提升。

- Copsey and Webb（2000）用 MCMC 处理正态混合模型，以对逆合成孔径雷达（ISAR）图像中的地面移动目标进行分类。
- Davy et al.（2002）用 MCMC 方法对蜂鸣信号进行分类，应用于雷达目标识别和汽车发动机的爆震检测。
- Bentow（1999）开发的 MCMC 算法用于评估协调的生态园地的稳定性，其中包括环境物种（或地点）的排序，类似的物种彼此靠近，不同物种一步分开。生态的协调性由生态学家用来研究环境因素对群落的影响。
- Lyons et al.（2008）利用在后期收集的生物监测数据，用 MCMC 采样的贝叶斯推理估计自来水中三氯甲烷浓度的后验分布以及环绕居室的空气。
- Everitt and Glendinning（2009）开发的 MCMC 算法用于损坏和污染图像的自动恢复，并用来识别脑电图图像中的闪烁伪影。
- Lane（2010）给出一个用于超分辨的贝叶斯方法，并在解析的和 MCMC 的两种方案中均已取得进展。这项工作已应用于基于雷达图像的自动目标探测和自动目标识别中。
- Maskell（2008）将贝叶斯模型用于信息融合，介绍了一个用粒子滤波对图像序列中的目标进行分类的例子。
- Doucet et al.（2001）给出了许多用粒子滤波方法估计序列参数的应用。这些应用包括目标跟踪、用光谱椭偏仪监控半导体的增长，以及与手势识别相关的人体动作跟踪。
- Montemerlo et al.（2003）将粒子滤波用于 FastSLAM 算法中，以实现同步定位与绘图（SLAM）。SLAM 是一种导航方法，它为穿越未知环境的自主车辆构建一张地图，同时估计该车辆在地图上的位置。由惯性导航系统提供的低精度运动估计通过获取一些地标的相关测量得以补充，环境地图通过估计地标位置而得。
- SMC 采样器已用于财务建模。Jasra et al.（2011）讨论了随机波动的股市数据的建模问题。Jasra and Del Moral（2011）讨论了 SMC 方法如何用于期权定价。

- Lane et al. (2009)开发了一个 SMC 采样器的 ABC 版本，用于化学、生物、放射性或核(CBRN)防御的源头估计(STE)。STE 使用传感器测量值来推断释放 CBRN 的地点、时间、数量和材料类型。
- Toni and Stumpf(2010)利用模型选择 ABCPMC 算法探查不同类型的流感病毒是否具有相同的扩散动力学特性。

## 3.11 总结和讨论

贝叶斯判别要用到类条件密度函数，本章提出的方法是估计类条件密度函数的基础。与第 2 章的最大似然法不同，本章的方法考虑到因数据采样而引起的参数变化。方法的实现远比第 2 章讨论的复杂得多，原因是：贝叶斯密度估计只能解析地处理简单分布，而后验密度表达式中分母的正规化积分却无法进行解析求解，面对如此问题，就必须采用贝叶斯采样方法或使用近似(如变分近似)方法。

至少对于某些问题而言，贝叶斯采样方法(含吉布斯采样器)可常规性地用于允许高效运行贝叶斯方法的实际应用中。这时，要从后验分布中抽取样本，其方法在已介绍的基本方法的基础上有了许多进展，特别表现在计算实施贝叶斯方法方面，包括改进 MCMC 的策略、监测收敛性和自适应 MCMC 方法。Gilks et al. (1996)及本章相关内容为此提供了一个良好开端。对于利用依次获得的观测值进行在线推断的问题，Doucet et al. (2001)介绍了更新的 MCMC 方法。研发 MCMC 解决方案的主要困难是在算法的编码中很难发现差错，因为这些错误容易与采样可变性和难于收敛的问题相混淆。软件 WinBUGS(Lunn et al., 2000)解决了这一问题，借助该软件，开发人员无须再对后验分布进行明确的计算和编码。

已经证明：变分贝叶斯方法自 20 世纪 90 年代后期就流行于机器学习中，该方法还为近似贝叶斯后验分布提供了一种采样途径，不足之处是很难确定变分近似的意义。

近似贝叶斯计算处理了贝叶斯推断问题，在这类问题中，测量似然函数难以解析求解或难以数值计算，但可以从中抽取样本。这种技术用于判别问题的实际效用仍需进一步研究。

判别方法可以利用未进行标记的测试样本改善模型。3.5 节给出了对测试数据进行分类的迭代过程。该过程中，测试数据可用来完善有关参数的知识，这很具诱惑力，尽管如此，其迭代的特性会妨碍其应用于具有实时性要求的场合。

## 3.12 建议

正如第 2 章介绍的密度估计法，基于类条件密度的贝叶斯估计法并非没有风险。使用贝叶斯方法时，如果对分布(特别是似然分布)的形式做出错误的假设，则无论估算后验分布的方案多么复杂，也不能指望获得最佳性能。模式识别和机器学习实践者经常错误地批评贝叶斯方法在解决给定问题时的不足，而事实上，这时的基本测量模型就是错误的。如果训练数据很小，贝叶斯模型则会胜过估计方法，因此建议在这种情况下使用贝叶斯模型，并建议用贝叶斯采样方案处理复杂的后验分布。

## 3.13　提示及参考文献

许多标准模式识别教材均会包括讨论贝叶斯学习，例如 Fu(1968)，Fukunaga(1990)，Young and Calvert(1974)及 Hand(1981a)。Geisser(1964)提出了在各种参数假设下的均值和协方差矩阵的贝叶斯学习方法。Lavine and West(1992)和 West(1992)给出了将贝叶斯方法用于判别分析的论述。

关于贝叶斯推断，比本书更详细的介绍可见 O'Hagan(1994)和 Bernardo and Smith(1994)，也可见 Robert(2001)，Lee(2004)和 Gelman et al. (2004)。

Gilks et al. (1996)，M. -H. Chen et al. (2000)，Robert and Casella(2004)及 Gamerman and Lopes(2006)介绍了 MCMC 方法和抽样技术。Bishop(2007)讨论了变分贝叶斯方法的一些细节问题。

## 习题

1. 3.2.3 节的高斯-威沙特后验分布为

$$p(\boldsymbol{\mu}, \boldsymbol{K}|\boldsymbol{x}_1, \cdots, \boldsymbol{x}_n) = \mathrm{N}_d(\boldsymbol{\mu}|\boldsymbol{\mu}_n, \lambda_n\boldsymbol{K})\mathrm{Wi}_d(\boldsymbol{K}|\alpha_n, \boldsymbol{\beta}_n)$$

说明其 $\boldsymbol{\mu}$ 边缘后验分布为

$$p(\boldsymbol{\mu}|\boldsymbol{x}_1, \cdots, \boldsymbol{x}_n) = \mathrm{St}_d\left(\boldsymbol{\mu}; \boldsymbol{\mu}_n, \left(\alpha_n - \frac{d-1}{2}\right)\lambda_n\boldsymbol{\beta}_n^{-1}, 2\alpha_n - (d-1)\right)$$

其中，$\mathrm{St}_d$ 是单变量学生分布的 $d$ 维泛化[见式(3.20)的定义]。提示：首先将期望分布表示为关于 $\boldsymbol{K}$ 的完全后验分布的积分，通过与威沙特分布的概率密度函数的比较，利用式(3.25)进行积分运算。然后，类似于 3.2.3 节的对预测密度的导出过程，利用 Sylvester 判定定理[见式(3.31)]导出所需结果。

2. 证明：如果 $\gamma$ 具有伽马分布，其形状参数为 $\alpha$，逆尺度参数为 $\beta$，即 $\gamma$ 的概率密度函数为

$$p(\gamma) = \frac{\beta^\alpha}{\Gamma(\alpha)}\gamma^{\alpha-1}\exp(-\beta\gamma), \quad \gamma > 0$$

则 $\theta = 1/\gamma$ 将具有逆伽马分布，其形状参数为 $\alpha$，尺度参数为 $\beta$，即 $\theta$ 的概率密度函数为

$$p(\theta) = \frac{\beta^\alpha}{\Gamma(\alpha)}\theta^{-\alpha-1}\exp\left(\frac{-\beta}{\theta}\right), \quad \theta > 0$$

3. 证明：拒绝采样(见 3.3.4 节)将导致所需分布的精确样品。提示：把累积分布函数 $P(x \leqslant x_0)$ 估计为 $P(x \leqslant x_0 \mid 接受\ x)$，也可表示为 $P(x \leqslant x_0, 接受\ x)/P(接受\ x)$。

4. $d \times d$ 非奇异矩阵 $\boldsymbol{A}$ 按块分解为

$$\boldsymbol{A} = \begin{pmatrix} \boldsymbol{A}_{1,1} & \boldsymbol{A}_{1,2} \\ \boldsymbol{A}_{2,1} & \boldsymbol{A}_{2,2} \end{pmatrix}$$

其中，$\boldsymbol{A}_{1,1}$ 是 $d_1 \times d_1$ 维矩阵，$\boldsymbol{A}_{1,2}$ 是 $d_1 \times (d - d_1)$ 维矩阵，$\boldsymbol{A}_{2,1}$ 是 $(d - d_1) \times d_1$ 维矩阵，$\boldsymbol{A}_{2,2}$ 是 $(d - d_1) \times (d - d_1)$ 维矩阵。证明该矩阵的逆是

$$\boldsymbol{A}^{-1} = \begin{pmatrix} \boldsymbol{A}_{c,1}^{-1} & -\boldsymbol{A}_{1,1}^{-1}\boldsymbol{A}_{1,2}\boldsymbol{A}_{c,2}^{-1} \\ -\boldsymbol{A}_{2,2}^{-1}\boldsymbol{A}_{2,1}\boldsymbol{A}_{c,1}^{-1} & \boldsymbol{A}_{c,2}^{-1} \end{pmatrix}$$

其中，

$$\boldsymbol{A}_{c,1} = \boldsymbol{A}_{1,1} - \boldsymbol{A}_{1,2}\boldsymbol{A}_{2,2}^{-1}\boldsymbol{A}_{2,1}$$

$$\boldsymbol{A}_{c,2} = \boldsymbol{A}_{2,2} - \boldsymbol{A}_{2,1}\boldsymbol{A}_{1,1}^{-1}\boldsymbol{A}_{1,2}$$

5. MCMC 算法的转移核应该是这样的：马尔可夫链的平稳(极限)分布就是目标分布。对于连续变量，要求

$$f(\boldsymbol{\theta}')=\int_{\boldsymbol{\theta}}f(\boldsymbol{\theta})K(\boldsymbol{\theta},\boldsymbol{\theta}')\mathrm{d}\boldsymbol{\theta} \tag{3.73}$$

证明：如果转移核 $K(\boldsymbol{\theta},\boldsymbol{\theta}')$ 满足对 $f(\boldsymbol{\theta})$ 的细致平衡条件：

$$f(\boldsymbol{\theta})K(\boldsymbol{\theta},\boldsymbol{\theta}')=f(\boldsymbol{\theta}')K(\boldsymbol{\theta}',\boldsymbol{\theta})$$

则式(3.73)成立。进一步证明：具有如下转移核的吉布斯采样器满足式(3.73)：

$$K(\boldsymbol{\theta},\boldsymbol{\theta}')=\prod_{i=1}^{d}f(\boldsymbol{\theta}_i'|\boldsymbol{\theta}_1',\cdots,\boldsymbol{\theta}_{i-1}',\boldsymbol{\theta}_{i+1},\cdots,\boldsymbol{\theta}_d)$$

6. 对于图 3.4 所示分布，证明：对坐标系进行适当的线性变换，变换到新的变量 $\phi_1$ 和 $\phi_2$，将导致一个不可约链。
7. 对于 3.7.4 节给出的变分贝叶斯的例子，确定由式(3.62)定义的上限 $L(q(\mu,\tau))$ 下的确切表达。执行变分贝叶斯优化程序、监控 $L(q(\mu,\tau))$ 的收敛。
8. 对于 3.4.2 节和 3.7.4 节给出的单变量正态分布的例子，执行 ABC 拒绝采样算法和 ABC MCMC 算法，说明两算法的相对效率。

# 第4章　密度估计的非参数法

密度估计的非参数法可以估计贝叶斯决策规则所用到的类条件概率密度。本章将介绍 $k$ 近邻法、直方图法、贝叶斯网络及核函数法。还将详细介绍如何降低 $k$ 近邻分类器的计算成本。

## 4.1　引言

本书讨论的许多分类方法都要求得到类条件概率密度函数。给定这些函数后，就可以用贝叶斯规则或似然比(见第1章)来决定样本应该归属于哪一类。有些情况下，可以简单地假定密度函数的形式，例如假定它们是正态形式，或正态混合形式(见第2章)，在这种情况下，所要做的就是从数据采样中估计出描述密度函数的参数。

然而，很多情况下，无法做出由一组参数刻画密度函数的假定，这时就必须求助于密度估计的非参数方法，即不事先规定密度函数的结构形式。估计统计密度的方法有多种，下文将讨论其中5种方法，分别为 $k$ 近邻法、具有贝叶斯网络泛化能力的直方图法、基于核函数的方法、用基函数展开法和 copulas 方法。

### 4.1.1　密度估计的基本性质

首先考虑密度估计的一些基本性质，这些性质将用于本章的方方面面。

#### 4.1.1.1　无偏性

如果 $\boldsymbol{X}_1, \cdots, \boldsymbol{X}_n$ 是独立且同分布的 $d$ 维随机变量，其连续密度为 $p(\boldsymbol{x})$

$$p(\boldsymbol{x}) \geqslant 0, \qquad \int_{\mathbb{R}^d} p(\boldsymbol{x})\mathrm{d}\boldsymbol{x} = 1 \tag{4.1}$$

现在的问题是在给定这些随机变量测量值的前提下，如何估计 $p(\boldsymbol{x})$。

如果估计量 $\hat{p}(\boldsymbol{x})$ 满足式(4.1)，它就是有偏的(Rosenblatt，1956)。也就是说，如果强加条件使估计量自身成为满足式(4.1)的密度函数，该密度函数是有偏的，

$$\mathrm{E}[\hat{p}(\boldsymbol{x})] \neq p(\boldsymbol{x})$$

其中，

$$\mathrm{E}[\hat{p}(\boldsymbol{x})] = \int \hat{p}(\boldsymbol{x}|\boldsymbol{x}_1 \cdots \boldsymbol{x}_n) p(\boldsymbol{x}_1) \cdots p(\boldsymbol{x}_n) \mathrm{d}\boldsymbol{x}_1 \cdots \mathrm{d}\boldsymbol{x}_n$$

是关于随机变量 $\boldsymbol{X}_1, \cdots, \boldsymbol{X}_n$ 的期望。尽管所导出的估计量可以是渐近无偏的：当 $n \to \infty$，$\mathrm{E}[\hat{p}(\boldsymbol{x})] \to p(\boldsymbol{x})$，但在实际应用中，却往往遭遇样本数量的限制。

#### 4.1.1.2　一致性

可以用均值平方误差(MSE)来度量密度与其估计之间的差异，定义为

$$\mathrm{MSE}_x(\hat{p}) = \mathrm{E}[(\hat{p}(\boldsymbol{x}) - p(\boldsymbol{x}))^2]$$

其中，下标 $x$ 表示 MSE 是 $\boldsymbol{x}$ 的函数。上式也可写成

$$\mathrm{MSE}_x(\hat{p}) = \mathrm{var}(\hat{p}(\boldsymbol{x})) + \{\mathrm{bias}(\hat{p}(\boldsymbol{x}))\}^2$$

其中，

$$\mathrm{var}(\hat{p}(\boldsymbol{x})) = \mathrm{E}[(\hat{p}(\boldsymbol{x}) - \mathrm{E}[\hat{p}(\boldsymbol{x})])^2]$$

$$\mathrm{bias}(\hat{p}(\boldsymbol{x})) = \mathrm{E}[\hat{p}(\boldsymbol{x})] - p(\boldsymbol{x})$$

如果对所有的 $\boldsymbol{x} \in \mathbb{R}^d$，$\mathrm{MSE}_x \to 0$，则 $\hat{p}$ 将是 $p$ 在平方均值下的逐点一致性估计。

全局精确性度量由积分平方误差(ISE)

$$\mathrm{ISE} = \int [\hat{p}(\boldsymbol{x}) - p(\boldsymbol{x})]^2 \mathrm{d}\boldsymbol{x}$$

和均值积分平方误差(MISE)

$$\mathrm{MISE} = \mathrm{E}\left[\int [\hat{p}(\boldsymbol{x}) - p(\boldsymbol{x})]^2 \mathrm{d}\boldsymbol{x}\right]$$

给出。其中，MISE 是在所有可能数据上的均值。由于期望和积分的顺序可交换，MISE 等价于对 MSE 的积分，也即对方差的积分与对偏差平方的积分之和：

$$\mathrm{MISE} = \int \mathrm{var}(\hat{p}(\boldsymbol{x}))\mathrm{d}\boldsymbol{x} + \int \{\mathrm{bias}(\hat{p}(\boldsymbol{x}))\}^2 \mathrm{d}\boldsymbol{x}$$

#### 4.1.1.3 密度估计

期望使密度估计满足式(4.1)的性质是不太现实的，应该使其满足逐点一致性，以在给定足够的样本时，密度的估计能够任意接近其真实密度。为提高收敛性，对密度估计需要做出一些消极的考虑。下文关于积分的限制可能会放松，如 $k$ 近邻密度估计就带有无穷积分。

## 4.2 *k* 近邻法

### 4.2.1 *k* 近邻分类器

$k$ 近邻分类器是一种很受欢迎的分类技术，其主要原因是该项技术简单、直观且规范。将测量值 $\boldsymbol{x}$ 分配到 $C$ 个类中之一的 $k$ 近邻分类过程如下：

- 用适当的距离度量(见 4.2.3 节)确定 $k$ 个距测量值 $\boldsymbol{x}$ 最近的训练数据向量。
- 将 $\boldsymbol{x}$ 归入 $k$ 个近邻向量投票最多的那个类。

需要事先准备的工作仅是指定近邻数量 $k$、距离度量和训练数据集。

#### 4.2.1.1 *k* 近邻决策规则

设训练数据集由点对 $(\boldsymbol{x}_i, z_i)$，$i = 1, \cdots, n$ 组成，其中 $\boldsymbol{x}_i$ 是第 $i$ 个训练数据向量，$z_i$ 指出其类别(例如，如果第 $i$ 个训练数据向量是来自 $\omega_j$ 类的样本，则 $z_i = j$)。样本 $\boldsymbol{x}$ 和样本 $\boldsymbol{y}$ 之间的距离度量记为 $d(\boldsymbol{x}, \boldsymbol{y})$，欧氏距离 $d(\boldsymbol{x}, \boldsymbol{y}) = |\boldsymbol{x} - \boldsymbol{y}|$，其他距离度量在 4.2.3 节中讨论。如果形成数据向量的各特征(分量或坐标)尺度类似，则欧氏距离度量是唯一合适的距离度量。如若不然，则可对形成数据向量的各特征进行尺度变换(例如，通过对各类所有可用的训练向量进行线性缩放，使其每个特征具有单位标准差)。

用 $k$ 近邻分类器对测试样本 $\boldsymbol{x}$ 归类的基本过程如下：先计算 $\delta_i = d(\boldsymbol{x}_i, \boldsymbol{x})$，$i = 1, \cdots, n$，

然后确定 $\delta_i$ 的 $k$ 个最小值的类号 $\{a_1, \cdots, a_k\}$，即对所有的 $j \notin \{a_1, \cdots, a_k\}$，$\delta_{ai} \leqslant \delta_j$，$i = 1, \cdots, k$ 且 $\delta_{a1} \leqslant \cdots \leqslant \delta_{ak}$。定义 $k_j$ 为 $k$ 个最近邻数据集中属于 $\omega_j$ 类的样本(数据向量)数：

$$k_j = \sum_{i=1}^{k} I(z_{a_i} = j) \tag{4.2}$$

其中，$I(a = b)$ 是指标函数，如果 $a = b$，则为 1，否则为 0。那么，$k$ 近邻决策规则为：如果对于所有的 $j$，有

$$k_m \geqslant k_j \tag{4.3}$$

则将 $\boldsymbol{x}$ 归入 $\omega_m$ 类。该决策规则可能会产生多个胜出的类，即对于 $\max\limits_{j=1, \cdots, C} k_j = k'$ 可能会存在多个 $j \in \{1, \cdots, C\}$，其 $k_j = k'$。打破这种僵局的几种方法如下：

- 随意选中其中的一个类。
- 把 $\boldsymbol{x}$ 分到最近邻所属的那个类。
- 把 $\boldsymbol{x}$ 分到均值向量与其最近的那个类，该类具有 $k'$ 个样本，由这 $k'$ 个样本算出均值向量。
- 把 $\boldsymbol{x}$ 分到最紧凑的那个类，也就是说，把 $\boldsymbol{x}$ 分到 $k'$ 个成员距离最小的类。这时无须进行任何额外的运算。

Dudani(1976)提出一种距离加权规则，该规则对 $k$ 个最近邻分配权重，与样本越接近，其权值越大。这时，把样本分配给 $k$ 个近邻中代表每个类的权重之和取最大值的那个类，于是式(4.2)变为

$$k'_j = \sum_{i=1}^{k} w_{a_i} I(z_{a_i} = j)$$

并将该权值用于决策规则式(4.3)中。计算权重的方案如下：

$$w_{a_j} = \begin{cases} \dfrac{\delta_{a_k} - \delta_{a_j}}{\delta_{a_k} - \delta_{a_1}}, & \delta_{a_k} \neq \delta_{a_1} \\ 1, & \delta_{a_k} = \delta_{a_1} \end{cases}$$

该方案中，对最大距离的第 $k$ 近邻赋以最小权重 0，对最近邻赋以最大权重。也可以用测试样本与其 $k$ 近邻之间的距离倒数作为权重：

$$w_{a_j} = \frac{1}{\delta_{a_j}}, \qquad \delta_{a_j} \neq 0$$

在第二种方案下，如果 $\delta_{a_1} = 0$，就把样本分到这个最近的类(即准确匹配)。

在评估解决模式识别问题的 $k$ 近邻分类器时，应将训练数据和测试数据进行实际拆分，这一点很重要。如果训练数据和测试数据有重叠，所产生的性能估计就会过于乐观。如果测试样本实际上是训练数据，再在最近邻作为测试样本用于分类，这种做法显然是不可取的。

#### 4.2.1.2　$k$ 的选择

选择近邻 $k$ 值时，要在如下角度之间进行权衡：选择 $k$ 值使其足够大时，可以减少对噪声的敏感度；选择 $k$ 值使其足够小时，近邻便不会扩大到其他类的域。通常，可将交叉验证(见第 13 章)法用于优化 $k$ 的选择。

#### 4.2.1.3　最近邻分类器

如果令 $k = 1$，便得到最近邻分类器。利用该分类器，测试样本被归入训练数据中与其最

近的那个类。这种分类器使用普遍，它至少被建议作为基准分类器，用于与更复杂分类器性能的对比。

如果使用如下欧氏距离度量：

$$d(\boldsymbol{x}_i,\boldsymbol{x})^2=|\boldsymbol{x}_i-\boldsymbol{x}|^2=\boldsymbol{x}^{\mathrm{T}}\boldsymbol{x}-2\boldsymbol{x}^{\mathrm{T}}\boldsymbol{x}_i+\boldsymbol{x}_i^{\mathrm{T}}\boldsymbol{x}_i$$

则最近邻规则为：如果对所有的 $i\neq m$ 均满足

$$\boldsymbol{x}^{\mathrm{T}}\boldsymbol{x}_m-\frac{1}{2}\boldsymbol{x}_m^t\boldsymbol{x}_m>\boldsymbol{x}^{\mathrm{T}}\boldsymbol{x}_i-\frac{1}{2}\boldsymbol{x}_i^t\boldsymbol{x}_i$$

便将测试样本归入训练数据向量 $\boldsymbol{x}_m$ 所属的那个类。于是，该分类规则具有分段线性判别函数的形式，见1.6.3节。

### 4.2.2 推导

#### 4.2.2.1 密度估计

$k$ 近邻规则实际上相当于使用一种简单的非参数密度估计方法把贝叶斯规则应用于类条件密度估计。

点 $x'$ 落入以点 $\boldsymbol{x}$ 为中心，体积为 $V$ 的区域内的概率为

$$\theta=\int_{V(\boldsymbol{x})}p(\boldsymbol{x})\mathrm{d}\boldsymbol{x}$$

其中，积分在体积为 $V$ 的区域上进行。当体积较小时有

$$\theta\sim p(\boldsymbol{x})V \tag{4.4}$$

概率 $\theta$ 可用落入 $V$ 内的样本比例来近似。如果 $k$ 是 $n$ 个样本中落入 $V$ 内的样本数($k$ 是 $\boldsymbol{x}$ 的函数)，那么

$$\theta\sim\frac{k}{n} \tag{4.5}$$

结合式(4.4)和式(4.5)得到密度的近似：

$$\hat{p}(\boldsymbol{x})=\frac{k}{nV} \tag{4.6}$$

$k$ 近邻法就是要确定概率 $k/n$(或等价于给定样本数量 $n$，确定 $k$ 值)并测定以 $\boldsymbol{x}$ 为中心，包含 $k$ 个样本的体积 $V$。例如，如果 $\boldsymbol{x}_k$ 是点 $\boldsymbol{x}$ 的第 $k$ 个近邻，那么 $V$ 就可以是以 $\boldsymbol{x}$ 为中心，$|\boldsymbol{x}-\boldsymbol{x}_k|$ 为半径的球($n$ 维空间中，半径为 $r$ 的球体的体积为 $2r^n\pi^{\frac{n}{2}}/(n\Gamma(n/2))$，其中 $\Gamma(x)$ 是伽马函数)。概率对体积的比为密度估计。随后会看到，这和先确定单元格大小再测定其内点数的基本直方图法形成对照。

$k$ 值是待选参数之一。如果 $k$ 值太大，估计结果将变得平滑且细节将趋于平均。如果 $k$ 值太小，概率密度估计有可能出现尖峰。图4.1(截去尖峰)和图4.2分别示出了当 $x$ 轴上有13个样本时，$k=1$ 和 $k=2$ 时的 $k$ 近邻密度估计。

有一点要注意，就是此时的估计已不再是事实上的密度，曲线下的积分是无穷的。这是因为对于足够大的 $|\boldsymbol{x}|$，估计值随 $1/|\boldsymbol{x}|$ 变化。然而，如果

$$\lim_{n\to\infty}k(n)=\infty$$

$$\lim_{n\to\infty}\frac{k(n)}{n}=0$$

可以证明密度估计是渐近无偏的一致估计。

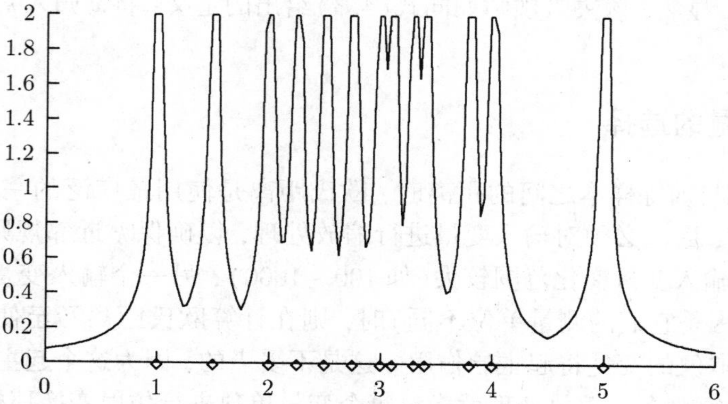

图 4.1　$k = 1$ 时的最近邻密度估计

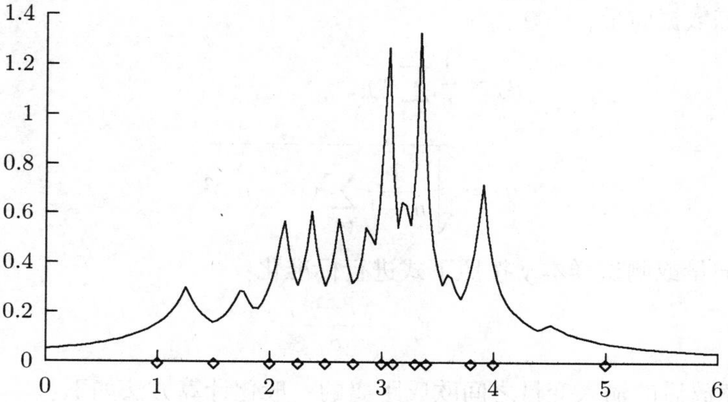

图 4.2　$k = 2$ 时的最近邻密度估计

#### 4.2.2.2　k 近邻决策规则

现在把已获得的密度估计表达式用于判别规则中。设第一组的 $k$ 个样本中有 $k_m$ 个样本属于 $\omega_m$ 类(使 $\sum_{m=1}^{C} k_m = k$)，$\omega_m$ 类中的总样本数为 $n_m$（使 $\sum_{m=1}^{C} n_m = n$)，那么类条件密度 $p(\boldsymbol{x} \mid \omega_m)$ 可估计为

$$\hat{p}(\boldsymbol{x}|\omega_m) = \frac{k_m}{n_m V} \tag{4.7}$$

先验概率 $p(\omega_m)$ 为

$$\hat{p}(\omega_m) = \frac{n_m}{n}$$

决策规则便是：对于所有的 $j$，若

$$\hat{p}(\omega_m|\boldsymbol{x}) \geqslant \hat{p}(\omega_j|\boldsymbol{x})$$

则将 $\boldsymbol{x}$ 归入 $\omega_m$ 类，其间用到了贝叶斯定理，即对于所有的 $j$，

$$\frac{k_m}{n_m V}\frac{n_m}{n} \geqslant \frac{k_j}{n_j V}\frac{n_j}{n}$$

即对于所有的 $j$，若

$$k_m \geqslant k_j$$

则将 $\boldsymbol{x}$ 归入 $\omega_m$ 类。显然,该决策规则如同式(4.3)给出的定义:将 $\boldsymbol{x}$ 归入 $k$ 个近邻中样本数最多的那个类。

### 4.2.3 距离度量的选择

在测量新样本与训练样本之间的距离时,欧氏距离是使用最广泛的一种度量。这一度量对各变量均等对待,因此必须对输入变量进行缩放处理,以确保 $k$ 近邻规则与测量单位无关。如若不然,当一个输入变量变化范围较大(如 100~1000),另一个输入变量变化范围较小(如 1~10)(可能的原因是它们的测量单位不同)时,则在计算欧氏距离乃至使用分类规则时,在 100~1000 范围内取值的变量将起主导作用。这是不妥当的,因为这个起主导作用的变量所包含的判别信息不一定最多。缩放处理就像对每个变量单独进行仿射变换那样简单,处理后,使各变量对所有的训练数据(包含各类的数据)的平均值和标准差分别为 0 和 1。令 $\boldsymbol{x}_1, \cdots, \boldsymbol{x}_n$ 作为含所有类的训练数据向量,计算:

$$\mu_j = \frac{1}{n}\sum_{i=1}^{n} x_{ij}$$

$$\sigma_j = \sqrt{\frac{1}{n-1}\sum_{i=1}^{n}(x_{ij}-\mu_j)^2}$$

对所有训练数据向量或测试样本 $\boldsymbol{y}$ 按照下式进行标准化:

$$y_j' = \frac{y_j - \mu_j}{\sigma_j}$$

对矩阵 $\boldsymbol{A}$,缩放后的输入变量之间欧氏距离的一般化计算方法如下:

$$d(\boldsymbol{x},\boldsymbol{y}) = \left\{(\boldsymbol{x}-\boldsymbol{y})^{\mathrm{T}}\boldsymbol{A}(\boldsymbol{x}-\boldsymbol{y})\right\}^{\frac{1}{2}} \tag{4.8}$$

Fukunaga and Flick(1984)讨论了选择矩阵 $\boldsymbol{A}$ 的方法。

Todeschini(1989)在对数据进行 4 种标准化处理(见表 4.2)之后,在 10 个数据集上对 6 种全局度量方法进行了评价(见表 4.1),发现最大缩放标准化方法表现较好,同时发现,标准化处理方案对距离度量的选择具有鲁棒性。

表 4.1 Todeschini 所评估的距离度量

| | |
|---|---|
| 余弦度量 | $d(\boldsymbol{x},\boldsymbol{y}) = \frac{\boldsymbol{x}.\boldsymbol{y}}{\lvert\boldsymbol{x}\rvert\lvert\boldsymbol{y}\rvert} = \frac{\sum_{i=1}^{d} x_i y_i}{\sqrt{\sum_{i=1}^{d} x_i^2}\sqrt{\sum_{i=1}^{d} y_i^2}}$ |
| 堪培拉度量 | $d(\boldsymbol{x},\boldsymbol{y}) = \frac{1}{d}\sum_{i=1}^{d}\frac{\lvert x_i-y_i\rvert}{x_i+y_i}$ |
| 欧式度量 | $d(\boldsymbol{x},\boldsymbol{y}) = \lvert\boldsymbol{x}-\boldsymbol{y}\rvert = \sqrt{\sum_{i=1}^{d}(x_i-y_i)^2}$ |
| 拉格朗日度量 | $d(\boldsymbol{x},\boldsymbol{y}) = \max_{i=1,\cdots,d} \lvert x_i-y_i\rvert$ |
| 兰斯-威廉姆斯度量 | $d(\boldsymbol{x},\boldsymbol{y}) = \frac{\sum_{i=1}^{d}\lvert x_i-y_i\rvert}{\sum_{i=1}^{d}(x_i+y_i)}$ |
| 曼哈顿度量 | $d(\boldsymbol{x},\boldsymbol{y}) = \sum_{i=1}^{d}\lvert x_i-y_i\rvert$ |

表 4.2　Todeschini 所评估的标准化方法。$\boldsymbol{\mu}_j$ 和 $\sigma_j$ 分别为由训练数据估计的第 $j$ 个变量的平均值和标准差。$U_j$ 和 $L_j$ 分别为第 $j$ 个变量的上限和下限。$y_{i,j}$ 是第 $i$ 个训练样本的第 $j$ 个变量

| | |
|---|---|
| 自动缩放 | $x_j' = \frac{x_j - \mu_j}{\sigma_j}$ |
| 最大缩放 | $x_j' = \frac{x_j}{U_j}$ |
| 按范围缩放 | $x_j' = \frac{x_j - L_j}{U_j - L_j}$ |
| 外形缩放 | $x_j' = \frac{x_j}{\sqrt{\sum_{i=1}^{n}\left(y_{i,j}^2\right)}\sqrt{\sum_{j=1}^{d}\left(x_j^2\right)}}$ |

Van der Heiden and Groen(1997)提出了又一种改进欧氏规则：

$$d_p(\boldsymbol{x}, \boldsymbol{y}) = \left\{(\boldsymbol{x}^{(p)} - \boldsymbol{y}^{(p)})^{\mathrm{T}}(\boldsymbol{x}^{(p)} - \boldsymbol{y}^{(p)})\right\}^{\frac{1}{2}}$$

其中，$\boldsymbol{x}^{(p)}$ 是向量 $\boldsymbol{x}$ 的变换形式，下式给出了对向量 $\boldsymbol{x}$ 的每个元素 $x_i$ 实施变换的定义：

$$x_i^{(p)} = \begin{cases} \left(x_i^p - 1\right)/p, & 0 < p \leqslant 1 \\ \log(x_i), & p = 0 \end{cases}$$

在飞机的雷达距离像上的试验中，Van der Heiden and Groen(1997)将分类错误作为 $p$ 的函数加以评估。

Friedman(1994)考虑了 $k$ 近邻规则的基本扩展，并提出将 $k$ 近邻规则和递归划分法(见第 7 章)相混合。在这种递归划分法中，距离度量取决于向量在数据空间中的位置。在面对输入变量对分类性能的影响不均等的分类问题时，这种混合方法可以提高分类性能。Myles and Hand(1990)评价了局部度量方法，在这种方法中，$\boldsymbol{x}$ 和 $\boldsymbol{y}$ 之间的距离取决于后验概率的局部估计。

Hastie and Tibshirani(1996)介绍了一种判别自适应近邻法，在这种方法中，定义了一个局部度量，其中近邻区大体上平行于决策边界。大多数分类错误出现在决策边界区域。如图 4.3 所给示例，图中，点 $\boldsymbol{x}$ 的最近邻标为 1，并将 $\boldsymbol{x}$ 归为"◇"类。然而，如果在与决策边界正交的坐标系中测量，两点间的距离就是它们到决策边界的距离之差，因此标号为 2 的点就成为 $\boldsymbol{x}$ 的最近邻。在这种情况下，应将 $\boldsymbol{x}$ 归为"+"类。Hastie 和 Tibshirani 的方法使用式(4.8)中矩阵 $\boldsymbol{A}$ 的局部定义(基于类内和类间散布矩阵的局部估计)。这种方法能够从根本上改进某些问题的分类性能。

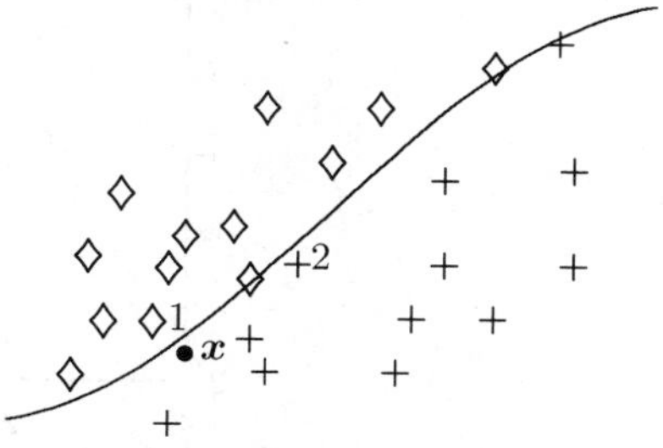


图 4.3　自适应最近邻判别示例

## 4.2.4　最近邻法决策规则的性质

最近邻法决策规则的渐近误分率满足下述条件(Cover and Hart, 1967)：

$$e^* \leqslant e \leqslant e^*\left(2 - \frac{Ce^*}{C-1}\right)$$

其中，$e^*$ 是贝叶斯错误率，$C$ 是类别数。在大规模采样的极限情况下，最近邻分类的错误率上界为两倍贝叶斯错误率。上述不等式可以转化成

$$\frac{C-1}{C} - \sqrt{\frac{C-1}{C}}\sqrt{\frac{C-1}{C} - e} \leqslant e^* \leqslant e$$

上式最左边的值是贝叶斯错误率的下界。因此，任何近邻分类器的错误率都会高于此值。

## 4.2.5 线性逼近排除搜索算法

给定训练集中的一个观测向量，可以通过计算 $n$ 个距离值来确定其近邻，这种方法在概念上是比较简单的。然而，当训练集中的样本数 $n$ 变大时，计算开销将急剧增加。

到目前，已经有许多减少近邻搜索时间的算法研究出来，包括对计算开销巨大的原型数据集(即训练集)进行预处理，以形成一个距离矩阵[见 Dasarathy(1991)的概述]。另外还有存储 $n(n-1)/2$ 个距离的开销问题，解决该问题的多种方法之一就是线性逼近排除搜索算法(LAESA)。

LAESA 是对 Vidal(1986，1994)的 AESA 算法的改进，由 Micó et al.(1994)开发，该算法以三角不等式的形式利用了数据空间的度量性质。

### 4.2.5.1 预处理

线性逼近排除搜索算法有一步预处理工作，即计算基本原型的数量，从某种意义上讲，这些基本原型在训练向量集中以最大的程度相分离。可以在这个预处理阶段执行线性预处理方案，但不能保证提供一组最佳的基本原型，即不能保证基本原型集的成员间的所有点对之间的距离之和最大。LAESA 算法需要存储大小为 $n \times n_b$ 的距离阵列，其中 $n_b$ 为基本原型的个数，应为允许的基本原型个数设定一个上界。图 4.4 给出了一个示例，其中二维空间里有 20 个训练样本，用 Micóet al.(1994)的基本原型选择算法得到 4 个基本原型。

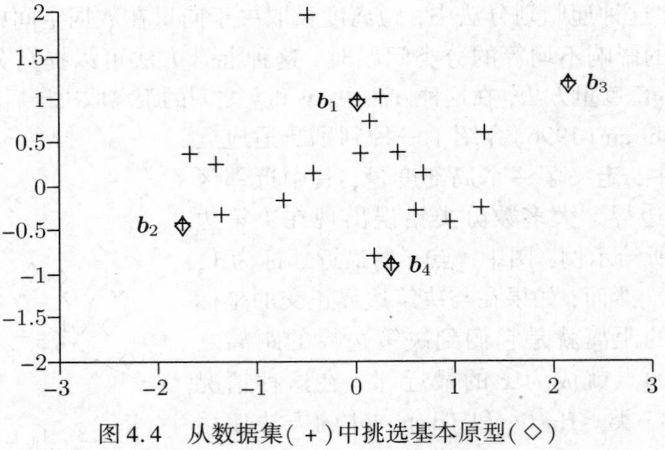


图 4.4 从数据集(+)中挑选基本原型(◇)

预处理开始于此：首先，任意选择一个训练数据向量(称为原型)作为基本原型 $\boldsymbol{b}_1$，逐个计算 $\boldsymbol{b}_1$ 与其余原型之间的距离，将它们存入数组 $A$ 中。第二个基本原型 $\boldsymbol{b}_2$ 距 $\boldsymbol{b}_1$ 最远(即与 $A$ 中最大值相对应的原型)，计算基本原型 $\boldsymbol{b}_2$ 与余下原型之间的距离，使它们与已位于数组 $A$ 中的距离值相加，即将基本原型 $\boldsymbol{b}_2$ 与原型 $\boldsymbol{x}$ 之间的距离和基本原型 $\boldsymbol{b}_1$ 与原型 $\boldsymbol{x}$ 之间的距离相加，其中 $\boldsymbol{x}$ 非 $\boldsymbol{b}_1$ 且非 $\boldsymbol{b}_2$。因此，数组 $A$ 表示所有非基本原型与基本原型之间的累计距离。第三个基本原型是累计距离最大的那个原型。“选择一个基本原型，计算距离，计算累计距离”，不断地重复这个过程，直到选出所需数量的基本原型。在选择过程中，基本原型和训练集向量之间的距离存储于一个 $n \times n_b$ 阵列 $D$ 中。在添加了 $m$ 个原型之后，数组 $A$ 则是 $D$ 的前 $m$ 列的总和。

### 4.2.5.2 搜索算法

如下所述，LAESA 搜索算法要用到一组基本原型，以及这些基本原型向量与训练集中向量的两两间距离(即存于阵列 $D$ 中的距离)。设 $\boldsymbol{x}$ 是测试样本(从原型集中求其近邻)，$\boldsymbol{n}$ 是与

其距离为 $d(\boldsymbol{x}, \boldsymbol{n})$ 的当前最近邻，即数据的原型子集内的最近邻，$\boldsymbol{q}$ 是基本原型，它与 $\boldsymbol{x}$ 的距离已在算法的前面步骤中计算出来(见图 4.5)。

拒绝原型 $\boldsymbol{p}$ 为最近邻候选者的条件为

$$d(\boldsymbol{x},\boldsymbol{p}) \geqslant d(\boldsymbol{x},\boldsymbol{n})$$

其间，需要计算距离 $d(\boldsymbol{x}, \boldsymbol{p})$，可以通过下式确定距离 $d(\boldsymbol{x}, \boldsymbol{p})$ 的下界

$$d(\boldsymbol{x},\boldsymbol{p}) \geqslant |d(\boldsymbol{p},\boldsymbol{q}) - d(\boldsymbol{x},\boldsymbol{q})|$$

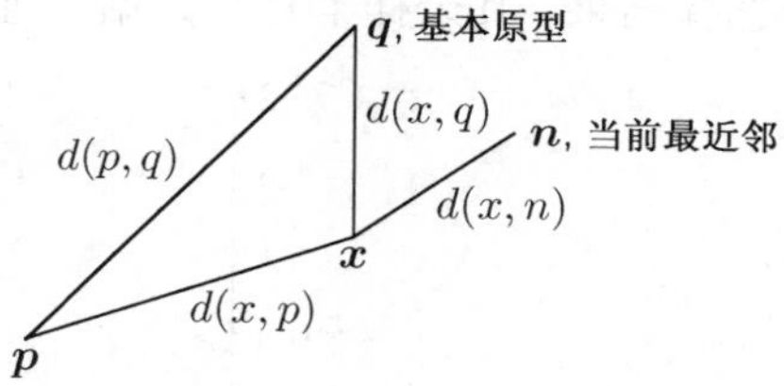


图 4.5　用 LAESA 法选择最近邻

其中，$d(\boldsymbol{p}, \boldsymbol{q})$ 可以从阵列 $D$ 中读取、$d(\boldsymbol{x}, \boldsymbol{q})$ 已于早先算得，因此这时无须额外计算任何距离。如果这个下界超过了 $\boldsymbol{x}$ 与当前近邻的距离，就可以拒绝 $\boldsymbol{p}$，而无须计算 $d(\boldsymbol{x}, \boldsymbol{p})$。进一步讲

$$d(\boldsymbol{x},\boldsymbol{p}) \geqslant G(p) \triangleq \max_{\boldsymbol{q}} |d(\boldsymbol{p},\boldsymbol{q}) - d(\boldsymbol{x},\boldsymbol{q})| \tag{4.9}$$

式中的最大值是到当前迭代过程为止在获得的所有基本原型上取得的。因此，如果 $G(p) \geqslant d(\boldsymbol{x}, \boldsymbol{n})$，则拒绝 $\boldsymbol{p}$，而无须计算 $d(\boldsymbol{x}, \boldsymbol{p})$。

对于给定的 $\boldsymbol{x}$，该算法选择一个基本原型作为其近邻的初始候选 $\boldsymbol{s}$，并将其从原型集中删去。计算距离 $d(\boldsymbol{x}, \boldsymbol{s})$，将其作为当前最近邻距离存为 $d(\boldsymbol{x}, \boldsymbol{n})$。然后在余下的原型集进行搜索，拒掉一切对 $\boldsymbol{x}$ 距离的下界[用式(4.9)计算]超过距离 $d(\boldsymbol{x}, \boldsymbol{n})$ 的原型。在这个起始阶段，每个原型的下限式(4.9)仅取决于所选基本原型 $\boldsymbol{s}$，此下限存储于 $G$ 中。

上述过程可能会导致基本原型被拒绝。因此，有一种选择就是仅在进行了初始迭代次数之后消除基本原型。在 LAESA 算法的 $EC_\infty$ 版本中没有使用这一选择，而是将所有小于下限的基本原型都拒绝掉。

在剩下的原型中，选择基本原型作为下一个候选最近邻 $\boldsymbol{s}'$，其下限(存储于 $G$ 中)最小(假定基础原型并没有消除，否则将选中非基本原型样本)，计算距离 $d(\boldsymbol{x}, \boldsymbol{s}')$。然而，如果最近邻被更新，候选向量 $\boldsymbol{s}'$ 就不一定需要比前一个选择更近。如果 $\boldsymbol{s}'$ 是基本原型，存储于 $G$ 中的下限就要根据式(4.9)更新。再次搜索数据集，拒绝其下限距离大于当前最近邻距离的原型(训练向量)，当然，如果 $\boldsymbol{s}'$ 既不是基本原型，也不是最近邻的新的候选，就没有必要进行这些比较，因为此时什么都不会改变。

上述重复性过程可以归纳成如下 5 个步骤。

1. 距离计算，即计算 $\boldsymbol{x}$ 到候选最近邻 $\boldsymbol{s}$ 的距离。
2. 如有必要，更新距 $\boldsymbol{x}$ 最近的原型。
3. 如果 $\boldsymbol{s}$ 是基本原型，则修改下界 $G(p)$。
4. 去掉下界大于当前最近距离的原型。
5. 逼近①，即选择下一个候选最近邻。

一旦所有可能的候选最近邻或被消除，或被选中，程序便告终止。此时，当前最近邻是最终的最近邻。可以使用最大深度停止规则，此时程序已运行到预先指定的迭代次数，对余下的所有原型均进行了充分的距离计算。

① “逼近”意为：选择下一个候选近邻的过程将导致向最优解的逼近，即最终能得到精确的最近邻。

关于上述方法，Micó et al. (1994)给出了更多细节。图 4.6 给出了图 4.4 所示数据集上使用 LAESA 方法(运用 $EC_\infty$ 条件)的示意，其中测试样本 $\boldsymbol{x}$ 位于原点(0, 0)，$\boldsymbol{s}_1$ 和 $\boldsymbol{s}_2$ 是 $\boldsymbol{s}$ 的前两个选择结果，其余样本是对数据集进行两次筛选(两次距离计算)后留下来的样本。

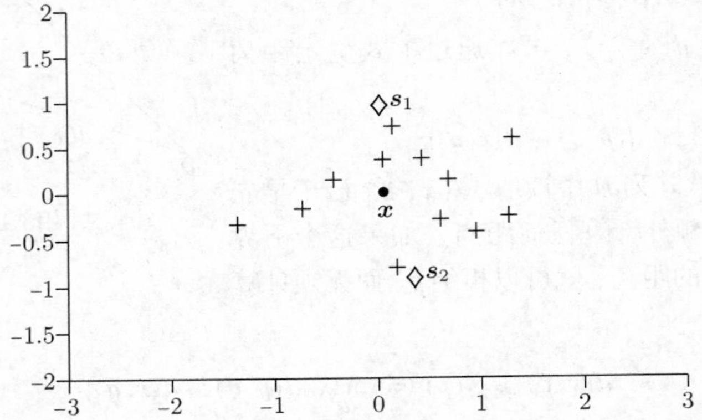


图 4.6 基于 LAESA 的最近邻选择，$\boldsymbol{s}_1$ 和 $\boldsymbol{s}_2$ 是前两个候选近邻

#### 4.2.5.3 讨论

有两个影响选择基本原型个数 $n_b$ 的因素。一个因素是可用的存储空间，因为有大小为 $n \times n_b$ 的阵列需要存储，因此不允许 $n$ 和 $n_b$ 过大。另一个极端是 $n_b$ 太小而 $n$ 较大，这时就会导致大量的距离计算。建议选择不超过存储容量的尽可能大的 $n_b$ 值，因为对 Micó et al. (1994)给出的 $EC_\infty$ 模型来讲，需要计算的距离数随 $n_b$ 单调减少(近似地)。但要注意的是，如果距离计算的计算代价较小，算法所引入的额外开销可能会抵消其计算优势。

正如 Moreno-Seco et al. (2002)指出的，可以将这个 LAESA 方法从仅确定最近邻扩展到确定 $k$ 个最近邻。这时的更新过程为：先选择 $k$ 个初始的基本原型，以提供对第 $k$ 个最近邻距离的初始估计。然后，执行标准 LAESA 算法，所发生的变化是：删去那些其下限距离大于当前第 $k$ 个最近邻距离的原型，保留第 $k$ 个最近邻而不是保留最近邻。

### 4.2.6 分支定界搜索算法：kd 树

#### 4.2.6.1 引言

分支定界搜索算法(Lawler and Wood, 1966)(见本书第 10 章)可用来算出某测试样本的 $k$ 近邻，与对所有训练数据向量进行朴素线性搜索相比，该算法的运行效率更高。有两个流行且相关的分支定界搜索算法，分别是 kd 树(Friedman et al., 1977)和球树(Fukunaga and Narendra, 1975)。

在这两种情况下，所使用的方法是：

1. 在训练阶段，创建一个树形结构，将训练向量按层分配到子集，每个子集与一个控制良好的几何区域/结构相对应。
2. 将分支定界方法应用到树中，搜索某测试样本的 $k$ 个最近邻。

$k$ 维树(kd 树)是二叉树划分问题，即将 $k$ 维数据空间分割成与坐标轴平行且无重叠的超矩形。这里要注意的是，$k$ 并非 $k$ 近邻分类器中最近邻训练向量数，而是输入数据维度(以前称为 $d$ )。Friedman et al. (1977)提出使用 kd 树改善 $k$ 近邻搜索的效率。

kd 树结构及其构建方法类似于第 7 章讨论的分类树方法。图 4.7 展示了一个二维的 kd 树划分数据空间的例子，其树的结构如图 4.8 所示。

可以借助图 4.9 和图 4.10 给出的中间层来理解 kd 树的结构。第一个超矩形[见图 4.9(a)]与节点 1(根节点)相对应，它将所有的训练数据向量包含在内。沿父超矩形的一个坐标轴进行拆分，使该顶层的超矩形拆分为节点 2 和节点 9 的超矩形，如图 4.9(b)所示。查看图 4.10 可以发现，一些子超矩形被依次拆分而成，同时形成树的向下移动。每次对父超矩形的拆分均沿坐标轴进行，并导致两个非重叠子超矩形的形成。这种拆分过程显然是：每个子超矩形是其父超矩形的一部分，两个子超矩形合起来就等于其父超矩形。

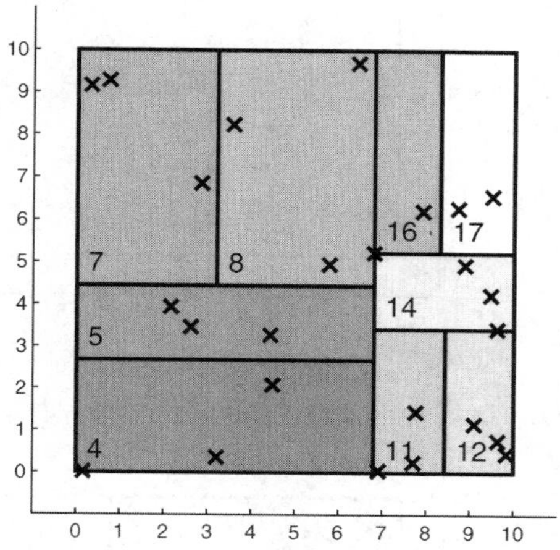


图 4.7　按矩形划分的数据空间。图中，训练向量标记为“ × ”，矩形仅为叶节点(也称为终端节点)矩形，并以节点编号进行标识

对于 kd 树的每一个非叶节点(即根节点和内部节点)来讲：

- 是与该节点对应的超矩形。
- 用第 $m$ 个分量(即第 $m$ 个坐标变量或第 $m$ 个特征)的 $\psi$ 值将父超矩形拆分为两个子超矩形。
- 是左子 kd 树(即左分支)。
- 是右子 kd 树(即右分支)。

对于 kd 树的每一个叶节点(也称终端节点)来讲：

- 是与叶节点对应的超矩形。
- 训练数据向量属于叶节点。

根据叶节点所在的超矩形，分配给叶节点训练数据向量。通过沿着树向下传递数据向量来确定数据的分配，而不是在所有叶节点上进行搜索。假设：当前正处在拆分分量为 $m$ 的节点上，拆分值为 $\psi$。如果 $x_m < \psi$，则移动到该节点的左子树，如果 $x_m \geqslant \psi$，则移动到该节点的右子树，$x_m$ 是向下传递的数据向量的第 $m$ 个分量(特征)的取值。这一过程始于根节点，(一直持续)终于一个叶节点。

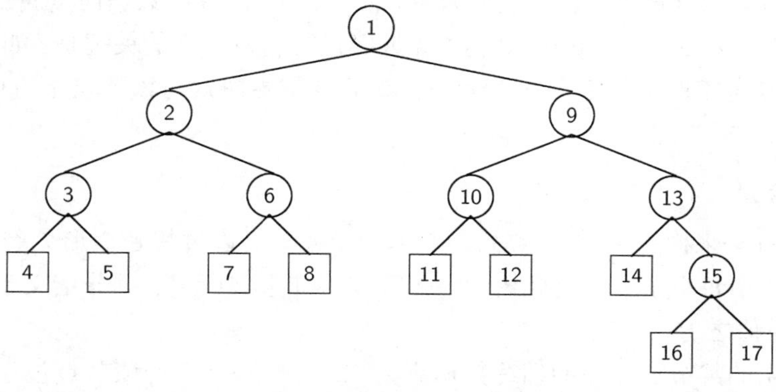


图 4.8　kd 树示例。其中，正方形符号表示叶节点，圆圈符号表示非叶节点

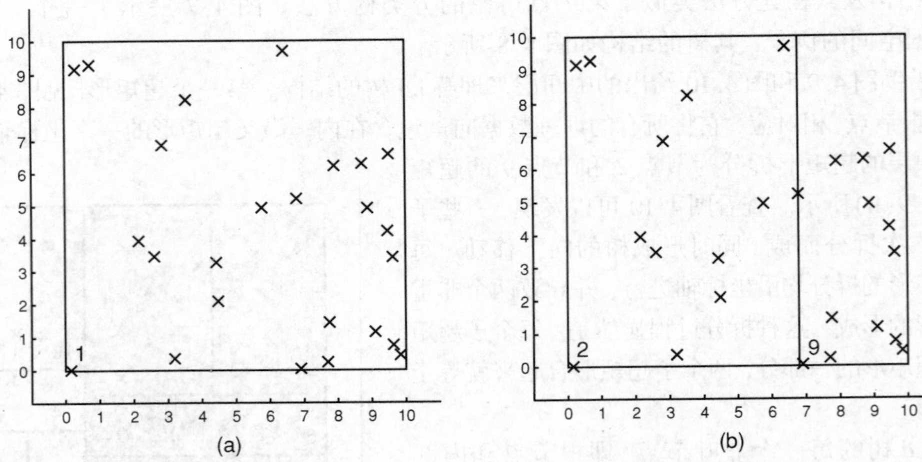


图 4.9　对数据空间的首次两矩形划分。其中，训练向量标记为叉，矩形由节点进行标记

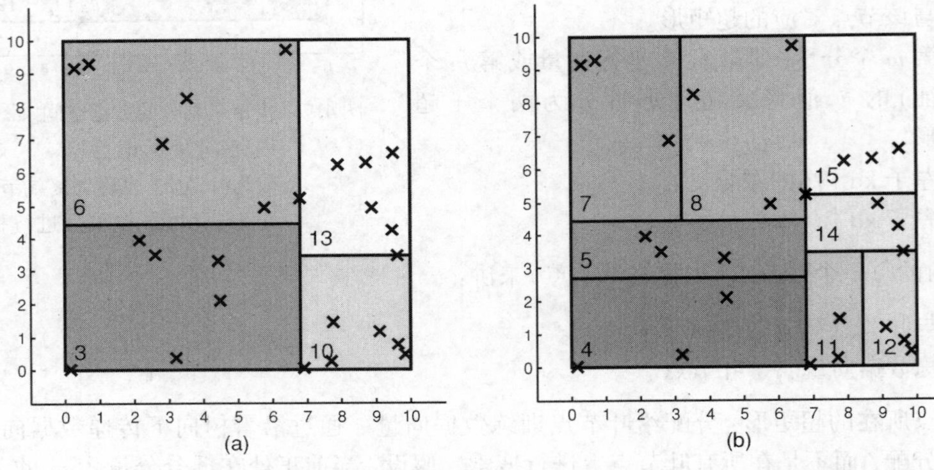


图 4.10　通过对数据空间的划分所形成的三层 kd 树(a)和四层 kd 树(b)。其中，训练向量标记为叉，矩形由节点进行标记

因此，与任意叶节点相关联的是一组呈层次关系的超矩形，每一层有一个超矩形，到叶节点，其超矩形将包含训练样本。例如，坐标为(4.5, 2.1)的训练数据向量属于叶节点4，则其节点层次结构为{1, 2, 3, 4}。利用 kd 树对 $k$ 近邻进行高效搜索的关键是：如果在树的较高节点处很容易确定其超矩形中并不存在 $k$ 近邻，就不再需要搜索与该节点下方叶节点相关的训练向量。这就是分支定界。

#### 4.2.6.2　树的构建

可以用递归方法来构建 kd 树。在每一个非叶节点处，通过将超矩形分裂成两部分，创建两个子节点。那么，每个子节点是此树的一个分支。如上文所述，拆分定义于向量分量(即坐标或特征)及分量值之上。

设与位于 $s$ 层的某节点相关的训练数据集为 $\{\boldsymbol{x}_1, \cdots, \boldsymbol{x}_n\}$。若该节点位于最顶层(第 1 层的根节点)，则相应的集合会囊括所有的训练数据。为了确定用于拆分的分量，一种可能的做法是先计算每个分量的方差：

$$\sigma_m^2 = \mathrm{var}(\{x_{1m}, \cdots, x_{nm}\}), \quad m = 1, \cdots, d$$

其中，$x_{im}$ 是节点上训练集中第 $i$ 个成员的第 $m$ 个分量。然后选方差最大的分量 $m$ 进行拆分，即此时 $\sigma_m^2 \geqslant \sigma'_m$，$m' = 1, \cdots, d$。使用方差的另一种方法是选择具有最大范围的分量。在选择分量的过程中，还要根据需要添加一些约束，从而不必使用与创建子节点(划分其父节点)相同的分量去划分该子节点，或者循环使用各分量推动树向下延伸的进程。

在确定了拆分分量(特征)之后，还要选择拆分值 $\psi$，此项工作通常遵循如下规则之一进行：

- $\psi = \mathrm{median}(\{x_{1m}, \cdots, x_{nm}\})$，即分量的中位数。
- $\psi = \mathrm{mean}(\{x_{1m}, \cdots, x_{nm}\})$，即分量的均值。

若希望获得一棵完全平衡的树，就应该选择中位数规则。然而，如果其数据不呈均匀分布，与生成狭窄超矩形(不可取)的均值选择规则相比，就更趋于将中位数选择与基于方差的分量选择结合起来，因为，接近于超立方体的超矩形具有更好的理论属性。

两子节点的超矩形仅在选用的拆分分量 $m$ 的范围上与其父节点的超矩形不同。具体而言，如果父超矩形中的拆分分量的取值范围为 $[h_{m1}, h_{m2}]$，那么

$$h_{m1}^{(L)} = h_{m1}, \quad h_{m2}^{(L)} = \psi, \quad h_{m1}^{(R)} = \psi, \quad h_{m2}^{(R)} = h_{m2}$$

其中，上标 $L$ 和 $R$ 分别表示左子节点和右子节点。

在分量 $m$ 的 $\psi$ 值上使用拆分规则，使训练数据 $\{\boldsymbol{x}_1, \cdots, \boldsymbol{x}_n\}$ 划分成一个左子集 $\{\boldsymbol{x}_i, i \in L\}$ 和一个右子集 $\{\boldsymbol{x}_i, i \in R\}$。

上述迭代过程或终止于已到达树的最深处，或终止于与节点相关的训练数据已足够小(终极情况下，小到仅有一个训练数据样本)。

构建一棵树所需的计算量是 $\mathcal{O}(dn\log(n))$，其中 $d$ 是数据维数，$n$ 是训练样本数(friedman et al., 1977)。

#### 4.2.6.3　最近邻的确定

现在来讨论如何确定测试样本 $\boldsymbol{x}$ 的最近邻①：

1. 沿树向下，找到包含测试样本超矩形的叶节点。沿树向下的过程很简单。从顶部节点开始，将测试样本与节点的拆分值相比，然后，沿胜出的分支继续向下，到达与该分支相连的子节点，延续这种方式直至到达叶节点。
2. 在叶节点包含的训练数据向量中搜索最近邻的初始候选。测试样本与被选中的当前近似的最近邻"训练数据向量 $\boldsymbol{n}$"间的距离 $d(\boldsymbol{x}, \boldsymbol{n}) = |\boldsymbol{x} - \boldsymbol{n}|$。
3. 构建一个有束缚超球，其中心为测试样本 $\boldsymbol{x}$，半径等于当前最近邻的距离 $d(\boldsymbol{x}, \boldsymbol{n})$。
4. 继续向上、向下搜索树，如果尚未降落到叶节点，便可根据下述方法消除(称为修剪)分支。对于给定的测试样本，一旦一个分支被剪除，就不再需要考虑该分支内的节点，特别是不再需要在属于该分支叶节点的训练向量中进行搜索。
5. 每到达一个叶节点，便在其所有训练数据向量中进行搜索(即计算它们与测试样本的距离)。如果发现有低于当前最近邻的距离出现，则用该新数据向量代替当前的最近邻 $\boldsymbol{n}$，该距离作为超球半径。

① 如果将最近邻扩展到 $k$ 近邻，则需要在初始阶段增加少许的额外工作，其他步骤不变。

6. 继续执行第 4 步和第 5 步，直到所有叶节点或作为修剪的部分对象已被剪除(希望发生在树的高层节点)，或进行了最近邻的直接搜索。至此，当前最近邻便是总体最近邻。

现在来考虑修剪过程。到第 2 步，已经获得对测试样本 $\boldsymbol{x}$ 的最近邻当前的最佳估计 $\boldsymbol{n}$，随之得到最近邻距离下限 $d(\boldsymbol{x}, \boldsymbol{n})$。以测试样本 $\boldsymbol{x}$ 为中心、距离 $d(\boldsymbol{x}, \boldsymbol{n})$ 为半径构建超球边界，如图 4.11 所示。初始最近邻估计位于测试样本所在的叶节点 5。仅在该叶节点的训练向量上进行搜索(灰影区域)。注意，此初始最近邻估计并不是总体最近邻，总体最近邻实际上位于叶节点 8。

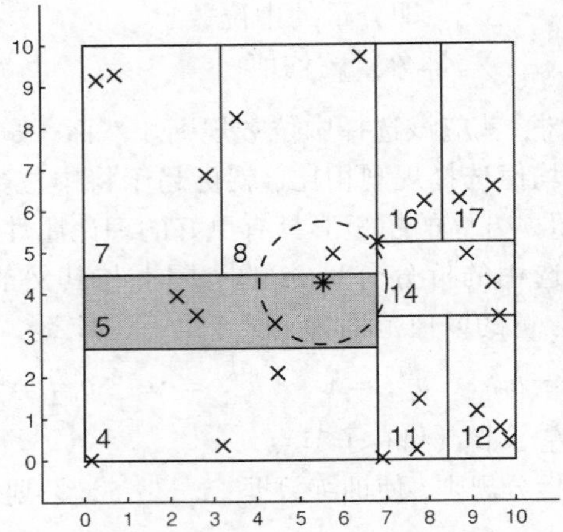

图 4.11 环绕测试样本的超球边界(虚线圆圈)以与最近邻距离的当前估计为半径。测试样样本标记为星号，训练向量标记为叉号

所构建的超球边界必定包含了比测试样本的当前最近邻更接近的训练向量。进一步讲，如果有其他超矩形的训练向量包含于超球内，则该超球必然与那个层上对应训练向量的各超矩形相交。因此，如果能找到这样的节点，它的一个分支超矩形不与该超球相交，便可知该分支内不存在可作为最近邻的训练样本，因此应剪除该分支。

因此，关键是检测超球是否与超矩形相交。当且仅当超矩形中与超球中心 $\boldsymbol{x}$ 的最近点 $\boldsymbol{y}$ 到超球中心 $\boldsymbol{x}$ 的距离小于等于半径 $r = d(\boldsymbol{x}, \boldsymbol{n})$，超球与超矩形方能相交。在超矩形中，到点 $\boldsymbol{x}$ 的最近点 $\boldsymbol{y}$ 的确定可以逐次在分量(坐标)上进行：

$$y_i = \begin{cases} h_{i1}, & x_i < h_{i1} \\ x_i, & x_i \in [h_{i1}, h_{i2}] \\ h_{i2}, & x_i > h_{i2} \end{cases}$$

其中，$[h_{i1}, h_{i2}]$ 是超矩形第 $i$ 个分量的取值范围。

假设有这样一个节点，其分支的顶部超矩形的确与超球相交，此时便不能删除该分支，而要继续向下延伸。在向下延伸的过程中，有可能尚未行进到叶节点时，就会发生修剪子分支(如果其超矩形不与超球相交)的行为。每当到达一个叶节点，就要在该叶节点覆盖的所有训练数据向量中进行搜索(允许使用类似于 4.2.5 节给出的 LAESA 算法)。如果找到一个更接近的最近邻，便更新当前的最近邻。因此，用这样一种方式来组织对树的向下搜索是比较高效的，即如果一个节点的两个分支均与超球相交，就继续沿能够首次出现具有更接近测试样本的子节点的分支向下，这是因为此分支比其他分支更可能产生一个新的最近邻。与原始的最近邻估计相比，如果当前最近邻被更新，就更有可能拒绝同级节点。

下文概述这个过程，即利用图 4.11 的测试样本和图 4.8 至图 4.10 给出的树及节点布局，对上述方法概述如下：当在叶节点 5(见图 4.11)圈定的范围内确定出最近邻之后，依然有叶节点{4，7，8，11，12，14，16，17}待考虑。依图 4.8 从叶节点 5 沿树向上，移动到其父节点 3，接着考虑与节点 5 同级的节点 4 是否与超球边界相交，借助图 4.11 的检查计算表明它们不相交，于是拒绝叶节点 4，即不在其训练向量中进行搜索。之后，继续沿树向上到达节点 2(见图 4.8)，检查其另一个子节点 6 的超矩形(节点 7 和节点 8 的联合体)，发现该超矩形的确与超球相交。因此，从节点 6 沿树转而下行，检查节点 7 和 8。节点 7 不与超球边界相交，此时不必再对节点 8 进行排除检查，因为如若不然，其父节点 6 处就不会有相交出现。节点 8 是一个叶节点，因此要在其训练向量中搜索候选最近邻，并用该候选最近邻更新超球边界，如图 4.12 所示。

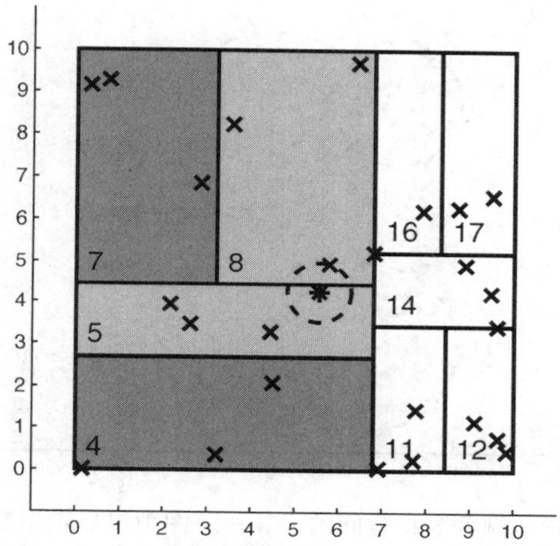


图 4.12　环绕测试样本的超球边界(虚线圆圈)，半径等于其到更新的估计最近邻的距离。测试样本标记为星号，训练向量都标记为叉。搜索过的叶节点为浅灰色，被消除的叶节点为深灰色，尚未被搜索或有待淘汰的叶节点为白色

注意，在获得更新的超球之后，节点 2 下方的所有叶节点就均已考虑，因此继续向上行进到树的节点 1。在此，需要考虑节点 9 的超矩形是否与超球边界相交。此超矩形为图 4.12 中各白色超矩形的合成体，它未与超球边界相交，因此整个分支被淘汰，得到估计正确的最近邻，算法终结。注意，与节点 9 相关的超矩形与图 4.11 中的原始超球形不相交，消除对其样本的搜索，彰显出这一树形结构化搜索的益处。

该例有 25 个训练向量，仅有叶节点 5 的 3 个和叶节点 8 的 3 个，共计 6 个训练向量参与了候选最近邻的搜索。此外，在修剪过程中，仅进行了 4 次距离计算，即节点 4、6、7、9 的超矩形中最近点到超球边界的距离计算。沿树向下行进，找到最初涵盖的叶节点 1、2 和 3，在这些叶节点的一个分量上均发生了比较运算。因此，距离计算的总数不到在 25 个训练向量上进行线性搜索所需计算量的一半。

用于搜索的平均计算成本为 $\mathcal{O}(\log(n))$，其中 $n$ 是训练样本数(friedman et al.，1977)。Friedman 的分析建立在一种理想情况的基础上，即超矩形近似超立方体，每个超矩形几乎包含相同数量的训练样本。在最差的情况下，其计算复杂性会类似于线性搜索。

遗憾的是，人们注意到(Moore，1991)：计算成本随数据维度的增长而升高。事实上，数据维度超过 10 之后，超过线性搜索的 kd 树搜索优势也就所剩无几了。

### 4.2.7 分支定界搜索算法：ball 树

使用 ball 树搜索 $k$ 近邻的概念与使用 kd 树相似，该方法由 Fukunaga and Narendra(1975)提出，还可参阅 Uhlmann(1991)。

与 kd 树创建一组不同层次的超矩形不同，ball 树创建的是一组不同层次的超球(即球)。这种做法的优势在于球比 kd 树所用的超矩形能更紧密地包围训练数据向量，从而导致在 ball 树搜索中的修剪行为比 kd 树更常见，进而带来计算效率的改善。

图 4.13 给出了一个二维 ball 树的例子。其树的节点结构与图 4.8 的 kd 树相同，图 4.14 展示了该 ball 树网络的第二层和第三层的情况。

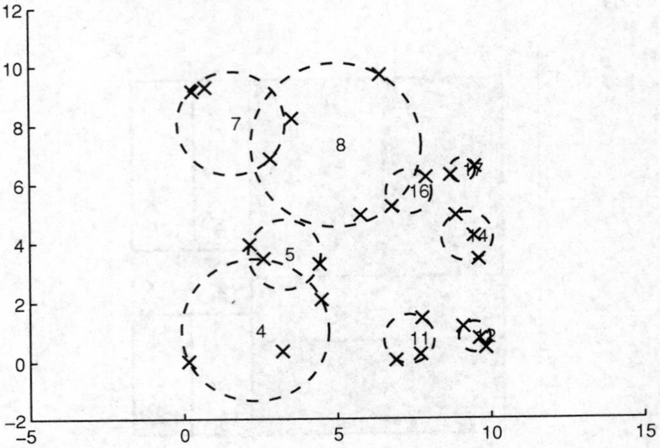

图 4.13　划分数据空间的 ball 树。图中仅显示出其叶节点球，并标出节点编号。训练向量标记为叉号

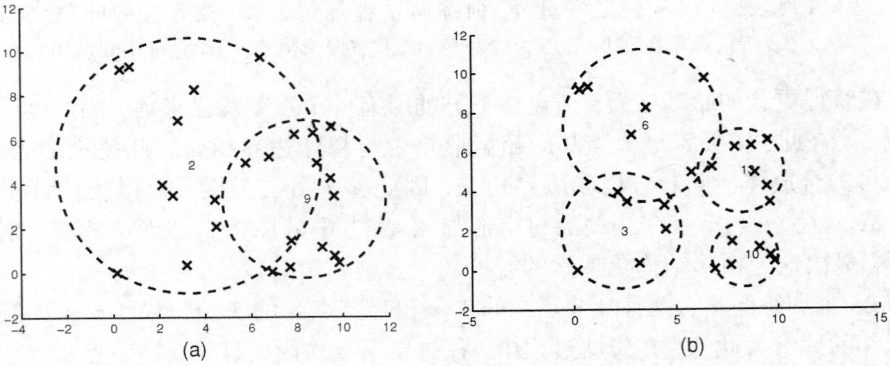

图 4.14　示例的(a)两层 ball 树和(b)三层 ball 树。训练向量标记为叉号，球里标注了节点编号

对于 ball 树的非叶节点来讲：

- 节点球(超球)中心为 $\boldsymbol{c}$，半径为 $r$。
- 具有左子球和右子球(分支)。
- 球关联着训练数据向量(即训练数据向量位于球内)。

叶节点不具备任何子节点，这一点与非叶节点不同。

半径为 $r$ 的球是包含着与之关联的所有训练向量的可能的半径最小的球。因此，如果训练向量为 $\{x_1, \cdots, x_n\}$，球中心为 $c$，便有

$$r = \max_{i=1,\cdots,n} |x_i - c|$$

在这里不谈 $c$ 的优化问题，而 $r$ 则是给定训练向量集下的可能的最小值，这是最小覆盖球问题（Elzinga and Hearn, 1972）。

从图 4.13 和图 4.14 可以看到，那些球并不对整个数据空间做划分。不过，每一次对球的切分均导致树的向下延展，切分而得的子球联合体一定包含其父球的所有训练数据样本。与 kd 树的超矩形不同，这里允许球在数据空间中相互重叠，但训练样本在重叠区域仍仅被分配给一个球。如果 $S_0$ 是分配给一个父球的训练数据向量集，$S_1$ 和 $S_2$ 是分配给其子球的训练向量集，如上要求就可以归纳为以下规则：

$$S_1 \cup S_2 = S_0, \qquad S_1 \cap S_2 = \phi$$

理想情况下，子球中心 $c_1$ 和 $c_2$ 的选择方式应满足如下条件：

$$\begin{aligned} x \in S_1 &\Rightarrow \|x - c_1\| \leqslant \|x - c_2\| \\ x \in S_2 &\Rightarrow \|x - c_2\| \leqslant \|x - c_1\| \end{aligned} \tag{4.10}$$

然而，$k$ 近邻搜索过程并不依赖于上述性质。

遍历 ball 树的规则是：从根节点开始，随后在每一层，行进到其中心与测试向量靠得最近的那个子节点。注意，如果在 ball 树的结构中，有一个节点不满足式(4.10)，当把遍历方法用于训练数据时，就不能将训练数据正确地分配给叶节点。在这种情况下，我们保留构造树时所使用的分配。

#### 4.2.7.1　树的构建

与构建 kd 树的方法（见 4.2.6 节）类似，我们用递归方法来构建 ball 树，其间可以使用一些不同的构建规则，如 Omohundro(1989) 所述。每个规则的优点取决于数据的属性，以及对构造时间的任一约束。

理想情况下，我们寻求树内球的总体积最小，因为在均匀分布的数据下，这相当于使包含给定数据样本的球的数量最小。Omohundro(1989) 提出了一个自下而上的启发式构建方法。即从初始的一系列小球开始，每个小球中只包含一个训练向量，然后反复地选出一对小球并将它们合并，选择依据是，在众多的小球对中，选中的小球对所形成的合并球的体积最小。每次合并之后，原来的球成为姐妹球且在后续不再考虑，合并而成的母球则被添加到待考虑的集合中。最终得到一个单球，它包含着所有数据。这种 ball 树往往具有良好的品质，但其构建时间会令一些应用望而却步。

还可以考虑类似于 kd 树所使用的自顶向下的方法。这时，开始于一个涵盖了所有数据的球，然后递归地将一个球拆分成两个球。拆分规则与 kd 树类似。具体而言，选择一个具有最大方差（或最大取值范围）的分量进行拆分，拆分值选用该分量的中值，该分量值小于拆分值的训练向量分配到左子球，其余的分配给右子球。

Witten and Frank(2005) 主张用下列规则将父球的训练数据划分为两个子集：

- 选择离母球中心最远的训练向量；
- 将离已选中的第一个向量最远的训练向量选为第二个训练向量；

- 对余下的每一个训练向量，根据它们与两个选定训练向量的远近，分配于第一个集合或第二个集合。

属于一个子球的全部训练向量一旦确定下来，该球便告形成。理想情况下，可计算出最小覆盖球(Elzinga and Hearn, 1972)。然而，在实践中仅能用到它的近似，例如球心使用训练向量的平均值或训练向量的最小外包矩形的中点。中心点给定后，半径被唯一地确定为围住所有样本点的最小值。

#### 4.2.7.2 最近邻的确定

搜索最近邻时，仅在测试待修剪对象的方法上与 kd 树(如 4.2.6 节所述)不同，(相应规则也平凡地用于对树的下降式搜索中)。

在搜索测试样本 $\boldsymbol{x}$ 的最近邻时，可按类似于 kd 树的方式形成修剪规则(就相交球而言)，也可以利用三角不等式(如 LAESA 搜索算法那样，见 4.2.5 节)。令 $\boldsymbol{x}$ 是测试样本，$\boldsymbol{n}$ 是其最近邻的当前最佳估计，$\boldsymbol{c}$ 是所考虑的球心，$r$ 为球的半径。我们来考察球内训练向量 $\boldsymbol{x}_i$，上述几者的关系如图 4.15 所示。使用三角不等式：

$$d(\boldsymbol{x},\boldsymbol{x}_i) \geqslant d(\boldsymbol{x},\boldsymbol{c}) - d(\boldsymbol{c},\boldsymbol{x}_i)$$

因为 $\boldsymbol{x}_i$ 位于球心为 $\boldsymbol{c}$、半径为 $r$ 的球内，所以 $d(\boldsymbol{c},\boldsymbol{x}_i) \leqslant r$，因此

$$d(\boldsymbol{x},\boldsymbol{x}_i) \geqslant d(\boldsymbol{x},\boldsymbol{c}) - r$$

这是测试样本到球内任意训练向量距离的下界。因此，如果

$$d(\boldsymbol{x},\boldsymbol{c}) - r \geqslant d(\boldsymbol{x},\boldsymbol{n})$$

则球内不可能包含比当前估计更佳的最近邻，因此可以剪除该球(及该球的所有子球)。

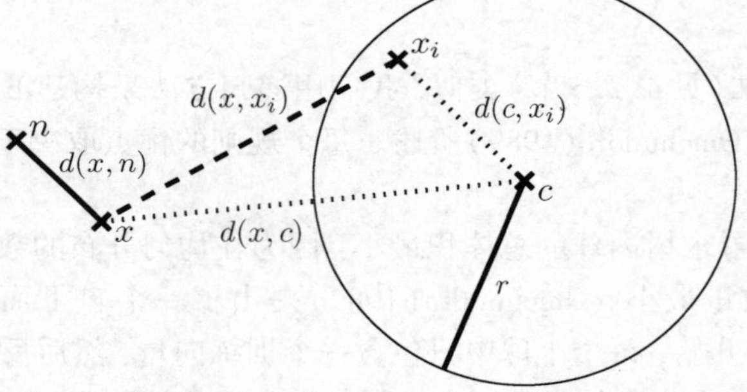


图 4.15 ball 树修剪规则。$x$ 为测试样本，$n$ 为当前最近邻的最佳估计，$\boldsymbol{c}$ 为球心，$r$ 为球的半径，$x_i$ 为球内的任意训练向量。用三角不等式提供测试样本与球内任意训练向量之间距离 $d(\boldsymbol{x},\boldsymbol{x}_i)$ 的下限

Kamgar-Parsi and Kanal(1985)主张使用另一种考核修剪某球的方法，即如果满足下式，则修剪该球：

$$d(\boldsymbol{x},\boldsymbol{n}) + d(\boldsymbol{x},\boldsymbol{c}) < r_{\min}$$

其中，$r_{\min}$ 是球心到球内训练向量的最小距离。

既可以像与 kd 树那样，将位于叶节点的所有训练向量作为潜在候选最近邻进行彻底搜索，也可以像 Fukunaga and Narendra(1975)所主张的，利用进一步的界限。

### 4.2.8　剪辑方法

$k$ 近邻法规则的缺点之一是需要存储所有 $n$ 个数据样本。如果 $n$ 太大，就需要过多的存储量。然而，其更主要的缺点是获得 $k$ 个近邻所需的计算时间较长，4.2.5 节至 4.2.7 节均讨论过此问题。为此，人们研究了几种减少类的原型个数的方法，其目的是提高计算效率并提高泛化错误率。

下面考虑两种减少原型个数（训练向量）的方法。第一种属于剪辑方法，该类方法通过对训练集的处理达到去掉被错分的原型的目的。可用图 4.16 中的两类问题来示意，图中示出了两个有重叠的样本分布，以及贝叶斯决策边界。边界的左边区域和右边区域均含有由贝叶斯分类器错分的原型。去掉这些原型就形成了图 4.17 的两个单一的原型集，以及接近于贝叶斯决策边界的最近邻决策边界。

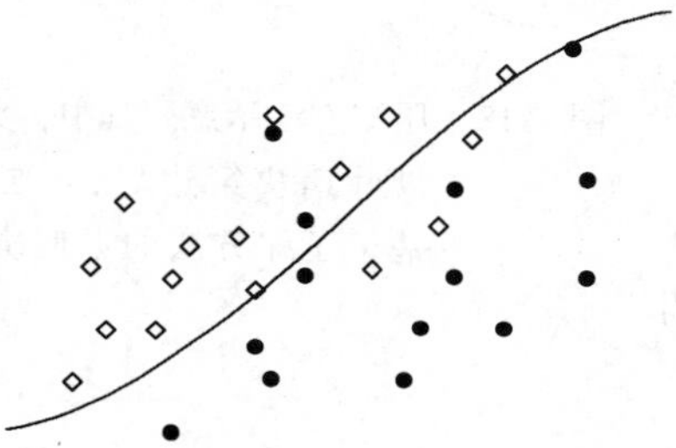

图 4.16　剪辑方法示意：样本和贝叶斯决策边界

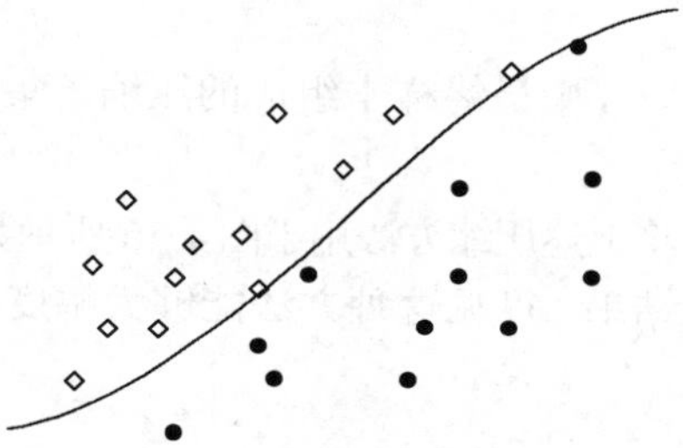

图 4.17　剪辑方法示意：剪辑数据集

第二种是压缩方法，该方法的目的是减少每个类的原型数，而在本质上不改变最近邻对贝叶斯决策边界的接近程度。

#### 4.2.8.1　剪辑方法

基本的剪辑方法如下：给定训练集 $R$（类属性已知）和分类规则 $\eta$，设 $S$ 是被分类规则 $\eta$ 错分的样本集，将这些样本从训练集中除去，得到 $R = R - S$。重复这个过程直到满足停止准则。因此，上述过程结束时，训练集中的样本都是由分类规则正确分类的样本。

将此方法应用于 $k$ 近邻法规则中的操作由算法 4.1 执行。

---

**算法 4.1　*k* 近邻剪辑步骤**

1. 将数据集 $R$ 随机地划分成 $N$ 个组 $R_1$，…，$R_N$。
2. 以 $M$ 个集合的并集 $R_{(i+1)\text{modN}} \cup \cdots \cup R_{(i+M-1)\text{modN}}$（$i = 1$，…，$N$）作为训练集，对集合 $R_i$ 中的样本用 $k$ 近邻法决策规则进行分类，其中 $1 \leqslant M \leqslant N - 1$。设 $S$ 为错误分类的样本集。
3. 从数据集中去掉所有错分的样本，形成新的数据集：$R = R - S$。
4. 如果最近的第 $I$ 次迭代没有导致样本从训练集中删除，则终止算法，否则转第 1 步。

---

如果 $M = 1$，就得到改进的估计错误的 holdout 方法；取 $k = 1$ 得到 Devijver and Kittler (1982) 的多重剪辑算法；取 $M = N - 1$（所有的剩余集都被使用）得到 $N$ 重交叉验证错误估计。如果 $N$ 等于训练集中的样本数（且 $M = N - 1$），就得到留一法错误估计，这就是 Wilson 的剪辑算法（Wilson,1972）。注意，经过第一次迭代后，训练样本数减少且分类数不可能超过样本数。

对小数据集来讲，用交叉验证方法估计错误率的剪辑方法首选多重剪辑算法(Ferri and Vidal, 1992a;Ferri et al.,1999)。

#### 4.2.8.2 压缩方法

上述剪辑算法产生出样本的同类聚类集。压缩算法的基本思想是去掉那些深嵌于每个聚类中，但对贝叶斯决策域的近邻逼近贡献不大的样本。这种方法可参见 Hart(1968)。首先，划分两个存储区，分别标为 $A$ 和 $B$。在 $A$ 中放入一个样本，而将其余的样本放入 $B$ 中。用 $A$ 中的样本(最初为一个向量)作为原型，以近邻法则对 $B$ 中的每个样本进行分类。如果分类正确，则该样本返回 $B$ 中，否则将其加入 $A$ 中。重复上述过程，如果 $B$ 中的所有样本在进行上述过程时没有一个从 $B$ 转到 $A$，则算法终止。

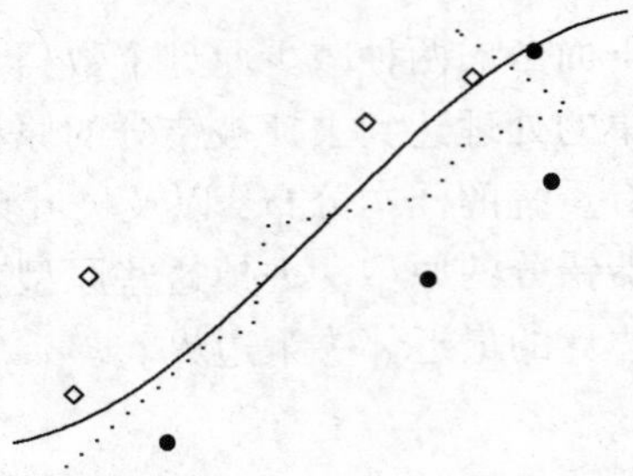

图 4.18 压缩方法示意。其中，实线表示贝叶斯决策边界，点画线表示基于压缩方法的近似决策边界

以 $A$ 中最终样本组成的压缩子集用于近邻法分类规则。

将上述压缩方法用于图4.16 所示数据，得到图4.18 所示结果，可见这种方法能够大幅度削减训练样本的数量。

#### 4.2.8.3 应用研究

Ferri and Vidal(1992b)将剪辑和压缩这两种方法应用于采集到的图像数据，目的是进行机器人自动收割的应用研究。问题是在一定的场景内检测到果实的位置。数据由 6 幅图像组成，以 128 × 128 像素存于数组中；其中 2 幅图用于训练，4 幅图用于测试。从训练图中构造了跨越三个类(果实、叶子、天空)的 1513 个 10 维特征向量(每个向量相当于 1 个不同的像素位置)，该特征向量根据像素点及其 4 邻域像素的颜色信息获得，用 YUV 色彩空间(容易从 RGB 值获得)的色度(UV)分量给出每个像素位置的 10 个特征。

运行剪辑算法，在每一次剪辑过程的迭代中，随机地从{3, 4, 5}中为 $N$ (数据集分类数)选择一个值。运行结果是，在剪辑过程中，没有样本从设计集中删除的迭代步数 $I$ 为 6 和 10，如表4.3 的归纳所示。在 $I = 6$ 剪辑输出上执行一次压缩程序，在 $I = 10$ 的剪辑输出上执行两次压缩程序(不同的随机初始化程序所致)。

表4.3 对图像分割的多重剪辑及压缩结果(Ferri and Vidal, 1992b)

| | | $I=6$ | | $I=10$ | |
|---|---|---|---|---|---|
| | 原始量 | 多重剪辑 | 压缩 | 多重剪辑 | 压缩 |
| 数据规模 | 1513 | 1145 | 22 | 1139 | 28 |
| 发生在 4 张测试图像上的平均错误 | 18.26 | 10.55 | 10.10 | 10.58 | 8.59 |

从表4.3 可以看出，压缩算法大幅减少了数据集的规模。剪辑算法降低了错误率，而运行压缩算法后，错误率以较小的幅度进一步降低。

### 4.2.9 应用研究举例

问题

研究信用评分方法来评价贷款申请者的信用度(Henley and hand, 1996)。

摘要

该方法基于 $k$ 近邻法，并调整欧氏距离度量的形式，以期将数据中的类别分离性知识结合进来。

数据

对一组贷款申请者的 16 个变量（由变量选择方法产生）进行测量，包括名字或次序，数据由这些测量值构成。将这些数据划分为训练集和测试集，其大小分别为 15054 和 4132。利用数据的类别信息，将其处理成比例的形式，以使第 $i$ 个特征或变量的第 $j$ 个值可用 $\log(p_{ij}/q_{ij})$ 来代替。其中，$p_{ij}$ 是在变量 $i$ 的第 $j$ 个属性值上获得正确分类的比率，$q_{ij}$ 是在变量 $i$ 的第 $j$ 个属性值上被错分的比率。

模型

运用 $k$ 近邻分类器，并使用式(4.8)的平方度量，其中正定对称矩阵 $\boldsymbol{A}$ 由下式给出：

$$\boldsymbol{A} = (\boldsymbol{I} + D\boldsymbol{w}\boldsymbol{w}^{\mathrm{T}})$$

其中，$D$ 是距离参数，$\boldsymbol{w}$ 是 $g$ 类的后验概率密度 $p(g \mid \boldsymbol{x})$ 的等概率线方向；也就是说 $\boldsymbol{w}$ 是平行于决策边界的向量。这种分类器类似于 4.2.3 节的自适应判别近邻分类器，$\boldsymbol{w}$ 由回归法进行估计。

训练方法

选择 $D$ 值，使接受信誉欠佳者的风险率最低，该风险率是接受信誉不好的申请者所占的比例与预先指定的接受比例之比，它是基于训练集的，$k$ 值也是基于训练集的。本例的性能评价标准不同于大多数研究（包括 $k$ 近邻分类器）所用的一般错误率评价标准。本项研究指定了接受比例，研究的目的是使接受信誉欠佳申请者的数量最小。

结果

本项研究的主要结果是 $k$ 近邻法对参数选择很不敏感，而且 $k$ 近邻法是信用评分的一个实用分类法则。

### 4.2.10　拓展研究

$k$ 近邻法有多种形式。$k$ 近邻决策规则构成概率密度估计的基础，Buturović（1993）对此进行了研究，并提出对式(4.7)的修改方案，以减少估计量的偏差和方差。

有多种降低最近邻搜索时间的处理方案。Vidal（1994）给出了快速近邻搜索的逼近-消除算法（Approximation-elimination），Ramasubramanian and Paliwal（2000）对此算法进行了评价和比较。

Niemann and Goppert（1988）和 Jiang and Zhang（1993）提出了分支定界方法的变体，用于 kd 树和 ball 树。Sproull（1991）考虑通过分解为不平行于坐标轴的超矩形得到扩展的 kd 树。Liu et al.（2006）通过问“第一类的 $k$ 近邻至少是 $t$ 吗?”而不是问“哪些是测试样本的 $k$ 近邻?”来展现如何改进 ball 树算法，使其可以用于二元分类问题。前一个问题的答案是根据 $k$ 近邻分类规则对数据进行分类所需的信息。

近邻搜索速度的提升是以增加预处理或存储空间为代价的（Djouadi and Bouktache，1997）。Dasarathy（1994a）提出了减少最近邻分类中原型个数的算法，该算法运用了一种基于选择最优子集概念的方案，这种“最小相容集”产生于迭代过程，并在测试数据集上取得了比压缩近邻算法更优的性能。

Dasarathy(1991)对各种有关计算方法的文献做了评价。最近，Bhatia and Vandana(2010)提供了一项关于不同最近邻技术的优缺点调查。Bajramovic et al. (2006)就同一目标识别工作对各种最近邻方法的性能进行了比较。

Hamamoto et al. (1977)提出通过局部训练样本的线性组合生成自举样本，这会增加而非降低训练集的规模，该方法有比传统 $k$ 近邻法更优的性能，尤其是在高维的情况下。

$k$ 近邻法关于贝叶斯错误率的理论界限，前面已介绍过。对于少量样本，其真实错误率会与贝叶斯错误率很不同。Fukunaga and Hummels(1987a, 1987b)研究了在样本量有限情况下，样本数量对 $k$ 近邻法错误率的影响。研究发现，特别当数据维数较高时，近邻法错误率的偏差将随样本规模的增大而缓慢减小。这表明面对高维样本，样本规模的增加并不能有效地降低偏差。而获得错误率的收敛率表达式，并通过在不同样本规模的训练集上计算错误率来预测其渐近极限，不失为一种补偿偏差的方法。Psaltis et al. (1994)对此做了进一步研究，他们将错误率描述成渐近级数展开式。Fukunaga and Hummels(1987b, 1989)提出了估计错误率的留一法，发现通过为似然函数(用于导出近邻法规则)选择一个合适的阈值，能够降低错误率对 $k$ 值的敏感性。

### 4.2.11 小结

最近邻法引起人们的广泛关注已有数年，方法的简单性使其深受研究实践人员的青睐。这可能是我们提出的概念上最简单的分类决策规则，可以概述为“观其友，知其人”(Dasarathy, 1991)。这种方法需要一组有类别标签的样本，以用此来对测试集样本进行分类。对于较大的数据集，简单的 $k$ 近邻法规则(计算测试样本与训练集里每个成员的距离，并保留 $k$ 个近邻样本的类别，以进行决策)有可能导致巨大的计算开销，但对于多数应用来讲，证明这种计算开销是可接受的。如果不能在几秒钟但能在几分钟内得到结果，这对研究者来说可能就算不上什么。LAESA 算法是以牺牲存储容量换得计算时间的。LAESA 依赖于基本原型的选择，并计算存储原型与基本原型之间的距离。Ball 树和 kd 树把原型排列为二叉树的形式，因此可用分支定界方法确定 $k$ 近邻。

降低 $k$ 近邻法分类样本所需搜索时间的另一种办法(并提高其通用性)是使用剪辑算法和压缩算法。两者均会降低原型的个数；剪辑算法的目的是提高其通用性，压缩算法的目的是在不显著降低性能的条件下，减少原型个数。Hand and Batchelor(1978)对此做了试验研究。

使用其他距离度量可以获得算法的改进，这时候距离度量可以改用局部度量，即类内和类间距离的局部度量，也可以改用非欧氏距离。

还有一个未细谈的问题，就是如何选择 $k$ 值。$k$ 值越大，算法的鲁棒性越强。但 $k$ 必须比第 $i$ 类的样本数 $n_i$ 的最小值更小，否则近邻就不再是样本的局部近邻(Dasarathy, 1991)。在有限的研究中，Enas and Choi(1986)给出了一个法则，即 $k \approx N^{2/8}$ 或 $k \approx N^{3/8}$，其中 $N$ 是样本总体的大小。Dasarathy 描述的方法在不同的 $k$ 值下，运用交叉验证法对训练集的 $k$ 个样本之外的每个样本进行分类，并决定其整体性能。从计算的角度来看，尽管 $k$ 值越小越好，但还是应该选择使错误率最小的 $k$ 值作为 $k$ 的最优值，并在随后的剪辑和压缩算法中保持此值不变。

## 4.3 直方图法

或许直方图法是最早的密度估计方法，它是从样本中构造概率密度的经典方法。

在一维情况下，实轴被划分成一些大小相等的单元格(见图 4.19)，$x$ 点处的密度估计可视为

$$\hat{p}(x)=\frac{n_j}{\sum_j^N n_j\mathrm{d}x}$$

其中，$n_j$ 是跨越点 $x$、宽度为 d$x$ 的单元格内的样本数，$N$ 是单元格数目，d$x$ 是单元格大小。将其推广到多维观测空间有

$$\hat{p}(\boldsymbol{x})=\frac{n_j}{\sum_j n_j dV}$$

其中，d$V$ 是第 $j$ 个箱体的体积。

这种方法概念简单且易于使用，同时具有不需要保留采样点的优点，但基本直方图法依然存在如下几个问题。首先，它在高维空间很少有实效。一维空间的单元格数为 $N$；二维空间的单元格数为 $N^2$（假定每个变量被划分成 $N$ 个单元格），那么若数据样本 $\boldsymbol{x}\in\mathbb{R}^d$（$d$ 维向量 $x$），则共有 $N^d$ 个单元格。这种单元格数目的指数增长意味着高维空间的密度估计需要大量的数据。例如，6 维数据的样本，每个变量被划分为 10 个单元格（不合理的数字），就会得到 1 000 000 个单元格。为避免在大范围内估计值为零，就需要大量的观测值。直方图方法的第二个问题是密度估计的不连续性，即在区域的边界处密度估计值会突降为零。下面考虑几种推荐的方法，以克服这些问题。

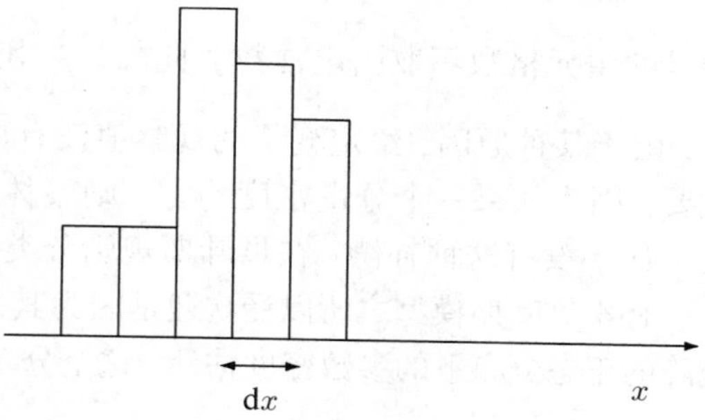

图 4.19　直方图

### 4.3.1　直方图自适应数据

有一种运用 $d$ 维直方图构造近似概率密度函数的方法，就是在样本数量有限的情况下，允许用直方图的描述符（位置、形状和大小）适应数据，如图 4.20 所示。

这种方法由 Sebestyen and Edie（1966）较早提出，描述了运用超椭球体单元格进行多元密度估计的一系列方法。

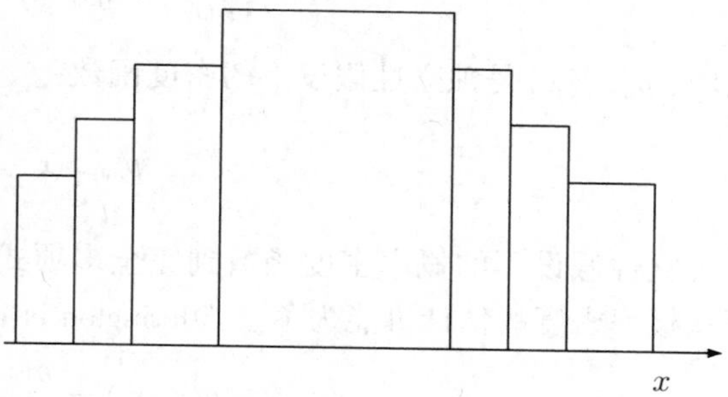

图 4.20　单元格大小不同的直方图

### 4.3.2　独立性假设（朴素贝叶斯）

在高维问题中，减少单元格数的另一种方法是对概率密度函数的形式进行一些简化假设。假定变量是独立的，从而使 $p(\boldsymbol{x})$ 可以写成如下形式：

$$p(\boldsymbol{x})=\prod_{i=1}^{d}p(x_i)$$

其中，$p(x_i)$ 是 $\boldsymbol{x}$ 的单个分量（特征、元素、变量，一维）的密度。描述这种模型的说法有多种，如朴素（naïve）贝叶斯、傻瓜（idiot）贝叶斯和独立（independence）贝叶斯。对每个密度单独使用直方图法，所得各单元格数为 $Nd$（假定每个变量的单元格相等，都为 $N$），而不再是 $N^d$。

这种独立模型的一个特别实现(Titterington et al., 1981)是

$$p(\boldsymbol{x}) \sim \left\{\prod_{r=1}^{d} \frac{n(x_r)+\frac{1}{C_r}}{N(r)+1}\right\}^B \tag{4.11}$$

其中, $x_r$ 是 $\boldsymbol{x}$ 的第 $r$ 个变量, $n(x_r)$ 是分量 $r$ 上取值为 $x_r$ 的样本数, $N(r)$ 是变量 $r$ 上的所有观测值的数量(由于缺值, 此值可能变化); $C_r$ 是变量 $r$ 的单元格数; $B$ 表示变量中"非多余信息比例"的"联合因子"。

应注意, 上述表达式考虑到了缺值(可能是某些分类数据问题中的一个问题)现象, 每个变量的单元格数不取固定常数。此外, $\frac{1}{C_r}$ 用来弥补样本数, 以防止测试样本的密度为零, 此时, 由于某种原因, 给定变量的观察值没有训练样本数据, 在此情况下, $n(x_r)=0$ 。这一点很重要, 因为如果一个分量密度为零, 则整体密度将为零, 即使所有其他分量给出较大的密度值。如果没有这种补偿, 在贝叶斯规则分类器下, 就有可能所有的类条件件密度的权值为零。

朴素贝叶斯模型之所以受欢迎是因为其简单易行。独立假设经常用来进行具有对角协方差矩阵的正态分布下的参数密度估计, 这个分布即为单变量正态密度函数的乘积, 见2.4节。

### 4.3.3 Lancaster 模型

Lancaster 模型是在假定所有变量的相互影响(interaction)都高于一个特定值的情况下, 根据边缘分布来表示联合分布的一种方法。例如, 假定所有变量的相互影响都比 $s=1$ 高, Lancaster 模型就等价于独立性假设。如果使 $s=2$, 就可以根据边缘分布 $p(x_i)$ 和联合分布 $p(x_i, x_j)$, $i \neq j$, 将概率密度函数表示成(Zentgraf, 1975)

$$p(\boldsymbol{x}) = \left\{\sum_{i,j,i<j} \frac{p(x_i, x_j)}{p(x_i)p(x_j)} - \left[\binom{d}{2} - 1\right]\right\} p_{\text{indep}}(\boldsymbol{x})$$

其中, $p_{\text{indep}}(\boldsymbol{x})$ 是独立性假设下的密度函数,

$$p_{\text{indep}}(\boldsymbol{x}) = \prod_{k=1}^{d} p(x_k)$$

从独立性假设下的概率密度函数到完全多项式形式, 均允许使用 Lancaster 模型, 但其缺点是某些概率密度的估计可能为负。Titterington et al. (1981)认为二维边缘估计为

$$p(x_i, x_j) = \frac{n(x_i, x_j) + 1/(C_i C_j)}{N(i, j) + 1}$$

其中, $n(x_i, x_j)$ 和 $N(i, j)$ 的定义与前述对独立模型中的 $n(x_i)$ 和 $N(i)$ 的定义相似, 且

$$p(x_i) = \left(\frac{n(x_i) + 1/C_i}{N(i) + 1}\right)^B$$

一旦联合概率密度的估计为负, Titterington et al. (1981)就采用独立模型。

### 4.3.4 最大权值相关树

Lancaster 模型是一种能捕获变量相关性的方法, 该方法不再做变量完全独立这种有时不太现实的假设, 同时该模型也不要求不切实际的存储量或观察值数量。Chow and Liu (1968)提出了一种树相关模型, 其中概率分布 $p(\boldsymbol{x})$ 可用树相关分布 $p^t(\boldsymbol{x})$ 来模拟。$p^t(\boldsymbol{x})$

可以写成 $d-1$ 个两两条件概率分布的乘积：

$$p^t(\boldsymbol{x})=\prod_{i=1}^{d}p(x_i|x_{j(i)}) \tag{4.12}$$

其中，变量 $x_{j(i)}$ 指定为 $x_i$ 的父节点，根节点 $x_1$ 是任意选择的，其性质由先验概率 $p(x_1\mid x_0)=p(x_1)$ 来描述。

例如，密度

$$p^t(\boldsymbol{x})=p(x_1)p(x_2|x_1)p(x_3|x_2)p(x_4|x_2)p(x_5|x_4)p(x_6|x_4)p(x_7|x_4)p(x_8|x_7) \tag{4.13}$$

其树形描述如图 4.21(a)所示，根节点为 $x_1$。根据贝叶斯定理，可将式(4.13)重新写成

$$p^t(\boldsymbol{x})=p(x_4)p(x_1|x_2)p(x_3|x_2)p(x_2|x_4)p(x_5|x_4)p(x_6|x_4)p(x_7|x_4)p(x_8|x_7)$$

于是，该密度又可以描述为根节点为 $x_4$ 的另外一棵树，如图 4.21(b)所示。

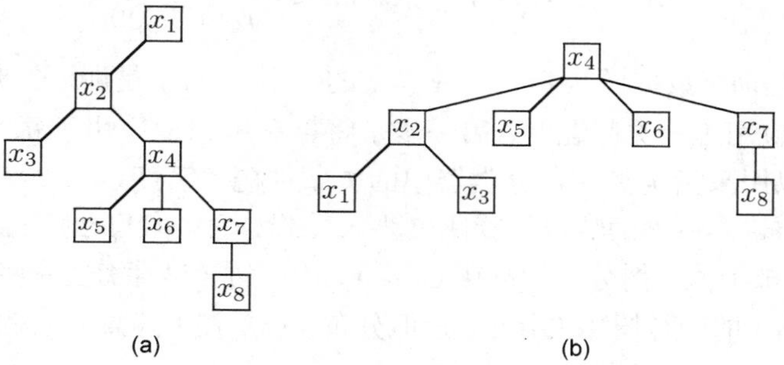


图 4.21　树形表示

实际上，任何节点都可以作为树的根节点。对离散分布(或离散化的连续分布)，如果每个变量可取 $N$ 个值，则对于每个条件密度而言，密度式(4.12)就有 $N(N-1)$ 参数，先验密度有 $N-1$ 个参数，因此待估计参数共有 $N(N-1)(d-1)+N-1$ 个。

Chow and Liu(1968)的方法用于寻求最接近 $p(\boldsymbol{x})$ 的树相关分布 $p^t(\boldsymbol{x})$。在用 $p^t(\boldsymbol{x})$ 接近 $p(\boldsymbol{x})$ 的过程中，用 Kullback-Leibler(简称 KL)交叉熵测度作为接近度的度量

$$\mathrm{KL}(p(\boldsymbol{x})|p^t(\boldsymbol{x}))=\int p(\boldsymbol{x})\log\left(\frac{p(\boldsymbol{x})}{p^t(\boldsymbol{x})}\right)\mathrm{d}\boldsymbol{x}$$

对离散变量

$$\mathrm{KL}(p(\boldsymbol{x})|p^t(\boldsymbol{x}))=\sum_{\boldsymbol{x}}p(\boldsymbol{x})\log\left(\frac{p(\boldsymbol{x})}{p^t(\boldsymbol{x})}\right)$$

其中，求和针对 $\boldsymbol{x}$ 的所有可能取值进行，寻求树相关分布，以使 $p^{\tau}(\boldsymbol{x})$ 在可能的一组一阶相关树中，对所有的 $t$ 有 $\mathrm{KL}(p(\boldsymbol{x})\mid p^{\tau}(x))\leqslant\mathrm{KL}(p(\boldsymbol{x})\mid p^t(\boldsymbol{x}))$。

用如下变量之间的交互信息，为相关树的每个树枝分配权值：

$$I(X_i,X_j)=\sum_{x_i,x_j}p(x_i,x_j)\log\left(\frac{p(x_i,x_j)}{p(x_i)p(x_j)}\right)$$

Chow and Liu(1968)证明(见本章习题)，最接近 $p(\boldsymbol{x})$ 的树相关分布 $p^t(\boldsymbol{x})$ 使下式定义的权值最大：

$$W=\sum_{i=1}^{d}I(X_i,X_{j(i)})$$

因此，将其称为最大权值相关树(MWDT)或最大权值生成树。寻求 MWDT 的算法步骤如下。

**算法 4.2 最大权值相关树的确定**

1. 对所有 $d(d-1)/2$ 个变量对，计算其分支权值，即 $I(X_i, X_j)$，$i < j$，并按降序排列。
2. 权值最大的两个分支作为树的前两个分支。
3. 如果没有形成闭环，则将下一个权值最大的分支加入树中，否则将其抛弃。
4. 重复第 3 步直至 $d-1$ 个分支已被选中(将覆盖所有变量)。
5. 选择任意的根节点，通过计算式(4.12)来计算概率分布。

对于离散数据(或离散化连续数据)，可以从训练数据集的边缘和样本对的出现频数估计分支权值。即用下式近似分支权值 $I(X_i,X_j)$：

$$\hat{I}(X_i, X_j) = \sum_{u,v} f_{(x_i,x_j)}(u, v)\log\left(\frac{f_{(x_i,x_j)}(u, v)}{f_{x_i}(u)f_{x_j}(v)}\right)$$

其中，$f_{(x_i,x_j)}(u, v)$ 是训练数据样本 $x_i = u, x_j = v$ 的比率，$f_{x_i}(u)$ 是训练数据样本 $x_i = u$ 的比率。

将 MWDT 方法应用于分类问题时，第一步是将算法单独地应用于每个类的数据集以产生 $C$ 个树。这些树可以用来指定贝叶斯分类器中的类条件概率密度。

MWDT 方法具有许多诱人的特点。算法仅要求二阶分布，但与二阶 Lancaster 模型不同，该算法仅需要存储 $d-1$ 个值。树分布计算在 $\mathcal{O}(d^2)$ 步中完成(尽管需要一些附加的计算获得交互信息)，而且如果 $p(\boldsymbol{x})$ 的确是树相关分布，近似分布 $p^t(\boldsymbol{x})$ 在下述意义上就是 $p(\boldsymbol{x})$ 的一致估计：

$$\text{当 } n \to \infty \text{ 时}, \max_x |p_n^{t(n)}(\boldsymbol{x}) - p(\boldsymbol{x})| \text{ 以概率 1 趋于零}$$

其中，$p_n^{t(n)}$ 是从分布 $p(\boldsymbol{x})$ 的 $n$ 个独立样本中估计出的树相关分布。

应用举例

将 MWDT 创建方法的应用于六维颅脑损伤数据(类 1)，如图 4.22 所示(Titterington et al., 1981)。变量标签如 2.3.3 节所述($x_1$：年龄；$x_2$：EMV 分数；$x_3$：四肢的运动反应；$x_4$：变化；$x_5$：眼部指示；$x_6$：瞳孔)。

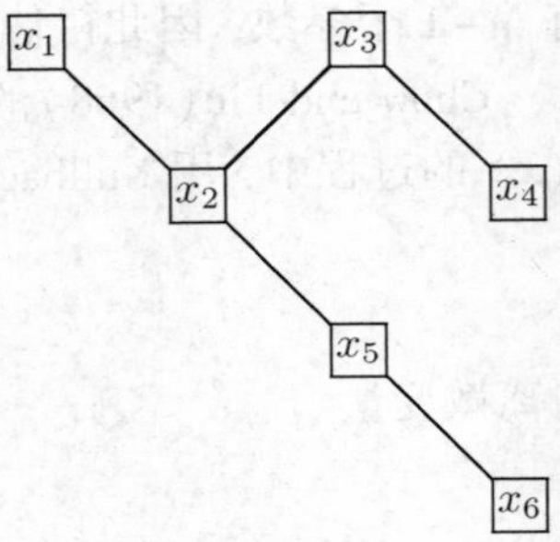

图 4.22 应用于脑部受损数据(类 1)的 MWDT

为确定相关树分布，选择根节点(即节点 1)，利用该图将密度写成：

$$p^t(\boldsymbol{x}) = p(x_1)p(x_2|x_1)p(x_3|x_2)p(x_5|x_2)p(x_4|x_3)p(x_6|x_5)$$

#### 4.3.4.1 拓展研究

在某些情况下，通过尽量降低贝叶斯错误率的上限，也可以推导出近似 MWDT(Wong and Poon, 1989)。Valiveti and Oommen(1992, 1993)提出对计算过程的改进，建议用卡方度量取代期望的互信息度量。

有一项拓展研究是对所有类强行加入共同的树形结构，这时变量之间的互信息可写成

$$I(X_i, X_j) = \sum_{x_i,x_j,\omega} p(x_i, x_j, \omega)\log\left(\frac{p(x_i, x_j|\omega)}{p(x_i|\omega)p(x_j|\omega)}\right)$$

Friedman et al. (1997)称之为树增广的朴素贝叶斯网络，并对基于 UCI 库(Murphy and Aha, 1995)中的23 个数据集和2 个人工数据集的模型进行了全面的评估。分析过程中，将连续属性

离散化，且忽略缺失值；以分类准确率衡量算法的性能，用 holdout 方法估计错误率(见第 9 章)。并在该模型、为每个类建造一个独立树的模型以及朴素贝叶斯模型之间进行了比较。结果，这两种树模型在实际应用中的表现更佳。

## 4.3.5 贝叶斯网络

4.3.4 节提出的 MWDT 模型是对天真贝叶斯模型(它假设变量之间相互独立)的发展。该模型允许变量之间两两相关，是介于指定所有变量之间的关系，和严格限制独立性假设之间的一种折中方法。贝叶斯网络也提供了介于这两个极端之间的中间模型，并将基于树的模型作为一个特例。

下面，通过研究多元密度的图形表示来介绍贝叶斯网络。首先，链法则允许将联合密度 $p(x_1, \cdots, x_d)$ 表达成如下形式：

$$p(x_1, \cdots, x_d) = p(x_d|x_1, \cdots, x_{d-1})p(x_{d-1}|x_1, \cdots, x_{d-2}) \cdots p(x_2|x_1)p(x_1) \tag{4.14}$$

以上链法则通过重复应用如下乘积规则(即条件概率公式)而得到($i=1, \cdots, d$)：

$$p(x_1, \cdots, x_i) = p(x_i|x_1, \cdots, x_{i-1})p(x_1, \cdots, x_{i-1})$$

我们用图形来描绘这一密度，图 4.23 画出了 6 个变量的情况。

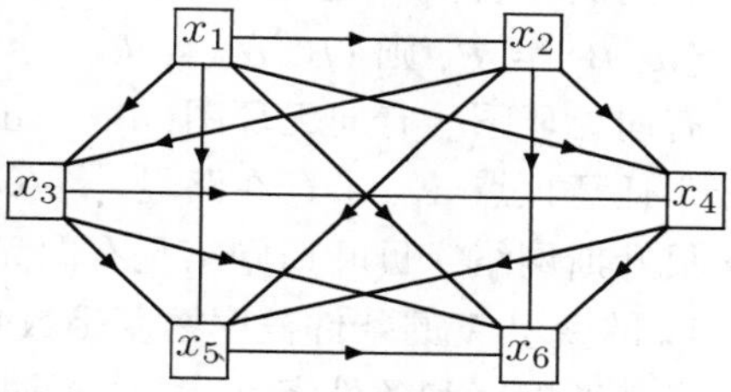


图 4.23 多元密度 $p(x_1, \cdots, x_6)$ 的图形表示示意

图中每个节点代表一个变量，有向连接表示给定变量的相关性。给定变量的父节点是那些指向它的变量。例如，节点 $x_5$ 的父节点是 $x_1$，$x_2$，$x_3$ 和 $x_4$。根节点是没有父节点的节点(对应变量 $x_1$ 的节点)。该图所描绘的概率密度是条件密度的乘积

$$p(x_1, \cdots, x_d) = \prod_{i=1}^{d} p(x_i|\boldsymbol{\pi}_i) \tag{4.15}$$

其中，$\boldsymbol{\pi}_i$ 是 $x_i$ 的父节点集[比照式(4.12)，它具有这样一个约束，即每个节点最多有一个父节点]。如果 $\boldsymbol{\pi}_i$ 是空集，则 $p(x_i \mid \boldsymbol{\pi}_i)$ 被置为 $p(x_i)$。

图 4.23 是贝叶斯网络的图形表示，式(4.15)表示与之相关的密度。然而，如果能对变量的独立性做一些简化假设，则当对相应图形运用链法则把完全多元密度 $p(x_1, \cdots, x_6)$ 表示成乘积时，将会获得更多的信息。例如假定：

$$p(x_6|x_1, \cdots, x_5) = p(x_6|x_4, x_5)$$

也就是说，给定 $x_4$ 和 $x_5$，$x_6$ 独立于 $x_1$、$x_2$ 和 $x_3$；再假定：

$$p(x_5|x_1, \cdots, x_4) = p(x_5|x_3)$$

$$p(x_4|x_1, x_2, x_3) = p(x_4|x_1, x_3)$$

$$p(x_3|x_1, x_2) = p(x_3)$$

那么，多元密度就可以表示成下述乘积：

$$p(x_1, \cdots, x_6) = p(x_6|x_4, x_5)p(x_5|x_3)p(x_4|x_1, x_3)p(x_3)p(x_2|x_1)p(x_1) \tag{4.16}$$

图 4.24 是对上式的图形描绘。移去图 4.23 的部分连接后得到图 4.24(a)；而图 4.24(b)等价于图 4.24(a)，只是右图节点的“家族关系”更加明显。对此图运用通用的概率描述式(4.15)，得到式(4.16)。特别注意图中有两个根节点。

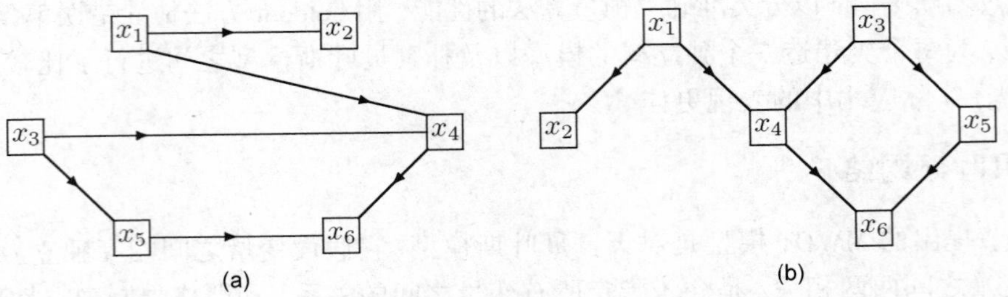


图 4.24 多元密度的图形表示 $p(x_1,\cdots,x_6)=p(x_6\mid x_4,x_5)$
$p(x_5\mid x_3)p(x_4\mid x_1,x_3)p(x_3)p(x_2\mid x_1)p(x_1)$

#### 4.3.5.1 定义

以下定义用于贝叶斯网络和相关技术的文献中(关于图论的进一步讨论可参见第 11 章的谱聚类和第 12 章的复杂网络分析)。

- 图。图是 $(V, E)$ 对,其中 $V$ 是一组顶点,$E$ 是一组边(顶点之间的连接)。
- 有向图。有向图是所有的边都标定了方向的图,即边是有序对。对于顶点 $\alpha$ 和 $\beta$,若 $(\alpha, \beta)\in E$,则 $(\beta, \alpha)\notin E$。
- 有向无环图。有向无环图(directed acyclic graph, DAG)是一张没有环路的有向图,即对于任意顶点 $\alpha_1$,不存在路径 $\alpha_1\rightarrow\alpha_2\rightarrow\cdots\rightarrow\alpha_1$。
- 贝叶斯网络。贝叶斯网络是有向无环图,其中顶点对应着变量,相连于父节点 $Y_1,\cdots,Y_P$ 的变量 $X$ 的条件概率密度函数是 $p(X\mid Y_1,\cdots,Y_P)$。
- 贝叶斯网络和条件密度一起,通过式(4.15)确定了联合概率密度函数。

#### 4.3.5.2 分类

用 MWDT 可以构造不同的贝叶斯网络,以单独地模拟每个类的概率密度函数 $p(\boldsymbol{x}\mid\omega_i)$。将这些密度函数代入贝叶斯法则,便可获得类成员的后验概率估计。同样地,也可以构造一个贝叶斯网络来模拟联合分布 $p(\boldsymbol{x},\omega)$,其中 $\omega$ 是类别标签。首先估计每个类的概率密度函数,再使用贝叶斯法则得到 $p(\omega\mid\boldsymbol{x})$。为每个类建立独立的贝叶斯网络可使模型更灵活。这样的一组网络称为贝叶斯复网(Bayesian multinet)(Friedman et al., 1997)。

#### 4.3.5.3 网络的确定

确定贝叶斯网络结构的工作包括两部分:确定网络的拓扑结构和估计条件概率密度函数的参数。拓扑结构可由具有问题域专业知识的人员和了解变量相关性的人员确定。因此,贝叶斯网络又称为概率专家系统,称为专家系统的理由是该网络将问题域的专家知识纳入其结构中;称为概率系统的理由是变量之间概率性相关。获得专家知识是一个长期的过程。一种替代方法是用数据训练图形,训练方法有可能类似于 MWDT 算法。但在有些应用中,又不可能得到足够的数据。

用数据训练结构的目的是寻找一个能最好地描述数据相关性的贝叶斯网络,方法有多种。Buntine(1996)对给出训练网络的各种文献进行了评价。理想情况下,希望能把得到的专家知识和统计数据结合起来。Heckerman et al. (1995)讨论了如何将贝叶斯方法应用于网络学习训练,也可见 Cooper and Herskovits(1992)。Friedman and Koller(2003)考虑使用 MCMC 方法估计给定数据集的不同网络结构的后验分布,其方法包括两个方面。一方面,为已知特征次序的网络计算基于数据的边缘密度(特征次序形成约束：如果 $x_i$ 在 $x_j$ 之前，则 $x_j$ 不能作为 $x_i$ 的父节点)；另一方面，在可能的特征次序空间进行 MCMC 采样。Neapolitan(2003)详细介绍了用数据训练贝叶斯网络的方法，包括对其结构和参数的训练。

对于非参数概率密度估计来讲，当采用一张条件密度表来说明概率密度函数时，会伴有连续变量的离散化处理，这多半是结构训练过程的一部分。对于连续密度估计来说，相关变量的离散化处理并不是必不可少的，有时可以对父节点变量下的数据集使用基于乘积核函数(product kernels)(见 4.4 节)的非参数密度估计。更一般地讲，条件概率密度可以描述成参数模型，这时再使用第 2 章及第 3 章介绍的估计方法。

#### 4.3.5.4　讨论

通过贝叶斯网络，可以用图形来表示问题中的变量及变量之间的关系，该图形需要指定或通过数据训练而得。利用这种结构，加上条件概率密度函数，再通过式(4.15)的乘法规则，就可以确定多元密度函数。在分类问题中，很可能要估计每个类的密度，并使用贝叶斯规则获得每个类成员的后验概率。

除了分类问题以外，贝叶斯网络还能用来模拟一些复杂的问题。比如给定一个变量对其他一些(或所有)变量的观测值，该变量的条件密度就可以利用这种结构来计算。例如，假定将联合密度 $p(y, x_1, \cdots, x_d)$ 模拟成贝叶斯网络，并希望求 $p(y \mid \boldsymbol{e})$ 的值，其中 $\boldsymbol{e}$ 包括在变量 $x_1, \cdots, x_d$ 的子集上得到的测量值，则运用贝叶斯定理，可将 $p(y \mid \boldsymbol{e})$ 写成

$$p(y|\boldsymbol{e}) = \frac{p(y, \boldsymbol{e})}{p(\boldsymbol{e})} = \frac{\int p(y, \boldsymbol{e}, \tilde{\boldsymbol{e}})\mathrm{d}\tilde{\boldsymbol{e}}}{\int\int p(y, \boldsymbol{e}, \tilde{\boldsymbol{e}})\mathrm{d}\tilde{\boldsymbol{e}}\mathrm{d}y}$$

其中，$\tilde{\boldsymbol{e}}$ 是未被实体化的一组变量 $x_1, \cdots, x_d$。Lauritzen and Spiegelhalter(1988)研究了离散变量情况下，利用图形结构计算 $p(y \mid \boldsymbol{e})$ 的有效算法。

#### 4.3.5.5　研究拓展读物

在过去的 20 多年里，贝叶斯网络已变得十分普及，该网络还具有一些其他名称，如置信网络、有向无环图模型、概率专家系统及概率图模型。一些优秀的教材均热衷于介绍如何将贝叶斯网络应用于统计模式识别研究中。这些教材包括 Pearl(1988)，Jensen(1997，2002)，Jordan(1998)，Neapolitan(2003)，Darwiche(2009)，Koller and Friedman(2009)，Koski and Noble(2009)，以及 Kjaerulff and Madsen(2010)。Pourret et al.(2008)汇编了贝叶斯网络的一系列实际应用，包括医疗、诊断、犯罪的风险评估和恐怖主义风险管理。Bishop(2007)一书虽然不是专述贝叶斯网络的，但其涵盖了贝叶斯网络推断方法。

### 4.3.6　应用研究举例：朴素贝叶斯文本分类

问题

Rennie et al.(2003)考虑使用朴素贝叶斯分类器进行文本分类。在文本分类中，旨在通过对文本内容的分析，实现对文本文件的主题标注。

摘要

多年来，Rennie 等人一直在研究如何借助朴素贝叶斯模型提供一个用于文本分类的广受欢迎的方法，该方法用起来应简单且快捷。然而，他们注意到，与其他文本分类器相比，在性能方面却越来越差。为了缓解此问题，他们提出 5 个启发式措施对朴素贝叶斯分类器进行改

进，以提高其在这种比较中的性能。包括对特征的简单变换，甚至包括放弃把该模型解释为贝叶斯分类器这种比较激进的改进行为。

数据

Rennie 等人将 3 个公开的基准数据集用于实验。首先是 20 个新闻组数据集，包含大约 20000 个新闻组文档、这些文档被均匀划分为 20 个不同的主题。第二个是行业数据集，包括 9649 个公司网页，这些网页被划分为 105 个不同的行业。第三个是路透社 21578 数据集，包含 1987 年路透通讯社的文档。路透社 21578 数据集数据划分为 90 个主题，不过，其每个文档又被划入多个主题(即数据具有多个标签)。

朴素贝叶斯模型

“词袋”朴素贝叶斯模型(McCallum and Nigam, 1998)用来作为组织测试的基准模型。为每个数据集构建一个词汇表。收集每个词汇在文档中出现的次数，以形成给定文档的特征向量。假设词汇表包含 $|V|$ 个词，则与文档关联的特征向量就是 $|V|$ 维向量 $\boldsymbol{f}$，其中 $f_i$ 是第 $i$ 个单词在文档词汇表中出现的次数。在贝叶斯规则下，分类器中 $\omega_j$ 类的条件概率密度(正规的概率质量函数)：

$$p(\boldsymbol{f}|\omega_j) = \left(\sum_{i=1}^{|V|} f_i\right)! \prod_{i=1}^{|V|} \frac{(\theta_{ji})^{f_i}}{f_i!}$$

其中，$\theta_{ji}$ 为一个独立性概率，是第 $\omega_j$ 类文本中任意给定的词为第 $i$ 个词的概率。这实际上会推导出词频的多项式模型，因此这属于参数密度估计而不属于非参数密度估计。

$\theta_{ji}$ 根据训练数据文档的频数估计而得，该估计结果因先验信息的融入而随之得以补偿。置

$$\hat{\theta}_{ji} = \frac{N_{ji} + \alpha_i}{N_j + \sum_{m=1}^{|V|} \alpha_m} \tag{4.17}$$

其中，$N_{ji}$ 是 $\omega_j$ 类的训练文档中单词 $i$ 出现的次数，$N_j$ 是 $\omega_j$ 类的训练文档中的总单词数，$\alpha_i$ 是对 $\theta_{ji}$ 所做的贝叶斯估计中的先验分布的相关常量。令 $\alpha_i = 1, i = 1, \cdots, V$。

Rennie et al. (2003)注意到模型具有如下形式：

$$\begin{aligned} g_j &= \log(p(\omega_j)) + \sum_{i=1}^{|V|} f_i \log(\hat{\theta}_{ji}) \\ &= \log(p(\omega_j)) + \sum_{i=1}^{|V|} f_i w_{ji} \end{aligned}$$

其中，$w_{ji} = \log(\hat{\theta}_{ji})$，这是线性判别函数。决策规则为：对所有的 $j \neq i$，如果 $g_i > g_j$，则将 $f$ 归入 $\omega_i$ 类。

启发式改进

Rennie 等人对分类器进行了如下启发式改进：

- 注意到文档单词数的经验分布的尾部往往比多项式模型更长，所以用幂律分布替换单词数的多项式模型。其实现借助对单词数特征变换为

$$f_i' = \log(f_i + \kappa)$$

其中，应对 $\kappa$ 进行优化以求与数据的适配，但在实验中设 $\kappa = 1$。

- 注意到常用词会通过在交叉类出现的随机变量对分类性能产生不利影响，使用了一个逆向文档频率变换，以降低这种常用词的影响。变换如下：

$$f_i' = f_i \log\left(\frac{n}{n_i}\right)$$

其中，$n$ 是训练文档数，$n_i$ 是包含单词 $i$ 的训练文档数。

- 注意到文档越长，单词之间的相互依存关系就越有可能扰乱朴素贝叶斯模型的假设，使用如下变换降低较长文档的影响：

$$f_i' = \frac{f_i}{\sqrt{\sum_{j=1}^{|V|}(f_j)^2}}$$

上述变换按给定的顺序链接在一起。

Rennie 等人提议对朴素贝叶斯分类器实施两个更大的改进，即放弃其作为贝叶斯分类器的可解释性。第一个改进旨在不同类的训练数据的数量差异颇大(即该数据集是不对称的)时提高分类器的性能。办法是用 $\omega_j$ 类以外的所有类(即补类)中该单词发生概率 $\theta_{\tilde{j}i}$ 的估计替换类 $\omega_j$ 内每个单词发生概率 $\theta_{ji}$ 的估计。式(4.17)将被替换为

$$\hat{\theta}_{\tilde{j}i} = \frac{N_{\tilde{j}i} + \alpha_i}{N_{\tilde{j}} + \sum_{m=1}^{|V|}\alpha_m}$$

其中，$N_{\tilde{j}i}$ 是文档中不属于 $\omega_j$ 类的单词 $i$ 的出现次数，$N_{\tilde{j}}$ 是文档中不属于 $\omega_j$ 类的总单词数。分类规则是：对所有的 $j \neq i$，如果 $g'_i > g'_j$，则将 $\boldsymbol{f}$ 归入 $\omega_i$ 类，其中

$$\begin{aligned} g_j' &= \log(p(\omega_j)) - \sum_{i=1}^{|V|} f_i \log(\hat{\theta}_{\tilde{j}i}) \\ &= \log(p(\omega_j)) - \sum_{i=1}^{|V|} f_i w_{\tilde{j}i} \end{aligned}$$

权值前的负号反映了这样一个事实，即文档与 $\omega_{\tilde{j}i} = \log(\hat{\theta}_{\tilde{j}i})$ 的补类的匹配度较差，应该分配给 $\omega_j$ 类。他们认为这种方法找齐了用于估计各类判别函数的训练数据的数量，因此会降低估计偏差，从而改善分类性能。

启发式改进措施的最后一步是对分类规则所用的线性判别函数中的权值向量幅值进行规一化处理。即用下式所得取代对权值 $w_{ji}$：

$$\hat{w}_{ji}' = \frac{\log(\hat{\theta}_{ji})}{\sum_{k=1}^{|V|}|\log(\hat{\theta}_{ji})|}$$

这种做法可以在单词出现次数之间存在关联时提高分类性能(违反了朴素贝叶斯模型的基本假设)。

结果

在所使用的数据集中发现，上述启发式改进比基本朴素贝叶斯模型性能更优。从性能上，由此产生的分类器比得上支持向量机①。

① 支持向量机安排在第 6 章讨论，它被认为是用于文本分类的最新型方法(Joachims, 1998)。

### 4.3.7 小结

本节研究了基本的直方图方法，重点放在减少高维数据的单元格数上。这些方法最适于用整数标记其类别所形成的分类数据，尽管分类本身不一定是必须的。最简单的模型是独立模型，该模型对 Titterington et al. (1981) 的脑部受损数据，在式(4.11)中的相关因子 $B$ 值的一定范围内(0.8 ~ 1.0)始终表现出较好的性能。

独立性假设导致概率密度函数的严格因式分解，这明显对很多实际问题不现实。然而，如 Hand and Yu(2001)所说，这种模型有长期成功的历史，也可见 Domingos and Pazzaani(1997)。在实际研究中，尤其是在医学领域里，该模型表现出了相当好的性能。Hand(1992)给出了产生这种事实的几点原因：即本身具有的简单性使其在估计中产生的方差较低；尽管其概率密度估计是有偏的，但只要 $p(\omega_1 \mid \boldsymbol{x}) > p(\omega_2 \mid \boldsymbol{x})$ 时 $\hat{p}(\omega_1 \mid \boldsymbol{x}) > \hat{p}(\omega_2 \mid \boldsymbol{x})$，就不会对有监督分类产生什么影响；许多情况下，需要挑选变量以减少彼此的相关性。已经证明：朴素贝叶斯模型在文本分类领域备受欢迎，在过去几年里，出现了该基本模型的多种变体(Lewis, 1998; Rennie et al., 2003; Kim et al., 2006; Chen et al., 2009)。

变量之间较为复杂的相互关系可以用 Lancaster 模型和 MWDT 模型来表示。Chow and Liu (1968)介绍的 MWDT 模型提供了一种仅使用二阶统计量就能表示概率密度函数的有效方法。

相关树是贝叶斯网络的一个特例，这种树将多元密度模拟成定义在较少变量上的条件密度的乘积。这些网络可以由专家指定或用数据训练。贝叶斯网络是一种密度估计的强有力的方法，在较宽泛的实际问题中均已获得成功应用。有很多优秀的专用书籍均给出了学习和使用贝叶斯网络的方法描述。

## 4.4 核函数方法

本章前面讨论的直方图法有一个问题，就是使用固定维数的单元格，单元格个数随数据向量的维数呈指数增长。改变单元格的大小可以在一定程度上克服这个问题。$k$ 近邻法(最简单的形式)克服以上问题的做法是使单元格内的训练样本数固定，求包括 $k$ 个近邻的单元格体积，并以此来估计密度。核函数方法(Parzen, 1962)又称密度估计的 Parzen 方法，固定单元格体积，求落入单元格内的样本数，并以此来估计密度。

考虑一个一维的例子。设 $\{x_1, x_2, \cdots, x_n\}$ 是用于估计密度的一组观测值或数据样本。容易写出累积分布函数的估计：

$$\hat{P}(x) = \frac{\text{小于等于}x\text{的观测值数量}}{n}$$

密度函数 $p(x)$ 是其分布的导数，考虑到分布的不连续性(发生在观测值处，见图 4.25，在采样点 $x_i$ 处求导将产生一组尖峰，而在其他地方导数为零。因而，将密度的估计定义为

$$\hat{p}(x) = \frac{\hat{P}(x+h) - \hat{P}(x-h)}{2h} \tag{4.18}$$

其中，$h$ 是一个正数。这是落入区间 $(x-h, x+h)$ 内的观测结果除以 $2h$ 所得到的比值，也可以写成

$$\hat{p}(x) = \frac{1}{hn}\sum_{i=1}^{n} K\left(\frac{x - x_i}{h}\right) \tag{4.19}$$

其中，$K(z)$ 为一个矩形（也称为顶帽）核

$$K(z) = \begin{cases} 0, & |z| > 1 \\ \frac{1}{2}, & |z| \leqslant 1 \end{cases} \tag{4.20}$$

由式(4.18)得到式(4.19)和式(4.20)，因为对于落入区间 $(x-h, x+h)$ 内的采样点 $x_i$，式(4.19)所示核函数取值 1/2，因此和式等于落入区间 $(x-h, x+h)$ 内总采样点数的一半。图 4.26 给出了用式(4.19)和式(4.20)所得到的密度估计，所用数据形成图 4.25 中的累积分布。

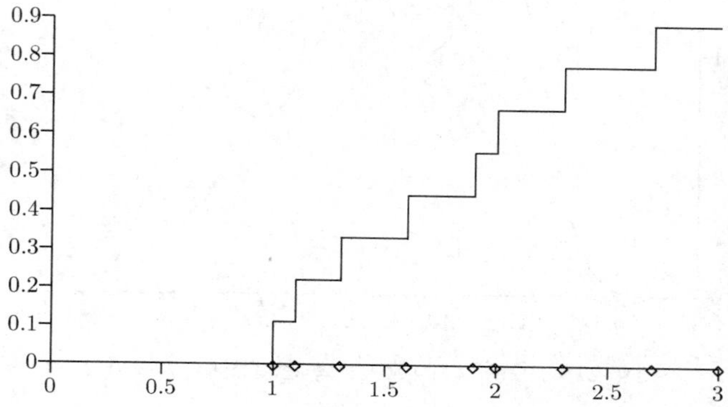


图 4.25　累积分布

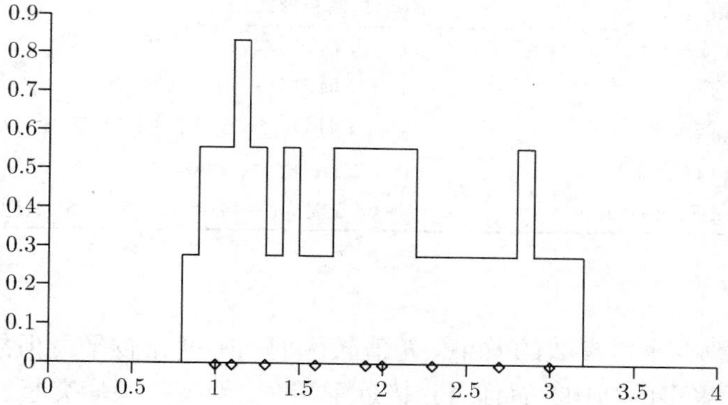


图 4.26　用顶帽形核函数的概率密度估计，$h = 0.2$

图 4.26 表明，密度估计本身是不连续的，导致不连续的原因是区间 $(x-h, x+h)$ 内的点对密度的贡献是 $\frac{1}{2hn}$ 而不是接近于零，这种从 $\frac{1}{2hn}$ 到零的跃变产生了不连续。可以用比式(4.20)中的权值函数更平滑的函数来消除这种跃变，并推广这种估计。例如，可以使用随 $|z|$ 递减的函数 $K_1(z)$（仍然满足在实轴上的积分为 1 的特性）。图 4.27 画出了如下高斯核权值函数下的密度估计（$h = 0.2$）：

$$K_1(z) = \frac{1}{\sqrt{2\pi}} \exp\left\{-\frac{z^2}{2}\right\}$$

这一密度估计更平滑。当然，这并不意味着该估计一定比图 4.26 的估计更准确，但可以假定密度本身是一个平滑函数，因而需要平滑的估计。

上述推导连同图 4.25 至图 4.27 一起促使了密度估计核函数方法的产生，下面对其进行

阐述。给定一组观测值 $\{x_1, x_2, \cdots, x_n\}$，一维密度的估计为

$$\hat{p}(x) = \frac{1}{nh}\sum_{i=1}^{n} K\left(\frac{x - x_i}{h}\right) \tag{4.21}$$

其中，$K(z)$ 称为核函数，$h$ 是分布参数或平滑参数(有时也称为带宽)。表 4.4 给出了一些常用的单变量核函数。

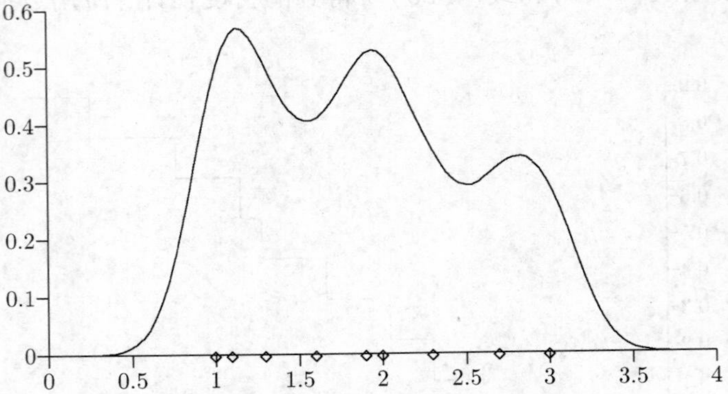

图 4.27 用高斯核函数的概率密度图形，$h = 0.2$

**表 4.4 一元数据的常用核函数**

| 核函数 | $K(x)$ 的解析形式 |
|---|---|
| 矩形(或称顶帽) | $\|x\| < 1$ 时为 1/2，其他为 0 |
| 三角形 | $\|x\| < 1$ 时为 $1 - \|x\|$，其他为 0 |
| 双值(四次式) | $\|x\| < 1$ 时为 $(15/16)(1 - x^2)^2$，其他为 0 |
| 正态(或高斯) | $(1/\sqrt{2\pi})\exp(-x^2/2)$ |
| Bartlett-Epanechnikov | $\|x\| < \sqrt{5}$ 时为 $(3/4)(1 - x^2/5)/\sqrt{5}$，其他为 0 |

**平滑参数**

图 4.28 示出了改变平滑参数的效果。$h$ 值较大时，密度比较平滑但细节模糊；$h$ 值变小时，密度估计能展示更多的结构，而且当 $h$ 接近于零时，会变得尖峰突起。

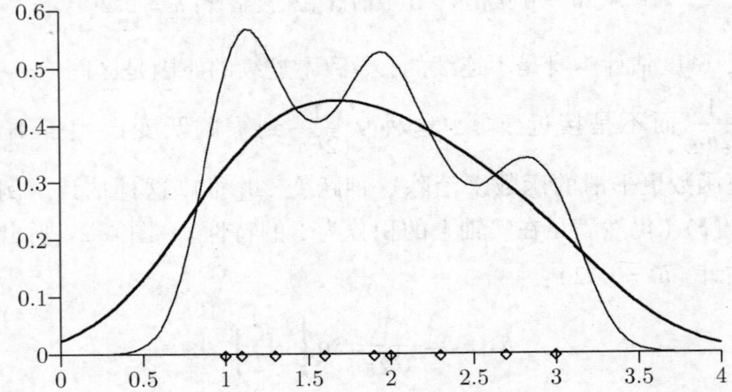

图 4.28 平滑参数取不同值时的概率密度( $h = 0.2$ 和 $h = 0.5$ )

### 4.4.1　有偏估计

如果强加条件使核函数 $K(z) \geqslant 0$ 且 $\int K(z)\,\mathrm{d}z = 1$，那么式(4.21)给出的密度估计 $\hat{p}(x)$ 也满足概率密度函数的必要条件：$p(x) \geqslant 0$ 且 $\int p(x)\,\mathrm{d}x = 1$。

Rosenblatt(1956)的定理表明：对任何有限的样本，如果核函数为正，则密度估计是有偏的(见 4.1 节)。这就是说，在数据集总体上估计得到的平均密度是真实概率密度函数的有偏估计。要得到无偏的估计，就要放松使核函数为正的要求。这样，密度函数的估计有可能出现负值，因而也没必要使估计本身成为一个密度函数。这对有些人来说，没什么问题，毕竟不一定非要使估计和真实密度具有相同的性质。另一方面，有些人能容易地接受偏差，但却不能忍受概率的估计为负。同时他们指出，如果使平滑参数和核函数持有特定的限制条件，密度估计是渐近无偏(当用于估计的样本数趋于无穷时，估计是无偏的)和渐近一致的。这些对核函数的限制条件是

$$\int |K(z)|\mathrm{d}z < \infty$$

$$\int K(z)\mathrm{d}z = 1$$

$$\sup_z |K(z)| < \infty,\quad K(z)\text{处处有限}$$

$$\lim_{z\to\infty} |zK(z)| = 0$$

对平滑参数的限制条件(见 4.4.3 节)是

$$\text{对渐近无偏估计}\lim_{n\to\infty} h(n) = 0$$

$$\text{对渐近一致估计}\lim_{n\to\infty} nh(n) = \infty$$

### 4.4.2　延伸到多元

以上内容很容易扩展到多元数据的情况，多元核函数的密度估计定义为

$$\hat{p}(\boldsymbol{x}) = \frac{1}{nh^d}\sum_{i=1}^{n} K\left(\frac{1}{h}(\boldsymbol{x}-\boldsymbol{x}_i)\right)$$

其中，$h$ 为窗宽，$K(\boldsymbol{x})$ 定义成 $d$ 维向量 $\boldsymbol{x}$ 的多元核函数，且

$$\int_{\mathbb{R}^d} K(\boldsymbol{x})\mathrm{d}\boldsymbol{x} = 1$$

多元核函数($d$ 维)通常是径向对称单峰密度，如高斯核函数：

$$K(\boldsymbol{x}) = (2\pi)^{-d/2}\exp(-\boldsymbol{x}^{\mathrm{T}}\boldsymbol{x}/2)$$

及 Bartlett-Epanechnikov 核函数：

$$K(\boldsymbol{x}) = (1-\boldsymbol{x}^{\mathrm{T}}\boldsymbol{x})(d+2)/(2c_d)\quad |x| < 1(\text{否则为}0)$$

其中，$C_d = \pi^{d/2}/\Gamma((d/2)+1)$ 是 $d$ 维单位球体的体积。

还有一种概率密度函数估计的形式被经常使用，即乘积核函数的和(这并不意味着变量之间相互独立)

$$\hat{p}(\boldsymbol{x})=\frac{1}{n}\frac{1}{h_1\cdots h_d}\sum_{i=1}^{n}\prod_{j=1}^{d}K_j\left(\frac{[\boldsymbol{x}-\boldsymbol{x}_i]_j}{h_j}\right)$$

其中，每个变量都有一个不同的平滑参数。$K_j$ 可以取表 4.4 中任何一个单变量核函数的形式。通常各 $K_j$ 都取相同形式。

更为一般地，可以取

$$\hat{p}(\boldsymbol{x})=\hat{p}(\boldsymbol{x};\boldsymbol{H})=\frac{1}{n}\sum_{i=1}^{n}|\boldsymbol{H}|^{-1/2}K(\boldsymbol{H}^{-1/2}(\boldsymbol{x}-\boldsymbol{x}_i)) \tag{4.22}$$

其中，$K$ 是 $d$ 维球面对称密度函数，$\boldsymbol{H}$ 是对称正定矩阵。在分类问题中，对于 $\omega_k$ 类，$\boldsymbol{H}$ 通常取为 $h_k^2\hat{\boldsymbol{\Sigma}}_k$，其中 $h_k$ 是对 $\omega_k$ 类的缩放比例，$\hat{\boldsymbol{\Sigma}}_k$ 是样本协方差矩阵。在样本规模较小而维数较高的情况下，Hamamoto et al. (1996) 对各种逼近协方差的方法进行了评价。

### 4.4.3 平滑参数的选择

这种非参数方法所面临的一个问题是如何选择平滑参数 $h$。如果 $h$ 太小，则密度估计将成为 $n$ 个发生在采样点处的尖峰的总和。如果 $h$ 太大，则密度估计比较平滑但概率密度估计中的结构将会丢失。$h$ 的最优选择取决于以下几个因素。首先取决于数据：数据点的个数和它们的分布。同时也取决于核函数的选择和用于估计的最优准则。使似然函数

$$p(\boldsymbol{x}_1,\cdots,\boldsymbol{x}_n|h)$$

最大的 $h$ 的极大似然估计为 $h=0$，即这一估计在数据点处呈现尖峰，而在其他地方变为零。因此，必须使用一些其他方法来估计 $h$。已有一些可能的方法，Jones et al. (1996) 和 Marron (1988) 对此做了综述。

1. 求样本和其 $k$ 个近邻之间的平均距离，并以此作为 $h$ 的值，并建议取 $k=10$ (Hand, 1981a)。
2. 求使密度和其逼近之间的平方误差积分均值(MISE)最小的 $h$ 值。因为实际密度未知，需要用一个渐近表达式通过近似数(例如，用正态密度的导数近似该未知密度的导数)来计算 MISE，对于径向对称正态核函数，Silverman(1986)建议

$$h=\sigma\left(\frac{4}{d+2}\right)^{\frac{1}{d+4}}n^{-\frac{1}{d+4}} \tag{4.23}$$

选择 $\sigma$ 为

$$\sigma^2=\frac{1}{d}\sum_{i=1}^{d}s_{ii}$$

$s_{ii}$ 是样本协方差矩阵的对角线元素，这可能是一个鲁棒性估计(见第 13 章)。如果数据来源于正态分布总体，则上述估计效果良好。但如果总体是多峰分布，则会使密度过于平滑。这时取用一个稍小的 $h$ 值可能会比较合适。建议尝试几个不同的 $h$ 值并评价其误分率。
3. 有一些选择核函数宽度的更复杂方法，这些方法基于最小平方交叉验证(因为实际密度未知，同样需要使用近似方法)和似然交叉验证。在似然交叉验证中，选择 $h$ 值，使

$$\prod_{i=1}^{n}\hat{p}_i(\boldsymbol{x}_i)$$

最大(Duin, 1976)，其中 $\hat{p}_i(\boldsymbol{x}_i)$ 是基于 $n-1$ 个样本(除了第 $i$ 个样本以外的所有样本)的密度估计。交叉验证估计(即在确定各核密度的过程中不使用评估样本)的使用避免了最大似然估计中 $h=0$ (即各数据点处)时所遭遇的问题。然而，这种方法的主要问题是在重尾分布情况下，性能较差。

4. 单变量情况下，已有许多带宽估计方法。插入估计的基本思想是在使渐近 MISE 最小的 $h$ 值表达式中，插入一个未知曲率的估计 $S \triangleq \int (p''(x))^2 \mathrm{d}x$ (密度二阶导数平方的积分)，使

$$h=\left[\frac{c}{D^2 Sn}\right]^{1/5}$$

其中，$c=\int K^2(t)\mathrm{d}t$，$D=\int t^2 K(t)\mathrm{d}t$。Jones and Sheather(1991)提出了估计曲率的核函数方法，但这种方法反过来要求估计带宽，且该带宽与用于估计密度的带宽不同。Cao et al.(1994)在仿真中运用

$$S=n^{-2}g^{-5}\sum_{i,j}K^{iv}\left(\frac{x_i-x_j}{g}\right)$$

其中，$K^{iv}$ 是 $K$ 的四阶导数，且平滑参数 $g$ 为

$$g=\left(\frac{2K^{iv}(0)}{D}\right)^{1/7}\hat{T}^{-1/7}n^{-1/7}$$

其中，$\hat{T}$ 是 $\int (p'''(t))^2 \mathrm{d}t$ 的参数估计。Wand and Jones(1994)考虑了将插入思想发展到用于多元数据的带宽选择。

Cao et al.(1994)对各种单变量密度的平滑方法进行了比较研究。尽管没有统一且最好的估计方法，但他们发现，Sheather and Jones(1991)的插入估计能在一定问题范围内表现出令人满意的性能。

以前的讨论都假定 $h$ 在数据样本的整个空间上是固定的。实际上 $h$ 的最优值有可能和位置相关，在数据样本较稀疏的区域取值较大，而在数据样本较密集的区域取值较小。有两个选取 $h$ 的主要方法：

1. $h=h(x)$，即 $h$ 取决于样本在数据空间中的位置。这类方法通常是基于近邻法思想的。
2. $h=h(x_i)$，即每个核函数的 $h$ 固定且 $h$ 取决于局部密度。上述方法统称为可变核函数方法。

Breiman et al.(1977)对 $h$ 提出了一种独特的选择方案，即

$$h_j=\alpha_k d_{jk} \tag{4.24}$$

其中，$\alpha_k$ 是常数乘子，$d_{jk}$ 是训练/设计集中，样本 $x_j$ 到它的第 $k$ 个近邻之间的距离。这时我们仍然要面临参数估计的问题，即估计 $\alpha_k$ 和 $k$。

Breiman et al.(1977)发现，如果 $\alpha_k$ 在 $k$ 值的较宽范围内满足

$$\beta_k \triangleq \frac{\alpha_k \overline{d_k}^2}{\sigma(d_k)}=\text{常数}$$

则能获得较合适的 $h$ 值。其中 $\overline{d_k}$ 是到第 $k$ 个近邻的距离的平均值($\frac{1}{n}\sum_{j=1}^{n}d_{jk}$)，$\sigma(d_k)$ 是

它们的标准差。在 Breiman 等人的仿真中，该常数值大于不变核函数估计所得到的最佳 $h$ 值的 3 ~ 4 倍。

其他一些方法中，每个数据点的核函数的带宽都不相同，这些方法运用一种“引导”(pilot)密度估计来设定带宽。Abramson(1982)提出了一种与密度的平方根成反比的带宽 $hp^{-1/2}(x)$，这种带宽在密度的特定条件下产生 $\mathcal{O}(h^4)$ 的偏差(Terrell and Scott, 1992; Hall et al., 1995)。尽管需要 $p(x)$ 的引导估计，但引导估计的具体细节对这种方法影响不大(Silverman, 1986)。

有几篇论文对可变核方法与固定核方法进行了比较。Breiman 等(1977)发现与固定核方法相比，可变核方法的性能更优越。看起来，当基本密度严重倾斜或其尾部拖得很长时，可变核方法则具有潜在优势(Remme et al., 1980; Bowman, 1985)。Terrell and Scott(1992)指出，breiman 等人的模型用于小到中等规模的样本集时，其性能良好，但与固定核方法相比，随着样本规模的增大，性能会变差。

Krzyzak(1983)(检验分类规则)和 Terrell and Scott(1992)进一步组织对可变核方法的调研。Terrell 和 Scott 得出如下结论：若使可变核方法明显优于基本固定核方法，异常困难。另一种可变带宽核为可变位置核(Jones et al., 1994)，变化核位置的目的是要减小对某区域的偏倚。

### 4.4.4 核函数的选择

在密度估计中，另一个必须做的就是选择核函数。表 4.4 列举了几个不同的核函数。实际上，用得最广的核函数是正态形式：

$$K\left(\frac{x}{h}\right) = \frac{1}{h\sqrt{2\pi}}\exp\left\{-\frac{x^2}{2h^2}\right\}$$

而多元密度的估计需要用到乘积核函数。另外，可使用如多元正态密度函数这样的径向对称单峰概率密度函数作为核函数。尽管乘积形式可能对多元情况不太理想，但核函数的形式显得不是特别重要。也有一些支持核函数自身并不是密度而且可以取负值的观点(Silverman, 1986)。

### 4.4.5 应用研究举例

问题

这里要谈的实际问题与石油工业有关[由 Kraaijveld(1996)提供]：用深入井内的测量装置测得的物理特性，如电子密度、声速和电阻，来预测地下物质的类型(如沙子、页岩、煤等岩相类型)。

摘要

在某些实际问题中，数据的概率密度函数会随时间变化，称为总体漂移(Hand, 1997)。这样，用分类器分类的数据会与训练该分类器的数据有所不同，于是测试条件就不同于用来定义训练数据的条件。Kraaijveld(1996)提供了当训练数据只能近似代表测试条件时，如何用未做标记的测试样本来改进用于判别分析的核函数方法，做法是，用观测到的测试样本调节估计器的宽度。这种把测试样本作为部分训练样本的做法，在不需要一测到数据就实时公布分类结果的场合是可行的。因为这时我们可以把测试样本收集起来，在稍后的时间进行批处理。

数据

从两个油田的 18 个不同井址中采集到的数据形成了 12 组标准数据集。数据集包括大小不同的特征集(4～24 个特征)，类数有 2、3 和 4。

模型

用高斯核函数，通过使改进的似然函数最大来估计带宽(用数值求根法求解并给出一个宽度 $s_1$ )。基于“一个点的密度仅由该点最近的核函数决定”的假设，对 $d$ 维数据集 $\{\boldsymbol{x}_i,\ i=1,\ \cdots,\ n\}$ 带宽的逼近值为

$$s_2=\sqrt{\frac{1}{dn}\sum_{i=1}^{n}|\boldsymbol{x}_i^*-\boldsymbol{x}_i|^2}$$

其中，$\boldsymbol{x}_i^*$ 是距 $\boldsymbol{x}_i$ 最近的样本。

使用测试数据集，再次使用修改的似然准则推出鲁棒性估计，给出 $s_3$。最近邻逼近为

$$s_4=\sqrt{\frac{1}{dn_t}\sum_{i=1}^{n_t}|\boldsymbol{x}_i^*-\boldsymbol{x}_i^t|^2}$$

其中，测试集是 $\{\boldsymbol{x}_i^t,\ i=1,\ \cdots,\ n_t\}$，$\boldsymbol{x}_i^*$ 是训练集中 $\boldsymbol{x}_i^t$ 的当前最近样本。这便为使用测试集分布(而非测试集标签)来修改核函数带宽提供了可行方法，其中的测试集被用来作为训练过程的一部分。

训练方法

把数据集组合成不同的训练集和测试集，定义 12 种试验，并对 5 种分类器进行评价。这 5 种分类器分别是带宽估计从 $s_1$ 到 $s_4$ 的 4 个贝叶斯规则分类器和 1 个基本近邻法分类器。

结果

鲁棒性方法导致 12 种试验中的 11 种试验性能(以错误率衡量)的提高。最近邻对带宽的逼近趋于比真实带宽低估 20% 左右。

### 4.4.6 拓展研究

Fukunaga and Hayes(1989a)，Babich and Camps(1996)讨论了多元数据下如何减少核函数的数量来逼近核密度的方法。Fukunaga 和 Hayes 通过最小化熵值，从给定数据集中选择一组数据。Babich 和 Camps 使用一种凝聚聚类方法求一组原型点，并对核函数适当加权(对比第 2 章的混合模型)。Jeon and Landgrebe(1994)使用聚类方法和分支定界方法从密度计算中消去数据样本。

Zhang et al. (2006)认为，使用 MCMC 算法(见第 3 章)，以获取式(4.22)定义的多元核带宽矩阵的最佳估计。

有几种将参数法和非参数法结合起来进行密度估计的方法(半参数法密度估计)。Hjort and Glad(1995)提出将初始参数和非参数的核类型估计相乘，以得到必要的校正因子。Hjort and Jones(1996)发现对密度 $p(x,\ \boldsymbol{\theta})$ 的最佳局部参数逼近，其中参数 $\boldsymbol{\theta}$ 与 $x$ 有关。

Botev et al. (2010)把高斯核密度估计与求解扩散偏微分方程联系起来，并以此来诱导基于线性扩散偏微分方程的核密度估计。

本章讨论的核函数方法适用于连续实数量。没有讨论如何处理缺值(见 Titterington and Mill，1983；Pawlak，1993)及离散数据的核函数方法[见 McLachlan(1992a)对其他类型的数据

所概述的核函数方法]。Karunamuni and Alberts(2005)指出，当核密度估计用于有限界的单变量数据时，如何降低边界影响。

Lambert et al. (1999)考虑了数据点数不断增长时如何获取核密度估计，用泰勒级数展开高斯核。Kristan et al. (2011)采用了一种压缩新生方案，以避免使用所有的数据点。

### 4.4.7 小结

用于多元密度估计和回归的核函数方法得到了广泛的研究。核函数密度估计的思想是非常简单的，即在每个数据点上放一个“泵”函数，而后将其相加以形成密度。核函数方法的一个缺点是当数据集较大时会引发大量的计算，因为在给定点 $x$ 处，每个对密度有贡献的数据点上都有一个核函数，这个计算量是很大的。对大数据集，从尽量减少计算量的角度考虑，使用核函数要比使用正态密度合适一些。由于核函数是局部化的，所以它对给定点处的密度的贡献只占一小部分。某些数据的预处理可以识别出没有贡献的核函数，并将其从密度计算中删除。对单变量密度估计，Silverman(1982)提出了一种基于正态核函数的有效的计算算法。该算法建立在密度估计为数据与核函数的卷积的事实之上，并运用傅里叶变换处理这个卷积(Jones and Lotwick，1984；Silverman，1986)。与 $k$ 近邻法中通过减少原型个数(如采用剪辑算法和压缩算法)来提高计算速度一样，核函数方法也可用相似的方式提高其计算速度。

$k$ 近邻法也可看成密度估计的核函数方法，其中核函数在以 $x$ 为球心、以 $x$ 到第 $k$ 个近邻的距离为半径的球体内，密度是相等的。$k$ 近邻法的优点是核函数的宽度随局部密度变化，但它是不连续的。本章前面描述的 Breiman et al. (1977)的可变核方法是试图将 $k$ 近邻法的优点和不变核函数方法结合起来。

将核函数方法应用于高维数据空间可能会有些困难。即使对于中等样本规模，高维密度区域也可能只包含较少的样本。例如，在10维标准多元正态分布①中(Silverman 1986)，99%的分布位于距离大于1.6的点上，而在一维情况下，90%的分布位于±1.6之间。因此，高维空间中密度的估计只对特别大规模的样本是可靠的。为说明获得密度估计所需的样本大小，Silverman 再次考虑了单位多元正态分布时，用正态核函数进行核密度估计的特殊情况，其中选择窗宽使原点处的均值平方误差最小。为使相对均值平方误差 $\mathrm{E}[(\hat{p}(0)-p(0))^2/p^2(0)]$ 低于0.1，对于一维和二维空间，较少数量的样本就能满足要求(见表4.5)。然而，对10维空间所需的样本量要超过800 000。因此，为获得高维空间的精确密度估计，就需要相当庞大的样本群。进一步讲，与按照相同的精确度估计分布中其他点处的密度需要更多的样本相比，上述结果还是乐观的。

**表4.5 用正态核函数估计标准多元正态密度时，以原点处均方差达到最小为前提选择窗宽，在限定原点处的相对均方误差小于0.1的情况下，数据维数与所需样本规模之间的关系**

| 维　数 | 所需样本规模 | 维　数 | 所需样本规模 |
|---|---|---|---|
| 1 | 4 | 6 | 2790 |
| 2 | 19 | 7 | 10700 |
| 3 | 67 | 8 | 43700 |
| 4 | 223 | 9 | 187000 |
| 5 | 768 | 10 | 842000 |

① 标准多元正态分布：球形多元正态分布，其各元方差为1。

渐近方法推动了核函数方法的发展，考虑到样本规模，这种方法同样也只适用于低维数据空间。然而就判别来说，没必要得到密度自身的精确估计，我们感兴趣的是贝叶斯决策域，对此密度的近似估计就已经足够了。实际上，核函数方法对多元数据工作良好，它的错误率和其他分类器差不多。

## 4.5 用基函数展开

Čencov(1962)首先提出了基于基函数的正交展开进行密度估计。其基本方法是用正交基函数的加权和来近似密度函数 $p(x)$。假定密度可以展开成

$$p(x) = \sum_{i=1}^{\infty} a_i \phi_i(x) \tag{4.25}$$

其中，$\{\phi_i\}$ 形成函数的完全正交集，$\{\phi_i\}$ 对核函数或权重函数 $k(x)$ 满足

$$\int k(x)\phi_i(x)\phi_j(x)\mathrm{d}x = \lambda_i \delta_{ij} \tag{4.26}$$

如果 $i = j$ 则 $\delta_{ij} = 1$，否则为0。因此，$k(x)\phi_i(x)$ 乘以式(4.25)并积分得到

$$\lambda_i a_i = \int k(x)p(x)\phi_i(x)\mathrm{d}x = \mathrm{E}[k(x)\phi_i(x)]$$

其中，右侧的期望是针对分布 $p(x)$ 的，给定一组来自 $p(x)$ 的独立同分布样本 $\{x_1, x_2, \cdots, x_n\}$，$a_i$ 的无偏估计为

$$\lambda_i \hat{a}_i = \frac{1}{n}\sum_{j=1}^{n} k(x_j)\phi_i(x_j)$$

则 $p(x)$ 的基于样本 $\{x_1, x_2, \cdots, x_n\}$ 的正交级数估计为

$$\hat{p}_n(x) = \sum_{i=1}^{s} \frac{1}{n\lambda_i}\sum_{j=1}^{n} k(x_j)\phi_i(x_j)\phi_i(x) \tag{4.27}$$

其中，$s$ 是保留在展开式中的项数。接着，系数 $\hat{a}_i$ 可以通过下式计算得到：

$$\lambda_i \hat{a}_i(r+1) = \frac{r}{r+1}\lambda_i \hat{a}_i(r) + \frac{1}{r+1}k(x_{r+1})\phi_i(x_{r+1})$$

其中，$\hat{a}_i(r+1)$ 是由 $r+1$ 个数据样本获得的估计。这就意味着修改系数简单易行，即再给一个样本点就能修改系数。况且，大量的数据向量只用来计算系数，而不需要将其存储起来。

级数估计方法的另一个好处是最终的估计值不是一个复杂的解析函数形式，而是一组系数，因而易于存储。

但这种方法也有其缺点。首先，该方法局限于低维数据空间。尽管在理论上该方法可以简单地扩展到多元概率密度函数估计，但级数中系数的数量将随维数呈指数增长。这就使计算系数变得不太容易。

另一个缺点是此密度估计得到的不一定是密度(如同本节前面所描述的最近邻方法)。这可能不是一个问题，取决于实际应用的情况。而且，密度估计也不一定是非负的。

有许多函数可用来作为基函数，其中包括 $[0, 1]$ 上的傅里叶函数和三角函数，$[-1, 1]$ 上的勒让德(Legendre)多项式；以及无穷区间 $[0, \infty]$ 上的拉盖尔(Laguerre)多项式和实轴上的埃尔米特(Hermite)函数。如果没有关于 $p(x)$ 形式的先验知识，基函数的选择应侧重于便

于实现。最常用的无界区间上密度的正交级数估计是埃尔米特级数估计。标准的埃尔米特函数为

$$\phi_k(x) = \frac{\exp(-x^2/2)}{(2^k k! \pi^{\frac{1}{2}})^{\frac{1}{2}}} H_k(x)$$

其中，$H_k(x)$ 是第 $k$ 个埃尔米特多项式：

$$H_k(x) = (-1)^k \exp(x^2) \frac{d^k}{dx^k} \exp(-x^2)$$

密度估计的性能和光滑度取决于展开式的项数。项数太少导致密度过于平滑。Izenman(1991)提出了几种不同的停止规则[选择展开式(4.27)中项数 $s$ 的规则]，并对其做了简要评价。Kronmal and Tarter(1962)提出了基于最小均值积分平方误差的停止规则。当检验式

$$\hat{a}_j^2 > \frac{2}{n+1} \hat{b}_j^2$$

不满足时即停止，其中

$$\hat{b}_j^2 = \frac{1}{n} \sum_{k=1}^{n} \phi_j^2(x_k)$$

或者当 $t$ 或更多的邻项不满足时即停止。这种检验会面临一些实际的或理论的困难，特别是有尖峰和多峰密度时。而且，也可能发生无穷项数通过测试的情形。Hart(1985)和 Diggle and Hall(1986)提出了另一种克服这种困难的方法。

## 4.6　copula 方法

### 4.6.1　引言

使用 copula 方法构建非正态多元分布，已在金融界得到广泛的应用。copula 是一种将指定联合分布的边缘分布与变量之间平凡相关相结合的方法。这里，不是直接为联合密度函数指定一个模型，而是构建单变量边缘密度函数模型，并指定一个 copula 函数将它们组合成联合密度函数。

在本书的其他章节，关于分布，提到概率密度函数和概率质量函数。在这一节需要更留心这些说法。在这里，分布函数是指累积分布函数。对于随机变量 $X$，分布函数 $F(x)$ 是指 $F(x) = P(X \leqslant x)$。在连续情况下，其概率密度函数 $f(x)$ 为 $f(x) = \frac{\partial F(x)}{\partial x}$，而 $F(x) = \int_{-\infty}^{x} f(t)\,\mathrm{d}t$。

### 4.6.2　数学基础

假设构建一个 $d$ 维多元分布 $\boldsymbol{u} = (u_1, \cdots, u_d)$，其每个成员变量的边缘分布是 $[0,1]$ 上的均匀分布，即 $U_i \sim U(0,1)$，$i = 1, \cdots, n$。copula 函数 $C(u_1, \cdots, u_d)$ 用于指定联合分布：

$$C(u_1, \cdots, u_d) = P(U_1 \leqslant u_1, \cdots, U_d \leqslant u_d)$$

用 copula 方法构建多元分布源自 Sklar(1973)定理[法文版为 Sklar(1959)]。Sklar 定理表明，对于边缘分布函数为 $F_1(x_1)$，$\cdots$，$F_d(x_d)$ 的多元分布函数 $F(x_1, \cdots, x_d)$，存在一个 $d$ 维 copula 函数 $C$，满足

$$C(F_1(x_1), \cdots, F_d(x_d)) = F(x_1, \cdots, x_d) \tag{4.28}$$

此外，如果边缘分布是连续的，copula 函数则是唯一的。基于这样的性质，即如果 $F(x)$ 是随机变量 $X$ 的分布函数，即 $F(x) = P(X \leqslant x)$，则 $F(X)$ 为 $[0, 1]$ 上的均匀分布，即 $F(X) \sim U(0, 1)$。Sklar 定理的意义在于存在一个唯一的函数，它把单变量边缘分布映射到联合分布。我们可以为单变量密度函数建模并指定一个 copula 函数，以此来获得联合密度函数，而不是直接通过联合密度函数指定一个模型。

通过对式(4.28)进行微分，经 copula 函数为分布指定的概率密度函数为

$$f(x_1, \cdots, x_n) = c(F_1(x_1), \cdots, F_d(x_d)) \prod_{i=1}^{d} f_i(x_i) \tag{4.29}$$

其中，$f_i(x_i)$ 是第 $i$ 个变量的边缘概率密度函数，且：

$$c(u_1, \cdots, u_d) = \frac{\partial^d C(u_1, \cdots, u_d)}{\partial u_1 \cdots \partial u_d} \tag{4.30}$$

这种密度函数可以用于基于贝叶斯定理的判别规则中。

上述做法的意义在于，不用直接指定一个多元密度，而是：

1. 为单变量的边缘分布建模。
2. 在单位超立方体内指定一个函数 $C$，该函数考虑到变量之间的相依性，并使我们能够把边缘分布组合成联合分布。

至于边缘密度函数的估计，既可以使用参数法(见第 2 章)，也可以使用非参数法(本章的前面部分介绍的密度估计技术)。因此，要做的是找到一个合适的 copula 函数的形式(包括确定参数)。这要比估计出完全多变量密度简单得多。不过也存在风险，就是所选的 copula 函数不能充分地表征变量之间的相关性。

### 4.6.3 copula 函数

在实践中，用于构建多元分布的 copula 函数，仅需使用参数化的 copula 函数族的一个即可。其中，函数参数的优化借助一组训练数据进行。

常用的 copula 函数族是阿基米德 copula 函数族，具有如下形式：

$$C_\phi(u_1, \cdots, u_d) = \phi^{-1}\left(\sum_{i=1}^{d} \phi(u_i)\right)$$

其中，$\phi(x)$ 是 copula 发生器，$C$ 为一个有效 copula 函数，$\phi(x)$ 必须是输入范围 $(0, 1]$ 且输出范围 $[0, \infty)$ 上的严格递减凸函数，以使 $\phi(1) = 0$，$\lim_{x\to 0}\phi(x) = \infty$。例如(Frees and Valdez, 1998)：

- Clayton，$\phi(x) = x^{-\alpha} - 1$，$\alpha > 0$
- Gumbel，$\phi(x) = (-\log(x))^{\alpha}$，$\alpha \geqslant 1$
- Frank，$\phi(x) = -\log\left(\frac{\exp(-\alpha x) - 1}{\exp(-\alpha) - 1}\right)$，$\alpha \in (-\infty, \infty)$，$\alpha \neq 0$

注意，如果 Gumbel copula 的 $\alpha = 1$，便实际获得了独立模型：

$$C(u_1, \cdots, u_d) = \prod_{i=1}^{d} u_i$$

以至于

$$F(x_1, \cdots, x_d) = C(F_1(x_1), \cdots, F_d(x_d)) = \prod_{i=1}^{d} F_i(x_i)$$

即它们相互独立。

可以通过为多元分布指定“正确”的 copula，得到另一个 copula 族。要做到这一点，可将 $u_i = F_i(x_i)$ 代入式(4.28)，得到：

$$C(u_1, \cdots, u_d) = F\left(F_1^{-1}(u_1), \cdots, F_d^{-1}(u_d)\right)$$

其中，$F_i^{-1}(u)$ 是第 $i$ 个变量的边缘分布函数的逆。例如高斯 copula，即对零均值多元高斯分布(协方差矩阵 $\boldsymbol{\Sigma}$ 将其参数化)选择 $C$ (copula)，这时很容易指定 copula，因为多元高斯分布的边缘分布本身也是高斯分布。Zezula(2009)对用于高维高斯 copulas 中的相关结构进行了讨论。另一个例子是基于多元 t 分布的 copula(Demarta and McNeil，2005)。

面对复杂的多元分布，使用这样的 copula 函数族时有一个风险，即选择的函数族所建模型的相关范围可能并不适合模型数据。近年来，有大量的银行在使用这种方法为信用风险建模(Li，2000)，所使用的高斯 copula 函数也已与应注意到的金融损失相关联。

Venter(2001)对不同的 copula 的性质和特点进行了讨论，以便为给定数据集和问题选择最适合的 copula。Melchiori(2003)给出了如何选择最合适的阿基米德 copula 来为数据建模的方法。

### 4.6.4 copula 概率密度函数的估计

在给定参数化的 copula 函数以及边缘密度的参数化形式的条件下，可以利用极大似然估计来优化给定训练数据集下的似然函数。似然函数下的概率密度函数定义见式(4.29)，于是对数据集 $\{\boldsymbol{x}_1, \cdots, \boldsymbol{x}_n\}$，在独立数据向量的假设下，其对数似然函数为

$$L(\alpha, \theta_1, \cdots, \theta_d) = \sum_{j=1}^{n} \log(c_\alpha(F_1(x_{j1}), \cdots, F_d(x_{jd})) + \sum_{j=1}^{n}\sum_{i=1}^{d} \log(f_i(x_{ji}))$$

其中，$\alpha$ 是与 copula 函数相关的参数向量；$\theta_1, \cdots, \theta_d$ 是边缘密度的参数；$x_{ji}$ 是第 $j$ 个训练数据样本 $\boldsymbol{x}_j$ 的第 $i$ 个变量。参数 $\{\alpha, \theta_1, \cdots, \theta_d\}$ 待优化。实践中，如果参数的维度很大，则对似然函数进行关于自由参数的优化就困难重重。

Trivedi and Zimmer(2005)及 Joe(2005)描述一个通过两步参数估计实现边缘推断(IFM)的方法，即：

- 对于给定训练数据集，用极大似然法估计边缘分布的参数。
- 将边缘分布的参数代入式(4.29)的联合密度，优化 copula 函数的参数，得到最大似然函数。这相当于求下式对 copula 函数参数 $\alpha$ 的最大值，即对下式求导：

$$L(\alpha) = \sum_{j=1}^{n} \log(c_\alpha(\hat{F}_1(x_{j1}), \cdots, \hat{F}_d(x_{jd})))$$

  其中，$\hat{F}_i(x_i)$ 是第 $i$ 个变量在 $x_i$ 处的边缘分布优化后的参数形式。

极大似然估计要在一步中同时估计所有参数，与之相比，这种方法的计算更简单。不过，这种分离成两个阶段的方法不一定能产生最佳解。

一种半参数 IFM 方法可用来去除对边缘密度中参数形式的要求：

- 在第一阶段，将边缘分布估计为直接经验分布

$$\tilde{F}_i(y) = \tilde{P}(X_i \leqslant y) \approx \frac{1}{n}\sum_{j=1}^{n} I(x_{ji} \leqslant y)$$

- 将这些经验分布用来近似式(4.29)的边缘分布。选择 copula 函数的参数，以最大化半参数似然函数。这相当求下式关于 copula 函数参数 $\alpha$ 的最大值，即求下式对 copula 函数参数 $\alpha$ 的导数：

$$L(\alpha)=\sum_{j=1}^{n}\log(c_\alpha(\tilde{F}_1(x_{j1}),\cdots,\tilde{F}_d(x_{jd}))) \tag{4.31}$$

Kim et al. (2007)证明，在边缘密度的参数形式未知的情况下，半参数方法的性能优于参数估计方法。另一种方法是，正如本章前面讲述的核密度估计，在算法的第一阶段，通过非参数密度估计来获得基于训练数据的经验边缘分布估计。

## 4.6.5　简单举例

现在来列举一个说明如何使用 copula 方法估计概率密度函数的例子，该例是二元的，使用 Frank 阿基米德 copula 函数。待估计的密度为二元正态分布，其均值向量为 $\mu=(0,0)$，方差为(1.25, 1.75)、协方差交叉项为 0.43。用 1000 个训练数据样本优化 copula。

4.6.3 节定义的二元 Frank 阿基米德 copula 可以表示为(见本章习题)：

$$C_\alpha(u_1,u_2)=\frac{-1}{\alpha}\log\left(1+\frac{(\exp[-\alpha u_1]-1)(\exp[-\alpha u_2]-1)}{\exp[-\alpha]-1}\right) \tag{4.32}$$

需要用于式(4.29)的由式(4.30)定义的导数可以表示为如下形式：

$$c_\alpha(u_1,u_2)=\frac{-\alpha\exp[-\alpha(u_1+u_2)]}{\exp[-\alpha]-1}\times\left(1+\frac{(\exp[-\alpha u_1]-1)(\exp[-\alpha u_2]-1)}{\exp[-\alpha]-1}\right)^{-2} \tag{4.33}$$

4.6.4 节考虑使用半参数 IFM 方法。Nelder-Meader(Press et al., 1992)方法用式(4.33)给出的 $c_\alpha$ 的形式来优化[见式(4.31)]，同时进行边缘分布的经验估计。式(4.29)给出的总体概率密度函数用优化的 copula 估计，同时为边缘概率密度函数进行高斯核密度估计(见 4.4 节)。每个高斯核密度估计的“宽度”依据式(4.23)挑选。

图 4.29(a)为在格点上估计的概率密度函数，在 4.29(b)同时给出其实际概率密度函数，网格上的平方误差示于图 4.30。其中，大部分的误差是由边缘密度的估计误差引起的，如图 4.31 的边缘概率密度的核密度估计曲线所示。然而，对于较为复杂的分布，很可能 copula 函数本身就是主要的误差源。

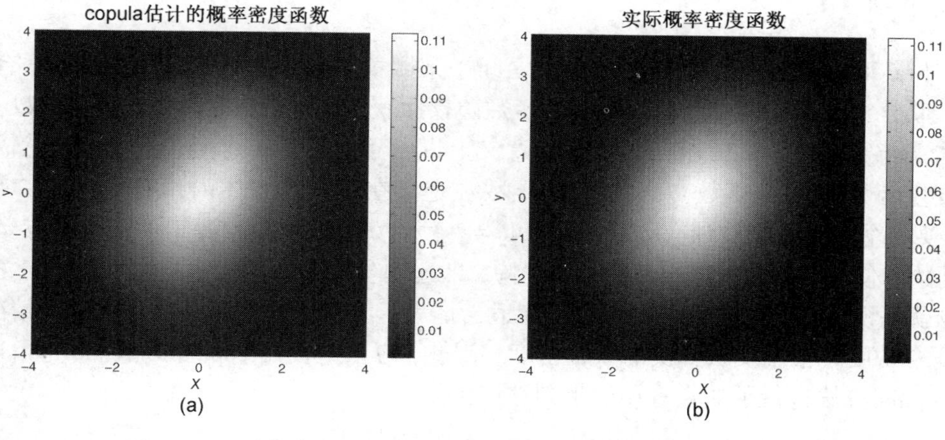


图 4.29　(a)概率密度函数的 copula 估计；(b)实际概率密度函数

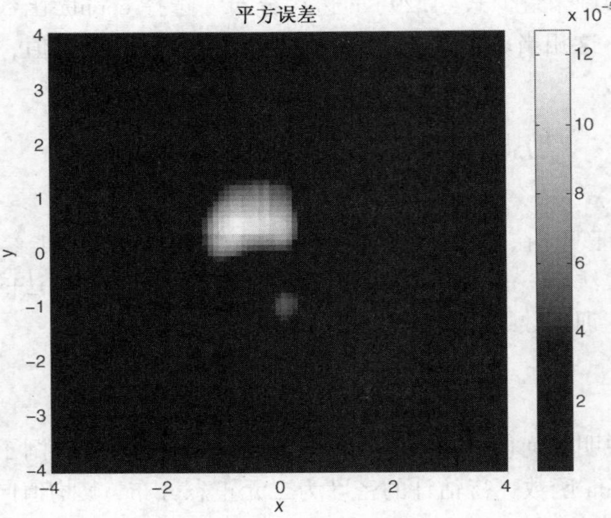


图 4.30 概率密度函数的 copula 估计与实际概率密度函数之间的平方误差

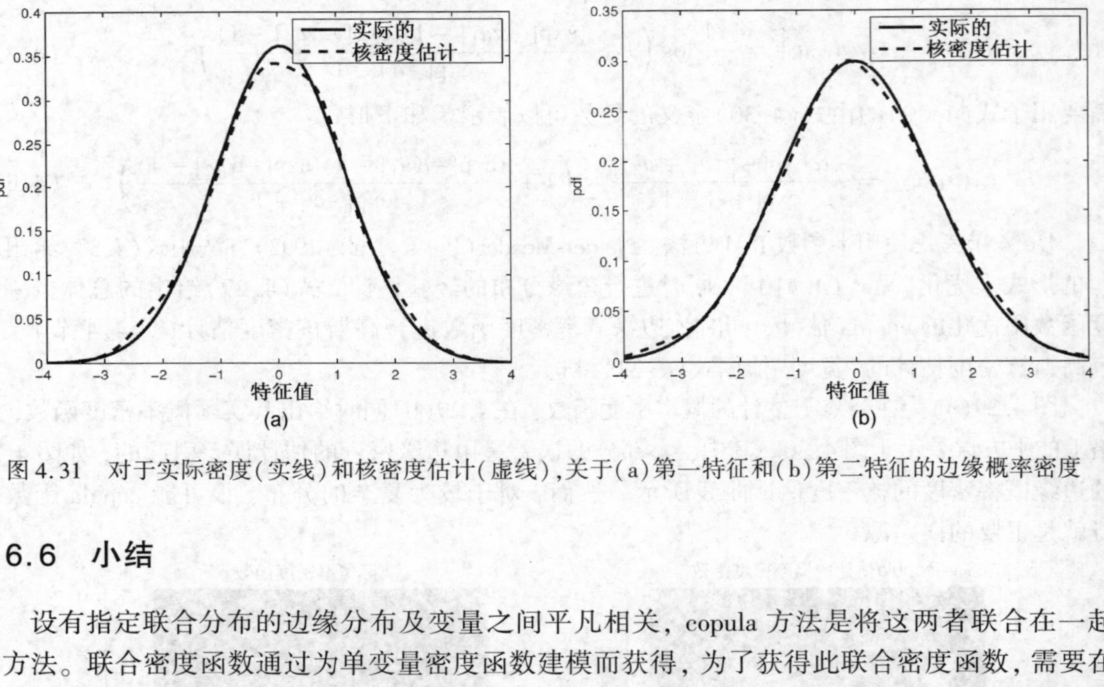


图 4.31 对于实际密度(实线)和核密度估计(虚线),关于(a)第一特征和(b)第二特征的边缘概率密度

## 4.6.6 小结

设有指定联合分布的边缘分布及变量之间平凡相关,copula 方法是将这两者联合在一起的方法。联合密度函数通过为单变量密度函数建模而获得,为了获得此联合密度函数,需要在超立方体上指定一个 copula 函数。从某种意义上讲,至此并没得到什么。我们仍然需要定义一个多变量函数(copula 函数)。然而,此函数被定义在了超立方体内,而非定义在变量域上(后者需要完全多元密度估计)。这里,有可能使我们获得收益的,源于一批具有参数形式的 copula 函数的使用。不过,这样做也存有风险,即这些参数形式不能适当地表示变量之间的关联性,也就是说,所选择的 copula 函数不能适当地表示变量之间的相关性。在这种情况下,所产生的联合密度将很难反映真实的联合密度。因此,应慎重使用 copula 方法。Mikosch(2006)对使用 copula 方法进行了非常有用的批判性评价。

## 4.7 应用研究

本章讨论的密度估计的非参数方法已应用于广泛的问题中。贝叶斯网络的应用实例如下所示。

- 药物安全。Cowell et al.(1991)提出了一种用于分析药品副作用(药品导致伪膜肠炎)的贝叶斯网络。Lauritzen and Spiegelhalter(1988)的算法巧妙地处理贝叶斯网络的概率密度函数，Spiegelhalter et al.(1991)还对概率专家系统的应用进行了明确的评价。
- 内诊镜导航。在应用计算机视觉的方法进行结肠内诊镜自动导航的研究中，Kwoh and Gillies(1996)构建了一个贝叶斯网络(使用专家主观知识)，并将其性能与从数据中学习的最大权值相关树进行比较。后者性能更优。
- 地理信息处理。Stassopoulou et al.(1996)在将遥测数据和其他数据结合起来评估地中海区域着火森林沙漠化的风险的研究中，比较了贝叶斯网络和人工神经网络(见第 6 章)。他们使用专家提供的信息来构建贝叶斯网络，并训练了等价的神经网络，同时用其参数来设置贝叶斯网络中的条件概率表。
- 图像分割。Williams and Feng(1998)使用树结构网络连同神经网络作为图像标记方案的一部分。他们使用基于期望最大化算法(见第 2 章)的极大似然法，从训练数据中估计条件概率表。
- 海上防空作战的自动形势评估。Bladon et al.(2006)讨论在自动形势评估工具中如何使用贝叶斯网络，该评估工具可以用作决策辅助指挥控制系统。他们为海上防空作战研发出一个战斗 ID 和威胁评估工具，通过考虑速度、敌友识别系统的反应及航线等多因素的攻击性概率估计，其网络是通过专家提供的信息构建的。
- 模拟信息技术基础设施运作风险。Neil et al.(2008)指出，贝叶斯网络可以用于模拟财务损失，该损失源自信息技术基础架构风险。模型中使用了离散和非高斯分布，用动态离散算法(Neil et al., 2007)辅助近似推断，以及一个称为节点树算法(Jensen, 2002)的推论过程。
- 石油和天然气勘探。Martinelli et al.(2010)利用贝叶斯网络模拟石油和天然气勘探前景间的依附性。他们用局部地质专家知识构建网络，并用该网络来回答两个问题：在已发现碳氢化合物地区中的哪个位置钻孔；当到目前为止还只是干井钻孔，因此计划放弃该区域时，应在哪个位置钻孔？

$k$ 近邻法的应用实例如下所示。

- 目标分类。Chen and Walton(1986)借助雷达截面测量值，将 $k$ 近邻法应用于对船只和飞行物的分类。Drake et al.(1994)对包括 $k$ 近邻法在内的几种多光谱像的分类方法进行了比较。
- 手写字特征识别。人们在把近邻法则应用于手写字特征识别方面，进行了众多的研究。Smith et al.(1994)为应用于手写数字的 $k$ 近邻法使用了 3 个距离矩阵。Yan(1994)使用有多层感知器的近邻法来提炼原型。
- 文本分类。Han et al.(2001)使用 $k$ 近邻分类器将文档分配给预先指定的类别。通过指定的单词词汇表获得特征向量，即创建特征向量，以反映每个单词在文档中出现的次数。为去除文档大小的影响，将特征向量归一化，使其各元素之和为 1。在计算两个文档之间的距离时，将不同的权值赋予不同的特征(字数)，从而产生一个权重调整的 $k$ 近邻分类器。其权值借助迭代训练方法进行优化。结果，在对一系列基准文本的分类问题上性能良好。

- 前列腺癌鉴别。Tahir et al. (2007) 根据前列腺活检的多光谱图像对前列腺癌进行分类。目标是把受试组织分成 4 个组(2 个良性的，1 个癌症的前兆，1 个癌)。从前列腺穿刺针活检的多光谱图像中提取出来 128 维特征向量。使用 Tabu 启发式搜索(Glover, 1989, 1990)进行特征选择，为用于 $k$ 近邻分类规则的特征赋权。结果，分类性能的改善程度超过以往。
- 语音识别。Deselaers et al. (2007) 在隐马尔可夫模型(HMM)方法中使用最近邻分类器进行语音识别。类内最近邻距离的负指数用于估计 HMM 中每个状态的条件概率密度。kd 树用于查找最近邻。结果，当可用的训练数据量较小时，其性能好于 HMM 中高斯混合模型的基准。

核函数方法的应用实例如下。

- 胸部疼痛。Scott et al. (1978) 使用平方核估计两类人群(有病的和正常的)的血脂密度。其研究目的是查明冠状动脉疾病的风险对血脂浓度联合变化的依赖性。
- 果蝇分类。Sutton and Steck (1994) 在两类果蝇判别问题中使用 Epanechnikov 核函数。
- 可视化监控。Elgammal et al. (2002) 使用核密度估计方法，建立对监控图像中背景画面的估计。通过与训练得到的背景分布的匹配，检测到移动目标(匹配较差)，称为背景帧差法。核密度估计也被用于为前景目标建模。
- 犯罪热点映射。Eck et al. (2005) 提出用犯罪地图协助维持治安，其中高密度犯罪区域被鉴定为热点。他们推荐用 4 次核密度估计方法来估计出一张犯罪密度表面图，再将其可视化。Chainey et al. (2008) 将犯罪热点图的概念扩展到使用地图来预测未来会在哪里发生犯罪，发现核密度估计生成的地图比小数据自适应方法能更好地预测未来街头犯罪的地点。
- 海上监控。Ristic et al. (2008) 在澳大利亚的阿德莱德港口考虑对行驶轨迹异常的船只进行监测。识别这种异常现象的动机是：行驶路线和速度异常的船只表明他们可能在逃税漏税、毒品走私、盗版或恐怖主义。船只的运动状态由其位置和速度给出。用训练数据为这些运动状态构建核密度估计。如果训练而得的核密度估计器对船只运动的概率密度估计值低于阈值，就确定其异常。实时数据来自于自动识别系统(AIS)所发布的数据。
- 了解热带气旋。Haikun et al. (2009) 用核密度估计为西北太平洋的热带气旋的生成地点建模。用到的是正态核积。其动机是通过了解气旋的产生，协助预测未来发生的热带气旋。
- 军事靶场安全。Glonek et al. (2010) 使用核密度估计方法估计导弹发射对地面冲击力的分布，以在制导防空导弹试验期间界定安全禁区。

金融和保险业以外的 copula 方法应用如下所示。

- 气候研究。Schölzel and Friederichs (2008) 展示了一项 copulas 应用，他们用 copula 模拟不同地点的气象变化，并模拟一个区域的多个气象变量(例如平均降水量和温度极小值)。

- 多通道信号处理。Iyengar et al. (2009) 证明，copula 方法能够用于信号检测，以处理多模式数据，如音频流和视频流。

### 4.7.1 比较研究

Friedman et al. (1997) 用 25 个数据集，对朴素贝叶斯分类器和一个树形结构的分类器进行了比较研究。在保持简易的同时，树形结构分类器的性能优于朴素贝叶斯分类器。

大量的研究使朴素贝叶斯分类器成为文本分类方法的基准。例如，Joachims(1998)、Yang and Liu(1999) 以及 Zhang and Oles(2001) 都指出朴素贝叶斯文本分类器的性能不及支持向量机(见第 6 章)。Yang and Liu(1999) 的实验表示朴素贝叶斯方法的分类性能远远低于支持向量机和 $k$ 近邻分类器。这些结果致使很多变体朴素贝叶斯分类器的提出，如 Rennie et al. (2003) 和 Kim et al. (2006) 所提出的方法，这些对朴素贝叶斯的改进，使其性能与 SVM 具有了竞争力。

Breiman et al. (1977) 和 Bowman(1985) 对用于多元数据的不同核函数方法进行了比较研究。Jones and Signorini(1997) 对改进的单变量核密度估计方法进行了比较(也可见 Cao et al. (1994) 和 Titterington(1980) 对分类数据的核函数的比较)。

Statlog 工程(Michie et al., 1994) 对大范围内的分类方法提供了全面的比较，包括 $k$ 近邻法和核函数判别分析(算法 ALLOC80)。ALLOC80 比 $k$ 近邻法的错误率稍低(至少在 $k = 1$ 这一特殊情况下如此)，但比 $k$ 近邻法的训练时间和测试时间都要长。Liu and White(1995) 对分类方法给出了更多比较。

## 4.8 总结和讨论

本章讨论的判别方法建立在用非参数法估计类条件概率密度函数的基础上。的确，我们无法设计一个比贝叶斯判别规则性能更好的分类器，无论该分类器有多么精密复杂，无论它在反映人类决策过程上多么有吸引力，它的本征性能都不会胜过贝叶斯分类器；特别是不能取得比贝叶斯分类器更低的错误率。因此，很自然的步骤就是从数据中估计贝叶斯规则的各个成分，也就是估计类条件概率密度函数和类先验概率。从后续章节中可以看出，没必要很明确地模拟出密度，来得到类成员后验概率的较好估计。

本章叙述了 5 个非参数密度估计方法：生成 $k$ 近邻分类器的 $k$ 近邻法；直方图方法及其在降低参数个数方面的研究进展(朴素贝叶斯、树形结构密度估计和贝叶斯网络)；密度估计的核方法；级数法和 copula 方法。近些年来，随着计算方法的发展，这些方法已变得确实可行，密度估计的非参数方法开始对(非参数法)识别和分类问题产生影响。在所讨论的方法中，改进了的用于离散数据的直方图法(独立模型、Lancaster 模型和最大权值相关树)很容易实现。贝叶斯网络的训练算法对计算能力有要求。对于连续数据，每一维数据都有相同窗宽的正态核函数方法可能是用得最广的一种方法。然而 Terrell and Scott(1992) 提出，对 4 维以上的密度估计，近邻方法要优于不变核函数方法。核函数方法也可用于离散数据。

$k$ 近邻分类器易于代码实现和理解，是热门的分类技术。但是，朴素贝叶斯搜索算法要求对大型训练数据集进行计算。有多种方法可用于减少最近邻法的搜索时间。

总之，基于密度估计的方法应该小心使用。在参数方法中，如果错误地假定了分布的形式(在许多情况下，没有数据产生过程的物理模型可用)，或者在非参数方法中，数据点较为稀疏而导致较差的核函数密度估计，就不太可能获得较好的密度估计。不过，按照错误率来评价分类器，其性能并不会显著变坏，因此这仍是值得一试的策略。

## 4.9 建议

1. 近邻法易于实现并被推荐为最基本的非参数法。在 Statlog 工程中(Michie et al., 1994), $k$ 近邻法在图像数据集上获得了最好的性能(6 个图像数据库中, 4 个最优, 2 个次优)且在整个问题过程中表现良好。
2. 面对大数据集, 如果使用最近邻法, 建议通过压缩/剪辑算法减少数据个数。
3. 如果出现计算时间问题, 应该使用改进的最近邻搜索方法, 如 LAESA 算法、球树分支定界搜索算法等。然而, 或许不值得这样做, 除非经过初步实验证实: $k$ 近邻分类器对待解决问题所表现出来的性能令人满意。
4. 密度估计的核函数方法不适于高维数据, 但如果要求对密度进行平滑估计, 核函数方法要优于 $k$ 近邻法。即使密度的较差估计也能得到较好的分类性能。
5. 对多元数据集, 作为基准, 独立模型值得一试。该模型使用简单, 易于处理缺值且性能良好。
6. 如果可能, 应使用特定的领域知识和专家知识。贝叶斯网络就是一种对这种知识进行编码的诱人方案。

## 4.10 提示及参考文献

有大量关于用非参数方法进行密度估计的文献。Silverman(1986)一书给出了良好的起点, 该书将重点放在密度估计的实际应用上。Scott(1992)一书既有理论又有应用, 其重点放在清楚地展现多元密度估计上, Klemelä(2009)也是如此。论文 Izenman(1991)很值得一读。其他的教材还有 Devroye and Györfi(1985)和 Nadaraya(1989)。Wand and Jones(1995)介绍了核函数平滑化的全面处理方法。

有关回归和密度估计的核函数方法的文章相当多, 在许多关于密度估计的书中可以找到核函数密度的处理方法。Silverman(1986)给出了特别透彻的评价, Hand(1982)提供了较好的介绍并考虑了将核函数方法用于判别分析。除了本书介绍的方法以外, Scott(1992)、McLachlan(1992a)和 Nadaraya(1989)还给出了其他方法的处理细节。

近几年来, 贝叶斯网络倍受欢迎, 讲述这一方法的好教材很多就是佐证。对贝叶斯网络的细致讲解可见教材 Pearl(1988), Jensen(1997, 2002), Jordan(1998), Neapolitan(2003), Darwiche(2009), Koller and Friedman(2009), Koski and Noble(2009)和 Kjaerulff and Madsen(2010)等。

Moore(1991)及 Renals(2007)的课程讲义精彩概述了如何将 kd 树用于有效的 $k$ 近邻搜索。还可以使用 WEKA 数据挖掘软件包, 见 Witten and Frank(2005)的记录文档及 2010 年发布的 MATLAB 统计工具箱。

Trivedi and Zimmer(2005)对 copula 方法进行了清楚的讲述, Frees and Valdez(1998)从精算统计人员的角度介绍了 copula 方法。关于使用 copula 方法的更多背景和细节可见论文 Clemen and Reilly(1999), Embrechts et al.(2001), Dorey and Joubert(2007)和 Chiou and Tsay(2008)。Mikosch(2006)对使用 copula 方法进行了批判性评价。

# 习题

**数据集 1**：为两个类产生 $d$ 维多元数据(训练集和测试集中有 500 个样本，等先验分布)：对于 $\omega_1$ 类，$\boldsymbol{x} \sim N(\boldsymbol{\mu}_1, \boldsymbol{\Sigma}_1)$，对于 $\omega_2$ 类，$\boldsymbol{x} \sim 0.5N(\boldsymbol{\mu}_2, \boldsymbol{\Sigma}_1) + 0.5N(\boldsymbol{\mu}_3, \boldsymbol{\Sigma}_3)$，其中 $\boldsymbol{\mu}_1 = (0, \cdots, 0)^{\mathrm{T}}$，$\boldsymbol{\mu}_2 = (2, \cdots, 2)^{\mathrm{T}}$，$\boldsymbol{\mu}_3 = (-2, \cdots, -2)^{\mathrm{T}}$，且 $\boldsymbol{\Sigma}_1 = \boldsymbol{\Sigma}_2 = \boldsymbol{\Sigma}_3 = \boldsymbol{I}$，$\boldsymbol{I}$ 为单位阵。

**数据集 2**：为 3 个正态分布的类产生 $d$ 维多元数据(训练集和测试集中有 500 个样本，等先验分布)，其中 $\boldsymbol{\mu}_1 = (0, \cdots, 0)^{\mathrm{T}}$，$\boldsymbol{\mu}_2 = (2, \cdots, 2)^{\mathrm{T}}$，$\boldsymbol{\mu}_3 = (-2, \cdots, -2)^{\mathrm{T}}$，且 $\boldsymbol{\Sigma}_1 = \boldsymbol{\Sigma}_2 = \boldsymbol{\Sigma}_3 = \boldsymbol{I}$，$\boldsymbol{I}$ 为为单位阵。

1. 从训练要求、计算时间、高维数据下的存储空间及分类性能这几个角度，对 $k$ 近邻分类器和高斯分类器进行比较并对比。此时，模型应做哪些假设？
2. 三变量 $X_1$，$X_2$ 和 $X_3$ 取值为 1 或 2，用 $p_{ab}^{ij}$ 表示 $x_i = a$ 且 $x_j = b$ 的概率，指定各密度如下：
$$P_{12}^{12} = P_{11}^{13} = P_{11}^{23} = P_{12}^{23} = P_{22}^{12} = P_{21}^{13} = P_{21}^{23} = P_{22}^{23} = \tfrac{1}{4}$$
$$P_{11}^{12} = P_{12}^{13} = \tfrac{7}{16};\ P_{21}^{12} = P_{22}^{13} = \tfrac{1}{16}$$
证明：概率 $p(X_1 = 2, X_2 = 1, X_3 = 2)$ 的 Lancaster 密度估计为负(为 $-1/64$)。
3. 证明式(4.13)指定的树相关分布与式(4.12)指定的树相关分布相同。
4. 对树相关分布[见式(4.12)]：
$$p^t(\boldsymbol{x}) = \prod_{i=1}^{d} p(x_i|x_{j(i)})$$
证明：将 Kullback-Leibler 距离
$$KL(p(\boldsymbol{x})|p^t(\boldsymbol{x})) = \sum_{\boldsymbol{x}} p(\boldsymbol{x})\log\left(\frac{p(\boldsymbol{x})}{p^t(\boldsymbol{x})}\right)$$
最小化，等价于寻找一个树，使下式最大：
$$\sum_{i=1}^{d}\sum_{x_i, x_{j(i)}} p(x_i, x_{j(i)})\log\left(\frac{p(x_i, x_{j(i)})}{p(x_i)p(x_{j(i)})}\right)$$
提示：$p(\boldsymbol{x})\log(p(\boldsymbol{x}))$ 与树结构无关，以及
$$p(\boldsymbol{x}) = p(x_i, x_{j(i)})p(x_{-i,-j(i)}|x_i, x_{j(i)})$$
其中，$x_{-i,-j(i)}$ 是指去除 $x_i$，$x_{j(i)}$ 以后的变量 $x_1, \cdots, x_d$。
5. 证明 Bartlett-Epanechnikov 核函数(见表 4.4)满足以下性质：
$$\int K(t)\mathrm{d}t = 1$$
$$\int tK(t)\mathrm{d}t = 0$$
$$\int t^2K(t)\mathrm{d}t = k_2 \neq 0$$
6. 设有来自密度 $p(x)$ 的 $n$ 个观测值 $(x_1, \cdots, x_n)$。用各种不同带宽 $h$ 下的高斯核函数对 $p(x)$ 进行核密度估计，得到其估计 $\hat{p}$。试述随着 $h$ 值的增加，如何预料 $\hat{p}$ 的相对最大值。假定 $x_i$ 是从柯西(Cauchy)密度 $p(x) = 1/(\pi/(1 + x^2))$ 中抽取而得的，证明：$X$ 的方差无穷大，是否意味着高斯核密度估计 $\hat{p}$ 的方差无穷大？
7. 设有多元核密度估计($\boldsymbol{x} \in \mathbb{R}^p$)：
$$\hat{p}(\boldsymbol{x}) = \frac{1}{nh^d}\sum_{i=1}^{n} K\left(\frac{1}{h}(\boldsymbol{x} - \boldsymbol{x}_i)\right)$$
证明：如果适当地选择 $K$ 和 $h$ (随位置 $\boldsymbol{x}$ 变化)，则式(4.6)给出的 $k$ 近邻密度估计是上式的一个特例。

8. 证明：如果 $F(x)$ 是随机变量 $X$ 的分布函数，即 $F(x) = P(X \leqslant x)$，那么 $F(x)$ 是区间 $[0, 1]$ 上的均匀分布，即 $F(x) \sim U(0, 1)$。
9. 从4.6.3节定义的阿基米德族 Frank copula 核开始，验证式(4.32)给出的二元表达式及式(4.33)的导数。
10. 对数据集1实现 $k$ 近邻分类器，其分类性能作为维数 $p = 1, 3, 5, 10$ 及 $k$ 的函数，研究之，并对结果进行说明。
11. 对于数据集1，实现高斯核函数分类器。构造一个单独的检验集，以获得核函数的带宽[初值由式(4.23)给出，并由此开始变化]。描述这个结果。
12. 对于数据集2，应用基本原型选择算法选择 $n_b$ 个基本原型。在 $d = 2, 4, 6, 8$ 和10时，执行 LAESA 方法，并画出在对测试集数据进行分类时，计算的距离个数随基本原型个数变化的函数曲线。
13. 把使用剪辑和压缩的最近邻分类器应用于数据集2。计算最近邻错误率、剪辑后的错误率，以及剪辑和压缩后的错误率。
14. 对于数据集2，实现 kd 树最近邻分类器和 ball 树最近邻分类器。根据用于寻找最近邻所计算的距离数，展开对它们的性能评估。探讨使用不同深度的树所产生的影响(即叶节点具有不同数量的训练样本)。
15. 用数据集1，探讨基于 copula 密度估计的贝叶斯分类器的性能。并展开与最近邻分类器性能的比较。探讨不同 copula 函数下的效果。
16. 用数据集2探讨 $k$ 近邻法选择 $k$ 的方法。
17. 设计最近邻分类器，但不使用剪辑和压缩算法。提出如何通过谨慎地初始化压缩算法来减少最终的原型个数。设计出一种程序以验证你的方法。实施之并描述运行结果。

# 第 5 章　线性判别分析

用特征的线性组合构造判别函数，会形成(分段)线性的决策面。不同的优化策略将产生不同的方法，这些方法包括感知器、Fisher 线性判别函数和支持向量机。本章介绍这些方法之间的关系。

## 5.1　引言

本章讨论寻求线性判别函数权值的问题。完成这项任务所需的方法有时又称为学习算法(learning algorithms)，即使这些方法是一种优化和训练而不是学习，我们仍然保留这种说法。第 2 章已经提到线性的判别函数，那是在假设类密度为正态分布且类协方差矩阵相等的条件下产生的。本章不再采用密度分布假设，而是在假设决策面为线性的前提下展开讨论。广义线性模型的判别函数是非线性函数的线性组合，因此广义线性模型是学习非线性模型的一个跳板。相关的算法在许多文献中都进行了广泛研究，这里仅将其作为对下一章将要讨论的非线性模型的铺垫加以介绍。

本章的论述分为两部分：两类问题和多类问题。虽然两类问题明显是多类问题的特例(而且事实上所有多类问题的算法都可以用于两类问题)，但两类问题还是具有足够的吸引力，所以有必要对其进行专门的讨论。人们对两类问题相当关注，导致多种算法的产生。线性支持向量机(SVM)是两类线性判别函数的一个例子，但由于它极其盛行于机器学习的应用中，特单另安排一章讨论之。

## 5.2　两类问题算法

### 5.2.1　总体思路

第 1 章介绍了监督分类的判别函数法，这里针对线性判别函数简单重述如下。

假设有一训练集 $\boldsymbol{x}_1, \cdots, \boldsymbol{x}_n$，其中每个样本都属于两类( $\omega_1$ 和 $\omega_2$ )中的一类。将该训练集用作设计集，就可以得到一个权向量 $\boldsymbol{w}$ 和阈值 $w_0$，表示为

$$\boldsymbol{w}^{\mathrm{T}}\boldsymbol{x} + w_0 \begin{cases} > & 0 \\ < & 0 \end{cases} \Rightarrow \boldsymbol{x} \in \begin{cases} \omega_1 \\ \omega_2 \end{cases} \tag{5.1}$$

#### 5.2.1.1　决策面

决策面即为超平面，由下式给出：

$$g(\boldsymbol{x}) = \boldsymbol{w}^{\mathrm{T}}\boldsymbol{x} + w_0 = 0$$

该式具有 $\boldsymbol{w}$ 方向上的单位法向，其到原点的垂直距离为 $|w_0|/|\boldsymbol{w}|$。

设样本 $x$ 到决策超平面的距离为 $|r|$，其

$$r = g(\boldsymbol{x})/|\boldsymbol{w}| = (\boldsymbol{w}^{\mathrm{T}}\boldsymbol{x} + w_0)/|\boldsymbol{w}| \tag{5.2}$$

$r$ 给出的信息(符号)可以指示样本位于决策超平面的哪一侧，因此应该将该样本归入哪一侧所属的类。

#### 5.2.1.2 将问题简单化

可以把式(5.1)给出的线性判别规则写成如下形式：

$$\boldsymbol{v}^{\mathrm{T}}\boldsymbol{z}\begin{cases}> & 0\\ < & 0\end{cases}\Rightarrow \boldsymbol{x}\in\begin{cases}\omega_1\\ \omega_2\end{cases}$$

其中，$\boldsymbol{z}=(1, x_1, \cdots, x_p)^{\mathrm{T}}$ 是增广模式向量，$\boldsymbol{v}$ 是 $(p+1)$ 维向量 $(w_0, w_1, \cdots, w_p)^{\mathrm{T}}$。在下文中，$\boldsymbol{z}$ 也可以是 $(1, \phi_1(\boldsymbol{x}), \cdots, \phi_D(\boldsymbol{x}))^{\mathrm{T}}$，而此时 $\boldsymbol{v}$ 则是一个 $(D+1)$ 维权向量，其中 $\{\Phi_i, i=1, \cdots, D\}$ 是原变量的 $D$ 个函数。这样，算法就可以应用于变换后的特征空间。

若 $\boldsymbol{v}^{\mathrm{T}}\boldsymbol{z}<0$，即 $\boldsymbol{v}^{\mathrm{T}}(-\boldsymbol{z})>0$，则 $\omega_2$ 类中的样本被正确分类。如果用负值重新定义设计集中所有属于 $\omega_2$ 类的样本，并表示成样本 $\boldsymbol{y}$，那么求解 $\boldsymbol{v}$ 的一个值，使其满足

$$\boldsymbol{v}^{\mathrm{T}}\boldsymbol{y}>0 \qquad \text{所有与设计集中 } \boldsymbol{x}_i \text{ 相对应的 } \boldsymbol{y}_i$$
$$[\boldsymbol{y}_i^{\mathrm{T}}=(1, \boldsymbol{x}_i^{\mathrm{T}}),\ \boldsymbol{x}_i\in\omega_1;\quad \boldsymbol{y}_i^{\mathrm{T}}=(-1, -\boldsymbol{x}_i^{\mathrm{T}}), \boldsymbol{x}_i\in\omega_2] \tag{5.3}$$

在理想情况下，我们希望得到 $\boldsymbol{v}$ 的一个解，使在设计集中有尽可能多的样本令 $\boldsymbol{v}^{\mathrm{T}}\boldsymbol{y}$ 为正，以使针对设计集中的分类错误最小。如果设计集中的所有样本都满足 $\boldsymbol{v}^{\mathrm{T}}\boldsymbol{y}_i>0$，则称这些数据是线性可分的。

然而，实现分类错误最小很困难，通常要引入一些其他准则。接下来将介绍两类判别问题要用到的过重准则，其中一些准则适用于样本集可分的情况，另一些则适用于样本集类间重叠的情况。一些准则会产生确定性的算法，另一些则需要利用随机算法予以实现。

### 5.2.2 感知准则

或许，最小化分类错误的最简单准则就是感知准则函数

$$J_P(\boldsymbol{v})=\sum_{\boldsymbol{y}_i\in\mathcal{Y}}(-\boldsymbol{v}^{\mathrm{T}}\boldsymbol{y}_i)$$

其中，$\mathcal{Y}=\{\boldsymbol{y}_i \mid \boldsymbol{v}^{\mathrm{T}}\boldsymbol{y}_i<0\}$（即被错分的样本集）。$J_p$ 与错分样本到决策边界的距离之和成正比，见式(5.2)。

#### 5.2.2.1 错误修正法

由于准则函数 $J_P$ 是连续的，因此可以采用基于梯度的算法来求最小值，如梯度下降法(Press et al., 1992)：

$$\frac{\partial J_P}{\partial \boldsymbol{v}}=\sum_{\boldsymbol{y}_i\in\mathcal{Y}}(-\boldsymbol{y}_i)$$

此梯度是错分样本之和，梯度下降法给出的是沿着负梯度方向行进的修正准则：

$$\boldsymbol{v}_{k+1}=\boldsymbol{v}_k+\rho_k\sum_{\boldsymbol{y}_i\in\mathcal{Y}}\boldsymbol{y}_i \tag{5.4}$$

其中，$\rho_k$ 是决定步长的比例参数。若样本集是可分的，则此方法一定收敛于将样本集分离的一个解。因为所有给定样本都用于了对 $\boldsymbol{v}$ 的修正，式(5.4)所用算法有时称为“多样本适应”或“批量更新”。“单样本适应”(修正)公式如下：

$$\boldsymbol{v}_{k+1}=\boldsymbol{v}_k+\rho_k\boldsymbol{y}_i \tag{5.5}$$

其中，$\boldsymbol{y}_i$是由 $\boldsymbol{v}_k$错分的训练样本。此算法在整个训练集中循环，每当样本被错分就去修正权向量。式(5.5)形式下的错误修正方法有多种。其中的固定增量法令 $\boldsymbol{\rho}_k = \boldsymbol{\rho}$（$\rho$ 为常数），这是求解线性不等式系统的最简单算法。

图 5.1 与图 5.2 是关于错误修正方法的权空间几何描述。在图 5.1 中，整个平面被直线 $\boldsymbol{v}^{\mathrm{T}}\boldsymbol{y}_k = 0$ 分割。由于权向量 $\boldsymbol{v}_k$ 的当前估计使 $\boldsymbol{v}_k\boldsymbol{y}_k < 0$，于是加入当前向量 $\boldsymbol{y}_k$（假设 $\rho = 1$）以更新权向量，使得权向量向 $\boldsymbol{v}^{\mathrm{T}}\boldsymbol{y}_k > 0$ 的区域移动，并可能落入该区域。在图 5.2 中，给出了关于 4 个相离样本点的直线 $\boldsymbol{v}^{\mathrm{T}}\boldsymbol{y}_k = 0$。

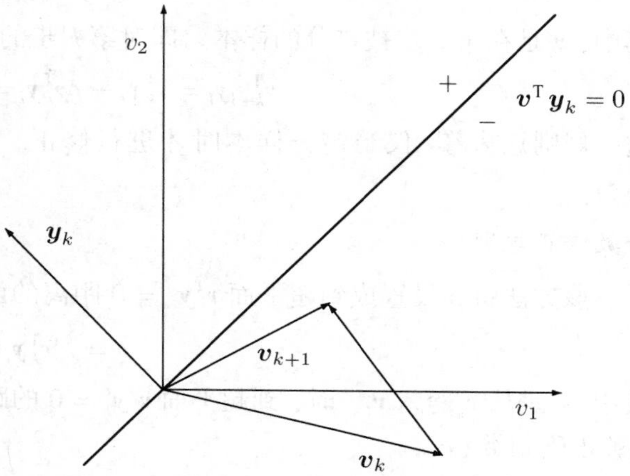


图 5.1　感知器训练示意

如果类间是可分的，$\boldsymbol{v}$ 的解一定落入阴影区（对于所有的 $\boldsymbol{y}_k$ 都满足 $\boldsymbol{v}^{\mathrm{T}}\boldsymbol{y}_k > 0$ 的解区间）。图中同样示出了从初始估计向量 $\boldsymbol{v}_0$开始的一条解路径。通过算法在样本 $\boldsymbol{y}_1$，$\boldsymbol{y}_2$，$\boldsymbol{y}_3$，$\boldsymbol{y}_4$中循环，可以看出得到 $\boldsymbol{v}$ 的解需要 5 步：第 1 步是当 $\boldsymbol{y}_2$加入时，修正 $\boldsymbol{v}_0$（$\boldsymbol{v}_0$已经在 $\boldsymbol{v}^{\mathrm{T}}\boldsymbol{y}_1 = 0$ 的正侧）。第 2 步是加入 $\boldsymbol{y}_3$；第 3 步是加入 $\boldsymbol{y}_2$（$\boldsymbol{y}_4$和 $\boldsymbol{y}_1$没有使用，是因为 $\boldsymbol{v}$ 已经在 $\boldsymbol{v}^{\mathrm{T}}\boldsymbol{y}_4 = 0$ 和 $\boldsymbol{v}^{\mathrm{T}}\boldsymbol{y}_1 = 0$ 的超平面的正侧了）；最后两步是加入 $\boldsymbol{y}_3$，再加入 $\boldsymbol{y}_1$。可见，在序列

$$\boldsymbol{y}_1,\ \hat{\boldsymbol{y}}_2,\ \hat{\boldsymbol{y}}_3,\ \boldsymbol{y}_4,\ \boldsymbol{y}_1,\ \hat{\boldsymbol{y}}_2,\ \hat{\boldsymbol{y}}_3,\ \boldsymbol{y}_4,\ \hat{\boldsymbol{y}}_1$$

中，仅仅用到了带有“^”的向量。值得注意的是，对权向量的修正有可能破坏前一次已经分类正确的结果。在本例中，尽管迭代起始于 $\boldsymbol{v}^{\mathrm{T}}\boldsymbol{y}_1 = 0$ 的右侧（也是正侧），后续的迭代还是出现了 $\boldsymbol{v}^{\mathrm{T}}\boldsymbol{y}_1 < 0$ 的估计（第 3 步和第 4 步）。对于可分样本集，最终将得到满足使 $J_P(\boldsymbol{v}) = 0$ 的一个解。

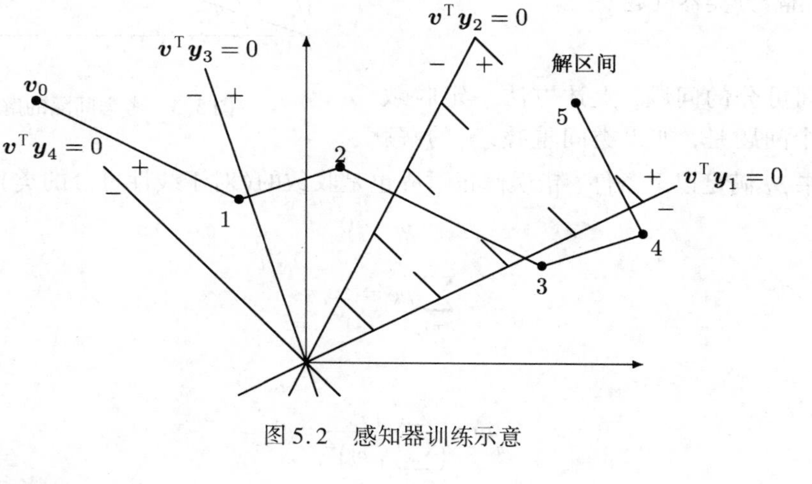


图 5.2　感知器训练示意

### 5.2.2.2　方法变异

前面给出的固定增量法算法有多种变异，这里仅介绍其中的几种。

绝对修正规则

选择 $\rho$ 使 $\boldsymbol{v}_{k+1}^{\mathrm{T}}\boldsymbol{y}_i$ 为正。因此

$$\rho > |\boldsymbol{v}_k^{\mathrm{T}}\boldsymbol{y}_i|/|\boldsymbol{y}_i|^2$$

其中，$\boldsymbol{y}_i$是在第 $k$ 步被错分的样本。即对第 $k$ 步的错分样本，执行如下操作：

$$\boldsymbol{v}_{k+1}^{\mathrm{T}}\boldsymbol{y}_i = \boldsymbol{v}_k^{\mathrm{T}}\boldsymbol{y}_i + \rho\boldsymbol{y}_i^{\mathrm{T}}\boldsymbol{y}_i = -|\boldsymbol{v}_k^{\mathrm{T}}\boldsymbol{y}_i| + \rho|\boldsymbol{y}_i|^2$$

这一规则意味着：仅当错分样本时才进行修正。例如，$\rho$ 可以选取大于 $|\boldsymbol{v}_k^{\mathrm{T}}\boldsymbol{y}_i|/|\boldsymbol{y}_i|^2$ 的最小整数。

分数修正规则

该方法将 $\rho$ 设置成到超平面 $\boldsymbol{v}^{\mathrm{T}}\boldsymbol{y}_i = 0$ 距离的函数，也就是

$$\rho = \lambda|\boldsymbol{v}_k^{\mathrm{T}}\boldsymbol{y}_i|/|\boldsymbol{y}_i|^2$$

其中，$\lambda$是从 $\boldsymbol{v}_k$跨入 $\boldsymbol{v}_{k+1}$时，到超平面 $\boldsymbol{v}^{\mathrm{T}}\boldsymbol{y}_i = 0$ 的距离的一个分数。如果 $\lambda > 1$，则对 $\boldsymbol{v}$ 修正后，$\boldsymbol{y}_i$被正确归类。

间隔 $b$ 的引入

引入间隔 $b > 0$（见图 5.3），每当 $\boldsymbol{v}^{\mathrm{T}}\boldsymbol{y}_i \leqslant b$ 时，就对权向量进行修正。这样，解向量 $\boldsymbol{v}$ 一定落入到每个超平面 $\boldsymbol{v}^{\mathrm{T}}\boldsymbol{y}_i = 0$ 的距离都大于 $b/|\boldsymbol{y}_i|$ 的区域内。当类间可分时，上述方法仍然可以产生一个解向量。阈值的引入通常有助于将问题一般化。否则，数据在空间中的一些点很可能会落入靠近分界面的区域。观察数据空间，所有的点 $\boldsymbol{x}_i$都落入到超平面的距离大于 $b/|\boldsymbol{w}|$ 的区域。显然，这样的解不是唯一的，5.4 节将谈到寻找“最大间隔”分类器问题。

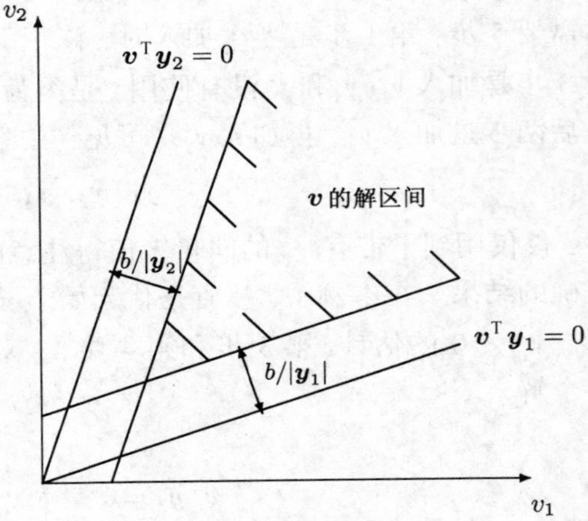

图 5.3 考虑间隔的解区间

可变增量 $\rho$

对于类间可分的问题，上述方法一定收敛，但其中的一个问题是，如果类间重叠，$\boldsymbol{v}$ 的解就会振荡。如果 $\rho_k$ 满足以下条件，错误修正过程也是收敛的(对于线性可分的类)：

$$\rho_k \geqslant 0$$

$$\sum_{k=1}^{\infty}\rho_k = \infty$$

及

$$\lim_{m\to\infty}\frac{\sum_{k=1}^{m}\rho_k^2}{\left(\sum_{k=1}^{m}\rho_k\right)^2} = 0$$

在许多问题中，事先并不知道样本的可分性。如果样本可分，则希望得出将各类分离的解。如果样本不可分，使用 $\rho_k \to 0$ 的方法就可以减少错分样本在迭代进程中的影响。这时可令 $\rho_k = 1/k$。

松弛算法

松弛算法(或称 Agmon-Mays 算法)将下列准则最小化：

$$J_r = \frac{1}{2}\sum_{\boldsymbol{y}_i \in \mathcal{Y}} (\boldsymbol{v}^{\mathrm{T}}\boldsymbol{y}_i - b)^2 / |\boldsymbol{y}_i|^2$$

其中，$\mathcal{Y}$ 是满足 $\{\boldsymbol{y}_i \mid \boldsymbol{y}_i^{\mathrm{T}}\boldsymbol{v} \leqslant b\}$ 的集合。这样，不仅错分的样本会对 $J_r$ 有贡献，那些比 $b/|\boldsymbol{v}|$ 靠近边界( $\boldsymbol{v}^{\mathrm{T}}\boldsymbol{y} = 0$ )的分类正确的样本也会对 $J_r$ 有贡献。其基本算法是

$$\boldsymbol{v}_{k+1} = \boldsymbol{v}_k + \rho_k \sum_{\boldsymbol{y}_i \in \mathcal{Y}_k} \frac{b - \boldsymbol{v}_k^{\mathrm{T}}\boldsymbol{y}_i}{|\boldsymbol{y}_i|^2}\boldsymbol{y}_i$$

其中，$\mathcal{Y}_k$ 是满足 $\{\boldsymbol{y}_i \mid \boldsymbol{y}_i^{\mathrm{T}}\boldsymbol{v}_k \leqslant b\}$ 的集合。对于一个样本，上式变为

$$\boldsymbol{v}_{k+1} = \boldsymbol{v}_k + \rho_k \frac{b - \boldsymbol{v}_k^{\mathrm{T}}\boldsymbol{y}_i}{|\boldsymbol{y}_i|^2}\boldsymbol{y}_i$$

其中，$\boldsymbol{v}_k^{\mathrm{T}} y_i \leqslant b$ (样本 $\boldsymbol{y}_i$ 引起对向量 $\boldsymbol{v}$ 的修正)。这与带间隔的分数修正法无异。

### 5.2.3 Fisher 准则

Fisher 采用的方法是寻求变量的一个线性组合，以尽可能地将两类分开。也就是说，寻找一个方向，使得沿着该方向，两类样本在某种意义上分开得最好。Fisher 提出的准则是类间方差与类内方差的比率。从数学角度讲，寻求方向 $\boldsymbol{w}$，使

$$J_F = \frac{|\boldsymbol{w}^{\mathrm{T}}(\boldsymbol{m}_1 - \boldsymbol{m}_2)|^2}{\boldsymbol{w}^{\mathrm{T}}\boldsymbol{S}_W\boldsymbol{w}} \tag{5.6}$$

最大，其中 $\boldsymbol{m}_1$ 和 $\boldsymbol{m}_2$ 是类均值，$\boldsymbol{S}_W$ 是类内样本协方差矩阵的合并阵，它的有偏修正形式为

$$\frac{1}{n-2}\left(n_1\hat{\boldsymbol{\Sigma}}_1 + n_2\hat{\boldsymbol{\Sigma}}_2\right)$$

其中，$\hat{\boldsymbol{\Sigma}}_1$ 和 $\hat{\boldsymbol{\Sigma}}_2$ 分别是 $\omega_1$ 类和 $\omega_2$ 类的协方差矩阵的极大似然估计，而在 $\omega_i$ 类中有 $n_i$ 个样本 $(n_1 + n_2 = n)$。最大化上面的准则式，就得出方向 $\boldsymbol{w}$ 的一个解，门限权值 $w_0$ 由分类规则来确定。使 $J_F$ 最大的解 $\boldsymbol{w}$ 可以通过对 $J_F$ 求关于 $\boldsymbol{w}$ 的导数并令其为零来取得，即

$$\frac{2\boldsymbol{w}^{\mathrm{T}}(\boldsymbol{m}_1 - \boldsymbol{m}_2)}{\boldsymbol{w}^{\mathrm{T}}\boldsymbol{S}_W\boldsymbol{w}}\left\{(\boldsymbol{m}_1 - \boldsymbol{m}_2) - \left(\frac{\boldsymbol{w}^{\mathrm{T}}(\boldsymbol{m}_1 - \boldsymbol{m}_2)}{\boldsymbol{w}^{\mathrm{T}}\boldsymbol{S}_W\boldsymbol{w}}\right)\boldsymbol{S}_W\boldsymbol{w}\right\} = 0$$

由于我们仅关心 $\boldsymbol{w}$ 的方向(注意 $\boldsymbol{w}^{\mathrm{T}}(\boldsymbol{m}_1 - \boldsymbol{m}_2)/\boldsymbol{w}^{\mathrm{T}}\boldsymbol{S}_W\boldsymbol{w}$ 是标量)，必然有

$$\boldsymbol{w} \propto \boldsymbol{S}_W^{-1}(\boldsymbol{m}_1 - \boldsymbol{m}_2) \tag{5.7}$$

不失一般性，上式可以取等号。$\boldsymbol{w}$ 的解是一般性特征提取准则的一个特例，特征提取准则导致使类间与类内方差之比最大的变换，具体内容将在第 10 章论述。需要说明的是，Fisher 准则没有提供分类规则，而仅仅提供了一个维数的映射(实际上是在两类条件下的一维映射)，在某种意义上，一维条件下的判别是最容易的。如果希望确定分类规则，就必须确定阈值 $w_0$，使得当

$$\boldsymbol{w}^{\mathrm{T}}\boldsymbol{x} + w_0 > 0$$

时将 $\boldsymbol{x}$ 归入 $\omega_1$ 类。

在第 2 章我们已看到，如果数据是具有等协方差矩阵的正态分布，最优决策规则便是线性的，即若 $\boldsymbol{w}^{\mathrm{T}}\boldsymbol{x} + w_0 > 0$，则将 $\boldsymbol{x}$ 归入 $\omega_1$ 类，其中[见式(2.16)和式(2.17)]

$$w = S_W^{-1}(m_1 - m_2)$$

$$w_0 = -\frac{1}{2}(m_1 + m_2)^{\mathrm{T}} S_W^{-1}(m_1 - m_2) - \log\left(\frac{p(\omega_2)}{p(\omega_1)}\right)$$

因此，对具有等协方差矩阵的正态分布而言，以贝叶斯准则得到的 $x$ 的投影方向与通过对式(5.6)最大化所得的方向相同，为式(5.7)。这表明，如果令 $w = S_W^{-1}(m_1 - m_2)$（取单位比例常数并使式(5.7)取等号），就可以选取上面给出的阈值 $w_0$。但要注意，这时只对等协方差矩阵的正态分布的类取最优。

然而，需要说明的是，推导判别方向式(5.7)时，并没做任何正态性假设，只是用正态分布假设来为判别设定阈值。在非正态情况下，其他阈值可能更合适。不过，在更一般的非正态情况下，仍然可以使用上述规则，即若

$$\left\{x - \frac{1}{2}(m_1 + m_2)\right\}^{\mathrm{T}} w > \log\left(\frac{p(\omega_2)}{p(\omega_1)}\right) \tag{5.8}$$

则将 $x$ 归入 $\omega_1$ 类。这时，结果不一定最优。注意，即使两类问题可分，上述规则也不能保证给出一个可分解。

## 5.2.4　最小均方误差法

在 5.2.2 节，感知器及其相关准则全部根据错分样本定义。本节将使用所有的数据样本，试图寻求一个解向量，使该解向量对正常数 $t_i$ 能够满足等式约束：

$$v^{\mathrm{T}} y_i = t_i$$

与前面提到的类似，对于 $x_i \in \omega_1$，向量 $y_i$ 定义为 $y_i^{\mathrm{T}} = (1, x_i^{\mathrm{T}})$，而对于 $x_i \in \omega_2$，$y_i^{\mathrm{T}} = (-1, -x_i^{\mathrm{T}})$，或者对数据 $\phi_i = \phi(x_i)$ 的变换 $\phi$，$y_i^{\mathrm{T}}$ 是 $(D+1)$ 维向量 $(1, \phi_i^{\mathrm{T}})$ 和 $(-1, -\phi_i^{\mathrm{T}})$。一般地，完全满足这些约束是不可能的，因此寻找 $v$ 的一个解，使 $v^{\mathrm{T}} y_i$ 和 $t_i$ 两者之差的代价函数最小。一个特殊的代价函数就是均方误差。

### 5.2.4.1　解决方案

令 $Y$ 为 $n \times (p+1)$ 阶样本向量矩阵，第 $i$ 行为 $y_i$，再令 $t = (t_1, \cdots, t_n)^{\mathrm{T}}$。那么，误差平方和准则为

$$J_S = |Yv - t|^2 \tag{5.9}$$

使 $J_S$ 最小，得到 $v$ 的解：

$$v = Y^{\dagger} t \tag{5.10}$$

其中，$Y^{\dagger}$ 是 $Y$ 的伪逆矩阵(见图 5.4)。

如果 $Y^{\mathrm{T}} Y$ 是非奇异的，则有式(5.10)的另一种形式：

$$v = (Y^{\mathrm{T}} Y)^{-1} Y^{\mathrm{T}} t \tag{5.11}$$

把式(5.9)写为

$$J_S = (Yv - t)^{\mathrm{T}} (Yv - t)$$

求导，以获得下列最小关系：

$$2Y^{\mathrm{T}} (Yv - t) = 0$$

对于给定解 $v$，对 $t$ 的逼近为

$$\hat{\boldsymbol{t}} = \boldsymbol{Y}\boldsymbol{v}$$
$$= \boldsymbol{Y}\left(\boldsymbol{Y}^{\mathrm{T}}\boldsymbol{Y}\right)^{-1}\boldsymbol{Y}^{\mathrm{T}}\boldsymbol{t}$$

绝对误差或误差平方和提供的线性逼近测度更适于数据：

$$|\hat{\boldsymbol{t}} - \boldsymbol{t}|^2 = |\{\boldsymbol{Y}(\boldsymbol{Y}^{\mathrm{T}}\boldsymbol{Y})^{-1}\boldsymbol{Y}^{\mathrm{T}} - \boldsymbol{I}\}\boldsymbol{t}|^2$$

将误差归一化：

$$\epsilon = \left(\frac{|\hat{\boldsymbol{t}} - \boldsymbol{t}|^2}{|\bar{\boldsymbol{t}} - \boldsymbol{t}|^2}\right)^{\frac{1}{2}}$$

其中，$\bar{\boldsymbol{t}} = \bar{t}\mathbf{1}$，而 $t_i$ 的均值为

$$\bar{t} = \frac{1}{n}\sum_{i=1}^{n} t_i$$

**1** 是由 1 所组成的向量。分母 $|\bar{\boldsymbol{t}} - \boldsymbol{t}|^2$ 是总平方和或总变差(total variation)。

一般地，最小二乘求解问题可以通过对矩阵的奇异值分解进行。一个 $m \times n$ 阶矩阵可以写成如下形式：

$$\boldsymbol{A} = \boldsymbol{U}\boldsymbol{\Sigma}\boldsymbol{V}^{\mathrm{T}} = \sum_{i=1}^{r}\sigma_i \boldsymbol{u}_i \boldsymbol{v}_i^{\mathrm{T}}$$

其中

- $r$ 是 $\boldsymbol{A}$ 的秩；
- $\boldsymbol{U}$ 是 $m \times r$ 阶矩阵，其列向量 $\boldsymbol{u}_1, \cdots, \boldsymbol{u}_r$ 为 $r \times r$ 阶左奇异向量，$\boldsymbol{U}^{\mathrm{T}}\boldsymbol{U} = \boldsymbol{I}_r$，为 $r \times r$ 阶单位矩阵；
- $\boldsymbol{V}$ 是 $n \times r$ 阶矩阵，其列向量 $\boldsymbol{v}_1, \cdots, \boldsymbol{v}_r$ 为右奇异向量，$\boldsymbol{V}^{\mathrm{T}}\boldsymbol{V} = \boldsymbol{I}_r$，也为 $r \times r$ 阶单位矩阵；
- $\boldsymbol{\Sigma} = \mathrm{diag}(\sigma_1, \cdots, \sigma_r)$ 为奇异向量 $\sigma_i$ 的对角阵，$i = 1, \cdots, r$；

$\boldsymbol{A}$ 的奇异向量是 $\boldsymbol{A}\boldsymbol{A}^{\mathrm{T}}$ 或 $\boldsymbol{A}^{\mathrm{T}}\boldsymbol{A}$ 的非零特征的平方根，其伪逆或广义逆是 $n \times m$ 阶矩阵 $\boldsymbol{A}^{\dagger}$：

$$\boldsymbol{A}^{\dagger} = \boldsymbol{V}\boldsymbol{\Sigma}^{-1}\boldsymbol{U}^{\mathrm{T}} = \sum_{i=1}^{r}\frac{1}{\sigma_i}\boldsymbol{v}_i \boldsymbol{u}_i^{\mathrm{T}} \tag{5.12}$$

为解出 $\boldsymbol{x}$，将如下平方误差最小化：

$$|\boldsymbol{A}\boldsymbol{x} - \boldsymbol{b}|^2$$

得到

$$\boldsymbol{x} = \boldsymbol{A}^{\dagger}\boldsymbol{b}$$

如果 $\boldsymbol{A}$ 的秩小于 $n$，则 $\boldsymbol{x}$ 无唯一解，这时奇异向量分解可提供其最小范数解。

伪逆矩阵具有如下性质：

$$\boldsymbol{A}\boldsymbol{A}^{\dagger}\boldsymbol{A} = \boldsymbol{A}$$
$$\boldsymbol{A}^{\dagger}\boldsymbol{A}\boldsymbol{A}^{\dagger} = \boldsymbol{A}^{\dagger}$$
$$(\boldsymbol{A}\boldsymbol{A}^{\dagger})^{\mathrm{T}} = \boldsymbol{A}\boldsymbol{A}^{\dagger}$$
$$(\boldsymbol{A}^{\dagger}\boldsymbol{A})^{\mathrm{T}} = \boldsymbol{A}^{\dagger}\boldsymbol{A}$$

图5.4　伪逆矩阵及其性质

因此，归一化误差更接近于表述这样的概念：0 误差表示模型对数据的拟合良好，1 误差则意味着模型以均值预测并表示数据极不稳妥。根据用于普通的最小平方回归的多重判定系数，还可以把归一化误差表示为 $R^2$(Dillon and Goldstein，1984)：

$$R^2 = 1 - \epsilon^2$$

#### 5.2.4.2 与 Fisher 线性判别的关系

至此，仍然没有提及如何选取 $t_i$。本节考虑一个特殊的选择，记为

$$t_i = \begin{cases} t_1, & \boldsymbol{x}_i \in \omega_1 \\ t_2, & \boldsymbol{x}_i \in \omega_2 \end{cases}$$

对 $\boldsymbol{Y}$ 的所有行进行排序，使其前 $n_1$ 个样本对应于 $\omega_1$ 类，剩下的 $n_2$ 个样本对应于 $\omega_2$ 类。把 $\boldsymbol{Y}$ 写成矩阵的形式：

$$\boldsymbol{Y} = \begin{bmatrix} \boldsymbol{u}_1 & \boldsymbol{X}_1 \\ -\boldsymbol{u}_2 & -\boldsymbol{X}_2 \end{bmatrix} \tag{5.13}$$

其中，$\boldsymbol{u}_i (i=1,2)$ 是全为 1 的 $n_i$ 维向量，$\omega_i$ 类含 $n_i$ 个样本($i=1, 2$)。矩阵 $\boldsymbol{X}_i$ 有 $n_i$ 行 $p$ 列。由此，式(5.11)可以写成

$$\boldsymbol{Y}^{\mathrm{T}}\boldsymbol{Y}\boldsymbol{v} = \boldsymbol{Y}^{\mathrm{T}}\boldsymbol{t}$$

代入式(5.13)，且设 $\boldsymbol{v}$ 为 $(\boldsymbol{w}_0, \boldsymbol{w})^{\mathrm{T}}$，则将上式重新整理为

$$\begin{bmatrix} n & n_1\boldsymbol{m}_1^{\mathrm{T}} + n_2\boldsymbol{m}_2^{\mathrm{T}} \\ n_1\boldsymbol{m}_1 + n_2\boldsymbol{m}_2 & \boldsymbol{X}_1^{\mathrm{T}}\boldsymbol{X}_1 + \boldsymbol{X}_2^{\mathrm{T}}\boldsymbol{X}_2 \end{bmatrix} \begin{bmatrix} w_0 \\ \boldsymbol{w} \end{bmatrix} = \begin{bmatrix} n_1t_1 - n_2t_2 \\ t_1n_1\boldsymbol{m}_1 - t_2n_2\boldsymbol{m}_2 \end{bmatrix}$$

其中，$\boldsymbol{m}_i$ 是 $\boldsymbol{X}_i$ 的行均值。矩阵的最高行给出 $\boldsymbol{w}_0$ 关于 $\boldsymbol{w}$ 的解：

$$w_0 = \frac{-1}{n}(n_1\boldsymbol{m}_1^{\mathrm{T}} + n_2\boldsymbol{m}_2^{\mathrm{T}})\boldsymbol{w} + \frac{n_1}{n}t_1 - \frac{n_2}{n}t_2 \tag{5.14}$$

第二行给出

$$(n_1\boldsymbol{m}_1 + n_2\boldsymbol{m}_2)w_0 + (\boldsymbol{X}_1^{\mathrm{T}}\boldsymbol{X}_1 + \boldsymbol{X}_2^{\mathrm{T}}\boldsymbol{X}_2)\boldsymbol{w} = t_1\boldsymbol{m}_1n_1 - t_2\boldsymbol{m}_2n_2$$

用式(5.14)替换变量 $w_0$，并重新整理得到：

$$\left\{n\boldsymbol{S}_W + \frac{n_1n_2}{n}(\boldsymbol{m}_1 - \boldsymbol{m}_2)(\boldsymbol{m}_1 - \boldsymbol{m}_2)^{\mathrm{T}}\right\}\boldsymbol{w} = (\boldsymbol{m}_1 - \boldsymbol{m}_2)\frac{n_1n_2}{n}(t_1 + t_2) \tag{5.15}$$

其中，$\boldsymbol{S}_W$ 是对假设的等协方差矩阵的估计，用 $\boldsymbol{m}_i$ 和 $\boldsymbol{X}_i$，$i=1, 2$ 表示为

$$\boldsymbol{S}_W = \frac{1}{n}\left\{\boldsymbol{X}_1^{\mathrm{T}}\boldsymbol{X}_1 + \boldsymbol{X}_2^{\mathrm{T}}\boldsymbol{X}_2 - n_1\boldsymbol{m}_1\boldsymbol{m}_1^{\mathrm{T}} - n_2\boldsymbol{m}_2\boldsymbol{m}_2^{\mathrm{T}}\right\}$$

无论 $\boldsymbol{w}$ 的解如何，式(5.15)中的项

$$\frac{n_1n_2}{n}(\boldsymbol{m}_1 - \boldsymbol{m}_2)(\boldsymbol{m}_1 - \boldsymbol{m}_2)^{\mathrm{T}}\boldsymbol{w}$$

其方向为 $\boldsymbol{m}_1 - \boldsymbol{m}_2$。因此，可将式(5.15)写成

$$n\boldsymbol{S}_W\boldsymbol{w} = \alpha(\boldsymbol{m}_1 - \boldsymbol{m}_2)$$

对于某个比例常数 $\alpha$，其解为

$$\boldsymbol{w} = \frac{\alpha}{n}\boldsymbol{S}_W^{-1}(\boldsymbol{m}_1 - \boldsymbol{m}_2)$$

这与 Fisher 线性判别式(5.7)所得到的解相同。因此，假设 $t_i$ 在同一类中的值相等，就可以重新利用 Fisher 线性判别，但需要 $t_1 + t_2 \neq 0$ 来防止得到 $\boldsymbol{w}$ 的平凡解。

上述方法的灵魂是：根据 $w_0 + \boldsymbol{w}^{\mathrm{T}}\boldsymbol{x}$ 在最小平方意义下接近 $t_1$ 的程度是否比 $-w_0 - \boldsymbol{w}^{\mathrm{T}}\boldsymbol{x}$ 接近 $t_2$ 的程度大进行判别。也就是说，若 $|t_1 - (w_0 + \boldsymbol{w}^{\mathrm{T}}\boldsymbol{x})|^2 < |t_2 + (w_0 + \boldsymbol{w}^{\mathrm{T}}\boldsymbol{x})|^2$，则把 $\boldsymbol{x}$ 归入 $\omega_1$ 类。替换 $w_0$ 和 $\boldsymbol{w}$，又可将这一规则简化成{假设 $\alpha(t_1 + t_2) > 0$}：若

$$\left(\boldsymbol{S}_W^{-1}(\boldsymbol{m}_1 - \boldsymbol{m}_2)\right)^{\mathrm{T}}(\boldsymbol{x} - \boldsymbol{m}) > \frac{t_1 + t_2}{2}\frac{n_2 - n_1}{\alpha} \tag{5.16}$$

则将 $\boldsymbol{x}$ 归入 $\omega_1$ 类。其中，$\boldsymbol{m}$ 是样本均值 $(n_1\boldsymbol{m}_1 + n_2\boldsymbol{m}_2)/n$。上式右侧阈值独立于 $t_1$ 和 $t_2$（见本章习题）。

当然也可以使用其他判别规则，特别是考虑到最小平方解能给出 Fisher 线性判别这一事实，并已知对于具有等协方差矩阵的两类正态分布问题，其判别是最优的。与式(5.8)进行比较，上式以不同的方式将样本并入每一类。

#### 5.2.4.3　最优判别

上述平方误差解的另一个重要性质是：当样本数的极限趋于无穷时，与最小均方误差近似的最小平方误差解逼近贝叶斯判别函数 $g(\boldsymbol{x})$

$$g(\boldsymbol{x}) = p(\omega_1|\boldsymbol{x}) - p(\omega_2|\boldsymbol{x})$$

为理解这句话的含义，考虑由式(5.9)给出的 $J_S$，其中，对所有 $\boldsymbol{y}_i$，$t_i = 1$，因此

$$J_S = \sum_{\boldsymbol{x}\in\omega_1}(w_0 + \boldsymbol{w}^{\mathrm{T}}\boldsymbol{x} - 1)^2 + \sum_{\boldsymbol{x}\in\omega_2}(w_0 + \boldsymbol{w}^{\mathrm{T}}\boldsymbol{x} + 1)^2 \tag{5.17}$$

这里假设 $\boldsymbol{y}_i$和 $\boldsymbol{x}_i$是线性相关的。图 5.5 给出了这种最小化过程的示例。

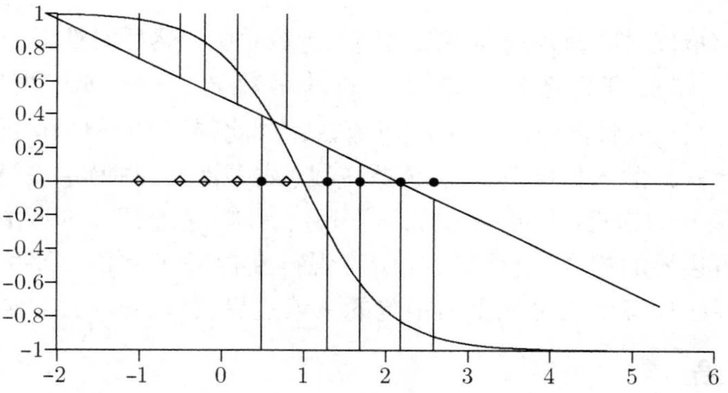


图 5.5　式(5.17)示例：最优性最小均方误差准则

图例中，在服从单变量正态分布的两个类中各抽取 5 个样本，这两个正态分布都具有单位方差，均值分别为0.0 和2.0。这些样本绘于图5.5 的 $x$ 轴上，◇代表 $\omega_1$ 类，•代表 $\omega_2$ 类。最小化 $J_S$就意味着，对于 $\omega_1$ 类，图 5.5 中的直线到 +1 的距离，对于 $\omega_2$ 类则是直线到 -1 的距离，这些距离的平方和最小。图 5.5 同样也绘出了服从正态分布的两类的最优贝叶斯判别函数 $g(x)$。

当样本数 $n$ 变大时，表达式 $J_S/n$ 趋于

$$\frac{J_S}{n} = p(\omega_1)\int(w_0 + \boldsymbol{w}^{\mathrm{T}}\boldsymbol{x} - 1)^2 p(\boldsymbol{x}|\omega_1)\mathrm{d}\boldsymbol{x} + p(\omega_2)\int(w_0 + \boldsymbol{w}^{\mathrm{T}}\boldsymbol{x} + 1)^2 p(\boldsymbol{x}|\omega_2)\mathrm{d}\boldsymbol{x}$$

将上式展开并简化，得到

$$\begin{aligned}\frac{J_S}{n} &= \int\left(w_0 + \boldsymbol{w}^{\mathrm{T}}\boldsymbol{x}\right)^2 p(\boldsymbol{x})\mathrm{d}\boldsymbol{x} + 1 - 2\int\left(w_0 + \boldsymbol{w}^{\mathrm{T}}\boldsymbol{x}\right)g(\boldsymbol{x})p(\boldsymbol{x})\mathrm{d}\boldsymbol{x} \\ &= \int\left(w_0 + \boldsymbol{w}^{\mathrm{T}}\boldsymbol{x} - g(\boldsymbol{x})\right)^2 p(\boldsymbol{x})\mathrm{d}\boldsymbol{x} + 1 - \int g^2(\boldsymbol{x})p(\boldsymbol{x})\mathrm{d}\boldsymbol{x}\end{aligned}$$

上式中，仅第一个积分项取决于 $w_0$和 $\boldsymbol{w}$，因此得出结论，当样本数变大时，最小化式(5.17)等价于最小化

$$\int (w_0 + \boldsymbol{w}^{\mathrm{T}}\boldsymbol{x} - g(\boldsymbol{x}))^2 p(\boldsymbol{x})\mathrm{d}\boldsymbol{x} \tag{5.18}$$

上式为逼近于贝叶斯判别函数的最小均方误差，如图 5.6 所示。

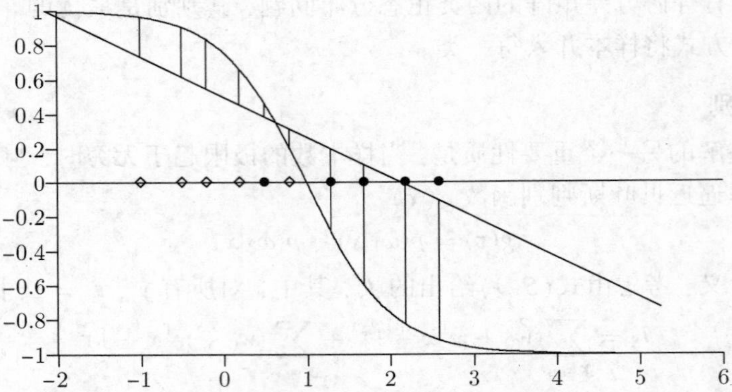


图 5.6　式(5.18)示例：贝叶斯判别规则的最小均方误差逼近

式(5.18)是先求最优贝叶斯判别和直线之间的差的平方，然后对整个分布 $p(\boldsymbol{x})$进行积分。

需要指出的是，如果打算选择一组合适的基函数 $\phi_1$，…，$\phi_D$，把特征向量 $\boldsymbol{x}$ 变换成 $(\phi_1(\boldsymbol{x}),\ \cdots,\ \phi_D(\boldsymbol{x}))^{\mathrm{T}}$，然后再构造线性判别函数，由此得到的线性函数可能更逼近最优判别，而决策边界在变量 $\boldsymbol{x}$ 的原始空间中未必是直线(或平面)。同样，虽然该解渐近地给出了对贝叶斯判别函数最好的逼近(在最小平方意义下)，影响逼近程度的因素主要是高密度样本区域，而非接近决策边界的样本。尽管贝叶斯直观推断促进了靠最小平方训练得到的线性判别的应用，可是在某些环境下也可能得出很差的决策边界(Hastie et al., 1994)。

#### 5.2.4.4　错误率上界

最小均方误差准则具有一些诱人的理论特性，现在不加证明地引入。令 $E_1$表示最邻近误差率，$E_{\mathrm{mse}}$表示最小均方误差率，且令 $\boldsymbol{v}$ 为最小误差解。那么(Devijver and Kittler, 1982)

$$\frac{J_S(\boldsymbol{v})/n}{1 - J_S(\boldsymbol{v})/n} \geqslant E_{\mathrm{mse}}$$

$$J_S(\boldsymbol{v})/n \geqslant 2E_1 \geqslant 2E^*$$

$$J_S(\boldsymbol{v})/n = 2E_1 \Rightarrow E_{\mathrm{mse}} = E^*$$

其中，$E^*$ 是最优贝叶斯误差率。

上面第一个条件给出了误差率的上限(可以容易地根据以上算法所提供的 $J_S(\boldsymbol{v})$ 值计算出来)。很明显，如果有两组可用的判别函数 $\boldsymbol{\phi}_i$ 和 $v_i$，那么若 $J_S^{\phi} < J_S^{v}$，则更推荐 $\boldsymbol{\phi}$，因为它给出更小的误差率 $E_{\mathrm{mse}}$的上界。当然，这是不充分的，不过还是给我们一个合理的引导。

第二个条件表明，准则函数 $J_S/n$ 的下值为最近邻误差率 $E_1$的两倍。

### 5.2.5　拓展研究

两类线性算法的主要进展如下：

1. 多类算法(安排在 5.3 节讨论)。
2. 支持向量机(安排在 5.4 节讨论)。

3. 非线性方法。许多产生非线性决策边界的分类方法是基本线性模型，因为它们是变量的非线性函数的线性组合。径向基函数网络就是一个例子。因此，本章讨论的方法是很重要的。第 6 章将就其展开进一步研究。
4. 调整。引入一个参数，该参数控制着方法对数据或训练过程中出现的微小变动的敏感性，同时提高其泛化能力（见 5.3.5 节），包括对同一分类器方案下基于不同条件训练而得的多个分类器版本进行组合（见第 8 章）。

### 5.2.6 小结

本节讨论了两类情况下实现线性判别的一系列方法，概括于表 5.1 中。为了内容的完整性，表中包括有支持向量机方法，该方法在 5.4 节介绍。可以将上述方法大致分为两组：基于错分样本的准则最小化方法，以及使用全部样本（不管能否对它们正确分类）的方法。前者包括感知算法、松弛算法和支持向量机算法。后者包括 Fisher 准则，以及基于最小均方误差测度的准则（包括伪逆方法）。

表 5.1　线性法概括

| 方　法 | 准　则 | 算　法 |
|---|---|---|
| 感知器 | $J_P(\boldsymbol{v}) = \sum_{\boldsymbol{y}_i \in \mathcal{Y}} (-\boldsymbol{v}^{\mathrm{T}}\boldsymbol{y}_i)$ | $\boldsymbol{v}_{k+1} = \boldsymbol{v}_k + \rho_k \sum_{\boldsymbol{y}_i \in \mathcal{Y}} \boldsymbol{y}_i$ |
| 松弛法 | $J_r = \frac{1}{2} \sum_{\boldsymbol{y}_i \in \mathcal{Y}} \frac{(\boldsymbol{v}^{\mathrm{T}}\boldsymbol{y}_i - b)^2}{\lvert \boldsymbol{y}_i \rvert^2}$ | $\boldsymbol{v}_{k+1} = \boldsymbol{v}_k + \rho_k \frac{b - \boldsymbol{v}_k^{\mathrm{T}}\boldsymbol{y}_i}{\lvert \boldsymbol{y}_i \rvert^2} \boldsymbol{y}_i$ |
| Fisher | $J_F = \frac{\lvert \boldsymbol{w}^{\mathrm{T}}(\boldsymbol{m}_1 - \boldsymbol{m}_2) \rvert^2}{\boldsymbol{w}^{\mathrm{T}}\boldsymbol{S}_W\boldsymbol{w}}$ | $\boldsymbol{w} \propto \boldsymbol{S}_W^{-1}(\boldsymbol{m}_1 - \boldsymbol{m}_2)$ |
| 最小均方误差伪逆法 | $J_S = \lvert \boldsymbol{Y}\boldsymbol{v} - \boldsymbol{t} \rvert^2$ | $\hat{\boldsymbol{v}} = \boldsymbol{Y}^{\dagger}\boldsymbol{t}$ |
| 支持向量机 | $\boldsymbol{w}^{\mathrm{T}}\boldsymbol{w} + C\sum_i \xi_i$，受式(5.52)约束 | 二次规划 |

感知器是可训练的阈值逻辑单元。在训练过程中，调节权值以使特定的准则最小化。对于可分的两类问题，基本的错误修正方法将收敛于一个解，此解使各类用线性边界划分开。如果各类不可分，则必须修改训练方法以保证收敛。通过感知器的组合与层叠，可以实现较复杂的决策面（Nilsson，1965，Minsky and Papert，1988）。这将在第 6 章进一步讨论。

当类间可分时，有的方法可能会求得两类问题的解，有的则不行。可以把算法进一步分成两类，即不可分类型的收敛算法和不收敛算法。

最小均方误差法在模式识别中获得了广泛使用。许多回归计算程序中，最小均方误差的算法均易于实现，并且书中已经说明了如何把判别问题看成回归中的一个运用。在以最小均方误差逼近贝叶斯判别函数的条件下，可以获得最优的线性判别。本节的分析同样将其应用于广义线性判别函数（用 $\boldsymbol{\phi}(\boldsymbol{x})$ 代替变量 $\boldsymbol{x}$）。恰当的基函数集合会形成对贝叶斯判别函数满意的逼近，因此为 $\phi_j(\boldsymbol{x})$ 选择合适基函数的工作至关重要。

最小均方误差法的一个问题是它对于离群值非常敏感，即使问题空间可由线性判别函数划分，也未必能得到一个可分解。人们已经提出了保证对可分集有解的最小均方误差的修正准则（对权向量 $\boldsymbol{v}$ 和 $\boldsymbol{t}$ 目标向量都进行调整的 Ho-Kashyap 方法）（Ho and Kashyap，1965），但当数据集类间重叠时，这种对贝叶斯判别函数的最优逼近便不复存在。

## 5.3 多类算法

将两类扩展到多类的方法有很多。我们将从通用程序梗概开始将二类分类器转到多类分类器。本节结构按照5.2节搭建，先是错误修正法，然后是对Fisher判别的推广和对最小均方误差方法的推广。

### 5.3.1 总体思路

#### 5.3.1.1 一对多(One-against-all)

对于$C$类问题，构造$C$个两类分类器。对第$k$个分类器进行训练，用此分类器把$\omega_k$类的样本与余下类别的样本区别开。因此，需要确定权向量$\boldsymbol{w}^k$和阈值$w_0^k$，使

$$(\boldsymbol{w}^k)^{\mathrm{T}}\boldsymbol{x}+w_0^k\begin{cases}>&0\\<&0\end{cases}\Rightarrow\ \boldsymbol{x}\ \in\begin{cases}\omega_k\\\omega_1,\cdots,\omega_{k-1},\omega_{k+1},\cdots,\omega_C\end{cases}$$

理论上，给定$\boldsymbol{x}$，使$g_k(\boldsymbol{x})=(\boldsymbol{w}^k)^{\mathrm{T}}\boldsymbol{x}+w_0^k$仅对$k$中的一个值取正，而对其余$k$值取负，从而清楚地指定$\boldsymbol{x}$的类别。然而，此方法可能导致$\boldsymbol{x}$从属于一个以上的类，或者不属于任何类。

如果使$g_k(\boldsymbol{x})$的值为正的类多于一个，则可以将$\boldsymbol{x}$归入使$((\boldsymbol{w}^k)^{\mathrm{T}}\boldsymbol{x}+w_0^k)/|\boldsymbol{w}^k|$取最大值(到超平面的距离)的那个类。如果所有$g_k(\boldsymbol{x})$的值都为负，则把$\boldsymbol{x}$归入使$((\boldsymbol{w}^k)^{\mathrm{T}}\boldsymbol{x}+w_0^k)/|\boldsymbol{w}^k|$取最小值的那个类。

#### 5.3.1.2 一对一(One-against-one)

构造$C(C-1)/2$个分类器。每个分类器在两类间进行判别。依次使用每个分类器，再采用多数票规则对样本$\boldsymbol{x}$分类。这种方法可能导致分类的不确定性，对于某些样本得不到明确的决策。

#### 5.3.1.3 判别函数

第三种方法是为$C$个类定义$C$个线性判别函数$g_1(\boldsymbol{x})$，…，$g_C(\boldsymbol{x})$，如果

$$g_i(\boldsymbol{x})=\max_j g_j(\boldsymbol{x})$$

则把$\boldsymbol{x}$归入$\omega_i$类，即把$\boldsymbol{x}$归入使判别函数取值最大的类中。若

$$g_i(\boldsymbol{x})=\max_j g_j(\boldsymbol{x})\ \Leftrightarrow\ p(\omega_i|\boldsymbol{x})=\max_j p(\omega_j|\boldsymbol{x})$$

则所获得的决策边界在贝叶斯最小错误的意义上是最优的。

### 5.3.2 错误修正法

对于类别数$C>2$的情形，可将两类错误修正法进行推广：定义$C$个线性判别函数

$$g_i(\boldsymbol{x})=\boldsymbol{v}_i^{\mathrm{T}}\boldsymbol{z}$$

其中，$\boldsymbol{z}$是增广数据向量$\boldsymbol{z}^{\mathrm{T}}=(1,\boldsymbol{x}^{\mathrm{T}})$。将广义误差修正法用于训练分类器：首先为$\boldsymbol{v}_i$分配任意的初始值，每次考虑训练集中的一个样本。如果对于属于$\omega_i$类的样本，第$j$个判别函数出现最大值(即$\omega_i$类中的样本被分到$\omega_j$类)，那么权向量$\boldsymbol{v}_i$和$\boldsymbol{v}_j$根据下式修正：

$$\boldsymbol{v}_i'=\boldsymbol{v}_i+c\boldsymbol{z}$$

$$\boldsymbol{v}_j'=\boldsymbol{v}_j-c\boldsymbol{z}$$

其中，$c$ 是正的修正增量。也就是对于样本 $z$，将第 $i$ 个判别函数的值增加，而将第 $j$ 个判别函数的值减少。如果类间是可分的，则此方法会在有限步内收敛(Nilsson, 1965)，其间可能需要在数据集中经过几次循环，这和两类的情况是一样的。

$c$ 的选取根据是

$$c = (\boldsymbol{v}_j - \boldsymbol{v}_i)^{\mathrm{T}} \frac{z}{|z|^2}$$

这将保证在对权向量进行调整后，$z$ 被正确分类。

### 5.3.3 Fisher 准则：线性判别分析

术语“线性判别分析(LDA)”通常是指在输入变量上构造线性判别函数的方法(并因此将其应用于感知器及本章的所有其他方法)，但在特定的意义下，它也指本节所介绍的方法。本节讨论的方法是，寻找一种变换，使得在某种意义下类间分离性最大，类内相异性最小。此方法的特点如下。

1. 引入一种到维数不超过 $C-1$ 的空间的变换，其中 $C$ 是类别数。
2. 此变换的数据分布随意。例如，不假设数据具有正态性。
3. 变换后的坐标轴可以根据“对判别的重要性”来确定次序。可以用那些最重要的坐标分量获得数据的图形表示，也就是将数据绘制在由重要分量构成的坐标系中(通常是二维或三维)。
4. 随后的判别工作是在降维空间中通过适当分类器的使用完成的。通常将原始数据空间中的判别规则应用于这样的降维空间，就能达到性能的改善。如果采用最近类均值之类的规则，决策边界就是线性的(在等类协方差的假设下，通过高斯分类器所获得的边界与此线性边界相同)。
5. 线性判别分析可以作为更复杂的非线性分类器的后期处理器。

把准则 $J_F$ [见式(5.6)]推广到多类情况的方法有很多。优化这些准则会产生一些变换，这些变换将问题简化到两类情况下的 Fisher 线性判别，并且在某种意义下，这些变换可以使类间散布程度最大，同时类内散布程度最小。这里介绍一种方法。

考虑准则

$$J_F(\boldsymbol{a}) = \frac{\boldsymbol{a}^{\mathrm{T}} \boldsymbol{S}_B \boldsymbol{a}}{\boldsymbol{a}^{\mathrm{T}} \boldsymbol{S}_W \boldsymbol{a}} \tag{5.19}$$

其中，$\boldsymbol{S}_B$ 和 $\boldsymbol{S}_W$ 是基于样本的估计，由下式给出：

$$\boldsymbol{S}_B = \sum_{i=1}^{C} \frac{n_i}{n} (\boldsymbol{m}_i - \boldsymbol{m})(\boldsymbol{m}_i - \boldsymbol{m})^{\mathrm{T}}$$

$$\boldsymbol{S}_W = \sum_{i=1}^{C} \frac{n_i}{n} \hat{\boldsymbol{\Sigma}}_i$$

其中，$\boldsymbol{m}_i$ 和 $\hat{\boldsymbol{\Sigma}}_i$，$i=1, \cdots, C$ 是各类(有 $n_i$ 个样本)的样本均值和协方差矩阵，$\boldsymbol{m}$ 是总体样本均值。寻求一组特征向量 $\boldsymbol{a}_i$，使式(5.19)在满足标准化约束 $\boldsymbol{a}_i^{\mathrm{T}} \boldsymbol{S}_W \boldsymbol{a}_j = \delta_{ij}$ (在变换空间中各类下的向量不再相关)的条件下达到最大，进而导出广义对称特征向量方程(Press et al., 1992)

$$\boldsymbol{S}_B \boldsymbol{A} = \boldsymbol{S}_W \boldsymbol{A} \boldsymbol{\Lambda} \tag{5.20}$$

其中，$\boldsymbol{a}_i$ 是矩阵 $\boldsymbol{A}$ 的列向量，$\boldsymbol{\Lambda}$ 是特征值组成的对角阵。若 $\boldsymbol{S}_W^{-1}$ 存在，则上式可写为

$$\boldsymbol{S}_W^{-1}\boldsymbol{S}_B\boldsymbol{A} = \boldsymbol{A}\boldsymbol{\Lambda} \tag{5.21}$$

可以将对应于最大特征值的特征向量用作特征提取。$\boldsymbol{S}_B$ 的秩充其量是 $C-1$；因此，投影的最大空间是 $C-1$ 维。满足式(5.20)约束的 $\boldsymbol{A}$ 的解同样可将类间协方差矩阵对角化，$\boldsymbol{A}^{\mathrm{T}}\boldsymbol{S}_B\boldsymbol{A} = \boldsymbol{\Lambda}$，其对角线元素为特征值。

#### 5.3.3.1 LDA 广义对称特征向量方程的求解

当矩阵 $\boldsymbol{S}_W$ 的逆是非病态矩阵时，广义对称特征向量方程的特征值可以通过以下等价方程求得：

$$\boldsymbol{S}_W^{-1}\boldsymbol{S}_B\boldsymbol{a} = \lambda\boldsymbol{a} \tag{5.22}$$

要注意，$\boldsymbol{S}_W^{-1}\boldsymbol{S}_B$ 是不对称的。不过，通过对 $\boldsymbol{S}_W$ 进行 Cholesky 分解(Press et al., 1992)，可将其简化到对称向量问题，这时的 $\boldsymbol{S}_W$ 记为下三角矩阵 $\boldsymbol{L}$ 与其转置的乘积 $\boldsymbol{S}_W = \boldsymbol{L}\boldsymbol{L}^{\mathrm{T}}$，于是式(5.22)等价于

$$\boldsymbol{L}^{-1}\boldsymbol{S}_B(\boldsymbol{L}^{-1})^{\mathrm{T}}\boldsymbol{y} = \lambda\boldsymbol{y}$$

其中，$\boldsymbol{y} = \boldsymbol{L}^{\mathrm{T}}\boldsymbol{a}$。可以使用基于 QR 算法(Stewart, 1973;Press et al., 1992)的高效程序求解上述特征向量。

若 $\boldsymbol{S}_W$ 接近于奇异阵，则得不到 $\boldsymbol{S}_W^{-1}\boldsymbol{S}_B$ 的精确计算。一个办法是使用 QZ(Stewart, 1973)算法，把 $\boldsymbol{S}_B$ 与 $\boldsymbol{S}_W$ 缩减到上三角形式(对角线元素分别为 $b_i$ 和 $w_i$)，特征值由比值 $\lambda_i = b_i/w_i$ 给出。若 $\boldsymbol{S}_W$ 是奇异的，系统就会呈现“无穷”特征值，这时比值无法形成。这些“无穷”特征值与 $\boldsymbol{S}_W$ 的零空间中的特征向量相对应。L. -F. Chen et al. (2000)提出了对 LDA 特征空间使用这些特征向量，并根据 $b_i$ 进行排序。

还有一些解决办法。放弃对式(5.20)和式(5.21)的求解，转而相继求解两个对称特征向量等式，以确定 $\boldsymbol{A}$。其解为

$$\boldsymbol{A} = \boldsymbol{U}_r\boldsymbol{\Lambda}_r^{-\frac{1}{2}}\boldsymbol{V}_\nu \tag{5.23}$$

其中，矩阵 $\boldsymbol{U}_r = [\boldsymbol{u}_1|\cdots|\boldsymbol{u}_r]$ 的列是 $\boldsymbol{S}_W$ 的特征向量，具有非零特征值 $\lambda_1, \cdots, \lambda_r$；$\boldsymbol{\Lambda}_r = \mathrm{Diag}\{\lambda_i, \cdots, \lambda_r\}$，$\boldsymbol{V}_\nu$ 是 $\boldsymbol{S}'_B = \boldsymbol{\Lambda}_r^{-\frac{1}{2}}\boldsymbol{U}_r^{\mathrm{T}}\boldsymbol{S}_B\boldsymbol{U}_r\boldsymbol{\Lambda}_r^{-\frac{1}{2}}$ 的特征向量矩阵，具有与式(5.20)相同的特征根。这是 Karhunen-Loève 变换，由 Kittler and Yong(1973)提出，第 10 章讨论之。为了领会该方法的有效性，我们注意到对“对称矩阵” $\boldsymbol{S}_W$ 的特征分解：

$$\boldsymbol{U}_r\boldsymbol{\Lambda}_r\boldsymbol{U}_r^{\mathrm{T}} = \boldsymbol{S}_W$$

因此，式(5.20)可以写为

$$\boldsymbol{S}_B\boldsymbol{A} = \boldsymbol{U}_r\boldsymbol{\Lambda}_r\boldsymbol{U}_r^{\mathrm{T}}\boldsymbol{A}\boldsymbol{\Lambda} \tag{5.24}$$

将式(5.23)代入式(5.24)，并注意到 $\boldsymbol{U}_r^{\mathrm{T}}\boldsymbol{U}_r = \boldsymbol{I}_r$ 为 $r\times r$ 阶单位矩阵，得到

$$\boldsymbol{S}_B\boldsymbol{U}_r\boldsymbol{\Lambda}_r^{-\frac{1}{2}}\boldsymbol{V}_\nu = \boldsymbol{U}_r\boldsymbol{\Lambda}_r^{\frac{1}{2}}\boldsymbol{V}_\nu\boldsymbol{\Lambda}$$

上述等式两边都乘以 $\boldsymbol{\Lambda}_r^{-\frac{1}{2}}\boldsymbol{U}_r^{\mathrm{T}}$，得到其简化式：

$$\boldsymbol{S}'_B\boldsymbol{V}_\nu = \boldsymbol{V}_\nu\boldsymbol{\Lambda} \tag{5.25}$$

即 $\boldsymbol{V}_\nu$ 是 $\boldsymbol{S}'_B$ 的特征向量，希望其具有与式(5.20)一样的特征值。

Cheng et al. (1992)论述了当 $\boldsymbol{S}_W$ 为病态矩阵时可采用的几种确定最优判别变换的方法。这些方法包括：

1. 伪逆法。用伪逆矩阵 $\boldsymbol{S}_W^{\dagger}$ 替换 $\boldsymbol{S}_W^{-1}$（Tian et al., 1988）。
2. 扰动法。加入一个小的扰动矩阵 $\boldsymbol{\Delta}$（Hong and Yang, 1991），以使矩阵 $\boldsymbol{S}_W$ 稳定。用一个确定的小正整数 $\delta$ 替代 $\boldsymbol{S}_W$ 的奇异值 $\lambda_r, \lambda_r < \delta$。
3. 秩分解法。此方法分为两个阶段，与式(5.23)给出的做法相似，相继对总体散布矩阵和类间散布矩阵进行特征分解。

#### 5.3.3.2　判别

如同两类情况那样，变换本身并不提供判别规则。它与类型的分布无关，由矩阵 $\boldsymbol{S}_B$ 和 $\boldsymbol{S}_W$ 定义。然而，如果假设数据服从正态分布，每类的协方差矩阵相同(等于类内协方差矩阵 $\boldsymbol{S}_W$)，均值为 $\boldsymbol{m}_i$，则判别规则为：对于所有的 $j \neq i$, $j = 1, \cdots, C$，若 $g_i \geqslant g_j$，则把 $\boldsymbol{x}$ 归入 $\omega_i$ 类，其中

$$g_i = \log(p(\omega_i)) - \frac{1}{2}(\boldsymbol{x} - \boldsymbol{m}_i)^{\mathrm{T}} \boldsymbol{S}_W^{-1} (\boldsymbol{x} - \boldsymbol{m}_i) \tag{5.26}$$

忽略 $x$ 的二次项(因为其与类无关)，得到基于正态分布的线性判别函数(见第 2 章)

$$g_i = \log(p(\omega_i)) - \frac{1}{2}\boldsymbol{m}_i^{\mathrm{T}} \boldsymbol{S}_W^{-1} \boldsymbol{m}_i + \boldsymbol{x}^{\mathrm{T}} \boldsymbol{S}_W^{-1} \boldsymbol{m}_i \tag{5.27}$$

若 $\boldsymbol{A}$ 是线性判别变换，则 $\boldsymbol{S}_W^{-1}$ 可以写成(见本章习题)

$$\boldsymbol{S}_W^{-1} = \boldsymbol{A}\boldsymbol{A}^{\mathrm{T}} + \boldsymbol{A}_{\perp}\boldsymbol{A}_{\perp}^{\mathrm{T}}$$

其中，对于所有的 $j$，$\boldsymbol{A}_{\perp}^{\mathrm{T}}(\boldsymbol{m}_j - \boldsymbol{m}) = 0$。式(5.26)中，$\boldsymbol{S}_W^{-1}$ 的表达式如上式，利用此表达式，得到线性判别函数

$$g_i = \log(p(\omega_i)) - \frac{1}{2}(\boldsymbol{y}(\boldsymbol{x}) - \boldsymbol{y}_i)^{\mathrm{T}}(\boldsymbol{y}(\boldsymbol{x}) - \boldsymbol{y}_i) - \frac{1}{2}\boldsymbol{x} - \boldsymbol{m}^{\mathrm{T}}\boldsymbol{A}_{\perp}\boldsymbol{A}_{\perp}^{\mathrm{T}}\boldsymbol{x} - \boldsymbol{m} \tag{5.28}$$

再忽略所有类中均为常数的项，则变换空间的最近类均值分类器基于

$$g_i = \log(p(\omega_i)) - \frac{1}{2}\boldsymbol{y}_i^{\mathrm{T}}\boldsymbol{y}_i + \boldsymbol{y}^{\mathrm{T}}(\boldsymbol{x})\boldsymbol{y}_i$$

进行判别。其中，$\boldsymbol{y}_i = \boldsymbol{A}^{\mathrm{T}}\boldsymbol{m}_i$，$\boldsymbol{y}(\boldsymbol{x}) = \boldsymbol{A}^{\mathrm{T}}\boldsymbol{x}$。

这正是第 2 章介绍过的应用在变换空间的高斯分类器。

### 5.3.4　最小均方误差法

#### 5.3.4.1　引言

正如 5.2.4 节所提到的，寻求对数据 $\boldsymbol{x}$(或变换后的数据 $\boldsymbol{\phi}(\boldsymbol{x})$)的一种线性变换，这种变换能够用来进行决策，并通过最小平方误差测度获得。特别地，我们用 $n \times p$ 阶矩阵 $\boldsymbol{X} = [\boldsymbol{x}_1 | \cdots | \boldsymbol{x}_n]^{\mathrm{T}}$ 表示数据，并将下式最小化

$$\begin{aligned} E &= \left\| \boldsymbol{W}\boldsymbol{X}^{\mathrm{T}} + \boldsymbol{w}_0\boldsymbol{1}^{\mathrm{T}} - \boldsymbol{T}^{\mathrm{T}} \right\|^2 \\ &= \sum_{i=1}^{n} (\boldsymbol{W}\boldsymbol{x}_i + \boldsymbol{w}_0 - \boldsymbol{t}_i)^{\mathrm{T}} (\boldsymbol{W}\boldsymbol{x}_i + \boldsymbol{w}_0 - \boldsymbol{t}_i) \end{aligned} \tag{5.29}$$

其中，$\boldsymbol{W}$ 是 $C \times p$ 阶权值矩阵，$\boldsymbol{w}_0$ 是 $C$ 维偏移向量，而 $\boldsymbol{1}$ 是所有分量都等于单位 1 的 $n$ 维向量。$n \times C$ 阶常数矩阵 $\boldsymbol{T}$ 有时也称为目标矩阵，它的第 $i$ 行定义为

$$\boldsymbol{t}_i = \boldsymbol{\lambda}_j = \begin{pmatrix} \lambda_{j1} \\ \vdots \\ \lambda_{jC} \end{pmatrix}, \quad \text{对于 } \omega_j \text{ 类中的 } \boldsymbol{x}_i \tag{5.29}$$

即 $\boldsymbol{t}_i$ 对于相同类中的所有样本取值相同，本节后面会讲述如何选择该目标值。求式(5.29)关于 $\boldsymbol{w}_0$ 最小值，得到

$$\boldsymbol{w}_0 = \bar{\boldsymbol{t}} - \boldsymbol{W}\boldsymbol{m} \tag{5.30}$$

其中

$$\bar{\boldsymbol{t}} = \frac{1}{n}\sum_{j=1}^{C} n_j \boldsymbol{\lambda}_j$$

是均值“目标”向量，其中 $n_j$ 是 $\omega_j$ 类的样本数量，而

$$\boldsymbol{m} = \frac{1}{n}\sum_{i=1}^{n} \boldsymbol{x}_i,$$

是均值数据向量。将式(5.30)代入式(5.29)，则误差 $E$ 又可表示为

$$E = \|\boldsymbol{W}\hat{\boldsymbol{X}}^{\mathrm{T}} - \hat{\boldsymbol{T}}^{\mathrm{T}}\|^2 \tag{5.31}$$

其中，$\hat{\boldsymbol{X}}$ 及 $\hat{\boldsymbol{T}}$ 定义为(具有零均值行向量的数据矩阵和目标矩阵)

$$\hat{\boldsymbol{X}} \triangleq \boldsymbol{X} - \boldsymbol{1}\boldsymbol{m}^{\mathrm{T}}$$

$$\hat{\boldsymbol{T}} \triangleq \boldsymbol{T} - \boldsymbol{1}\bar{\boldsymbol{t}}^{\mathrm{T}}$$

其中，$\boldsymbol{1}$ 是 $n$ 维向量，其元素全为 1。使 $E$ 最小化的 $\boldsymbol{W}$ 的最小(Frobenius)范数解为

$$\boldsymbol{W} = \hat{\boldsymbol{T}}^{\mathrm{T}}(\hat{\boldsymbol{X}}^{\mathrm{T}})^{\dagger} \tag{5.32}$$

其中，$(\hat{\boldsymbol{X}}^{\mathrm{T}})^{\dagger}$ 是 $\hat{\boldsymbol{X}}^{\mathrm{T}}$ 的摩尔-彭罗斯(Moore-Penrose)伪逆(见 5.2.4 节)，如果逆存在，则 $\boldsymbol{X}^{\dagger} = (\boldsymbol{X}^{\mathrm{T}}\boldsymbol{X})^{-1}\boldsymbol{X}^{\mathrm{T}}$；拟合值矩阵为

$$\tilde{\boldsymbol{T}} = \hat{\boldsymbol{X}}\hat{\boldsymbol{X}}^{\dagger}\hat{\boldsymbol{T}} + \boldsymbol{1}\bar{\boldsymbol{t}}^{\mathrm{T}} \tag{5.33}$$

这样就能根据数据和尚未确定的“目标矩阵” $\boldsymbol{T}$，得到权值的一个解。

#### 5.3.4.2 性质

在考虑 $\boldsymbol{T}$ 的具体形式之前，先来解释最小均方误差逼近的一两个性质。式(5.29)的大样本极限为

$$E/n \to E_{\infty} = \sum_{j=1}^{C} p(\omega_j)\mathrm{E}[|\boldsymbol{W}\boldsymbol{x} + \boldsymbol{w}_0 - \boldsymbol{\lambda}_j|^2]_j \tag{5.34}$$

其中，$p(\omega_j)$ 为先验概率($n_j/n$ 的极限)，而期望 $\mathrm{E}[\cdot]_j$ 与 $\boldsymbol{x}$ 在 $\omega_j$ 类上的条件分布有关，即对于 $\boldsymbol{x}$ 的任意函数 $z$，有

$$\mathrm{E}[z(\boldsymbol{x})]_j = \int z(\boldsymbol{x})p(\boldsymbol{x}|\omega_j)\mathrm{d}\boldsymbol{x}$$

使式(5.34)最小的 $\boldsymbol{W}$ 与 $\boldsymbol{w}_0$ 的解同时使下式最小化(Wee, 1968；Devijver, 1973；也见本章习题)

$$E' = \mathrm{E}[|\boldsymbol{W}\boldsymbol{x} + \boldsymbol{w}_0 - \boldsymbol{\rho}(\boldsymbol{x})|^2] \tag{5.35}$$

其中，期望值与 $\boldsymbol{x}$ 的绝对分布 $p(\boldsymbol{x})$ 相关，$\boldsymbol{\rho}(\boldsymbol{x})$ 则定义为

$$\boldsymbol{\rho}(\boldsymbol{x}) = \sum_{j=1}^{C} \boldsymbol{\lambda}_j p(\omega_j|\boldsymbol{x}) \tag{5.36}$$

因此，$\boldsymbol{\rho}(\boldsymbol{x})$ 可以看成“条件目标”向量；给定样本 $\boldsymbol{x}$，则条件目标向量的期望为

$$\mathrm{E}[\boldsymbol{\rho}(\boldsymbol{x})] = \int \boldsymbol{\rho}(\boldsymbol{x}) p(\boldsymbol{x}) \mathrm{d}\boldsymbol{x} = \sum_{j=1}^{C} p(\omega_j)\boldsymbol{\lambda}_j$$

显然，目标向量的期望也就是目标向量均值。由式(5.34)与式(5.35)得知，使 $E_\infty$ 获得最小值的判别向量具有判别向量 $\boldsymbol{\rho}$ 的最小方差。

#### 5.3.4.3　目标值的选取

对 $\boldsymbol{\rho}$ 的具体解释取决于为每一类选取的目标向量 $\lambda_j$。如果将原型目标矩阵解释为

$$\lambda_{ji} = \text{当真实的类为 } \omega_j \text{ 时，所做决策为 } \omega_i \text{ 带来的损失} \tag{5.37}$$

那么，$\boldsymbol{\rho}(\boldsymbol{x})$ 就是条件风险向量(Devijver, 1973)，在这里，条件风险是做决策时的期望损失，$\boldsymbol{\rho}(\boldsymbol{x})$ 的第 $i$ 个分量是做出有利于 $\omega_i$ 决策的条件风险。最小条件风险的贝叶斯决策规则为

$$\text{若 } \rho_i(\boldsymbol{x}) \leqslant \rho_j(\boldsymbol{x})\text{，则将 } \boldsymbol{x} \text{ 归入 } \omega_i \text{ 类，其中 } j = 1, \cdots, C$$

由式(5.34)和式(5.35)可知，当样本数趋于无穷时，使均方误差 $E$ 最小化的判别准则使得最优贝叶斯判别函数 $\boldsymbol{\rho}$ 的方差最小。

当取

$$\lambda_{ij} = \begin{cases} 1, & i = j \\ 0, & \text{其他} \end{cases} \tag{5.38}$$

时，向量 $\boldsymbol{\rho}(\boldsymbol{x})$ 等于后验概率向量 $\boldsymbol{p}(\omega_j \mid \boldsymbol{x})$。最小误差贝叶斯判别规则为

$$\text{若 } \rho_i(\boldsymbol{x}) \geqslant \rho_j(\boldsymbol{x})\text{，则将 } \boldsymbol{x} \text{ 归入 } \omega_i \text{ 类，其中 } j = 1, \cdots, C$$

规则中，不等号方向的改变是由于把 $\lambda_{ij}$ 从看成损失改为看成收益。这时，$\boldsymbol{W}$ 与 $\boldsymbol{w}_0$ 的最小均方误差解给出了一个向量判别函数，该函数与后验概率向量的方差最小，5.2.4 节对两类情况进行了说明。

#### 5.3.4.4　决策规则

上面的渐近结果表明，假设线性变换 $\boldsymbol{Wx} + \boldsymbol{w}_0$ 已经产生了 $\boldsymbol{\rho}(\boldsymbol{x})$，则应该使用相同的决策规则将样本 $\boldsymbol{x}$ 分类。例如，将式(5.38)用于 $\boldsymbol{\Lambda}$，就应该将 $\boldsymbol{x}$ 归入与判别函数 $\boldsymbol{Wx} + \boldsymbol{w}_0$ 的最大分量相对应的类。另外，根据最小平方法的思想，若对所有的 $j \neq i$，有

$$|\boldsymbol{Wx} + \boldsymbol{w}_0 - \boldsymbol{\lambda}_i|^2 < |\boldsymbol{Wx} + \boldsymbol{w}_0 - \boldsymbol{\lambda}_j|^2 \tag{5.39}$$

则将 $\boldsymbol{x}$ 归入 $\omega_i$ 类，于是导致这样的线性判别规则：若

$$\boldsymbol{d}_i^{\mathrm{T}}\boldsymbol{x} + d_{0i} > \boldsymbol{d}_j^{\mathrm{T}}\boldsymbol{x} + d_{0j}, \quad \forall j \neq i$$

则将 $\boldsymbol{x}$ 归入 $\omega_i$ 类，其中

$$\boldsymbol{d}_i = \boldsymbol{W}^{\mathrm{T}}\boldsymbol{\lambda}_i$$

$$d_{0i} = -|\boldsymbol{\lambda}_i|^2/2 + \boldsymbol{w}_0^{\mathrm{T}}\boldsymbol{\lambda}_i$$

对于由式(5.38)给定的 $\lambda_i$，此决策规则等同于将线性判别函数 $\boldsymbol{Wx} + \boldsymbol{w}_0$ 处理成后验概率的决策规则，但通常不这样做(Lowe and Webb, 1991)。

这里要小心，上面给出的结论只是一个渐近的结果。即使具有非常大的样本数和一组灵活的基函数 $\phi(\boldsymbol{x})$（代替测量值 $\boldsymbol{x}$），也未必能获得贝叶斯最优判别函数。事实上，逼近程度可能在最小平方意义下会变得更好，但这只有利于高密度区域，而未必对类边界上的样本有利。

我们不加证明地引用最后一个结果，即对于 C 选 1(1-from-C)的方案，见式(5.38)，向量 $\boldsymbol{Wx}+\boldsymbol{w}_0$ 值的总和实际为 1(Lowe and Webb, 1991)。也就是说，如果将线性判别向量 $\boldsymbol{z}$ 表示为

$$\boldsymbol{z}=\boldsymbol{Wx}+\boldsymbol{w}_0$$

其中，$\boldsymbol{W}$ 和 $\boldsymbol{w}_0$ 用均方误差法来确定[见式(5.30)和式(5.32)]，$\boldsymbol{\Lambda}=[\lambda_1,\cdots,\lambda_C]$ 的列是单位矩阵的列，那么

$$\sum_{i=1}^{C} z_i=1$$

也就是说，判别函数之和为单位 1。这并不意味着 $\boldsymbol{z}$ 的分量必定被处理成概率，因为有的分量可能是负的。

#### 5.3.4.5 将先验概率结合其内

如下加权误差函数是式(5.29)的更一般形式：

$$\begin{aligned} E &= \sum_{i=1}^{n} d_i(\boldsymbol{Wx}_i+\boldsymbol{w}_0-\boldsymbol{t}_i)^{\mathrm{T}}(\boldsymbol{Wx}_i+\boldsymbol{w}_0-\boldsymbol{t}_i) \\ &= \|(\boldsymbol{WX}^{\mathrm{T}}+\boldsymbol{w}_0\boldsymbol{1}^{\mathrm{T}}-\boldsymbol{T}^{\mathrm{T}})\boldsymbol{D}\|^2 \end{aligned} \tag{5.40}$$

其中，第 $i$ 个样本的权为实因子 $d_i$，$\boldsymbol{D}$ 是对角阵且 $\boldsymbol{D}_{ii}=\sqrt{d_i}$，给出了加权矩阵 $\boldsymbol{D}$ 的两种不同的编码描述。

先验加权模式

这是指可以根据类成员的先验概率和该类的样本数形成对训练集中每个样本加权，即对 $\omega_k$ 类中的第 $i$ 个样本赋予如下权值：

$$d_i=\frac{P_k}{n_k/n}$$

其中，设 $P_k$ 为已知类的概率(源自关于相对期望类的重要知识，或源于形成样本时 $\omega_k$ 类所占频率)，$n_k$ 是训练集中 $\omega_k$ 类所含的样本数。

上述权值计算方法将在以下情况下使用：预期的测试条件与类中预计比例的训练数据所描述的条件有所不同。这可能是总体漂移(见第 1 章)或训练数据有限所致。Munro et al. (1996)将上述加权方案用于学习低概率事件，以降低神经网络训练集的规模。

聚类加权模式

很多训练方案所需的计算时间随训练集的增加而增加(非线性神经网络尤为如此)。聚类(见第 11 章)是一种通过寻找缩减的原型集来表征训练数据集特点的方法。有多种聚类方法可用于数据的预处理，可以分别用于各类，或用于整个训练集。例如，对于前者，可用聚类均值来取代该类样本，这时新样本集的样本数 $d_i$ 与聚类的数目成比例；对于后者，如果聚类包含的是同类的所有成员，则数据集的样本由聚类均值取代，$d_i$ 被设置为聚类中的样本数。如果聚类所含成员的类别不同，则将其所有样本保留下来。

### 5.3.5　正则化

如果矩阵 $\boldsymbol{X}^{\mathrm{T}}\boldsymbol{X}$ 接近于奇异，替代伪逆的一种方法是使用正则化(regularised)统计量。误差 $E$[见式(5.31)]通过加入以下正则项进行修正：

$$E = \|\boldsymbol{W}\hat{\boldsymbol{X}}^{\mathrm{T}} - \hat{\boldsymbol{T}}^{\mathrm{T}}\|^2 + \alpha\|\boldsymbol{W}\|^2$$

其中，$\alpha$ 为正则参数或称为岭参数(ridge parameter)。最小化 $E$，得解 $\boldsymbol{W}$：

$$\boldsymbol{W} = \hat{\boldsymbol{T}}^{\mathrm{T}}\hat{\boldsymbol{X}}(\hat{\boldsymbol{X}}^{\mathrm{T}}\hat{\boldsymbol{X}} + \alpha\boldsymbol{I}_p)^{-1}$$

岭参数 $\alpha$ 可能对于每个输出维都不相同(与在判别问题中的类有关)，因此必须对它们进行选取。有多种选择 $\alpha$ 的方法(Brown, 1993)。Golub et al. (1979)的方法是通过使用交叉验证估计选择之。为了获得 $\alpha$ 的估计值 $\hat{\alpha}$，需要将下式最小化：

$$\frac{|(\boldsymbol{I} - \boldsymbol{A}(\alpha))\hat{\boldsymbol{t}}|^2}{[\mathrm{Tr}(\boldsymbol{I} - \boldsymbol{A}(\alpha))]^2}$$

其中，

$$A(\alpha) = \hat{\boldsymbol{X}}(\hat{\boldsymbol{X}}^{\mathrm{T}}\hat{\boldsymbol{X}} + \alpha\boldsymbol{I})^{-1}\hat{\boldsymbol{X}}^{\mathrm{T}}$$

$\hat{\boldsymbol{t}}$ 是所预测的 $\hat{\boldsymbol{T}}$ 的一列，即对一个测量值的输出预测。

### 5.3.6　应用研究实例

问题

用线性判别分析(LDA)进行人脸识别(L. -F. Chen et al., 2000)。

概述

根据错误率及计算需要，对一种基于线性判别分析的方法进行评价，该方法适用于小样本问题(当类内方差 $\boldsymbol{S}_W$ 为奇异时)。

数据

数据由128个人(类)中的10张不同的人脸图像组成。原始图像大小为155 × 175像素。经过处理和调整，将这些图像压缩到60 × 60，再通过 $k$ 均值聚类(见第11章)，使数据维数进一步缩减到32，64，128及256。

模型

分类器很简单。基本的方法是把数据投影到低维空间，并使用最近邻规则进行分类。

训练步骤

用训练数据确定其到维数较低空间的投影。当 $p \times p$ 阶类内散布矩阵 $\boldsymbol{S}_W$ 奇异(其秩 $s < p$)时，使用标准线性判别分析方法会出现问题。在此例中，令 $\boldsymbol{Q} = [\boldsymbol{q}_{s+1}, \cdots, \boldsymbol{q}_p]$ 为 $\boldsymbol{S}_W$ 的具有零特征值的 $p \times (p-s)$ 阶特征向量矩阵；其中，零特征值对应于映射到 $\boldsymbol{S}_W$ 零空间的那些特征向量。定义 $\hat{\boldsymbol{S}}_B$ 为 $\hat{\boldsymbol{S}}_B \triangleq \boldsymbol{Q}\boldsymbol{Q}^{\mathrm{T}}\boldsymbol{S}_B(\boldsymbol{Q}\boldsymbol{Q}^{\mathrm{T}})^{\mathrm{T}}$，$\hat{\boldsymbol{S}}_B$ 的特征向量用于构成线性判别分析的最优判别集。

结论

用留一法的交叉验证策略进行识别率计算。与以前所发布的方法相比，这种方法在小样本数据集上的结果显现出良好的性能。

### 5.3.7 拓展研究

将 Fisher 线性判别泛化为适于多类问题的标准做法是，选取特征提取矩阵 $\boldsymbol{A}$ 的列向量 $\boldsymbol{a}_i$，在正交条件约束

$$\boldsymbol{a}_i^{\mathrm{T}}\boldsymbol{S}_W\boldsymbol{a}_j=\delta_{ij}$$

下，使下式最大化

$$\frac{\boldsymbol{a}_i^{\mathrm{T}}\boldsymbol{S}_B\boldsymbol{a}_i}{\boldsymbol{a}_i^{\mathrm{T}}\boldsymbol{S}_W\boldsymbol{a}_i} \tag{5.41}$$

即在变换后的空间中，类内协方差矩阵为单位阵。对于两类问题($C=2$)，只需要计算一个判别向量，即 Fisher 线性判别。

Foley and Sammon(1975)提出了两类问题的另一种方法，这种方法又由 Okada and Tomita(1985)推广到多类情况，即在约束

$$\boldsymbol{a}_i\boldsymbol{a}_j=\delta_{ij}$$

下，寻找向量 $\boldsymbol{a}_i$，使式(5.41)取得最大值。其中，第一个向量 $\boldsymbol{a}_1$ 是 Fisher 线性判别；第二个向量 $\boldsymbol{a}_2$ 在与 $\boldsymbol{a}_1$ 正交( $\boldsymbol{a}_2\boldsymbol{a}_1=0$ )的约束下，使式(5.41)取得最大值，如此类推。Duchene and Leclercq(1988)给出了这一问题的直接解析解，该解析解包括确定非对称矩阵的特征向量。Okada and Tomita(1985)提出了一种确定特征向量的迭代方法，由此导出的变换不受类别数目的限制。

上述方法的进展之一是用误差概率来选取向量 $\boldsymbol{a}_i$，Hamamoto et al.(1991)对此进行了讨论，Hamamoto et al.(1993)又将其与建立在判别得分基础上的 Fisher 准则进行了比较。

线性判别分析的另一种扩展，是其变换不再受限于样本数。这时，判别向量集通过正交集进行扩充，该正交集使投影后的方差取得最大值。由此形成的线性判别变换由两组向量组成：一组向量由普通多类方法确定，该组向量使投影后的方差取得最大值，另一组向量与第一组向量正交。这就把线性判别分析与主成分分析结合了起来(Duchene and Leclercq，1988)。

人们对 Fisher 线性判别就两类问题[例如 Aladjem(1991)]和多类问题[例如 Aladjem and Dinstein(1992)和 Liu et al.(1993)]展开了多项研究。其目标不外乎两个方面：1. 确定有助于探索数据分析或交互式模式识别的变换；2. 确定可以使用线性或二次判别规则的变换(Schott，1993)。当矩阵 $\boldsymbol{S}_W$ 奇异时，有人提出了用于小样本数问题的几种方法(Tian et al.，1988；Hong and Yong，1991；Cheng et al.，1992)。Liu et al.(1992)对这些方法进行了比较。Loog and Duin(2004)将 Fisher 方法扩展到能够处理异方差数据的场合，也就是数据适于模拟等协方差矩阵的类条件分布的场合，其中利用了概率分布之间的切尔诺夫(Chernoff)差异性测度(见第 10 章)。

Al-Alaoui(1977)给出一种关于最小均方误差法的研究进展，就是通过对误差的加权处理，使分类更有利于靠近类边界的样本。Al-Alaoui 阐述的方法，以广义逆矩阵的解出发，逐步对训练集中的错分样本重复训练。该方法使线性判别函数在迭代中更新，在两类可分情况下，这一迭代过程是收敛的。在数据集中，复用错分样本等价于加大错分样本的错分代价，或者换句话说，权衡训练数据的分布有利于对靠近类边界样本的分类(见第 9 章中有关 boosting 的论述)。

### 5.3.8 小结

第 2 章介绍的多类问题的线性判别规则，是在类条件密度为正态分布(有相同的协方差矩

阵)这一假设下导出的。本节介绍的方法与之不同。本节从线性判别规则的要求出发，寻找为每个类确定权向量的方法。这些方法包括感知法、Fisher 判别规则、最小均方法及线性支持向量机(见 5.4 节)。

最小均方误差法具有这样的性质：渐近地产生判别函数，该判别函数就是以最小平方误差逼近的贝叶斯判别函数。最小均方误差法的问题之一是，它只强调高密度的区域，而高密度区域未必位于类边界上。

许多实际研究所使用的线性判别规则常常是第 2 章的基于正态分布的线性判别规则。然而，具有二值编码目标向量的最小均方准则是很重要的，因为它形成了某些非线性回归模型的一部分。

## 5.4　支持向量机

### 5.4.1　引言

正如 5.2 节引言所述，线性判别函数的算法可以应用于原始变量，也可以应用于由原始变量经非线性变换后得到的特征空间。支持向量机也不例外。支持向量机基于一个非常简单的思想——它把模式向量映射到高维特征空间，在此空间中构造一个“最优”分类超平面(最大分类间隔超平面，见图 5.7)。

本节介绍支持向量模型的基本思想，第 6 章则在神经网分类器的层面上进一步探讨模型。支持向量分类器的许多工作都与两类问题有关，而多类分类器可以通过联合多个两类分类器来构造(见 5.4.4 节)。

### 5.4.2　两类线性可分数据问题

对于两类问题来讲，其训练样本集 $\{\boldsymbol{x}_i,\ i = 1, \cdots, n\}$ 中的每个样本 $x_i$ 属于 $\omega_1$ 类和 $\omega_2$ 类之一，相应地标记为 $y_i = \pm 1$。线性判别函数表示为

$$g(\boldsymbol{x}) = \boldsymbol{w}^{\mathrm{T}}\boldsymbol{x} + w_0$$

决策规则如下：

$$w^{\mathrm{T}} + w_0 \begin{cases} > 0 \\ < 0 \end{cases} \Rightarrow \boldsymbol{x} \in \begin{cases} \omega_1, & \text{相应的数字值为 } y_i = +1 \\ \omega_2, & \text{相应的数字值为 } y_i = -1 \end{cases}$$

于是，对于所有的 $i$，如果

$$y_i(\boldsymbol{w}^{\mathrm{T}}\boldsymbol{x}_i + w_0) > 0$$

则各训练样本均被正确分类。这是式(5.3)的另一种表示形式。

图 5.7(a)示出了两个可分的数据点集及分类超平面 $A$。显然，该问题存在多个可接受的分类超平面。其中，存在一个由最大间隔分类器决定的超平面，这时从该超平面到最近的 $\omega_1$ 类的样本距离与该超平面到最近的 $\omega_2$ 类的样本距离之和最大，如图 5.7(b)所示。图中，$A$ 就是最大间隔分类器决定的超平面，它把两种不同类型的样本分离开。同时，在其两侧存在两个与其平行的超平面，每个超平面穿过那一侧离 $A$ 最近的样本，这两个超平面之间的距离称为间隔。可以设想，这一间隔越大，由分类超平面定义的线性分类器的泛化性越强，错误越小。

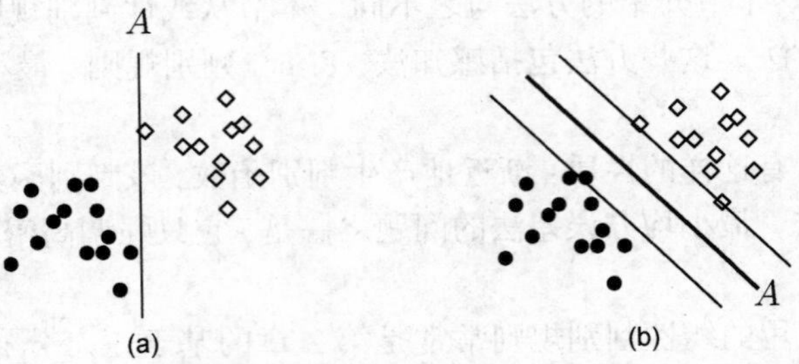


图 5.7　两个线性可分的数据集具有可分的超平面，标记为 $A$。图(b)中的粗线所示超平面以最大距离离开两类中最近的类，超平面$A$两侧的细线用以确定分离间隔

5.2.2 节介绍了一种感知准则的变异，它在引入间隔 $b>0$ 的前提下求解，以使

$$y_i(\boldsymbol{w}^{\mathrm{T}}\boldsymbol{x}_i+w_0)\geqslant b \tag{5.42}$$

该感知算法产生的解使所有样本点 $\boldsymbol{x}_i$ 到分类平面的距离都大于 $b/|\boldsymbol{w}|$，改变 $b$、$w_0$和 $\boldsymbol{w}$ 的比例，但保留此距离不变，条件式(5.42)则依然满足。因此，不失一般性，取 $b=1$，并定义标准超平面，$H_1:\boldsymbol{w}^{\mathrm{T}}\boldsymbol{x}+w_0=+1$ 和 $H_2:\boldsymbol{w}^{\mathrm{T}}\boldsymbol{x}+w_0=-1$，得到

$$\begin{aligned}\boldsymbol{w}^{\mathrm{T}}\boldsymbol{x}_i+w_0\geqslant+1, &\quad y_i=+1\\ \boldsymbol{w}^{\mathrm{T}}\boldsymbol{x}_i+w_0\leqslant-1, &\quad y_i=-1\end{aligned} \tag{5.43}$$

这两个平面到分类面 $g(\boldsymbol{x})=0$ 的距离为 $1/|\boldsymbol{w}|$，分类间隔为 $2/|\boldsymbol{w}|$。图 5.8 示出了两类可分数据集的分类超平面和标准超平面。落在标准超平面上的点称为支持向量(已圈在图 5.8 中)。

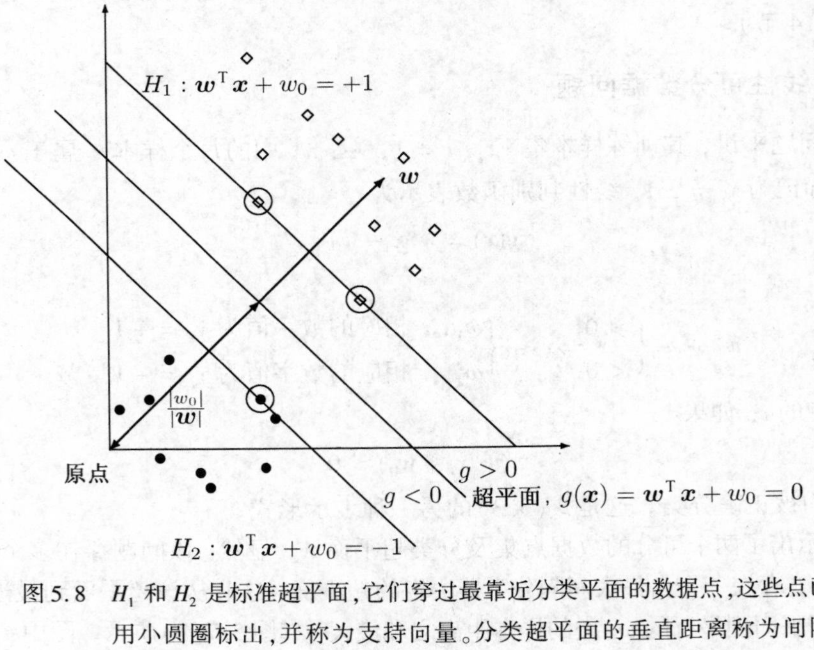


图 5.8　$H_1$ 和 $H_2$ 是标准超平面，它们穿过最靠近分类平面的数据点，这些点已用小圆圈标出，并称为支持向量。分类超平面的垂直距离称为间隔

因此，使分类间隔最大也就是要寻找一个解，使得满足约束条件

$$\mathcal{C}1:\quad y_i(\boldsymbol{w}^{\mathrm{T}}\boldsymbol{x}_i+w_0)\geqslant1,\quad i=1,\cdots,n \tag{5.44}$$

的 $|\boldsymbol{w}|$ 最小，这显然是带有不等式约束的优化问题。拉格朗日乘数法(Fletcher，1988)是

解决带有等式和不等式约束的优化问题的标准化方法。该方法产生一种目标函数 $L_P$ 的原始形式①：

$$L_p = \frac{1}{2}\boldsymbol{w}^{\mathrm{T}}\boldsymbol{w} - \sum_{i=1}^{n}\alpha_i(y_i(\boldsymbol{w}^{\mathrm{T}}\boldsymbol{x}_i + w_0) - 1) \tag{5.45}$$

其中，$\{\alpha_i, i = 1, \cdots, n; \alpha_i \geqslant 0\}$ 为拉格朗日乘子。原始参数为 $\boldsymbol{w}$ 和 $w_0$，因此参数总数为 $p+1$，$p$ 为特征空间的维数。

$\boldsymbol{w}^{\mathrm{T}}\boldsymbol{w}$ 受式(5.44)的约束，其最小化问题的解等价于确定 $L_P$ 函数的鞍点。在鞍点处，$L_P$ 关于 $\boldsymbol{w}$ 和 $w_0$ 取得最小值，而关于 $\alpha_i$ 取得最大值。求 $L_P$ 对 $w_0$ 和 $\boldsymbol{w}$ 的导数并使之为零，得到

$$\sum_{i=1}^{n}\alpha_i y_i = 0 \tag{5.46}$$

$$\boldsymbol{w} = \sum_{i=1}^{n}\alpha_i y_i \boldsymbol{x}_i \tag{5.47}$$

将它们代入式(5.45)，得到拉格朗日的对偶形式

$$L_D = \sum_{i=1}^{n}\alpha_i - \frac{1}{2}\sum_{i=1}^{n}\sum_{j=1}^{n}\alpha_i\alpha_j y_i y_j \boldsymbol{x}_i^{\mathrm{T}}\boldsymbol{x}_j \tag{5.48}$$

上式关于 $\alpha_i$ 取得最大，同时受以下条件约束：

$$\alpha_i \geqslant 0, \quad \sum_{i=1}^{n}\alpha_i y_i = 0 \tag{5.49}$$

目标函数的对偶形式是非常重要的，因为它把最优化准则表示为样本 $\boldsymbol{x}_i$ 的内积。这是一个关键的概念，将对第 6 章讨论的非线性支持向量机产生重要的影响。对偶变量是拉格朗日乘子 $\alpha_i$，个数就是样本数 $n$。

#### 5.4.2.1　Karush-Kuhn-Tucker 条件

上面，我们将原始问题重新表达为其对偶形式，这种对偶形式常常更容易数值求解。在对目标函数(该函数受到一组等式和不等式的约束)进行最小化时，Kuhn-Tucker 条件给出了应满足的充分必要条件。在目标函数的原始形式下，这些条件是

$$\frac{\partial L_p}{\partial \boldsymbol{w}} = \boldsymbol{w} - \sum_{i=1}^{n}\alpha_i y_i \boldsymbol{x}_i = 0$$

$$\frac{\partial L_p}{\partial w_0} = -\sum_{i=1}^{n}\alpha_i y_i = 0$$

$$y_i(\boldsymbol{x}_i^{\mathrm{T}}\boldsymbol{w} + w_0) - 1 \geqslant 0$$

$$\alpha_i \geqslant 0$$

$$\alpha_i(y_i(\boldsymbol{x}_i^{\mathrm{T}}\boldsymbol{w} + w_0) - 1) = 0$$

特别地，$\alpha_i(y_i(\boldsymbol{x}_i^{\mathrm{T}}\boldsymbol{w} + w_0) - 1) = 0$ 称为 Karush-Kuh-Tucke 附加条件(拉格朗日乘子与不等式约束的乘积)，该条件意味着对于主动约束(其解满足 $y_i(\boldsymbol{x}_i^{\mathrm{T}}\boldsymbol{w} + w_0) - 1 = 0$)有 $\alpha_i \geqslant 0$；

① 对于不等式约束 $c_i \geqslant 0$，用正的拉格朗日乘子与约束等式相乘，再从目标函数中减去之。

而对于消极(无效)约束，$\alpha_i=0$。对于主动约束，拉格朗日乘子表现出 $L_P$ 的最优值对特殊约束的灵敏度(Cristianini and Shawe-Taylor, 2000)。这些具有非零拉格朗日乘子的数据点位于标准超平面上，称为支持向量，它们是数据集中最能提供信息的数据。而其他使 $\alpha_i=0$ 的任意样本即使发生来回移动，只要不跨到标准超平面的外部，就不会对分类面的求解产生影响。

#### 5.4.2.2 分类

重新将带有约束的优化问题写成对偶形式，以使用数值二次求解程序(见 5.4.6 节)。一旦获得拉格朗日乘子 $\alpha_i$，$w_0$ 的值可以由 Karush-Kuhn-Tucker 附加条件获得：

$$\alpha_i(y_i(\boldsymbol{x}_i^{\mathrm{T}}\boldsymbol{w}+w_0)-1)=0$$

上式可以使用任意支持向量(使 $\alpha_i\neq 0$ 的样本)。为了数值运算的稳定性，人们更愿意使用所有支持向量的平均值：

$$n_{\mathcal{SV}}w_0+\boldsymbol{w}^{\mathrm{T}}\sum_{i\in\mathcal{SV}}\boldsymbol{x}_i=\sum_{i\in\mathcal{SV}}y_i \tag{5.50}$$

其中，$n_{\mathcal{SV}}$ 是支持向量的数量，求和运算在整个支持向量集 $\mathcal{SV}$ 上进行，且利用到：对任意的 $i$，有 $y_i^2=1$。由于对其他样本 $\alpha_i=0$，上面用到的由式(5.47)给出的解 $\boldsymbol{w}$ 变为

$$\boldsymbol{w}=\sum_{i\in\mathcal{SV}}\alpha_i y_i\boldsymbol{x}_i \tag{5.51}$$

因此，支持向量定义了分类超平面。

对于新的样本 $\boldsymbol{x}$，根据下式进行分类：

$$\boldsymbol{w}^{\mathrm{T}}\boldsymbol{x}+w_0$$

替换 $\boldsymbol{w}$ 和 $w_0$，得出线性判别：如果

$$\sum_{i\in\mathcal{SV}}\alpha_i y_i\boldsymbol{x}_i^{\mathrm{T}}\boldsymbol{x}-\frac{1}{n_{\mathcal{SV}}}\sum_{i\in\mathcal{SV}}\sum_{j\in\mathcal{SV}}\alpha_i y_i\boldsymbol{x}_i^{\mathrm{T}}\boldsymbol{x}_j+\frac{1}{n_{\mathcal{SV}}}\sum_{i\in\mathcal{SV}}y_i>0$$

则将 $\boldsymbol{x}$ 归入 $\omega_1$ 类。

### 5.4.3 两类线性不可分数据问题

在很多实际问题中，能够将各类完全分离的线性边界根本不存在，这时寻找最优分类超平面就毫无意义。即使试图使用复杂特征向量 $\boldsymbol{\phi}(\boldsymbol{x})$，把数据变换到高维特征空间以使类间线性可分，还是会导致数据的过度拟合，因而使其泛化能力变差。这是第6章中非线性支持向量机的话题。

然而，可以将上述思想扩展到通过放宽式(5.43)的约束来处理不可分数据。首先把一组“宽松”变量 $\xi_i$，$i=1,\cdots,n$ 引入约束中，得到

$$\begin{aligned}&\boldsymbol{w}^{\mathrm{T}}\boldsymbol{x}_i+w_0\geqslant+1-\xi_i, && y_i=+1\\&\boldsymbol{w}^{\mathrm{T}}\boldsymbol{x}_i+w_0\leqslant-1+\xi_i, && y_i=-1\\&\xi_i\geqslant 0, && i=1,\cdots,n\end{aligned} \tag{5.52}$$

对于分类超平面错分的点，必然有 $\xi_i>1$(见图 5.9)。

采用类似于式(5.44)的做法，对于可分性问题，将约束条件写成：

$$\begin{aligned}&y_i(\boldsymbol{w}^{\mathrm{T}}\boldsymbol{x}_i+w_0)\geqslant 1-\xi_i, && i=1,\cdots,n\\&\xi_i\geqslant 0, && i=1,\cdots,n\end{aligned} \tag{5.53}$$

为了将因不可分而造成的额外代价包含在内，一种便利的做法是通过用 $\boldsymbol{w}^{\mathrm{T}}\boldsymbol{w}/2+C\sum_i \xi_i$ 代替 $\boldsymbol{w}^{\mathrm{T}}\boldsymbol{w}/2$，为代价函数引入额外代价项，其中 $C$ 是“调整”参数，项 $C\sum_i \xi_i$ 是对错分量的度量，即 $C$ 的值越低，对“离群值”的惩罚就越少，同时获得更“松”的分类间隔。另外，其他惩罚项也是可行的，例如 $C\sum_i \xi_i^2$（Vapnik，1998；Cristianini and Shawe-Taylor，2000）。

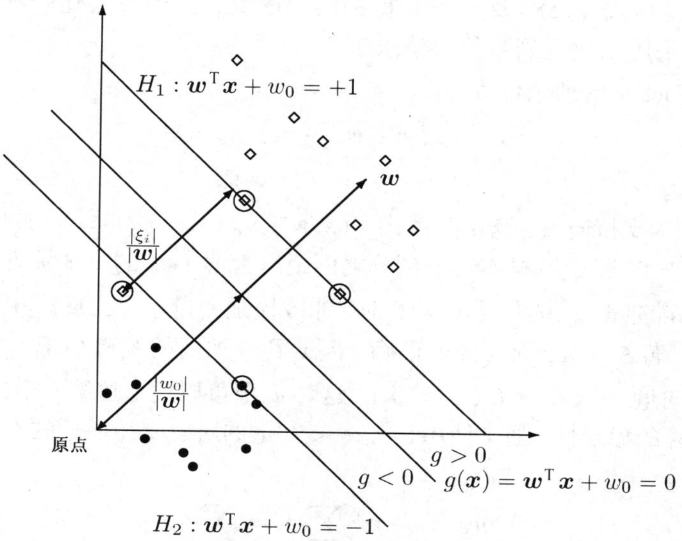


图 5.9　不可分数据集上的线性分类超平面

因此，将受到式(5.53)约束的

$$\frac{1}{2}\boldsymbol{w}^{\mathrm{T}}\boldsymbol{w}+C\sum_i \xi_i \tag{5.54}$$

最小化，拉格朗日的原始形式，即式(5.54)变为

$$L_p=\frac{1}{2}\boldsymbol{w}^{\mathrm{T}}\boldsymbol{w}+C\sum_i \xi_i-\sum_{i=1}^{n}\alpha_i(y_i(\boldsymbol{w}^{\mathrm{T}}\boldsymbol{x}_i+w_0)-1+\xi_i)-\sum_{i=1}^{n}r_i\xi_i \tag{5.55}$$

其中，拉格朗日乘子是 $\alpha_i\geqslant 0$ 和 $r_i\geqslant 0$；引入 $r_i$是为了保证 $\xi_i$ 为正。

对 $\boldsymbol{w}$ 与 $w_0$求偏导，仍旧产生式(5.46)和式(5.47)的结果：

$$\sum_{i=1}^{n}\alpha_i y_i=0 \tag{5.56}$$

$$\boldsymbol{w}=\sum_{i=1}^{n}\alpha_i y_i \boldsymbol{x}_i \tag{5.57}$$

而对 $\xi_i$ 求偏导，则得到

$$C-\alpha_i-r_i=0 \tag{5.58}$$

把结果式(5.56)和式(5.57)代入原始形式，即式(5.55)并使用式(5.58)，得到拉格朗日的对偶形式

$$L_D=\sum_{i=1}^{n}\alpha_i-\frac{1}{2}\sum_{i=1}^{n}\sum_{j=1}^{n}\alpha_i\alpha_j y_i y_j \boldsymbol{x}_i^{\mathrm{T}}\boldsymbol{x}_j \tag{5.59}$$

它与最大间隔分类器式(5.48)具有相同的形式。对于受到下列条件约束的 $\alpha_i$，求上式关于 $\alpha_i$ 的最大值。

$$\sum_{i=1}^{n}\alpha_i y_i = 0 \qquad (5.60)$$
$$0 \leqslant \alpha_i \leqslant C$$

其中，后一个条件是由式(5.58)及 $r_i \geqslant 0$ 得到的。因此，上述最大化问题的唯一变化就是 $\alpha_i$ 的上限。同样可以采用二次规划数值方法求解之。

Karush-Kuhn-Tucker 附加条件为

$$\alpha_i(y_i(\boldsymbol{x}_i^{\mathrm{T}}\boldsymbol{w}+w_0)-1+\xi_i)=0 \qquad (5.61)$$
$$r_i\xi_i=(C-\alpha_i)\xi_i=0$$

使 $\alpha_i > 0$ 的样本称为支持向量，满足关系式 $y_i(\boldsymbol{x}_i^{\mathrm{T}}\boldsymbol{w}+w_0)-1+\xi_i=0$。那些满足条件 $0 < \alpha_i < C$ 的样本一定有 $\xi_i = 0$，即这些样本位于到分类面距离为 $1/|\boldsymbol{w}|$ 的一个标准超平面上(这些支持向量有时又称为间隔向量)。只有当 $\alpha_i = C$ 时，非零松弛变量才会出现。在这种情况下，若 $\xi_i > 1$，则点 $\boldsymbol{x}_i$ 被错分。若 $\xi_i < 1$，则点分类正确，但 $\boldsymbol{x}_i$ 到分类面的距离小于 $1/|\boldsymbol{w}|$。在可分的情况下，对于任意支持向量，$0 < \alpha_i < C$ ( $\xi_i = 0$ )，这时 $w_0$ 值可以用上述第一个条件[见式(5.61)]来确定，为了数值计算的稳定性，通常使用 $0 < \alpha_i < C$ 下的所有支持向量的平均值，式(5.50)和式(5.51)于是变为

$$n_{\widetilde{\mathcal{SV}}}w_0+\boldsymbol{w}^{\mathrm{T}}\sum_{i\in\widetilde{\mathcal{SV}}}\boldsymbol{x}_i=\sum_{i\in\widetilde{\mathcal{SV}}}y_i \qquad (5.62)$$

$$\boldsymbol{w}=\sum_{i\in\mathcal{SV}}\alpha_i y_i \boldsymbol{x}_i \qquad (5.63)$$

其中，$\mathcal{SV}$ 是一组支持向量，这些支持向量与 $\alpha_i$ 相关，$\alpha_i$ 满足条件 $0 < \alpha_i \leqslant C$，而 $\widetilde{\mathcal{SV}}$ 是满足 $0 < \alpha_i < C$ 的 $n_{\widetilde{\mathcal{SV}}}$ 个支持向量(那些到分类平面的目标距离为 $1/|\boldsymbol{w}|$ 的向量)。与此相应的判别规则为：如果

$$\sum_{i\in\mathcal{SV}}\alpha_i y_i\boldsymbol{x}_i^{\mathrm{T}}\boldsymbol{x}+\frac{1}{n_{\widetilde{\mathcal{SV}}}}\left\{\sum_{j\in\widetilde{\mathcal{SV}}}y_j-\sum_{i\in\mathcal{SV},\,j\in\widetilde{\mathcal{SV}}}\alpha_i y_i\boldsymbol{x}_i^{\mathrm{T}}\boldsymbol{x}_j\right\}>0$$

则将 $\boldsymbol{x}$ 归入 $\omega_1$ 类。

图 5.10 分别对线性可分数据和线性不可分数据给出了它们的最优分类超平面示例。支持向量( $\alpha_i > 0$ )用小圆圈标出。在左图，所有的非支持向量都位于分类间隔带的外侧( $\alpha_i = 0$, $\xi_i = 0$ )，在右图，有一个来自 + 类的支持向量被错误分类( $\xi_i > 1$ )。

其中，正则化参数 $C$ 是唯一的自由参数。选取其值的办法可以是令 $C$ 在一定范围内变化，同时监测分类器在独立检验集中的性能以选定 $C$ 值；或者通过交叉验证选定 $C$ 值(见第 13 章)。

### 5.4.4 多类支持向量机

将支持向量机应用于多类问题的最通常做法是，在一对多或一对一的策略下使用二值分类器，如同 5.3.1 节的做法。

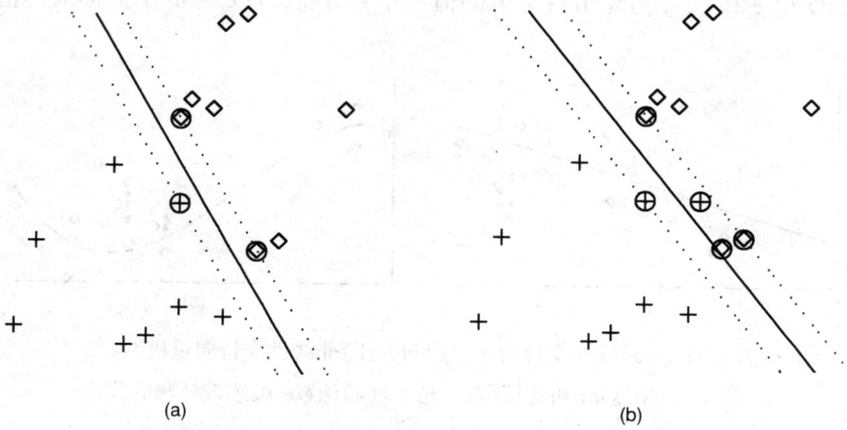


图 5.10　(a)线性可分数据；(b)线性不可分数据($C=20$)

或者同时构造 $C$ 个线性判别函数(Vapnik, 1998)。考虑线性判别函数

$$g_k(\boldsymbol{x})=(\boldsymbol{w}^k)^{\mathrm{T}}\boldsymbol{x}+w_0^k,\quad k=1,\cdots,C$$

寻求 $\{(\boldsymbol{w}^k,\ w_0^k),\ k=1,\ \cdots,\ C\}$ 的一个解，使得如下决策规则可以对训练集样本进行准确划分，即如果

$$g_i(\boldsymbol{x})=\max_j g_j(\boldsymbol{x})$$

则将 $\boldsymbol{x}$ 归入 $\omega_i$ 类。也就是，存在 $\{(\boldsymbol{w}^k,\ w_0^k),\ k=1,\ \cdots,\ C\}$ 的解，使得对于所有 $\boldsymbol{x}\in\omega_k$，均有

$$(\boldsymbol{w}^k)^{\mathrm{T}}\boldsymbol{x}+w_0^k-((\boldsymbol{w}^j)^{\mathrm{T}}\boldsymbol{x}+w_0^j)\geqslant 1$$

这意味着 $C$ 个类中的每类均两两可分。如果解是存在的，则寻找一个解，使下式取最小值：

$$\sum_{k=1}^{C}(\boldsymbol{w}^k)^{\mathrm{T}}\boldsymbol{w}^k$$

若训练集不可分，则引入松弛变量并将下式最小化：

$$L=\sum_{k=1}^{C}(\boldsymbol{w}^k)^{\mathrm{T}}\boldsymbol{w}^k+C\sum_{i=1}^{n}\xi_i$$

上式对所有的 $\boldsymbol{x}_i$( $\boldsymbol{x}_i\in\omega_k$ )以及所有的 $j\neq k$，都受到如下条件约束：

$$(\boldsymbol{w}^k)^{\mathrm{T}}\boldsymbol{x}_i+w_0^k-((\boldsymbol{w}^j)^{\mathrm{T}}\boldsymbol{x}_i+w_0^j)\geqslant 1-\xi_i$$

以上这种在不等式约束下的最小化 $L$ 的方法与两类情况相同(Abe, 2010)。

## 5.4.5　支持向量机回归

支持向量机也可以用来解决回归问题。假设有一组数据 $\{(\boldsymbol{x}_i,\ y_i),\ i=1,\ \cdots,\ n\}$，$\boldsymbol{x}_i$是独立变量的测量值，$y_i$是响应变量的测量值。替代约束式(5.52)有

$$\begin{aligned}&(\boldsymbol{w}^{\mathrm{T}}\boldsymbol{x}_i+w_0)-y_i\leqslant\epsilon+\xi_i, && i=1,\cdots,n\\&y_i-(\boldsymbol{w}^{\mathrm{T}}\boldsymbol{x}_i+w_0)\leqslant\epsilon+\hat{\xi}_i, && i=1,\cdots,n\\&\xi_i,\hat{\xi}\geqslant 0, && i=1,\cdots,n\end{aligned}\tag{5.64}$$

上式表明，在目标值 $y_i$和函数 $f$ 之间允许存在偏差，其中，$f$ 为

$$f(\boldsymbol{x})=\boldsymbol{w}^{\mathrm{T}}\boldsymbol{x}+w_0$$

引入两个松弛变量 $\xi$ 和 $\hat{\xi}$, $\xi$ 为超出目标值的值大于 $\epsilon$ 所设, 而 $\hat{\xi}$ 为低于目标值的值大于 $\epsilon$ 所设(见图5.11)。

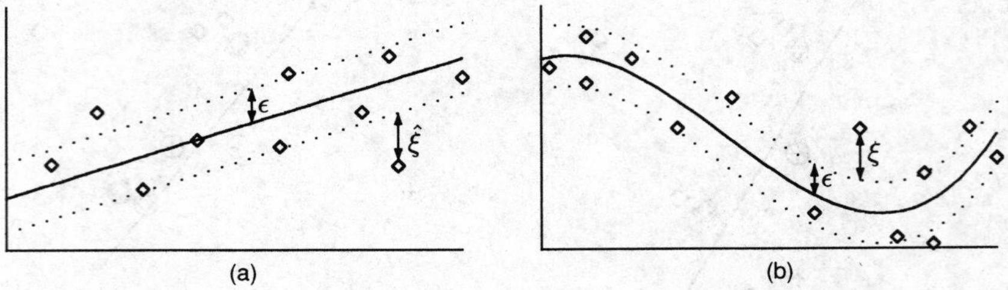


图5.11 (a)线性支持向量机回归, (b)非线性支持向量机回归。用变量$\xi$和变量$\hat{\xi}$度量位于回归函数$\epsilon$-敏感带外侧的代价

与分类问题一样, 损失函数在式(5.64)的约束条件下被最小化。对于对 $\epsilon$ 不敏感的线性损失, 使下式最小化:

$$\frac{1}{2}\boldsymbol{w}^{\mathrm{T}}\boldsymbol{w}+C\sum_{i=1}^{n}(\xi_i+\hat{\xi}_i)$$

拉格朗日算子的原始形式为

$$\begin{aligned}L_p=&\frac{1}{2}\boldsymbol{w}^{\mathrm{T}}\boldsymbol{w}+C\sum_{i=1}^{n}(\xi_i+\hat{\xi}_i)-\sum_{i=1}^{n}\alpha_i(\xi_i+\epsilon-(\boldsymbol{w}^{\mathrm{T}}\boldsymbol{x}_i+w_0-y_i))-\sum_{i=1}^{n}r_i\xi_i\\&-\sum_{i=1}^{n}\hat{\alpha}_i(\hat{\xi}_i+\epsilon-(y_i-\boldsymbol{w}^{\mathrm{T}}\boldsymbol{x}_i-w_0))-\sum_{i=1}^{n}\hat{r}_i\hat{\xi}_i\end{aligned}\tag{5.65}$$

其中, 拉格朗日乘子为 $\alpha_i$, $\hat{\alpha}_i\geqslant 0$ 和 $r_i$, $\hat{r}_i\geqslant 0$。分别对 $\boldsymbol{w}$, $w_0$, $\xi_i$ 及 $\hat{\xi}_i$ 求导数, 得

$$\begin{aligned}\boldsymbol{w}+\sum_{i=1}^{n}(\alpha_i-\hat{\alpha}_i)\boldsymbol{x}_i&=0\\\sum_{i=1}^{n}(\alpha_i-\hat{\alpha}_i)&=0\\C-\alpha_i-r_i&=0\\C-\hat{\alpha}_i-\hat{r}_i&=0\end{aligned}\tag{5.66}$$

把 $\boldsymbol{w}$ 代入式(5.65), 并利用上述关系, 得到拉格朗日的对偶形式

$$L_D=\sum_{i=1}^{n}(\hat{\alpha}_i-\alpha_i)y_i-\epsilon\sum_{i=1}^{n}(\hat{\alpha}_i+\alpha_i)-\frac{1}{2}\sum_{i=1}^{n}\sum_{j=1}^{n}(\hat{\alpha}_i-\alpha_i)(\hat{\alpha}_j-\alpha_j)\boldsymbol{x}_i^{\mathrm{T}}\boldsymbol{x}_j\tag{5.67}$$

由式(5.66)和 $r_i$, $\hat{r}_i\geqslant 0$, 得到

$$\begin{aligned}\sum_{i=1}^{n}(\alpha_i-\hat{\alpha}_i)&=0\\0\leqslant\alpha_i,\hat{\alpha}_i&\leqslant C\end{aligned}\tag{5.68}$$

将上式作为约束条件, 使式(5.67)最大化。Karush-Kuhn-Tucker 附加条件是

$$
\begin{aligned}
\alpha_i(\xi_i+\epsilon-(\boldsymbol{w}^{\mathrm{T}}\boldsymbol{x}_i+w_0-y_i))&=0\\
\hat{\alpha}_i(\hat{\xi}_i+\epsilon-(y_i-\boldsymbol{w}^{\mathrm{T}}\boldsymbol{x}_i-w_0))&=0\\
r_i\xi_i=(C-\alpha_i)\xi_i&=0\\
\hat{r}_i\hat{\xi}_i=(C-\hat{\alpha}_i)\hat{\xi}_i&=0
\end{aligned}
\tag{5.69}
$$

其中，隐含有 $\alpha_i\hat{\alpha}_i=0$ 和 $\xi_i\hat{\xi}_i=0$。因为，如果 $\alpha_i\neq 0$ 且 $\hat{\alpha}_i\neq 0$，则式(5.69)隐含有 $\xi_i+\epsilon-(\boldsymbol{w}^{\mathrm{T}}\boldsymbol{x}_i+w_0-y_i)=0$ 及 $\hat{\xi}_i+\epsilon-(y_i-\boldsymbol{w}^{\mathrm{T}}\boldsymbol{x}_i-w_0)=0$，将两式相加，得 $\xi_i+\hat{\xi}_i+2\epsilon=0$，这是不可能的，因为 $\epsilon>0$ 且 $\xi_i$，$\hat{\xi}_i\geqslant 0$，因此 $\alpha_i$ 和 $\hat{\alpha}_i$ 两者中必有一者为0。根据式(5.69)的后两条约束及 $\alpha_i\hat{\alpha}_i=0$，有 $\xi_i\hat{\xi}_i=0$。

使 $\alpha_i>0$ 或 $\hat{\alpha}_i>0$ 的样本 $\boldsymbol{x}_i$ 是支持向量。若 $0<\alpha_i<C$ 或 $0<\hat{\alpha}_i<C$，则 $(\boldsymbol{x}_i, y_i)$ 位于距离回归函数 $\epsilon$ 的管形边界上。在第一种情况 $0<\alpha_i<C$ 下，可以看成：式(5.69)的第三个条件使 $0<\alpha_i<C$，隐含说明 $\xi_0=0$。对于第一个条件，利用 $\alpha_i\neq 0$ 及 $\xi_0=0$，隐含有 $\epsilon+y_i=\boldsymbol{w}^{\mathrm{T}}\boldsymbol{x}_i+w_0$；第二种情况亦然。若 $\alpha_i=C$ 或 $\hat{\alpha}_i=C$，则点位于管形边界之外，若 $\alpha_i=0$ 且 $\hat{\alpha}_i=0$，则点(不是支持向量)位于管形边界之内。

通过适当的二次规划数值求解，可得到优化参数 $\alpha_i$ 和 $\hat{\alpha}_i$，于是用式(5.66)中 $\boldsymbol{w}$ 的表达式得到 $f(\boldsymbol{x})$ 的解如下：

$$
f(\boldsymbol{x})=\sum_{i=1}^{n}(\hat{\alpha}_i-\alpha_i)\boldsymbol{x}_i^{\mathrm{T}}\boldsymbol{x}+w_0 \tag{5.70}
$$

由 Karush-Kuhn-Tucker 附加条件选取参数 $w_0$，使得对满足 $0<\alpha_i<C$ 的任意 $i$ 均有

$$
f(\boldsymbol{x}_i)-y_i=\epsilon
$$

或对满足 $0<\hat{\alpha}_i<C$ 的任意 $i$，均有

$$
f(\boldsymbol{x}_i)-y_i=-\epsilon
$$

正如用于分类的支持向量机，出于数值计算的原因，通常利用所有的样本( $0<\alpha_i<C$ 或 $0<\hat{\alpha}_i<C$ )计算 $w_0$ 的平均值。

### 5.4.6　具体实施

许多免费的和商业的软件包都可以求解二次规划的优化问题，这些软件包常常基于标准的非线性优化数值方法，就是用迭代爬山法找出目标函数的最大值。然而，对于非常庞大的数据集，这些方法会无法实施。传统的二次规划算法需要计算核函数并将其保存在存储器中，其间可能包含大量的矩阵运算。在处理庞大数据集方面已有许多的新进展，其中分解方法(见算法5.1)把标准的优化软件包应用于一个固定的数据子集上，并将学习到的分类/回归模型应用于不属于子集的训练数据上，然后根据应用的情况修改子集。

---

**算法 5.1　分解算法**

1. 令 $b$ 为子集大小( $b<n$，$n$ 为样本总数)。对于所有的样本，令 $\alpha_i=0$。
2. 从训练集选择 $b$ 个样本，形成子集 $\mathcal{B}$。
3. 用标准程序求解由子集 $\mathcal{B}$ 定义的二次规划问题。
4. 将模型应用于数据集中的所有样本上。

5. 如果存在不满足 Karush-Kuhn-Tucker 条件的样本，则用这些样本及其 $\alpha_i$ 代替 $\mathcal{B}$ 中的所有样本及相应的 $\alpha_i$ 值。
6. 如果不收敛，则转向第 3 步。

序贯最小优化

分解算法的一个特殊演变是序贯最小优化(SMO)算法(Platt, 1998)，该算法每次优化两个参数(各自对应不同的类)子集，最后确认一个解析解。

每个优化步骤要优化两个参数(不失一般性，在下面的讨论中，两个参数为 $\alpha_1$ 和 $\alpha_2$)，同时保持其余参数 $\alpha_3$, …, $\alpha_n$ 不变。在优化过程中，线性等式约束[见式(5.60)]得以保持。要做到这一点，必须遵守如下方程：

$$\alpha_1' y_1 + \alpha_2' y_2 = -\sum_{i=3}^{n} \alpha_i y_i = \alpha_1 y_1 + \alpha_2 y_2 \tag{5.71}$$

其中，$\alpha'_1$ 和 $\alpha'_2$ 为已更新的参数。

对于二分类问题，$y_1$, $y_2 \in \{-1, 1\}$。因此，由式(5.71)和 $0 \leqslant \alpha'_1$ 及 $\alpha'_2 \leqslant C$ 得到 $\alpha'_2$ 的界限：

$$L \leqslant \alpha_2' \leqslant H$$

其中，

$$L = \begin{cases} \max(0, \alpha_2 - \alpha_1), & y_1 \neq y_2 \\ \max(0, \alpha_1 + \alpha_2 - C), & y_1 = y_2 \end{cases}$$

及

$$H = \begin{cases} \min(C, C + \alpha_2 - \alpha_1), & y_1 \neq y_2 \\ \min(C, \alpha_1 + \alpha_2), & y_1 = y_2 \end{cases}$$

由 Cristianini and Shawe-Taylor(2000)导出的(见习题) $\alpha'_2$ 的最优值为

$$\alpha_2' = \max\left(\min\left(\alpha_2 + \frac{y_2(E_1 - E_2)}{\boldsymbol{x}_1^{\mathrm{T}}\boldsymbol{x}_1 + \boldsymbol{x}_2^{\mathrm{T}}\boldsymbol{x}_2 - 2\boldsymbol{x}_1^{\mathrm{T}}\boldsymbol{x}_2}, H\right), L\right) \tag{5.72}$$

其中，对于 $j = 1, 2$

$$E_j = g(\boldsymbol{x}_j) - y_j = (\boldsymbol{w}^{\mathrm{T}}\boldsymbol{x}_j + w_0) - y_j = \left(\sum_{i=1}^{n} \alpha_i y_i \boldsymbol{x}_i^{\mathrm{T}}\boldsymbol{x}_j + w_0\right) - y_j \tag{5.73}$$

在确定了 $\alpha'_2$ 之后，可用式(5.71)获取 $\alpha'_1$ 的最佳值如下：

$$\alpha_1' = \alpha_1 + y_1 y_2(\alpha_2 - \alpha_2')$$

(这里利用了这样的事实：对任意 $i$，有 $y_i^2 = 1$)。

用式(5.63)将权值向量 $\boldsymbol{w}$ 更新为 $\boldsymbol{w}'$：

$$\boldsymbol{w}' = \boldsymbol{w} + (\alpha_1' - \alpha_1)y_1\boldsymbol{x}_1 + (\alpha_2' - \alpha_2)y_2\boldsymbol{x}_2$$

更新偏置参数 $w_0$，以使式(5.61)给出的 Karush-Kuhn-Tucker 附加条件满足于更新的参数。如果 $0 < \alpha'_1 < C$，则将 $w_0$ 更新为

$$w_0' = -E_1 - (\alpha_1' - \alpha_1)y_1\boldsymbol{x}_1^{\mathrm{T}}\boldsymbol{x}_1 - (\alpha_2' - \alpha_2)y_2\boldsymbol{x}_2^{\mathrm{T}}\boldsymbol{x}_1 + w_0 \tag{5.74}$$

如果 $\alpha'_1 \in \{0, C\}$ 且 $0 < \alpha'_2 < C$，则更新法则变为

$$w_0' = -E_2 - (\alpha_1' - \alpha_1)y_1\boldsymbol{x}_1^{\mathrm{T}}\boldsymbol{x}_2 - (\alpha_2' - \alpha_2)y_2\boldsymbol{x}_2^{\mathrm{T}}\boldsymbol{x}_2 + w_0 \tag{5.75}$$

若 $0 < \alpha'_1 < C$ 且 $0 < \alpha'_2 < C$，则式(5.74)和式(5.75)相等。若 $0 < \alpha'_1 < C$ 和 $0 < \alpha'_2 < C$ 均不成立(即 $\alpha'_1, \alpha'_2 \in \{0, C\}$)，则将该偏置设置为式(5.74)和式(5.75)的平均值。

对于所有的样本，可以通过下式更新支持向量机的输出：

$$g'(\boldsymbol{x}_i) = g(\boldsymbol{x}_i) + (\alpha'_1 - \alpha_1)y_1\boldsymbol{x}_1^{\mathrm{T}}\boldsymbol{x}_i + (\alpha'_2 - \alpha_2)y_2\boldsymbol{x}_2^{\mathrm{T}}\boldsymbol{x}_i + (w'_0 - w_0)$$

这时，允许更新误差 $E_i$。

SMO 算法对"参数对"持续更新直至算法收敛。其中，选择参数时用到了启发式方法。在每次迭代中，"参数对"中的第一个参数设置为不满足式(5.61)①给出的 Karush-Kuhn-Tucker 附加条件。最初，依次选择违反 Karush-Kuhn-Tucker 附加条件的样本。但是，一旦完全通过数据集后，那些也属于集合 $\widetilde{\mathcal{SV}}$ 的违反样本(即满足 $0 < \alpha_i < C$)被优先选择。

假设第一个待选的参数是 $\alpha_{i_1}$(即第 $i_1$ 个样本)，用第二个启发式确定待优化的第二个参数 $\alpha_{i_2}$。具体而言，选择 $i_2$ 使 $|E_{i_1} - E_{i_2}|$ 最大，其中 $E_i$ 由式(5.73)指定，式(5.73)由最新的权值向量和偏置参数表达式估计而得。在实践中，如果 $E_{i_1}$ 为正，则选择 $i_2$ 使 $E_{i_2}$ 为集合 $\{E_i, i \neq i_1, i \in \widetilde{\mathcal{SV}}\}$ 的最小值；如果 $E_{i_1}$ 为负，则选择 $i_2$ 使 $E_{i_2}$ 是集合 $\{E_i, i \neq i_1, i \in \widetilde{\mathcal{SV}}\}$ 的最大值。进一步的详细信息包括一些特例，可在 Platt(1998)及 Cristianini and Shawe-Taylor(2000)伪代码中得到。

过程开始(初始化)于对所有样本令 $\alpha_i = 0$，且令 $\boldsymbol{w} = 0$，$w_0 = 0$；终止于对所有样本的 Karush-Kuhn-Tucker 附加条件满足于允许偏差之内。Cristianini and Shawe-Taylor(2000)讨论了一些不同的收敛准则，用于多种支持向量机的优化过程中。

Cristianini and Shawe-Taylor(2000)就如何将 SMO 算法扩展到支持向量机的回归问题中进行了讨论。Keerthi et al.(2001)对 SMO 偏差更新方法进行了改进。Fan et al.(2005)[亦见 Chang and Lin(2011)]用二阶信息改善 SMO 算法的收敛时间。

### 5.4.7　应用研究举例

问题

用遥感卫星图像对陆地覆盖物进行分类(Brown et al., 2000)。

概要

将由遥感学术团体发展起来的一种传统分类方法(线性光谱混合模型)与支持向量机从理论和实际两方面进行比较。在特定环境下，两种方法是等价的。

数据

数据包括对两类陆地覆盖物的测量：已开发的及其他地面覆盖物(包括铺石板的地面、柏油碎石地面、混凝土地面)及未开发的及植被地面覆盖物(包括沙地、水面、土地、草地、丛林地)。测量结果是英国 Leicester 郊区的两频带陆地卫星图像。每张图像为 33 × 33 像素，一个二维的数据对作为一个样本，分别反映在两个频带中的相应象素的测量结果。构造训练集和考试集，训练集由只反映单一类地区信息的"纯"像素组成。

模型

采用支持向量机模型。用从训练集中挑选的样本，通过使式(5.45)和式(5.55)最大化，训练线性可分向量机和线性不可分向量机。

---

① 在大多数应用中，仅需要在较小的公差范围内满足这一条件。

训练方法

选取调整参数 $C$ 的值，使在测试集上计算的平方和误差准则最小。

### 5.4.8 小结

近年来，人们对支持向量机的研究兴趣倍增。他们提出的最优化分离超平面使两类之间的间隔最大。将这一思想推广到非线性分类器(第 6 章讨论之)可使分类器享有出色的泛化能力。

## 5.5 logistic 判别

前几节用数据样本 $\boldsymbol{x}$，或变换后的数据样本 $\boldsymbol{\phi}(\boldsymbol{x})$ 的线性函数取值来判别其类别。下面继续使用这种方法。首先对两类问题引入 logistic 判别，然后考虑多类情况。

### 5.5.1 两类问题

基本的假设是，类条件概率密度函数的对数之差在变量 $\boldsymbol{x}$ 上是线性的：

$$\log\left(\frac{p(\boldsymbol{x}|\omega_1)}{p(\boldsymbol{x}|\omega_2)}\right)=\beta_0+\boldsymbol{\beta}^{\mathrm{T}}\boldsymbol{x} \tag{5.76}$$

在许多情况下，该模型的描述都是准确的，这些情况包括(Anderson，1982)：

1. 类条件概率密度为多元正态分布，且协方差矩阵相等；
2. 对数线性模型下的多元离散分布且具有相等的类间交叉项；
3. 将如上两种情况结合起来：使用连续的分类变量来描述每个样本。

因此，很多分布族满足该假设，并且可以发现，该假设条件已经应用于大量背离正态分布的真实数据集中。

从式(5.76)可以简单地看出，如上假设等价于：

$$\begin{aligned}p(\omega_2|\boldsymbol{x})&=\frac{1}{1+\exp\left(\beta_0'+\boldsymbol{\beta}^{\mathrm{T}}\boldsymbol{x}\right)}\\p(\omega_1|\boldsymbol{x})&=\frac{\exp\left(\beta_0'+\boldsymbol{\beta}^{\mathrm{T}}\boldsymbol{x}\right)}{1+\exp\left(\beta_0'+\boldsymbol{\beta}^{\mathrm{T}}\boldsymbol{x}\right)}\end{aligned} \tag{5.77}$$

其中，$\beta'_0=\beta_0+\log(p(\omega_1)/p(\omega_2))$。

两类间的判别则由比率 $p(\omega_1|\boldsymbol{x})/p(\omega_2|\boldsymbol{x})$ 来决定，即

$$若\ \frac{p(\omega_1|\boldsymbol{x})}{p(\omega_2|\boldsymbol{x})}\begin{cases}>\\<\end{cases}1,\ 则将\boldsymbol{x}归入\begin{cases}\omega_1\\\omega_2\end{cases}$$

将表达式(5.77)代入上式，可以发现，仅靠线性函数 $\beta'_0+\boldsymbol{\beta}^{\mathrm{T}}\boldsymbol{x}$ 便可决定判别决策，即

$$若\ \beta_0'+\boldsymbol{\beta}^{\mathrm{T}}\boldsymbol{x}\begin{cases}>\\<\end{cases}0,\ 则将\boldsymbol{x}归入\begin{cases}\omega_1\\\omega_2\end{cases}$$

这与 5.2 节给出的线性判别规则相同，5.2 节还给出了几种估计参数的方法。本节的不同之处是，首先假设类条件概率密度的比率这一明确的模型，再由此导出判别规则，而不是指定一个先验的规则。其次是使用密度式(5.77)的模型获得参数的极大似然估计。

### 5.5.2　极大似然估计

logistic 判别模型的参数可以用极大似然估计法来估计(Day and Kerridge, 1967; Anderson, 1982)。通过似然函数及其导数，可以得到一种迭代的非线性优化的方法。

一般估计方法取决于得到带有类标签的训练集数据的采样方案(Anderson, 1982; McLachlan, 1992a)。Anderson 给出了 3 种常用的采样方案设计，分别为：(i)从混合分布中采样(即从各类的完全分布中随机挑选数据)；(ii)在 $\boldsymbol{x}$ 的条件下采样，即固定 $\boldsymbol{x}$，取出一个或多个样本(可能属于 $\omega_1$ 或 $\omega_2$，两类判别问题)；(iii)对每个条件密度分布为 $p(\boldsymbol{x} \mid \omega_i)$ ( $i=1, 2$ ) 的类独立采样。$\boldsymbol{\beta}$ 的极大似然估计独立于采样方法，尽管使用上述 3 种方案中的从每类中独立采样这一方案导出的是 $\beta_0$ 的估计，而非 $\beta'_0$(判别所需的项)。如下的推导，假设采用混合采样方案，即每个随机样本均从各类的混合体中抽取。McLachlan(1992a)对上述 3 种采样方案均进行了详细讨论。

观测值的似然函数是

$$L=\prod_{r=1}^{n_1} p(\boldsymbol{x}_{1r}|\omega_1)\prod_{r=1}^{n_2} p(\boldsymbol{x}_{2r}|\omega_2), \quad r=1,\cdots,n_s;\ s=1,2$$

其中，$\boldsymbol{x}_{sr}$ ( $s=1, 2$; $r=1, \cdots, n_s$ ) 是来自 $\omega_s$ 类的观测值。

上式可以重新写成

$$\begin{aligned} L&=\prod_{r=1}^{n_1} p(\omega_1|\boldsymbol{x}_{1r})\frac{p(\boldsymbol{x}_{1r})}{p(\omega_1)}\prod_{r=1}^{n_2} p(\omega_2|\boldsymbol{x}_{2r})\frac{p(\boldsymbol{x}_{2r})}{p(\omega_2)} \\ &=\frac{1}{p(\omega_1)^{n_1}p(\omega_2)^{n_2}}\prod_{\text{所有}\boldsymbol{x}} p(\boldsymbol{x})\prod_{r=1}^{n_1} p(\omega_1|\boldsymbol{x}_{1r})\prod_{r=1}^{n_2} p(\omega_2|\boldsymbol{x}_{2r}) \end{aligned}$$

因子

$$\frac{1}{p(\omega_1)^{n_1}p(\omega_2)^{n_2}}\prod_{\text{所有}\boldsymbol{x}} p(\boldsymbol{x})$$

独立于模型的参数[在这里，Anderson(1982)和 Day and Kerridge(1967)仅对对数似然比进行假设，而不限制对 $p(\boldsymbol{x})$ 的选取]。因此，使似然函数 $L$ 最大化等价于使下式最大化：

$$L'=\prod_{r=1}^{n_1} p(\omega_1|\boldsymbol{x}_{1r})\prod_{r=1}^{n_2} p(\omega_2|\boldsymbol{x}_{2r})$$

或者

$$\log(L')=\sum_{r=1}^{n_1}\log(p(\omega_1|\boldsymbol{x}_{1r}))+\sum_{r=1}^{n_2}\log(p(\omega_2|\boldsymbol{x}_{2r}))$$

代入式(5.77)，得

$$\log(L')=\sum_{r=1}^{n_1}(\beta'_0+\boldsymbol{\beta}^{\mathrm{T}}\boldsymbol{x}_{1r})-\sum_{\text{所有}\boldsymbol{x}}\log\{1+\exp(\beta'_0+\boldsymbol{\beta}^{\mathrm{T}}\boldsymbol{x})\}$$

$\log(L')$ 关于参数 $\beta_j$ 的梯度为

$$\frac{\partial \log L'}{\partial \beta'_0} = n_1 - \sum_{\text{所有}\boldsymbol{x}} p(\omega_1|\boldsymbol{x})$$

$$\frac{\partial \log L'}{\partial \beta_j} = \sum_{r=1}^{n_1} (\boldsymbol{x}_{1r})_j - \sum_{\text{所有}\boldsymbol{x}} p(\omega_1|\boldsymbol{x}) x_j, \quad j = 1, \cdots, p$$

记下似然率及其导数的表达式，便可用非线性优化方法获得一组使函数 $\log(L')$ 达到局部最大的参数值。首先，需要规定这些参数的初始值。Anderson 推荐将所有 $p+1$ 个参数 $\beta'_0, \beta_1, \cdots, \beta_p$ 的初始值取为零。除两种特殊情况以外(见下文)，似然比对于有限的 $\boldsymbol{\beta}$ 存在唯一的最大值(Anderson，1982；Albert and Lesaffre，1986)。因此，实际上各参数的起始点并不重要。

如果两类是可分的，便在无穷处存在不唯一的最大值。这时在优化过程的每个阶段，都容易核查出 $\beta'_0 + \boldsymbol{\beta}^{\mathrm{T}}\boldsymbol{x}$ 是否已给出完全的划分。如果是，则终止算法。第二种特殊情况出现在 $L$ 对有限的 $\boldsymbol{\beta}$ 值不具有唯一的最大值的场合，这时对于离散的数据有一个变量对于值域中的某个值取零。在这种情况下，$L$ 的最大值在无穷处。Anderson(1974)提出了克服这一困难的一种方法，该方法基于这样的假设：即在每类中，该变量有条件地独立于剩余变量。

### 5.5.3 多类 logistic 判别

在多类判别问题中，基本的假设是，对于 $C$ 个类，有

$$\log\left(\frac{p(\boldsymbol{x}|\omega_s)}{p(\boldsymbol{x}|\omega_C)}\right) = \beta_{s0} + \boldsymbol{\beta}_s^{\mathrm{T}}\boldsymbol{x}, \quad s = 1, \cdots, C-1$$

即对于任意一对似然函数，其对数似然比都是线性的。可以证明其后验概率的形式为

$$p(\omega_s|\boldsymbol{x}) = \frac{\exp(\beta'_{s0} + \boldsymbol{\beta}_s^{\mathrm{T}}\boldsymbol{x})}{1 + \sum_{s=1}^{C-1}\exp(\beta'_{s0} + \boldsymbol{\beta}_s^{\mathrm{T}}\boldsymbol{x})}, \quad s = 1, \cdots, C-1$$

$$p(\omega_C|\boldsymbol{x}) = \frac{1}{1 + \sum_{s=1}^{C-1}\exp(\beta'_{s0} + \boldsymbol{\beta}_s^{\mathrm{T}}\boldsymbol{x})}$$

其中，$\beta'_{s0} = \beta_{s0} + \log(p(\omega_s)/p(\omega_C))$。同时，用于判别的决策规则仅取决于线性函数 $\beta'_{s0} + \boldsymbol{\beta}_j^{\mathrm{T}}\boldsymbol{x}$，即如果

$$\max\{\beta'_{s0} + \boldsymbol{\beta}_s^{\mathrm{T}}\boldsymbol{x}\} = \beta'_{j0} + \boldsymbol{\beta}_j^{\mathrm{T}}\boldsymbol{x} > 0, \quad s = 1, \cdots, C-1$$

则把 $\boldsymbol{x}$ 归入 $\omega_j$ 类，其中 $s = 1, \cdots, C-1$，否则把 $\boldsymbol{x}$ 归入 $\omega_C$ 类。

延用前面给出的说明，观测值的似然比为

$$L = \prod_{i=1}^{C}\prod_{r=1}^{n_i} p(\boldsymbol{x}_{ir}|\omega_i) \tag{5.78}$$

与两类问题一样，使 $L$ 最大化等价于使下式最大化：

$$\log(L') = \sum_{s=1}^{C}\sum_{r=1}^{n_s}\log(p(\omega_s|\boldsymbol{x}_{sr})) \tag{5.79}$$

其导数为

$$\frac{\partial \log L'}{\partial \beta'_{j0}} = n_j - \sum_{\text{所有}\boldsymbol{x}} p(\omega_j|\boldsymbol{x})$$

$$\frac{\partial \log L'}{\partial (\beta_j)_l} = \sum_{r=1}^{n_j} (\boldsymbol{x}_{jr})_l - \sum_{\text{所有}\boldsymbol{x}} p(\omega_j|\boldsymbol{x}) x_l$$

类别可分时，该似然比的最大值出现在参数空间的无穷点处，并且一旦出现完全划分，算法便可终止。同样，取值为零的边缘样本会导致似然比在无穷处取值最大，这时仍可采用 Anderson 的方法。

### 5.5.4　应用研究举例

问题

在妇女怀孕的早期阶段，预测其产后所使用的喂养方法(人工食物喂养或者母乳喂养)(Cox and Pearce, 1997)。

概述

研制出一个"鲁棒"的两类 logistic 分类器，并将其与普通的 logistic 分类器进行比较。两种方法给出相似的(良好)性能。

数据

从街区一般医院的 1200 名怀孕妇女身上采集数据。定义了 8 个对喂养方法起重要作用的变量，分别是：家里是否有 16 岁以下儿童、房子的所有权、学校关于婴儿喂养的课程、喂养意图、见到亲生母亲的频率、从亲戚获得的喂养建议、产妇是如何被喂养的、早前的母乳喂养经验。

一些样本被排除在分析之外，其原因各有不同，分别是：信息不完整、流产、拒绝及在别处分娩等，从而使得用于参数估计的案例剩下 937 个。

模型

对两种模型做了评价：两类普通 Logistic 判别模型[见式(5.76)]与鲁棒 Logistic 判别模型，设计鲁棒 Logistic 判别模型是为了降低离群值对判别规则的影响，该模型为

$$\frac{p(\boldsymbol{x}|\omega_1)}{p(\boldsymbol{x}|\omega_2)} = \frac{c_1 + c_2\exp[\beta_0 + \boldsymbol{\beta}^{\mathrm{T}}\boldsymbol{x}]}{1 + \exp[\beta_0 + \boldsymbol{\beta}^{\mathrm{T}}\boldsymbol{x}]}$$

其中，$c_1$ 与 $c_2$ 是固定的正常数。

训练过程

用数据估计先验概率 $p(\omega_1)$ 与 $p(\omega_2)$，并给定 $c_1$ 和 $c_2$。虽然这一工作可以在标准模型(见 5.5.1 节)中与 $\beta_0$ 合并，但对鲁棒模型来讲是必需的。安排两组实验，两组实验都用于确定对参数的极大似然估计：一组在全部 937 例个案上进行训练并在相同的数据上进行测试；另一组在一个医院的 424 例个案上进行训练，并在另一个医院的 513 例个案上进行测试。

结果

两个模型给出相似的性能，大约有 85% 的个案被正确分类。

### 5.5.5　拓展研究

对基本 Logistic 判别模型的进一步研究是鲁棒方法(Cox and Ferry, 1991; Cox and Pearce, 1997)和更一般的模型。其他几种判别方法是基于判别函数模型的，这些判别函数是线性投影的非线性函数，包括多层感知器(见第 6 章)及投影寻踪判别(Friedman and Tukey, 1974; Friedman and Stuetzle, 1981; Friedman et al., 1984; Huber, 1985; Friedman, 1987; Jones and Sibson, 1987)，其中线性投影和非线性判别函数的形式是同时确定的。

### 5.5.6 小结

logistic 判别对一个总体相对于另一个参考总体的对数似然率进行假设。与前面章节所讨论的方法一样，所做的判别是借助由说明性变量的线性变换所形成的一组数值进行的，这些线性变换由极大似然法来确定。这是介于第 1 章和第 5 章的线性方法与第 6 章的非线性方法之间的一种方法，需要使用非线性优化方法进行参数估计(后验概率是说明性变量的非线性函数)，使用线性变换进行判别。

极大似然法的优点之一是容易得到估计量性质的渐近结果。logistic 判别更进一步的优点，由 Anderson(1982)列举如下：

1. 既适合连续变量，又适合离散变量。
2. 容易使用。
3. 可应用于宽范围的分布中。
4. 参数数量相对较少(与第 6 章所讨论的某些非线性模型不一样)。

## 5.6 应用研究

人们对 logistic 判别与线性判别分析进行了比较研究(Press and Wilson，1978；Bull and Donner，1987)，发现 logistic 判别在实践中很有用，特别是对于严重背离正态分布的数据(实践中时常出现)。Statlog 工程(Michie et al.，1994)在不同数据集上对多种分类方法进行比较后指出，在线性判别与 logistic 判别之间只存在很小的实际差别。在众多的算法中，两种方法均列前五位。

支持向量机的很多应用主要与非线性变量有关，这将在第 6 章介绍。然而，在许多通信例子中，支持向量机已经成功地用来实现决策反馈均衡器(抵御失真与干扰)，并得到比传统最小均方误差法更优良的性能(S. Chen et al.，2000)。

## 5.7 总结和讨论

前面章节讨论的判别函数，均是 $\boldsymbol{x}$ 或 $\boldsymbol{x}$ 的变换 $\phi_i(\boldsymbol{x})$ (广义线性判别函数)的各分量的线性函数。已讨论过几种确定其模型参数的方法(误差修正法、最小平方优化和 logistic 模型)，并认为初始变换 $\boldsymbol{\phi}$ 是预先指定的。第 1 章给出了函数 $\phi_i(\boldsymbol{x})$ 的一些合理的选择，在随后的章节中可以看到，还有许多其他参数及非参数形式可供使用。应该如何选取函数 $\boldsymbol{\Phi}_i$ 呢？恰当选择 $\boldsymbol{\Phi}_i$ 而形成的线性分类器，与仅在变量 $x_i$ 上应用线性分类器相比，会使分类性能更优良。另一方面，如果打算在变量的初始变换之后使用复杂的非线性分类器，对 $\boldsymbol{\Phi}_i$ 的选择就不甚关键，因为较差的选取所产生的不足，会在接下来的分类过程中得到补偿。然而，一般地，如果具有对分类有用的变量或者变换的相关知识，就应该使用这些知识，而不是希望用分类器去“学习”其中的重要关系。

人们提出了多种基函数集并指出，分类器所用基函数越多，所希望的分类器性能就越好。而实际情况往往未必如此，因为太多的基函数会增加向量 $\boldsymbol{\phi}$ 的维数，从而导致在接下来的分类阶段需要估计更多的参数。这时，虽然发生在训练集上的错误率在减少，但是真实错误率可能会随着广义性能的退化而增加。

对于多项式基函数，项数随多项式次数的提高而迅速增加，因而这种方法受到多项式次数不能过高的限制。不过，支持向量机作为近来的重要研究进展，计算训练集上 $\boldsymbol{x}$ 与 $\boldsymbol{y}$ 的核函数 $K(\boldsymbol{x}, \boldsymbol{y})$，并以此代替计算 $D$ 维特征向量 $\boldsymbol{\phi}(\boldsymbol{x})$ 的需求。

下一章将转向讨论另一种判别函数，这种判别函数为非线性函数 $\boldsymbol{\phi}$ 的线性组合（即广义线性判别函数）。径向基函数网络明确定义了非线性函数。这些非线性函数通常具有含参数集的指定形式，参数集参数作为优化过程的一部分通常可以通过独立的方法来确定，而线性参数则可以使用本章的方法来获得。通过指定核函数，支持向量机隐含地定义了非线性函数。

## 5.8　建议

1. 线性方法提供了一条底线，可以用它来判断是否需要使用更复杂的方法。线性方法易实现，因此应该在选择较复杂方法之前首先考虑使用之。
2. 错误修正法或支持向量机都可以用于测试可分性。对于因样本集规模有限，而使问题的类别可分的高维数据集，测试其可分性很重要。在训练集中达到线性可分性的分类器未必就意味着具有很好的泛化性能。
3. 将 Fisher 线性判别推广到多类，可形成多类问题的线性判别分析，建议采用这种方法。

## 5.9　提示及参考文献

一直以来，线性判别算法的研究和改进受到关注。Nilsson（1965）和 Duda et al.（2001）等书介绍了大部分常用算法，还可参阅 Ho and Agrawala（1968）和 Kashyap（1970）。对感知器的研究可在 Minsky and Papert（1988）一书中找到。

logistic 判别函数在 Anderson（1982）综述性论文和 McLachlan（1992a）一书中都有论述。

支持向量机由 Vapnik 及其助手给出了介绍。Vapnik（1988）一书运用历史的观点对支持向量机进行了非常详细的论述。Cristianini and Shawe-Taylor（2000）对支持向量机的介绍对学生和专业人员更有帮助。Burges（1998）对如何将支持向量机用于模式识别进行了精彩的指南性论述，也可参阅 Abe（2010）。

## 习题

1. 研究位于决策面 $\boldsymbol{w}^{\mathrm{T}}\boldsymbol{x} + w_0 = 0$ 的任意两点，证明 $\boldsymbol{w}$ 垂直于该决策面。研究该决策面上距原点最近的点，证明原点到决策面的垂直距离为 $|w_0|/|\boldsymbol{w}|$。证明样本 $\boldsymbol{x}$ 到超平面的距离为 $|r|$，其中

$$r = \frac{\boldsymbol{g(x)}}{|\boldsymbol{w}|} = \left(\boldsymbol{w}^{\mathrm{T}}\boldsymbol{x} + w_0\right)/|\boldsymbol{w}|$$

提示：将 $\boldsymbol{x}$ 写成两个分量的和，即其在超平面上的投影 $\boldsymbol{x}_h$ 与其在超平面法线方向的投影之和。

2. 线性规划或线性优化方法，是对同时受等式与不等式约束的线性函数进行最大化的方法。特别地，寻找向量 $\boldsymbol{x}$，使得

$$z = \boldsymbol{a}_0^{\mathrm{T}}\boldsymbol{x}$$

在约束

$$x_i \geqslant 0, \quad i = 1, \cdots, n \tag{5.80}$$

及附加约束(给定 $m_1$, $m_2$, $m_3$)

$$\begin{aligned} \boldsymbol{a}_i^{\mathrm{T}}\boldsymbol{x} &\leqslant b_i, & i &= 1,\cdots,m_1 \\ \boldsymbol{a}_j^{\mathrm{T}}\boldsymbol{x} &\geqslant b_j \geqslant 0, & j &= m_1+1,\cdots,m_1+m_2 \\ \boldsymbol{a}_k^{\mathrm{T}}\boldsymbol{x} &= b_k \geqslant 0, & k &= m_1+m_2+1,\cdots,m_1+m_2+m_3 \end{aligned}$$

下取得最小值。

可以将对感知准则函数进行优化看成线性规划问题。具有正的分类间隔向量 $\boldsymbol{b}$ 的感知准则函数为

$$J_P = \sum_{\boldsymbol{y}_i \in \mathcal{Y}} (b_i - \boldsymbol{v}^{\mathrm{T}}\boldsymbol{y}_i)$$

其中, $\boldsymbol{y}_i$ 是满足 $\boldsymbol{v}^{\mathrm{T}}\boldsymbol{y}_i \leqslant b_i$ 的向量。分类间隔的引入是为了避免平凡解 $\boldsymbol{v}=0$。这可以重新用公式表示为如下的线性规划问题。引入人工变量 $a_i$ 并考虑下式

$$\mathcal{Z} = \sum_{i=1}^{n} a_i$$

在约束

$$a_i \geqslant 0$$

$$a_i \geqslant b_i - \boldsymbol{v}^{\mathrm{T}}\boldsymbol{y}_i$$

下最小化的问题。证明 $\mathcal{Z}$ 对 $\boldsymbol{a}$ 及 $\boldsymbol{v}$ 的最小值将使感知准则最小化(对于固定的 $\boldsymbol{v}$, 求关于 $a_i$ 的最小值, 得到感知目标函数)。

3. 计算式(5.16)中的比例常数 $\alpha$, 并证明: 式(5.16)右侧的补偿项与 $t_1$ 和 $t_2$ 的选取无关, 而是

$$\frac{p_2 - p_1}{2}\left(\frac{1 + p_1 p_2 d^2}{p_1 p_2}\right)$$

其中 $p_i = n_i/n$, 并且

$$d^2 = (\boldsymbol{m}_1 - \boldsymbol{m}_2)^{\mathrm{T}} \boldsymbol{S}_W^{-1} (\boldsymbol{m}_1 - \boldsymbol{m}_2)^{\mathrm{T}}$$

上式是两个具有等协方差矩阵的正态分布之间的马氏(Mahalanobis)距离。在正态分布条件下, 将此距离与式(5.8)给出的最优值进行比较。

4. 证明在变换后的空间中, 将下式最大化会产生与线性判别解相同的特征空间:

$$\mathrm{Tr}\{\boldsymbol{S}_W^{-1}\boldsymbol{S}_B\}$$

提示: 在变换后的空间, 将 $\boldsymbol{S}_W$ 写成 $\boldsymbol{W}^{\mathrm{T}}\boldsymbol{S}_W\boldsymbol{W}$, 将 $\boldsymbol{S}_B$ 写成 $\boldsymbol{W}^{\mathrm{T}}\boldsymbol{S}_B\boldsymbol{W}$, 然后求其关于 $\boldsymbol{W}$ 的微分。注意, 可以把 $(\boldsymbol{W}^{\mathrm{T}}\boldsymbol{S}_W\boldsymbol{W})^{-1}\boldsymbol{W}^{\mathrm{T}}\boldsymbol{S}_B\boldsymbol{W}$ 写成 $\boldsymbol{U}\boldsymbol{\Lambda}\boldsymbol{U}^{-1}$, 其中, $\boldsymbol{U}$ 为特征向量, $\boldsymbol{\Lambda}$ 为特征向量的对角阵。

5. 证明准则

$$J_4 = \frac{\mathrm{Tr}\{\boldsymbol{A}^{\mathrm{T}}\boldsymbol{S}_B\boldsymbol{A}\}}{\mathrm{Tr}\{\boldsymbol{A}^{\mathrm{T}}\boldsymbol{S}_W\boldsymbol{A}\}}$$

对矩阵 $\boldsymbol{A}$ 的正交变换是不变的。

6. 研究平方误差

$$\sum_{j=1}^{C} p(\omega_j)\mathrm{E}[\|\boldsymbol{W}\boldsymbol{x} + \boldsymbol{w}_0 - \boldsymbol{\lambda}_j\|^2]_j$$

其中, $\mathrm{E}[\cdot]_j$ 相对于 $\omega_j$ 类中 $\boldsymbol{x}$ 的条件分布。记

$$\mathrm{E}[\|\boldsymbol{W}\boldsymbol{x} + \boldsymbol{w}_0 - \boldsymbol{\lambda}_j\|^2]_j = \mathrm{E}[\|(\boldsymbol{W}\boldsymbol{x} + \boldsymbol{w}_0 - \boldsymbol{\rho}(\boldsymbol{x})) + (\boldsymbol{\rho}(\boldsymbol{x}) - \boldsymbol{\lambda}_j)\|^2]_j$$

并将其展开, 证明线性判别规则同样使下式最小化:

$$E' = \mathrm{E}[\|\boldsymbol{W}\boldsymbol{x} + \boldsymbol{w}_0 - \boldsymbol{\rho}(\boldsymbol{x})\|^2]$$

其中, 期望相对于 $\boldsymbol{x}$ 的无条件分布 $p(\boldsymbol{x})$, 而 $\boldsymbol{\rho}(\boldsymbol{x})$ 定义为

$$\boldsymbol{\rho}(\boldsymbol{x}) = \sum_{j=1}^{C} \boldsymbol{\lambda}_j p(\omega_j|\boldsymbol{x})$$

7. 证明：如果 $\boldsymbol{A}$ 是线性判别变换(把类内协方差矩阵变换成单位矩阵，并使类间协方差矩阵对角化)，那么类内协方差矩阵的逆可以记为

$$S_W^{-1} = \boldsymbol{A}\boldsymbol{A}^{\mathrm{T}} + \boldsymbol{A}_{\perp}\boldsymbol{A}_{\perp}^{\mathrm{T}}$$

其中，对于所有的 $j$, $\boldsymbol{A}_{\perp}^{\mathrm{T}}(\boldsymbol{m}_j - \boldsymbol{m}) = 0$(对由向量 $\boldsymbol{m}_j - \boldsymbol{m}$ 所跨越的空间，$\boldsymbol{A}$ 的列与列是正交的)。提示：对 $n \times n$ 阶正交矩阵 $\boldsymbol{V} = (\boldsymbol{v}_1, \cdots, \boldsymbol{v}_n)$，$\boldsymbol{V}\boldsymbol{V}^{\mathrm{T}} = \sum_{i=1}^{n} \boldsymbol{v}_i\boldsymbol{v}_i^{\mathrm{T}} = \sum_{i=1}^{r} \boldsymbol{v}_i\boldsymbol{v}_i^{\mathrm{T}} + \sum_{i=r+1}^{n} \boldsymbol{v}_i\boldsymbol{v}_i^{\mathrm{T}} = V_r V_r^{\mathrm{T}} + V_{\bar{r}} V_{\bar{r}}^{\mathrm{T}}$，其中 $\boldsymbol{V}_r = (\boldsymbol{v}_1, \cdots, \boldsymbol{v}_r)$，$\boldsymbol{V}_{\bar{r}} = (\boldsymbol{v}_{r+1}, \cdots, \boldsymbol{v}_n)$

8. 证明：使用具有 0-1 目标的最小平方法训练而得的线性判别函数的输出总和为单位 1。提示：利用 5.3.4 节中的解 $\boldsymbol{W}\boldsymbol{x} + \boldsymbol{w}_0$ 证明 $\mathbf{1}^{\mathrm{T}}\boldsymbol{W}\boldsymbol{x} + \boldsymbol{w}_0 = 1$。

9. 有 3 个二元正态分布，均值分别为(−4，−4)，(0，0)和(4，4)，具有单位协方差矩阵；由这 3 个分布生成 300 个样本，用作训练集和测试集；先验概率相等。训练一个最小平方分类器(见 5.3.4 节)和一个线性判别函数分类器(见 5.3.3 节)。对于每个分类器，获取分类错误并绘制数据图及决策边界。从结果中得到了什么结论?

10. 对应用于多类问题的支持向量机，推导其拉格朗日的对偶形式。

11. 对于具有二次 $\epsilon$ 不敏感损失(不是线性)的支持向量机回归，拉格朗日法原始形式是

$$L_p = \boldsymbol{w}^{\mathrm{T}}\boldsymbol{w} + C\sum_{i=1}^{n}(\xi_i^2 + \hat{\xi}_i^2)$$

该式在式(5.64)的约束下被最小化。推导拉格朗日法的对偶形式，并陈述对拉格朗日乘子的约束。

# 第6章 非线性判别分析——核与投影法

关于径向基函数(RBF)网络、支持向量机(SVM)及多层感知器(MLP)的阐述首先出现在神经网络与机器学习的文献中，它们作为非线性判别分析的灵活模型，在大量的问题中表现出良好的性能。径向基函数是径向对称函数的总和；支持向量机则通过指定核函数而隐含地定义基函数；多层感知器是对数据进行线性投影的非线性函数。

## 6.1 引言

前一章通过对观测数据或数据特征值的线性变换实现对象的分类，其中变换式中的参数要靠某种最优化方法来确定，为此讨论了简单的错误修正法(就感知器而言)、最小平方误差的最优化方法，以及使用非线性优化技术的最大似然法，以确定 logistic 判别模型中的参数。

本章依然把判别模型归纳为假设参数形式下的判别函数 $g_j$，并将判别模型更进一步推广。特别地，假设判别函数的形式为

$$g_j(\boldsymbol{x}) = \sum_{i=1}^{m} w_{ji}\phi_i(\boldsymbol{x};\boldsymbol{\mu}_i) + w_{j0}, \quad j = 1, \cdots, C \tag{6.1}$$

其中，“基”函数 $\phi_i$ 的个数为 $m$，每个基函数具有 $n_m$ 个参数 $\boldsymbol{\mu}_i = \{\mu_{ik}, k = 1, \cdots, n_m\}$ (各 $\phi_i$ 的参数数量可能不同，在此假设各参数数量相等)，并使用判别规则：

$$\text{若 } g_i(\boldsymbol{x}) = \max_j g_j(\boldsymbol{x})\text{，则将 } \boldsymbol{x} \text{ 归入 } \omega_i \text{ 类}$$

也就是把 $\boldsymbol{x}$ 归入判别函数取值最大的类。在式(6.1)中，模型的参数是 $w_{ji}$ 和 $\mu_{ik}$ 及基函数的个数 $m$。

式(6.1)是广义线性判别函数的完全形式，它的非线性函数 $\phi_i$ 的形式具有灵活性。有几种特定形式可供选择，其中包括：

$\phi_i(\boldsymbol{x};\boldsymbol{\mu}_i) \equiv x_i$ 线性判别函数，$m = d$，$d$ 是 $\boldsymbol{x}$ 的维数

$\phi_i(\boldsymbol{x};\boldsymbol{\mu}_i) \equiv \phi_i(\boldsymbol{x})$ 具有固定变换的广义线性判别函数。例如，取表1.1中的任意一种形式

式(6.1)可以写成

$$\boldsymbol{g}(\boldsymbol{x}) = \boldsymbol{W}\boldsymbol{\phi}(\boldsymbol{x}) + \boldsymbol{w}_0 \tag{6.2}$$

其中，$\boldsymbol{W}$ 是 $C \times m$ 阶矩阵，其第$(j,i)$个分量为 $w_{ji}$，$\boldsymbol{\phi}(\boldsymbol{x})$ 是 $m$ 维向量，第 $i$ 个分量为 $\phi_i(\boldsymbol{x}, \boldsymbol{\mu}_i)$，而 $\boldsymbol{w}_0$ 为向量 $(w_{10}, \cdots, w_{C0})^{\mathrm{T}}$。式(6.2)可以理解为：通过 $\phi_i$ 所定义的中间空间 $\mathbb{R}^m$ 提供一种变换，该变换将数据样本从 $x \in \mathbb{R}^p$ 变换到 $\mathbb{R}^C$。这是一种前馈型(feed-forward type)模型。正如下文将论述的，这种形式的模型已经广泛用于函数逼近，且(如同线性模型和 logistic 模型)不局限于判别问题的使用。

模型式(6.2)需要解决两个问题。其一是确定模型的复杂性或模型的阶数。使用多少个函数 $\phi_i$ ($m$ 的值是什么)？每个函数的复杂性如何(允许多少个参数)？这些问题的答案与数

据相关。模型阶数、训练集大小及数据的维数之间相互影响。遗憾的是，这三个量的简单关系式并不存在——这在很大程度上取决于数据的分布。模型阶数的选择问题也不简单，属于非常活跃的研究领域(见第 13 章)。第二个问题是在给定模型阶数的情况下，如何确定其参数($\boldsymbol{W}$ 和 $\boldsymbol{\mu}_i$)。这一问题比较简单，它包含一些最小化代价函数的非线性优化方法。我们将讨论几种最常用的形式。

本章介绍的模型最早出现在神经网络与机器学习的文献中。本章特别讲解前馈型神经网络模型，该类模型与统计学文献所研究的模型有很多相同之处，特别是核函数判别和 logistic 回归。可以认为，径向基函数网络与多层感知器是前一章所讨论的广义线性判别模型的自然发展。

为了配合这一章的内容，这里考虑用神经网络模型作为判别函数模型，它们是简单基函数的线性组合，并通常具有相同的参数形式。基函数的参数和线性权值通过训练过程确定。早些章节讨论的其他模型也可以称为神经网络模型(如线性判别分析)。同样，在神经网络的文献中，对分类与回归模型的阐述已经不再局限于这些简单的模型了。

在神经网络优化准则中，要假设有一组用来"训练"模型的数据样本 $\{(\boldsymbol{x}_i, \boldsymbol{t}_i), i = 1, \cdots, n\}$。对于回归问题，$\boldsymbol{x}_i$ 是回归变量的测量值(又称为预测变量或输入变量)，而 $\boldsymbol{t}_i$ 是相关变量或响应变量的测量值。对于分类问题，$\boldsymbol{t}_i$ 是类别标签。这两种情况均希望对给定测量值 $\boldsymbol{x}$ 获得 $\boldsymbol{t}$ 的一个估计。在神经网络文献中，$\boldsymbol{t}_i$ 称为目标值，它是模型对于测量值或输入 $\boldsymbol{x}_i$ 的响应期望；模型的实际响应 $\boldsymbol{g}(\boldsymbol{x}_i)$ 称为输出。所涉及的所有算法，均需要对输入进行标准化处理(例如，通过线性缩放，使基于训练数据的每个输入变量均具有零均值和单位方差；或者再例如，通过线性缩放，使所有输入变量介于 $-1$ 和 $+1$ 之间)，这样做可以改善算法性能(能确保小范围取值的变量不被大范围取值的变量所主导)。

关于神经网络的研究议题通常也是模式识别所关注的，即模型的确定、模型的训练及模型的选择，一切均为使其获得优良的泛化性能。6.2 节至 6.4 节将介绍 3 种流行的模型，分别是径向基函数网络、非线性支持向量机和多层感知器。

## 6.2　径向基函数

### 6.2.1　引言

径向基函数(RBF)最早提出于函数插值的文献中(Powell, 1987; Lowe, 1995a)，并由 Broomhead and Lowe(1988)首先用于判别。然而，径向基函数在很长的一段时间内徘徊在两种形式之间。这两种形式与核函数法(见第 4 章)和混合正态模型(见第 2 章)密切相关，其中核函数法用于密度估计和回归，它在统计学文献中有详尽的阐述。

在数学上，可将径向基函数描述成径向对称非线性基函数的线性组合。根据①

$$g_j(\boldsymbol{x}) = \sum_{i=1}^{m} w_{ji}\phi_i(|\boldsymbol{x} - \boldsymbol{\mu}_i|) + w_{j0}, \quad j = 1, \cdots, n' \tag{6.3}$$

径向基函数给出样本 $\boldsymbol{x} \in \mathbb{R}^d$ 到 $n'$ 维输出空间的变换。通常用参数 $w_{ji}$ 表示权值，$w_{j0}$ 表示偏移，

① 这里用 $n'$ 表示输出空间的维数。在分类问题中，通常有 $n' = C$，即 $n'$ 为类别数。

而向量$\boldsymbol{\mu}_i$是中心。模型式(6.3)与第4章所讨论的核函数密度模型非常相似。在核函数模型中，$n'=1$，$w_{10}=0$，取中心数$m$等于数据样本数$n$，并且$\boldsymbol{\mu}_i=\boldsymbol{x}_i$（中心为每个数据样本）；$w_{ji}=1/n$，$\phi$就是第4章给出的核函数之一，在神经网络文献中，有时称其为激励函数。

在准确插值的情况下，基函数定位于每个数据点上($m=n$)。假设由满足条件$g(\boldsymbol{x}_i)=t_i$的点($\boldsymbol{x}_i$, $t_i$)寻找从$\mathbb{R}^d$到$\mathbb{R}$的映射$g$(取$n'=1$)；即在假设模型式(6.3)下(忽略偏移)寻找$\boldsymbol{w}=(w_1,\cdots,w_n)^{\mathrm{T}}$的解，该解满足

$$\boldsymbol{t}=\boldsymbol{\Phi}\boldsymbol{w}$$

其中，$\boldsymbol{t}=(t_1,\ \cdots,\ t_n)^{\mathrm{T}}$，$\boldsymbol{\Phi}$是$n\times n$阶矩阵，其第$(i,j)$个元素为$\phi(|\boldsymbol{x}_i-\boldsymbol{x}_j|)$，$\phi$为非线性函数。Micchelli(1986)证明，对于一大类函数，$\boldsymbol{\Phi}$的逆存在，且$\boldsymbol{w}$的解为

$$\boldsymbol{w}=\boldsymbol{\Phi}^{-1}\boldsymbol{t}$$

就泛化而言，准确插值并非好事。它会在很多模式识别问题中导致模型的泛化性能变坏(见第1章)。这时，拟合函数可能会引起十分严重的振荡，因此通常取$m<n$。

径向基函数的最显著优点是它的简单性。一旦非线性的形式与中心被确定，就可以得到一个线性模型。模型参数可以很容易地由最小平方法获得，或者通过真正合适的优化方法获得，如第5章讨论的那些方法。

对于有监督分类，径向基函数可以用于为每个类构造线性判别函数。图6.1示出了一个一维的例子。

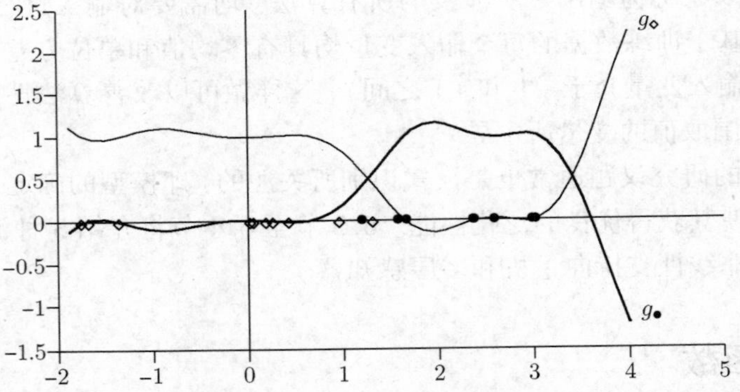


图6.1 用径向基函数(正态核函数)网络构造的核函数

该例从两个单变量、单位方差、均值分别为0.0和2.0的正态分布中抽取数据，并将数据标于图上。正态核函数被置于由这些数据选出的中心上。权值$w_{ji}$用最小平方法确定，并将判别函数$g_\bullet$与$g_\diamond$标于图上。这样，“小圆形”函数的线性组合就可以用来产生作为判别基础的两个函数。

## 6.2.2 模型的确定

基本的径向基函数模型具有如下形式：

$$g_j(\boldsymbol{x})=\sum_{i=1}^{m}w_{ji}\phi\left(\frac{|\boldsymbol{x}-\boldsymbol{\mu}_i|}{h}\right)+w_{j0},\quad j=1,\cdots,n'$$

即所有基函数都具有相同的函数形式($\phi_i=\phi$)，并且引入比例参数$h$。在这一模型中，有5个量需要指定或者由数据确定：

- 基函数的形式 $\phi$；
- 中心位置 $\boldsymbol{\mu}_i$；
- 平滑参数 $h$；
- 权值 $w_{ji}$ 与偏移 $w_{j0}$；
- 基函数的数量 $m$。

径向基函数模型的构造需要如下 3 个主要步骤。

1. 指定非线性函数 $\phi$。函数 $\phi$ 与数据及所研究的问题基本无关(尽管其参数并非如此)。
2. 确定中心数及其位置，确定平滑参数。这些应该与数据相关。
3. 确定径向基函数的权值。这些也与数据相关。

上面的第 2 步和第 3 步不一定分开执行。接下来的几节将依次展开对以上各步的讨论。

优化径向基函数时，多数工作要用到本书其他地方介绍的技术，例如聚类/原型选择、核方法、最小二乘法或最大似然优化等。在诸多方面，径向基函数并非新生技术，它被广泛作为模式识别的工具。6.2.8 节将利用径向基函数衍生出一种基于高斯非线性的判别模型。

### 6.2.3　指定函数的形式

什么是基函数的最佳选择？这个问题是有争议的。虽然问题的某些类型不能与某些非线性函数的形式进行适当的匹配，但与非线性函数的中心数及其位置相比，其实际形式不那么重要(这与核函数密度估计的情况一样)。典型的非线性函数形式由表 6.1 给出。注意，当拟合函数及其导数连续时，径向基函数非线性函数会产生平滑逼近。另外，表中还有一些函数，它们关于测量 $\boldsymbol{x}$ 的梯度是不连续的，例如 $z\log(z)$ 和 $\exp(-z)$。

薄板样条函数 $\phi(z) = z^2\log(z)$ 和正态或高斯函数 $\phi(z) = \exp(-z^2)$ 是两种最流行的形式，使用这些函数形式的角度有所不同(见 6.2.9 节)：站在核函数回归与核函数密度估计的角度来看，应取正态形式；而站在曲线拟合(Lowe, 1995a)的角度，则应取薄板样条函数。实际上，在一定条件下，每种形式都可以被证明是最优的：在存在正态分布噪声输入的数据拟合条件下，正态形式是在最小平方意义下的最优基函数(Webb, 1994)；在通过点集拟合曲面及使用粗糙度惩罚的条件下，自然薄板样条函数则是最优解(Duchon, 1976; Meinguet, 1979)。

表 6.1　非线性径向基函数

| 非线性 | 数学形式 |
|---|---|
| 高斯 | $\exp(-z^2)$ |
| 指数 | $\exp(-z)$ |
| 二次函数 | $z^2 + \alpha z + \beta$ |
| 递二次函数 | $1/[1 + z^2]$ |
| 薄板样条 | $z^\alpha \log(z)$ |
| 三角函数 | $\sin(z)$ |

这两个函数不尽相同：第一种是紧致的且为正，第二种在无穷处发散且在一个区域内为负。然而实际上，上述差别在一定程度上仅限于表面，因为出自训练的目的，只需在特征空间的 $[s_{\min}/h, s_{\max}/h]$ 范围内定义函数 $\phi$，其中

$$s_{\max} = \max_{ij} |\boldsymbol{x}_i - \boldsymbol{\mu}_j|$$
$$s_{\min} = \min_{ij} |\boldsymbol{x}_i - \boldsymbol{\mu}_j| \tag{6.4}$$

因此，可以在此区域上将 $\phi$ 重新定义为 $\hat{\phi}(s)$：

$$\hat{\phi} \leftarrow \frac{\phi(s/h) - \phi_{\min}}{\phi_{\max} - \phi_{\min}} \tag{6.5}$$

其中，$\phi_{max}$ 和 $\phi_{min}$ 分别是 $\phi$ 在 $[0, s_{max}/h]$ 上的最大值和最小值(取 $s_{min}=0$)，$s=|\boldsymbol{x}-\boldsymbol{\mu}_j|$ 是特征空间上的距离，函数 $\hat{\phi}(s)$ 满足 $0 \leqslant \hat{\phi} \leqslant 1$。$\phi$ 可以经权值 $\{w_{ji}, i=1, \cdots, m\}$ 和偏移 $w_{j0}$，$j=1, \cdots, n'$ 进行简单的调整，拟合函数保持不变。

6.2.5 节将详细论讨平滑参数的选择问题。与核函数密度估计一样，选取合适的平滑参数比选取函数的形式更为重要。一些有限的经验证据表明，使用薄板样条函数来拟合高维数据，效果会更好(Lowe, 1995b)。

### 6.2.4 中心位置

设已指定基函数的个数 $m$，这时可通过用非线性优化方法将适当的准则(例如，最小平方准则)最小化的方法来获得中心值和权值。然而，更常见的做法是先决定中心的位置，然后再使用一种适合于线性模型的优化方法计算权值。当然，这意味着优化准则不是求关于中心位置的极值，实际上这样做无关紧要。

就判别和插值来讲，中心位置的选择对径向基函数性能的影响极大。在插值问题中，应该把更多的中心置于曲率较高的区域；而在判别问题中，则应该把更多的中心置于类的边界附近。以下是几种确定中心的常用方法。

#### 1. 从数据集中随机选取

随机地从数据集中选择中心。我们或许希望在高密度区域得到较多的中心。这种情况的结果是，如果平滑参数不调整，径向基函数就可能“覆盖”不到稀疏的区域。随机选取是一种很常用的方法，其优点是速度快，缺点是没有考虑拟合函数，或在监督分类问题中没有考虑类别标签；也就是说，这是一种无监督方法，不能为映射问题提供最优解。

#### 2. 聚类方法

把从上述方法得到的中心值用作 $k$ 均值聚类算法的种子点，这样做是为将聚类中心作为径向基函数的中心。$k$ 均值算法设法将数据划分为 $k$ 类，并使类内平方和最小；即寻求聚类中心 $\{\boldsymbol{\mu}_j, i=1, \cdots, k\}$，以将 $\sum_{j=1}^{k} S_j$ 最小化，其中第 $j$ 个聚类的类内平方和是

$$S_j = \sum_{i=1}^{n} z_{ji}|\boldsymbol{x}_i - \boldsymbol{\mu}_j|^2$$

这里，若 $\boldsymbol{x}_i$ 位于第 $j$ 类，则 $z_{ji}=1$，否则为零。第 $j$ 类的样本数 $n_j=\sum_{i=1}^{n} z_{ji}$，均值 $\boldsymbol{\mu}_j$ 为

$$\boldsymbol{\mu}_j = \frac{1}{n_j}\sum_{i=1}^{n} z_{ji}\boldsymbol{x}_i$$

用 $k$ 均值法计算聚类中心 $\boldsymbol{\mu}_j$ 的算法将在第 11 章讨论。

另外，也可以使用其他聚类方法：它们或者以样本为基础进行聚类，或者首先形成不相似度矩阵，再以不相似度矩阵为基础进行聚类(见第 11 章)。

#### 3. 正态混合模型

如果打算使用正态非线性函数，如下的做法是明智的，即将基础分布为 $p(\boldsymbol{x})$ 的正态混合模型(见第 2 章)所产生的参数作为中心(甚至宽度)。建立混合正态分布模型为

$$p(\boldsymbol{x}) = \sum_{j=1}^{g} \pi_j p(\boldsymbol{x}|\boldsymbol{\mu}_j, h)$$

其中，

$$p(\boldsymbol{x}|\boldsymbol{\mu}_j, h) = \frac{1}{(2\pi)^{d/2}h^d}\exp\left\{-\frac{1}{2h^2}(\boldsymbol{x}-\boldsymbol{\mu}_j)^{\mathrm{T}}(\boldsymbol{x}-\boldsymbol{\mu}_j)\right\}$$

可以用期望最大化算法通过似然函数的最大化(见第 2 章)来确定 $h$，$\pi_j$ 和 $\boldsymbol{\mu}_j$。忽略权值 $\pi_j$ 后产生由 $h$ 与 $\boldsymbol{\mu}_i$ 定义的正态基函数，再将这些基函数用于径向基函数模型中。

**4. *k* 近邻初始化法**

以上方法仅使用输入数据定义中心，而没有使用类别标签或回归问题的相关变量值。因此，与训练数据分布相同的无标签数据也可以用于中心的初始化过程。现在来考虑一些有监督方法。由第 4 章可以发现，$k$ 近邻分类器并不需要用所有的数据样本定义决策边界。可以用剪辑法删除那些产生分类错误的原型(希望提高泛化性能)，用压缩法减少用于确定决策边界的样本数量。剪辑和压缩后剩下的原型可以作为径向基函数分类器的中心而被保留。

**5. 正交最小平方法**

径向基函数中心的选择可以看成变量的选择问题(见第 10 章)。Chen et al. (1991, 1992) 考虑用完整的样本集作为中心的候选集，并用递增法构造中心集。假设目前有 $k-1$ 个中心的集合，这 $k-1$ 个中心被置于不同的数据点上。在第 $k$ 步，从剩下的 $n-(k-1)$ 个数据样本中选取一个中心，使得预测误差得到最大程度的缩减，并将其加入中心集，这种加入新中心的进程延续到使拟合误差和模型复杂度相协调的准则函数达到最小。

上述方法的基本实现方案是，在程序的第 $k$ 步对网络权值求解 $n-(k-1)$ 次，每次求解要对 6.2.6 节的式(6.7)进行计算。Chen et al. (1991) 提出了基于正交最小平方算法来减小计算量的方案，并给出了一个高效运行程序，用于有新中心加入时的误差计算。

### 6.2.5　平滑参数

获得中心之后，接下来需要确定平滑参数。这时，选择一个“适当”的平滑度参数很重要，以适应数据的结构；需要在极端拟合数据中的噪声到无法反映数据结构的另一个极端之间做折中选择。这种折中选择还受到所采用的非线性函数的具体形式的制约。如果是正态分布，则用来选择中心的正态混合方法自然会导致分布的宽度。其他方法则需要使用独立估计法。

第 4 章讨论了关于核密度估计的几种启发式方法。这些方法虽然是次优的，但计算速度快。还讨论了通过使平方和误差的交叉验证估计达到最小来选择平滑参数的方法。

图 6.2 示出了对高斯基函数取多种平滑参数 $h$ 时，非线性函数的标准化形式[见围绕式(6.4)和式(6.5)所展开的讨论]。可以看出，该非线性函数的标准化形式在 $h/s_{\max}$ 约大于 2 时变化甚微，在 $h\to\infty$ 时则趋于二次函数

$$\hat{\phi}_\infty(s) \triangleq 1-\frac{s^2}{s_{\max}^2}$$

因此，标准化基函数渐近地独立于 $h$。

对于较大的 $h/s_{\max}$ (约大于 2)，$h$ 值的改变可以通过调整权值 $w_{ji}$ 得以补偿，径向基函数是输入变量的二次函数。对于较小的 $h$ 值，标准化函数趋于高斯形式，从而允许拟合函数小幅度变化。

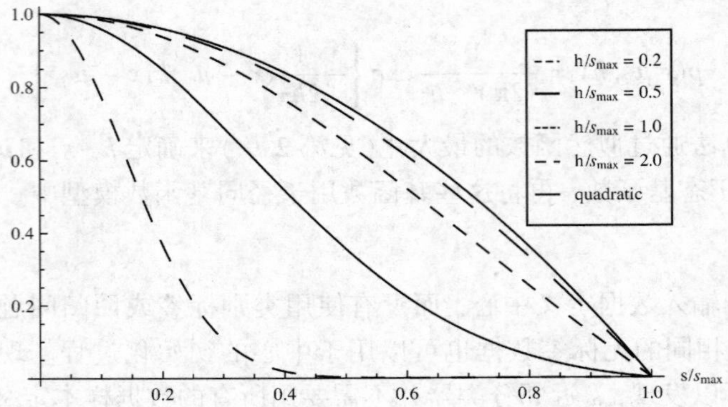


图 6.2 $h/S_{max}$ = 0.2, 0.5, 1.0, 2.0 以及有界二次的标准化高斯基函数 $\hat{\phi}(s)$

## 6.2.6 权值的计算

在给定模型阶次的前提下，确定径向基函数的最后一项工作就是计算权重。目前，计算权重的最流行技术是基于最小平方误差测度的方法。当然，人们还就某些特殊情况提出使用诸如最大似然方法的其他技术。例如广义逻辑模型(见 6.4.5 节)和用于高斯基函数的期望最大化算法(Lázaro et al., 2003)。

最小平方误差测度

与线性问题(见第 5 章)类似，设法将关于参数 $w_{ij}$ 的平方误差测度

$$\begin{aligned}E &= \sum_{i=1}^{n} |\boldsymbol{t}_i - \boldsymbol{g}(\boldsymbol{x}_i)|^2 \\ &= \| -\boldsymbol{T}^T + \boldsymbol{W\Phi}^{\mathrm{T}} + \boldsymbol{w}_0 \boldsymbol{1}^{\mathrm{T}} \|^2\end{aligned} \tag{6.6}$$

最小化，其中 $\boldsymbol{T} = [\boldsymbol{t}_1 | \cdots | \boldsymbol{t}_n]^{\mathrm{T}}$ 是 $n \times C$ 阶目标矩阵，其第 $i$ 行是输入 $\boldsymbol{x}_i$ 的目标值；$\boldsymbol{\Phi} = [\boldsymbol{\phi}(\boldsymbol{x}_1), \cdots, \boldsymbol{\phi}(\boldsymbol{x}_n)]^{\mathrm{T}}$ 是 $n \times m$ 阶矩阵，第 $i$ 行是一组由 $\boldsymbol{x}_i$ 计算得到的基函数的值(还取决于中心 $\boldsymbol{\mu}_j$)；$\|\boldsymbol{A}\|^2 = \mathrm{Tr}\{\boldsymbol{AA}^{\mathrm{T}}\} = \sum_{ij} A_{ij}^2$；而 $\boldsymbol{1}$ 是由 1 组成的 $n \times 1$ 维向量。

设非线性函数 $\phi$ 的参数 $\{\boldsymbol{\mu}\}$ 已确定下来，这时使式(6.6)最小化的 $\boldsymbol{W}$ 的最小范数解便是

$$\boldsymbol{W} = \hat{\boldsymbol{T}}^{\mathrm{T}} (\hat{\boldsymbol{\Phi}}^{\mathrm{T}})^{\dagger} \tag{6.7}$$

其中，† 代表矩阵的伪逆(见图 5.4)。矩阵 $\hat{\boldsymbol{T}}$ 和矩阵 $\hat{\boldsymbol{\Phi}}$ 具有零均值的行($\hat{\boldsymbol{T}}^{\mathrm{T}}\boldsymbol{1} = 0$; $\hat{\boldsymbol{\Phi}}^{\mathrm{T}}\boldsymbol{1} = 0$)，定义为

$$\hat{\boldsymbol{T}} \triangleq \boldsymbol{T} - \boldsymbol{1}\bar{\boldsymbol{t}}^{\mathrm{T}}$$

$$\hat{\boldsymbol{\Phi}} \triangleq \boldsymbol{\Phi} - \boldsymbol{1}\overline{\boldsymbol{\phi}}^{\mathrm{T}}$$

其中，

$$\bar{\boldsymbol{t}} = \frac{1}{n}\sum_{i=1}^{n} \boldsymbol{t}_i = \frac{1}{n}\boldsymbol{T}^{\mathrm{T}}\boldsymbol{1}$$

$$\overline{\boldsymbol{\phi}} = \frac{1}{n}\sum_{i=1}^{n} \boldsymbol{\phi}(\boldsymbol{x}_i) = \frac{1}{n}\boldsymbol{\Phi}^{\mathrm{T}}\boldsymbol{1}$$

分别是目标值和基函数输出的均值。$w_0$ 的解是

$$\boldsymbol{w}_0 = \bar{\boldsymbol{t}} - \boldsymbol{W}\bar{\boldsymbol{\phi}}$$

因此，可以使用如奇异值分解的线性方法对权值 $\boldsymbol{W}$ 进行求解。

在分类问题中，类别标签采用“1-from-C”编码方案（即若 $\boldsymbol{x}_i \in \omega_j$，则目标值 $\boldsymbol{t}_i = (0, 0, \cdots, 0, 1, 0, \cdots, 0)^{\mathrm{T}}$ 中的 1 位于第 $j$ 个位置），则用最后一层权值的伪逆解式(6.7)得出性质：对于任意数据样本 $\boldsymbol{x}$，$\boldsymbol{g}$ 的分量之和为 1，即

$$\sum_i g_i = 1$$

其中，

$$\boldsymbol{g} = \hat{\boldsymbol{T}}^{\mathrm{T}}(\hat{\boldsymbol{\Phi}}^{\mathrm{T}})^{\dagger}\boldsymbol{\Phi}^{\mathrm{T}} + \boldsymbol{w}_0 \tag{6.8}$$

$\boldsymbol{g}$ 的值不一定为正数。为保证 $\boldsymbol{g}$ 值取正，可以用 $\exp(-g_i)/\sum_j \exp(-g_j)$ 代替 $g_i$。这是形成广义 logistic 模型（有时称为 softmax）的基础。

可以像式(5.40)那样，通过样本权重将先验知识归并到误差函数中。

最小平方误差测度的正则化

如果模型的参数过多，就会造成该模型对数据的过拟合，从而导致其泛化性能变差（见第 1 章），有一种方法可以使模型的拟合结果趋于平滑，就是对平方误差和进行惩罚。于是，我们对平方误差测度式(6.6)进行修改，改成对下式进行最小化：

$$E = \sum_{i=1}^{n} |\boldsymbol{t}_i - \boldsymbol{g}(\boldsymbol{x}_i)|^2 + \alpha \int F(\boldsymbol{g}(\boldsymbol{x}))\mathrm{d}\boldsymbol{x} \tag{6.9}$$

其中，$\alpha$ 是正则化参数，$F$ 是模型的复杂度函数。例如，对单变量曲线拟合问题，常选 $F(\boldsymbol{g})$ 为拟合函数 $\boldsymbol{g}$ 关于 $\boldsymbol{x}$ 的二阶偏导数 $\frac{\partial^2 \boldsymbol{g}}{\partial^2 x}$。这时，最小化式(6.9)后得到的 $\boldsymbol{g}$ 的解为一个三次样条函数（Green and Silverman，1994）。

在神经网络的相关文献中，经常使用如下形式的惩罚项：

$$\alpha \sum_i \tilde{w}_i^2$$

其中，求和运算在所有可调节的参数 $\tilde{w}$ 上进行，该方法称为权重衰退。

我们已经看到，对于式(6.2)所示的广义线性模型，用零均值矩阵 $\hat{\boldsymbol{T}}$ 和零均值矩阵 $\hat{\boldsymbol{\Phi}}$ 表示的含惩罚误差项（见第 5 章）的误差

$$E = \| -\hat{\boldsymbol{T}}^{\mathrm{T}} + \boldsymbol{W}\hat{\boldsymbol{\Phi}}^{\mathrm{T}} \|^2 + \alpha \|\boldsymbol{W}\|^2 \tag{6.10}$$

其中，$\alpha$ 称为岭参数（见第 5 章）。最小化 $E$ 得 $\boldsymbol{W}$ 的解：

$$\boldsymbol{W} = \hat{\boldsymbol{T}}^{\mathrm{T}}\hat{\boldsymbol{\Phi}}(\hat{\boldsymbol{\Phi}}^{\mathrm{T}}\hat{\boldsymbol{\Phi}} + \alpha \boldsymbol{I}_m)^{-1}$$

### 6.2.7　模型阶次的选择

最后，我们来讨论模型中心个数的问题①，这个问题与本书多处讨论的关于模型复杂度的

① 注意：正交最小平方中心选择方法具有将中心点选择纳入其中的模型选择准则。

问题非常相似(见第13章)。例如,多少个聚类才是最合适的?正态混合模型应该取多少个分量?如何确定本征维数?等等。回答这些问题是有难度的。中心个数的确定涉及多种因素的制约,包括数据的规模有多大、数据的分布如何、非线性函数采用多大的维数,以及非线性函数采用怎样的形式。对径向基函数来讲,使之具有较多的中心同时限制其复杂度(单个平滑参数),或许比中心个数较少但较复杂的非线性函数形式要好些。目前,有多种确定中心个数的方法,这些方法包括:

1. 使用交叉验证方法。将交叉验证误差(在平滑参数上被最小化)作为中心个数的函数绘制出来。选择中心个数的依据是随中心个数的变化,交叉验证误差曲线不再明显降低,或者不再明显升高[这时,像Orr(1995)那样,中心个数向减小方向变化]。
2. 在独立的测试集上监测模型的性能。该方法与上述交叉验证法相似,只是误差的计算是在独立的测试集上进行的。
3. 使用信息复杂度准则。通过惩罚复杂度的附加项来加强平方和误差(Chen et al., 1991)。
4. 如果使用正态混合模型来设置中心的位置和宽度,就可以使用估计正态混合模型中分量数量的方法(见第2章)。

### 6.2.8 简单径向基函数

至此,我们完整地讨论了实现简单径向基函数的方法,步骤如下。

1. 指定函数的非线性形式。
2. 指定中心个数 $m$。
3. 确定中心的位置(例如,随机选择或使用 $k$ 均值算法)。
4. 确定平滑参数(例如,使用简单试探法或交叉验证法)。
5. 把数据映射到由非线性函数所张成的空间中;即对于给定的数据集 $\boldsymbol{x}_i$, $i = 1, \cdots, n$,构成向量 $\boldsymbol{\phi}_i = \boldsymbol{\phi}(\boldsymbol{x}_i)$,其中 $i = 1, \cdots, n$。
6. 使用最小平方法求解权值及偏移量。
7. 在训练集与测试集上计算最后的输出;如果需要,则对数据进行分类。

以上是对径向基函数网络的简单说明,该径向基函数网络使用无监督方法进行中心配置和宽度的选择(因此是次优的)。经常提及的径向基函数网络的优点之一是它的简单性:与后续章节介绍的多层感知分类器相比,它不需要使用非线性优化方法。然而,该模型涉及用于中心配置和宽度确定的多种复杂方法,这些方法会大幅增加模型的计算复杂度。尽管如此,对许多应用来讲,简单的径向基函数是能够使模型的性能达到可接受的程度的。

### 6.2.9 一些调整

可以从几个不同的角度促进对径向基函数模型的研究。下面首先介绍判别方面的两种观点,然后介绍回归的观点。

#### 6.2.9.1 核函数判别分析

设多元核函数密度估计(见第4章)

$$p(\boldsymbol{x}) = \frac{1}{nh^d}\sum_{i=1}^{n} K\left(\frac{1}{h}(\boldsymbol{x} - \boldsymbol{x}_i)\right)$$

其中，对 $d$ 维向量 $\boldsymbol{x}$ 定义 $K(\boldsymbol{x})$，使其满足 $\int_{\mathbb{R}^d} K(\boldsymbol{x})\mathrm{d}\boldsymbol{x} = 1$。假设有一组样本 $\boldsymbol{x}_i(i = 1, \cdots, n)$，其中有 $n_j$ 个样本属于 $\omega_j(j = 1, \cdots, C)$ 类。如果为每个类构造密度估计，那么类成员的后验概率可以写成

$$p(\omega_j|\boldsymbol{x}) = \frac{p(\omega_j)}{p(\boldsymbol{x})}\frac{1}{n_j h^d}\sum_{i=1}^{n} z_{ji}K\left(\frac{1}{h}(\boldsymbol{x}-\boldsymbol{x}_i)\right) \tag{6.11}$$

其中，$p(\omega_j)$ 是 $\omega_j$ 类的先验概率，且若 $\boldsymbol{x}_i$ 属于 $\omega_j$ 类，则 $z_{ji} = 1$，否则 $z_{ji} = 0$。因此，判别工作基于以下形式的模型进行：

$$\sum_{i=1}^{n} w_{ji}\phi_i(\boldsymbol{x}-\boldsymbol{x}_i) \tag{6.12}$$

其中，$\phi_i(\boldsymbol{x} - \boldsymbol{x}_i) = K((\boldsymbol{x} - \boldsymbol{x}_i)/h)$，且

$$w_{ji} = \frac{p(\omega_j)}{n_j}z_{ji} \tag{6.13}$$

[式(6.11)中分母上的 $p(\boldsymbol{x})h^d$ 项与 $j$ 无关，因此将其略去]。式(6.12)是一种径向基函数的形式，其中心在每个数据点上，权值由类先验概率确定[见式(6.13)]。

### 6.2.9.2　混合模型

在用高斯混合模型(见第 2 章)进行判别分析时，$\omega_j$ 的类条件概率密度表示为

$$p(\boldsymbol{x}|\omega_j) = \sum_{r=1}^{R_j}\pi_{jr}p(\boldsymbol{x}|\boldsymbol{\theta}_{jr})$$

其中，$\omega_j$ 类有 $R_j$ 个子类，$\pi_{jr}$ 是混合比例( $\sum_{r=1}^{R_j}\pi_{jr} = 1$ )，而 $p(\boldsymbol{x} \mid \boldsymbol{\theta}_{jr})$ 是 $\omega_j$ 的第 $r$ 个子类关于 $\boldsymbol{x}$ 的概率密度；( $\boldsymbol{\theta}_{jr}$ 表示子类参数：对于正态混合模型，$\theta_{jr}$ 是均值与协方差矩阵)。类成员的后验概率密度为

$$p(\omega_j|\boldsymbol{x}) = \frac{p(\omega_j)}{p(\boldsymbol{x})}\sum_{r=1}^{R_j}\pi_{jr}p(\boldsymbol{x}|\boldsymbol{\theta}_{jr})$$

其中，$p(\omega_j)$ 是 $\omega_j$ 的先验概率。

对于正态混合模型的分量 $p(\boldsymbol{x} \mid \boldsymbol{\theta}_{jr})$，其均值为 $\boldsymbol{\mu}_{jr}$，$j = 1, \cdots, C$；$r = 1, \cdots, R_j$，且具有相同的对角形协方差矩阵 $\sigma^2\boldsymbol{I}$，由此得到式(6.3)形式的判别函数，基函数有 $m = \sum_{j=1}^{C} R_j$ 个，$\boldsymbol{\mu}_{jr}$ 为其中心，权值由混合比例、类先验概率及类指示变量设定。

### 6.2.9.3　正规化

设有数据集 $\{(\boldsymbol{x}_i, t_i), i = 1, \cdots, n\}$，其中 $\boldsymbol{x}_i \in \mathbb{R}^d$，寻找光滑面 $g$

$$t_i = g(\boldsymbol{x}_i) + \text{error}$$

的方法之一是将如下被惩罚的平方和最小化：

$$S = \sum_{i=1}^{n}(t_i - g(\boldsymbol{x}_i))^2 + \alpha J(g)$$

其中，$\alpha$ 为调整参数或称为粗糙度参数(Green and Silverman, 1994)，$J(g)$ 是度量拟合面的粗糙程度的惩罚项，上式具有惩罚拟合面“起伏”的效应(见第 5 章和 6.2.6 节)。

通常在 $m$ 阶导数的基础上选择 $J$, 把 $J$ 取为

$$J(g)=\int_{\mathbb{R}^d}\sum\frac{m!}{\nu_1!\cdots\nu_d!}\left(\frac{\partial^m g}{\partial x_1^{\nu_1}\cdots\partial x_d^{\nu_d}}\right)^2 \mathrm{d}x_1\cdots \mathrm{d}x_d$$

其中, 求和运算在所有的非负整数 $v_1, v_2, \cdots, v_d$ 上进行, 以使 $v_1+v_2+\cdots+v_d=m$, 从而导致坐标系在平移和旋转之后, 惩罚项不变(Green and Silverman, 1994)。

定义 $\eta_{md}(r)$ 为

$$\eta_{md}(r)=\begin{cases}\theta r^{2m-d}\log(r), & d\text{为偶数}\\ \theta r^{2m-d}, & d\text{为奇数}\end{cases}$$

比例常数 $\theta$ 定义为

$$\theta=\begin{cases}(-1)^{m+1+d/2}2^{1-2m}\pi^{-d/2}\frac{1}{(m-1)!}\frac{1}{(m-d/2)!}, & d\text{为偶数}\\ \Gamma(d/2-m)2^{-2m}\pi^{-d/2}\frac{1}{(m-1)!}, & d\text{为奇数}\end{cases}$$

那么, (在关于点 $\boldsymbol{x}_i$ 与 $m$ 的某些条件下)使 $J(g)$ 最小的函数 $g$ 是自然薄板样条, 此函数的形式为

$$g(\boldsymbol{x})=\sum_{i=1}^{n}b_i\eta_{md}(|\boldsymbol{x}-\boldsymbol{x}_i|)+\sum_{j=1}^{M}a_j\gamma_j(\boldsymbol{x})$$

其中,

$$M=\binom{m+d-1}{d}$$

$\{\gamma_j, j=1,\cdots,M\}$ 为一组线性无关的多项式, 它们张成 $\mathbb{R}^d$ 中阶数小于 $m$ 的 $M$ 维多项式空间。系数 $\{a_j, j=1,\cdots,M\}$ 和 $\{b_i, i=1,\cdots,n\}$ 满足特定的约束(对于更多的细节, 见 Green and Silverman, 1994)。因此, 对函数进行最小化包含对径向对称项 $\eta$ 最小化和对多项式最小化。

Bishop(1995)给出了另一种求导运算, 该运算基于不同形式的惩罚项, 产生出高斯径向基函数。

## 6.2.10 径向基函数的性质

促使径向基函数在函数逼近和判别分析中得到广泛应用的一个原因是, 径向基函数具有通用逼近函数的性质: (在核函数上给定一定的条件)所构造的径向基函数可以任意准确地逼近给定(可积, 有界且连续)函数(Park and Sandberg, 1993; Chen and Chen, 1995)。这可能需要数量庞大的中心。如果不是全部, 也是在大部分的实际应用中, 希望被逼近的映射用一组给定类别标签的有限数据样本来定义, 或者在逼近问题中, 映射用数据样本与相关函数的值来定义, 并在有限精度算法中被实现。显然, 这限制了模型的复杂度。

## 6.2.11 应用研究举例

问题

Webb and Garner(1999)运用径向基函数对源位置估计问题进行了研究, 所使用的数据是雷达焦平面阵列上得到的测量值。传感器焦平面上的方位估计量需要一个压缩集成(硬件)实现(需要一个解决方案, 使其能容易地用硅来实现与焦平面阵列相同的基片), 因此促使了具体方法的产生。

概述

与判别问题不同，该问题是一个预测问题：给定一组训练样本 $\{(\boldsymbol{x}_i, \theta_i), i = 1, \cdots, n\}$，其中 $\boldsymbol{x}_i$ 是独立变量测量值(在此问题中是阵列校准测量值)组成的向量，$\theta_i$ 是响应变量(位置)，寻找预测器 $f$ 使得给定新测量值 $z$，$f(z)$ 为测量值 $z$ 所产生的源位置的准确估计。然而，该问题不同于标准的回归问题，回归问题中在测量值向量 $z$ 上存在噪声，这一点类似于变量中的误差这一统计学模型。因此，需要寻找对输入噪声具有鲁棒性的预测器。

数据

训练数据为位于透镜焦平面上的 12 个探测器阵列的输出。当透镜扫过微波点源时(因此给出透镜的点弥散函数的测量值)，在探测器上得到测量值。信噪比(SNR)约为 45 dB 的被测训练样本有 3721 个。在低信噪比范围内，对确定位置的点源记录测试数据。

模型

所采用的模型是具有高斯核函数的标准径向基函数网络，核函数的中心在 12 维空间上定义。采用标准最小平方法估计模型参数。可以将该问题看成一大类判别和回归问题中的一个例子，在此类问题中，预期的工作条件(测试条件)与训练条件不同。例如，在判别问题中，类先验概率可能与在训练数据中估计的值有很大差异。在最小平方法中，这可以通过适当地修正平方和误差准则来补偿(见 5.3.4 节)。同样，可以通过修正误差准则来允许预期的总体漂移。在源位置估计问题中，认为训练条件是“无噪声的”(通过校准方法来获得)，且因为数据上存在噪声(已知方差)，测试条件与训练条件不同。可以通过修正平方和误差准则将这种情况考虑在内。

训练方法

所设计的径向基函数预测器使用 $k$ 均值算法选择中心。然后求取岭回归型的权值解(见 6.2.6 节关于调整的内容)，这时岭参数与信噪比项成反比。因此，不必用搜索方法确定岭参数，而是通过测量雷达系统的信噪比来设置之。在 12 个元素的微波焦平面上得到实验结果，再估计两个角坐标，由此可以验证理论的研究。

结果

结果证明，如果调整参数使之与信噪比成反比，则使用这样的参数调整解，对带有噪声的测试条件进行补偿是可能的。

### 6.2.12　拓展研究

在径向基函数的设计、学习算法及贝叶斯处理等方面，基本径向基函数模型获得了许多研究进展。

Musavi et al. (1992)深入讨论了考虑数据样本类别标签的 $k$ 均值法，其中聚类包含了来自同一类的样本，在此方法中，Karayiannis and Mi(1997)讨论将局部的类条件方差作为网络生长过程的一部分而被最小化。

Chang and Lippmann(1993)提出了在类边界附近配置径向基函数中心的监督方法。另一种方法是基于支持向量的思想，在监督方式下为分类任务选择中心，Schölkopf et al. (1997)对此进行了论述(见第 5 章和 6.3 节)。在对具有高斯基函数的径向基函数网络进行支持向量学习的方法中，由支持向量机(SVM)方法获得的分类面(即决策边界)是高斯函数的线性组合，这些高斯函数位于所选训练点(支持向量)上。中心的数量和位置自然而然被确定。在对径向基函数训练的多种方法的比较研究中，Schwenker et al. (2001)发现，支持向量机学习法在分类任务上常常优于标准的径向基函数两阶段学习方法(计算权值再选择或调整中心)。

Chen et al. (1996)及Orr(1995)使用修正后的误差准则，进一步研究了正交最小平方前向选择法，把广义交叉验证准则用作算法的停止条件。

在基本方法中，所有样本在权值的计算中都被立即使用(“批处理学习”)。人们进一步研究了在线学习方法，例如Marinaro and Scarpetta(2000)。这使得网络的权值能根据对新样本的计算误差顺序地更新。允许在学习进程中可能产生临时变化。

Holmes and Mallick(1998)研究了基函数数量和权值未知的贝叶斯处理，在模型维数与模型参数上定义联合密度函数，使用马尔可夫链蒙特卡罗方法(见第3章)，在模型维数与参数上求积分并得出结论。径向基函数网络的分层贝叶斯模型由Andrieu et al. (2001)提出，该模型再次利用了可逆跳的马尔可夫链蒙特卡罗方法。

### 6.2.13 小结

径向基函数构造简单，易于训练，并能迅速求得权值的解。这些基函数提供了非常灵活的模型，同时给出了非常优良的性能。径向基函数模型使用许多标准的模式识别组合方法(例如聚类与最小平方优化)。模型有许多不同的变形(由于中心选取方法的选择、非线性函数的形式、确定权重的方法，以及模型选择方法的不同而产生)。由于径向基函数可能对不同的研究具有不同的形式，因此，在大量不同的应用研究中就径向基函数的性能给出有意义的结论很困难。

径向基函数的缺点也同样存在于本书所覆盖的许多(如果不是全部)判别模型中。也就是说，要小心避免构造对数据中噪声进行建模的分类器，或者避免构造对训练集建模过好的分类器，这些分类器的泛化性能较差。正如本书再三强调的，选取一个具有适当复杂度的模型是非常重要的。调整权值的解可以提高泛化性能。选择模型的要求会增加模型在计算上的要求，因此常常声称的径向基函数网络的简单性可能被夸大了。然而，应该指出的是，对径向基函数而言，使用简单的方法就能得到优良的性能，这通常超过许多更“传统”的统计分类器。

## 6.3 非线性支持向量机

### 6.3.1 简介

第5章介绍的支持向量机是将其作为为线性可分数据寻找最优分类超平面的一种工具，同时讨论了当数据线性不可分时的改进方法。正如该章所谈及的，支持向量机算法可以应用于变换后的特征空间$\boldsymbol{\phi}(\boldsymbol{x})$，是$\boldsymbol{\phi}$非线性的函数。实际上，把输入特征非线性地变换到可以应用线性方法的空间(见第1章)，是许多模式分类方法的一个原则。下面就支持向量机内容对这一方法展开进一步的讨论。

### 6.3.2 二分类

对于两类问题，寻找以下形式的判别函数：

$$g(\boldsymbol{x}) = \boldsymbol{w}^{\mathrm{T}}\boldsymbol{\phi}(\boldsymbol{x}) + w_0$$

决策规则为

$$\boldsymbol{w}^{\mathrm{T}}\boldsymbol{\phi}(\boldsymbol{x}) + w_0 \begin{cases} > & 0 \\ < & 0 \end{cases} \Rightarrow \boldsymbol{x} \in \begin{cases} \omega_1, & \text{相应地 } y_i = +1 \\ \omega_2, & \text{相应地 } y_i = -1 \end{cases}$$

支持向量机方法是通过寻找拉格朗日算子的极值点来确定最大分类间隔的解。拉格朗日算子的对偶形式[见式(5.59)]为

$$L_D = \sum_{i=1}^{n}\alpha_i - \frac{1}{2}\sum_{i=1}^{n}\sum_{j=1}^{n}\alpha_i\alpha_j y_i y_j \boldsymbol{\phi}^{\mathrm{T}}(\boldsymbol{x}_i)\boldsymbol{\phi}(\boldsymbol{x}_j) \tag{6.14}$$

其中，$y_i = \pm 1\ (i = 1, \cdots, n)$是类别指示器的取值，$\alpha_i\ (i = 1, \cdots, n)$是满足下式的拉格朗日乘子：

$$\begin{gathered}\sum_{i=1}^{n}\alpha_i y_i = 0 \\ 0 \leqslant \alpha_i \leqslant C\end{gathered} \tag{6.15}$$

$C$是“调整”参数。在式(6.15)的约束下最大化式(6.14)，便可产生由非零的$\alpha_i$所确定的支持向量。

$\boldsymbol{w}$的解[见式(5.63)]为

$$\boldsymbol{w} = \sum_{i\in\mathcal{SV}}\alpha_i y_i \boldsymbol{\phi}(\boldsymbol{x}_i)$$

将新数据样本$\boldsymbol{x}$代入下式，根据得出的符号完成对$\boldsymbol{x}$的分类：

$$g(\boldsymbol{x}) = \sum_{i\in\mathcal{SV}}\alpha_i y_i \boldsymbol{\phi}^{\mathrm{T}}(\boldsymbol{x}_i)\boldsymbol{\phi}(\boldsymbol{x}) + w_0 \tag{6.16}$$

其中，

$$w_0 = \frac{1}{n_{\widetilde{\mathcal{SV}}}}\left\{\sum_{i\in\widetilde{\mathcal{SV}}} y_i - \sum_{i\in\mathcal{SV}, j\in\widetilde{\mathcal{SV}}}\alpha_i y_i \boldsymbol{\phi}^{\mathrm{T}}(\boldsymbol{x}_i)\boldsymbol{\phi}(\boldsymbol{x}_j)\right\} \tag{6.17}$$

式中，$\mathcal{SV}$是支持向量的集合，与之相关的$\alpha_i$满足$0 \leqslant \alpha_i \leqslant C$，而$\widetilde{\mathcal{SV}}$是$n_{\widetilde{\mathcal{SV}}}$个支持向量的集合，满足$0 < \alpha_i < C$（那些到分类超平面的目标距离为$1/|\boldsymbol{w}|$的点）。

对$L_D$[见式(6.14)]的优化以及接下来的样本分类[见式(6.16)和式(6.17)]，仅仅取决于变换后的特征向量之间的数积，我们用如下核函数来替代该数积：

$$K(\boldsymbol{x}, \boldsymbol{y}) = \boldsymbol{\phi}^{\mathrm{T}}(\boldsymbol{x})\boldsymbol{\phi}(\boldsymbol{y})$$

这样就避免了对$\boldsymbol{\phi}(x)$直接进行变换。用$K(\boldsymbol{x}, \boldsymbol{y})$代替该数积后，判别函数式(6.16)变成

$$g(\boldsymbol{x}) = \sum_{i\in\mathcal{SV}}\alpha_i y_i K(\boldsymbol{x}_i, \boldsymbol{x}) + w_0 \tag{6.18}$$

采用核函数的优点是，只要核函数可以写成内积形式，仅需要在训练算法中使用$K$，甚至不需要明确知道$\boldsymbol{\phi}$。在某些情况下(例如指数核函数)，特征空间是无限维的，因而使用核函数更有效。

在线性情形下，为得到$\alpha_i$（因此得到支持向量），需要寻求二次规划优化问题的解(见5.4.6节)，但此时伴随着由核估计取代的向量之间的数积。例如，可以使用 Osuna et al. (1997)的分解算法，或 Platt(1998)的 SMO 算法。

### 6.3.3　核函数的类型

可以用在支持向量机中的核函数的类型是很多的。表6.2列出了一些常用的形式。

表 6.2 支持向量机用到的核函数

| 非线性类型 | 数学形式 |
| --- | --- |
| 简单多项式 | $(1+\boldsymbol{x}^{\mathrm{T}}\boldsymbol{y})^p$ |
| 多项式 | $(r+\gamma\boldsymbol{x}^{\mathrm{T}}\boldsymbol{y})^p,\ \gamma>0$ |
| 高斯 | $\exp(-\lvert\boldsymbol{x}-\boldsymbol{y}\rvert^2/\sigma^2)$ |
| 反曲函数(Sigmoid) | $\tanh(k\boldsymbol{x}^{\mathrm{T}}\boldsymbol{y}-\delta)$ |

作为例子，设核函数 $K(\boldsymbol{x},\boldsymbol{y})=(1+\boldsymbol{x}^{\mathrm{T}}\boldsymbol{y})^p$，其中取 $p=2$，$\boldsymbol{x},\boldsymbol{y}\in\mathbb{R}^2$。此核函数可展开为

$$\begin{aligned}(1+x_1y_1+x_2y_2)^2&=1+2x_1y_1+2x_2y_2+2x_1x_2y_1y_2+x_1^2y_1^2+x_2^2y_2^2\\&=\boldsymbol{\phi}^{\mathrm{T}}(\boldsymbol{x})\boldsymbol{\phi}(\boldsymbol{y})\end{aligned}$$

其中，$\boldsymbol{\phi}(\boldsymbol{x})=(1,\sqrt{2}x_1,\sqrt{2}x_2,\sqrt{2}x_1x_2,x_1^2,x_2^2)$。

作为可接受条件，核函数必须能在特征空间上表达成内积的形式，这意味着它们必须满足 Mercer 条件(Courant and Hilbert, 1959; Vapnik, 1998)，即核函数 $K(\boldsymbol{x},\boldsymbol{y})$，$\boldsymbol{x},\boldsymbol{y}\in\mathbb{R}^d$ 或 $K(\boldsymbol{x},\boldsymbol{y})=\boldsymbol{\phi}^{\mathrm{T}}(\boldsymbol{x})\boldsymbol{\phi}(\boldsymbol{y})$ 是特征空间的内积，当且仅当 $K(\boldsymbol{x},\boldsymbol{y})=K(\boldsymbol{y},\boldsymbol{x})$，且

$$\int K(\boldsymbol{x},z)f(\boldsymbol{x})f(z)\mathrm{d}\boldsymbol{x}\mathrm{d}z\geqslant 0$$

对于所有的 $f$ 满足下式：

$$\int f^2(\boldsymbol{x})\mathrm{d}\boldsymbol{x}<\infty$$

这时，可以将核函数 $K(\boldsymbol{x},\boldsymbol{y})$ 扩展为

$$K(\boldsymbol{x},\boldsymbol{y})=\sum_{j=1}^{\infty}\lambda_j\hat{\phi}_j(\boldsymbol{x})\hat{\phi}_j(\boldsymbol{y})$$

其中，$\lambda_j$ 和 $\phi_j(\boldsymbol{x})$ 是满足下式的特征值和特征函数：

$$\int K(\boldsymbol{x},\boldsymbol{y})\phi_j(\boldsymbol{x})\mathrm{d}\boldsymbol{x}=\lambda_j\phi_j(\boldsymbol{x})$$

$\hat{\phi}_j$ 经过了标准化处理，因此有 $\int\hat{\phi}_j^2(\boldsymbol{x})\mathrm{d}\boldsymbol{x}=1$。

## 6.3.4 模型选择

支持向量机模型的自由度涉及核函数的选择、核函数参数的选择，以及使训练错误受到惩罚的调整参数 $C$ 的选择。对于大多数类型的核函数，找到使类别可分的核函数参数值，一般来讲是可能的。然而，这样做往往会导致模型对训练数据的过度拟合，或者对未知数据较差的泛化性能，因而不能算是明智的策略。

模型选择的最简单方法是保留一个确认集，并用该确认集监测模型参数改变时的性能。为了充分利于数据，更广泛使用的方案是数据重采样法，如交叉验证法和 Bootstrapping 法(见第 9 章对分类器错误率估计的内容和第 13 章)。在训练支持向量机时，选择一个适当的模式至关重要。在默认参数下所产生的分类器，其性能往往令人失望。不过，可以像径向基函数网络的平滑参数(见 6.2.5 节)那样，为支持向量机核参数启发式地选择其初始值。如果是高斯核，那么这些工作可以基于核密度估计展开(见第 4 章)。

在描述实施支持向量机的 LIBSVM C++ 软件时，Chang and Lin(2011)主张，多用基于网

格的搜索方法(用交叉验证法估计其性能)，也可参见 Hsu et al. (2003)。正如 Hsu et al. (2003)指出的，可以通过分层搜索策略来减少搜索时间，即从一个粗网格开始，然后在最佳网格范围内展开细搜索。文中建议，对每个参数(如指数序列)的搜索均在多个量级上展开。Staelin(2002)主张在每个参数的搜索范围内减少迭代次数，每次搜索均围绕前一个最佳估计值进行。

Fröhlich and Zell(2005)建议：在参数空间，在线训练分类错误面的高斯过程模型，然后只用改善拟合错误“最高”预期的点训练支持向量机。Huang and Wang(2006)开发出了用于支持向量机参数选择的遗传算法，该算法也可用于作为输入数据的特征子集的选择。遗传算法(Goldberg, 1989)试图利用达尔文的物竞天择说的思想，从总体潜在解中找到最优解。Lin et al. (2008)建议使用粒子群优化进行支持向量机参数选择及特征选择。粒子群优化算法(Kennedy and Eberhart, 1995)是基于群体的启发式搜索算法，灵感来自对鸟群趋于食物丰富处的过程的观察。

Hastie et al. (2004)展示了求解支持向量机优化问题的另一种方法，即对于正则化参数 $C$ 的不同取值，对支持向量机解的路径展开有效计算，此操作无须在网格中搜索 $C$ 参数与核参数。

### 6.3.5　多类支持向量机

可以按照第 5 章的讨论线路展开对多类支持向量机的研究。即可以借助“一对一”或“一对多(全部)”的方法形成组合二分类器；也可以直接将其作为一个单独的多类优化问题进行求解(“在一起”方法)。在评估这些方法的过程中，Hsu and Lin(2002)发现，“在一起”方法产生的支持向量较少，但“一对全部”的方法更适合实际使用。

### 6.3.6　概率估计

支持向量机的缺点在于它们并不估计类成员的概率。为了解决二分类的概率估计问题，Platt(2000)建议先以通用方式训练出支持向量机二分类器，然后用 sigmoid 函数将支持向量机的输出[见式(6.18)]映射成概率，这个概率模型为

$$\hat{p}(y=+1|g(\boldsymbol{x}))=\frac{1}{1+\exp(Ag(\boldsymbol{x})+B)} \tag{6.19}$$

和

$$\hat{p}(y=-1|g(\boldsymbol{x}))=1-\hat{p}(y=+1|g(\boldsymbol{x}))$$

其中，$A$ 和 $B$ 是待优化的参数，可以使用最大似然优化方法估计之。该方法需要用到在具有类别标签的验证数据(或许是来自交叉验证的数据)上训练而得的支持向量机的输出结果。验证集的目标值 $\{y_i, i=1, \cdots, n\}$ 重新定义为

$$t_i=\begin{cases}0, & y_i=-1\\ 1, & y_i=+1\end{cases}$$

或以正则化形式定义为

$$t_i=\begin{cases}\dfrac{1}{\sum_{i=1}^{n}I(y_i=-1)+2}, & y_i=-1\\[2ex] \dfrac{\sum_{i=1}^{n}I(y_i=+1)+1}{\sum_{i=1}^{n}I(y_i=+1)+2}, & y_i=1\end{cases}$$

其中，$I$ 是指示函数，如果结果正确则取值为 1，否则为 0。$A$ 和 $B$ 的选择使用最大似然法，即最大化对数似然函数

$$l(A, B) = \sum_{i=1}^{n} (t_i \log p_i + (1 - t_i) \log(1 - p_i))$$

其中，$p_i$ 如同式(6.19)定义的，是验证集中第 $i$ 个样本输出 $g(\boldsymbol{x}_i)$ 下的值。上述最大值问题的求解可以通过数值优化过程来完成(Press et al., 1992)，关于优化步骤的较详细讨论可见 Lin et al. (2007)，讨论中还涉及数值计算所带来的稳定性降低的问题。

遗憾的是，上述方法不能维系下列关系：

$$g(\boldsymbol{x} > 0) \Leftrightarrow \hat{p}(y = +1) > 0.5$$

因此，拥有最大概率的类有可能与支持向量机预测的类并不相同。

Wu et al. (2004)通过“一对一”策略将该方法扩展到多类问题的概率估计(见 5.3.1 节)，使用 Platt(2000)方法为每一种情况获取一个二分类概率估计。对于测试样本 $\boldsymbol{x}$，记 $r_{ij}$ 为类 $\omega_i$ 和 $\omega_j$ 之间的分类器，将其估计为 $\omega_i$ 类的概率估计。该样本的类概率向量 $\boldsymbol{p} = (p_1, \cdots, p_C)$ 的优化结果是在 $\sum_{i=1}^{C} p_i = 1$，$p_i \geqslant 0$，$i = 1, \cdots, C$ 的约束下，经过对下式最小化完成的：

$$\sum_{i=1}^{C} \sum_{j \neq i} (r_{ji} p_i - r_{ij} p_j)^2$$

Wu et al. (2004)和 Milgram et al. (2006)对如何结合“一对一”策略实现多类问题的概率估算进行了深入讨论。

### 6.3.7 非线性回归

可以采用类似于二类分类器支持向量机的方法，将线性支持向量机的回归模型(见 5.4.5 节)推广为非线性回归函数。这个非线性函数为

$$f(\boldsymbol{x}) = \boldsymbol{w}^{\mathrm{T}} \boldsymbol{\phi}(\boldsymbol{x}) + w_0$$

将式(5.67)替换为

$$L_D = \sum_{i=1}^{n} (\hat{\alpha}_i - \alpha_i) y_i - \epsilon \sum_{i=1}^{n} (\hat{\alpha}_i + \alpha_i) - \frac{1}{2} \sum_{i=1}^{n} \sum_{j=1}^{n} (\hat{\alpha}_i - \alpha_i)(\hat{\alpha}_j - \alpha_j) K(\boldsymbol{x}_i, \boldsymbol{x}_j)$$

其中，$K(\boldsymbol{x}, \boldsymbol{y})$ 是满足 Mercer 条件的核函数。在约束式(5.68)下将该式最大化。

此时，$f(\boldsymbol{x})$ 的解为[与式(5.70)相比]

$$f(\boldsymbol{x}) = \sum_{i=1}^{n} (\hat{\alpha}_i - \alpha_i) K(\boldsymbol{x}, \boldsymbol{x}_i) + w_0$$

通过 Karush-Kuhn-Tucker 附加条件[见式(5.69)]选择参数 $w_0$，使得

$$\text{对于任意}\, i,\ 0 < \alpha_i < C \text{时},\ f(\boldsymbol{x}_i) - y_i = \epsilon$$

$$\text{对于任意}\, i,\ 0 < \hat{\alpha}_i < C \text{时},\ f(\boldsymbol{x}_i) - y_i = -\epsilon$$

其中，数积被核估计所取代。在线性条件下，当 $0 < \alpha_i < C$ 或 $\hat{\alpha}_i < C$ 时，它通常取所有样本中 $w_0$ 的平均值。

## 6.3.8 应用研究举例

问题

该问题是通过航拍超光谱图像确定土地覆盖的类型(例如作物类型)(Melgani and Bruzzone, 2004)。

概述

广阔土地覆盖类型(如林业、农作物和市区)的确定可以借助多光谱传感器得到的图像来完成。由于类间差异的降低，造成不同类型的分类或同一类型的再分类(如森林的类型、农作物的类型)工作比较多的问题。对于这样的问题，人们主张采用通过超光谱传感器获得的数以百计的观测通道图像来进行分类，并基于超光谱数据，利用特征选择准则降低数据维度，分别在数据维度降低的前后，获取支持向量机分类器、径向基函数分类器和 $k$ 近邻分类器(见第 4 章)，然后组织对这些分类器性能的比较。

数据

1992 年 6 月在美国印第安那州用机载可见光/红外成像光谱仪收集超光谱图像，用于测试算法性能。使用了两百个光谱通道的数据。由这些数据构建了一个 9 类问题，训练样本 4757 个(每类样本数从 236 至 1245 不等)，测试样本 4588 个。

训练过程

为得到一个多类分类器(见 6.3.5 节)，考虑采用形成组合二分类支持向量机分类器的 4 种不同方法，分别是“一对多(全部)”、“一对一”和两个基于树的分层策略(在树的每一层，用来定义节点上两个类的策略不同)。用到两个支持向量机核：线性核和高斯核。通过考核支持向量机分类器在训练数据上的性能，来优化其参数(高斯核时是 $C$ 和 $\sigma$ )。特征选择标准采用的是最速上升搜索法下的基于距离测度的优化。因此，每个分类器所用的特征相同。

结果

不论是否进行特征选择，高斯核支持向量机分类器给出的分类精度最高；线性支持向量机分类器计算代价大于其他分类器一个数量级；对于高斯核支持向量机，“一对一”组合规则下的分类器性能最佳，然而分层树组合方案计算效率更高。

## 6.3.9 拓展研究

本章介绍的将基本支持向量机模型用于判别与回归的方法已出现很多新的进展。

Lin et al. (2002)介绍了如何将先验知识和规则植入支持向量机模型(允许测试条件不同于训练条件，这种情况在实际应用中经常出现)。Lauer and Bloch(2008)回顾了如何将附加知识植入数据的一系列方法，包括数据特征变换的不变性和训练集的不平衡性。植入信息的方法有两类：(i)改变核函数以提供变换的不变性；(ii)扩大训练集以反映先验知识(称为抽样方法)。

人们还对基本回归模型进行扩展，以考虑对 $\epsilon$ 不敏感损失函数和岭回归解(Vapnik, 1998; Cristianini and Shawe-Taylor, 2000)。$v$ 支持向量分类算法(Schölkopf et al., 2000)引入一个参数来控制支持向量的数量和训练误差。支持向量法还可以应用于密度估计(Vapnik, 1998)。

Guyon and Stork(1999)以及 Schölkopf et al. (1997)讨论了支持向量分类方法与其他分类方

法之间的关系。Sollich(2002)和 Van Gestel et al. (2002)开拓出支持向量机贝叶斯算法框架。Joachims(2006)注意到支持向量机方法学习结构化输出，如同树和序列，使其与剖析自然语言具有了相关性。

### 6.3.10 小结

支持向量机是一类算法，该算法给出模式识别问题的决策边界，该决策边界所依据的样本来自训练样本的一个小子集(典型样本)。可以把支持向量机推广到回归问题中，这时设立 $\epsilon$ 不敏感损失函数，并且不对低于 $\epsilon > 0$ 的误差进行惩罚。

被最小化的损失函数包括两项，一项为 $\boldsymbol{w}^{\mathrm{T}}\boldsymbol{w}$，它能够表征模型的复杂度，另一项用于度量训练错误。单一参数 $C$ 控制着这两项之间的平衡。对于分类与回归问题，优化问题可以重新映射为二次规划问题。

有人提出了几种解决多类分类问题的方法：二类分类器的组合及一步实现的多类支持向量机方法。

支持向量机已经广泛用于许多实际问题，并被证明它对实际问题是有价值的，其泛化性能往往能够达到或超越其他方法。

一旦核函数确定下来，支持向量机就剩下一个自由参数，即调整参数，该参数控制着模型复杂度与训练误差之间的平衡。然而，常常有许多核函数的参数需要设置，而不良的选择会导致其泛化性能变差。对给定问题往往做不到选择出最佳的核函数，但对具体的问题，例如文档分类，可以导出特殊的核函数(Lodhi et al., 2002)。

## 6.4 多层感知器

### 6.4.1 引言

多层感知器(MLP)是模式识别工具箱中的另一个工具，近些年来有相当多的应用。Rumelhart et al. (1986)论文将多层感知器作为第 5 章介绍的感知器的提高和改进(尤其是提供对线性不可分数据的分类能力)。从那时起，多层感知器就广泛应用于很多模式识别的问题中了。

为了引出一些术语，我们先考虑一个简单的模型，然后推广之。基本的多层感知器依照下式将样本 $\boldsymbol{x} \in \mathbb{R}^d$ 变换到 $n'$ 维空间：

$$g_j(\boldsymbol{x}) = \sum_{i=1}^{m} w_{ji}\phi_i(\boldsymbol{\alpha}_i^{\mathrm{T}}\boldsymbol{x} + \alpha_{i0}) + w_{j0}, \quad j = 1, \cdots, n' \tag{6.20}$$

其中，函数 $\phi_i$ 是固定不变的非线性函数。它作为当前输入的函数，表示一个神经元的平均发放率，通常取相同的 logistic 形式：

$$\phi_i(y) = \phi(y) = \frac{1}{1 + \exp(-y)} \tag{6.21}$$

于是，变换式(6.20)包括：把数据投影到由向量 $\boldsymbol{\alpha}_i = (\alpha_{i1}, \alpha_{i2}, \cdots, \alpha_{id})$ 描述的 $m$ 个方向上；然后用函数 $\phi_i(y)$ 变换投影后的数据(偏差 $\alpha_{i0}$ 担当补偿)；最后，用权值 $w_{ji}$ 形成线性组合(偏差 $w_{j0}$ 担当补偿)。

通常，多层感知器的图解形式如图 6.3 所示。图中，输入节点接受数据向量或样本。权值与输入节点和隐层节点之间的连接相关联，隐层节点接受加权组合 $y = \boldsymbol{\alpha}_i^{\mathrm{T}}\boldsymbol{x} + \alpha_{i0}$ 并进行非线性变换 $\phi(y)$。输出节点取隐层节点输出的线性组合并以此作为输出。理论上，该模型可以使用多个隐层，每层对前一层输出与前一层到本层节点的连接权向量的数积进行变换。也可以用与输出节点关联的非线性函数取代权值 $w_{ij}$ 与隐层单元输出的线性组合，以完成非线性变换。

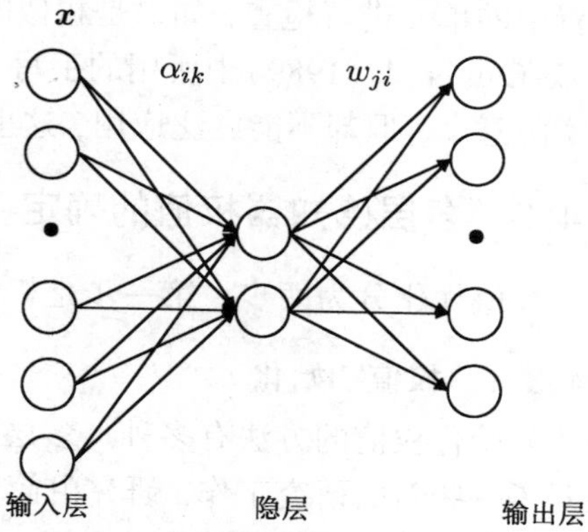

图 6.3　单隐层多层感知器

本节重点讨论只含一个隐层的多层感知器。并进一步假设"输出"是函数 $\phi_i$ 的线性组合，或者至少在判别问题中，可以通过函数 $\phi_i$ 的线性变换来完成判别(logistic 判别模型就是这种类型)。使用单隐层模型是有一定理由的，已经证明，单隐层感知器能够以任意精度逼近任意(连续有界可积)函数(Hornik，1993)(见 6.4.4 节)。同样，实际经验也已证明，使用单隐层感知器在很多问题上都能获得很好的结果。可能由于实际原因而需要考虑超过一个隐层的感知器，并且在概念上可以直接进行扩展分析。

多层感知器是非线性模型：模型的输出是模型参数与输入的非线性函数，因而必须运用非线性优化方法对所选择的优化准则进行最小化。因此，所有要做的就是希望获得优化准则函数的局部极值。每个局部极值下得到一个可接受解，最后在多个可接受解中选出最满意解。

### 6.4.2　多层感知器结构的确定

为了确定网络的结构，必须先规定隐层数、每层中非线性函数的个数，以及非线性函数的形式。在文献中所能找到的大多数多层感知器网络由 logistic 处理单元式(6.21)组成，每个单元与前一层中的所有单元相连接(完全层间连接)，而非相邻层的单元之间不存在连接。

通常用如下双曲正切(tanh)函数来取代 logistic 处理单元：

$$\phi_i(y) = \phi(y) = \tanh(y) = \frac{\exp(y) - \exp(-y)}{\exp(y) + \exp(-y)} \tag{6.22}$$

图 6.4 给出了 logistic 函数和 tanh 函数的变化曲线。

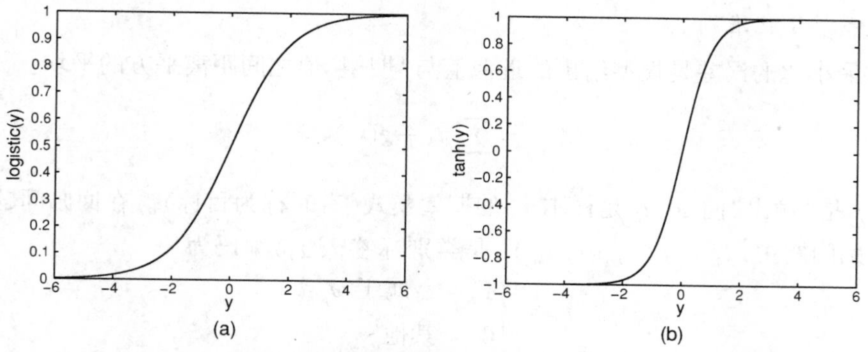

图 6.4　标准多层感知器变化函数。(a) logistic；(b) tanh

然而，值得一提的是，许多现有的多层感知器网络示例都不是完全层间连接的。在许多成功的神经网中，每个处理单元只与前一层处理单元的一个子集相连。这些选中的处理单元常常是邻域内的一部分，特别是当输入为某种图像时更是如此。在更复杂的实现中，对邻域不同位置中的单元进行检查，如果是相似的，则将其与权值相连，并将权值强置相同(共享权值)，如 Le Cun et al. (1989)中所用的手写 zip 码的识别。这种高级多层感知器网络，虽然具有重要的实际意义，但却不能广泛应用，这里不再更深入地讨论。

## 6.4.3 多层感知器权值的确定

权值优化分为两步。第一步是权值的初始化；第二步是用非线性优化方法优化之。

### 6.4.3.1 权值初始化

初始化权值的方法有多种。多层感知器的权值通常是以小的随机数开始。另外，人们还展开了一些新的研究工作，研究由简单的启发式方法获得权值初始值所带来的好处。尽管指定好的初始值会增加初始化的时间，但会减少训练时间。

随机初始化的方法是在 $[-\Delta, \Delta]$ 上的均匀分布①中抽取数值，并将其作为初始权值，其中的 $\Delta$ 取决于数据取值尺度。如果所有变量同等重要并且样本方差为 $\sigma^2$，那么令 $\Delta = 1/(d\sigma)$ 不失为一种合理的选择($d$ 是变量数)。Hush et al. (1992)对几种权值初始化方案进行了评价，并支持使用小随机值初始化的方案。

就权值初始化问题，人们展开了多种基于模式识别方法的研究。例如，Weymaere and Martens(1994)提出了基于 $k$ 均值聚类(见第 11 章)及最近邻分类的网络初始化方法。Brent(1991)使用决策树(见第 7 章)进行初始化。Lowe and Webb(1990)介绍到：在假设变量独立的条件下产生类条件概率进而将多层感知器初始化。实际上，此方法仅能应用于能将数据表示为二值模式的分类变量中。

### 6.4.3.2 优化

许多不同的优化准则及非线性优化方法都可以考虑用于多层感知器。近年来，多层感知器是被探讨得最深入的一种方法(特别是在工程文献中)。有时候研究者的研究没有实际的应用，而是多层感知器的"神经网络"形态激发了他们的创造力。这里只对多层感知器的优化方法做简短的介绍。

大部分优化方法涉及函数及其对参数集的求导计算。这里，参数是多层感知器的权值，函数是所选误差准则。下文讨论最小二乘法作为误差准则，6.4.5 节将讨论 logistic 判别模型。

最小平方误差最小化准则

需要被最小化的误差是模型给出的近似值与"期望"值之间距离平方的平均：

$$E = \sum_{k=1}^{n} |\boldsymbol{t}_k - \boldsymbol{g}(\boldsymbol{x}_k)|^2 \tag{6.23}$$

其中，$\boldsymbol{g}(\boldsymbol{x}_k)$ 是"输出"向量，$\boldsymbol{t}_k$ 是样本 $\boldsymbol{x}_k$ 的期望模式(有时称为目标)。在回归问题中，$\boldsymbol{t}_k$ 是因变量；在判别问题中，$\boldsymbol{t}_k = (t_{k1}, \cdots, t_{kC})^{\mathrm{T}}$ 是类别标签，通常编码为

$$t_{ij} = \begin{cases} 1, & x_i \text{ 属于 } \omega_j \text{ 类} \\ 0, & \text{其他} \end{cases}$$

考虑到先验概率和将错分代价并入目标编码所带来的影响，需要对误差准则进行修正(见 5.3.4 节)。

① 也常常使用来自正态分布的样本进行初始化。

用于多层感知器的多数非线性优化方法需要对一组给定的权值计算误差及其偏导数。

误差对权值 $v$(输入层与隐层单元之间表示为权值 $\alpha$, 隐层单元与输出层之间表示为权值 $w$, 见图 6.3)的偏导数可以表示为①

$$\frac{\partial E}{\partial v} = -2\sum_{k=1}^{n}\sum_{l=1}^{n'}(\boldsymbol{t}_k - \boldsymbol{g}(\boldsymbol{x}_k))_l \frac{\partial g_l(\boldsymbol{x}_k)}{\partial v} \tag{6.24}$$

对于权值 $w$ 的分量 $v$ , $v = w_{ji}$ , $g_l$ 对 $v$ 的导数为

$$\frac{\partial g_l}{\partial w_{ji}} = \begin{cases} \delta_{lj}, & i=0 \\ \delta_{lj}\phi_i(\boldsymbol{\alpha}_i^{\mathrm{T}}\boldsymbol{x}_k + \alpha_{i0}), & i \neq 0 \end{cases} \tag{6.25}$$

对于权值 $\alpha$ 的分量 $v$, $v = \alpha_{ji}$, $g_l$ 对 $v$ 的导数为

$$\frac{\partial g_l}{\partial \alpha_{ji}} = w_{lj}\frac{\partial \phi_j}{\partial \alpha_{ji}} = \begin{cases} w_{lj}\dfrac{\partial \phi_j}{\partial y}, & i=0 \\ w_{lj}\dfrac{\partial \phi_j}{\partial y}x_{ki}, & i \neq 0 \end{cases} \tag{6.26}$$

其中, $\boldsymbol{x}_{ki}$是输入 $\boldsymbol{x}_k$ 的第 $i$ 个元素。并且, 对于 logistic 形式式(6.21)及 $y = \boldsymbol{\alpha}_j^{\mathrm{T}}\boldsymbol{x}_k + \alpha_{j0}$, $\partial\phi_j/\partial y$ 是 $\phi$ 关于其自变量的偏导数, 由下式给出:

$$\frac{\partial \phi}{\partial y} = \frac{\exp(-y)}{(1+\exp(-y))^2} = \phi(y)(1-\phi(y)) \tag{6.27}$$

联合式(6.24)至式(6.27), 便可得到关于权值 $w$ 与 $\alpha$ 的平方误差偏导数的表达式。

反向传播

在上面的例子中, 我们显式地计算了单隐层网络的偏导数。下面考虑更一般的处理: 反向传播。反向传播是为了对多层网络中误差函数偏导数进行有效计算所起的名称。记误差 $E$ 为

$$E = \sum_{k=1}^{n} E^k$$

其中, $E^k$ 是样本 $k$ 对误差的贡献。例如, 在式(6.23)中

$$E^k = |\boldsymbol{t}_k - \boldsymbol{g}(\boldsymbol{x}_k)|^2$$

参照图 6.5 给出一般性记号: 令第 $o-1$ 层与第 $o$ 层之间的权值为 $w_{ji}^o$ (连接 $o-1$ 层第 $i$ 个节点与 $o$ 层第 $j$ 个节点的权值); 令 $a_j^o$ 为 $o$ 层的非线性函数的输入, $z_j^o$ 为非线性函数的输出, 以使

$$a_j^o = \sum_{i=1}^{n_{o-1}} w_{ji}^o z_i^{o-1}$$
$$z_i^{o-1} = \phi\left(a_i^{o-1}\right) \tag{6.28}$$

其中, $n_{o-1}$ 是 $o-1$ 层的节点数, $\phi$ 是与节点关联的非线性函数(假设相同)②。这些量在称为前向传播的过程中计算出来, 即由其自身的组成部分 $E^k$ 计算误差 $E$。

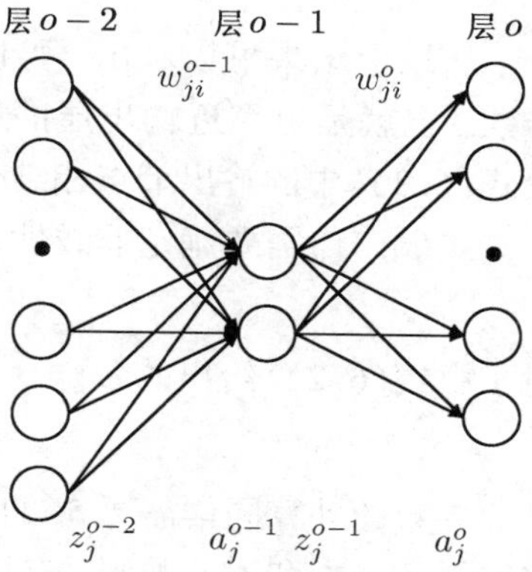


图 6.5　对反向传播的说明

① 再次用 $n'$ 表示输出维数; 在分类问题中, 类别数为 $C$, $n' = C$。

② 严格地讲, $a_j^o$ 与 $z_j^{o-1}$ 应该用 $k$ 作为下标, 因为它们取决于第 $k$ 个样本。

令第 $o$ 层为网络的最后一层。$E^k$ 是输入到最后一层的函数

$$E^k = E^k\left(a_1^o, \cdots, a_{n_o}^o\right)$$

例如，该网络具有线性输出单元，使用平方误差准则，则有

$$E^k = \sum_{j=1}^{n_o}\left(t_{kj} - a_j^o\right)^2$$

其中，$t_{kj}$ 是第 $k$ 个目标向量的第 $j$ 个分量。

误差 $E$ 的导数表现为各个 $E^k$（第 $k$ 个样本对误差的贡献）的导数之和。在最后一层，因为 $E^k$ 通过 $a_j^o$ 形成仅对权重 $w_{ji}^o$ 的相依关系，故此 $E^k$ 对最后一层权值 $w_{ji}^o$ 的导数为

$$\frac{\partial E^k}{\partial w_{ji}^o} = \frac{\partial E^k}{\partial a_j^o}\frac{\partial a_j^o}{\partial w_{ji}^o} = \delta_j^o z_i^{o-1} \tag{6.29}$$

其中，$\partial E^k/\partial a_j^o$ 是关于网络中具体节点输入的导数，为方便起见，我们将其简记为 $\delta_j^o$。

同样，在 $o-1$ 层，$E^k$ 通过输入 $a_j^{o-1}$ 形成仅对权重 $w_{ji}^{o-1}$ 的相依关系，故此 $E^k$ 对于权值 $w_{ji}^{o-1}$ 的导数为

$$\frac{\partial E^k}{\partial w_{ji}^{o-1}} = \frac{\partial E^k}{\partial a_j^{o-1}}\frac{\partial a_j^{o-1}}{\partial w_{ji}^{o-1}} = \delta_j^{o-1} z_i^{o-2} \tag{6.30}$$

其中再次使用了简记法，即用 $\delta_j^{o-1}$ 表示 $\partial E^k/\partial a_j^{o-1}$。用微分链式法则将其展开为

$$\delta_j^{o-1} = \sum_{l=1}^{n_o}\frac{\partial E^k}{\partial a_l^o}\frac{\partial a_l^o}{\partial a_j^{o-1}} = \sum_{l=1}^{n_o}\delta_l^o\frac{\partial a_l^o}{\partial a_j^{o-1}}$$

再利用式(6.28)的关系，得到

$$\frac{\partial a_l^o}{\partial a_j^{o-1}} = \frac{\partial}{\partial a_j^{o-1}}\left(\sum_{i=1}^{n_{o-1}} w_{li}^o\phi\left(a_i^{o-1}\right)\right) = w_{lj}^o\phi'\left(a_j^{o-1}\right)$$

从而得出反向传播方程

$$\delta_j^{o-1} = \phi'\left(a_j^{o-1}\right)\sum_{l=1}^{n_o}\delta_l^o w_{lj}^o \tag{6.31}$$

从以上结果可以看出，可以把 $E^k$ 关于具体节点输入的导数表达成对更高层节点输入的导数，也就是更靠近输出层的节点的导数。一旦这些导数被计算出来，它们便与式(6.29)及式(6.30)中的输出节点相结合，给出关于权值的偏导数。

式(6.31)需要确定非线性函数 $\phi$ 及其偏导数。对于由(6.21)给出的 $\phi$，

$$\phi'(a) = \phi(a)(1-\phi(a))$$

对于由式(6.22)给出的 $\phi$，

$$\phi'(a) = (1-\phi(a)^2)$$

导数的计算同样需要 $\delta_j^o$ 的初始值，也就是误差关于 $a_j^o$ 的第 $k$ 个分量的导数。对于线性输出单元的平方和误差准则，有

$$\delta_j^o = -2\left(t_{kj} - a_j^o\right) \tag{6.32}$$

上述方法迭代地用于每一层导数的计算。经常使用术语反向传播网络来描述运用这种计算方法的多层感知器，虽然严格地讲，反向传播指的是导数计算方法而不是网络的类型。

偏差项

网络中每一层，直到输出层，都会有偏差：也就是式(6.20)给出的单隐层模型中的 $\alpha_{i0}$ 与 $w_{j0}$ 项。对任意层的有偏差节点，可以认为该节点具有 $\phi(\cdot)\equiv 1$ 的固定输出，因此不需要到前一层的任何连接。通常的做法是，将 0 索引分配给一个偏差节点，并将式(6.28)中 $a_j^o$ 的表达式扩展为

$$a_j^o=\sum_{i=1}^{n_{o-1}}w_{ji}^o z_i^{o-1}+w_{j0}^o$$

因此，式(6.29)变为

$$\frac{\partial E^k}{\partial w_{j0}^o}=\frac{\partial E^k}{\partial a_j^o}\frac{\partial a_j^o}{\partial w_{j0}^o}=\delta_j^o$$

式(6.30)变为

$$\frac{\partial E^k}{\partial w_{j0}^{o-1}}=\frac{\partial E^k}{\partial a_j^{o-1}}\frac{\partial a_j^{o-1}}{\partial w_{j0}^{o-1}}=\delta_j^{o-1} \tag{6.33}$$

值得注意的是，对任意层 $o'$ 的输出，在 $z_0^{o'}\equiv 1$ 的条件(规则)下，这些对偏置项导数的表达式与全权值导数表达式相同。

求导优化

考虑误差及其偏导数的估算。原则上，有多种非线性优化方法可用(Press et al.，1992)。

有一个简单但低效的方法就是梯度下降(也称为最速下降)法。该方法根据误差对权重梯度的一个量值来更新每个权值，

$$w_{ji}^o\to w_{ji}^o-\lambda\sum_{k=1}^{n}\frac{\partial E^k}{\partial w_{ji}^o}$$

其中，更新率 $\lambda>0$。这种方法要花费大量的步骤才能得到一个(局部)最小值(Press et al.，1992)。

经研究发现，带有 Polak-Ribière 修正的共轭梯度算法对很多问题都非常适用。对于少量参数的问题(约小于 250)，推荐使用一种称为准牛顿非线性优化方法的 Broyden-Fletcher-Goldfarb-Shanno(BFGS)优化算法(Webb et al.，1988；Webb and Lowe，1988)。不过 Hess 逆矩阵($n_p\times n_p$，其中 $n_p$ 为参数个数)的存储问题限制了该方法在实际大型网络中的使用。Press et al.(1992)描述了共轭梯度和 BFGS。

关于优化算法的细节，可参见 van der Smagt(1994)和 Karayiannis and Venetsanopolous(1993)。

终止准则

非线性优化算法中最常用的终止准则是，当误差中的相对变化小于一个给定量(或超出最大允许迭代次数)时，算法终止。

用于分类问题的另一种终止准则是，当分类错误(或者在训练集上，或者在可分确认集上，后者更可取)停止下降时，停止训练(见第 9 章关于模型选取的内容)。另一种策略则是基于生长与剪枝算法的，该算法对网络(比所需规模大一些)进行训练，并把不需要的部分去掉，见 Reed(1993)对剪枝算法的研究。

训练策略

有多种将误差最小化的训练策略。上面讨论的方法是用整个样本集计算误差及其对权值 $w$ 的偏导数，然后把它们用于非线性优化方法中，以得到使误差最小的值。

另一种普遍采用的方法是，用梯度 $\partial E^k/\partial w$ 对参数进行更新。这是一种在线学习的方式。即在选用的非线性优化过程中，每次迭代时仅用一个而非全部样本计算梯度，这个样本随迭代而变(随机或顺序)。这一方法经常与梯度下降技术相伴。实际上，虽然这时整体误差在逐步减少，但不会收敛于极小值，而是在局部极值附近上下波动。有一种随机更新方案可对其实施改进，该方案也是每次只用一个样本计算梯度，但随迭代次数的增加，这个梯度的影响力(例如修正率)会降低，这使该方法能够收敛于最小值。随机更新方案能够降低用大数据集训练多层感知器的计算代价，与全批量更新相比，允许更大的参数搜索空间是有益处的。

最后，增量训练是用来加速神经网络总体学习时间的一种启发式方法，有时也能同时提高最终分类器的性能。方法很简单：首先在训练数据的一个子集上对网络进行部分训练(没有必要进行全面训练)，然后使用完整的训练数据库进一步调整上一步产生的网络。这样做的理由是，子集的训练会完成权值空间的粗糙搜索，从而找出"解决"初始问题的一个区域。我们希望在整个数据集上开始训练时，这个区域是一个有用位置。使用这种方法时，通常是将一个小的子集用于初始训练，并通过对越来越大的训练数据库的处理不断提高性能。用于每个子集的样本数应根据问题的不同而有所变化，但应该保证有足够的样本来代表数据分布，以防止网络对子集数据的过度拟合。因此，在判别问题中，初始训练子集里应具有来自各个类的样本。

#### 6.4.3.3 各种优化方案

大多数用于确定多层感知器权值的算法不必直接利用判别函数权值 $w$ 在最后一层是线性的这一事实，而是使用非线性优化方法对所有的权值进行求解。另一种方法则是在求解权值 $\boldsymbol{w}$(使用线性广义逆方法)和调整非线性函数 $\phi$ 的参数 $\boldsymbol{\alpha}$ [见式(6.20)]之间轮换进行。这相当于把最后一层的权值看成参数 $\boldsymbol{\alpha}$ 的函数(Webb and Lowe, 1988; Stäger and Agarwal, 1997)。

### 6.4.4 多层感知器的建模能力

如果能自由选择权值和非线性函数，那么当且仅当非线性函数不是多项式时，单隐层感知器能以任意精确度逼近任何连续函数(Leshno et al., 1993)。由于网络是在计算机上模拟的，隐层节点的非线性函数必须表达成有限项多项式，因此并不具备普遍近似这些函数的能力(Wray and Green, 1995)。然而，对于多数实际应用，缺少这种普遍近似性并无大碍。

Faragó and Lugosi(1993)提及多层感知器的分类性质。令 $L^*$ 为贝叶斯错误率(见第1章)，$g_{kn}$ 为具有 $k$ 个节点的单隐层感知器(具有非线性阶跃函数)，它由 $n$ 个样本训练而成，并在训练数据上的错误数量最小[其错误概率为 $L(g_{kn})$]；然后，假设选择 $k$ 使得

$$k \to \infty$$

$$k\frac{\log(n)}{n} \to 0$$

当 $n \to \infty$，则以概率1满足

$$\lim_{n\to\infty} L(g_{kn}) = L^*$$

因此，假设所选 $k$ 满足上述条件，当训练样本的数量变得很大时，分类误差接近贝叶斯误差。

然而，尽管这一结果很具吸引力，但为了在训练集上得到最小错误，而对 $g_{kn}$ 进行的参数选取工作，在计算上难度依然很大。

## 6.4.5　logistic 分类

现在来考虑 6.4.3 节用到的基于最小平方误差的另一种准则。该准则是基于广义 logistic 模型的。

### 6.4.5.1　广义 logistic 模型

对于多类情况，广义 logistic 判别的基本假设是

$$\log\left(\frac{p(\boldsymbol{x}|\omega_s)}{p(\boldsymbol{x}|\omega_C)}\right) = \beta_{s0} + \boldsymbol{\beta}_s^{\mathrm{T}}\boldsymbol{\phi}(\boldsymbol{x}), \quad s = 1,\cdots,C-1$$

其中，$\boldsymbol{\phi}(\boldsymbol{x})$ 是变量 $\boldsymbol{x}$ 的非线性函数，含参数 $\{\boldsymbol{\mu}\}$，即对数似然函数比是非线性函数 $\phi$ 的线性组合，其后验概率具有如下形式（见第 5 章）：

$$p(\omega_s|\boldsymbol{x}) = \frac{\exp(\beta'_{s0} + \boldsymbol{\beta}_s^{\mathrm{T}}\boldsymbol{\phi}(\boldsymbol{x}))}{1 + \sum_{j=1}^{C-1}\exp\left(\beta'_{j0} + \boldsymbol{\beta}_j^{\mathrm{T}}\boldsymbol{\phi}(\boldsymbol{x})\right)}, \quad s = 1,\cdots,C-1$$
$$p(\omega_C|\boldsymbol{x}) = \frac{1}{1 + \sum_{j=1}^{C-1}\exp\left(\beta'_{j0} + \boldsymbol{\beta}_j^{\mathrm{T}}\boldsymbol{\phi}(\boldsymbol{x})\right)} \tag{6.34}$$

其中，$\boldsymbol{\beta}'_{s0} = \boldsymbol{\beta}_{s0} + \log(p(\boldsymbol{\omega}_s)/p(\boldsymbol{\omega}_C))$。对于 $C-1$ 个判别函数：$\boldsymbol{\beta}'_{s0} + \boldsymbol{\beta}_s^{\mathrm{T}}\boldsymbol{\phi}(\boldsymbol{x})\,(s=1,\cdots,C-1)$ 具有如下决策规则：满足

$$\max_{s=1,\cdots,C-1} \beta'_{s0} + \boldsymbol{\beta}_s^{\mathrm{T}}\boldsymbol{\phi}(\boldsymbol{x}) = \beta'_{j0} + \boldsymbol{\beta}_j^{\mathrm{T}}\boldsymbol{\phi}(\boldsymbol{x}) > 0$$

则把 $\boldsymbol{x}$ 归入 $\omega_j$ 类，否则把 $\boldsymbol{x}$ 归入 $\omega_C$ 类。

模型的参数（在上述情况下，$\phi$ 所依赖的参数为 $\boldsymbol{\beta}$ 和 $\{\boldsymbol{\mu}\}$，可以通过最大似然法确定。以下参数与第 5 章的 logistic 判别所用参数相同。对数据集 $\{\boldsymbol{x}_1,\cdots,\boldsymbol{x}_n\}$，寻求参数使下式最大化：

$$\log(L') = \sum_{i=1}^{C}\sum_{\boldsymbol{x}_r\in\omega_i}\log(p(\omega_i|\boldsymbol{x}_r)) \tag{6.35}$$

利用某种形式的数值优化方案便能得到这些参数的解。例如，共轭梯度法或准牛顿法（Press et al., 1992）。

为了得到广义 logistic 模型的参数，还可以使用最小平方误差法，做法是将下式最小化：

$$\sum_{i=1}^{n}|\boldsymbol{t}_i - \boldsymbol{p}(\omega_{j(i)}|\boldsymbol{x}_i)|^2$$

其中，对于 $\boldsymbol{x}_i\in\omega_j$，$\boldsymbol{t}_i = (0,0,\cdots,0,1,0,\cdots,0)^{\mathrm{T}}$（在位置 $j$ 为 1），$\boldsymbol{p}$ 后验概率向量模型由式(6.34)给定。

### 6.4.5.2　多层感知器模型

现在来考虑多层感知器模型的广义 logistic 判别。其基本假设是

$$\log\left(\frac{p(\boldsymbol{x}|\omega_j)}{p(\boldsymbol{x}|\omega_C)}\right) = \sum_{i=1}^{m} w_{ji}^{o}\phi_i\left(a_i^{o-1}\right) + w_{j0}^{o}, \quad j = 1,\cdots,C-1$$

其中，$\phi_i$ 是第 $i$ 个非线性函数（logistic 函数），$a_i^{o-1}$ 表示第 $i$ 个非线性输入，它可以是分层网络系统

中上一层输出的线性组合，取决于网络参数。式(6.34)给出的广义 logistic 判别的后验概率变为

$$p(\omega_j|\boldsymbol{x}) = \frac{\exp\left(\sum_{i=1}^{m} w_{ji}^{o}\phi_i\left(a_i^{o-1}\right) + w'_{j0}\right)}{1 + \sum_{s=1}^{C-1}\exp\left(\sum_{i=1}^{m} w_{si}^{o}\phi_i\left(a_i^{o-1}\right) + w'_{s0}\right)}, \quad j = 1, \cdots, C-1$$

$$p(\omega_C|\boldsymbol{x}) = \frac{1}{1 + \sum_{s=1}^{C-1}\exp\left(\sum_{i=1}^{m} w_{si}^{o}\phi_i\left(a_i^{o-1}\right) + w'_{s0}\right)} \tag{6.36}$$

其中，$w'_{j0} = w_{j0}^{o} + \log(p(\omega_j)/p(\omega_C))$，判别规则是将样本归入后验概率最大的类。

就多层感知器模型(见图6.5)而言，可以认为式(6.36)是最终的正规化层，其中 $w_{ji}^{o}$ 是最后一层的权值，先验项 $\log(p(\omega_j)/p(\omega_C))$ 是 $C-1$ 个输入到最后一层的偏置(项的形式为 $a_j^{o} = \sum_i w_{ji}^{o}\phi_i(a_i^{o-1}) + w_{j0}^{o}, j = 1, \cdots, C-1$)，该层通过式(6.36)规范后得出 $C$ 个输出 $p(\omega_j|\boldsymbol{x})$，$j = 1, \cdots, C$ (指定 $\omega_C$ 类的后验类概率，以使后验类概率的和为1)。

用式(6.36)给出后验概率的估计，再将式(6.35)最大化以得到模型的参数估计。这相当于将下式最小化：

$$E = -\sum_{i=1}^{n}\sum_{k=1}^{C} t_{ik}\log(p(\omega_k|\boldsymbol{x}_i)) \tag{6.37}$$

其中，$t_{ik}$ 是 $x_i$ 的目标向量 $\boldsymbol{t}_i$ 的第 $k$ 个元素，该向量在与 $\boldsymbol{x}_i$ 所属类相对应位置的元素取值为1，其余元素均为0。上述标准形式为 $\sum_i E^i$，其中

$$E^i = -\sum_{k=1}^{C} t_{ik}\log(p(\omega_k|\boldsymbol{x}_i)) \tag{6.38}$$

对于这一给定的误差表达式和，

$$p(\omega_j|\boldsymbol{x}) = \frac{\exp\left(a_j^{o} + \log(p(\omega_j)/p(\omega_C))\right)}{1 + \sum_{s=1}^{C-1}\exp\left(a_s^{o} + \log(p(\omega_{js})/p(\omega_C))\right)}, \quad j = 1, \cdots, C-1$$

$$p(\omega_C|\boldsymbol{x}) = \frac{1}{1 + \sum_{s=1}^{C-1}\exp\left(a_s^{o} + \log(p(\omega_{js})/p(\omega_C))\right)} \tag{6.39}$$

便可以采用前述的反向传播算法，其所需的 $\delta_j^{o} = \partial E^i/\partial a_j^{o}, j = 1, \cdots, C-1$ 由下式给出：

$$\delta_j^{o} = \frac{\partial E^i}{\partial a_j^{o}} = -t_{ij} + p(\omega_j|\boldsymbol{x}_i)$$

这是目标向量的第 $j$ 个分量和样本 $i$ 的第 $j$ 个输出之差[与式(6.32)相比，见习题]。

### 6.4.6 应用研究举例

问题

此应用涉及对功率的预测问题，即预测每个风力涡轮机所生产的功率，并将其作为一个维护指标(Shuhui et al., 2001)。

概述

如果风力涡轮机所发出的功率低于预期，则表明该风机可能需要维修。因此，需要展开研究所预测的风力涡轮机的输出功率与其实际输出的关系。功率预测是复杂的，因为风力涡轮机的输出功率随风速和风向迅速变化。此外，不同地点的风场有着不同的风力条件，通常又不

能对每个风机进行测量。这项研究针对每个风机使用一个独立的多层感知器模型，通过测量风场中两个地点的风力(风速和风向)来预测输出功率。

数据

该研究所采用的数据源自对位于美国德克萨斯州的中心和西南地区服务戴维斯堡风场的实时数据的收集。1996 年，在包括 12 个涡轮机的风场，由两个气象塔平均每 10 分钟提供风能测量(风速和风向)数据，并将其收集起来。用所收集的 1996 年 3 月的 1500 组数据训练(优化)每个风机的多层感知器神经网，用 1996 年 4 月的数据评估它的性能。

模型

所用多层感知器为单隐层，带有 4 个输入节点(两个气象塔的风速和风向测量值)、8 个隐层节点和 1 个输出节点，偏置节点加于输入层和隐层，在隐层使用非线性双曲正切函数。对每个风力涡轮机训练一个多层感知器，具备其输出功率的目标值。

训练过程

首先，对待输入到多层感知器网络的风速和风向测量数据进行预处理。即当风力强劲时，对较高的风速进行压缩，以反映对功率输出的限制。另外，由于风向对功率输出的影响小于风速对功率输出的影响，因此，与风速相比，把风向测量值压缩到更窄的范围内。这样做是为强调那些具有环境意义的风向。这些预处理函数的具体形式通过反复试验确定下来。人们发现，采用经预处理的数据，既能减少多层感知器的训练时间，又能提高其预测的性能。

在训练过程中，随机生成初始化的权值，用反向传播的方式计算均方误差函数的导数。如果多层感知器的性能不令人满意，则重新初始化权值。

结果

多层感知器的预测性能好于涡轮机制造商提供的涡轮机性能曲线的性能(它假定每个风机处的风速和风向与测量位置处的风速和风向相同)。经 1996 年 4 月数据的检测，所有涡轮机输出功率的估计值和测量值之间的差异约为 2%。

### 6.4.7　贝叶斯多层感知器网络

多层感知器的一个有趣发展是用贝叶斯推断技术来拟合神经网络模型，且已证明对解决实际问题效果不错。

在预测性方法(Ripley，1996)中，由输入向量($\boldsymbol{x}$)及数据集($\mathcal{D}$)所决定的被观测目标值($\boldsymbol{t}$)的后验概率分布 $p(\boldsymbol{t} \mid \boldsymbol{x}, \mathcal{D})$ 可以通过对网络权值 $\boldsymbol{w}$ 的后验概率分布上的积分来获得：

$$p(\boldsymbol{t}|\boldsymbol{x}, \mathcal{D}) = \int p(\boldsymbol{t}|\boldsymbol{x}, \boldsymbol{w})p(\boldsymbol{w}|\mathcal{D})\mathrm{d}\boldsymbol{w} \tag{6.40}$$

其中，$p(\boldsymbol{w} \mid \mathcal{D})$ 是 $\boldsymbol{w}$ 的后验概率分布，而 $p(\boldsymbol{t} \mid \boldsymbol{x}, \boldsymbol{w})$ 是给定模型 $\boldsymbol{w}$ 与输入 $\boldsymbol{x}$ 的输出分布。对于由测量值向量 $\boldsymbol{x}_i$ 及其目标值 $\boldsymbol{t}_i$ 组成的数据集 $\mathcal{D} = \{(\boldsymbol{x}_i, \boldsymbol{t}_i), i = 1, \cdots, n\}$，如果样本独立，则权值 $\boldsymbol{w}$ 的后验概率可以写成：

$$p(\boldsymbol{w}|\mathcal{D}) = \frac{p(\boldsymbol{w}, \mathcal{D})}{p(\mathcal{D})} = \frac{1}{p(\mathcal{D})}p(\boldsymbol{w})\prod_{i=1}^{n} p(\boldsymbol{t}_i|\boldsymbol{x}_i, \boldsymbol{w})p(\boldsymbol{x}_i|\boldsymbol{w})$$

如果再假设 $p(\boldsymbol{x}_i \mid \boldsymbol{w})$ 与 $\boldsymbol{w}$ 无关，则

$$p(\boldsymbol{w}|\mathcal{D}) \propto p(\boldsymbol{w})\prod_{i=1}^{n} p(\boldsymbol{t}_i|\boldsymbol{x}_i, \boldsymbol{w})$$

$\boldsymbol{w}$ 的最大后验概率(MAP)估计是使 $p(\boldsymbol{w} \mid \mathcal{D})$ 达到最大的值。为权值指定一个球形的高斯先验分布：

$$p(\boldsymbol{w}) \propto \exp\left(-\frac{\alpha}{2}\|\boldsymbol{w}\|^2\right)$$

其中，用参数 $\alpha$ 定义其对角协方差矩阵 $(1/\alpha)\boldsymbol{I}$，零均值的球形高斯噪声模型使得对于对角协方差矩阵 $(1/\beta)\boldsymbol{I}$ 和网络输出 $\boldsymbol{g}(\boldsymbol{x};\boldsymbol{w})$ 来讲，

$$p(\boldsymbol{t}|\boldsymbol{x}, \boldsymbol{w}) \propto \exp\left(-\frac{\beta}{2}|\boldsymbol{t}-\boldsymbol{g}(\boldsymbol{x};\boldsymbol{w})|^2\right)$$

于是便有

$$p(\boldsymbol{w}|\mathcal{D}) \propto \exp\left(-\frac{\beta}{2}\sum_i |\boldsymbol{t}_i-\boldsymbol{g}(\boldsymbol{x}_i;\boldsymbol{w})|^2-\frac{\alpha}{2}\|\boldsymbol{w}\|^2\right)$$

最大后验估计使下式取最小值：

$$S(\boldsymbol{w}) \triangleq \frac{1}{2}\sum_i |\boldsymbol{t}_i-\boldsymbol{g}(\boldsymbol{x}_i;\boldsymbol{w})|^2+\frac{\alpha}{2\beta}\|\boldsymbol{w}\|^2 \tag{6.41}$$

这就是作为参数 $\boldsymbol{w}$ 的最大后验估计解所导出的正则解[见式(6.10)]。

式(6.41)并不是 $\boldsymbol{w}$ 的简单函数，它具有许多局部极值(后验密度的局部峰值)，而式(6.40)的积分又难以计算。Bishop(1995)便在其最小值 $\boldsymbol{w}_{\text{MAP}}$（虽然存在多个局部极值)周围用泰勒展开式逼近 $S(\boldsymbol{w})$

$$S(\boldsymbol{w}) = S(\boldsymbol{w}_{\text{MAP}})+\frac{1}{2}(\boldsymbol{w}-\boldsymbol{w}_{\text{MAP}})^{\text{T}}\boldsymbol{A}(\boldsymbol{w}-\boldsymbol{w}_{\text{MAP}})$$

其中，$\boldsymbol{A}$ 是 Hess 矩阵

$$\boldsymbol{A}_{ij} = \frac{\partial}{\partial w_i}\frac{\partial}{\partial w_j}S(\boldsymbol{w})\bigg|_{\boldsymbol{w}=\boldsymbol{w}_{\text{MAP}}}$$

从而得到

$$p(\boldsymbol{w}|\mathcal{D}) \propto \exp\left\{-\frac{\beta}{2}(\boldsymbol{w}-\boldsymbol{w}_{\text{MAP}})^{\text{T}}\boldsymbol{A}(\boldsymbol{w}-\boldsymbol{w}_{\text{MAP}})\right\}$$

在 $\boldsymbol{w}_{\text{MAP}}$ 周围，同样将 $g(\boldsymbol{x};\boldsymbol{w})$ 展开(为简单起见，假设为标量)：

$$g(\boldsymbol{x};\boldsymbol{w}) = g(\boldsymbol{x};\boldsymbol{w}_{\text{MAP}})+(\boldsymbol{w}-\boldsymbol{w}_{\text{MAP}})^{\text{T}}\boldsymbol{h}$$

其中，$\boldsymbol{h}$ 是梯度向量，在 $\boldsymbol{w}_{\text{MAP}}$ 上进行计算，得到

$$p(t|\boldsymbol{x},\mathcal{D}) \propto \int \exp\left\{-\frac{\beta}{2}[t-g(\boldsymbol{x};\boldsymbol{w}_{\text{MAP}})-\Delta\boldsymbol{w}^{\text{T}}\boldsymbol{h}]^2-\frac{\beta}{2}\Delta\boldsymbol{w}^{\text{T}}\boldsymbol{A}\Delta\boldsymbol{w}\right\}\text{d}\boldsymbol{w} \tag{6.42}$$

其中，$\Delta\boldsymbol{w} = (\boldsymbol{w}-\boldsymbol{w}_{\text{MAP}})$。计算上式，得到(Bishop，1995)

$$p(t|\boldsymbol{x},\mathcal{D}) = \frac{1}{(2\pi\sigma_t^2)^{\frac{1}{2}}}\exp\left\{-\frac{1}{2\sigma_t^2}(t-g(\boldsymbol{x};\boldsymbol{w}_{\text{MAP}}))^2\right\} \tag{6.43}$$

式中，协方差 $\sigma_t^2$ 由下式给出：

$$\sigma_t^2 = \frac{1}{\beta}(1+\boldsymbol{h}^{\text{T}}\boldsymbol{A}^{-1}\boldsymbol{h}) \tag{6.44}$$

对于来自数据集的给定输入 $\boldsymbol{x}$，式(6.43)用其提供的误差估计直方图对输出值的分布进行

描述。Bishop(1993)与 Ripley(1996)进一步讨论了贝叶斯方法。

Cawley and Talbot(2005)对上述方法进行扩展，使其对权值使用对角(非球形)高斯先验分布，允许去除网络中的冗余权值，从而给出一种能够降低对训练数据过度拟合的方法。

### 6.4.8　投影寻踪

对多层感知器而言，投影寻踪是又一种基于投影的非线性建模方法。到目前，投影寻踪已被用于探索性数据分析、密度估计及多重回归问题中(Friedman and Tukey，1974；Friedman and Stuetzle，1981；Friedman et al.，1984；Huber，1985；Friedman，1987；Jones and Sibson，1987)。

在投影寻踪回归中，基本的方法是对回归面进行建模，使其表达为变量线性组合的非线性函数之和：

$$y=\sum_{j=1}^{m}\phi_j\left(\boldsymbol{\beta}_j^{\mathrm{T}}\boldsymbol{x}\right)$$

其中，参数 $\boldsymbol{\beta}_j$，$j=1,\cdots,m$，函数 $\phi_j$ 由数据确定，$y$ 是响应变量。不过，与多层感知器模型不同的是：该非线性函数也从数据中确定。Friedman and Stuetzle(1981)及 Jones and Sibson(1987)给出了其优化方法。Zhao and Atkeson(1996)对非线性函数使用径向基函数平滑器，并把对权值的求解作为优化过程的一部分(也见 Kwok and Yeung，1996)。

投影寻踪可以产生揭示数据结构的数据投影，而这一结构在原坐标系下或使用诸如主成分的简单投影(见第 10 章)时效果并不明显。但也有缺点："投影寻踪所发现的数据结构可能是对的，也可能是虚假的"(Huber，1985)。Hwang et al.(1994)在模拟数据上对投影寻踪和多层感知器进行了比较性研究，指出它们准确性类似、所需计算时间也类似，但投影寻踪需要的函数少一些。

### 6.4.9　小结

多层感知器是一种模型，它的最简单形式可以看成广义线性判别函数，其中的非线性函数 $\phi$ 是灵活的，并与数据相适应。通过广义线性判别函数把不变的非线性函数用于多层感知器中，线性判别分析就自然地提升到多层感知器，本章也正是选用此方式来介绍多层感知器的。因为数据是由模型投影到不同的坐标轴上的，多层感知器与将在下一节讨论的投影寻踪模型密切相关，但又不同于投影寻踪模型，在多层感知器模型中，非线性函数是不能被修改的；通常使用不变的 logistic 非线性函数。模型的参数通过非线性优化方法来确定，这是模型的缺陷之一，计算时间可能过长。

很多文献对基于梯度的优化算法及其变体与替换方法进行了评价。Webb et al.(1988)和 Webb and Lowe(1988)在多个问题上对基于梯度的不同方法进行了比较，发现 Levenberg-Marquardt 优化方法能使少参数网络得到最好的整体性能，而共轭梯度法则对多参数网络更有利。更深入的比较研究还包括 Karayiannis and Venetsanopolous(1993)，van der Smagt(1994)，Stäger and Agarwal(1997)和 Alsmadi et al.(2009)所做的工作。作为提高其泛化性的一种方式，Drucker and Le Cun(1992)考虑对误差(包括对输入的误差偏导数)加入附加项(Bishop，1993；Webb，1994)。Webb 提出的后一种方法从变量误差(输入上的噪声)的观点中得到启发。在输入中加入噪声可以作为一种提高其泛化性的手段，Holmström and Koistinen(1992)和 Matsuoka(1992)对此进行了评价。

多层感知器是一个非常灵活的模型，在许多判别问题和回归问题中都能得到优良的性能。本节只展示了一个非常基本的模型。人们提出了该模型的多种变体，其中一些只适用于具体类型的问题，如时间序列(时延神经网络)。文献中还对如何构建多层感知器的生长与剪枝算法展开研究，为防止数据过度拟合而如何在优化准则中引入调整项等，展开了研究。一些应用的硬件实现也同样受到了重视，目前已经有多种可用于多层感知器设计与实现的商业产品。

## 6.5 应用研究

“神经网络”一词用于描述由个简单处理单元组合而成的模型。例如，径向基函数是核基函数的线性组合，而多层感知器则是 logistic 单元的加权组合，但是神经网络包括什么而不包括什么则相当含糊。在很多方面，差别无关紧要，但仍然存在，主要由与应用领域有关的历史原因所致，而神经网络方法在工程和计算机文献上的发展趋势不断加快。

多层感知器的应用十分广泛，本书多处提及的分类研究均特别包括对多层感知器模型的评价。Zhang(2000)从神经网络的角度对分类领域进行了调研。在特定应用领域的评论性文章如下。

- 人脸处理。Valentin et al. (1994)对用于人脸识别的联接模型(联接许多简单的处理单元)进行了评论，又见 Samal and Iyengar(1992)。
- 语音识别。Morgan and Bourlard(1995)回顾了在自动语音识别中人工神经网络(ANN)的应用，介绍了混合隐马尔可夫模型和 ANN 模型。
- 图像压缩。Dony and Haykin(1995)及 Jiang(1999)对将神经网络模型作为信号处理的工具进行图像压缩的工作进行了总结。
- 故障诊断。Sorsa et al. (1991)考虑使用包括多层感知器在内的神经结构用于处理故障诊断。
- 化学科学。Sumpter et al. (1994)讨论了用于化学学科的神经计算问题。
- 目标识别。Roth(1990)及 Rogers et al. (1995)对如何将神经网络用于自动目标识别进行了总结。
- 金融工程。Refenes et al. (1997)及 Burrell and Folarin(1997)就神经网络在金融工程中的应用展开了讨论。

有很多杂志特刊侧重于神经网络的不同方面，包括日常应用(Dillon et al., 1997)、工业电子(Chow, 1993)、一般性应用(Lowe, 1994)、信号处理(Constantinides et al., 1997; Unbehauen and Luo, 1998)、目标识别和图像处理(Chellappa et al., 1998)、机器视觉(Dracopoulos and Rosin, 1998)、海洋工程(Simpson, 1992)、过程工程(Fernändez de Cañete and Bulsari, 2000)、人机交互(Yasdi, 2000)、金融工程(Abu-Mostafa et al., 2001)以及数据挖掘与知识发现(Bengio et al., 2000)的应用研究。其中，数据挖掘与知识发现的应用研究备受关注。在过去的20年里，从因特网、商业及其他来源中获得的信息量巨增。对数据挖掘与知识发现领域的挑战之一是，开发能处理具有极多变量(高维)的巨型数据集的模型。许多标准数据分析方法都不能适应这种规模的数据。

人们对神经网络开展了许多比较性研究，人们根据其训练的快速性及所需内存来评估它的性能，通过与统计法形成的分类器的分类结果进行对比，评估它的分类性能(或回归问题的预测误差）。这方面的比较性研究工作，做得最全面的应是 Statlog 工程（Michie et al.，1994）。在 22 个数据集上，神经网络方法（径向基函数）仅一例性能最佳，但几乎在所有情形中其性能均接近最佳。还有一些针对如下问题所展开的比较研究：评估字符识别（Logar et al.，1994），指纹分类（Blue et al.，1994）和遥感数据分类（Serpico et al.，1996）。

Civarelli and Williams（2001）和 Lampinen and Vehtari（2001）用贝叶斯方法训练多层感知器，并将其应用于图像分析。Skabar（2005）利用贝叶斯多层感知器方法来预测哪些区域可能包含某些类型的矿床。

关于支持向机的应用研究及比较性研究日益增多，如下所示。

- 金融时间序列预测。Cao and Tay（2001）在财务预测中使用支持向量机探讨其可行性（Van Gestel et al.，2001；Cao et al.，2009），把基于高斯核的支持向量机应用于反映芝加哥商品交易所每天收市价 S&P 指数的多变量数据（5 个或 8 个变量）。
- 药物设计。这是关于构效关系分析的一种应用，目的是减少新药品的探索时间。组合化学能够一次合成数以百万计的新分子化合物。用来寻求新药的统计技术为人们提供了一种测试每个分子组合的替换方案。Burbidge et al.（2001）将支持向量机与径向基函数网络及分类树进行对比（见第 7 章），发现分类树的训练时间最短、支持向量机的分类性能（用错误率来度量）最好。
- 癌症的诊断。已有多种用支持向量机来诊断疾病的应用。Furey et al.（2000）用来自 DNA 微阵列实验的测量法解决标记样本的问题。这些数据集包括对卵巢组织、人类肿瘤组织及正常结肠组织、白血病患者的骨髓和血液样本的测量结果。所得支持向量机的性能与线性感知器获相似。Guyon et al.（2002）及 Ramaswamy et al.（2001）对癌症做出了更深入的研究。
- 雷达图像分析。Zhao et al.（2000）就用合成孔径雷达（SAR）数据实现对目标自动识别的问题展开了包括支持向量机在内的 3 种分类器的性能比较。实验结果表明，支持向量机和多层感知器的识别性能类似，且优于最近邻分类器。
- 预测蛋白质二级结构。作为直接从蛋白质序列来预测蛋白质三维结构这一目标的一个步骤，Hua and Sun（2001）基于序列特征用支持向量机分类器对二级结构（如螺旋、折叠、或环绕）进行分类。
- 汽车驾驶辅助系统。Schaack et al.（2009）在该系统中，支持向量机用于检测视频图像中行人和车辆。其中，用多层感知器进行了坐标变换。
- 手写体识别。Bahlmann et al.（2002）将支持向量机用于在线手写体识别，利用源于动态时间规整的特定核整合思想形成支持向量机，用以处理在线手写体的长度变化及时间扭曲。
- 计算机取证。De Vel et al.（2001）用支持向量机分析电子邮件信息。在日益发展的计算机取证领域，人们特别感兴趣的是滥用电子邮件散布消息和文件，这些内容可能不请自来，是不合适的、未经许可或令人反感的。该项研究的目标是根据作者喜好把电子邮件进分行类。
- 文本分类。Joachims（1998）及 Lodhi et al.（2002）考虑使用支持向量机进行文本文档的分类。Joachims（1998）用基于每个文档（词袋模型）的单词频率构建特征，核函数为多项式或高斯函数。Lodhi et al.（2002）的做法不同，将文档表示为符号序列，专门为这种文本序列设计开发所需的字符串序列核。

- 抄袭检测。随着互联网的到来，抄袭指控事件变得越来越普遍，尤其是学生论文。Diederich(2006)主张用基于文档词汇分析的支持向量机确定其版权归属。

## 6.6 总结和讨论

本章对基本线性判别模型进行了拓展，拓展后的模型本质上是线性的，但决策边界是非线性的。径向基函数模型以直接的方式、最简单的形式实施之，它几乎不需要超过矩阵伪逆操作就能确定网络的权值。这里所避开的最佳中心数量和中心位置的选择过程是比较复杂的。然而，简单的经验法则可以得到拥有良好性能的可接受值。

多层感知器模型是将数据 $\boldsymbol{x}$ 在权向量 $\boldsymbol{\alpha}$ 上进行线性投影，再对投影后的单元非线性函数 $\phi$ 进行求和，并将其用于类的判别(在分类问题中)。在多层感知器模型中，非线性函数采用规定的形式(通常为 logistic)，并将它们的加权和、目标函数的优化针对和式中的投影方向及权值进行。

神经网络(如多层感知器)与已建立的统计方法之间存在着许多关联。神经网络方法的基本思想是，以分层的方式将简单的非线性处理组合起来，并配上有效的优化算法。本章把注意力主要集中在单隐层网络上，这就使神经网络与统计方法的联系更加明显。然而，对于特殊问题，可以构建更复杂的网络。同样，神经网络也不局限于这里所提及的用于监督模式分类或回归的前馈类型。带有从某一层到其前一层反馈的网络及无监督网络在宽广的应用领域均有所发展。

支持向量机通过定义在数据空间的核函数隐性地定义基函数，并在许多问题中获得良好的性能。其中需要设置的参数是：核参数和正则化参数。为了在验证集上得到最佳性能，这些参数可以取值不同。支持向量机关注的是决策边界，在那些因代价及先验知识的不确定性导致使用该决策边界时其条件变化(与训练条件相比)了的非标准场合，标准模型便不再适用。

## 6.7 建议

本章讨论的非线性判别方法易于实施，已有许多软件将这些方法应用到数据集上。在应用这些技术之前，应思考如此做法的缘由。例如，你料定决策边界是非线性的吗？线性分类技术所获性能就一定低于所需的或认为是可实现的性能吗？改用神经网络或支持向量机技术或许可以改进分类性能，但又不能给出如此保证。如果类间是不可分的，对将其分开这件事来讲，尽管采用复杂模型也无能为力，这时必须组织对更多变量的观测。

建议如下。

1. 把简单的模式识别技术(例如，第 2 章的高斯分类器，第 4 章的 $k$ 近邻法，第 5 章的线性判别分析)作为应用的基准，之后再考虑使用神经网络方法。
2. 尝试使用简单径向基函数(中心选择不受监督，用平方误差准则优化权值)，以感受是否非线性方法对你的问题有益。
3. 考虑使用基于特定应用的数据预处理(这会有助于降低训练多层感知器时陷于局部极小的风险)。
4. 在应用算法之前，先将数据标准化(如经线性缩放使每个输入的均值为零，方差为 1；或经线性缩放使每个元素位于区间 [-1, 1] 内)。确保将用于训练数据的线性缩放方案用在测试数据上。

5. 留意模型选择，不要过度训练。可以使用交叉验证或专门的验证集来验证所选模型。对径向基函数使用正则化方案求解权值。
6. 如果数据集不足够大，使用批训练方法训练多层感知器。而数据集足够大时，可将该数据集分成多个子集，再从原始数据集中随机选出子集训练之。
7. 对于提供近似后验概率的模型，这个后验概率将先验知识及代价的变化纳入训练模型，这时应使用径向基函数。
8. 对于高维空间的分类问题，训练数据可代表测试条件，分类错误率可作为评价分类器性能的可接受的度量，这时应使用支持向量机分类器。

## 6.8　提示及参考文献

除其他类型的神经网络之外，本章谈及的方法进展诸多，对这些进展的讨论已超出本书的范畴，但就其在模式识别中的应用，以及与统计模式识别和结构模式识别之间的关系问题的讨论可以在 Schalkoff(1992)一书中找到。Barron and Barron(1988)、Ripley(1994, 1996)、Cheng and Titterington(1994)及 Holmström et al. (1997)从统计学角度来审视神经网络，且给出了神经网络与其他模式分类方法之间的关系讨论。

Bishop(1995, 2007)和 Theodoridis and Koutroumbas(2008)均对前馈神经网络进行了全面的讨论，Duda et al. (2001)则对多层感知器及相关方法给出了合理解释。Haykin(1994)更多地从工程角度看待这一问题。Ripley(1996)给出了前馈神经网络与其他统计方法的关系及更多的见解。Tarassenko(1998)简单介绍了神经网络方法(包括径向基函数、多层感知器、回归网络和无监督网络)，并强调其应用。

Ripley(1996)一书从贝叶斯角度对上述方法进行了精彩概述，这些也可在 Bishop(1995, 2007)、MacKay(1995)、Buntine and Weigend(1991)及 Thodberg(1996)中见到。

尽管可以在 20 世纪 60 年代的文献中见到支持向量机的多项特征(大间隔分类器、优化技术和稀疏数据、松弛变量)，但用于不可分数据的基本支持向量机直到 1995 年才出现(Cortes and Vapnik, 1995)。Vapnik(1998)一书中对支持向量机进行了精彩描述，Cristianini and Shawe-Taylor(2000)对支持向量机的详细介绍自成一体，Burges(1998)的教程对支持向量机的陈述简洁精妙。Schölkopf and Smola(2001)一书对该领域的介绍全面且综合性强。

Nabney(2002)一书给出了径向基函数和多层感知器的 MATLAB 例程。Witten and Frank (2005)描述的开源 WEKA 数据挖掘软件可提供多层感知器、支持向量机和径向基函数的源代码。许多软件包(如免费 LIBSVM C++ 软件包)可用于执行支持向量机(Chang and Lin, 2011; Hsu et al., 2003)。

## 习题

**数据集 1**：训练集、确认集、测试集中共有 500 个样本，样本为 $d$ 维、3 类，类 $\omega_1 \sim N(\boldsymbol{\mu}_1, \boldsymbol{\Sigma}_1)$，$\boldsymbol{\mu}_1 = (-2, 2, \cdots, 2)^{\mathrm{T}}$；$\omega_2 \sim 0.5N(\boldsymbol{\mu}_2, \boldsymbol{\Sigma}_2) + 0.5N(\boldsymbol{\mu}_3, \boldsymbol{\Sigma}_3)$（混合集，见第 2 章），$\boldsymbol{\mu}_2 = (-4, -4, \cdots, -4)^{\mathrm{T}}$，$\boldsymbol{\mu}_3 = (4, 4, \cdots, 4)^{\mathrm{T}}$；$\omega_3 \sim 0.2N(\boldsymbol{\mu}_4, \boldsymbol{\Sigma}_4) + 0.8N(\boldsymbol{\mu}_5, \boldsymbol{\Sigma}_5)$，$\boldsymbol{\mu}_4 = (0, 0, \cdots, 0)^{\mathrm{T}}$，$\boldsymbol{\mu}_5 = (-4, 4, \cdots, 4)^{\mathrm{T}}$；$\boldsymbol{\Sigma}_i$ 为单位矩阵，类先验概率相等。

**数据集 2**：根据以下迭代方案产生时间序列数据：

$$u_{t+1} = \frac{4\left(1-\frac{\Delta^2}{2}\right)u_t - \left(2+\mu\Delta\left(1-u_t^2\right)\right)u_{t-1}}{2-\mu\Delta\left(1-u_t^2\right)}$$

初始条件 $u_{-1} = u_0 = 2$。绘出所产生的时间序列图。构造具有 500 个样本($\boldsymbol{x}_i$, $\boldsymbol{t}_i$)的训练集和测试集，其中 $\boldsymbol{x}_i = (u_i, u_{i+1})^{\mathrm{T}}$，而 $\boldsymbol{t}_i = u_{i+2}$。因此，问题为时间序列预测问题之一：给定前两个样本，估计下一个样本。取 $\mu = 4$，$\Delta = \pi/50$。

1. 比较径向基函数分类器与 $k$ 近邻分类器。比较工作在分类器类型、训练和测试时的计算要求，以及分类器特性几方面展开。
2. 对径向基函数分类器与基于核函数密度估计的分类器进行比较和对比。
3. 实现一个简单的径向基函数分类器，该分类器使用 $m$ 个高斯基函数，其窗宽为 $h$，中心从数据中随机选取。通过数据集 1 中的数据，估计函数关于维数 $d$、基函数个数的性能，其中 $h$ 的选取是基于确认集的。
4. 使用数据集 2，改变中心数量，对非线性函数 $\exp(-z^2)$ 与 $z^2\log(z)$ 训练径向基函数。一旦训练结束，在再生样本中使用径向基函数：初始化 $u_{t-1}$，$u_t$（作为来自训练集的一个样本），预测 $u_{t+1}$；然后用径向基函数由 $u_t$ 和 $u_{t+1}$ 预测 $u_{t+2}$。连续对 500 个样本进行训练，绘出所产生的时间序列图。研究最后产生的时间序列对初值、基函数个数及非线性函数形式的敏感性。
5. 设优化准则为[见式(5.40)和式(6.6)]

$$E = \|(-\boldsymbol{T}^{\mathrm{T}} + \boldsymbol{W}\boldsymbol{\Phi}^{\mathrm{T}} + \boldsymbol{w}_0\mathbf{1}^{\mathrm{T}})\boldsymbol{D}\|^2$$

其中，$\boldsymbol{D}$ 为对角阵，$\boldsymbol{D}_{ii} = \sqrt{d_i}$，$d_i$ 为第 $i$ 个样本的权重。求上式关于 $\boldsymbol{w}_0$ 的极小值，再将 $\boldsymbol{w}_0$ 的解回代，证明上式可以写成

$$E = \|(-\hat{\boldsymbol{T}}^{\mathrm{T}} + \boldsymbol{W}\hat{\boldsymbol{\Phi}}^{\mathrm{T}})\boldsymbol{D}\|^2$$

其中，$\hat{\boldsymbol{T}}$ 和 $\hat{\boldsymbol{\Phi}}$ 是零均值矩阵。对 $E$ 求关于 $\boldsymbol{W}$ 的极小值，将结果代入表达式 $E$，证明使 $E$ 最小化等价于使 $\mathrm{Tr}(\boldsymbol{S}_B\boldsymbol{S}_T^{\dagger})$ 最大化，其中

$$\boldsymbol{S}_T = \frac{1}{n}\hat{\boldsymbol{\Phi}}^{\mathrm{T}}\boldsymbol{D}^2\hat{\boldsymbol{\Phi}}$$

$$\boldsymbol{S}_B = \frac{1}{n^2}\hat{\boldsymbol{\Phi}}^{\mathrm{T}}\boldsymbol{D}^2\hat{\boldsymbol{T}}\hat{\boldsymbol{T}}^{\mathrm{T}}\boldsymbol{D}^2\hat{\boldsymbol{\Phi}}$$

6. 上式中，令 $\boldsymbol{D}$ 等于单位阵且目标编码方案为

$$t_{ik} = \begin{cases} a_k, & \boldsymbol{x}_i \in \omega_k \\ 0, & \text{其他} \end{cases}$$

确定 $a_k$ 的值，使 $\boldsymbol{S}_B$ 为隐层输出模式的传统类间协方差矩阵。
7. 为 $C$ 类中的每一类给定一正态混合模型（见第 2 章），该模型在类间具有相同的协方差矩阵，同时具有类先验密度 $p(\omega_i)$，$i = 1, \cdots, C$，构建径向基函数网络，使其输出正比于类成员的后验概率密度。记下中心与权值的形式。
8. 使用数据集 1 实现一个支持向量机分类器，并对其性能进行评估。使用高斯核函数，并通过确认集选取核函数的窗宽并调整参数。研究 $d$ 维函数的性能。
9. 令 $K_1$ 与 $K_2$ 为定义在 $\mathbb{R}^d \times \mathbb{R}^d$ 上的核函数。证明以下函数也为核函数：

$$K(\boldsymbol{x}, \boldsymbol{z}) = K_1(\boldsymbol{x}, \boldsymbol{z}) + K_2(\boldsymbol{x}, \boldsymbol{z})$$

$$K(\boldsymbol{x}, \boldsymbol{z}) = aK_1(\boldsymbol{x}, \boldsymbol{z}), \quad \text{其中 } a \text{ 为正实数}$$

$$K(\boldsymbol{x}, \boldsymbol{z}) = g(\boldsymbol{x})g(\boldsymbol{z}), \quad \text{其中 } g(\cdot) \text{ 是 } \boldsymbol{x} \text{ 上的实值函数}$$

10. 证明：具有球状对称基函数并满足 Mercer 条件的支持向量机为径向基函数分类器，该分类器的中心个数与位置由支持向量机算法自动选取。

11. 从网络结构、几何说明、参数的初始化及参数优化算法等方面，讨论多层感知器与径向基函数网络分类器之间的相同点与不同点。

12. 在多层感知器中，对于非线性函数的 logistic 形式

$$\phi(z)=\frac{1}{1+\exp(-z)}$$

证明：

$$\frac{\partial\phi}{\partial z}=\phi(z)(1-\phi(z))$$

13. 对于单层模型[见式(6.24)至式(6.27)]而言，证明用反向传播计算而得的误差导数[见式(6.29)至式(6.33)]与根据直接表达式而得的误差导数相同。

14. 设具有如下终极正规化层(softmax)的多层感知器

$$z_j^o=\frac{\exp(a_j^o)}{\sum_{k=1}^{C}\exp(a_k^o)}$$

其中，$a_j^o$ 是终极层的输入。你将如何初始化多层感知器，以给出最接近的类平均分类器？

15. 不明确建立类概率密度，也不使用贝叶斯理论，阐明估计类成员后验概率的两种方法；说明假设条件与有效性条件。

16. logistic 分类。给定式(6.38)与式(6.39)，推出导数的表达式：

$$\frac{\partial E^i}{\partial a_j^0}=-t_{ij}+o_{ij}$$

其中，$\boldsymbol{o}_i$是关于输入样本 $\boldsymbol{x}_i$的输出。

17. 对于非奇异矩阵 $\boldsymbol{A}$ 与向量 $\boldsymbol{u}$

$$(\boldsymbol{A}+\boldsymbol{u}\boldsymbol{u}^{\mathrm{T}})^{-1}=\boldsymbol{A}^{-1}-\boldsymbol{A}^{-1}\boldsymbol{u}\boldsymbol{u}^{\mathrm{T}}\boldsymbol{A}^{-1}/(1+\boldsymbol{u}^{\mathrm{T}}\boldsymbol{A}^{-1}\boldsymbol{u})$$

用其结果由式(6.42)推导式(6.43)，其中 $\sigma_t^2$ 由式(6.44)给出。

# 第7章　规则和决策树归纳法

分类树或决策树处于统计模式识别和机器学习的交叉领域。一方面，它们是一种非参数方法，即把分类/回归函数建模为基函数的加权和；另一方面，它们可以用来生成可判别的规则，这在许多应用中非常重要。在形成对基本模型的描述之后，有待研究开拓的问题便是：规则归纳和连续函数建模。

## 7.1　引言

从概念上讲，分类树或决策树属于非常简单的模型，与前面已讨论过的分类方法相比，一个非常重要的不同是：此模型把分类规则表示为一棵树，并用其节点标记特征、用边标记特征值(或一组值)、用叶子标记解释分类器分类结果的类标记。这种在一定程度上对分类结果做出解释的需求，对一些应用来讲必不可少。

决策树能够构建出复杂的非线性决策边界。决策树规则把那些重要分类特征的自动选择作为构建决策树过程的一部分。因此，这里是将特征选择(见10章)和分类工作进行了集成。与许多判别方法类似，它们基于将分类规则扩展到基函数之和(径向基函数使用单变量径向距离函数的加权和，多层感知器使用线性投影的sigmoid函数的加权和)，决策树模型使用多维矩形指示函数的展开，它通过一个称为递归分割的过程实现：数据空间以递归方式划分为越来越小的超矩形。MARS(多变量自适应回归样条)模型是一种由递归划分方法发展而来的模型，它允许使用连续平滑基函数。

自上而下诱导决策树(TDIDT)是另一个用来描述构造树的术语，它是多种规则归纳法的一种，特别适合于分类数据及概率综合法的研究。近年来，基于规则的方法备受关注。

本章主要讲述三部分内容。首先，给出基本决策树模型及其构建方法的描述，然后介绍其基本思想在两个不同方向上的延展。7.3节介绍基于规则的方法和两个基本范式：

- 从决策树中提取规则(间接法)；
- 通过连续覆盖法归纳规则(直接法)。

7.4节讲述如何通过MARS方法来建立连续函数模型，这是递归分割方法在构建决策树方面的延伸。

## 7.2　决策树

### 7.2.1　引言

分类树或称决策树是一种多级决策方法。与使用全部特征集共同做出决策的方法不同，分类树在不同层级上使用不同的特征子集。举例说明如下。面对是否给申请人提供贷款的问题，提供3个测量变量：申请人的收入状况、婚姻状况和信用评级。为了做出决策，我们向申请人提出一系列问题。首先关注申请人的收入，即询问申请人是高收入、中等收入或低收入。

如果为高收入，我们会决定给予贷款。如果收入中等，要进一步询问申请人的婚姻状况。如果客户是已婚人士，我们将给予贷款；否则，将不给予贷款。如果收入很低，就要询问申请人的信用评级。如果信用评级良好，我们将给予贷款；否则，将不给予贷款。

上述一系列的问题及其答案可表示为由节点和定向边组成的分层决策树(见图 7.1)，其中，节点分为 3 种类型。

- **根节点**：没有输入边的节点。它通常位于树的顶部(通常画成“倒置”树)。
- **内部节点**：有一个输入边和两个或两个以上输出边的节点。
- **叶节点或终端节点**：只有一个输入边的节点。

每个非终端节点(根节点或内部节点)均与一个特征相关联，由节点输出的边代表该特征可能的取值，该取值可能是单值的，也可能是多值的。每个叶节点或终端节点与一个类别标签相关联。在图 7.1 中，根节点特征为“收入”，内部节点特征为“婚姻状况”和“信用评级”，叶节点则是“给予贷款”和“不给予贷款”的类别标签。把上述系列问题表示为一棵树，便形成了决策边界的一个描述。对测试样本进行分类的过程从该树的顶部开始，估计该测试样本的特征取值，以获取沿树向下的适当的路径。

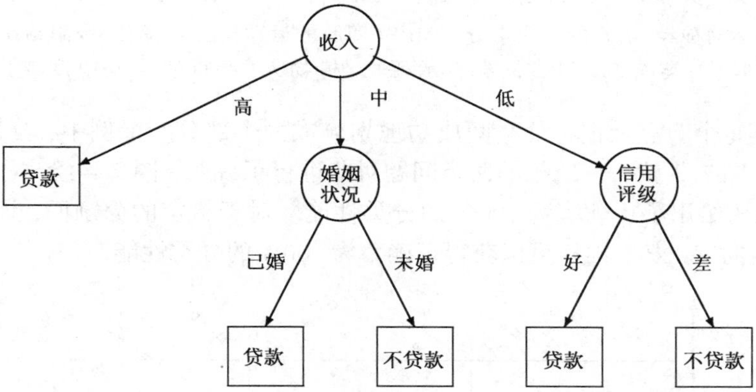


图 7.1　是否提供贷款的一个决策树

对一组给定数据设计决策树的过程就是构建分类器。其中包括决定边的末端节点是否为终端节点，如果不是，就应该确定用哪个特征与该节点相关联，并确定如何对该特征进行划分(即由该节点产生多少边，这些边与该特征的怎样的取值范围相对应)。

再举一例，如图 7.2 所示，它给出一棵分类树以解决第 2 章头部外伤数据的问题。这是一个二叉决策树的例子。树中，一个节点仅发出两条边。因此，在每个节点上，特征值被划分为两子个集。对连续变量而言，就是该特征的阈值。我们假设希望对样本 $\boldsymbol{x} = (5, 4, 6, 2, 2, 3)$ 进行分类。从根节点开始，将 $x_6$ 与阈值 2 进行比较，由于其值超过了阈值，因此沿右子树行进。然后将变量 $x_5$ 与阈值 5 进行比较。因没有超出，所以沿左子树方向行进。由于该节点上的决策直接引到具有类别标签 $\omega_3$ 的终止节点。因此，把样本 $\boldsymbol{x}$ 归入 $\omega_3$ 类。注意，用训练数据构造的这棵决策树并没有用到所有的特征——训练过程选择了那些对分类最重要的特征。

图 7.2 所示的分类树在概念上是对复杂决策的简单逼近，它把复杂决策分解成一系列较为简单的节点决策。在对样本进行分类时，所需决策数取决于样本本身。

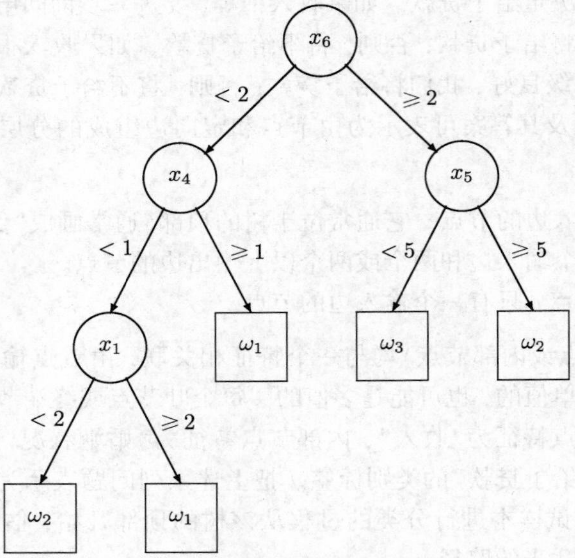


图 7.2 关于头部受伤病人数据的决策树，变量 $x_1$，…，$x_6$ 依次为年龄、EMV 得分(眼睛、运动神经、语言的反应得分)、MRP(四肢的运动反应)、变化、眼睛给出的暗示、瞳孔，类 $\omega_1$、$\omega_2$ 和 $\omega_3$ 依次表示死亡/植物人、严重残疾及中度或恢复良好

二叉树在其每个节点上把特征空间成功地划分成两个部分。上例中，分割面为平行于坐标轴的超平面。图 7.3 就一个二维的两类问题对此进行了说明，图 7.4 绘出了相应的二叉树。在设计集上，该树给出了正确率为 100% 的分类性能。对于给定的分割面，该树不是唯一的。还可以构造其他的二叉树，同样可以获得正确率为 100% 的分类性能。

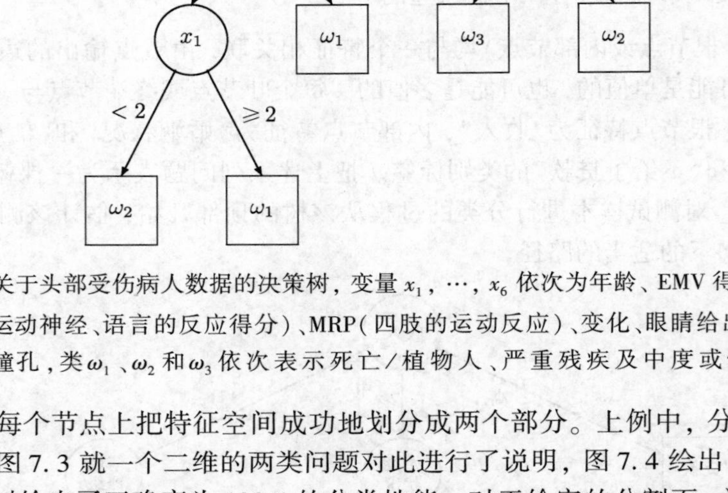

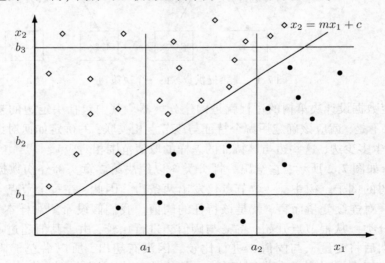

图 7.3 一个二维的两类问题的分类边界

在每个节点上，其决策不仅可以采用单变量阈值(这种情况将平行于坐标轴的超平面作为决策边界)，还可以采用多变量的线性或非线性组合。事实上，图 7.3 中的数据是线性可分的，其决策规则为：若 $x_2 - mx_1 - c > 0$，则把 $\boldsymbol{x}$ 归入 ◇，该规则能够正确分类所有的样本。

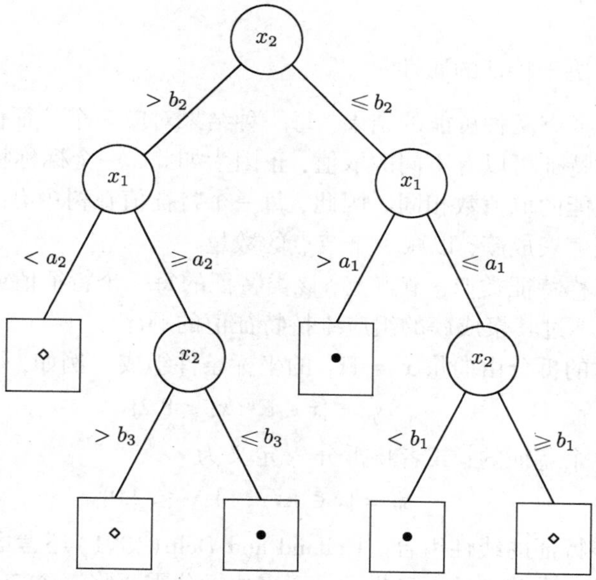


图 7.4　二维两类问题的二叉决策树，数据来自图 7.3

## 7.2.2　决策树的构造

有多种构造决策树分类器的启发式方法，这些方法从根节点开始，依次对特征空间进行划分，用到的是带有标签的数据集 $\mathcal{L}\{(\boldsymbol{x}_i, y_i), i=1, \cdots, n\}$，其中 $\boldsymbol{x}_i$ 为数据样本，$y_i$ 为其类别标签，分类决策树的构造过程分为如下 3 步。

- **为每个内部节点选择分割规则**。即确定特征及其阈值，以将数据顺序划分成纯净的子集，尽管这种划分有可能无法持续到分得所有的纯叶节点。例如，有两个样本雷同，但来自不同的类，分类树则不能把它们分开。对于连续的变量和一棵二叉树，其划分规则比较简单，就是在各节点处确定阈值，以将数据集分成两部分。
- **确定终止节点**。意思是，对于每个节点，必须确定是继续分割，还是把该节点作为终止节点并附上类别标签。如果持续地分割下去，直到每个终止节点只有纯类别成员（到达该节点的所有设计集中的样本都属于相同的类），那么最终会产生一棵对数据过度拟合的大树，并在未知的测试集上得到较高的错误率。此外，相对不纯的终止节点（到达该节点的设计集中的相应子集具有混合类别成员）会产生较小的树，它可能对数据拟合不足（见第 1 章）。在文献中已经提出了多种停止规则，Breiman et al.（1984）建议的方法是，使树连续生长并对其进行选择性剪枝，使用交叉验证法选择具有最低估计错分率的子树。
- **把类别标签赋给终止节点**。这是相对直接的，可通过使估计错分率最小化的赋值形成类别标签。

接下来，我们依次讨论这些步骤。

## 7.2.3　拆分规则的选择

拆分规则是一项规定，用于确定节点上应该使用哪个变量或者哪些变量的组合把样本分成若干子群，确定应该对变量取什么阈值。

#### 7.2.3.1 拆分定义

拆分的表述方式取决于特征的属性。

- **二值特征**。该特征有两种可能的结果，每一种结果对应一个特征值。
- **标称特征**。标称特征可以有不同的取值，正因为如此，一个标称特征节点所拥有的子节点数与该特征可能的取值数相同。因此，每一个特征值在树中有不同的路径。另外，也可以把一些特征值聚成簇，以减少子节点的数量。
- **序数特征**。与标称特征类似，节点上，该类特征的每一个特征值或一些特征值的簇具有单一的路径，只不过其聚成簇的组应维持特征值的顺序。
- **连续特征**。这时的拆分由向量 $\boldsymbol{x} \in \mathbb{R}^p$ 的坐标条件组成。例如，可以将拆分 $s_p$ 定义为

$$s_p = \{\boldsymbol{x} \in \mathbb{R}^p; x_4 \leqslant 8.2\}$$

其阈值是基于单个特征的；或者将拆分 $s_p$ 定义为

$$s_p = \{\boldsymbol{x} \in \mathbb{R}^p; x_2 + x_7 \leqslant 2.0\}$$

其阈值是基于多特征的线性组合。Gelfand and Delp(1991)还考虑使用非线性函数。上述例子给出的是一个节点的二叉拆分，而多值拆分需要将一个变量划分成多个部分。

#### 7.2.3.2 最佳拆分的选择

接下来的问题是，如何对节点 $t$ 上的子空间 $u(t)$ 中的数据进行拆分。用 $\mathcal{L} = \{(\boldsymbol{x}_i, y_i); i=1, \cdots, n\}$ 表示样本集及其类别标签，图 7.5 给出了一些空间区域 $u(t)$ 示意，它们与图 7.4 的二叉决策树的终极节点相关联。可以通过定义节点不纯度来实现这种拆分，这时要用到落入节点 $t$ 的样本 $\boldsymbol{x}$ 属于 $\omega_j$ 类的概率估计 $p(\omega_j \mid \boldsymbol{x} \in u(t))$：

$$p(\omega_j|\boldsymbol{x} \in u(t)) = p(\omega_j|t) \sim \frac{N_j(t)}{N(t)}$$

即在节点 $t$，属于 $\omega_j$ 类的样本比例，其中 $N(t)$ 表示 $\boldsymbol{x}_i \in u(t)$ 的样本数，$N_j(t)$ 表示 $\boldsymbol{x}_i \in u(t)$ 且 $y_i = \omega_j$ 的样本数( $\sum_j N_j(t) = N(t)$ )。

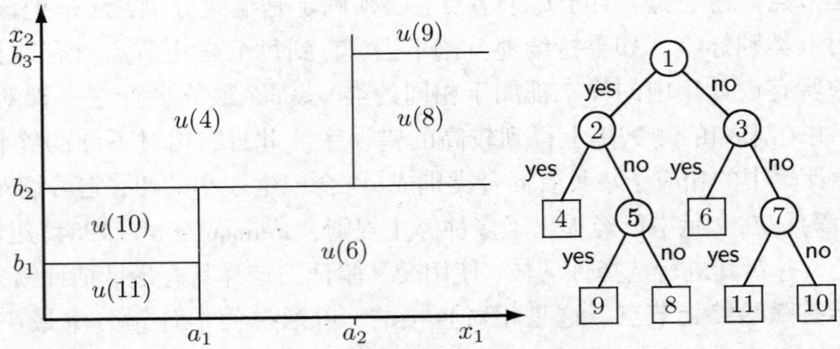


图 7.5 图 7.4 所示决策树的决策区间及其决策树

仿效 Breiman et al.(1984)的工作，我们把节点不纯度函数 $\mathcal{I}(t)$ 定义为

$$\mathcal{I}(t) = \phi(p(\omega_1|t), \cdots, p(\omega_C|t))$$

其中，$\phi$ 是定义在所有 $C$ 元组 $(q_1, \cdots, q_C)$ 上的函数，满足条件 $q_j \geqslant 0$ 及 $\sum_j q_j = 1$。该函数具有下列性质。

1. 对于所有的 $j$，仅当 $q_j = 1/C$ 时，$\phi$ 达到最大值。
2. 对于所有的 $i \neq j$，对那些 $q_j = 1$ 且 $q_i = 0$ 的 $j$，$\phi$ 达到最小值。
3. $\phi$ 是 $q_1, \cdots, q_C$ 的对称函数。

关于 $\mathcal{I}(t)$ 有几种不同的形式，其中包括：

- 基尼(Gini)准则

$$\mathcal{I}(t) = \sum_{i \neq j} p(\omega_i|t)p(\omega_j|t) = 1 - \sum_i [p(\omega_i|t)]^2$$

- 熵(Entropy)

$$\mathcal{I}(t) = -\sum_i p(\omega_i|t)\log_2(p(\omega_i|t))$$

- 分类错误(Classification error)

$$\mathcal{I}(t) = 1 - \max_i [p(\omega_i|t)]$$

对于给定拆分，容易算出上述3种不纯度。对于一个两类分类问题($C = 2$)，图7.6绘出了作为函数 $p = p(\omega_1 \mid t)(p(\omega_2 \mid t = 1 - p))$ 的3条不纯度曲线。函数在 $p = 1/C = 1/2$（类均匀分布）时达到峰值，在 $p = 0$ 或 $p = 1$（所有样本属于同一类）时为最小值。

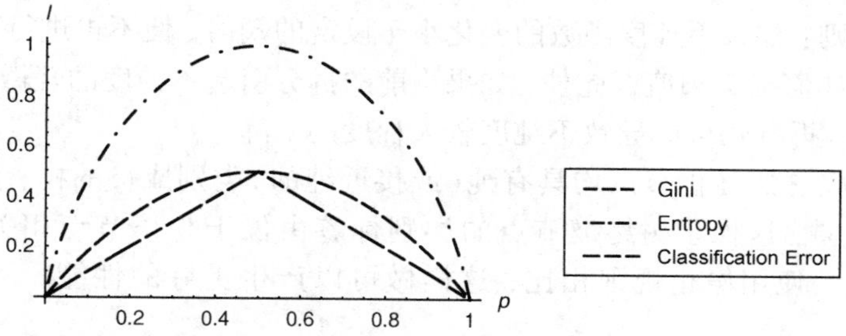


图7.6　作为函数 $p = p(\omega_1 \mid t)$ 的二分类问题的节点不纯度函数示例

衡量拆分好坏的一种办法是对父节点不纯度(拆分前)和子节点不纯度(拆分后)求差。对于具有 $k$ 个子节点的情况，定义

$$\Delta\mathcal{I}(s_p, t) \triangleq \mathcal{I}(t) - \sum_{j=1}^{k} \mathcal{I}(t_j)\frac{N(t_j)}{N(t)}$$

其中，$t_j$ 是节点 $t$ 的一个子节点，$N(t_j)$ 是落入这个子节点的样本数，我们寻求一种最大化 $\Delta\mathcal{I}$ 的拆分。若 $\mathcal{I}$ 为熵度量，则 $\Delta\mathcal{I}$ 便称为信息增益。

对于给定节点 $t$，各种拆分均使 $\mathcal{I}(t)$ 相同。因此，对所有拆分最大化 $\Delta\mathcal{I}$ 相当于最大限度地减少子节点的加权平均不纯度，即找到一种拆分，使其子节点最纯。

在建立分类树过程的每一阶段，必须对拆分哪个变量及如何拆分该变量做出判断。所选择的变量及其拆分方案应最大程度地降低不纯度。对于二值变量，拆分办法只有一个，因此没必要寻找拆分方案。标称变量和序数变量可能会产生二叉拆分或多路拆分。例如，对于图7.1的变量“收入”，可以以二叉方式将其拆分：{低，中}、{高}或{低}及{中，高}，也可以像图示的那样将其拆分成三路：{低}、{中}及{高}。

对于连续变量，拆分的选择依据单个变量的阈值进行：

$$s_p = \{\boldsymbol{x}; x_k \leqslant \tau\}$$

其中, $k = 1, \cdots, p$ 和$\tau$在实数范围内搜索。显然,这时必须限制所审查的拆分数,就是说对变量 $x_k$,只允许 $\tau$在可能的取值范围内取一个有限值。因此,可以把每个变量拆分成多个类别,不过这个拆分数应该相当小,以防过度计算,同时在每个节点上又不需要样本数过大。

还有很多其他拆分方法,其中一些方法可在 Safavian and Landgrebe(1991)的研究中找到。上面讨论的方法假设变量为有序变量。对于具有 $N$ 个无序的分类变量,则要考虑2$N$ 种变量划分。如果盲目搜索之,虽有可能找到最优解,但是如果 $N$ 很大,则会导致计算时间过长。关于标称变量的拆分方法可以在 Breiman et al. (1984)及 Chou(1991)中找到。

### 7.2.4 终止拆分过程

分类树在对节点的陆续拆分中生成。接下来的问题是如何停止这种节点的拆分。一种办法是,不停地拆分节点直至每一个终止节点只包含一个观测值。对于大型数据集而言,这会导致分类树非常大,同时造成对数据的过度拟合。这时,在用来训练这个分类模型的数据集上,所获得的分类性能会非常好(甚至错误率为零),但该模型的泛化性能(在代表真实工作条件的独立数据集上的性能)就可能变得很差。在分类树的设计过程中,有两种基本方法可以避免这种过拟合问题。

- **实施停止规则:** 如果不纯度函数的变化小于设定的阈值,便不再进行节点拆分。该方法的难点在于如何确定阈值。此外,如果当前的拆分引起不纯度的轻微下降,在允许的情况下,进一步拆分仍可能导致不纯度较大程度的下降。
- **剪枝:** 先生成一棵终止节点均具有纯(或接近纯的)类别成员的树,然后对其剪枝,以更换一棵子树,这棵子树终极节点的类别标签由位于与该节点相关的数据空间中的样本确定。与使用停止规则相比,这样做可以产生更好的性能。下面来讨论一种剪枝算法。

这些方法将生成一棵简单的、其决策规则更易于解释的树。

#### 7.2.4.1 剪枝算法

对树进行剪枝的算法有多种,它们将取决于模型复杂度的惩罚项整合进来,再使分类错误最小,以防止过度拟合,其做法有几种。CART(分类和回归树;Breiman et al., 1984)算法是其中之一。

令实数 $R(t)$ 与给定树 $T$ 的节点 $t$ 相关联。如果 $t$ 是终止节点,即 $t \in \tilde{T}$ ( $\tilde{T}$ 表示终止节点集合),那么 $R(t)$ 表示被错分样本的比例,即 $u(t)$ 中不属于该终止节点类别的样本数 $M(t)$ 除以总数据点数 $n$ 的值:

$$R(t) = \frac{M(t)}{n}, \quad t \in \tilde{T}$$

更一般地,对于回归问题, $R(t)$ 表示样本的预测值及其响应变量值之间的均方误差。

对于实数 $\alpha$,令 $R_\alpha(t) = R(t) + \alpha$,设①

① $R$ 的自变量可以是一棵树,也可以是一个节点。大写字母表示树。

$$R(T)=\sum_{t\in\tilde{T}}R(t)$$

$$R_{\alpha}(T)=\sum_{t\in\tilde{T}}R_{\alpha}(t)=R(T)+\alpha\left|\tilde{T}\right|$$

在分类问题中，$R(T)$ 是错分率估计；$|\tilde{T}|$ 表示集合 $\tilde{T}$ 的基数，$R_{\alpha}(T)$ 是分类树的错分率复杂度估计；$\alpha$ 是一常数，用于表示每个终止节点复杂度的代价。如果 $\alpha$ 很小，那么对具有大量节点的树的惩罚就很小。随着 $\alpha$ 的增加，最小化子树[子树 $T'\leqslant T$，$R_{\alpha}(T')$ 最小]具有越来越少的终止节点。

令量 $R(t)$ 由下式给出：

$$R(t)=r(t)p(t)$$

其中，$r(t)$ 是在给定落入节点 $t$ 的样本下，错分概率(明显错误率，见第 9 章)的重新替代估计：

$$r(t)=1-\max_{\omega_j}p(\omega_j|t)$$

$p(t)$ 定义为基于数据集 $\mathcal{L}$ 的 $p(\boldsymbol{x}\in u(t))$ 的估计：

$$p(t)=\frac{N(t)}{n} \tag{7.1}$$

$p(\omega_j|t)$ 定义为基于数据集 $\mathcal{L}$ 的 $p(y=\omega_j|\boldsymbol{x}\in u(t))$ 的估计：

$$p(\omega_j|t)=\frac{N_j(t)}{N(t)} \tag{7.2}$$

如果 $t$ 是终止节点，$R(t)$ 便是该节点对总误差的贡献。

令 $T_t$ 表示子树，其根为 $t$(该子树是树的一部分，由根节点 $t$ 开始生长而成)。若 $R_{\alpha}(T_t)<R_{\alpha}(t)$，则子树的复杂度代价小于节点 $t$ 的复杂度代价。这种情况出现于 $\alpha$ 很小时。随着 $\alpha$ 增大，等式成立，即

$$\alpha=\frac{R(t)-R(T_t)}{N_d(t)-1}$$

其中，$N_d(t)$ 是 $T_t$ 子树上终止节点的个数，即 $N_d(t)=|\tilde{T}_t|$，我们更希望树在 $t$ 处终止。

### 7.2.5　为终端节点分配类标签

当 $\boldsymbol{x}\in\omega_j$ 时，记 $\lambda(\omega_j,\omega_i)$ 为将 $\boldsymbol{x}$ 归入 $\omega_i$ 类的代价。这意味着与节点 $t$ 关联的、数据空间的位于 $u(t)$ 中的样本，通过 $\{\boldsymbol{x}_i\}$ 与类标签 $\{y_i\}$ 相关联，其中 $y_i\in\{\boldsymbol{\omega}_1,\cdots,\boldsymbol{\omega}_C\}$。当

$$\sum_{\boldsymbol{x}_j\in u(t)}\lambda\left(y_j,\omega_k\right)$$

最小时，将 $\omega_k$ 类分配给该终端节点，对于等价损失矩阵

$$\lambda(\omega_j,\omega_i)=\begin{cases}1, & i\neq j\\0, & i=j\end{cases}$$

终端节点被分配到的类应使错分数最小。

### 7.2.6　决策树剪枝(含实施示例)

#### 7.2.6.1　术语

这里介绍的方法基于 Breiman et al. (1984)提出的 CART 算法。二叉决策树被定义为正整

数集合 $T$ 及从 $T$ 到 $T \cup \{0\}$ 的两个函数 $l(\cdot)$ 和 $r(\cdot)$。$T$ 的每个成员均与树中的节点相对应。图 7.7 显示出一棵树及与其对应的 $l(t)$ 和 $r(t)$ 的取值(分别表示左节点和右节点)。

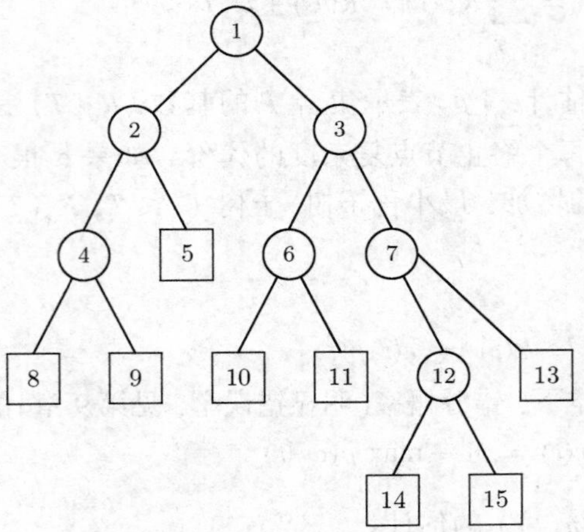


| $t$ | $l(t)$ | $r(t)$ |
|---|---|---|
| 1 | 2 | 3 |
| 2 | 4 | 5 |
| 3 | 6 | 7 |
| 4 | 8 | 9 |
| 5 | 0 | 0 |
| 6 | 10 | 11 |
| 7 | 12 | 13 |
| 8 | 0 | 0 |
| 9 | 0 | 0 |
| 10 | 0 | 0 |
| 11 | 0 | 0 |
| 12 | 14 | 15 |
| 13 | 0 | 0 |
| 14 | 0 | 0 |
| 15 | 0 | 0 |

图 7.7　分类树及其 $l(t)$ 和 $r(t)$ 的取值

1. 对于每个 $t \in T$, 如果它为终端节点, 则 $l(t) = 0$ 且 $r(t) = 0$; 如果它为非终端节点, 则 $l(t) > 0$ 且 $r(t) > 0$。
2. 除了根节点(最小的整数, $t = 1$), 其他每个节点均具有一个唯一的父节点 $s \in T$, 也就是说, $t \neq 1$ 时, 存在一个 $s$, 使 $t = l(s)$ 或 $t = r(s)$。

子树是 $T$ 的非空子集 $T_1$, 它连同函数 $l_1$ 和函数 $r_1$ 满足

$$l_1(t) = \begin{cases} l(t), & l(t) \in T_1 \\ 0, & \text{其他} \end{cases}$$

$$r_1(t) = \begin{cases} r(t), & r(t) \in T_1 \\ 0, & \text{其他} \end{cases} \tag{7.3}$$

$T_1$、$l_1(\cdot)$ 和 $r_1(\cdot)$ 构成一个树。例如, 集合$\{3, 6, 7, 10, 11\}$连同式(7.3)形成一个子树, 而集合$\{2, 4, 5, 3, 6, 7\}$和集合$\{1, 2, 4, 3, 6, 7\}$则不是子树; 前者是因为 2 和 3 没有父节点, 后者则因为 $l_1(2) > 0$ 且 $r_1(2) = 0$。$T$ 的一棵修剪子树 $T_1$ 与 $T$ 具有相同的根, 记为 $T_1 \leqslant T$。因此, 图 7.8(b)给出的例子是一个修剪的子树, 而图 7.8(a)给出的例子则不然(虽然它是一棵子树)。

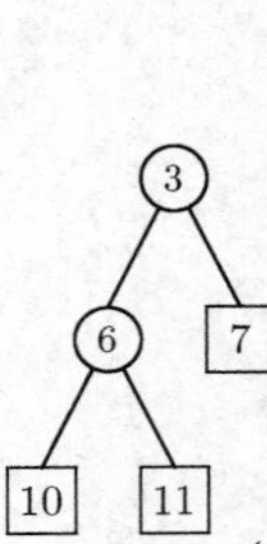


| $t$ | $l_1(t)$ | $r_1(t)$ |
|---|---|---|
| 3 | 6 | 7 |
| 6 | 10 | 11 |
| 7 | 0 | 0 |
| 10 | 0 | 0 |
| 11 | 0 | 0 |

(a)

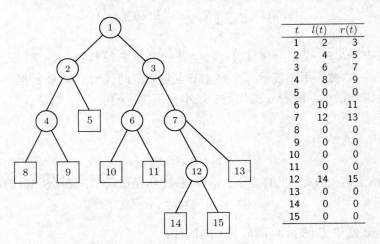

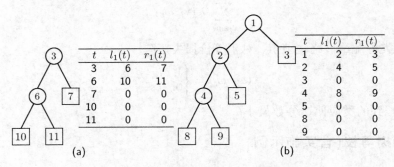

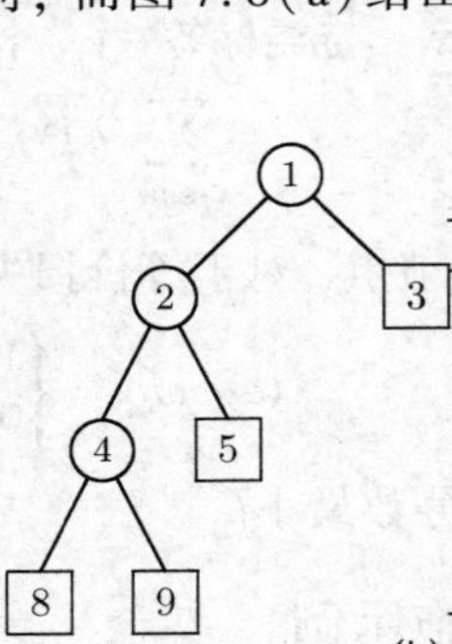


| $t$ | $l_1(t)$ | $r_1(t)$ |
|---|---|---|
| 1 | 2 | 3 |
| 2 | 4 | 5 |
| 3 | 0 | 0 |
| 4 | 8 | 9 |
| 5 | 0 | 0 |
| 8 | 0 | 0 |
| 9 | 0 | 0 |

(b)

图 7.8　图 7.4 所示树中可能的子树

令 $\tilde{T}$ 表示终端节点集(图 7.7 中，该集合为{5，8，9，10，11，13，14，15})。令 $\{u(t), t \in \tilde{T}\}$ 是对数据空间 $\mathbb{R}^p$ 的划分，即 $u(t)$ 是 $\mathbb{R}^p$ 的子空间，$\mathbb{R}^p$ 与终端节点相关联，且当 $t \neq s$ 及 $t, s \in \tilde{T}$ 时，满足 $u(t) \cap u(s) = \Phi$；$\cup_{t \in \tilde{T}} u(t) = \mathbb{R}^p$)。令 $\omega_{j(t)} \in \{\omega_1, \cdots, \omega_C\}$ 表示类标签。于是，一棵分类树包括树 $T$、类标签 $\{\omega_{j(t)}, t \in \tilde{T}\}$ 及其划分 $\{u(t), t \in \tilde{T}\}$。至此要说的是，与每个终端子节点相关联的是数据空间的一个域，我们标注其为属于某个特定的类；$\mathbb{R}^p$ 的子空间 $u(t)$ 与每个非终端节点相关联，是其后继的终端节点子空间的联合空间。

一棵分类树由带类别标签的数据集 $\mathcal{L} = \{(\boldsymbol{x}_i, y_i), i = 1, \cdots, n\}$ 构建而成，其中 $\boldsymbol{x}_i$ 为数据样本，$y_i$ 为 $\boldsymbol{x}_i$ 的类标签。

基于 $\mathcal{L}$，再将下式分别定义为对 $p(\boldsymbol{x} \in u(t_L) \mid \boldsymbol{x} \in u(t))$ 及 $p(\boldsymbol{x} \in u(t_R) \mid \boldsymbol{x} \in u(t))$ 的估计：

$$p_L = \frac{p(t_L)}{p(t)}, \quad p_R = \frac{p(t_R)}{p(t)}$$

其中，$t_L = l(t)$，$t_R = r(t)$。

根据 $u(t)$ 中各类样本所占比例，给节点 $t$ 分配一个标签，即如果下式成立，则将标签 $\omega_j$ 分配给节点 $t$：

$$p(\omega_j|t) = \max_i p(\omega_i|t)$$

至此所述，已经涵盖了将要用到的大多数术语。表 7.1 用图 7.3 的数据和图 7.4 的树对其中的一些概念进行了说明。

**表 7.1　树表，其中 ◇ 为 $\omega_1$ 类，● 为 $\omega_2$ 类**

| $t$ | 节点 | $l(t)$ | $r(t)$ | $N(t)$ | $N_1(t)$ | $N_2(t)$ | $p(t)$ | $p(1 \mid t)$ | $p(2 \mid t)$ | $p_L$ | $p_R$ |
|---|---|---|---|---|---|---|---|---|---|---|---|
| 1 | $x_2 > b_2$ | 2 | 3 | 35 | 20 | 15 | 1 | $\frac{20}{35}$ | $\frac{15}{35}$ | $\frac{22}{35}$ | $\frac{13}{35}$ |
| 2 | $x_1 < a_2$ | 4 | 5 | 22 | 17 | 5 | $\frac{22}{35}$ | $\frac{17}{22}$ | $\frac{5}{22}$ | $\frac{15}{22}$ | $\frac{7}{22}$ |
| 3 | $x_1 > a_1$ | 6 | 7 | 13 | 4 | 9 | $\frac{13}{35}$ | $\frac{4}{13}$ | $\frac{9}{13}$ | $\frac{9}{13}$ | $\frac{4}{13}$ |
| 4 | ◇ | 0 | 0 | 15 | 15 | 0 | $\frac{15}{35}$ | 1 | 0 | | |
| 5 | $x_2 > b_3$ | 9 | 8 | 7 | 2 | 5 | $\frac{7}{35}$ | $\frac{2}{7}$ | $\frac{5}{7}$ | $\frac{5}{7}$ | $\frac{2}{7}$ |
| 6 | ● | 0 | 0 | 9 | 0 | 9 | $\frac{9}{35}$ | 0 | 1 | | |
| 7 | $x_2 < b_1$ | 11 | 10 | 4 | 3 | 1 | $\frac{4}{35}$ | $\frac{3}{4}$ | $\frac{1}{4}$ | $\frac{3}{4}$ | $\frac{1}{4}$ |
| 8 | ● | 0 | 0 | 5 | 0 | 5 | $\frac{5}{35}$ | 0 | 1 | | |
| 9 | ◇ | 0 | 0 | 2 | 2 | 0 | $\frac{2}{35}$ | 1 | 0 | | |
| 10 | ◇ | 0 | 0 | 3 | 3 | 0 | $\frac{3}{35}$ | 1 | 0 | | |
| 11 | ● | 0 | 0 | 1 | 0 | 1 | $\frac{1}{35}$ | 0 | 1 | | |

#### 7.2.6.2　算法描述

下面通过图 7.9 给出的树来介绍 CART 剪枝算法。在图 7.9 所示树的每个终端节点上均标有数字 $R(t)$，它代表该节点对错误率的贡献。而在它的每个非终端节点上标有两个数字，左侧数字为 $R(t)$，表示对终端节点错误率的贡献；右侧数字是 $g(t)$，其定义由下式给出：

$$g(t) = \frac{R(t) - R(T_t)}{N_d(t) - 1} \tag{7.4}$$

例如, $g(t)$ 在节点 $t = 2$ 的值为 $0.03 = [0.2 - (0.01 + 0.01 + 0.03 + 0.02 + 0.01)]/4$。

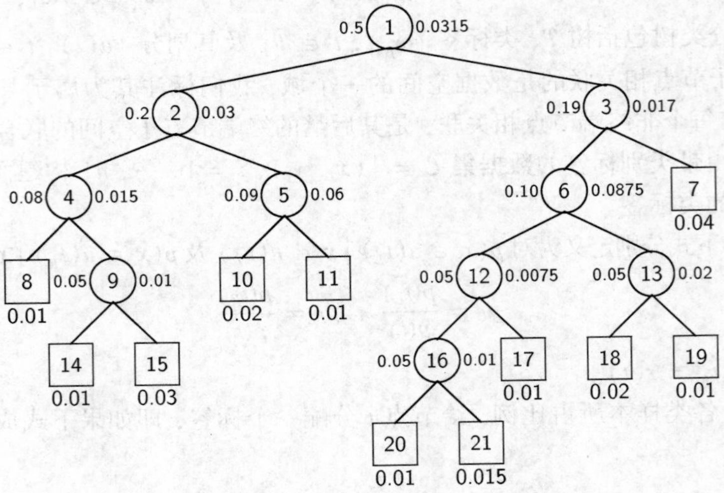

图 7.9 剪枝算法的图例, 原型树

算法的第一步: 搜索使 $g(t)$ 取得最小值的节点。结果找到节点 12, 其值为 0.0075。把该节点作为终止节点, 并对该节点的所有祖先重新计算 $g(t)$ 的值。此过程示于图 7.10 中。

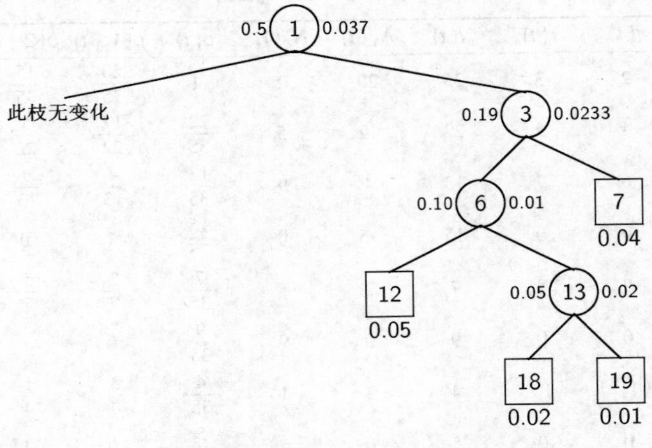


图 7.10 剪枝算法的图例, 在节点 12 剪枝

从节点 2 开始的子树, 其各节点不变。重复这一过程。搜索新树以寻找具有最小 $g(t)$ 值的节点。在本例中, 找到节点 6 和节点 9, 两者的取值均为 0.01。将它们都作为终止节点, 再次对其祖先重新计算 $g(t)$ 值。图 7.11 给出了这棵新树( $T^3$ )。此时, 节点 4 又变成终止节点。持续上述过程直至仅余下根节点。可见, 剪枝算法产生一连串的树序列。我们用 $T^k$ 表示第 $k$ 步得到的树。表 7.2 给出了每棵后继树的错误率数值, 并给出了每棵树的终止节点数, 以及每一步(由 $\alpha_k$ 来表示)用于剪枝而生成树 $T^k$ 的 $g(t)$ 值。在树 $T^k$的所有内部节点上 $g(t) > \alpha_k$。

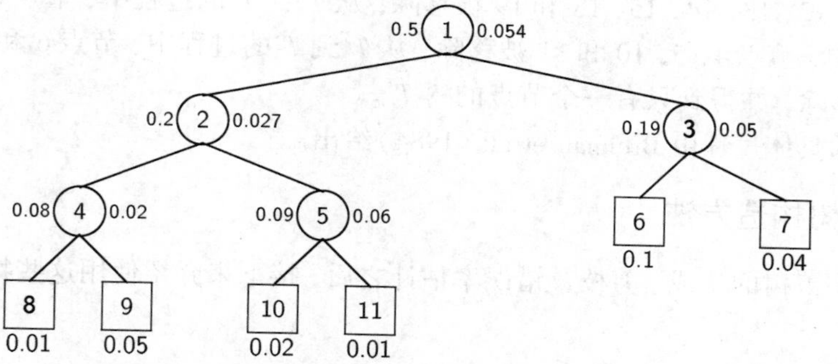


图7.11 剪枝算法的图例，在节点6和节点9剪枝

**表7.2 子树序列**

| | $\alpha_k$ | $\mid \tilde{T}^k \mid$ | $P(T^k)$ |
|---|---|---|---|
| 1 | 0 | 11 | 0.185 |
| 2 | 0.0075 | 9 | 0.2 |
| 3 | 0.01 | 6 | 0.22 |
| 4 | 0.02 | 5 | 0.25 |
| 5 | 0.045 | 3 | 0.34 |
| 6 | 0.05 | 2 | 0.39 |
| 7 | 0.11 | 1 | 0.5 |

图7.12概括了剪枝算法的结果。

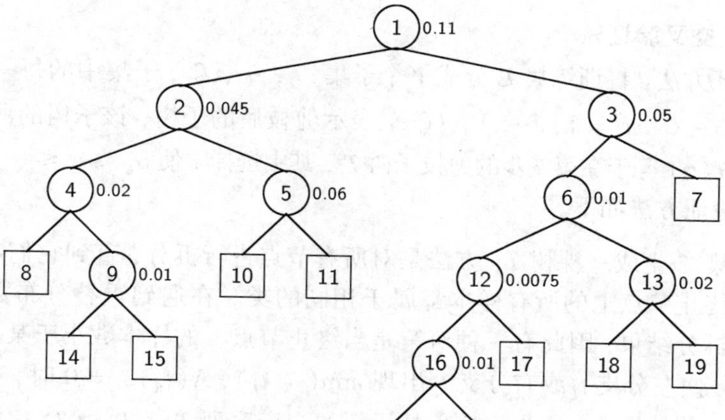


图7.12 剪枝算法的图例，剪枝过程概述

该图显示了原型树及其内部节点的 $g_6(t)$ 值，其中 $g_k$ 被迭代地定义（$0 \leqslant k \leqslant K-1$；$K$ 为剪枝步骤数）为

$$g_k = \begin{cases} g(t), & t \in T^k - \tilde{T}^k \quad (t \text{ 是 } T^k \text{ 的内部节点}) \\ g_{k-1}(t), & \text{其他} \end{cases}$$

$g_6(t)$ 的值连同树 $T^1$ 作为概括剪枝过程的一种有效方式。最小值是0.0075，这说明在从 $T^1$ 到 $T^2$ 的过程中，节点16，17，20和21被移除。剪枝后的树的最小值变为0.01，因此在从 $T^2$ 到 $T^3$

的过程中，节点 12，13，14，15，18 和 19 被移除；从 $T^3$ 到 $T^4$ 的过程中，节点 8 和 9 被移除；从 $T^4$ 到 $T^5$ 的过程中，节点 4，5，10 和 11 被移除；从 $T^5$ 到 $T^6$ 的过程中，节点 6 和 7 被移除；最后，节点 2 和 3 被移除，并得到只有一个节点的树 $T^7$。

上述算法的具体过程由 Breiman et al.(1984)给出。

### 7.2.7 决策树构造方法

在介绍了决策树的生成、剪枝及错误率估计之后，接下来介绍使用这些特点构造决策树的方法。

#### 7.2.7.1 训练集与测试集相互独立的 CART 方法

训练集与测试集相互独立的 CART 方法的步骤如下。首先假设对数据样本近似相等地划分成两个子集：训练集 $\mathcal{L}_r$ 和测试集(或者更准确地说是验证集) $L_s$。

然后，独立地使用训练集与测试集，步骤如下。

1. 使用训练集 $\mathcal{L}_r$ 生成树 $T$，方法是对所有节点进行拆分，直到所有节点都成为"纯"节点——在每个终止节点上的所有样本都属于相同的类。在遇到重叠分布的数据时，不一定能达到这种拆分结果，因此有一种对策是当终止节点上的样本数小于某个阈值，或者对节点 $t$ 的拆分使得左分支 $t_L$ 或右分支 $t_R$ 出现 $\min(N(t_L), N(t_R)) = 0$ 时，拆分停止。
2. 使用 CART 剪枝算法，运用确认集 $\mathcal{L}_s$ 产生一个子树的嵌套序列 $T^k$。
3. 选择使 $R(T^k)$ 最小的最小子树。

#### 7.2.7.2 CART 交叉验证法

对于交叉验证方法，将训练集 $\mathcal{L}$ 分成 $V$ 个子集 $\mathcal{L}_1, \cdots, \mathcal{L}_V$，子集中的每一类的样本数近似相等。令 $\mathcal{L}^v = \mathcal{L} - \mathcal{L}_v$，$v = 1, \cdots, V$，$T(\alpha)$ 表示剪枝后的子树，该子树的所有内部节点都有 $g(t) > \alpha$。因此，$T(\alpha)$ 等于在第 $k$ 步的剪枝子树 $T^k$，其中选择 $k$ 使 $\alpha_k \leqslant \alpha \leqslant \alpha_{k+1}$($\alpha_{k+1} = \infty$)。

CART 交叉验证方法如下。

1. 使用数据集 $\mathcal{L}$ 生成一棵树 $T$，方法是对所有节点进行拆分，直到它们都成为"纯"节点，即在每个终止节点上的所有样本都属于相同的类。在遇到重叠分布数据时，不一定能达到这种拆分结果，因此有一种对策是当终止节点上的样本数小于某个阈值，或者对节点 $t$ 的拆分使左分支 $t_L$ 或右分支 $t_R$ 出现 $\min(N(t_L), N(t_R)) = 0$ 时，拆分停止。
2. 使用 CART 剪枝算法，产生一个剪枝子树的嵌套序列 $T = T^0 \geqslant T^1 \cdots \geqslant T^K = \text{root}(T)$。
3. 对所有的 $v = 1, \cdots, V$，使用 $\mathcal{L}^v$ 产生树 $T_v$，并为终止节点指定类别标签。
4. 使用 CART 剪枝算法，对 $T_v$，产生一个剪枝子树的嵌套序列。
5. 计算 $R^{cv}(T^k)$(错分率的交叉验证估计)：

$$R^{\text{cv}}(T^k) = \frac{1}{V}\sum_{v=1}^{V} R_v(T_v(\sqrt{\alpha_k \alpha_{k+1}}))$$

   其中，$R_v$ 是在确认集 $\mathcal{L}_v$ 的基础上对剪枝树 $T_v(\sqrt{\alpha_k \alpha_{k+1}})$ 的错分率估计。
6. 选择最小的 $T^* \in \{T^0, \cdots, T^K\}$，使得

$$R^{\text{cv}}(T^*) = \min_k R^{\text{cv}}(T^k)$$

7. 通过下式估计错分率：

$$\hat{R}(T^*) = R^{\mathrm{cv}}(T^*)$$

本节所述算法实现的是多种回归树设计方法中的一种，这类算法通过生长和剪枝，成为确定决策树大小的可靠技术。CART 方法适用于连续变量数据集，也适用于离散的序数或标称变量下的数据集，其中包括混合变量类型的数据集。

关于决策树的生成和剪枝策略还有很多，这些可以在文献中找到。在 Quinlan(1987)中可以看到对 4 种修剪方法的介绍和评估，其动机是简化决策树，以求将知识用于专家系统中。多位文献作者将信息论准则用于构造决策树。Quinlan and Rivest(1989)给出了一个基于最小描述长度原则的方法，Goodman and Smyth(1990)提出将自上而下的互信息算法用于决策树的设计。Esposito et al. (1997)提供了一项关于决策树剪枝方法的比较研究[又见 Kay(1997)及 Mingers(1989)的评论]。Oliver and Hand(1996)对一种替代剪枝平均法进行了讨论。

除了构建决策树的自上而下的方法之外，人们还提出了其他策略，其中包括 landeweerd et al. (1983)提出的自下而上的方法。这方面的内容可参阅 Murthy(1998)给出的综述。

### 7.2.8　其他问题

#### 7.2.8.1　缺值数据

上面给出的算法没有包含如何处理缺值数据这一技术细节。CART 算法通过使用替代拆分来处理该问题。如果假设某个节点对变量 $x_m$ 的最佳拆分是 $s$，那么在变量 $x_j$ 上获得的对 $s$ 的最精准预测 $s^*$ 称为 $s$ 的最佳替代。类似地，可以找出关于变量 $x_j$（不同于 $x_m$）的次佳替代，如此类推。

构建树的方式虽然很常用，但在节点 $t$ 上获得的变量 $x_m$ 的最佳拆分 $s$，考虑的仅仅是那些可获得该变量值的样本。根据对象的 $x_m$ 取值，将其归入与 $t_L$ 和 $t_R$ 相关的子集。对于给定的测试样本，如果该变量缺失，则运用 $s$ 的最佳替代进行拆分(也就是用其他变量进行拆分)，如果最佳替代变量的此值仍然空缺，就使用次佳替代，如此类推，直到样本被拆分。另外，也可以使用传统分类器处理缺值数据的方法(见第 13 章)。

#### 7.2.8.2　先验概率与代价

定义式(7.2)和式(7.3)假设各类的先验概率[表示为 $\pi(j)$]等于 $N_j/n$。如果设计集上的分布与所期望的类别分布不成比例，那么可以重新取代样本落入节点 $t$ 的概率估计 $p(t)$，以及落入 $t$ 的样本属于 $\omega_j$ 类的概率估计 $p(j\mid t)$，这两个概率估计分别定义为

$$\begin{aligned} p(t) &= \sum_{j=1}^{C} \pi(j) \frac{N_j(t)}{N_j} \\ p(j|t) &= \frac{\pi(j) N_j(t)/N_j}{\sum_{j=1}^{C} \pi(j) N_j(t)/N_j} \end{aligned} \tag{7.5}$$

不考虑代价(或假设代价损失矩阵相等，见第 1 章)时，错分率为

$$R(T) = \sum_j \sum_{i \neq j} q(i|j)\pi(j) \tag{7.6}$$

其中，$q(i\mid j)$ 是 $\omega_j$ 类的样本被树决策为 $\omega_i$ 类的比率。如果 $\lambda_{ji}$ 是把 $\omega_j$ 类对象错分为 $\omega_i$ 的代价，则错分代价为

$$R(T)=\sum_j\sum_{i\neq j}\lambda_{ji}q(i|j)\pi(j)$$

假设 $\lambda_{ji}$ $(j\neq i)$ 独立于 $i$(即对 $\omega_j$ 类样本的错分代价与将该样本归入哪一类无关)，则使用所定义的先验概率，上式就可以写成与式(7.6)相同的形式；这时 $\lambda_{ji}=\lambda_j$，先验概率重定义为

$$\pi'(j)=\frac{\lambda_j\pi(j)}{\sum_j\lambda_j\pi(j)}$$

一般来说，如果每类的错分代价不为常数，就不能把这个代价归入这种被修正了的先验概率中。

### 7.2.9 应用研究举例

问题

在药物的开发研究中，要对极大量的筛选数据进行其潜在效果的测试，这是一项极具挑战性的工作(通常需要在短短几天内，对利用组合化学生成的数以百万计的化合物进行测试)。Han et al. (2008)研发出决策树方法用于数据筛查。

摘要

开发决策树模型用于通过化学结构指纹判别复合生物的活性。

数据

从 PubChem BioAssay 数据库选出四个蛋白目标，对其中的每个目标开发一个模型。对于每一个目标蛋白，大约有 61 000 个和 99 000 个化合物待测试，被确定为活性化合物的百分比很小(但数以百计)。

模型

所开发的决策树模型是基于 C4.5 算法的(Quinlan，1993)。

训练过程

所使用的 10 层交叉验证法连同树剪枝法被作为评估方法的一部分。

结果

结果表明，对特定蛋白质开发的决策树模型可以判别出生物学上所关注的化合物。对这些蛋白质，这些模型可以作为选择活性化合物这一过滤过程的一部分。

### 7.2.10 拓展研究

上面讨论的拆分规则只考虑了单个变量。某些数据集可能自然地由不平行于坐标轴的超平面分开，第 5 章就重点关注了寻找线性判别函数的方法。基本 CART 算法试图通过多维矩形区域来逼近这些平面，而这可能产生非常庞大的树。此算法的扩展方法允许进行与坐标轴不垂直的拆分，Loh and Vanichsetakul(1988)和 Wu and Zhang(1991)对此展开了讨论(事实上也可以在 CART 的树中找到)(Breiman et al.，1994)。Sankar and Mammone(1991)使用神经网络对数据空间进行递归拆分，并允许广义超平面分割，还对这种神经树分类器的剪枝展开了讨论，也可参阅 Sethi and Yoo(1994)，其中使用了感知学习的多特征拆分方法。

Gersho and Gray(1992)针对矢量量化问题讨论了基于树的方法。树形结构可以减少编码过程中的搜索时间。对树的剪枝会产生变速率的矢量量化器，这时可以使用 CART 剪枝算法。Riskin and Gray(1991)讨论用来生长可变长度树的方法(在矢量量化中)，这时不需要首先生成

一棵完整的树。Crawford(1989)对 CART 进行了一些扩展，以改善错误率的交叉验证估计，同时允许使用增量学习的方法，即根据新数据更新一棵已存在的树。如果数据具有时间相依性(因此需要调整这棵树)，或者如果数据集太大而无法一次处理完所有数据，则需要这种增量决策树(Kalles and Morris，1996)。

用于搜索最近邻的 kd 树方法(见第 4 章)与本章所述的树方法类似。

对于具有大量类别的标称变量，其问题之一是有许多可能的分割方法待考虑。Chou(1991)介绍了一种用聚类方法找出局部最优分割而摒弃盲目搜索的方法。Buntine(1992)对用于构造树的贝叶斯统计方法展开研究，通过贝叶斯方法对树的节点进行拆分、剪枝并对多棵树求平均(也作为 Statlog 工程的一部分进行评价)。Denison et al.(1998a)讨论了贝叶斯 CART 算法。

### 7.2.11 小结

决策树属于构建分类模型的非参数方法。其好处是存储方式更简洁，对新样本分类更有效，面对各类问题更具普适性。可能的不利之处是设计出最优树具有难度，在某些问题上，特别是在具有复杂的分类边界，又使用了决策边界平行于坐标轴的二叉决策树时，或许会造成较大的树同时伴随较差的错误率。另外，大多数方法是非自适应的，即训练集是固定的，若使用额外的数据，则可能需要重新设计这棵决策树。

决策树的主要诱人之处是其简单性：其采用的是自上而下的递归式划分法，特别是 CART 以递归方式对单一变量进行二叉划分。这时，虽然找到最佳树会比较费时，但仍然有许多高效的构建树的算法可用。该方法能很快完成对测试样本的分类(仅需少许简单的测试)。除了其简单性，面对复杂的非线性多变量数据集，该方法所给出的性能会优于许多传统方法。当然，把该模型推广到对变量进行线性(甚至非线性)组合的多路拆分上也是可能的，但是没有足够的证据表明这种推广会带来性能的改善。事实上，Breiman and Friedman(1988)报道了相反的结论。单变量拆分具有对模型更易解释的特点，特别是面对小数据集时更是如此。本书讨论的很多判别方法都缺乏可解释性，这在很多应用中呈现出严重不足。虽然节点不纯度函数的不同会导致拆分变量选择的不同，但这些函数的性能依然存在着很多一致性。

决策树的另一个优点是该方法经过了开发人员和软件研制者的广泛评估和测试。另外，树形结构方法可以用于回归，这时通过使用相同的不纯度函数(例如，使用最小平方误差测度)生成树并对其进行剪枝。

决策树是一种非参数分类方法。一种替代决策树的方法是使用内在假设的参数方法。随着计算能力的不断提高，在判别、回归和密度估计中，非参数方法使用在不断地增长。在大多数应用中，数据采集的花费远远超出了其他花费，而非参数法就变得更具吸引力，因为该方法并不假设潜在的总体分布(常常是粗略的)，其他判别方法则需要这样做。

## 7.3 规则归纳

### 7.3.1 引言

前面的章节介绍了基于递归划分算法构建决策树的分类方法。为了描述这类训练模型，可以由决策树生成一系列 IF-THEN 规则。基于规则的方法所生成的描述性模型比决策树分类器更便于解释。本节介绍如下两种主要的规则归纳法。

- 从决策树提取规则;
- 用连续覆盖法进行规则归纳。

许多关于规则挖掘领域的工作可以在数据挖掘的书中找到,其研究进展多见于机器学习的文献。在这里给出相关介绍的原因是越来越多的应用领域需要其分类规则具有一定程度的可解释性,即需要对分类器决策进行解释,那么根据这些规则来描述决对策边界的方法也日趋受到关注。此外,该研究领域横跨基于规则的方法和统计方法,是一个非常活跃的研究领域。

#### 7.3.1.1 符号和术语

基于规则的分类器将模型表述为一系列 IF-THEN 规则。IF-THEN 规则 $r$ 的表示形式如下。

$$r: \text{IF} \quad 条件 \quad \text{THEN} \quad 结论$$

例如,在图 7.1 所示的贷款申请人决策树中,存在规则 $r_1$

$$r_1: \text{IF} \quad 收入 = 中等 \quad 且 \quad 婚姻状况 = 已婚 \quad \text{THEN} \quad 可以贷款$$

规则左侧的 IF 部分是**规则前项**(rule antecedent)或规则的**先决条件**(precondition),该部分包含测试特征的连接:

$$\text{condition} = (A_1 \text{ op } v_1) \wedge (A_2 \text{ op } v_2) \wedge \cdots \wedge (A_k \text{ op } v_k)$$

其中,$\wedge$ 为(and)的关联算子;op 是集合 $\{=, \neq, <, >, \leqslant, \geqslant\}$ 中的逻辑算子;$(A_j, v_j)$ 为变量对。对于上例,$k = 2$;$(A_1, v_1) = (收入, 低)$;$(A_2, v_2) = (婚姻状况, 已婚)$;op = 对所有测试样本。

规则右侧的 THEN 部分是**规则后项**(rule consequent),就分类而言,这部分给出预测的类别。

#### 7.3.1.2 覆盖范围和准确度

如果样本 $\boldsymbol{x}$ 满足规则前提(称规则被触发),这条规则就覆盖了该样本。例如,一份 $\boldsymbol{x}$ = (中等、已婚、良好)的贷款申请满足上述规则 $r_1$ 的前项,或称规则 $r_1$ 覆盖 $\boldsymbol{x}$。规则 $r$ 的覆盖范围是该规则所涵盖样本的比例:

$$\text{Coverage}(r) = \frac{n_{\text{covers}}(r)}{N}$$

其中,$n_{\text{covers}}(r)$ 是规则 $r$ 所覆盖的模式数,$N$ 是数据集中的总样本数。

规则 $r$ 的准确性由该规则正确分类的样本所占比例界定:

$$\text{Accuracy}(r) = \frac{n_{\text{correct}}(r)}{n_{\text{covers}}(r)}$$

其中,$n_{\text{correct}}(r)$ 是规则 $r$ 正确分类的模式数。

#### 7.3.1.3 使用基于规则的分类器

设基于规则的分类器由规则 $(r_1, \cdots, r_n)$ 构成。该分类器用给定样本 $\boldsymbol{x}$ 触发的规则 $r_i$ 预测 $\boldsymbol{x}$ 的类型。如果样本 $\boldsymbol{x}$ 所触发的规则仅有一条,则称此类规则为互斥的。如果对特征值的每一种组合仅存在一条规则,则称此类规则为透彻的(exhaustive)。在这种情况下,每一个潜在的模式均触发一条规则,或者特征空间的每个子空间均有一条规则相适合。

#### 7.3.1.4 冲突处理和拒绝决策

一组互斥的、透彻的规则可确保每个样本恰被一条规则所覆盖。但是,并不是所有基于规则的分类器均具有此属性。

- 规则集并非是透彻的。在这种情况下，有些样本可能没有任何规则可以触发；
- 规则集并非是互斥的。这时，同一样本可能触发几条规则，如果这些触发规则给出相同的类预测，则没有待解的冲突；如果冲突出现，就必须提供求解策略。

无规则触发

如果样本 $\boldsymbol{x}$ 没有触发任何规则，则需有一个策略来指定该样本类型。于是，我们将一条默认规则加入规则集，当其他规则失效时触发之。该规则根据训练数据的情况将样本指定给默认的类，这个默认的类通常是大多数没有被规则覆盖的样本所属的类。

多规则触发

当有多个规则被触发时，便出现了冲突。解决冲突的方法有多种。一种方法是将所有预测收集起来，根据这些规则对某个特定类所投的票数做出类决策。这时，可以仅仅依据多数票进行表决，也可以根据规则的准确性进行加权投票表决。另一种方法是将规则排序，然后依次沿规则列表行进到第一条规则被触发，就用此条规则进行类的预测。

**基于类的排序**　根据规则做出的类别预测对其进行排序，从而在列表中能将属于同一类的规则连在一起。根据类的“重要性”将它们分成等级（例如，将最常见类放在列表中的第一位）。

**基于规则的排序**　根据对规则质量的某种度量，例如准确性、覆盖范围、大小（该测试条件下的特征数）等进行规则排序。这种方法的一个缺陷是列表中某一特定规则暗示着对它前面规则的否定。这很难解释，特别是对排名较低的规则更是如此。

## 7.3.2　从决策树生成规则

从决策树提取规则的方法是，将从树的根节点到一个叶子节点的路径表示为一条分类规则，规则的前项与途径此路径的各测试条件连接，规则的后项（类的预测）是分配给叶节点的类标签。对于图 7.1，按此方法提取到的规则如下：

IF　收入 = 高等　THEN　贷款
IF　收入 = 中等　且　结婚状况 = 已婚　THEN　贷款
IF　收入 = 中等　且　结婚状况 = 未婚　THEN　不给贷款
IF　收入 = 低等　且　信誉评级 = 好　THEN　贷款
IF　收入 = 低等　且　信誉评级 = 差　THEN　不给贷款

显而易见，从这棵树提取的规则是互斥的和透彻的。在某些情况下，该规则集可能很大或难以解释，可以简化掉一些规则。然而，经简化的规则很可能不再互斥。

### 7.3.2.1　C4.5 的规则修剪

决策树算法 C4.5 存在一个将训练决策树表示为 IF-THEN 规则排序列表的机制。修剪后形成的规则数往往比叶节点数少得多。此操作将依次删除连接，并评估分类错误率。如此往往导致规则更易解释。

### 7.3.2.2　C4.5 的冲突消解

C4.5 所用的冲突解决方案比较简单。它采用基于类的排序方法，即将预测为同类的规则组合在一起，然后用最小描述长度准则对这些类进行排序（Quinlan，1993）（见第 13 章）。列表中覆盖样本的第一个规则用来预测该样本的所属类。

## 7.3.3 用连续覆盖算法进行规则归纳

不首先产生决策树，而是通过连续覆盖算法直接从数据集中提取规则。先依据诸如类先验知识和错分代价等一些因素对类排序，之后训练规则，这些规则一次仅在一类中抽取之。

### 7.3.3.1 连续覆盖算法

算法 7.1 给出了相关方法说明。其间用到下面的学习规则(Learn-One-Rule)函数。

---

**算法 7.1 连续覆盖算法**

令 $\mathcal{D}(\mathcal{R})$ 为训练样本集，其类别标签未含于规则集 $\mathcal{R}$ 中。最初，样本 $\boldsymbol{x}_i$ 的数据集 $\mathcal{D}=\{(\boldsymbol{x}_i, z_i), i=1, \cdots, n\}$，相应的类标签 $z_i \in \{\omega_1, \cdots, \omega_C\}$。

令 $\mathcal{A}$ 为特征集，相应的特征值 $\mathcal{A}=\{(X_j, v_j)\}$。对于那个贷款的例子，$\mathcal{A}=\{$(收入，高)，(收入，中)，(收入，低)，(婚姻状况，已婚)，(婚姻状况，未婚)，(信誉记录，好)，(信誉记录，差)$\}$。

类的最初顺序 $Y=\{y_1, \cdots, y_C\}$，其中 $\{y_1, \cdots, y_C\}$ 是对 $\{\omega_1, \cdots, \omega_C\}$ 的一种置换。

1. 初始化 $\mathcal{R}=\{\}$，初始化规则列表。
2. 对于类 $y \in Y$，重复如下操作：
   (a) 规则 $r=$ Learn-One-Rule( $\mathcal{D}(\mathcal{R})$, $\mathcal{R}$, $y$ )
   (b) 将规则 $r$ 添加到当前规则列表 $\mathcal{R}$: $\mathcal{R}=\mathcal{R} \vee r$
   (c) 将规则 $r$ 覆盖的样本从 $\mathcal{D}$ 中删除，直到满足终止条件。
3. 返回规则集 $\mathcal{R}$。

---

设希望提取一组用于 $\omega_j$ 类的规则，于是将 $\omega_j$ 类的样本标记为正样本，将其余的样本标记为负样本。希望找到一条规则，以涵盖尽可能多的 $\omega_j$ 类的样本。理想情况下，没有(寥寥无几的)样本被剩下，将该规则记为 $r_1$，并从数据集中删除 $r_1$ 所覆盖的所有训练样本，接下来寻找下一个能够对 $\omega_j$ 类样本正确分类的最佳规则。继续该过程，直到满足终止条件(已添加规则再无法提高该组规则在验证集上的精确性)。实现这个目标之后，再生成下一个类的规则。最终将给出一组按类排序分类的规则。

下面通过图 7.13 对上述方法给出形象描述。图 7.13(a)所示为标记为▲、■和◆的三个类的分布。首先为类▲寻求规则，为此将▲标记为正类，其他类标记为负类[见图 7.13(b)]。规则 R1 所覆盖的范围如图 7.13 所示(c)所示，因为规则 R1 所涵盖的正样本比例最大，因此被首先提取出来。将规则 R1 所涵盖的样本从数据集中删除[见图 7.13(d)，继续寻找第二条规则 R2，这条规则所覆盖的范围如图 7.13(e)所示，再从训练集中删除该范围的样本。继续该算法，以寻找下一个类的规则[见图 7.13(f)]。

### 7.3.3.2 Learn-One-Rule 函数

算法 7.1 中的 Learn-One-Rule 过程对当前训练样本集给定的类提取出最佳规则(也就是说，到目前为止，原始训练集中已有一些样本被提取的规则所覆盖)。该过程以“贪婪”方式进行，即在算法的每一步执行局部最优决策。它通过提炼当前的最佳规则来寻优，直到达到停止条件。

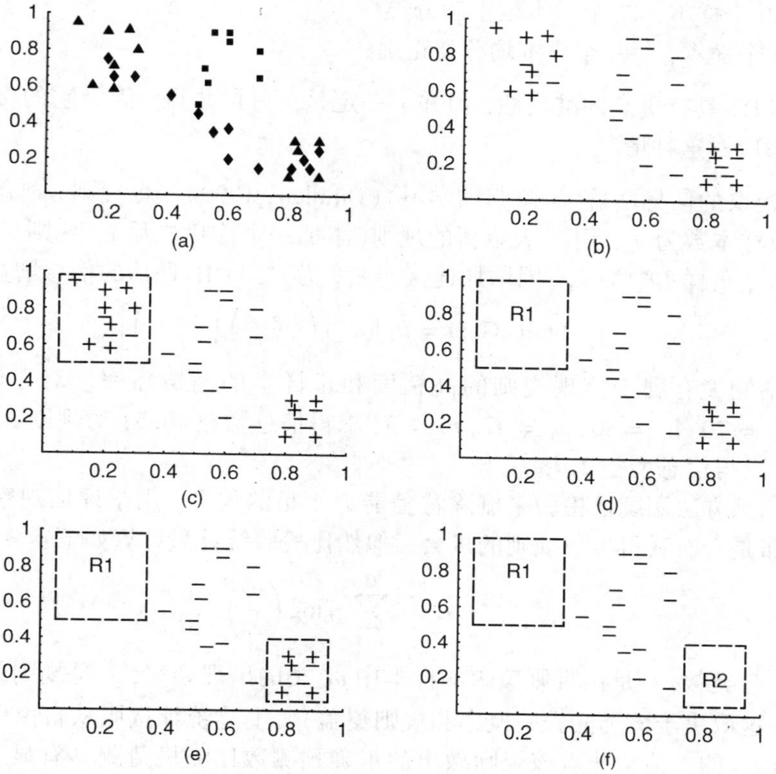


图 7.13　连续覆盖算法示例

规则生长

一般来讲，规则生长所使用的策略是一般到具体或具体到一般。就一般到具体的方法而言，规则的初始形式如下：

$$\text{IF} \quad <\text{空}> \quad \text{THEN} \quad \text{类} = y$$

即规则前项为空，规则后项是所考虑的类。该规则覆盖当前样本集中的所有样本，根据某规则评估测度（见下面的讨论）进行评估，其规则质量较差。为提高规则质量，可以添加一些连接（关于特征值的考核），这时的特征可能有多个，每个特征可能取多值，一个办法是选择使规则质量改善程度最大的那个特征值组合。重复该过程，贪婪地添加更多的连接，直到停止准则得以满足（例如，规则质量达到所需级别）。

因此，在 Learn-One-Rule 中学习规则的每一步，都要添加所选的当前最佳特征值组合。这可能会导致次优规则的出现——考虑附加特征值组合时，当前的最好选择可能最终被证实是一个很糟糕的选择。旨在减少这种影响的修改办法是在算法的每一步，选择 $k$ 个最佳特征值组合，并维持这 $k$ 个最佳的候选规则。也就是说，对于给定的 $k$ 个规则中的每一个，均考虑所有的特征值组合。删除重复规则之后，$k$ 个最佳规则被保留下来。这被称为定向搜索（Liu，2006）。

评估测度

在 Learn-One-Rule 生长过程中，需要使用一个评价规则质量的测度，来确定应该将哪些特征值组合添加到规则中。一种显而易见的测度选择是规则准确性，因为这一测度没有考虑到规则的覆盖范围，因此是有局限性的，它不是规则质量的可靠测量。考虑这样一个例子：数据集含 70 个正样本和 80 个负样本，在如下两条规则之间做出选择。

R1：覆盖 50 个样本，47 个样本被正确分类；

R2：覆盖 3 个样本，每一个样本均分类正确。

相比之下，规则 R2 具有更高的准确性，但并不一定是更好的规则，因为它的覆盖面很小。有如下一些方法来应对这种情况。

1. FOIL 中建议的信息增益(一阶归纳学习)(Quinlan，1990)。令规则 $r$ 覆盖到的正样本数为 $p_0$，负样本数为 $n_0$。用 $r'$ 表示新的规则(添加一个连接之后)，规则 $r'$ 所覆盖的正样本数为 $p_1$，负样本数为 $n_1$。因增加连接使 $r$ 变为 $r'$，FOIL 评估的信息增益为

$$\text{FOIL\_Gain} = p_1 \log_2 \left[ \left( \frac{p_1}{p_1+n_1} \right) \left( \frac{p_0+n_0}{p_0} \right) \right]$$

这一评估测度有利于体现规则的高精度和正样本的高覆盖率。对上例中的规则 R1 而言，$p_0 = 70$，$n_0 = 80$，$p_1 = 47$，$n_1 = 3$，求得信息增益 46.5；对规则 R2 而言，$p_1 = 3$，$n_1 = 0$，求得信息增益 2.73。

2. 似然比。该方法用统计检验来删除覆盖能力不足的规则，用于评估观察到的各类中的样本分布是否有获得生成规则的机会。似然比检验统计量计算如下：

$$L = 2\sum_{i=1}^{C} f_i \log \left( \frac{f_i}{e_i} \right)$$

其中，$C$ 为类数，$f_i$ 是由规则覆盖的样本中 $\omega_i$ 类的出现频率，$e_i$ 是规则的随机预测的期望频率(这取决于该类的先验概率和规则覆盖)。上述统计量服从自由度为 $C-1$ 的 $\chi^2$ 分布。较大的 $L$ 值意味着该规则做出的正确预测数比随机猜测具有显著性差异，该规则的性能并非偶然。因此，应首选具有较大 $L$ 值的规则。如上例，规则 R1 的正类预期频率 $e_+ = 50\times70/150 = 23.3$，$e_- = 50\times80/150 = 26.7$，于是

$$L(\text{R1}) = 2\left[47\log_2\left(\tfrac{47}{23.3}\right) + 3\log_2\left(\tfrac{3}{26.7}\right)\right] = 90.95$$

规则 R2 的正类预期频率 $e_+ = 3\times70/150 = 1.4$，$e_- = 3\times80/150 = 1.6$，于是

$$L(\text{R2}) = 2\left[3\log_2\left(\tfrac{3}{1.4}\right) + 0\times\log_2\left(\tfrac{0}{1.6}\right)\right] = 5.46$$

规则删除

应注意到：Learn-One-Rule 算法并没有采用独立的验证集；规则质量的评估也只是基于训练数据进行的。因此，由此产生的规则可能会过度拟合这些数据，同时提供性能的最优估计。改善这一问题的一种方法是删除连接，一次删除一个，同时在独立验证集上监测其性能。如果消除连接使错误率下降，则修剪该规则。

### 7.3.3.3 示例

Cohen(1995)提出了一种为降低错误而反复增量式修剪(RIPPER)的方法，用于解决现有的规则归纳系统应用到大型含噪数据集时所引发的计算问题。对于多类问题，先将类按照 $\omega_1$，…，$\omega_C$ 排序，其中 $\omega_1$ 的广布性最差，$\omega_C$ 的广布性最强。然后，从 $\omega_1$ 作为正类而其他类为负类开始，建立把正类和负类分离的规则集，一次建立一个规则。生长出一个规则后，立即使用其他监控规则性能的修剪集进行规则修剪。如果该规则不与停止条件相悖，便将其添加到已有的规则集中。

规则生长和修剪

从空连接集开始，每增加一个连接，就使 FOIL 的信息增益准则获得最大程度的提高，直

到没有负类样本可被规则所覆盖。然后通过删除连接来修剪该规则，以使下式最大化：

$$v^* = \frac{p-n}{p+n}$$

其中，$p(n)$ 是修剪集中规则覆盖的正(负)类样本数，且满足其性能在修剪集上不遭遇退化。然后将该规则添加到规则集中(如果它不破坏停止条件)。将由规则覆盖的正(负)类样本从训练集中删除后，如果仍留有正类样本，则去生长新的规则。

停止条件

RIPPER 所采用的停止条件是根据规则集及样本的描述长度构建的。如果新规则会使总的描述长度增加到 $d$ 位[Cohen(1995)中取 $d$ =64]，则不再给规则集添加新的规则。然后检查规则集，删除规则以减少总的描述长度。

优化规则集

RIPPER 算法的最后一步是进行规则优化，这时依次检查每个规则，为每个规则生成一个修改规则和一个替换规则。然后，使用 MDL 原则来决定最终的规则集是包括该原始规则、该原始规则的修订规则还是其替换规则。进一步的细节可参阅 Cohen(1995)。

### 7.3.4　应用研究举例

问题

为埃及水稻病害发现分类规则(El-Telbany et al., 2006)。其研究的主要目的是发现和控制水稻病害、规则的自动发现方法，以帮助农民从收集的证据中识别病害。形式化的知识可受益于农业，但需要具有可解释性方法。病害鉴定是重要的，据估计，水稻病害会造成15%的潜在产量损失。

摘要

用决策树算法 C4.5 找出分类规则，结果表明适合于对这种病害准确分类。

数据

所用数据涉及对 6 个特征的测量值[品种、稻龄、局部(如叶片、谷粒)，外观、颜色、温度]，对枯萎、褐斑、稻曲、白色尖线虫及干腐这 5 种最重要病害的每一种均进行上述 6 项观测。这些特征是连续变量和绝对变量的混合体。总共收集了 206 例样本。

模型

基于 C4.5 算法构建决策树(Quinlan, 1993)。

训练过程

训练算法时，使用的 C4.5 参数是 WEKA 所默认的(Witten and Frank, 2005)。使用交叉验证法评估其性能。

结果

得到提取于决策树的规则集，其中的两条规则如下：

IF　外观 = 斑点　AND　颜色 = 橄榄色　THEN　病害 = 枯萎

IF　外观 = 斑点　AND　颜色 = 棕色　AND　稻龄≤55　THEN　病害 = 褐斑病

模型的分类精度良好。

### 7.3.5 拓展研究

规则归纳法通过对一组规则的归纳，使当样本满足规则之一时，将其归类为正类(在这两类情况下)。我们已经叙述了多种处理多类问题的方法。这些方法根据样本特征和样本值提供分类规则的描述。

另外，本书已经讲述了多种分类对象技术，这些技术需要通过在特征空间定义概率分布并提供类成员的概率。

已有多位作者讲述了如何将概率法和规则归纳法进行整合的方法(例如概率归纳逻辑规划领域)，这是一个非常活跃的研究领域(Getoor and Taskar, 2007; De Raedt et al., 2008)。

### 7.3.6 小结

基于规则的分类器提供的描述性模型具有可解释性。规则可直接从决策树中提取(产生一组互斥的规则和透彻的规则)，也可以使用诸如连续覆盖的规则归纳法。可以将这些方法视为给判别函数提供一个基函数模型，基函数是特征空间的一个超矩形，与其相关联的是类别标签。在这种情况下，规则归纳法(即基函数重叠)更容易允许复杂决策边界建模，但需要提供冲突解决策略，因为这时一个样本可能触发多条规则，而这多条规则给出的预测类是自相矛盾的。

## 7.4 多元自适应回归样条

### 7.4.1 引言

可以认为多元自适应回归样条(MARS)(Friedman, 1991)方法是 7.2 节讨论的回归树方法的连续性推广，这里的介绍将仿效 Friedman 的方法。

假设数据集由 $p$ 个变量上的 $n$ 个测量值 $\{\boldsymbol{x}_i,\ i=1,\cdots,n\}$，$\boldsymbol{x}_i\in\mathbb{R}^p$ 及响应变量的相应测量值 $\{y_i,\ i=1,\cdots,n\}$ 组成，又假设数据由以下模型产生：

$$y_i = f(\boldsymbol{x}) + \epsilon$$

其中，$\epsilon$ 表示残差。我们的目标是构造函数 $f$ 的一个逼近 $\hat{f}$。

### 7.4.2 递归分割模型

递归分割模型采用以下形式：

$$\hat{f}(\boldsymbol{x}) = \sum_{m=1}^{M} a_m B_m(\boldsymbol{x})$$

其中，基函数 $B_m$ 递归产生，具有如下形式：

$$B_m(\boldsymbol{x}) = I\{\boldsymbol{x}\in u_m\}$$

其中，$I$ 是指示函数，自变量为真时取值为 1，否则为零。记号 $\{u_m,\ m=1,\cdots,M\}$ 表示对数据空间 $\mathbb{R}^p$ 的划分(即 $u_i$ 是 $\mathbb{R}^p$ 的子空间，使得对于 $i\neq j$，$u_i\cap u_j=\boldsymbol{\Phi}$，且 $\cup_i u_i=\mathbb{R}^p$)。集合 $\{a_m,\ m=1,\cdots,M\}$ 是展开式中的系数，其值(通常)由逼近数据的最小二乘法确定。在分类问题中，可以分别实现对每个类的回归(使用二值因变量，对于 $\boldsymbol{x}_i\in\omega_j$，其值为 1，否则为零)，给定 $C$ 个函数 $\hat{f}_j$，以这些函数作为判别基础。

基函数由递归分割算法产生(Friedman, 1991)，可以表示为阶跃函数的乘积。考虑由图 7.14 给出的树所产生的分割。第一次分割在变量 $x_2$ 上进行，把平面划分成两个区域，得到基函数

$$H[(x_2-b_2)] \quad 和 \quad H[-(x_2-b_2)]$$

其中

$$H(x)=\begin{cases}1, & x\geqslant 0\\ 0, & 其他\end{cases}$$

再对区域 $x_2 < b_2$ 分割，此分割在变量 $x_1$ 上进行并使用阈值 $a_1$，得到基函数

$$H[-(x_2-b_2)]H[+(x_1-a_1)] \quad 和 \quad H[-(x_2-b_2)]H[-(x_1-a_1)]$$

最后得到的树的基函数由如下乘积组成：

$$\begin{aligned}&H[-(x_2-b_2)]H[-(x_1-a_1)]H[+(x_2-b_1)]\\&H[-(x_2-b_2)]H[-(x_1-a_1)]H[-(x_2-b_1)]\\&H[-(x_2-b_2)]H[+(x_1-a_1)]\\&H[+(x_2-b_2)]H[-(x_1-a_2)]\\&H[+(x_2-b_2)]H[+(x_1-a_2)]H[+(x_2-b_3)]\\&H[+(x_2-b_2)]H[+(x_1-a_2)]H[-(x_2-b_3)]\end{aligned}$$

可见，每个基函数是阶跃函数 $H$ 的乘积。

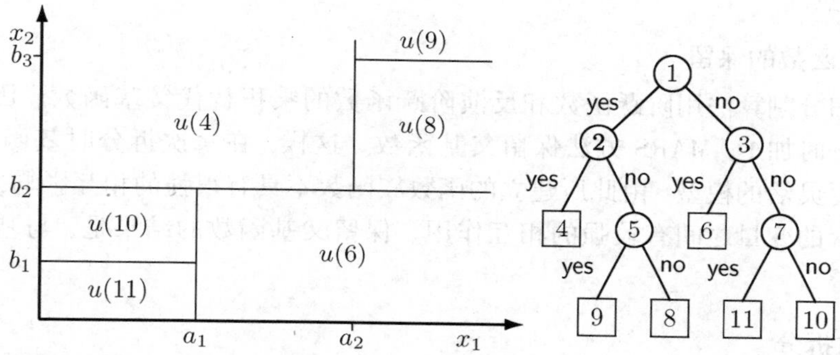


图 7.14　分类树和决策区域；决策节点(圆)可表征如下：节点 1，$x_2 > b_2$；节点 2，$x_1 < a_2$；节点 1，$x_2 > b_2$；节点 5，$x_2 > b_3$；节点 3，$x_1 > a_1$；节点 7，$x_2 < b_1$；方形节点表示特征空间中的区域

一般来说，递归分割算法的基函数具有以下形式：

$$B_m(\boldsymbol{x})=\prod_{k=1}^{K_m}H[s_{km}(x_{v(k,m)}-t_{km})] \tag{7.7}$$

其中，$s_{km}$ 取值为 ±1，$K_m$ 是产生 $B_m(\boldsymbol{x})$ 分割的数量；$x_{v(k,m)}$ 是拆分变量，$t_{km}$ 是变量阈值。

MARS 方法是这种递归分割方法在以下方式中的推广。

#### 7.4.2.1　连续性

上述递归分割模型在区域边界上是不连续的，这是使用阶跃函数 $H$ 的缘故。MARS 方法用样条代替这些阶跃函数。对于 $q$ 阶样条，双侧截尾幂级基函数为

$$b_q^{\pm}(x-t)=[\pm(x-t)]_+^q$$

其中，$[\cdot]_+$ 表示考虑自变量为正的部分。图 7.15 中绘出了基函数 $b_q^+(x)$ 的曲线。

阶跃函数 $H$ 是 $q=0$ 的特例，MARS 算法使用 $q=1$，从而实现对连续函数的逼近，但其一阶导数不连续。

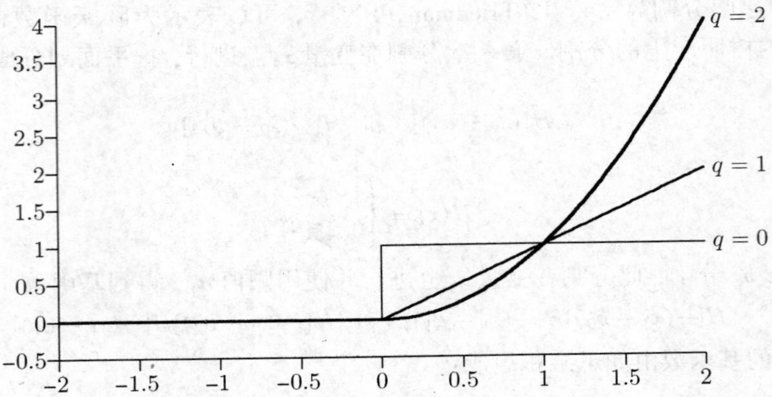


图 7.15　样条函数 $b_q^+(x)$，$q = 0, 1, 2$

基函数形式如下：

$$B_m^q(\boldsymbol{x}) = \prod_{k=1}^{K_m} [s_{km}(x_{v(k,m)} - t_{km})]_+^q \tag{7.8}$$

其中 $t_{km}$ 指转折点。

#### 7.4.2.2　父基函数的保留

基本的递归分割算法用阶跃函数和反演阶跃函数的乘积替代父基函数。因此，基函数的数量在每次拆分时加 1。MARS 方法保留父基函数。这样，在每次拆分时基函数的数量加 2。此方法提供了更灵活的模型，由此所建立的函数族函数不具有很强的相互影响，或者至多在一部分及更高阶次的变量之间有较强的相互作用。保留父基函数的结果是，与基函数相对应的区域可能会重叠。

#### 7.4.2.3　多重拆分

基本的递归分割算法允许在单个变量上多重拆分：建模中的一个给定变量可能被重复选择与拆分。这使基函数包含对给定变量重复拆分的乘积(在图 7.14 的树中，基函数就包含重复拆分)。在连续性推广中，这会导致函数关于单个变量的阶数高于 $q$[见式(7.8)]。为了利用张量积样条基函数(其因子包含不同的变量)的特点，MARS 把基函数的乘积限制为在给定变量上只包含一次拆分。通过重新选择相同的父节点进行拆分(在相同的变量上)，MARS 方法能够保留重复拆分模型的灵活性(以树的深度换取树的广度)。

MARS 策略中的第二步是修剪：每次删掉一个基函数——被移除的基函数对改善拟合性最有利(或者说是使其下降最少)。可以选取一个独立的确认集来估计模型的拟合优良度。用于 MARS 算法的拟合不佳(lack-of-fit)准则是对 Craven and Wahba(1979)的广义交叉验证准则的修正。在判别问题中，可以根据使确认集上的错误率最小来选取模型。

把 MARS 应用于判别问题的方法是对响应函数 $f_j$，$j = 1, \cdots, C$ 使用常用的二值编码：当 $\boldsymbol{x}$ 位于 $\omega_j$ 类中时，$f_j(\boldsymbol{x}) = 1$，否则为零。每个类均会拥有独立的 MARS 模型；为了节省模型的运行时间，各个类可采用相同的基函数，以减少计算量。在 MARS 算法中，权值 $a_i$ 由向量 $\boldsymbol{a}_i$ 代替，并通过最小化广义交叉验证测度来确定。

### 7.4.3　应用研究举例

问题

为保护信息系统安全，构建可靠的网络入侵检测系统，以此来应对日益严重的网络攻击威胁(Mukkamala et al., 2004)。

摘要

通过对用户活动模式的审查来进行网络流量行为类型的检测和分类，这一问题需要对经常性的大量数据进行分析。本次应用研究训练出 3 个非参数模型(MARS、支持向量机和神经网络)，用以预测网络流量模式。

数据

由美国麻省理工学院林肯实验室的 DARPA 入侵检测评估提供数据支持，包括 5 类行为记录：正常、探测(监控)、拒绝服务、用户对超级用户(未经授权的访问超级用户)、远程到本地(未经授权的从一台远程计算机上访问)。生成独立的训练集和测试集。

模型

对 3 种类型的模型进行了评估。用使用三次样条的 MARS 模型来拟合具有 5 个基函数的数据。

训练过程

将 5 个 MARS 模型用于分类(每个类用一个模型)。先生成一个对数据过度拟合的模型，再使用后向修剪程序删除不必要的基函数。

结果

在本次应用研究中，MARS 为最重要的类(用户对超级用户和远程到本地)提供了卓越的分类性能。应用中，入侵检测必不可少，由于 MARS 方法对动态环境的研究进展，该方法被认定为重要的研究路线。

### 7.4.4　拓展研究

Friedman(1993)通过对基本模型的扩展，使其成为适应于混合有序变量与分类变量的方法。POLYMARS(Stone et al., 1997)是用于处理类别响应变量的又一个新进展，它可应用于分类问题。

MARS 的时间序列版本(TSMARS)已经在预报问题中得到应用(De Gooijer et al., 1998)。MARS 拟合(BMARS)的贝叶斯方法是对全部可能模型求平均(结果导致最终模型的可解释性受损)，该方法由 Denison et al. (1998b)进行了论述。还可参阅 Holmes and Denison(2003)了解在分类环境中的应用。

### 7.4.5　小结

MARS 是一种为高维数据建模的方法，模型中，基函数是样条函数的乘积。MARS 在所有变量上搜索阈值(或节点)位置。一旦模型形成，MARS 使用最小平方回归给出模型中系数的估计。

MARS 可以对包含不同类型变量(连续变量和绝对变量)的测量值数据进行建模。首先生长一个过大的模型，然后通过移除基函数对模型进行修剪，直到拟合不佳准则取得最小值,由此获得最优模型。与决策树一样,该方法挑选重要的分类变量,这种变量选择是自动进行的。

## 7.5 应用研究

决策树的应用和规则归纳方法各有不同,涉及以下内容。

- **入侵检测**。Komviriyavut et al. (2009)在一项检测攻击计算机网络的研究中,利用在线数据集对 C4.5 和 RIPPER 进行评估。通过对收集到的网络数据的处理,生成 13 个特征。制定规则将数据分为正常、阻断服务攻击和探测攻击这 3 种类型。训练数据包括平均分布在 3 个类之间的 7200 条记录。测试数据仍为均匀分布,有 4800 条记录。RIPPER 获得 17 条规则。这两种方法得出了类似(非常好)的结果(分类率大于 98%),也可参阅 Saravanan(2009)。
- **电源系统的安全性**。Swarnkar and Niazi(2005)[又见 Swarup et al. (2005)和 Wehenkel and Pavella(1993)]就电源系统的在线瞬时安全性评估问题,开发了一个基于 CART 的决策树方法,用于预测系统的安全性,同时提供预防控制策略。该方法是对神经网络的一种替代,虽然显示了前景,但不提供对决策树的解释。
- **预测中风住院病人的康复效果**。Falconer et al. (1994)为预测中风病人的康复效果开发出一种分类树模型(CART)。数据来自 225 个病人的 51 个有序变量的测量值。使用分类树辨别那些最有效的变量,以预测出有利效果和不利效果。结果树仅使用在一家大学附属康复中心测到的 51 个变量中的 4 个变量,从而增强了预测康复结果的能力,同时能对 88% 的样本正确分类。
- **步态事件**。在考查步态循环的节拍分类中(作为下肢函数电子模拟控制系统开发的一个部分),Kirkwood et al. (1989)使用了决策树方法,使得冗余变量组合能够得到识别,得出的有效规则具有高准确率。
- **甲状腺疾病**。在使用决策树对医疗知识进行综合的一项研究中,Quinlan(1986)使用 C4 来产生一组高性能的规则,其中 C4 是实现剪枝算法的 ID3 的派生方法,数据包括对医生的咨询(病人的年龄、性别及 11 项真-假指示量),临床实验室(总共 6 例化验结果)测量值及诊断专家的诊断。因此,变量是混合型的,并带有缺值及一些错分样本。剪枝算法使导出规则的简单性及可理解性得到改善。

涉及的其他应用还有电信、销售及工业应用等领域。读者可参阅 Langley and Simon(1995)的机器学习和规则归纳综述。

另外还有如下一些与神经网络及其他判别方法的比较性研究。

- **数字识别**。在数字识别(从拍照图像中提取数字)问题上,Brown et al. (1993)将分类树与多层感知器进行比较,并将其应用于对公路的监视及收费上。所有特征都是二值的,而分类树的性能比 MLP 的性能差,但是当所包括的特征为原始变量的组合时,性能得到改善。
- **各种数据集**。Curram and Minger(1994)将多层感知器与决策树在多个数据集上进行比较。决策树容易受到噪声数据的影响,但是具有揭示数据内部特征的优点。Shavlik et al. (1991)将 ID3 与多层感知器在 4 个数据集上进行比较,发现 MLP 处理噪声数据与缺值特征的能力略强于 ID3,但需要花费长得多的训练时间。

其他比较研究包括语音无关识别器中的元音分类及负荷预报(Atlas et al., 1989)，研究发现 MLP 优于分类树；另外还有关于包括磁盘驱动器制造的质量控制的研究，以及在大规模通信网络中的长期问题预测(Apté et al., 1994)。

人们已经将 MARS 方法应用于分类与回归问题，包括如下的几个方面。

- **入侵检测系统**。开发有效且可靠的防盗报警检测系统对于保护信息系统的安全、应对日益增加的网络攻击威胁至关重要。这是一个巨大的挑战。Mukkamala et al. (2004)把攻击分为 4 个主要的类型，并将 MARS 与神经网络、支持向量机进行了比较。发现 MARS 优于其他方法，因为就攻击的严重性来说，它能够分出最重要的类。
- **生态**。Leathwick et al. (2005)用 MARS 预测淡水鱼类的分布，用 MARS 建立环境变量与 15 个品种的鱼类之间的非线性关系模型。通过执行 MARS 的 R 过程获得一组基函数，这些奇函数用于进一步建模。
- **经济时间序列**。Sephton(1994)用 MARS 建立了 3 个经济时间序列：美国年度出口时间序列、资本时间序列及劳工输入时间序列；再用广义交叉验证得分选择模型的利率与汇率。
- **电信**。Duffy et al. (1994)将神经网络与 CART 及 MARS 在两类电信问题上进行比较：其一建立交换处理器存储器模型，这是一个回归问题；其二表征通信数据(在 3 个不同波特率上的语音数据与调制解调器数据)，这是一个 4 类判别问题。
- **粒子检测**。Holmström and Sain(1997)在强背景下检测弱信号的问题中，将 MARS 与二次分类器、神经网络及核函数判别分析进行比较(4 种方法的比较性研究)。训练集包括 5000 个事件，每个事件(在两类问题中)都由 14 个变量来描述。结果表明 MARS 呈现的性能最佳。

## 7.6　总结和讨论

递归分割方法已有很长的历史，这种方法在许多领域均有所发展。该方法的思想是，复杂决策区域可以由多个较简单的决策区域联合逼近。研究该方法的主要步骤是形成 CART，这是一种划分数据的简单的非参数方法。以这些为基础，本章对构造分类树的方法进行了讨论。其基本思想在两个方向上得以发展，这两个方向是规则归纳和连续函数建模。

可用决策树生成一系列 IF-THEN 规则，这些规则可为一些应用提供重要的具有解释性的分类规则。另外还存在其他规则归纳法，本章对基于连续覆盖算法的规则归纳法进行了讨论。

人们还展开了决策树和神经网络特别是 MLP 之间的许多比较研究。两种方法均能为复杂数据建模。MLP 通常需要更长的训练时间，且不能提供树的内在结构，但是常常在用于计算的数据集上显示出更好的性能(这也是人们偏爱 MLP 的原因)。对此需要做进一步的研究。

多元自适应回归样条法是一种递归分割方法，该方法将样条函数乘积作为基函数。特别适用于为混合变量(离散与连续)的数据建模，这一点与 CART 雷同。

## 7.7　建议

虽不能说分类树方法的性能实质上比其他方法更优(对于给定的问题，参数方法可能会更适用，但是往往不知道选择哪种方法更好)，其简单性及在广泛数据集上始终如一的优良性能致使分类树在很多学科上得到了广泛使用。建议大家亲自尝试使用这种方法。

在以下情况中特别推荐使用分类树方法。

1. 复杂数据集，同时能确保该数据集的决策边界是非线性的，决策域可以用简单区域之和来逼近；
2. 那些得到数据内在结构，并且分类规则显得十分重要，树的解释能力可以产生比其他方法易于传递的结果的问题；
3. 那些由混合类型(连续的、序数的、标称的)变量测量值组成数据集的问题；
4. 需要简单实现的地方；
5. 执行速度这一分类性能显得十分重要的地方，即分类器在(单个)变量上进行简单测试。

上述建议同样适用于规则归纳法，特别是解释方面。

MARS 使用简单，对于高维回归问题、涉及混合类型变量的问题、需要最终解在某种程度上具有可解释性的问题，建议使用之。

## 7.8 提示及参考文献

在模式识别、人工智能、统计学及工程科学领域中(但决不局限于这些学科)，存在着大量的关于分类树的文献。本章讨论的方法有很多扩展与替代方法，许多研究进展是研究人员独立研究的结果。Safavian and Landgrebe(1991)提供了一项调查研究，也见 Feng and Michie(1994)。多种基于树的方法(包括 CART)都被确定为 Statlog 工程的一个部分(Michie et al., 1994)，人们已证明 CART 是一种较好的方法，因为它把代价结合到决策中。

Quinlan 在 ID3 算法的基础上开发出 C4.5 算法。由机器学习软件 WEKA J48(Witten and Frank, 2005)使用的决策树算法就是 C4.5。加入一些功能后称为 C5.0。

CN2 及 RIPPER(Cohen, 1995)是采用连续覆盖的规则归纳算法的例子(Clark and Niblett, 1989)。

MARS 是由 Friedman(1991)引入的。CART 的软件、其他决策树软件及 MARS 都是公开可得的(来源：Salford Systems 及 WEKA 和 R 软件包)。

## 习题

1. 在图 7.5 中，若区域 $u(4)$ 及 $u(6)$ 与 $\omega_1$ 类相对应，区域 $u(8)$、$u(9)$、$u(10)$ 及 $u(11)$ 与 $\omega_2$ 类相对应，构造与该树具有相同决策边界的多层感知器。
2. 一棵标准的分类树在每个节点的单变量上产生二叉拆分。对于两类问题，使用第 5 章的结构，说明如何构造一棵树，该树在给定节点上以变量的线性组合进行拆分。
3. 可预测性指标(对于节点 $t$ 上的拆分 $s$，错误预测比例相对减少)可记为(使用 7.2.6 节的表示法)

$$\tau(\omega|s) = \frac{\sum_{j=1}^{C} p^2(\omega_j|t_L)p_L + \sum_{j=1}^{C} p^2(\omega_j|t_R)p_R - \sum_{j=1}^{C} p^2(\omega_j|t)}{1 - \sum_{j=1}^{C} p^2(\omega_j|t)}$$

证明：当一个群组分入两个子群组时，对于 Gini 准则来讲，可以将不纯度减小量写成如下形式：

$$\Delta\mathcal{I}(s,t) = \sum_{j=1}^{C} p^2(\omega_j|t_L)p_L + \sum_{j=1}^{C} p^2(\omega_j|t_R)p_R - \sum_{j=1}^{C} p^2(\omega_j|t)$$

因此，最大化可预测性指标就是将不纯度减小量最大化。

4. 设具有二元分布的两类问题，特征为 $x_1$ 和 $x_2$，每个特征有 3 个取值。训练数据由下表给出。表中给出了各类训练样本在特定特征取值下的样本数。例如，$\omega_1$ 类中特征 $x_1 = 1$ 且 $x_2 = 3$ 的训练样本有 4 个。

| | | $\omega_1$ 类 | | | | | $\omega_2$ 类 | | |
|---|---|---|---|---|---|---|---|---|---|
| | | $x_1$ | | | | | $x_1$ | | |
| | | 1 | 2 | 3 | | | 1 | 2 | 3 |
| | 1 | 3 | 0 | 0 | | 1 | 0 | 1 | 4 |
| $x_2$ | 2 | 1 | 6 | 0 | $x_2$ | 2 | 0 | 5 | 7 |
| | 3 | 4 | 1 | 2 | | 3 | 1 | 0 | 1 |

使用 Gini 准则，确定对树的根节点的拆分（变量与值）。

5. 用第 6 章习题的数据集 1 构造一棵分类树。开始允许对每个变量拆分 10 次。随着树的增长，监测在确认集上的性能。对树进行剪枝，使用确认集来监测性能。研究 $p = 2$，5 与 10 时该方法的性能。说明结果并将其与线性判别分析进行比较。

6. 证明 MARS 可以改写成以下形式：

$$a_0 + \sum_i f_i(x_i) + \sum_{ij} f_{ij}(x_i, x_j) + \sum_{ijk} f_{ijk}(x_i, x_j, x_k) + \cdots$$

# 第8章 组合方法

到目前为止，本书介绍的分类技术都是基于由数据集产生的单一分类器来预测样本的类别的。我们要问：是否可以通过一些分类器输出的组合获得分类器性能的改善。近年来，组合方法(或分类器组合技术)已成为飞速进展的研究领域，在与其相关的数据融合(特别是决策融合)文献中，这一问题(基于多目标探测器的组合决策)正在被广泛地讨论着。

## 8.1 引言

确定一组合理的候选模型，用带有类别标签的样本集对分类器进行训练，然后用独立的代表真实工作条件的测试集估计其性能，最后选用泛化性能最好的分类器，这是分类器设计的常用方法。用这种方法会得到应用在整个特征空间上的单个“最佳”分类器。接下来讨论如何通过对分类器性能的度量来选取“最佳”分类器的问题。

面对具有复杂决策边界的数据集，我们再来考虑将多个分类器组合起来的潜能。可能有这样的情况：在一组分类器中，没有哪一个分类器是明显最优的(使用一些适当的性能测度，如错误率)。然而，某个分类器的错分样本集与另一个分类器的错分样本集可能不同。因此，不同的分类器可能给出互补的信息，于是能够证明将这样的分类器组合起来是有益的。

图8.1示出了一个简单的例子。图中，$Cl_1$与$Cl_2$是定义在单变量数据空间上的具有如下规则的两个线性分类器：

$$\begin{aligned} Cl_i(\boldsymbol{x}) > 0 &\Rightarrow x \in \bullet \text{ 类} \\ Cl_i(\boldsymbol{x}) < 0 &\Rightarrow x \in \diamond \text{ 类} \end{aligned} \tag{8.1}$$

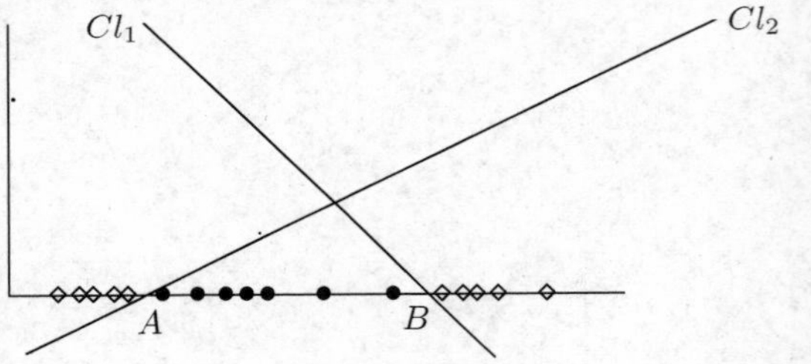


图8.1 定义在单变量数据空间上的两个线性判别函数

分类器$Cl_1$对于$B$左侧的点预测为$\bullet$类，对于$B$右侧的点预测为$\diamond$类。分类器$Cl_2$对于$A$右侧的点预测为$\bullet$类，对于$A$左侧的点预测为$\diamond$类。在该数据集上，两个分类器都不能获得100%的正确率。然而，将两分类器组合起来，使用以下规则便可达到100%的正确率：

IF $Cl_1$ 和 $Cl_2$ 均预测为$\bullet$类， THEN 把$x$归入$\bullet$类

ELSE 把$x$归入$\diamond$类

将分类器组合起来并不是一种新的思想，但是这种做法在近些年获得了越来越多的关注。在多类判别问题的早期研究中，人们就提出了对两类判别规则的结果进行组合的方法(Devijver and Kittler, 1982)，这两类判别规则定义于特征空间的不同子域。术语“动态分类器选取”(Woods et al., 1997)与“分类器选取系统”(Hand et al., 2001)用于说明一种分类器系统，该系统试图对特征空间的给定区域预测最佳分类器。而术语“多分类器融合”或“多分类器系统”通常是指先产生单个分类器预测，再将多个分类器的多个预测进行组合。

## 8.2 分类器组合方案特性

可以根据不同的特点对分类器组合方案本身进行分类，分类依据是诸如组合方案的结构、输入数据类型、成员分类器的形式及训练要求等多项特点。本节将其主要特点分类总结如下。

- 分类器的特征空间：相同还是不相同；
- 组合层次：是在数据层组合，还是在特征或决策层组合；
- 训练程度：是固定的还是可以训练的；
- 单个分量分类器的形式：是共同的还是不同的；
- 结构：是并行的还是串行的或分层的；
- 优化：对分类器和组合器是进行单独优化还是同时优化。

假设测量值来自 $C$ 个类，并有 $L$ 个成员分类器。

### 8.2.1 特征空间

由于多分类器系统实际上具有多个基本成员分类器，因此存在多种表征多分类器系统的方法。下面定义 3 种广义的类型。

C1. 特征空间不同

多分类器系统由一组分类器组合而成，每个分类器成员在不同的特征空间上进行设计(可能使用来自不同传感器的数据)。例如，在身份验证的实例中，因为使用不同传感器的数据(如视网膜扫描、脸孔图像、笔迹)可能会设计出多个分类器系统；我们希望联合各系统的输出以改善分类性能。

图 8.2 示出了这种情况。用 $L$ 个传感器 ($S_1$, $S_2$, …, $S_L$) 给出对象的一组测量值 $x_1$, $x_2$, …, $x_L$。本例中，一个传感器对应一个分类器 ($Cl_1$, $Cl_2$, …, $Cl_L$)，每个分类器给出对相关传感器 $S_i$ 的类成员后验概率 $p(c\mid x_i)$ 估计。组合规则(在图中用 Com 表示)本身就是定义在后验概率所构成的特征空间上的分类器，它将这些后验概率进行组合，给出对 $p(c\mid x_1, x_2, \cdots, x_L)$ 的估计。因此，可以认为单个分类器是在组合分类器分类之前所进行的一种特殊形式的特征提取。

这种结构常常涉及的问题是：何谓对给定成员分类器的最佳组合规则？这与动态分类器选择及在数据融合文献中所研究的结构密切相关(见 8.3 节)。

C2. 特征空间相同

这种情况是指：分类器 $Cl_1$, $Cl_2$, …, $Cl_L$ 中的每一个都定义在相同的特征空间上，而组合器试图通过对它们的组合来获得“更好的”分类器(见图 8.3)。

各分类器可能在以下几个方面互不相同。

1. 各分类器类型可能各异，它们分别从属于用户喜爱的分类器中的一种，如最近邻、神经网络、决策树及线性判别分类器。
2. 分类器的类型可能相似(例如，所有的分类器都是线性判别函数或都采用神经网络模型)，但是它们训练于各不相同的训练集(或者是较大训练集中的不同子集，如 8.4.9 节所述的 bagging 法得到的子集)之上，这些训练集可能采集于不同的时间段，或者输入中掺入的噪声各不相同。

3. 分类器的类型可能相似，但是在优化过程中使用的随机初始化参数(例如，结构相同的神经网络的权值)各不相同。

与类型 C1 相反，这里的问题是：分类器的组合规则给定，何谓最佳的成员分类器？如上述第 2 种情况，这一问题等价于如何训练神经网络模型，以得到用于组合的最佳性能？

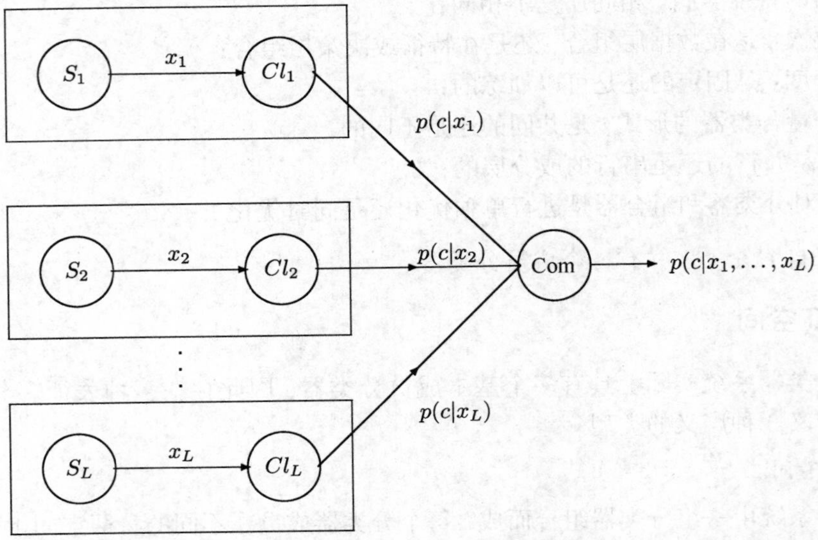


图 8.2　分类器融合体系结构 C1——各成员分类器定义于不同的特征空间

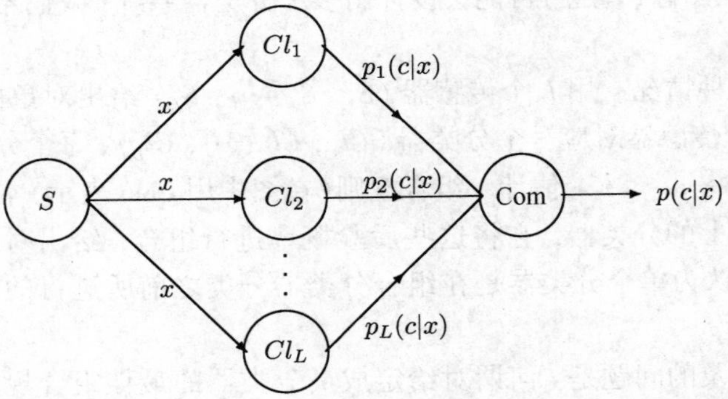


图 8.3　分类器融合体系结构 C2——各成员分类器定义于相同的特征空间，该特征空间由传感器 $S$ 提供的测量值 $x$ 组成

成员分类器的准确性与多样性(Hansen and Salamon, 1990)对这种多分类器结构十分重要。当成员分类器对于新样本具有比随机猜测所获得的错误率更低时，则认为该成员分类器是准确的。当两个分类器在预测样本 $\boldsymbol{x}$ 的类别时产生的错误不同，则这两个分类器是不同的。为了说明准确性与多样性的重要性，我们来考虑 $h_1(\boldsymbol{x})$、$h_2(\boldsymbol{x})$ 与 $h_3(\boldsymbol{x})$ 这三个分类器的组合效果，各分类器都以预测的类别标签作为输出。如果所有的分类器都产生相同的输出，如 $h_1$ 为错误的时 $h_2$ 与 $h_3$ 也为错误的，则分类器的组合输出得不到性能的改善。然而，如果分类器的输出是不相关的，那么当 $h_1$ 为错误的时，$h_2$ 与 $h_3$ 可能为正确的。假如是这样的，由多数票做

出的决策将给出正确的预测。特别地，考虑 $L$ 个分类器 $h_1$，…，$h_L$，每个分类器的错误率 $p<\frac{1}{2}$。对于多数票为错误的情况，需要 $L/2$ 或更多的分类器是错误的。$R$ 个分类器为错误的概率是

$$\frac{L!}{R!(L-R)!}p^R(1-p)^{L-R}$$

因此，多数票为错误的概率是①

$$\sum_{R=\lfloor (L+1)/2 \rfloor}^{L} \frac{L!}{R!(L-R)!}p^R(1-p)^{L-R} \tag{8.2}$$

这是至少有 $L/2$ 个分类器为错误的二项分布下的概率（$\lfloor\cdot\rfloor$表示整数部分）。例如，成员分类器个数 $L=11$，其中每个分类器的错误率为 $p=0.25$，6 个或 6 个以上的分类器为错误的概率是 0.034，这比单个分类器的错误率小得多。组合后的错误率是基本分类器错误率 $p$ 的函数，图 8.4 给出了 $L=11$ 时的这个错误率［按式(8.2)计算］函数曲线。

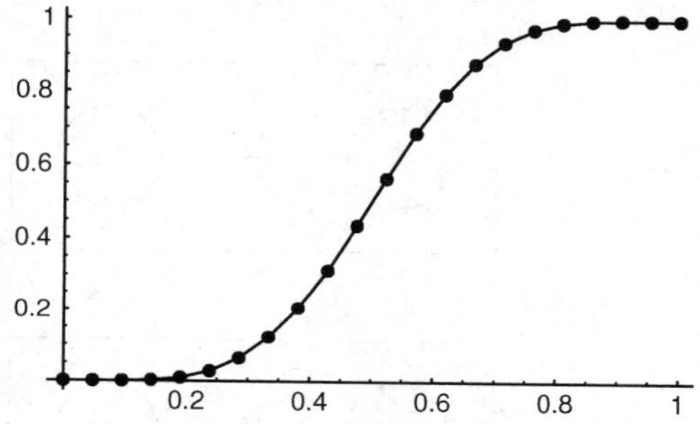


图 8.4　组合分类器错误率与基本分类器错误率之间的函数关系

如果单个分类器的错误率超过 0.5，那么多数投票的错误率会增加，这取决于类别数及各分类器输出之间的相关程度。

C1 和 C2 这两种情况，对组合分类器的输入而言，每个分类器都有各自不同的特征提取方式。如果该组合分类器是不固定的（为适应输入的形式，这是被允许的），那么普遍的问题是，如何寻找与组合分类器相匹配的最优特征提取方式（见图 8.5）。

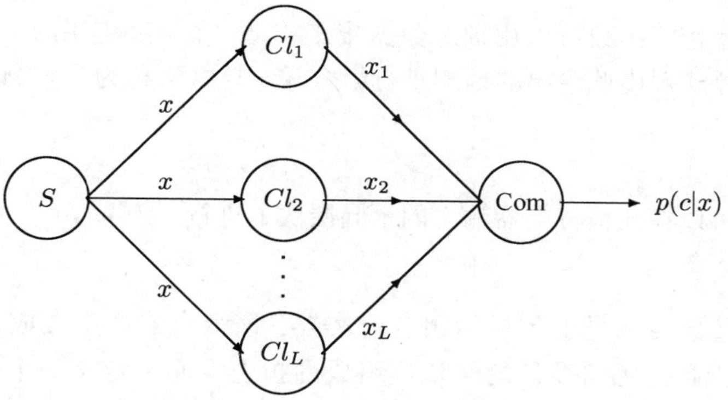


图 8.5　分类器融合体系结构 C2——各成员分类器定义于相同的特征空间，该特征空间具有引入特征值 $x_i$ 的 $L$ 个成员分类器

这时不再要求分类器 $Cl_1$，…，$Cl_L$ 的输出一定是后验概率的估计（后验概率为正数，并且对所有类别之和为单位 1）。事实上，这些可能不是最好的特征。因此，成员分类器就不再是分类器了，而该方法与书中别处讨论的其他许多方法（如神经网络、投影寻踪等）在本质上是

① 对于超过两类的情况，即使超过 $L/2$ 个分类器出现错误，多数票仍然能产生正确的预测。

一样的。就这种意义来说，不再需要研究分类器的组合方法，因为这些方法对组合分类器输入特征的形式强加了不必要的约束。

C3. 重复测量

组合系统的最后一种类型产生于重复测量后对一个对象给出的不同分类结果。当在特征空间上设计的分类器给出类成员的后验概率时，常常出现这种情况，这时有可能对同一个对象实际上多次测取(相关)测量值(见图 8.6)。例如，用可视数据或红外数据对飞行器进行识别。

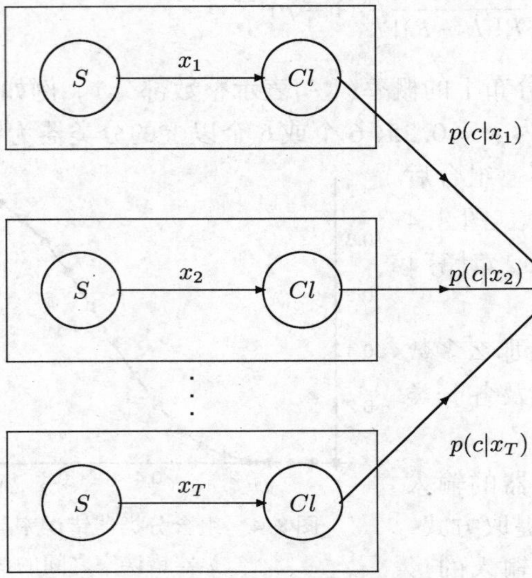


图 8.6 分类器融合体系结构 C3——该体系在共同的特征空间上重复取测量值，这些测量值是传感器产生的一个序列 $x_i, i=1,\cdots,T$，用来作为分类器 $Cl$ 的输入

特征向量的概率密度函数可以用训练数据集来构造。在实际应用中，可以用传感器获得连续测量值。如何才能对由此给出的预测进行组合呢？这常常称为多观测值融合或时间融合。

### 8.2.2 层次

分类器的组合可以在成员分类器输出的不同层次上进行。

L1. 数据层

将未经处理的传感器测量值传送给组合分类器，该组合器产生类成员的后验概率估计。这仅仅相当于在由所有传感器变量的测量值组成的扩充空间上定义一个分类器。也就是说，由传感器产生的测量值 $\boldsymbol{x}$, $\boldsymbol{y}$ 与 $\boldsymbol{z}$ 组成特征向量$(\boldsymbol{x}, \boldsymbol{y}, \boldsymbol{z})$，在该特征向量上定义一个分类器。在数据融合的文献中(见 8.3 节)，这被称为集中式系统(centralized system)，即从分布式传感器中收集到的所有信息都被传送到中央处理单元，由该中央处理单元进行最后决策。这种方法的结果是，组合分类器必须使用高维数据来构造。因此，在组合之前，通常先进行特征选择或者特征提取的工作。

L2. 特征层

每个成员分类器(尽管输出可能不是类成员后验概率的估计或类别的预测，这里都称之为“分类器”)执行某些局部的预处理，可能是维数压缩。这在某些数据融合应用中可能很重要。

在这些应用中，成员分类器与组合分类器之间的通信带宽是需要特别考虑的问题。在数据融合中，这被称为分散式系统(decentralized system)。由成员分类器导出的作为组合分类器输入的特征可以取多种形式，包括：

1. 维数压缩表达式，可以用主成分分析方法导出。
2. 类成员后验概率的估计。每个成员处理器本身就是一个分类器。这是预处理的一种非常特殊的形式，这种形式不一定最优，却可以通过应用约束加强之。
3. 对成员分类器的输入进行编码。对于输入 $\boldsymbol{x}$，成员分类器输出索引码 $y$，而在向量码书中，相应的码字 $\boldsymbol{z}$ 与 $\boldsymbol{x}$ 最接近。在组合分类器上，将索引码 $y$ 解码而产生对 $\boldsymbol{x}$ 的逼近(即 $\boldsymbol{z}$)。将该逼近结果与其他成员分类器输入的逼近一起用来产生分类。当连接在成员分类器与组合分类器之间的带宽受到限制时，这是一种很重要的方法，该过程与矢量量化方法(见第 11 章)有关。

L3. 决策层

每个成员分类器都产生唯一的类别标签。此时，在分类变量的 $L$ 维空间上定义组合分类器，其中的每个分类变量都取 $C$ 个类别值之一。因此，可以使用在离散变量上构造分类器的方法，例如直方图及其推广方法——最大权值相关树或贝叶斯网络(见第 4 章)。

### 8.2.3 训练程度

R1. 固定组合器

在某些情况下，我们希望使用不变的组合规则。当用来设计成员分类器的训练数据不可得，或者使用了不同的训练集时，往往出现这种情况。

R2. 可训练组合器

另一方面，已知一些关于训练数据的知识，在用这些知识确定成员分类器的基础上，对组合规则进行调整。这些知识具有如下不同形式。

1. 概率密度函数。通过输入分布的知识及分类器的形式，假设已知每个成员分类器输出的联合概率密度。例如，一个两类目标检测问题，在每个成员分类器上进行独立局部决策的假设条件下，可以为组合分类器导出最优检测规则，并根据每个传感器上的虚警概率及漏检测概率，将其表达出来(Chair and Varshney, 1986)。
2. 相关性。对某些成员分类器输出之间的相关性知识进行假设。同样，就目标检测问题，在局部决策相关条件下(成员分类器输出相关)，Kam et al. (1992)使用 Bahadur-Lazarsfeld 多项式将概率密度函数展开，并根据条件相关系数改写最优组合分类器规则(见 8.3 节)。
3. 可用的训练数据。假设对于给定类别的输入，已知每个独立成员分类器的输出。于是可以得到一组带有类别标签的样本，这组样本可用于训练组合分类器。

### 8.2.4 成员分类器的形式

F1. 形式相同

所有分类器可以具有同一种形式。例如，各分类器可以全部是给定结构的神经网络(多层感知器)、线性判别函数或决策树。选择分类器具体形式的理由是：可解释性(根据定义在输入空间上的简单规则来解释分类过程比较容易)、可实现性(成员分类器易于实现并且不需要过量的计算)和可适应性(成员分类器形式灵活，通过使用不同的分类器，很容易使组合分类器的错误率比任何单个分类器都更低)。

F2. 形式相异

成员分类器可以是神经网络、决策树、最近邻法等形式的集合，这个分类器的集合可能是通过对分类器在不同训练集上的宽范围分析所产生的。因此，使组合分类器得到最佳性能改善的各成员分类器未必已经挑选出来。

### 8.2.5 结构

多分类器系统的结构通常由实际应用来决定。

T1. 并联结构

将各成员分类器的结果一并传送到组合分类器，再由组合分类器做出决策。

T2. 串联结构

顺序调用每个成员分类器，前一个分类器的结果送至后一个分类器使用，可能的应用是为类别设置先验概率。

T3. 分级结构

将分类器组合成分级结构，一个成员分类器的结果作为输入送给一个父节点，其方式与决策树相似(见第7章)。这样，对单个组合分类器及若干个成员分类器的划分就不那么明显了，每个分类器(除类叶节点与根节点以外)都将其他分类器的输出作为输入，并把自身的输出作为输入送至另一个分类器。

### 8.2.6 优化

组合方案的不同部分既可以单独优化，也可以同时优化，具体取决于所要解决的问题。

O1. 组合分类器

单独对组合分类器进行优化。给定一组成员分类器，确定组合规则以获得性能的最大程度改善。

O2. 成员分类器

对成员分类器进行优化。对于固定的组合分类器规则及固定的成员分类器的数量和类型，确定各成员分类器的参数，以使分类性能达到最佳。

O3. 组合分类器与成员分类器

对组合分类器规则及成员分类器的参数均进行优化。在这种情况下，成员分类器可能不是严格意义上的分类器，而是执行某种形式的特征提取。还必须考虑实际的约束，如成员分类器与组合分类器之间带宽的限制。

O4. 无优化分类器

对一组固定的分类器使用标准的不需要训练的组合分类器规则(见8.4节)。

## 8.3 数据融合

在模式识别、统计学与机器学习文献中，关于多分类器系统的大量研究具有很强的相似性。实质上，这与工程界开展的数据融合系统研究相重叠(Dasarathy, 1994b; Varshney, 1997;

Waltz and Llinas, 1990)。与对分类器组合的研究一样，可以采用不同的结构(如串行或并行)，也可以对分类器输出的联合分布进行不同的假设，但是最终采用的结构及优化约束通常由实际问题促成。特别引人注意的应用是分布式检测，即使用分布式传感器阵列来检测目标是否存在。本节将对该领域中的一些工作进行回顾。

## 8.3.1 体系结构

图8.7与图8.8示出了分散的分布式检测系统的两种主要结构——串行结构与并行结构。假设有 $L$ 个传感器，每个传感器上的观测值为 $y_i$，决策为 $u_i$，$i=1,\cdots,L$，其中

$$u_i=\begin{cases}1, & \text{如果输出为“目标存在”}\\0, & \text{如果输出为“目标不存在”}\end{cases}$$

最终决策为 $u_0$。可以把每个传感器认为是一个两类分类器，相关问题称为决策融合，可以说，该模型受到非常强的限制，但在一些实际场合仍有可能出现。

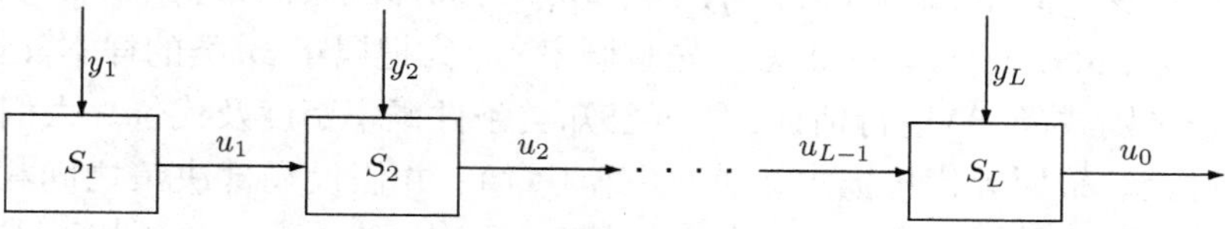


图8.7 以串联形式排列各传感器

串联网络结构(见图8.7)的主要缺点是其存在严重的可靠性问题。

这是因为，如果在第$(i-1)$个传感器与第 $i$ 个传感器之间出现连接故障，那么前面已做出的决策信息全部丢失，从而导致第 $i$ 个传感器变成决策过程中的第一个有效传感器。

相比之下，图8.8所示的并联系统受到广泛认同。在这种结构中，每个传感器获得局部观测值 $y_i$，$i=1,\cdots,L$，并产生局部决策 $u_i$，然后将局部决策送入融合中心。融合中心将对所有的局部决策 $u_i$，$i=1,\cdots,L$ 进行组合，以得到全局决策 $u_0$。并行结构对于连接故障具有较强的鲁棒性。第 $i$ 个传感器与融合中心之间的连接故障不会严重危害总体的全局决策，原因是这时仅丢失第 $i$ 个传感器的决策。在局部决策相关及独立的两种假设下，人们研究了并联分布式系统，并提出两种假设下求得最优解的方法。

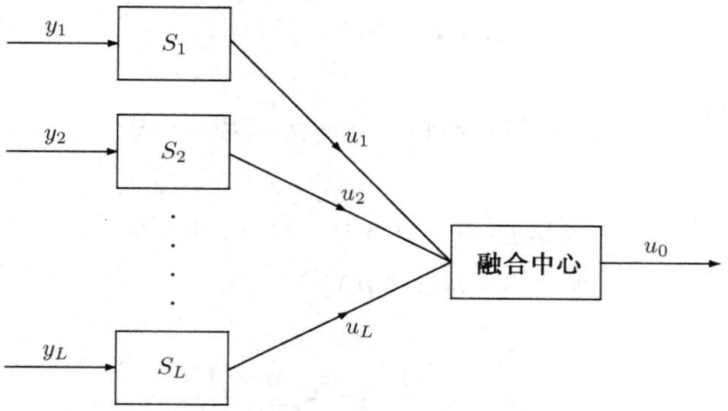


图8.8 以并联形式排列各传感器

人们还对并联决策系统进行扩展，扩展后的系统允许将局部决策传送到中间融合中心，每个中间融合中心处理所有的 $L$ 个局部决策，之后将自己的决策传送到另一层中间融合中心(Li and Sethi, 1993; Gini, 1997)。经过这样的 $K$ 层传递，这些中间融合中心的决策传送到最终的融合中心并做出全局决策 $u_0$。这相当于多分类器系统中的层次结构模型(见 8.2 节)。

并联结构还能用于处理重复的观测值。方法是使用一个记忆项，这个记忆项相当于融合中心根据最后一组局部决策做出的决策(Kam et al., 1999)。它连同下一组局部决策一起使用，以做出下一个全局决策。因此，记忆项允许融合中心考虑在最后一组观测值上做出的决策。

### 8.3.2 贝叶斯方法

下面用公式来表示并联结构的最小风险贝叶斯规则。令 $\omega_2$ 为“目标不存在”类，$\omega_1$ 为“目标存在”类。基于最小风险的贝叶斯规则可由式(1.12)给出：当

$$\lambda_{11}p(\omega_1|\boldsymbol{u})p(\boldsymbol{u})+\lambda_{21}p(\omega_2|\boldsymbol{u})p(\boldsymbol{u})\leqslant\lambda_{12}p(\omega_1|\boldsymbol{u})p(\boldsymbol{u})+\lambda_{22}p(\omega_2|\boldsymbol{u})p(\boldsymbol{u})$$

即

$$(\lambda_{21}-\lambda_{22})p(\boldsymbol{u}|\omega_2)p(\omega_2)\leqslant(\lambda_{12}-\lambda_{11})p(\boldsymbol{u}|\omega_1)p(\omega_1) \tag{8.3}$$

时，$\omega_1$ 类的目标出现。其中，$\boldsymbol{u}=(u_1, u_2, \cdots, u_L)^{\mathrm{T}}$ 为局部决策向量；$p(\boldsymbol{u}\mid\omega_i)$，$i=1, 2$ 为类条件概率密度函数；$p(\omega_i)$，$i=1, 2$ 为类先验概率，$\lambda_{ji}$ 为把属于 $\omega_j$ 类的样本 $\boldsymbol{u}$ 归入 $\omega_i$ 类的代价。为了对融合规则式(8.3)进行估计，需要已知类条件概率密度及代价。人们就此对几种特殊情况展开了讨论。采用等代价损失矩阵(见第 1 章)，并假设局部决策之间相互独立，可以根据各传感器的虚警率及漏检率来表达融合决策(基于对 $p(\omega_i\mid\boldsymbol{u})$ 的估计)(见本章习题)。

局部决策相关时，Kam et al. (1992)提出了似然率问题的解决办法，证明使用 Bahadur-Lazarsfeld 多项式建立概率密度函数的展开式，再根据条件相关系数改写最优数据融合规则是可能的。

利用 Bahadur-Lazarsfeld 展开式，可以将密度函数 $p(\boldsymbol{x})$ 表示为

$$p(\boldsymbol{x})=\prod_{j=1}^{L}(p_j^{x_j}(1-p_j)^{1-x_j})\times\left[1+\sum_{i<j}\gamma_{ij}z_iz_j+\sum_{i<j<k}\gamma_{ijk}z_iz_jz_k+\cdots\right]$$

其中，$\gamma$ 为相应变量的相关系数

$$\gamma_{ij}=E[z_iz_j]$$
$$\gamma_{ijk}=E[z_iz_jz_k]$$
$$\gamma_{ij\ldots L}=E[z_iz_j\ldots z_L]$$

及

$$p_i=P(x_i=1);\quad 1-p_i=P(x_i=0)$$

因此

$$E[x_i]=1\times p_i+0\times(1-p_i)=p_i$$
$$\mathrm{var}[x_i]=p_i(1-p_i)$$

及

$$z_i=\frac{x_i-p_i}{\sqrt{\mathrm{var}(x_i)}}=\frac{x_i-p_i}{\sqrt{p_i(1-p_i)}}$$

用条件密度的 Bahadur-Lazarsfeld 展开式替代式(8.3)中的条件密度，也就是用未知的相关系数代替未知的密度(见本章习题)。这样做可以在假设个体传感器形式的前提下使表达式得到相当大的简化(Kam et al., 1992)。

### 8.3.3　奈曼-皮尔逊(Neyman-Pearson)公式

在奈曼-皮尔逊公式中，寻找似然率阈值以获得特定的虚警率(见 1.5.5 节)。由于数据空间是离散的(对于 $L$ 维向量 $u$，存在 $2^L$ 种可能的状态)，将第 1 章的决策规则修改为：

$$\text{如果}\ \frac{p(\boldsymbol{u} \mid \omega_1)}{p(\boldsymbol{u} \mid \omega_2)} \begin{cases} > t, & \text{则判定}\ u_0 = 1 \\ = t, & \text{则以概率}\ \epsilon\ \text{判定}\ u_0 = 1 \\ < t, & \text{则判定}\ u_0 = 0(\text{宣布目标不存在}) \end{cases} \tag{8.4}$$

其中，选则 $\epsilon$ 和 $t$ 以获得希望的虚警率。

作为例子，我们来考虑两个传感器 $S_1$ 与 $S_2$ 的情况。设它们的虚警率分别为 $pfa_1$ 和 $pfa_2$、检测概率分别为 $pd_1$ 与 $pd_2$。表 8.1 给出了 $p(\boldsymbol{u} \mid \omega_1)$ 与 $p(\boldsymbol{u} \mid \omega_2)$ (假设相互独立)的概率密度函数。

似然率 $p(\boldsymbol{u} \mid \omega_1)/p(\boldsymbol{u} \mid \omega_2)$ 有 4 个取值，分别对应于 $\boldsymbol{u} = (0, 0), (0, 1), (1, 0), (1, 1)$。对于 $pfa_1 = 0.2$，$pfa_2 = 0.4$，$pd_1 = 0.6$ 及 $pd_2 = 0.7$，似然率的值为 0.25，0.875，1.5 和5.25。结合规则式(8.4)的使用，图 8.9 给出了组合分类器的 ROC 曲线。这是一条具有 4 个线性段的分段线性曲线，每个线性段对应于一个似然率值。例如，如果设 $t = 0.875$(似然率的一个值)，那么当 $\boldsymbol{u} = (1, 0)$，$\boldsymbol{u} = (1, 1)$ 及 $\boldsymbol{u} = (0, 1)$ 具有概率 $\epsilon$ 时，判定 $u_0 = 1$。于是得到其检测率与虚警率(用表 8.1)：

$$pd = pd_1 pd_2 + (1 - pd_2) pd_1 + \epsilon(1 - pd_1) pd_2 = 0.6 + 0.28\epsilon$$

$$pfa = pfa_1 pfa_2 + (1 - pfa_2) pfa_1 + \epsilon(1 - pfa_1) pfa_2 = 0.2 + 0.32\epsilon$$

即$(pfa, pd)$在$(0.2, 0.6)$与$(0.52, 0.88)$之间的取值是一个线性变分值(当 $\epsilon$ 变化时)。

**表 8.1　(上部)概率密度函数 $p(u \mid \omega_1)$；(下部)概率密度函数 $p(u \mid \omega_2)$，对于传感器 $S_1$ 和 $S_2$ 而言，其虚警率分别为 $pfa_1$ 和 $pfa_2$，检测概率分别为 $pd_1$ 与 $pd_2$**

| | | 传感器 $S_1$ | |
|---|---|---|---|
| | | $u=0$ | $u=1$ |
| 传感器 $S_2$ | $u = 0$ | $(1 - pd_1)(1 - pd_2)$ | $(1 - pd_2)pd_1$ |
| | $u = 1$ | $(1 - pd_1)pd_2$ | $pd_1 pd_2$ |
| | | 传感器 $S_1$ | |
| | | $u=0$ | $u=1$ |
| 传感器 $S_2$ | $u = 0$ | $(1 - pfa_1)(1 - pfa_2)$ | $(1 - pfa_2)pfa_1$ |
| | $u = 1$ | $(1 - pfa_1)pfa_2$ | $pfa_1 pfa_2$ |

在给定虚警率的情况下，通过单个传感器在不同局部的阈值来获得组合分类器较优的检测率是可能的。对于 $L$ 个传感器，这便是一个 $L$ 维的搜索问题，需要已知每个传感器的 ROC 曲线(Viswanathan and Varshney，1997)。

对于相关决策，有人提出了使用奈曼-皮尔逊公式解决分布式检测问题的几种方法。一种方法是使用 Bahadur-Lazarsfeld 多项式以与贝叶斯公式相似的方式将似然率展开，从而能将奈曼-皮尔逊融合规则表达成相关系数的函数。

如果独立性假设不成立，并且不可能通过其他方式估计似然率，那么仍然可能取得比单个分类器“随机选择”混合系统较优的性能。设传感器 $S_1$ 与 $S_2$ 的 ROC 曲线如图 8.10 所示。

虚警率大于 $pfa_B$ 时，使传感器 $S_2$ 工作，虚警率小于 $pfa_A$ 时，使传感器 $S_1$ 工作，虚警率介于 $pfa_A$ 和 $pfa_B$ 之间时，如果使传感器 $S_1$ 的虚警率为 $pfa_A$，使传感器 $S_2$ 的虚警率为 $pfa_B$，并以

概率 $\epsilon$ 随机选取传感器 $S_1$，以概率 $1-\epsilon$ 随机选取传感器 $S_2$，那么随机选取融合系统的虚警率为 $\epsilon pfa_A+(1-\epsilon)pfa_B$，而检测率为 $\epsilon pd_A+(1-\epsilon)pd_B$。因此，最佳性能在两 ROC 曲线的凸包上达到。

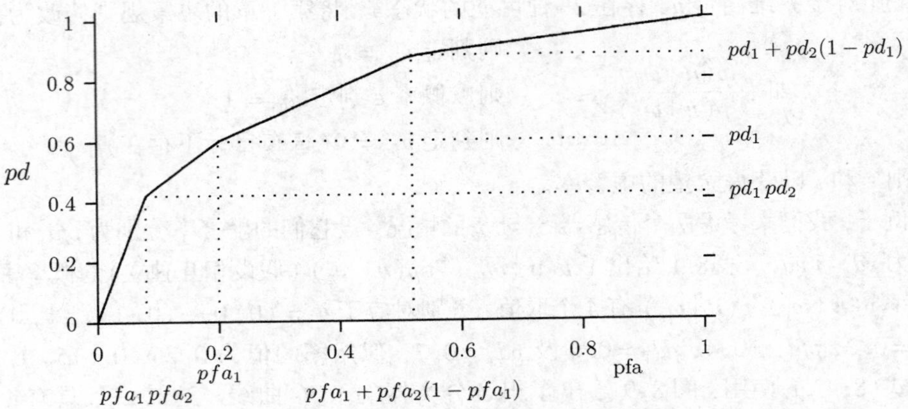


图 8.9　两个传感器的 ROC 曲线，假设两者相互独立

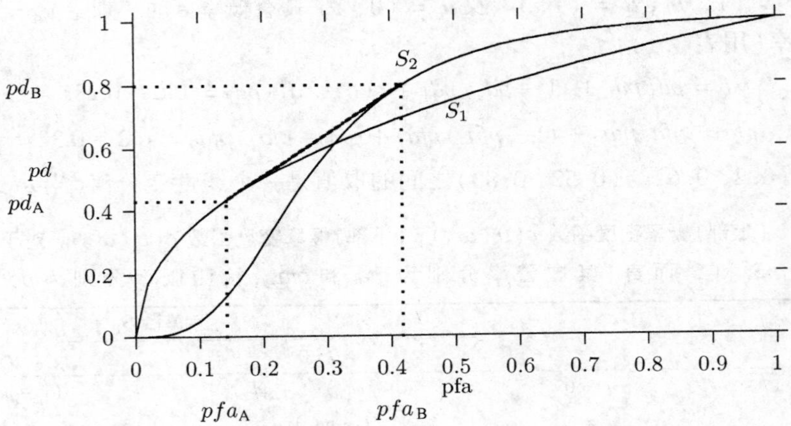


图 8.10　传感器 $S_1$ 和 $S_2$ 的 ROC 曲线及其凸包上的点

这与图 8.9 的示例不同。图 8.9 的示例中，使用两个传感器的组合输出，而不是基于单个传感器的输出进行决策。

## 8.3.4　可训练规则

对于一组分布式传感器，贝叶斯与奈曼-皮尔逊公式遇到的困难之一是，两种方法均需要传感器输出的概率密度的一些知识。这些信息常常是不可得的，因为密度必须使用训练集来估计。

这仅仅是分类器的设计问题，其分类器定义在包含独立传感器输出(局部决策)的特征空间上。本书其他地方讨论的许多适用于二值变量的方法都可以在此使用。

## 8.3.5　固定规则

有一些“固定”的决策融合规则，它们不对传感器预测的联合概率密度进行建模。

与规则

当所有的传感器都预测 $\omega_1$ 时，认为是 $\omega_1$ 类(目标存在)，否则认为是 $\omega_2$ 类。

或规则

当至少有一个传感器预测 $\omega_1$ 时，认为是 $\omega_1$ 类(目标存在)，否则认为是 $\omega_2$ 类。

多数票规则

当多数传感器预测 $\omega_1$ 时，认为是 $\omega_1$ 类（目标存在)，否则认为是 $\omega_2$ 类。

$N$ 中取 $k$ 规则

当至少有 $k$ 个传感器预测 $\omega_1$ 时，认为是 $\omega_1$ 类(目标存在)，否则认为是 $\omega_2$ 类。前面三种规则均为该规则的特殊情况。

很难对上述规则的性能给出一般性结论。有资料证明，对于低虚警率，就伴有相关噪声的信号检测问题，或规则的性能要比与规则以及多数票规则的性能差。而局部传感器相同时，最优规则为 $N$ 中取 $k$ 决策规则，这时的 $k$ 值由先验概率及传感器的虚警率与检测概率来计算(见本章习题)。

## 8.4 分类器组合方法

8.2 节讨论了表征多分类器系统特征的方法，8.3 节概述了来自分布式传感器决策融合的实际操作问题。现在转而讨论分类器融合的方法，其中很多方法都是用于决策融合的二值分类器的多类推广。

首先从贝叶斯决策规则开始，然后效仿 Kittler et al.（1998），给出一些假设来推导常规使用的组合方案。最后介绍这些方法的各种进展。

假设有一待分对象 $Z$，并有 $L$ 个分类器，其输入为 $\boldsymbol{x}_1$，…，$\boldsymbol{x}_L$（见图 8.2）。基于最小错误的贝叶斯规则[见式(1.1)]为：当

$$p(\omega_j|\boldsymbol{x}_1, \cdots, \boldsymbol{x}_L) > p(\omega_k|\boldsymbol{x}_1, \cdots, \boldsymbol{x}_L), \quad k = 1, \cdots, C; k \neq j \tag{8.5}$$

时，将 $Z$ 归入 $\omega_j$ 类，或者等价的[见式(1.2)]，当

$$p(\boldsymbol{x}_1, \cdots, \boldsymbol{x}_L|\omega_j)p(\omega_j) > p(\boldsymbol{x}_1, \cdots, \boldsymbol{x}_L|\omega_k)p(\omega_k), \quad k = 1, \cdots, C; k \neq j \tag{8.6}$$

时，将 $Z$ 归入 $\omega_j$ 类。上述规则需要已知类条件联合概率密度 $p(\boldsymbol{x}_1, \cdots, \boldsymbol{x}_L \mid \omega_j)$，$j = 1, \cdots, L$，而这里假设这一密度难以获得。

### 8.4.1 乘积规则

如果假设样本条件独立(对于给定类，$\boldsymbol{x}_1$，…，$\boldsymbol{x}_L$ 是条件独立的)，那么决策规则式(8.6)变为：若

$$\prod_{i=1}^{L}(p(\boldsymbol{x}_i|\omega_j))p(\omega_j) > \prod_{i=1}^{L}(p(\boldsymbol{x}_i|\omega_k))p(\omega_k), \quad k = 1, \cdots, C; k \neq j \tag{8.7}$$

则把 $Z$ 归入 $\omega_j$ 类，或者根据单个分类器的后验概率：若

$$[p(\omega_j)]^{-(L-1)}\prod_{i=1}^{L}p(\omega_j|\boldsymbol{x}_i) > [p(\omega_k)]^{-(L-1)}\prod_{i=1}^{L}p(\omega_k|\boldsymbol{x}_i), \quad k = 1, \cdots, C; k \neq j \tag{8.8}$$

则把 $Z$ 归入 $\omega_j$ 类，这就是乘积规则。若先验概率相等，该规则就可以简化为：若

$$\prod_{i=1}^{L} p(\omega_j|\boldsymbol{x}_i) > \prod_{i=1}^{L} p(\omega_k|\boldsymbol{x}_i), \quad k = 1, \cdots, C; k \neq j \tag{8.9}$$

则把 $Z$ 归入 $\omega_j$ 类。

式(8.8)和式(8.9)给出的两种形式均已经应用于研究中。这里，独立性假设看起来有些严格，但还是在许多实际问题中获得成功应用(Hand and Yu, 2001)。上述规则需要计算个体分类器的后验概率 $p(\omega_j|\boldsymbol{x})$, $j = 1, \cdots, C$，通常的做法是从训练数据中估计它们。这种方法的主要问题是，乘积规则对后验概率估计中的错误非常敏感，并且随着估计错误的增加，乘积规则比和式规则(见下文)恶化得更快。如果其中一个分类器报告出某样本属于一个具体类别的概率为零，那么即使剩下的分类器报告出该样本最有可能的类，乘积规则还是会得到零概率。

乘积规则往往应用于各分类器的输入来自于不同传感器的场合。

## 8.4.2 和式规则

和式规则可以从乘积规则推导出来。假设(相对较强)

$$p(\omega_k|\boldsymbol{x}_i) = p(\omega_k)(1 + \delta_{ki}) \tag{8.10}$$

其中，$\delta_{ki} \ll 1$，即用于乘积规则式(8.8)的后验概率 $p(\omega_k|\boldsymbol{x}_i)$ 没有过度偏离类先验概率 $p(\omega_k)$，则将其替代乘积规则式(8.8)中的 $p(\omega_k|\boldsymbol{x}_i)$，忽略 $\delta_{ki}$ 的二阶和更高阶项，再次使用式(8.10)推导出和式规则(见本章习题)：若

$$(1-L)p(\omega_j) + \sum_{i=1}^{L} p(\omega_j|\boldsymbol{x}_i) > (1-L)p(\omega_k) + \sum_{i=1}^{L} p(\omega_k|\boldsymbol{x}_i) \quad k = 1, \cdots, C; k \neq j \tag{8.11}$$

则把 $Z$ 归入 $\omega_j$ 类。若先验概率相等，上面的和式规则就可以简化为：若

$$\sum_{i=1}^{L} p(\omega_j|\boldsymbol{x}_i) > \sum_{i=1}^{L} p(\omega_k|\boldsymbol{x}_i) \quad k = 1, \cdots, C; k \neq j \tag{8.12}$$

则把 $Z$ 归入 $\omega_j$ 类。以上导出的和式规则是对乘积规则的逼近，所用假设为后验概率与先验概率相似，这个假设在很多实际应用中并不现实。然而，相对地讲，该规则对于联合密度估计的错误没那么敏感，可以应用到具有相同输入样本的分类器上(见图8.3)。

为了实现上述规则，每个分类器必须产生类成员后验概率的估计。在和式规则与乘积规则的比较中，Tax et al. (2000)得出结论，和式规则对于估计后验概率的错误更具鲁棒性(Kittler et al., 1998)。平均化处理可以降低对个体分类器过度训练所产生的影响，可以将其认定为正规化的过程。

也可以将权值应用于和式规则，即若

$$\sum_{i=1}^{L} w_i p(\omega_j|\boldsymbol{x}_i) > \sum_{i=1}^{L} w_i p(\omega_k|\boldsymbol{x}_i), \quad k = 1, \cdots, C; k \neq j \tag{8.13}$$

则把 $Z$ 归入 $\omega_j$ 类。其中 $w_i$, $i = 1, \cdots, L$ 为各分类器的权值。这时，如何选取权值比较关键。可以通过使用训练集将组合分类器错误率最小化，以实现对它们的估计。在这种情况下，可以在整个特征空间上应用相同的权值。另一种方法是允许权值随给定样本在数据空间中的位置而改变。一个极端的例子是动态分类器选择，它把其中一个权值赋值成单位1，其余的赋值成

零。对于一个给定的样本，动态特征选择试图去选择最佳分类器。因此，特征空间被划分成不同的区域，每个区域都有一个不同的分类器。

Woods et al.(1997)提到了动态分类器的选择，根据 $k$ 近邻区域所定义的局部区域来选择最准确的分类器(基于区域中训练样本被正确分类的百分比)；读者另外还可参阅 Huang and Suen(1995)。

### 8.4.3 最小、最大及中值组合分类器

通过用上限 $L\max_i p(\omega_k\mid \boldsymbol{x}_i)$ 来逼近式(8.11)的后验概率的和，这就是最大组合分类器，决策规则为：若

$$(1-L)p(\omega_j)+L\max_i p(\omega_j|\boldsymbol{x}_i) > (1-L)p(\omega_k)+L\max_i p(\omega_k|\boldsymbol{x}_i) \tag{8.14}$$

则把 $Z$ 归入 $\omega_j$ 类。若先验概率相等，则上式可简化为

$$\max_i p(\omega_j|\boldsymbol{x}_i) > \max_i p(\omega_k|\boldsymbol{x}_i),\quad k=1,\cdots,C;k\neq j \tag{8.15}$$

同样也可以用上界 $\min_i p(\omega_k\mid x_i)$ 来逼近式(8.8)的乘积，决策规则为：若

$$[p(\omega_j)]^{-(L-1)}\min_i p(\omega_j|\boldsymbol{x}_i) > [p(\omega_k)]^{-(L-1)}\min_i p(\omega_k|\boldsymbol{x}_i),\quad k=1,\cdots,C;k\neq j \tag{8.16}$$

则把 $Z$ 归入 $\omega_j$ 类。这就是最小组合分类器，若先验概率相等，则以上规则可简化为：若

$$\min_i p(\omega_j|\boldsymbol{x}_i) > \min_i p(\omega_k|\boldsymbol{x}_i),\quad k=1,\cdots,C;k\neq j \tag{8.17}$$

则把 $Z$ 归入 $\omega_j$ 类。最后，用和式规则算出分类器输出的均值，对均值进行鲁棒估计，得出中值，从而导出中值组合分类器。当先验概率相等时，中值组合分类器的判别规则为：若

$$\operatorname*{med}_i p(\omega_j|\boldsymbol{x}_i) > \operatorname*{med}_i p(\omega_k|\boldsymbol{x}_i),\quad k=1,\cdots,C;k\neq j \tag{8.18}$$

则把 $Z$ 归入 $\omega_j$ 类。

最小、最大以及中值组合分类器均易于实现，并且不需要训练。

### 8.4.4 多数表决

本节讨论的所有分类器组合方法中，多数票方法最易实现。这种方法用于产生唯一类别标签(作为输出)的分类器(L3 层)，并且不需要训练。可以认为多数表决方法是将和式规则应用于后验概率 $p(\omega_k\mid \boldsymbol{x}_i)$ 经过“硬化”的分类器输出(Kittler et al., 1998)；所谓硬化就是用二值函数 $\Delta_{ki}$ 来替代 $p(\omega_k\mid \boldsymbol{x}_i)$，其中

$$\Delta_{ki}=\begin{cases}1, & p(\omega_k|\boldsymbol{x}_i)=\max_j p(\omega_j|\boldsymbol{x}_i)\\ 0, & \text{其他}\end{cases}$$

此函数在分类器输出中产生决策，而不是在后验概率上产生决策。组合分类器做出的决策是把样本归入由成员分类器所做预测最多的类。如果票数相同，则可以根据最大类先验概率(在票数相同的类中)做出决策。

该方法的一种扩展是加权多数表决法。这种方法根据分类器的性能对各分类器赋予不相等的权值。每个分类器的权值可能独立于所预测的类，或者根据分类器在每个类上的性能随类别而变化。关键问题是权值的选择。加权多数票组合分类器需要把个体分类器在训练集上的结果作为配置权值的训练数据。

对于权值随分类器而变，但又与类别无关的情况，有 $L-1$ 个参数($L$ 个分类器)需要估计

(假设将权值标准化，并令权值之和为 1)。这时通常规定一些合适的目标函数及恰当的优化程序，以确定这些权值。目标函数可以定义为

$$F = R_e - \beta E$$

其中 $R_e$ 是组合分类器的识别率，$E$ 是组合分类器的错误率(它们之和不是 1，因为个体分类器可能会拒绝某些样本，见第 1 章)；$\beta$ 是用于度量识别率与错误率之间相对重要性的参数，它与待处理的问题有关，由使用者确定(Lam and Suen，1995)。可以把拒绝看成由成员分类器产生的特殊的类，因此当成员分类器的加权多数票拒绝一个样本时，组合分类器也会拒绝该样本。在将组合方案应用于可视字符识别问题的研究时，Lam and Suen(1995)用一种遗传优化方案(该方案使用模拟生物进化所产生的松弛学习方法，对权值进行调整)使 $F$ 最大化，并得出结论，简单的多数票(所有权值相等)给出最容易、最可靠的分类。

### 8.4.5 Borda 数

Borda 数是定义在各分类器分级输出上的一个量。如果将 $B_i(j)$ 定义为由分类器 $i$ 输出的等级低于 $\omega_j$ 的类数，那么对于 $\omega_j$ 类的 Borda 数，$B_j$ 定义为

$$B_j = \sum_{i=1}^{L} B_i(j)$$

即为每个分类器输出的等级小于 $\omega_j$ 的类数之和。组合分类器将样本归入具有最大 Borda 数的类。这种组合分类器不需要训练，其最终决策基于类别的平均等级。

### 8.4.6 在类别预测上训练组合分类器

到目前为止讨论的组合分类器均不需要训练，至少它们的基本形式不需要。一般结论是，和式规则与中值规则可以期望比其他固定的分类器得到更好的性能。现在来讨论需要某种程度训练的组合分类器，首先考虑在离散变量上的组合分类器。这时，成员分类器发送类别标签，组合分类器使用这些类别预测来改善对类别的估计(L3 型组合)。至少这是我们所希望的。

#### 贝叶斯组合分类器

这种分类器使用乘积规则，后验概率的估计由每个成员分类器的预测导出，并在带有类别标签的训练集上概括成员分类器的性能。

特别地，Lam and Suen(1995)给出的贝叶斯组合规则用基于训练结果的估计来逼近后验概率。令 $D^{(i)}$ 表示第 $i$ 个分类器的 $C\times C$ 阶混乱矩阵(见第 1 章)，该矩阵以第 $i$ 个分类器对训练集的分类结果为基础。矩阵的第$(j,k)$个元素 $d_{jk}^{(i)}$ 是第 $i$ 个分类器把属于 $\omega_k$ 类的样本归入 $\omega_j$ 类的数量。对于任意的 $i$，$\omega_k$ 类的样本总数为

$$n_k = \sum_{l=1}^{C} d_{lk}^{(i)}$$

被归入 $\omega_l$ 类的样本数为

$$\sum_{k=1}^{C} d_{lk}^{(i)}$$

由第 $i$ 个分类器把本属于 $\omega_k$ 类的样本 $\boldsymbol{x}$ 归入 $\omega_l$ 类的条件概率由下式估计：

$$p(\omega_k|\text{分类器 } i \text{ 预测为 } \omega_l) = \frac{d_{lk}^{(i)}}{\sum_{k=1}^{C} d_{lk}^{(i)}}$$

因此，对于给定的样本，后验概率仅取决于所预测的类。例如，对于两个不同的样本 $\boldsymbol{x}$ 与 $\boldsymbol{w}$，如果预测的类别相同，则两者具有相同的后验概率估计。将上式代入乘积规则式(8.9)，并假设先验概率相等，则得到如下决策规则：若

$$\prod_{i=1}^{L} \frac{d_{l_i j}^{(i)}}{\sum_{k=1}^{C} d_{l_i k}^{(i)}} > \prod_{i=1}^{L} \frac{d_{l_i m}^{(i)}}{\sum_{k=1}^{C} d_{l_i k}^{(i)}}, \quad m = 1, \cdots, C; m \neq j$$

则把样本归入 $\omega_j$ 类，其中 $\omega_{l_i}$ 是对给定的输入样本所预测的类别。

分类器输出空间的密度估计

另一种方法是，对于输入 $\boldsymbol{x}$，将来自成员分类器的 $L$ 个类别预测看成定义在 $L$ 维离散值特征空间上的组合分类器的输入(见图8.11)。

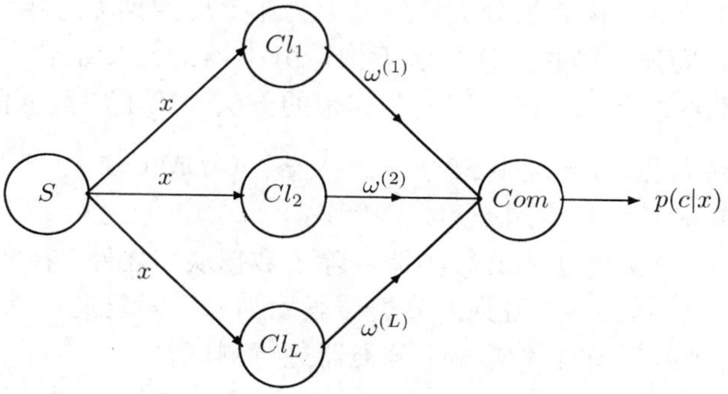


图8.11　分类器融合体系结构C2——定义于相同特征空间上的成员分类器

假设有 $N$ 个训练样本($\boldsymbol{x}_i$, $i = 1, \cdots, N$)，其类别标签分别为($y_i$, $i = 1, \cdots, N$)，则组合分类器的训练数据由 $N$ 个 $L$ 维向量($\boldsymbol{z}_i$, $i = 1, \cdots, N$)组成，类别标签分别为($y_i$, $i = 1, \cdots, N$)。$\boldsymbol{z}_i$ 的每个分量都是离散值变量，取值为 $C$ 个可能值之一，这些可能值与成员分类器给出的类别标签相对应(如果成员分类器中包括拒绝选项，则为 $C+1$ 个可能值之一)。

组合分类器使用训练集 $\{(\boldsymbol{z}_i, y_i), i = 1, \cdots, N\}$ 来进行训练。组合分类器对未知样本 $\boldsymbol{x}$ 进行分类的程序是，首先使用每个成员分类器获得预测向量 $\boldsymbol{z}$，然后将其输入给组合分类器，并由组合分类器给出 $\boldsymbol{x}$ 的分类结果。

构造组合分类器最显而易见的方法是估计类条件概率 $p(\boldsymbol{z}|\omega_i)$，$i = 1, \cdots, C$，若

$$p(z|\omega_j)p(\omega_j) > p(z|\omega_k)p(\omega_k), \quad k = 1, \cdots, C; k \neq j$$

则把 $z$ 归入 $\omega_j$ 类，其中先验概率 $p(\omega_j)$ 用训练集估计(或者使用可能的领域知识)，密度 $p(\boldsymbol{z}|\omega_j)$ 则用适合于分类变量的恰当的非参数密度估计方法估计。

最简单的密度估计方法是直方图法。这是由 Huang and Suen(1995)采用的方法，并称之为行为–知识空间方法，Mojirsheibani(1999)也对此进行了研究。然而，这种方法的缺点是必须估计并存储高阶分布，这在计算上的代价十分昂贵。多维直方图具有 $C^L$ 个单元，数量可能很大，从而使得在缺少大训练数据集的情况下，很难做出可靠的密度估计。为此，第4章讨论了如下几种解决办法。

1. 独立性。以单变量估计的乘积来逼近多元密度。

2. Lancaster 模型。用边缘分布逼近多元密度。

3. 最大权值相关树。用条件密度的两两乘积来逼近多元密度。

4. 贝叶斯网络。用较复杂的条件密度乘积来逼近多元密度。

其他一些方法以直接构造判别函数为基础，而不是估计类条件密度及使用贝叶斯规则，这样做也是合理的。

### 8.4.7 叠加归纳

叠加归纳(Stacked generalization)，或者简称为叠加，是指使用由成员归纳器(generalizer)的“推测”所组成的训练数据来构造归纳器，这些成员归纳器用训练集的不同部分进行学习，并设法对剩余部分进行预测，其输出提供对正确类别的估计。因此，这与前文介绍的模型在某些方面是相似的，即组合器是一个定义在成员分类器输出上的分类器(归纳器)，但是用于构造组合分类器的训练数据还包括了对训练集样本的预测。

这种方法的基本思想是，称成员分类器的输出为第1层数据 $\mathcal{L}_1$（第0层是输入层 $\mathcal{L}_0$），这些数据所提供的来自成员分类器的信息有助于构造分类器的优良组合。假设有一组成员分类器 $f_j$, $j=1, \cdots, L$，需要寻求一种将它们组合起来的方法。第1层数据由如下方法构造。

1. 把数据 $\mathcal{L}_0$（训练数据 $\{(\boldsymbol{x}_i, y_i), i=1, \cdots, n\}$）分成 $V$ 块。
2. 对每个数据块 $v=1, \cdots, V$，执行以下工作：
   (a) 用数据的一个子集构建成员分类器。除了数据块 $v$ 之外，在所有训练数据上训练分类器 $j$($j=1, \cdots, L$)，得到的分类器表示为 $f_j^{-v}$。重复此步骤构造其他的分类器。
   (b) 用数据块 $v$ 中的所有样本对每个分类器进行测试。

这样就得到了对训练集每个样本的 $L$ 个预测值组成的数据集。这些数据与类别标签 $\{y_i, i=1, \cdots, n\}$ 一起组成组合分类器的训练数据。

接下来应该用成员分类器的输出构造组合分类器。如果成员分类器产生类别标签，那么用于组合分类器的训练数据就由分类变量的 $L$ 维测量值组成。可用的方法有多种，包括基于多元密度的直方图估计法，以及上文刚提到的一些变形方法，如基于树的方法与神经网络方法。Merz(1999)对组成组合分类器的独立模型和多层感知器模型与基于多元分析的方法(相关分析)进行了比较。对于多层感知器，当变量的第 $i$ 个值出现时，每个分类变量都由 $C$ 个二值输入来表示，除了第 $i$ 个输入置为1以外，所有的输入都置为零。

### 8.4.8 专家混合器

局部专家模型的自适应混合(Jacobs et al., 1991; Jordan and Jacobs, 1994)是一种学习方法，该方法对若干个成员分类器(“专家”)及组合分类器(“选通函数”)进行训练，希望能在某些问题中获得性能的改善。对于给定的输入向量 $\boldsymbol{x}$，每个专家产生一个输出向量 $\boldsymbol{o}_i$($i=1, \cdots, L$)，选通网络则为专家提供线性组合系数。选通函数根据当前输入，赋予每个专家一个概率值(见图8.12)。

这一方法的训练重点是寻找最优选通函数，若给定选通函数，则对每个专家进行训练，以得到最佳的性能。

基本的方法是，第 $i$ 个专家的输出 $\boldsymbol{o}_i(\boldsymbol{x})$ 是输入 $\boldsymbol{x}$ 的广义线性函数：

$$\boldsymbol{o}_i(\boldsymbol{x}) = f(\boldsymbol{w}_i \boldsymbol{x})$$

其中，$\boldsymbol{w}_i$ 是与第 $i$ 个专家相关的 $C \times p$ 阶权矩阵，$f(\cdot)$ 是固定不变的非线性连续函数①，一般选用逻辑函数。选通网络也是其输入的广义线性函数 $g$，对于权向量 $\boldsymbol{v}_i$，$i = 1, \cdots, L$，选通网络的第 $i$ 个分量为

$$g_i(\boldsymbol{x}) = g(\boldsymbol{x}, \boldsymbol{v}_i) = \frac{\exp(\boldsymbol{v}_i^{\mathrm{T}} \boldsymbol{x})}{\sum_{k=1}^{L} \exp(\boldsymbol{v}_i^{\mathrm{T}} \boldsymbol{x})}$$

选通网络的输出用来对专家的输出进行加权，以得到混合专家系统的总输出 $\boldsymbol{o}(\boldsymbol{x})$，表示为

$$\boldsymbol{o}(\boldsymbol{x}) = \sum_{k=1}^{L} g_k(\boldsymbol{x}) \boldsymbol{o}_k(\boldsymbol{x}) \tag{8.19}$$

上述算法与式(8.13)非常相似，都是产生加权和规则，即成员分类器的线性组合。关键的不同点是，在混合专家模型中，组合模型(选通网络)与成员分类器(专家)同时训练，而在很多其他组合模型中，首先训练基本模型，然后才将组合分类器加入训练后的模型中。另一个不同点，是模型的线性组合取决于输入样本 $\boldsymbol{x}$。对此的解释是，在专家系统提供局部预测的同时，选通网络提供了对输入空间的一种“软”划分(Jordan and Jacobs，1994)。

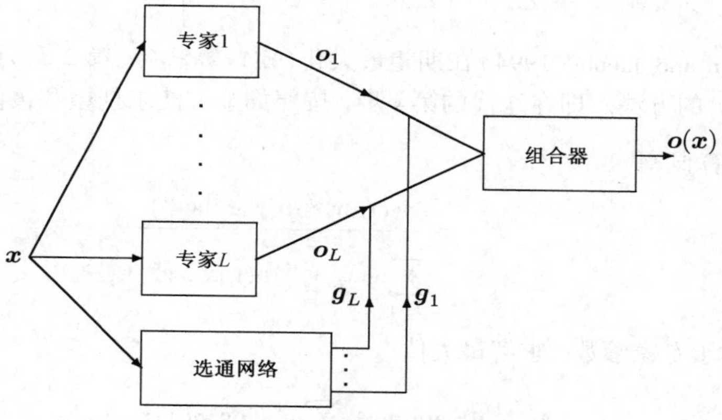


图 8.12 专家混合架构

混合专家模型式(8.19)也与多层感知器②(见第6章)相似，其输出是数据投影的非线性函数的线性组合。不同点是式(8.19)中的线性组合取决于输入。

Jordan and Jacobs(1994)对这种模型进行了概率解释。假设有一输入变量 $\boldsymbol{x}$ 及概率上依赖于 $\boldsymbol{x}$ 的响应变量 $\boldsymbol{y}$。混合比例 $g_i(\boldsymbol{x})$ 可以解释为多项式概率，它与将 $\boldsymbol{x}$ 映射到 $\boldsymbol{y}$ 的这一过程相关联。对于给定的 $\boldsymbol{x}$，根据 $g_k(\boldsymbol{x})$，$k = 1, \cdots, L$ 的取值选择一个专家(假设为专家 $i$)，然后根据概率密度 $p(\boldsymbol{y} \mid \boldsymbol{x}, \boldsymbol{w}_i)$ 生成 $\boldsymbol{y}$，其中 $\boldsymbol{w}_i$ 表示与专家 $i$ 相关的一组参数。因此，由 $\boldsymbol{x}$ 生成 $\boldsymbol{y}$ 的总概率就是由每个成员密度生成 $\boldsymbol{y}$ 的混合概率，其中混合比例是多项式概率 $g_k(\boldsymbol{x})$，即

$$p(\boldsymbol{y}|\boldsymbol{x}, \boldsymbol{\Phi}) = \sum_{k=1}^{L} g_k(\boldsymbol{x}) p(\boldsymbol{y}|\boldsymbol{x}, \boldsymbol{w}_k) \tag{8.20}$$

其中，$\boldsymbol{\Phi}$ 是所有参数的集合，包括专家参数和选通网络参数。

---

① 这里采用的是简记符，即用 $f(\boldsymbol{u})$ 表示向量 $(f(u_1), \cdots, f(u_C))$，$f$ 是标量函数。

② 基本的 MLP 具有单隐层与线性输出层，Jordan and Jacobs(1994)对混合专家模型的分层模型做了进一步的研究和讨论。

所产生的概率密度 $p(\boldsymbol{y}\mid\boldsymbol{x},\boldsymbol{w}_k)$ 可以选择几种常用形式中的一种；对于回归问题，通常假设 $p(\boldsymbol{y}\mid\boldsymbol{x},\boldsymbol{w}_k)$ 服从具有相同协方差阵 $\sigma^2\boldsymbol{I}$ 的正态分布：

$$p(\boldsymbol{y}|\boldsymbol{x},\boldsymbol{w}_k)\sim\exp\{-\frac{1}{\sigma^2}(\boldsymbol{y}-\boldsymbol{o}_k(\boldsymbol{x}))^{\mathrm{T}}(\boldsymbol{y}-\boldsymbol{o}_k(\boldsymbol{x}))\}$$

对于两类问题，通常假设其服从伯努利分布(单输出 $o_k$；单变量二值响应 $y=0,1$)：

$$p(y|\boldsymbol{x},\boldsymbol{w}_k)=o_k^y(1-o_k)^{1-y}$$

对于多类问题，$p(\boldsymbol{y}\mid\boldsymbol{x},\boldsymbol{w}_k)$ 服从多项式分布($L$ 个二值变量 $y_i$，$i=1,\cdots,L$，其和为单位1，$C$ 为类数)：

$$p(\boldsymbol{y}|\boldsymbol{x},\boldsymbol{w}_k)\sim\prod_{i=1}^{C}(o_k^i)^{y_i}$$

$\boldsymbol{o}_k^i$ 是第 $k$ 个专家输出 $\boldsymbol{o}_k$ 的第 $i$ 个分量。模型式(8.20)的优化可以借助极大似然法。给定训练集 $\{(\boldsymbol{x}_i,y_i),i=1,\cdots,n\}$(在分类问题中，$y_i$是对类别进行编码的一个 $C$ 维向量。对于 $\omega_j$ 类，除第 $j$ 个元素为1外，其余的所有元素均为零)，寻求 $\boldsymbol{\Phi}$ 的一个解，使得对数似然率

$$\sum_t\log\left[\sum_{k=1}^{L}g_k(\boldsymbol{x}_t)p(\boldsymbol{y}_t|\boldsymbol{x}_t,\boldsymbol{w}_k)\right]$$

取得极大值。Jordan and Jacobs(1994)在期望最大化(EM)算法(见第2章)的基础上提出了一种调整参数 $\boldsymbol{w}_k$ 与 $\boldsymbol{v}_k$的方法。即在迭代的第 $s$ 步，按照如下方法求期望和极值。

1. E 步骤。计算概率

$$h_i^{(t)}=\frac{g(\boldsymbol{x}_t,\boldsymbol{v}_i^{(s)})p(\boldsymbol{y}_t|\boldsymbol{x}_t,\boldsymbol{w}_i^{(s)})}{\sum_{k=1}^{L}g(\boldsymbol{x}_t,\boldsymbol{v}_k^{(s)})p(\boldsymbol{y}_t|\boldsymbol{x}_t,\boldsymbol{w}_k^{(s)})}$$

2. M 步骤。对于专家参数，求解最大值：

$$\boldsymbol{w}_i^{(s+1)}=\arg\max_{\boldsymbol{w}_i}\sum_{t=1}^{n}h_i^{(t)}\log[p(\boldsymbol{y}_t|\boldsymbol{x}_t,\boldsymbol{w}_i)]$$

对于选通网络的参数，求解最大值：

$$V^{(s+1)}=\arg\max_{V}\sum_{t=1}^{n}\sum_{k=1}^{L}h_k^{(t)}\log[g(\boldsymbol{x}_t,\boldsymbol{v}_k)]$$

其中 $\boldsymbol{V}$ 是所有 $\boldsymbol{v}_i$的集合。

Chen et al. (1999)讨论了求解以上最大值问题的步骤，提出了 Newton-Raphson 方法，同时还有其他“quasi-Newton”方法可供使用(Press et al., 1992)。

### 8.4.9 bagging

bagging 和 boosting(见下文)是两种分类器组合方法，这里的成员分类器生成于相同的训练集。bagging 又称自助聚集(bootstrap aggregating)(Breiman, 1996)，从训练集产生多个副本，并在每个副本上训练分类器，再将每个分类器应用于测试样本 $\boldsymbol{x}$，最后根据多数票进行分类，票数相同的解决方案可以任意选择。算法 8.1 首先通过对训练集进行 $n$ 次有放回采样，生成自助样本。这意味着一些样本可能会使用多次，而其他一些样本可能不会出现在自助样本中，

从而得到大小为 $n$ 的 $B$ 个新训练集 $\boldsymbol{Y}^b, b = 1, \cdots, B$，用每个数据集设计一个分类器。最终形成的分类器的输出是各子分类器预测最多的类。

**算法 8.1　bagging 算法**

1. 假设有一训练集 $(\boldsymbol{x}_i, z_i)$，$i = 1, \cdots, n$，$\boldsymbol{x}_i$ 为样本，$z_i$ 为类别标签。
2. 令 $b = 1, \cdots, B$，执行
   (a) 对训练集进行有放回采样，生成大小为 $n$ 的自助样本；采样时一些样本会被重复抽取，而另一些样本则会被忽略。
   (b) 将自助样本视为训练样本，设计分类器 $\eta_b(\boldsymbol{x})$。
3. 记录 $\eta_b(\boldsymbol{x})$，$b = 1, \cdots, B$ 对测试样本 $\boldsymbol{x}$ 预测的类别，把 $\boldsymbol{x}$ 归入出现次数最多的类。

bagging 方法的一个极为重要的特点是其产生分类器的过程具有不稳定性。给定的自助样本在训练集中随机抽取，每个样本在 $n$ 次中至少有一次被选中的概率为 $1-(1-1/n)^n$。如果 $n$ 很大，那么此概率将逼近 $1-1/e=0.63$，这就意味着每个自助样本只包含大约 63% 的训练集中的唯一样本。这就是需要构建不同分类器的原因。如果分类器的变化很大(也就是说，数据集中的微小改变，都会引起在预测中的很大变化)，则认为这种方法是不稳定的。对不稳定分类器使用 bagging 算法可以产生较优的分类器，并且其错误率较低。然而，一个较差分类器的平均化处理会产生更差的分类器。如果分类器是稳定的，也就是说，训练数据集中的变化只在分类器上引起很小的变化，那么 bagging 方法所带来的性能改善就很小。

Bagging 方法降低了基本分类器的差异，而其性能则取决于基本分类器的稳定性。在使用神经网络(见第 6 章)与分类树(见第 7 章)解决分类问题时，bagging 方法特别有用，因为这两种方法是不稳定的。如果基本分类器是稳定的(对于来自训练集的小扰动具有较强的鲁棒性)，则 bagging 方法可能无法获得性能的改善。对于分类树，一个消极的特点是单棵树所具有的简单可解释性不复存在。最近邻分类器是稳定的，因此即使 bagging 能改善其性能，改善程度也十分有限。

通过对线性分类器的研究，Skurichina(2001)指出，bagging 可能会对训练样本数取临界值时的分类器性能有所改善，但当分类器稳定时，bagging 通常不起作用。同样，对于样本数非常大的情况，在自助副本上构造的分类器是相似的，这时的组合便不再有何益处。

算法 8.1 适用于输出为类别预测的分类器。对于产生后验概率估计 $\hat{p}(\omega_j|\boldsymbol{x})$ 的分类器，则有两种方法可行。其一是基于 $\hat{p}(\omega_j|\boldsymbol{x})$ 的最大值进行类别决策，然后进行投票。其二是对所有自助副本上的后验概率求平均，得到 $\hat{p}_B(\omega_j|\boldsymbol{x})$，然后基于 $\hat{p}_B(\omega_j|\boldsymbol{x})$ 的最大值进行决策。Breiman(1996)在对 11 个数据集展开一系列的实验后指出，两种方法的错分率实质上是相同的。然而，bagging 方法对后验概率的估计看似比单一估计更准确一些。

### 8.4.10　boosting

boosting 是一种组合或“提升”弱分类器(参数通常是不准确的，且其性能较差)性能，以期获得较优分类器的方法。与 bagging 不同的是，该方法是一种确定性方法，它在前一次迭代结果的基础上，顺序地产生训练集和分类器。相比之下，bagging 随机地产生训练集，并行地产生分类器。

boosting 方法由 Freund and Schapire(1996)提出，该方法为训练集中的每个样本分配一个

权值，以反映该样本的重要性，然后用训练集及权值集构造分类器。使用权值集的方法有如下多种。

- 可以将这些权值用于分类器训练过程中，这样的分类器更偏向具有较高权值的样本。因此，分类器要能够处理训练样本上的权值。这时，通过对样本权值的调整，就能使分类器更关注那些难以分类的样本。
- 可以将这些权值用做抽样分布，以从原始数据集中采集样本。有些分类器可能不支持带权值的样本。在这种情况下，可以根据权值的分布对训练样本进行采样，得到训练样本子集，并在迭代的下一阶段使用子集中的样本训练分类器。

AdaBoost 是基本的 boosting 方法(自适应 boosting)(Freund and Schapire, 1996)。算法 8.2 给出了两类问题的基本 AdaBoost。起初，为所有样本配置权值 $w_i = 1/n$，并使用这些权值 $w_i$ 构造分类器 $\eta_t(\boldsymbol{x})$（这些权值似乎反映样本出现的概率）。增加错分样本的权值并减少被正确分类的样本权值。这样做的结果是，更高权值的样本对训练中的分类器影响更大，因此使分类器更关注错分样本，这些错分样本也就是那些最靠近决策边界的样本。这与支持向量机有相似之处(见第 6 章)。通过计算错分样本权值之和得到错误 $e_t$。这些错分样本靠因子 $(1-e_t)/e_t$ 获得提升，这就增加了错分样本的总权值(假设 $e_t<1/2$)。重复此过程直至生成一组分类器，然后用线性加权将这些分类器组合，其权系数的获得是训练过程的一部分工作。

**算法 8.2 AdaBoost 算法**

1. 初始化权值 $w_i = 1/n$, $i = 1, \cdots, n$。
2. 令 $t = 1, \cdots, T$, T 为 boosting 循环的次数。
   (a) 由带有权值 $w_i$, $i = 1, \cdots, n$ 的训练数据构造分类器 $\eta_t(\boldsymbol{x})$；
   (b) 计算 $e_t$, $e_t$ 为错分样本的权值 $w_i$ 之和；
   (c) 如果 $e_t > 0.5$ 或 $e_t = 0$，则终止程序，否则对错分样本，令 $w_i = w_i(1-e_t)/e_t$，并重新对权值进行标准化，使其和为 1。
3. 对于两类分类问题，$\eta_t(\boldsymbol{x}) = 1$ 表示 $\boldsymbol{x} \in \omega_1$，$\eta_t(\boldsymbol{x}) = -1$ 表示 $\boldsymbol{x} \in \omega_2$，建立分类器 $\eta_t$ 的加权和

$$\hat{\eta} = \sum_{t=1}^{T} \log\left(\frac{1-e_t}{e_t}\right)\eta_t(\boldsymbol{x})$$

并当 $\hat{\eta} > 0$ 时，把 $\boldsymbol{x}$ 归入 $\omega_1$ 类。

AdaBoost 算法的推广算法有多种，涉及的问题包括如何更新这些权重，如何对那些预测进行组合。一种推广是为分类器提供一种预测置信度测度。例如，在两类问题中，原本输出为 ±1（分别对应于两类中的类别），用区域 ±1 之间的一个数将其取代。取代后的输出符号是所预测的类别标签( -1 或 +1)，输出大小则表示置信度：靠近零表示低置信度，靠近 1 表示高置信度。

算法 8.3 是多类问题的推广算法 AdaBoost. MH 算法(Schapire and Singer, 1999)。该算法的基本思想是将大小为 $n$ 的训练集扩展到大小为 $n\times C$ 的训练集数据对：

$$((\boldsymbol{x}_i, 1), y_{i1}), ((\boldsymbol{x}_i, 2), y_{i2}), \cdots, ((\boldsymbol{x}_i, C), y_{iC}), \quad i = 1, \cdots, n$$

这样，每个训练样本被复制 $C$ 次并添加上相应的类别标签。样本$(\boldsymbol{x}, l)$的新类别标签取值为

$$y_{il} = \begin{cases} +1, & \text{当 } \boldsymbol{x}_i \in \omega_l \text{ 类} \\ -1, & \text{当 } \boldsymbol{x}_i \notin \omega_l \text{ 类} \end{cases} \tag{8.21}$$

训练分类器 $\boldsymbol{\eta}_t(\boldsymbol{x}, l)$，将各迭代阶段构造的分类器加权求和，形成最终的分类器 $\hat{\boldsymbol{\eta}}(\boldsymbol{x}, l)$，其决策为：若

$$\hat{\eta}(\boldsymbol{x}, j) \geqslant \hat{\eta}(\boldsymbol{x}, k), \quad k = 1, \cdots, C; k \neq j$$

则把 $\boldsymbol{x}$ 归入 $j$ 类。

---

**算法 8.3　AdaBoost. MH 算法**

训练数据为 $\{(\boldsymbol{x}_{ij}, y_{ij}), i = 1, \cdots, n; j = 1, \cdots, C\}$，其中 $\boldsymbol{x}_{ij} = (\boldsymbol{x}_i, j)$，$y_{ij}$ 由式(8.21)给出。

1. 初始化权值 $w_{ij} = 1/(nC)$，$i = 1, \cdots, n; j = 1, \cdots, C$。
2. 令 $t = 1, \cdots, T$，执行
   (a) 由带有权值 $w_{ij}$，$i = 1, \cdots, n; j = 1, \cdots, C$ 的训练数据构造"置信率"分类器 $\boldsymbol{\eta}_t(\boldsymbol{x}, l)$；
   (b) 计算 $r_t$

$$r_t = \sum_{i=1}^{n} \sum_{l=1}^{C} w_{il} y_{il} \eta_t(\boldsymbol{x}_i, l)$$

   及 $\alpha_t$：

$$\alpha_t = \frac{1}{2} \log \left( \frac{1 + r_t}{1 - r_t} \right)$$

   (c) 令 $w_{ij} = w_{ij} \exp(-\alpha_t y_{ij} \boldsymbol{\eta}_t(\boldsymbol{x}_i, j))$，并重新对权值进行标准化，使其和为 1。
3. 令

$$\hat{\eta}(\boldsymbol{x}, l) = \sum_{t=1}^{T} \alpha_t \eta_t(\boldsymbol{x}, l)$$

   若满足下式，则把 $\boldsymbol{x}$ 归入 $\omega_j$ 类：

$$\hat{\eta}(\boldsymbol{x}, j) \geqslant \hat{\eta}(\boldsymbol{x}, k), \quad k = 1, \cdots, C; k \neq j$$

---

应注意的是，分类器 $\boldsymbol{\eta}_t(\boldsymbol{x}, l)$ 定义在由连续实变量 $\boldsymbol{x}$ 和类型变量 $l$ 组成的混合型变量形成的数据空间上。在分类器设计过程中需要特别小心（见第 13 章关于混有离散变量和连续变量的分类器设计问题的深入讨论）。

Skurichina(2001)在对线性分类器的研究中指出，对于大规模的样本集，如果分类器性能很差，boosting 就特别有用。boosting 的性能取决于很多因素，包括训练集大小、分类器的选择、分类器权值的结合方式，以及数据的分布。

### 8.4.11　随机森林

随机森林(Random forests)①是一种决策树联合预测组合法，它使用多数投票的决策规则。其中，每棵决策树用数据集的自举样本构造。如果数据集中有 $n$ 个样本，则可替代性地采集 $n$ 个样本，生成大小为 $n$ 的自举集。这会导致用三分之二左右的样本训练分类器，其余三分之一（$n \to \infty$ 时为 $1/e$）的样本用于测试。

---

① Salford 系统商标，由 L. Breiman 和 A. Cutler 授权。

设有 $M$ 个特征, 用其中的 $m \ll M$ 个特征构造树, 此时, 树的节点特征随机选择, 用这 $m$ 个特征计算出树节点的最佳分割, 得到不经修剪的完全树。重复执行该过程, 用不同的自举样本生成森林中的所有树木。对数据集中未参与构建树的样本(1/3 左右)来讲, 它们的分类结果靠森林中树木的多数投票决定。可以发现, 这种方法是 bagging 算法与决策树分类器的一种结合。

算法 8.4 对这一方法进行了描述。

---

**算法 8.4 随机森林算法**

1. 给定训练集 $(\boldsymbol{x}_i, z_i)$, $i = 1, \cdots, n$, $\boldsymbol{x}_i$ 为样本, 其类别标签为 $z_i$。森林中的树木数指定为 $B$, 随机选择 $m$ 个特征。
2. 对于 $b = 1, \cdots, B$, 执行
   (a) 以可替代方式从训练集中采样, 生成一个大小为 $n$ 的自举样本集。其中, 一些样本会被复制, 而另一些样本则会被忽略。
   (b) 将自举样本作为训练数据, 设计决策树分类器 $\eta_b(\boldsymbol{x})$, 在树的每个节点上要考虑如何对随机选择的变量进行拆分。
   (c) 用分类器 $\eta_b(\boldsymbol{x})$ 对非自举样本("非袋中的"数据)进行分类。
3. 将 $\boldsymbol{x}_i$ 归入由分类器 $\eta_{b'}(\boldsymbol{x})$ 决定的最具代表性的类。其中, $b'$ 是指不包含 $\boldsymbol{x}_i$ 的自举样本。

---

通过在许多数据集上的应用, 已经证明, 随机森林的分类精度可以与目前最好的分类器相媲美。随机森林能够处理特征数量巨大的数据(如基因芯片数据)。可以通过计算每一特征的重要性评分, 来确定它们对于分类的重要性。

### 8.4.12 模型平均

#### 8.4.12.1 引言

本节通过模型平均法来讨论模型的不确定性(与参数不确定性形成对比)。假设希望用一组给定数据设计一个分类器, 并相信这些数据产生于一个数据模型, 这个数据模型属于模型集 $M_1, \cdots, M_k$, 而这个模型集产生于对数据的概率密度函数所做的不同假设。

模型选择是用数据从一组候选模型 $M_1, \cdots, M_k$ 中选出一个模型。模型平均(在分类问题上)是指先估计模型 $M_j$ 的归类结果(或对给定测量值的对象的类别概率), 再根据每个模型的似然函数对各估计值求平均。

很多分类方法忽略模型的不确定性, 从而导致其推断过于自信。而模型平均方法, 除了考虑模型参数值的不确定性(模型内的不确定性), 还考虑模型选择的不确定性(不确定哪个模型的性能最佳)(Gibbons et al., 2008)。贝叶斯模型平均(BMA)是一种特殊类型的组合方法, 它提供一种核算模型不确定性的机制。即以多模型为基础, 通过对一个感兴趣量的后验分布求平均来考虑模型的不确定性(用它们的后验概率模型加权)。

模型平均的一项主要任务是确定每个模型的权值。就预测问题而言, 可以用潜在模型的预测能力来确定最佳权值[后验模型概率, 见 Wasserman(2000), 其中关于如何得到权值展开了讨论; 也可见 Gibbons et al. (2008)]。在 Hoeting et al. (1999)的综述中也就如何实施 BMA 展开了讨论。

模型平均法的缺点是该方法通常要涉及一个数量级以上的变量(Brown et al., 2002), 而其

分模型可能仅涉及几个变量。如果获取变量的测量需要付出代价，或者如果需要对输出做出解释，这可能就是一个缺陷。

贝叶斯方法的缺陷是它要求对未知参数分布的先验信息做出假设。为此，Doppelhofer(2007)开发出另一种模型平均方法。

我们寻求一种能够解释模型不确定性的实施方法。在我们的案例中，这种不确定性是指可变选择方式下的变量选择。我们考虑一个线性判别分析的框架，也就是将具有不同特征子集的(线性判别)模型组合起来。

### 8.4.12.2 贝叶斯模型选择和模型平均

设 $Y$ 是某个感兴趣量，如在分类情况下，$Y$ 是根据特征 $x$ 的类别预测，并设对于训练集 $D$，存在一组候选模型 $M_1, \cdots, M_k$。

$Y$ 的后验分布为

$$p(Y|D) = \sum_{M_k \in \mathcal{A}} p(Y|D, M_k) p(M_k|D) \tag{8.22}$$

上式给出的是各模型预测的加权平均，权重等于每个模型的后验概率 $p(M_k \mid D)$，$\mathcal{A}$ 是一组可能的模型。

模型 $M_k$ 的后验概率为

$$p(M_k|D) = \frac{p(D|M_k)p(M_k)}{\sum\limits_{M_l \in \mathcal{A}} p(D|M_l)p(M_l)} \tag{8.23}$$

如果模型 $M_k$ 具有参数 $\theta_k$（在线性判别模型中将是参数向量），则可将模型 $M_k$ 的积分似然函数 $p(D \mid M_k)$ 写成

$$p(D|M_k) = \int p(D|\theta_k, M_k) p(\theta_k|M_k) \mathrm{d}\theta_k \tag{8.24}$$

上述的积分估计在计算上具有难度，因此我们来寻求其近似值，即用贝叶斯信息准则来近似(Raftery, 1995)：

$$p(D|M_k) \approx \widehat{m}_k$$

其中，

$$\log(\hat{m}_k) = \log\left(p(D|M_k, \hat{\theta}_k)\right) - \frac{d_k}{2}\log(n) \tag{8.25}$$

其中，$\hat{\theta}_k$ 是对模型 $M_k$ 的参数进行的极大似然估计，$d_k$ 是模型参数的个数，$n$ 数据样本的数量。当各模型被用到的可能性相同时，可以将模型 $M_k$ 的后验概率近似为

$$p(M_k|D) = \frac{\hat{m}_k}{\sum_{M_l \in \mathcal{A}} \hat{m}_l} \tag{8.26}$$

其中，$\hat{m}_k$ 用式(8.25)计算。将式(8.26)代入式(8.22)，再做如下进一步的近似：

$$p(Y|D, M_k) \approx p(Y|\hat{\theta}_k)$$

得到如下预测式：

$$p(Y|D) = \frac{\sum\limits_{M_k \in \mathcal{A}} p(Y|\hat{\theta}_k)\hat{m}_k}{\sum\limits_{M_k \in \mathcal{A}} \hat{m}_k} \tag{8.27}$$

图 8.13 列出了贝叶斯模型平均法的步骤，为此必须指定一组模型支撑求和运算。而在所有模型上做出全面的概括来计算式(8.27)可能是不切实际的。例如，在一组 logistic 判别分类器内，可以考虑使用所有可能的变量子集，但这会带来昂贵的计算代价。

1. 计算模型 $M_k$ 的极大似然参数 $\hat{\theta}_k$。
2. 根据式(8.25)计算该模型的近似积分似然函数 $\hat{m}_k$。
3. 用极大似然值估计各测试样本的预测结果 $p(Y \mid \hat{\theta}_k)$。
4. 根据式(8.27)计算基于所有模型的贝叶斯模型平均。

图 8.13 贝叶斯模型平均步骤

有几种方法可以应对这一问题。方法之一是使用"跨越式"算法(Volinsky, 1997)来确认求和中用到的模型。下述策略由 Madigan and Raftery(1994)提供。

### 8.4.12.3 模型选择和搜索策略的实现

确定模型集

当一个模型对数据的预测效果比最佳模型差得多时，便把这个模型丢弃。因此，如果模型不属于如下集合，则排除之：

$$\mathcal{A}' = \left\{ M_k : \frac{\max_l \{p(M_l|D)\}}{p(M_k|D)} \leqslant c \right\} \tag{8.28}$$

关于上式中的常数 $c$，Madigan and Raftery(1994)取值 20，当然其他的应用可能会取不同的值。

被从求和中排除的还有那些其子模型对数据的预测效果较好的模型(奥卡姆剃刀原理)。就子模型而言，当如下情形出现时，则认为模型 $M_0$ 是模型 $M_1$ 的一个子模型：

- 对于线性回归问题，用于描述模型 $M_0$ 的变量是模型 $M_1$ 变量的一个子集。
- 对于图形化模型问题，$M_0$ 的所有链接也属于 $M_1$。

于是，属于如下集合的模型被排除在外：

$$\mathcal{B} = \left\{ M_k : \exists M_l \in \mathcal{A}', M_l \subset M_k, \frac{p(M_l|D)}{p(M_k|D)} > 1 \right\} \tag{8.29}$$

因此，式(8.27)中的集合则为

$$\mathcal{A} = \mathcal{A}' \setminus \mathcal{B}$$

即属于 $\mathcal{A}'$ 但不属于 $\mathcal{B}$ 的那些模型的集合。接下来就是如何有效地找到集合 $\mathcal{A}$。

搜索模型空间

具体做法可按照以下方法展开：计算两个模型后验概率的比，其中一个模型是另一个模型的子模型。基本规则是，如果一个模型被拒绝，那么其所有子模型都被拒绝(因为子模型对数据的预测不会好于原模型)。这种对两种模型的比较都是在两模型后验概率比求对数的基础上展开的。

- 如果该比率大于阈值 $O_R$，即

$$\log\left(\frac{p(M_0|D)}{p(M_1|D)}\right) > O_R$$

则对较小模型 $M_0$ 提供了证据，拒绝 $M_1$。

- 如果该比率小于阈值 $O_L$，即

$$\log\left(\frac{p(M_0|D)}{p(M_1|D)}\right) < O_L$$

[其中，$O_L = -\log(c)$，$c$ 由式(8.28)给出]，则拒绝模型 $M_0$。
- 如果该比率介于上述两阈值之间，则将这两种模型均考虑在内。

关于 $O_L$ 和 $O_R$ 的取值，Madigan and Raftery(1994)的做法是 $O_L$ 取 $-\log(20)$，$O_R$ 取0，而面对不同的应用，人们还提出了其他取值方案。

在此，我们提出 Madigan and Raftery(1994)的 BGMS-down 算法和 BGMS-up 算法(见算法8.5和算法8.6)BMGS 代表 Bayesian Graphical Model Selection(贝叶斯图模型选择)。该方法开始于向下算法，所用模型被选为向上算法的初始候选模型集。令 $\mathcal{C}$ 表示初始模型集，$\mathcal{A}$ 表示可接受模型集(最初 $\mathcal{A} = \phi$ )。

---

**算法8.5 BGMS-down 算法(Madigan and Raftery，1994)**

1. 从 $\mathcal{C}$ 中选出一个模型 $M$。
2. 令 $\mathcal{C} = \mathcal{C}\backslash\{M\}$；$\mathcal{A} = \mathcal{A} \cup \{M\}$。
3. 选择 $M$ 的一个子模型 $M_0$。
4. 由下式计算比率 $B$：

$$B = \log\left(\frac{p(M_0|D)}{p(M|D)}\right)$$

5. 如果 $B > O_R$，则令 $A = A\backslash\{M\}$，并且如果 $M_0 \notin \mathcal{C}$，则令 $\mathcal{C} = \mathcal{C} \cup \{M_0\}$。
6. 如果 $O_L \leqslant B \leqslant O_R$，则如果 $M_0 \notin \mathcal{C}$，就令 $\mathcal{C} = \mathcal{C} \cup \{M_0\}$。
   (a)如果存在多个 $M$ 的子模型，就转到第3步。
7. 如果 $\mathcal{C} \neq \phi$，就转至第1步。

---

**算法8.6 BGMS-up 算法(Madigan 和 Raftery，1994)**

1. 从 $\mathcal{C}$ 中选出一个模型 $M$。
2. 令 $\mathcal{C} = \mathcal{C}\backslash\{M\}$；$\mathcal{A} = \mathcal{A} \cup \{M\}$。
3. 选择 $M$ 的一个超级模型 $M_1$；即 $M_1$ 是一个模型，$M$ 是 $M_1$ 的一个子模型。
4. 由下式计算比率 $L$：

$$L = \log\left(\frac{p(M|D)}{p(M_1|D)}\right)$$

5. 如果 $L < O_L$，则令 $A = A\backslash\{M\}$ (如果 $\{M\} \subset \mathcal{A}$)并且如果 $M_1 \notin \mathcal{C}$，则令 $\mathcal{C} = \mathcal{C} \cup \{M_1\}$。
6. 如果 $O_L \leqslant L \leqslant O_R$，则如果 $M_1 \notin \mathcal{C}$，就令 $\mathcal{C} = \mathcal{C} \cup \{M_1\}$。
7. 如果存在多个 $M$ 的子模型，则转到第3步。
8. 如果 $\mathcal{C} \neq \phi$，就转至第1步。

---

算法结束时，集合 $\mathcal{A}$ 便包含着潜在的可接受模型。接下来，通过这个集合，再执行一个过程，来排除那些不属于集合 $\mathcal{A}'$ 的模型或属于集合 $\mathcal{B}$ 的模型，这两个集合的定义式分别为式(8.28)和式(8.29)。

#### 8.4.12.4 指定先验概率

我们用式(8.23)给出的模型的后验概率来权衡对每个单一模型的预测。这需要在具有竞争性的模型上指定先验分布 $p(M_k)$。在下文的分析中，假设使用惯用做法，即各模型的先验概率相等，并取

$$p(M_k) = \frac{1}{C(\mathcal{A})}$$

其中，$C(\mathcal{A})$ 为集合 $\mathcal{A}$ 的基数。还有其他可替代方法。例如，每个模型 $M_k$ 由一组不同的变量定义，在变量的可选范围内，如果获知关于给定变量分类重要性的先验信息，则所包含的模型变量的先验概率大于未使用该变量的那些模型。例如，可能取(Hoeting et al., 1999)。

$$p(M_k) = \prod_{j=1}^{p} \pi_j^{\delta_{ij}} (1 - \pi_j)^{\delta_{ij}}$$

其中，$\pi_j \in [0, 1]$ 是先验概率，其变量 $j$ 对于分类是重要的；$\delta_{ij}$ 指示变量 $j$ 是否被模型 $M_k$ 所包含。$\pi_j = 0.5$ 对应于取一致性先验概率；$\pi_j = 1$ 意味着变量 $j$ 包含于所有被选中模型中[如果变量 $j$ 不出现，则 $p(M_k) = 0$]。

#### 8.4.12.5 BMA 用于分类

对于二类分类问题，测试集样本响应变量 $Y$ 的取值或者为0，或者为1。对于给定的训练集，$Y = 1$ 的后验概率为分量分类器的加权和：

$$p(Y = 1|D) = \frac{\sum_{M_k \in \mathcal{A}} P(Y = 1|\hat{\theta}_k)\hat{m}_k}{\sum_{M_l \in \mathcal{A}} \hat{m}_k}$$

其中，$\hat{m}_k$ 通过式(8.25)算得。

更一般地，对于 $C$ 类问题，需要对所有模型求类后验概率的总和。

#### 8.4.12.6 BMA 用于特征选择

对于一个给定的模型类型(如 logistic 回归)，构造其模型族时，要用到所有可能的输入变量组合。因此，高级模型可以通过为一个给定模型增加一个额外变量构建而成。

在对测试数据分类时，我们想知道哪些变量有助于分类。每个分类器会使用不同的变量组合，我们可以计算这个模型用到的变量 $i$ 的后验概率，计算相关的分类器。

$$p(\text{关联到变量 } i \mid D) = \frac{\sum_{M_k \in \mathcal{A}_i} \hat{m}_k}{\sum_{M_l \in \mathcal{A}} \hat{m}_l}$$

其中，$\mathcal{A}_i$ 是用到变量 $i$ 的最终模型集的子集。

#### 8.4.12.7 讨论

BMA 不算是模型组合方法，是一种假设数据产生于一个模型的前提下，处理模型不确定性的方法。它对不同预测模型求平均，其中每个模型是基于模型参数的极大似然估计。每个模型的权值是该模型的后验概率。因此，这种方法的实施需要一个由极大似然法提供参数估计的预测模型。并非所有分类器都是这种类型。

### 8.4.13 方法小结

根据8.2节的分类法，将本节所讨论的组合规则及其性质列于表8.2中。关于此类问题的更进一步的讨论可见Jain et al.(2000)及Sewell(2011)。

表8.2 分类器组合方法总结

| 方法 | 特征空间 | 层 | 训练 | 形式 | 体系结构 | 优化方法 | 注释 |
|---|---|---|---|---|---|---|---|
| 乘积规则 | 不同C1 | 特征层L2 | 固定R1 | 共同F1 | 并行T1 | 成分分类O2 | 可能有不同的形式，选择共同的特征，不同(独立)的数据实现，仅训练成分分类器 |
| 求和规则 | 不同C1 | 特征层L2 | 固定R1 | 共同F1 | 并行T1 | 成分分类O2 | |
| 最大,最小,中值法 | 不同C1 | 特征层L2 | 固定R1 | 共同F1 | 并行T1 | 成分分类O2 | |
| 多数表决 | 不同C1 | 决策层L3 | 固定R1 | 共同F1 | 并行T1 | 成分分类O2 | |
| Borda计数 | 不同C1 | 决策层L3 | 固定R1 | 共同F1 | 并行T1 | 成分分类O2 | |
| 组合类预测 | 公共 | 决策/特征层 | 可训练R2 | 共同F1 | 并行T1 | 组合+成分分类O3 | |
| 堆叠泛化 | 公共 | 决策/特征层 | 可训练R2 | 共同F1 | 并行T1 | 组合+成分分类O3 | |
| 混合专家 | 公共 | 特征层 | 可训练R2 | 不同 | 并行T1 | 组合+成分分类O3 | |
| bagging | 公共 | 决策层 | 固定 | 共同F1 | 并行T1 | 成分分类O2 | 固定组合 |
| boosting | 公共 | 特征层 | 可训练 | 共同F1 | 串行 | 成分分类O2 | |
| 随机森林 | 公共 | | | | | | |
| 模型平均 | 不同 | 特征层 | 可训练(加权和) | 共同F1(如logistic) | 并行T1 | 组合+成分分类O3 | |

### 8.4.14 应用研究举例

问题

这项研究(Yeung et al., 2005)要解决的问题是选择少量的相关基因，实现对基因芯片的准确分类，这对诊断实验研究至关重要。用基因芯片数据进行分类的一个挑战是：基因(即特征数)的数通常大于样本数。

摘要

Yeung et al.(2005)通过对传统BMA方法(Raftery, 1995)的修改，研发出一种用于选择基因芯片数据特征的BMA方法。特征选择方法将在第10章详细讨论。少量的相关基因对于开发廉价的测试至关重要。他们发现BMA算法一般比目前的最佳特选择方法所选的特征要少，且具有便于生物学解释的优势。

数据

考虑使用3个数据集。乳腺癌预后数据集(两类数据集)由与cDNA(补充DNA)混合的原发性乳腺肿瘤样本组成。其中，基因24 481个，样本97个(78个位于训练集，19个位于测试集)。显然，特征数远大于样本数。将这些样本分成两组：良好预后组(这些病人至少5年未患疾病)和预后不良组(这些病人5年内患有继发性肿瘤转移)。数据预处理后，在4919个基因上由95个样本(76个训练样本和19个测试样本)组成训练集。

白血病数据集包括72个样本，其中38个样本位于训练集，34个样本位于测试集，每个样本由3051(滤波后)个基因构成。将样本分成两类：患有急性淋巴细胞性白血病(ALL)的病人和患有急性骨髓性白血病(AML)的病人。ALL类样本可以进一步细分为两个ALL子类型。因此，这些数据可以分成两个类或者三个类。

遗传性乳腺癌数据集包含3226个基因来自三类中的22个样本。

模型

BMA二类分类算法用于乳腺癌及两类白血病数据集。多类迭代BMA算法用于三类白血病数据集。Yeung et al. (2005)使用一个logistic回归模型预测$P(Y=1 \mid D, M_k)$，使得

$$\ln[P(Y=1|D, M_k)/P(Y=0|D, M_k)] = \sum_{i=0}^{p} b_i x_i$$

对于多类基因芯片数据，需要将多个二元logistic回归模型组合起来。

训练过程

Yeung et al. (2005)使用Raftery(1995)的BMA方法，利用式(8.23)计算$p(M_k \mid D)$，用贝叶斯信息标准近似$p(D \mid M_k)$［见式(8.25)］。在遗传乳腺癌数据集上训练模型，其中使用留一法进行交叉验证。

结果

对乳腺癌预后数据集，在测试集上使用6个选定的基因，共出现3个分类错误。对白血病数据集，在测试集上使用15个选定的基因，共出现1个分类错误。对遗传乳腺癌数据集，使用13~15个基因，共出现6个分类错误(22个输出)(其数值的变化是交叉验证法所致)。

### 8.4.15 拓展研究

关于分类器组合方法，即使它们是基本的，不可训练的，也都是活跃的研究与评价主题。例如，Kittler and Alkoot(2001)和Saranli and Demirekler(2001)对固定(求和、投票和分级)规则性质进行了更深入的讨论。

Smyth and Wolpert(1999)给出了对密度估计进行叠加的研究进展。叠加神经网络模型的进一步应用则由Sridhar et al. (1999)给出。

Jordan and Jacobs(1994)将基本混合专家模型扩展到树形结构，并称之为“分层混合专家”。这种结构利用选通网络，形成对专家网络非重叠集合的组合。这些选通网络的输出本身再分组，然后用于更深层的选通网络。

Breiman(1998)将boosting分成“自适应重复采样和组合”或arcing算法。引入对分类器偏差和方差$C$的定义，并证明

$$e_E = e_B + \text{Bias}(C) + \text{Variance}(C)$$

其中，$e_E$与$e_B$分别是期望错误率与贝叶斯错误率(见第9章)。不稳定的分类器在大范围的数据集上具有很低的偏差及很高的方差。多模型的组合可以显著降低方差。

Sicard et al. (2008)介绍了如何基于BMA方法，在标称矢量数据上训练分类器。Schomaker et al. (2010)和Hjort and Claeskens(2003)提出一种如何计算加权平均模型中权重的方法(例如，平均频率模型)。组合BMA是一个用于BMA的R软件包(Fraley et al., 2009)。

用于分类的贝叶斯模型组合(BMC，不是BMA)方法是由Ghahramani and Kim(2003)提出的。对于很多分类器，不一定能定义它的似然性(例如规则归纳方法)，BMC不假定分类器都是概率性的，分类器甚至可能是人类专家。

## 8.5　应用研究

对于多分类器系统的研究，一个主要的推动性应用是使用大量不同类型传感器的目标检测与目标追踪。由此发展起来的多种方法应用在高度理想化场景中，通常缺乏对实际情况的考虑，如非同步测量、在传感器与融合中心之间信道上的数据率与带宽约束。尽管如此，数据融合文献中介绍的方法还是会关系到其他实际问题。应用实例包括如下几方面。

- 生物医学数据融合。包括冠状动脉监护及用于食道检测的超声波图像分割等多种应用(Dawant and Garbay，1999)。
- 机载目标识别(Raju and Sarma，1991)。

本章讨论的分类器组合方法的应用实例包括如下几方面。

- 生物测量学。在决策融合的应用中，Chatzis et al. (1999)将基于图像与声音特征的5种身份验证方法的输出进行组合。Kittler et al. (1997)评价了用于身份验证的多观测值融合(见图8.6)方法。在书写校验的应用中，Zois and Anastassopoulos(2001)用Bahadur-Lazarsfeld展开式建立相关的决策模型。在指纹验证的应用中，Prabhakar and Jain (2002)用基于核函数的密度估计方法(见第4章)对成员分类器输出的分布进行建模，这里假设每个成员分类器都能给出属于两类中某一类的置信度测量值。
- 化学过程建模。在工艺流程建模应用中，Sridhar et al. (1996)提出一种用于叠加神经网络的方法。
- 遥感技术。在通过遥感数据用决策树对土地覆盖情况进行分类的问题中，Friedl et al. (1999)对boosting方法进行了评价，也见Chan et al. (2001)。在相似的应用中，Giacinto et al. (2000)评价了用于5种神经网络和统计分类器的组合方法。
- 视频检索。Benmokhtar and Huet(2006)用一种分类器融合(融合分类器的输出)方法进行基于语义的视频内容自动检索(检索和搜索多媒体数据库)。
- 蛋白质结构预测。Melvin et al. (2008)在一项研究中将不同类型的分类器(最近邻和支持向量机)组合起来，以通过氨基酸序列或氨基酸结构来预测蛋白质的结构。

BMA方法已运用于多种应用中，包括金融领域(Magnus et al.，2010；Ouysse and Kohn，2010)，天气预测(Berrocal et al.，2007；Sloughter et al.，2007；Bao et al.，2010；Fraley et al.，2010)，政治学(Montgomery and Nyhan，2010)，基因芯片数据分类(Yeung et al.，2005；Annest et al.，2009；Abeel et al.，2010)和生态问题(Prost et al.，2008)。

## 8.6　总结和讨论

把多个分类器的预测结果组合起来，而不是选择最佳分类器，就能够获得分类性能的改善。对此的实际推动性问题是存在的(如分布式数据融合问题)，许多规则与方法已经提出并被评价。这些方法在以下几方面有所不同：被应用于不同的处理层(原始“传感器”数据层、特征层、决策层)；它们可能是可训练的或固定不变的；成员分类器可以是相似的(例如都是决策树)，也可以具有不同的形式并独立产生；其结构可以是串联的或并联的；最后，可以单独优化组合分类器，也可以将组合分类器与成员分类器联合优化。

对若干个分类器的结果进行组合，可以获得优于单个分类器的性能。在某种程度上，对此领域的研究有些家庭手工业的味道，许多特别技术被提出并得到了评价。对单纯方法学的推动常常是非常微弱的。另一方面，对有些研究工作的推动往往来自实际问题，如分布式检测问题与使用不同识别系统的身份验证问题。在这些应用中，成员分类器通常固定不变，要做的是寻找它们的最优组合。实际上不存在普遍最优的组合分类器，一些简单方法，如和式规则、乘积规则及中值规则可以达到良好的工作效果。

同时，构造成员分类器与组合规则的方法更受关注。不稳定分类方法(这种分类方法在训练集或构造方法上的很小扰动会导致预测中的巨大变化，例如决策树)可以通过组合多种类型的分类器改善其准确性。bagging 与 boosting 就属于此类方法。bagging 重复地搅浑训练集，并通过简单的投票规则对分类器进行组合；boosting 则重新赋予错分样本的权值并由加权投票规则对分类器进行组合。不稳定分类器，如决策树，可能具有很高的方差，这可以通过 bagging 与 boosting 将其方差降低。然而，boosting 可能会增加稳定分类器的方差并产生相反的结果。

模型平均方法(例如 BMA)提供了处理模型不确定性和参数不确定性的解决办法。

## 8.7 建议

1. 如果需要对已规定的分类器进行组合，而且这些分类器定义在相同的输入上，那么从和式规则开始做比较好。
2. 对于在相互独立特征上定义的分类器，一开始使用乘积规则比较简单，且不需要训练。
3. 推荐使用 boosting 和 bagging 方法来改善不稳定分类器的性能。

## 8.8 提示及参考文献

有大量的文献讨论分类器组合的问题。开创此问题良好开端的包括 Jain et al. (2000) 的关于统计模式识别的综述、Tulyakov et al. (2008) 和著作 Kuncheva(2004a)。Kittler et al. (1998) 讨论了用于某些固定组合规则的通用理论框架。

在国防与航天领域中，数据融合受到了极大关注，特别是使用多分布式源的目标检测与目标追踪(Waltz and Llinas, 1990; Dasarathy, 1994b; Varshney, 1997)，并在运行性能的鲁棒性、模糊度的减少、检测率的改善与系统可靠性的提高上受益(Harris et al., 1997)。

Wolpert(1992)提出了基于叠加的方法。Jacobs et al. (1991)提出了混合专家模型，也见 Jordan and Jacobs(1994)。Sharkey(1999)评论了组合神经网络模型。

bagging 方法由 Breiman(1996)提出。用于线性分类器的 bagging 与 boosting 的综合性实验由 Skurichina(2001)提出。Schapire(1990)介绍了第一个可证明的多项式时间 boosting 算法。Freund and Schapire(1996, 1999)引入了 Adaboost 算法。Schapire and Singer(1999)给出了基本算法的改进。bagging 与 boosting 的经验性比较则由 Bauer and Kohavi(1999)给出。boosting 方法的统计观点由 Friedman et al. (1998)给出。

Raftery(1995)精彩地介绍了贝叶斯模型平均；读者还可参阅 Hoeting et al. (1999)给出的教程、关于该论文的评论以及 Wasserman(2000)的综述。

随机森林是 Leo Breiman(Breiman, 2001)和 Adele Cutler 的商标，仅 Salford Systems 得到了使用许可。随机森林软件由 Salford Systems 销售，同时有一些开放源代码可用。

## 习题

1. 在 8.4.10 节，给出了 boosting 算法第二步的条件 $e_t > 0.5$，试说明此条件的含义。
2. 设计一个评估 boosting 法的实验。考虑使用怎样的分类器并将怎样的数据集用于评估。带有权值的样本是如何被结合到分类器设计中的？如何估计其性能的广义性？完成此实验并对结果进行说明。
3. 如上述做法，不过作为改善分类器性能的一种方法，评价 bagging 方法。
4. 对后验概率用表达式(8.10)表达关于先验概率与 $\delta_{ki}$ 的乘积规则。假设 $\delta_{ki} << 1$，证明：可以根据 $\delta_{ki}$ 之和表示该决策规则(在一定的假设条件下)。说明你的假设。最后，用式(8.10)推导式(8.11)。
5. 给定由 $L$ 个检测器得到的测量值 $\boldsymbol{u} = (u_1, \cdots, u_L)$，虚警率为 $pfa_i$，检出率为 $pd_i$，$i = 1, \cdots, L$。证明(假设独立且代价损失矩阵相等)

$$\log\left(\frac{p(\omega_1|\boldsymbol{u})}{p(\omega_2|\boldsymbol{u})}\right) = \log\left(\frac{p(\omega_1)}{p(\omega_2)}\right) + \sum_{S_+}\log\left(\frac{pd_i}{pfa_i}\right) + \sum_{S_-}\log\left(\frac{1-pd_i}{1-pfa_i}\right)$$

其中，$S_+$ 是那些使 $u_i = +1$(声明目标出现的为 $\omega_1$ 类)的所有检测器组成的集合，$S_-$ 是那些使 $u_i = 0$(声明目标未出现的为 $\omega_2$ 类)的所有探测器组成的集合。于是，数据融合规则表示为[见式(8.12)]

$$u_0 = \begin{cases} 1, & a_0 + \boldsymbol{a}^{\mathrm{T}}\boldsymbol{u} > 0 \\ 0, & \text{其他} \end{cases}$$

试确定 $a_0$ 和 $\boldsymbol{a}$。
6. 写一个计算机程序，该程序使用决策规则式(8.4)产生用于 $L$ 个传感器融合问题($L$ 个传感器的虚警率为 $pfa_i$，检出率为 $pd_i$，$i = 1, \cdots, L$)的 ROC 曲线。
7. 使用 Bahadur-Lazarsfeld 展开式，根据如下条件相关系数推导贝叶斯决策规则，其中 $i = 1, 2$。

$$\gamma^i_{ij\cdots L} = \mathrm{E}_i[z_i z_j \cdots z_L] = \int z_i z_j \ldots z_L p(\boldsymbol{u}|\omega_i)\mathrm{d}\boldsymbol{u}$$

8. 从 $N$ 中取 $k$ 个决策规则。令 $p(\omega_1)$ 为目标出现的先验概率，$p(\omega_2)[= 1 - p(\omega_1)]$ 是目标不出现的概率。$p$ 为检测到已出现的给定目标的概率(检出率)，$q$ 是错误地检测到未出现的给定目标的概率(虚警率)。使 $N$ 个类似的检测器独立运行，记下目标出现时至少 $k$ 个探测器报警的概率。证明：如果所有的 $N$ 个检测器均报警，则目标出现的概率是

$$\frac{p(\omega_1)}{p(\omega_1) + p(\omega_2)\left(\dfrac{q}{p}\right)^N}$$

# 第9章 性能评价

对分类器的性能进行评价是模式识别过程的重要环节。一般包括分类器的性能如何、该方法与其他分类方法相比有什么益处、运用多个分类器的组合能否达到性能的改善等问题。错误率是使用最广泛的性能测量标准，但它有一些缺点。目前，人们已提出一些替代方法，如使用受试者工作特性(ROC)进行性能评估。

## 9.1 引言

模式识别过程(见第1章)以数据采集开始，通过数据的预处理进行初始数据分析，然后涉及分类规则。第2章到第7章讨论了用于设计分类规则的方法，讨论内容从密度估计开始，到直接构造可解释性判别规则。本章将提及分类器分类性能的测度问题。

正如通常所做的那样，性能评价实际上应该是分类器设计的一个部分，而不是作为单独的方面来考虑的。一个复杂的设计步骤之后常常紧接着一个复杂度小得多的评估步骤，这可能产生劣质规则。对分类器来讲，设计准则与评价准则往往不同，适用于分类器运行条件的工作指标也不同。例如，在构造判别规则的过程中，通过选取规则的参数以达到优化平方误差准则的目的，但在评价该规则时却使用不同的性能测度，比如错误率。

与性能有关的一个方面是在相同数据集上对多个分类器的性能进行比较。在实际应用中，这需要实现多个分类器，并根据各分类器的错误率或计算效率选出最佳分类器。在9.3节将谈到对分类器性能的比较。

## 9.2 性能评价

分类规则的性能包括三个方面。第一是规则的判别能力(对未知数据的分类效果如何)，这时我们集中考虑错误率这一种具体方法。第二是规则的可靠性。这是对类成员后验概率的估计效果的度量。最后，对于两类规则，将受试者工作特性(ROC)作为性能指示器。

### 9.2.1 性能测度

许多性能指标可以借助一种混淆矩阵计算出来。表9.1给出的是一个两类(阳性和阴性)问题的2×2阶分类器混淆矩阵。它展现的是对两个类的正确预测数和错误预测数。真阳性($TP$)是分类器对属于正类的样本正确地预测为正类的数量。假阳性($FP$)是分类器对属于负类的样本错误地预测为阳性类的数量。表9.2列出了源自混淆矩阵的一些常见的性能指标，其中很多指标可以扩展到多类问题(Sing et al., 2007)。

表9.1 2×2阶混淆矩阵

| | | 真实类 | |
|---|---|---|---|
| | | 正类 | 负类 |
| 预测类 | 阳性 | 真阳性($TP$) | 假阳性($FP$) |
| | 阴性 | 假阴性($FN$) | 真阴性($TN$) |

**表 9.2 源自 2×2 阶混淆矩阵性能测度，$P=TP+FN$；$N=FP+TN$**

| | | | |
|---|---|---|---|
| 准确性($Acc$) | $\frac{TP+TN}{P+N}$ | 精确度($Prec$) | $\frac{TP}{TP+FP}$ |
| 错误率($E$) | $1-Acc$ | 召回率($Rec$，等同于 $tpr$) | $\frac{TP}{P}$ |
| 假阳性率($fpr$) | $\frac{FP}{N}$ | 敏感性($Sens$，等同于 $tpr$) | $\frac{TP}{P}$ |
| 误报率(与 $fpr$ 相同) | $\frac{FP}{N}$ | 特异性($Spec$) | $\frac{TN}{N}$ |
| 真阳性率($tpr$) | $\frac{TP}{P}$ | F 测度 | $\frac{2}{\frac{1}{Prec}+\frac{1}{Rec}}$ |

## 9.2.2 判别力

对判别力的度量方法有多种(Hand，1997)，最常用的是分类规则的错分率或错误率。通常很难获得错误率的解析表示，因此必须根据可用的数据进行估计。关于错误率估计的文献非常多，错误率的缺点是，它只是对性能的单纯度量，对所有正确分类都进行相同的处理，对所有的错误分类采用相同的权值(与一个 0/1 函数相对应，见第 1 章)。除了计算错误率之外，也可以计算混乱矩阵(或者称为错分矩阵)。该矩阵的第$(i, j)$个元素表示由规则将 $\omega_j$ 类的样本分到 $\omega_i$ 类的数量。这对于鉴别错误率是如何被分解的很有用。关于错误率文献的完整评论本身就值得写一部书，这已超出了本书的范围。在此，只限于对较通用类型的错误率估计量进行讨论。

首先引入一些记号。将训练数据表示为 $\boldsymbol{Y}=\{\boldsymbol{y}_i, i=1, \cdots, n\}$，$\boldsymbol{y}_i$由两部分组成，$\boldsymbol{y}_i^{\mathrm{T}}=(\boldsymbol{x}_i^{\mathrm{T}}, \boldsymbol{z}_i^{\mathrm{T}})$，其中$\{\boldsymbol{x}_i, i=1, \cdots, n\}$为测量值，而$\{\boldsymbol{z}_i, i=1, \cdots, n\}$是相应的类别标签，编码方式为：当$\boldsymbol{x}_i \in \omega_j$时，$(\boldsymbol{z}_i)_j=1$，否则为零。令$\omega(\boldsymbol{z}_i)$为相应的绝对类别标签。令使用训练数据设计的决策规则为$\boldsymbol{\eta}(\boldsymbol{x};\boldsymbol{Y})$，即 $\boldsymbol{\eta}$ 是用 $\boldsymbol{Y}$ 设计的分类器将 $x$ 归入的类，并令 $Q(\omega(\boldsymbol{z}), \boldsymbol{\eta}(\boldsymbol{x};\boldsymbol{Y}))$ 为损失函数

$$Q(\omega(\boldsymbol{z}), \boldsymbol{\eta}(\boldsymbol{x};\boldsymbol{Y}))=\begin{cases}0, & \text{当}\ \omega(\boldsymbol{z})=\boldsymbol{\eta}(\boldsymbol{x};Y)\ (\text{正确分类}) \\ 1, & \text{其他}\end{cases}$$

视在错误率(apparent error rate)

视在错误率 $e_A$，又称为重替代率，是使用设计集样本估计的错误率

$$e_A=\frac{1}{n}\sum_{i=1}^{n} Q(\omega(\boldsymbol{z}_i), \eta(\boldsymbol{x}_i;\boldsymbol{Y}))$$

严格地讲，视在错误率严重偏于乐观，特别是复杂分类器和小数据集具有对数据的过度拟合(分类器对数据上的噪声建模，而不是对数据的结构建模)危险时。增加训练样本的数量可以减少这种偏差。

真实错误率

分类器的真实错误率(也称实际错误率或条件错误率)$e_T$，是对一个随机选取的样本错误分类的期望概率。这是在抽取到的无穷大测试集上的错误率，该测试集与训练集同分布。

期望错误率

期望错误率 $e_E$是真实错误率在大小给定的训练集上的期望值 $e_E=\mathrm{E}[e_T]$。

贝叶斯错误率

贝叶斯错误率又称为最优错误率 $e_B$，是真实错误率理论上的最小值，当分类器产生类别成员真实的后验概率 $p(\omega_i \mid \boldsymbol{x})$, $i = 1, \cdots, C$ 时，该错误率的值为真实错误率。

### 9.2.2.1 Holdout 估计

Holdout 方法把数据分成互不相容的两个集合，有时候称为训练集与测试集。使用训练集设计分类器，并在独立的测试集上估算分类器的性能。该方法没有充分利用数据(只使用数据的一部分来训练分类器)，由此得到偏于悲观的错误估计(Devijver and Kittler，1982)。然而，给定一组 $n$ 个独立的测试样本，这些样本取自与训练数据相同的分布，获得真实错误率上的置信界限是可能的。若真实错误率为 $e_T$，样本集中有 $k$ 个样本被错误分类，那么 $k$ 为二项分布

$$p(k|e_T, n) = \text{Bi}(k|e_T, n) \triangleq \binom{n}{k} e_T^k (1 - e_T)^{(n-k)} \tag{9.1}$$

上述表达式给出了在真实错误率为 $e_T$ 的条件下，$n$ 个独立测试集样本中的 $k$ 个样本被错分的概率。在给定错误样本个数的前提下，可以用贝叶斯定理将真实错误率的密度记为

$$p(e_T|k, n) = \frac{p(k|e_T, n)p(e_T, n)}{\displaystyle\int p(k|e_T, n)p(e_T, n)\mathrm{d}e_T}$$

假设 $p(e_T, n)$ 不随 $e_T$ 变化，且 $p(k \mid e_T, n)$ 为二项分布，可得到 $e_T$ 的 $\beta$ 分布

$$p(e_T|k, n) = \text{Be}(e_T|k+1, n-k+1) \triangleq \frac{e_T^k(1-e_T)^{n-k}}{\displaystyle\int e_T^k(1-e_T)^{n-k}\mathrm{d}e_T}$$

其中，$\text{Be}(x \mid \alpha, \beta) = [\Gamma(\alpha+\beta)/(\Gamma(\alpha)\Gamma(\beta))]x^{\alpha-1}(1-x)^{\beta-1}$。上述后验密度给出了给定测试错误下所能训练到的知识的完整描述。还可以用多种方法来概括，其一是计算真实错误的上限和下限(百分点)。对于给定的 $\alpha$ 值(例如 0.05)，存在许多区间，区间内 $e_T$ 具有概率 $1-\alpha$。这些区间称为 $1-\alpha$ 置信区间，或称为贝叶斯置信区间(O' Hagan，1994)。在这些区间内，最高后验概率密度(HPD)置信区间具有以下附加属性：区间内的每一点都比区间外任意点的概率高，这也是最短的 $1-\alpha$ 置信区间，用区间 $E_\alpha$ 表示：

$$E_\alpha = \{e_T : p(e_T|k, n) \geqslant c\}$$

选取 $c$，使

$$\int_{E_\alpha} p(e_T|k, n) de_T = 1 - \alpha \tag{9.2}$$

对于多峰密度，$E_\alpha$ 可能是不连续的。然而，如果呈 $\beta$ 分布，则 $E_\alpha$ 为单区域，其上限和下限分别是 $\epsilon_1(\alpha)$ 和 $\epsilon_2(\alpha)$ (两者都是 $k$ 和 $n$ 的函数)，并满足

$$0 \leqslant \epsilon_1(\alpha) < \epsilon_2(\alpha) \leqslant 1$$

图 9.1 示出了多个 $n$ 值的错误测试函数的贝叶斯置信区间，其中 $n$ 是测试集的样本数，$\alpha$ 的取值为 0.05，即 95% 置信区间的界限。例如，20 个测试样本中的 4 个样本被错分，$(1-\alpha)$ 置信区间( $\alpha = 0.05$ )为[0.069，0.399]。

图 9.2 画出了测试样本数与 95% HPD 可信区间的最大长度的函数关系(测试集上的错误)。例如，从图中可以看到，要确保 HPD 区间小于 0.1，测试集样本必须大于 350。

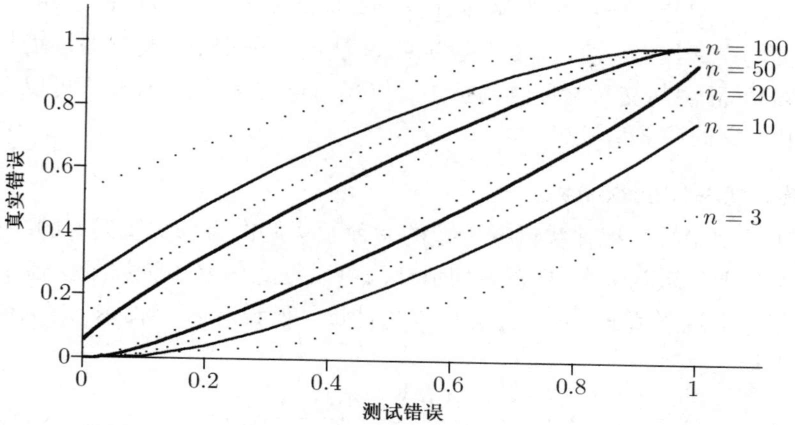


图9.1 HPD置信区间极限作为不同 $n$ 值下的测试误差(测试集上的错分数)的函数，其中，$n$ 为测试样本数，$\alpha=0.05$(即95%置信区间极限)，从底部开始，各极限对应于 $n=3,10,20,50,100,100,50,20,10,3$

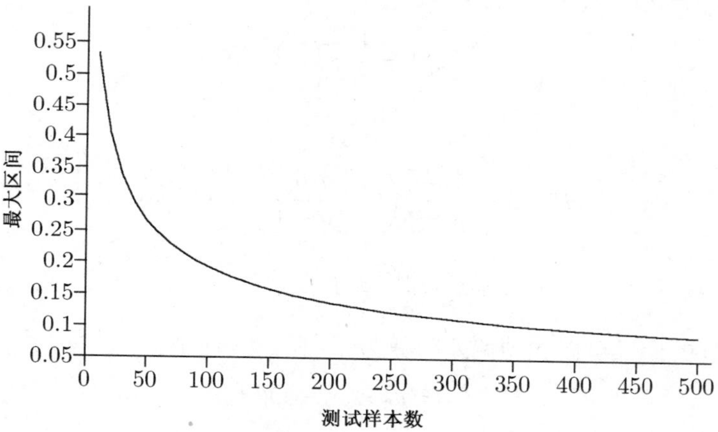


图9.2 95% HPD最大置信区间与测试样本数之间的函数关系

#### 9.2.2.2 交叉验证

交叉验证(也称为 $U$ 法、留一估计或者消去估计)使用设计集中的 $n-1$ 个样本进行训练，在剩下的一个样本上进行测试，以此计算错误率，并对大小为 $n-1$ 的所有 $n$ 个子集重复进行。由于需要设计 $n$ 个分类器，当 $n$ 很大时，计算量将十分可观。然而，尽管要以增加估计量方差为代价，该方法却是接近无偏的。用 $\boldsymbol{Y}_j$ 表示去掉观察值 $\boldsymbol{x}_j$ 后的训练集，得到交叉验证错误如下：

$$e_{cv}=\frac{1}{n}\sum_{j=1}^{n}Q(\omega(\boldsymbol{z}_j),\eta(\boldsymbol{x}_j,\boldsymbol{Y}_j))$$

交叉验证法的缺点之一是可能涉及庞大的计算量。然而，对于基于多元正态假设的判别规则，Sherman-Morisson 公式(Fukunaga and Kessell, 1971; McLachlan, 1992a)可以使该协方差矩阵获得高效计算，借助该公式可以使那些附加的计算量显著减少：即对于矩阵 $\boldsymbol{A}$ 与向量 $\boldsymbol{u}$，有

$$(\boldsymbol{A}+\boldsymbol{u}\boldsymbol{u}^{\mathrm{T}})^{-1}=\boldsymbol{A}^{-1}-\frac{\boldsymbol{A}^{-1}\boldsymbol{u}\boldsymbol{u}^{\mathrm{T}}\boldsymbol{A}^{-1}}{1+\boldsymbol{u}^{\mathrm{T}}\boldsymbol{A}^{-1}\boldsymbol{u}} \tag{9.3}$$

旋转法(rotation method)又称为 $v$ 重交叉验证，把训练集划分成 $v$ 个子集，在 $v-1$ 个子集上训

练，在剩下的子集上测试。上述过程循环进行，同时每个子集均被保留。显然，当 $v = n$ 时，旋转法就是标准的交叉校验，而 $v = 2$ 则是 holdout 法的一种变形，此时训练集与测试集相互交换。该方法是 holdout 法与交叉验证法的折中，与 holdout 法相比，该方法可以减少偏差，而与交叉验证法相比，它的计算量较少。

#### 9.2.2.3 折叠刀切法(Jackknife)

折叠刀切法是用于减少视在错误率偏差的一种方法。作为真实错误率的一种估计，$n$ 个样本的视在错误率偏差阶数为 $n^{-1}$。折叠刀切估计法可以把此偏差的阶数减少到 $n^{-2}$。

令 $t_n$ 是基于 $n$ 个观测值 $\boldsymbol{x}_1, \cdots, \boldsymbol{x}_n$ 的样本统计量。假设有 $m$ 个样本，当 $m$ 很大时，该统计量的期望取以下形式：

$$\mathrm{E}[t_m] = \theta + \frac{a_1(\theta)}{m} + \frac{a_2(\theta)}{m^2} + \mathcal{O}(m^{-3}) \tag{9.4}$$

其中，$\theta$ 是期望的渐近值，$a_1$ 和 $a_2$ 与 $m$ 无关。再令 $t_n^{(j)}$ 表示基于观测值(除 $\boldsymbol{x}_j$ 外)的统计量。最后，记 $t_n^{(\cdot)}$ 为 $t_n^{(j)}$，$j = 1, \cdots, n$ 的均值：

$$t_n^{(.)} = \frac{1}{n}\sum_{j=1}^{n} t_n^{(j)}$$

那么

$$\begin{aligned} E[t_n^{(.)}] &= \frac{1}{n}\sum_{j=1}^{n}\left(\theta + \frac{a_1(\theta)}{n-1} + \mathcal{O}(n^{-2})\right) \\ &= \theta + \frac{a_1(\theta)}{n-1} + \mathcal{O}(n^{-2}) \end{aligned} \tag{9.5}$$

利用式(9.4)和式(9.5)，可以找到偏差阶数为 $n^{-2}$ 阶的线性组合：

$$t_J = nt_n - (n-1)t_n^{(.)}$$

该 $t_J$ 称为对 $t_n$ 的折叠刀切估计。

将该估计量应用到错误率估计上，视在错误估计的折叠刀切结果 $e_J^0$ 为

$$\begin{aligned} e_J^0 &= ne_A - (n-1)e_A^{(.)} \\ &= e_A + (n-1)\left(e_A - e_A^{(.)}\right) \end{aligned}$$

其中，$e_A$ 为视在误差率；$e_A^{(\cdot)}$ 由下式给出：

$$e_A^{(.)} = \frac{1}{n}\sum_{j=1}^{n} e_A^{(j)}$$

其中，$e_A^{(j)}$ 是将对象 $j$ 从观测值中移除后的视在错误率：

$$e_A^{(j)} = \frac{1}{n-1}\sum_{k=1,k\neq j}^{n} Q(\omega(z_k), \eta(\boldsymbol{x}_k; \boldsymbol{Y}_j))$$

作为期望错误率的估计量，$e_J^0$ 的偏差阶数为 $n^{-2}$。然而，作为真实错误率的估计量，其偏差仍为 $n^{-1}$ 阶(McLachlan, 1992a)。为了把作为真实错误率的估计量 $e_J^0$ 的偏差减少到 $n^{-2}$ 阶，使用

$$e_J = e_A + (n-1)(\tilde{e}_A - e_A^{(.)}) \tag{9.6}$$

其中，$\tilde{e}_A$ 为

$$\tilde{e}_A = \frac{1}{n^2}\sum_{j=1}^{n}\sum_{k=1}^{n} Q(\omega(\boldsymbol{z}_k), \eta(\boldsymbol{x}_k; \boldsymbol{Y}_j))$$

折叠刀切法与交叉验证法密切相关，两者均相继删除一个观测值，以形成误差率的偏差修正估计。不同的是，在交叉验证中，对估计的影响只来自于删除的样本，它使用在剩余集合上训练到的分类器进行分类。而在折叠刀切法中，所有的样本均参与错误率估计，它使用在每个被减少的样本集(也即来自全部训练集)上训练到的分类器进行分类。

#### 9.2.2.4　自助法(Bootstrap)

术语"自助法"是指对所观测的类进行采样的一类方法，通过替换，产生若干组用于修正偏差的观测组。该方法由 Efron(1979)引入，并在上世纪 80 年代至 90 年代的文献中受到极大关注。该方法给出了偏差的非参数估计及估计量的方差。作为误差率估计的方法，已经证明该方法优于许多其他方法。该方法尽管计算密度大，但仍然极具吸引力，目前出现其基本方法的诸多演化，其中大部分是由 Efron 研究提出的。读者可参阅 Efron and Tibshirani(1986)及 Hinkley(1988)对自助法的综述。

将数据表示为 $\boldsymbol{Y} = \{(\boldsymbol{x}_i^{\mathrm{T}}, \boldsymbol{z}_i^{\mathrm{T}})^{\mathrm{T}}, i = 1, \cdots, n\}$，令 $\hat{F}$ 为其经验分布。在联合采样或者混合采样下，每个点 $\boldsymbol{x}_i$, $i = 1, \cdots, n$ 上的分布呈条块状 $1/n$。在单独采样下，$\omega_i$ 类中每个点 $\boldsymbol{x}_i$ 上的分布呈条块状 $1/n_i$(在 $\omega_i$ 类中包含 $n_i$ 个样本)。那么，用于对视在错误率偏差进行校正估计的自助法由以下步骤实现。

1. 根据经验分布生成一组新的数据(自助法样本) $\boldsymbol{Y}^b = \{(\tilde{\boldsymbol{x}}_i^{\mathrm{T}}, \tilde{\boldsymbol{z}}_i^{\mathrm{T}})^{\mathrm{T}}, i = 1, \cdots, n\}$。
2. 使用 $\boldsymbol{Y}^b$ 设计分类器。
3. 对此样本计算视在错误率并记为 $\tilde{e}_A$。
4. 对此分类器计算真实错误率(把集合 $\boldsymbol{Y}$ 看成完整的总体)并记为 $\tilde{e}_c$。
5. 计算 $\tilde{e}_A - \tilde{e}_c$。
6. 将第 1 步至第 5 步重复 $B$ 次。
7. 视在错误率的自助法偏差为

$$W_{\text{boot}} = \mathrm{E}[\tilde{e}_A - \tilde{e}_c]$$

其中，其期望与生成 $\boldsymbol{Y}^b$ 的采样机制相关，即

$$W_{\text{boot}} = \frac{1}{B}\sum_{b=1}^{B} w_b$$

8. 视在错误率的偏差校正方案由下式给出：

$$e_A^{(B)} = e_A - W_{\text{boot}}$$

其中，$e_A$ 是视在错误率。

上述第 1 步在混合采样下，从分布 $\hat{F}$ 中生成 $n$ 个独立样本；其中一些样本可以在形成数据集 $\hat{\boldsymbol{Y}}$ 的过程中重复使用，同时也可能使自助法样本缺少对一个或多个类的表示。在独立采样下，用 $\hat{F}_i$, $i = 1, \cdots, C$ 产生 $n_i$ 个样本。这样，所有的类就都能在自助法样本中表现出来，并与原始数据具有相同的分布。

用于估计 $W_{boot}$ 的自助法样本数 $B$ 可能受限于计算量方面的考虑，用于错误率估计的样本数可取为 25～100 个(Efron, 1983, 1990; Efron and Tibshirani, 1986)。

目前，已出现上述基本方法的多种变形(Efron, 1983;McLachlan, 1992a)，有双自助法、随机化自助法及 0.632 估计(Efron, 1983)。

0.632 估计是对视在错误率和另一个自助法错误估计 $e_0$ 进行线性组合的方法：

$$e_{0.632} = 0.368e_A + 0.632e_0$$

其中，$e_0$ 是对未出现在自助样本中的错分训练样本数进行计数的估计量。错分样本数是在所有的自助样本上进行求和，并除以不在自助样本中的总样本数。设 $A_b$ 为在 $\boldsymbol{Y}$ 中而不在自助样本 $\boldsymbol{Y}^b$ 中的样本集合，则

$$e_0 = \frac{\sum_{b=1}^{B}\sum_{\boldsymbol{x}\in A_b} Q(\omega(z), \eta(\boldsymbol{x}, \boldsymbol{Y}^b))}{\sum_{b=1}^{B}|A_b|}$$

其中，$|A_b|$ 是集合 $A_b$ 的基数。Efron(1983)的实验给出了此估计量的最佳性能。

自助法也可以用于参数分布，反映该分布的样本根据所采用的参数形式产生，分布的参数用样本的估计值替换。尽管自助法对于置信界限的计算需要更多的自助法副本(典型地取 1000～2000 次)(Efron, 1990)，但这种方法并不限于仅对视在错误率的偏差进行估计，还能用于对其他统计精确度的度量。与直接的蒙特卡罗(Monte Carlo)方法相比，更有效的计算方法是以减少自助法副本为目的的，这由 Davison et al. (1986)及 Efron(1990)给出。然而，由于误差曲面上的多重局部最优值问题，把此方法应用于如神经网络与分类树等分类器有一定困难。

#### 9.2.2.5 限制错误率

度量判别力的方案还有很多(见 9.2.1 节)，把我们自己局限于单一措施如错误率上，很可能会掩盖规则行为的重要信息。错误率同等地对待所有的错误分类。例如，在一个两类问题中，将 0 类的目标错分为 1 类与将 1 类的目标错分为 0 类，视为具有相同的代价。对某些应用来讲，引入错分代价是很重要的。尽管其错分代价可能无法精准地获知，但几乎不能认为这两种错分是等代价的。

此外，对于一个两类问题，不管是以 0.55 的概率还是以 1 的概率将 0 类样本预测为 1 类，它们对错误率的贡献是相同的。对于前者，尽管对象归类有误，但这个类成员的确存在某些不确定性。而计算错误率时并没有考虑到这一点。

接下来的两节介绍克服上述不足的两种方法，分别是：

1. 考虑使用类成员后验概率的性能测度。
2. ROC 方法。Provost et al. (1997)对使用分类错误率(或等效于分类器的准确度)作为性能测量提出质疑，认为基于 ROC 分析方法更具优势。

### 9.2.3 可靠性

判别规则的可靠性[Hand(1997)称之为不精确性]是一种用规则估计类成员后验概率准确程度的测度。因此，我们不单单对 $p(\omega_j|\boldsymbol{x})$ 取最大的 $\omega_i$ 类感兴趣，也对 $p(\omega_j|\boldsymbol{x})$ 本身感兴

趣。当然，对可靠性的估计可能并不容易。原因有两个，一是不知道真实的后验概率；再就是某些判别规则并不产生明确的后验概率估计。

图 9.3 给出的示例是一个先验概率相同的两类问题，判别规则使其具有良好判别能力，但可靠性很差。若 $p(\omega_2|\boldsymbol{x}) > p(\omega_1|\boldsymbol{x})$ 或者 $p(\omega_2|\boldsymbol{x}) > 0.5$，对象 $\boldsymbol{x}$ 便归入 $\omega_2$ 类。在决策边界与使用真实后验概率所得的判别规则相同(即在 $p(\omega_2|\boldsymbol{x}) = 0.5$ 的点上，$\hat{p}(\omega_2|\boldsymbol{x}) = 0.5$)的情况下，后验概率估计 $\hat{p}(\omega_i|\boldsymbol{x})$ 产生良好的判别能力。然而，真实的后验概率与后验概率估计往往并不相同。

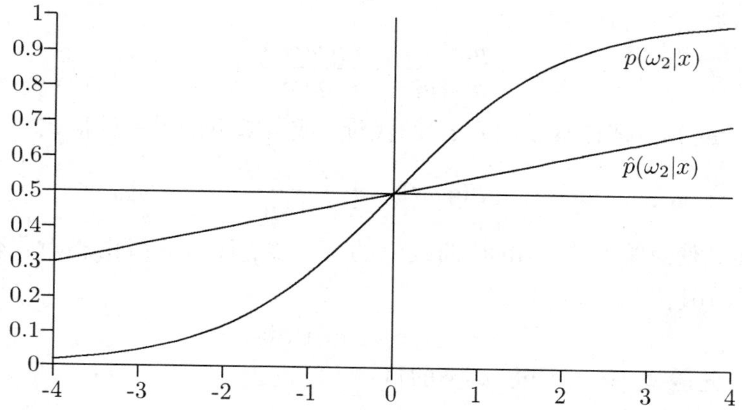


图 9.3　高判别力、低可靠性(Hand, 1994a)

为什么需要较高的可靠性呢？优良的判别力不足够吗？在某些情况下，具有高判别力的规则可能是需要的全部，即达到贝叶斯最优错误率的规则就能令人满意了。另一方面，如果希望做出基于代价的决策，或者打算在进一步的分析中使用分类器得到的结果，那么优良的可靠性就很重要了。为此 Hand(1997)提出了不精确性的测度，它是通过将经验样本统计量与使用分类函数 $\hat{p}(\omega_i|\boldsymbol{x})$ 计算出的相同统计量估计进行比较而获得的。

$$R = \sum_{j=1}^{C} \frac{1}{n} \sum_{i=1}^{n} \{\phi_j(\boldsymbol{x}_i)[z_{ji} - \hat{p}(\omega_j|\boldsymbol{x}_i)]\}$$

其中，当 $\boldsymbol{x}_i \in \omega_j$ 时，$z_{ji} = 1$，否则为 0，$\phi_j$ 是确定测试统计量的函数，例如 $\phi_j(\boldsymbol{x}_i) = (1 - \hat{p}(\omega_j|\boldsymbol{x}_i))^2$。

获取类成员后验概率的区间估计是评价规则可靠性的另一种方式，McLachlan(1992a)利用 bootstrap 方法分别对多元正态类条件分布及任意类条件概率密度函数的情况展开了讨论。

## 9.2.4　用于性能评价的 ROC 曲线

### 9.2.4.1　引言

受试者工作特性(ROC)曲线早在第 1 章就进行了介绍。在第 1 章中，就 Neyman-Pearson 决策规则问题，把 ROC 曲线作为表征两类判别规则性能的一种方式，同时用 ROC 曲线来观测分类器的性能以选出适当的决策阈值。ROC 曲线图的纵轴表示真阳性率，横轴表示假阳性率。在信号检测理论的术语中，ROC 曲线是随着检测阈值变化的检测概率对假报警概率的关系曲线。流行病学有其自身的定义：ROC 曲线描绘了敏感度对 $1 - S_e$ 的关系曲线，其中 $S_e$ 是特异度。

实际上，最优 ROC 曲线[由真实类条件密度 $p(\boldsymbol{x}\mid\omega_i)$ 获得的 ROC 曲线]与错误率一样是不可知的。尽管可以像错误率估计那样，用如交叉验证或自助法等训练集重用方法，但 ROC 曲线必须使用经过训练的分类器，以及已知类别的独立测试集样本来进行估计。不同分类器会产生表征分类器特性的不同 ROC 曲线。

然而，我们往往希望得到一个简单的数字(而不是曲线)作为分类器性能的指示，从而可以比较不同分类器方案的性能。

第 1 章已经证明，最小风险决策规则是在似然率基础上定义的[见式(1.15)]；假设正确分类的损失为 0，若

$$\frac{p(\boldsymbol{x}|\omega_1)}{p(\boldsymbol{x}|\omega_2)} > \frac{\lambda_{21}p(\omega_2)}{\lambda_{12}p(\omega_1)} \tag{9.7}$$

其中，$\lambda_{ji}$ 是当 $\boldsymbol{x}\in\omega_j$ 时，把样本 $\boldsymbol{x}$ 归入 $\omega_i$ 的代价，或若如下的另一种形式：

$$p(\omega_1|\boldsymbol{x}) > \frac{\lambda_{21}}{\lambda_{12}+\lambda_{21}} \tag{9.8}$$

则把 $\boldsymbol{x}$ 归入 $\omega_1$ 类。使决策对应于 ROC 曲线上的一个点，而该曲线由相对代价与先验概率确定。损失由下式给出[见式(1.11)]：

$$L = \lambda_{21}p(\omega_2)\epsilon_2 + \lambda_{12}p(\omega_1)\epsilon_1 \tag{9.9}$$

其中，$p(\omega_i)$ 为类先验概率，$\epsilon_i$ 是将 $\omega_i$ 类的对象错分的概率。ROC 曲线绘出 $1-\epsilon_1$ 对 $\epsilon_2$ 的关系。

在 ROC 曲线平面中(即 $(1-\epsilon_1,\ \epsilon_2)$ 平面)，等损失线(Provost and Fawcett, 2001，称为等特性线)是斜率为 $\lambda_{21}p(\omega_2)/\lambda_{12}p(\omega_1)$ 的直线(见图 9.4)，其损失从图中的左上角到右下角逐渐增加。损失的合法值是损失线与 ROC 曲线相交的值(即似然率上出现的可能阈值)。最小损失解是损失线与 ROC 曲线相切的点，ROC 曲线在该点的斜率为 $\lambda_{21}p(\omega_2)/\lambda_{12}p(\omega_1)$。与 ROC 曲线相交的其他损失线不会获得更小的损失。

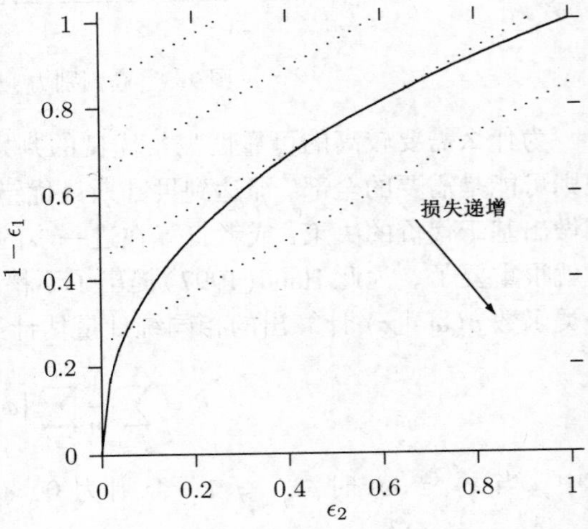


图 9.4　ROC 曲线，图中同时绘有所选的损失轮廓(直线)

对于相关代价与先验概率的不同取值，损失线一般具有不同的斜率，且最小损失出现在 ROC 曲线的不同点上。

#### 9.2.4.2　一些实际的考虑

就许多情况而言，错分代价 $\lambda_{12}$ 与 $\lambda_{21}$ 是不可知的，假设两者相等(这将导致最小错误的贝叶斯规则)也是不合理的。另一种策略是对分别来自 $\omega_1$ 类与 $\omega_2$ 类的样本在整个分布 $\hat{p}(\boldsymbol{x})\triangleq p(\omega_1\mid\boldsymbol{x})$ 上进行比较。我们希望 $\omega_1$ 类的样本 $x$，其 $p(\omega_1\mid\boldsymbol{x})$ 的值比 $\omega_2$ 类样本 $\boldsymbol{x}$ 的 $p(\omega_1\mid\boldsymbol{x})$ 值更大。通常，两分布之间的差值越大，分类器就越好。对这两个分布之间分离度的一种度量是 ROC 曲线下的面积(AUC)。该面积是基于 ROC 曲线的唯一数值(忽略了代价 $\lambda_{ij}$)。这样，与在错分代价相等假设下的错误率相比，该方法假设对错分代价一无所知，因此不会受到应用

问题相关因素的影响。上述两者假设均不实际，因为通常会已知相对代价 $\lambda_{12}/\lambda_{21}$ 的可能值。作为对性能的一种度量，AUC 的优点（即它与应用于似然率的阈值无关）也可能是比较规则时的缺点。如果两 ROC 曲线相互交叉，那么通常是，其中的一条曲线对于某些阈值较优，而另一条曲线则对其他阈值较优，AUC 没能考虑这一点。然而，ROC 分析不只是仅仅比较一个数。它可以用来确定 $\epsilon_2$ 空间的区域，在此空间有不同的分类器处于主导地位。Provost et al.（1997）定义 ROC 无限凸包切线的梯度范围（该 ROC 曲线凸包由不同分类算法产生），占主导地位的分类器与凸包相对应。斜率决定代价范围和类先验概率，其中有一个特定分类器使付出的代价最小。

#### 9.2.4.3 解释说明

令 $\hat{p}(\boldsymbol{x}) = p(\omega_1 \mid \boldsymbol{x})$ 为对象 $\boldsymbol{x}$ 属于 $\omega_1$ 的估计概率。令 $f(\hat{p}) = f(\hat{p}(\boldsymbol{x}) \mid \omega_1)$ 为关于 $\omega_1$ 类样本 $\hat{p}$ 值的概率密度函数，$g(\hat{p}) = g(\hat{p}(\boldsymbol{x}) \mid \omega_2)$ 为关于 $\omega_2$ 类样本 $\hat{p}$ 值的概率密度函数。如果 $F(\hat{p})$ 与 $G(\hat{p})$ 是它们的累积分布函数，则 ROC 曲线是 $1 - F(\hat{p})$ 对 $1 - G(\hat{p})$ 的关系图（见本章习题）。

曲线下面的面积为

$$\int (1 - F(u))\mathrm{d}G(u) = 1 - \int F(u)g(u)\mathrm{d}u \tag{9.10}$$

或者替换为

$$\int G(u)\mathrm{d}F(u) = \int G(u)f(u)\mathrm{d}u \tag{9.11}$$

对于任意点 $\hat{p}(\boldsymbol{x}) = t \in [0, 1]$，从 $\omega_2$ 类中随机选出样本 $\boldsymbol{x}$，其 $\hat{p}(\boldsymbol{x})$ 值小于 $t$，选择概率为 $G(t)$。从 $\omega_1$ 类中随机选出的样本的 $\hat{p}(\boldsymbol{x})$ 值，其密度为 $f(u)$。因此，从 $\omega_2$ 类中随机选出的样本的 $\hat{p}(\boldsymbol{x})$ 值比从 $\omega_1$ 类中随机选出的样本的 $\hat{p}(\boldsymbol{x})$ 值更小，其概率为 $\int G(u)f(u)\mathrm{d}u$。这与式（9.11）定义的 AUC 相同。

一个好的分类规则（该规则对来自两类中每类样本 $\boldsymbol{x}$ 的 $p(\omega_1 \mid \boldsymbol{x})$ 的估值有很大区别）的 ROC 曲线应位于其左上三角，且越接近于上边角，规则越好。

几乎与偶然性相等的分类规则产生的 ROC 曲线是从左下角到右上角的连线。

#### 9.2.4.4 计算 ROC 曲线下方的面积

把分类规则应用于测试集，就能很容易地算出 ROC 曲线下方的面积。一个直接产生 $p(\omega_1 \mid \boldsymbol{x})$ 估计的分类器可以给出如下取值：$\{f_1, \cdots, f_{n1}; f_i = p(\omega_1 \mid \boldsymbol{x}_i), \boldsymbol{x}_i \in \omega_1\}$ 与 $\{g_1, \cdots, g_{n2}; g_i = p(\omega_1 \mid \boldsymbol{x}_i), \boldsymbol{x}_i \in \omega_2\}$，利用这些数值可以获得 $\hat{p}(\boldsymbol{x})$ 的分布对 $\omega_1$ 类与 $\omega_2$ 类中样本区分程度的度量，具体方法如下（Hand and Till, 2001）。

将估计 $\{f_1, \cdots, f_{n1}, g_1, \cdots, g_{n2}\}$ 依递增方式进行等级排列，并使 $\omega_1$ 类中的第 $i$ 个样本等级数为 $r_i$。那么就有 $r_i - i$ 个属于 $\omega_2$ 类的样本，其估值 $\hat{p}(\boldsymbol{x})$ 小于 $\omega_1$ 类中第 $i$ 个样本的估值 $\hat{p}(\boldsymbol{x})$。如果对整个 $\omega_1$ 类上的测试点求和，就会看到，对于分别来自 $\omega_1$ 类与 $\omega_2$ 类的两个样本点，如果 $\omega_2$ 类样本点的 $\hat{p}(\boldsymbol{x})$ 值小于 $\omega_1$ 类样本点的 $\hat{p}(\boldsymbol{x})$ 值，则这样的点组成的点对的数量为

$$\sum_{i=1}^{n_1}(r_i - i) = \sum_{i=1}^{n_1} r_i - \sum_{i=1}^{n_1} i = S_0 - \frac{1}{2}n_1(n_1 + 1)$$

其中，$S_0$ 是 $\omega_1$ 类测试集样本等级数之和。由于共有 $n_1 n_2$ 个点对，因此从 $\omega_2$ 类中随机选出的样

本属于 $\omega_1$ 类的概率估计低于从 $\omega_1$ 类中随机选出的样本属于 $\omega_1$ 类的概率估计，该事件的概率估计为

$$\hat{A}=\frac{1}{n_1n_2}\left\{S_0-\frac{1}{2}n_1(n_1+1)\right\}$$

上式等价于 ROC 曲线下方的面积。该方法使曲线下方面积的估算仅需使用排列值，而不用使用阈值。

统计量 $\hat{A}$ 的标准差为(Hand and Till，2001)

$$\sqrt{\frac{\hat{\theta}(1-\hat{\theta})+(n_1-1)(Q_0-\hat{\theta}^2)+(n_2-1)(Q_1-\hat{\theta}^2)}{n_1n_2}}$$

其中，

$$\hat{\theta}=\frac{S_0}{n_1n_2}$$

$$Q_0=\frac{1}{6}(2n_1+2n_2+1)(n_1+n_2)-Q_1$$

$$Q_1=\sum_{j=1}^{n_1}\left(r_j-1\right)^2$$

Bradley(1997)考虑使用另一种方法，即通过改变阈值，直接对确定的分类器构造 ROC 曲线的估计，然后用积分法则(例如梯形法则)获得对曲线下方面积的估计。

#### 9.2.4.5 ROC 曲线的交叉验证估计

ROC 是真阳性率与假阳性率的关系曲线。在式(9.8)中，用 $t$ 表示比值 $\lambda_{21}/(\lambda_{12}+\lambda_{21})$，真阳性率由下式给出：

$$tpr(t)=p(p(\omega_1|\boldsymbol{x})\geqslant t|\omega_1)$$

这是 $\omega_1$ 类中给定观察值 $\boldsymbol{x}$ 的估计概率大于阈值 $t$ 的概率。用测试集中 $\omega_1$ 类的 $n_1$ 个样本和 $\omega_2$ 类的 $n_2$ 个样本得到的基于样本的真阳性率估计为

$$tpr(t)=\frac{1}{n_1}\times\text{以阈值 } t \text{ 对 } \omega_1 \text{ 类测试样本正确分类的数量}$$

假阳性率由下式给出：

$$fpr(t)=p(p(\omega_1|\boldsymbol{x})\geqslant t|\omega_2)$$

这是 $\omega_1$ 类中给定观察值 $\boldsymbol{x}$ ( $x$ 属于 $\omega_2$ 类)的估计概率大于阈值 $t$ 的概率。这个基于样本的假阳性率估计：

$$fpr(t)=\frac{1}{n_2}\times\text{以阈值 } t \text{ 错分的 } \omega_2 \text{ 类测试样本的数量}$$

ROC 曲线由下式给出：

$$ROC(t)=\{(fpr(t),tpr(t)),t\in[0,1]\} \tag{9.12}$$

在 $k$ 重交叉验证中，将数据划分为 $k$ 个部分。对其中每个部分执行以下工作：在 $k-1$ 个部分的训练数据上训练分类器，用余下的那个部分的数据测试分类器。这时，真阳性率为

$$tpr^{cv}(t)=\frac{1}{n_1}\sum_{\boldsymbol{x}_i\in\omega_1}I\left[p_{-k(i)}(\omega_1|\boldsymbol{x}_i)\geqslant t\right],\quad t\in[0,1]$$

其中，$k(i)$ 是一个指示函数，定义 $\boldsymbol{x}_i$ 所属的那个部分，$P_{-k(i)}$ 是在包括 $k(i)$ 的 $k-1$ 个部分上训练的分类器；如果 $\theta$ 为真，则 $I[\theta]=1$，否则 $I[\theta]=0$。假阳性率为

$$fpr^{cv}(t)=\frac{1}{n_2}\sum_{\boldsymbol{x}_i\in\omega_2}I\left[p_{-k(i)}(\omega_1|\boldsymbol{x}_i)\geqslant t\right],\quad t\in[0,1]$$

ROC 曲线由下式给出：

$$ROC^{cv}(t)=\{(fpr^{cv}(t),tpr^{cv}(t)),t\in[0,1]\} \tag{9.13}$$

Adler and Lausen(2009)还提供了 ROC 曲线的 bootstrap 定义。

#### 9.2.4.6 多类扩展

如何将标准的两类 ROC 分析扩展到多类问题，方法有几种。其中包括 Landgrebe and Duin (2008)为此所做的工作，即综述这一领域的文献，涉及的文献有 Ferri et al.(2003)，Fieldsend and Everson(2005)，Everson and Fieldsend(2006)及 Landgrebe and Duin(2007)。

关于 AUC 度量的更深入研究工作有：Hand and Till(2001)将其推广到多类分类问题(Hajian-Tilaki et al., 1997a, 1997b)，Adams and Hand(1999)考虑使用某些相对错分代价的不太确切的已知信息(见 9.3.3 节)。

### 9.2.5 总体漂移和传感漂移

设计分类器时，通常有一条基本假设，即假设被选用于分类器设计的样本的分布与未来出现的样本分布是相同的，即训练样本集能够代表分类器的工作条件。这种假设在很多应用中是无效的。

在分类器设计中，我们往往有一个设计或训练集、一个验证集和一个独立的测试集。训练集用于训练分类器，验证集(作为训练过程的一部分)用于选择模型或终止迭代学习规则，测试集用于测度分类器的推广性能，即分类器对未来对象的识别能力。这些数据集通常聚集成同一试验部分。事实上，较常见的做法是，将同一数据集划分成这三部分。在许多实际情形中，分类器的运行条件可能与采集测试数据时的条件有所不同，传感器的数据分析问题尤为如此。例如，传感器特性很可能随时间漂移，传感器的环境条件也可能发生变化。这些因素会造成采集样本分布的变化。Hand(1997)称其为总体漂移。这种总体漂移的情况和程度因问题而异。这就为分类器性能评价带来了困难，因为测试集很可能无法代表分类器的运行条件，从而在测试集上所测报的泛化性能很可能过于乐观。如何设计出能适应这种总体漂移现象的分类器，是必须面对的具体问题。

#### 9.2.5.1 总体漂移

本节对产生总体漂移的一些原因及可用来降低分布变化的方法进行综述。

*传感漂移*

需要为漂移传感器开发模式识别技术。电子鼻的开发就是例子，电子鼻是含有多个不同传感器的装置，每个传感器的响应特性与化学气味有关。该装置已在质量控制、生物过程监控及国防上获得应用。所有的化学传感器均会受到漂移、稳定问题及内存的影响，这就需要使用数据处理技术自动处理之。可以通过简单的预处理消除响应的零点漂移，也可以通过增益控制改变其敏感度，还有一些更复杂的问题。

更改对象特性

在医疗应用中，患者这个群体会随时间变化(病人特征的变化)。新受试者(语音)出现时，语音识别问题也会出现总体漂移，对此有不同的方法应对之，包括从这个新的语音中分析一个标准输入，用来修改存储的原型。在信用评分问题上，借款人的行为会受到短期压力(例如，由财政大臣公布的财政预算案)影响，因而需要频繁改变分类规则(Kelly et al., 1999)。在雷达目标识别中，分类器需要有鲁棒性来应对因车载设备的改变而带来的雷达反射率变化(Copsey and Webb, 2000)。在状态监测中，发动机健康状态将随时间改变。在图像目标识别中，重要的是分类器对目标姿态不敏感(平移/旋转不变性)。在上面的每个例子中，如果分类方法可动态更新，这便是一个优势，因为当条件变化时，不需要从零开始重新计算(使用新的训练数据集)。

环境变化

训练分类器时，其训练条件可能只能接近所期望的运行条件，因此需要对训练好的分类器做一些修正(Kraaijveld, 1996)。运行条件的信噪比可能不同于(控制)训练条件，也有可能是未知的。为了得到在具有较大噪声运行条件下的分类器，可采用几种应对方法，包括在训练集中注入噪声；修改训练程序以使代价函数最小化，以此来近似地预期的运行条件(Webb and Garner, 1999)。这是有关错误的变量模型。在目标识别中，环境的光线条件可能会发生变化。环境条件与训练条件往往不同，例如识别目标被嵌入海水杂波中，而海水杂波随时间变化。

更换传感器

由于各种原因，可能无法收集足够的传感器运行信息用以训练分类器，原因可能是费用太高或过于危险。但是，可以使用不同的传感器在更多的控制条件下进行测量，使用这组测量值来设计分类器。在这类问题中，需要用独立的传感器特征设计分类器，或者说，必须研发出一种把传感器运行数据变换成训练数据的方法。

变量先验概率和代价

类成员的先验概率有可能随时间的变化而改变。因此，虽然类条件密度不变，但由于先验概率的不同而使决策边界变化。这需要高层次建模，但为这种相关性建模时，经常几乎无数据可用，贝叶斯网络的构建往往使用的是专家的主张(Copsey and Webb, 2002)。归类错误的代价是也可变的和未知的。结果是，训练过程所使用的优化准则(例如，最小代价)可能并不适合其运行条件。

#### 9.2.5.2 结论

分类器训练和运行条件之间的不确定性意味着存在一个限度。超出此限度，所开发的分类规则就不会有什么价值(Hand, 1997)。有些情况下的总体漂移问题比较容易解决，这与具体问题有关。

### 9.2.6 应用研究举例

问题

该项研究(Bradley, 1997)将 6 个模式识别算法应用于表征医学诊断问题的数据集，把 AUC 作为这 6 个算法性能的度量，并对 AUC 进行了评价。

概述

通过对 ROC 曲线的积分来估计 AUC，并使用交叉验证对标准差进行计算。

数据

有 6 个包含两类问题测量值的数据集。

1. 子宫癌。6 个特征，117 个样本，两类：子宫细胞核正常、异常。
2. 术后出血。4 个特征，113 个样本(去除了不完整样本)，两类：失血正常、过量。
3. 乳腺癌。9 个特征，638 个样本，两类：良性、恶性。
4. 糖尿病。8 个特征，768 个样本，两类：对糖尿病的测试显阴性、显阳性。
5. 心脏病 1。14 个特征，297 个样本，两类：出现心脏病、没有心脏病。
6. 心脏病 2。11 个特征，261 个样本，两类：出现心脏病、没有心脏病。

不完整样本(在某些特征上测量值丢失)全部从数据集中剔除。

模型

在每个数据集上训练如下 6 个分类器。

1. 二次判别函数(见第 2 章)；
2. $k$ 近邻分类器(见第 4 章)；
3. 分类树(见第 7 章)；
4. 多尺度分类器法(分类树的发展)；
5. 感知器(见第 5 章)；
6. 多层感知器(见第 6 章)；

随着阈值的改变，对模型进行训练并监测分类性能，以此来估计 ROC 曲线。例如，就 $k$ 近邻分类器来讲，对训练集中到某个测试样本最近的 5 个近邻点进行计算。如果属于 $\omega_1$ 类的近邻点数大于 $L$(其中 $L = [0, 1, 2, 3, 4, 5]$)，则将测试样本归入 $\omega_1$ 类，否则归入另一类。由此给出 ROC 曲线上的 6 个点。

对于多层感知器，训练具有单输出的网络，并在测试过程中，将阈值取为 $[0, 0.1, 0.2, \cdots, 1.0]$，以模拟不同的错分代价。

训练步骤

选用 10 重交叉验证方法，随机选出 90% 的样本用于训练，另 10% 的样本用于测试。这样，对于每个数据集上的每个分类器，都有 10 组结果。

随着每个测试集决策阈值的改变，计算 ROC 曲线，并使用梯形积分计算曲线下方的面积。从数据集的 10 种划分中得到 10 个 AUC 值，求取它们的均值，并将其作为规则的 AUC 取值。

### 9.2.7 拓展研究

文献中最受关注的分类器性能问题是错误率估计。就分类规则评估而言，Hand(1997)提出了一个比较宽泛的框架，并定义了 4 个概念。

不准确度

这是对分类规则将对象正确归类有(无)效程度的度量。错误率是这样的一种度量；另外还经常作为神经网络优化准则的布赖尔得分(Brier score)，定义如下：

$$\frac{1}{n}\sum_{i=1}^{n}\sum_{j=1}^{C}\{z_{ji}-\hat{p}(\omega_j|\boldsymbol{x}_i)\}^2$$

其中，$\hat{p}(\omega_j \mid \boldsymbol{x}_i)$ 是样本 $\boldsymbol{x}_i$ 属于 $\omega_j$ 类的概率估计，当 $x_i$ 为 $\omega_j$ 类中的成员时，$z_{ji}=1$，否则为零。

不精确性

不精确性与 9.2.2 节定义的可靠性等价，是对类成员的估计概率 $\hat{p}(\omega_j \mid \boldsymbol{x})$ 与(不可知的)真实概率 $p(\omega_j \mid \boldsymbol{x})$ 之间差异的度量。

不可分性

该测度使用属于某个类的真实概率进行计算，因此与分类器无关。它对某一点 $\boldsymbol{x}$ 上类成员的真实概率进行度量，计算 $\boldsymbol{x}$ 的平均值。如果不同类的概率在某点 $\boldsymbol{x}$ 上是相似的，那么相应的类不可分。

相似性

相似性以估计概率为条件，对真实概率之间的偏差进行度量。预测的分类是否对真实类别划分得很好？人们总是希望表示相似程度的取值更高一些。

本章没能充分展示自助法的精彩之处，只是介绍了用于视在错误率偏差修正的基本自助法及其一些扩展。进一步的研究可以在 Efron(1983)，Efron and Tibshirani(1986)及 McLachlan(1992a)中找到。

Provost and Fawcett(2001)提出一种使用不同分类器 ROC 曲线凸包的方法。使 ROC 曲线在凸包之下的分类器不可能是最优的(在关于代价或先验概率的任何条件下)，可以略去。ROC 曲线在凸包之上的分类器可以组合起来产生一个较优的分类器。这种思想已经在数据融合领域(见第 8 章)得到广泛应用，9.3.3 节将讨论这个问题。

就组合分类器的问题，Barreno et al. (2008)展开了对 ROC 分析的讨论，Kuncheva(2004b)致力于解决环境不断变化的问题。

### 9.2.8 小结

本节给出了分类规则性能评估的相当简单的论述，包括 3 种测度：判别力、可靠性(或不精确性)及 ROC 曲线的使用。我们特别强调了分类器的错误率及用于降低视在错误率偏差的方法，即交叉验证法、折叠刀切法和自助法。它们优于 holdout 方法的地方是：不需要独立的测试集，因此所有数据都能用来设计分类器。

本章讨论的错误率估计均为非参数估计，其中并不对类条件概率密度函数的特定形式进行假设。错误率估计的参数形式也可以推导出来，例如基于正态分布的类条件密度模型的参数。然而，虽然参数规则可能对背离真实模型的情况有较强的鲁棒性，但错误率的参数估计却未必如此(Konishi and Honda，1990)。因此，本节重点关注非参数形式。对于参数错误率估计的更深入讨论，读者可以参考著作 McLachlan(1992a)。

还有许多对判别力的测度，若限于单一的一种测度(错误率)，会掩盖关于规则行为的重要信息。错误率对所有错分的处理都是平等的：把来自 0 类的对象错分为 1 类，与把来自 1 类的对象错分为 0 类，其严重性视为等同。错分代价在某些应用中可能相当重要，但却很少能准确获知。

规则的可靠性又称为不精确性，用来说明规则的可信程度——估计后验概率密度与真正后验概率密度的接近程度。最后，在ROC曲线下方的面积是在相对代价范围内概括分类器性能的度量。

最后，总体漂移是所有实际分类器设计中应该考虑的重要因素，因为分类器的运行条件与分类器设计阶段收集数据时的条件往往不同，这是经常性的。

## 9.3 分类器性能的比较

### 9.3.1 哪种方法最好

神经网络方法是否比"传统"方法更好？所开发的分类器是否比文献中介绍的分类器更好？许多时候要做这种分类器的比较性研究，在前面的章节中已部分提及这个问题。恐怕最全面的研究是Statlog工程(Michie et al., 1994)，这份计划给出了对超过20种不同分类方法在大约20个数据集上的应用研究。但是，比较性工作仍然是不容易的。分类器性能随数据集、样本数目、数据维数及分析员的技能而改变。这期间需要解决一些重要的问题，如Duin(1996)所概括的如下内容。

1. 必须定义应用领域。虽然通过确定收集的数据集可以获得分类器，但是这些数据集通常不足以代表研究人员希望考虑的问题领域。尽管具体的分类器可能在这些数据集上始终表现出很差的性能，但是它可能特别适用于你所得到的数据集。
2. 需要考虑分析员的技能(并且如有可能应将其去除)。尽管一些方法可以相对准确地定义(如给定度量的最近邻法)，但其他方法却需要做出调整。在给定数据集上由分析员使用不同的方法独立进行操作，能否对分类结果进行合理的比较？如果一种方法表现出比其他方法更优良的性能，是由于这种方法在此数据集上更优越，还是方法实施者的技能使分类器在所偏好的方法上获得最好的性能呢？事实上，某些分类器之所以具有价值，是因为它们具有很多自由参数，并允许经过训练的分析人员将知识引入训练过程。其他分类器具有价值是因为它们在很大程度上是自动的，不需要用户的输入。Statlog工程尝试开发自治分类的方法，鼓励最小限度的调整。

与上述第二个问题相关的是，对最终性能的主要影响是初始问题的表达(从用户需求中抽象出要解决的问题，选择变量等等)，以及分析员的技能。分类器只能对性能做出次要的改善。

另外，我们所做的比较是以什么为基础的，是错误率、可靠性、实现速度还是测试速度等？

没有绝对最佳的分类器，但是可以有如下多种对分类器进行比较的方法(Duin, 1996)。

1. 专家比较。把收集到的问题送给专家，他们会使用自认为合适的方法。
2. 由非专家运用工具箱进行比较。把收集的工具箱提供给非专家，由他们来对若干个数据集进行计算。
3. 自动分类器(不需要调整的分类器)的比较。这是由单个研究人员对一组标准问题进行比较的。虽然结果会在很大程度上独立于专家，但是这样的结果可能会逊色于允许专家选择分类器时的所得结果。

### 9.3.2 统计检验

在比较分类器时，错误率的界限是不充分的。通常，测试集并不独立，即应用于所有分类器上的测试集均相同。用于确定在某个具体数据集上一个分类规则是否优于另一个的检验方法有多种。

使用独立的训练集和测试集来度量分类规则准确性的问题已在9.2节进行了讨论。它通过构建置信区间或HPD区间来实现对问题的度量。有这样一个问题：给定两个分类器和作为独立测试集的足够数据，哪个分类器在新的测试集上会更准确?

Dietterich(1998)通过实验比较，对5种统计检验方法进行了评价，所做实验在差异不存在时，来确定错误地检测分类器性能之间差异的概率(Ⅰ类错误)。

假设有两个分类器A与B。令

$$n_{00} = \text{被 A 与 B 都错分的样本数}$$
$$n_{01} = \text{被 A 错分而被 B 正确分类的样本数}$$
$$n_{10} = \text{被 B 错分而被 A 正确分类的样本数}$$
$$n_{11} = \text{被 A 与 B 都正确分类的样本数}$$

计算统计量$z$

$$z = \frac{|n_{01} - n_{10}| - 1}{\sqrt{n_{10} + n_{01}}}$$

如果分类器具有相同的分类性能，则$z^2$近似于自由度为1的$\chi^2$分布。当$|z| > 1.96$时，拒绝(错误拒绝概率为0.05)原假设(分类器具有相同错误)。这称为McNemar检验，或者称为Gillick检验。

### 9.3.3 错分代价不定情况下的比较规则

#### 9.3.3.1 引言

9.2节讨论的错误率，或称为错分率，又经常用来作为对若干个分类器进行比较的准则。它只需要假设错分代价相等，而不需要选取代价。

另一种性能测度是用ROC曲线下方的面积(见9.2节)。这是对分布$f(\hat{p})$和分布$g(\hat{p})$之间可分性的度量。其中，在分布$f(\hat{p})$中，$\hat{p} = p(\omega_1 | \boldsymbol{x})$是$\omega_1$类样本$\boldsymbol{x}$的概率分布，在分布$g(\hat{p})$中，$\hat{p}$是$\omega_2$类样本$\boldsymbol{x}$的概率分布。这种方法的优点是其度量不依赖于相关的错分代价。

对这两种性能测度进行假设会遇到一定的困难。许多(如果不是大多数)实际应用中，代价相等的假设是不实际的。同样，需要规定代价的最小损失解也是不合理的，因为代价和先验概率很少能准确获知。在许多实际环境中，由于环境在设计与测试之间可能发生变化，错分代价与类先验概率有可能随时间改变。因此，对应于最小损失解的ROC曲线上的点[在该点上，似然率阈值为$\lambda_{21}p(\omega_2)/\lambda_{12}p(\omega_1)$，见式(9.7)]也会改变。另一方面，人们通常已知一些相关代价的知识，因此概括所有可能取值是不恰当的。

#### 9.3.3.2 ROC曲线

当两条ROC曲线相交叉时，在AUC基础上对分类器进行比较是很困难的。只有在一个分类器始终优于另一个分类器时，AUC才是比较分类性能的有效准则。如果两条ROC曲线相交，那么其中一条曲线对于某些代价比率值较优，而另一条曲线则对于其他代价比率值较优。下面介绍处理这种情况的两种方法。

LC 指数

在这种方法中，为对分类器A与B进行比较，重新调整错分代价$\lambda_{12}$与$\lambda_{21}$的比例，使得$\lambda_{12}+\lambda_{21}=1$。对于每个分类器，计算作为$\lambda_{21}$函数的损失[见式(9.9)]。定义函数$L(\lambda_{21})$，在[0，1]区间上分类器A较优(它具有比分类器B低的损失值)的区域，该函数取值为+1，而在分类器B较优的区域，该函数取值为−1。任意$\lambda_{21}$值的置信度为概率密度函数$D(\lambda_{21})$（将在后面定义），于是LC指数定义为

$$\int_0^1 D(\lambda)L(\lambda)\mathrm{d}\lambda$$

该指数的取值范围为±1，当分类器A比分类器B更有可能产生较小的损失值时，该指数取正；而当分类器B比分类器A更有可能产生较小的损失值时，该指数取负。若指数取值为+1，A就一定是较优的分类器，因为它对$\lambda_{21}$的所有可能取值都较优。

如何确定$\lambda_{21}$的一组合理值呢？就是说，应该选择$D(\lambda_{21})$的怎样的分布形式？一个建议是对代价比率$\lambda_{12}/\lambda_{21}$确定区间[$a$，$b$]及最可能的$m$值，并用此定义一个具有单位面积的三角形，其底为[$a$，$b$]，顶点为$m$。这是因为，有专家发现用这种方法确定代价比率$\lambda_{12}/\lambda_{21}$及比率的区间是很方便的，不过对于这一点是有争议的(Adams and Hand，1999)。

ROC 凸包方法

在该方法中，用一组可用分类器构建一个混合分类系统。对于任意的代价比率值，组合所得的分类器至少能够获得与其中最好分类器相同的性能。所构建的组合分类器的ROC曲线为成员分类器的凸包。

图9.5示出了ROC凸包方法。对于某些代价及先验值，等性能线的斜率是使B为最优分类器(位于ROC曲线的左上角的点)的直线斜率。$\beta$线是具有最低损失并与分类器B的ROC曲线相交的等性能线。对于梯度平缓得多的等性能线(与不同的先验值或代价值相对应)，A是最优分类器。这里，$\alpha$线是最低损失值的等性能线(对于给定的先验值和代价值)，并与分类器A的ROC曲线相交。分类器C对任何先验值和代价值都不是最优的。在ROC曲线凸包上的点对于具体的先验值和代价值定义了最优分类器。Provost and Fawcett (2001)提出了用于产生ROC凸包的一种算法(见8.3.3节)。

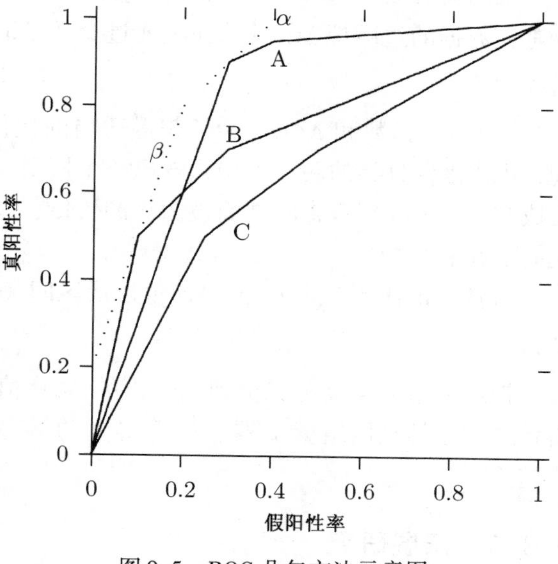

图9.5 ROC凸包方法示意图

实际上，需要存储特定最优分类器的阈值[$\lambda_{12}p(\omega_2)/\lambda_{21}p(\omega_1)$]范围。因此，阈值范围被划分为不同的区域，每个区域分配一个分类器，该分类器在此阈值区域内最优。

Flach and Wu(2005)引入了模型修复这一术语，以表示通过修改给定模型来获得最佳模型的方法。文中证明，可能有一种方法比凸包方法更有效，即先将ROC曲线做倒置处理

(将 ROC 曲线反转过来),然后比较 ROC 曲线的凹度。不过应注意,如果用 ROC 曲线(或者用一条曲线并进行凹凸性修复,或者用多条曲线并将它们结合起来)推导出最佳模型,那么用来生成 ROC 曲线的数据应同样用于模型训练。我们并不保证在独立测试集上产生的 ROC 曲线,其作用也相同。

### 9.3.4 应用研究举例

问题

面对错分代价不定但又不是完全未知的情形,该项研究(Adams and Hand, 1999)构筑了一种对比两个分类器性能方法。涉及的应用问题是根据用户对营销方案的可能反应进行用户分类。

概述

计算上面给出的 LC 指数,对比神经网络分类器(见第 6 章)与二次判别分析(见第 2 章)的性能。

数据

数据由 8000 条记录(样本)组成,每条记录包括对 25 个变量的测量值,这些测量值主要描述较早的信用卡交易行为。用 $\omega_1$ 与 $\omega_2$ 表示两个类,其中 $\omega_2$ 类被认为有可能获得利益回报。设定先验概率为 $p(\omega_1) = 0.87$, $p(\omega_2) = 0.13$。

模型

采用具有 25 个输入节点和 13 个隐层节点的多层感知器,用"权衰退"方法对其进行训练以避免数据的过度拟合,其惩罚项通过交叉验证选定。

训练步骤

计算 LC 指数和 AUC。为了获得适当的代价比率数值,该项研究对银行业专家进行了咨询,并就错误分类的两种类型开发出一个模型,该模型基于如下几个因素:生产与营销资料分发成本、由于收到广告邮件而被激怒的代价,以及由于没能对可能是 $\omega_2$ 的成员分发邮件所造成的潜在利益损失。

由各代价比率 $\lambda_{12}/\lambda_{21}$ 的可能值形成区间[0.065, 0.15],且在 0.095 处概率取值最大。

结论

神经网络分类器与二次判别分析的 AUC 值分别为 0.7102 与 0.7244,这说明二次判别分析稍微优于神经网络分类器。计算得到的 LC 指数为 -0.4,同样也说明了二次判别分析更优越。

### 9.3.5 拓展研究

Adams and Hand(2000)对用于分类器比较的更好方法给出了一些指南,确定了分类器性能估计实践中的如下 5 个共同的缺陷。

1. 假设代价相等。在很多实际应用中,两种类型的错分代价是不相等的。
2. 对整个代价进行积分。AUC 是在整个代价范围内对性能进行概括。如果能够获知关于代价的一些事实,则在较窄的范围内进行性能概括更合适。

3. 交叉的 ROC 曲线。AUC 度量仅仅当一条 ROC 曲线在整个取值范围内都占有优势时才是合适的。若两 ROC 曲线相交，则对于不同的错分代价范围会有不同的分类器呈现出较优的性能。
4. 固定的代价。在很多问题中，能够准确给出错分代价是不可能的。
5. 可变性。错误率与 AUC 度量都是基于样本估计的。当报告结果时，应该给出标准误差。

### 9.3.6 小结

用于性能对比的方法有多种。在研究过程中，使用适合于现实问题的评价准则非常重要。因为错分代价会影响方法的选择，所以必须考虑错分代价。一般来讲，假设错分代价相等并不合适。通常，即使不能准确获知错分代价，错分代价的一些相关信息还是可知的。

## 9.4 应用研究

有些应用研究专门研究分类器的性能指标。其中，使用一种性能指标来比较不同的分类器的应用研究较为普遍。

Ferri et al. (2009)通过实验分析了 18 种不同性能指标在几种不同场景中的行为。这些标准被分为三大系列：

- 基于阈值和错误率，定性地理解层面的指标(例如准确性)；
- 基于错误率的概率，理解层面的指标(例如 Brier 得分)；
- 基于等级排列的指标(例如 AUC)。

Ferri 等人对此展开了全面的评估，确定出这些不同测度之间的相似点及其显著性差异，这些很重要。

在乳腺癌计算机辅助诊断的一个研究案例中，Patel and Markey(2005)对 3 种性能指标进行对比，这些指标来自于从标准的两类 ROC 分析扩展(到多类情况)。

## 9.5 总结和讨论

最常用的分类器性能测度是错分率或错误率。本章对不同类型的错误率进行了评论，并讨论了用于错误率估计的方法。其他性能测度包括可靠性(分类器对真实后验概率的估计到底有多好)以及受试者工作特性曲线下的面积 AUC。错分率用的是相当强的假设，即假设错分代价相等，这对大多数实际应用来讲是不现实的。AUC 则是对所有相关代价求平均的度量。有人认为这样做同样不合适，因为通常总是会知晓一些相关代价的知识。LC 指数的引入就是试图利用领域知识对分类器的性能进行评价。

分类器性能不确定的最大源头之一是由于训练条件和运行条件间可能存在差异。影响这些差异的一些因素已经在总体漂移概念下进行了讨论。分类器运行条件的不确定性所导致的性能差异比选择分类器所引起的差异更大。因此，花时间了解总体漂移可能会比设计复杂的分类器更有益。进一步讨论可参阅 Hand(2006)。

## 9.6 建议

1. 小心使用错误率。要考虑等错分代价的假设是否适用于你的问题。
2. ROC 分析有利于将分类器性能问题与类的偏移问题分开，应看成对错误率的一种替代。
3. 在评价分类器性能之前，花一些时间来了解总体漂移，这很可能适用于您的问题。

## 9.7 提示及参考文献

错误率估计问题备受人们关注。1973 年前的此类文献收录在 Tousaint(1974)的参考文献中，更多的研究由 Hand(1986b)和 McLachlan(1987)给出。Highleyman(1962)介绍了 holdout 方法。通常认为用于错误估计的留一法归功于 Lachenbruch and Mickey(1968)，而在更宽泛的内容上使用交叉验证法则归功于 Stone(1974)。

为获得满意的错误率估计，需要怎样的样本数，Guyon et al.(1998)就字符识别问题对此进行了讨论。

Quenuoille(1949)提出了用于克服偏差的样本拆分方法，后来称为折叠刀切法。自助法作为错误率估计的一种方法，继 Efron(1979，1982，1983)的开拓性研究之后已被广泛应用。Efron and Tibshirani(1986)及 Hinkley(1988)对自助法进行了评论。有几种关于不同自助法估计的性能的比较性研究(Efron，1983；Chernick et al.，1985；Fukunage and Hayes，1989b；Konishi and Honda，1990)。Davison and Hall(1992)对自助法与交叉验证法进行了比较后发现，与自助法相比，交叉验证法给出的估计具有较高的方差与较低的偏差。估计量之间的主要不同是当类间重叠很多时，自助法的偏差比交叉验证高一个量级。

Fitzmaurice et al.(1991)对用于错误率估计的 0.632 自助法进行了研究，Booth and Hall(1994)又进而研究了双重自助法所需的样本量。自助法也已用于计算其他统计准确性的测度。专著 Hall(1992)给出了自助法的理论分析，并强调了关于曲线的估计(包括参数的和非参数的回归及密度估计)。

本书讨论的类成员后验概率的可靠性由 McLachlan(1992a)给出。Hand(1997)还考虑使用其他性能评价测度。

关于 ROC 曲线用于模式识别中的性能评价与比较的讨论由 Bradley(1997)、Hand and Till(2001)、Adams and Hand(1999)及 Provost and Fawcett(2001)给出。对 ROC 曲线分析的介绍和讲解见 Fawcett(2006)、Park et al.(2004)及 Dubrawski(2004)。

## 习题

1. 用 200 个带标签的样本训练两个分类器。在第一个分类器中，数据集被分成各由 100 个样本组成的训练集和测试集，用训练集设计分类器。在测试集上的性能为 80% 的分类正确率。在第二个分类器中，数据集中的 190 个样本作为训练集，10 个样本作为测试集。在测试集上的性能为 90% 的分类正确率。

   第二个分类器是否优于第一个分类器？证明你的结论。
2. 验证 Sherman-Morisson 公式(9.3)。用交叉验证法说明如何用此方程对高斯分类器的错误率进行估计。
3. 证明式(9.8)是式(9.7)的另一种形式。

4. ROC 曲线是当阈值在[见式(8.8)]

$$p(\omega_1|\boldsymbol{x})$$

上变化时,"真阳性"$(1-\epsilon_1)$对"假阳性"$\epsilon_2$的关系曲线[见式(9.8)],其中

$$\epsilon_1=\int_{\Omega_2}p(\boldsymbol{x}|\omega_1)\mathrm{d}\boldsymbol{x}$$

$$\epsilon_2=\int_{\Omega_1}p(\boldsymbol{x}|\omega_2)\mathrm{d}\boldsymbol{x}$$

$\Omega_1$ 是 $p(\omega_1|\boldsymbol{x})$ 位于阈值上的区域。

证明,通过给出 $p(\omega_1|\boldsymbol{x})$ 的条件,真阳性与假阳性(对于阈值 $\mu$)可以分别记为

$$1-\epsilon_1=\int_{\mu}^{1}\mathrm{d}c\int_{p(\omega_1|\boldsymbol{x})=c}p(\boldsymbol{x}|\omega_1)\mathrm{d}\boldsymbol{x}$$

与

$$\epsilon_2=\int_{\mu}^{1}\mathrm{d}c\int_{p(\omega_1|\boldsymbol{x})=c}p(\boldsymbol{x}|\omega_2)\mathrm{d}\boldsymbol{x}$$

其中,$\int_{p(\omega_1|\boldsymbol{x})=c}p(\boldsymbol{x}|\omega_1)\mathrm{d}\boldsymbol{x}$ 项是 $\omega_1$ 类在 $c$ 点 $p(\omega_1|\boldsymbol{x})$ 的密度。证明:ROC 曲线定义为 $1-\omega_1$ 类样本的 $\hat{p}=p(\omega_1|\boldsymbol{x})$ 的累积密度与 $1-\omega_2$ 类样本的 $\hat{p}=p(\omega_2|\boldsymbol{x})$ 的累积密度的对应关系。

5. 生成这样的训练数据:数据由 25 个来自两个二元正态分布(均值分别为 $(-d/2,0)$ 与 $(d/2,0)$,协方差矩阵相等)的样本组成。计算视在错误率,并使用自助法确定偏差修正方案。绘出两者的错误率,同时在测试集(大小适当)上计算错误率,该错误率作为间隔 $d$ 的函数,对所得结果进行说明。

# 第 10 章 特征选择与特征提取

通过特征选择(在用于分类器设计的原始变量中选择一个子集)或特征提取(确定原始变量的线性变换或非线性变换，以获得较小的变量集合)的办法来减少有用变量个数，可以导致分类器性能的提高，可以使数据更易于理解。特征选择和特征提取的方法在之前已有所介绍。特征选择方法与分类器类型绑定后，所获得的分类器性能的改进超过了过滤器(单独的分类器)方法。使用最广泛的特征提取方法当属主成分分析。

## 10.1 引言

本章讨论如何以较少的维数表示数据。这样做的缘由是使后续分析更容易、通过更稳定的表示提高分类性能、删去多余的或不相关的信息、由图形表示发现其固有结构。在多元分析文献中，以降维形式表示数据的方法称为排序方法(ordination method)或几何方法(geometrical method)，其中包括主成分分析法和多维排列法。在模式识别文献中，称为特征选择和特征提取方法，其中包括线性判别分析和基于 Karhunen-Loève 展开式的方法。在特定环境中，有些方法如果不相同，也是相似的，具体细节将在本章适当的地方讨论之。这里首先从模式识别的角度接近最初的话题，并对特征选择和特征提取这两个名词进行简要的描述。

给定一组测量值，本质上可以通过两种不同的方法来减少其维数。第一种方法是识别出那些对分类贡献不大的变量。在判别问题中，可以忽略那些对类别可分离性作用不大的变量。为此，需要做的就是从 $p$ 维测量值中选出 $d$ 个特征(特征数 $d$ 也必须确定)。这种方法称为测量空间中的特征选择或简单地称为特征选择[见图 10.1(a)]。除了用于判别以外，从大量的特征或变量中选择其子集的方法，还有其他一些应用场合①。Miller(1990)讨论了在回归情况下的子集选择。

第二种方法是找到一个从 $p$ 维测量空间到更低维数特征空间的变换。这种方法称为变换空间中的特征选择或特征提取[见图 10.1(b)]。变换可以是原始变量的线性组合或非线性组合，还可以是有监督的或无监督的情况。在有监督情况下，特征提取的任务是找到一种变换，使特定类别的可分离性判据最大。

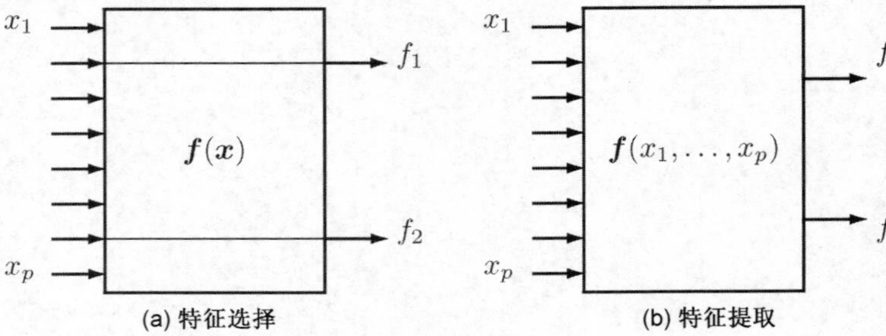


图 10.1 维数压缩

① 术语“特征”、“变量”、“属性”常常混用，不做区分。

可以把特征选择和特征提取均视为特征转换方法。这时，有一组权重用到原始变量上，以获得转换后的变量(Molina et al., 2002)。对于特征选择而言，这些权重是二值的，而对于特征提取，权重则是连续的。这些权重由训练集训练而得。二值情况下，训练后获得的仅是那些我们感兴趣的原始变量的子集，而连续权重的特征选择使全部原始特征得以保留。

两种方法都要求最优化某准则函数 $J$。这里用到的准则函数常常基于分布间距离的测度或分布间相似度的测度，可能需要依次对样本之间的距离做出定义。对于特征选择来说，有 $p$ 个可能的测量值 $X_1$, …, $X_p$，由其中 $d$ 个测量值的所有组合组成子集 $\chi_d$，最优化在子集 $\chi_d$ 上进行，就是寻求子集 $\tilde{\chi}_d$，使

$$J(\tilde{X}_d) = \max_{X \in \mathcal{X}_d} J(X)$$

经常用到的还有次优方法，即在已有集合上追加特征的方法。

特征提取时，将在变量的所有可能变换上进行最优化。这时，通常先指定变换的类型(如变量集的线性变换)，再寻找一种变换 $\tilde{A}$ 使

$$J(\tilde{A}) = \max_{A \in \mathcal{A}} J(A(\boldsymbol{X}))$$

其中，$\mathcal{A}$ 是允许的变换集。特征向量则是 $\boldsymbol{Y} = \tilde{A}(\boldsymbol{X})$。

## 10.2　特征选择

### 10.2.1　引言

近年来，人们在特征选择方面做了大量的工作。特别是生物信息学领域的基因芯片数据分析，对此项工作构成强大的推动力。不过，特征选择本来是关系到模式识别和机器学习大量应用的问题，如文本分类、遥感、药物研发、营销、语音处理、手写字符识别等。这些数据维数很高，样本数量又常常很小。十多年前就已经形成对特征选择方法的分类，那时(尤其是在模式识别文献中)并没有得到广泛应用(Molina et al., 2002；Liu and Yu, 2005；Saeys et al., 2007)。

决定进行特征选择的可能原因如下：

- 提高分类器的预测准确性；
- 去除不相关的数据；
- 提高学习效率，以减少计算和存储需求；
- 降低(未来)数据收集的成本，只测量与判别有关的变量；
- 降低分类器描述的复杂性，提供改进的可理解的数据和模型。

应该指出，对于优秀的分类算法来讲，不一定把特征选择作为必须的预处理步骤(Guyon, 2008)。许多现代模式识别算法采用正则化技术处理过度似合问题，例如正则化判别分析(见第 2 章)和支持向量机(见第 6 章)，或对多个分类器取平均，例如组合方法(见第 8 章)，因此通过预处理去除不必要的特征，可能并不是必需的。

#### 10.2.1.1　相关和冗余

这样的现象是很常见的：有大量特征无法提供可用的信息，它们或者与问题无关，或者是冗余的。只用那些与问题相关且非冗余特征来组织对分类器的训练，才是高效且有效的(Yu and Liu, 2004)。无关特征是指那些无助于分类规则的特征。冗余特征是指那些特征间具有强

相关的特征。消除冗余意味着不需要浪费精力(时间和成本)测量那些不必要的变量。一些特征选择方法会删除那些与问题无关的特征，但不能妥当地处理冗余特征(因为它们有类似的排序)。

一般认为一个特征集包括4个基本部分(Xie et al., 2006)：(1)无关特征；(2)冗余特征；(3)弱关联非冗余特征；(4)强关联特征。最佳子集只包含第3种和第4种特征。

令 $X$ 表示一个特征，$\chi$ 表示全部特征集，$S$ 表示不包括 $X$ 的特征集，即 $S=\chi-\{X\}$。

**强关联**

当且仅当

$$p(C|X,S)\neq p(C|S)$$

时，特征 $X$ 是强关联的。这时，类预测器的分布取决于特征 $X$。因此，为了不影响类预测器的分布，不能将该特征删除。

**弱关联**

当且仅当

$$p(C|X,S)=p(C|S)$$

时，特征 $X$ 是弱关联的。也就是说，从总特征集中去除特征 $X$ 并不影响类的预测，但会影响基于完整集的子集的预测。因此，该特征并不总是必要的，它对某些子集来说是必要的。

**无关**

当且仅当

$$\forall S'\subseteq S,\quad p(C|X,S')=p(C|S')$$

时，特征 $X$ 是无关的。对于完整集的任何子集，该特征 $X$ 并不影响类的预测。因此，这一特征是不必要的。

**冗余**

一个好的特征集所包含的特征应该是全部强关联特征和部分弱关联特征，没有无关特征。冗余特征被用来确定哪些弱关联特征应保留下来。这里用马尔可夫覆盖这一概念定义之。

令 $\boldsymbol{M}_X$ 是特征向量 $\boldsymbol{X}$ 的一个子集，不包含特征 $X$。对于给定 $\boldsymbol{M}_X$，如果 $X$ 有条件地独立于[①] $\boldsymbol{X}-\boldsymbol{M}_X-\{X\}$，则 $\boldsymbol{M}_X$ 是 $X$ 的马尔可夫覆盖。马尔可夫覆盖意味着 $\boldsymbol{M}_X$ 涵盖 $X$ 所具有的所有其他特征的信息。贝叶斯网络[②]可以提供对马尔可夫覆盖的图形解释。贝叶斯网络是一个统计模型，它以图形方式表示在某一范围的独立性(见第4章)。对于一个可靠的贝叶斯网络，特征的马尔可夫覆盖是唯一的，是由父、子女及配偶(共同子女的父母)组成的作为网络结构(见图10.2)的图形编码的集合。如果 $\boldsymbol{M}_X$ 是 $X$ 的马尔可夫覆盖，则该类变量 $C$ 有条件地独立于给定马尔可夫覆盖的 $X$。

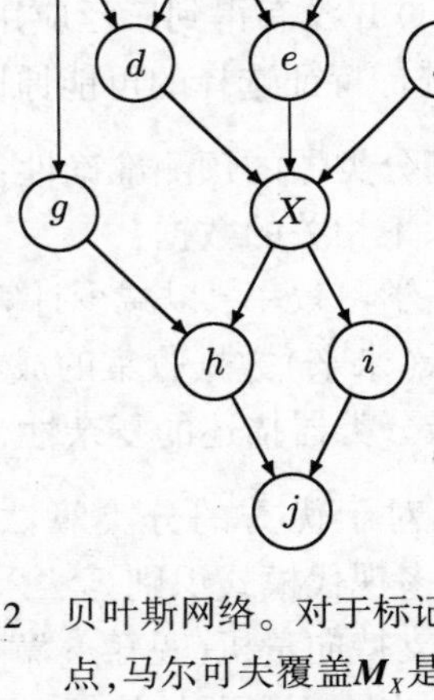

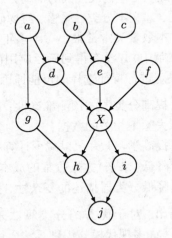

图10.2 贝叶斯网络。对于标记为 $X$ 的节点，马尔可夫覆盖 $\boldsymbol{M}_X$ 是节点 $\{d,e,f,g,h,i\}$ 的集合，这些节点有父节点、子节点和子节点的父节点

① 假设有3个变量 $A$、$B$ 和 $C$。如果说对给定的 $C$，$A$ 有条件地独立于 $B$，则记为 $A\perp B\mid C$，这意味着 $p(A,B\mid C)=p(A\mid C)p(B\mid C)$，或 $p(A\mid B,C)=p(A\mid C)$(等价地)。

② 对于联合分布 $P$，当且仅当限定在贝叶斯网络中的条件相关也限定在 $P$ 中时，贝叶斯网络是确定的。

假设有一个特征集 $\boldsymbol{G} \subset \boldsymbol{X}$。对于该特征集的特征，当且仅当它是弱关联的，并在 $\boldsymbol{G}$ 中有一个马尔可夫覆盖时，这个特征就是冗余的，可将其从特征集中删除。因此，这一马尔可夫覆盖的特性可以用来去除不必要的特征。然而，并不是所有保留下来的特征都一定有用，这取决于具体对象。上述定义的关联性和冗余性可以用类变量的后验概率来计算。如果目标是最小化分类错误，有一些关联特征可能就不是必要的。图 10.3 给出了一个两类问题(用▲和■标识)的示例(Guyon, 2008)。该例中，$X_2 = 0.5$ 以上的数据点有两种类型，它们在 $0 \leqslant X_1 \leqslant 1$ 和 $0.5 \leqslant X_2 \leqslant 1$ 上均匀分布。在直线 $X_2 = 0.5$ 以下，类▲在 $0.5 \leqslant X_1 \leqslant 1, 0 \leqslant X_2 \leqslant 0.5$ 上均匀分布，而类■在 $0 \leqslant X_1 \leqslant 0.5, 0 \leqslant X_2 \leqslant 0.5$ 上均匀分布。显然，其类的后验概率取决于 $X_2$，但其最简单的贝叶斯决策边界是 $X_1 = 0.5$，并不取决于 $X_2$。

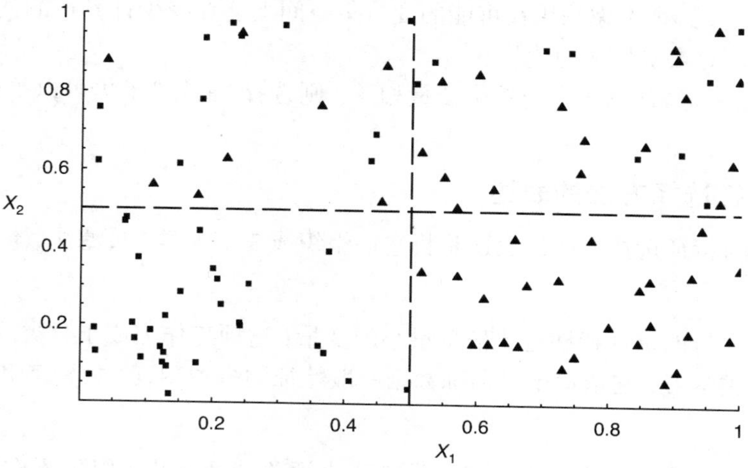


图 10.3　因为 $p(C \mid X_1, X_2) \neq p(C \mid X_1)$，特征 $X_2$ 是强关联类变量。决策边界($X_1 = 0.5$)与 $X_2$ 无关

#### 10.2.1.2　问题陈述

令 $\boldsymbol{G}$ 是变量 $\boldsymbol{X}$ 的一个子集。用 $p(C \mid \boldsymbol{x})$ 表示在变量向量 $\boldsymbol{X}$ 上给定一组测量数据 $\boldsymbol{x}$ 的类变量的后验概率；同样，用 $p(C \mid \boldsymbol{g})$ 表示变量向量 $\boldsymbol{G}$ 上给定一组测量数据 $\boldsymbol{g}$ 的类变量的后验概率。特征选择的目标是选择集合 $\boldsymbol{G}$，使得 $p(C \mid \boldsymbol{x})$ 和 $p(C \mid \boldsymbol{g})$ 尽可能接近。对于分布 $\mu(z)$ 和分布 $\sigma(z)$，定义 Kullback-Leibler 散度如下：

$$KL(\mu|\sigma) = \sum_{z} \mu(z) \log \left( \frac{\mu(z)}{\sigma(z)} \right)$$

$KL$ 测算用 $\sigma$ 近似 $\mu$ 的“错误”程度。在特征选择中，我们使用 Kullback-Leibler 散度寻找变量子集，使得

$$\begin{aligned}\delta_G(\boldsymbol{x}) &= KL\left(p(C|\boldsymbol{x}) | p(C|\boldsymbol{g})\right) \\ &= \sum_{C} p(C|\boldsymbol{x}) \log \left( \frac{p(C|\boldsymbol{x})}{p(C|\boldsymbol{g})} \right)\end{aligned}$$

尽可能小。上述仅是对一个测量向量的估计，我们要对所有测量向量进行累加，或者用非条件分布 $p(\boldsymbol{x})$ 估计

$$\Delta_G = \sum_{\boldsymbol{x}} p(\boldsymbol{x}) \delta_G(\boldsymbol{x})$$

对于连续变量，上式的求和号替换成积分号。

遗憾的是，直接基于 $\Delta_G$ 估计的特征选择方法并不可行，因为所涉及的分布是未知的(我们只有来自分布的样本点)。其次，计算每个变量子集的估计 $\Delta_G$ 通常是不可行的。

例如，假设有一组关于 $p$ 个变量的测量值，我们寻找尺度为 $d$ 的最佳子集。理论上，应该对从 $p$ 个变量中选出 $d$ 个变量的所有可能组合计算判别准则 $\Delta_G$，并选择使该准则最小的那个组合。然而，得到这个最佳解很难，因为要面对的可能子集数

$$n_d = \frac{p!}{(p-d)!d!}$$

对于中等大小的 $p$ 和 $d$ 值将十分庞大。例如，从 25 个变量中选择 10 个最佳特征就意味着必须考虑 3 268 760 个特征集，并在容许的时间内完成对每个特征集最优性准则的求解，这种方法显然不可行。因此，必须考虑采用在可能的变量集空间上能够减少计算量的搜索方法，这种计算量的减少或许以寻求次优解为代价。

如果(尽管不一定)计算成本与单个变量相关，则选择“最佳”子集可以等同于选择尽可能少的变量子集。

### 10.2.2 对特征选择方法的表述

一种常见的对特征选择方法的表述是将它们组织成 3 个大类：过滤法、包装法和嵌入法。

**过滤法**

这类方法用变量的统计特性过滤信息量小的变量；这项工作完成于分类阶段之前，因此特征选择独立于分类学习，它依赖于对训练数据一般特征的多种测度，如距离和相依性。

**包装法**

这类方法比过滤法的计算量大。用分类算法来评价特征子集，用预测准确性来衡量特征集的优劣，因此这类方法与分类器有关，更倾向于得到好于滤波法的性能。

**嵌入法**

这类方法寻求一个最优集，内置于分类器设计中(而不是像包装法那样独立于分类器设计)。这类方法同样与分类器相关，可以视为在特征子集和分类模型形成的组合空间搜索特征。决策树分类器(见第 7 章)把选择特征作为分类器设计的一部分，是一种嵌入法。

过滤法的计算效率较高，但其性能通常不如包装法。为此，人们提出了一些启发式算法(例如前向选择和后向选择)，用以降低包装法的计算复杂度。关于过滤法、包装法和嵌入法，Saeys et al. (2007)提出一类用于生物信息学领域的特征选择技术。

在特征选择过程中，有两个关键步骤：评估和子集生成。

- 评估方法是一种评估候选特征子集的方法。包装法和嵌入法倾向于使用基于分类性能的测度，而过滤法倾向于使用基于数据属性的测度。
- 子集生成方法是一种评估生成子集的方法。该方法对单个特征进行简单排序，或者称为增量法，它将特征加入现有特征子集，或将特征从现有特征子集中删除。

### 10.2.3 评估方法

为了选出好的特征集，需要一种方法来度量特征对区分类别能力的贡献，度量对象可以是被选中的单个特征，也可以是被选中的特征集合。也就是说，我们需要一种手段来度量关联性和冗余性。度量方法主要有两类。

1. **依靠数据一般属性的测度**。包括评估单个特征关联性的测度(例如，简单的特征排序)、通过估计数据分布的重叠而消除冗余特征的测度，以及通过估计马尔可夫覆盖而消除冗余特征的测度。经优化后，这些测度偏好那些重叠最小(即分离最大)的特征集合。所有这些测度都独立于最后所采用的分类器(使用过滤法)，其优势是执行起来往往代价很低，不利之处是在确定重叠时所做的假定往往是粗略的，可能导致较差的可分性估计。

   **特征排序**　经度量值对特征排序，淘汰那些无法达到规定分数的特征。这一排序可以单独进行，也可以与邻近的其他特征一起进行。

   **类间距**　一种将类间距定义为各类成员之间距离的测度。

   **概率距离**　这是一种对概率距离的计算，或对类条件概率密度函数之间差异的计算(两类)。

   **概率相依**　这些测度是多类准则，它对数据无关的类，计算类条件密度和混合概率密度函数之间的距离。

2. **把分类规则作为评价特征一部分的测度**。这种方法是使用已降低的特征集上的测量结果设计分类器，把对分类器性能的测量作为一个可分离的测量指标。然后，在单独的测试/验证集上，根据该项指标选择特征集，使分类器性能良好。在这种方法中，选择特征集去匹配分类器(这些措施均被包装法或嵌入法所用)。不同的特征集可能导致不同的分类器选择。

   **错误率**　用特征子集训练分类器，该分类器的错误率是普遍采用的一种测度，Forman (2003)在评估文本的分类时，使用了其他评估指标，这些指标用到真阳性($tp$)、假阳性($fp$)、真阴性($tn$)和假阴性($fn$)的数量。

### 10.2.3.1　特征排序测度

单变量特征排序可用于排列单一特征，从而提供一种去除无关或冗余特征的简单过滤法。最简单的方法是基于相关性的测度。它们很容易计算，既不需要估计概率密度函数，也不需要离散化连续特征。

皮尔逊相关系数用于度量两个变量之间线性相关的程度。对于变量 $X$ 和变量 $Y$，其测量值为 $\{x_i\}$ 和 $\{y_i\}$，均值为 $\bar{x}$ 和 $\bar{y}$，皮尔逊相关系数为

$$\rho(X,Y)=\frac{\sum_i (x_i-\bar{x})(y_i-\bar{y})}{\left[\sum_i (x_i-\bar{x})^2\sum_i (y_i-\bar{y})^2\right]^{\frac{1}{2}}} \tag{10.1}$$

如果两个变量完全相关 ($\rho=\pm 1$)，一个变量就是冗余的，可以将其删除。不过，线性相关测度无法捕获非线性关系。特征和表示类的目标变量(一种分类变量)之间的相关性要求将目标类编码为二元向量。如果有 $C$ 个类，$x_i$ 属于 $\omega_k$ 类，则应将 $y_i$ 编码为一个 $C$ 维二元向量 $(0,\cdots,0,1,0,\cdots,0)$，其中的“1”位于第 $k$ 个位置，即 $y_{ij}=0, j\neq k, y_{ik}=1$。我们用下式计算最小平方回归法测度 $R$：

$$R^2=\frac{\sum_k\left(\sum_i (x_i-\bar{x})(y_{ik}-\bar{y}_k)\right)^2}{\left[\sum_i (x_i-\bar{x})^2\sum_i\sum_k (y_{ik}-\bar{y}_k)^2\right]} \tag{10.2}$$

其中，$\bar{y}_k$ 是平均目标矢量的第 $k$ 个分量。该测度就是变量 $X$ 和类变量相关向量幅值的平方除以总平方和。

**互信息**(mutual information)　是一种非线性相关测度。(离散)变量 $X$ 的熵由下式给出：

$$H(X) = -\sum_x p(x)\log_2(p(x))$$

在观测到 $Y$ 的前提下，$X$ 的熵定义为

$$H(X|Y) = -\sum_y p(y)\sum_x p(x|y)\log_2(p(x|y))$$

互信息是 $Y$ 提供给 $X$ 的另一种信息，比 $X$ 的熵小，由下式给出：

$$\begin{aligned} MI(X|Y) &= H(X) - H(X|Y) \\ &= \sum_{x,y} p(x,y)\log_2\left[\frac{p(x,y)}{p(x)p(y)}\right] \end{aligned} \tag{10.3}$$

互信息可以用于特征排序。如果下式成立，则特征 $X$ 比特征 $Z$ 对类变量 $Y$ 的相关性更强：

$$MI(X|Y) > MI(Z|Y)$$

归一化的互信息，称为**对称不确定性**(symmetrical uncertainty)，定义为

$$SU(X,Y) = 2\left(\frac{MI(X|Y)}{H(X)+H(Y)}\right)$$

其取值范围为[0, 1]，取值为1表示告知有一个特征值将预测其他，取值为0表示其具有独立性[由式(10.3)可以看出]。互信息的优点是变量之间的相依性不再局限于线性关系，并且它可以处理标称或者离散特征，缺点是必须估计概率密度函数，且这种评估对连续变量很难进行，需要进行离散化处理。

上述每一种测度均可根据特征的关联性进行特征排序。然而，有一些特征可能与其前后特征也相关。如图10.4所示[引自Guyon(2008)]。因此，需要使用考虑前后特征相关性的排序准则。称为Relief的算法系列属于此类。它基于最近邻样本。对于模式 $x_i$，规定一个 $K$ 值，计算同类 $K$ 个最近邻样本($K$ 个最近的击中样本)$\{\boldsymbol{x}_{H_k(i)},\ k=1,\cdots,K\}$ 和不同类 $K$ 个最近邻样本($K$ 个最近的错样本)$\{\boldsymbol{x}_{M_k(i)},\ k=1,\cdots,K\}$。估计特征 $X_j$ 的规一化Relief准则为

$$R_{\text{Relief}}(j) = \frac{\sum_{i=1}^{n}\sum_{k=1}^{K}\left|x_{i,j}-x_{M_k(i),j}\right|}{\sum_{i=1}^{n}\sum_{k=1}^{K}\left|x_{i,j}-x_{H_k(i),j}\right|} \tag{10.4}$$

这是用特征 $X_j$ 度量的到最邻近的错样本的与到最邻近的击中样本的平均距离之比。后来，人们对此Relief方法进行了多种扩展(Duch, 2004)。

#### 10.2.3.2　类内距

二元变量

现在介绍人们提出的关于二元变量的相异性测度方法。二元变量向量 $\boldsymbol{x}$ 和 $\boldsymbol{y}$ 可以根据 $a$、$b$、$c$ 和 $d$ 的数量值来表示(见表10.1)：

$a$ 等于 $x_i=1$ 且 $y_i=1$ 出现的次数

$b$ 等于 $x_i=0$ 且 $y_i=1$ 出现的次数

$c$ 等于 $x_i = 1$ 且 $y_i = 0$ 出现的次数
$d$ 等于 $x_i = 0$ 且 $y_i = 0$ 出现的次数

注意，总变量(属性)数 $a + b + c + d = p$。与相异性度量相比，人们更习惯定义相似性度量。表 10.2 概括了一些常用的二元数据的相似性测度。

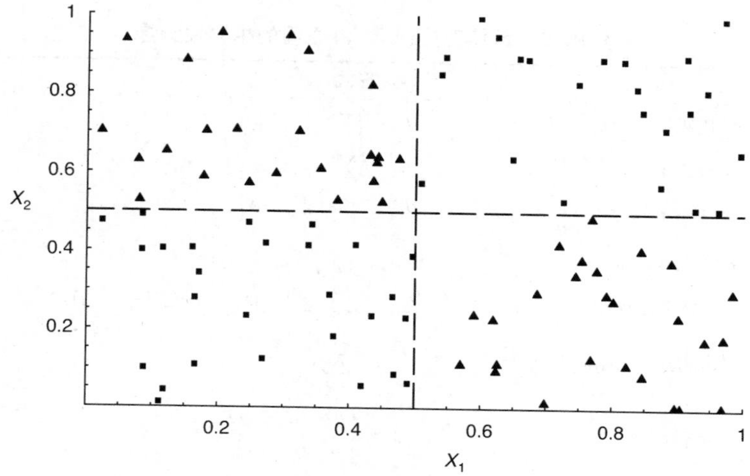


图 10.4　前后特征的相关性。$X_1$ 和 $X_2$ 的分布独立于类变量 ($X_1 \perp Y$, $X_2 \perp Y$)，但其联合分布与类相关($\{X_1, X_2\} \not\perp Y$)

**表 10.1　二元变量共生表**

| | | $x_i$ | |
|---|---|---|---|
| | | 1 | 0 |
| $y_i$ | 1 | $a$ | $b$ |
| | 0 | $c$ | $d$ |

**表 10.2　二元变量的相似性测度**

| 相似性测度 | 数学形式 |
|---|---|
| 简单的匹配系数 | $d_{sm} = \frac{a + d}{a + b + c + d}$ |
| Russell and Rao | $d_{rr} = \frac{a}{a + b + c + d}$ |
| Jaccard | $d_j = \frac{a}{a + b + c}$ |
| Czekanowski | $d_{Cz} = \frac{2a}{2a + b + c}$ |

标称变量和有序变量

此类变量通常表示为一组二元变量。例如，把一个具有 $s$ 个状态的标称变量用 $s$ 个二元变量表示。如果该变量处于第 $m$ 个状态，则 $s$ 个二元变量中除第 $m$ 个取值为 1，其余取值为 0。两个对象的差异可以通过对单个变量的差异求和而得到。

对于有序变量，一个变量对两个对象差异的贡献不仅仅是看它们是否相等。假设一个变量状态为 $m$，另一个变量状态为 $l(m < l)$，它们对差异的贡献记为 $\delta_{ml}$，则要求

$$\delta_{ml} \geqslant \delta_{ms}, \quad s < l$$
$$\delta_{ml} \geqslant \delta_{sl}, \quad s > m$$

也就是说，在状态间距离的半个矩阵中，其每一行和每一列的 $\delta_{ml}$ 均是单调递减的( $\delta_{14} > \delta_{13} > \delta_{12}$，等等；$\delta_{14} > \delta_{24} > \delta_{34}$ )。所选的 $\delta_{ml}$ 值在很大程度上取决于问题本身。例如，一个描述植物园中果实形态的变量，其取值可以是短、长或者很长。我们希望得到很长果实与短果实的差异比长果实与短果实的差异更大(所有其他属性值相等)。这时可以用数字 1、2、3 形成编码以计算这一差异，也可以用数字 1、10、100 形成编码同样计算之。

数值变量

关于数值变量的相异性测度方法有多种。其中的常用方法如表 10.3 所示。特定测度的选择取决于具体的应用。暂且撇开计算因素不谈，为实现特征选择和提取，人们很可能选择那些能获得最好性能的测度(可能依据验证集上的分类错误)。

表 10.3 数值变量($x$ 和 $y$)之间的相异性测量

| | 数学形式 |
|---|---|
| 欧氏距离 | $d_e = \left\{\sum_{i=1}^{p}(x_i - y_i)^2\right\}^{\frac{1}{2}}$ |
| 街区距离 | $d_{cb} = \sum_{i=1}^{p} \lvert x_i - y_i \rvert$ |
| 切比雪夫距离 | $d_{ch} = \max_{i} \lvert x_i - y_i \rvert$ |
| $m$ 阶马氏距离 | $d_M = \left\{\sum_{i=1}^{p}(x_i - y_i)^m\right\}^{\frac{1}{m}}$ |
| 二次距离，$Q$ 正定 | $d_q = \sum_{i=1}^{p}\sum_{j=1}^{p}(x_i - y_i)Q_{ij}(x_j - y_j)$ |
| 堪培拉(Canberra)距离 | $d_{ca} = \sum_{i=1}^{p}\frac{\lvert x_i - y_i \rvert}{x_i + y_i}$ |
| 非线性距离 | $d_n = \begin{cases} H & d_e > D \\ 0 & d_e \leqslant D \end{cases}$ |
| 角距离 | $\frac{\sum_{i=1}^{p} x_i y_i}{\left[\sum_{i=1}^{p} x_i^2 \sum_{i=1}^{p} y_i^2\right]^{1/2}}$ |

有两个样本 $\boldsymbol{x}$ 和 $\boldsymbol{y}$，它们来自不同的类，给定一个它们之间距离的测度 $d(\boldsymbol{x}, \boldsymbol{y})$，可将 $\omega_1$ 类和 $\omega_2$ 类之间的距离测度定义为

$$J_{as} = \frac{1}{n_1 n_2}\sum_{i=1}^{n_1}\sum_{j=1}^{n_2} d(\boldsymbol{x}_i, \boldsymbol{y}_j)$$

其中，$\boldsymbol{x}_i \in \omega_1$，$\boldsymbol{y}_j \in \omega_2$。这是平均距离。对于 $C > 2$ 类问题，其类间的平均距离定义为

$$J = \frac{1}{2}\sum_{i=1}^{C} p(\omega_i)\sum_{j=1}^{C} p(\omega_j) J_{as}(\omega_i, \omega_j)$$

其中，$p(\omega_i)$ 是 $\omega_i$ 类的先验概率(用 $p_i = n_i/n$ 估计)。采用欧氏距离的平方得到 $d(\boldsymbol{x}, \boldsymbol{y})$，则测度 $J$ 可以写成

$$J = J_1 = \mathrm{Tr}\{\boldsymbol{S}_W + \boldsymbol{S}_B\} = \mathrm{Tr}\{\hat{\boldsymbol{\Sigma}}\} \tag{10.5}$$

其中 $\boldsymbol{S}_W$ 和 $\boldsymbol{S}_B$ 是类内散布矩阵和类间散布矩阵。

准则 $J_1$ 使用简单的总体方差，与类的信息无关，不能算是令人满意的特征选择准则。

我们需要寻找一组变量，在某种意义上，这组变量使类内散布较小，类间散布较大。为此，人们又提出了几种准则。其中，普受欢迎的测度是

$$J_2 = \mathrm{Tr}\left\{\boldsymbol{S}_W^{-1}\boldsymbol{S}_B\right\} \tag{10.6}$$

另有使用总体散布矩阵与类内散布矩阵行列式比值的测度：

$$J_3 = \frac{|\hat{\boldsymbol{\Sigma}}|}{|\boldsymbol{S}_W|} \tag{10.7}$$

再就是使用如下测度：

$$J_4 = \frac{\mathrm{Tr}\{\boldsymbol{S}_B\}}{\mathrm{Tr}\{\boldsymbol{S}_W\}} \tag{10.8}$$

与下述的概率距离测度一样，这里讲到的每一个距离测量均可通过递归计算得到（见 10.2.5.1 节）。

### 10.2.3.3 概率距离

概率距离测量的是分布 $p(\boldsymbol{x}\mid\omega_1)$ 和分布 $p(\boldsymbol{x}\mid\omega_2)$ 之间的距离，可用于特征选择。例如，由下式给出的差异反映的是 Kullback-Leibler 差异 $KL(p(\boldsymbol{x}\mid\omega_1)\mid p(\boldsymbol{x}\mid\omega_2))$ 和 Kullback-Leibler 差异 $KL(p(\boldsymbol{x}\mid\omega_2)\mid p(\boldsymbol{x}\mid\omega_1))$ 的和：

$$J_D(\omega_1,\omega_2) = \int [p(\boldsymbol{x}|\omega_1) - p(\boldsymbol{x}|\omega_2)]\log\left\{\frac{p(\boldsymbol{x}|\omega_1)}{p(\boldsymbol{x}|\omega_2)}\right\}\mathrm{d}\boldsymbol{x}$$

其他测度如表 10.4 所示。此类测度的更完整的列表见 Chen（1973）和 Devijver and Kittler（1982）两本书。表中所有测度都具有这样的性质，即在类不相交时取值最大。

**表 10.4 概率距离测度**

| 相异性测度 | 数学形式 |
|---|---|
| 切尔诺夫（Chernoff） | $J_c = -\log\int p^s(\boldsymbol{x}\|\omega_1)p^{1-s}(\boldsymbol{x}\|\omega_2)\,\mathrm{d}\boldsymbol{x}$ |
| 巴氏（Bhattacharyya） | $J_B = -\log\int (p(\boldsymbol{x}\|\omega_1)p(\boldsymbol{x}\|\omega_2))^{\frac{1}{2}}\mathrm{d}\boldsymbol{x}$ |
| 差异 | $J_D = \int [p(\boldsymbol{x}\|\omega_1) - p(\boldsymbol{x}\|\omega_2)]\log\left(\frac{p(\boldsymbol{x}\|\omega_1)}{p(\boldsymbol{x}\|\omega_2)}\right)\mathrm{d}\boldsymbol{x}$ |
| Patrick-Fischer | $J_P = \left\{\int [p(\boldsymbol{x}\|\omega_1)p(\omega_1) - p(\boldsymbol{x}\|\omega_2)p(\omega_2)]^2\mathrm{d}\boldsymbol{x}\right\}^{\frac{1}{2}}$ |

概率距离准则的一个主要缺点是要求估计概率密度函数并进行数值积分。这就限制了它们在很多实际问题中的应用。不过，在某些分布形式的假设下，该表达式能够进行解析计算。正态分布时，包括表 10.4 的许多常用距离测度均得以简化。例如，均值为 $\boldsymbol{\mu}_1$ 和 $\boldsymbol{\mu}_2$ 且协方差矩阵为 $\boldsymbol{\Sigma}_1$ 和 $\boldsymbol{\Sigma}_2$ 的正态分布，差异 $J_D$ 变为

$$J_D = \frac{1}{2}(\boldsymbol{\mu}_2-\boldsymbol{\mu}_1)^{\mathrm{T}}\left(\boldsymbol{\Sigma}_1^{-1}+\boldsymbol{\Sigma}_2^{-1}\right)(\boldsymbol{\mu}_2-\boldsymbol{\mu}_1) + \mathrm{Tr}\left\{\boldsymbol{\Sigma}_1^{-1}\boldsymbol{\Sigma}_2 + \boldsymbol{\Sigma}_1^{-1}\boldsymbol{\Sigma}_2 - 2\boldsymbol{I}\right\}$$

多类问题中，必须采用成对的距离测度。可以把所有成对测度的最大交叠作为代价函数 $J$：

$$J = \max_{i,j(i\neq j)} J(\omega_i,\omega_j)$$

或使用成对测度的平均值：

$$J = \sum_{i<j} J(\omega_i,\omega_j)p(\omega_i)p(\omega_j)$$

### 10.2.3.4 概率相依

概率距离测度基于两两类之间的差异进行，要用到各类的类条件密度。概率相依测度是一种多特征选择准则，它测量类条件密度和类数据无关的混合概率密度函数之间的距离（见图 10.5）。

如果 $p(\boldsymbol{x}\mid\omega_i)$ 和 $p(\boldsymbol{x})$ 一致，就无法通过观测值 $\boldsymbol{x}$ 得到有关类的信息，且两个分布之间的

距离为零。因此，$\boldsymbol{x}$ 和 $\omega_i$ 是不相干的。如果 $p(\boldsymbol{x} \mid \omega_i)$ 和 $p(\boldsymbol{x})$ 之间的距离较大，观测值 $\boldsymbol{x}$ 就与 $\omega_i$ 有关。距离越大，$\boldsymbol{x}$ 就越依赖 $\omega_i$ 类。与表 10.4 的概率距离测度相对应，表 10.5 给出了概率相依测度(Devijver and Kittler，1982)。

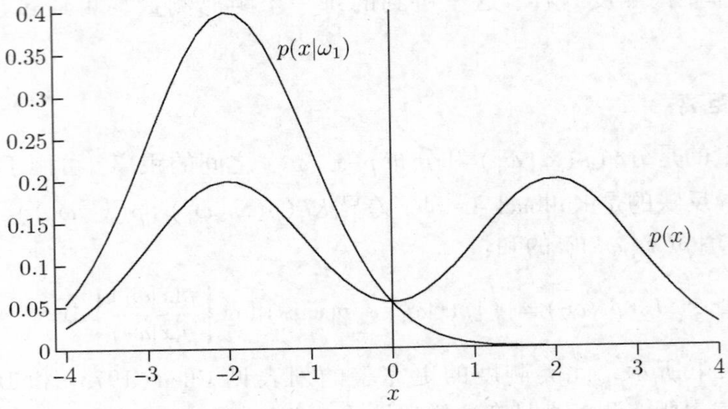


图 10.5　概率相依

实践中，概率相依测度的应用是受限的，因为即使是正态分布的类，表 10.5 给出的表达式也无法进行解析估计，原因是这时的混合分布 $p(\boldsymbol{x})$ 还是不遵循正态分布。

**表 10.5　概率相依测度**

| 相异性测度 | 数学形式 |
|---|---|
| 切尔诺夫(Chernoff) | $J_C = \sum_{i=1}^{C} p(\omega_i)\left\{-\log \int p^s(\boldsymbol{x}\mid\omega_i)p^{1-s}(\boldsymbol{x})\,\mathrm{d}\boldsymbol{x}\right\}$ |
| 巴氏(Bhattacharyya) | $J_B = \sum_{i=1}^{C} p(\omega_i)\left\{-\log \int (p(\boldsymbol{x}\mid\omega_i)p(\boldsymbol{x}))^{\frac{1}{2}}\,\mathrm{d}\boldsymbol{x}\right\}$ |
| 乔希(Joshi) | $J_D = \sum_{i=1}^{C} p(\omega_i)\int [p(\boldsymbol{x}\mid\omega_i) - p(\boldsymbol{x})]\log\left(\frac{p(\boldsymbol{x}\mid\omega_i)}{p(\boldsymbol{x})}\right)\mathrm{d}\boldsymbol{x}$ |
| Patrick-Fischer | $J_P = \sum_{i=1}^{C} p(\omega_i)\left\{\int [p(\boldsymbol{x}\mid\omega_i) - p(\boldsymbol{x})]^2\,\mathrm{d}\boldsymbol{x}\right\}^{\frac{1}{2}}$ |

#### 10.2.3.5　错误率

通常，分类器设计的主要目的是使期望的分类错误率最小。错误率(错分率)就是错误分类的样本所占的比例。如果将用于分类器设计的数据简单地用来估计错误率，将会导致对分类器性能的乐观估计。这种估计称为视在错误率。错误率估计应基于独立的测试集，但如果数据量有限，人们便希望在分类器设计中使用所有可能得到的数据。为此，人们研究了如折叠刀切法(jackknife)和自助法(bootstrap)来减小视在错误率的偏差。10.2.6 节给出了一个基于交叉验证法的算法。错误率估计在第 9 章已讨论过。

Forman(2003)对错误率测度进行了汇总，把错误率估计作为如何为文本分类展开机器学习这项研究工作的一部分(见表 10.6，该表列举出用于两类问题的常用测度)。文本分类问题的难点之一是类的高度偏移(与令人感兴趣的文档相比，有更多的文档的确与特定的文字纹路不匹配，这样的事实会导致类失衡)。把所有的对象均分成负类，可以简单地获得高准确度(低错误率)。因此，我们追求的是找到一个可替代的测度，该测度对类偏移具有鲁棒性。

表 10.6 给出的测度正是针对两类(正类和负类)问题定义的。

表 10.6 特征选择测度

| 名称 | 定义 |
|---|---|
| 准确性 | $\dfrac{tp+fp}{tp+tn+fp+fn}$ |
| 错误率 | 1 - 准确性 |
| 卡方(chi-squared) | $\dfrac{n\,(fp\times fn-tp\times tn)^2}{(tp+fp)\,(tp+fn)\,(fp+tn)\,(tn+fn)}$ |
| 信息增益 | $e(tp+fn,fp+tn)-\dfrac{(tp+fp)e(tp,fp)+(tn+fn)e(fn,tn)}{tp+fp+tn+fn}$ 其中 $e(x,y)=-\dfrac{x}{x+y}\log_2\dfrac{x}{x+y}-\dfrac{y}{x+y}\log_2\dfrac{y}{x+y}$ |
| 几率比 | $\dfrac{tpr}{1-tpr}\Big/\dfrac{fpr}{1-fpr}=\dfrac{tp\times tn}{fp\times fn}$ |
| 概率比 | $\dfrac{tpr}{fpr}$ |

$tp$:真阳性; $fp$:假阳性; $fn$:假阴性; $tn$:真阴性; $tpr=tp/(tp+fn)$:样本的真阳性率; $fpr=fp/(fp+tn)$:样本的假阳性率; $tp/(tp+fp)$: 精确度; $tpr$: 召回率。

准确/错误率

这是由单个特征构建的分类器的精确度，与类偏差有关。

卡方

它测算特征和类变量之间的非独立性，如果其值为零则两者相互独立。该测度面对低频率的类时是不可靠的。

信息增益

它度量特征从不出现到出现，其熵的减少。

几率比

该测度用来对信息检索时出现的文档进行排序，用阳性类成员出现在阳性类中的几率除以出现在阴性类中的几率。

概率比

该测度用正确预测出的阳性样本比例除以把阴性样本预测为阳性样本的比例。

### 10.2.4 选择特征子集的搜索算法

选择特征子集的搜索算法有 3 个大类：全搜索、顺序搜索和随机搜索(Liu and Yu，2005)。

全搜索

这类方法确保找到基于指定评估准则的最优特征子集。当然，穷举搜索是一种全搜索，但不一定仅有穷举搜索策略才能做到全搜索。例如，分支定界法就是完备的(全搜索)。

顺序搜索

按顺序增加或删除特征(连续向前选择或连续向后选择)。这类方法不是最优的，但执行简单，生成结果快。

随机搜索

这类方法涉及如何把随机性注入上述方法中，以及如何完全随机地生成下一个子集。

特征选择是要从 $p$ 个特征中选出大小为 $d$ 的子集，该子集是所有可能子集中最好的一个。为此，本节讨论两种搜索策略：最优搜索策略和次优搜索策略。基本方法是从一个空集开始，逐步递增地建立起 $d$ 个特征（“自下而上”方法），或者从测量值的满集开始，逐步删除多余的特征（“自上而下”方法）。

如果 $X_k$ 表示 $k$ 个特征或变量组，那么在“自下而上”方法中，给定迭代方法，最好的集合 $\tilde{X}_k$ 应该是使特征选择（提取）准则取最大值的集合

$$J(\tilde{X}_k) = \max_{X \in \mathcal{X}_k} J(X)$$

在某一给定的迭代步骤，所有特征集的集合 $\chi_k$ 由前一步迭代决定。这意味着迭代中某一步的测量值集合可作为下一步寻找集合的出发点。尽管有时集合满足包含关系（$\tilde{X}_k \subset \tilde{X}_{k+1}$），但并不意味着一定如此。

## 10.2.5 全搜索：分支定界法

分支定界法是一种不用穷举搜索的最优搜索方法。它是一种“自上而下”方法，从 $p$ 个变量组开始，在逐步删除变量的过程中形成一个树。这种方法依赖特征选择准则的一个重要性质，即对变量子集 $X$ 和变量子集 $Y$，

$$X \subset Y \Rightarrow J(X) < J(Y) \tag{10.9}$$

就是说，对于给定的变量集，其子集的特征选择准则取值要比其自身的特征选择准则取值低。我们称此性质为单调性。

下面用一个例子（见图 10.6）来描述这种分支定界法。假设希望从 5 个变量中选择最好的 3 个。构造一个树，其节点表示总变量集的基数为 3，4 和 5 的所有子集。树中第 0 级仅包含一个节点，该节点代表整个变量集，第 1 级包含删除了一个变量的子集，第 2 级包含删除了两个变量的子集。树中每个节点右边的数字代表变量的一个子集，左边的数字代表为达到子节点子集而从父节点子集中删除的变量。第 2 级包括从 5 个变量中选择 3 个变量的所有可能子集。注意，这棵树并不是对称的，原因是从原始变量集中先删除变量 4 然后删除变量 5（得到子集{1, 2, 3}，与先删除变量 5 再删除变量 4 的结果相同。因此，为使子集不重复，仅允许按增序删除变量。这样就避免了计算中不必要的重复。

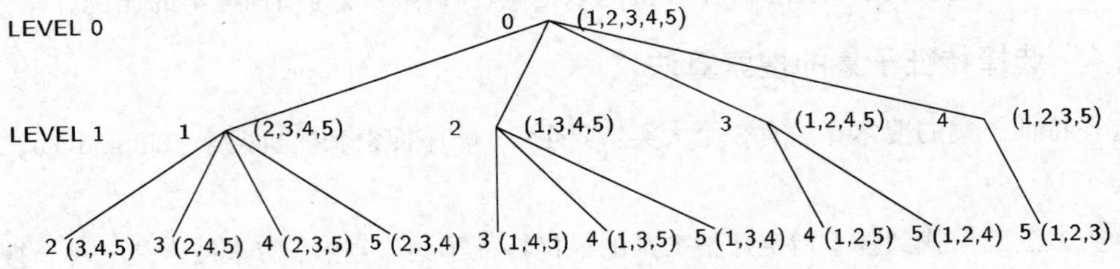


图 10.6 分支定界法树形图

至此，我们得到了树结构，下面介绍如何使用这棵树。我们从分支数最不密集的部分到分支数最密集的部分搜索之（从图 10.6 的右到其左搜索）。

在图 10.7 的树结构中，我们将计算出标于节点上的准则 $J$ 的值。从最右边的集合（集合{1, 2, 3}，$J = 77.2$）开始，向回搜索到最近的分支节点，并向下行进到该节点下一个最右分支，计算 $J(\{1, 2, 4, 5\})$。由于 $J(\{1, 2, 4, 5\})$ 大于 $J(\{1, 2, 3\})$，不能抛弃这个分支。根

据单调性原则，集合的所有子集的准则函数取值应呈下降趋势。因此，继续向下行进至其最右分支 $J(\{1, 2, 4\})$，此时 $J(\{1, 2, 4\})$ 低于 $J$ 的当前最大值 $J^*$，因此将其抛弃。再计算下一个子集的准则函数 $J(\{1, 2, 5\})$，并将其保留为当前最佳值(三变量子集的最大值) $J^* = 80.1$。接下来计算 $J(\{1, 3, 4, 5\})$，由于其值比当前最佳值小，同样根据单调性原则可知，集合的所有子集的准则函数值都低于该集合自身的准则函数值，因此终止对这个节点以下部分的树结构搜索。算法回溯到最近的分支节点，并向下行进到下一个最右分支(此例中是最后的分支)。计算 $J(\{2, 3, 4, 5\})$ 的值，同理，由于其值低于三变量子集上的当前最佳值，该节点以下的其余部分也无须计算。

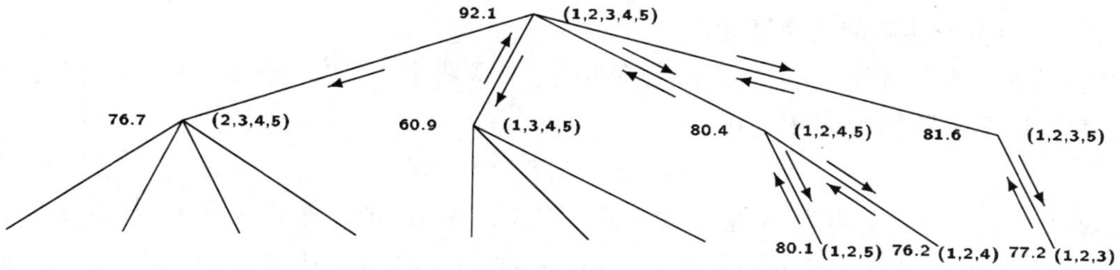


图 10.7　分支定界法树形图，特征选择准则的取值标于树的相应节点上

这样，尽管并没有计算所有 3 个变量的子集，但算法仍然是最优的，因为从条件式(10.9)可知，那些未计算的子集只会产生更低的 $J$ 值。

借助以上具体实例可以总结出一条较为通用的策略：从最上一级节点开始向下行进到最右边的分支，计算节点的代价函数 $J$。如果 $J$ 值小于当前阈值，则放弃那个特定分支以下的搜索，并回溯到上一分支节点。继续向下搜索下一个最右边的分支。如果任何一个分支的搜索到达了最下一级(如同在第一个分支中一定会发生的那样)，那么如果这一级的 $J$ 值比当前阈值大，则更新阈值并开始回溯。从图 10.6 可以看出(可以证明在一般情况下也是成立的)，假定 $n_{i-1}$ 是在上一级已删除的变量，那么在第 $i$ 级可能删除的变量是

$$n_{i-1}+1, \cdots, i+m$$

其中，$m$ 是最后子集的大小。

注意，如果对一给定的节点，计算了其后续节点(比给定节点低一级且与给定节点单一连接的节点)的准则函数，那么在整个分支定界算法中，该后续节点的所有“兄弟姐妹”节点(给定节点的所有其他方向的后续节点)的准则函数都要计算。既然 $J$ 值较低的节点比 $J$ 值较高的节点更易于抛弃，那么较明智的做法是将这些兄弟节点排序，以使 $J$ 值较小的节点有更多的分支。在图 10.7 中，第 2 级的节点被排序，以使 $J$ 值较小的节点有较多的分支。由于不管怎样都要计算所有的兄弟特征集，所以这种方法不会导致额外的计算量。这种方法是由 Narendra and Fukunaga(1977)提出的。

在回归(Miller, 1990)和分类(Narendra and Fukunaga, 1977)的特征选择文献中，最常用的特征选择准则是二次型准则：

$$\boldsymbol{x}_k^{\mathrm{T}}\boldsymbol{S}_k^{-1}\boldsymbol{x}_k$$

其中，$\boldsymbol{x}_k$ 是 $k$ 维向量，$\boldsymbol{S}_k$ 是 $k \times k$ 阶正定矩阵，$k$ 是满足式(10.9)的特征数。例如，在两类问题中，均值为 $\boldsymbol{\mu}_i(i = 1, 2)$，协方差矩阵为 $\boldsymbol{\Sigma}_i(i = 1, 2)$ 的两类之间的马氏距离为

$$J = (\boldsymbol{\mu}_1 - \boldsymbol{\mu}_2)^{\mathrm{T}}\left(\frac{\boldsymbol{\Sigma}_1 + \boldsymbol{\Sigma}_2}{2}\right)^{-1}(\boldsymbol{\mu}_1 - \boldsymbol{\mu}_2) \tag{10.10}$$

它满足单调性准则。在多类问题中，可以取所有类别两两之间的距离和。因为和式的每个分量满足式(10.9)，所以整个和式也满足式(10.9)。还有其他一些特征选择判据满足单调性准则，其中包括概率距离测度[如巴氏距离、散度(Fukunaga，1990)]和基于散布矩阵的测度(如 $\mathrm{Tr}\{\boldsymbol{S}_W^{-1}\boldsymbol{S}_B\}$，但不包括测度 $J_3$ 和 $J_4$、$\mathrm{Tr}\{\boldsymbol{S}_B\}/\mathrm{Tr}\{\boldsymbol{S}_W\}$ 或 $|\hat{\boldsymbol{\Sigma}}|/|\boldsymbol{S}_W|$。

本章讲到的许多最优和次优搜索算法，其第 $i$ 步的特征集是在第 $i-1$ 步的特征集(当前最优)上加入或减去某些特征构成的。对概率距离准则的正态分布参数形式而言，第 $i$ 步的准则函数值可以通过修改第 $i-1$ 步已计算出的准则函数值得到，而不必从定义重新计算。这可以大大节省计算开销。

#### 10.2.5.1 可分离性测度的递推计算

正态分布参数测度切尔诺夫(Chernoff)距离、马氏距离、散度、Patrick-Fischer 距离和马氏距离，都是以下 3 种基本模块的函数：

$$\boldsymbol{x}^{\mathrm{T}}\boldsymbol{S}^{-1}\boldsymbol{x},\quad \mathrm{Tr}\{\boldsymbol{T}\boldsymbol{S}^{-1}\},\quad |\boldsymbol{S}| \tag{10.11}$$

其中，$\boldsymbol{S}$ 和 $\boldsymbol{T}$ 是正定对称矩阵，$\boldsymbol{x}$ 是参数向量。因此，为递归地计算准则函数，仅需考虑这 3 个模块的计算。对 $k\times k$ 阶正定对称矩阵 $\boldsymbol{S}$，设 $\tilde{\boldsymbol{S}}$ 为删除了特征向量中第 $k$ 个元素的矩阵，则可以将 $S$ 写成

$$\boldsymbol{S}=\begin{bmatrix}\tilde{\boldsymbol{S}} & \boldsymbol{y}\\ \boldsymbol{y}^{\mathrm{T}} & s_{kk}\end{bmatrix}$$

假设已知 $\tilde{\boldsymbol{S}}^{-1}$，那么可以将 $\boldsymbol{S}^{-1}$ 写成

$$\boldsymbol{S}^{-1}=\begin{bmatrix}\tilde{\boldsymbol{S}}^{-1}+\frac{1}{d}\tilde{\boldsymbol{S}}^{-1}\boldsymbol{y}\boldsymbol{y}^{\mathrm{T}}\tilde{\boldsymbol{S}}^{-1} & -\frac{1}{d}\tilde{\boldsymbol{S}}^{-1}\boldsymbol{y}\\ -\frac{1}{d}\boldsymbol{y}^{\mathrm{T}}\tilde{\boldsymbol{S}}^{-1} & \frac{1}{d}\end{bmatrix} \tag{10.12}$$

其中，$d=s_{kk}-\boldsymbol{y}^{\mathrm{T}}\tilde{\boldsymbol{S}}^{-1}\boldsymbol{y}$。相应地，如果已知 $\boldsymbol{S}^{-1}$，记为

$$\boldsymbol{S}^{-1}=\begin{bmatrix}\boldsymbol{A} & \boldsymbol{c}\\ \boldsymbol{c}^{\mathrm{T}} & b\end{bmatrix}$$

则可以按下式计算 $\tilde{\boldsymbol{S}}^{-1}$：

$$\tilde{\boldsymbol{S}}^{-1}=\boldsymbol{A}-\frac{1}{b}\boldsymbol{c}\boldsymbol{c}^{\mathrm{T}}$$

因此，在向特征集中加入或从中删除一个特征之前，可以根据已知的逆矩阵计算另一个矩阵的逆矩阵。

在有些情况下，没有必要通过 $\boldsymbol{S}^{-1}$ 计算 $\tilde{\boldsymbol{S}}^{-1}$。考虑使用二次型 $\boldsymbol{x}^{\mathrm{T}}\tilde{\boldsymbol{S}}^{-1}\boldsymbol{x}$，其中 $\boldsymbol{x}$ 是 $k$ 维向量，$\tilde{\boldsymbol{x}}$ 表示删除了第 $k$ 个特征的向量，在第 $k$ 个特征删除之前，可根据二次型得到下式：

$$\tilde{\boldsymbol{x}}^{\mathrm{T}}\tilde{\boldsymbol{S}}^{-1}\tilde{\boldsymbol{x}}=\boldsymbol{x}^{\mathrm{T}}\boldsymbol{S}^{-1}\boldsymbol{x}-\frac{1}{b}[(\boldsymbol{c}^{\mathrm{T}}:b)\boldsymbol{x}]^2 \tag{10.13}$$

其中，$[\boldsymbol{c}^{\mathrm{T}}:b]$ 是 $\boldsymbol{S}^{-1}$ 中与删除的特征相对应的那一行。因此，可以直到确定特征从候选特征集中永久删除时再计算 $\tilde{\boldsymbol{S}}^{-1}$。

式(10.11)中的第二项是 $\mathrm{Tr}\{\boldsymbol{T}\boldsymbol{S}^{-1}\}$，可以使用如下关系：

$$\mathrm{Tr}\{\tilde{\boldsymbol{T}}\tilde{\boldsymbol{S}}^{-1}\}=\mathrm{Tr}\{\boldsymbol{T}\boldsymbol{S}^{-1}\}-\frac{1}{b}(\boldsymbol{c}^{\mathrm{T}}:b)\boldsymbol{T}\begin{pmatrix}\boldsymbol{c}\\ b\end{pmatrix} \tag{10.14}$$

最后，行列式满足

$$|\boldsymbol{S}| = (s_{kk} - \boldsymbol{y}^{\mathrm{T}}\tilde{\boldsymbol{S}}\boldsymbol{y})|\tilde{\boldsymbol{S}}|$$

## 10.2.6　顺序搜索

在有些问题中必须使用次优搜索算法。分支定界算法可能会由于计算量太大而难以实现(需要检查的可能组合数随变量个数以指数函数增长)，或者单调性式(10.9)不成立时，该算法不再适用。尽管次优搜索算法不能检查每一个特征组合，但可以估计一组潜在的有用特征组合。下面考虑几种复杂性不同的方法。

### 10.2.6.1　最佳个体 N

选择 $N$ 个特征的最简单方法是计算原始变量集 $\chi$ 的每个特征单独使用时的判据值。对特征排序，以使

$$J(X_1) \geqslant J(X_2) \geqslant \cdots \geqslant J(X_p)$$

选择获得最高单独评分的 $N$ 个特征作为最好的特征集：

$$\{X_i | i \leqslant N\}$$

这就需要确定特征子集的大小 $N$。另一种方法(Guyon，2008)是形成嵌套的特征子集 $S_1 = \{X_1\}$，$S_2 = \{X_1, X_2\}$，…，$S_p = \{X_1, \cdots, X_p\}$。对于每个特征子集，评估模型(适于数据的分类器)的性能，选择使模型性能接近最优的那个最小特征子集。这一方法既选择特征集的大小又选择特征。算法 10.1 给出了一个交叉验证算法(见第 9 章)。

---

**算法 10.1　用来选择独自关联的最佳特征集合的交叉验证算法**

1. 将数据划分为训练集和测试集。
2. 指定用于排序的统计量(例如互信息)。
3. 对特征进行排列，形成嵌套的特征子集 $S_1$，$S_2$，…，$S_p$。
4. 交叉验证过程如下：
   - 将训练数据拆分成(例如)10 个相等的部分，确保每个部分含所有的类；9 个部分用于训练，剩余的那个部分用于测试。
   - 依次在训练数据的每个子集 $k$ 上，用每个嵌套的子集变量 $S_h$ 训练分类器模型，用余下的那部分数据进行测试，获得其性能(如错误率) $CV(h, k)$，$h = 1, \cdots, p$；$k = 1, \cdots, 10$。
- 求平均

$$CV(h) = \frac{1}{10}\sum_k CV(h, k)$$

5. 选择使 $CV(h)$ 最优或接近最优的最小特征子集 $S_{h^*}$。
6. 用特征子集 $S_{h^*}$ 在整个训练集上训练分类模型，在测试集上评价其性能。

---

在某些情况下，这种方法可以产生合理的特征集，尤其是原始变量集不相关时，原因是该方法忽略了多变量之间的相关性。然而，如果原始集的特征高度相关，选择的特征集将是次优的，因为某些特征对判别力的提升作用不大(有冗余)。

### 10.2.6.2　顺序向前选择(SFS)

顺序向前选择(或添加法)是一种“自下而上”的搜索方法，每次向特征集中增加一个特

征，直到到达最后的特征集。设有一个已有 $d_1$ 个特征的特征集 $X_{d_1}$，对每一个未入选的特征 $\xi_j$ (即 $\chi - X_{d_1}$ 中的特征)计算准则函数 $J_j = J(X_{d_1} + \xi_j)$。选择使 $J_j$ 值最大的那个特征，并将其加入集合 $X_{d_1}$ 中。这样，在算法的每一步，选择一个特征加入当前集合，使特征选择准则最大。最初的特征集为空集。当这种改进使特征集性能变坏或达到最大允许的特征个数时，算法终止。这种算法的主要缺点是一旦某特征入选，即使后加入的特征使它变得不必要，也无法再将它删除。

就顺序向前选择而言，算法 10.2 是对算法 10.1 的修正，以使其适于顺序向前选择和接下来的顺序搜索算法。在每一个搜索阶段，生成一组用于交叉验证过程中用于评估的子集。

---

**算法 10.2 用来在顺序搜索过程中选择最佳特征集合的交叉验证算法**

1. 将数据划分为训练集和测试集。
2. 指定搜索策略：SFS，GSFS，……。

   在算法的每一步，执行

   (a) 产生用于评估的测试集。

   (b) 进入交叉验证过程。

   - 将训练数据拆分成(例如)10 个相等的部分，确保每个部分含所有的类；9 个部分用于训练，剩余的那个部分用于测试。
   - 依次在训练数据的每个子集 $k$ 上，用每个变量子集 $h$ 训练分类器模型，用余下的那部分数据进行测试，获得其性能(如错误率) $CV(h, k)$。
   - 求平均

$$CV(h) = \frac{1}{10}\sum_k CV(h, k)$$

   (c) 对于最近的搜索阶段，选择使 $CV(h)$ 最优或接近最优的最小特征子集 $S_{h^*}$。

3. 用在搜索过程中获得最佳性能的最小特征子集 $S_{h^*}$ 在测试集上进行评估，在整个训练集上训练分类模型，在测试集上评价其性能。

---

#### 10.2.6.3 广义顺序前进选择(GSFS)

广义顺序向前选择(GSFS)算法不是每次向测量值集合中添加一个特征，而是一次向特征集中添加 $r$ 个特征。设有一个已有 $d_1$ 个测量值的集合 $X_{d_1}$，从余下 $n - d_1$ 个特征中产生所有大小为 $r$ 的集合，这样就有

$$\binom{n-d_1}{r}$$

个集合。对每一个有 $r$ 个特征的集合 $Y_r$，计算 $X_{d_1} + Y_r$ 的代价函数，并把使代价函数最大的集合加入特征集中。GSFS 算法比 SFS 算法的计算量大，但其优点是在算法的每一步，在一定程度上考虑了变量测量值之间的统计相关性。

#### 10.2.6.4 顺序向后选择(SBS)

顺序向后选择(SBS)或顺序向后消除，是一种“自上而下”的算法。该算法与 SFS 算法类似，从一个完全集开始，一次删除一个变量，直到剩余 $d$ 个测量值。选择变量 $\xi_j$，使 $J(\chi - \xi_j)$ 最大(即 $\xi_j$ 对 $J$ 减小得最少)。新的特征集是 $\{\chi - \xi_j\}$。不断重复此过程，直到剩下的特征个数

符合集合基数的要求。由于要在较大的变量集上计算准则函数 $J$，所以该算法比 SFS 算法的计算量要大。

#### 10.2.6.5 广义顺序后退选择

如果已经阅读了前面的内容，自然就会知道广义顺序向后选择(GSBS)是一次从当前变量集中删除多个变量。

#### 10.2.6.6 增 $l$(减 $r$ 选择)

这种方法允许在特征选择过程中进行回溯。如果 $l > r$，则该算法是“自下而上”的方法。用 SFS 方法将 $l$ 个特征加入当前特征集中，然后再用 SBS 方法删除 $r$ 个最差的特征。这种方法消除了嵌套问题，因为某一步获得的特征集不一定是下一步特征集的子集。如果 $l < r$，该算法就是“自上而下”的方法，从一个完全特征集开始，依次删除 $r$ 个特征，增加 $l$ 个特征，直到获得满足要求的特征个数。

#### 10.2.6.7 广义增 $l$(减 $r$ 选择)

广义 $l$-$r$ 算法在每一步用 GSFS 和 GSBS 算法代替 SFS 和 SBS 方法。Kittler(1978a)进一步将此算法扩展，允许整数 $l$ 和 $r$ 分别由几个分量 $l_i$ ( $i = 1, \cdots, n_l$ )和 $r_j$ ( $j = 1, \cdots, n_r$ )组成，其中 $n_l$ 和 $n_r$ 是分量个数，并满足

$$0 \leqslant l_i \leqslant l, \quad 0 \leqslant r_i \leqslant r$$

$$\sum_{i=1}^{n_l} l_i = l, \quad \sum_{i=1}^{n_r} r_i = r$$

在这个扩展算法中，原先使用广义顺序前进算法增加 $l$ 个变量这一步[记为 GSFS($l$) ]替换为在每个 $n_l$ 步增加 $l_i$ 个特征，即对 $i = 1, \cdots, n_l$ 连续应用 GSFS($l_i$)。该方法减少了计算复杂性。同样，对 $j = 1, \cdots, n_r$ 连续应用 GSBS($r_j$)以代替 GSBS($r$)。该算法称为($Z_l$, $Z_r$)算法，其中 $Z_l$ 和 $Z_r$ 表示整数 $l_i$ 和 $l_j$ 序列：

$$Z_l = (l_1, l_2, \cdots, l_{n_l})$$

$$Z_r = (r_1, r_2, \cdots, r_{n_r})$$

本节讨论的次优搜索算法和穷举搜索策略都可以看成($Z_l$, $Z_r$)算法的一个特例(Devijver and Kittler, 1982)。

#### 10.2.6.8 浮动搜索方法

浮动搜索方法 SFFS(顺序向前浮动选择)和 SBFS(顺序向后浮动选择)可以看成是上述讨论的 $l$-$r$ 算法的扩展，其中 $l$ 值和 $r$ 值允许浮动。也就是说，在选择算法的不同步骤，$l$ 值和 $r$ 值可以改变。

在第 $k$ 步，设有一组子集 $X_1, \cdots, X_k$，其大小分别从 1 到 $k$。对特征选择准则 $J(.)$，设对应的特征选择准则值从 $J_1$ 到 $J_k$，其中 $J_i = J(X_i)$。设特征总体集合为$\chi$。在 SFFS 方法的第 $k$ 步，进行如下工作。

1. 从 $Y - X_k$ 中选择特征 $x_j$ 使 $x_j$，对 $J$ 的增值最大，将其加入当前集中：$X_{k+1} = X_k + x_j$。
2. 在当前集 $X_{k+1}$ 中找到使 $J$ 值减小最少的特征 $x_r$；如果 $x_r$ 与 $x_j$ 相同，则置 $J_{k+1} = J(X_{k+1})$；增加 $k$ 值；转第 1 步；否则将 $x_r$ 从当前集中删除，以形成集合 $X'_k = X_{k+1} - x_r$。

3. 当 $J(X'_{k-1}) > J_{k-1}$ 时，继续从集合 $X'_k$ 中删除特征，形成减少的特征集 $X'_{k-1}$；$k = k-1$；直到 $k = 2$；然后转第 1 步。

该算法需要用如下方法初始化：设置 $k = 0$，$X_0 = \Phi$（空集），并运用 SFS 算法，直到获得大小为 2 的集合。

### 10.2.7 随机搜索

随机性嵌入这一特征子集选择方法，在以下情况是有用的。

- 当确定性算法使用的特征选择准则容易陷入局部最优时；
- 当获得一个不错的解的益处显著超过获得较差解所付出的代价时，即在随机方法中增加计算时间是值得的；
- 当可能的特征子集空间很大时。

特征选择算法中随机性的来源有如下两种。

1. 随机地将一组变量输入到分类算法中。搜索过程可能开始于对特征子集的随机选择，具体做法可以用如下的(a)，或者用如下的(b)。

   (a) 过程依顺序而进，但注入是随机的。以基于模拟退火的方法为例。此方法中，新的子集以交互的方式提出。如果新解使特征选择准则函数 $J$ 获得一个较高值，就将其保留。否则，以取决于当前 $J$ 值和新 $J$ 值之差(一个称为温度的参数)的概率保留这个新解；

   (b) 完全随机地产生下一个子集，即下一个子集并不是从增加或减少当前子集而来。

   这种方法的优势在于，它提供了一些保护，以防范特征选择准则滞留在局部最小值。缺点是，如果只有一个或几个变量子集性能良好、或显著优于其他子集，则选中优秀解的概率会很小。

2. 随机选择训练样本集。用于训练特征子集选择算法的数据集是随机生成的完整训练数据集的子集。于是，该算法以随机的方式选择要用到的样本，然后按照传统的确定性方法进行搜索。

   当样本数量庞大或可用的运行时间短促时，这种方法比较有用。

Stracuzzi(2007)列举了用随机法进行特征选择的例子。具体研究包括 Hussein et al. (2001)对遗传算法的研究(Mitchell, 1997)，Chang(1973)考虑使用动态规划的方法。Siedlecki and Sklansky(1988)、Brill et al. (1992)及 Chang and Lippmann(1991)描述了基于模拟退火的蒙特卡罗方法和遗传算法。

### 10.2.8 马尔可夫覆盖

将马尔可夫覆盖作为一种过滤法来选择特征子集的问题，在过去十多年中引起了人们相当大的兴趣。目标变量(类变量)的马尔可夫覆盖包含一个最小的变量组。在马尔可夫覆盖中给定目标变量，所有其他变量与这些目标变量条件独立。关于马尔可夫覆盖的构建算法已有许多，读者可参阅 Fu and Desmarais(2010)关于基于特征选择的马尔可夫覆盖问题的综述。一旦训练结束，所得特征就可为普通分类器所使用，或者这个马尔可夫覆盖的结构为分类器设计所利用。

基本 IAMB(Incremental Association Markov Blanket)算法的优点是，可以简单地实施并预测特征的最小集。关于其如何处理数据效率的问题也已获得一些推进，例如快速 IAMB(Yaramakala and Margaritis, 2005)。

IAMB 算法(见算法 10.3)分为两个阶段:增长阶段和收缩阶段。在增长阶段，与类变量强相依的特征被识别出来。这种相依性用条件互信息来度量。条件互信息是在给定第三个变量的前提下，两个变量的期望值，由下式给出：

$$MI(X,Y|Z=z)=\sum_z p(z)\sum_x\sum_y p(x,y|z)\log\left(\frac{p(x,y|z)}{p(x|z)p(y|z)}\right)$$

或由下式给出：

$$MI(X,Y|Z=z)=\sum_x\sum_y\sum_z p(x,y,z)\log\left(\frac{p(x,y,z)}{p(x|z)p(y|z)p(z)}\right)$$

这是 KL 发散 $KL(p(x,y,z)\mid p(x\mid z)p(y\mid z)p(z))$。

**算法 10.3　IAMB 算法，用于寻找目标变量的马尔可夫覆盖 $T$**

1. 令目标变量的马尔可夫覆盖为空集：$\mathrm{MB}(T)=\Phi$。

**成长阶段**

2. 重复以下操作，直到 $\mathrm{MB}(T)$ 不再变化。
   (a) 寻找变量 $v\in\chi-\{T\}-\mathrm{MB}(T)$，使 $\mathrm{MI}(v,T\mid\mathrm{MB}(T))$ 最大。
   (b) 如果 Not CondInd($v$, $T\mid\mathrm{MB}(T)$)，便把 $v$ 添加 $\mathrm{MB}(T)$ 中。

**收缩阶段**

3. 对每个 $v\in\mathrm{MB}(T)$，
   (a) 如果 CondInd($v$, $T\mid\mathrm{MB}(T)-\{v\}$)，则从 $\mathrm{MB}(T)$ 中删除 $v$。
4. 返回 $\mathrm{MB}(T)$。

对强相依变量进行测试，以查看它与类变量(由当前马尔可夫覆盖用 CondInd( )给定)是否是条件独立的[对于连续变量和分类变量，存在若干对条件独立的参数和非参数检验(Agresti, 1990)]。如果非条件独立，则增加马尔可夫覆盖。

收缩阶段依次考虑训练马尔可夫覆盖中的每个变量 $v$，去除那些与目标变量条件独立的变量，该目标变量由马尔可夫覆盖中的被删除变量 $v$ 给定。收缩阶段有必要从生长的马尔可夫覆盖中去除假阳性变量(冗余变量)。

IAMB 算法理论完善、实现简单，人们通过对它的改进(变形)，使其在数据效率方面性能更佳，如 FAST-IAMB(Yaramakala and Margaritis, 2005)和 parallel-IAMB(Aliferis et al., 2002)。

## 10.2.9　特征选择的稳定性

前文对特征子集的多种选择方法进行了讲解。然而在给定数据集上，人们提出的不同算法不一定产生相同的特征排序。即便使用同一方法，对数据实施不同的随机采样，也会产生不同的特征子集(每个子集给出的预测准确度类似)。在特征数远远超过样本数的场合，这种影响尤为显著(如基因芯片数据问题)。特征选择方法的鲁棒性或稳定性是指因数据集的微小变化而引发的特征子集的变化，这时的特征子集是通过特征选择方法实现的。特征的高再现性与高分类精度同等重要，特别是需要人类专家解释输出结果时更是如此。

#### 10.2.9.1 测量稳定性

稳定性测度 $s_t$ 的定义依据是特征子集对之间的相似性(Saeys et al., 2008)：

$$s_t = \frac{2\sum_{i=1}^{k-1}\sum_{j=i+1}^{k} S(\boldsymbol{f}_i, \boldsymbol{f}_j)}{k(k-1)}$$

其中，$k$ 为特征子集数；$\boldsymbol{f}_i$ 是第 $i$ 个特征选择方法的输出(或应用到第 $i$ 个数据子集上的一个特征选择方法的输出，$1 \leqslant i \leqslant k$)；$S(\boldsymbol{f}_i, \boldsymbol{f}_j)$ 是输出 $\boldsymbol{f}_i$ 和输出 $\boldsymbol{f}_j$ 之间的相似性。这些输出可以是一个特征子集、一组特征的权重或特征排序。

为特征选择而定义的相似性测度有多种[见 He and Yu(2010)的综述]，特征选择的输出有特征集、特征的权重或特征的排序。下面对每一种输出类型举一个例子。

特征子集

设 $\boldsymbol{f}_i$ 是原始特征的一个子集，则 Jaccard 系数是子集 $\boldsymbol{f}_i$ 和子集 $\boldsymbol{f}_j$ 中公共特征的数量与这两个子集中全部特征数的比值：

$$S(\boldsymbol{f}_i, \boldsymbol{f}_j) = \frac{|\boldsymbol{f}_i \cap \boldsymbol{f}_j|}{|\boldsymbol{f}_i \cup \boldsymbol{f}_j|}$$

权重

设 $\boldsymbol{f}_i$ 是第 $i$ 个特征选择方法产生的所有特征的权重集合，则相关系数为

$$S(\boldsymbol{f}_i, \boldsymbol{f}_j) = \frac{\sum_l \left(f_i^l - \mu_{f_i}\right)\left(f_j^l - \mu_{f_j}\right)}{\sqrt{\sum_l \left(f_i^l - \mu_{f_i}\right)^2 \left(f_j^l - \mu_{f_j}\right)^2}}$$

其中，$\boldsymbol{f}_i^l$ 是第 $i$ 个特征选择方法提供的第 $l$ 个特征的权值，$\mu_{f_i}$ 是平均值。

次序排列

Spearman 次序相关系数为

$$S(\boldsymbol{f}_i, \boldsymbol{f}_j) = 1 - 6\sum_l \frac{\left(f_i^l - f_j^l\right)^2}{N\left(N^2 - 1\right)}$$

其中，$\boldsymbol{f}_i^l$ 是第 $i$ 个特征选择方法提供的第 $l$ 个特征的次序。

#### 10.2.9.2 稳健的特征选择技术

上述稳定性测度已被用来评估单一特征选择方法的稳定性。人们发现，特征选择的组合方法(将不同特征选择算法提供的特征子集进行组合)具有鲁棒性。Kalousis et al. (2005)探讨了当训练集发生变化时特征选择的稳定性。Yeung et al. (2005)对为基因选择和基因芯片数据分类求贝叶斯模型平均的做法(探讨鲁棒性的特征选择方法)进行了评估，也可参阅 Abeel et al. (2010)。关于组合方法可参阅第 8 章。

### 10.2.10 应用研究举例

问题

该应用涉及移动自组织网络的入侵检测(Wang et al., 2005)。

摘要

此项研究的目的是探讨减少有限容量的网络中每个节点收集特征数量的技术。旨在使用这些特征来检测熟知的攻击模式或正常的行为模式，以察觉潜在的攻击(作为异常)。

数据

这些特征包括数据包类型的组合、流动方向和采样周期。总共有 150 个特征，但此项研究只考虑其中的 25 个。样本有 200 个。

模型

用贝叶斯网络进行数据建模，从中得到马尔可夫覆盖。这种方法并不是最有效的，因为并不需要整个贝叶斯网络，而是仅需目标节点的马尔可夫覆盖。

训练过程

方法如下：从一个随机结构的贝叶斯网络开始，通过添加或删除边来确定此结构的近邻。对于每个近邻，估计最小描述长度得分(见第 13 章)，如果得分高于当前结构的得分，则更新当前网络。一个马尔可夫覆盖从最终结构中抽取出来，用于分类算法(决策树和贝叶斯网络)的变量由 WEKA 软件(Witten and Frank, 2005)提供。运行几次该程序，一个 10 倍的交叉验证用于估计四个分类器的性能：两种分类器类型和两种大小的特征集(由马尔可夫覆盖算法选中的特征数为 25 和 4)。

结果

用马尔可夫覆盖办法选中 4 个特征，用这 4 个特征形成分类器，与用全部 25 个特征形成的分类器的性能相比，4 特征分类器与 25 特征分类器性能类似，但 25 特征分类器性能更好些。

### 10.2.11　拓展研究

Somol et al. (1999)将浮动搜索方法发展成自适应浮动搜索算法，它能够在算法进程中动态地决定要向前增加或向后删除的特征个数。其他方法还有神经网络中的节点修剪法，以及基于类密度建模方法，该密度作为特定类型的有限混合模型(Pudil et al., 1995)。

组合(将基于不同特征子集的分类器组合起来)方法的使用趋势日益增长，这种方法在提高系统鲁棒性、增强系统预测性能方面的作用是显而易见的。将不同方法的结果组合起来，而不是只选择一个特定的特征选择方法，只接受此方法提供的最佳结果作为最终子集。

另外，单一方法生成的不同解可以通过对贝叶斯模型的平均将它们组合起来(见第 8 章)。

### 10.2.12　小结

特征选择是从原始特征(或变量)中选出对分类重要的那些特征的进程。在特征子集上定义特征选择准则 $J$，并寻找使 $J$ 值最大的特征组合。

本节描述了一些特征选择的统计模式识别方法，包括使 $J$ 值最大的最优和次优方法。有些方法在错误率上依赖于特定的分类器。当分类器比较复杂时，有可能产生计算问题。有些方法(过滤法)独立于特定的分类器，而有些方法则将特征选择整合到分类模型中(包装法和嵌入法)。如果分类器过于复杂，这种做法就会增加计算负担。由不同的分类器可能获得不同的特征集。

一般来讲，有些算法在计算上可行，但不是最优的。有些算法最优或接近最优，但即使对中等大小的特征集，计算起来也相当复杂。通常取这两类算法的折中。研究表明，浮动算法能以容许的计算代价接近最优的性能。

组合方法能提供更好的鲁棒性，这些已在第8章介绍过。

## 10.3 线性特征提取

特征提取是一种变换，它将原始数据(对所有变量)变换成变量个数减少了的数据集。

上节所讲的特征选择的目的是选出那些包括最大判别信息的变量。而有时基于计算代价的考虑，我们希望限制所得的测量值个数；或者希望删除多余的或不相关的信息，以获得一个相对简单的分类器。

在特征提取中，用全部可能的变量把数据(线性或非线性)变换到维数减少了的数据空间上。因此，变换的目的是用较少的潜在变量代替原始变量。以下是进行特征提取的几个原因。

1. 减小输入数据的带宽(其结果是提高计算速度，降低数据需求量)；
2. 为分类器提供一个适当的特征集，可使分类器性能提高，尤其是对简单的分类器；
3. 减少冗余；
4. 发现新的更有意义的潜在特征或变量，以形成对数据产生过程的更深入的理解。
5. 用较低的维数(理想情况是二维)表示数据，并最大程度地减少信息损失，以使数据易于观察，使数据的关系和结构更容易识别。

本节讲述的方法是数据自适应的。原始特征的变换取决于数据集。因此，这里排除通过固定的线性变换对数据进行预处理的方法，如离散傅里叶变换、离散余弦变换及诸如离散小波变换的多分辨率分析。这些变换的实施方法见 Nixon and Aquado(2008)及 Gonzalez and Woods(2008)。这些都是重要的变换，对于信号和图像预处理时尤为如此。

本节探讨的方法可在关于各种论题的文献中找到。其中许多是多元分析教科书中的探索性数据分析技术。有时也称为几何方法或定标方法，这些方法没有假定数据中存在类或聚类，在许多学科领域如经济学、农业科学、生物学和心理学方面都获得了应用。可以将几何方法进一步分类，当它主要涉及变量之间的关系时称为变量导向法(variable-directed)；当它主要涉及个体之间的关系时称为个体导向法(individual-directed)。

在模式识别文献中，数据变换技术称为变换空间中的特征选择或特征提取，它可以是有监督的(利用类别标签信息)，也可以是无监督的。这种方法可以建立在如上节所述的类别可分离性判据的最优化基础之上。

### 10.3.1 主成分分析

#### 10.3.1.1 引言

主成分分析起源于 Pearson(1901)的工作。主成分分析的目的是推导出新的变量(按重要性降序排列)，这些新变量是原始变量的线性组合而且互不相关。从几何学角度讲，可认为主成分分析是坐标轴的旋转，将原始坐标系的坐标轴旋转成一组新的正交坐标轴，并按由它们算得的原始数据方差的大小排列这些新坐标轴。

进行主成分分析的一个原因是，找到一组数量较少的描述数据的潜在变量。为达此目的，希望最初的几个变量(或分量)占原始数据中方差的大多数。但并不意味着接下来我们就能解释这些新变量。

主成分分析是一种变量导向方法。它不假定数据内部是否存在不同的类别，因此被描述成一种无监督特征提取方法。

到目前为止，我们的讨论纯属描述性的。引进了一些术语，但没有进行正式的定义。有多种数学方法可以用来描述主成分分析，但我们暂时把数学方法搁在一边而继续几何推导。有必要把例子限制在二维以内，这样仍能定义大多数随之而来的术语，并考虑一些主成分分析的问题。

图 10.8 画出了 12 个对象，图中每个点的 $x$ 值和 $y$ 值分别表示它们在两个变量上的测量值。例如，$x$ 和 $y$ 可以代表一组人的高度和重量，这时第一个变量可用米、厘米或英寸来度量，另一个变量可用克或磅来度量。因此两个测量值的单位是不同的。

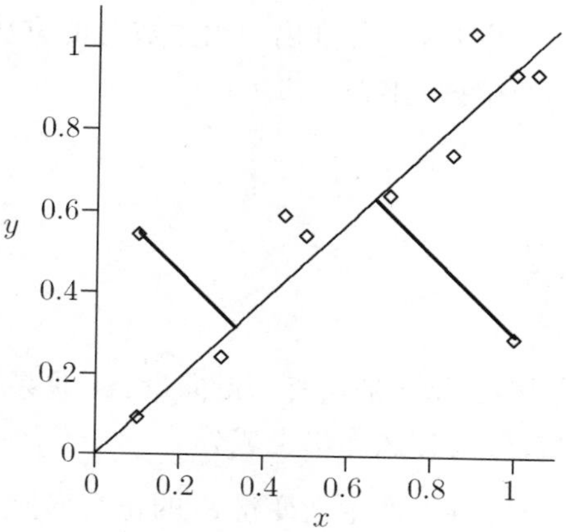

图 10.8　最合适的主成分直线

需要解决的问题是：穿过点集的最佳直线是什么。在回答这个问题之前，必须弄清楚"最佳"的含义。如果将 $x$ 当成输入量而将 $y$ 作为应变量，希望计算 $y$ 对给定 $x$ 的期望值 $E[y|x]$，那么 $y$ 关于 $x$ 的最佳(从最小平方距离的意义上)回归线是

$$y = mx + c$$

这是一条点到直线的距离的平方和最小的直线，点到直线的距离是垂直距离。

如果 $y$ 是回归量(regressor)而 $x$ 是应变量，那么线性回归线是点到直线的水平距离的平方和最小的直线。这就给出了不同的解决方案。Stuart and Ord(1991)给出了双变量分布上的双线性回归的一个较好的例子。

以上得到了两条最适合的直线，要注意的是改变变量的比例并不改变预测值。如果 $x$ 的比例被压缩或放大，直线的斜率就变化了，但 $y$ 的预测值并不改变。主成分分析产生唯一一条最佳直线并满足样本点到直线的垂直距离的平方和最小的限制(见图 10.8)。

通常使用的标准化方法(如果各变量使用不同的单位，一定要这么做)是让每个变量的方差一致。因此数据变换到新的坐标轴并集中在数据样本的质心，而且新坐标系根据标准方差的单位定义。改变变量的比例可以改变最适合的主成分线。

由最适合的直线定义的变量是第一个主成分。与第一条直线正交的直线所定义的变量是第二个主成分，在这个二维的例子中，它是唯一确定的。在高维数据问题中，第二个主成分是由与第一个主成分的最适合直线正交的向量所定义的变量，这个向量与最适合的直线一起，定义了一个最适合平面，也就是说，点到这个平面的垂直距离的平方和最小。可以用相同的方式定义余下的主成分。

另一种寻找主成分的方法是根据数据的方差(将在 10.3.1 节进行正式的推导)。如果把图 10.8 中的数据投影到第一个主成分轴上(即定义第一个主成分的向量)，那么在第一个主成分轴上的方差与其到第二个主成分轴的垂直距离的平方和成比例。同样地，沿第二个主成分轴上的方差与其到第一个主成分轴的垂直距离的平方和成比例。由于总的平方和是一个常数，到一个给定直线的距离平方和最小等价于到与之垂直的直线的距离平方和最大，或由上面提到的，等价于沿该直线方向的方差最大。这就是另外一种推导主成分的方法：找出一个占尽可

能多方差的方向(沿该方向方差最大);第二个主成分由与第一个正交的方向定义,如此不断进行下去。这些方差就是主值。

主成分分析产生了一个正交坐标系,其中坐标轴按相应主成分在原始数据中所占的方差量排列。如果最初的几个主成分占了方差的大多数,则可用它们来描述数据,这就导致了较少维数的数据表示。或许我们也想知道能否根据原始变量把新的成分解释成某些有意义的事情。但这个愿望通常得不到满足,实际上很难解释新的成分。

#### 10.3.1.2 主成分推导

至少有 3 种推出一组主成分的方法。设 $x_1, \cdots, x_p$ 是原始变量集,$\xi_i$, $i = 1, \cdots, p$ 是原始变量的线性组合,即

$$\xi_i = \sum_{j=1}^{p} a_{ij} x_j$$

或者

$$\boldsymbol{\xi} = \boldsymbol{A}^{\mathrm{T}} \boldsymbol{x}$$

其中,$\boldsymbol{\xi}$ 和 $\boldsymbol{x}$ 是随机变量向量,$\boldsymbol{A}$ 是系数矩阵($\boldsymbol{A}$ 矩阵的列向量是向量 $\boldsymbol{a}_i$,其第 $j$ 个分量是 $a_{ij}$)。可按下述方法导出主成分。

1. 寻找产生新变量 $\xi_j$ 的正交变换 $\boldsymbol{A}$,使 $\xi_j$ 具有方差的平稳值。该方法由 Hotelling(1993)提出,下面将有较详细的介绍。
2. 寻找产生不相关变量 $\xi_j$ 的正交变换。
3. 从几何的角度考虑问题,找到一条使垂直距离平方和最小的直线,然后寻找最合适平面等等。上面图示的二维例子中使用了这种几何方法(Pearson,1901)。

考虑第一个变量 $\xi_1$:

$$\xi_1 = \sum_{j=1}^{p} a_{1j} x_j$$

选择满足约束 $\boldsymbol{a}_1^{\mathrm{T}}\boldsymbol{a}_1 = |\boldsymbol{a}_1|^2 = 1$ 的 $\boldsymbol{a}_1 = (a_{11}, a_{12}, \cdots, a_{1p})^{\mathrm{T}}$,使 $\xi_1$ 的方差最大。$\xi_1$ 的方差是

$$\begin{aligned}
\operatorname{var}(\xi_1) &= E\left[\xi_1^2\right] - E\left[\xi_1\right]^2 \\
&= E\left[\boldsymbol{a}_1^{\mathrm{T}}\boldsymbol{x}\boldsymbol{x}^{\mathrm{T}}\boldsymbol{a}_1\right] - E\left[\boldsymbol{a}_1^{\mathrm{T}}\boldsymbol{x}\right] E\left[\boldsymbol{x}^{\mathrm{T}}\boldsymbol{a}_1\right] \\
&= \boldsymbol{a}_1^{\mathrm{T}}\left(E\left[\boldsymbol{x}\boldsymbol{x}^{\mathrm{T}}\right] - E\left[\boldsymbol{x}\right] E\left[\boldsymbol{x}^{\mathrm{T}}\right]\right)\boldsymbol{a}_1 \\
&= \boldsymbol{a}_1^{\mathrm{T}} \boldsymbol{\Sigma} \boldsymbol{a}_1
\end{aligned}$$

其中,$\boldsymbol{\Sigma}$ 是 $\boldsymbol{x}$ 的协方差矩阵,$E[\cdot]$ 表示期望。寻找满足约束 $\boldsymbol{a}_1^{\mathrm{T}}\boldsymbol{a}_1 = 1$ 的 $\boldsymbol{a}_1^{\mathrm{T}}\boldsymbol{\Sigma}\boldsymbol{a}_1$ 的平稳值,等价于寻找

$$f(\boldsymbol{a}_1) = \boldsymbol{a}_1^{\mathrm{T}} \boldsymbol{\Sigma} \boldsymbol{a}_1 - \nu \boldsymbol{a}_1^{\mathrm{T}} \boldsymbol{a}_1$$

的非条件平稳值,其中 $v$ 是拉格朗日乘子[可以在许多关于数学方法的教科书中找到拉格朗日乘子法,如 Wylie and Barrett(1995)]。依次对 $\boldsymbol{a}_1$ 的每个分量求导并令其等于 0,得到

$$\boldsymbol{\Sigma} \boldsymbol{a}_1 - \nu \boldsymbol{a}_1 = 0$$

为求 $\boldsymbol{a}_1$ 的非平凡解(非零向量解),$\boldsymbol{a}_1$ 必须是 $\boldsymbol{\Sigma}$ 的特征值为 $v$ 的特征向量。现在 $\boldsymbol{\Sigma}$ 有 $p$ 个特征向量 $\lambda_1, \cdots, \lambda_p$,各特征值不一定互不相同,也不一定均为非零特征值,但可以将它们按降序

排序，以使 $\lambda_1 \geqslant \lambda_2 \geqslant \cdots \geqslant \lambda_p \geqslant 0$。必须选择其中一个作为 $v$ 的值。由于 $\boldsymbol{\xi}_1$ 的方差是

$$\begin{aligned}\boldsymbol{a}_1^{\mathrm{T}}\boldsymbol{\Sigma}\boldsymbol{a}_1 &= \nu\boldsymbol{a}_1^{\mathrm{T}}\boldsymbol{a}_1 \\ &= \nu\end{aligned}$$

我们希望该方差取得最大值，因此选择最大的特征值 $\lambda_1$ 作为 $v$ 的值，$\boldsymbol{a}_1$ 是对应的特征向量。如果 $v$ 是特征方程

$$|\boldsymbol{\Sigma} - \nu\boldsymbol{I}| = 0$$

的重根，那么特征向量是不唯一的。变量 $\xi_1$ 是第一个主成分，并对原始变量 $x_1, \cdots, x_p$ 的任何线性函数具有最大方差。

获得第二个主成分 $\xi_2 = \boldsymbol{a}_2^{\mathrm{T}}\boldsymbol{x}$ 的方法是，选择系数 $a_{2i}$，$i = 1, \cdots, p$，使 $\xi_2$ 在满足约束 $|\boldsymbol{a}_2| = 1$ 且和第一个主成分 $\xi_1$ 不相关的条件下，其方差取得最大值。第二个约束意味着

$$E[\xi_2\xi_1] - E[\xi_2]E[\xi_1] = 0$$

或者

$$\boldsymbol{a}_2^{\mathrm{T}}\boldsymbol{\Sigma}\boldsymbol{a}_1 = 0 \tag{10.15}$$

由于 $\boldsymbol{a}_1$ 是 $\boldsymbol{\Sigma}$ 的特征向量，上式等价于 $\boldsymbol{a}_2^{\mathrm{T}}\boldsymbol{a}_1 = 0$，也就是说 $\boldsymbol{a}_2$ 垂直于 $\boldsymbol{a}_1$。

再次使用拉格朗日待定因子法，求

$$\boldsymbol{a}_2^{\mathrm{T}}\boldsymbol{\Sigma}\boldsymbol{a}_2 - \mu\boldsymbol{a}_2^{\mathrm{T}}\boldsymbol{a}_2 - \eta\boldsymbol{a}_2^{\mathrm{T}}\boldsymbol{a}_1$$

的无约束最大值。对 $\boldsymbol{a}_2$ 的每个分量求导，并令其等于 0，得到

$$2\boldsymbol{\Sigma}\boldsymbol{a}_2 - 2\mu\boldsymbol{a}_2 - \eta\boldsymbol{a}_1 = 0 \tag{10.16}$$

乘以 $\boldsymbol{a}_1^{\mathrm{T}}$，由 $\boldsymbol{a}_1^{\mathrm{T}}\boldsymbol{a}_2 = 0$ 得到

$$2\boldsymbol{a}_1^{\mathrm{T}}\boldsymbol{\Sigma}\boldsymbol{a}_2 - \eta = 0$$

而且由式(10.15)可得，$\boldsymbol{a}_2^{\mathrm{T}}\boldsymbol{\Sigma}\boldsymbol{a}_1 = \boldsymbol{a}_1^{\mathrm{T}}\boldsymbol{\Sigma}\boldsymbol{a}_2 = 0$，因此 $\eta = 0$。式(10.16)变为

$$\boldsymbol{\Sigma}\boldsymbol{a}_2 = \mu\boldsymbol{a}_2$$

这样，$\boldsymbol{a}_2$ 也是 $\boldsymbol{\Sigma}$ 的特征向量且与 $\boldsymbol{a}_1$ 正交。因为要寻找最大方差，所以 $\boldsymbol{a}_2$ 必须是与余下的特征值中的最大特征值(即所有特征值中第二大的特征值)相对应的特征向量。

继续使用这个结论，对第 $k$ 个主成分 $\xi_k = \boldsymbol{a}_k^{\mathrm{T}}\boldsymbol{x}$，其中 $\boldsymbol{a}_k$ 是与 $\boldsymbol{\Sigma}$ 的第 $k$ 个最大特征值相对应的特征向量，其方差等于第 $k$ 个最大特征值。

如果有些特征值相等，则特征向量的解不唯一，但对有非负特征值的实对称矩阵来说，总有可能找到一组正交的特征向量。

在矩阵表示中，

$$\boldsymbol{\xi} = \boldsymbol{A}^{\mathrm{T}}\boldsymbol{x} \tag{10.17}$$

其中，$\boldsymbol{A} = [\boldsymbol{a}_1, \cdots, \boldsymbol{a}_p]$，矩阵的列是 $\boldsymbol{\Sigma}$ 的特征向量。

到目前为止，已获知如何确定主成分，即对对称正定矩阵 $\boldsymbol{\Sigma}$ 进行特征向量分解，并用特征向量作为原始变量的线性组合的系数。但对于某些给定的数据，如何确定数据的降维表示？下面考虑方差。

主成分的方差和由下式给出：

$$\sum_{i=1}^{p}\mathrm{var}(\xi_i) = \sum_{i=1}^{p}\lambda_i$$

即协方差矩阵 $\boldsymbol{\Sigma}$ 的特征值之和等于原始变量的总方差。那么，可认为前 $k$ 个主成分占总方差的比例为

$$\sum_{i=1}^{k}\lambda_i \Bigg/ \sum_{i=1}^{p}\lambda_i$$

通过指定新成分在总方差中必须至少占有的比例 $d$ 来考虑减少维数的映射。$d$ 值由用户指定。因此可以选择 $k$，使

$$\sum_{i=1}^{k}\lambda_i \geqslant d\sum_{i=1}^{p}\lambda_i \geqslant \sum_{i=1}^{k-1}\lambda_i$$

并将数据变换成

$$\boldsymbol{\xi}_k = \boldsymbol{A}_k^{\mathrm{T}}\boldsymbol{x}$$

其中 $\boldsymbol{\xi}_k=(\xi_1,\cdots,\xi_k)^{\mathrm{T}}$，$\boldsymbol{A}_k=[\boldsymbol{a}_1,\cdots,\boldsymbol{a}_k]$ 是 $p\times k$ 阶矩阵。在70%到90%之间选择 $d$ 值，以保留 $\boldsymbol{x}$ 中的大部分信息(Jolliffe，1986)。Jackson(1991)提出了反对这种用法的观点，认为很难选择一个合适的 $d$ 值，这是个非常依赖于具体问题的值。

另一种方法是检查特征谱来观察特征值在稳定于较小值之前是否存在陡降(“斜坡”测试)。保留与分离点或拐点之前的特征值相对应的主成分(见图10.9)。

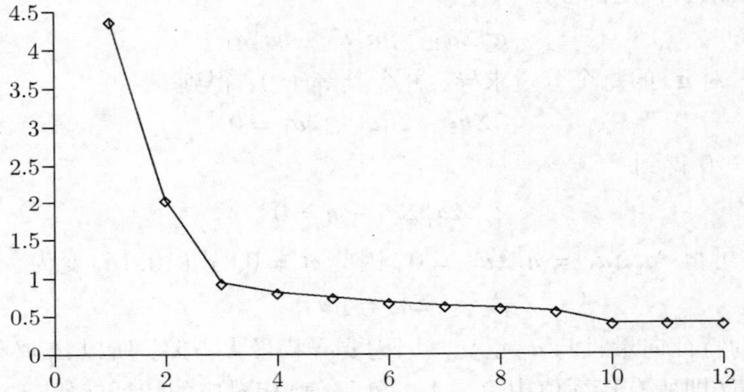


图10.9 特征谱、有序特征值和特征数之间的关系曲线，在第3个特征值处出现拐点

然而，也存在着特征值下降时没有明显的切断点和最初的少数几个特征值仅占方差一小部分的情况。

确定合适的主成分数是非常困难的。大多数测试只针对有限的特定事例，而且假定分布为多元正态分布。Jackson(1991)描述了一组方法，公布出几种对比研究的结果。

### 10.3.1.3 评注

采样

上述主成分的推导假定协方差矩阵 $\boldsymbol{\Sigma}$ 是已知的。在大多数实际问题中，需要从一组样本向量中估计样本协方差矩阵。使用这个样本协方差矩阵来计算主成分，并将其看成协方差矩阵 $\boldsymbol{\Sigma}$ 的特征向量的估计。另外可注意到，就导出降维的数据表示来说，该过程是自由分布(distribution-free)的，不具有固有统计模型的数学方法。因此，除非准备为数据假定一些模型，否则很难获知主成分估计的结果如何。

标准化

主成分取决于用于度量原始变量的尺度。即使度量变量的单位是相同的，如果某个变量

值的范围大大超过其他变量，那么我们希望第一个主成分就位于这个坐标轴方向上。如果每个变量的单位不同(如高度，重量)，那么主成分将取决于高度是否以英尺、英寸或厘米等来度量。在回归分析中(独立于尺度)不会出现这种情况，但在主成分分析中，使点到直线、点到平面等的距离最小时就会存在这类问题，而在改变坐标单位的情况下，直角变换会成为非直角变换。这个问题的实际解决方法是将数据标准化，以使各变量具有相同的变化程度。常用的标准化方法是把数据变换成具有零均值和单位方差，以便能够从相关矩阵中发现主成分。这使得每个原始变量具有同等的重要性。我们建议将所有变量标准化为具有零均值和单位方差。也可以采用其他的标准化形式，例如在主成分分析之前将数据变换成对数形式。Baxter(1995)对几种标准化方法进行了对比。用到训练数据上的变换也要同样用到测试数据上。

**均值修正**

式(10.17)将主成分 $\boldsymbol{\xi}$ 和观测随机向量 $\boldsymbol{x}$ 联系起来。通常，$\boldsymbol{\xi}$ 的均值不为零，为使主成分有零均值①，应将主成分定义为

$$\boldsymbol{\xi} = \boldsymbol{A}^{\mathrm{T}}(\boldsymbol{x} - \boldsymbol{\mu}) \tag{10.18}$$

其中 $\boldsymbol{\mu}$ 为均值，实际上是样本均值 $\boldsymbol{m}$。

**数据样本的近似**

为了用较少的维数表示数据，仅保留最初的几个主成分(主成分数通常由数据来决定)。因而数据向量 $\boldsymbol{x}$ 被投影到样本协方差矩阵的最初 $r$ 个特征向量上，得到

$$\boldsymbol{\xi}_r = \boldsymbol{A}_r^{\mathrm{T}}(\boldsymbol{x} - \boldsymbol{\mu}) \tag{10.19}$$

其中 $\boldsymbol{A}_r = [\boldsymbol{a}_1, \cdots, \boldsymbol{a}_r]$ 是 $p \times r$ 矩阵，其列是样本协方差矩阵的前 $r$ 个特征向量。$\boldsymbol{\xi}_r$ 用来表示变量 $\xi_1, \cdots, \xi_r$ (前 $r$ 个主成分)上的观测值。

在把数据点表示成维数降低了的点的过程中，通常存在着误差，而且人们希望了解点 $\boldsymbol{\xi}_r$ 对应于原始空间中的什么内容。

式(10.18)给出了变量 $\boldsymbol{\xi}$ 与 $\boldsymbol{x}$ 的关系，由于 $\boldsymbol{A}^{\mathrm{T}} = \boldsymbol{A}^{-1}$，得到

$$\boldsymbol{x} = \boldsymbol{A}\boldsymbol{\xi} + \boldsymbol{\mu}$$

如果 $\boldsymbol{\xi} = (\boldsymbol{\xi}_r, 0)^{\mathrm{T}}$，其前 $r$ 个分量等于 $\boldsymbol{\xi}_r$，余下的分量为零。那么与 $\boldsymbol{\xi}_r$ 对应的点 $\boldsymbol{x}_r$ 是

$$\begin{aligned}\boldsymbol{x}_r &= \boldsymbol{A}\begin{pmatrix}\boldsymbol{\xi}_r \\ 0\end{pmatrix} + \boldsymbol{\mu} \\ &= \boldsymbol{A}_r\boldsymbol{\xi}_r + \boldsymbol{\mu}\end{aligned}$$

由式(10.19)得到

$$\boldsymbol{x}_r = \boldsymbol{A}_r\boldsymbol{A}_r^{\mathrm{T}}(\boldsymbol{x} - \boldsymbol{\mu}) + \boldsymbol{\mu}$$

变换 $\boldsymbol{A}_r\boldsymbol{A}_r^{\mathrm{T}}$ 的秩为 $r$，该变换将原始数据分布映射到 $\mathbb{R}^p$ 中 $r$ 维子空间(或 $r$ 维流形)上的分布。向量 $\boldsymbol{x}_r$ 是点 $\boldsymbol{x}$ 映射下( $\boldsymbol{x}$ 投影到由前 $r$ 个主成分定义的空间)的、在原始坐标系中给出的位置；图 10.10 示出了二维数据点投影到第一主成分的情形。

**奇异值分解**

矩阵 $\boldsymbol{Z}$ 的右奇异值向量是矩阵 $\boldsymbol{Z}^{\mathrm{T}}\boldsymbol{Z}$ 的特征向量(见图 5.4)。样本协方差矩阵(无偏估计)可以写成如下形式：

---

① 如果执行推荐的标准化方法，在主成分上将满足零均值条件。

$$\frac{1}{n-1}\sum_{i=1}^{n}(\boldsymbol{x}_i-\boldsymbol{m})(\boldsymbol{x}_i-\boldsymbol{m})^{\mathrm{T}}=\frac{1}{n-1}\tilde{\boldsymbol{X}}^{\mathrm{T}}\tilde{\boldsymbol{X}}$$

其中，$\tilde{\boldsymbol{X}} = \boldsymbol{X} - \mathbf{1}\boldsymbol{m}^{\mathrm{T}}$，$\boldsymbol{X}$ 是 $n \times p$ 阶数据矩阵，$\boldsymbol{m}$ 是样本均值，$\mathbf{1}$ 是分量均为 1 的 $n$ 维向量。因此，如果定义

$$\boldsymbol{Z}=\frac{1}{\sqrt{n-1}}\tilde{\boldsymbol{X}}=\frac{1}{\sqrt{n-1}}(\boldsymbol{X}-\mathbf{1}\boldsymbol{m}^{\mathrm{T}})$$

则 $\boldsymbol{Z}$ 的右奇异值向量是协方差矩阵的特征向量，奇异值是主成分的标准偏差。进一步设

$$\boldsymbol{Z}=\frac{1}{\sqrt{n-1}}\tilde{\boldsymbol{X}}\boldsymbol{D}^{-1}=\frac{1}{\sqrt{n-1}}(\boldsymbol{X}-\mathbf{1}\boldsymbol{m}^{\mathrm{T}})\boldsymbol{D}^{-1}$$

其中，$\boldsymbol{D}$ 是 $p \times p$ 阶对角阵，$\boldsymbol{D}_{ii}$ 等于原始变量方差的平方根，那么 $\boldsymbol{Z}$ 的右奇异值向量是相关矩阵的特征向量。因此，给出一个数据矩阵，为确定其主成分，不一定要形成样本协方差矩阵。

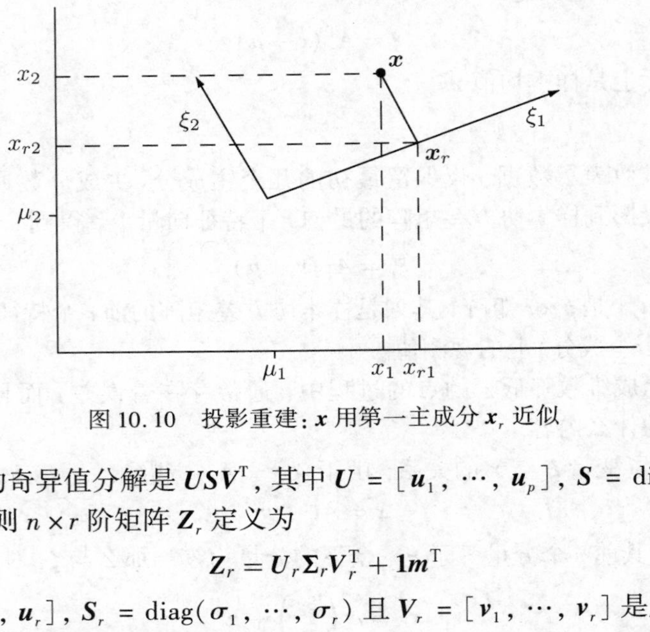


图 10.10 投影重建：$\boldsymbol{x}$ 用第一主成分 $\boldsymbol{x}_r$ 近似

如果 $\boldsymbol{X} - \mathbf{1}\boldsymbol{m}^{\mathrm{T}}$ 的奇异值分解是 $\boldsymbol{USV}^{\mathrm{T}}$，其中 $\boldsymbol{U} = [\boldsymbol{u}_1, \cdots, \boldsymbol{u}_p]$，$\boldsymbol{S} = \mathrm{diag}(\sigma_1, \cdots, \sigma_p)$，且 $\boldsymbol{V} = [\boldsymbol{v}_1, \cdots, \boldsymbol{v}_p]$，则 $n \times r$ 阶矩阵 $\boldsymbol{Z}_r$ 定义为

$$\boldsymbol{Z}_r=\boldsymbol{U}_r\boldsymbol{\Sigma}_r\boldsymbol{V}_r^{\mathrm{T}}+\mathbf{1}\boldsymbol{m}^{\mathrm{T}}$$

其中，$\boldsymbol{U}_r = [\boldsymbol{u}_1, \cdots, \boldsymbol{u}_r]$，$\boldsymbol{S}_r = \mathrm{diag}(\sigma_1, \cdots, \sigma_r)$ 且 $\boldsymbol{V}_r = [\boldsymbol{v}_1, \cdots, \boldsymbol{v}_r]$ 是原始数据点在前 $r$ 个主成分张成的、经过均值点的超平面上的投影。

成分选择

主成分分析中有许多选择成分的方法。但没有一个最好的方法，因为所采用的策略取决于被分析的对象：能较好适合数据的成分集(预测分析中)随着提供良好判别(预测分析)的变量的不同而变化。Ferré(1995)和 Jackson(1993)提供了比较性的研究。Jachson 发现折枝(broken stick)法是最有前途的一种方法，而且应用起来比较简单。如果特征值大于基于随机数据的阈值，则认为观测特征向量是可解释的：若特征值 $\lambda_k$ 大于 $\sum_{i=k}^{p}(1/i)$，则保留第 $k$ 个特征向量。Prakash and Murty(1995)考虑用遗传算法的方法来选择判别的成分。然而，最通用的方法或许是方差的百分比方法，即保留占方差近 90% 的特征值。另一种经验是保留那些特征值大于平均值(对于相关矩阵来讲大于 1)的特征向量。对于描述性分析，Ferré 建议使用经验方法。然而，如果要使用另一种方法，首先必须弄清楚为什么要进行主成分分析。没人能保证导出的变量子集比原始变量子集的判别性更好。

解释

最初的几个主成分是最重要的，但是很难为这些成分指定含义。一种方法是考虑对应于特定成分的特征向量，并选择使特征向量的系数值相对较大的变量。然后由用户进行完全主观的分析，以发现这些变量的共同点。

另一种方法是使用坐标轴正交旋转算法，如最大方差算法(Kaiser，1958，1959)。给定一组主成分轴，将其旋转以使给定成分的平方负荷①方差较大。可以通过使负荷在某些变量上较大而在其他变量上较小实现之，但遗憾的是这种方法并不一定能使主成分的解释变得更容易。Jackson(1991)考虑了解释主成分的方法，其中包括旋转法。

#### 10.3.1.4　讨论

主成分分析通常是数据分析的第一步，常用于减少数据的维数而尽可能多地保留原始数据集中出现的变差。

主成分分析没有考虑数据内的类别(即为无监督的)。尽管有时将数据投影到低维空间会出现分离的类别，但这种情况并不总是存在，一般维数降低会使类别的分离性变得不明显。

图 10.11 示出了二维空间中有两个分离类别的数据集和两个主成分方向。将数据投影到第一个特征向量上将消除类间的隔离，而投影到第二个特征向量上则保持了类别的分离性。因此，尽管降低维数是必要的，但是，用前几个主成分相联的向量所张成的空间不一定是用于判别的最好空间。

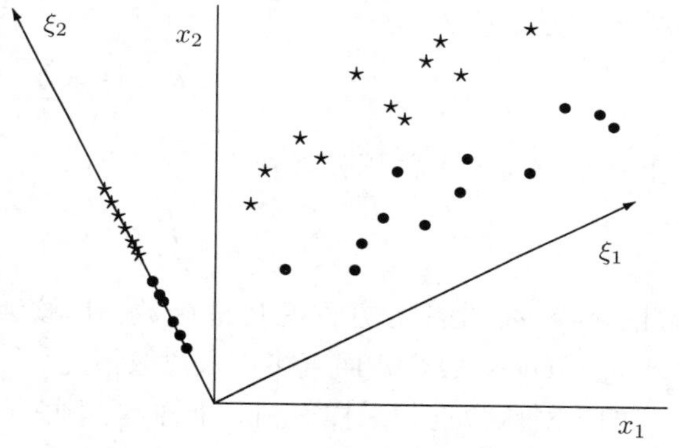

图 10.11　两类数据及两个主成分轴

#### 10.3.1.5　小结

主成分分析的步骤如下：

1. 形成样本协方差矩阵，或者通过形成相关矩阵来标准化数据；
2. 对相关矩阵进行特征分解。

或者是：

1. 标准化数据矩阵；
2. 对标准化数据矩阵进行奇异值分解。

为将数据降维表示，需要将数据投影到前 $m$ 个特征向量上，其中有多种选择 $m$ 的方法，例如可以用基于方差比的准则选择 $m$。

### 10.3.2　Karhunen-Loève 变换

Karhunen-Loève 变换的一种最基本形式与主成分分析是相同的。将其包含在本节中是因为在模式识别文献中，在广义 Karhunen-Loève 展开式论题下，有多种合并类信息的方法，而这些是主成分分析力所不能及的。

---

① 该负荷是成分值，即用到原始变量上的权重。

提出 Karhunen-Loève 展开式的最初目的是将非周期随机过程表示成系数互不相关的正交函数序列。如果 $x(t)$ 是 $[0, T]$ 上的随机过程，那么 $x(t)$ 可以展开成

$$x(t) = \sum_{n=1}^{\infty} x_n \phi_n(t) \tag{10.20}$$

其中，$x_n$ 是随机变量，基函数 $\phi$ 是时间确定性函数，且满足

$$\int_0^{\mathrm{T}} \phi_n(t)\phi_m^*(t) = \delta_{mn}$$

其中，$\phi_m^*$ 是 $\phi_m$ 的复数共轭。定义相关函数

$$\begin{aligned} R(t,s) &= E\left[x(t)x^*(s)\right] \\ &= E\left[\sum_n \sum_m x_n x_m^* \phi_n(t)\phi_m^*(s)\right] \\ &= \sum_n \sum_m \phi_n(t)\phi_m^*(s) E\left[x_n x_m^*\right] \end{aligned}$$

如果系数是不相关的($E[x_n x_m^*] = \sigma^2 \delta_{mn}$)，则

$$R(t,s) = \sum_m \sigma_m^2 \phi_m(t)\phi_m^*(s)$$

将上式乘以 $\phi_n(s)$ 并积分得到

$$\int R(t,s)\phi_n(s)\mathrm{d}s = \sigma_n^2 \phi_n(t)$$

因此，函数 $\phi_n$ 是积分方程的特征函数，其核为 $R(t, s)$，特征值为 $\sigma_n^2$。这里不打算研究连续 Karhunen-Loève 展开式而直接进入离散情况。

如果对函数均匀采样得到 $p$ 个样本，则式(10.20)变成

$$\boldsymbol{x} = \sum_{n=1}^{\infty} x_n \boldsymbol{\phi}_n \tag{10.21}$$

且积分方程变成

$$\boldsymbol{R}\boldsymbol{\phi}_k = \sigma_k^2 \boldsymbol{\phi}_k$$

此时 $\boldsymbol{R}$ 为 $p \times p$ 阶矩阵，它的第 $(i, j)$ 个元素 $R_{ij} = E[x(i)x^*(j)]$。上述方程中，$\boldsymbol{\phi}$ 仅有 $p$ 个不同的解，因此和式(10.20)的项数应减小到 $p$。$\boldsymbol{R}$ 的特征向量称为 Karhunen-Loève 坐标轴(Devijver and Kittler, 1982)。

除了假定随机变量 $x$ 的均值为零外，求 Karhunen-Loève 坐标轴的方法与求主成分的方法是一样的。文献中给出了导出 Karhunen-Loève 坐标轴的其他方法，这些方法对应于主成分分析的其他考虑，而且最终结果相同。

在模式识别文献中，Karhunen-Loève 变换打着“Karhunen-Loève 展开式”这个旗号，提出了各种不同的线性变换方法。这些线性变换将数据变换到由“二阶统计矩”矩阵的特征向量定义的降维空间上。这些方法也可以等价地称为“广义主成分分析”或其他类似名词。

Karhunen-Loève 展开式的性质与主成分分析的性质相同。它也产生一组互不相关的成分，也可以通过选择那些方差最大的成分降低维数。有各种不同的合并类信息或用不同的准则选择特征的基本方法。

#### 10.3.2.1　KL1 SELFIC(自特征信息压缩)

这种方法不使用类别标签，Karhunen-Loève 特征变换矩阵为 $A = [a_1, \cdots, a_p]$，其中 $a_j$ 是与那些最大特征值关联的样本协方差矩阵 $\hat{\Sigma}$ 的特征向量(Watanabe，1985)

$$\hat{\Sigma}a_i = \lambda_i a_i$$

且 $\lambda_1 \geqslant \cdots \geqslant \lambda_p$。

这种方法与主成分分析相同，适用于类别标签未知的情况(无监督学习)。

#### 10.3.2.2　KL2 类内信息

如果能得到数据的类信息，则可以通过各种不同的方法计算二阶统计矩，从而导致不同的 Karhunen-Loève 坐标系统。Chien and Fu(1967)提出使用平均类内协方差矩阵 $S_W$ 作为变换的基础。同样，特征变换矩阵 $A$ 是由与那些最大特征值关联的 $S_W$ 的特征向量组成的矩阵。

#### 10.3.2.3　KL3 均值中包含的判别信息

再次使用平均类内协方差矩阵的特征向量构造特征空间，但使用包含于类均值中的判别信息来选择特征子集，这些特征子集将进一步用于分类研究(Devijver and Kittler，1982)。计算每个特征($S_W$ 的特征向量 $a_j$，相应的特征值 $\lambda_j$)的 $J_j$ 值

$$J_j = \frac{a_j^{\mathrm{T}} S_B a_j}{\lambda_j}$$

其中，$S_B$ 是类间散布矩阵，坐标轴按 $J_j$ 的降序排列。

#### 10.3.2.4　KL4 方差中包含的判别信息

另一种特征向量($S_W$ 的特征向量 $a_j$)排序的方法是使用包含在类方差中的判别信息(Kittler and Young，1973)。当无法获得足够的类均值信息进行分类时，可以使用类条件方差的离差给出对判别信号的测度。被 $\omega_i$ 类的先验概率加权的第 $i$ 个类中的第 $j$ 个特征的方差由下式给出：

$$\lambda_{ij} = p(\omega_i) a_j^{\mathrm{T}} \hat{\Sigma}_i a_j$$

其中，$\hat{\Sigma}_i$ 是 $\omega_i$ 类的样本协方差矩阵，定义 $\lambda_j = \sum_{i=1}^{C} \lambda_{ij}$，那么基于对数熵函数的测度是

$$H_j = -\sum_{i=1}^{C} \frac{\lambda_{ij}}{\lambda_j} \log\left(\frac{\lambda_{ij}}{\lambda_j}\right)$$

选出较低熵取值的轴进行判别。

进一步使用方差的测度是

$$J_j = \prod_{i=1}^{C} \frac{\lambda_{ij}}{\lambda_j}$$

在没有判别信息的情况下，当因子 $\lambda_{ij}/\lambda_j$ 相同时，上述两种测度都达到最大值。

#### 10.3.2.5　KL5 类均值中判别信息的压缩

在方法 KL3 中，Karhunen-Loève 坐标轴由平均类内协方差矩阵的特征向量定义，按照 $J_j$ 递减的顺序对特征向量进行排序，以选择那些在低维空间中表示数据的特征。$J_j$ 值是用来表示类

均值中判别信息的测度。判别信息有可能分布在整个 Karhunen-Loève 坐标轴上，因而仅根据 $J_j$ 的值很难选择变换特征空间的最佳维数。

从讨论的方法(Kitter and Young，1973)中认识到，$C$ 类问题中，类均值最多存在于 $C-1$ 维空间中，因而试图寻找一种变换，将数据变换到能给出不相关特征且维数至多为 $C-1$ 维的空间中。

这是分两步执行的。首先，将数据变换到平均类内协方差矩阵是对角阵的空间中，这意味着变换空间中的特征是不相关的，而且进一步的正交变换仍将产生不相关的特征，因为已经对集中类向量(class-centralised vector)进行了去除相关处理。

如果 $\boldsymbol{S}_W$ 是原始数据空间中的平均类内协方差矩阵，那么集中类向量的去相关变换是 $\boldsymbol{Y}=\boldsymbol{U}^{\mathrm{T}}\boldsymbol{X}$，其中 $\boldsymbol{U}$ 是 $\boldsymbol{S}_W$ 的特征向量矩阵。变换空间中的平均类内协方差矩阵是

$$\boldsymbol{S}'_W=\boldsymbol{U}^{\mathrm{T}}\boldsymbol{S}_W\boldsymbol{U}=\boldsymbol{\Lambda}$$

其中，$\boldsymbol{\Lambda}=\mathrm{diag}(\lambda_1,\cdots,\lambda_n)$ 是变换特征的方差矩阵($\boldsymbol{S}_W$ 的特征值)。如果 $\boldsymbol{S}_W$ 的秩小于 $p$(记为 $r$)，那么降低维数的第一步是通过变换 $\boldsymbol{U}_r^{\mathrm{T}}\boldsymbol{X}$，$\boldsymbol{U}_r=[\boldsymbol{u}_1,\cdots,\boldsymbol{u}_r]$ 将数据变换到 $r$ 维空间，以使

$$\boldsymbol{S}'_W=\boldsymbol{U}_r^{\mathrm{T}}\boldsymbol{S}_W\boldsymbol{U}_r=\boldsymbol{\Lambda}_r$$

其中，$\boldsymbol{\Lambda}_r=\mathrm{diag}(\lambda_1,\cdots,\lambda_r)$。如果希望类内协方差矩阵对将来的正交变换是不变的，则它应该为单位阵。可以通过变换 $\boldsymbol{Y}=\boldsymbol{\Lambda}_r^{-\frac{1}{2}}\boldsymbol{U}_r^{\mathrm{T}}\boldsymbol{X}$，使

$$\boldsymbol{S}'_W=\boldsymbol{\Lambda}_r^{-\frac{1}{2}}\boldsymbol{U}_r^{\mathrm{T}}\boldsymbol{S}_W\boldsymbol{U}_r\boldsymbol{\Lambda}_r^{-\frac{1}{2}}=\boldsymbol{I}$$

这是降低维数的第一步，图 10.12 给出了示例。

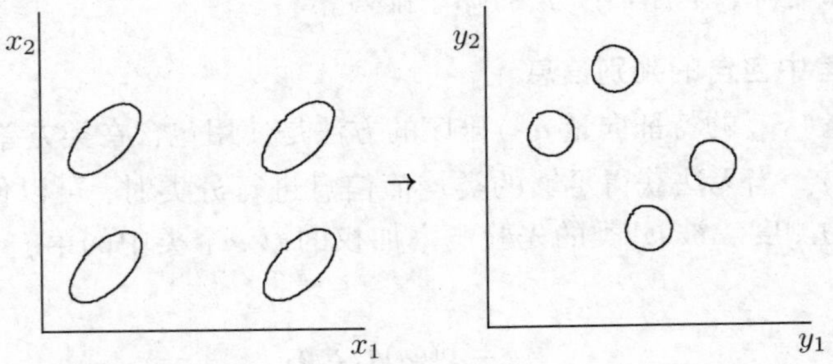


图 10.12　降维第一步示意图，数据为用围线“$\boldsymbol{x}^{\mathrm{T}}\hat{\boldsymbol{\Sigma}}_i^{-1}\boldsymbol{x}=$ 常数”表示的 4 个类

变换数据使新空间中的平均类内协方差矩阵为单位阵。新空间中的类间协方差矩阵 $\boldsymbol{S}'_B$ 由下式给出：

$$\boldsymbol{S}'_B=\boldsymbol{\Lambda}_r^{-\frac{1}{2}}\boldsymbol{U}_r^{\mathrm{T}}\boldsymbol{S}_B\boldsymbol{U}_r\boldsymbol{\Lambda}_r^{-\frac{1}{2}}$$

其中，$\boldsymbol{S}_B$ 是原始数据空间中的类间协方差矩阵。变换的第二步是压缩类均值信息，也就是寻找一种将类均值向量变换到低维空间中的正交变换。变换 $\boldsymbol{V}$ 由 $\boldsymbol{S}'_B$ 的特征向量决定，即

$$\boldsymbol{S}'_B\boldsymbol{V}=\boldsymbol{V}\tilde{\boldsymbol{\Lambda}}$$

其中，$\hat{\boldsymbol{\Lambda}}=\mathrm{diag}(\tilde{\lambda}_1,\cdots,\tilde{\lambda}_r)$ 是 $\boldsymbol{S}'_B$ 的特征值矩阵。至多有 $C-1$ 个非零特征值，因而最终的变换是 $\boldsymbol{Z}=\boldsymbol{V}_v^{\mathrm{T}}\boldsymbol{Y}$，其中 $\boldsymbol{V}_v=[\boldsymbol{v}_1,\cdots,\boldsymbol{v}_v]$，$v$ 是 $\boldsymbol{S}'_B$ 的秩。所以最优特征提取是

$$\boldsymbol{Z}=\boldsymbol{A}^{\mathrm{T}}\boldsymbol{X}$$

其中，$p\times v$ 阶线性变换阵 $\boldsymbol{A}$ 由下式确定：

$$A^{\mathrm{T}} = V_{\nu}^{\mathrm{T}} \Lambda_r^{-\frac{1}{2}} U_r^{\mathrm{T}}$$

在这个变换空间中

$$S_W'' = V_{\nu}^{\mathrm{T}} S_W' V_{\nu} = V_{\nu}^{\mathrm{T}} V_{\nu} = I$$

$$S_B'' = V_{\nu}^{\mathrm{T}} S_B' V_{\nu} = \tilde{\Lambda}_{\nu}$$

其中，$\hat{\Lambda}_{\nu} = \mathrm{diag}(\tilde{\lambda}_1, \cdots, \tilde{\lambda}_r)$。这样，变换使平均类内协方差矩阵等于单位阵，类间协方差矩阵等于对角阵(见图 10.13)。

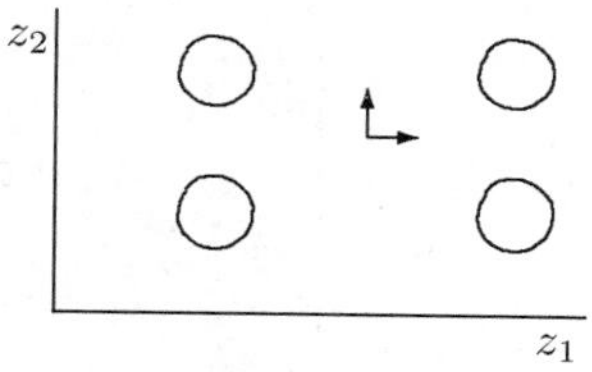


图 10.13　降维第二步：正交旋转并投影，使类间协方差矩阵对角化

通常，会选择所有的 $C-1$ 个特征，但可以根据 $\tilde{\lambda}_i$ 的值进行排序，并选择其中最大的几个。先对 $S_W$，然后对 $S'_B$ 进行特征向量分解即可得到线性变换。也可以使用基于 QR 因式分解的方法(Crownover，1991)。

上述两步过程对第 5 章中的线性判别分析给出了几何解释。可以证明，特征向量(矩阵 $A$ 中的列)是如下广义对称特征向量方程的的特征向量(Devijver and Kittler，1982)：

$$S_B a = \lambda S_W a$$

变换的第一步只是简单地坐标轴旋转，同时进行坐标轴定标(假定 $S_W$ 是满秩的)。第二步将数据投影到由变换空间中(维数至多为 $C-1$)的类均值定义的超平面上，并进行坐标轴旋转。如果在随后的分类器中使用所有的 $C-1$ 个坐标，那么最后的旋转是无关紧要的，因为所构建的任何分类器都独立于坐标轴旋转。由 $S'_B$ 的非零特征值对应的特征向量所张成的空间中的任何一组正交轴都可以使用。可以简单地将向量 $m'_1 - m'$，…，$m'_{C-1} - m'$ 正交化，其中 $m'_i$ 是由前几个变换定义的空间中类 $\omega_i$ 的均值，$m'$ 是总体均值。然而，如果希望获得数据的降维表示，则有必要对 $S'_B$ 进行特征分解，以获得能按 $S'_B$ 的特征值 $\tilde{\lambda}_i$ 的大小进行排序的坐标轴。

#### 10.3.2.6　举例

图 10.14 和图 10.15 给出了模拟油管数据的二维投影(Bishop，1998)。这个合成数据集模拟传输油、气、水混合物的油管上的非接触(nonintrusive)测量值。管中的流体为 3 种可能的结构之一：水平分层流体、嵌套环流体和均匀混合流体。数据存在于 12 维测量空间中。图 10.15 示出了 Karhunen-Loève 变换(KL5)将三类数据分成三个球形聚类(近似的)的情形。图 10.14 中的主成分投影没有将类别分开，但保留了某些结构，例如类 3 中(用□表示)包含了几个子类。

#### 10.3.2.7　讨论

上述讨论的所有方法有一些共同特征。它们都是通过线性变换把数据变换到低维空间；都是使用“二阶统计矩”矩阵的特征向量分解来确定这个变换，并在新空间中形成互不相关的特征或分量；均可用可分性测度(在数据有类别标签的情况下)或近似误差，对这些新空间中的特征排序。表 10.7 概括了这些方法。

公共主成分法(Flury，1988)也是通过“二阶统计矩”矩阵来决定坐标系的，因此也将其加入表 10.7 中。使用表 10.7 中的测度如 $H_j$ 或 $J_j$ 对主成分排序，可获得数据的降维表示。

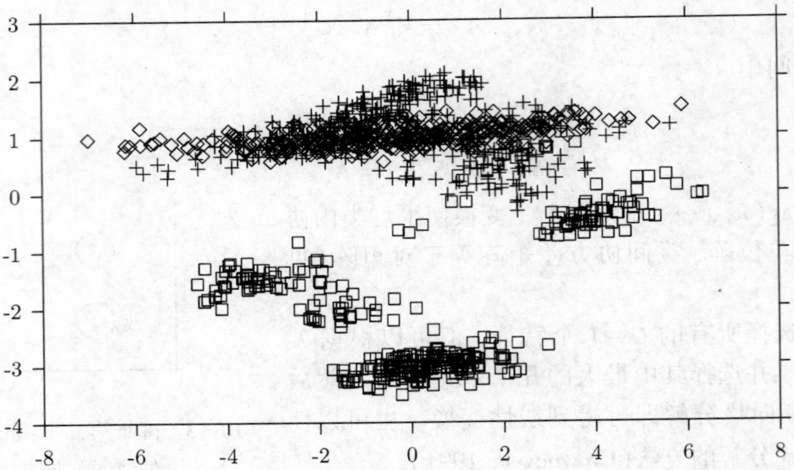


图 10.14 将三类油管数据(分层、环形和均匀多相)投影到前两个主成分上

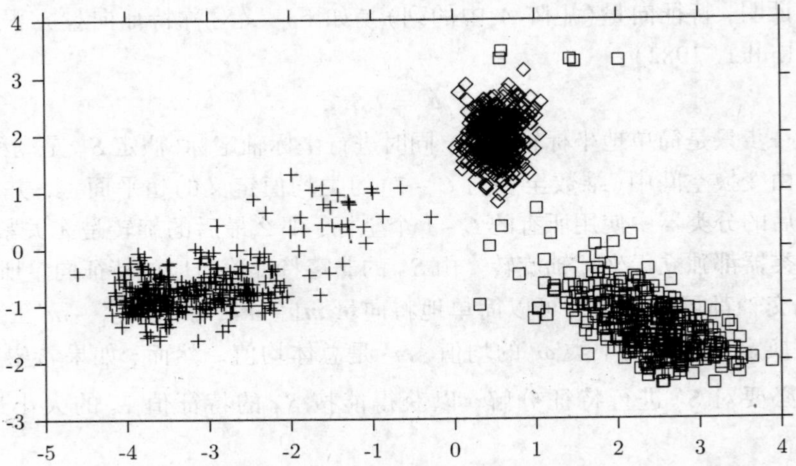


图 10.15 将三类油管数据(分层、环形和均匀多相)投影到两个线性判别方向上

**表 10.7 用于特征提取的线性变换方法一览**

| 方法 | 特征向量分解矩阵 | 用于排序的函数 |
|---|---|---|
| KL1 (PCA) | $\hat{\boldsymbol{\Sigma}}$ | $\lambda_j$ |
| KL2 | $\boldsymbol{S}_W$ | $\lambda_j$ |
| KL3 | $\boldsymbol{S}_W$ | $\boldsymbol{a}_j^{\mathrm{T}}\boldsymbol{S}_B\boldsymbol{a}_j/\lambda_j$ |
| KL4 – (a) | $\boldsymbol{S}_W$ | $H_j = -\sum_{i=1}^{C}\frac{\lambda_{ij}}{\lambda_j}\log\left(\frac{\lambda_{ij}}{\lambda_j}\right)$ |
| KL4 – (b) | $\boldsymbol{S}_W$ | $J_j = \prod_{i=1}^{C}\frac{\lambda_{ij}}{\lambda_j}$ |
| KL5 | $\boldsymbol{S}_W, \boldsymbol{S}_B$ | $\lambda_j$ |

最后一个方法(KL5)是从几何角度导出的，产生的变换与由最大化判别准则得到的线性判别变换(见第 5 章)相同。该方法没有假定分布类型，但如果假定类为正态分布的，则最近类均值类型规则将是最优的。

### 10.3.3　应用研究举例

问题

为规划者和政府官员监视土地使用中的变化(Li and Yeh, 1998)。

摘要

提出了如何将遥感应用于清点土地资源和评估对城市发展的影响。当不能获得详细的“地面真相”数据时，遥感是评估这类问题的快速有效方式。其目的是确定土地使用变化的类型、数量和方位。

数据

数据由在 5 个波段上测量得到的卫星图像构成，每隔 5 年对同一地区测量两幅图像。构造 10 维特征向量(包括两幅图像上的 5 个波段的像素测量值)，并收集整个区域上的数据。

模型

执行标准的主成分分析。

训练过程

将每个变量标准化为零均值和单位方差的变量，并进行主成分分析。最前面的 4 个主成分占方差的 97%。将数据投影到由主成分表征的子空间上，根据土地使用变化(16 个土地使用类，由现场数据决定)手工标记出子区域(从压缩的 PCA 图像中识别)。

### 10.3.4　拓展研究

本节所讨论的特征提取的基本线性方法，存在多种推广。主成分分析仍是一个令人感兴趣且较为活跃的研究领域。公共主成分分析(Flury, 1988)将主成分分析推广到多群(组)场合。公共主成分模型假定每个组或类的协方差矩阵 $\boldsymbol{\Sigma}_i$ 为

$$\boldsymbol{\Sigma}_i = \boldsymbol{\beta}\boldsymbol{\Lambda}_i\boldsymbol{\beta}^{\mathrm{T}} \tag{10.22}$$

其中，$\boldsymbol{\Lambda}_i = \mathrm{diag}(\lambda_{i1}, \cdots, \lambda_{ip})$ 是第 $i$ 个组的特征值对角阵。因而，特征向量 $\boldsymbol{\beta}$ 是组间公共的，但 $\boldsymbol{\Lambda}_i$ 各不相同。

还有一些对非线性主成分分析的研究，每个采用线性法的一个特定特征并将其推广。Gifi (1990)所讨论的工作主要应用于分类的数据。其他一些扩展包括主曲线(Hastie and Stuetzle, 1989；Tibshirani, 1992)及基于径向基函数(Webb, 1996)和核函数(Schölkopf et al., 1999)的非线性主成分。如果特征维数远远大于样本数，则有一些更有效的计算主成分的方法，参见关于特征脸的工作(Turk and Pentland, 1991)。

Ramsay and Dalzell(1991)和 Rice and Silverman(1991,1995)对可看成曲线的数据，研究了其主成分方法。Jackson(1991)讨论了分类数据和函数的主成分分析，并描述了鲁棒性方法。

独立成分分析(Comon, 1994；Hyvärinen and Oja, 2000)的目的是找到非高斯数据的线性表示，以使成分是统计独立的(尽可能独立)。这一条件比主成分分析(它们仅相当于高斯随机变量)的不相关条件更强。假设线性潜在变量模型

$$\boldsymbol{x} = \boldsymbol{A}\boldsymbol{s}$$

其中，$\boldsymbol{x}$ 是观测值，$\boldsymbol{A}$ 是混合矩阵，$\boldsymbol{s}$ 是潜在变量向量。给定 $\boldsymbol{x}$ 的实现 $T$，问题是在成分 $s_i$ 是统计独立的假设下，估计混合矩阵 $\boldsymbol{A}$ 和相应 $\boldsymbol{s}$ 的实现。这种方法在信号分析(医学，金融)、数据压缩、图像处理及电信等问题中获得了广泛的应用。

### 10.3.5 小结

本节讨论的所有方法均是构建基于一阶和二阶统计量矩阵的线性变换。

1. 主成分分析。基于相关矩阵或协方差矩阵的无监督方法;
2. Karhunen-Loève 变换。是一个总称, 涵盖着基于类内和类间协方差矩阵的多种变换。

获得这些方法的实施算法非常容易。

## 10.4 多维尺度分析

多维尺度(MultiDimensional Scaling, MDS)是用于分析距离矩阵或相异矩阵(邻近矩阵)以形成在降维空间(称为表示空间)中表示数据点的一类方法。

到目前为止, 本章介绍的所有数据降维方法都是分析 $n \times p$ 阶数据矩阵 $\boldsymbol{X}$ 或者样本协方差矩阵或相关矩阵。MDS 在运算的矩阵形式上不同于前述方法。当然, 给定一个数据矩阵, 可以构造相异矩阵(假定在对象之间定义了一个合适的相异测度), 然后用 MDS 方法进行分析。然而, 数据通常以相异的形式出现, 因此无法求助于其他方法。而且, 在前面讨论的方法中, 导出的数据降维变换在每种情况下都是线性的。可以看到, 某些多维尺度分析的形式允许非线性的数据降维变换(确实可以使用数据样本而不只是接近它们)。

MDS 有多种类型, 所有这些类型都提出了同一个基本问题: 给定 $n \times n$ 阶相异矩阵和距离测度(通常为欧氏距离), 在 $\mathbb{R}^e$ $(e<p)$ 空间中找到 $n$ 个点 $\boldsymbol{x}_1, \cdots, \boldsymbol{x}_n$ 的结构, 使点对之间的距离在某种意义上接近于它们的相异程度。所有的方法都应该找到点的坐标和空间 $e$ 的维数。MDS 的两个基本类型是计量 MDS 和非计量 MDS。计量 MDS 假定数据是定量的, 计量 MDS 假定点对间的距离与给定的相异测度之间的函数关系。非计量 MDS 假定数据是定性的, 或许具有次序含义。非计量 MDS 方法产生的结构试图保持相异测度的排列次序。

Sammon(1969)将计量 MDS 方法引入模式识别文献。人们研究这种方法来合并类信息, 并用来提供通过特征提取降维的非线性变换。

下面的讨论从描述计量 MDS 的一种形式即经典尺度分析开始。

### 10.4.1 经典尺度分析

给定一组位于 $p$ 维空间的 $n$ 个点 $\boldsymbol{x}_1, \cdots, \boldsymbol{x}_n$, 可以直接计算每个点对之间的欧氏距离。经典尺度分析(或主坐标分析)关心的是相反的问题: 给定一个距离矩阵, 假定是欧氏距离, 应该怎样在 $e$ 维空间(也要从分析中确定)中确定一组点的坐标。可以通过对 $n \times n$ 阶矩阵 $\boldsymbol{T}$ 进行分解达此目的, $\boldsymbol{T}$ 是个体间的平方和, 乘积形式为

$$\boldsymbol{T} = \boldsymbol{X}\boldsymbol{X}^{\mathrm{T}} \tag{10.23}$$

其中, $\boldsymbol{X} = [\boldsymbol{x}_1, \cdots, \boldsymbol{x}_n]^{\mathrm{T}}$ 是 $n \times p$ 阶坐标矩阵。个体 $i$ 与个体 $j$ 之间的距离为

$$d_{ij}^2 = T_{ii} + T_{jj} - 2T_{ij} \tag{10.24}$$

其中,

$$T_{ij} = \sum_{k=1}^{p} x_{ik} x_{jk}$$

如果强行限制点 $\boldsymbol{x}_i$, $i=1$, …, $n$ 的质心位于原点，那么式(10.24)可以反过来根据相异程度矩阵表示矩阵 $\boldsymbol{T}$ 的元素，得到

$$T_{ij}=-\frac{1}{2}\left[d_{ij}^2-d_{i.}^2-d_{.j}^2+d_{..}^2\right] \tag{10.25}$$

其中，

$$d_{i.}^2=\frac{1}{n}\sum_{j=1}^{n}d_{ij}^2,\qquad d_{.j}^2=\frac{1}{n}\sum_{i=1}^{n}d_{ij}^2,\qquad d_{..}^2=\frac{1}{n^2}\sum_{i=1}^{n}\sum_{j=1}^{n}d_{ij}^2$$

式(10.25)允许我们从 $n\times n$ 阶相异程度矩阵 $\boldsymbol{D}$（假定相异为欧氏距离）中构造矩阵 $\boldsymbol{T}$。下面需要做的就是对矩阵 $\boldsymbol{T}$ 进行因子分解以得到式(10.23)的形式。因为 $\boldsymbol{T}$ 是实对称矩阵，所以可以写成如下形式：

$$\boldsymbol{T}=\boldsymbol{U\Lambda U}^{\mathrm{T}}$$

其中，$\boldsymbol{U}$ 的列是 $\boldsymbol{T}$ 的特征向量，$\boldsymbol{\Lambda}$ 是特征值为 $\lambda_1$, …, $\lambda_n$ 的对角矩阵。因此取

$$\boldsymbol{X}=\boldsymbol{U\Lambda}^{\frac{1}{2}}$$

作为坐标矩阵。如果相异程度矩阵的确为空间 $\mathbb{R}^p$ 中点间的欧氏距离矩阵，则可以对特征值排序如下：

$$\lambda_1\geqslant\cdots\geqslant\lambda_n=0,\quad \lambda_i=0,\ i=p+1,\cdots,n$$

如果要在降维空间中表示数据，则仅使用那些与最大特征值关联的特征向量。选择特征值个数的方法可参见主成分分析中的讨论。简单地说，选择 $r$ 个特征以使

$$\sum_{i=1}^{r-1}\lambda_i\ <\ k\sum_{i=1}^{n}\lambda_i\ <\ \sum_{i=1}^{r}\lambda_i$$

$k(0<k<1)$ 为预先规定的阈值，或者可以使用“斜坡检验”。

因而可取

$$\boldsymbol{X}=[\boldsymbol{u}_1,\cdots,\boldsymbol{u}_r]\mathrm{Diag}\left(\lambda_1^{\frac{1}{2}}\cdots\lambda_r^{\frac{1}{2}}\right)=\boldsymbol{U}_r\boldsymbol{\Lambda}_r^{\frac{1}{2}}$$

作为 $n\times r$ 阶坐标矩阵，其中 $\boldsymbol{\Lambda}_r$ 是 $r\times r$ 阶对角矩阵，其对角元素为 $\lambda_i$, $i=1$, …, $r$。

如果相异程度不是欧氏距离，那么 $\boldsymbol{T}$ 不一定是半正定的，而且有可能出现负的特征值。再次选择与最大特征值相关联的特征向量。如果负特征值比较小，则仍然能形成有用的数据表示。一般来说，保留的最大特征值集合内的最小特征值应该比最负特征值的数值大。如果有大量的负特征值，或者某些负特征值取值较大，经典尺度分析便不再适用。然而，经典尺度分析在不是欧氏距离的情况下，具有较强的鲁棒性。

如果从数据集开始（而不是相异程度矩阵），用经典尺度分析（首先形成相异程度矩阵，而后执行上述过程）来寻求数据的降维表示，则数据降维表示便与使用主成分分析且计算主成分得分得到的结果完全相同（假定选择欧氏距离作为相异测度）。因而，同时在数据集上进行经典尺度分析与主成分分析毫无意义。

### 10.4.2　计量多维尺度

经典尺度是计量多维尺度的一种特殊形式，在计量多维尺度中，对度量给定的相异度 $\delta_{ij}$ 和 $\mathbb{R}^e$ 空间中导出距离 $d_{ij}$ 之间的差异的目标函数进行最优化。导出距离取决于样本的坐标，而这个坐标也是我们希望得到的。目标函数可以采用多种形式。例如，如果 $\delta_{ij}$ 正好是欧氏距

离，则最小化目标函数

$$\sum_{1\leq j<i\leq n} \left(\delta_{ij}^2 - d_{ij}^2\right)$$

将产生在最前面的 $e$ 个主成分上的投影。还有度量 $\{\delta_{ij}\}$ 集和 $\{d_{ij}\}$ 集之间偏差的其他方法，而且主要的 MDS 程序的最优化准则也不一致(Dillon and Goldstein, 1984)。一个特殊度量是

$$S = \sum_{ij} a_{ij}(\delta_{ij} - d_{ij})^2 \tag{10.26}$$

其中，$a_{ij}$ 是权值因子，取

$$a_{ij} = \left(\sum_{ij} d_{ij}^2\right)^{-1}$$

得到的 $\sqrt{S}$ 与下节定义的 Kruskal 压力系数[见式(10.29)]相似(Kruskal, 1964a, 1964b)。$a_{ij}$ 还有其他一些形式(Sammon, 1969; Koontz and Fukunaga, 1972; de Leeuw and Heiser, 1977; Niemann and Weiss, 1979)。压力系数在导出结构的刚性变换(平移、旋转和反射)下不变，在均匀拉伸和压缩下也不变。

式(10.26)的更通用形式是

$$S = \sum_{ij} a_{ij}(\phi(\delta_{ij}) - d_{ij})^2 \tag{10.27}$$

其中，$\phi$ 是函数的一个预定类成员；例如，对于参数 $a$ 和 $b$，所有线性函数类

$$S = \sum_{ij} a_{ij}(a + b\delta_{ij} - d_{ij})^2 \tag{10.28}$$

通常，表示空间中点的坐标没有解析解。可用交互最小二乘法[参阅 Gifi(1990)可了解交互最小二乘准则的更进一步的应用]对式(10.27)最小化；也就是对 $\phi$ 和坐标交替最小化。在式(10.28)给出的线性回归例子中，对一组给定的初始坐标集(从而给出了导出距离 $d_{ij}$)，可求得关于 $a$ 和 $b$ 的最小值。然后，固定 $a$ 和 $b$，求解关于数据点坐标的最小值。重复这个过程直到收敛。

式(10.27)可用函数 $\tau^2(\phi, \boldsymbol{X})$ 标准化，$\tau^2(\phi, \boldsymbol{X})$ 是坐标和函数 $\phi$ 的函数。Leeuw and Heiser(1977)就如何选择 $\tau^2$ 的问题进行了讨论。

特别是在心理学中，相异度度量充其量具有次序含义，即它们的数值意义不大，而让人感兴趣的是它们的次序。可以说一个刺激比另一个大，但不能给它赋值。在这种情况下，选择的 $\phi$ 函数属于单调函数类。这是非计量多维尺度分析或次序尺度分析的基础。

### 10.4.3 次序尺度分析

次序尺度分析或非计量多维尺度分析希望获得数据的结构，以使数据点间距离的排列顺序接近于给定的相异值的排列顺序。

与经典尺度分析相比，次序尺度分析没有数据结构的解析解。进一步讲，该过程是迭代的，并要求指定数据的初始结构。在获得合格的最终解之前，有可能要尝试多个不同的初始结构。

期望使导出结构中的距离顺序与给定的相异顺序相同，等价于说距离是相异的单调函数。对于表 10.8 中给出的英国城镇数据，图 10.16 画出了距离 $d_{ij}$(从经典尺度分析中获得)对相异 $\delta_{ij}$ 的曲线。表中的数据是沿推荐的路线上的 10 个英国城镇之间的距离，该距离以英里度量。

表 10.8　英国 10 座城市间的相异程度（距离测度，单位：英里，沿推荐路线）

| | LON | B | C | E | H | LIN | M | N | SCA | SOU |
|---|---|---|---|---|---|---|---|---|---|---|
| London(LON) | 0.0 | | | | | | | | | |
| Birmingham(B) | 111 | 0.0 | | | | | | | | |
| Cambridge(C) | 55 | 101 | 0.0 | | | | | | | |
| Edinburgh(E) | 372 | 290 | 330 | 0.0 | | | | | | |
| Hull(H) | 171 | 123 | 124 | 225 | 0.0 | | | | | |
| Lincoln(LIN) | 133 | 85 | 86 | 254 | 39 | 0.0 | | | | |
| Manchester(M) | 184 | 81 | 155 | 213 | 96 | 84 | 0.0 | | | |
| Norwich(N) | 112 | 161 | 62 | 360 | 144 | 106 | 185 | 0.0 | | |
| Scarborough(SCA) | 214 | 163 | 167 | 194 | 43 | 81 | 105 | 187 | 0.0 | |
| Southampton(SOU) | 77 | 128 | 130 | 418 | 223 | 185 | 208 | 190 | 266 | 0.0 |

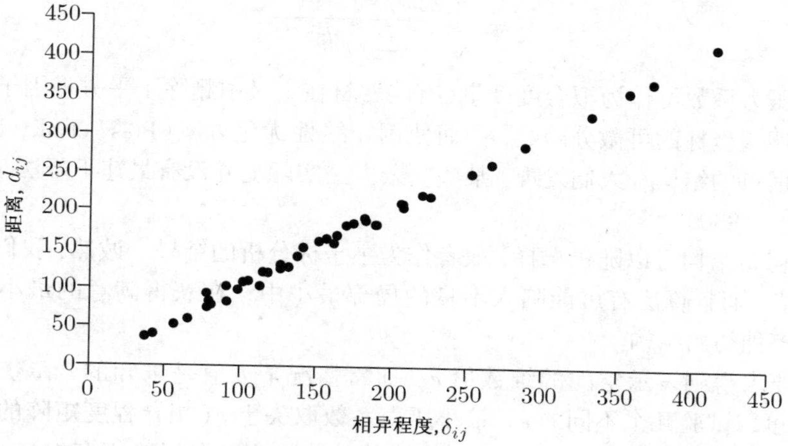


图 10.16　英国 10 座城市间距离和相异程度关系

显然，两者之间的关系是非精准单调的，但总的来说，相异度越大，距离越大。在次序尺度分析中，调整表示空间中点的坐标以使代价函数最小，其中代价函数是 $d_{ij}$ 和 $\delta_{ij}$ 之间的关系与单调性的偏离程度度量。不可能使获得的最终解是完全单调的，但 $d_{ij}$ 的最终次序应该“尽可能接近” $\delta_{ij}$ 的次序。

为找到满足单调性要求的结构，首先要明确单调性的定义。两个可能的定义如下。

主单调条件（primary monotone condition）

$$\delta_{rs} < \delta_{ij} \Rightarrow \hat{d}_{rs} \leqslant \hat{d}_{ij}$$

次单调条件（secondary monotone condition）

$$\delta_{rs} \leqslant \delta_{ij} \Rightarrow \hat{d}_{rs} \leqslant \hat{d}_{ij}$$

其中，$\hat{d}_{rs}$ 是拟合线上与 $\delta_{rs}$ 相对应的点（见图 10.17）。$\hat{d}_{rs}$ 称为差异或伪距离（pseudo-distance）。这两个条件的差别在于它们与 $\delta$ 之间的关系的处理方式。在次单调条件中，如果 $\delta_{rs} = \delta_{ij}$ 则 $\hat{d}_{rs} = \hat{d}_{ij}$，而在主单调条件中，当 $\delta_{rs} = \delta_{ij}$ 时，没有对 $\hat{d}_{rs}$ 和 $\hat{d}_{ij}$ 的限制，即允许 $\hat{d}_{rs}$ 和 $\hat{d}_{ij}$ 不同（将在图 10.17 中形成竖直线）。通常认为次单调条件过于严格，常会导致收敛性问题。

给出上述定义之后，可以将拟合度定义为

$$S_q = \sum_{i<j}(d_{ij} - \hat{d}_{ij})^2$$

最小化拟合度得到主(或次)最小二乘单调回归线(实际上并不是一条线，而是只在点 $\delta_{ij}$ 处有定义)。

图 10.17 给出了最小二乘单调回归的例子。最小二乘条件确保距直线的垂直位移平方和最小。事实上，这意味着对 $d$ 是 $\delta$ 的单调函数的那段数据，直线经过这些数据点。若某点上升程度减小，则其取值为一组样本的均值。

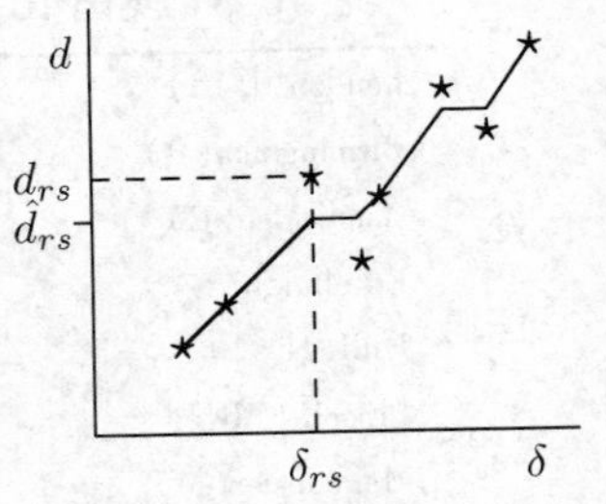


图 10.17　最小二乘单调回归线

$S_q$ 值是一种单调性偏差测度，但对几何结构的均匀扩张，$S_q$ 值并不是不变的。可以通过标准化消除之，由下式：

$$S = \sqrt{\frac{\sum_{i<j}(d_{ij} - \hat{d}_{ij})^2}{\sum_{i<j} d_{ij}^2}} \tag{10.29}$$

确定的标准化压力系数可作为拟合度度量(有些教材在定义中删除了平方根因子)。

由于 $S$ 是期望坐标的可微分函数，因而使用非线性优化方案(Press et al., 1992)，这个方案要求指定数据点的结构。人们发现，某些复杂方法实际上并没有最速下降法工作得好(Chatfield and Collins, 1980)。

数据点的初始结构可以随机选择，或者作为主坐标分析的结果。诚然，我们不能保证得到 $S$ 的全局最小值，而且算法有可能陷入不良的局部最小中。在获得满意的最小压力系数值之前，可以考虑多种初始结构。

算法中，要求得到表示空间的维数值 $e$。通常情况下 $e$ 值是未知的，在获得压力系数的"低"值之前，可以试验几个不同的 $e$。最小压力系数取决于 $n$(相异程度矩阵的维数)和 $e$，而且不可能通过显著性检验来了解是否找到了维数的"真"值(有可能不存在)。而用主成分分析，可以画出压力系数随维数变化的曲线，观察斜率是否有变化(图中的拐点)。如果这样做，可能就会发现当维数增加时，压力系数并不减少，这是因为存在着寻找不良的局部最小值的问题。然而，压力系数应该一直减少，可以通过在 $e-1$ 维中获得的解来初始化维数 $e$ 的解(加入额外的零坐标)，使压力系数减少。

压力系数表达式中的求和是对所有两两距离进行的。如果相异程度矩阵是对称的，那么在和式中可能包括点 $(i, j)$ 和 $(j, i)$。相应地，可以用

$$\delta_{rs}^* = \delta_{sr}^* = \frac{1}{2}(\delta_{rs} + \delta_{sr})$$

在对称相异程度矩阵上进行次序尺度分析。在压力系数估计中，通过从和式(10.29)中删除相应的指数来提供 $\delta_{ij}$ 中的缺值。

### 10.4.4　算法

大多数 MDS 算法执行标准梯度方法。有证据表明，复杂的非线性优化方法工作得并不好(Chatfied and Collins, 1980)。Siedlecki et al. (1988)指出，在计量 MDS 优化问题中，最速下降法优于共轭梯度法，但是 Niemann and Weiss(1979)给出的坐标下降法性能更优。

一个最小化目标函数 $S$ 的方法是将优化准则(de Leeuw and Heiser, 1977; Heiser, 1991, 1994)用作交互最小二乘过程的一部分。给出当前坐标值 $\theta_t$，定义准则函数的上界 $W(\theta_t, \theta)$。

通常 $W(\theta_t, \theta)$ 是二次形式，其单一最小值是坐标 $\theta$ 的函数。在 $\theta_t$ 处 $W(\theta_t, \theta)$ 与目标函数值相等，而在其他任何地方，其值都大于目标函数值。求 $W(\theta_t, \theta)$ 关于 $\theta$ 的最小值将产生值 $\theta_{t+1}$，$\theta_{t+1}$ 处的目标函数值低于 $\theta_t$ 处的目标函数值。定义新的优化函数 $W(\theta_{t+1}, \theta)$，并重复此过程（见图 10.18）。

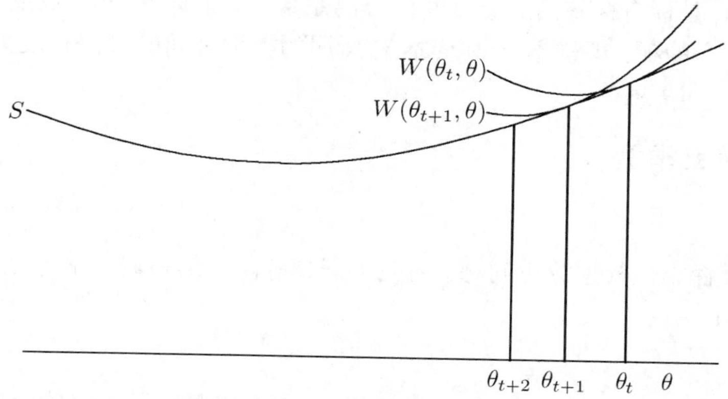


图 10.18　迭代优化准则示意图：逐次将优化函数 $W$ 最小化，以获得 $S(\theta)$ 的最小值

这样就会形成一系列的估计 $\{\theta_t\}$，使目标函数下降并收敛于局部最小。

所有的算法都从一个初始结构开始并收敛于局部最小值。有报导指出，次单调性定义比主单调性定义更容易陷入较差的局部最小中（Gordon，1999）。建议对不同的初始结构，多做几次试验。

## 10.4.5　用于特征提取的多维尺度分析

将多维尺度分析应用于特征提取这个本章所提出的模式识别问题时，将会遇到一些障碍。首先，通常提供给我们的不是 $n \times n$ 阶相异程度矩阵，而是 $n \times p$ 阶观测值矩阵。尽管本质上这不是一个问题，因为可用某些合适的方法（如欧氏距离）来形成相异程度矩阵，但样本数有可能会非常大（某些情况下可达数千）。$n \times n$ 阶矩阵的存储将是一个问题。此外，可调参数的个数是 $n' = e \times n$，其中 $e$ 是导出坐标的维数。这可能会阻止某些非线性最优化方法，尤其是那些准牛顿类方法的使用，准牛顿类方法需要计算或者迭代地建立对大小为 $n' \times n' = e^2n^2$ 的逆 Hessian 矩阵的逼近。

即使可以克服上述问题，多维尺度分析也不能轻易定义一种变换，这种变换将给定的新数据样本 $\boldsymbol{x} \in \mathbb{R}^p$ 变换成 $\boldsymbol{y} \in \mathbb{R}^e$。这还需要进行进一步的计算。

解决这个问题的一种方法是将变换后的坐标 $y$ 看成以 $\theta$ 为参数的数据变量的非线性参数函数

$$\boldsymbol{y} = \boldsymbol{f}(\boldsymbol{x}; \theta)$$

在这种情况下，

$$d_{ij} = \left|\boldsymbol{f}(\boldsymbol{x}_i; \theta) - \boldsymbol{f}(\boldsymbol{x}_j; \theta)\right|$$

$$\delta_{ij} = \left|\boldsymbol{x}_i - \boldsymbol{x}_j\right|$$

因而，可以对 $\boldsymbol{f}$ 的参数 $\theta$ 而不是变换空间中数据点的坐标来最小化准则函数，例如式（10.26）。称这种方法为变换的多维尺度分析。这样能大大减少参数的数量。一旦迭代收敛，可用函数 $\boldsymbol{f}$

来计算任何新数据样本 $\boldsymbol{x}$ 在 $\mathbb{R}^e$ 中的坐标。一种方法是用径向基函数网络来模拟 $\boldsymbol{f}$，并用迭代优化确定网络的权值，这种方法是对目标函数进行最优化而不是进行梯度计算(Webb, 1995)。

对距离项 $\delta$ 的修改是用监督值将其扩增，得到距离

$$(1-\alpha)\delta_{ij}+\alpha s_{ij} \tag{10.30}$$

其中 $0<\alpha<1$，$s_{ij}$ 是标有标签的对象之间的分离系数，其中标签与数据相关联。例如 $s_{ij}$ 可以作为表示类别可分离的项，即样本 $\boldsymbol{x}_i$ 和样本 $\boldsymbol{x}_j$ 所属的类别之间的分离程度如何。其中的困难是如何确定参数 $\alpha$。

### 10.4.6 应用研究举例

问题

此项应用涉及探索性数据分析问题，研究英国高等院校的科研评估等级之间的关系(Lowe and Tipping, 1996)。

摘要

将几种线性的和非线性的特征提取方法应用于1992年英国科研评估活动所得到的高维数据记录中，并得到二维空间上的数据投影。

数据

各院校提供了不同学科内的科研活动信息，这些信息以科研活动的定量指标形式给出，如有效研究人员数、研究生人数、科研补助金的多少及出版物数量。这些定量指标连同某些定性数据(如出版物)一起，形成了评估委员会的部分输入数据，评估委员会将科研分为1到5五个等级。由所有的学科形成4000多条记录，但这里的分析主要集中于3个学科：物理、化学和生物学。

数据的预处理包括删除多余的和重复的变量，累计多年来的指标并标准化变量。训练集由217个样本构成，每个样本有80个变量。

模型

评价了多种模型，其中包括主成分分析、MDS(测度)[Lowe and Tipping(1996)称之为Sammon映射]和通过建立径向基函数神经网络模型形成变换的MDS。

训练过程

对变换的MDS，用如式(10.30)中的主观值来扩增相异度，其中 $s_{ij}$ 是基于主观科研分级对象之间的分离系数。

由于目标函数不再是二次的(如常用的径向基函数的分类模型，见第6章)，因而不能用解析矩阵求逆的方法来求径向基函数的权值。用共轭梯度非线性函数最小化程序来求压力系数准则的最小值。

### 10.4.7 拓展研究

在模式识别文献中，人们尝试了几种将特征提取的MDS方法用于探索性数据分析和分类，读者可参阅Sammon(1969)和Kruskal(1971)的综述，以及Koontz and Fukunaga(1972)和Cox and Ferry(1993)。

Webb(1995)和Lowe and Tipping(1996)就如何将非线性降维变换建造成径向基函数网络

的问题展开讨论。Mao and Jain(1995)将这种变换建造成多层感知器。Lerner et al.(1999)对几种神经网络特征提取方法进行了比较研究。

### 10.4.8 小结

多维尺度分析指的是一组分析相异程度矩阵并产生数据的低维空间坐标的方法。本节提出了如下 3 种多维尺度分析方法。

*经典尺度分析*

这种方法假定相异程度矩阵是欧氏距离，如果与这个条件稍有偏差，该方法也被证明是具鲁棒性的。对相异程度矩阵进行特征向量分解，如果相异程度矩阵的确为欧氏距离矩阵，则产生的结果坐标集等于主成分分析得分(正交变换内)。因此，给定 $n\times p$ 阶数据矩阵 $\boldsymbol{X}$，使用这种方法进行特征提取与用主成分分析得到的结果一样。

*计量尺度分析*

这种方法将数据在导出空间中的坐标看成需最小化的压力系数函数的参数。它允许非线性维数压缩。而且该方法还假定数据间距离和给定相异程度矩阵之间的函数关系。

*非计量尺度分析*

与度量尺度分析一样，这种方法也对准则函数(压力系数)最小化，但是它假定数据是定性的，或许充其量具有次序含义。

## 10.5 应用研究

还有很多特征选择方法的应用(的确，本书中讲到的很多应用研究都会用到特征选择方法)。如下是一些近期的例子。

- 生物信息学。例如，序列分析、基因芯片分析和质谱分析。基因芯片数据的特点是基因成千上万而样本量很小[读者可参阅 Ahmad et al.(2008)和 Saeys et al.(2007)的综述]。
- 文本分类(Forman，2003；Liu and Yu，2005)。
- 图像检索、客户关系管理、入侵检测和基因组分析(Liu and Yu，2005)。
- 包括单核苷酸多态性分析、文本分析和文学分析等“即将到来的领域”(Saeys et al.，2007)。

特征提取的应用研究包括如下几方面。

- 脑电图(EEG)。Jobert et al.(1994)使用主成分分析得到光谱数据(睡眠脑电图 EEG)的二维表示，以观察时间相关变化。
- 正电子放射 X 光断层摄影(PET)。Pedersen et al.(1994)在动态 PET 图像上使用主成分分析，以达到数据可视化的目的并增加有用的临床信息。
- 遥感。Eklundh and Singh(1993)在卫星遥感数据分析中，比较了使用相关矩阵和协方差矩阵的主成分分析法。相关矩阵提高了信噪比。
- 近红外谱的校准(Oman et al.，1993)。
- 结构-活动关系。Darwish et al.(1994)运用主成分分析(14 个变量，9 种化合物)研究汽油衍生物的抑制效应。

- 目标分类。Liu et al. (1994)在材料设计分类研究中使用主成分进行特征提取。
- 人脸识别。将主成分分析用于人脸识别研究中,以产生"特征脸"。根据这些特征脸得到给定人脸图的展开式,表征展开式的权值用作人脸识别和分类的特征,读者可参阅 Chellappa et al. (1995)的综述。
- 语音。Pinkowski(1997)使用主成分分析在特定语者(speaker-dependent)数据集上进行特征提取。数据集由 80 种声谱图构成,表示包含英语半元音的 20 个特定语者单词。

MDS 和 Sammon 映射的应用包括如下几方面。

- 医学。Ratcliffe et al. (1995)使用多维尺度分析发现声测微元件的三维定位,这些声测微元件粘在离体的、但仍然是活的绵羊心脏上。元件之间的距离由声测微元件度量。具体而言,顺序激活数组元素,然后由 8 个接收元件收受(这样就得到了传感器之间的距离)。
- 细菌分类。Bonde(1976)使用非计量多维尺度法形成细菌群的二维或三维曲线(使用最速下降优化方法)。
- 化学气相分析。"人造鼻子"(一组 14 个化学传感器)可能应用于大气污染监测、化妆品行业、食品行业及国防中。Lowe(1993)考虑了在这些应用中使用多维尺度分析进行特征提取的方法,其中相异程度矩阵由类(物质的聚集)决定。

## 10.6 总结和讨论

本章讨论了将数据映射到降维空间中的各种方法。正如大家所设想的,还有许多我们没有包括的方法,但我们试图指出在哪些文献中可以找到它们。全面评述数据变换技术本身就能写一本厚书,而本章只能考虑一些最通用的多元方法。与下章要介绍的聚类分析一样,这里讲到的许多方法被人们用作探索性数据分析中数据预处理的一部分。

从数学理解的难易和数值应用的难易这两个角度来看,这些方法的复杂性各不相同。多数方法产生线性变换,但非计量多元尺度法是非线性的。有些使用类信息,另外一些则是无监督的,Karhunen-Loève 变换兼有两者的变体。某些方法,尽管使用线性变换,但要求运用非线性优化方法寻求参数。其他一些方法基于特征向量分解法,这时恐怕需要执行迭代方案。

在某种程度上,我们人为地将分类器设计分成特征提取和分类两个过程。10.3 节列出了为什么要进行维数压缩的诸多原因,以及进行维数压缩的可能性。

有些特征选择方法(包装/嵌入式方法)与分类器类型绑定在一起,而另一些方法(过滤法)却独立于特定的分类器,其主要结论可以从特征选择的综述中提炼出来,如下所列:

- 过滤法计算效率最高。
- 与分类器类型绑定的特征选择方法(包装法/嵌入法)所提供的性能提升优于过滤法。
- 嵌入法将特征选择与模型选择相结合,有希望使分类性能达到最优。
- 处理无关特征和冗余特征是重要的。因此,有必要使用多元化的方法。
- 应该把交叉验证作为特征选择过程的一个环节。
- 模型平均能够给出鲁棒解。

## 10.7　建议

如果需要解释分类器中使用的变量，则建议使用特征选择方法而不是特征提取方法来降低数据维数。对于特征选择来说，估计类别可分性的概率准则很复杂，其中包括估计概率密度函数和它们的数值积分。对于非参数密度函数，即使一个简单的错误率测度，计算起来也并非易事。因此，建议使用下述方法。

- 将概率距离测度的参数形式设为正态分布。这样做的好处是选择特征时，可将给定特征集的准则值用于增加特征后的准则计算。这在某些特征集搜索算法中，可以减少计算量。
- 类内距离度量 $J_1$ 到 $J_4$，见式(10.5)至式(10.8)。
- 用嵌入法或包装法(具有错误率估计)。用于特征选择的这两个方法具有对分类器类型的优化处理，可以改进分类的性能。
- 在交叉验证循环中实现特征的选择，这种把交叉验证嵌入执行过程的做法，使分类器设计具有鲁棒性。
- 组合特征选择方法。典型的特征选择法忽略了模型的不确定性，该方法只为分类器设计选择唯一的最佳特征集。而对多个模型取平均(即使用潜在的有交叠的特征子集)可以驾驭模型的不确定性。

哪些算法可以用于特征提取呢？依我们的观点，无论你面临怎样的问题，总是应该从最简单的方法开始，对于特征提取来讲，这个最简单的方法就是对数据进行主成分分析。主成分分析会告诉人们数据是否在位于由变量张成空间的线性子空间内，将数据投影到最初的两个主成分上并显示这些数据，会揭示出一些令人感兴趣的未曾料到的结构。

建议使用主成分分析为特征提取标准化数据，特别是当维数很高时，建议考虑使用这种方法。首先，使用一些简单的启发式信息来确定要使用的主成分数。对于有类别标签的数据，使用线性判别分析(KL5)获得数据的降维表示。

如果确信数据中存在非线性结构，则直接应用基于多维尺度的方法(如变换的多维尺度方法)。尝试几种不同的初始条件以确定参数。

## 10.8　提示及参考文献

在 Liu and Motoda(2007)和 Guyone et al.(2006)两本书中全面回顾了特征选择技术的发展，读者还可参阅 Guyon(2008)和 Saeys et al.(2007)。关于过滤法的综述见 Duch(2004)。关于分类的特征选择可参阅 Dash and Liu(1997)。

分支定界法(本章简称为全搜索)已应用于许多统计学领域(Hand，1981b)。Narendra and Fukunaga(1977)最先将这种方法用于特征子集选择，Devijver and Kittler(1982)及 Fukunanga(1990)对该方法进行了综合处理。Hamamoto et al.(1990)使用不满足单调性条件的识别率度量来评价分支定界算法。Krusińska(1988)描述了混合变量判别中，特征选择的半最优分支定界算法。

许多研究者考虑了分步方法：Whitney(1971)考虑使用顺序向前选择算法的分步方法；Michael and Lin(1973)讨论了加 $l$ 减 $r$ 算法($l$-$r$ 算法)的依据，Stearns(1976)考虑使用 $l$-$r$ 算法。

Pudil et al.(1994b)介绍了浮动搜索方法，也可参阅 Pudil et al.(1994a)对非单调准则函数的评价和 Kudo and Sklansky(2000)的对比研究。McLachlan(1992a)描述了基于错误率的方法。Ganeshanandam and Krzanowski(1989)也将错误率作为选择准则。Miller(1990)一书对回归问题中的变量选择做了精彩的评论。

在大多数多元分析教材中可以发现许多标准的特征提取方法。Reyment et al.(1984，第3章)和 Clifford and Stephenson(1975，第13章)对此进行了描述(用最少的数学)。

Jolliffe(1986)和 Jackson(1991)分别在书中给出了主成分分析的全面处理，后者提供了一个实际的方法并给出了许多处理过的例子和图解。Flury(1988)一书描述了公共主成分及相关的方法。

多维尺度分析在多元分析教材，如 Chatfield and Collins(1980)和 Dillon and Goldstein(1984)中都有描述，在 Schiffman et al.(1981)及 Jackson(1991)等书中给出了更多处理细节。Cox and Cox(1994)提供了高级处理，并给出了一些专门方法的细节。在 Lingoes et al.(1979)论文集中可发现大量的非计量 MDS 处理。有许多多维尺度分析的计算机软件包可用，Dillon and Goldstein(1984)和 Jackson(1991)给出了其中的一些特征。

在标准统计学软件包中，可以见到本章描述的许多方法。

## 习题

可在许多软件包中找到矩阵运算的数值方法，其中包括特征分解。Press et al.(1992)给出了算法描述。

1. 考虑散度

$$J_D = \int (p(\boldsymbol{x}|\omega_1) - p(\boldsymbol{x}|\omega_2))\log\left(\frac{p(\boldsymbol{x}|\omega_1)}{p(\boldsymbol{x}|\omega_2)}\right)\mathrm{d}\boldsymbol{x}$$

其中，$\boldsymbol{x} = (x_1, \cdots, x_p)^{\mathrm{T}}$。证明：在独立条件下，$J_D$ 可以表示成：

$$J_D = \sum_{j=1}^{p} J_j(x_j)$$

2. 设 $p$ 维随机向量 $\boldsymbol{x}$ 的协方差矩阵为 $\boldsymbol{\Sigma}$，其特征值为 $\{\lambda_i\}$，正交特征向量为 $\{\boldsymbol{a}_i\}$。证明：单位矩阵可由下式给出：

$$\boldsymbol{I} = \boldsymbol{a}_1\boldsymbol{a}_1^{\mathrm{T}} + \cdots + \boldsymbol{a}_p\boldsymbol{a}_p^{\mathrm{T}}$$

且有

$$\boldsymbol{\Sigma} = \lambda_1\boldsymbol{a}_1\boldsymbol{a}_1^{\mathrm{T}} + \cdots + \lambda_p\boldsymbol{a}_p\boldsymbol{a}_p^{\mathrm{T}}$$

后一结果称为 $\boldsymbol{\Sigma}$ 的谱分解(Chatfield and Collins，1980)。

3. 给定具有 $p$ 个变量的 $n$ 个测量值，描述用主成分分析进行维数压缩的执行步骤。

4. 设 $X_1$ 和 $X_2$ 是两个随机变量，其协方差矩阵为

$$\boldsymbol{\Sigma} = \begin{bmatrix} 9 & \sqrt{6} \\ \sqrt{6} & 4 \end{bmatrix}$$

求其主成分，并计算每个成分占总方差的百分比。

5. 有55个国家8个径赛项目上的运动记录，还有每个国家的(1)100 m(s)；(2)200 m(s)；(3)400 m(s)；(4)800 m(min)；(5)1500 m(min)；(6)5000 m(min)；(7)10000 m(min)；(8)马拉松(min)的时间记录。说明如何用主成分分析获得这些数据的二维表示。

主成分分析的结果示于表中(Everitt and Dunn, 1991)。解释前两个主成分。求第一个主成分占总方差的百分比。说明所做的假设。

| | PC1 × $\lambda_1$ | PC2 × $\lambda_2$ |
|---|---|---|
| 100 m | 0.82 | 0.50 |
| 200 m | 0.86 | 0.41 |
| 400 m | 0.92 | 0.21 |
| 800 m | 0.87 | 0.15 |
| 1500 m | 0.94 | −0.16 |
| 5000 m | 0.93 | −0.30 |
| 10000 m | 0.94 | −0.31 |
| 马拉松 | 0.87 | −0.42 |
| 特征值 | 6.41 | 0.89 |

6. 在 500 个动物的每个随机样本上进行 4 种测量。前 3 个变量取不同的线性尺寸，以厘米度量；第 4 个变量是动物的重量，以克度量。计算样本协方差矩阵，并求得其 4 个特征值为 14.1、14.3、1.2 和 0.4。对应于第一特征值的特征向量和第二个特征值的特征向量分别为

$$\boldsymbol{u}_1^{\mathrm{T}} = [0.39, 0.42, 0.44, 0.69]$$
$$\boldsymbol{u}_2^{\mathrm{T}} = [0.40, 0.39, 0.42, -0.72]$$

对这些数据进行主成分分析时，如何使用样本协方差矩阵展开评论。分析前两个主成分在原始数据中所占的方差比。说明这个结果。

假定通过记录原始变量的特征值和特征向量，以及 500 个第一和第二主成分的值和均值来存储数据。示出如何重建原始协方差矩阵和对原始数据的近似(Chatfield and Collins, 1980)。

7. 给定

$$\boldsymbol{S} = \begin{bmatrix} \tilde{\boldsymbol{S}} & \boldsymbol{y} \\ \boldsymbol{y}^{\mathrm{T}} & s_{kk} \end{bmatrix}$$

并假定已知 $\tilde{\boldsymbol{S}}^{-1}$，证明 $\boldsymbol{S}^{-1}$ 由式(10.12)给出。相反地，由上式给出 $\boldsymbol{S}$，并假定已知 $\boldsymbol{S}^{-1}$

$$\boldsymbol{S}^{-1} = \begin{bmatrix} \boldsymbol{A} & \boldsymbol{c} \\ \boldsymbol{c}^{\mathrm{T}} & b \end{bmatrix}$$

证明 $\tilde{\boldsymbol{S}}$ 的逆(删除一个特征之后的 $\boldsymbol{S}$ 的逆)可以写成

$$\tilde{\boldsymbol{S}}^{-1} = \boldsymbol{A} - \frac{1}{b}\boldsymbol{c}\boldsymbol{c}^{\mathrm{T}}$$

8. 给定对称矩阵 $\boldsymbol{S}$，并已知其逆(上述形式)，矩阵 $\boldsymbol{T}$ 为对称矩阵，证明式(10.13)，其中 $\tilde{\boldsymbol{T}}$ 是删除一个特征后 $\boldsymbol{T}$ 的子矩阵。从而证明特征提取准则 $\mathrm{Tr}(\boldsymbol{S}_W^{-1}\boldsymbol{S}_B)$ 满足单调性，其中 $\boldsymbol{S}_W$ 和 $\boldsymbol{S}_B$ 是类内和类间协方差矩阵。

9. 怎样用浮动搜索方法选择径向基函数中心，将这种方法与随机选择或 $k$ 均值法进行对比，其可能的优点和缺点各是什么，举例说明。

10. 假定将最近邻分类器的分类准确率作为特征选择准则。证明：对于下述两个分布

$$p(\boldsymbol{x}|\omega_1) = \begin{cases} 1, & 0 \leqslant x_1 \leqslant 1,\ 0 \leqslant x_2 \leqslant 1 \\ 0, & \text{其他} \end{cases}$$

$$p(\boldsymbol{x}|\omega_2) = \begin{cases} 1, & 1 \leqslant x_1 \leqslant 2,\ -0.5 \leqslant x_2 \leqslant 0.5 \\ 0, & \text{其他} \end{cases}$$

其分类准确率不满足单调性，其中 $\boldsymbol{x} = (x_1, x_2)^{\mathrm{T}}$。

11. 根据来自式(10.24)和 $T_{ij}$ 的定义，以及零均值数据的相异程度矩阵的元素，推出平方和元素与产生矩阵的关系表达式(10.25)。

12. 给定 $n$ 个 $p$ 维测量值(在 $n \times p$ 阶数据矩阵 $\boldsymbol{X}$ 中，零均值，$p < n$)，证明通过构建平方和与乘积矩阵 $\boldsymbol{T} = \boldsymbol{X}\boldsymbol{X}^{\mathrm{T}}$，进行主坐标分析所获得的 $r < p$ 维空间的低维数据表示结果，与用主成分分析(限于正交变换)得到的投影结果相同。
13. 两类正态分布 $N(\boldsymbol{\mu}_1, \boldsymbol{\Sigma})$ 和 $N(\boldsymbol{\mu}_2, \boldsymbol{\Sigma})$ 具有相同的协方差矩阵 $\boldsymbol{\Sigma}$，证明散度

$$J_D(\omega_1, \omega_2) = \int [p(\boldsymbol{x}|\omega_1) - p(\boldsymbol{x}|\omega_2)] \log \left\{ \frac{p(\boldsymbol{x}|\omega_1)}{p(\boldsymbol{x}|\omega_2)} \right\} \mathrm{d}\boldsymbol{x}$$

由如下马氏距离给出：

$$(\boldsymbol{\mu}_2 - \boldsymbol{\mu}_1)^{\mathrm{T}} \boldsymbol{\Sigma}^{-1} (\boldsymbol{\mu}_2 - \boldsymbol{\mu}_1)$$

14. 说明如何构造优化压力系数的多元尺度解，使压力系数随表示空间维数的增加而减少。

# 第11章 聚　　类

聚类方法用于数据探索并为有监督分类器提供原型。本章讲述在相异程度矩阵和个体的特征向量上的聚类方法，每种方法都隐性地为数据加上了自己的结构，而混合模型则明确地模拟数据结构。谱聚类方法利用相似矩阵的特征结构来执行聚类操作。

## 11.1 引言

聚类分析对总体中的个体进行分类，以发现数据中的结构。在某种意义上，希望类内的个体彼此接近或相似，而与其他类内个体相异。

从根本上讲，聚类是数据探索方法的汇集。人们通常使用一种方法来观察数据中是否有自然类出现。若的确有自然类出现，则为其命名并总结其性质。例如，如果各集群比较紧密，那么对于某些应用目的来讲，可以把表示原始数据集中的信息减少到少数样本的信息，在有些情况下，甚至可用一个样本来代表一组个体。聚类分析的结果可以形成可识别的结构，该结构能够产生解释观测数据的假说（在独立的数据集上测试）。

很难对“聚类”一词给出一个通用的定义。本章描述的所有方法都形成对数据集的划分，也就是说将数据集划分成互不重叠的类。然而，因为每种方法都会隐性地为数据加上一个结构，因此不同方法将产生不同的聚集。而且，即使数据中没有“自然”类，这些方法也会产生多个聚集。“剖分”一词用于当数据由单一类总体构成，但希望将其划分开来时的情形。可用聚类方法获得剖分，但使用者必须意识到此时正在向数据强加一个结构，该结构有可能并不存在。在有些应用中，这一点无关紧要。

在试图分类之前，理解希望处理的问题是很重要的。可以在样本上进行不同的分类，从而得到不同的解释，因而变量选择非常重要。例如，对书架上的书进行分类时，就有多种不同的方式（通过主题或通过大小），不同的分类起因于不同变量的使用。在不同的环境下，每种分类都可能是重要的，这取决于所考虑的问题。一旦理解了问题和数据，就必须谨慎地选择方法。若方法不能很好地匹配数据，则有可能产生令人误解的结果。

有大量关于聚类的文献，11.11 节列出了一些很有用的参考书目。聚类分析有广阔的应用领域，会在不同的研究领域导致新方法的重新发现，但不时也会产生一些互相冲突的术语。关于聚类方法，早期的研究工作主要限于生物学和动物学领域，目前已应用至心理学、考古学、语言学及信号处理中。

本章讨论如下议题。

1. 分层聚类方法。该方法从给定的相异程度矩阵中导出聚类；
2. 快速分类。先获得一个分类，以此作为更复杂分类方法的初始值；
3. 混合模型。该方法将概率密度函数表示成多个成员密度的和；
4. 平方和方法。最小化平方和误差作为准则的方法，包括 $k$ 均值法、模糊 $k$ 均值法、矢量量化法和随机矢量量化法；
5. 谱聚类。该方法用图拉普拉斯算子的特征向量将数据嵌入一个捕获基础结构的空间。
6. 聚类有效性。此议题提出模型选择问题。

## 11.2 分层聚类法

分层聚类法是概述数据结构的最通用方法。层次树是由树图或树状图(见图 11.1)表示的嵌套分类集。在特定层上分割这棵树，就可将数据集划分成 $g$ 个不相交的组。如果从不同的划分(即不同层上的划分)中选择两个组，那么这两个组或者不相交，或者一个组被另一个组完全包含。

分层分类的一个例子是对动物王国的分类。每个物种属于一连串的嵌套群，这些集群的规模随其共有特征的逐渐减少而逐步增大。要产生一个图 11.1 所示的树图，有必要将节点排序以使树枝互不交叉。有时排序是任意的，但并不改变树的结构(仅指其外观)。在每个树枝的连接点，都有一个与之关联的数值，该数值度量两个合并类之间的距离或相异程度。有多种度量类间距离的方式，不同的度量将导致不同的分层结构，本章稍后会讨论到。通过对树的分割，可将数据划分成若干个可比同质性(用聚类准则度量)的聚类。

有多种寻找层次树的算法。其中，合并算法从 $n$ 个子类开始，每个子类只包含一个数据点。在算法的每一步，合并两个最相似的类，以形成一个新的聚类，这样可使聚类数每次减少一个。当所有的数据落入一个聚类中时，算法结束。分裂算法则开始于一个大类，逐步对其进行分裂，直到形成 $n$ 个类，这时每个类都仅有一个单独的个体。通常，分裂算法的计算效率较为低下(除非多数变量都是二值的)。

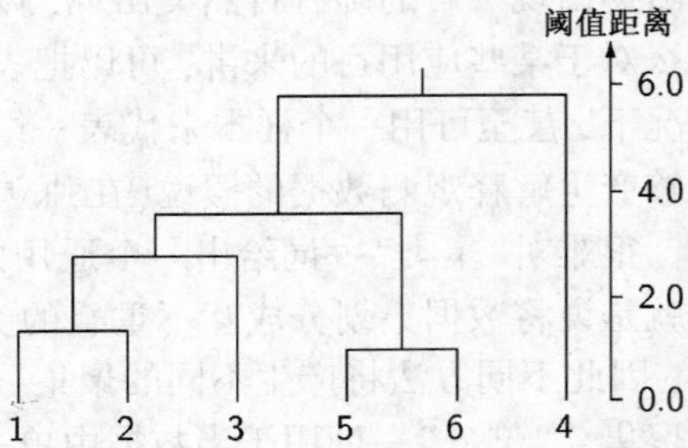


图 11.1 树图

根据树图，可以定义个体之间的新距离集。当合并两个类时，所使用的距离就是个体 $i$ 和个体 $j$ 之间的距离，而个体 $i$ 和个体 $j$ 分别属于这两个类(也就是连接它们的最低链接的距离级)。这样，寻找树图的过程可以看成从原始相异程度集 $d_{ij}$ 到新集 $\hat{d}_{ij}$ 的变换，其中 $\hat{d}_{ij}$ 满足超度量不等式：

$$\hat{d}_{ij} \leqslant \max(\hat{d}_{ik}, \hat{d}_{jk}),\quad 对所有对象\ i, j, k$$

这意味着三个类之间的距离可以用来定义一个等边(三个距离相等)或等腰(两个相等，一个较小)的三角形(见图 11.1)。变换 $D: d \to \hat{d}$ 称为超度量变换。本节中的所有方法都从给定的相异程度矩阵中产生聚类。

### 11.2.1 单链接方法

单链接方法是聚类分析中最古老的方法之一，定义如下：如果存在一条链接中间对象 $i_1, \cdots, i_{m-1}$ 的链，使所有距离

$$d_{i_k, i_{k+1}} \leqslant d,\quad k = 0, \cdots, m-1$$

其中，$i_0 = \mathrm{a}$，$i_m = \mathrm{b}$，则两个对象 a 和对象 b 属于 $d$ 级上的同一单链接聚类。当阈值 $d$ 分别为 2.0、3.0 和 5.0 时，图 11.1 所示数据获得的单链接聚类结果为 {(1, 2), (5, 6), (3), (4)}，{(1, 2, 3), (5, 6), (4)} 和 {(1, 2, 3, 5, 6), (4)}。

下面用一个使用合并算法的例子来解释上述方法。在合并算法的每一步，融合两个最近的类以形成一个新类，其中类 $A$ 和类 $B$ 之间的距离是其成员之间的最近距离，即

$$d_{AB} = \min_{i\in A, j\in B} d_{ij} \tag{11.1}$$

在 6 个个体构成的数据集中，由每两两个体的相异程度组成的相异程度矩阵为

| | 1 | 2 | 3 | 4 | 5 | 6 |
|---|---|---|---|---|---|---|
| 1 | 0 | 4 | 13 | 24 | 12 | 8 |
| 2 | | 0 | 10 | 22 | 11 | 10 |
| 3 | | | 0 | 7 | 3 | 9 |
| 4 | | | | 0 | 6 | 18 |
| 5 | | | | | 0 | 8.5 |
| 6 | | | | | | 0 |

最近的两个类(在这一步，每个类只包括一个个体)是仅包含个体 3 的类和仅包含个体 5 的类。将它们融合以形成新类 {3, 5}，根据式(11.1)计算这个新类和其余类之间的距离，得到 $d_{1,(3,5)} = \min\{d_{13}, d_{15}\} = 12$，$d_{2,(3,5)} = \min\{d_{23}, d_{25}\} = 10$，$d_{4,(3,5)} = 6$，$d_{6,(3,5)} = 8.5$。新的相异程度矩阵为

| | 1 | 2 | (3, 5) | 4 | 6 |
|---|---|---|---|---|---|
| 1 | 0 | 4 | 12 | 24 | 8 |
| 2 | | 0 | 10 | 22 | 10 |
| (3, 5) | | | 0 | 6 | 8.5 |
| 4 | | | | 0 | 18 |
| 6 | | | | | 0 |

这时，最近的两个类是仅包含个体 1 的类和仅包含个体 2 的类；将它们融合以形成新类 (1, 2)。至此得到了 4 个聚类 (1, 2)，(3, 5)，4 和 6，计算新类 (1, 2) 与其他三个聚类之间的距离：$d_{(1,2),(3,5)} = \min\{d_{13}, d_{23}, d_{15}, d_{25}\} = 10$，$d_{(1,2)4} = \min\{d_{14}, d_{24}\} = 22$，$d_{(1,2)6} = \min\{d_{16}, d_{26}\} = 8$，新的相异程度矩阵为

| | (1, 2) | (3, 5) | 4 | 6 |
|---|---|---|---|---|
| (1, 2) | 0 | 10 | 22 | 8 |
| (3, 5) | | 0 | 6 | 8.5 |
| 4 | | | 0 | 18 |
| 6 | | | | 0 |

这时，最近的两个类是 4 和 (3, 5)。将它们融合形成新类 (3, 4, 5)，并计算新的相异程度矩阵。下面给出了接下来的两次融合的结果：

| | (1, 2) | (3, 4, 5) | 6 |
|---|---|---|---|
| (1, 2) | 0 | 10 | 8 |
| (3, 4, 5) | | 0 | 8.5 |
| 6 | | | 0 |

| | (1, 2, 6) | (3, 4, 5) |
|---|---|---|
| (1, 2, 6) | 0 | 8.5 |
| (3, 4, 5) | | 0 |

图 11.2 给出了单链接树图。

上述单链接方法的合并算法阐述了这样一个事实：两个不同的类仅采用单一的链接，且两个类之间的距离就是它们的最近邻之间的距离，因此这种方法也称为最近邻法。由于在对象之间存在着一个链条，这种单链接方法有可能使某些类变长，而其中某些点的共性很小，却被组在一起。图 11.3 和图 11.4 解释了这种链接的缺点。

图 11.3 示出了数据样本的分布，图 11.4 示出了图 11.3 中数据的单链接三组分类解。这些类与图 11.3 中数据所暗含的类并不一致。

有许多寻找单链接树的算法，其中包括合并算法(如上所述)和分裂算法，有些算法基于

超度量变换，而有些则通过最小生成树形成单链接树①，可参阅 Rohlf(1982)对算法的评价。这些算法在计算效率、存储要求及实现的难易程度上各不相同。Sibson(1973)的算法利用了当两个类合并时，在缩小了的相异程度矩阵中仅有局部变化这一性质，人们又把这种思想扩展到下一节要讨论的完全链接方法中。对于 $n$ 个对象，其计算要求为 $\mathcal{O}(n^2)$。如果考虑数据所在空间中的度量性质的知识，则有可能找到更省时的算法。在这种情况下，不一定计算所有的相异程度系数，而且为便于搜索最近邻而进行的数据预处理能减少计算复杂性。

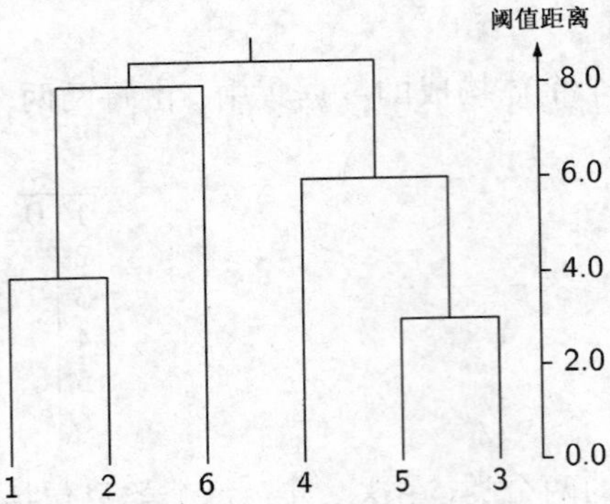


图 11.2　单链接树图

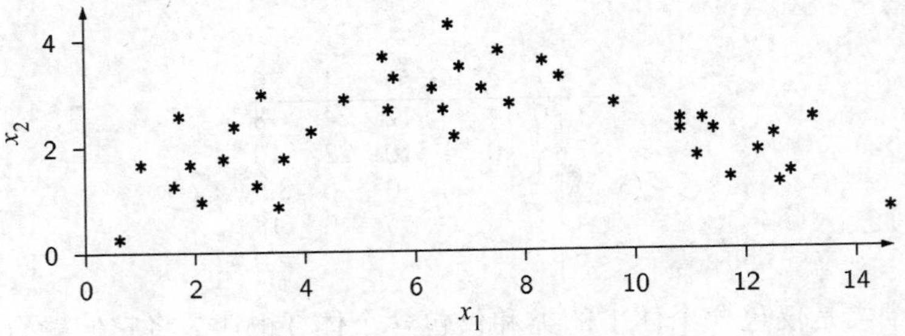


图 11.3　单链接方法链接示意

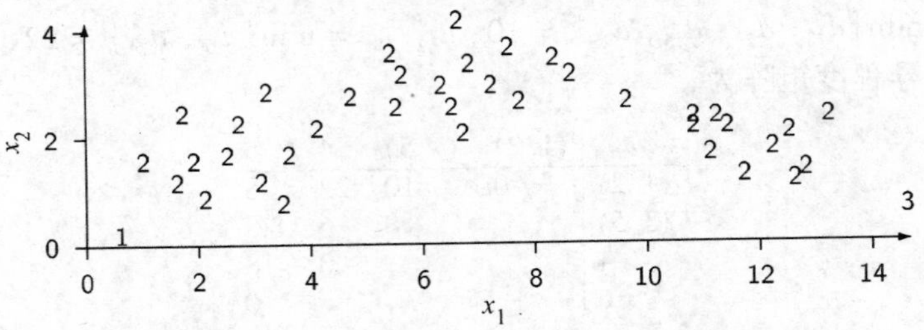


图 11.4　图 11.3 所示数据的单链接三组分类解

## 11.2.2　完全链接方法

在完全链接或最远邻方法中，类 $A$ 和类 $B$ 之间的距离是两类中相距最远的两点之间的距离：

$$d_{AB} = \max_{i \in A,\, j \in B} d_{ij}$$

在解释单链接方法的例子中，其第二步的相异程度矩阵(使用上述完全链接法则合并类 3 和类 5 之后)变为

| | 1 | 2 | (3, 5) | 4 | 6 |
|---|---|---|---|---|---|
| 1 | 0 | 4 | 13 | 24 | 8 |
| 2 | | 0 | 11 | 22 | 10 |
| (3, 5) | | | 0 | 7 | 9 |
| 4 | | | | 0 | 18 |
| 6 | | | | | 0 |

① 最小生成树是连接所有数据点的树，该树的各树枝所连接的数据对之间的距离的总和最小。

图 11.5 示出了最后的完全链接树图。

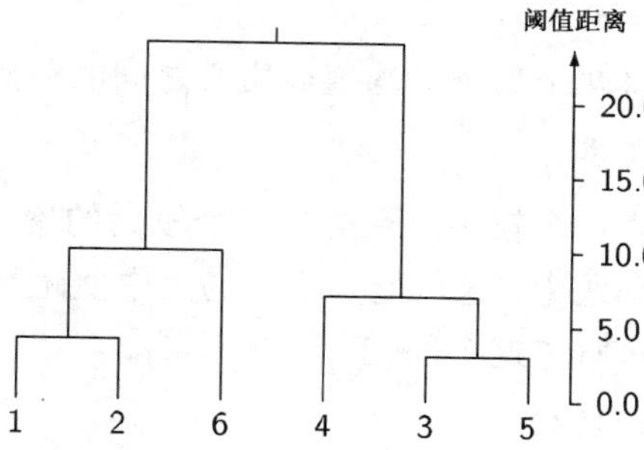

图 11.5　完全链接树图

在算法的每一步，仍然合并相距最近的两个类。这种方法与单链接方法的不同之处在于它们对类间距离的度量。在 $h$ 级上分割完全链接树图得到的类具有如下性质：对类中的所有成员，都有 $d_{ij} < h$。这种方法将重点放在类内聚合上，而单链接方法是寻求单独的类。在 $h$ 级上分割单链接树得到的性质则是：这些类彼此至少相距"距离"$h$。

Defays(1977)使用和 Sibson 算法相同的表示方法，提出了完全链接算法。值得注意的是，该算法对数据的次序比较敏感，不同的数据次序会得到不同的解。为此，这种算法只能进行近似的完全链接聚类。

### 11.2.3　平方和方法

平方和方法适用于欧氏空间中数据点的聚类，其目标是使总的类内距离平方和最小。Ward 的分层聚类方法(Ward, 1963)使用合并算法产生一组用树状图表示的分级嵌套划分。然而，对于不同的类别数，最优平方和划分不一定是分级嵌套的，因而该算法是次优的。

在算法的每一步，合并两个使类内距离平方和增加最小的类。这两类之间的相异程度定义为将要合并的两个类合并后，总体平方和的增长量。修改相异程度矩阵的公式如下：

$$d_{i+j,k} = \frac{n_k + n_i}{n_k + n_i + n_j} d_{ik} + \frac{n_k + n_j}{n_k + n_i + n_j} d_{jk} - \frac{n_k}{n_k + n_i + n_j} d_{ij}$$

其中，$d_{i+j,k}$ 是合并的类 $i+j$ 和第 $k$ 个类之间的距离，$n_i$ 是类 $i$ 的个体数。最初，每个类只包含一个个体，相异程度矩阵的元素 $d_{ij}$ 是第 $i$ 个个体和第 $j$ 个个体之间欧氏距离的平方(Everitt et al., 2011)。

### 11.2.4　通用合并算法

许多产生分层树的合并算法都可以表示成一个算法的特例。各个算法的差别在于它们修改相异程度矩阵的方式。Lance-Williams 递推公式将聚类 $k$ 与合并 $i$ 和 $j$ 得到的聚类之间的相异程度表示成

$$d_{i+j,k} = a_i d_{ik} + a_j d_{jk} + b d_{ij} + c|d_{ik} - d_{jk}|$$

其中，$a_i$，$b$ 和 $c$ 是参数，如果适当地选择这些参数，就会得到一种更通用的合并算法的实现(见表 11.1)。

表 11.1　通用合并算法实例

| | $a_i$ | $b$ | $c$ |
|---|---|---|---|
| 单链接 | $\frac{1}{2}$ | 0 | $-\frac{1}{2}$ |
| 完全链接 | $\frac{1}{2}$ | 0 | $\frac{1}{2}$ |
| 质心 | $\frac{n_i}{n_i+n_j}$ | $-\frac{n_i n_j}{(n_i+n_j)^2}$ | 0 |
| 中值 | $\frac{1}{2}$ | $-\frac{1}{4}$ | 0 |
| 类平均链接 | $\frac{n_i}{n_i+n_j}$ | 0 | 0 |
| Ward 方法 | $\frac{n_i+n_k}{n_i+n_j+n_k}$ | $-\frac{n_k}{n_i+n_j+n_k}$ | 0 |

质心距离

将两个聚类的均值或质心之间的距离定义为这两个聚类之间的距离。

中值距离

当一个较小的聚类与一个较大的聚类合并时，合并后的质心将靠近较大聚类的质心。在某些问题中，这可能是不利的。中值距离试图通过将两个聚类的中值定义为两个聚类之间的距离来解决这个问题。

类平均链接

在类平均方法中，将两个聚类中所有“个体对”之间相异程度的平均值定义为两个聚类之间的距离：

$$d_{AB} = \frac{1}{n_i n_j} \sum_{i \in A, j \in B} d_{ij}$$

## 11.2.5 分层聚类法的性质

分层聚类方法应该拥有哪些性质？这个问题很难回答。实际上，很难写出一组每个人都会同意的性质。对一个人来说是常识性的性质对另一个人来说可能是另一种极端情况。Jardine and Sibson(1971)提出了超度量变换应该满足的6个数学条件，如该方法的结果不应该取决于数据标签。文中证明了只有单链接方法满足所有这些条件，并推荐使用这种聚类方法。然而，这种方法也有其缺点(如同所有方法一样)，这使得人们对Jardine和Sibson提出的条件的合理性产生了怀疑。这里不打算列出这些条件，进一步的讨论可参阅Jardine and Sibson(1971)和Williams et al. (1971)。

## 11.2.6 应用研究举例

问题

此应用涉及对基因芯片和弓形虫的基因表达数据的分析(Gautam et al., 2010)。弓形虫是一种寄生虫，可以感染多种包括人类的温血动物，并引发慢性感染，目前的药物不能将其消除。本研究的目的是通过基因芯片数据分析找出可能的新药物靶点(关键分子)。

数据

基因芯片数据由斯坦福基因数据库提供。数据过滤后有327个基因可供分析。

模型

假设若一个基因的表达与另一个基因的表达类似，则这两个基因在功能上相关。因此，可以实施对这些表达数据的聚类。采用的是完全链接的分层聚类方法，并就聚类结果与$k$均值聚类(见11.5节)进行了比较。

结果

对于弓形虫数据集，用完全链接方法得到5个主要聚类。其中有一个聚类非常重要，有待进一步探讨，因为这个类中包括了已被认知的重要的表面抗原(SAGs)，即大部分表面抗原基因家族成员在这个聚类中出现，同时也出现于$k$均值聚类算法给出的单一聚类中。这项研究确定了一些治疗弓形虫病的可能的药物靶点，因为基因在免疫系统中具有重要作用。

### 11.2.7 小结

嵌套聚类的分层这一概念最初是在生物学领域里提出的，这种方法有可能不适合模拟某些数据中的结构。每个分层聚类方法都在数据上强加入自己的结构。单链接方法寻求孤立的聚类，尽管它是唯一满足 Jardine 和 Sibson 条件的方法，但通常情况下，我们并不赞成使用这种方法，这种方法容易受到链式效应的影响，从而导致蔓延较长的类。当寻求的聚类不是同种聚类时，这种方法或许会有用，但由于类之间会出现媒介点，使得不能将截然不同的类分解开。类平均法、完全链接法及 Ward 法倾向于集中在内部聚合上，形成同种的紧密类（通常为球形）。

质心距离法和中值距离法有可能导致逆现象（当聚类规模增大时，个体与聚类之间的相异程度减小），这就使树图难以解释。而且，相异程度中的关系会导致多重解（非唯一性），使用者必须对此加以小心（Morgan and Ray，1995）。

分层合并方法用于聚类是最常见的，而分裂算法却不多见，但已有一种有效的分裂算法被提出，即基于对最大直径的聚类进行递归划分的算法（Guénoche et al.，1991）。

## 11.3 快速分类

本章随后描述的许多应用于算法中的方法都要求对数据进行初始分类。正态混合模型方法需要对均值和协方差矩阵进行初始估计，这是从初始分类中导出的基于样本的估计。$k$ 均值算法也要求一组初始均值。分层矢量量化（见 11.5.3 节）需要对码矢量进行初始估计。第 4 章的用于判别的径向基函数需要对“中心”进行估计。这些初始值可以通过本节的快速分类方法导出，或者将其作为一种原则性更强的聚类方法的结果（本身又需要进行初始化）。

假定有一个由 $n$ 个数据样本组成的集合，希望找到一个初始划分，或者找到 $k$ 个种子向量，将这个数据集划分为 $k$ 类。给定一组对象，就可以通过求取已知对象的类均值来求得种子向量。有了 $k$ 个向量，就可使用最近邻分配准则对数据集进行分类。下面讨论众多启发式分类方法中的几个初始划分方法。

随机 $k$ 选择

从整个数据集中随机选择一个样本，再从余下的 $n-1$ 个样本中随机选择一个样本，如此不断进行下去，直到得到 $k$ 个所希望的不同向量。在有监督分类问题中，理想情况是这些向量应该分布在所有的类上。

变量分割

从多个测量变量中选择其中一个，或者选择这些变量的一个线性组合，例如第一个主成分，将其划分成跨越变量空间的 $k$ 个等份，然后根据数据落在哪个等份内来分类数据，并从每个类均值中求得 $k$ 个种子向量。

领项算法

领项聚类算法（Hartigan，1975；Späth，1980）划分数据集，使每个类都有一个领项样本，类中的其他所有样本与领项样本的距离都小于 $T$。

图 11.6 解释了该算法对二维空间中样本的划分。选择第一个数据点 $A$ 作为第一个类的中心。逐个检查数据点，如果数据点落入以 $A$ 为中心，以 $T$ 为半径的圆周内，则将该数据点归入

第一类。选择第一个落入圆周外的数据样本 $B$ 作为第二个类的领项，进一步检查数据点看它们是否落入前两个聚类中。选择第一个落在圆周外的数据点 $C$ 作为第三个聚类的中心等等。

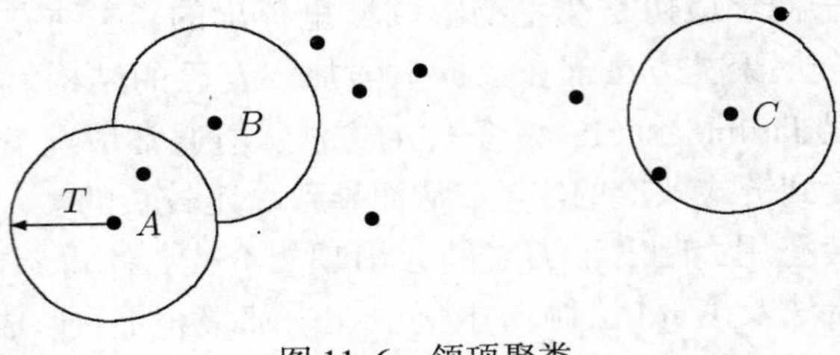


图 11.6　领项聚类

此算法需要注意如下几点。

1. 各聚类中心之间的距离至少为 $T$。
2. 这种方法比较快速，仅需要对数据集经过一遍处理。
3. 可应用于给定的相异程度矩阵。
4. 聚类结果取决于数据集的顺序。第一个点总是聚类领项点。而且，初始聚类倾向于比后续聚类大。
5. 距离 $T$ 是指定的，而聚类数量是不定的。

## 11.4 混合模型

### 11.4.1 模型描述

在聚类的混合模型方法中，假定总体中的每个不同的类都用不同的概率分布来描述。这些概率分布可能属于同一种类型，但分布参数的取值不同。此外，混合模型有可能包含各种不同成分密度的和(因为要模拟不同的作用，如信号和噪声)。总体分布可用有限混合模型描述如下：

$$p(\boldsymbol{x}) = \sum_{i=1}^{g} \pi_i p(\boldsymbol{x}; \boldsymbol{\theta}_i)$$

其中，$\pi_i$ 是混合比例( $\sum_{i=1}^{g} \pi_i = 1$ )，$p(\boldsymbol{x}; \boldsymbol{\theta}_i)$ 是取决于参数向量 $\boldsymbol{\theta}_i$ 的 $p$ 维概率密度函数。共有 3 组参数需要估计：$\pi_i$、向量 $\boldsymbol{\theta}_i$ 的各分量及总体中的类别数 $g$。

人们考虑了多种形式的混合模型，估计其参数的方法也有多种。一个连续变量混合分布的例子是正态分布的混合模型：

$$p(\boldsymbol{x}) = \sum_{i=1}^{g} \pi_i p(\boldsymbol{x}; \boldsymbol{\Sigma}_i, \boldsymbol{\mu}_i)$$

其中，$\boldsymbol{\mu}_i$ 和 $\boldsymbol{\Sigma}_i$ 是多元正态分布(见 2.3.1 节)的均值和协方差矩阵。二值变量的混合模型是

$$p(\boldsymbol{x}) = \sum_{i=1}^{g} \pi_i p(\boldsymbol{x}; \boldsymbol{\theta}_i)$$

其中，

$$p(\boldsymbol{x}; \boldsymbol{\theta}_j) = \prod_{l=1}^{p} \theta_{jl}^{x_l} (1 - \theta_{jl})^{1-x_l}$$

是多元伯努利密度。$\theta_{jl}$ 是类 $j$ 中变量 $l$ 等于 1 的概率。

第 2 章给出了估计正态混合分布参数的极大似然法。在 Everitt and Hand(1981)和 Titterington et al.(1985)中可以找到其他连续和离散混合分布的例子及参数估计方法，并且在某些应用中，变量通常为混合类型(连续和离散相混合)。

在使用有限混合分布模型进行聚类时，通常首先指定成员分布 $p(\boldsymbol{x};\boldsymbol{\theta}_i)$ 的形式，然后规定聚类数目 $g$，估计模型的参数，并在估计出的类成员的后验概率的基础上将对象分类，也就是说，如果对所有的 $j \neq i$；$j = 1, \cdots, g$，有

$$\pi_i p(\boldsymbol{x}; \boldsymbol{\theta}_i) \geqslant \pi_j p(\boldsymbol{x}; \boldsymbol{\theta}_j)$$

则将对象 $\boldsymbol{x}$ 归入 $i$ 类。

运用期望最大化算法可以得到使用正态混合模型的聚类，关于期望最大化算法的更多细节可以参考第 2 章。

混合模型方法的主要困难是确定成员的数量 $g$(见第 2 章)。这是一个模型选择问题，本书中已多次回到这个话题。许多算法要求在估计剩余参数之前，先指定 $g$ 的值。人们提出了一些检验统计量，其中多数只能用于一些特殊的情形，如评价数据是否来自单一成员分布或是否来自两种成员的混合分布。然而，也有人提出在似然率基础上进行检验(Everitt and Hand, 1981，第 5 章；Titterington et al., 1985，第 5 章)。

混合模型方法的另一个问题是存在一些似然函数的局部最小值，因而在获得满意的聚类之前不得不尝试几种初始结构。总之，有必要尝试几种形式的初始化方案，不同方案下的一致性分类结果有助于选择最后的解。

### 11.4.2 应用研究举例

问题

通过对基因表达数据的聚类，发现基因功能(Dai et al., 2009)。假设表达模式类似的基因，其细胞功能也类似，因此将聚类方法用于对基因表达模式的聚类。

摘要

这项研究开发出一种多源数据模型，并将此模型应用于真实的数据，以此提供生物学角度的合理结果。

数据

用实际数据集和模拟数据集评估研究方法。真实的数据包括鼠蛋白质 DNA 绑定数据和基因表达数据。这两个数据集有 1775 个基因，经筛选得到 673 个基因用于分析。

模型

开发了基于混合模型的方法。即用两个独立项的乘积作为两项混合模型。也就是说，如果 $\boldsymbol{x} = [\boldsymbol{y}^{\mathrm{T}}, \boldsymbol{z}^{\mathrm{T}}]^{\mathrm{T}}$，则

$$p(\boldsymbol{x}) = p(\boldsymbol{y})p(\boldsymbol{z})$$

其中，$p(\boldsymbol{y})$ 遵循高斯分布，$p(z)$ 遵循 $\beta$ 分布。

可见，这时观察值 $\boldsymbol{x}$ 来自两个数据源，每个数据源的概率分布不同。

训练过程

通过使用期望最大化算法，最大化似然函数，以确定模型参数(见第 2 章)。本应用研究采用

了 3 种形式的期望最大化算法，即标准期望最大化算法、近似期望最大化算法和混合期望最大化算法。后两种方法可降低计算要求。

在训练过程中，评估了 4 种模型选择准则(确定混合分量数)，即 Akaike 信息准则(AIC)、改进的 AIC(AIC3)、贝叶斯信息准则(BIC)和完整似然分类准则-BIC(ICL-BIC)。

结果

此例所提出的混合模型方法比简单的混合模型方法产生了更多生物学角度的合理结果，发现了 3 个重要的基因组，且这些与模型选择准则无关。

## 11.5 平方和方法

用平方和方法对数据进行分类时，使基于类内和类间散布矩阵的预定聚类准则最大。这类方法在选择最优的聚类准则和采用的优化方法上各不相同，但是所有方法寻求解决的问题都是：给定由 $n$ 个数据样本组成的一个集合，将这些数据划分成 $g$ 个聚类，以使聚类准则最优。

许多方法是次优的。即使对中等大小的 $n$ 值，也会由于计算上的要求限制了最优方案的实施。因此，我们要求，次优方法尽管产生的是次优分类，但给出的聚类准则值并不比最优方案的值差得太多。首先，考虑几种已提出的聚类准则。

### 11.5.1 聚类准则

设 $n$ 个数据样本 $\boldsymbol{x}_1, \cdots, \boldsymbol{x}_n$，样本协方差矩阵 $\hat{\boldsymbol{\Sigma}}$ 由下式给出：

$$\hat{\boldsymbol{\Sigma}} = \frac{1}{n}\sum_{i=1}^{n}(\boldsymbol{x}_i - \boldsymbol{m})(\boldsymbol{x}_i - \boldsymbol{m})^{\mathrm{T}}$$

其中，$\boldsymbol{m} = \frac{1}{n}\sum_{i=1}^{n}\boldsymbol{x}_i$ 是样本均值。设有 $g$ 个聚类。类内散布矩阵或合并群内散布矩阵为

$$\boldsymbol{S}_W = \frac{1}{n}\sum_{j=1}^{g}\sum_{i=1}^{n} z_{ji}(\boldsymbol{x}_i - \boldsymbol{m}_j)(\boldsymbol{x}_i - \boldsymbol{m}_j)^{\mathrm{T}}$$

是 $g$ 个类上的平方和与交叉乘积(散布)矩阵之和。其中，如果 $\boldsymbol{x}_i \in$ 类 $j$，则 $z_{ji} = 1$，否则为 0。$\boldsymbol{m}_j = \frac{1}{n_j}\sum_{i=1}^{n} z_{ji}\boldsymbol{x}_i$ 是聚类 $j$ 的均值，$n_j = \sum_{i=1}^{n} z_{ji}$ 是聚类 $j$ 中的样本数。类间散布矩阵为

$$\boldsymbol{S}_B = \hat{\boldsymbol{\Sigma}} - \boldsymbol{S}_W = \sum_{j=1}^{g}\frac{n_j}{n}(\boldsymbol{m}_j - \boldsymbol{m})(\boldsymbol{m}_j - \boldsymbol{m})^{\mathrm{T}}$$

它描述了聚类均值关于总体均值的分散程度。

最常用的优化准则以上述矩阵的单变量函数为基础，这些准则与第 10 章中给出的准则很相似。聚类和特征选择这两个领域的关联程度很大。在聚类分析中，试图寻找内部凝聚在一起而与其他聚类分离开的聚类。其间我们并不知道聚类的数量。而在特征选择或特征提取中，拥有一组从已知组或类中得到的有类别标签的数据，希望寻找一种变换使其类别清晰，因此将数据变换成分离的聚类的方法可以达到这个要求。

**1. Tr($S_W$)的最小化**

$\boldsymbol{S}_W$ 的迹是其对角线元素之和，即

$$\begin{aligned}\mathrm{Tr}(\boldsymbol{S}_W) &= \frac{1}{n}\sum_{j=1}^{g}\sum_{i=1}^{n} z_{ij}|\boldsymbol{x}_i - \boldsymbol{m}_j|^2 \\ &= \frac{1}{n}\sum_{j=1}^{g} S_j\end{aligned}$$

其中，$S_j = \sum_{i=1}^{n} z_{ji}|\boldsymbol{x}_i - \boldsymbol{m}_j|^2$ 是类 $j$ 的类内平方和。因此，最小化 $\mathrm{Tr}(\boldsymbol{S}_W)$ 等价于最小化关于 $g$ 个质心的总类内平方和。最小化这个量值的聚类方法有时称为平方和方法或最小方差(minimum-variance)方法。这种方法倾向于形成超椭球状的聚类。该准则并不是不随坐标轴的比例变化，因此在应用这种方法之前，有必要对数据进行某种形式的标准化。另外，可以使用随数据的线性变换而变化的准则。

**2. $|S_W|/|\hat{\boldsymbol{\Sigma}}|$ 的最小化**

这个准则对数据的非奇异线性变换是不变的。对于给定的数据集，该方法等价于寻找一个数据的划分，使 $|\boldsymbol{S}_W|$ 最小(矩阵 $|\hat{\boldsymbol{\Sigma}}|$ 独立于划分)。

**3. $\mathrm{Tr}(S_W^{-1}S_B)$ 的最大化**

这是广义的平方和方法，其中聚类不再是超球体，而是超椭球体。该方法等价于在马氏(Mahalanobis)距离度量下的最小平方和方法。这种准则对数据的非奇异变换也是不变的。

**4. $\mathrm{Tr}(\hat{\boldsymbol{\Sigma}}^{-1}S_W)$ 的最小化**

若正则化数据使总体散布矩阵等于单位阵，则该方法等价于最小化平方和方法。

注意图 11.7 中的两个例子，使用平方和方法(上述准则 1)将得到不同的聚类。然而，由于它们彼此之间仅相差一个线性变换，因而一定是不随线性变换变化的准则的局部最优。为此，使用不随数据的线性变换改变的方法不一定有优势，因为这样会丢失数据的结构。最终的解在很大程度上取决于点到聚类的初始分配。

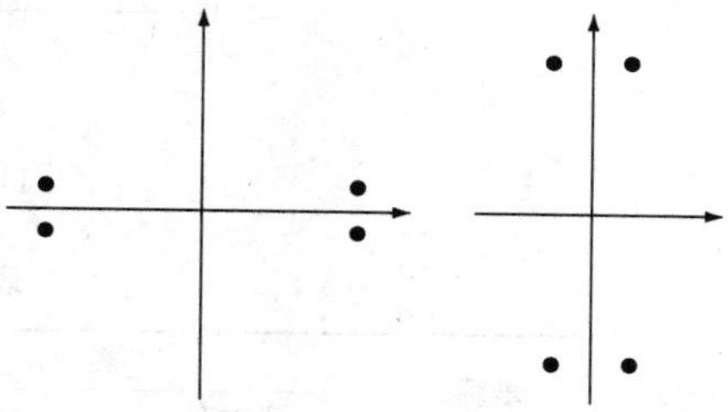

图 11.7 尺度影响聚类效果举例

## 11.5.2 聚类算法

这里提出的问题是一个组合最优化问题。寻求一个有用的划分，将 $n$ 个对象分成 $g$ 个类，以使选择的准则最优。然而，要找到最优分类，需要检查每一个可能的划分。将 $n$ 个对象分成 $g$ 个类的有用划分的数量是

$$\frac{1}{g!}\sum_{i=1}^{g}(-1)^{g-i}\binom{g}{i} i^n$$

如果 $n \gg g$，则和式中的最后一项是最重要的。随着对象个数的增加，这个值迅速增长。例如，将 60 个对象分成两个类，共有 $2^{59}-1 \approx 6\times 10^{17}$ 种划分。这使得完全列举所有可能的子集不太可行。实际上，甚至第 10 章中描述的分支定界方法对中等大小的 $n$ 值也是不切实际的。因此，必须导出次优解。

这里讨论几种最通用的方法。许多方法要求对数据进行初始划分，从中可以计算类均值

或对类均值进行初始估计(从中使用最近类均值准则，可以导出初始分类)。这些已在11.3节中讨论过了。

#### 11.5.2.1 k均值

$k$ 均值(也称为 $c$ 均值，或称为迭代重新分配，或称为基本的ISODATA)算法的目的是将数据划分成 $k$ 个聚类，使类内平方和(11.5.1节中的准则1)最小。$k$ 均值算法的最简单形式基于两个交互过程。第一个过程是将对象分配到类中，通常将对象分到与类均值的欧氏距离最近的那个类中；第二个过程是在分配的基础上计算新的类均值。当一个对象从一个类移到另一个类时，类内平方和不再减少，过程结束。可用一个非常简单的例子来解释这种方法。对于图11.8中的二维数据，设 $k=2$，从数据集中选择两个矢量作为初始聚类的均值矢量，如点5和点6。循环数据集，并将个体分到分别由初始矢量5和6代表的类 $A$ 和类 $B$ 中。个体1，2，3，4和5被分到 $A$ 中，个体6被分到 $B$ 中。计算新的均值，并计算类内平方和，得到6.4。表11.2给出了这个迭代的结果。

重复进行这个过程，用新的均值矢量作为参考矢量。此时，将1，2，3和4分入类 $A$，而将5和6分入类 $B$。这时类内平方和降到4.0。第三次迭代时，类内平方和没有变化。

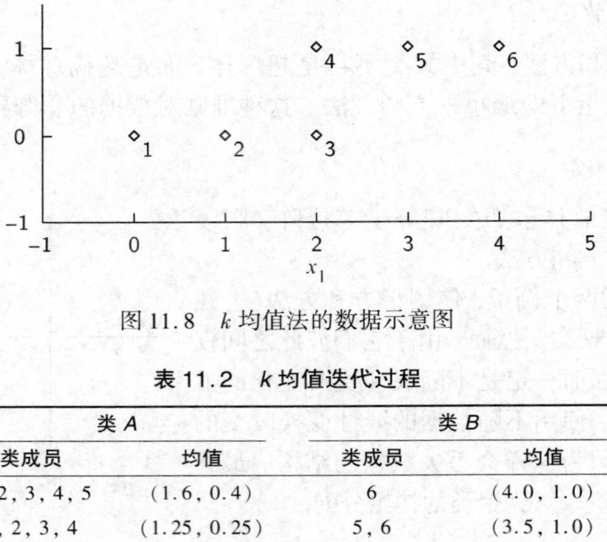


图11.8 $k$ 均值法的数据示意图

**表11.2 k均值迭代过程**

| 步骤 | 类 $A$ | | 类 $B$ | | Tr($W$) |
|---|---|---|---|---|---|
| | 类成员 | 均值 | 类成员 | 均值 | |
| 1 | 1, 2, 3, 4, 5 | (1.6, 0.4) | 6 | (4.0, 1.0) | 6.4 |
| 2 | 1, 2, 3, 4 | (1.25, 0.25) | 5, 6 | (3.5, 1.0) | 4.0 |
| 3 | 1, 2, 3, 4 | (1.25, 0.25) | 5, 6 | (3.5, 1.0) | 4.0 |

在最近类均值的基础上将对象分到各个类中，并紧跟着重新计算类均值，Späth(1980)称此版本的 $k$ 均值算法为HMEANS。人们也把这种方法称为Forgy方法和基本的ISODATA方法。

HMEANS方法有两个主要的问题。其一是有可能导致空类，其二是有可能导致一种分类，使得当个体从一个类移到另一个类时，平方和误差会减少。因此，HMEANS方法得到的数据分类不一定是类内平方和最小的分类，读者可参阅Selim and Ismail(1984a)对这种算法收敛性的处理。

例如，在图11.9给出的4个数据点和2个类中，均值分别位于(1.0, 0.0)和(3.0, 1.0)处，平方和误差为4.0，此后算法HMEANS的重复迭代不再改变数据点的分配。然而，如果将对象2分到包含对象3和4的类中，两个类均值分别变为(0.0, 0.0)和(8/3, 2/3)，则平方和误差将减少到10/3。这样就提出了一种迭代方法：循环使用数据，将每个数据分到类内平方

和减少得最多的类中，这种分配是在一个接一个的样本基础上进行的，而不是在经过整个数据集之后再进行的。如果

$$\frac{n_l}{n_l-1}d_{il}^2 > \frac{n_r}{n_r+1}d_{ir}^2$$

则将类 $l$ 中的个体 $\boldsymbol{x}_i$ 分到类 $r$ 中，其中 $d_{il}$ 是 $\boldsymbol{x}_i$ 到第 $l$ 类质心的距离，$n_l$ 是类 $l$ 中的样本数。通过选择类，使 $n_r d_{ir}^2/(n_r+1)$ 最小，可以使平方和误差减少得最多。这是 $k$ 均值算法的基础。

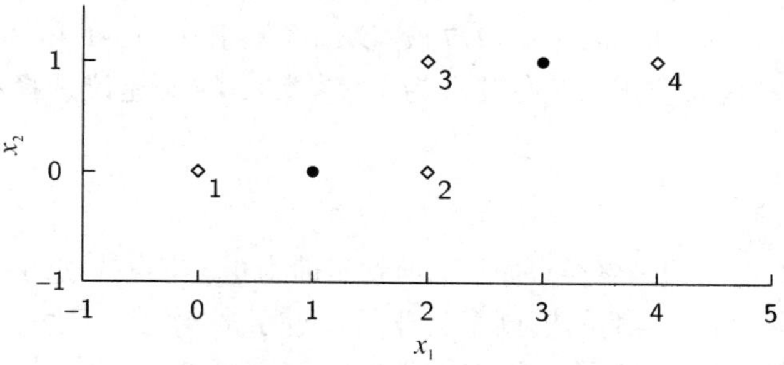


图 11.9　$k$ 均值法局部最优的数据示意图

有多种不同的提高算法效率的 $k$ 均值算法，提高算法效率的途径通常是减少计算时间和降低错误率。有些算法允许在迭代过程中，创建新类或者删除旧类。还有一些算法会在对目标函数进行最佳改进的基础上，将对象从一个类移到另一个类。另外还有些算法借助数据集改进第一个聚类均值的确定方法。

#### 11.5.2.2　非线性最优化

类内平方和准则可以写成如下形式：

$$\mathrm{Tr}(\boldsymbol{S}_W) = \frac{1}{n}\sum_{i=1}^{n}\sum_{k=1}^{g} z_{ki}\sum_{j=1}^{p}(x_{ij}-m_{kj})^2 \tag{11.2}$$

其中，$x_{ij}$ 是第 $i$ 个样本点的第 $j$ 个坐标（$i=1,\cdots,n$; $j=1,\cdots,p$），$m_{kj}$ 是第 $k$ 个类均值的第 $j$ 个坐标，如果第 $i$ 个样本点属于第 $k$ 个类，则 $z_{ki}=1$，否则为 0。均值 $m_{kj}$ 可以写成

$$m_{kj} = \frac{\sum_{i=1}^{n} z_{ki}x_{ij}}{\sum_{i=1}^{n} z_{ki}} \tag{11.3}$$

为获得最优分类，必须寻求 $z_{ki}$ 的值(0 或 1)，使式(11.2)最小。

Gordon and Henderson(1977)的方法将 $g\times n$ 阶矩阵 $\boldsymbol{Z}$ 的第 $(i, j)$ 个元素 $z_{ij}$ 看成由实数量组成(而不是二进制量)，且具有性质

$$\sum_{k=1}^{g} z_{ki} = 1 \qquad 和 \qquad z_{ki} \geqslant 0 \qquad (i=1,\cdots,n; k=1,\cdots,g) \tag{11.4}$$

在满足上述约束的情况下，求式(11.2)关于 $z_{ki}$($i=1,\cdots,n$; $k=1,\cdots,g$) 的最小值，就会得到 $\boldsymbol{Z}$ 的最终解，其所有元素非 0 即 1(尽管 $z_{ki}$ 不是二值的)。因此，可以通过在满足约束式(11.4)的条件下对式(11.2)最小化来获得聚类划分，并在 $z_{ik}$ 值的基础上将对象归入各个类。这样一来，直到迭代收敛，$m_{kj}$ 才等于类均值。

将 $z_{ji}$ 写成

$$z_{ji} = \frac{\exp(\nu_{ji})}{\sum_{k=1}^{g}\exp(\nu_{ki})}, \quad j=1,\cdots,g; i=1,\cdots,n$$

后，问题便转化成一个非约束最优化问题。也就是说，将 $\mathrm{Tr}(\boldsymbol{S}_W)$ 看成参数 $v_{ki}(i=1,\cdots,n;k=1,\cdots,g)$ 的非线性函数，并寻求 $\mathrm{Tr}\{\boldsymbol{S}_W(v)\}$ 的最小值，也可以将问题变换成其他形式的非约束最优化问题。然而，对上述给出的特定形式，$\mathrm{Tr}\{\boldsymbol{S}_W(v)\}$ 关于 $v_{ab}$ 的梯度有如下简单形式：

$$\frac{\partial \mathrm{Tr}\{\boldsymbol{S}_W(\nu)\}}{\partial \nu_{ab}} = \frac{1}{n}\sum_{k=1}^{g} z_{kb}(\delta_{ka} - z_{ab})|\boldsymbol{x}_b - \boldsymbol{m}_k|^2 \tag{11.5}$$

其中，$k \neq a$ 时，$\delta_{ka}=0$。否则 $\delta_{ka}=1$。这时，可以使用多种非线性最优化方案。其间必须给定参数 $v_{ij}$ 的初值。Gordon and Henderson(1977)建议选择一组在$[1, 1+a]$上均匀分布的随机值 $z_{ji}$ 作为 $v_{ij}$ 的初值，并将其标准化，以使其和为1。参数 $a$ 的值建议选择在2左右。$v_{ji}$ 由 $v_{ji}=\log(z_{ji})$ 给出。

#### 11.5.2.3 模糊 k 均值

尽管认为混合模型提供的是聚类隶属度，但到目前为止，本章描述的分类方法都只将每个对象划分到一个类中。实际上，早期的模糊聚类非常接近于多元混合模型。模糊聚类方法的基本思想是允许样本以不同的隶属度属于所有的聚类。Dunn(1974)最初提出了 $k$ 均值算法的推广。模糊 $k$ 均值(或模糊 $c$ 均值)算法试图找到一个参数 $y_{ji}(i=1,\cdots,n;\ j=1,\cdots,g)$ 的解，使

$$J_r = \sum_{i=1}^{n}\sum_{j=1}^{g} y_{ji}^r|\boldsymbol{x}_i - \boldsymbol{m}_j|^2 \tag{11.6}$$

在满足约束

$$\sum_{j=1}^{g} y_{ij} = 1,\ \ 1 \leqslant i \leqslant n$$

$$y_{ji} \geqslant 0,\ \ i=1,\cdots,n;\ j=1,\cdots,g$$

的条件下达到最小。参数 $y_{ji}$ 表示第 $i$ 个样本或对象对于第 $j$ 类的隶属度或隶属函数。在式(11.6)中，$r(r \geqslant 1)$是控制聚类结果“模糊程度”的标量，称为加权指数，$\boldsymbol{m}_j$ 是第 $j$ 个类的“质心”，

$$\boldsymbol{m}_j = \frac{\sum_{i=1}^{n} y_{ji}^r \boldsymbol{x}_i}{\sum_{i=1}^{n} y_{ji}^r} \tag{11.7}$$

$r=1$ 就得到了前面提出的非线性最优化方案。在这种情况下，已经获知，最小化式(11.6)时，得到的 $y_{ji}$ 值非0即1。

基本的算法是迭代方法，陈述如下(Bezdek, 1981)。

1. 选择 $r(1<r<\infty)$；初始化隶属函数值 $y_{ji}$，$i=1,\cdots,n;\ j=1,\cdots,g$。
2. 根据式(11.7)计算聚类中心 $\boldsymbol{m}_j$，$j=1,\cdots,g$。
3. 计算距离 $d_{ij}$，$i=1,\cdots,n;\ j=1,\cdots,g$，其中 $d_{ij}=|\boldsymbol{x}_i-\boldsymbol{m}_j|$。
4. 计算隶属函数：若对某些 $l$ 有 $d_{il}=0$，则 $y_{ji}=1$，而对所有 $j \neq l$，则有 $y_{ji}=0$。如果 $d_{il} \neq 0$，则有

$$y_{ji} = \frac{1}{\sum_{k=1}^{g}\left(\frac{d_{ij}}{d_{ik}}\right)^{\frac{2}{r-1}}}$$

5. 如果不收敛，则转第 2 步。

当 $r \to 1$ 时，该算法趋于最基本的 $k$ 均值算法。Kamel and Selim(1994)给出了对这种基本算法的改进，以求得更快的收敛速度。

人们提出了几种算法停止的规则(Ismail, 1988)。一种规则是当质心值的相对变化变得很小时，算法终止；也就是说，当

$$D_z \triangleq \left\{ \sum_{j=1}^{g} |\boldsymbol{m}_j(k) - \boldsymbol{m}_j(k-1)|^2 \right\}^{\frac{1}{2}} < \epsilon$$

时，终止算法。其中，$\boldsymbol{m}_j(k)$ 是第 $k$ 步迭代中的第 $j$ 个质心值，$\epsilon$ 是用户指定的阈值。其他停止规则是基于隶属函数值 $y_{ji}$ 或代价函数 $J_r$ 的变化的。Selim and Ismail(1986)给出了基于代价函数局部最优的另一停止条件，该方法提出当

$$\max_{1 \leq i \leq n} \alpha_i < \epsilon$$

时，算法停止，其中

$$\alpha_i = \max_{1 \leq j \leq g} y_{ji}^{r-1} |\boldsymbol{x}_i - \boldsymbol{m}_j|^2 - \min_{1 \leq j \leq g} y_{ji}^{r-1} |\boldsymbol{x}_i - \boldsymbol{m}_j|^2$$

因为在局部最小处，$\alpha_i = 0$，$i = 1, \cdots, n$。

#### 11.5.2.4 完全搜索

将 $n$ 个对象分成 $g$ 个类的完全空间搜索是不现实的，但对非常小的数据集还是有可能的。分支定界法(在第 10 章中讨论的方法)不必进行穷举，就能找到一种使聚类准则值最小的分类，然而这种方法仍然不太切合实际。Koontz et al. (1975)提出一种方法，将问题的范围扩展，以便可以应用分支定界法，其中寻求最小化的准则是 $\mathrm{Tr}\{\boldsymbol{S}_W\}$，并将数据集划分成 $2^m$ 个独立集，再对每个数据集单独应用分支定界法。然后，将数据集两两合并(得到 $2^{m-1}$ 个数据集)，使用从各组成部分的分支定界应用中得到的结果，对每个合并后的数据集应用分支定界法。继续这个过程，直到将分支定界法应用于整个数据集。这种分级方法导致了计算时间的大量节省。

有一些基于全局最优化算法的方法被提出，如模拟退火算法。模拟退火算法是一种随机松弛方法，它以概率接受或拒绝当前结构的随机扰动。Selim and Al-Sultan(1991)就应用这种方法最小化 $\mathrm{Tr}\{\boldsymbol{S}_W\}$。通常，这种方法比较缓慢，但会得到有效的解。

### 11.5.3 矢量量化

矢量量化并不是一种产生聚类或对数据分类的方法，但却广泛应用于已有的许多聚类算法中。的确，在矢量量化文献中重新发现了许多聚类方法。另一方面，一些矢量量化文献中的重要算法却不能在标准的聚类教材中找到。本节内容出现在讲述优化方法的内容中，是因为在矢量量化的训练过程中，需要最优化失真度度量(通常是基于欧氏距离的，但决不排斥其他度量)。Gersho and Gray(1992)对矢量量化的基本原理进行了全面而易读的评价。

矢量量化是将 $p$ 维矢量 $\boldsymbol{x}$ 编码成由码书(codebook)组成的 $g$ 个矢量 $z_1, \cdots, z_g$ 之一，其中 $z_1, \cdots, z_g$ 称为码矢量或码字。矢量量化的最主要目的是进行数据压缩。矢量量化包括两部分：编码和解码(见图 11.10)。

编码器将输入矢量 $\boldsymbol{x}$ 映射成标量变量 $y$，$y$ 取离散值 $1, \cdots, g$。经过索引 $y$ 的传送后，进行

逆变换，再现原始矢量的近似值 $\boldsymbol{x}'$。这个过程称为解码，是从索引集 $\mathcal{I}=\{1,\cdots,g\}$ 到码书 $C=\{z_1,\cdots,z_g\}$ 的映射。码书设计是给定一组训练样本，决定码书条目的问题。从聚类的角度来看，可以将码书设计问题看成对数据聚类，然后为每个聚类选择一个代表矢量。例如，这些矢量可以是类均值，它们形成了码书条目。代表矢量由整数值索引。给定输入矢量 $\boldsymbol{x}$ 的码矢量是它所属聚类的代表矢量，记为 $z$。聚类的成员可在最近聚类均值的基础上确定。近似失真或误差为 $d(\boldsymbol{x},\boldsymbol{z})$，即 $\boldsymbol{x}$ 和 $\boldsymbol{z}$ 之间的距离(见图 11.11)。

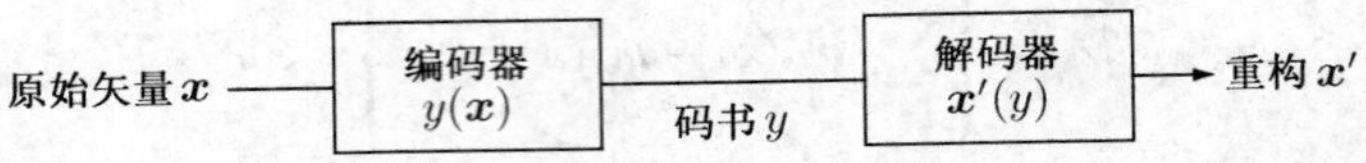


图 11.10 矢量量化的编码-解码操作

矢量量化中的问题是如何找到一组能表征数据集特征的码书矢量。可以通过选择一组矢量，使输入矢量 $\boldsymbol{x}$ 和量化矢量 $\boldsymbol{x}'$ 之间的失真度量最小，以获得码书矢量。人们已提出多种失真度量，最常用的是基于平方误差的度量，该度量给出了平均失真 $D_2$，

$$\begin{aligned} D_2 &= \int p(\boldsymbol{x})d(\boldsymbol{x},\boldsymbol{x}')\mathrm{d}\boldsymbol{x} \\ &= \int p(\boldsymbol{x})\left\|\boldsymbol{x}'(y(\boldsymbol{x}))-\boldsymbol{x}\right\|^2\mathrm{d}\boldsymbol{x} \end{aligned} \tag{11.8}$$

其中，$p(\boldsymbol{x})$ 是用于训练矢量量化器的样本 $\boldsymbol{x}$ 的概率密度函数。$\|\cdot\|$ 代表矢量的范数。表 11.3 给出了其他一些失真度量。

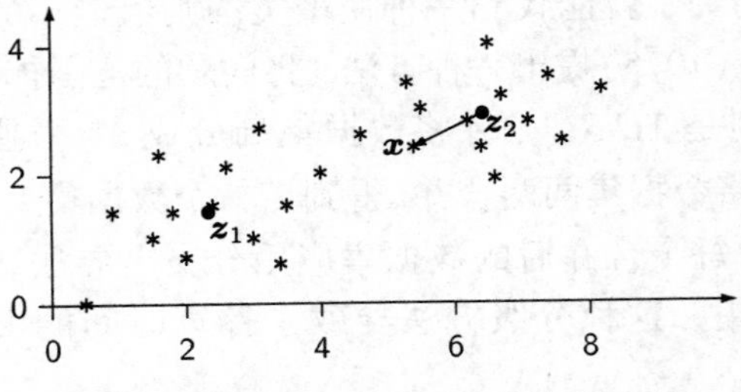


图 11.11 两个码矢量的 VQ 失真。编码和解码之后，得到 $\boldsymbol{x}$ 的重建，即最近码矢量 $z_2$，失真度为 $d(\boldsymbol{x},z_2)$

**表 11.3 用于矢量量化的失真度量**

| 标准类型 | $d(\boldsymbol{x},\boldsymbol{x}')$ |
|---|---|
| $L_2$，欧氏距离 | $\lvert\boldsymbol{x}'-\boldsymbol{x}\rvert$ |
| $L_\nu$ | $\{\sum_{i=1}^{p}\lvert\boldsymbol{x}'-\boldsymbol{x}\rvert^\nu\}^{\frac{1}{\nu}}$ |
| 明可夫斯基距离(明氏距离) | $\max\limits_{1\leqslant i\leqslant p}\lvert x_i'-x_i\rvert$ |
| 二次型距离($\boldsymbol{B}$ 为正定对称矩阵) | $(\boldsymbol{x}'-\boldsymbol{x})^{\mathrm{T}}\boldsymbol{B}(\boldsymbol{x}'-\boldsymbol{x})$ |

对有限数量的训练样本 $\boldsymbol{x}_1,\cdots,\boldsymbol{x}_n$，可将失真写成

$$D=\sum_{j=1}^{g}\sum_{\boldsymbol{x}_i\in S_j}d(\boldsymbol{x}_i,z_j)$$

其中，$S_j$ 是 $y(\boldsymbol{x})=j$ 的那组训练矢量集，即映射到第 $j$ 个码矢量 $z_j$ 上的矢量集。对一组给定的码矢量 $z_j$，将每个 $\boldsymbol{x}_i$ 映射到 $z_j$ 上，使得对所有的 $z_j$，$d(\boldsymbol{x}_i,z_j)$ 最小，并以此来构建使平均失真最小的分类，即选择最小失真或最近邻码矢量。相反地，给定一个划分，训练矢量集 $S_j$ 的码矢量 $z_j$ 定义成使

$$\sum_{\boldsymbol{x}_i\in S_j}d(\boldsymbol{u},\boldsymbol{x}_i)$$

关于 $\boldsymbol{u}$ 最小的那个矢量。称此矢量为质心(对平方误差度量来讲，是矢量 $\boldsymbol{x}_i$ 的均值)。

以下给出了矢量量化的迭代算法。

1. 初始化码矢量。
2. 给定一组码矢量，确定最小失真分类。
3. 对于所给的分类，找到一组最优的码矢量。
4. 如果算法尚未收敛，则转第 2 步。

显然，这是前面给出的 $k$ 均值算法的变体。假定使用的失真度量是平方误差度量，则该方法等价于基本的 $k$ 均值算法，这是因为在每一步迭代中，考虑的是所有训练矢量，而不是依次考虑每个矢量来调整码矢量。在矢量量化文献中，该方法称为广义 Lloyd 算法(Gersho and Gray, 1992)；而在数据压缩文献中，称之为 LBG 算法。LBG 算法与某些 $k$ 均值应用的主要区别在于它们对质心矢量的初始化。下面给出的 LBG 算法(Linde et al., 1980)从一级量化器(一个单一聚类)开始，在获得一个码矢量 $z$ 的解之后，将矢量 $z$“分裂”成两个接近的矢量，并以此作为二级量化器的种子矢量。运行算法直至收敛，获得二级量化器的解。然后将这两个码字分裂，得到四级量化器的 4 个种子矢量。重复这个过程，直到最终获得 1, 2, 4, …, $N$ 级量化器(见图 11.12)。该算法的步骤如下所示。

1. 将码矢量 $z_1$ 初始化为类均值；初始化 $\boldsymbol{\epsilon}$。
2. 对给定的一组码矢量($m$ 个)，“分裂”每个矢量 $z_i$，即令 $z_i+\boldsymbol{\epsilon}$ 和 $z_i-\boldsymbol{\epsilon}$，以形成 $2m$ 个矢量。设 $m=2m$，把码矢量重新标记为 $\boldsymbol{x}'_i$，$i=1, \cdots, m$。
3. 对给定的码矢量集，确定最小失真分类。
4. 对得到的分类，找到一组最优的码矢量。
5. 重复第 3 步和第 4 步直到收敛。
6. 如果 $m \neq N$，则转第 2 步，其中 $N$ 为期望的级数。

尽管本章介绍的矢量量化方法看似仍是 $k$ 均值算法的另一版本，但矢量量化框架允许我们引入两个重要概念，即在矢量量化中降低搜索复杂性的树结构码书搜索，以及给码矢量强加上拓扑结构的拓扑图映射。

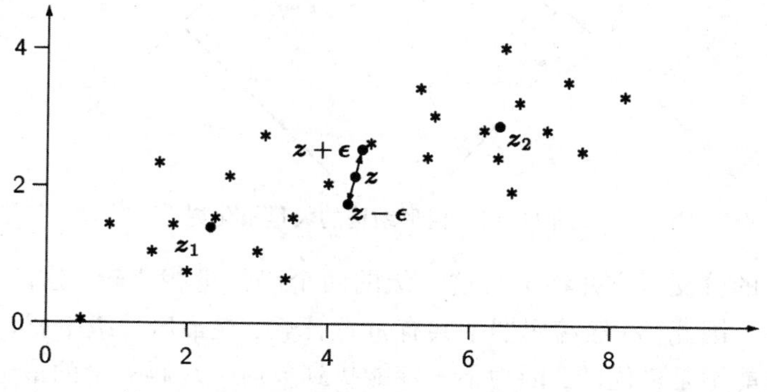


图 11.12　LBG 算法示意图。$z$ 表示类质心，$z_1$ 和 $z_2$ 表示二级量化器的码矢量

#### 11.5.3.1　树形结构的矢量量化

树形结构矢量量化是一种构造码书的方式，该方式可以减少编码操作中所需的计算量。它是第 7 章中的分类树或决策树的一个特例。这里将考虑的是固定比率编码，其中用相同的位数来表示每个码矢量。允许对树进行剪枝的可变比率编码将不予讨论。第 7 章讨论了分类树的剪枝方法，Gersho and Gray(1992)提出了矢量量化中的剪枝方法。

可以从一个简单的二叉树例子开始，对树形结构矢量量化进行描述。设计过程的第一步是在整个数据集上运行 $k$ 均值算法，将数据集划分成两个部分。这就产生了两个码矢量(即每个聚类的均值)(见图 11.13)。

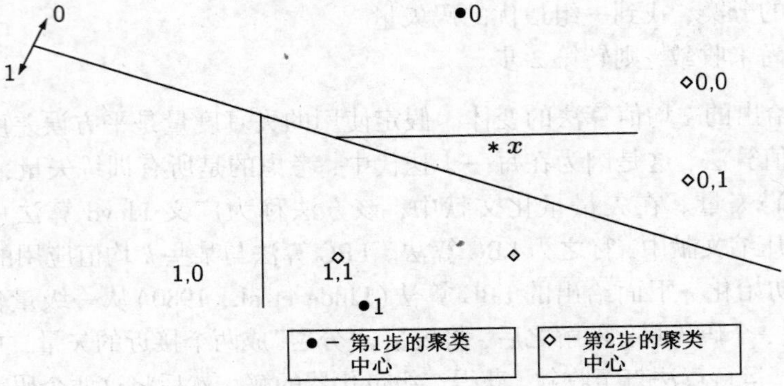


图 11.13 树形结构的矢量量化

依次考虑每个类，并再次应用 $k$ 均值算法将每个类划分成两个部分。第 2 步会形成 4 个码矢量和 4 个伴生聚类，第 $m$ 步则产生 $2^m$ 个码矢量。一个 $m$ 步的设计算法总共产生的码矢量为 $\sum_{i=1}^{m} 2^i = 2^{m+1} - 2$。这个过程产生一个分级聚类，其中的两个聚类或者不相交，或者一个类完全包含另一个类。

从树的根节点(在图 11.14 中标为 $A_0$)开始对给定矢量 $\boldsymbol{x}$ 进行编码，将 $\boldsymbol{x}$ 与两个一级码矢量的每一个进行比较，并确定它距哪个码矢量最近。

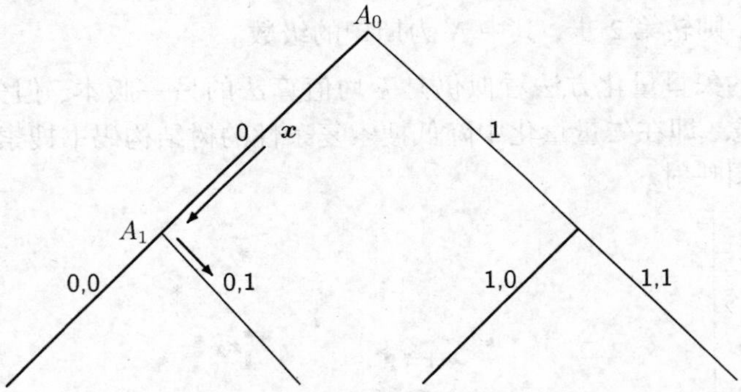


图 11.14 树形结构的矢量量化树

然后，沿到 $A_1$ 的分支行进并将 $\boldsymbol{x}$ 与这一级的两个码矢量相比较，这两个码矢量产生于这个类的训练集成员。因此，$m$ 级编码器中共有 $m$ 次比较，在最后一级中要与 $2^m$ 个码矢量比较。树结构矢量量化可能不是最优的，因为不一定能找到最后一级码矢量的最近邻(图 11.13 中的最后划分不是由最近邻区域构成的)。但这个编码可以逐渐逼近产生它的类，而且该方法可以大大节省编码时间。

#### 11.5.3.2 自组织特征映射

自组织特征映射是一种特殊的矢量量化。在这种方法中，为码矢量强加一个排序或拓扑结构。自组织特征映射的目的是将高维数据表示成能捕获原始数据结构的低维数字数组(通常为一维或二维数组)。数据空间中，数据点的不同聚类将映射成数组中码矢量的不同聚类，但这个过程的逆过程不一定正确：数组中的分离聚类不一定意味着原始数据中数据点的分离聚类。在某些方面，自组织特征映射可以看成与第 10 章描述的探索性数据分析相一致的方法。作为一个特例，$k$ 均值算法是其基本算法。

图 11.15 和图 11.16 示出了对二维数据使用该算法的结果。

- 在图 11.15 中，有 50 个数据样本，分布在二维空间的三个类中，使用自组织方法获得 9 个在一维空间的有序聚类中心。一组有序的聚类中心的意思是中心 $z_i$ 在某种意义上接近于 $z_{i-1}$ 和 $z_{i+1}$。在 $k$ 均值算法中，聚类中心在计算机中的存储顺序相当任意，它取决于算法的初始化。
- 在图 11.16 中，有 500 个数据样本(未示出)，这些样本是从矩形区域 $[-1 \leqslant x_1, x_2 \leqslant 1]$ 上的均匀分布中抽取出来的，而且数据不依附于(或不接近于)二维空间中的一维流形(manifold)。我们把一个一维拓扑结构强加于聚类中心并用直线将它们连接起来。在这种情况下，获得了填满空间的曲线。

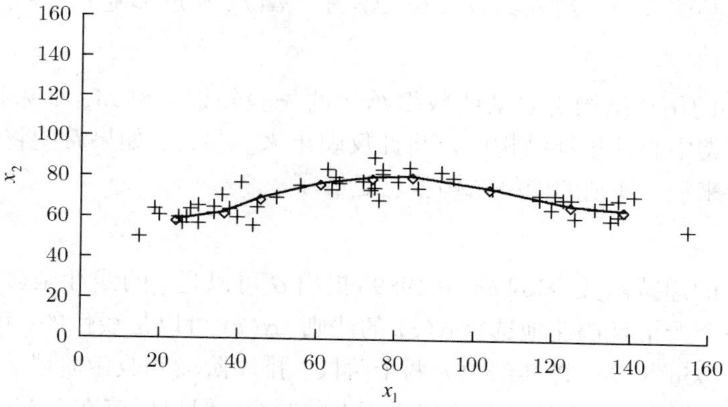


图 11.15　拓扑映射。码矢量的存储数组中，毗邻的聚类中心(◇)连在一起

在图 11.5 和图 11.6 中，使用拓扑图映射获得数据的降维变换，在映射中，对每个聚类中心进行排序。数据空间中的每个点映射成与其最近的那个聚类中心的有序索引。映射是非线性的，为便于解释，我们考虑了映射到一维的情况。如果数据确实落在高维空间内的降维流形上，那么拓扑图映射有可能捕获数据中的结构，并以有助于解释的形式表示之。在有监督分类问题中，有可能根据距聚类中心最近的大多数对象所属的类别来给每个聚类中心贴上标签。当然，即使聚类中心没有排序，也可以进行上述操作。但聚类中心的排序可以容易地看出类别之间的关系(根据决策边界)。

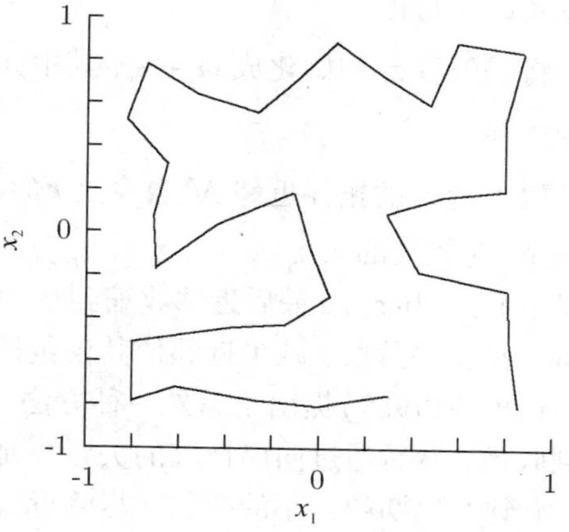


图 11.16　对矩形空间均匀分布的数据进行拓扑映射。确定出33个聚类中心，并把存储数组中相邻的聚类中心连接起来

确定聚类中心的算法可以采用多种形式。

基本方法是在数据集上循环操作，并在每个数据点的近邻(适当地定义)中调整聚类中心。该算法通常表示为次数的函数形式，其中次数指的是表示数据样本的个数。下面介绍一种算法。

1. 决定聚类中心(码矢量)的拓扑结构。初始化 $\alpha$、近邻和聚类中心 $z_1, \cdots, z_N$。
2. 重复以下过程直到收敛。
   (a) 选择一个数据样本 $\boldsymbol{x}$(一个训练样本)，并求与其最近的中心。设 $d_{j*} = \min_j(d_j)$，其中，
   $$d_j = |\boldsymbol{x} - z_j|, \quad j = 1, \cdots, N$$
   (b) 在码矢量 $z_{j*}$ 的近邻 $\mathcal{N}_{j*}$ 中修改码矢量：对于所有 $\boldsymbol{z} \in \mathcal{N}_{j*}$ 有
   $$z(t+1) = z(t) + \alpha(t)(\boldsymbol{x}(t) - z(t))$$
   其中，学习率 $\alpha$ 随着迭代次数 $t$ 的增加而减少 $(0 \leqslant \alpha \leqslant 1)$。
   (c) 减少近邻和学习参数 $\alpha$。

为了应用此算法，必须选择一组初始权矢量、学习率 $\alpha(t)$ 和近邻随 $t$ 的变化方案。

#### 拓扑结构的定义

选择聚类中心的拓扑结构需要某些数据结构的先验知识。例如，如果推测数据中有圆形的拓扑结构，则聚类中心的拓扑结构应该将此反映出来。另外，如果希望将数据映射到二维平面上，则对码矢量来说，规则的网格结构就已足够了。

#### 学习率

学习率 $\alpha$ 是 $t$ 的递减函数。Kohonen(1989)提出 $\alpha$ 可以是 $t$ 的线性函数，当 $\alpha$ 减为 0 时则停止，但是没有一个严格且快速地选择 $\alpha(t)$ 的法则。$\alpha(t)$ 可以是线性的，可以与 $t$ 成反比，或者为 $t$ 的指数。Haykin(1994)将其刻画为两个阶段：排序阶段和收敛阶段。排序阶段，这个过程大约要经过 1000 次迭代，这时 $\alpha$ 开始接近于 1 并减少，但仍保持在 0.1 以上；收敛阶段，当 $\alpha$ 进一步减少且保持在一个较小的值时(0.01 或更小)，这个过程常常需要数千次迭代。

#### 码矢量的初始化

将码矢量 $z_i$ 初始化成 $\boldsymbol{m} + \boldsymbol{\epsilon}_i$，其中 $\boldsymbol{m}$ 是样本均值，$\boldsymbol{\epsilon}_i$ 是一个小的随机矢量。

#### 减少近邻

码矢量 $z_j$ 的拓扑近邻 $\mathcal{N}_j$ 自身是 $t$ 的函数并随迭代步数递减。最初，近邻可能包括大多数码矢量(对较大的 $r$，$z_{j-r}, \cdots, z_{j-1}, z_{j+1}, \cdots, z_{j+r}$)，但迭代快结束时，仅包括最近的近邻(拓扑意义上) $z_{j-1}$ 和 $z_{j+1}$，最后近邻收缩到 0。问题是如何初始化近邻，并如何使近邻作为 $t$ 的函数递减。在排序阶段，减少近邻使其仅包括几个近邻。

Luttrell(1989)提出了另外一种方法，即固定近邻的大小并从几个码矢量开始。运行算法直到收敛，然后通过向已计算的矢量中加入中间矢量来增加矢量的个数。该过程不断重复进行，直到产生期望大小的映射。尽管近邻数是固定的，但开始时它覆盖一个较大的区域(因为只有几个聚类中心)，而且其物理范围随映射的增长而减小。特别地，给定一个数据样本 $\boldsymbol{x}$，如果其最近邻是 $z^*$，那么 $z^*$ 的近邻中的所有码矢量 $z$ 用下式更新：

$$z \to z + \pi(z, z^*)(\boldsymbol{x} - z) \tag{11.9}$$

其中函数 $\pi(>0)$ 的取值取决于 $z$ 在 $z^*$ 的近邻中的位置。例如，对于一维拓扑结构，可以取

$$\pi(z, z^*) = \begin{cases} 0.1, & z = z^* \\ 0.01, & z \text{ 是 } z^* \text{ 的拓扑近邻} \end{cases}$$

一维拓扑图映射的 Luttrell 算法如下所示。

1. 初始化码矢量 $z_1$ 和 $z_2$；设 $m = 2$。定义近邻函数 $\pi$；设对每个码矢量的更新数为 $u$。
2. 重复下述过程，直到失真度足够小或者达到最大的码矢量数。
   (a)对 $j = 1$ 到 $j = m \times u$，执行
   - 从数据集 $\boldsymbol{x}_1, \cdots, \boldsymbol{x}_n$ 中抽取样本 $\boldsymbol{x}$。
   - 确定最近邻码矢量 $z^*$。
   - 根据 $z \to z + \pi(z, z^*)(\boldsymbol{x} - z)$，更新码矢量。

   (b)定义 $2m - 2$ 个新的码矢量( $z_1$ 保持不变)：对 $j = m - 1$ 到 $j = 1$，执行
   - $z_{2j+1} = z_{j+1}$。
   - $z_{2j} = \dfrac{z_j + z_{j+1}}{2}$。

   (c)设 $m = 2m - 1$。

拓扑图映射作为探索性数据分析的一种方法获得了广泛应用(Kraaijveld et al., 1992; Roberts and Tarassenko, 1992)。如果最后得到的聚类中心排序在后续的数据分析中没有什么用处，则错用了该方法，此时可以采用简单的 $k$ 均值方法。Murtagh and Hernández-Pajares (1995)对该方法进行了评价，并给出了该方法与其他多元分析方法的关系。矢量量化方法在编码上具有最小的失真(欧氏距离)，对噪声具有鲁棒性。基于此，Luttrell(1989)导出基本学习算法。这就把该方法置于坚固的数学基础之上，同时表明分级矢量量化器对有序聚类中心的需要。

#### 11.5.3.3 学习矢量量化

矢量量化或聚类(划分数据集但不寻求对象的有意义分类)通常作为有监督分类的预处理器。在多种针对有标签训练数据的方法中，使用了矢量量化器或自组织映射。在 Luttrell (1995)的雷达目标分类例子中，用自组织映射单独地模拟每个类。对测试数据的分类，就是通过在每个自组织映射中将各样本与其原型样本进行比较，并在最近邻法则的基础上完成的。

以有监督方式使用矢量量化器的另一种方法是用单一矢量量化器模拟整个数据集(而不是单独地模拟每个类)。将每个训练样本分给与其最近的码矢量，然后用分配给该码矢量的大多数样本所属的类别为该码矢量贴上标签。这样就可以使用有标签码书条目的最近邻法则对测试样本进行分类。

学习矢量量化是矢量量化的有监督推广，它考虑了训练过程中的类别标签。基本的算法如下所示。

1. 初始化聚类中心(码矢) $z_1, \cdots, z_N$ 和聚类中心的类别标签 $\omega_1, \cdots, \omega_N$。
2. 从训练数据集中选择一个样本 $\boldsymbol{x}$，其相关的类为 $\omega_{\boldsymbol{x}}$，找到距 $\boldsymbol{x}$ 最近的中心：设 $d_{j^*} = \min_j(d_j)$，对应的中心和类别分别为 $z_{j^*}$ 和 $\omega_{j^*}$，其中

$$d_j = |\boldsymbol{x} - z_j|, \quad j = 1, \cdots, N$$

3. 如果 $\omega_{\boldsymbol{x}} = \omega_{j^*}$，则根据

$$z_{j^*}(t+1)=z_{j^*}(t)+\alpha(t)(\boldsymbol{x}(t)-z_{j^*}(t))$$

修改最近的矢量 $z_{j^*}$，其中 $0<\alpha_t<1$，其初值约为 0.1 并随 $t$ 的增加而减少。

4. 如果 $\omega_x \neq \omega_{j^*}$，则根据

$$z_{j^*}(t+1)=z_{j^*}(t)-\alpha(t)(\boldsymbol{x}(t)-z_{j^*}(t))$$

修改最近的矢量 $z_{j^*}$。

5. 回到第 1 步重复，直到得到几条通过数据集的通道。

如果数据集中的样本分类正确，则加强了样本方向上的码字。如果分类错误，则导致码字向偏离训练样本方向移动。

#### 11.5.3.4 随机矢量量化

随机矢量量化(Luttrell, 1999)是标准方法的推广，其中输入矢量 $\boldsymbol{x}$ 被编码成一个码索引矢量 $\boldsymbol{y}$(而不是一个码索引)，它是从依赖于输入矢量 $\boldsymbol{x}$ 的概率分布 $p(\boldsymbol{y}\mid\boldsymbol{x})$ 中随机采样得到的，产生 $\boldsymbol{x}$ 的重建 $\boldsymbol{x}'$ 的解码操作也是随机的，$\boldsymbol{x}'$ 是由下式给出的 $p(\boldsymbol{x}\mid\boldsymbol{y})$ 的采样：

$$p(\boldsymbol{x}|\boldsymbol{y})=\frac{p(\boldsymbol{y}|\boldsymbol{x})p(\boldsymbol{x})}{\int p(\boldsymbol{y}|\boldsymbol{z})p(\boldsymbol{z})\mathrm{d}\boldsymbol{z}} \tag{11.10}$$

推动矢量量化方法发展的一个关键因素是其对高维数据的可测量性。标准矢量量化存在的一个问题是，假定输入矢量的每一维对重建误差的贡献保持为常数，则码书的大小随输入矢量维数的增长呈指数增长。这就意味着这样的矢量量化不适合于编码特别高维的输入矢量，例如图像。使用随机方法的优点是在对高维输入矢量编码前，自动地将其划分成低维块，因为最小化平均欧氏重建误差可以促使不同的随机采样码索引与不同的输入子空间联系起来。

### 11.5.4 应用研究举例

问题

此应用涉及在核磁共振成像(MRI)图像中研究检测乳腺癌病变和判别乳腺如何从良性病变到恶性病变(Lee et al., 2007)。

摘要

$k$ 均值算法(见 11.5.2 节)应用于从一系列 MRI 图像中得到的测量数据。这种方法在检测恶性肿瘤中的混杂样本时似乎是有效的，但在恶性病变形态类似于良性肿瘤时无效。最后的结论是，形态分析是必需的。

数据

该数据由 13 名病人提供，存有每位病人的 5 张乳房图像。对每个病人，以逐个体素为基础进行恶性肿瘤区域的信号测量。总样本数达 1735，其中每个样本为 5 维数据。

模型

采用了 $k$ 均值聚类方法。

训练过程

通过标记聚类中心、再将来自一组随机图像的样本分配到最接近的参考中心上，以实现分类。

结果

结果表明，所用方法不能区分良性和恶性病变。有如下两种可能的原因。

- 特征不够，需要进一步提取特征，例如通过形态分析生成所需特征。
- 用监督方法而不是无监督方法在后处理阶段标记类中心向量，有可能提供其性能的改善。

### 11.5.5 拓展研究

Venkateswarlu and Raju(1992)讨论了减少 $k$ 均值算法计算量的方法。Bobrowski and Bezdek(1991)叙述了将 $k$ 均值方法发展到其他度量空间($l_1$ 和 $l_\infty$ 范数)的方法。Juan and Vidal(1994)提出了一种快速 $k$ 均值算法(基于逼近及剔除的搜索算法，AESA)，该算法适合于数据以相异形式出现的情况，即数据无法表示在合适的矢量空间中(不适于多维尺度方法)，但却能得到数据点之间的相异程度。称为 $k$ 质心的方法将“最中心的样本”作为聚类中心。Popescu-Borodin(2008)提出了一种快速 $k$ 均值算法，用于静止图像的量化，读者也可参阅 Chen et al.(2008)。

许多研究发展了基本的模糊聚类方法，并提出了一些算法。Mántaras and Aguilar-Martín(1985)提出了顺序方法。在“半模糊”或“软”聚类中(Selim and Ismail，1984b；Ismail，1988)，认为样本属于某些聚类，但不一定是全部聚类。在阈值模糊聚类中(Kamel and Selim，1991)，将低于阈值的成员值设为0，而将其余的值正则化。Gath and Geva(1989)提出了用关于聚类数的先验假设进行模糊聚类的方法。Hathaway and Bezdek(1994)讨论了将模糊聚类方法发展到数据以相异程度矩阵形式出现的情形。

### 11.5.6 小结

本节介绍了最小化平方误差目标函数的方法。$k$ 均值方法是所有方法的一个特例，它广泛应用于模式识别中，形成了许多有监督分类方法的基础。这种方法产生“明确”的数据编码，其中每个样本仅属于一个聚类。

模糊 $k$ 均值方法是对 $k$ 均值方法的发展，它允许一个样本属于多个聚类，并通过隶属度函数来控制聚类。从模糊 $k$ 均值方法中得到的聚类结果是轻微交迭的，通常交迭程度由用户指定的参数控制，在训练过程中确定数据的分类。

矢量量化方法是驱动型应用方法。其目的是产生明确的编码，而快速编码的需求推动了一些算法，如树形结构矢量量化算法的发展。自组织特征映射可形成有序的编码。

## 11.6 谱聚类

11.2 节讨论了一些用于聚类分析的方法，这些方法利用相似/不相似性矩阵结构进行聚类。11.5 节论述了用于高维空间样本聚类的 $k$ 均值算法及其变体。谱聚类是利用相似矩阵或其他派生矩阵的结构特征，将样本划分到不相交类别中，并使类内样本相似度很高而类间样本相似度较低的一类技术。谱聚类是一类应用效果良好的启发式聚类算法。

### 11.6.1 图论初步

由于各种实体之间的相互作用，产生了大量复杂的数据集，如人与人之间的社会关系网；计算机网络；顾客与商家的网上购物关系网等。如何利用模式识别技术来分析这样的相互作用数据，将在第12章中进行深入的探讨。我们用数学中的图论的概念来表达这类复杂的数据。其中，节点表示感兴趣的实体(人，计算机，商店)，边表示实体之间的相互作用(邮件信息，采购，电话定购)。谱聚类也利用一些图论的结论，因此这里先引入图论的一些基本表示符号。

图 $G$ 由一系列的顶点(或节点)和边组成，$G = \{V, E\}$，图的结构由邻接矩阵 $A$ 来表示(见12.2节)。其中，若节点 $i$ 与节点 $j$ 相接，则

$$A_{ij} = 1$$

若节点 $i$ 与节点 $j$ 不相接，则

$$A_{ij} = 0$$

图11.17是对一张图及其邻接矩阵的示意。图既可以是有向的(边从一个节点指向另一个节点)，也可以是无向的(两节点之间的边无方向性)。无向图的邻接矩阵是对称的。另外，图的边也可以赋予权值。这些权值可以表示两节点之间相互作用的程度(例如，两台计算机之间电子邮件的数量，或网上购物的水平)，权值可以是时变的，这时二值邻接矩阵由时变的权值邻接矩阵所取代。

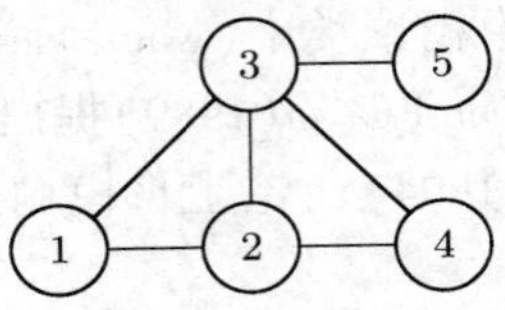


| | 1 | 2 | 3 | 4 | 5 |
|---|---|---|---|---|---|
| 1 | 0 | 1 | 1 | 0 | 0 |
| 2 | 1 | 0 | 1 | 1 | 0 |
| 3 | 1 | 1 | 0 | 1 | 1 |
| 4 | 0 | 1 | 1 | 0 | 0 |
| 5 | 0 | 0 | 1 | 0 | 0 |

图11.17 有邻接矩阵的无向图

图的拉普拉斯矩阵可由邻接矩阵导出：

$$L = D - A$$

其中，$D$ 是对角阵，$D = \mathrm{Diag}(d_1, \cdots, d_n)$，且

$$d_i = \sum_{j=1}^{n} A_{ij}$$

对于二值邻接矩阵，$d_i$ 是顶点 $i$ 的度。拉普拉斯矩阵(非规范化图)有如下性质。

1. $L$ 是对称半正定的。
2. 各特征值为实数且非负，最小值为零。因此，特征值可排列如下：

$$\lambda_n \geqslant \lambda_{n-1} \geqslant \cdots \geqslant \lambda_1 = 0$$

3. 零特征值的个数等于图连接部分的数目。对应的特征向量可以作为一个指示向量，表示给定的节点属于哪一部分。例如，如图11.8所示，拉普拉斯矩阵零特征值的个数为3，表明其有3个相互分离的部分。表11.4中是其对应的特征向量。表中节点1，2，3，4和5构成一部分；节点6，7和8构成第二部分；节点9，10，11，12和13构成第三部分。因此，特征向量矩阵的行指示出节点属于哪一部分。

这一定义可以推广到赋权邻接矩阵上，对于规范化图的拉普拉斯矩阵也可定义(见11.6.5节)。属于零特征值的特征向量的行可以区分出不连接的部分。

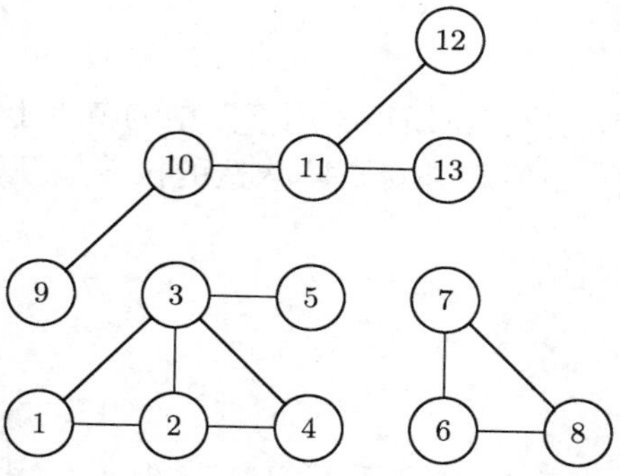


图 11.18　具有不连接部分的图

表 11.4　对于图 11.18 来说，特征值 $\lambda=0$ 的特征向量 $v_1$，$v_2$ 和 $v_3$

| | $v_1$ | $v_2$ | $v_3$ |
|---|---|---|---|
| 1 | 0 | 0 | 1 |
| 2 | 0 | 0 | 1 |
| 3 | 0 | 0 | 1 |
| 4 | 0 | 0 | 1 |
| 5 | 0 | 0 | 1 |
| 6 | 0 | 1 | 0 |
| 7 | 0 | 1 | 0 |
| 8 | 0 | 1 | 0 |
| 9 | 1 | 0 | 0 |
| 10 | 1 | 0 | 0 |
| 11 | 1 | 0 | 0 |
| 12 | 1 | 0 | 0 |
| 13 | 1 | 0 | 0 |

### 11.6.2　相似矩阵

为了将图论技术应用于聚类，首先定义两节点边上的权值，这些权值用以衡量两节点的相似性。权值的定义有多种方法(von Luxburg，2007)。假定有一个样本集 $\{\boldsymbol{x}_1, \cdots, \boldsymbol{x}_n\}$，我们定义赋权邻接矩阵 $A$，矩阵元素 $A_{ij}=s(\boldsymbol{x}_i, \boldsymbol{x}_j)$，$s(\boldsymbol{x}, \boldsymbol{y})$ 是样本 $\boldsymbol{x}$ 和 $\boldsymbol{y}$ 之间的相似度。

$\epsilon$ 邻域

当样本 $\boldsymbol{x}_i$ 和样本 $\boldsymbol{x}_j$ 之间的距离小于一个指定的阈值 $\epsilon$ 时，节点 $i$ 和 $j$ 之间便存在一条边。即

$$s(\boldsymbol{x}, \boldsymbol{y})=\begin{cases}1, & |\boldsymbol{x}-\boldsymbol{y}|<\epsilon \\ 0, & |\boldsymbol{x}-\boldsymbol{y}| \geqslant \epsilon\end{cases}$$

完全连接图

每一个节点与其余节点都有边相连，且边上的权值表示两节点之间样本的相似度。对于相似度函数 $s(\boldsymbol{x}, \boldsymbol{y})$ 有多种定义。例如，用于局部邻域关系模型的高斯相似度函数定义为

$$s(\boldsymbol{x}, \boldsymbol{y})=\exp\left(-\frac{|\boldsymbol{x}-\boldsymbol{y}|^2}{2\sigma^2}\right) \tag{11.11}$$

参数 $\sigma$ 控制邻域的宽度，节点 $i$ 与节点 $j$ 之间边的权值为 $A_{ij}=s(\boldsymbol{x}_i, \boldsymbol{x}_j)$。

$k$ 近邻

这种情况下，有两种基本的模型。第一种是 $k$ 近邻图：

$$A_{ij}=\begin{cases}s(\boldsymbol{x}_i, \boldsymbol{x}_j), & \boldsymbol{x}_i \text{ 是 } \boldsymbol{x}_j \text{ 的一个 } k \text{ 近邻，或 } \boldsymbol{x}_j \text{ 是 } \boldsymbol{x}_i \text{ 的一个 } k \text{ 近邻} \\ 0, & \text{其他}\end{cases}$$

在这种模型中，要使节点 $i$ 与节点 $j$ 相连接，则节点 $j$ 是节点 $i$ 的一个 $k$ 近邻，或节点 $i$ 是节点 $j$ 的一个 $k$ 近邻。边上的权值是两节点上样本之间的相似度。

第二种模型是互相关 $k$ 近邻图，其赋权邻接矩阵描述如下：

$$A_{ij}=\begin{cases}s(\boldsymbol{x}_i, \boldsymbol{x}_j), & \boldsymbol{x}_i \text{ 是 } \boldsymbol{x}_j \text{ 的一个 } k \text{ 近邻，且 } \boldsymbol{x}_j \text{ 是 } x_i \text{ 的一个 } k \text{ 近邻} \\ 0, & \text{其他}\end{cases}$$

### 11.6.3 聚类应用

通过对特征值 $\lambda = 0$ 的特征向量的分析，可以将图的拉普拉斯矩阵用于图中的节点上，即具有相同成分的节点归为一类，不相连的节点则不然。由赋权邻接矩阵构造的拉普拉斯矩阵也是如此。

以下引入一种样本聚类的方法：

1. 构造样本之间的相似度矩阵；
2. 构造基于相似度矩阵的拉普拉斯矩阵；
3. 分析具有最小特征值的特征向量。一般来说，节点之间“几乎不相连”，但不会完全不相连，在这种情况下，最小特征值将不为零。

### 11.6.4 谱聚类算法

算法 11.1 给出了基本谱聚类算法流程。第一步构造相似度矩阵。构造相似度矩阵的方法有多种。可以是样本间距离的简单变换，也可以是 11.6.2 节给出的各种度量方法之一。第二步给定相似矩阵，计算图的拉普拉斯矩阵。第三步，计算图拉普拉斯矩阵的特征值和特征向量。这时，只需计算按升序排序的前 $k$ 个特征值的特征向量，然后定义一个 $n \times k$ 维的数字矩阵 $V$。最后一步，用 $k$ 均值算法(见 11.5 节)将 $n$ 个 $k$ 维数据进行聚类。

---

**算法 11.1 谱聚类**

1. 定义样本之间的相似度，如 11.6.2 节中所述，形成相似矩阵 $S$。
2. 通过相似矩阵计算拉普拉斯矩阵。
3. 对拉普拉斯矩阵进行特征分解，选择前 $k$ 个特征值的特征向量，构成 $n \times k$ 维特征向量矩阵 $V$, $V = [v_1, \cdots, v_k]$。
4. 利用 $k$ 均值算法，将 $n$ 个按特征向量矩阵行划分的 $k$ 维样本划分到 $k$ 个类别中。

---

图 11.19 给出了二维空间中的一些点经谱聚类后的结果。使用的是高斯相似度函数，[见式(11.11)]。不同类别的点已用不同的符号标出。

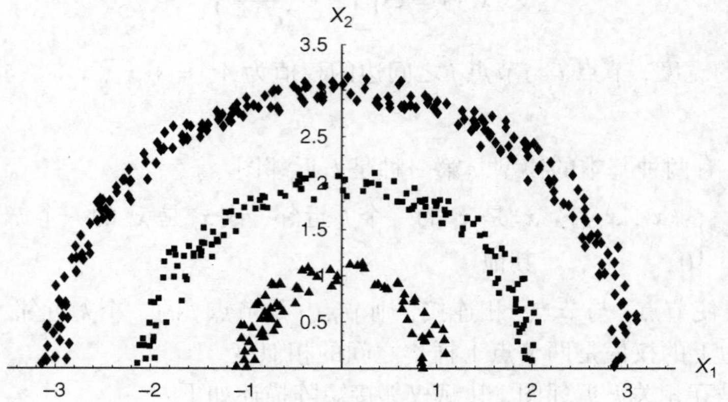


图 11.19 二维问题的点聚类：将 $k$ 取为 3，不同聚类的点采用了不同的标记符

### 11.6.5　拉普拉斯矩阵的形式

对于一个赋权邻接矩阵，使用规范化的拉普拉斯矩阵（见 12.2 节）。其对称形式（Ng et al., 2002）为

$$L_{\text{sym}} = D^{-\frac{1}{2}} L D^{-\frac{1}{2}} = I - D^{-\frac{1}{2}} A D^{-\frac{1}{2}}$$

非对称形式［由 Shi and Malik（2000）提出］则为

$$L_{\text{nonsym}} = D^{-1} L = I - D^{-1} A$$

这些规范化形式具有如下性质。

1. 规范化拉普拉斯矩阵是半正定的。
2. 所有的特征值是实数且非负，最小特征值为零，排列如下：
$$\lambda_n \geqslant \lambda_{n-1} \geqslant \cdots \geqslant \lambda_1 = 0$$
3. 零特征值的个数等于图连通体的数目。对于 $L_{\text{nonsym}}$，特征空间由特征向量 $\mathbf{1}_i$ 生成，特征向量 $1_i$ 为：如果节点 $j$ 属于第 $i$ 个连通体，则在该向量的第 $j$ 个位置取 1，否则取 0。特征向量 $L_{\text{sym}}$ 为 $D^{-1}\mathbf{1}_i$。
4. $L_{\text{nonsym}}$ 及其特征向量 $v$ 和特征值 $\lambda$，满足广义对称特征方程 $Lv = \lambda Dv$。

算法 11.2 给出了广义规范化拉普拉斯矩阵 $L_{\text{nonsym}}$ 的聚类算法。

---

**算法 11.2　对规范化拉普拉斯矩阵 $L_{\text{nonsym}}$ 的谱聚类**

1. 定义样本之间的相似度，如 11.6.2 节所述，构建相似矩阵 $S$。
2. 通过相似矩阵计算拉普拉斯矩阵。
3. 求解广义对称特征向量方程 $Lv = \lambda Dv$，选择前 $k$ 个小特征值的特征向量 $V = [v_1, \cdots, v_k]$，构成 $n \times k$ 维特征向量矩阵。
4. 对与特征矩阵行相对应的 $n$ 个 $k$ 维样本执行 $k$ 均值算法，以把这 $n$ 个样本聚成 $k$ 个类。

---

### 11.6.6　应用研究举例

问题

这一应用涉及线性混合器的信号重构（或恢复）和盲信号分离。前者用到混合处理中的一部分知识，后者则用到谱聚类方法（Bach and Jordan, 2006），用于求解单通道盲信号源的语音分离问题。

摘要

许多领域都会遇到盲信号分离问题，如雷达信号处理、语音处理与成像。在极端情况下，一个传感器需要估计两路或者多路信号。这项研究的目的是在无具体说话人模型的前提下，通过单一通道实现混合语音的分离。代价函数由实现聚类算法最少的分类数据所具有的特征产生。然而，对于被标记的训练数据（类别已知），对其相似度矩阵（参数）的最小化，是由训练相似度矩阵的算法完成的。

数据

训练数据来自 4 位男性/女性持续 3 秒的语音，测试时所用的语音混合方案与训练数据的混合方案不同。

模型

可以把语音分离问题描述为时频平面上的分割问题(语音用声谱图表示)。许多方法可以用来分割类似图像的数据，但是语音分离问题有其自身的特点，特定的语音特征便由此而生，参数化的相似度矩阵就是由这些特征定义的。

训练过程

分割一幅声谱图需要两步。第一步，用数据集中的已知类别标签的训练数据来训练相似度矩阵的参数。第二步，通过算法利用这些参数对先前未用到的数据集样本进行聚类。

结果

研究结果表明，分割算法能够成功地分离两个英语系人士的混合语音，并且还可生成音质合理的有声信号。

### 11.6.7 拓展研究

谱聚类应用于大数据集聚类的方法也得到了发展。谱聚类算法需要计算操作复杂度为 $n^3$ 的 $n \times n$ 维矩阵的特征向量。因此，当 $n$ 很大时计算会很困难。Yan et al. (2009)提出一种快速的近似谱聚类方法。Ning et al. (2007)提出一种数据集有少量改变，即能够在线更新谱聚类结果的应用方法。Zare et al. (2010)提出一种减少样本数据的方法，该方法通过对原数据集进行采样来生成较小的样本集，进而对小样本集进行聚类。

### 11.6.8 小结

谱聚类算法利用拉普拉斯矩阵的特征向量，将数据嵌入捕获底层结构的空间中，它需要计算 $n \times n$ 维矩阵的前 $k$ 个特征向量。所产生的聚类并不总是像 $k$ 均值一样的凸集，也需要设置一些参数，包括相似度函数的参数(用于 $\epsilon$ 邻域的 $\epsilon$，用于完全联通图的 $\sigma$，用于 $k$ 近邻法的 $k$ )及图的拉普拉斯矩阵。von Luxburg(2007)推出了拉普拉斯矩阵的规范化形 $L_{\text{nonsym}}$。

## 11.7 聚类有效性

### 11.7.1 引言

聚类的有效性是用来对聚类结果进行评估的。即使数据中不存在自然的类，聚类算法也可以将它们分类。不同的聚类方法，或方法相同但参数设置不同，都可能形成不同的分类。如何才能知晓聚类的结构适合于数据集，而不是由我们选择的特定方法强加给数据集的？聚类有效性是一个充满困难的问题，该类问题很少是直截了当的。在应用某些聚类方法时，人们往往并不关心数据集中的类别。例如，在矢量量化中，人们关心的是在重建原始数据或进行任何后续分析时的平均失真。这可以通过判别问题中的错误率或图像重建中的诊断性能来度量(见下文中的例子)。在这些情况下，聚类只是一种简单的获得分类的方式，而不是探索数据中的内在结构。

然而，如果要探索数据集中的类别，如何做到有效聚类呢？如果数据是二维的，则容易证明聚类结果是否有效。如果数据是高维的，则确定聚类有效性的简单方法是在数据的低维表示中观察聚类结果，第 10 章已经讨论了线性和非线性的投影方法。另外，可以使用多种聚类方法进行分析对比，以审视导出的结构是否是特定方法的产物。可以采用一些更正式的方法，本节介绍其中的几种。

就聚类有效性而言，有 3 种评估方法，这些方法分别基于如下 3 种聚类准则。

内部准则

用涉及的数据集评估聚类结果，例如相异矩阵。

外部准则

用聚类时没有用到的信息来评估聚类结果，例如用用户指定的结构进行评估。

相对准则

有些准则是通过对不同算法（或算法相同但参数不同）的聚类结果进行对比来实施评估的。

前两种聚类有效性方法是基于统计检验的，用到不同类型的先验结构模型，相对准则法则旨在根据定义的度量找到最佳聚类方案。

### 11.7.2 统计检验

#### 11.7.2.1 假设检验

内部准则方法和外部准则方法都是基于统计假设检验的，其中原假设（也称零假设，null hypothesis）$H_0$ 涉及数据随机性，检验统计量 $q$ 用给定的数据集计算。在很多情况下，在给定假设下检验统计量的概率密度函数是未知的，这时可用基于样本的方法，即用通过蒙特卡罗方法获得的样本来计算其概率密度函数。

#### 11.7.2.2 蒙特卡罗方法

对于单边检验（检验统计量的值较高则意味着显著背离原假设，即右侧检验）来讲，在原假设上，人们寻求偶发的检验统计量极值的概率，

$$\Pr(q \geqslant Q|H_0)$$

其中，$Q$ 是数据集中检验统计数据的观察值。

在蒙特卡罗方法中，生成多个样本数据集 $X_i$，$i=1, \cdots, r$，对每个数据集计算 $q$ 值，以生成 $\{q_i, i=1, \cdots, r\}$。设显著性水平为 $\rho$，如果 $q$ 大于 $q_i$ 的次数为 $(1-\rho)r$，则拒绝原假设。

同样，对于左边检验也类似。对于双边检验，显著性水平是

$$\Pr(|q| \geqslant Q)$$

如果 $q > (1-\rho/2)r$ 或 $q < (\rho/2)r$，则拒绝原假设。

#### 11.7.2.3 零模型

Gordon（1999）确定了 5 种类型的零模型（null，model），它们与样本或差异矩阵相关，用于完全没有结构的数据集（Gordon 1994b，1996a）。

- 泊松模型（Bock，1985）或随机位置假设（Jain and Dubes，1988）。将对象表示成 $p$ 维数据空间中某个区域 $A$ 上均匀分布的点。这种模型的主要问题是如何确定区域 $A$。标准的定义有单位超立方体和超球面。

- 单峰模型(Bock, 1985)。变量具有单峰分布。这里的困难是如何确定密度函数。标准的定义有球形多元正态分布。
- 随机排列模型。在这个模型中，$n \times p$ 数据矩阵的每一列中的项均独立排列，给出 $(n!)^{p-1}$ 个不同的矩阵，每个矩阵都是等可能的。
- 随机相异程度矩阵(Ling, 1973)或随机图假设(Jain 和 Dubes, 1988)。该矩阵以相异程度形式出现的数据为基础。相异程度矩阵中的下三角元素随机排序，所有的排序被认为是等可能的。视为一张图，图中节点表示样本，边上的值表示样本间的差异，低于指定阈值的边被随机地插入图中。这种模型的一个问题是，如果样本 $i$ 和样本 $j$ 靠得很近($d_{ij}$ 较小)，则人们会期望对于样本 $k$，$d_{ik}$ 和 $d_{jk}$ 的排序相似，而这种相关性却未被考虑在内。
- 随机标签模型(Jain and Dubes, 1988)。该模型假设：各样本标签(作为聚类的结果)的所有可能的排列是等可能的。检验统计量的观察值与随机排列标签后所获得的分布进行比较。

### 11.7.3 缺失类结构

对缺失类结构的情况展开检验，要处理的问题是：

数据 $\boldsymbol{x}_1, \cdots, \boldsymbol{x}_n$ 是从同一总体中抽取的吗?

原假设是关于数据随机性的表述。已经有很多检验该假设的统计检验方法，读者可参阅 Gordon(1998)的综述。

例如，对泊松分布模型，其统计检验为

- 小于指定阈值的点间距离数；
- 一组对象中最大的最近邻距离。

再如，对随机相异矩阵模型，其统计检验为

- 连接随机图所需的最小数量的边(构成单连通图之前的边的数目)；
- 当指定边的数量时，图的分支数。

### 11.7.4 各聚类的有效性

确定个体聚类是否有效，需要使用理想聚类所拥有的反映聚类属性的技术指标。此种聚类属性将依赖于数据集。另一种方法是定义一个统计量，考核该统计量关于某一零模型的分布(其数据不具有类结构)。这就是我们提出的方法，要处理的问题是：

由下式定义的聚类 $\mathcal{C}$(大小为 $c$)是一个有效聚类吗?

$$\mathcal{C} = \{i : d_{ij} < d_{ik} \quad \text{对所有的} j \in \mathcal{C}, k \notin \mathcal{C}\}$$

Gordon(1999)提出一种基于统计量 $U$ 的各聚类有效性的蒙特卡罗方法，即对由有序点对 $(i, j) \in W$ 组成的子集 $W$ 和由有序点对 $(k, l) \in B$ 组成的子集 $B$，统计量 $U$ 为

$$U_{ijkl} = \begin{cases} 0, & d_{ij} < d_{kl} \\ \frac{1}{2}, & d_{ij} = d_{kl} \\ 1, & d_{ij} > d_{kl} \end{cases}$$

且

$$U=\sum_{(i,j)\in W}\sum_{(k,l)\in B}U_{ijkl}$$

在 $W$ 子集中，点对的两对象 $i$ 和 $j$ 均属于聚类 $\mathcal{C}$，而子集 $B$ 包含的点对中，一个元素属于聚类 $\mathcal{C}$，另一个元素不属于 $\mathcal{C}$。

基本算法定义如下。

1. 对聚类 $\mathcal{C}$ 计算 $U$；记为 $U^*$。
2. 产生一个随机的 $n\times p$ 阶样本矩阵，并用产生聚类 $\mathcal{C}$ 的算法将其聚类。
3. 对大小为 $k$（$k=2,\cdots,n-1$）的聚类（例如，通过树状图产生的分类）计算 $U(k)$。如果给定的 $k$ 值不止一个，则随机选择其中的一个。
4. 重复第 2 步和第 3 步，直到对每个 $k$ 值，得到 $m-1$ 个 $U(k)$ 值。
5. 如果 $U^*$ 小于 $U(k)$ 的第 $j$ 个最小值，则以 $100(j/m)$ % 的显著性水平拒绝随机原假设。

注意，$U(k)$ 值与数据集无关。

Gordon 取 $m=100$，并在泊松模型和单峰（球形多元正态）模型下评估上述方法，同时在 4 种数据集上使用 Ward 方法，对得到的聚类进行评价，结果令人振奋。进一步的改进涉及其他检验统计量的使用和其他零模型的提出。

### 11.7.5　分级聚类

这里讨论的是关于分级聚类内部的有效性问题：

分级聚类能够准确汇总数据吗？

同表象相关系数是对一组差值和数据的层次分类之间的一致性测度。这里的相关指的是差值 $d_{ij}$ 和超度量距离 $\hat{d}_{ij}$ 两者之间的相关：

$$\frac{\sum_{i<j}(d_{ij}-\bar{d})\left(\hat{d}_{ij}-\bar{\hat{d}}\right)}{\left[\sum_{i<j}(d_{ij}-\bar{d})^2\sum_{i<j}\left(\hat{d}_{ij}-\bar{\hat{d}}\right)^2\right]^{\frac{1}{2}}}$$

上式用来测度由树图表示的层次分类的点间距离如何。

这一统计分布很难计算，（例如）可以在泊松分布的零模型下采用蒙特卡罗方法。

### 11.7.6　各单聚类的有效性

这里要讨论的是聚类算法给出的单个聚类的有效性问题，不是分级聚类问题。我们的问题是：

将数据的 $C$ 个聚类聚成 $m$ 个类，与数据集 $X$ 所含信息一致吗？

定义一个 $n\times n$ 阶矩阵 $Y$：

$$Y_{ij}=\begin{cases}1, & \boldsymbol{x}_i \text{ 与 } \boldsymbol{x}_j \text{ 属于不同的类}\\ 0, & \text{其他}\end{cases}$$

则用 $\Gamma$ 统计量

$$\Gamma(D,Y)=\frac{1}{M}\sum_{i=1}^{N-1}\sum_{j=i+1}^{N}d_{ij}Y_{ij}\tag{11.12}$$

或用 $\Gamma$ 的标准化统计量 $\hat{\Gamma}$

$$\hat{\Gamma}(D,Y)=\frac{1}{M}\frac{\sum_{i=1}^{N-1}\sum_{j=i+1}^{N}\left(d_{ij}-\mu_D\right)\left(Y_{ij}-\mu_Y\right)}{\sigma_D\sigma_Y} \tag{11.13}$$

来测量相异矩阵 $D$ 与矩阵 $Y$ 之间的一致性，其中 $\mu_D$ 和 $\mu_Y$ 为矩阵 $D$ 和矩阵 $Y$ 的均值，$\sigma_D$ 和 $\sigma_Y$ 为矩阵 $D$ 和矩阵 $Y$ 的标准差，$M = N(N-1)/2$。

在泊松分布零模型下，可以采用蒙特卡罗方法，对每个生成的数据集，将形成聚类 $\mathcal{C}$ 的聚类算法用于数据集 $X$，并进行统计计算。在给定的显著性水平下，根据统计量的分布做出拒绝或接受原假设的决策。

### 11.7.7 划分

这里要谈的是外部有效性检验问题，即需要回答如下问题：

由算法所产生的聚类与所预期的划分一致吗？

$X$ 的近似矩阵与预定的划分一致吗？

所采用的方法是标准的：定义统计量来测量划分与聚类或划分与近似距离矩阵的一致程度，用蒙特卡罗方法估算统计量的概率密度函数。用 $\mathcal{C} = \{C_1, \cdots, C_m\}$ 表示聚类，用 $\mathcal{P} = \{P_1, \cdots, P_s\}$ 表示独立划分(Theodoridis and Koutroumbas, 2009)，引入 $a$、$b$、$c$ 和 $d$ 这 4 个量，其中

$a$ 是 $\mathcal{C}$ 中属于同一聚类和 $\mathcal{P}$ 中的同一组的样本向量对的数量；

$b$ 是 $\mathcal{C}$ 中属于同一聚类和 $\mathcal{P}$ 中不同组的样本向量对的数量；

$c$ 是 $\mathcal{C}$ 中属于不同聚类和 $\mathcal{P}$ 中的同一组的样本向量对的数量；

$d$ 是 $\mathcal{C}$ 中属于不同聚类和 $\mathcal{P}$ 中不同组的样本向量对的数量；

则不同对的总数量 $M = a + b + c + d$，再定义下列统计量：

Rand

$$R=(a+d)/M$$

Jaccard

$$J=a/(a+b+c)$$

这两个统计量具有这样的属性，它们在 0 和 1 之间取值，值越大，则 $\mathcal{C}$ 和 $\mathcal{P}$ 越趋于一致。

也可以使用统计量 $\Gamma$ 和 $\hat{\Gamma}$。如果样本 $\boldsymbol{x}_i$ 和样本 $\boldsymbol{x}_j$ 属于 $\mathcal{C}$ 中的同一聚类，则定义 $X_{ij} = 1$，否则 $X_{ij} = 0$。如果样本 $\boldsymbol{x}_i$ 和样本 $\boldsymbol{x}_j$ 属于 $\mathcal{P}$ 中的同一组，则定义 $Y_{ij} = 1$，否则 $Y_{ij} = 0$。$\Gamma(X, Y)$ 和 $\hat{\Gamma}(X, Y)$ 具有这样的属性：幅值越大，$\mathcal{C}$ 和 $\mathcal{P}$ 越趋于一致。

### 11.7.8 相关准则

相关准则用来比较不同聚类算法的结果，寻求解决的问题是：

对数据集 $X$ 来讲，不同参数下的聚类算法的产生结果中，哪一种最适合于数据 $X$？

这一方法的基础是定义一个有效性指数。

#### 11.7.8.1 有效性指数

Dunn 和 Dunn-like 指数

Dunn 指数定义为

$$D = \min_{i=1,\cdots,g}\left\{\min_{j=i+1,\cdots,g}\left(\frac{d(C_i,C_j)}{\max_{k=1,\cdots,g}(\text{diam}(C_k))}\right)\right\}$$

其中，$d(C_i, C_j) = \min_{x\in C_i,\ y\in C_j}\{d(x, y)\}$ 为两聚类之间的距离，定义为来自不同类的成员对之间的最小距离；$\text{diam}(C_i) = \max_{x,\ y\in C_i}\{d(x, y)\}$ 为聚类直径。对类内紧凑、类间分离较好的聚类，该指数取较大值。

Dunn 指数对噪声比较敏感(在噪声环境下，聚类直径会变大)。为此，人们提出使用不同方案来计算聚类距离和聚类直径，使其对噪声更具鲁棒性。

Davies-Bouldin 指数

对 $g$ 个集群聚类的 Davies-Bouldin 指数定义为

$$DB = \frac{1}{g}\sum_{i=1}^{g} R_i$$

其中，

$$R_i = \max_{j=1,\cdots,g,j\neq i}(R_{ij})$$

$R_{ij}$ 是一种扩展至类间距离的类内测度，

$$R_{ij} = \frac{s_i + s_j}{d_{ij}}$$

其中，$d_{ij}$ 是两个聚类之间的距离，定义为聚类中心 $v_i$ 和 $v_j$ 之间的距离，$s_i$ 是聚类 $C_i$ 范围的测度：

$$d_{ij} = d(v_i, v_j), \qquad s_i = \frac{1}{\|C_i\|}\sum_{x\in C_i} d(x, v_i)$$

$\|C_i\|$ 表示聚类 $C_i$ 中的样本数。Davies-Bouldin 指数测量一个聚类与其最相似的那个聚类之间的平均相似度。较小的指数值表示聚类内是紧致的，聚类间是分散的。

$\Gamma$ 统计量

统计量 $\Gamma$ 及其标准化形式 $\hat{\Gamma}$ 由式(11.12)和式(11.13)给出，可以用于测量相异矩阵 $D$ 和相异矩阵 $Q$ 之间的关系，位于$(i, j)$的元素值是样本 $\boldsymbol{x}_i$ 和样本 $\boldsymbol{x}_j$ 所属类的类中心间距离：

$$Q_{ij} = d(v_{c_i}, v_{c_j})$$

其中，$c_i$ 为包含样本 $\boldsymbol{x}_i$ 的聚类指数。较大的聚类指数说明所得聚类是紧凑的。

分级聚类指数

在评价特定的分级聚类方案中，必须考虑树状图能在多大程度上较好地描述原始数据中的结构。然而，由于数据中的结构是未知的(这正是我们试图确定的)，又因为每种聚类只是一种简化的探索性数据分析方法，它把自己的结构强加给数据，因而这是一个难题。一种解决办法是检查各种失真测度。迄今为止，人们已提出多种测度方法，读者可参阅 Cormack(1971)对此的概述。它们均基于相异程度矩阵 $D$ 和超测度相异程度系数矩阵 $d^*$ 之间的差异，其中 $d_{ij}^*$ 是当合并包含对象 $i$ 和 $j$ 的类时，这两类之间的距离。Jardine and Sibson(1971)提出了几种拟合优良度准则。一种类别可分离性的无尺度(scale-free)测度定义为

$$\Delta_1 = \frac{\sum_{i<j}|d_{ij} - d_{ij}^*|}{\sum_{i<j} d_{ij}}$$

较小的 $\boldsymbol{\Delta}_1$ 值表明数据经得起产生 $d^*$ 的分类方法的检验。

对于分级方案和非分级方案，还有许多其他的失真测度。Milligan(1981)对用于评价分级聚类结果的30种内部准则测度进行了广泛的蒙特卡罗研究，研究的结果也可应用于非分级聚类方法。

### 11.7.9 选择聚类个数

决定数据中出现多少个聚类，是所有聚类方法都要面临的一个共同问题。如果把聚类数 $g$ 作为一个模型参数，则可以比较聚类有效性指数与不同 $g$ 值下的指数函数值关系。绘制关于 $g$ 的有效性指数图，使可能存在这样一个 $g$ 值，其指数曲线的局部出现显著性变化。人们提出了一些如何决定类别数的方法，当这些方法应用于分级聚类方案时，也常被称为停止准则。人们还提出了一些分级聚类的直观方法，如检查融合水平与聚类数 $g$ 的关系曲线(见图11.20)，寻求曲线上开始展平的点，以发现在一个特定的 $g$ 值以后聚类数对数据结构描述的改进已不大。定义 $\alpha_j$, $j = 0, \cdots, n-1$ 为对应于有 $n-j$ 个聚类步骤中的融合水平，Mojena(1997)提出了一个停止准则，即选择类别数 $g$，使 $\alpha_{n-g}$ 是 $\alpha$ 的最低值，并使

$$\alpha_{n-g} > \overline{\alpha} + ks_{\alpha}$$

其中，$\overline{\alpha}$ 是均值，$s_{\alpha}$ 是融合水平 $\alpha$ 的无偏标准偏差；$k$ 是常数，Mojena 建议 $k$ 在2.75~3.5之间取值。

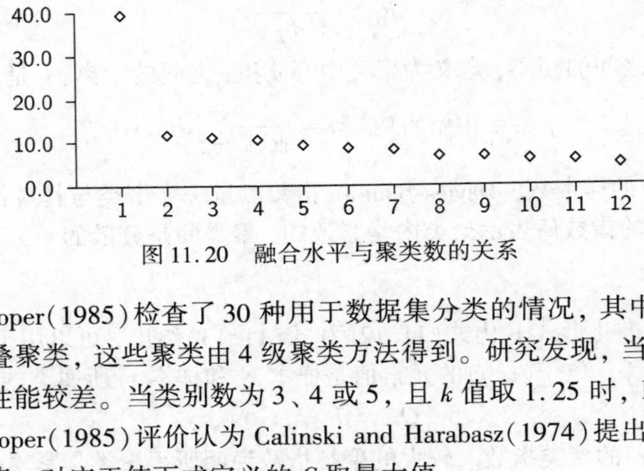


图11.20 融合水平与聚类数的关系

Milligan and Cooper(1985)检查了30种用于数据集分类的情况，其中数据集包含2、3、4或5个不同的非重叠聚类，这些聚类由4级聚类方法得到。研究发现，当数据中只有两个类别时，Mojena准则的性能较差。当类别数为3、4或5，且 $k$ 值取1.25时，Mojena准则的性能最好。Milligan and Cooper(1985)评价认为Calinski and Harabasz(1974)提出的准则较好。在该准则下，聚类数的取值 $g$ 对应于使下式定义的 $C$ 取最大值：

$$C = \frac{\mathrm{Tr}(\boldsymbol{S}_B)}{\mathrm{Tr}(\boldsymbol{S}_W)}\left(\frac{n-g}{g-1}\right)$$

Atlas and Overall(1994)对此进行了进一步的评价，并将其与Overall and Magee(1992)提出的划分样复制准则(split-sample replication rule)进行比较。Overall and Magee(1992)准则使Calinski和Harabasz准则的性能有所改善。

Dubes(1987)对在决定聚类个数中，对两个内在准则测度的有效性进行蒙特卡罗研究的结果进行了报告。Jain and Moreau(1987)提出了一种使用自举(bootstrap)法估计数据集中聚类个数的方法。提出了基于类内和类间散布矩阵的聚类准则[是对Davies and Bouldin(1979)准则的发展]，并评价了 $k$ 均值法和3级聚类算法。使用自举法决定聚类数的基本方法可以和任何聚类方法一起使用。

有些作者考虑到检验正态混合模型成员个数的问题(见第2章)。Ismail(1988)报告了在

软聚类情形中进行聚类有效性研究的结果，并列出了 9 个有效性函数，这些函数为决定聚类结构提供了有用工具，读者也可参阅 Pal and Bezdek(1995)。

在聚类有效性的问题上，期望一个统计量适合于所有问题是不合情理的。聚类问题包括许多不同的因素，又由于聚类本质上是一种探索性数据分析方法，因而不应该把重点放在单个分类的结果上，而应该使用不同的算法和匹配测度进行多种聚类。

## 11.8 应用研究

分级聚类分析方法的应用举例如下。

- 飞行监控。Eddy et al. (1996)考虑了高维、大数据集(40 000 多个观测量)的单链接聚类，这些数据是关于美国上空飞行器飞行的。
- 临床数据。D' Andrea et al. (1994)对有关成年子女酗酒者的数据，应用最近质心法聚类。
- Morgan and Ray(1995)在 20 个数据集上，对分级聚类分析的 7 种方法进行了比较研究，并检查树图中求逆的范围和非唯一性，总结出求逆问题应该总能碰到，建议不使用中值法及质心法。对许多数据集来说，也确有可能存在非唯一性。

$k$ 均值聚类方法广泛用于有监督分类的预处理器，以减少原型个数。

- 煤岩相学。在对不同的煤成分(煤素质)进行分类的研究中(Mukherjee et al., 1994)，对训练图像(由 RGB 值构成的训练矢量)应用 $k$ 均值算法，确定 4 个已知类型的聚类(镜质体、惰性煤素质、壳质煤素质和背景)。给这些聚类贴上标签，并用这些有标签的训练向量对测试图像分类。
- 农作物分类。Conway et al. (1991)运用 $k$ 均值算法分割合成孔径雷达图像，并将此作为农作物分类研究的一部分。用 $k$ 均值算法识别那些对标签数据能提供相似性质的先验知识的图像区域集。数据从 5 个已知类型的农作物中采集，这些数据可以清楚地分为两类：宽叶作物类和窄叶作物类。

$k$ 均值算法也可用于图像和语音编码研究(见下文)。

模糊 $k$ 均值算法的应用如下。

- 医疗诊断。Li et al. (1993)在对人脑二维核磁共振图像的自动分类和组织标注研究中，运用模糊 $k$ 均值算法进行图像分割。
- 音质控制。Meier et al. (1994)描述了应用模糊 $k$ 均值算法对 6 维特征向量进行聚类，并以此作为瓷砖音质控制系统的一部分。通过敲击瓷砖得到声音信号，并对记录的信号进行数字化处理和滤波处理。用聚类结果解释瓷砖的好或坏。
- 水质。Mukherjee et al. (1995)在从图像中识别和计算细菌群的研究中，比较了模糊 $k$ 均值算法和另外两种图像分割算法。

关于更多的模糊 $k$ 均值算法的应用，可参阅 Yang(1993)对模糊聚类的概述。

贝叶斯方法用于混合建模的例子如下。

- 第 2 章中给出了混合模型的应用。Dellaportas(1998)考虑了应用混合模型对新石器时代的石器工具进行分类。以 3 种主要方式，采用和发展贝叶斯方法，并将其应用于由混合类型(连续的和分类的)变量构成的数据(4 个变量,147 个测量值)。同时处理了连续变量中的缺值和测量误差(变量中的误差)。采用吉布斯采样器从后验概率密度中产生样本,在指示变量 $z_i$ 均值的基础上,将样本分到两类中的某一类。经过 4000 步的迭代训练,将 4000 多个的样本用作后续推论的基础。

自组织特征映射的应用举例如下。

- 工程应用。Kohonen et al. (1996)对自组织特征映射算法进行了评论,并描述了几种工程应用,包括故障检测、过程分析和监控、计算机视觉、语音识别、机器人控制及通信领域中的应用。
- 人类蛋白质分析。Ferrán et al. (1994)使用自组织映射将蛋白质序列聚集成类。使用 1758 个人类蛋白质序列,用多种规模的二维映射进行聚类,并运用属于已知序列的蛋白质在网格中标注节点。
- 雷达目标分类。Stewart et al. (1994)使用 4 种目标类型的锥面数据,研究自组织映射和矢量量化训练方法进行雷达目标分类。数据由 33 维的特征向量(33 个距离开关)组成,每个目标使用 36 000 个样本。分类性能是聚类中心个数的函数,文中对此进行了报告,并指出矢量量化训练方法的性能要优于简单近邻算法的性能。
- 指纹分类。Halici and Ongun(1996)在自动指纹分类的研究中,使用自组织特征映射及其改进方法,即通过将特征向量和指纹图中编码不确定向量的“确定”向量结合起来,对特征矢量进行预处理,并以此来修改自组织特征映射。结果表明,这种方法对先前在大小为 2000 的数据库上使用多层感知器的研究是一个改进。

平方和方法的应用举例如下。

- 平方和方法应用于语言障碍研究中。在对来自语言治疗部门的 86 个失语症病例的研究中,Powell et al. (1979)使用了正态混合模型方法和平方和方法。从中发现了 4 个类,分别标记为严重、中高度、中低度和轻微的失语症。

在许多研究中,矢量量化被广泛地用作预处理器。

- 语音识别。Zhang et al. (1994)在一个小的语音识别问题中,评价了 3 种不同的矢量量化器(包括 LBG 算法和基于正态混合模型的算法),这些矢量量化器作为建立识别器的隐马尔可夫模型的预处理器。研究发现,在所有的后续分类器中,正态混合模型的性能最优。读者也可参阅 Bergh et al. (1985)的研究。
- 医疗诊断。Cosman et al. (1993)在肺部肿瘤和淋巴系统病症的识别研究中,通过放射线学者的诊断结果,评价了树形结构矢量量化图的性能。初始化的结果表明,12 bpp(bits per pixel,每像素位数)的 X 射线胸部扫描图可以压缩成 1 bpp 到 2 bpp,而对诊断精确性没有明显改变,即主观质量似乎比诊断精确性下降得更快。
- 语者识别。Furui(1997)评述了语者识别的最近动向。使用矢量量化方法压缩训练数据,并产生刻画指定语者特征的典型特征矢量码书。通过对训练特征矢量聚类,为每个语者产生码书。在语者识别阶段,使用每个语者的码书将输入话语量化,并把话语分到产生最小失真的码书所对应的语者,从而进行识别。Makhoul et al. (1985)给出了语音编码的矢量量化指南。

谱聚类的应用如下所示。

- 流式细胞仪(测量液体中的微小颗粒)数据分析。Zare et al. (2010)对谱聚类方法进行改进，以使其适用于大数据集，并将其应用于流式细胞仪数据集的聚类。这是一个对包含潜在的成千上万个数据点的数据集进行聚类的例子。
- 监控博客社区。Ning et al. (2007)开发出一个增量式算法，该算法对现有的离线谱聚类算法进行扩展，用于对不断演化的数据(如对不断发展的博客社区及其联系进行实时监控时产生的数据)的聚类。
- 生物组织分类(Crum, 2009)。
- 语言分析。Brew and Schulte im Walde(2002)应用谱聚类方法对德语动词进行聚类，用不同的方法计算两动词词组之间的距离，用高斯相似函数[见式(11.11)]将这一距离变换到相似性矩阵中。所得到的该距离测度下的聚类结果不亚于人类的“金牌标准”解。

## 11.9 总结和讨论

本章覆盖了多种数据集分类方法，其中包括基于聚类分析的方法和基于矢量量化的方法。尽管这两种方法有许多共同点(它们都形成对给定数据集的分割)，但它们是不相同的。聚类分析方法试图在数据中找到“自然”的类，并根据数据的主题为这些自然的类贴上标签。相反，矢量量化方法则是优化源于通信理论的某些适当的准则。本章讨论的一个共同领域是最优化方法，即不管是用于聚类分析的 $k$ 均值算法，还是用于矢量量化的 LBG 算法，它们的每一次具体的应用都会涉及最优化方法问题。

就聚类分析或分类而言，没有单一的最好方法。不同的聚类方法将产生不同的结果，而且某些方法不能发现很明显的聚类。产生这种现象的原因是，每种方法都隐性地在给定数据上强加一个结构，例如平方和方法趋向于产生超球面的聚类。而且，许多有用方法的存在这一事实，部分起源于对“聚类”一词缺乏一个单一的定义。由于对是什么构成了聚类的问题尚未达成普遍的一致定义，因而单一的定义是不够的。

聚类分析的更大难题是决定数据中存在的聚类数，需要人们在简约还是增加聚类内部一致性测度问题上进行权衡。产生这个问题的部分原因是由于在决定聚类究竟是什么的时候遇到了困难，因为即使是随机数据，聚类算法也趋向于产生出聚类。

多考虑几个可能的分类或在每半个数据集上对分类进行比较，可以在一定程度上克服以上两种困难(McIntyre and Blashfield, 1980; Breckenridge, 1989)。对分类的解释比类别个数的严格推断更重要。究竟该选用哪种方法？本章已讨论的所有方法都有其优点和缺点。最优化方法趋向于需要大量的计算时间(因而对大数据集来说可能不太可行，但目前这个问题已变得不是很重要了)。在分级聚类方法中，许多用户倾向于选用单链接方法，它是唯一满足 Jardine-Sibon 条件的方法，但这种方法会在分离聚类中加入噪声数据(链式效应)。此外，单链接方法在对相异性度量的单调变换下是不变的。Ward 方法也广为使用。应尽量避免使用质心法和中值法，因为求逆会使分类结果难以解释。

本章只简要地提到了聚类分析的几个方面，关于聚类分析的更多细节，读者可查阅本书提供的参考文献。一个重要的问题是针对混合样本数据的方法选择。Everitt and Merette(1990)[也可参阅 Everitt(1988)]提出了对混合样本数据进行聚类的有限混合模型方法，但从计算量的角度考虑，当数据集包含大量的分类变量时，这种方法实际上不太可行。

本章描述的所有方法都可应用于对象聚类。然而在有些情况下，需要对变量进行聚类或者需要同时对变量和对象聚类。在变量聚类中，寻找变量的子集，使其中的变量高度相关，以至于每个变量可由子集中的任何一个变量或成员的组合(线性的或非线性的)代替。本章讨论的许多方法都可以应用于变量聚类，因而需要变量之间的相似性或相异性测度，当然特征提取方法(如主成分分析)实现的正是这个过程。

另外要重申的是，聚类分析本质上是一种多元数据分析的探索性方法，该方法提供对测量值的描述。一旦获得解答或解释，研究者必须重新检查和评价数据集。这时允许产生更多的假设(或许是关于研究中所使用的变量、相异性度量及方法的选择)，这些假设可在新的个体样本上进行检验。

聚类分析和矢量量化将大量的数据缩减为在机器中易于描述或表示的形式。数据的聚类可在有监督分类之前进行。例如，可以通过聚类减少 $k$ 近邻分类器中存储的原型个数。新的原型是那些聚类中心，用大多数聚类成员决定新原型的类别。通过修改原型，调整决策面来改进这种方法，并称此方法为训练矢量量化(Kohonen, 1989)。

自组织映射可以是一种有约束的分类方式，即对聚类中的解有某些形式的约束。在这种特殊情况下，约束是聚类中心的排序。其他的约束形式可以是，要求聚类中的对象由一组空间相邻的对象组成(例如某些纹理分割应用)。这是一个邻近约束聚类的例子(Murtagh, 1992; Gordon, 1999)，读者也可参阅 Murtegh(1995)，了解应用于自组织映射的输出。另一些约束形式可以是树图的拓扑结构或类别的大小或成分。关于这方面的综述可参见 Gordon(1996b)。

近几年来，谱聚类已成为常用的聚类方法。该方法简单实用，能够克服大数据集下的运算负担(Ning et al., 2007; Yan et al., 2009)。

Gordon(1994, 1996a)提供了聚类有效性方法的综述，这种综述在文献 Bock(1989), Jain and Dubes(1988), Theodoridis and Koutroumbas(2009)，以及论文 Kovács et al. (2006)及 Halkidi et al. (2001)中也可见到。

## 11.10 建议

有大量的聚类方法可供选择，而且计算机软件包的可利用性意味着聚类分析能够很容易地进行。然而在进行分类时，需要遵循如下的一般性原则。

1. 发现并删除离群值(outliers)。许多聚类方法对离群值的出现很敏感。因此，第 13 章讨论的一些方法可以用来检测并有可能删除这些离群值。
2. 如有可能，将数据在二维图中画出来，以理解数据中的结构。这时使用最前两个主成分比较有用(见第 10 章)。
3. 对数据进行预处理。包括减少变量的个数或者将变量标准化为零均值和单位方差的变量。
4. 如果数据不以相异程度矩阵的形式出现，则要选择相异性测度(针对某些方法)并形成相异程度矩阵。
5. 选择合适的方法。最优化方法的计算代价太大。在分级方法中，一些研究人员更喜欢使用组平均链接方法，但单链接方法给出的解对单调变换测度是不变的。并且，单链接方法是唯一满足 Jardine and Sibson(1971)提出的所有条件的方法，也是其推荐的一种方法。建议不要使用质心法和中值法，因为在其过程中有可能出现求逆运算。
6. 对方法进行评价。评价所使用的聚类方法给出的结果，并分析各聚类有何不同。建议将数据集分成两个部分，并对每个子集上的分类结果进行比较。如果结果相似，则表明找到了有用的结构。还可以同时使用多种方法并比较其结果。许多方法必须确定一些参数，有必要在一定参数值范围内进行分类，以评估其稳定性。
7. 在使用矢量量化作为有监督分类问题的预处理器中，单独模拟每个类而不是模拟整个数据集，并给结果码字贴上标签。
8. 当聚类不一定是紧凑型或呈凹状时，应考虑谱聚类。
9. 如果需要一些典型原型，则建议使用 $k$ 均值算法。

最后需要重申的是，聚类分析通常是分析中的第一步，不加置疑地接受分类结果是非常不明智的。

## 11.11 提示及参考文献

有大量关于聚类分析的文献。Everitt et al.(2001)写了一本非常好的入门书，此书目前已出到第5版。这本书主要从非数学角度讲述了最通用的聚类方法，同时分析了各种方法的优点和缺点。许多实践性研究都提供了对其的实用性建议。Gordon(1999)一书对分类方法、评价分类结果进行了精彩介绍，讨论了分类方法和分类评价。McLachlan and Basford(1988)一书则详细讨论了用于聚类的混合模型方法。

在评述性论文中，论文 Cormack(1971)值得一读，该文精彩地概述了聚类分析的方法和问题。论文 Diday and Simon(1976)对聚类方法进行了更多数学处理，同时描述了用到的算法。

有些书籍倾向于处理生物学和生态学问题。Jardine and Sibson(1971)给出了聚类方法的数学处理方法。Sneath and Sokal(1973)一书对聚类分析及其应用于的生物学问题进行了全面讲述。Clifford and Stephenson(1975)一书给出相关问题的非数学性的通用知识，尽管书中没有包括本章讨论的许多方法，而只是集中于分级分类方法的介绍，但给出了数值分类和数据分析的概念和原则。Jain and Dubes(1988)一书将重点放在模式识别上。McLachlan(1992b)回顾了应用于医学领域的聚类分析。

更专业的书籍由 Zupan(1982)所写。这部专著讨论了在大数据集上应用分级方法时所遇到的问题。

Bezdek and Pal(1992)对有关聚类分析中的模糊方法的文献进行了评述。该书汇集了关于模式识别(包括聚类分析和有监督分类器设计)中的模糊模型的许多重要论文，以及相当多的参考书目。Yang(1993)概述了模糊聚类及其应用。Laviolette et al.(1995)给出了一个有趣的模糊方法的概率观点。

Kohonen(1990, 1997)、Kohonenet et al.(1996)及 Ritteret et al.(1992)给出了自组织映射的指南和概述。

有各种关于如何实现这些方法的书籍，它们以 FORTRAN 代码或伪代码的形式给出算法。Anderberg(1973)、Hartigan(1975)、Späth(1980)及 Jambu and Lebeaux(1983)几本著作都提供了聚类算法的描述、FORTRAN 源代码及支持它的数学处理，有时还带有研究事例。Murtagh(1985)一书包括了近来的一些研究动向，同时还讨论了在并行机上的实现。

von Luxburg(2007)、Spielman and Teng(1996)及 Chung(1997)介绍了谱聚类。

# 习题

**数据集1**：根据

$$x_i = \frac{i}{n}\pi + n_x$$

$$y_i = \sin\left(\frac{i}{n}\pi\right) + n_y$$

产生 $n = 500$ 的样本 $(x_i, y_i)$，$i = 1, \cdots, n$，其中 $n_x$ 和 $n_y$ 是均值为0.0且方差为0.01的正态分布。

**数据集2**：从对角协方差矩阵 $\sigma^2\boldsymbol{I}$，$\sigma^2 = 1$，零均值的多元正态($p$个变量)分布中产生 $n$ 个样本，取 $n = 40$，$p = 2$。

**数据集3**：由两个类的数据构成：$\omega_1$ 类服从 $0.5N((0,0), \boldsymbol{I}) + 0.5N((2,2), \boldsymbol{I})$ 分布，$\omega_2$ 类服从 $N((2,0, \boldsymbol{I})$。为训练集和测试集产生500个样本，$p(\omega_1) = p(\omega_2) = 0.5$。

1. 欧氏距离的平方是一个测度吗？任何聚类算法是否都与此相关？
2. 对7种类型的犬齿，分别观察了6个变量，如表11.5所示(Manly, 1986; Krzanowski and Marriott, 1994)。将每个变量标准化为单位方差的变量后，用欧氏距离构造相异程度矩阵，然后进行单链接聚类分析。

表11.5 对下颚的平均测量数据(Manly, 1986)

| 类 | $x_1$ | $x_2$ | $x_3$ | $x_4$ | $x_5$ | $x_6$ |
|---|---|---|---|---|---|---|
| 现代泰国狗 | 9.7 | 21.0 | 19.4 | 7.7 | 32.0 | 36.5 |
| 五洲胡狼 | 8.1 | 16.7 | 18.3 | 7.0 | 30.3 | 32.9 |
| 中国狼 | 13.5 | 27.3 | 26.8 | 10.6 | 41.9 | 48.1 |
| 印度狼 | 11.5 | 24.3 | 24.5 | 9.3 | 40.0 | 44.6 |
| 豺狗 | 10.7 | 23.5 | 21.4 | 8.5 | 28.8 | 37.6 |
| 澳洲野狗 | 9.6 | 22.6 | 21.1 | 8.3 | 34.4 | 43.1 |
| 史前狗 | 10.3 | 22.1 | 19.1 | 8.1 | 32.3 | 35.0 |

3. 将单链接聚类方法和 $k$ 均值聚类方法进行比较。讨论这两种方法的计算要求、存储量及适应性。
4. 两个正态模型的混合除以一个与混合密度有相同均值和方差的正态密度，这种运算后的密度通常是双峰的。对单变量的情况证明此结论。
5. 在二维正态分布数据($n = 500$ 的数据集2)上执行 $k$ 均值算法并对其进行检验，同时使用树形结构矢量量化器在内的算法，然后对这两种方法进行比较。
6. 使用数据集1，用Lutterl自组织特征映射算法(见11.5.3节)对数据编码(对于不同数量的码矢量，标出其中心的位置)。计算作为码矢量个数的函数的平均失真。修改算法，使数据具有圆形拓扑结构。
7. 使用数据集1，构造一个树形结构的矢量量化器，在每一步用最大平方和误差划分聚类。计算其平均失真。
8. 使用数据集2，用Ward方法和欧氏距离对数据聚类。使用Gordon方法识别真实聚类(单峰空模型)，在5%的显著性水平上，有多少个有效聚类？
9. 在数据集3上执行矢量量化训练算法。画出作为聚类中心个数的函数的性能曲线。将最后得到的聚类中心作为径向基函数网络的中心，其优点和缺点各是什么？
10. 证明单链接树状图对相异程度的非线性单调变换是不变的。
11. 对象的两个聚类 $A$ 和 $B$ 之间的距离定义为 $d_{AB} = |\boldsymbol{m}_A - \boldsymbol{m}_b|^2$，其中 $\boldsymbol{m}_A$ 是聚类 $A$ 中对象的均值。证明聚类 $k$ 与 $i$ 和 $j$ 的合并聚类之间的距离可用下述公式表示：

$$d_{i+j,k} = \frac{n_i}{n_i + n_j} d_{ik} + \frac{n_j}{n_i + n_j} d_{jk} - \frac{n_i n_j}{(n_i + n_j)^2} d_{ij}$$

   其中，$n_i$ 表示类 $i$ 中的对象个数。这是质心方法的更新准则。
12. 如果聚类中的聚类数为 $m$，划分组数为 $s$，$s \neq m$，证明Rand和Jaccard系数(见11.7.7节)小于1。

# 第12章　复杂网络

复杂网络用以描述自然界和社会中的一系列重要系统的行为特性。阐述人群之间关联模式的社会网络、生态系统网络(例如食物链和蛋白质-蛋白质相互作用形成的细胞网络),以及包含互联网在内的计算机网络,均属其范畴。该领域的数据与本书的其他问题不同,它们是非"平面"(一系列固定变量描述个体的集合)的,由描述个体(通常是成对个体)之间关系的测量值组成,并可使用数学中的图的概念进行表述。而为确定群体或社区的存在、挖掘网络结构的模式及识别异常行为等所进行的数据分析,更便于理解复杂网络的结构。本章将简要介绍复杂网络、社区发现及链路预测等内容。

## 12.1　引言

复杂网络是描述独立个体或群体之间相互关系,集物理学、数学与统计学、计算机科学及社会科学等多学科领域知识于一体的专有名词。在过去的十多年间,随着数据采集系统整合实际网络大数据能力的提升,该领域的研究日趋重要。复杂网络的数据集不同于本书中用于监督或无监督分类器的数据。它们不仅是用来训练规则(监督分类)或发现组别(无监督分类或聚类)以确定未知样本分类规则所使用的给定个体的固定特征的测量数据,还包含成对个体(通常,但不唯一)间相互关系的测量数据。个体间关联或交互的网络示例如下(Albert and Barabási, 2002; Newman, 2003)。

- 互联网。通过物理线缆连接路由器和计算机而形成的网络;
- 万维网。通过因特网访问的多网页网络;
- 社会网络。以朋友关系、商业关系及家庭关系为纽带的人或人群构成的网络;
- 网上交易网络。购物者和选购商品的网址构成的网络;
- 电话呼叫网络。因电话呼叫而联系在一起的电话用户网络;
- 细胞网络。蛋白质-蛋白质作用形成的细胞网络;
- 引文网络。引证文章网络,链接文章 A 与 B 的缘由是 A 引用了 B。

本章使用数学中的图论概念(见第 11 章)阐述复杂网络的结构、发展和动态关系,以便于深入理解之。其中,图中的节点表示存在相互作用的实体(人、计算机、网页、文章等)。图 12.1 展示的是生活在新西兰神奇峡湾的关联紧密的海豚群体组成的群居网络(Lusseau and Newman, 2004)。

### 12.1.1　特征

上述典型的网络数据集具有以下特征。

- 大规模。网络中拥有数以百万计甚至数以亿计的节点,特别是在某些社会网络和万维网中。如此大规模的数据难以使用图形显示。因此,特别需要自动数据分析程序以发现数据的结构。

- 稀疏性。复杂网络是稀疏的，大多数节点与其他节点联系稀少。
- 加权边。节点之间的连接通常需要加权。权值用于描述节点之间相互作用的程度。例如，电子邮件流量、网络购物花费、通话时长均可使用权值表示。
- 权值的时间相依性。节点之间连接的强度因时间而异。如朋友关系的建立，货物的购买或者因一个项目而建立起的工作关系，都因时间不同而有所改变。
- 扩张/缩减网络。网络中节点的加入和撤销出现在不同的时段内。例如，新网页的创建和旧网页的删除，或者新社会群体的出现，都体现了这一特点。大多数情况下，网络是动态变化的。
- 属性图。每个节点之间可能由属性值或特征值(例如，人的年龄、性别、地址、职位)相关联。这些节点可能属于不同的类别(出售者和购买者)，而边只能存在于不同类别的节点之间①。同样，节点之间也可由特征值(例如，在线商店中购买的商品类型)联系在一起。

更一般地说，数据集可使用超图，或一个边可连接任意数目顶点的广义图描述。超图也具有上述多项特征，但本书只考虑连接两个节点的边。

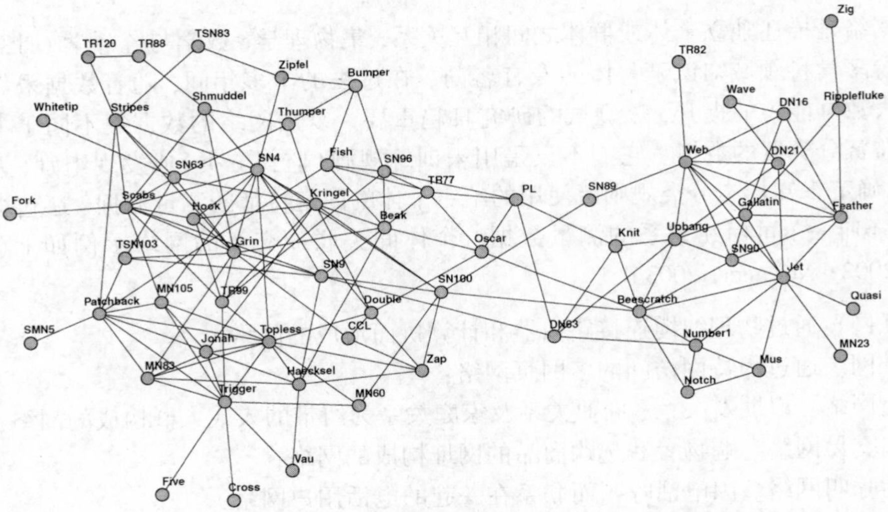


图 12.1 新西兰神奇峡湾的关联紧密的 62 只海豚群体组成的无向社会网络

## 12.1.2 属性

真实网络中的一些属性同样适用于复杂网络。在此，总结 3 个常用属性。

### 12.1.2.1 小世界效应

小世界效应通常是指多数大型网络中的成对顶点常由短路径连接，路径长度是指两节点之间的最短路径。这项研究中最著名的例子是 Milgram(1967)年所做的熟人网络中的两个体间有相同的姓的路径分布的研究。该项研究推断出著名的“六度分离原理”，即任意两个体间的平均路径长度为 6。

① 二分图是指节点只属于两个类的其中之一，并且同一类的节点之间不存在连接边。

在无向网络中，定义 $d_{ij}$ 为节点 $i$ 和 $j$ 之间的最短距离(即测地[①]距离)，则测地距离的均值为

$$l = \frac{1}{\frac{1}{2}n(n+1)} \sum_{i \geqslant j} d_{ij} \tag{12.1}$$

$l$ 通常非常小，远小于网络中节点的数目。如果网络中存在孤立区域(网络中不与其他区域相连接的区域)，则在一些成对节点中不再定义 $d_{ij}$。因此，平均测地距离值被修正为存在连接路径的节点之间的平均距离。

另一个测度为调和均值，定义为

$$l^{-1} = \frac{1}{\frac{1}{2}n(n+1)} \sum_{i \geqslant j} d_{ij}^{-1} \tag{12.2}$$

小世界效应的特性是信息传播迅速，如谣言、计算机的恶作剧病毒或某种疾病的扩散。

#### 12.1.2.2 聚类

在社会网络、群体或社区中，不乏因兴趣、年龄或成员职业而聚集成网络。社区(组内节点高度互连而组间低互连的节点群体)形成的这一趋势不仅是社会网络的属性，而且可应用于社区辨识。这是一项重要的研究课题。

节点在网络中聚在一起以形成社区的程度可以用聚类系数来量化。设节点 $i$ 有 $k_i$ 个近邻，近邻间的边数 $E_i$ 与最大边数的比值

$$C_i = \frac{E_i}{\frac{1}{2}k_i(k_i - 1)}$$

是节点 $i$ 的聚类测度。整个网络的聚类测度均值为

$$C = \frac{1}{n} \sum_{i=1}^{n} \frac{E_i}{\frac{1}{2}k_i(k_i - 1)}$$

另外，还有一些定义可供使用(Albert and Barabási, 2002)。

#### 12.1.2.3 度分布

网络中使用节点度来表示节点与其他节点的连接数。节点度的分布记为 $P(k)$，即随机选取度为 $k$ 的节点的概率。随机图[②]中，节点度的分布符合二项分布或有限大型图的泊松分布。但在多数大型网络中，由于节点度的值远大于均值而造成了分布的尾部过长，使得度的分布严重偏离泊松分布。因此，大多数的真实网络节点度的分布的尾部服从指数为 $\alpha$ 的幂次定律

$$P(k) \propto k^{-\alpha}$$

服从幂次定律分布的网络称为无标度网络。

#### 12.1.2.4 其他属性

在众多研究中还总结出真实网络中的其他属性，包括：

- 网络弹性。网络对从中删除节点(或因相邻节点之间的连接断开导致边的删除)具有鲁棒性。

---

① 测地距离是指网络中两个节点的最短路径。

② 随机图是指边是随机放置的，即规定节点之间出现边的概率为 $p$。

- 混合模式。不同类型的节点之间的连接模式。
- 度相关。相邻节点度之间的相关(高节点度的节点更倾向于连接其他高节点度的点还是低节点度的点?)
- Newman(2003)详细讨论上述属性及其他细节。

### 12.1.3 问题阐述

数据集可用图的方式表示为一个网络，由此会引出许多问题，其中有些问题值得探索，这与网络结构有关，特别是当网络规模庞大而难以用可视化图形显示时。而另一些问题则具有较强的应用性。下面列举出亟需了解的部分属性。

- 异常节点。对于任意节点来说，它们是否具有异常的行为模式？它们可能具有极高的节点度或与其他节点具有异常的连接模式。另外，节点的暂态行为也可能是异常的。节点的行为随时间变化而改变的特性(例如，相邻节点的互动比例)，将直接导致当前时刻的行为异于前一时刻。
- 显著边。网络功能中极为重要的两节点之间的连接。
- 异常边。节点之间尤为醒目的连接边或通信信道(或预期存在但丢失的边)为异常边。
- 有影响力的节点。删除这些节点将导致网络的重大改变。例如，一个有影响力的节点可能是两个社区间的唯一公共节点。它的删除将导致社区的失联，从而失去沟通的途径。
- 核心节点。哪些节点最为核心？这些节点与其他众多节点均有连接。哪些节点是边缘节点？这些节点与其他节点连接较少或只在较短时间内有连接关系。
- 社区结构。节点聚集成群体或社区，社区内的节点具高连通性，社区间的节点具低连通性。
- 社区演化。一些应用可能对社区结构如何随时间变化(添加或删除节点或边，改变节点之间的连接强度)感兴趣。

### 12.1.4 描述性特征

应使用怎样的特征描述由个体交互形成的数据集组成的复杂网络呢？正如在目标的监督分类中应采用(理论上)那些对分类判别特别重要的特征，复杂网络特征的选取取决于我们试图解决的问题。对于很难使用图展示其结构的特大型网络来说，更要探究其结构。完整网络中可测量的特征包括：度分布、网络聚集程度和网络直径(两节点之间的最大测地距离)。

在其他情况下，关于节点或节点特征类型的问题可能会更具体，即可能要寻找具有一定特征的节点。这是一个监督分类问题，其特征由用户指定或从样本集学习而来。单个节点或群体节点的特征包括中心测度①、节点聚集系数和社区结构测度(规模、直径和社区聚集系数，详见 12.3.1 节)。

### 12.1.5 概要

本章主题涉及图论分析与模式识别这一交叉领域的理论及算法研究。该领域涉及如下两大主题：

---

① 中心测度描述网络节点的重要性(见 12.2 节)，中心测度在社会网络中的应用可见 Wasserman and Faust(1994)。

1. 基于图论的方法在模式识别问题中的应用；
2. 本书所概括的数据分析方法在描述个体之间关系的测量数据中的应用。

本章重点关注后一主题的讨论：网络中存在哪种模式(结构)？我们该如何寻找？Marchette (2004)在书中对主题 1 进行了详细的讨论。本章不对随时间演化的分析方法(动态图论)和网络模型的发展(随机图论及其发展)展开讨论。12.8 节就更广泛的复杂网络的处理问题给出了参考文献。

## 12.2　网络的数学描述

可以用数学方法把网络表示为图 $G = \{V, E\}$，它由一组节点或顶点 $V = \{v_1, \cdots, v_n\}$ 和一组边 $E = \{e_1, \cdots, e_n\}$ 组成，其中每条边 $e_j$ 有一对顶点：

$$e_j = \{v_{j1}, v_{j2}\}$$

其中，$v_{j1} \neq v_{j2}$，且 $v_{j1}, v_{j2} \in V$。

对于图 $G = \{V, E\}$ 而言，节点 $v \in V$ 的近邻节点是指通过边 $e \in E$ 连接的那些节点。

### 12.2.1　图矩阵

图结构可用 $n \times n$ 阶对称邻接矩阵 $A$ 表示，其中

$$A_{ij} = \begin{cases} 1, & \text{在节点 } v_i \text{ 和节点 } v_j \text{ 之间有一条边将其相连} \\ 0, & \text{其他} \end{cases}$$

在有向图(见图 12.2)中，边的方向(例如，公司职员的电子邮件流量图的方向是从发到收)十分重要，其邻接矩阵是非对称的，其元素

$$A_{ij} = \begin{cases} 1, & \text{在节点 } v_i \text{ 和节点 } v_j \text{ 之间存在一条由 } v_i \text{ 指向 } v_j \text{ 的边} \\ 0, & \text{其他} \end{cases}$$

图的拉普拉斯矩阵是邻接矩阵 $\boldsymbol{A}$ 和对角矩阵 $\boldsymbol{D}$ 之差：

$$\boldsymbol{L} = \boldsymbol{D} - \boldsymbol{A} \qquad (12.3)$$

即

$$L_{ij} = \begin{cases} k_i, & i = j \\ -A_{ij}, & i \neq j \end{cases}$$

其中，$k_i$ 是连接到节点 $i$ 的边数。标准化图的拉普拉斯矩阵有两种常见形式(见第 11 章)，对称形式为

$$\boldsymbol{L}_{\text{sym}} = \boldsymbol{D}^{-\frac{1}{2}}\boldsymbol{L}\boldsymbol{D}^{-\frac{1}{2}} = \boldsymbol{I} - \boldsymbol{D}^{-\frac{1}{2}}\boldsymbol{A}\boldsymbol{D}^{-\frac{1}{2}} \qquad (12.4)$$

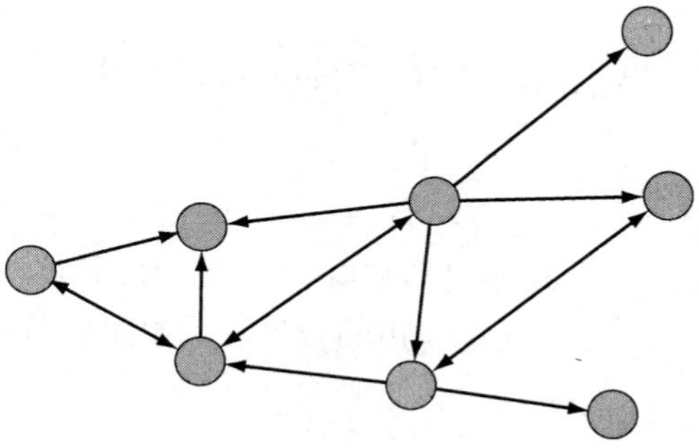

图 12.2　有向图举例，其中有些边是单向的，有些边是双向的

非对称形式为

$$\boldsymbol{L}_{\text{nonsym}} = \boldsymbol{D}^{-1}\boldsymbol{L} = \boldsymbol{I} - \boldsymbol{D}^{-1}\boldsymbol{A} \qquad (12.5)$$

这些标准化形式具有以下属性。

1. 标准化拉普拉斯矩阵是半正定的。

2. 所有特征值均是实数且非负，最小特征值为0。

3. 0 特征值的重复数与图中连通单元的数目相同。

4. $\boldsymbol{L}_{\text{nonsym}}$ 的特征向量 $\boldsymbol{v}$ 和特征值$\lambda$满足广义对称特征向量方程 $\boldsymbol{Lv} = \lambda \boldsymbol{Dv}$。

所有拉普拉斯矩阵的定义均可直接扩展到加权邻接矩阵中使用。

### 12.2.2 连通性

若网络中任一节点均有与其他节点相连的路径，则该网络是连通的。非连通网络中存在分离单元，该单元仅包含一组节点的连通而与其他更大的单元不连通，且不同单元中的节点没有连接路径。

### 12.2.3 距离测度

两节点之间的测地距离是节点之间的最短路径，其中两节点之间的路径长度是指一个节点连接到另一节点所经过的边数。在非连通图中，相分离的单元节点之间的测地距离是无法计算的，理论上定义为无穷大。

连通图中节点对之间测地距离的最大值称为图的直径。

### 12.2.4 加权网络

大多数网络是可加权的，即连接节点对的边存在关联强度。例如，两个朋友之间发送电子邮件流量的频率；买家从在线商店购物的费用等。加权网络可由加权邻接矩阵表示为

$$A_{ij} = \begin{cases} v_j & \text{与 } v_i \text{ 之间的连接权重} \\ 0 & v_j \text{ 与 } v_i \text{ 之间不连接} \end{cases}$$

加权值通常是非负的；边的权值越大，两节点越接近。

### 12.2.5 中心测度

中心度

节点的度是节点近邻的数目。设节点 $v_i$ 的度为 $k_i$，用邻接矩阵表示为

$$k_i = \sum_{j=1}^{n} A_{ij}$$

设度矩阵 $\boldsymbol{D}$ 是对角矩阵，即 $\boldsymbol{D} = \text{Diag}[k_1, \cdots, k_n]$。在有向网络中，每个节点都有一个入度和一个出度，与输入边的数量和输出边的数量相对应。

中介中心度

对于给定节点 $v$，其中介中心度是指网络中所有经过该节点的各节点对之间的测地路径数。定义 $\boldsymbol{\sigma}_{st}$ 是节点 $s$ 和节点 $t$ 之间的最短路径数，$\boldsymbol{\sigma}_{st}(v)$ 为通过节点 $v$ 的最短路径数。对于真实网络中的许多节点对来讲，其 $\boldsymbol{\sigma}_{st} = 1$，$\boldsymbol{\sigma}_{st}(v) = 0$ 或1，即节点对之间的最短路径或者不包括 $v$，或者包括 $i$，但数量为1。节点 $v$ 的归一化中介中心度(无向图)为

$$C_B(v) = \frac{2}{(n-1)(n-2)} \sum_{\text{各节点对}s,t} \frac{\sigma_{st}(v)}{\sigma_{st}} \tag{12.6}$$

其中，$(n-1)(n-2)/2$ 是不包括 $v$ 的顶点对的数量。

特征向量向心度

与邻接矩阵最大特征值相对应的那个特征向量用来作为向心度指数。一个节点的向心度与连接到该节点的各节点向心度的和成比例。因此，若一个节点的近邻是重要的，则该节点更“重要”。设 $\boldsymbol{x}$ 表示向心度矢量，则可将上述表述表示为

$$x_i = \lambda^{-1}\sum_{j=1}^{n} A_{ij}x_j, \quad i = 1, \cdots, n$$

其中，$\lambda^{-1}$ 为比例常数，或

$$\boldsymbol{A}\boldsymbol{x} = \lambda\boldsymbol{x}$$

最大特征值下的特征向量，其所有分量均为正(据 Perron-Frobenius 定理：由正数组成的实数矩阵方阵，其最大实数特征值下的特征向量的每个分量均为正)。

可以把对特征向量向心度的定义扩展用于加权邻接矩阵。

**贴近向心度**

贴近向心度是网络中的一个节点到其他节点的距离测度。如果把节点 $i$ 和节点 $j$ 的测地距离记为 $d_g(i, j)$，则网络中的节点 $i$ 与其他节点的贴近度被定义为测地距离总和的倒数：

$$C_l(i) = \frac{1}{\sum_{j} d_g(i, j)} \tag{12.7}$$

### 12.2.6 随机图

随机图的顶点数、边数、边的位置均以随机方式确定。最简单且被广泛研究的模型是 Erdös and Rényi(1959, 1960)的模型，记为 $G_{n,p}$。每个边独立发生的概率为 $p$。顶点度为 $k$ 的概率 $p_k$ 符合二项分布：

$$p_k = \binom{n-1}{k} p^k (1-p)^{n-1-k}$$

令平均顶点度 $z = (n-1)p$，则当 $n \gg kz$ 时

$$p_k = \frac{z^k e^{-z}}{k!}$$

符合泊松分布。

## 12.3 社区发现

探测书所存在的社区(群内高度连接，群间低度连接)在众多应用领域都是非常重要的，如蛋白质发现、市场营销、社会学、安全等领域，这时需要将数据表示成自然图的形式。数据集中的高阶结构的识别为深入理解重要的网络组织提供了机会。例如，发现功能上相关的蛋白质、分享共同利益的人群，或新产品的潜在市场等。在考虑图结构的情况下，图聚类也可用于图中顶点的分组。

本节将探讨一些识别网络社区的方法，包括全局法和局部法。全局法用到全顶点集，而局部法则将特定节点作为种子，识别出局部社区。

## 12.3.1　聚类方法

第 11 章谈到的许多聚类分析方法均可用于网络中社区的发现。

### 12.3.1.1　分级聚类法

分级聚类算法通常以分析对象对之间的相似矩阵或相异矩阵为基础。由于我们力求将相似度高的顶点分为一组，因此需要展开对每个顶点对之间的相似性或相异性的测量。相似性测度 $s_{ij}$ 可通过 $d_{ij} = k - s_{ij}$ 转换为相异性测度 $d_{ij}$，其中 $k$ 为某常数。

相似性测度可以是结构性测量(考虑节点的连接模式)，也可以是基于属性(使用节点的属性)的测量。结构相似性指数可分为三大类(Lü and Zhou, 2010)：

- 局部指数。这类指数用到网络中的两节点附近的属性，需要使用这两个节点之间的相似性。
- 全局指数。这类指数要用到完全邻接矩阵或加权邻接矩阵。
- 准局部指数。这类指数使用网络中两节点的邻域关系，比局部指数使用范围广泛些。

表 12.1 和表 12.2 列举出一些局部和全局指数。更多的测度和对链路预测的评估(见 12.4 节)可参阅 Lü and Zhou(2010)。

**表 12.1　图顶点的相似性测度**

| | |
|---|---|
| **局部测度** | |
| $\lvert\Gamma(i)\cap\Gamma(j)\rvert$ | **公共邻域**。$\Gamma(i)$ 是顶点 $i$ 的邻域集，体现顶点 $i$ 的邻域与顶点 $j$ 的邻域之间的重叠程度。很多局部测度属于这种类型 |
| $\dfrac{\lvert\Gamma(i)\cap\Gamma(j)\rvert}{\lvert\Gamma(i)\cup\Gamma(j)\rvert}$ | **雅卡尔指数** |
| $\dfrac{\lvert\Gamma(i)\cap\Gamma(j)\rvert}{\sqrt{k_i k_j}}$ | **索尔顿指数**。其中，$k_i$ 是节点 $i$ 的度 |
| $\dfrac{\sum_k(A_{ik}-\mu_i)(A_{jk}-\mu_j)}{n\sigma_i\sigma_j}$ | 邻接矩阵行之间的相关性；$\mu_i=\frac{1}{n}\sum_j A_{ij};\sigma_i=\sqrt{\sum_j(A_{ij}-\mu_i)^2/n}$ |
| **全局测度** | |
| $(\boldsymbol{I}-\beta\boldsymbol{A})^{-1}-\boldsymbol{I}$ | **卡茨指数**。$\boldsymbol{I}$ 是单位矩阵，$\boldsymbol{A}$ 是邻接矩阵，$\beta$ 是衰变系数。该测度是连接顶点对的所有路径的加权和 |
| $\dfrac{1}{L_{ii}^{\dagger}+L_{jj}^{\dagger}-2L_{ij}^{\dagger}}$ | **平均通勤时间**。$L_{ij}^{\dagger}$是伪逆拉普拉斯矩阵分量。这与两节点之间随机运动的平均步数的倒数成比例 |
| 接近度，由 $\boldsymbol{r}_i=p\left(1-(1-p)\boldsymbol{P}^{\mathrm{T}}\right)^{-1}\boldsymbol{e}_i$ 重新启动随机游动 | **随机游动的重新启动**。粒子从节点 $i$ 开始，移动到其邻域的概率与来自节点 $i$ 的边的权值成比例。每移动一步，粒子以重启开始概率 $p$ 返回到节点 $i$。粒子在节点 $j$ 上时，节点 $i$ 与节点 $j$ 的接近度定义为稳态概率 $r_{ij}$。$\boldsymbol{e}_i$ 是单位向量，在第 $i$ 个位置时为 1，在其他位置时为 0；如果节点 $i$ 和 $j$ 已连通，则 $P_{ij}=1/k_i$ |

**表 12.2　图顶点的相异性测度**

| | |
|---|---|
| 测地距离 | 两个节点之间最短路径的长度 |
| $d_{ij}=\sqrt{\sum_{k\neq i,j}\left(A_{ik}-A_{jk}\right)^2}$ | 如果两节点具有相同的邻接节点，则它们在结构上等价 |

分级聚类法需要对节点群或节点组之间的相异性进行测度。例如，单链接方法把节点和集群之间的距离作为节点与集群内任意成员之间的最小距离；完全链接方法则使用节点与集群内任意成员的最大距离作为节点与集群之间的距离(见第 11 章)。不同的算法加上不同的

(相异)相似性测度，将导致识别出的社区结构不同。一些网络展示出分级结构，但在有些情况下，分级聚类算法又会将人为的结构强加给处理对象。链接到社区的单节点往往是孤立的，而不能视它们为所连社区的一部分。

#### 12.3.1.2 k中心点法

图的 $k$ 中心点算法就是社区发现算法，相当于 $k$ 均值聚类算法(见第11章)。与分级聚类法相比，该方法的短板是需要预先确定社区数目 $k$。算法只有在随机选取 $k$ 个种子节点并初始化社区后方能执行。所有节点将分配给距离(测地距离)最近的那个种子节点所在的集群。由于测地距离是整数(节点之间的步数为整数)，因此对于给定的节点 $v$，可能出现若干个与其距离相同的种子节点。在这种情况下，$v$ 被随机地归类于最近的种子节点之一。下一步是计算集群中每个节点的紧密中心度。集群的紧密中心度是集群中某节点到其他节点的距离测度。设集群 $k$ 中有节点 $i$，用 $d_g(i,j)$ 表示节点 $i$ 和节点 $j$ 之间的测地距离，则集群中节点 $i$ 与其他节点的紧密中心度定义为测地距离总和的倒数，

$$C_l(i)=\frac{1}{\sum\limits_{j\in \text{集群}k} d_g(i,j)} \tag{12.8}$$

这是式(12.7)给出的网络紧密中心度的更一般性的定义。

新的社区中心节点是每个集群中紧密中心度最低的点。此过程的迭代终止条件是得到稳定的解。由于在相等测地距离下，随机分配节点归于集群会引入不稳定因素，迭代可能不收敛。因此，在集群中心数的变动率小于 $x\%$ 时，算法视为稳定。Rattigan et al. (2007)建议 $x$ 的取值范围在1到3之间。算法步骤汇总于算法12.1。

---

**算法 12.1 k中心点算法**

1. 初始化顶点集作为集群中心的种子。
2. 将节点分配到距离最近的集群中心所代表的集群内(使用测地距离-随机求解)。
3. 对每个集群，计算出新的集群中心。每个集群中的节点具有最低紧密中心度[见式(12.8)]。
4. 若算法已趋于稳定则退出，否则转至第2步。

---

#### 12.3.1.3 谱聚类方法

网络中社区发现的谱聚类方法基于算法11.1和算法11.2中的图拉普拉斯算法的特征分解方法。拉普拉斯矩阵有3种形式：非标准化形式 $\boldsymbol{L}=\boldsymbol{D}-\boldsymbol{A}$[见式(12.3)]及其标准化形式 $\boldsymbol{L}_{\text{sym}}$[见式(12.4)]和 $\boldsymbol{L}_{\text{nonsym}}$[见式(12.5)]。如果节点度相似，那么非标准化及标准化形式的拉普拉斯矩阵的谱聚类结果也相似。但若节点度变化较大，非对称的标准化形式 $\boldsymbol{L}_{\text{nonsym}}$ 则更可靠，且为首选方法(Fortunato, 2010)。

### 12.3.2 Girvan-Newman 算法

节点的中介中心度是关于网络中的节点影响力的测度，定义为通过该节点的最短路径数[式(12.6)给出其标准化定义，且允许存在多个最短路径]。Girvan and Newman(2002)和 Newman and Girvan(2004)将这一概念加以推广，并定义边的中介中心度为沿某一特定边的顶点之间的最短路径数。

算法的基本思想是由若干社区组成的网络存在一些弱连接的边，不同社区节点之间的最短路径必定沿着这些边移动。因此，它们具有较高的边缘中介中心度并可识别和删除(见图12.3)，以揭示网络中潜在的社区结构。

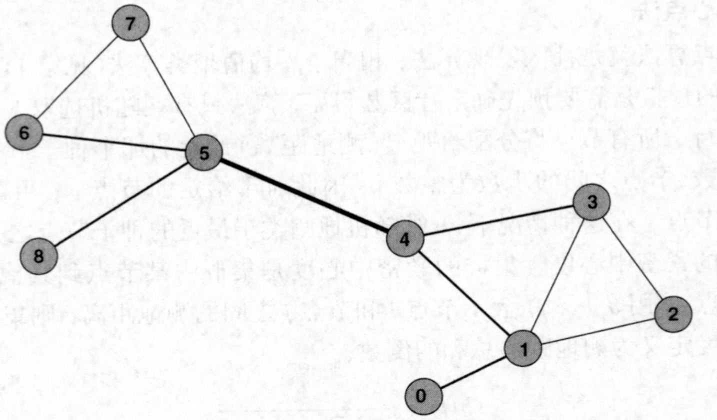


图12.3 存在两个社区的网络(节点0~4，节点5~8)，连接节点的线条的粗细与边的中介度中心度成正比。在两社区节点之间的所有路径中，4和5之间的连线最粗，因此其中介度中心度最高

该算法是一种分裂方法：从一个完整的网络开始，一次删除一个边(见算法12.2)。对于大型网络而言，其计算成本较高。

**算法12.2 网络划分为社区的Girvan-Newman分裂算法**

1. 计算网络中所有边的中介度中心度。
2. 删除中介度中心度值最大的边。
3. 重新计算删除后受影响的边的中介度中心度。
4. 重复第2步，直到没有边可删除。

Newman and Girvan(2004)进一步定义边的中介度后，扩展出新的方法。这些边的中介度有：

1. 测地边中介度。基于网络中经过某条边的所有最短路径数(见图12.3)。
2. 随机游动中介度。基于沿特定边的顶点对随机游动的次数。
3. 电流中介度。基于每条边放置电阻后的回路中的电流值。

一般而言，分离社区会在删除一些边之后出现，但该算法常将网络划分为一组可用树形图来表示的嵌套社区。选择一组最好的社区来描绘网络结构，需要使用一个表征社区结构质量的测度。Girvan and Newman(2002)定义了一个称为模块化的量，并选择该模块化的量值取最大时的结构。

假设将含有顶点集 $V$ 的网络划分成 $k$ 个社区：$V_1, \cdots, V_k$ ($\cup_{i=1}^{k} V_k = V$)。定义 $A(S, T)$ 为社区 $S$ 和社区 $T$ 之间的边数：

$$A(S,T) = \sum_{i\in S,\ j\in T} A_{ij}$$

模块化 $Q$ 定义为

$$Q=\sum_{i=1}^{k}\left[\frac{A(V_i,V_i)}{A(V,V)}-\left(\frac{A(V_i,V)}{A(V,V)}\right)^2\right] \tag{12.9}$$

其中，求和方括号内的第一项 $\frac{A(V_i,\ V_i)}{A(V,\ V)}$ 是关于社区 $V_i$ 内顶点间连接边的分式；第二项 $\frac{A(V_i,\ V)}{A(V,\ V)}$ 是关于连接到社区 $V_i$ 内顶点的边的分式。

式(12.9)可简化为

$$Q=\frac{1}{2m}\sum_{i=1}^{n}\sum_{j=1}^{n}\left(A_{ij}-\frac{k_ik_j}{2m}\right)\delta(C_i,C_j) \tag{12.10}$$

其中，$k_i$ 是节点 $i$ 的度，$m$ 是网络的边数，$C_i$ 是节点 $i$ 所属的社区。如果节点 $i$ 和节点 $j$ 同属一个社区，则 $\delta(C_i,\ C_j)=1$。

当社区内的边数不再优于随机选取的边数时，$Q$ 取下限为 0。$Q=1$ 时为最大值，表明此时的社区结构是稳固的。

### 12.3.3　模块化方法

Girvan and Newman(2002)提出将模块化作为社区质量测度，并将该测度作为分裂算法(见算法 12.2)的停止准则。高的模块化值表示网络划分成社区的分割方案良好。最近提出的一类社区发现算法试图直接实现模块值最大化。但即使是对中等大小的图而言，划分方法之众多也会使模块化的全面优化不可行。因此，有科学家提出了近似算法，读者可参阅 Fortunato(2010)的综述。

本书介绍一种基于 Newman(2006)提出的对模块化矩阵 $\boldsymbol{B}$ 进行特征分解的方法，矩阵 $\boldsymbol{B}$ 的元素定义为

$$B_{ij}=A_{ij}-\frac{k_ik_j}{2m}$$

其中，$A_{ij}$ 是邻接矩阵的元素，$k_i$ 是第 $i$ 个节点的度；$m$ 是边数。为了将网络划分为两部分，在此定义一个指数向量 $s$，其分量为

$$s_i=\begin{cases}+1, & \text{第 } i \text{ 个顶点属于组 1}\\ -1, & \text{第 } i \text{ 个顶点属于组 2}\end{cases}$$

因此，模块化量[见式(12.10)]可改写为

$$Q=\frac{1}{4m}\boldsymbol{s}^{\mathrm{T}}\boldsymbol{B}\boldsymbol{s} \tag{12.11}$$

最大化 $Q$ 的条件是满足向量 $\boldsymbol{s}$ ($\boldsymbol{s}^{\mathrm{T}}\boldsymbol{s}=n$) 的标准化约束，$\boldsymbol{s}$ 与 $\boldsymbol{B}$ 的最大特征值下的特征向量①$\boldsymbol{u}_1$ 成比例。同时，需要对向量 $\boldsymbol{s}$ 做进一步的限制：其元素的取值范围在 ±1 之间，这就意味着 $\boldsymbol{s}$ 通常不能取为 $\boldsymbol{u}_1$。Newman and Girvan(2004)指出，若按下式设置 $s_i$，则所获得的充分逼近表现尚佳：

$$s_i=\begin{cases}+1, & u_{1i}\geqslant 0\\ -1, & u_{1i}<0\end{cases}$$

将该算法扩展到两个以上社区的最简单方法是“分裂为两个社区的动作”重复进行，同时每两个社区分别进行拆分和模块化计算(从原始图的全邻接矩阵开始计算)。如果一个父社区划分

① $n\times n$ 阶实数对称矩阵 $\boldsymbol{B}$ 的特征向量 $u_i$ 是正交的，特征值 $\lambda_i$ 是实数且可正可负。特征值可按 $\lambda_1\geqslant\lambda_2\cdots\geqslant\lambda_n$ 排序。

为两个“子”社区后未增加模块化值，则将保留原父社区。重复分裂的方法不是找到一组社区的最佳办法，但很实用。

模块最大化算法会将网络划分成社区，但高的模块化值并不一定代表社区具有良好的结构。在规模相同、度序列期望相同的条件下，只有在最大模块化值明显大于随机图的最大模块化值时，该模块化的最大值才是其结构性指标①(Fortunato, 2010)。

### 12.3.4 局部模块化

上述所采用的社区发现方法是全局性的，这就要求掌握整个网络结构的信息。而对于大型图来说，这种方法虽然可行，但对计算的要求较高。然而，我们仍希望在此类网络中发现某一特定区域的局部结构，即某一特定顶点周围的社区，例如某人的社会网络。确定种子节点附近的局部社区结构的方法正符合这一需求。

Clauset(2005)引入局部模块化的定义作为局部社区结构的一种测度。假设存在一个图的子集 $\mathcal{C}$，而且已知 $\mathcal{C}$ 中所有节点的连接信息。$\mathcal{C}$ 中的某些节点将仅与 $\mathcal{C}$ 内的节点相连，而另一些节点是否连接到 $\mathcal{C}$ 之外的节点的情况未知。设 $\mathcal{U}$ 表示一组位于 $\mathcal{C}$ 外部但仍连接到 $\mathcal{C}$ 的顶点(见图 12.4)。在集合 $\mathcal{C}$ 内存在一个边界节点集 $\mathcal{B}$，其中至少有一个节点连接到 $\mathcal{U}$。定义局部模块化 $R$ 为

$$R = \frac{I}{T}$$

其中，$T$ 为 $\mathcal{B}$ 中边的数量，有一个或多个，$I$ 是端点不在 $\mathcal{U}$ 中的边数(例如，图 12.4 中 $T = 12$ 和 $I = 7$ )。因此，$R$ 是集合 $\mathcal{C}$ 中的边界边的比值，是边界清晰度的测度。

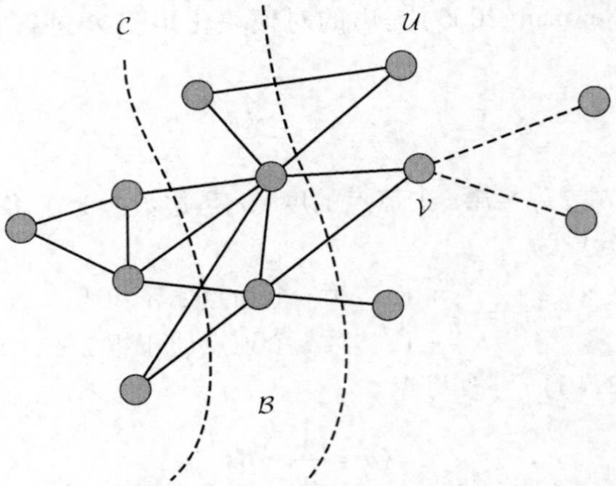


图 12.4 局部模块化下的网络区域。只有将节点 $v$ 添加到 $\mathcal{C}$ 后，右侧的两节点才属于 $\mathcal{U}$

算法 12.3 是 Clauset 算法的执行步骤。首先，将种子节点 $v_0$ (一个希望用来发现社区成员更多信息的节点)放入 $\mathcal{C}$ 中，它的邻域在 $\mathcal{U}$ 中。在每一步都需要检验 $\mathcal{U}$ 中的元素，且把使 $R$ 获得最大增量(或最小减量，因为 $R$ 可能会随 $\mathcal{C}$ 中节点的增加而减少)的节点 $v$ 添加到 $\mathcal{C}$ 中(如果 $v$ 是新集合 $\mathcal{C}$ 的一个边界节点，则同时添加到集合 $\mathcal{B}$ 中)。而 $\mathcal{C}$ 中新发现的节点添加到 $\mathcal{U}$ 中( $v$ 的邻域已不在 $\mathcal{C}$ 内)(见图 12.4)。该算法将生成一个函数 $R(t)$，表示在时间步长 $t$ 内以 $v_0$ 为中心的社区和相应的一组嵌套社区的模块化。$R(t)$ 的局部峰值用来检测潜在的社区边界。

① 无向图的度序列是关于顶点度的单调非增序列。

**算法 12.3 Clauset 局部模块化算法，用于发现节点 $v_0$ 周围的嵌套社区结构**

指定表示最大社区规模的 $k$ 值，指定节点 $v_0$。

1. 将 $v_0$ 添加至 $\mathcal{C}$。
2. 将 $v_0$ 的邻节点添加至集合 $\mathcal{U}$。
3. 令 $\mathcal{B} = v_0$。
4. 当 $|\mathcal{C}| < k$ 时

   (a) 如果已经将 $v_j$ 添加到 $\mathcal{C}$ 中，对任一 $v_j \in \mathcal{U}$，计算 $R$ 的变化 $\Delta R_j$。

   (b) 搜索最大 $\Delta R_j$ 所对应的 $v_j$。

   (c) 添加(b)中的 $v_j$ 至 $\mathcal{C}$，并将其新邻节点加入 $\mathcal{U}$。

   (d) 更新 $R$ 和集合 $\mathcal{B}$。

### 12.3.5 小集团过滤

前文所述算法是将网络划分为不相交社区或找到网络中孤立社区(各顶点只归于唯一的社区)的方法。这些被发现的社区是不重叠的(除了分级聚类法提供的一个社区完全是另一个社区的子集的情况)。在许多现实场景中，这种假设是不实际的。真正的社区是重叠的：一个人既可以是工作社区的同事，也可以是本地体育组的一名成员，同样还可以是学校一名学生的家长。这些社区的部分成员是可共享的。本节探讨一种用于发现重叠社区的方法。

小集团过滤方法(CPM)由 Palla et al. (2005)提出。首先，给出若干定义：

***k* 集团**：$k$ 个顶点的完全(即完全连接)子图(见图 12.5)。

**邻接 *k* 集团**：如果两个 $k$ 集团共享 $k-1$ 个顶点(即它们只有一个不同的节点)，那么它们是邻接的。邻接 4 集团见图 12.6。

***k* 集团社区**：联合邻接 $k$ 集团得到最大连接子图。图 12.6 所示网络中有两个重叠的 4 集团社区，一个社区由 6 个顶点构成，另一个社区由 7 个顶点构成。

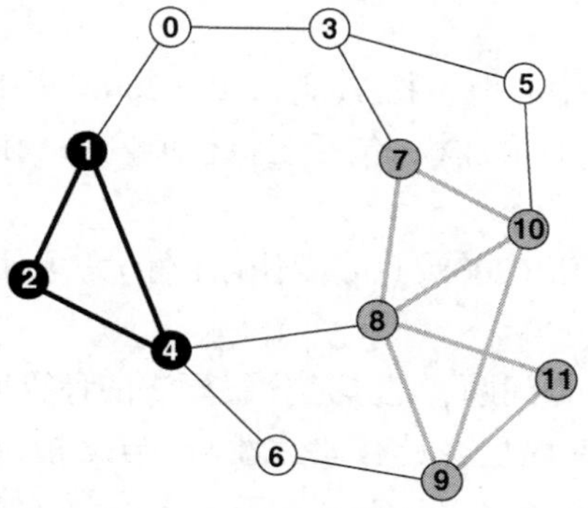


图 12.5 具有两组 3 集团(高亮显示的三角形)的网络。第一组(黑色节点1,2,4)包含一个3集团；第二组(灰色节点7,8,9,10,11)包含3个邻接的3集团

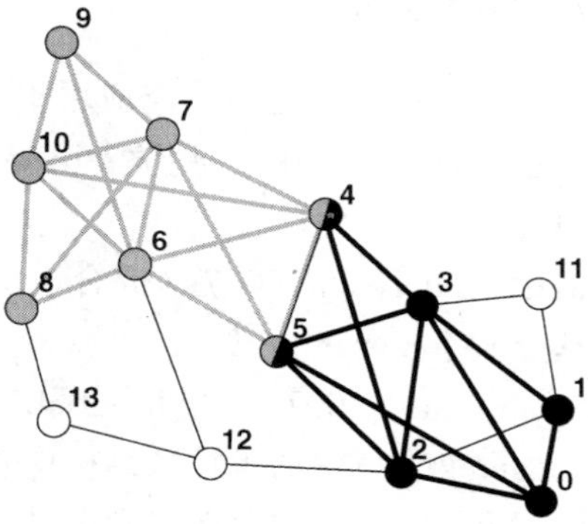


图 12.6 两个相邻的 4 集团的重叠组。一个组包含 4 集团(0,1,2,3)、(0,2,3,5)和(2,3,4,5)；第二组包含4集团(4,5,6,7)、(4,6,7,10)、(6,7,8,10)和(6,7,9,10)

寻找 $k$ 集团社区的步骤是，首先找到最大集团(该集团不是较大集团的子图)，构建 $n_c \times n_c$ 阶集团–集团重叠矩阵，矩阵 $(i, j)$ 处的元素值是集团 $i$ 和集团 $j$ 共享的顶点数。对于 $k$ 集团社区发现算法，低于 $k-1$ 的矩阵元素被设为零，其余元素用于分析，以找到相连的元素，读者可参阅 Palla et al. (2005b) 了解详细情况。

Farkas et al. (2007) 及 Palla et al. (2007) 将 CPM 算法扩展用于定向加权图中。Adamcsek et al. (2006) 提供了可下载软件。

### 12.3.6 应用研究举例

问题

该应用以划分新西兰海岸海豚群体的社区和子社区为研究对象(Lusseau and Newman, 2004)。

摘要

研究目的是更深入地理解动物社会的社会结构，从而有助于更好地管理该群体。社区发现算法用来识别组和子组及关键个体。

数据采集

从 1994 年到 2001 年的 7 年时间里，对 62 头宽吻海豚进行跟踪观测。观测数据表示为一个网络，其中海豚个体是网络中的节点，边表示海豚对之间统计意义上的显著性往来关系。

方法

使用基于计算边的中介度的 Girvan-Newman 社区发现算法分裂网络。算法细查对子社区成员间的关系及子社区之间的关系，以便了解子社区是如何产生的。海豚的性别在分辨子社区时发挥出重要作用。

结果

结果确认出 2 个社区和 4 个子社区。用中介度中心度所确认的“边界个体”充当着子社区之间的联系，体现着子社区的重要的社会凝聚力。

### 12.3.7 拓展研究

本节所涉及的算法已被广泛应用于无向无加权网络中。但包括 Yook et al. (2001) 及 Leicht and Newman(2008) 在内的一些学者已将这些算法扩展到有向加权(包括正负权值网络)和二分网络当中。

Newman and Leicht(2007)(混合模型)和 Lusseau et al. (2008)(混入不确定性)考虑使用其他一些基于概率模型的方法。

Rattigan et al. (2007) 和 Tyler et al. (2003) 专注于计算问题，尤其是分裂算法的计算问题。

Fortunato(2010) 评估了社区结构的意义(即结构的出现是否具有偶然性)。与此相关的是模型选择问题，即网络中存在多少个社区？为此，Hofman and Wiggins(2008) 提出了一种贝叶斯方法。

### 12.3.8 小结

本节介绍的方法旨在使用结构信息发现复杂网络内的社区结构。在恰当地给出相似性和相异性定义的基础上，一些聚类分析方法可用于社区发现，例如分级聚类法和谱聚类法。模块化是衡量社会结构质量的测度，目前已开发出直接求取模块化极大值的算法。

那些用于大型图的方法主要面对的是计算问题，人们为此提出局部模块化方法，试图发现感兴趣节点周围的社区。本节最后介绍了小集团过滤方法，作为发现重叠聚类的一个范例。Fortunato(2010)和Schaeffer(2007)给出了详尽的社区发现方法的综述。

## 12.4 链路预测

链路预测解决网络中两节点之间的连接预测问题，预测依据是网络中现有的链路及其节点属性。研究链路预测的原因(Lü and Zhou, 2010)如下：

- 提取丢失信息。由于数据收集机制的不完整，并非所有链路都能被观测到，这种情况可能时有发生。
- 识别出异常交互。社会网络中的个体之间可能存在异常或意外的链接。
- 评估网络演化模型。在此，链路预测用来对不断演化的网络中未来发生的链接进行预测，而链路预测准确性测度用来对不同模型的性能进行评估。

链路预测可应用于多种不同的领域，这方面的例子如下：

- 社交网络。预测友情。
- 市场营销。确定潜在的产品市场。
- 安全领域。预测异常链接。

### 12.4.1 链路预测方法

有一种链路预测方法视链路预测为二分类问题。这两个类由两种节点对组成，即相连的节点对和不相连的节点对，它们或取自 $t$ 时刻的网络，或抽样于大型网络的一个部分。这些节点对的属性被作为分类器的输入。用一段时间后的网络或大型网络中未用到的部分对该分类器进行测试。分类方法的难点之一在于因非链接节点对数量众多而造成严重的类偏移，这种不平衡将随着网络的演化和变大越发严重。这会导致链接先验概率极小这种低劣的模型性能的出现。

另一种方法是形成基于节点相似性或接近度指标阈值的受试者工作特性(ROC)曲线，计算该曲线下方的面积(AUC，见第9章)。这一面积测度不受类偏移度的影响。

#### 12.4.1.1 基于相似性的方法

这种方法需要计算节点对之间的相似性测度。该测度可定义为全局或局部(见表12.1)结构指数，也可以是一种考虑节点属性的测度。令 $E$ 是网络中的边的集合，$U$ 是 $n(n-1)/2$ 个所有可能边的集合，则缺失链接的集合为 $U-E$。

独立的训练集和测试集

从 $E$ 中随机选取元素组成训练集 $E^T$。在此，定义一个图，用于计算 $E-E^T$ (有链接)与 $U-E$ (缺失链接)中的节点对之间的相似度。将相似度从低到高排序，生成一个带有相似度和集合标签的边的列表：

$$\{(i,j), s_{ij}, \omega_{ij}\}$$

其中，$s_{ij}$ 是节点 $i$ 和节点 $j$ 之间的相似度，$\omega_{ij}$ 是节点对 $(i,j)$ 的类(有边或无边)标签。

交叉验证

将边集合 $E$ 随机划分为 $k$(例如，取值为10)个子集。$k-1$ 个子集用作训练数据，计算余下的那个子集中的边和 $U-E$ 的一个子集上(也划分成 $k$ 个子集)的边的相似度。$k-1$ 个子集依次重复这一过程。再生成带有相似度和类标签的节点对的有序列表。

ROC 曲线下方的面积

对于给定的相似度阈值 $s$，计算测试集或交叉验证集中相似度大于该阈值的成员比例，再计算集合 $U-E$ 中大于该阈值的成员比例。由这两个比例值绘制出一个点，随着阈值的变化，得到这两个比例的关系曲线。这就是 ROC 曲线(见算法 12.4 和算法 12.5)。AUC 是由此曲线计算得到的不受类偏移影响的一种测度(见第 9 章)。如果相似度是给定节点对存在边的概率的单调函数①，那么这种方法可绘制出不具有精确(计算)概率密度函数的贝叶斯分类器的 ROC 曲线。

---

**算法 12.4　用独立的训练集和测试集进行链路预测**

1. 从集合 $E$ 中选出边的子集 $E^T$。
2. 计算所有节点对之间的相似度：集合 $E-E^T$ 使用定义在边上的节点对计算，而集合 $U-E$ 使用由 $E^T$ 中的边定义的图计算。
3. 根据相似度对所有的边进行排序。
4. 对于给定阈值 $s$，计算出 $E-E^T$ 中大于阈值的边的比例[表示为 $E(s)$]和 $U-E$ 中大于阈值的边的比例[表示为 $U(s)$]。
5. 绘制 $E(s)$ 对 $U(s)$ 随 $s$ 变化的曲线，计算曲线下方的面积。

---

**算法 12.5　用交叉验证评估链路预测**

1. 将边集合 $E$ 划分成 $k$ 个子集 $E_l$，$l=1,\cdots,k$。将集合 $U-E$ 也划分为 $k$ 个子集 $U_l$，$l=1,\cdots,k$。
2. 对于 $l=1,\cdots,k$，执行
   - 对用剩余子集 $E_i$，$i\neq l$ 定义的图，计算所有"对"或节点之间的相似性，其节点来自子集 $E_l$ 和子集 $U_l$。
3. 根据相似度对所有的边进行排序。
4. 对于给定阈值 $s$，计算 $E-E^T$ 中大于阈值的边的比例[表示为 $E(s)$]和 $U-E$ 中大于阈值的边的比例[表示为 $U(s)$]。
5. 绘制 $E(s)$ 对 $U(s)$ 随 $s$ 变化的曲线，计算曲线下方的面积。

---

### 12.4.2　应用研究举例

问题

本项研究涉及信息安全应用的典型示例：异常电子邮件检测。在多通信信道中，异常通信模式检测至关重要(Huang and Zeng，2006)。

① 也就是说，相似度越大，出现边的概率越大(或很可能出现于网络的演化中)。

摘要

电子邮件通信异常检测框架的评估，建立在有向和加权网络中所开发的电子邮件流量的概率模型基础之上。这些模型用来识别异常电子邮件流量。

数据采集

该数据由 Enron 电子邮件库组成，这是从一个真实的组织机构收集到的大规模电子邮件，历时三年半以上(Shetty and Adibi, 2005)。该数据集包含151名安然公司员工的252 759封电子邮件，且只采用151名员工之间的电子邮件(发给/接收该公司以外人员的邮件排除在外)。

方法

经预处理将数据集减少到40 489封电子邮件。用时间段 $t-1$, $t-2$, …, $t-g$ 的数据来预测时间段 $t$ 内可能的电子邮件通信(即可能的链接)。时间段设为1周。对数据来说，有向加权图可用于描述个人之间的电子邮件流量。使用如下3种适合处理加权有向网络的链路预测方法。

- 优先链接。基于发件人和收件人等级。
- 扩散激活。用到这样的思想：若链接 $A \to B$ 和链接 $B \to C$ 存在，则链接 $A \to C$ 可能存在。
- 生成模型。假定用概率的方法生成数据，用期望最大化算法估计其参数。

前8周(即 $g = 8$)的电子邮件用来预测当前周的链接。

结果

结论是：就对数据的适合度来讲，生成模型优于其他两个模型，表现为个人发送电子邮件到大批发件人时，并不需要发送给自己或接收大量的电子邮件(假设优先链接)；传递性属性，即如果 $A$ 发送给 $B$，$B$ 发送到 $C$，那么 $A$ 发送到 $C$ (扩散激活)，这种表现并不突出。生成模型的预测表明有几个星期将出现严重背离的数据。进一步调查发现，那几个星期的确存在异常电子邮件。

### 12.4.3 拓展研究

在链路数据挖掘这一广阔的领域，链路预测研究非常活跃(Getoor and Diehl, 2005)。本节只提供了基于相似性测度的无加权无向网络的简单链路预测方法。更深层次的方法还包括：将相似性测度扩展到有向加权网络，通过拓展方法使其既能预测边是否存在又能预测存在边的权重，开拓出概率模型。

## 12.5 应用研究

社区发现算法的应用性研究实例包括如下几方面。

- 基于小集团过滤算法的手机用户网络的研究(Palla et al., 2007)；
- 识别出分子网络中蛋白质的复杂度及其功能模块(Spirin and Mirny, 2003)；
- 对二分网络，修改 Girvan-Newman 算法，实现对代谢网络的层次分解(Holme et al., 2003)；
- 利用期刊引文模式网络，了解学术交流的情况(Rosvall and Bergstrom, 2008)；
- 通过模块最大化社区发现算法，分析 eBay 网用户的出价行为(Jin et al., 2007)；

- 用分级聚类法和模块化量化法来标识美国众议院委员会和小组委员会网络中的社区结构(Porter et al., 2007)。

## 12.6 总结和讨论

在成对个体或成组个体之间的互动中，会生成很多数据集。该类型数据可以使用数学中的图的概念来表示，其中节点代表个体(人、计算机、商店、购买者、电话用户、网站等)，图中的边则表示它们之间的一些“交易”(例如，购买行为、电话呼叫、电子邮件、会议)。表示该类网络的图是抽象的，网络是动态的，表现为节点数和节点之间的互动程度随时间的变化而改变。本章回顾了这类网络的属性，并把重点放在使用数据分析方法分析网络中产生的数据。特别提出两个重点关注的领域：其一是社区发现，主要是采用无监督模式识别技术来发现网络中的社区；其二是有监督的链路预测。演化网络的动态建模则不在本章讨论的范围之内。

在过去的十多年间，复杂网络领域的研究发展迅猛，而当今越来越受到大批研究者的关注。将统计模式识别方法应用于该领域，其发展空间是巨大的。

## 12.7 建议

在对个体之间的相似度给出恰当定义的前提下，许多聚类分析方法可以用来解决社区发现的问题。

- 分级聚类法是一个不错的切入点。可以用表 12.1 的相似测度直接进行分级聚类。对大型网络而言，谱聚类方法已获得成功应用，且其执行速度不断提升。
- 如果需要锁定特定节点附近的社区，且因整个规模太大而不可能实施全局图分析，则应考虑使用局部法(Clauset, 2005)。
- 对重叠聚类问题而言，小集团过滤法被普遍使用。

## 12.8 提示及参考文献

Newman(2010)和 Easley and Kleinberg(2010)两本书中详细介绍了复杂网络，读者还可参阅 Albert and Barabási(2002)的综述和 Chakrabarti and Faloutsos(2006)关于图挖掘的综述。Fortunato(2010)给出了关于社区发现问题的近期研究拓展方面的综述，另外还可参阅 Schaeffer(2007)。Lü and Zhou(2010)调研了复杂网络中的链路预测问题。

## 习题

1. 证明式(12.9)定义的模块化量可写为式(12.10)的形式。
2. 推导模块化 $Q$[见式(12.11)]对 $s$ 的极大值解与 $\boldsymbol{B}$ 的最大特征向量成比例。
3. 证明向量 (1, 1, …, 1) 是图拉普拉斯矩阵的一个特征向量，并求其特征值。
4. 证明标准化图拉普拉斯矩阵[见式(12.4)和式(12.5)]是半正定的。

# 第13章　其他论题

本章讨论分类器设计中的问题。第一个问题与模型选择有关，即如何选择类型和复杂度均适当的分类器。第二个问题与数据有关，会涉及对混合变量、离群值和缺值处理方法的讨论。最后，介绍一种测度学习算法能力的方法，VC(Vapnik-Chervonenkis)维，并借此为分类器设计提供指导。

## 13.1　模型选择

模式识别的许多领域都会面临模型的选择问题，即应该选择具有怎样复杂程度的模型。这里，复杂度根据模型中待估计的自由参数的个数来度量。模型的最佳复杂度取决于训练数据的数量和品质。一个过于复杂的模型可以很好地模拟训练数据(包括训练数据中的噪声，从而使其对数据"过度拟合")，但对于与训练数据同分布的未知数据来说，其普适性能很可能变差。如果模型不足够复杂，它又不能充分模拟数据的结构。因此模型选择自然是在确定最优模型参数的过程中给于实现。在这种情况下，模型的复杂度是一个待定参数。因而，许多模型选择方法均构建在准则优化的基础之上，这些准则用模型的复杂性测度来惩罚拟合优良性测度。

实际上，本书谈到的许多方法均涉及模型选择问题，例如：

1. 在混合模型中，应该选多少个分量才能对数据进行充分模拟(见第2章)?
2. 在决策树分类方法中，如何才能找到最优的树结构？例如，为展开式确定适当的基函数个数。这里的基函数是超矩形，矩形的边与坐标轴平行(见第7章)。
3. 在多层感知器中，我们应该选取多少个隐层单元，或在径向基函数中应选取多少个中心(见第6章)?
4. 为模型选择多少个特征(见第10章)?
5. 用多少个聚类来描述数据集(见第11章)?

本节给出了一些广泛用于分类问题的一般性模型选择方法。Anders and Korn(1999)就神经网络对模型选择方法进行了考察，并在一个模拟研究中对5种策略进行了对比。

### 13.1.1　相互独立的训练集与测试集

在训练集与测试集相互独立的方法中，训练集与测试集均参与模型选择的工作。这时，测试集通常称为确认集。训练集用来优化拟合优良度准则，而确认集则用来反映模型的性能。随着模型复杂度的增高，模型在训练集上的性能(根据拟合优良度准则来度量)会得到改善，而在确认集上的性能则在复杂度超过某一值后开始恶化。

以上是用于训练分类与回归树模型(Breiman et al., 1984)的一种方法，但是以下方法更受推崇，就是先生长出一棵对数据过度拟合的树，然后开始剪枝，直到在确认集上的性能不再改善为止。在建立神经网络模型时，可以使用与之相似的方法(Reed, 1993)。

在非线性优化方法中，训练集与测试集相互独立的方法同样可以融入给定复杂度下的模型优化过程，特别是当优化过程以迭代方式实现时。与在训练集上使给定准则最小的参数选取方法不同，模型参数的选取应使确认集性能最好。这样，在训练进程中，模型在确认集上的性能受到监控(通过使用确认集的数据评价拟合优良度准则)，并在训练集性能开始下降时停止训练。

注意，在这种情况下，确认集并不是一个单独用于错误率估计的测试集，而是训练数据的一部分。独立的错误率估计则另外需要一个数据集。

### 13.1.2 交叉验证

作为估计错误率的一种方法，交叉验证已在第9章中讨论过。该方法的思想很简单，就是把一组由 $n$ 个样本组成的数据集分成两份，一份数据用于模型参数的估计(最小化某一优化准则)，而另一份数据用于拟合优良度准则评价。交叉验证的一般形式是简单的“留一法”，这时，第二份数据集只包含一个样本，而交叉验证的拟合优良度准则估计 CV(Cross-Validation)则是在包含 $n-1$ 个样本的所有训练集上的平均值。

如下是确定适当模型的一种方式，即对每个候选模型 $\{M_k, k=1, \cdots, K\}$，计算交叉验证误差(CV)，并选取模型 $M_{\hat{k}}$，其中对于所有的 $k$ 有

$$\mathrm{CV}(\hat{k}) \leqslant CV(k)$$

用这种交叉验证法选出的模型容易导致过度拟合；也就是说，此方法为数据集选择了一个过于复杂的模型。有些证据表明，当从训练集中删除的样本 $d>1$ 时，所形成的多重交叉验证法选出的模型效果优于简单的留一法(Zhang, 1993)。关于使用交叉验证来选择分类方法问题，Schaffer(1993)中有进一步的论述。

### 13.1.3 贝叶斯观点

贝叶斯方法将模型 $M_k$ 及参数 $\boldsymbol{\theta}_k$ 的先验知识结合到模型选择的过程中。给定数据集 $\boldsymbol{X}$，运用贝叶斯定理，可将模型的分布记为

$$\begin{aligned} p(M_k|\boldsymbol{X}) &\propto p(\boldsymbol{X}|M_k)\,p(M_k) \\ &= p(M_k)\int p(\boldsymbol{X}|M_k,\boldsymbol{\theta}_k)\,p(\boldsymbol{\theta}_k|M_k)\,\mathrm{d}\boldsymbol{\theta}_k \end{aligned}$$

其中应给定先验分布 $p(M_k, \boldsymbol{\theta}_k)$。如果仅需要一个单一的模型，则可以选择 $M_{\hat{k}}$，该模型对于所有的 $k$ 有

$$p(M_{\hat{k}}|\boldsymbol{X}) \geqslant p(M_k|\boldsymbol{X})$$

从而，贝叶斯方法要考虑使用所有的模型。过度复杂的模型往往工作状态不佳，因为这种模型虽然通过其复杂性有能力模拟范围宽广的数据集(有能力模拟)，但对任何一个单一数据集，其似然性却较低。这种效应称为奥卡姆剃刀(Occam's razor)。此外，先验模型概率 $p(M)$ 可以提供正则化效果，惩罚过度复杂的模型。处理模型不确定性的平均模型法已作为组合方法的一个例子在第8章展开了讨论。

### 13.1.4 Akaike 信息准则

Akaike(1973, 1974, 1977, 1981, 1985)运用信息理论提出了一个模型选择准则。Bozdogan(1987)则对其一般性原理给出了适当的介绍，另外还可参阅 Sclove(1987)。

假设有一组候选模型 $\{M_k,\ k=1,\ \cdots,\ K\}$，第 $k$ 个模型取决于参数向量 $\boldsymbol{\theta}_k=(\theta_{k,1},\ \cdots,\ \theta_{k,\epsilon(k)})^{\mathrm{T}}$，其中 $\epsilon(k)$ 是模型 $k$ 的自由参数的个数。Akaike 提出的信息准则(AIC)由下式给出：

$$\mathrm{AIC}(k) = -2\log[L(\hat{\boldsymbol{\theta}}_k)] + 2\epsilon(k) \tag{13.1}$$

其中，$\hat{\boldsymbol{\theta}}_k$ 是 $\boldsymbol{\theta}_k$ 的最大似然估计，$L[\cdot]$ 是似然函数，对于所有的 $k$，依据下式从 $k$ 个模型 $M_k$ 中选出 $M_{\hat{k}}$：

$$\mathrm{AIC}(\hat{k}) \leqslant AIC(k)$$

式(13.1)表示对负 2 倍的对数似然率期望的无偏估计，即

$$-2\mathrm{E}[\log(p(\boldsymbol{X}_n|\boldsymbol{\theta}_k))]$$

其中，$\boldsymbol{X}_n$是一组观测值 $\{\boldsymbol{x}_1,\ \cdots,\ \boldsymbol{x}_n\}$，其特性由 $p(\boldsymbol{x}\mid\boldsymbol{\theta})$ 来表征。

在实际应用中，式(13.1)会遇到许多困难。其主要问题是，对对数似然率偏差 $\epsilon(k)$ 的修正仅是渐近有效的。为此，人们另外提出了多种修正方法，这些方法有着相同的渐近特性和不同的有限样本特性。

### 13.1.5 最短描述长度

最短描述长度是将模型的复杂度融入信息准则的又一种方法，如图 13.1 所示。在人员 A 和人员 B 的数据集 $X$ 中，有 $n$ 个样本，第 $i$ 个样本的测量值为 $\boldsymbol{x}_i$，类别标签为 $\boldsymbol{z}_i$。这时需要研制一个分类模型 $T$，将 $\boldsymbol{x}$ 和 $\boldsymbol{z}$ 之间的关系概括出来。

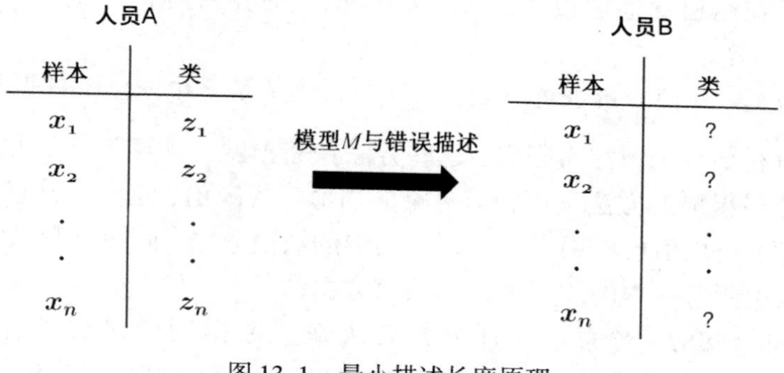


图 13.1 最小描述长度原理

在希望人员 A 将其样本 $\boldsymbol{x}_i$ 的类别标签传递给人员 B 时，可以传递所有样本的类别标签，也可以传递以简洁紧凑的形式描述的模型。考虑到该模型可能不甚完善，如果选择传递模型，就必须同时传递“哪些样本未被该模型正确分类”的相关信息。

若模型分类的代价为 $L(M)$，使用形成该模型的训练集的分类代价(即分类错误代价)为 $L(X\mid M)$，则准则的总描述长度为

$$L(M) + L(X|M)$$

最短描述长度准则就是寻求一个模型 $M$，以使总的描述长度最短。

模型以最有效的方式分类是一个工作难点，这取决于人员 A 和人员 B 两者的共享知识。通常，人们用较简单的方式反映分类错误，而同时存在着反映分类错误的复杂方法(降低对模型的需求)，相关的细节可见 Grünwald(2007)。

## 13.2 缺值数据

很多分类方法都是假设享有 $p$ 维变量各个分量的观测值。然而，缺值数据却时有发生。例如，收回的问卷调查可能是不完整的；在考古学研究中，由于某些部分的残缺，获得人工制品的一组完整的测量值几乎是不可能的；在医疗问题中，可能由于医生的健忘或医疗条件的限制，而不能在病人身上取得完整的测量值。

如何处理缺值数据取决于这样一些因素：缺值数据有多少？为什么会缺值？缺值数据是否可恢复？是否在设计集和测试集中都存在缺值数据？解决缺值问题的方法有多种。

1. 在分析中，忽略掉所有不完整的向量。这种做法在某些情况下是可接受的，但是如果观测向量缺值太多，则不然。例如第 2 章中提到过，在 Titterington et al.(1981)对颅脑损伤的研究中，500 个训练样本中有 206 个样本至少有一个观测值丢失，500 个测试样本中有 199 个样本至少有一个观测值丢失。另外，一个上百个分量的向量，如果仅因为一个分量缺失而将其忽略，就意味着我们正在扔掉对分类器设计潜在有用的信息。况且，在一个不完整的观测向量中，那些已测分量可能对分类十分重要。
2. 利用所有可获得的信息。这取决于对数据展开的分析。在估计均值和协方差时，使用的仅仅是在相应变量上可取得测量值的那些观测量。因此，估计值是用数目不相等的样本做出的，这可能会使结果变差，并导致协方差矩阵非正定。当存在缺值数据时，估计主成分(Jackson，1991)也必须另辟蹊径。聚类时，可以使用相似性度量把缺值数据考虑进去。在用独立性假设进行密度估计时，临界密度估计则基于不同的样本数目进行。
3. 替代缺值数据，并使分析进行下去，就好像得到的是一个完整的数据集一样。

对缺值数据进行估计的方法有很多，这些方法在完善度与计算复杂度方面不尽相同。

最简单也可能最粗糙的方法是用相应分量的均值替代缺值，这种方法已用于许多研究中。在监督分类问题中，类均值可以用来替代训练集中的缺值数据，而面对测试集，则因其各样本的类别未知，可以用所有样本的均值替代其缺值数据。

Little and Rubin(1987)对通过统计分析解决缺值数据问题进行了详尽的论述。Little(1992)给出了通过回归方法解决缺值数据的评论，Liu et al.(1997)则讨论了如何用分类技术解决数据的缺失。

## 13.3 离群值检测和鲁棒方法

现在来讨论多元数据中的离群值检测问题。这是鲁棒统计学(robust statistics)的目标之一。离群值是与其他数据不一致的观测值，它们可能是令研究者惊讶的真实观测值，Beckman and Cook(1983)称之为不协调观测值(discordant observation)。这种离群值可能非常有价值，因为它们可能预示着数据中有某些结构背离常态。另外，离群值也可能是因数据复制或数据传输而引发的错误，这时通过检查原数据源有可能修正这种错误。

在上述两种情形中，离群值检测及恰当的处理是重要的。本书讨论的许多方法对离群值很敏感。如果观测值在某个变量上是非典型的，那么可以将单变量的离群值检测法应用于该变量。而多变量的离群值则难以检测，特别是当几个离群值同时出现时。有一类典型的处理方法，就是对每个样本 $\boldsymbol{x}_i(i=1,\cdots,n)$ 计算马氏距离：

$$D_i = \left\{(\boldsymbol{x}_i-\boldsymbol{m})^{\mathrm{T}}\hat{\boldsymbol{\Sigma}}^{-1}(\boldsymbol{x}_i-\boldsymbol{m})\right\}^{\frac{1}{2}}$$

其中，$\boldsymbol{m}$ 是样本均值，$\hat{\boldsymbol{\Sigma}}$ 是样本协方差矩阵，然后将具有较大马氏距离的样本认定为离群值。此方法在实际应用中会遇到两个问题：

1. 假象(Masking)。一个聚类中的多个离群值会使其 $\boldsymbol{m}$ 和 $\hat{\boldsymbol{\Sigma}}$ 发生变化，即离群值向其自身的方向吸引 $\boldsymbol{m}$，并使 $\hat{\boldsymbol{\Sigma}}$ 向其自身的方向膨胀，从而使它们的马氏距离值变小。
2. 淹没(swamping)。这是指一组离群值可能对一些与大多数观测值相一致的观测值产生影响，并使协方差矩阵变形，以使一些不是离群值的观测值的 $D$ 值较大。

解决上述问题的一个办法是对均值与协方差阵使用鲁棒估计。不同的估计量会提供不同的分裂点(breakdown point)，即所能容忍的离群值因数。Rousseeuw(1985)就此提出了一个最小容量椭球体(minimum volume ellipsoid，MVE)估计量，此估计量具有高达 50% 左右的分裂点，不过所需的计算量很大，目前已有一些近似的算法。

离群值检测与鲁棒方法代表了一个重要的研究领域，在统计学文献中可以看到这种研究之广泛。Hampel et al. (1986)的第 1 章就对鲁棒方法及其背景进行了适当的介绍。Rocke and Woodruff(1997)对均值与协方差矩阵的鲁棒估计进行了评论；在出现明显的假象时，检测离群值的进一步方法由 Atkinson and Mulira(1993)给出。Krusińska(1988)论述了在识别问题中的鲁棒方法。

## 13.4 连续变量与离散变量的混合

在包含多元数据的模式识别的许多领域中，变量可能是混合型的，即可能包括连续变量、有序变量、无序变量及二值变量。如果离散变量是有序的，且保留该有序信息非常重要，最简单的方法就是将其当成连续变量，再运用多元连续变量的方法。另一方面，一个含有 $k$ 个状态的分类变量，可以用 $k-1$ 个二值变量编码(代码)。如果观测到的分类变量处于第 $j$ 个状态，则除了第 $j$ 项以外，该代码的其他所有项均取值为零，$j=1,\cdots,k-1$。如果变量处于第 $k$ 个状态，则其所有的项均取为零。这样就使得一些方法可以用于由二值变量与连续变量混合而成的变量(由于不是所有二值变量组合都是可观测的，因此要进行一些修正)。

上述方法试图改变数据的表达形式，以使其与模型相适应。另外，也可以只进行少许修正或完全不做修正而将已有方法应用于混合变量。这些方法包括：

1. 选取恰当度量方法的最近邻法(见第 4 章)；
2. 独立模型，即对模型中的每个单变量分别进行密度估计，以适应于特殊的变量类型(见第 4 章)；
3. 使用乘积形式的核函数方法，所选核函数取决于变量类型(见第 4 章)；
4. 相关树模型与贝叶斯网络，并建立恰当的条件密度模型(见第 4 章)；
5. 递归分割方法，如 CART 和 MARS(见第 7 章)。
6. 规则推理法(见第 7 章)。

Olkin and Tate(1961)引入的定位模型(location model)是专门为混合变量研究构建的，并由Chang and Afifi(1974)将其应用于两类判别分析。在分类问题中，将向量 $v$ 划分成两部分 $\boldsymbol{v} = (\boldsymbol{z}^{\mathrm{T}}, \boldsymbol{y}^{\mathrm{T}})^{\mathrm{T}}$，其中 $z$ 是包含 $r$ 个二值变量的向量，$\boldsymbol{y}$ 是包含 $p$ 个连续变量的向量。随机向量 $z$ 可以给出 $2^r$ 个不同的状态。给定测量值 $z$，就可以对 $z$ 的状态号进行排序，$z$ 的状态号 cell($z$) 为

$$\text{cell}(z) = 1 + \sum_{i=1}^{r} z_i 2^{i-1}$$

定位模型假设 $\boldsymbol{y}$ 服从多元正态分布，其均值取决于 $z$ 的状态及 $\boldsymbol{v}$ 所在的类，并假设对于两类及所有状态的协方差矩阵都相同。这样，给定观测值( $\boldsymbol{z}, \boldsymbol{y}$)使 $m$ = cell($z$)，$\omega_j$ 类($j$ = 1, 2) 的概率密度为

$$p(\boldsymbol{y}|\boldsymbol{z}) = \frac{1}{(2\pi)^{p/2}|\boldsymbol{\Sigma}|}\exp\left\{-\frac{1}{2}\left(\boldsymbol{y}-\boldsymbol{m}_j^m\right)^{\mathrm{T}}\boldsymbol{\Sigma}^{-1}\left(\boldsymbol{y}-\boldsymbol{m}_j^m\right)\right\}$$

上述分布的均值取决于 $\boldsymbol{z}$ 及其类别。对于 $\omega_j$ 类，$\boldsymbol{z}$ 取第 $m$ 个观测值的概率是 $p_{jm}$，若

$$\left(\boldsymbol{m}_1^m-\boldsymbol{m}_2^m\right)^{\mathrm{T}}\boldsymbol{\Sigma}^{-1}\left(\boldsymbol{y}-\frac{1}{2}\left(\boldsymbol{m}_1^m+\boldsymbol{m}_2^m\right)\right) \geqslant \log(p_{2m}/p_{1m})$$

则将 $\boldsymbol{v}$ 归入 $\omega_1$ 类。

上式中参数 $p_{jm}$、$\boldsymbol{m}_j^m$ 和 $\boldsymbol{\Sigma}$ 的极大似然估计是

$$\hat{p}_{jm} = \frac{n_{jm}}{n}$$

$$\hat{\boldsymbol{m}}_j^m = \sum_{i=1}^{n} v_{imj}\frac{1}{n_{jm}}\boldsymbol{y}_i$$

$$\boldsymbol{\Sigma} = \frac{1}{n}\sum_{j=1}^{2}\sum_{m=1}^{k}\sum_{i=1}^{n} v_{imj}\left(\boldsymbol{y}_i-\hat{\boldsymbol{m}}_j^m\right)\left(\boldsymbol{y}_i-\hat{\boldsymbol{m}}_j^m\right)^{\mathrm{T}}$$

其中，若 $\boldsymbol{y}_i$ 属于 $\omega_j$ 类的第 $m$ 个状态，则 $v_{imj}$ = 1，否则为0；而 $n_{jm}$ 则是观测到 $\omega_j$ 类中状态为 $m$ 的数量，等于 $\sum_i \boldsymbol{v}_{imj}$。

如果样本数 $n$ 远大于向量 $z$ 的状态数，那么上述简单的估计足矣。然而，在实际中需要估计的参数往往很多。一些向量状态可能无法靠样本提供出来，从而使 $\hat{p}_{jm}$ 的估计变差，且无法得到估计值 $\hat{\boldsymbol{m}}_j^m$。关于这方面的基础研究已取得了一些进展，Krzanowski(1993)对此进行了评论。

## 13.5 结构风险最小化和 Vapnik-Chervonenkis 维数

### 13.5.1 期望风险边界

在统计学习理论中(Vapnik, 1998)，通常存在着控制学习系统的容量与性能之间关系的边界，这些边界也为设计此类系统提供指导。

假设有一个取自独立同分布 $p(\boldsymbol{x}, y)$ 的样本训练集 $\{(\boldsymbol{x}_i, y_i), i = 1, \cdots, n\}$。希望通过学习得到映射：$\boldsymbol{x} \to y$，也就是要得到一组加入参数 $\boldsymbol{\alpha}$ 的合理的函数(分类器) $f(\boldsymbol{x};\boldsymbol{\alpha})$。选择特定的 $\boldsymbol{\alpha}$ 会产生特定的分类器或训练机(trained machine)。我们总是希望选取那个使分类错误最小

的参数 $\boldsymbol{\alpha}$。就两类问题而言，如果对于 $\omega_1$ 中的样本，$y_i$ 取 +1，对于 $\omega_2$ 类中的样本，$y_i$ 取 -1，则测试错误的期望值(真实错误，见第 9 章)是

$$\mathcal{R}(\boldsymbol{\alpha}) = \frac{1}{2}\int |y - f(\boldsymbol{x};\boldsymbol{\alpha})|\, p(\boldsymbol{x}, y)\mathrm{d}\boldsymbol{x}\mathrm{d}y$$

有时也将其称为期望风险(注意，上式不同于第 1 章的风险定义)。通常，期望风险是不可知的，但可以通过训练集对其进行估计，从而得到经验风险

$$\mathcal{R}_K(\boldsymbol{\alpha}) = \frac{1}{2n}\sum_{i=1}^{n}|y_i - f(\boldsymbol{x}_i;\boldsymbol{\alpha})|$$

再根据统计学习理论，对于任意 $\eta$ ( $0 \leqslant \eta \leqslant 1$ )，以概率 $1-\eta$ 得到如下边界约束(Vapnik，1998)

$$\mathcal{R}(\boldsymbol{\alpha}) \leqslant \mathcal{R}_K + \sqrt{\frac{h(\log(2n/h)+1)-\log(\eta/4)}{n}}$$

其中，$h$ 是非负整数，称为 VC(Vapnik-Chervonenkis)维数。上述不等式右边的第一项取决于训练过程中所选的特定函数 $f$。第二项是 VC 置信度，取决于函数的类别。

### 13.5.2　Vapnik-Chervonenkis 维数

VC 维数是函数集 $f(\boldsymbol{x};\boldsymbol{\alpha})$ 的一个属性。给定由 $m$ 个点所组成的一个点集，用函数 $f(\boldsymbol{x};\boldsymbol{\alpha})$ 以 $2^m$ 种所有可能的方法为它们贴上标签，则称这个点集被函数集所分开；也就是点集的任意一种标签标定都存在一个能将它们正确分类的函数 $f(\boldsymbol{x};\boldsymbol{\alpha})$。

一组函数的 VC 维数定义为可分开的训练样本的最大数目。注意，如果 VC 维数为 $m$，则最少有一个包含 $m$ 个样本的集合可被函数分开，但是未必对每一组数量为 $m$ 的样本集都可被分开。例如，如果 $f(\boldsymbol{x};\boldsymbol{\alpha})$ 是平面内所有直线的集合，那么，每两点所构成的点集都是可分开的，并且大部分三点集也是可分开的(见图 13.2)，但四点集可能不能用线性模型分开，因此平面集的 VC 维数为 3。更一般地，在 $r$ 维欧氏空间中，超平面集的 VC 维数是 $r+1$。

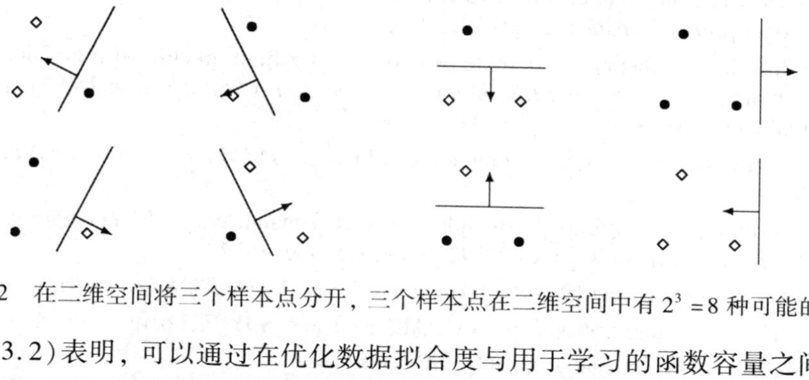

图 13.2　在二维空间将三个样本点分开，三个样本点在二维空间中有 $2^3=8$ 种可能的分布

不等式(13.2)表明，可以通过在优化数据拟合度与用于学习的函数容量之间的平衡来控制风险。实际上，可以考虑各自带有固定 VC 维数集的模型集 $f$。对于每个模型集，将经验风险最小化，并在所有模型集上进行选择，使得该模型对于经验风险之和以及 VC 置信度都达到最小值。其实，不等式(13.2)只是一个导向，经验风险相同而 VC 维数不同的模型是存在的。而 VC 维数较高的模型未必就会有较差的性能。一个 $k$ 近邻分类器就拥有零经验风险(任意带有标签的点集都可被正确分类)，而 VC 维数为无限大。

# 参考文献


S. Abe. *Support Vector Machines for Pattern Classification*. Springer, second edition, 2010.

T. Abeel, T. Helleputte, Y. Van de Peer, P. Dupont, and Y. Saeys. Robust biomarker identification for cancer diagnosis with ensemble feature selection methods. *Bioinformatics*, 26(3):392–398, 2010.

I.S. Abramson. On bandwidth variation in kernel estimates – a square root law. *The Annals of Statistics*, 10:1217–1223, 1982.

Y.S. Abu-Mostafa, A.F. Atiya, M. Magdon-Ismail, and H. White, editors. *IEEE Transactions on Neural Networks*, 12(4): 2001. Special issue on 'Neural Networks in Financial Engineering'.

B. Adamcsek, G. Palla, I.J. Farkas, I. Derényi, and T. Vicsek. CFinder: locating cliques and overlapping modules in biological networks. *Bioinformatics*, 22(8):1021–1023, 2006.

N.M. Adams and D.J. Hand. Comparing classifiers when the misallocation costs are uncertain. *Pattern Recognition*, 32:1139–1147, 1999.

N.M. Adams and D.J. Hand. Improving the practice of classifier performance assessment. *Neural Computation*, 12:305–311, 2000.

W. Adler and B. Lausen. Bootstrap estimated true and false positive rates and ROC curves. *Computational Statistics and Data Analysis*, 53:718–729, 2009.

S. Aeberhard, D. Coomans, and O. de Vel. Improvements to the classification performance of RDA. *Chemometrics*, 7:99–115, 1993.

S. Aeberhard, D. Coomans, and O. de Vel. Comparative analysis of statistical pattern recognition methods in high dimensional settings. *Pattern Recognition*, 27(8):1065–1077, 1994.

A. Agresti. *Categorical Data Analysis*. Wiley Series in Probability and Mathematical Statistics. John Wiley & Sons, Ltd, 1990.

F.K. Ahmad, N. Md. Norwawi, S. Denis and N.H. Othman. A review of feature selection techniques via gene expression profiles – in *International Symposium on Information Technology*, pages 1–7, 2008.

J. Aitchison, J.D.F. Habbema, and J.W. Kay. A critical comparison of two methods of statistical discrimination. *Applied Statistics*, 26:15–25, 1977.

H. Akaike. Information theory and an extension of the maximum likelihood principle. In B.N. Petrov and B.F. Csaki, editors, *Second International Symposium on Information Theory*, pages 267–281. Academiai Kiado, 1973.

H. Akaike. A new look at the statistical model identification. *IEEE Transactions on Automatic Control*, 19:716–723, 1974.

H. Akaike. On entropy maximisation principle. In P.R. Krishnaiah, editor, *Proceedings of the Symposium on Applications of Statistics*, pages 27–47. North Holland, 1977.

H. Akaike. Likelihood of a model and information criteria. *Journal of Econometrics*, 16:3–14, 1981.

H. Akaike. Prediction and entropy. In A.C. Atkinson and S.E. Fienberg, editors, *A Celebration of Statistics*, pages 1–24. Springer-Verlag, 1985.

M. Al-Alaoui. A new weighted generalized inverse algorithm for pattern recognition. *IEEE Transactions on Computers*, 26(10):1009–1017, 1977.

M. Aladjem. Parametric and nonparametric linear mappings of multidimensional data. *Pattern Recognition*, 24(6):543–553, 1991.

M. Aladjem and I. Dinstein. Linear mappings of local data structures. *Pattern Recognition Letters*, 13:153–159, 1992.

A. Albert and E. Lesaffre. Multiple group logistic discrimination. *Computers and Mathematics with Applications*, 12A(2):209–224, 1986.

J. Albert. *Bayesian Computation with R*. Springer, 2009.

R. Albert and A.-L. Barabási. Statistical mechanics of complex networks. *Review of Modern Physics*, 74(1):47–97, 2002.

C. Aliferis, I. Tsamardinos, and A. Statnikov. Large-scale feature selection using Markov blanket induction for the prediction of protein-drug binding. Technical Report DSL TR-02-06, Department of Biomedical Informatics, Vanderbilt University, Nashville, 2002.

M.K.S. Alsmadi, K.B. Omar, and S.A. Noah. Back propagation algorithm: the best algorithm among the multi-layer perceptron algorithm. *IJCSNS International Journal of Computer Science and Network Security*, 9(4):378–383, 2009.

M.R. Anderberg. *Cluster Analysis for Applications*. Academic Press, 1973.

U. Anders and O. Korn. Model selection in neural networks. *Neural Networks*, 12:309–323, 1999.

J.A. Anderson. Diagnosis by logistic discriminant function: further practical problems and results. *Applied Statistics*, 23:397–404, 1974.

J.A. Anderson. Logistic discrimination. In P.R. Krishnaiah and L.N. Kanal, editors, *Handbook of Statistics*, volume 2, pages 169–191. North Holland, 1982.

J.J. Anderson. Normal mixtures and the number of clusters problem. *Computational Statistics Quarterly*, 2:3–14, 1985.

H.C. Andrews. *Introduction to Mathematical Techniques in Pattern Recognition*. Wiley Interscience, 1972.

C. Andrieu, N. De Freitas, and Doucet A. Robust full Bayesian learning for radial basis networks. *Neural Computation*, 13(10):2359–2407, 2001.

C. Andrieu and A. Doucet. Joint Bayesian model selection and estimation of noisy sinusoids via reversible jump MCMC. *IEEE Transactions on Signal Processing*, 47(10):2667–2676, 1999.

C. Andrieu, A. Doucet, and R. Holenstein. Particle Markov chain Monte Carlo methods. *Journal of the Royal Statistical Society Series B*, 72(3):269–342, 2010.

C. Andrieu and J. Thoms. A tutorial on adaptive MCMC. *Statistics and Computing*, 18(4):343–373, 2008.

S.P. Andrieu, N. de Freitas, A. Doucet, and M.I. Jordan. An introduction to MCMC for machine learning. *Machine Learning*, 50:5–43, 2003.

A. Annest, R.E. Bumgarner, A.E. Raftery, and K.Y. Yeung. Iterative Bayesian model averaging: a method for the application of survival analysis to high-dimensional microarray data. *BMC Bioinformatics*, 10(1):72, 2009.

C. Apté, R. Sasisekharan, S. Seshadri, and S.M. Weiss. Case studies of high-dimensional classification. *Journal of Applied Intelligence*, 4:269–281, 1994.

M.S. Arulampalam, S. Maskell, Gordon N., and T. Clapp. A tutorial on particle filters for online nonlinear/non-Gaussian Bayesian tracking. *IEEE Transactions on Signal Processing*, 50(2):174–188, 2002.

T. Ashikaga and P.C. Chang. Robustness of Fisher's linear discriminant function under two-component mixed normal models. *Journal of the American Statistical Association*, 76:676–680, 1981.

A.C. Atkinson and H.-M. Mulira. The stalactite plot for the detection of multivariate outliers. *Statistics and Computing*, 3:27–35, 1993.

L. Atlas, J. Connor, D. Park, M. El-Sharkawi, R. Marks, A. Lippman, R. Cole, and Y. Muthusamy. A performance comparison of trained multilayer perceptrons and trained classification trees. In *Proceedings of the 1989 IEEE Conference on Systems, Man and Cybernetics*, pages 915–920. IEEE, 1989.

R.S. Atlas and J.E. Overall. Comparative evaluation of two superior stopping rules for hierarchical cluster analysis. *Psychometrika*, 59(4):581–591, 1994.

H. Attias. A variational Bayesian framework for graphical models. *Advances in Neural Information Processing Systems*, 12:209–215, 2000.

G.A. Babich and O.I. Camps. Weighted Parzen windows for pattern classification. *IEEE Transactions on Pattern Analysis and Machine Intelligence*, 18(5):567–570, 1996.

F.R. Bach and M.I. Jordan. Learning spectral clustering, with application to speech segmentation. *Journal of Machine Learning Research*, 7:1963–2001, 2006.

C. Bahlmann, B. Haasdonk, and H. Burkhardt. On-line handwriting recognition with support vector machines – a kernel approach. In *Proceedings of the 8th International Workshop on Frontiers in Handwriting Recognition (IWFHR'02)*, pages 49–54. IEEE, 2002.

M. Bahrololum and M. Khaleghi. Anomaly intrusion detection system using Gaussian mixture model. In *Third International Conference on Convergence and Hybrid Information Technology*, pages 1162–1167. IEEE, 2008.

F. Bajramovic, F. Mattern, N. Butko, and J. Denzler. A comparison of nearest neighbor search algorithms for generic object recognition. In *Proceedings of ACIVS 2006*, pages 1186–1197. Springer–Verlag, 2006.

N. Balakrishnan and K. Subrahmaniam. Robustness to nonnormality of the linear discriminant function: mixtures of normal distributions. *Communications in Statistics – Theory and Methods*, 14(2):465–478, 1985.

L. Bao, T. Gneiting, E.P. Grimit, P. Guttorp, and A.E. Raftery. Bias correction and Bayesian model averaging for ensemble forecasts of surface wind direction. *Monthly Weather Review*, 138(5):1811–1821, 2010.

M. Barreno, A.A. Cárdenas, and J.D. Tygar. Optimal ROC curve for a combination of classifiers. In *Advances in Neural Information Processing Systems (NIPS)*, pages 57–64. The MIT Press, 2008.

A.R. Barron and R.L. Barron. Statistical learning networks: a unifying view. In E.J. Wegman, D.T. Gantz, and J.J. Miller, editors, *Symposium on the Interface: Statistics and Computing Science*, pages 192–203. American Statistical Association, 1988.

E. Bauer and R. Kohavi. An empirical comparison of voting classification algorithms: bagging, boosting and variants. *Machine Learning*, 36:105–139, 1999.

C. Bavoux, G. Burneleau, and V. Bretagnolle. Gender determination in the Western marsh harrier (*Circus aeruginosus*) using morphometrics and discriminant analysis. *The Journal of Raptor Research*, 40(1):57–64, 2006.

M.J. Baxter. Standardisation and transformation in principal component analysis with applications to archaeometry. *Applied Statistics*, 4(4):513–527, 1995.

M.J. Beal. *Variational Algorithms for Approximate Bayesian Inference*. PhD thesis, The Gatsby Computational Neuroscience Unit, University College London, 2003.

M.A. Beaumont, J.-M. Cornuet, J.M. Marin, and C.P. Robert. Adaptivity for ABC algorithms: the ABC-PMC scheme. *Biometrika*, 96(4):983–990, 2009.

M.A. Beaumont, W. Zhang, and D.J. Balding. Approximate Bayesian computation in population genetics. *Genetics*, 162:2025–2035, 2002.

R.J. Beckman and R.D. Cook. Outlier..........s. *Technometrics*, 25(2):119–163, 1983.

M.D. Bedworth, L. Bottou, J.S. Bridle, F. Fallside, L. Flynn, F. Fogelman, K.M. Ponting, and R.W. Prager. Comparison of neural and conventional classifiers on a speech recognition problem. In *IEE International Conference on Artificial Neural Networks*, pages 86–89. IEEE, 1989.

Y. Bengio, J.M. Buhmann, M. Embrechts, and J.M. Zurada, editors. *IEEE Transactions on Neural Networks*, 11(3): 2000. Special issue on 'Neural Networks for Data Mining and Knowledge Discovery'.

R. Benmokhtar and B. Huet. Classifier fusion: combination methods for semantic indexing in video content. In *Artificial Neural Networks – ICANN 2006*, volume 4132 of *Lecture Notes in Computer Science*, pages 65–74. Springer, 2006.

H. Bensmail and G. Celeux. Regularized Gaussian discriminant analysis through eigenvalue decomposition. *Journal of the American Statistical Association*, 91:1743–1748, 1996.

S.S. Bentow. *A Markov Chain Monte Carlo Method for Approximating 2-Way Contingency Tables with Applications in the Stability Analysis of Ecological Ordination*. PhD thesis, University of California, Los Angeles, 1999.

A.F. Bergh, F.K. Soong, and L.R. Rabiner. Incorporation of temporal structure into a vector-quantization-based preprocessor for speaker-independent, isolated-word recognition. *AT&T Technical Journal*, 64(5):1047–1063, 1985.

J.M. Bernardo and A.F.M. Smith. *Bayesian Theory*. John Wiley & Sons, Ltd, 1994.

V.J. Berrocal, A.E. Raftery, and T. Gneiting. Combining spatial statistical and ensemble information in probabilistic weather forecasts. *Monthly Weather Review*, 135(4):1386–1402, 2007.

J. Besag. Markov chain Monte Carlo for statistical inference. Working Paper, Centre for Statistics and the Social Sciences, University of Washington, USA, 2000.

J.C. Bezdek. *Pattern Recognition with Fuzzy Objective Function Algorithms*. Plenum Press, 1981.

J.C. Bezdek and S.K. Pal, editors. *Fuzzy Models for Pattern Recognition. Methods that Search for Structure in Data*. IEEE Press, 1992.

N. Bhatia and Vandana. Survey of nearest neighbor techniques. *International Journal of Computer Science and Information Security*, 8(2):302–305, 2010.

C.M. Bishop. Curvature-driven smoothing: a learning algorithm for feedforward networks. *IEEE Transactions on Neural Networks*, 4(5):882–884, 1993.

C.M. Bishop. *Neural Networks for Pattern Recognition*. Oxford University Press, 1995.

C.M. Bishop. Variational principal components. In *Proceedings of the Ninth International Conference on Artificial Neural Networks, ICANN'99*, pages 505–514. IEEE, 1999.

C.M. Bishop. *Pattern Recognition and Machine Learning*. Springer, 2007.

C.M. Bishop, M. Svensén, and C.K.I. Williams. GTM: the generative topographic mapping. *Neural Computation*, 10:215–234, 1998.

P. Bladon, P.S. Day, T. Hughes, and P. Stanley. High-level fusion using Bayesian networks: applications in command and control. *Information Fusion for Command Support, Meeting Proceedings RTO-MP-IST-055*, 2006.

J.L. Blue, G.T. Candela, P.J. Grother, R. Chellappa, and C.L. Wilson. Evaluation of pattern classifiers for fingerprint and OCR applications. *Pattern Recognition*, 27(4):485–501, 1994.

L. Bobrowski and J.C. Bezdek. $c$-means clustering with the $l_1$ and $l_\infty$ norms. *IEEE Transactions on Systems, Man, and Cybernetics*, 21(3):545–554, 1991.

H.H. Bock. On some significance tests in cluster analysis. *Journal of Classification*, 2:77–108, 1985.

H.H. Bock. Probabilistic aspects in cluster analysis. In O. Opitz, editor, *Conceptual and Numerical Analysis of Data*, pages 12–44. Springer-Verlag, 1989.

G.J. Bonde. Kruskal's non-metric multidimensional scaling – applied in the classification of bacteria. In J. Gordesch and P. Naeve, editors, *Proceedings in Computational Statistics*, pages 443–449. Physica-Verlag, 1976.

J.G. Booth and P. Hall. Monte Carlo approximation and the iterated bootstrap. *Biometrika*, 81(2):331–340, 1994.

P. Borini and R.C. Guimarães. Noninvasive classification of liver disease in asymptomatic and oligosymptomatic male alcoholics. *Brazilian Journal of Medical and Biological Research*, 36:1367–1373, 2003.

Z.I. Botev, J.F. Grotowski, and D.P. Kroese. Kernel density estimation via diffusion. *The Annals of Statistics*, 38(5):2916–2957, 2010.

C. Bouveyron, C. Brunet, and V. Vigneron. Classification of high-dimensional data for cervical cancer detection. In M. Verleysen, editor, *Proceedings of ESANN 2009, European Symposium on Artificial Neural Networks – Advances in Computational Intelligence and Learning*, pages 361–366, 2009.

A.W. Bowman. A comparative study of some kernel-based nonparametric density estimators. *Journal of Statistical Computation and Simulation*, 21:313–327, 1985.

H. Bozdogan. Model selection and Akaike's information criterion (AIC): the general theory and its analytical extensions. *Psychometrika*, 52(3):345–370, 1987.

H. Bozdogan. Choosing the number of component clusters in the mixture-model using a new informational complexity criterion of the inverse-Fisher information matrix. In O. Optiz, B. Lausen, and R. kia, editors, *Information and Classification*, pages 40–54. Springer-Verlag, 1992, 1993.

A.P. Bradley. The use of the area under the ROC curve in the evaluation of machine learning algorithms. *Pattern Recognition*, 30(7):1145–1159, 1997.

J.N. Breckenridge. Replicating cluster analysis: method, consistency, and validity. *Multivariate Behavioral Research*, 24(32):147–161, 1989.

L. Breiman. Bagging predictors. *Machine Learning*, 26(2):123–140, 1996.

L. Breiman. Arcing classifiers. *The Annals of Statistics*, 26(3):801–849, 1998.

L. Breiman. Random forests. *Machine Learning*, 45(1):5–32, 2001.

L. Breiman and J.H. Friedman. Discussion on article by Loh and Vanichsetakul: 'Tree-structured classification via generalized discriminant analysis'. *Journal of the American Statistical Association*, 83:715–727, 1988.

L. Breiman, J.H. Friedman, R.A. Olshen, and C.J. Stone. *Classification and Regression Trees*. Wadsworth International Group, 1984.

L. Breiman, W. Meisel, and E. Purcell. Variable kernel estimates of multivariate densities. *Technometrics*, 19(2):135–144, 1977.

R.P. Brent. Fast training algorithms for multilayer neural nets. *IEEE Transactions on Neural Networks*, 2(3):346–354, 1991.

C. Brew and S. Schulte im Walde. Spectral clustering for German verbs. In *Proceedings of the Conference on Empirical Methods in Natural Language Processing (EMNLP)*, pages 117–124. Association for Computational Linguistics, 2002.

F.Z. Brill, D.E. Brown, and W.N. Martin. Fast genetic selection of features for neural network classifiers. *IEEE Transactions on Neural Networks*, 3(2):324–328, 1992.

S.P. Brooks. Markov chain Monte Carlo method and its application. *The Statistician*, 7:69–100, 1998.

D.S. Broomhead and D. Lowe. Multi-variable functional interpolation and adaptive networks. *Complex Systems*, 2(3):269–303, 1988.

D.E. Brown, V. Corruble, and C.L. Pittard. A comparison of decision tree classifiers with backpropagation neural networks for multimodal classification problems. *Pattern Recognition*, 26(6):953–961, 1993.

M. Brown, H.G. Lewis, and S.R. Gunn. Linear spectral mixture models and support vector machines for remote sensing. *IEEE Transactions on Geoscience and Remote Sensing*, 38(5):2346–2360, 2000.

P.J. Brown. *Measurement, Regression, and Calibration*. Clarendon Press, 1993.

P.J. Brown, M. Vannucci, and T. Fearn. Bayes model averaging with selection of regressors. *Journal of the Royal Statistical Society Series B*, 64(3): 519–536, 2002.

S.B. Bull and A. Donner. The efficiency of multinomial logistic regression compared with multiple group discriminant analysis. *Journal of the American Statistical Association*, 82:1118–1121, 1987.

W.L. Buntine. Learning classification trees. *Statistics and Computing*, 2:63–73, 1992.

W.L. Buntine. A guide to the literature on learning probabilistic networks from data. *IEEE Transactions on Knowledge and Data Engineering*, 8(2):195–210, 1996.

W.L. Buntine and A.S. Weigend. Bayesian back-propagation. *Complex Systems*, 5:603–643, 1991.

R. Burbidge, M. Trotter, B. Buxton, and S. Holden. Drug design by machine learning: support vector machines for pharmaceutical data analysis. *Computers and Chemistry*, 26:5–14, 2001.

C.J.C. Burges. A tutorial on support vector machines for pattern recognition. *Data Mining and Knowledge Discovery*, 2:121–167, 1998.

P.R. Burrell and B.O. Folarin. The impact of neural networks in finance. *Neural Computing and Applications*, 6:193–200, 1997.

L.J. Buturović. Improving *k*-nearest neighbor density and error estimates. *Pattern Recognition*, 26(4):611–616, 1993.

R.B. Calinski and J. Harabasz. A dendrite method for cluster analysis. *Communications in Statistics*, 3:1–27, 1974.

B. Cao, D. Zhan, and X. Wu. Application of SVM in financial research. In *Proceedings of 2009 International Joint Conference on Computational Sciences and Optimization*, pages 507–511. IEEE, 2009.

L. Cao and F.E.H. Tay. Financial forecasting using support vector machines. *Neural Computing and Applications*, 10:184–192, 2001.

R. Cao, A. Cuevas, and W.G. Manteiga. A comparative study of several smoothing methods in density estimation. *Computational Statistics and Data Analysis*, 17:153–176, 1994.

G. Casella and E.I. George. Explaining the Gibbs sampler. *The American Statistician*, 46(3):167–174, 1992.

G. Casella and C.P. Robert. Rao-Blackwellisation of sampling schemes. *Biometrika*, 83(1):81–94, 1996.

G.C. Cawley and N.L.C Talbot. Sparse Bayesian learning and the relevance multi-layer perceptron network. In *International Joint Conference on Neural Networks (IJCNN-2005)*, pages 1320–1324. IEEE, 2005.

G. Celeux and G. Govaert. A classification EM algorithm for clustering and two stochastic versions. *Computational Statistics and Data Analysis*, 14:315–332, 1992.

G. Celeux and G. Govaert. Gaussian parsimonious clustering models. *Pattern Recognition*, 28(5):781–793, 1995.

G. Celeux and A. Mkhadri. Discrete regularized discriminant analysis. *Statistics and Computing*, 2(3):143–151, 1992.

G. Celeux and G. Soromenho. An entropy criterion for assessing the number of clusters in a mixture model. *Journal of Classification*, 13:195–212, 1996.

N.N. Čencov. Evaluation of an unknown distribution density from observations. *Soviet Math.*, 3:1559–1562, 1962.

S. Chainey, L. Tompson, and S. Uhlig. The utility of hotspot mapping for predicting spatial patterns of crime. *Security Journal*, 21:4–28, 2008.

Z. Chair and P.R. Varshney. Optimal data fusion in multiple sensor detection systems. *IEEE Transactions on Aerospace and Electronic Systems*, 22:98–101, 1986.

D. Chakrabarti and C. Faloutsos. Graph mining: laws, generators, and algorithms. *ACM Computing Surveys*, 38(1): Article no. 2, 2006.

C.-W.J. Chan, C. Huang, and R. DeFries. Enhanced algorithm performance for land cover classification from remotely sensed data using bagging and boosting. *IEEE Transactions on Geoscience and Remote Sensing*, 39(3):693–695, 2001.

C.-Y. Chang. Dynamic programming as applied to feature subset selection in a pattern recognition system. *IEEE Transactions on Systems, Man and Cybernetics*, 3(2):166–171, 1973.

C.C. Chang and C.J. Lin. LIBSVM: a library for support vector machines. *ACM Transactions on Intelligent Systems and Technology*, 2(3):27:1–27:27, 2011.

E.I. Chang and R.P. Lippmann. Using genetic algorithms to improve pattern classification performance. In R.P. Lippmann, J.E. Moody, and D.S. Touretzky, editors, *Advances in Neural Information Processing Systems*, volume 3, pages 797–803. Morgan Kaufmann, 1991.

E.I. Chang and R.P. Lippmann. A boundary hunting radial basis function classifier which allocates centers constructively. In S.J. Hanson, J.D. Cowan, and C.L. Giles, editors, *Advances in Neural Information Processing Systems*, volume 5, pages 139–146. Morgan Kaufmann, 1993.

P.C. Chang and A.A. Afifi. Classification based in dichotomous and continuous variables. *Journal of the American Statistical Association*, 69:336–339, 1974.

C. Chatfield and A.J. Collins. *Introduction to Multivariate Analysis*. Chapman and Hall, 1980.

V. Chatzis, A.G. Bors, and I. Pitas. Multimodal decision-level fusion for person authentication. *IEEE Transactions on Systems, Man, and Cybernetics – Part A: Systems and Humans*, 29(6):674–680, 1999.

R. Chellappa, K. Fukushima, A.K. Katsaggelos, S.-Y. Kung, Y. LeCun, N.M. Nasrabadi, and T. Poggio, editors. *IEEE Transactions on Image Processing*, 7(8): 1998. Special issue on 'Applications of Artificial Neural Networks to Image Processing'.

R. Chellappa, C.L. Wilson, and S. Sirohey. Human and machine recognition of faces: a survey. *Proceedings of the IEEE*, 83(5):705–740, 1995.

C.H. Chen. *Statistical Pattern Recognition*. Hayden Book Co., 1973.

J. Chen, H. Huang, S. Tian, and Y. Qu. Feature selection for text classification with naïve Bayes. *Expert Systems with Applications*, 36:5432–5435, 2009.

J.S. Chen and E.K. Walton. Comparison of two target classification schemes. *IEEE Transactions on Aerospace and Electronic Systems*, 22(1):15–22, 1986.

K. Chen, L. Xu, and H. Chi. Improved learning algorithms for mixture of experts in multiclass classification. *Neural Networks*, 12:1229–1252, 1999.

L.-F. Chen, H.-Y.M. Liao, M.-T Ko, J.-C. Lin, and G.-J. Yu. A new LDA-based face recognition system which can solve the small sample size problem. *Pattern Recognition*, 33:1713–1726, 2000.

M.-H. Chen, Q.-M. Shao, and J.G. Ibrahim. *Monte Carlo Methods in Bayesian Computation*. Springer Series in Statistics. Springer, 2000.

S. Chen, E.S. Chng, and K. Alkadhimi. Regularised orthogonal least squares algorithm for constructing radial basis function networks. *International Journal of Control*, 64(5):829–837, 1996.

S. Chen, C.F.N. Cowan, and P.M. Grant. Orthogonal least squares learning algorithm for radial basis function networks. *IEEE Transactions on Neural Networks*, 2(2):302–309, 1991.

S. Chen, P.M. Grant, and C.F.N. Cowan. Orthogonal least-squares algorithm for training multioutput radial basis function networks. *IEE Proceedings, Part F*, 139(6):378–384, 1992.

S. Chen, S. Gunn, and C.J. Harris. Decision feedback equaliser design using support vector machines. *IEE Proceedings on Vision, Image and Signal Processing*, 147(3):213–219, 2000.

T. Chen and H. Chen. Approximation capability to functions of several variables, nonlinear functionals, and operators by radial basis function neural networks. *IEEE Transactions on Neural Networks*, 6(4):904–910, 1995.

T.-W. Chen, Y.-L. Chen, and S.Y. Chen. Fast image segmentation based on k-means clustering with histograms in HSV color space. In *IEEE 10th Workshop on Multimedia Signal Processing*, pages 322–325. IEEE, 2008.

X. Chen, X. Liu, and Y. Jia. Discriminative structure selection method of Gaussian mixture models with its application to handwritten digit recognition. *Neurocomputing*, 74:954–961, 2011.

B. Cheng and D.M. Titterington. Neural networks: a review from a statistical perspective (with discussion). *Statistical Science*, 9(1):2–54, 1994.

Y.-Q. Cheng, Y.-M. Zhuang, and J.-Y. Yang. Optimal Fisher discriminant analysis using rank decomposition. *Pattern Recognition*, 25(1):101–111, 1992.

M.R. Chernick, V.K. Murthy, and C.D. Nealy. Application of bootstrap and other resampling techniques: evaluation of classifier performance. *Pattern Recognition Letters*, 3:167–178, 1985.

S. Chib and E. Greenberg. Understanding the Metropolis–Hastings algorithm. *The American Statistician*, 49(4):327–335, 1995.

Y.T. Chien and K.S. Fu. On the generalized Karhunen–Loève expansion. *IEEE Transactions on Information Theory*, 13:518–520, 1967.

E.F. Chinganda and K. Subrahmaniam. Robustness of the linear discriminant function to nonnormality: Johnson's system. *Journal of Statistical Planning and Inference*, 3:69–77, 1979.

S.C. Chiou and R.S. Tsay. A copula-based approach to option pricing and risk assessment. *Journal of Data Science*, 6:273–301, 2008.

P.A. Chou. Optimal partitioning for classification and regression trees. *IEEE Transactions on Pattern Analysis and Machine Intelligence*, 13(4):340–354, 1991.

C.K. Chow. On optimum recognition error and reject tradeoff. *IEEE Transactions on Information Theory*, 16(1):41–46, 1970.

C.K. Chow and C.N. Liu. Approximating discrete probability distributions with dependence trees. *IEEE Transactions on Information Theory*, 14(3):462–467, 1968.

M.-Y. Chow, editor. *IEEE Transactions on Industrial Electronics*, 40(2): 1993. Special issue on 'Applications of Intelligent Systems to Industrial Electronics'.

F.R.K. Chung. *Spectral Graph Theory*, volume 92 of *Regional Conference Series in Mathematics*. Conference Board of the Mathematical Sciences, 1997.

P. Clark and T. Niblett. The CN2 induction algorithm. *Machine Learning*, 3:261–283, 1989.

A. Clauset. Finding local community structure in networks. *Physical Review E*, 72(2):026132, 2005.

R.T. Clemen and T. Reilly. Correlations and copulas for decision and risk analysis. *Management Science*, 45:208–224, 1999.

H.T. Clifford and W. Stephenson. *An Introduction to Numerical Classification*. Academic Press, 1975.

W.W. Cohen. Fast effective rule induction. In *Proceedings of the Twelth International Conference on Machine Learning*, pages 115–123. Morgan Kaufmann, 1995.

P. Comon. Independent component analysis, a new concept? *Signal Processing*, 36:287–314, 1994.

A.G. Constantinides, S. Haykin, Y.H. Hu, J.-N. Hwang, S. Katagiri, S.-Y. Kung, and T.A. Poggio, editors. *IEEE Transactions on Signal Processing*, 45(11): 1997. Special issue an 'Neural Networks for Signal Processing'.

J.A. Conway, L.M.J. Brown, N.J. Veck, and R.A. Cordey. A model-based system for crop classification from radar imagery. *GEC Journal of Research*, 9(1):46–54, 1991.

G.F. Cooper and E. Herskovits. A Bayesian method for the induction of probabilistic networks from data. *Machine Learning*, 9:309–347, 1992.

K.D. Copsey and A.R. Webb. Bayesian approach to mixture models for discrimination. In F.J. Ferri, J.M. Iñesta, A. Amin, and P. Pudil, editors, *Advances in Pattern Recognition*, volume 1876 of *Lecture Notes in Computer Science*, pages 491–500. Springer, 2000.

K.D. Copsey and A.R. Webb. Bayesian networks for incorporation of contextual information in target recognition systems. In T. Caelli, A. Amin, R.P.W. Duin, D. de Ridder, and M. Kamel, editors, *Structural, Syntactic, and Statistical Pattern Recognition, Lecture Notes in Computer Science*, pages 709–717. Springer, 2002.

A. Corduneanu and C. M. Bishop. Variational Bayesian model selection for mixture distributions. In *Proceedings of the 8th International Conference on Artificial Intelligence and Statistics*, pages 27–34. Morgan Kaufmann, 2001.

R.M. Cormack. A review of classification (with discussion). *Journal of the Royal Statistical Society Series A*, 134:321–367, 1971.

C. Cortes and V. Vapnik. Support-vector networks. *Machine Learning*, 20:273–297, 1995.

P.C. Cosman, C. Tseng, R.M. Gray, R.A. Olshen, L.E. Moses, H.C. Davidson, C.J. Bergin, and E.A. Riskin. Tree-structured vector quantization of CT chest scans: image quality and diagnostic accuracy. *IEEE Transactions on Medical Imaging*, 12(4):727–739, 1993.

R. Courant and D. Hilbert. *Methods of Mathematical Physics*. John Wiley & Sons, Ltd, 1959.

T.M. Cover and P.E. Hart. Nearest neighbour pattern classification. *IEEE Transactions on Information Theory*, 13:21–27, 1967.

R.G. Cowell, A.P. Dawid, T. Hutchinson, and D.J. Spiegelhalter. A Bayesian expert system for the analysis of an adverse drug reaction. *Artificial Intelligence in Medicine*, 3:257–270, 1991.

M.K. Cowles and B.P. Carlin. Markov chain Monte Carlo convergence diagnostics: a comparative review. *Journal of the American Statistical Association*, 91(434):883–904, 1996.

T.F. Cox and M.A.A. Cox. *Multidimensional Scaling*. Chapman and Hall, 1994.

T.F. Cox and G. Ferry. Discriminant analysis using non-metric multidimensional scaling. *Pattern Recognition*, 26(1):145–153, 1993.

T.F. Cox and K.F. Pearce. A robust logistic discrimination model. *Statistics and Computing*, 7:155–161, 1997.

P. Craven and G. Wahba. Smoothing noisy data with spline functions. *Numerische Mathematik*, 31:317–403, 1979.

S.L. Crawford. Extensions to the CART algorithm. *International Journal of Man Machine Studies*, 31:197–217, 1989.

N. Cristianini and J. Shawe-Taylor. *An Introduction to Support Vector Machines*. Cambridge University Press, 2000.

R.M. Crownover. A least squares approach to linear discriminant analysis. *SIAM Journal on Scientific and Statistical Computing*, 12(3):595–606, 1991.

W.R. Crum. Spectral clustering and label fusion for 3D tissue classification: Sensitivity and consistency analysis. *Annals of the British Machine Vision Association*, 6:1–12, 2009.

S.P. Curram and J. Mingers. Neural networks, decision tree induction and discriminant analysis: an empirical comparison. *Journal of the Operational Research Society*, 45(4):440–450, 1994.

X. Dai, T. Erkkilä, O. Yli-Harja, and H. Lähdesmäki. A joint finite mixture model for clustering genes from independent Gaussian and beta distributed data. *BMC Bioinformatics*, 10(1):165, 2009.

L.M. D'Andrea, G.L. Fisher, and T.C. Harrison. Cluster analysis of adult children of alcoholics. *The International Journal of Addictions*, 29(5):565–582, 1994.

A. Darwiche. *Modeling and Reasoning with Bayesian Networks*. Cambridge University Press, 2009.

Y. Darwish, T. Cserháti, and E. Forgács. Use of principal component analysis and cluster analysis in quantitative structure-activity relationships: a comparative study. *Chemometrics and Intelligent Laboratory Systems*, 24:169–176, 1994.

B.V. Dasarathy. NN concepts and techniques. an introductory survey. In B.V. Dasarathy, editor, *Nearest Neighbour Norms: NN Pattern Classification Techniques*, pages 1–30. IEEE Computer Society Press, 1991.

B.V. Dasarathy. Minimal consistent set (MCS) identification for nearest neighbour decision systems design. *IEEE Transactions on Systems, Man, and Cybernetics*, 24(3):511–517, 1994a.

B.V. Dasarathy. *Decision Fusion*. IEEE Computer Society Press, 1994b.

M. Dash and H. Liu. Feature selection for classification. *Intelligent Data Analysis*, 1:131–156, 1997.

D.L. Davies and D. Bouldin. A cluster separation measure. *IEEE Transactions on Pattern Analysis and Machine Intelligence*, 1:224–227, 1979.

A.C. Davison and P. Hall. On the bias and variability of bootstrap and cross-validation estimates of error rate in discrimination problems. *Biometrika*, 79:279–284, 1992.

A.C. Davison, D.V. Hinkley, and E. Schechtman. Efficient bootstrap simulation. *Biometrika*, 73(3):555–556, 1986.

M. Davy, C. Doncarli, and J.-Y. Tourneret. Classification of chirp signals using hierarchical Bayesian learning and MCMC methods. *IEEE Transactions on Signal Processing*, 50(2): 377–388, 2002.

B.M. Dawant and C. Garbay, editors. *IEEE Transactions on Biomedical Engineering*, 46(10): 1999. Special topic section on 'Biomedical Data Fusion'.

N.E. Day and D.F. Kerridge. A general maximum likelihood discriminant. *Biometrics*, 23:313–323, 1967.

D. Defays. An efficient algorithm for a complete link method. *The Computer Journal*, 20(4):364–366, 1977.

J.G. De Gooijer, B.K. Ray, and K. Horst. Forecasting exchange rates using TSMARS. *Journal of International Money and Finance*, 17(3):513–534, 1998.

J. de Leeuw and W.J. Heiser. Convergence of correction matrix algorithms for multidimensional scaling. In J.C. Lingoes, editor, *Geometric Representations of Relational Data*, pages 735–752. Mathesis Press, 1977.

P. Dellaportas. Bayesian classification of neolithic tools. *Applied Statistics*, 47(2):279–297, 1998.

P. Del Moral, A. Doucet, and A. Jasra. Sequential Monte Carlo samplers. *Journal of the Royal Statistical Society Series B*, 68(3):411–436, 2006.

R.L. de Màntaras and J. Aguilar-Martín. Self-learning pattern classification using a sequential clustering technique. *Pattern Recognition*, 18(3/4):271–277, 1985.

S. Demarta and A.J. McNeil. The t copula and related copulas. *International Statistical Review*, 73:111–129, 2005.

A.P. Dempster, N.M. Laird, and D.B. Rubin. Maximum likelihood from incomplete data via the EM algorithm. *Journal of the Royal Statistical Society Series B*, 39:1–38, 1977.

D.G.T. Denison, B.K. Mallick, and A.F.M. Smith. A Bayesian CART algorithm. *Biometrika*, 85(2):363–377, 1998a.

D.G.T. Denison, B.K. Mallick, and A.F.M. Smith. Bayesian MARS. *Statistics and Computing*, 8:337–346, 1998b.

L. De Raedt, P. Frasconi, K. Kersting, and S.H. Muggleton, editors. *Probabilistic Inductive Logic Programming*. Springer, 2008.

T. Deselaers, G. Heigold, and H. Ney. Speech recognition with state-based nearest neighbour classifiers. *Interspeech 2007 Conference, Antwerp, Belgium*, 2007.

De Vel, A. Anderson, M. Corney, and G. Mohay. Mining e-mail content for author identification forensics. *SIGMOD Record*, 30(4):55–64, 2001.

P.A. Devijver. Relationships between statistical risks and the least-mean-square error criterion in pattern recognition. In *Proceedings of the First International Joint Conference on Pattern Recognition*, pages 139–148. 1973.

P.A. Devijver and J. Kittler. *Pattern Recognition, A Statistical Approach*. Prentice-Hall, Inc., 1982.

L. Devroye. *Non-uniform Random Variate Generation*. Springer-Verlag, 1986.

L. Devroye and L. Györfi. *Nonparametric Density Estimation. The $L_1$ View*. John Wiley & Sons, Ltd, 1985.

E. Diday and J.C. Simon. Clustering analysis. In K.S. Fu, editor, *Digital Pattern Recognition*, pages 47–94. Springer-Verlag, 1976.

X. Didelot, R.G. Everitt, A.M. Johansen, and D.J. Lawson. Likelihood-free estimation of model evidence. *Bayesian Analysis*, 6:49–76, 2011.

J. Diederich. Authorship attribution with support vector machines. *Applied Intelligence, Special Issue: Neural Networks and Machine Learning for Natural Language Processing*, 19(1-2):109–123, 2006.

T.G. Dietterich. Approximate statistical tests for comparing supervised classification learning algorithms. *Neural Computation*, 10:1895–1923, 1998.

P.J. Diggle and P. Hall. The selection of terms in an orthogonal series density estimator. *Journal of the American Statistical Association*, 81:230–233, 1986.

T. Dillon, P. Arabshahi, and R.J. Marks, editors. *IEEE Transactions on Neural Networks*, volume 8(4). 1997. Special issue on 'Everyday Applications of Neural Networks'.

W.R. Dillon and M. Goldstein. *Multivariate Analysis Methods and Applications*. John Wiley & Sons, Ltd, 1984.

A. Djouadi and E. Bouktache. A fast algorithm for the nearest-neighbor classifier. *IEEE Transactions on Pattern Analysis and Machine Intelligence*, 19(3):277–282, 1997.

P. Domingos and M. Pazzani. On the optimality of the simple Bayesian classifier under zero-one loss. *Machine Learning*, 29:103–130, 1997.

R.D. Dony and S. Haykin. Neural network approaches to image compression. *Proceedings of the IEEE*, 83(2):288–303, 1995.

G. Doppelhofer. Model averaging. In L. Blune and S. Durkauf, editors, *The New Palgrave Dictionary of Economics*. Palgrave Macmillan, second edition, 2007.

M. Dorey and P. Joubert. Modelling copulas: an overview. The Staple Inn Actuarial Society, 2007.

A. Doucet, N. De Freitas, and N. Gordon, editors. *Sequential Monte Carlo Methods in Practice*. Springer-Verlag, 2001.

D.C. Dracopoulos and P.L. Rosin, editors. *Neural Computing and Applications*, 7(3): 1998. Special issue on 'Machine Vision Using Neural Networks'.

K.C. Drake, Y. Kim, T.Y. Kim, and O.D. Johnson. Comparison of polynomial network and model-based target recognition. In *Proceedings of SPIE*, volume 2333, pages 2–11. SPIE, 1994.

H. Drucker and Y. Le Cun. Improving generalization performance using double backpropagation. *IEEE Transactions on Neural Networks*, 3(6):991–997, 1992.

R.C. Dubes. How many clusters are best? – an experiment. *Pattern Recognition*, 20(6):645–663, 1987.

A. Dubrawski. A framework for evaluating predictive capability of classifiers using receiver operating characteristic (ROC) approach: a brief introduction. Technical Report, Auton Laboratory, Carnegie Mellon University, 2004.

W. Duch. Filter methods. In I. Guyon, S. Gunn, M. Nikravesh, and L. Zadeh, editors, *Feature Extraction: Foundations and Applications*, pages 89–118. Springer, 2004.

J. Duchene and S. Leclercq. An optimal transformation for discriminant analysis and principal component analysis. *IEEE Transactions on Pattern Analysis and Machine Intelligence*, 10(6):978–983, 1988.

J. Duchon. Interpolation des fonctions de deux variables suivant le principe de la flexion des plaques minces. *RAIRO Analyse Numérique*, 10(12):5–12, 1976.

R.O. Duda, P.E. Hart, and D.G. Stork. *Pattern Classification*. John Wiley & Sons, Ltd, second edition, 2001.

S.A. Dudani. The distance-weighted $k$-nearest-neighbour rule. *IEEE Transactions on Systems, Man and Cybernetics*, 6(4):325–327, 1976.

D. Duffy, B. Yuhas, A. Jain, and A. Buja. Empirical comparisons of neural networks and statistical methods for classification and regression. In B. Yuhas and N. Ansari, editors, *Neural Networks in Telecommunications*, pages 325–349. Kluwer Academic, 1994.

R.P.W. Duin. On the choice of smoothing parameters for Parzen estimators of probability density functions. *IEEE Transactions on Computers*, 25:1175–1179, 1976.

R.P.W. Duin. A note on comparing classifiers. *Pattern Recognition Letters*, 17:529–536, 1996.

J.C. Dunn. A fuzzy relative of the ISODATA process and its use in detecting compact well-separated clusters. *Journal of Cybernetics*, 3(3):32–57, 1974.

D. Easley and J. Kleinberg. *Networks, Crowds, and Markets: Reasoning About a Highly Connected World*. Cambridge University Press, 2010.

J.E. Eck, S. Chainey, J.G. Cameron, M. Leitner, and R.E. Wilson. Mapping crime: understanding hot spots. US Department of Justice, National Institute of Justice Special Report, August 2005.

W.F. Eddy, A. Mockus, and S. Oue. Approximate single linkage cluster analysis of large data sets in high-dimensional spaces. *Computational Statistics and Data Analysis*, 23:29–43, 1996.

B. Efron. Bootstrap methods: another look at the jackknife. *Annals of Statistics*, 7:1–26, 1979.

B. Efron. *The Jackknife, the Bootstrap, and Other Resampling Plans*. Society for Industrial and Applied Mathematics, 1982.

B. Efron. Estimating the error rate of a prediction rule: Improvement on cross-validation. *Journal of the American Statistical Association*, 78:316–331, 1983.

B. Efron. More efficient bootstrap computations. *Journal of the American Statistical Association*, 85:79–89, 1990.

B. Efron and R.J. Tibshirani. Bootstrap methods for standard errors, confidence intervals, and other measures of statistical accuracy (with discussion). *Statistical Science*, 1:54–77, 1986.

L. Eklundh and A. Singh. A comparative analysis of standardised and unstandardised principal components analysis in remote sensing. *International Journal of Remote Sensing*, 14(7):1359–1370, 1993.

A. Elgammal, R. Duraiswami, D. Harwood, and L.S. Davis. Background and foreground modeling using nonparametric kernel density estimation for visual surveillance. *Proceedings of the IEEE*, 90(7):1151–1163, 2002.

M. El-Telbany, M. Warda, and M. El-Borahy. Mining the classification rules for Egyptian rice diseases. *The International Arab Journal of Information Technology*, 3(4):303–307, 2006.

J. Elzinga and D.W. Hearn. The minimum covering sphere problem. *Management Science*, 19(1):96–104, 1972.

P. Embrechts, F. Lindskog, and A. McNeil. Modelling dependence with copulas and applications to risk management. Technical Report, Department of Mathematics ETHZ, Zurich, September 2001.

G.G. Enas and S.C. Choi. Choice of the smoothing parameter and efficiency of $k$-nearest neighbor classification. *Computers and Mathematics with Applications*, 12A(2):235–244, 1986.

P. Erdös and A. Rényi. On random graphs. I. *Publicationes Mathematicae Debrecen*, 6:290–297, 1959.

P. Erdös and A. Rényi. On the evolution of random graphs. *Publications of the Mathematical Institute of the Hungarian Academy of Sciences*, 5:17–61, 1960.

F. Esposito, D. Malerba, and G. Semeraro. A comparative analysis of methods for pruning decision trees. *IEEE Transactions on Pattern Analysis and Machine Intelligence*, 19(5):476–491, 1997.

B.S. Everitt. A Monte Carlo investigation of the likelihood ratio test for the number of components in a mixture of normal distributions. *Multivariate Behavioral Research*, 16:171–180, 1981.

B.S. Everitt. A finite mixture model for the clustering of mixed-mode data. *Statistics and Probability Letters*, 6:305–309, 1988.

B.S. Everitt and G. Dunn. *Applied Multivariate Data Analysis*. Edward Arnold, 1991.

B.S. Everitt and D.J. Hand. *Finite Mixture Distributions*. Chapman and Hall, 1981.

B.S. Everitt, S. Landau, and M. Leese. *Cluster Analysis*. Edward Arnold, fourth edition, 2001.

B.S. Everitt, S. Landau, M. Leese, and D. Stahl. *Cluster Analysis*. Wiley-Blackwell, fiifth edition, 2011.

B.S. Everitt and C. Merette. The clustering of mixed-mode data: a comparison of possible approaches. *Journal of Applied Statistics*, 17:283–297, 1990.

R.G. Everitt and R.H. Glendinning. A statistical approach to the problem of restoring damaged and contaminated images. *Pattern Recognition*, 42(1):115–125, 2009.

R.M. Everson and J.E. Fieldsend. Multi-class ROC analysis from a multi-objective optimisation perspective. *Pattern Recognition Letters*, 27(8):918–927, 2006.

J.A. Falconer, B.J. Naughton, D.D. Dunlop, E.J. Roth, D.C. Strasser, and J.M. Sinacore. Predicting stroke in patient rehabilitation outcome using a classification tree approach. *Archives of Physical Medicine and Rehabilitation*, 75:619–625, 1994.

T.H. Falk, H. Shatkay, and W.-Y. Chan. Breast cancer prognosis via Gaussian mixture regression. In *Proceedings of the Canadian Conference on Electrical and Computer Engineering (CCECE 2006)*, pages 987–990. IEEE, 2006.

R.-E. Fan, P.-H. Chen, and Lin C.-J. Working set selection using second order information for training support vector machines. *Journal of Machine Learning Research*, 6:1889–1918, 2005.

A. Faragó and G. Lugosi. Strong universal consistency of neural network classifiers. *IEEE Transactions on Information Theory*, 39(4):1146–1151, 1993.

I. Farkas, D. Ábel, G. Palla, and T. Vicsek. Weighted network modules. *New Journal of Physics*, 9(6):180, 2007.

T. Fawcett. An introduction to ROC analysis. *Pattern Recognition Letters*, 27(8):861–874, 2006.

C. Feng and D. Michie. Machine learning of rules and trees. In D. Michie, D.J. Spiegelhalter, and C.C. Taylor, editors, *Machine Learning, Neural and Statistical Classification*, pages 50–83. Ellis Horwood, 1994.

J. Fernández de Cañete and A.B. Bulsari, editors. *Neural Computing and Applications*, 9(3): 2000. Special issue on 'Neural Networks in Process Engineering'.

E.A. Ferrán, B. Pflugfelder, and P. Ferrara. Self-organized neural maps of human protein sequences. *Protein Science*, 3:507–521, 1994.

L. Ferré. Selection of components in principal components analysis: a comparison of methods. *Computational Statistics and Data Analysis*, 19:669–682, 1995.

C. Ferri, J. Hernández-Orallo, and R. Modroiu. An experimental comparison of performance measures for classification. *Pattern Recognition Letters*, 30:27–38, 2009.

C. Ferri, J. Hernández-Orallo, and M.A. Salido. Volume under the ROC surface for multi-class problems. In *Machine Learning: ECML 2003*, volume 2837 of *Lecture Notes in Computer Science*, pages 108–120. Springer, 2003.

F.J. Ferri, J.V. Albert, and E. Vidal. Considerations about sample-size sensitivity of a family of nearest-neighbor rules. *IEEE Transactions on Systems, Man and Cybernetics*, 29(4):667–672, 1999.

F.J. Ferri and E. Vidal. Small sample size effects in the use of editing techniques. In *Proceedings of the 11th IAPR International Conference on Pattern Recognition*, pages 607–610. IEEE, 1992a.

F.J. Ferri and E. Vidal. Colour image segmentation and labeling through multiedit-condensing. *Pattern Recognition Letters*, 13:561–568, 1992b.

J.E. Fieldsend and R.M. Everson. Formulation and comparison of multi-class ROC surfaces. In *Proceedings of the ICML 2005 Workshop on ROC Analysis in Machine Learning*, pages 41–48. 2005.

G.M. Fitzmaurice, W.J. Krzanowski, and D.J. Hand. A Monte Carlo study of the 632 bootstrap estimator of error rate. *Journal of Classification*, 8:239–250, 1991.

P.A. Flach and S. Wu. Repairing concavities in ROC curves. In *Proceedings of the 19th International Joint Conference on Artificial intelligence*, pages 702–707. Morgan Kaufmann, 2005.

R. Fletcher. *Practical Methods of Optimization*. John Wiley & Sons, Ltd, 1988.

B. Flury. A hierarchy of relationships between covariance matrices. In A.K. Gupta, editor, *Advances in Multivariate Analysis*. D. Reidel Publishing Co., 1987.

B. Flury. *Common Principal Components and Related Multivariate Models*. John Wiley & Sons, Ltd, 1988.

D.H. Foley and J.W. Sammon. An optimal set of discriminant vectors. *IEEE Transactions on Computers*, 24(3):281–289, 1975.

G. Forman. An extensive empirical study of feature selection metrics for text classification. *Journal of Machine Learning Research*, 3:1289–1305, 2003.

S. Fortunato. Community detection in graphs. *Physics Reports*, 486:75–174, 2010.

C. Fraley, A.E. Raftery, and T. Gneiting. Calibrating multimodal forecast ensembles with exchangeable and missing members using Bayesian model averaging. *Monthly Weather Review*, 138(1):190–202, 2010.

C. Fraley, A.E. Raftery, T. Gneiting, and J.M. Sloughter. ensembleBMA: an R package for probabilistic forecasting using ensembles and Bayesian model averaging. Technical Report 516R, Department of Statistics, University of Washington, 2009.

E.W. Frees and E.A. Valdez. Understanding relationships using copulas. *North American Actuarial Journal*, 2(1):1–25, 1998.

S. French and J.Q. Smith. *The Practice of Bayesian Analysis*. Arnold, 1997.

Y. Freund and R. Schapire. Experiments with a new boosting algorithm. In *Proceedings of the 13th International Conference on Machine Learning*, pages 256–285. Morgan Kaufman, 1996.

Y. Freund and R. Schapire. A short introduction to boosting. *Journal of the Japanese Society for Artificial Intelligence*, 14(5):771–780, 1999.

M.A. Friedl, C.E. Brodley, and A.H. Strahler. Maximising land cover classification accuracies produced by decision trees at continental to global scales. *IEEE Transactions on Geoscience and Remote Sensing*, 37(2):969–977, 1999.

J.H. Friedman. Exploratory projection pursuit. *Journal of the American Statistical Association*, 82:249–266, 1987.

J.H. Friedman. Regularized discriminant analysis. *Journal of the American Statistical Association*, 84:165–175, 1989.

J.H. Friedman. Multivariate adaptive regression splines. *Annals of Statistics*, 19(1):1–141, 1991.

J.H. Friedman. Estimating functions of mixed ordinal and categorical variables using adaptive splines. In S. Morgenthaler, E.M.D. Ronchetti, and W.A. Stahel, editors, *New Directions in Statistical Data Analysis and Robustness*, pages 73–113. Birkhäuser-Verlag, 1993.

J.H. Friedman. Flexible metric nearest neighbor classification. Report, Department of Statistics, Stanford University, CA, 1994.

J.H. Friedman, J.L. Bentley, and R.A. Finkel. An algorithm for finding best matches in logarithmic expected time. *ACM Transactions on Mathematical Software*, 3(3):209–226, 1977.

J.H. Friedman, T.J. Hastie, and R.J. Tibshirani. Additive logistic regression: a statistical view of boosting. *Annals of Statistics*, 28(2): 337–407, 1998.

J.H. Friedman and W. Stuetzle. Projection pursuit regression. *Journal of the American Statistical Association*, 76:817–823, 1981.

J.H. Friedman, W. Stuetzle, and A. Schroeder. Projection pursuit density estimation. *Journal of the American Statistical Association*, 79:599–608, 1984.

J.H. Friedman and J.W. Tukey. A projection pursuit algorithm for exploratory data analysis. *IEEE Transactions on Computers*, 23(9):881–889, 1974.

N. Friedman, D. Geiger, and M. Goldszmidt. Bayesian network classifiers. *Machine Learning*, 29:131–163, 1997.

N. Friedman and D. Koller. Being Bayesian about Bayesian network structure: a Bayesian approach to structure discovery in Bayesian networks. *Machine Learning*, 50(1–2):95–125, 2003.

H. Fröhlich and A. Zell. Efficient parameter selection for support vector machines in classification and regression via model-based global optimization. In *Proceedings of the International Joint Conference on Neural Networks (IJCNN)*, pages 1431–1438. IEEE, 2005.

K.S. Fu. *Sequential Methods in Pattern Recognition and Machine Learning*. Academic Press, 1968.

S. Fu and M.C. Desmarais. Markov blanket based feature selection: a review of past decade. In S.I. Ao, L. Gelman, D.W.L. Hukins, A. Hunter, and A.M. Korsunsky, editors, In *Proceedings of the World Congress on Engineering*, volume 1, pages 302–308. Newswood Ltd, 2010.

K. Fukunaga. *Introduction to Statistical Pattern Recognition*. Academic Press, Inc., second edition, 1990.

K. Fukunaga and T.E. Flick. An optimal global nearest neighbour metric. *IEEE Transactions on Pattern Analysis and Machine Intelligence*, 6:314–318, 1984.

K. Fukunaga and R.R. Hayes. The reduced Parzen classifier. *IEEE Transactions on Pattern Analysis and Machine Intelligence*, 11(4):423–425, 1989a.

K. Fukunaga and R.R. Hayes. Estimation of classifier performance. *IEEE Transactions on Pattern Analysis and Machine Intelligence*, 11(10):1087–1101, 1989b.

K. Fukunaga and D.M. Hummels. Bias of nearest neighbor error estimates. *IEEE Transactions on Pattern Analysis and Machine Intelligence*, 9(1):103–112, 1987a.

K. Fukunaga and D.M. Hummels. Bayes error estimation using Parzen and *k*-nn procedures. *IEEE Transactions on Pattern Analysis and Machine Intelligence*, 9(5):634–643, 1987b.

K. Fukunaga and D.M. Hummels. Leave-one-out procedures for nonparametric error estimates. *IEEE Transactions on Pattern Analysis and Machine Intelligence*, 11(4):421–423, 1989.

K. Fukunaga and D.L. Kessell. Estimation of classification error. *IEEE Transactions on Computers*, 20:1521–1527, 1971.

K. Fukunaga and P.M. Narendra. A branch and bound algorithm for computing *k*-nearest neighbors. *IEEE Transactions on Computers*, 24(7):750–753, 1975.

T.S. Furey, N. Vristianini, N. Duffy, D.W. Bednarski, M. Schummer, and D. Haussler. Support vector machine classification and validation of cancer tissue samples using microarray expression data. *Bioinformatics*, 16(10):906–914, 2000.

S. Furui. Recent advances in speaker recognition. *Pattern Recognition Letters*, 18:859–872, 1997.

D. Gamerman and H.F. Lopes. *Markov Chain Monte Carlo: Stochastic Simulation for Bayesian Inference*. Texts in Statistical Science. Chapman and Hall/CRC, second edition, 2006.

S. Ganeshanandam and W.J. Krzanowski. On selecting variables and assessing their performance in linear discriminant analysis. *Australian Journal of Statistics*, 31(3):433–447, 1989.

I. Gath and A.B. Geva. Unsupervised optimal fuzzy clustering. *IEEE Transactions on Pattern Analysis and Machine Intelligence*, 11(7):773–781, 1989.

B. Gautam, P. Katara, S. Singh, and R. Farmer. Drug target identification using gene expression microarray data of *Toxoplasma gondii*. *International Journal of Biometrics and Bioinformatics*, 4(3):113–124, 2010.

S. Geisser. Posterior odds for multivariate normal classifications. *Journal of the Royal Statistical Society Series B*, 26:69–76, 1964.

A.E. Gelfand. Gibbs sampling. *Journal of the American Statistical Association*, 95:1300–1304, 2000.

A.E. Gelfand and A.F.M. Smith. Sampling-based approaches to calculating marginal densities. *Journal of the American Statistical Association*, 85:398–409, 1990.

S.B. Gelfand and E.J. Delp. On tree structured classifiers. In I.K. Sethi and A.K. Jain, editors, *Artificial Neural Networks and Statistical Pattern Recognition*, pages 51–70. North Holland Publishing Company, 1991.

A. Gelman. Implementing and monitoring convergence. In W.R. Gilks, S. Richardson, and D.J. Spiegelhalter, editors, *Markov Chain Monte Carlo in Practice*, pages 131–143. Chapman and Hall, 1996.

A. Gelman, J.B. Carlin, H.S. Stern, and D.B. Rubin. *Bayesian Data Analysis*. Chapman and Hall/CRC, second edition, 2004.

A. Gersho and R.M. Gray. *Vector Quantization and Signal Compression*. Kluwer Academic, 1992.

L. Getoor and C.P. Diehl. Link mining: a survey. *SIGKDD Explorations Newsletter*, 7(2):3–12, 2005.

L. Getoor and B. Taskar, editors. *Introduction to Statistical Relational Learning*. The MIT Press, 2007.

J. Geweke. Bayesian inference in econometric models using Monte Carlo integration. *Econometrica*, 57(6):1317–1339, 1989.

Z. Ghahramani and M.J. Beal. Variational inference for Bayesian mixtures of factors analysers. *Advances in Neural Information Processing Systems*, 12:449–455, 1999.

Z. Ghahramani and H.-C. Kim. Bayesian model combination. Technical Report, Gatsby Computational Neuroscience Unit, University College London, 2003.

F. Giacinto, G. Roli and L. Bruzzone. Combination of neural and statistical algorithms for supervised classification of remote-sensing images. *Pattern Recognition Letters*, 21:385–397, 2000.

J.M. Gibbons, G.M. Cox, A.T.A. Wood, J. Craigon, S.J. Ramider, D. Tarsikono, and N.M.T. Crout. Applying (Baysian) model averaging to mechanistic models: an example and comparison of methods. *Environmental Modelling and Software*, 23(8):973–985, 2008.

A. Gifi. *Nonlinear Multivariate Analysis*. John Wiley & Sons, Ltd, 1990.

W.R. Gilks, S. Richardson, and D.J. Spiegelhalter, editors. *Markov Chain Monte Carlo in Practice*. Chapman and Hall, 1996.

F. Gini. Optimal multiple level decision fusion with distributed sensors. *IEEE Transaction on Aerospace and Electronic Systems*, 33(3):1037–1041, 1997.

M. Girvan and M.E.J. Newman. Community structure in social and biological networks. *Proceedings of the National Academy of Sciences of the United States of America*, 99(12):7821–7826, 2002.

G. Glonek, T. Staniford, M. Rumsewicz, O. Mazonka, J. McMahon, D. Fletcher, and M. Jokic. Range safety application of kernel density estimation. Technical Report Defence Science and Technology Organisation, Australia, DSTO-TR-2292, 2010.

F. Glover. Tabu search – Part I. *ORSA Journal on Computing*, 1(3):190–206, 1989.

F. Glover. Tabu search – Part II. *ORSA Journal on Computing*, 2(1):4–32, 1990.

D.E. Goldberg. *Generic Algorithms in Search, Optimization and Machine Learning*. Addison Wesley, 1989.

G.H. Golub, M. Heath, and G. Wahba. Generalised cross-validation as a method of choosing a good ridge parameter. *Technometrics*, 21:215–223, 1979.

R.C. Gonzalez and R.E. Woods. *Digital Image Processing*. Pearson Education, third edition, 2008.

R.M. Goodman and P. Smyth. Decision tree design using information theory. *Knowledge Acquisition*, 2:1–19, 1990.

A.D. Gordon. Clustering algorithms and cluster validity. In P. Dirschedl and R. Ostermann, editors, *Computational Statistics*, pages 497–512. Physica-Verlag, 1994.

A.D. Gordon. Null models in cluster validation. In W. Gaul and D. Pfeifer, editors, *From Data to Knowledge: Theoretical and Practical Aspects of Classification, Data Analysis and Knowledge Organization*, pages 32–44. Springer-Verlag, 1996a.

A.D. Gordon. A survey of constrained classification. *Computational Statistics and Data Analysis*, 21:17–29, 1996b.

A.D. Gordon. Cluster validation. In C. Hayashi, N. Ohsumi, K. Yajima, Y. Tanaka, H.-H. Bock, and Y. Baba, editors, *Data Science, Classification, and Related Methods*, pages 22–39. Springer-Verlag, 1998.

A.D. Gordon. *Classification*. Chapman and Hall, second edition, 1999.

A.D. Gordon and J.T. Henderson. An algorithm for Euclidean sum of squares classification. *Biometrics*, 33:355–362, 1977.

N.J. Gordon, D.J. Salmond, and A.F.M. Smith. Novel approach to nonlinear/non-Gaussian Bayesian state estimation. *IEE Proceedings-F*, 140(2):107–113, 1993.

P.J. Green. Reversible jump MCMC computation and Bayesian model determination. *Biometrika*, 82:711–732, 1995.

P.J. Green and B.W. Silverman. *Nonlinear Regression and Generalized Linear Models. A Roughness Penalty Approach*. Chapman and Hall, 1994.

T. Greene and W. Rayens. Partially pooled covariance estimation in discriminant analysis. *Communications in Statistics*, 18(10):3679–3702, 1989.

A. Grelaud, C.P. Robert, J.-M. Marin, F. Rodolphe, and J.-F. Taly. ABC likelihood-free methods for model choice in Gibbs random fields. *Bayesian Analysis*, 4(2):317–336, 2009.

P.D. Grünwald, editor. *The Minimum Description Length Principle*. The MIT Press, 2007.

A. Guénoche, P. Hansen, and B. Jaumard. Efficient algorithms for divisive hierarchical clustering with the diameter criterion. *Journal of Classification*, 8:5–30, 1991.

Y. Guo, T. Hastie, and R. Tibshirani. Regularized discriminant analysis and its application in microarrays. *Biostatistics*, 8(1):86–100, 2007.

I. Guyon. Practical feature selection: from correlation to causality. In F. Fogelman-Soulié, D. Perrotta, J. Pislorski, and R. Steinberger, editors, *Mining Massive Data Sets for Security*, pages 27–43. IOS Press, 2008.

I. Guyon, S. Gunn, M. Nikravesh, and L. Zadeh, editors. *Feature Extraction. Foundations and Applications*. Springer, 2006.

I. Guyon, J. Makhoul, R. Schwartz, and V. Vapnik. What size test set gives good error rate estimates? *IEEE Transactions on Pattern Analysis and Machine Intelligence*, 20(1):52–64, 1998.

I. Guyon and D.G. Stork. Linear discriminant and support vector classifiers. In A. Smola, P. Bartlett, B. Schölkopf, and C. Schuurmans, editors, *Large Margin Classifiers*, pages 147–169. The MIT Press, 1999.

I. Guyon, J. Weston, S. Barnhill, and V. Vapnik. Gene selection for cancer classification using support vector machines. *Machine Learning*, 46:389–422, 2002.

Z. Haikun, W. Liguang, and Z. Weican. Kernel density estimation applied to tropical cyclones genesis in Northwestern Pacific. *2009 International Conference on Environmental Science and Information Application Technology*, 2009.

K.O. Hajian-Tilaki, J.A. Hanley, L. Joseph, and J.-P. Collett. A comparison of parametric and non-parametric approaches to ROC analysis of quantitative diagnostic tests. *Medical Decision Making*, 17(1):94–102, 1997a.

K.O. Hajian-Tilaki, J.A. Hanley, L. Joseph, and J.-P. Collett. Extension of receiver operating characteristic analysis to data concerning multiple signal detection. *Academic Radioloty*, 4(3):222–229, 1997b.

U. Halici and G. Ongun. Fingerprint classification through self-organising feature maps modified to treat uncertainties. *Proceedings of the IEEE*, 84(10):1497–5112, 1996.

M. Halkidi, Y. Batistakis, and M. Vazirgiannis. On clustering validation techniques. *Journal of Intelligent Information Systems*, 17(2/3):107–145, 2001.

P. Hall. *The Bootstrap and Edgeworth Expansion*. Springer-Verlag, 1992.

P. Hall, T.-C. Hu, and J.S. Marron. Improved variable window kernel estimates of probability densities. *Annals of Statistics*, 23(1):1–10, 1995.

Y. Hamamoto, Y. Fujimoto, and S. Tomita. On the estimation of a covariance matrix in designing Parzen classifiers. *Pattern Recognition*, 29(10):1751–1759, 1996.

Y. Hamamoto, T. Kanaoka, and S. Tomita. On a theoretical comparison between the orthonormal discriminant vector method and discriminant analysis. *Pattern Recognition*, 26(12):1863–1867, 1993.

Y. Hamamoto, Y. Matsuura, T. Kanaoka, and S. Tomita. A note on the orthonormal discriminant vector method for feature extraction. *Pattern Recognition*, 24(7):681–684, 1991.

Y. Hamamoto, S. Uchimura, Y. Matsuura, T. Kanaoka, and S. Tomita. Evaluation of the branch and bound algorithm for feature selection. *Pattern Recognition Letters*, 11:453–456, 1990.

Y. Hamamoto, S. Uchimura, and S. Tomita. A bootstrap technique for nearest neighbor classifier design. *IEEE Transactions on Pattern Analysis and Machine Intelligence*, 19(1):73–79, 1997.

F.R. Hampel, E.M. Ronchetti, P.J. Rousseuw, and W.A. Stahel. *Robust Statistics. The Approach Based on Influence Functions*. John Wiley & Sons, Ltd, 1986.

E.-H. Han, G. Karypis, and V. Kumar. Text categorisation using weight adjusted k-nearest neighbor classification. In *Advances in Knowledge Discovery and Data Mining, volume 2035 of Lecture Notes in Computer Science*, pages 53–65. Springer, 2001.

J. Han and M. Kamber. *Data Mining. Concepts and Techniques*. Morgan Kaufmann, second edition, 2006.

L. Han, Y. Wang, and S.H. Bryant. Developing and validating predictive decision tree models from mining chemical structure fingerprints and high-throughput screening data in pubchem. *BMC Bioinformatics*, 9(1):401, 2008.

D.J. Hand. *Discrimination and Classification*. John Wiley & Sons, Ltd, 1981a.

D.J. Hand. Branch and bound in statistical data analysis. *The Statistician*, 30:1–13, 1981b.

D.J. Hand. *Kernel Discriminant Analysis*. Research Studies Press, Herts, UK, 1982.

D.J. Hand. Recent advances in error rate estimation. *Pattern Recognition Letters*, 4:335–346, 1986b.

D.J. Hand. Statistical methods in diagnosis. *Statistical Methods in Medical Research*, 1(1):49–67, 1992.

D.J. Hard. Assessing classification rules. *Journal of Applied Statistics*, 21(3): 3–16, 1994.

D.J. Hand. *Construction and Assessment of Classification Rules*. John Wiley & Sons, Ltd, 1997.

D.J. Hand. Classifier technology and the illusion of progress (with discussion). *Statistical Science*, 21(1):1–29, 2006.

D.J. Hand, N.M. Adams, and M.G. Kelly. Multiple classifier systems based on interpretable linear classifiers. In J. Kittler and F. Roli, editors, *Proceedings of the 2001 Workshop on Multiple Classifiers Systems*, pages 136–147. Springer-Verlag, 2001.

D.J. Hand and B.G. Batchelor. Experiments on the edited condensed nearest neighbour rule. *Information Sciences*, 14:171–180, 1978.

D.J. Hand and R.J. Till. A simple generalisation of the area under the ROC curve for multiple class classification problems. *Machine Learning*, 45:171–186, 2001.

D.J. Hand and K. Yu. Idiot's Bayes – not so stupid after all? *International Statistical Review*, 69(3):385–398, 2001.

P.L. Hansen and P. Salamon. Neural network ensembles. *IEEE Transactions on Pattern Analysis and Machine Intelligence*, 12:993–1001, 1990.

L.S. Harkins, J.M. Sirel, P.J. McKay, R.C. Wylie, D.M. Titterington, and R.M. Rowan. Discriminant analysis of macrocytic red cells. *Clinical and Laboratory Haematology*, 16:225–234, 1994.

C.J. Harris, A. Bailey, and T.J. Dodd. Multi-sensor data fusion in defence and aerospace. *The Aeronautical Journal*, 102:229–244, 1997.

J.D. Hart. On the choice of a truncation point in Fourier series density estimation. *Journal of Statistical Computation and Simulation*, 21:95–116, 1985.

P.E. Hart. The condensed nearest neighbor rule. *IEEE Transactions on Information Theory*, 14:515–516, 1968.

J.A. Hartigan. *Clustering Algorithms*. John Wiley & Sons, Ltd, 1975.

V. Hasselblad. Estimation of parameters for a mixture of normal distributions. *Technometrics*, 8:431–444, 1966.

T. Hastie, S. Rosset, R. Tibshirani, and J. Zhu. The entire regularisation path for the support vector machine. *Journal of Machine Learning Research*, 5:1391–1415, 2004.

T. Hastie and R. Tibshirani. Discriminant adaptive nearest neighbour classification. *IEEE Transactions on Pattern Analysis and Machine Intelligence*, 18(6):607–616, 1996.

T.J. Hastie, A. Buja, and R.J. Tibshirani. Penalized discriminant analysis. *Annals of Statistics*, 23(1):73–102, 1995.

T.J. Hastie and W. Stuetzle. Principal curves. *Journal of the American Statistical Association*, 84:502–516, 1989.

T.J. Hastie and R.J. Tibshirani. Discriminant analysis by Gaussian mixtures. *Journal of the Royal Statistical Society Series B*, 58(1):155–176, 1996.

T.J. Hastie, R.J. Tibshirani, and A. Buja. Flexible discriminant analysis by optimal scoring. *Journal of the American Statistical Association*, 89:1255–1270, 1994.

T.J. Hastie, R.J. Tibshirani, and J.H. Friedman. *The Elements of Statistical Learning: Data Mining, Inference, and Prediction*. Springer, 2001.

R.J. Hathaway and J.C. Bezdek. Nerf *c*-means: non-Euclidean relational fuzzy clustering. *Pattern Recognition*, 27(3):429–437, 1994.

S. Haykin. *Neural Networks. A Comprehensive Foundation*. Macmillan College Publishing Inc., 1994.

S. Haykin, W. Stehwien, C. Deng, P. Weber, and R. Mann. Classification of radar clutter in an air traffic control environment. *Proceedings of the IEEE*, 79(6):742–772, 1991.

Z. He and W. Yu. Stable feature selection for biomarker discovery. *Computational Biology and Chemistry*, 34(4):215–225, 2010.

D. Heath, S. Kasif, and S. Salzberg. Induction of oblique decision trees. *Journal of Artificial Intelligence Research*, 2(2):1–32, 1993.

D. Heckerman, D. Geiger, and D.M. Chickering. Learning Bayesian networks: the combination of knowledge and statistical data. *Machine Learning*, 20:197–243, 1995.

W.J. Heiser. A generalized majorization method for least squares multidimensional scaling of pseudodistances that may be negative. *Psychometrika*, 56(1):7–27, 1991.

W.J. Heiser. Convergent computation by iterative majorization: theory and applications in multidimensional data analysis. In W.J. Krzanowski, editor, *Recent Advances in Descriptive Multivariate Analysis*, pages 157–189. Clarendon Press, 1994.

W.E. Henley and D.J. Hand. A *k*-nearest-neighbour classifier for assessing consumer credit risk. *The Statistician*, 45(1):77–95, 1996.

W.H. Highleyman. The design and analysis of pattern recognition experiments. *Bell System Technical Journal*, 41:723–744, 1962.

D.V. Hinkley. Bootstrap methods. *Journal of the Royal Statistical Society Series B*, 50(3):321–337, 1988.

N.L. Hjort and G. Claeskens. Frequentist model average estimators. *Annals of the American Statistical Society*, 98(464):879–899, 2003.

N.L. Hjort and I.K. Glad. Nonparametric density estimation with a parametric start. *Annals of Statistics*, 23(3):882–904, 1995.

N.L. Hjort and M.C. Jones. Locally parametric nonparametric density estimation. *Annals of Statistics*, 24(4):1619–1647, 1996.

Y.-C. Ho and A.K. Agrawala. On pattern classification algorithms. Introduction and survey. *Proceedings of the IEEE*, 56(12):2101–2114, 1968.

Y.-C. Ho and R.L. Kashyap. An algorithm for linear inequalities and its applications. *IEEE Transactions on Electronic Computers*, 14(5):683–688, 1965.

J.A. Hoeting, D. Madigan, A.E. Raffery, and C.T. Volinsky. Bayesian model averaging: a tutorial. *Statistical Science*, 14(4): 382–417, 1999.

J.M. Hofman and C.H. Wiggins. A Bayesian approach to network modularity. *Physical Review Letters*, 100(25):258701, 2008.

P. Holme, M. Huss, and H. Jeong. Subnetwork hierarchies of biochemical pathways. *Bioinformatics*, 19(4):532–538, 2003.

C.C. Holmes and D.G.T. Denison. Classification with Bayesian MARS. *Machine Learning*, 50:159–173, 2003.

C.C. Holmes and B.K. Mallick. Bayesian radial basis functions of variable dimension. *Neural Computation*, 10:1217–1233, 1998.

L. Holmström and P. Koistinen. Using additive noise in back-propagation training. *IEEE Transactions on Neural Networks*, 3(1):24–38, 1992.

L. Holmström, P. Koistinen, J. Laaksonen, and E. Oja. Neural and statistical classifiers – taxonomy and two case studies. *IEEE Transactions on Neural Networks*, 8(1):5–17, 1997.

L. Holmström and S.R. Sain. Multivariate discrimination methods for top quark analysis. *Technometrics*, 39(1):91–99, 1997.

Z.-Q. Hong and J.-Y. Yang. Optimal discriminant plane for a small number of samples and design method of classifier on the plane. *Pattern Recognition*, 24(4):317–324, 1991.

K. Hornik. Some new results on neural network approximation. *Neural Networks*, 6:1069–1072, 1993.

D. Hosseinzadeh and S. Krishnan. Gaussian mixture modeling of keystroke patterns for biometric applications. *IEEE Transactions on Systems, Man, and Cybernetics - Part C: Applications and Reviews*, 38(6):816–826, 2008.

H. Hotelling. Analysis of a complex of statistical variables into principal components. *Journal of Educational Psychology*, 24:417–444, 1933.

C.W. Hsu, C.C. Chang, and C.J. Lin. A practical guide to support vector classification. Technical Report, Department of Computer Science, National Taiwan University, Taipei, 2003.

C.W. Hsu and C.J. Lin. A comparison on methods for multi-class support vector machines. *IEEE Transactions on Neural Networks*, 13(2):415–425, 2002.

S. Hua and Z. Sun. A novel method of protein secondary structure prediction with high segment overlap measure: support vector machine approach. *Journal of Molecular Biology*, 308:397–407, 2001.

C.-L. Huang and C.-J. Wang. A GA-based feature selection and parameters optimization for support vector machines. *Expert Systems with Applications*, 31(2):231–240, 2006.

Y.S. Huang and C.Y. Suen. A method of combining multiple experts for the recognition of unconstrained handwritten numerals. *IEEE Transactions on Pattern Analysis and Machine Intelligence*, 17(1):90–94, 1995.

Z. Huang and D. Zeng. A link prediction approach to anomalous email detection. In *IEEE International Conference on Systems, Man and Cybernetics*, pages 1131–1136. IEEE, 2006.

P.J. Huber. Projection pursuit (with discussion). *Annals of Statistics*, 13(2):435–452, 1985.

D.R. Hush, W. Horne, and J.M. Salas. Error surfaces for multilayer perceptrons. *IEEE Transactions on Systems, Man, and Cybernetics*, 22(5):1151–1161, 1992.

F. Hussein, N. Khanna, and R. Ward. Genetic algorithms for feature selection and weighting, a review and study. In *Proceedings of the Sixth International Conference on Document Analysis and Recognition*, pages 1240–1244. IEEE, 2001.

J.-N. Hwang, S.-R. Lay, and A. Lippman. Nonparametric multivariate density estimation: a comparative study. *IEEE Transactions on Signal Processing*, 42(10):2795–2810, 1994.

A. Hyvärinen and E. Oja. Independent component analysis: algorithms and applications. *Neural Networks*, 13:411–430, 2000.

S. Ingrassia. A comparison between the simulated annealing and the EM algorithms in normal mixture decompositions. *Statistics and Computing*, 2:203–211, 1992.

M.A. Ismail. Soft clustering: algorithms and validity of solutions. In M.M. Gupta and T. Yamakawa, editors, *Fuzzy Computing*, pages 445–472. Elsevier, 1988.

S.G. Iyengar, P.K. Varshney, and T. Damarla. A parametric copula based framework for multimodal signal processing. In *Proceedings of the IEEE International Conference on Acoustics, Speech, and Signal Processing (ICASSP'09)*, pages 1893–1896. IEEE, 2009.

A.J. Izenman. Recent developments in nonparametric density estimation. *Journal of the American Statistical Association*, 86:205–223, 1991.

T.S. Jaakkola. Tutorial on variational approximation methods. *Advanced Mean Field Methods: Theory and Practice*, The MIT Press, 2000.

D.A. Jackson. Stopping rules in principal components analysis: a comparison of heuristical and statistical approaches. *Ecology*, 74(8):2204–2214, 1993.

J.E. Jackson. *A User's Guide to Principal Components*. John Wiley & Sons, Ltd, 1991.

R.A. Jacobs, M.I. Jordan, S.J. Nowlan, and G.E. Hinton. Adaptive mixtures of local experts. *Neural Computation*, 3:79–87, 1991.

A.K. Jain and R.C. Dubes. *Algorithms for Clustering Data*. Prentice-Hall, 1988.

A.K. Jain, R.P.W. Duin, and J. Mao. Statistical pattern recognition: a review. *IEEE Transactions on Pattern Analysis and Machine Intelligence*, 22(1):4–37, 2000.

A.K. Jain and J.V. Moreau. Bootstrap technique in cluster analysis. *Pattern Recognition*, 20(5):547–568, 1987.

S. Jain and R.K. Jain. Discriminant analysis and its application to medical research. *Biomedical Journal*, 36(2):147–151, 1994.

M. Jambu and M.-O. Lebeaux. *Cluster Analysis and Data Analysis*. North Holland, 1983.

G.M. James and T.J. Hastie. Functional linear discriminant analysis for irregularly samples curves. *Journal of the Royal Statistical Society Series B*, 63(3):533–550, 2001.

M. Jamshidian and R.I. Jennrich. Conjugate gradient acceleration of the EM algorithm. *Journal of the American Statistical Association*, 88:221–228, 1993.

M. Jamshidian and R.I. Jennrich. Acceleration of the EM algorithm by using quasi-Newton methods. *Journal of the Royal Statistical Society Series B*, 59(3):569–587, 1997.

N. Jardine and R. Sibson. *Mathematical Taxonomy*. John Wiley & Sons, Ltd, 1971.

A. Jasra and P. Del Moral. Sequential Monte Carlo methods for option pricing. *Stochastic Analysis and Applications*, 29(2):292–316, 2011.

A. Jasra, D.A. Stephens, A. Doucet, and T. Tsagaris. Inference for Lévy driven stochastic volatility models via adaptive sequential Monte Carlo. *Scandinavian Journal of Statistics*, 38(1):1–22, 2011.

F.V. Jensen. *Introduction to Bayesian Networks*. Springer, 1997.

F.V. Jensen. *Bayesian Networks and Decision Graphs*. Statistics for Engineering and Information Science. Springer, 2002.

B. Jeon and D.A. Landgrebe. Fast Parzen density estimation using clustering-based branch and bound. *IEEE Transactions on Pattern Analysis and Machine Intelligence*, 16(9):950–954, 1994.

J. Jiang. Image compression with neural networks – a survey. *Signal Processing: Image Communication*, pages 737–760, 1999.

Q. Jiang and W. Zhang. An improved method for finding nearest neighbours. *Pattern Recognition Letters*, 14:531–535, 1993.

R.-K. Jin, D.C. Parkes, and P.J. Wolfe. Analysis of bidding networks in eBay: aggregate preference identification through community detection. In *Proceedings of the AAAI Workshop on Plan, Activity and Intent Recognition (PAIR)*, pages 66–73. 2007.

T. Joachims. Text categorization with support vector machines: Learning with many relevant features. In *Proceedings of ECML-98, 10th European Conference on Machine Learning*, pages 137–142. 1998.

T. Joachims. Structured output prediction with support vector machines. In *Structural, Syntactic, and Statistical Pattern Recognition, volume 4109 of Lecture Notes in Computer Science*, pages 1–7. Springer, 2006.

M. Jobert, H. Escola, E. Poiseau, and P. Gaillard. Automatic analysis of sleep using two parameters based on principal component analysis of electroencephalography spectral data. *Biological Cybernetics*, 71:197–207, 1994.

H. Joe. Asymptotic efficiency of the two-stage estimation method for copula-based models. *Journal of Multivariate Analysis*, 94:401–419, 2005.

N. Johnson and D. Hogg. Representation and synthesis of behaviour using Gaussian mixtures. *Image and Vision Computing*, 20:889–894, 2002.

I.T. Jolliffe. *Principal Components Analysis*. Springer-Verlag, 1986.

M.C. Jones and H.W. Lotwick. A remark on algorithm AS176. Kernel density estimation using the fast Fourier transform. *Applied Statistics*, 33:120–122, 1984.

M.C. Jones, J.S. Marron, and S.J. Sheather. A brief survey of bandwidth selection for density estimation. *Journal of the American Statistical Association*, 91:401–407, 1996.

M.C. Jones, I.J. McKay, and T.-C. Hu. Variable location and scale kernel density estimation. *Annals of the Institute of Statistical Mathematics*, 46(3):521–535, 1994.

M.C. Jones and S.J. Sheather. Using non-stochastic terms to advantage in kernel-based estimation of integrated squared density derivatives. *Statistics and Probability Letters*, 11:511–514, 1991.

M.C. Jones and R. Sibson. What is projection pursuit? (with discussion). *Journal of the Royal Statistical Society Series A*, 150:1–36, 1987.

M.C. Jones and D.F. Signorini. A comparison of higher order bias kernel density estimators. *Journal of the American Statistical Association*, 92:1063–1073, 1997.

M. Jordan. *Learning in Graphical Models*. The MIT Press, 1998.

M.I. Jordan, Z. Ghahramani, T.S. Jaakola, and L.K. Saul. An introduction to variational methods for graphical models. *Machine Learning*, 37:183–233, 1999.

M.I. Jordan and R.A. Jacobs. Hierarchical mixtures of experts and the EM algorithm. *Neural Computation*, 6:181–214, 1994.

A. Juan and E. Vidal. Fast *k*-means-like clustering in metric spaces. *Pattern Recognition Letters*, 15:19–25, 1994.

B.-H. Juang and L.R. Rabiner. Mixture autoregressive hidden Markov models for speech signals. *IEEE Transactions on Acoustics, Speech and Signal Processing*, 33(6):1404–1413, 1985.

H.F. Kaiser. The varimax criterion for analytic rotation in factor analysis. *Psychometrika*, 23:187–200, 1958.

H.F. Kaiser. Computer program for varimax rotation in factor analysis. *Educational and Psychological Measurement*, 19:413–420, 1959.

D. Kalles and T. Morris. Efficient incremental induction of decision trees. *Machine Learning*, 24:231–242, 1996.

J. Kalousis, A.and Prados and M. Hilario. Stability of feature selection algorithms. In *Proceedings of the Fifth IEEE International Conference on Data Mining*, ICDM '05, pages 218–225. IEEE, 2005.

M. Kam, C. Rorres, W. Chang, and X. Zhu. Performance and geometric interpretation for decision fusion with memory. *IEEE Transactions on Systems, Man and Cybernetics*, 29(1):52–62, 1999.

M. Kam, Q. Zau, and W.S. Gray. Optimal data fusion of correlated local decisions in multiple sensor detection systems. *IEEE Transactions on Aerospace and Electronic Systems*, 28(3):916–920, 1992.

M.S. Kamel and S.Z. Selim. A thresholded fuzzy *c*-means algorithm for semi-fuzzy clustering. *Pattern Recognition*, 24(9):825–833, 1991.

M.S. Kamel and S.Z. Selim. New algorithms for solving the fuzzy clustering problem. *Pattern Recognition*, 27(3):421–428, 1994.

B. Kamgar-Parsi and L. Kanal. An improved branch and bound algorithm for computing *k*-nearest neighbors. *Pattern Recognition Letters*, 3(1):7–12, 1985.

N.B. Karayiannis and G.W. Mi. Growing radial basis neural networks: merging supervised and unsupervised learning with network growth techniques. *IEEE Transactions on Neural Networks*, 8(6):1492–1506, 1997.

N.B. Karayiannis and A.N. Venetsanopolous. Efficient learning algorithms for neural networks (ELEANNE). *IEEE Transactions on Systems, Man and Cybernetics*, 23(5):1372–1383, 1993.

R.J. Karunamuni and T. Alberts. On boundary correction in kernel density estimation. *Statistical Methodology*, 2(3):191–212, 2005.

R.L. Kashyap. Algorithms for pattern classification. In J.M. Mendel and K.S. Fu, editors, *Adaptive, Learning and Pattern Recognition Systems. Theory and Applications*, pages 81–113. Academic Press, 1970.

R.E. Kass, B.P. Carlin, A. Gelman, and R.M. Neal. Markov chain Monte Carlo in practice: a roundtable discussion. *The American Statistician*, 52(2):93–100, 1998.

J.W. Kay. Comments on paper by Esposito *et al*. *IEEE Transactions on Pattern Analysis and Machine Intelligence*, 19(5):492–493, 1997.

S.S. Keerthi, S.K. Shevade, C. Bhattacharyya, and K.R.K. Murthy. Improvements to Platt's SMO algorithm for SVM classifier design. *Neural Computation*, 13:637–649, 2001.

M.G. Kelly, D.J. Hand, and N.M. Adams. The impact of changing populations on classifier performance. In *Proceedings of the 5th ACM SIGKDD Conference*, pages 367–371. ACM, 1999.

J. Kennedy and R.C. Eberhart. Particle swarm optimization. In *Proceedings of IEEE Conference on Neural Networks*, pages 1942–1948. IEEE, 1995.

R.D. Keppel, K.M. Brown, and K. Welch. *Forensic Pattern Recognition: from Fingerprints to Toolmarks*. Prentice-Hall, 2006.

G. Kim, M.J. Silvapulle, and P. Silvapulle. Comparison of semiparametric and parametric methods for estimating copulas. *Computational Statistics and Data Analysis*, 51(6):2836–2850, 2007.

S.-B. Kim, K.-S. Han, H.-C. Rim, and S.H. Myaeng. Some effective techniques for naïve Bayes text classification. *IEEE Transactions on Knowledge and Data Engineering*, 18(11):1457–1466, 2006.

S.C. Kim and T.J. Kang. Texture classification and segmentation using wavelet packet frame and Gaussian mixture model. *Pattern Recognition*, 40:1207–1221, 2007.

A.J. Kinderman and J.F. Monahan. Computer generation of random variables using the ratio of uniform deviates. *ACM Transactions on Mathematical Software (TOMS)*, 3(3):257–260, 1977.

C.A. Kirkwood, B.J. Andrews, and P. Mowforth. Automatic detection of gait events: a case study using inductive learning techniques. *Journal of Biomedical Engineering*, 11:511–516, 1989.

J. Kittler. Une généralisation de quelques algorithmes sous-optimaux de recherche d'ensembles d'attributs. In *Proceedings of Congrès AFCET/IRIA Reconnaissance des Formes et Traitement des Images*, pages 678–686, 1978.

J. Kittler and F.M. Alkoot. Relationship of sum and vote fusion strategies. In J. Kittler and F. Roli, editors, *Proceedings of the 2001 Workshop on Multiple Classifiers Systems*, pages 339–348. Springer-Verlag, 2001.

J. Kittler, M. Hatef, R.P.W. Duin, and J. Matas. On combining classifiers. *IEEE Transactions on Pattern Analysis and Machine Intelligence*, 20(3):226–239, 1998.

J. Kittler and P.C. Young. A new approach to feature selection based on the Karhunen–Loève expansion. *Pattern Recognition*, 5:335–352, 1973.

J. Kittler, J. Matas, K. Jonsson, and Ramos Sánchez, M.U. Combining evidence in personal identity verification systems. *Pattern Recognition Letters*, 18:845–852, 1997.

U.B. Kjaerulff and A.L. Madsen. *Bayesian Networks and Influence Diagrams: A Guide to Construction and Analysis*. Information Science and Statistics. Springer, 2010.

J. Klemelä. *Smoothing of Multivariate Data: Density Estimation and Visualization*. John Wiley & Sons, Ltd, 2009.

T. Kohonen. *Self-organization and Associative Memory*. Springer-Verlag, third edition, 1989.

T. Kohonen. The self-organizing map. *Proceedings of the IEEE*, 78:1464–1480, 1990.

T. Kohonen. *Self-organizing Maps*. Springer-Verlag, second edition, 1997.

T. Kohonen, E. Oja, O. Simula, A. Visa, and J. Kangas. Engineering applications of the self-organising map. *Proceedings of the IEEE*, 84(10):1358–1384, 1996.

D. Koller and N. Friedman. *Probabilistic Graphical Models: Principals and Techniques*. The MIT Press, 2009.

T. Komviriyavut, P. Sangkatsanee, N. Wattanapongsakorn, and C. Charnsripinyo. Network intrusion detection and classification with decision tree and rule based approaches. In *Proceedings of the 9th International Conference on Communications and Information Technologies*, pages 1046–1050. IEEE, 2009.

S. Konishi and M. Honda. Comparison of procedures for estimation of error rates in discriminant analysis under nonnormal populations. *Journal of Statistical Computation and Simulation*, 36:105–115, 1990.

W.L.G. Koontz and K. Fukunaga. A nonlinear feature extraction algorithm using distance transformation. *IEEE Transactions on Computers*, 21(1):56–63, 1972.

W.L.G. Koontz, P.M. Narendra, and K. Fukunaga. A branch and bound clustering algorithm. *IEEE Transactions on Computers*, 24(9):908–915, 1975.

T. Koski and J.M. Noble. *Bayesian Networks: an Introduction*. Series in Probability and Statistics. John Wiley & Sons, Ltd, 2009.

F. Kovács, C. Legány, and A. Babos. Cluster validity measurement techniques. In *6th International Symposium of Hungarian Researchers on Computational Intelligence*, pages 388–393. 2006.

M.A. Kraaijveld. A Parzen classifier with an improved robustness against deviations between training and test data. *Pattern Recognition Letters*, 17:679–689, 1996.

M.A. Kraaijveld, J. Mao, and A.K. Jain. A non-linear projection method based on Kohonen's topology preserving maps. In *11th International Conference on Pattern Recognition*. 1992.

D.E. Kreithen, S.D. Halversen, and G.J. Owirka. Discriminating targets from clutter. *The Lincoln Laboratory Journal*, 6(1):25–51, 1993.

M. Kristan, A. Leonardis, and Skočaj. Multivariate online kernel density estimation with Gaussian kernels. *Pattern Recognition*, 44(10–11):2630–2642, 2011.

R.A. Kronmal and M. Tarter. The estimation of probability densities and cumulatives by Fourier series methods. *Journal of the American Statistical Association*, 63:925–952, 1962.

E. Krusińska. Robust methods in discriminant analysis. *Rivista di Statistica Applicada*, 21(3):239–253, 1988.

J.B. Kruskal. Multidimensional scaling by optimizing goodness-of-fit to a nonmetric hypothesis. *Psychometrika*, 29:1–28, 1964a.

J.B. Kruskal. Nonmetric multidimensional scaling: a numerical method. *Psychometrika*, 29(2):115–129, 1964b.

J.B. Kruskal. Comments on 'A nonlinear mapping for data structure analysis'. *IEEE Transactions on Computers*, 20:1614, 1971.

W.J. Krzanowski. The location model for mixtures of categorical and continuous variables. *Journal of Classification*, 10(1):25–49, 1993.

W.J. Krzanowski, P. Jonathan, W.V. McCarthy, and M.R. Thomas. Discriminant analysis with singular covariance matrices: methods and applications to spectroscopic data. *Applied Statistics*, 44(1):101–115, 1995.

W.J. Krzanowski and F.H.C. Marriott. *Multivariate Analysis. Part 1: Distributions, Ordination and Inference*. Edward Arnold, London, 1994.

W.J. Krzanowski and F.H.C. Marriott. *Multivariate Analysis. Part 2: Classification, Covariance Structures and Repeated Measurements*. Edward Arnold, London, 1996.

A. Krzyzak. Classification procedures using multivariate variable kernel density estimate. *Pattern Recognition Letters*, 1:293–298, 1983.

M. Kudo and J. Sklansky. Comparison of algorithms that select features for pattern classifiers. *Pattern Recognition*, 33:25–41, 2000.

L. Kuncheva. *Combining Pattern Classifiers: Methods and Algorithms*. Wiley-Blackwell, 2004a.

L.I. Kuncheva. Classifier ensembles for changing environments. In F. Roli, J. Kittler, and T. Windeatt, editors, *Multiple Classifier Systems*, volume 3077 of *Lecture Notes in Computer Science*, pages 1–15. Springer, 2004b.

C.-K. Kwoh and D.F. Gillies. Using hidden nodes in Bayesian networks. *Artificial Intelligence*, 88:1–38, 1996.

T.-Y. Kwok and D.-Y. Yeung. Use of bias term in projection pursuit learning improves approximation and convergence properties. *IEEE Transactions on Neural Networks*, 7(5):1168–1183, 1996.

P.A. Lachenbruch and M.R. Mickey. Estimation of error rates in discriminant analysis. *Technometrics*, 10:1–11, 1968.

P.A. Lachenbruch, C. Sneeringer, and L.T. Revo. Robustness of the linear and quadratic discriminant function to certain types of non-normality. *Communications in Statistics*, 1(1):39–56, 1973.

L. Lam and C.Y. Suen. Optimal combinations of pattern classifiers. *Pattern Recognition Letters*, 16:945–954, 1995.

C.G. Lambert, S.E. Harrington, C.R. Harvey, and A. Glodjo. Efficient on-line nonparametric kernel density estimation. *Algorithmica*, 25(1):37–57, 1999.

J. Lampinen and A. Vehtari. Bayesian approach for neural networks – review and case studies. *Neural Networks*, 14:257–274, 2001.

G. Landeweerd, T. Timmers, E. Gersema, M. Bins, and M. Halic. Binary tree versus single level classification of white blood cells. *Pattern Recognition*, 16:571–577, 1983.

T.C.W. Landgrebe and R.P.W. Duin. Approximating the multiclass ROC by pairwise analysis. *Pattern Recognition Letters*, 28(13):1747–1758, 2007.

T.C.W. Landgrebe and R.P.W. Duin. Efficient multiclass ROC approximation by decomposition via confusion matrix perturbation analysis. *IEEE Transactions on Pattern Analysis and Machine Intelligence*, 30:810–822, 2008.

R.O. Lane. Non-parametric Bayesian super-resolution. *IET Radar, Sonar and Navigation*, 4(4):639–648, 2010.

R.O. Lane, M. Briers, and K. Copsey. Approximate Bayesian computation for source term estimation. In *Mathematics in Defence 2009*. 2009.

K. Lange. A gradient algorithm locally equivalent to the EM algorithm. *Journal of the Royal Statistical Society Series B*, 57(2):425–437, 1995.

P. Langley and H.A. Simon. Applications of machine learning and rule induction. *Communications of the ACM*, 38:55–64, 1995.

F. Lauer and G. Bloch. Incorporating prior knowledge in support vector machines for classification: a review. *Neurocomputing*, 71(7–9):1578–1594, 2008.

S.L. Lauritzen and D.J. Spiegelhalter. Local computations with probabilities on graphical structures and their application to expert systems (with discussion). *Journal of the Royal Statistical Society Series B*, 50:157–224, 1988.

M. Lavine and M. West. A Bayesian method for classification and discrimination. *The Canadian Journal of Statistics*, 20(4):451–461, 1992.

M. Laviolette, J.W. Seaman, J.D. Barrett, and W.H. Woodall. A probabilistic and statistical view of fuzzy methods (with discussion). *Technometrics*, 37(3):249–292, 1995.

E.L. Lawler and D.E. Wood. Branch-and-bound methods: a survey. *Operations Research*, 14(4):699–719, 1966.

M. Lázaro, I. Santamaría, and C. Pantaleón. A new EM-based training algorithm for RBF networks. *Neural Networks*, 16:69–77, 2003.

J.R. Leathwick, D. Rowe, J. Richardson, J. Elith, and T. Hastie. Using multivariate adaptive regression splines to predict the distributions of New Zealand's freshwater diadromous fish. *Freshwater Biology*, 50:2034–2052, 2005.

Y. Le Cun, B. Boser, J. Denker, D. Henderson, R. Howard, W. Hubbard, and L. Jackel. Backpropagation applied to hand-written zip code recognition. *Neural Computation*, 1(4):541–551, 1989.

C.-C. Lee, S.-S. Huang, and Shih C.-Y. Facial affect recognition using regularized discriminant analysis-based algorithms. *EURASIP Journal on Advances in Signal Processing*, 2010:1:1–1:10, 2010.

J.S. Lee, M.R. Grunes, and R. Kwok. Classification of multi-look polarimetric SAR imagery based on complex Wishart distribution. *International Journal of Remote Sensing*, 15(11):2299–2311, 1994.

P.M. Lee. *Bayesian Statistics: an Introduction*. Arnold, third edition, 2004.

S.H. Lee, J.H. Kim, K.G. Kim, S.J. Park, and W.K. Moon. K-means clustering and classification of kinetic curves on malignancy in dynamic breast MRI. *IFMBE Proceedings*, 14(15):2536–2539, 2007.

E.A. Leicht and M.E.J. Newman. Community structure in directed networks. *Physical Review Letters*, 100(11):118703, 2008.

B. Lerner, H. Guterman, M. Aladjem, and I. Dinstein. A comparative study of neural network based feature extraction paradigms. *Pattern Recognition Letters*, 20:7–14, 1999.

M. Leshno, V.Y. Lin, A. Pinkus, and S. Schocken. Multilayer feedforward networks with a non-polynomial activation function can approximate any function. *Neural Networks*, 6:861–867, 1993.

D.D. Lewis. Naïve Bayes at forty: the independence assumption in information retrieval. In *Proceedings of ECML-98, 10th European Conference on Machine Learning*, pages 4–15, 1998.

C. Li, D.B. Goldgof, and L.O. Hall. Knowledge-based classification and tissue labeling of MR images of human brain. *IEEE Transactions on Medical Imaging*, 12(4):740–750, 1993.

D.X. Li. On default correlation: a copula function approach. *The Journal of Fixed Income*, 9(4):43–54, 2000.

T. Li and I.K. Sethi. Optimal multiple level decision fusion with distributed sensors. *IEEE Transaction on Aerospace and Electronic Systems*, 29(4):1252–1259, 1993.

X. Li and A.G.O. Yeh. Principal component analysis of stacked multi-temporal images for the monitoring of rapid urban expansion in the Pearl River Delta. *International Journal of Remote Sensing*, 19(8):1501–1518, 1998.

H.-T. Lin, C.-J. Lin, and Weng R.C. A note on Platt's probabilistic outputs for support vector machines. *Machine Learning*, 68:267–276, 2007.

S.-W. Lin, K.-C. Ying, S.-C. Chen, and Z.-J. Lee. Particle swarm optimization for parameter determination and feature selection of support vector machines. *Expert Systems with Applications*, 35:1817–1824, 2008.

Y. Lin, Y. Lee, and G. Wahba. Support vector machines for classification in nonstandard situations. *Machine Learning*, 46(1–3):191–202, 2002.

Y. Linde, A. Buzo, and R.M. Gray. An algorithm for vector quantizer design. *IEEE Transactions on Communications*, 28(1):84–95, 1980.

B.G. Lindsay and P. Basak. Multivariate normal mixtures: a fast consistent method of moments. *Journal of the American Statistical Association*, 88:468–476, 1993.

R.F. Ling. A probability theory for cluster analysis. *Journal of the American Statistical Association*, 68:159–164, 1973.

J.C. Lingoes, E.E. Roskam, and I. Borg, editors. *Geometric Representations of Relational Data. Readings in Multidimensional Scaling*, volume 20(2). Mathesis Press, 1979.

R.J.A. Little. Regression with missing X's: a review. *Journal of the American Statistical Association*, 87:1227–1237, 1992.

R.J.A. Little and D.B. Rubin. *Statistical Analysis with Missing Data*. John Wiley & Sons, Ltd, 1987.

B. Liu. *Web Data Mining: Exploring Hyperlinks, Contents, and Usage Data*. Springer, 2006.

C. Liu and D.B. Rubin. The ECME algorithm: a simple extension of EM and ECM with faster monotone convergence. *Biometrika*, 81(4):633–648, 1994.

H. Liu and H. Motoda, editors. *Computational Methods of Feature Selection*. Chapman and Hall/CRC, 2007.

H. Liu and L. Yu. Toward integrating feature selection algorithms for classification. *IEEE Transactions on Knowledge and Data Engineering*, 17(4):491–502, 2005.

H.-L. Liu, N.-Y. Chen, W.-C. Lu, and X.-W. Zhu. Multi-target classification pattern recognition applied to computer-aided materials design. *Analytical Letters*, 27(11):2195–2203, 1994.

J.S. Liu, W.H. Wong, and A. Kong. Covariance structure of the Gibbs sampler with applications to the comparisons of estimators and augmentation schemes. *Biometrika*, 81(1):27–40, 1994.

K. Liu, Y.Q. Cheng, and J.-Y. Yang. A generalized optimal set of discriminant vectors. *Pattern Recognition*, 25(7):731–739, 1992.

K. Liu, Y.Q. Cheng, and J.-Y. Yang. Algebraic feature extraction for image recognition based on an optimal discriminant criterion. *Pattern Recognition*, 26(6):903–911, 1993.

T. Liu, A.W. Moore, and Gray A. New algorithms for efficient high-dimensional nonparametric classification. *Journal of Machine Learning Research*, 7:1135–1158, 2006.

W. Liu, J. Tian, and X. Chen. RDA for automatic airport recognition on FLIR image. In *Proceedings of the 7th World Congress on Intelligent Control and Automation*, pages 5966–5969. IEEE, 2008.

W.Z. Liu and A.P. White. A comparison of nearest neighbour and tree-based methods of non-parametric discriminant analysis. *Journal of Statistical Computation and Simulation*, 53:41–50, 1995.

W.Z. Liu, A.P. White, S.G. Thompson, and M.A. Bramer. Techniques for dealing with missing values in classification. In X. Liu, P. Cohen, and M. Berthold, editors, *Advances in Intelligent Data Analysis*. Springer-Verlag, 1997.

K. Lock and Gelman A. Bayesian combination of state polls and election forecasts. *Political Analysis*, 18:337–348, 2010.

H. Lodhi, C. Saunders, J. Shawe-Taylor, N. Cristianini, and C. Watkins. Text classification using string kernels. *Journal of Machine Learning Research*, 2:419–444, 2002.

A.M. Logar, E.M. Corwin, and W.J.B. Oldham. Performance comparisons of classification techniques for multi-font character recognition. *International Journal of Human-Computer Studies*, 40:403–423, 1994.

W.-L. Loh. On linear discriminant analysis with adaptive ridge classification rules. *Journal of Multivariate Analysis*, 53:264–278, 1995.

W.-Y. Loh and N. Vanichsetakul. Tree-structured classification via generalized discriminant analysis (with discussion). *Journal of the American Statistical Association*, 83:715–727, 1988.

M. Loog and R.P.W. Duin. Linear dimensionality reduction via a heteroscedastic extension of LDA: the Chernoff criterion. *IEEE Transactions on Pattern Analysis and Machine Intelligence*, 26(6):732–739, 2004.

D. Lowe. Novel 'topographic' nonlinear feature extraction using radial basis functions for concentration coding on the 'artificial nose'. In *3rd IEE International Conference on Artificial Neural Networks*, pages 95–99. IEE, 1993.

D. Lowe, editor. *IEE Proceedings on Vision, Image and Signal Processing*, 141(4): 1994. Special issue on 'Applications of Artificial Neural Networks'.

D. Lowe. Radial basis function networks. In M.A. Arbib, editor, *The Handbook of Brain Theory and Neural Networks*, pages 779–782. The MIT Press, 1995a.

D. Lowe. On the use of nonlocal and non-positive definite basis functions in radial basis function networks. In *IEE International Conference on Artificial Neural Networks*, pages 206–211. IEE, 1995b.

D. Lowe and M. Tipping. Feed-forward neural networks and topographic mappings for exploratory data analysis. *Neural Computing and Applications*, 4:83–95, 1996.

D. Lowe and A.R. Webb. Exploiting prior knowledge in network optimization: an illustration from medical prognosis. *Network*, 1:299–323, 1990.

D. Lowe and A.R. Webb. Optimized feature extraction and the Bayes decision in feed-forward classifier networks. *IEEE Transactions on Pattern Analysis and Machine Intelligence*, 13(4):355–364, 1991.

J. Lu, K.N. Plataniotis, and A.N. Venetsanopoulos. Regularized discriminant analysis for the small sample size problem in face recognition. *Pattern Recognition Letters*, 24(16):3079–3087, 2003.

J. Lu, K.N. Plataniotis, and A.N. Venetsanopoulos. Regularization studies of linear discriminant analysis in small sample size scenarios with application to face recognition. *Pattern Recognition Letters*, 26:181–191, 2005.

L. Lü and T. Zhou. Link prediction in complex networks: a survey. *Physica A: Statistical Mechanics and its Applications*, 390(6):1150–1170, 2010.

A.J. Lunn, A. Thomas, N. Best, and D. Spiegelhalter. WinBUGS – a Bayesian modelling framework: contents, structure and extensibility. *Statistics and Computing*, 10:325–337, 2000.

D. Lusseau and M.E.J. Newman. Identifying the role that animals play in their social networks. *Proceedings of the Royal Society of London B*, 271(S6):S477–S481, 2004.

D. Lusseau, H. Whitehead, and S. Gero. Applying network methods to the study of animal social structures. *Animal Behaviour*, 75:1809–1815, 2008.

S.P. Luttrell. Hierarchical vector quantisation. *IEE Proceedings Part I*, 136(6):405–413, 1989.

S.P. Luttrell. Using self-organising maps to classify radar range profiles. In *Proceedings of the 4th International Conference on Artificial Neural Networks*, pages 335–340. IEE, 1995.

S.P. Luttrell. Self-organised modular neural networks for encoding data. In A.J.C. Sharkey, editor, *Combining Artificial Neural Nets: Ensemble and Modular Multi-Net Systems*, pages 235–263. Springer-Verlag, 1999.

M.A. Lyons, R.S.H. Yang, A.N. Mayeno, and B. Reisfeld. Computational toxicology of chloroform: Reverse dosimetry using Bayesian inference, Markov chain Monte Carlo simulation, and human biomonitoring data. *Environmental Health Perspectives*, 116(8):1040–1043, 2008.

D.J.C. MacKay. Probable networks and plausible predictions – a review of practical Bayesian methods for supervised neural networks. *Network: Computation in Neural Systems*, 6:469–505, 1995.

D. Madigan and A.E. Raftery. Model selection and accounting for model uncertainty in graphical models using Occam's window. *Journal of the American Statistical Association*, 89:1535–1546, 1994.

M. Magee, R. Weniger, and D. Wenzel. Multidimensional pattern classification of bottles using diffuse and specular illumination. *Pattern Recognition*, 26(11):1639–1654, 1993.

J.R. Magnus, O. Powell, and P. Prüfer. A comparison of two model averaging techniques with an application to growth empirics. *Journal of Econometrics*, 154:139–153, 2010.

J. Makhoul, S. Roucos, and H. Gish. Vector quantization in speech coding. *Proceedings of the IEEE*, 73(11):1511–1588, 1985.

B.F.J. Manly. *Multivariate Statistical Methods, a Primer*. Chapman and Hall, 1986.

J. Mao and A.K. Jain. Artificial neural networks for feature extraction and multivariate data projection. *IEEE Transactions on Neural Networks*, 6(2):296–317, 1995.

D.J. Marchette. *Random Graphs for Statistical Pattern Recognition*. John Wiley & Sons, Ltd, 2004.

M. Marinaro and S. Scarpetta. On-line learning in RBF neural networks: a stochastic approach. *Neural Networks*, 13:719–729, 2000.

P. Marjoram, J. Molitor, V. Plagnol, and S. Tavaré. Markov chain Monte Carlo without likelihoods. *Proceedings of the National Academy of Sciences of the United States of America*, 100(26):15324–15328, 2003.

J.S. Marron. Automatic smoothing parameter selection: a survey. *Empirical Economics*, 13:187–208, 1988.

A.D. Marrs. An application of reversible-jump MCMC to multivariate spherical Gaussian mixtures. *Advances in Neural Information Processing Systems*, 10:577–583, 1998.

G. Martinelli, J. Eidsvik, R. Hauge, and M.D. Forland. Bayesian networks for prospect analysis in the North Sea. Technical Report of Department of Mathematical Sciences, NTNU, Trondheim, 2010.

S.R. Maskell. A Bayesian approach to fusing uncertain, imprecise and conflicting information. *Information Fusion Journal*, 9(2):259–277, April 2008.

K. Matsuoka. Noise injection into inputs in back-propagation learning. *IEEE Transactions on Systems, Man, and Cybernetics*, 22(3):436–440, 1992.

A. McCallum and K. Nigam. A comparison of event models for naïve Bayes text classification. In *Proceedings of AAAI/ICML-98 Workshop on Learning for Text Categorization*, pages 41–48. AAAI Press, 1998.

C.A. McGrory and D.M. Titterington. Variational Bayesian analysis for hidden Markov models. *Australian and New Zealand Journal of Statistics*, 51(2):227–244, 2009.

R.M. McIntyre and R.K. Blashfield. A nearest-centroid technique for evaluating the minimum-variance clustering procedure. *Multivariate Behavioral Research*, 2:225–238, 1980.

S.J. McKenna, S. Gong, and Y. Raja. Modelling facial colour and identity with Gaussian mixtures. *Pattern Recognition*, 31(12):1883–1892, 1998.

G.J. McLachlan. Error rate estimation in discriminant analysis: recent advances. In A.K. Gupta, editor, *Advances in Multivariate Analysis*. D. Reidel Publishing Company, 1987.

G.J. McLachlan. *Discriminant Analysis and Statistical Pattern Recognition*. John Wiley & Sons, Ltd, 1992a.

G.J. McLachlan. Cluster analysis and related techniques in medical research. *Statistical Methods in Medical Research*, 1(1):27–48, 1992b.

G.J. McLachlan and K.E. Basford. *Mixture Models: Inference and Applications to Clustering*. Marcel Dekker, 1988.

G.J. McLachlan and T. Krishnan. *The EM Algorithm and Extensions*. John Wiley & Sons, Ltd, 1996.

G.J. McLachlan and D. Peel. *Finite Mixture Models*. John Wiley & Sons, Ltd, 2000.

W. Meier, R. Weber, and H.-J. Zimmermann. Fuzzy data analysis – methods and industrial applications. *Fuzzy Sets and Systems*, 61:19–28, 1994.

J. Meinguet. Multivariate interpolation at arbitrary points made simple. *Journal of Applied Mathematics and Physics (ZAMP)*, 30:292–304, 1979.

M.R. Melchiori. Which Archimedean copula is the right one? *YieldCurve.com*, 2003.

F. Melgani and L. Bruzzone. Classification of hyperspectral remote sensing images with support vector machines. *IEEE Transactions on Geoscience and Remote Sensing*, 42(8):1778–1790, 2004.

I. Melvin, J. Weston, C.S. Leslie, and W.S. Noble. Combining classifiers for improved classification of proteins from sequence or structure. *BMC Bioinformatics*, 9:389, 2008.

X.-L. Meng and D.B. Rubin. Recent extensions to the EM algorithm. In J.M. Bernado, J.O. Berger, A.P. Dawid, and A.F.M. Smith, editors, *Bayesian Statistics*, volume 4, pages 307–320. Oxford University Press, 1992.

X.-L. Meng and D.B. Rubin. Maximum likelihood estimation via the ECM algorithm: a general framework. *Biometrika*, 80(2):267–27, 1993.

X.-L. Meng and D. van Dyk. The EM algorithm – an old folk-song sung to a fast new tune (with discussion). *Journal of the Royal Statistical Society Series B*, 59(3):511–567, 1997.

K.L. Mengersen, C.P. Robert, and C. Guihenneuc-Jouyaux. MCMC convergence diagnostics: a review. In J.M. Bernardo, J.O. Berger, A.P. Dawid, and A.F.M. Smith, editors, *Bayesian Statistics*, pages 399–432. Oxford University Press, 1998.

C.L. Merz. Using correspondence analysis to combine classifiers. *Machine Learning*, 36:33–58, 1999.

A. Meyer-Baese. *Pattern Recognition in Medical Imaging*. Academic Press, 2003.

C.A. Micchelli. Interpolation of scattered data: distance matrices and conditionally positive definite matrices. *Constructive Approximation*, 2:11–22, 1986.

M. Michael and W.-C. Lin. Experimental study of information measure and inter-intra class distance ratios on feature selection and orderings. *IEEE Transactions on Systems, Man and Cybernetics*, 3(2):172–181, 1973.

D. Michie, D.J. Spiegelhalter, and C.C. Taylor. *Machine Learning, Neural and Statistical Classification*. Ellis Horwood Limited, 1994.

M.L. Micó, J. Oncina, and E. Vidal. A new version of the nearest-neighbour approximating and eliminating search algorithm (AESA) with linear preprocessing time and memory requirements. *Pattern Recognition*, 15:9–17, 1994.

T. Mikosch. Copulas: tales and facts. *Extremes*, 9:3–20, 2006.

J. Milgram, M. Cheriet, and R. Sabourin. 'One against one' or 'one against all': which one is better for handwriting recognition with SVMs? In G. Lorette, editor, *Proceedings of 10th International Workshop on Frontiers in Handwriting Recognition*. Suvisoft, 2006.

S. Milgram. The small world problem. *Psychology Today*, 2:60–67, 1967.

A.J. Miller. *Subset Selection in Regression*. Chapman and Hall, 1990.

G.W. Milligan. A Monte Carlo study of thirty internal measures for cluster analysis. *Psychometrika*, 46(2):187–199, 1981.

G.W. Milligan and M.C. Cooper. An examination of procedures for determining the number of clusters in a data set. *Psychometrika*, 50(2):159–179, 1985.

J. Mingers. An empirical comparison of pruning methods for decision tree inductions. *Machine Learning*, 4:227–243, 1989.

M.L. Minsky and S.A. Papert. *Perceptrons. An Introduction to Computational Geometry*. The MIT Press, 1988.

T.M. Mitchell. *Machine Learning*. McGraw-Hill, 1997.

C. Miyajima, Y. Nishiwaki, K. Ozawa, T. Wakita, K. Itou, K. Takeda, and F. Itakura. Driver modeling based on driving behavior and its evaluation in driver identification. *Proceedings of the IEEE*, 95(2):427–437, 2007.

A. Mkhadri. Shrinkage parameter for the modified linear discriminant analysis. *Pattern Recognition Letters*, 16:267–275, 1995.

A. Mkhadri, G. Celeux, and A. Nasroallah. Regularization in discriminant analysis: an overview. *Computational Statistics and Data Analysis*, 23:403–423, 1997.

R. Mojena. Hierarchical grouping methods and stopping rules: an evaluation. *Computer Journal*, 20:359–363, 1977.

M. Mojirsheibani. Combining classifiers via discretization. *Journal of the American Statistical Association*, 94(446):600–609, 1999.

L.C. Molina, L. Belanche, and A. Nebot. Feature selection algorithms: a survey and experimental evaluation. In *Proceedings of the IEEE International Conference on Data Mining*, pages 306–313. IEEE, 2002.

M. Montemerlo, S. Thrun, D. Koller, and B. Wegbreit. FastSLAM 2.0: an improved particle filtering algorithm for simultaneous localization and mapping that provably converges. In *Proceedings of the Sixteenth International Joint Conference on Artificial Intelligence (IJCAI)*. 2003.

J. Montgomery and B. Nyhan. Bayesian model averaging: theoretical developments and practical applications. *Political Science*, 18(2):245–270, 2010.

A.W. Moore. *Efficient Memory-based Learning for Robot Control: An introductory tutorial on kd-trees*. PhD thesis, Computer Laboratory, University of Cambridge, 1991.

M.A. Moran and B.J. Murphy. A closer look at two alternative methods of statistical discrimination. *Applied Statistics*, 28(3):223–232, 1979.

F. Moreno-Seco, L. Micó, and J. Oncina. Extending LAESA fast nearest neighbour algorithm to find the k nearest neighbours. *Springer Lecture Notes in Computer Science*, 2396:718–724, 2002.

B.J.T. Morgan and A.P.G. Ray. Non-uniqueness and inversions in cluster analysis. *Applied Statistics*, 44(1):117–134, 1995.

N. Morgan and H.A. Bourlard. Neural networks for the statistical recognition of continuous speech. *Proceedings of the IEEE*, 83(5):742–772, 1995.

D.P. Mukherjee, D.K. Banerjee, B. Uma Shankar, and D.D. Majumder. Coal petrography: a pattern recognition approach. *International Journal of Coal Geology*, 25:155–169, 1994.

D.P. Mukherjee, A. Pal, S.E. Sarma, and D.D. Majumder. Water quality analysis: a pattern recognition approach. *Pattern Recognition*, 28(2):269–281, 1995.

S. Mukkamala, A.H. Sung, A. Abraham, and V. Ramos. Intrusion detection using adaptive regression splines. In *6th International Conference on Enterprise Information Systems, EIS'04*, pages 26–33. Kluwer Academic Press, 2004.

D.J. Munro, O.K. Ersoy, M.R. Bell, and J.S. Sadowsky. Neural network learning of low-probability events. *IEEE Transactions on Aerospace and Electronic Systems*, 32(3):898–910, 1996.

P.M. Murphy and D.W. Aha. UCI repository of machine learning databases. Technical Report, http://www.ics.uci.edu/ mlearn/MLRepository.html, UCI, 1995.

F. Murtagh. *Multidimensional Clustering Algorithms*. Physica-Verlag, 1985.

F. Murtagh. Contiguity-constrained clustering for image analysis. *Pattern Recognition Letters*, 13:677–683, 1992.

F. Murtagh. Interpreting the Kohonen self-organizing feature map using contiguity-constrained clustering. *Pattern Recognition Letters*, 16:399–408, 1995.

F. Murtagh and M. Hernández-Pajares. The Kohonen self-organizing map method: an assessment. *Journal of Classification*, 12(2):165–190, 1995.

S.K. Murthy. Automatic construction of decision trees from data: a multidisciplinary survey. *Data Mining and Knowledge Discovery*, 2:345–389, 1998.

S.K. Murthy, S. Kasif, and S. Salzberg. A system for induction of oblique decision trees. *Journal of Artificial Intelligence Research*, 2:1–32, 1994.

M.T. Musavi, W. Ahmed, K.H. Chan, K.B. Faris, and D.M. Hummels. On the training of radial basis function classifiers. *Neural Networks*, 5:595–603, 1992.

J.P. Myles and D.J. Hand. The multi-class metric problem in nearest neighbour discrimination rules. *Pattern Recognition*, 23(11):1291–1297, 1990.

I.T. Nabney. *NETLAB: Algorithms for Pattern Recognition*. Springer, 2001.

I.T. Nabney, editor. *NETLAB Algorithms for Pattern Recognition*. Springer, 2002.

E.A. Nadaraya. *Nonparametric Estimation of Probability Densities and Regression Curves*. Kluwer Academic, 1989.

P.M. Narendra and K. Fukunaga. A branch and bound algorithm for feature subset selection. *IEEE Transactions on Computers*, 26:917–922, 1977.

R. Neal. Annealed importance sampling. *Statistics and Computing*, 11(2):125–139, April 2001.

R.M. Neal. Slice sampling. *The Annals of Statistics*, 31(3):705–767, 2003.

R.E Neapolitan, editor. *Learning Bayesian Networks*. Series in Artificial Intelligence. Prentice Hall, 2003.

M. Neil, D. Marquez, and N. Fenton. Using Bayesian networks to model the operational risk to information technology infrastructure in financial institutions. *Journal of Financial Transformation*, 22:131–138, 2008.

M. Neil, M. Tailor, and D. Marquez. Inference in hybrid Bayesian networks using dynamic discretisation. *Statistics and Computing*, 17(3):219–233, 2007.

M.E.J. Newman. The structure and function of complex networks. *SIAM Review*, 45(2):167–256, 2003.

M.E.J. Newman. Finding community structure in networks using the eigenvectors of matrices. *Physical Review E*, 74:036184, 2006.

M.E.J. Newman. *Networks. An Introduction*. Oxford University Press, 2010.

M.E.J. Newman and M. Girvan. Finding and evaluating community structure in networks. *Physical Review E*, 69(5):026113, 2004.

M.E.J. Newman and E.A. Leicht. Mixture models and exploratory analysis in networks. *Proceedings of the National Academy of Sciences of the United States of America*, 104(23):9564–9569, 2007.

A.Y. Ng, M.I. Jordan, and Y. Weiss. On spectral clustering: analysis and an algorithm. In T. Dieterrich, S. Becker, and Z. Ghahramani, editors, *Advances in Neural Information Processing Systems*, pages 849–856. The MIT Press, 2002.

H. Niemann and R. Goppert. An efficient branch-and-bound algorithm nearest neighbour classifier. *Pattern Recognition Letters*, 7(2):67–72, 1988.

H. Niemann and J. Weiss. A fast-converging algorithm for nonlinear mapping of high dimensional data to a plane. *IEEE Transactions on Computers*, 28(2):142–147, 1979.

N.J. Nilsson. *Learning Machines: Foundations of Trainable Pattern-Classifying Systems*. McGraw-Hill, 1965.

H. Ning, W. Xu, Y. Chi, Y. Gong, and T. Huang. Incremental spectral clustering with application to monitoring of evolving blog communities. In *SIAM International Conference on Data Mining*, pages 261–272. SIAM, 2007.

M. Nixon and A.S. Aquado. *Feature Extraction and Image Processing*. Academic Press, second edition, 2008.

I. Ntzoufras. *Bayesian Modeling Using WinBUGS*. Wiley Series in Computational Statistics. John Wiley & Sons, Ltd, 2009.

A. O'Hagan. *Bayesian Inference*. Edward Arnold, 1994.

T. Okada and S. Tomita. An optimal orthonormal system for discriminant analysis. *Pattern Recognition*, 18(2):139–144, 1985.

J.J. Oliver and D.J. Hand. Averaging over decision trees. *Journal of Classification*, 13(2):281–297, 1996.

I. Olkin and R.F. Tate. Multivariate correlation models with mixed discrete and continuous variables. *Annals of Mathematical Statistics*, 22:92–96, 1961.

S.D. Oman, T. Naes, and A. Zube. Detecting and adjusting for non-linearities in calibration of near-infrared data using principal components. *Journal of Chemometrics*, 7:195–212, 1993.

S.M. Omohundro. Five balltree construction algorithms. Technical Report, International Computer Science Institute, 1989.

T.J. O'Neill. Error rates of non-Bayes classification rules and the robustness of Fisher's linear discriminant function. *Biometrika*, 79(1):177–184, 1992.

M.J.L. Orr. Regularisation in the selection of radial basis function centers. *Neural Computation*, 7:606–623, 1995.

E. Osuna, R. Freund, and F. Girosi. Training support vector machines: an application to face detection. In *Proceedings of 1997 IEEE Computer Society Conference on Computer Vision and Pattern Recognition*, pages 130–136. Computer Society Press, 1997.

R. Ouysse and R. Kohn. Bayesian variable selection and model averaging in the arbitrage pricing theory model. *Computational Statistics and Data Analysis*, 54(12):3249–3268, 2010.

J.E. Overall and K.N. Magee. Replication as a rule for determining the number of clusters in a hierarchical cluster analysis. *Applied Psychological Measurement*, 16:119–128, 1992.

N.R. Pal and J.C. Bezdek. On cluster validity for the fuzzy $c$-means model. *IEEE Transactions on Fuzzy Systems*, 3(3):370–379, 1995.

G. Palla, A.-L. Barabási, and T. Vicsek. Quantifying social group evolution. *Nature*, 446:664–667, 2007.

G. Palla, I. Derényi, I. Farkas, and T. Vicsek. Uncovering the overlapping community structure of complex networks in nature and society. *Nature*, 435:814–818, 2005a.

G. Palla, I. Derényi, I. Farkas, and T. Vicsek. Uncovering the overlapping community structure of complex networks in nature and society. Supplementary information. *Nature*, 435:814–818, 2005b.

Y.-H. Pao. *Adaptive Pattern Recognition and Neural Networks*. Addison-Wesley, 1989.

J. Park and I.W. Sandberg. Approximation and radial-basis-function networks. *Neural Computation*, 5:305–316, 1993.

S.H. Park, J.M. Goo, and C.-H. Jo. Receiver operating characteristic (ROC) curve: practical review for radiologists. *Korean Journal of Radiology*, 5:11–18, 2004.

E. Parzen. On estimation of a probability density function and mode. *Annals of Mathematical Statistics*, 33:1065–1076, 1962.

A.C. Patel and M.K. Markey. Comparison of three-class classification performance metrics: a case study in breast cancer CAD. In M.P. Eckstein and Y. Jiang, editors, *Proceedings SPIE Medical Imaging 2005: Image Perception, Observer Performance and Technology Assessment*, volume 5749, pages 581–589. SPIE, 2005.

M. Pawlak. Kernel classification rules from missing data. *IEEE Transactions on Information Theory*, 39(3):979–988, 1993.

J. Pearl. *Probabilistic Reasoning in Intelligent Systems: Networks of Plausible Inference*. Morgan Kaufmann, 1988.

K. Pearson. On lines and planes of closest fit to systems of points in space. *Philosophical Magazine*, 2:559–572, 1901.

F. Pedersen, M. Bergström, E. Bengtsson, and B. Langström. Principal component analysis of dynamic positron emission tomography images. *European Journal of Nuclear Medicine*, 21(12):1285–1292, 1994.

D. Peel and G.J. McLachlan. Robust mixture modelling using the *t* distribution. *Statistics and Computing*, 10(4):339–348, 2000.

G. Peters. *Topics in Sequential Monte Carlo Samplers*. MSc Dissertation, Cambridge University, 2005.

P.J. Phillips, H. Moon, S.A. Rizvi, and P.J. Rauss. The FERET evaluation methodology for face-recognition algorithms. *IEEE Transactions on Pattern Analysis and Machine Intelligence*, 22(10):1090–1104, 2000.

B. Pinkowski. Principal component analysis of speech spectrogram images. *Pattern Recognition*, 30(5):777–787, 1997.

J. Platt. Fast training of support vector machines using sequential minimal optimisation. In B. Schölkopf, C.J.C. Burges, and A.J. Smola, editors, *Advances in Kernel Methods: Support Vector Learning*, pages 185–208. The MIT Press, 1998.

J.C. Platt. Probabilities for SV machines. In A.J. Smola, P. Bartlett, B. Schölkopf, and D. Schuurmans, editors, *Advances in Large Margin Classifiers*, pages 61–74. The MIT Press, 2000.

N. Popescu-Borodin. Fast k-means image quantization algorithm and its application to iris segmentation. *Buletin Stiintific - Universitatea de Pitesti. Seria Matematica si Informatica*, 14:1–18, 2008.

M.A. Porter, P.J. Mucha, M.E.J. Newman, and A.J. Friend. Community structure in the United States House of Representatives. *Physica A*, 386:414–438, 2007.

O. Pourret, P. Naim, and B. Marcot, editors. *Bayesian Networks: A Practical Guide to Applications*. Statistics in Practice. John Wiley & Sons, Ltd, 2008.

G.E. Powell, E. Clark, and S. Bailey. Categories of aphasia: a cluster-analysis of Schuell test profiles. *British Journal of Disorders of Communication*, 14(2):111–122, 1979.

M.J.D. Powell. Radial basis functions for multivariable interpolation: a review. In J.C. Mason and M.G. Cox, editors, *Algorithms for Approximation*, pages 143–167. Clarendon Press, 1987.

S. Prabhakar and A.K. Jain. Decision-level fusion in fingerprint verification. *Pattern Recognition*, 35:861–874, 2002.

M. Prakash and M.N. Murty. A genetic approach for selection of (near-) optimal subsets of principal components for discrimination. *Pattern Recognition Letters*, 16:781–787, 1995.

S.J. Press and S. Wilson. Choosing between logistic regression and discriminant analysis. *Journal of the American Statistical Association*, 73:699–705, 1978.

W.H. Press, B.P. Flannery, S.A. Teukolsky, and W.T. Vetterling. *Numerical Recipes. The Art of Scientific Computing*. Cambridge University Press, second edition, 1992.

J.K. Pritchard, M.T. Seielstad, A. Perex-Lezaun, and M.W. Feldman. Population growth of human Y chromosomes: a study of Y chromosome microsatellites. *Molecular Biology and Evolution*, 16(12):1791–1798, 1999.

L. Prost, D. Makowski, and M.-H. Jeuffroy. Comparison of stepwise selection and Bayesian model averaging for yield gap analysis. *Ecological Modelling*, 219:66–76, 2008.

F. Provost and T. Fawcett. Robust classification for imprecise environments. *Machine Learning*, 42:203–231, 2001.

F. Provost, T. Fawcett, and R. Kohavi. The case against accuracy estimation for comparing induction algorithms. In *Proceedings of the Fifteenth International Conference on Machine Learning*, pages 445–453. Morgan Kaufmann, 1997.

D. Psaltis, R.R. Snapp, and S.S. Venkatesh. On the finite sample performance of the nearest neighbor classifier. *IEEE Transactions on Information Theory*, 40(3):820–837, 1994.

P. Pudil, F.J. Ferri, J. Novovičová, and J. Kittler. Floating search methods for feature selection with nonmonotonic criterion functions. In *Proceedings of the International Conference on Pattern Recognition*, volume 2, pages 279–283. IEEE, 1994a.

P. Pudil, J. Novovičová, N. Choakjarernwanit, and J. Kittler. Feature selection based on the approximation of class densities by finite mixtures of special type. *Pattern Recognition*, 28(9):1389–1398, 1995.

P. Pudil, J. Novovičová, and J. Kittler. Floating search methods in feature selection. *Pattern Recognition Letters*, 15:1119–1125, 1994b.

M. H. Quenouille. Approximate tests of correlation in time series. *Journal of the Royal Statistical Society Series B*, 11:68–84, 1949.

J.R. Quinlan. Simplifying decision trees. *International Journal of Man Machine Studies*, 27:221–234, 1987.

J.R. Quinlan. Learning logical definitions from relations. *Machine Learning*, 5(3):239–266, 1990.

J.R. Quinlan. *C4.5: Programs for Machine Learning*. Morgan Kaufmnann, 1993.

J.R. Quinlan and R.L. Rivest. Inferring decision trees using the minimum description length principle. *Information and Computation*, 80:227–248, 1989.

L.R. Rabiner, B.-H. Juang, S.E. Levinson, and M.M. Sondhi. Recognition of isolated digits using hidden Markov models with continuous mixture densities. *AT&T Technical Journal*, 64(4):1211–1234, 1985.

A.E. Raftery. Bayesian model selection in social research (with discussion). In P.V. Marsden, editor, *Sociological Methodology 1995*, pages 111–196. Blackwell, 1995.

A.E. Raftery and S.M. Lewis. Implementing MCMC. In W.R. Gilks, S. Richardson, and D.J. Spiegelhalter, editors, *Markov Chain Monte Carlo in Practice*, pages 115–130. Chapman and Hall, 1996.

S. Raju and V.V.S. Sarma. Multisensor data fusion and decision support for airborne target identification. *IEEE Transactions on Systems, Man, and Cybernetics*, 21(5):1224–1230, 1991.

A. Ramalingam and S. Krishnan. Gaussian mixture modeling of short-time Fourier transform features for audio fingerprinting. *IEEE Transactions on Information Forensics and Security*, 1(4):457–463, 2006.

V. Ramasubramanian and K.K. Paliwal. Fast nearest-neighbor search algorithms based on approximation-elimination search. *Pattern Recognition*, 33:1497–1510, 2000.

S. Ramaswamy, P. Tamayo, R. Rifkin, S. Mukherjee, C.-H. Yeang, M. Angelo, C. Ladd, M. Reich, E. Latulippe, J.P. Mesirov, T. Poggio, W. Gerald, M. Loda, E.S. Lander, and T.R. Golub. Multiclass cancer diagnosis using tumor gene expression signatures. *Proceedings of the National Academy of Sciences of the United States of America*, 98(26):15149–15154, 2001.

J.O. Ramsay and C.J. Dalzell. Some tools for functional data analysis (with discussion). *Journal of the Royal Statistical Society Series B*, 53:539–572, 1991.

M.B. Ratcliffe, K.B. Gupta, J.T. Streicher, E.B. Savage, D.K. Bogen, and L.H. Edmunds. Use of sonomicrometry and multidimensional scaling to determine the three-dimensional coordinates of multiple cardiac locations: feasibility and initial implementation. *IEEE Transactions on Biomedical Engineering*, 42(6):587–598, 1995.

S. Rattanasiri, D. Böhning, P. Rojanavipart, and S. Athipanyakom. A mixture model application in disease mapping of malaria. *Southeast Asian Journal of Tropical Medicine and Public Health*, 35(1):38–47, 2004.

M.J. Rattigan, M. Maier, and D. Jensen. Graph clustering with network structure indices. In *ICML '07: Proceedings of the 24th International Conference on Machine Learning*, pages 783–790. ACM, 2007.

S.J. Raudys. Scaled rotation regularisation. *Pattern Recognition*, 33:1989–1998, 2000.

W. Rayens and T. Greene. Covariance pooling and stabilization for classification. *Computational Statistics and Data Analysis*, 11:17–42, 1991.

R.A. Redner and H.F. Walker. Mixture densities, maximum likelihood and the EM algorithm. *SIAM Review*, 26(2):195–239, 1984.

R. Reed. Pruning algorithms – a survey. *IEEE Transactions on Neural Networks*, 4(5):740–747, 1993.

A.-P.N. Refenes, A.N. Burgess, and Y. Bentz. Neural networks in financial engineering: a study in methodology. *IEEE Transactions on Neural Networks*, 8(6):1222–1267, 1997.

J. Remme, J.D.F. Habbema, and J. Hermans. A simulative comparison of linear, quadratic and kernel discrimination. *Journal of Statistical Computation and Simulation*, 11:87–106, 1980.

S. Renals. Nearest neighbours and the kD-tree, Course notes for informatics 2B, algorithms data structures and learning. Technical Report, The University of Edinburgh School of Informatics, 2007.

J.D.M. Rennie, L. Shih, J. Teevan, and D.R. Karger. Tackling the poor assumptions of naïve Bayes text classifiers. In *Proceedings of the Twentieth International Conference on Machine Learning (ICML-2003)*, Pages 616–623. IEEE, 2003.

M. Revow, C.K.I. Williams, and G.E. Hinton. Using generative models for handwritten digit recognition. *IEEE Transactions on Pattern Analysis and Machine Intelligence*, 18(6):592–606, 1996.

R.A. Reyment, R.E. Blackith, and N.A. Campbell. *Multivariate Morphometrics*. Academic Press, second edition, 1984.

D.A. Reynolds, T.F. Quatieri, and R.B. Dunn. Speaker verification using adapted Gaussian mixture models. *Digital Signal Processing*, 10:19–41, 2000.

J.A. Rice and B.W. Silverman. Estimating the mean and covariance structure nonparametrically when the data are curves. *Journal of the Royal Statistical Society Series B*, 53:233–243, 1991.

S. Richardson and P.J. Green. On Bayesian analysis of mixtures with an unknown number of components (with discussion). *Journal of the Royal Statistical Society Series B*, 59(4):731–792, 1997.

S. Richardson and P.J. Green. Corrigendum: On Bayesian analysis of mixtures with an unknown number of components. *Journal of the Royal Statistical Society Series B*, 60(3):661, 1998.

B.D. Ripley. *Stochastic Simulation*. John Wiley & Sons, Ltd, 1987.

B.D. Ripley. Neural and related methods of classification. *Journal of the Royal Statistical Society Series B*, 56(3), 1994.

B.D. Ripley. *Pattern Recognition and Neural Networks*. Cambridge University Press, 1996.

E.A. Riskin and R.M. Gray. A greedy tree growing algorithm for the design of variable rate vector quantizers. *IEEE Transactions on Signal Processing*, 39(11):2500–2507, 1991.

B. Ristic, B. La Scala, M. Morelande, and N. Gordon. Statistical analysis of motion patterns in AIS data: anomaly detection and motion prediction. In *Proceedings of 11th International Conference on Information Fusion*, pages 1–7. 2008.

H. Ritter, T. Martinetz, and K. Schulten. *Neural Computation and Self-Organizing Maps: an Introduction*. Addison-Wesley, 1992.

C.P. Robert. *The Bayesian Choice: From Decision-Theoretic Foundations to Computational Implementation*. Springer Texts in Statistics. Springer, second edition, 2001.

C.P. Robert and G. Casella. *Monte Carlo Statistical Methods*. Springer Texts in Statistics. Springer, 2004.

C.P. Robert and G. Casella. *Introducing Monte Carlo Methods with R*. Springer, 2009.

C.P. Robert, J.-M. Cornuet, J.-M. Marin, and N.S. Pillai. Lack of confidence in ABC model choice. *Proceedings of the National Academy of Sciences of the United States of America*, submitted.

G.O. Roberts. Markov chain concepts related to sampling algorithms. In W.R. Gilks, S. Richardson, and D.J. Spiegelhalter, editors, *Markov Chain Monte Carlo in Practice*, pages 45–57. Chapman and Hall, 1996.

S. Roberts and L. Tarassenko. Analysis of the sleep EEG using a multilayer network with spatial organisation. *IEE Proceedings Part F*, 139(6):420–425, 1992.

D.M. Rocke and D.L. Woodruff. Robust estimation of multivariate location and shape. *Journal of Statistical Planning and Inference*, 57:245–255, 1997.

K. Roeder and L. Wasserman. Practical Bayesian density estimation using mixtures of normals. *Journal of the American Statistical Association*, 92(439):894–902, 1997.

S.K. Rogers, J.M. Colombi, C.E. Martin, J.C. Gainey, K.H. Fielding, T.J. Burns, D.W. Ruck, M. Kabrisky, and M. Oxley. Neural networks for automatic target recognition. *Neural Networks*, 8(7/8):1153–1184, 1995.

F.J. Rohlf. Single-link clustering algorithms. In P.R. Krishnaiah and L.N. Kanal, editors, *Handbook of Statistics*, volume 2, pages 267–284. North Holland, 1982.

M. Rosenblatt. Remarks on some nonparametric estimates of a density function. *The Annals of Mathematical Statistics*, 27:832–835, 1956.

M. Rosvall and C.T. Bergstrom. Maps of random walks on complex networks reveal community structure. *Proceedings of the National Academy of Sciences of the United States of America*, 105(4):1118–1123, 2008.

M.W. Roth. Survey of neural network technology for automatic target recognition. *IEEE Transactions on Neural Networks*, 1(1):28–43, 1990.

P.J. Rousseeuw. Multivariate estimation with high breakdown point. In W. Grossmann, G. Pflug, I. Vincze, and Wertz W, editors, *Mathematical Statistics and Applications*, pages 283–297. Reidel, 1985.

D.E. Rumelhart, G.E. Hinton, and R.J. Williams. Learning internal representation by error propagation. In D.E. Rumelhart, J.L. McClelland, and the PDP Research Group, editors, *Parallel Distributed Processing: Explorations in the Microstructure of Cognition*, volume 1, pages 318–362. The MIT Press, 1986.

Y. Saeys, T. Abeel, and Y. Van de Peer. Robust feature selection using ensemble feature selection techniques. In *ECML PKDD*, volume 5212 of *Lecture Notes in Artificial Intelligence*, pages 313–325. Springer, 2008.

Y. Saeys, I. Inza, and P. Larranaga. A review of feature selection techniques in bioinformatics. *Bioinformatics*, 23(19):2507–2517, 2007.

S.R. Safavian and D.A. Landgrebe. A survey of decision tree classifier methodology. *IEEE Transactions on Systems, Man, and Cybernetics*, 21(3):660–674, 1991.

A. Samal and P.A. Iyengar. Automatic recognition and analysis of human faces and facial expressions: a survey. *Pattern Recognition*, 25:65–77, 1992.

J.W. Sammon. A nonlinear mapping for data structure analysis. *IEEE Transactions on Computers*, 18(5):401–409, 1969.

A. Sankar and R.J. Mammone. Combining neural networks and decision trees. In *Applications of Neural Networks II*, volume 1469, pages 374–383. SPIE, 1991.

A. Saranli and M. Demirekler. A statistical framework for rank-based multiple classifier decision fusion. *Pattern Recognition*, 34:865–884, 2001.

K. Saravanan. An efficient detection mechanism for intrusion detection systems using rule learning method. *International Journal of Computer and Electrical Engineering*, 1(4):503–506, 2009.

S. Schaack, A. Mauthofer, and U. Brunsmann. Stationary video-based pedestrian recognition for driver assistance systems. In *Proceedings of 21st International Technical Conference on the Enhanced Safety of Vehicles (ESV)*, Paper no. 09-0276. 2009.

S.E. Schaeffer. Graph clustering. *Computer Science Review*, 1(1):27–64, 2007.

C. Schaffer. Selecting a classification method by cross-validation. *Machine Learning*, 13:135–143, 1993.

R. Schalkoff. *Pattern Recognition. Statistical Structural and Neural*. John Wiley & Sons, Ltd, 1992.

R.E. Schapire. The strength of weak learnability. *Machine Learning*, 5(2):197–227, 1990.

R.E. Schapire and Y. Singer. Improved boosting algorithms using confidence-rated predictions. *Machine Learning*, 37:297–336, 1999.

S.S. Schiffman, M.L. Reynolds, and F.W. Young. *An Introduction to Multidimensional Scaling*. Academic Press, 1981.

B. Schölkopf and A.J. Smola. *Learning with Kernels. Support Vector Machines, Regularization, Optimization and Beyond*. The MIT Press, 2001.

B. Schölkopf, A.J. Smola, and K. Müller. Kernel principal component analysis. In B. Schölkopf, C.J.C. Burges, and A.J. Smola, editors, *Advances in Kernel Methods – Support Vector Learning*, pages 327–352. The MIT Press, 1999.

B. Schölkopf, A.J. Smola, R.C. Williamson, and P.L. Bartlett. New support vector algorithms. *Neural Computation*, 12:1207–1245, 2000.

B. Schölkopf, K.-K. Sung, C.J.C. Burges, F. Girosi, P. Niyogi, T. Poggio, and V. Vapnik. Comparing support vector machines with Gaussian kernels to radial basis function classifiers. *IEEE Transactions on Signal Processing*, 45(11):2758–2765, 1997.

C. Schölzel and P. Friederichs. Multivariate non-normally distributed random variables in climate research – introduction to the copula approach. *Nonlinear Processes in Geophysics*, 15:761–772, 2008.

M. Schomaker, A.T.K. Wan, and C. Heumann. Frequentist model averaging with missing observations. *Computational Statistics and Data Analysis*, 54(12):3336–3347, 2010.

J.R. Schott. Dimensionality reduction in quadratic discriminant analysis. *Computational Statistics and Data Analysis*, 16:161–174, 1993.

G. Schwarz. Estimating the dimension of a model. *The Annals of Statistics*, 6(2):461–464, 1978.

F. Schwenker, H.A. Kestler, and G. Palm. Three learning phases for radial-basis-function networks.. *Neural Networks*, 14:439–458, 2001.

S.L. Sclove. Application of model selection criteria to some problems in multivariate analysis. *Psychometrika*, 52(3):333–343, 1987.

D.W. Scott. *Multivariate Density Estimation. Theory, Practice and Visualization*. John Wiley & Sons, Ltd, 1992.

D.W. Scott, A.M. Gotto, J.S. Cole, and G.A. Gorry. Plasma lipids as collateral risk factors in coronary artery disease – a study of 371 males with chest pains. *Journal of Chronic Diseases*, 31:337–345, 1978.

G. Sebestyen and J. Edie. An algorithm for non-parametric pattern recognition. *IEEE Transactions on Electronic Computers*, 15(6):908–915, 1966.

S.Z. Selim and K.S. Al-Sultan. A simulated annealing algorithm for the clustering problem. *Pattern Recognition*, 24(10):1003–1008, 1991.

S.Z. Selim and M.A. Ismail. K-means-type algorithms: a generalized convergence theorem and characterization of local optimality. *IEEE Transactions on Pattern Analysis and Machine Intelligence*, 6(1):81–87, 1984a.

S.Z. Selim and M.A. Ismail. Soft clustering of multidimensional data: a semi-fuzzy approach. *Pattern Recognition*, 17(5):559–568, 1984b.

S.Z. Selim and M.A. Ismail. On the local optimality of the fuzzy isodata clustering algorithm. *IEEE Transactions on Pattern Analysis and Machine Intelligence*, 8(2):284–288, 1986.

P.S. Sephton. Cointegration tests on MARS. *Computational Economics*, 7:23–35, 1994.

S.B. Serpico, L. Bruzzone, and F. Roli. An experimental comparison of neural and statistical non-parametric algorithms for supervised classification of remote-sensing images. *Pattern Recognition Letters*, 17:1331–1341, 1996.

I.K. Sethi and J.H. Yoo. Design of multicategory multifeature split decision trees using perceptron learning. *Pattern Recognition*, 27(7):939–947, 1994.

M. Sewell. Ensemble learning. RN/11/02. Technical Report, University College London, 2011.

S. Shah and P.S. Sastry. New algorithms for learning and pruning oblique decision trees. *IEEE Transactions on Systems, Man, and Cybernetics Part C*, 29(4):494–505, 1999.

A.J.C. Sharkey. Multi-net systems. In A.J.C. Sharkey, editor, *Combining Artificial Neural Nets. Ensemble and Modular Multi-net Systems*, pages 1–30. Springer-Verlag, 1999.

J.W. Shavlik, R.J. Mooney, and G.G. Towell. Symbolic and neural learning algorithms: an experimental comparison. *Machine Learning*, 6:111–143, 1991.

S.J. Sheather and M.C. Jones. A reliable data-based bandwidth selection method for kernel density estimation. *Journal of the Royal Statistical Society Series B*, 53:683–690, 1991.

J. Shetty and J. Adibi. The Enron email dataset database schema and brief statistical report. Information Sciences Institute Technical Report, University of Southern California, 2005.

J. Shi and J. Malik. Normalized cuts and image segmentation. *IEEE Transactions on Pattern Analysis and Machine Intelligence*, 22(8):888–905, 2000.

L. Shuhui, D. C. Wunsh, E.A. O'Hair, and M.G. Giesselmann. Using neural networks to estimate wind turbine turbine power generation. *IEEE Transactions on Energy Conversion*, 16(3):276–282, September 2001.

R. Sibson. SLINK: an optimally efficient algorithm for the single-link cluster method. *The Computer Journal*, 16(1):30–34, 1973.

R. Sicard, T. Artières, and E. Petit. Learning iteratively a classifier with the Bayesian model averaging principle. *Pattern Recognition*, 41:930–938, 2008.

W. Siedlecki, K. Siedlecka, and J. Sklansky. An overview of mapping techniques for exploratory pattern analysis. *Pattern Recognition*, 21(5):411–429, 1988.

W. Siedlecki and J. Sklansky. On automatic feature selection. *International Journal of Pattern Recognition and Artificial Intelligence*, 2(2):197–220, 1988.

B.W. Silverman. Kernel density estimation using the fast Fourier transform. *Applied Statistics*, 31:93–99, 1982.

B.W. Silverman. *Density Estimation for Statistics and Data Analysis*. Chapman and Hall, 1986.

B.W. Silverman. Incorporating parametric effects into functional principal components analysis. *Journal of the Royal Statistical Society Series B*, 57(4):673–689, 1995.

P.K. Simpson, editor. *IEEE Journal of Oceanic Engineering*, 17: 1992. Special issue on 'Neural Networks for Oceanic Engineering'.

T. Sing, O. Sander, N. Beerenwinkel, and T. Lengauer. The ROCR package. Technical Report, http://rocr.bioinf.mpi-sb.mpg.de, 2007.

A. Skabar. Application of Bayesian MLP techniques to predicting mineralization potential from geoscientific data. In *Artificial Neural Networks: Formal Models and their Applications - ICANN, volume 3697 of Springer Lecture Notes in Computer Science*, pages 963–968. Springer, 2005.

A. Sklar. Fonctions de répartition à *n* dimensions et leurs marges. *Publications of the Institute of Statistics of the University of Paris*, 8:229–231, 1959.

A. Sklar. Random variables, joint distribution functions and copulas. *Kybernetika*, 9(6):449–460, 1973.

M. Skurichina. *Stabilizing Weak Classifiers*. Technical University of Delft, 2001.

J.M. Sloughter, A.E. Raftery, T. Gneiting, and C. Fraley. Probabilistic quantitative precipitation forecasting using Bayesian model averaging. *Monthly Weather Review*, 135(9):3209–3220, 2007.

A.F.M. Smith and A.E. Gelfand. Bayesian statistics without tears: a sampling-resampling perspective. *The American Statistician*, 46(2):84–88, 1992.

S.J. Smith, M.O. Bourgoin, K. Sims, and H.L. Voorhees. Handwritten character classification using nearest neighbour in large databases. *IEEE Transactions on Pattern Analysis and Machine Intelligence*, 16(9):915–919, 1994.

P. Smyth and Wolpert. Linearly combining density estimators via stacking. *Machine Learning*, 36:59–83, 1999.

P.H.A. Sneath and R.R. Sokal. *Numerical Taxonomy*. Freeman, 1973.

J.V.B. Soares, J.J.G. Leandro, R.M. Cesar Jr., and H.F. Jelinek. Retinal vessel segmentation using the 2-D Gabor wavelet and supervised classification. *IEEE Transactions on Medical Imaging*, 25(9):1214–1222, 2006.

A.H.S. Solberg, G. Storvik, R. Solberg, and E. Volden. Automatic detection of oil spills in ERS SAR images. *IEEE Transactions on Geoscience and Remote Sensing*, 37(4):1916–1924, 1999.

P. Sollich. Bayesian methods for support vector machines: evidence and predictive class probabilities. *Machine Learning*, 46(1-3):21–52, 2002.

P. Somol, P. Pudil, J. Novovičová, and P. Paclík. Adaptive floating search methods in feature selection. *Pattern Recognition Letters*, 20:1157–1163, 1999.

T. Sorsa, H.N. Koivo, and H. Koivisto. Neural networks in process fault diagnosis. *IEEE Transactions on Systems, Man and Cybernetics*, 21(4):815–825, 1991.

H. Späth. *Cluster Analysis Algorithms for Data Reduction and Classification of Objects*. Ellis Horwood Limited, 1980.

D.J. Spiegelhalter, A.P. Dawid, T.A. Hutchinson, and R.G. Cowell. Probabilistic expert systems and graphical modelling: a case study in drug safety. *Philosophical Transactions of the Royal Society of London*, 337:387–405, 1991.

D.A. Spielman and S.-H. Teng. Spectral partitioning works: planar graphs and finite element meshes. In *Proceedings of the 37th Annual Symposium on Foundations of Computer Science*, pages 96–105. IEEE Computer Society Press, 1996.

V. Spirin and L.A. Mirny. Protein complexes and functional modules in molecular networks. *Proceedings of the National Academy of Sciences of the United States of America*, 100(21):12123–12128, 2003.

R.F. Sproull. Refinements to nearest-neighbour searching in k-dimensional trees. *Algorithmica*, 6:579–589, 1991.

D.V. Sridhar, E.B. Bartlett, and R.C. Seagrave. An information theoretic approach for combining neural network process models. *Neural Networks*, 12:915–926, 1999.

D.V. Sridhar, R.C. Seagrave, and E.B. Bartlett. Process modeling using stacked neural networks. *Process Systems Engineering*, 42(9):387–405, 1996.

C. Staelin. Parameter selection for support vector machines. Technical Report, HP Laboratories Israel, 2002.

F. Stäger and M. Agarwal. Three methods to speed up the training of feedforward and feedback perceptrons. *Neural Networks*, 10(8):1435–1443, 1997.

A. Stassopoulou, M. Petrou, and J. Kittler. Bayesian and neural networks for geographic information processing. *Pattern Recognition Letters*, 17:1325–1330, 1996.

S.D. Stearns. On selecting features for pattern classifiers. In *Proceedings of the 3rd International Conference on Pattern Recognition*, pages 71–75. 1976.

M. Stephens. *Bayesian Methods for Mixtures of Normal Distributions*. PhD thesis, Magdalen College, University of Oxford, 1997.

M. Stephens. Bayesian analysis of mixture models with an unknown number of components – an alternative to reversible jump methods. *Annals of Statistics*, 28(1):40–74, 2000.

J. Stevenson. Multivariate statistics VI. The place of discriminant function analysis in psychiatric research. *Nordic Journal of Psychiatry*, 47(2):109–122, 1993.

C. Stewart, Y.-C. Lu, and V. Larson. A neural clustering approach for high resolution radar target classification. *Pattern Recognition*, 27(4):503–513, 1994.

G.W. Stewart. *Introduction to Matrix Computation*. Academic Press, Inc., 1973.

C. Stone, M. Hansen, C. Kooperberg, and Y. Truong. Polynomial splines and their tensor products (with discussion). *Annals of Statistics*, 25(4):1371–1470, 1997.

M. Stone. Cross-validatory choice and assessment of statistical predictions. *Journal of the Royal Statistical Society Series B*, 36:111–147, 1974.

D.J. Stracuzzi. Randomized feature selection. In H. Liu and H. Motoda, editors, *Computational Methyods of Feature Selection*. Chapman and Hall/CRC, 2007.

A. Stuart and J.K. Ord. *Kendall's Advanced Theory of Statistic*, volume 2. Edward Arnold, fifth edition, 1991.

R.G. Sumpter, C. Getino, and D.W. Noid. Theory and applications of neural computing in chemical science. *Annual Reviews of Physical Chemistry*, 45:439–481, 1994.

B.D. Sutton and G.J. Steck. Discrimination of Caribbean and Mediterranean fruit fly larvae (Diptera: Tephritidae) by cuticular hydrocarbon analysis. *Florida Entomologist*, 77(2):231–237, 1994.

A. Swarnkar and K.R. Niazi. CART for online security evaluation and preventive control of power systems. In *Proceedings of the 5th WSEAS/IASME International Conference on Electric Power Systems, High Voltages, Electric Machines*, pages 378–383. 2005.

K.S. Swarup, R. Mastakar, and K.V. Prasad Reddy. Decision tree for steady state security assessment and evaluation of power systems. In *Proceedings of the 2005 International Conference on Intelligent Sensing and Information Processing*, pages 211–216. 2005.

M.A. Tahir, A. Bouridane, and F. Kurugollu. Simultaneous feature selection and feature weighting using hybrid tabu search/k-nearest neighbor classifier. *Pattern Recognition Letters*, 28:438–446, 2007.

P.-N. Tan, M. Steinbach, and V. Kumar. *Introduction to Data Mining*. Pearson Education, 2005.

L. Tarassenko. *A Guide to Neural Computing Applications*. Arnold, 1998.

S. Tavaré, D.J. Balding, R.C. Griffiths, and P. Donnelly. Inferring coalescence times from DNA sequence data. *Genetics*, 145:505–518. 1997.

D.M.J. Tax, M. van Breukelen, R.P.W. Duin, and J. Kittler. Combining multiple classifiers by averaging or multiplying? *Pattern Recognition*, 33:1475–1485, 2000.

G.R. Terrell and D.W. Scott. Variable kernel density estimation. *Annals of Statistics*, 20(3):1236–1265, 1992.

S. Theodoridis and K. Koutroumbas. *Pattern Recognition*. Academic Press, fourth edition, 2009.

S. Theodoridis, A. Pikrakis, K. Koutroumbas, and D. Cavouras. *Introduction to Pattern Recognition: A Matlab Approach*. Academic Press, 2010.

C.W. Therrien. *Decision, Estimation and Classification. An Introduction to Pattern Recognition and Related Topics*. John Wiley & Sons, Ltd, 1989.

H.H. Thodberg. A review of Bayesian neural networks with application to near infrared spectroscopy. *IEEE Transactions on Neural Networks*, 7(1):56–72, 1996.

C.E. Thomaz, D.F. Gillies, and R.Q. Feitosa. A new covariance estimate for Bayesian classifiers in biometric recognition. *IEEE Transactions on Circuits and Systems for Video Technology*, 14(2):214–223, 2004.

Q. Tian, Y. Fainman, and S.H. Lee. Comparison of statistical pattern-recognition algorithms for hybrid processing. II. Eigenvector-based algorithm. *Journal of the Optical Society of America A*, 5(10):1670–1682, 1988.

R.J. Tibshirani. Principal curves revisited. *Statistics and Computing*, 2(4):183–190, 1992.

L. Tierney. Markov chains for exploring posterior distributions. *Annals of Statistics*, 22(4):1701–1762, 1994.

D.M. Titterington. A comparative study of kernel-based density estimates for categorical data. *Technometrics*, 22(2):259–268, 1980.

D.M. Titterington and G.M. Mill. Kernel-based density estimates from incomplete data. *Journal of the Royal Statistical Society Series B*, 45(2):258–266, 1983.

D.M. Titterington, G.D. Murray, L.S. Murray, D.J. Spiegelhalter, A.M. Skene, J.D.F. Habbema, and G.J. Gelpke. Comparison of discrimination techniques applied to a complex data set of head injured patients (with discussion). *Journal of the Royal Statistical Society Series A*, 144(2):145–175, 1981.

D.M. Titterington, A.F.M. Smith, and U.E. Makov. *Statistical Analysis of Finite Mixture Distributions*. John Wiley & Sons, Ltd, 1985.

R. Todeschini. *k*-nearest neighbour method: the influence of data transformations and metrics. *Chemometrics and Intelligent Laboratory Systems*, 6:213–220, 1989.

T. Toni and M.P.H. Stumpf. Simulation-based model selection for dynamical systems in systems and population biology. *Bioinformatics*, 26(1):104–110, 2010.

T. Toni, D. Welch, N. Strelkowa, A. Ipsen, and M.P.H. Stumpf. Approximate Bayesian computation scheme for parameter inference and model selection in dynamical systems. *Journal of the Royal Society Interface*, 6(31):187–2002, 2009.

J.T. Tou and R.C. Gonzales. *Pattern Recognition Principles*. Addison-Wesley, 1974.

G.T. Toussaint. Bibliography on estimation of misclassification. *IEEE Transactions on Information Theory*, 20(4):472–479, 1974.

P.K. Trivedi and D.M. Zimmer. Copula modeling: an introduction for practitioners. *Foundations and Trends® in Econometrics*, 1(1):1–111, 2005.

S. Tulyakov, S. Jaeger, V. Govindaraju, and D. Doermann. Review of classifier combination methods. In S. Marinai and H. Fujisawa, editors, *Studies in Computational Intelligence: Machine Learning in Document Analysis and Recognition*, pages 361–386. Springer, 2008.

M. Turk and A. Pentland. Eigenfaces for recognition. *Journal of Cognitive Neuroscience*, 3(1):71–86, 1991.

J.R. Tyler, D.M. Wilkinson, and B.A. Huberman. *Email as spectroscopy: automated discovery of community structure within organizations*, pages 81–96. Kluwer, 2003.

D.G. Tzikas, C.A. Likas, and N.P. Galatsanos. The variational approximation for Bayesian inference. *IEEE Signal Processing Magazine*, 25(6):131–146, 2008.

J.K. Uhlmann. Satisfying general proximity/similarity queries with metric trees. *Information Processing Letters*, 40:175–179, 1991.

R. Unbehauen and F.-L. Luo, editors. *Signal Processing*, 64:1998. Special issue on 'Neural Networks'.

D. Valentin, H. Abdi, A.J. O'Toole, and G.W. Cottrell. Connectionist models of face processing: a survey. *Pattern Recognition*, 27(9):1209–1230, 1994.

R.S. Valiveti and B.J. Oommen. On using the chi-squared metric for determining stochastic dependence. *Pattern Recognition*, 25(11):1389–1400, 1992.

R.S. Valiveti and B.J. Oommen. Determining stochastic dependence for normally distributed vectors using the chi-squared metric. *Pattern Recognition*, 26(6):975–987, 1993.

F. van der Heiden, R.P.W. Duin, D. de Ridder, and D.M.J. Tax. *Classification, Parameter Estimation and State Estimation: an Engineering Approach Using MATLAB*. Wiley-Blackwell, 2004.

R. van der Heiden and F.C.A. Groen. The Box-Cox metric for nearest neighbour classification improvement. *Pattern Recognition*, 30(2):273–279, 1997.

P.P. van der Smagt. Minimisation methods for training feedforward networks. *Neural Networks*, 7(1):1–11, 1994.

T. Van Gestel, J.A.K. Suykens, D.-E. Baestaens, A. Lambrechts, G. Lanckriet, B.V. Vandaele, B. De Moor, and J. Vandewalle. Financial time series prediction using least squares support vector machines within the evidence framework. *IEEE Transactions on Neural Networks*, 12(4):809–821, 2001.

T. Van Gestel, J.A.K. Suykens, G. Lanckriet, A. Lambrechts, B. De Moor, and J. Vandewalle. A Bayesian framework for least squares support vector machine classifiers, Gaussian processes and kernel Fisher discriminant analysis. *Neural Computation*, 14(5):1115–1147, 2002.

V.N. Vapnik. *Statistical Learning Theory*. John Wiley & Sons, Ltd, 1998.

P.K. Varshney. *Distributed Detection and Data Fusion*. Springer-Verlag, 1997.

N.B. Venkateswarlu and P.S.V.S.K. Raju. Fast ISODATA clustering algorithms. *Pattern Recognition*, 25(3):335–345, 1992.

G.G. Venter. Tails of copulas. *2001 ASTIN Colloquium*. 2001.

E. Vidal. An algorithm for finding nearest neighbours in (approximately) constant average time. *Pattern Recognition Letters*, 4(3):145–157, 1986.

E. Vidal. New formulation and improvements of the nearest-neighbour approximating and eliminating search algorithm (AESA). *Pattern Recognition Letters*, 15:1–7, 1994.

R. Viswanathan and P.K. Varshney. Distributed detection with multiple sensors: part 1 – fundamentals. *Proceedings of the IEEE*, 85(1):54–63, 1997.

F. Vivarelli and C.K.I. Williams. Comparing Bayesian neural network algorithms for classifying segmented outdoor images. *Neural Networks*, 14:427–437, 2001.

C.T. Volinsky. *Bayesian Model Averaging for Censored Survival Models*. PhD thesis, University of Washington, Seattle, 1997.

U. von Luxburg. A tutorial on spectral clustering. *Statistics and Computing*, 17(4):395–416, 2007.

P.W. Wahl and R.A. Kronmal. Discriminant functions when covariances are unequal and sample sizes are moderate. *Biometrics*, 33:479–484, 1977.

E. Waltz and J. Llinas. *Multisensor Data Fusion*. Artech House, 1990.

M.P. Wand and M.C. Jones. Multivariate plug-in bandwidth selection. *Computational Statistics*, 9:97–116, 1994.

M.P. Wand and M.C. Jones. *Kernel Smoothing*. Chapman and Hall, 1995.

X. Wang, T.L. Lin, and J. Wong. Feature selection in intrusion detection system over mobile ad-hoc network. Technical Report, Computer Science, Iowa State University, 2005.

J.H. Ward. Hierarchical grouping to optimise an objective function. *Journal of the American Statistical Association*, 58:236–244, 1963.

L. Wasserman. Bayesian model selection and model averaging. *Journal of Mathematical Psychology*, 44(1):92–107, 2000.

S. Wasserman and K. Faust. *Social Network Analysis*. Cambridge University Press, 1994.

S. Watanabe. *Pattern Recognition: Human and Mechanical*. John Wiley & Sons, Ltd, 1985.

A.R. Webb. Functional approximation in feed-forward networks: a least-squares approach to generalisation. *IEEE Transactions on Neural Networks*, 5(3):363–371, 1994.

A.R. Webb. Multidimensional scaling by iterative majorisation using radial basis functions. *Pattern Recognition*, 28(5):753–759, 1995.

A.R. Webb. An approach to nonlinear principal components analysis using radially-symmetric kernel functions. *Statistics and Computing*, 6:159–168, 1996.

A.R. Webb. Gamma mixture models for target recognition. *Pattern Recognition*, 33:2045–2054, 2000.

A.R. Webb and P.N. Garner. A basis function approach to position estimation using microwave arrays. *Applied Statistics*, 48(2):197–209, 1999.

A.R. Webb and D. Lowe. A hybrid optimisation strategy for feed-forward adaptive layered networks. DRA Memo 4193, DERA, 1988.

A.R. Webb, D. Lowe, and M.D. Bedworth. A comparison of nonlinear optimisation strategies for feed-forward adaptive layered networks. DRA Memo 4157, DERA, 1988.

W.G. Wee. Generalized inverse approach to adaptive multiclass pattern recognition. *IEEE Transactions on Computers*, 17(12):1157–1164, 1968.

L. Wehenkel and M. Pavella. Decision tree approach to power systems security assessment. *International Journal of Electrical Power and Energy Systems*, 15(1):13–36, 1993.

M. West. Modelling with mixtures. In J.M. Bernardo, J.O. Berger, A.P. Dawid, and A.F.M. Smith, editors, *Bayesian Statistics*, pages 503–524. Oxford University Press, 1992.

N. Weymaere and J.-P. Martens. On the initialization and optimization of multilayer perceptrons. *IEEE Transactions on Neural Networks*, 5(5):738–751, 1994.

A.W. Whitney. A direct method of nonparametric measurement selection. *IEEE Transactions on Computers*, 20:1100–1103, 1971.

C.K.I. Williams and X. Feng. Combining neural networks and belief networks for image segmentation. In *Proceedings of the 1998 IEEE Signal Processing Society Workshop on Neural Networks for Signal Processing*. IEEE, 1998.

W.T. Williams, G.N. Lance, M.B. Dale, and H.T. Clifford. Controversy concerning the criteria for taxonomic strategies. *Computer Journal*, 14:162–165, 1971.

D. Wilson. Asymptotic properties of NN rules using edited data. *IEEE Transactions on Systems, Man and Cybernetics*, 2(3):408–421, 1972.

J. Winn and C.M. Bishop. Variational message passing. *Journal of Machine Learning Research*, 6:661–694, 2005.

J.M. Winn. *Variational Message Passing and its Applications*. PhD thesis, Inference Group, Cavendish Laboratory, University of Cambridge, 2004.

I.H. Witten and E. Frank. *Data Mining: Practical Machine Learning Tools and Techniques*. Morgan Kaufmann, second edition, 2005.

J.H. Wolfe. A Monte Carlo study of the sampling distribution of the likelihood ratio for mixtures of multinormal distributions. Technical Bulletin STB 72–2, Naval Personnel and Training Research Laboratory, San Diego, 1971.

D.H. Wolpert. Stacked generalization. *Neural Networks*, 5(2):241–260, 1992.

S.K.M. Wong and F.C.S. Poon. Comments on 'Approximating discrete probability distributions with dependence trees'. *IEEE Transactions on Pattern Analysis and Machine Intelligence*, 11(3):333–335, 1989.

K. Woods, W.P. Kegelmeyer, and K. Bowyer. Combination of multiple classifiers using local accuracy estimates. *IEEE Transactions on Pattern Analysis and Machine Intelligence*, 19(4):405–410, 1997.

J. Wray and G.G.R. Green. Neural networks, approximation theory, and finite precision computation. *Neural Networks*, 8(1):31–37, 1995.

T.-F. Wu, C.-J. Lin, and R. C. Weng. Probability estimates for multi-class classification by pairwise coupling. *Journal of Machine Learning Research*, 5:975–1005, 2004.

X. Wu and K. Zhang. A better tree-structured vector quantizer. In J.A. Storer and J.H. Reif, editors, *Proceedings Data Compression Conference*, pages 392–401. IEEE Computer Society Press, 1991.

C.R. Wylie and L.C. Barrett. *Advanced Engineering Mathematics*. McGraw-Hill, sixth edition, 1995.

Z.-X. Xie, Q.H. Hu, and D.-R. Yu. Improved feature selection algorithm based on SVM and correlation. In *Advances in Neural Networks - ISNN 2006*, pages 1373–1380. Springer, 2006.

D. Yan, L. Huang, and M.I. Jordan. Fast approximate spectral clustering. In *Proceedings of the 15th ACM SIGKDD International Conference on Knowledge Discovery and Data Mining, KDD '09*, pages 907–916. ACM, 2009.

H. Yan. Handwritten digit recognition using an optimised nearest neighbor classifier. *Pattern Recognition Letters*, 15:207–211, 1994.

M.-S. Yang. A survey of fuzzy clustering. *Mathematical and Computer Modelling*, 18(11):1–16, 1993.

Y. Yang and X. Liu. A re-examination of text categorization methods. In *Proceedings of SIGIR'99, 22nd Annual International ACM SIGIR Conference on Research and Development in Information Retrieval*, pages 42–49. ACM, 1999.

D. Yaramakala, S. Margaritis. Speculative Markov blanket discovery for optimal feature selection. In *Fifth IEEE International Conference on Data Mining* (ICDM'05), pages 809–812. IEEE, 2005.

R. Yasdi, editor. *Neural Computing and Applications*, 9(4):2000. Special issue on 'Neural Computing in Human-Computer Interaction'.

K.Y. Yeung, R.E. Bumgarner, and A.E. Raftery. Bayesian model averaging: development of an improved multi-class, gene selection and classification tool for microarray data. *Bioinformatics*, 21:2394–2402, 2005.

S.H. Yook, H. Jeong, and A.-L. Barabási. Weighted evolving networks. *Physical Review Letters.*, 86(25):5835–5838, 2001.

T.Y. Young and T.W. Calvert. *Classification, Estimation and Pattern Recognition*. Elselvier, 1974.

L. Yu and H. Liu. Efficient feature selection via analysis of relevance and redundancy. *Journal of Machine Learning Research*, 5:1205–1224, 2004.

H. Zare, P. Shooshtari, A. Gupta, and R.R. Brinkman. Data reduction for spectral clustering to analyze high throughput flow cytometry. *BMC Bioinformatics*, 11(403), 2010.

R. Zentgraf. A note on Lancaster's definition of higher-order interactions. *Biometrika*, 62(2):375–378, 1975.

I. Zezula. On multivariate Gaussian copulas. *Journal of Statistical Planning and Inference*, 139:3942–3946, 2009.

G.P. Zhang. Neural networks for classification: a survey. *IEEE Transactions on Systems, Man, and Cybernetics – Part C: Applications and Reviews*, 30(4):451–462, 2000.

P. Zhang. Model selection via multifold cross validation. *Annals of Statistics*, 21(1):299–313, 1993.

T. Zhang and F. J. Oles. Text categorization based on regularized linear classification methods. *Information Retrieval*, 4(1):5–31, 2001.

X. Zhang, M.L. King, and R.J. Hyndman. A Bayesian approach to bandwidth selection for multivariate kernel density estimation. *Compuational Statistics and Data Analysis*, 50(11):3009–3031, 2006.

Y. Zhang, C.J.S. de Silva, R. Togneri, M. Alder, and Y. Attikiouzel. Speaker-independent isolated word recognition using multiple hidden Markov models. *IEEE Proceedings on Vision, Image and Signal Processing*, 141(3):197–202, 1994.

Q. Zhao, J.C. Principe, V.L. Brennan, D. Xu, and Z. Wang. Synthetic aperture radar automatic target recognition with three strategies of learning and representation. *Optical Engineering*, 39(5):1230–1244, 2000.

Y. Zhao and C.G. Atkeson. Implementing projection pursuit learning. *IEEE Transactions on Neural Networks*, 7(2):362–373, 1996.

E.N. Zois and V. Anastassopoulos. Fusion of correlated decisions for writer verification. *Pattern Recognition*, 34:47–61, 2001.

J. Zupan. *Clustering of Large Data Sets*. Research Studies Press, 1982.